クライトン
生物無機化学

Robert R. Crichton 著
塩 谷 光 彦 監訳

東京化学同人

Biological Inorganic Chemistry

A New Introduction to Molecular
Structure and Function
Second Edition

ISBN 978-0-444-53782-9

Robert R. Crichton

ISCN, Batiment Lavoisier,
Université Catholique de Louvain,
Louvain-la-Neuve, Belgium

第2版への序

生物学，環境および医学における金属の重要性は，過去25年でますます明確になってきている．光合成生物の電子伝達経路やミトコンドリアの呼吸鎖において，電子の動きはATP合成を可能にするプロトンポンプと連動し，鉄や銅を含むタンパク質（シトクロム，鉄–硫黄タンパク質，プラストシアニン）に運ばれる．緑色植物に見られる酸素発生を伴う水分解中心（光化学系II）では，マンガンの化学が生物学的に巧みに使われている．環境中のカドミウム，マンガン，鉛のような金属は，深刻な健康被害をもたらしている．カドミウムはたばこの葉に相当量含まれているので，一日に一箱のたばこを吸う人はカドミウムの摂取量が倍増する．しかしながら，多くの金属が有毒である一方で，多くの重要な薬剤が金属を含む．たとえば，シスプラチンや関連する制がん剤，双極性障害の治療に使われる炭酸リチウムがそうである．また，常磁性金属錯体は磁気共鳴画像法（MRI）の造影剤に広く使われている．さらに，多くの微量金属がヒトの健康維持に必要である．たとえば，食事による鉄の摂取が不足すると貧血になるし，金属の摂取量が多すぎても有害であることがよく知られている．

生体システムにおける金属に関する研究が，多岐にわたる物理学や生物学からの複合的なアプローチを必須とすることは最初から明らかであった．生体システムにおける金属イオンの役割に関する研究は，無機化学と生物界の境界領域を急速に発展させ，刺激的なものにしている．その領域は，化学者により生物無機化学，生化学者により無機生化学と定義された．ヨーロッパ科学財団は1990年から1997年にかけて，“生体システムにおける金属の化学”に関する研究計画に研究資金を供給した[注1]．この結果，トスカーナ州の街San Miniatoで最重要会議が開催されることになり，“生物無機化学”という名の国際合意のもと重要な取組みを開始することになった．1995年にはThe Society of Biological Inorganic Chemistry（SBIC）が設立され（初代会長はDave Garner氏）[注2]，1996年にはJournal of Biological Inorganic Chemistry（JBIC）（初代編集委員長はIvano Bertini氏）が創刊された．これらの組織は，現在の国際生物無機化学会議（ICBICs）や 欧州生物無機化学会議（EUROBICs）と一緒になり，生物無機化学（biological inorganic chemistry）を表す“bic”（皆さんが使っているボールペンのbicと同じ）が一連の頭文字語として使われるようになった．本書では生物無機化学という言葉を使うが，無機化学の観点よりも生化学的観点により重きをおいて，生体システムの金属について述べたい．

“生物無機化学”の第2版の出版は，初版の成功に大いに後押しされた．第2版は，日々進展しているこの分野の学生や教師にとって大変役立つと考えたのである．初版と同様に，わかりやすく熱意をもって述べることを基本とし，可能な限り詳細に説明するよう心がけた．本書は，基本原理，生体内の金属，医学や環境に関わる金属，の三つの部分から構成される．本文には，内容を更新・増補するばかりでなく，非金属，脳内の金属，金属と神経変性疾患，医薬品の中の金属と金属医薬，環境における金属に関して新たに章立てし，他の多くの章も大幅に充実させた．

長年の共同研究者であるRoberta Ward教授には，第20, 21章に関してご支援いただき感謝したい．また，ほとんどの図をつくって下さったFréderic Lallemand氏，Elsevier社のAdrian Shell氏とLouisa Hutchins氏，Oxford社のご理解に対し感謝する．さらに，初版への助言を下さったすべての同僚に感謝するとともに，内容の間違いについてはすべて私が責任をもちたい．また，私が楽しんで書いた本書が，同じくらいの楽しさを読者に与え，生体系の金属に関する研究をめぐる刺激的な冒険に誘うことを期待する．

2011年11月20日，Louvain-la-Neuveにて

Robert R. Crichton, FRSC

---

1) この計画を推進する運営委員会は，委員長のHelmut Sigel氏(Basle, スイス) をはじめ，San Miniato会議を主催したIvano Bertini氏(Florence, イタリア)，Sture Forsen氏(Lund, スウェーデン)，Dave Garner氏(Manchester, UK)，Carlos Gomez-Moreno氏(Zaragoza, スペイン)，Paco Gonzales-Vilchez氏(Seville, スペイン)，Imre Sovago氏(Debrecen, ハンガリー)，Alfred Trautwein氏(Lübeck, ドイツ)，Jens Ulstrup氏(Lyngby, デンマーク)，Cees Veeger氏(Wageningen, オランダ)，Raymond Weiss氏(Strasbourg, フランス)，Antonio Xavier氏(Oeiras, ポルトガル) で構成され，私自身も1992年に参画した．

2) 彼の後にはElizabeth C. Theil氏(1998-2000)，Alfred X. Trautwein氏(2000-2002)，Harry B. Gray氏(2002-2004)，Fraser Armstrong 氏(2004-2006)，Bob Scott 氏(2006-2008)，Trevor Hambley 氏(2008-2010)，José Moura氏(2010-2012) が就任した．

訳　者　序

十年以上も前のことであるが，国会図書館に寄る機会があった．ちょっとした思いつきであったが，“生物無機化学”という言葉がいつごろから使われているか知りたくなり，検索コーナーで調べてみた．比較的新しい言葉かと思いきや，昭和初期には“生物無機化学”の本が東京湯島の金原商店（現，金原出版株式会社）から発行されていた（東 恒人著，昭和4年4月15日発行，四圓五拾錢）．87年も前のことである．思わず，表紙と本文の一部をコピーし，講義のときに紹介させていただいた．ポルフィリンの構造は，パーツは似ているものの環状構造になっていないし，もちろん，核酸やタンパク質の構造はない．しかしながら，序文や第一章（学習の目的）には，これからこの分野を勉強する学生に対する著者の熱いメッセージが述べられており，学問への憧憬が沸き起こる．

この昭和初期から現在までの“生物無機化学”の指数関数的な発展は，研究者の強い探究心はもちろんのこと，“分子構造や機能”を明らかにする観測・測定・計算技法の革新的進歩によるところが大きい．本書の原書“Biological Inorganic Chemistry—A New Introduction to Molecular Structure and Function”が発行されてから翻訳版が上梓されるまでの間にも，たとえば，窒素固定の活性中心の構造は修正されている．訳注や補遺などで可能な限り最新情報の提供に努めたが，不十分な点はご容赦いただきたい．

本書は23章から成るが，錯体化学の基礎(第2章)や分析法(第6章)，分子生物学・構造生物学の基礎(第3章，第5章)もまとめられており，いずれの分野をバックグラウンドとする読者にも手にとってもらいたい．原書の副題に“分子構造と機能”とあるように，構造に根ざした詳しい議論が本書の特徴である．生体内での金属イオンの役割が金属種ごとにまとまっており，すでに他書で生物無機化学を学んだ人にも，新たな発見があるだろう．

校正段階で本書に目を通して下さった名古屋大学の山内 脩 名誉教授には，“本書は生物無機化学の本としてはかなりユニークな書であり，生物無機化学の生物学的な側面を示し，新しい方向を示唆する書であると感じます．図も多く，生物無機化学を志す学生，研究者にとってとても魅力的であり，生体系金属イオンの挙動の理解をより深める書となるに違いありません．”というお墨付きをいただいている．

山内教授には，全体を通して懇切丁寧なご指導をいただいた．心から感謝を申し上げたい．本来，生物の仕組み，特に金属が関わる分子構造や機能は，錯体化学，生化学のみならず，物質・エネルギー変換，医薬学，材料科学とも密接に関連しており，学問としての大きな広がりをもつ．本書を通して生物を理解するだけでなく，新しい分子構造や機能への発想のヒントが得られれば幸甚である．

最後に，東京化学同人の植村信江氏と井野未央子氏の温かい激励と助言がなければ，本書の上梓はありえなかったことを付して謝意を表する．

2016年2月

監訳者　塩　谷　光　彦

監　訳

塩谷光彦　東京大学大学院理学系研究科 教授，薬学博士

翻　訳

青木　伸　東京理科大学薬学部 教授，博士(薬学)（第 12 章）
青野重利　自然科学研究機構岡崎統合バイオサイエンスセンター 教授，工学博士（第 8 章）
小谷　明　金沢大学医薬保健研究域薬学系 教授，薬学博士（第 7 章）
川上恵典　大阪市立大学複合先端研究機構 特任准教授，博士(理学)（第 16 章補遺）
川原正博　武蔵野大学薬学部 教授，薬学博士（第 20 章）
小寺政人　同志社大学大学院理工学研究科 教授，工学博士（第 15 章）
櫻井　武　金沢大学理工学域物質化学類 教授，工学博士（第 14 章）
桜井　弘　京都薬科大学名誉教授，薬学博士（第 17 章）
塩谷光彦　東京大学大学院理学系研究科 教授，薬学博士（第 1, 5 章）
竹澤悠典　東京大学大学院理学系研究科 助教，博士(理学)（第 2～4, 6, 9, 10 章）
當舎武彦　理化学研究所放射光科学総合研究センター 専任研究員，博士(工学)（第 19 章）
中島　洋　大阪市立大学大学院理学研究科 教授，博士(理学)（第 18 章）
根矢三郎　千葉大学大学院薬学研究院 教授，工学博士（第 22 章）
樋口恒彦　名古屋市立大学大学院薬学研究科 教授，薬学博士（第 21 章）
藤井　浩　奈良女子大学研究院自然科学系 教授，工学博士（第 13 章）
舩橋靖博　大阪大学大学院理学研究科 教授，博士(理学)（第 16, 23 章）
森　泰生　京都大学工学研究科 教授，博士(医学)（第 11 章）
山内　脩　名古屋大学名誉教授，薬学博士（第 23 章）

（五十音順）

目　　次

第1章

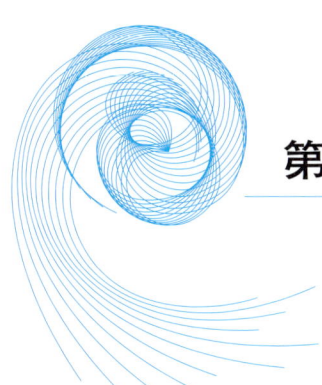

生体系の金属と代表的な非金属に関する概説

1・1　は じ め に

ここ20～30年の間に，生物学，環境，医学における金属のきわめて重要な役割がますます明らかになってきている．鉄や銅を含むタンパク質（シトクロム，鉄–硫黄タンパク質，プラストシアニン）は，光合成生物の電子伝達系やミトコンドリアの呼吸鎖において重要な役割を果たしている．膜を介する電子移動とプロトンポンプの共役は，プロトン濃度勾配を生じさせ，細胞のエネルギー通貨であるATPを生成するための普遍的な方法である．これは，酸化的リン酸化とよばれるプロセスを構築している．水から酸素，プロトン，電子を生成する光化学系IIは，洗練されたマンガンの化学を利用しており，再生可能エネルギーに精力的に取組んでいる人にとっては模倣したい最高のシステムである．われわれの周りにあるカドミウム，マンガン，鉛のような金属は，深刻な毒性による危険性を示す．ポロニウムのような元素はあまり耳にしないだろうが，ロンドンでソ連反体制者がその α 線で毒殺されたようなときは，全国紙の一面を独占しうる．多くの金属は有毒であるが，一部の金属は薬剤として使われている．シスプラチンや関連する金属薬剤はがんの治療に使われているし，リチウムは炭酸リチウムの形で躁うつ病の治療に使われている．現代医学では，診断や治療のための非侵襲法がますます発展している．磁気共鳴画像法(MRI)では，造影剤として常磁性金属錯体が使われている．コバルト，ガリウム，テクネチウムの同位体のような多くの金属は，体内の特定の位置に放射線を照射するための放射性医薬品として使用される．セレン，塩素やヨウ素などのハロゲンのような数少ない微量元素もヒトの健康維持には必要である．食品中の鉄が不十分であると貧血症になるといった金属欠乏症はよく知られているが，必須金属であっても摂り過ぎると毒性を示すようにもなる(後ほど鉄の過剰摂取の例を示す)．

生体内の金属に関する研究は，物理学や生物学のさまざまな分野を含む学際的なアプローチによってのみ可能であることは，最初から明らかである．生体内の金属イオンの役割に関する研究は，生物界と無機化学の間の接点を急速に発展させ，刺激的なものにしている．その領域は，化学者は生物無機化学(bioinorganic chemistry)，生化学者は無機生化学(inorganic biochemistry)と定義している．前書きで述べたように，本書では生物無機化学(biological inorganic chemistry，英文では異表記であるが同義語)という定義を用いることにするが，金属や他の無機元素に関しては無機化学よりはおもに生化学の側面から記述することを読者の皆様にあらかじめ申し上げておきたい．

1・2　生物はなぜ C, H, N, O(および P や S) 以外の元素が必要か？

“有機”という言葉そのものは，非常に多くの意味をもちうる．化学では，“動物や植物の組織体の構成成分として自然界に存在する化合物，あるいは，有機酸，有機塩基，分子，ラジカルといった自然界に存在する化合物から生成する物質であり，これらのすべては，炭水化物を含むか，炭水化物から誘導される”と定義されている．よって有機化学は，炭水化物やその誘導体の化学であり，もっと一般的にいうと“炭素を含むあらゆる化合物”である．しかしながら，後者の定義では，二酸化炭素のようないくつかの単純な炭素化合物は，時によっては無機化合物に分類される．もちろん，われわれは炭素だけでは生きられないことはすぐに理解できる．炭素の三つの元素形態，グラファイト，ダイヤモンド，フラーレン*1 だけではたいしたことはできないだろう（最後のフラーレンは図1・1に描かれている化学式 C_{60} の球状分子，バックミンスターフラーレンである．同じような形をしているリチャード・バックミンスター・フラーのジオデシックドームにちなんで名付けられた）．われわれは，水素，酸素，窒素，かなりの量のリン，そしていくぶんかの硫黄も必要である．

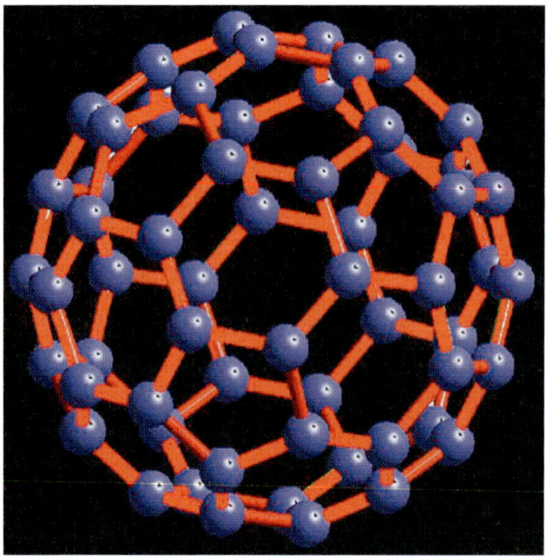

図1・1 60個の炭素のみからつくられたバックミンスターフラーレン C_{60}（バッキーボールともよばれる）．

したがって，酸素，窒素，リン，硫黄を含めるとなると，炭素と水素だけからなる比較的限られた炭水化物の世界から脱出し，酸，アルデヒド，ケトン，アルコール，アミン，糖，アミノ酸，脂質といった有機分子の素晴らしい新世界に飛び込むことになる．これらの有機構成単位から，タンパク質，多糖，脂肪，核酸，そしてタンパク質とともに生体膜の基本構造を形成するリン脂質二重層までもつくることができる．

しかしながら生きた細胞は，生体高分子や生体膜に加えて，これらの有機構成単位のみが必要であるわけではない．核酸のポリリン酸主鎖に沿って生じている膨大なマイナス電荷は，プラス電荷をもつ適当な対イオンでバランスをとる必要がある．われわれのエネルギー通貨であるATPを生成するためには，プロトン輸送と電子移動が隔てられ，プロトン勾配のエネルギーがATP合成に使われる必要がある．フラビンのような有機分子を電子移動に利用することができるが，鉄や銅のような酸化還元活性な金属の方がはるかに適している．また，細胞膜に到達したnM濃度レベルのシグナルをmMレベルの細胞内応答に増幅するしくみが必要である．単細胞生物から多細胞生物に移行すると，時には非常に長い距離になるが，電気シグナルの形でメッセージを伝達するために膜電位が必要になる．大きく，複雑で嵩高いタンパク質は，これらのほとんどの目的には適さない．しかし，おそらく何よりも，酵素とよぶタンパク質が反応を触媒できるようにする必要がある（もし有機分子のみに頼ると，端的に言って，その多くは触媒にはならないだろう）．

それでは，もしこれらの6種類の元素のみでは多種多様な形態で生命が存在しえないとすると，他のどの元素が必要なのだろうか？ 伝統的には，有機化学は生物起源の化合物が主題であり，無機化学は鉱物起源と考えられる無機化合物の性質や反応性に関わるとされてきた（フランス語では，無機化学は以前に鉱物化学とよばれていた*2）．もっと最近では，無機と有機の境目はあいまいになってきており，多くの無機化合物は有機配位子を含み，多くの有機化合物は金属を含む．次節で述べるように，進化の過程では，自然は有機の世界ばかりでなく無機の世界からも構成成分を選択し，生命体を築き上げてきた．これらの多くは周期表の左側にあり，容易に価電子を失い陽イオンになる金属元素である．

触媒に金属が必要であることを示す興味深い歴史的事例がある．著名なドイツ人化学者 Richard Willstätter（1915年にノーベル化学賞受賞）は，酵素はタンパク質でないと提唱した．彼は，タンパク質は真の触媒中心を単に運ぶものであると考えていた（彼はそのタンパク質を“nur ein träger Substanz（ただの運び屋）”とよんだ）．1929年のことであるが，James Summer はタチナタマメから抽出したウレアーゼ（尿素からアンモニアと二酸化炭素への分解を触媒する酵素）をうっかり実験机の上に一晩放置してしまった．その晩は寒かったのだが，翌朝彼は，そのタンパク質が結晶化しているのを見つけて驚いた．この発見により，ペプシンとトリプシンを結晶化させた John Northrop と一緒に，酵素がタンパク質の性質をもつことの決定的証拠にたどり着くことができた（二人とも1946年にノーベル化学賞を受賞している）．彼らの発見は Willstätter の学説を反証したように思えるが，50年後に，ウレアーゼは実際ニッケルを含む酵素であり，ニッケルを除くとその酵素活性が失われることが示され，彼の名誉は回復した．もちろん，後になってあらためて考えてみると，どちらの見方も正しかったことがわかる．このタンパク質は実際ニッケルの運搬体であるが，ニッケルに正しい配座で結合する

*1 フラーレンは，楕円体，球体，チューブの形をした炭素のみでできた分子である．

*2 Steve Lippard と Jeremy Berg の著書“生物無機化学”（松本和子監訳，東京化学同人）の原書のタイトルは“Principles des Biochimie Minérale”である．

ための配位圏[*3]を与えるだけでなく，尿素と水分子を認識する部位を正確に形成し，これらが正しい配向で結合してニッケルの二核部位により触媒作用を受けることができるようにしている（詳しくは第 15 章参照）．

1・3　生物にとって欠くことができない元素と金属イオンは何か？

たった 6 種類の元素，酸素，炭素，水素，窒素，カルシウム，リンが，ヒトの体のおよそ 98.5 重量％の元素組成を占めている．ここに，カリウム，硫黄，ナトリウム，マグネシウム，塩素の 5 種類を加えると，たった 11 種類の元素が，ヒトの体の 99.9％を構成することになる．しかしながら，また後で説明するが，一部の生物は 22 種から 30 種の元素を必要としていることがわかっている．これらの多くは金属である．そのうち，ナトリウム，カリウム，カルシウム，そしてマグネシウムは非常に高い濃度で存在し，多量元素とよばれる．実際，これらの 4 種類の陽イオンは，ヒトの体の金属イオンの 99％近くを占める．ほかにも，コバルト，銅，鉄，マンガン，モリブデン，亜鉛などの金属イオンは“微量元素”として知られている．摂取が必要な量は，多量元素に比べてもはるかに少ないが，それでもヒトの生命には必須である．

それでは，周期表全体からなぜこれらの元素のみが選ばれたのかを説明しよう．一つ明らかなことは，これらの元素が選ばれた理由が，地殻や（地表のおもな部分である）海はもちろん宇宙における存在量や利用しやすさだけではなく，水の多い環境で求められる機能に適しているかどうかにあることである[*4]．

ヒトの主要元素 11 種類が，上位 10 種に入る水素，炭素，窒素，酸素，硫黄を含めて，太陽系内の存在量で上位 20 種に入っていることは何の驚きもない．これら 11 種の明らかに必須な元素の地殻中の存在量（図 1・2）を考えると，上位 10 種に 6 種もの元素（水素，酸素と，上述のアルカリおよびアルカリ土類元素：ナトリウム，カリウム，マグネシウム，カルシウム）がアルミニウム，ケイ素，チタン，そして鉄とともに含まれていることがわかる．

しかしながら，生命が海から発生したと信じるに足る十分な根拠はあり，このような環境の中で 11 種の主要元素がどのように分布しているかも考える必要がある．もちろん，これは塩水に対するこれらの元素の溶解度に影響される．したがって，今日の海洋中の鉄濃度が非常に低いことは驚くことではない（もし原始大気が還元的であったならば，二価の鉄イオンはもっと水に溶けた形で存在していただろうが）．それでは，11 種の主要元素のうちいくつが現在海洋中に存在しているのだろうか？ 水素，酸素，炭素は除くと，まず始めにナトリウムと塩素，そしてマグネシウム，硫黄，カルシウム，カリウム，そして臭素が上位 10 種に入る．上位 10 種に入らないのは窒素とリンだけであるが，それらは無視できない量存在する．

ヒトの生命に必須である 11 種の主要元素は，太陽系にも地殻にも海洋中の至るところに存在する．もちろん，これらは生物学的に利用可能（bioavailable）でなければならなかっただろう（これは適切なときに適切な場所にあるという意味だけではなく，当の生体系は自由に吸収できるという意味もある）．

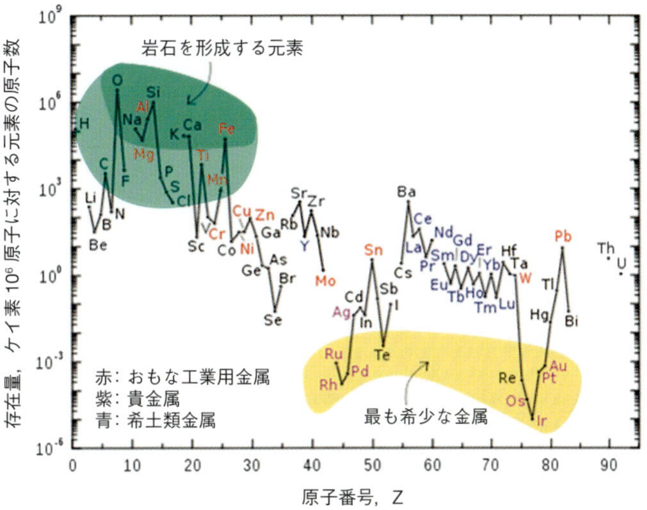

図 1・2　原子番号に応じた，地球の上部大陸地殻における化学元素の存在度．

---

*3　金属錯体中の金属イオンに直接配位子が結合する範囲を第一配位圏，その周囲近傍を第二配位圏という．

*4　有機化学と生化学の重要な違いの一つは，前者はほとんど非水系溶媒中で行われるのに対し，後者は本質的には 56 mol/L の水中で起こることである．

しかしながら，先に述べたように，絶対に必要な2番めの選択基準がある．すなわち，その元素は生命に絶対に必要な機能を，必要なときに，しかも他の元素では代替できないときに発揮しなければならない．有機化学の初期の定義に含まれている6種の元素が，四価の炭素と共有結合をつくるというそれぞれの役割を理想的に果たしていることはすぐにわかる．後に塩素の事例に戻るが，上位11種の中の4種の金属イオンはどうなのか？

淘汰された数多くの重要な金属イオンの性質が，機能に適合しているかどうかを示す興味深い比較法を表1・1に示す．種々の重要な生体関連金属イオンについて，配位子が結合する強さ（中心金属イオンに結合するさまざまな原子，官能基，あるいは分子と金属イオンとの親和性），移動性，機能を載せてある．すぐにわかるのは，生物学的な配位子の金属イオンへの結合の強さが低下するにつれて，金属イオンの移動性が増し，したがって電荷運搬体として非常に効率良く機能できることになる．よって，有機配位子に弱く結合する Na^+ や K^+（H^+ や Cl^- も含めて）は，生体膜を介するイオン勾配形成や浸透圧の平衡の維持に理想的に適合している．これはまさに，これら2種の必須アルカリ金属イオンが生体系で果たしている役割である（第9章で，他の興味深い役割も紹介する）．それとは対照的に，有機配位子に中程度に強く結合する Mg^{2+} や Ca^{2+} は，構造的な役割を果たすことができる．特に Ca^{2+} の場合，細胞内で電荷運搬体やシグナル伝達の引き金として働いている．これら2種のアルカリ金属イオンの役割については，それぞれ第10, 11章で説明する．

表1・1　代表的な生体関連金属イオンの結合の強さ，移動性，および機能の関係

金属イオン	結合の強さ	移動性	機　能
Na^+, K^+	弱　い	高　い	電荷担体
Mg^{2+}, Ca^{2+}	中ぐらい	かなり高い	シグナリング，輸送担体，構造維持
Zn^{2+}	中ぐらい/強い	中　間	ルイス酸，輸送担体，構造維持
Co, Cu, Fe, Mn, Mo†	強　い	低　い	酸化還元触媒，酸素が関わる諸機能

†　酸化状態が変わるので，電荷は示していない．

表1・1にコバルト(Co)，銅(Cu)，鉄(Fe)，マンガン(Mn)，モリブデン(Mo)，亜鉛(Zn)の6種の遷移金属イオンが含まれているのは偶然ではない．先に述べたように，これらはヒトの必須微量元素である．そこで，大量に存在する元素に加えて，17種の必須元素をあらためて定義する．これらの相対位置を周期表に族ごとに色分けする（図1・3）．Zn^{2+} の配位子結合定数は，Mg^{2+} や Ca^{2+} と，他の5種の遷移金属のグループのそれの中間にある．Zn^{2+} とこれらの違いは，Zn^{2+} は実際にはそれ以上に酸化された状態をとらないことである（+1価の状態も非常に不安定である）．Zn^{2+} は構造的な役割だけでなくルイス酸として非常に重要な役割を果たしている（第12章）．

他の5種の遷移金属イオン，コバルト(Co)，銅(Cu)，鉄(Fe)，マンガン(Mn)，モリブデン(Mo)は有機配位子に強く結合し，非常に多くの酸化還元反応に関与する．鉄や銅は電子伝達系に関わる多くのタンパク質に含まれている．これらは，酸素の活性化，運搬・貯蔵に関わる酸素結合タンパク質にも含まれている（第13, 14章）．コバルトはもう一つの必須遷移金属であるニッケルとともに，初期進化の還元的雰囲気の中に広く存在し多くの微生物に使わ

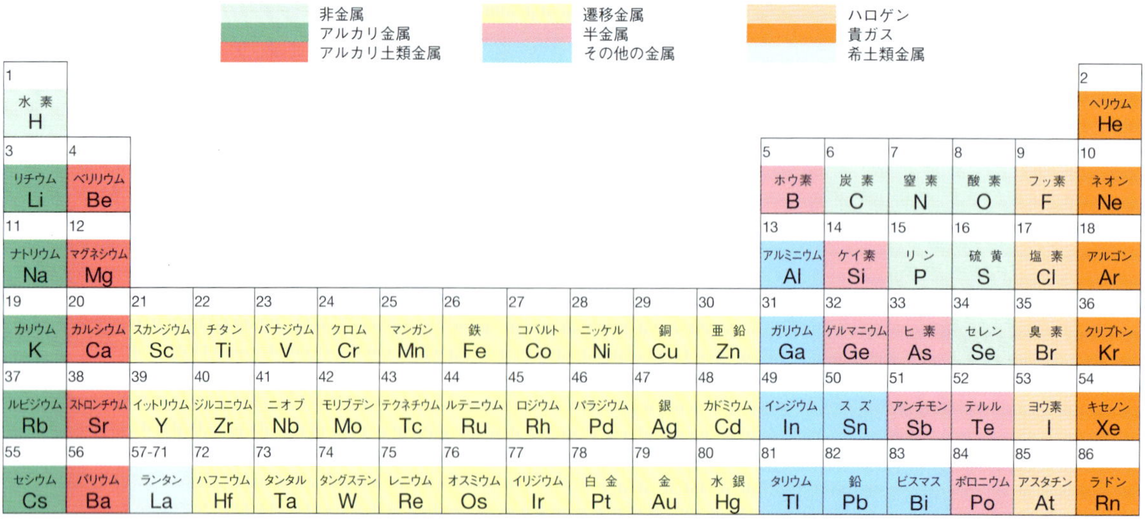

図1・3　元素の周期表の最初の6列（元素は系ごとに色分けしてある）．

れていたと思われる一酸化炭素，水素，メタンのような小さい分子の代謝において特に重要である（第15章）．コバルトはヒトにとって必須の元素であるが，ニッケルタンパク質は，Summerがタチナタマメから結晶化した植物酵素のウレアーゼ以外には，高等真核生物では知られていない．マンガンは，酸素発生光合成生物の水分解錯体としての役割とともに，酸素由来のフリーラジカルの無毒化において重要な役割を果たしている（第16章）．地殻中で比較的存在量の少ないモリブデンは，海水中では最も存在量の大きい遷移金属であり，窒素固定細菌の重要な酵素であるニトロゲナーゼの重要な成分である．しかしながら，モリブデンは1電子および2電子酸化還元系の界面で容易に働くことができるため，多くの酸化還元酵素に広く使われている．モリブデンを必要としない微生物は，周期表の6列目にあるモリブデンと同類のタングステン(W)を使っている（第17章）．

モリブデンの次に海水中の存在量が多い遷移金属であるバナジウム(V)は，ある役割をしていて，おそらくヒトにとって必須である．バナジウムは，過酸化水素でハロゲンイオンを酸化して反応性の高い求電子性中間体を生成するバナジウムハロペルオキシダーゼの補因子として用いられている．もともと50年以上も前に提案された，最後の遷移金属イオンが必須微量元素であるかどうかについては広く議論されてきたが，すでに30年以上の間，必須元素として広く受け入れられている．第17章では，バナジウムやクロムとともに，モリブデンやタングステンについても説明する．

あとはハロゲンである塩素であるが，これは塩素イオンとして自然界に広く存在し，ヒトも含めて多くの生命系で必須である．

表題の必須元素の残りの候補は，周期表の順でいうと（図1・3），ホウ素，フッ素，ケイ素，ヒ素，セレン，臭素，スズ，そしてヨウ素である．

半金属元素のホウ素(B)，ケイ素(Si)と非金属元素のセレン(Se)は，哺乳類，植物，微生物に必要な元素である．ホウ素とケイ素の化学と生物学は，ヒ素(As)のそれとともに本章の後半で，セレンは硫黄(S)と一緒に第18章で取上げる．生化学的なセレン学についてはFlohé (2009)の興味深い報告がある．

フッ素はヒトに必須な元素であると長い間考えられており，歯磨き粉に添加されたり，虫歯に効くとしてしばしば都市用水に補給されてきた．ハロゲン化された天然物は，海藻の代謝物として頻繁に報告されてきた．多くの海洋生物や海藻が，光誘起酸化反応と多くの基質のハロゲン化を結びつけていることが知られている．これらの反応はバナジウムハロペルオキシダーゼにより触媒され（第17章），それらのほとんどは臭素(Br)を導入する〔塩素(Cl)やヨウ素(I)を導入するものもある〕．この章ではフッ素(F)や臭素について説明するが，ともに記述したスズ(Sn)については，いくぶん不可解なところが残っている．スズが何かの形で必須であるとしても，その生物学的機能が何であるかはほとんどわかっていない．第18章では，ヒトや他の高等生物，そしてある無脊椎動物におけるヨウ素の重要性について，塩素とともに，甲状腺ホルモンの必須成分と関連して説明する．

1・4　周期表の独特な見方

図1・3では，元素をそれぞれ，アルカリ金属，アルカリ土類金属，遷移金属，その他の金属，半金属，非金属，ハロゲン，貴ガス，そして最後に希土類の一つランタノイドの九つのグループに色分けした省略された周期表を示した．次の図1・4では，いくつかの元素を選んでその2，3の特性に焦点をあて，周期表の変わった見方を示し，それらのいくつかを図示した．先に取扱った，あるいは後の章で具体的に取扱う元素はここでは詳述しない．説明は周期表の族や列の順に従う．同様の周期表の見方は，Primo Levi（Levi, 1985）の非常に素晴らしい成書にも見いだすことができる．

元素番号1の水素(H)は第1族にあるが，明らかに非金属である．水素は，最も軽く単純である（プロトン一つと電子一つだけである）と同時に，宇宙で最も存在量の多い元素である．太陽の内部でヘリウムとエネルギーを生成する核融合の供給源でもある．また，水素は生物学においてきわめて重要である．後の章で記述するように，水素は炭素や窒素との非金属的共有結合，C−HやN−Hに導入される．これらの結合は，酸素存在下でも速度論的に非常に安定であり，生体系の有機分子を非常に安定にしている．しかしながら，水素は非共有結合的な水素結合にも関わっており（p.8，図1・5），生命有機体が存在する水媒体では，その構造，特にタンパク質や核酸の構造において非常に重要な役割を果たしている（第3章参照）．水素は，かなりの数の生物学的酸化還元反応において，1ないし2電子の移動を伴う機能を示す．また，生物膜を介したプロトン勾配の生成に関わり，ATP合成にも広く用いられている．

周期表の第1族のアルカリ金属は，リチウム(Li)，ナトリウム(Na)，カリウム(K)，ルビジウム(Rb)，セシウム(Cs)，フランシウム(Fr，図1・3には示していない)からなる．“アルカリ”の名前は，それを水に加えるとアルカリ性の溶液になることに由来する．アルカリ金属はすべて低密度でやわらかい．また非常に反応性が高いため，金属そのものの形で見つかることはめったにない．この族の金属の性質は互いによく似ており，その程度は周期表の他の族より大きい．この族の金属は，孤立した外殻電子を放出する傾向がきわめて高く，分子状酸素も含めた他のたいていの化学種との反応性は激しく爆発的である．

リチウム(Li)は軽いため，アルミニウム(Al)とともに，非常に強い軽量合金に使われる．多くの最高級のアルカリ電池や航空宇宙産業において広く使われている．リチウムは生命には必須ではないが，双極性障害や統合失調症の治療に用いられている．胃への刺激が最も小さい炭酸リチウムの形で，通常飲み薬として一日2グラムまでを服用する．効果的な治療には，血漿中のリチウムの濃度が0.4 mMから0.8 mMに達する必要がある．脳内のリチウムの作用機序は詳しくはわかっていないが，脳内でタンパク質上に結合するMg^{2+}と競合することにより，二つのおもなシグナル経路を減衰すると考えられている（詳しくは第22章で説明する）．

Na^+とK^+はイオン勾配や浸透調節に関わる：細胞はK^+

1 水素 必須　H 膜を介したプロトン濃度勾配による ATP 合成								
3 リチウム Li Li_2CO_3 として躁うつ治療薬	4 ベリリウム 毒性　Be アクアマリン，エメラルド：緑柱石の希少形 $Be_3Al_2(SiO_3)_6$							
11 ナトリウム 必須　Na ナトリウムチャネル	12 マグネシウム 必須　Mg クロロフィル類							
19 カリウム 必須　K カリウムチャネル	20 カルシウム 必須　Ca 細胞内シグナル伝達-カルモジュリン	21 スカンジウム Sc メンデレーエフによりその存在が予測され，1879年にスカンジナビアで発見	22 チタン Ti 宇宙時代の元素	23 バナジウム 必須　V インスリン様効果，海草中のペルオキシダーゼ	24 クロム 必須？　Cr 耐糖能促進（機構不明）	25 マンガン 必須　Mn 光化学系Ⅱの酸素発生錯体	26 鉄 必須　Fe ヘモグロビン中のヘム（血液の赤色の原因）	27 コバルト 必須　Co ビタミンB_{12}
37	38	39	40	41	42 モリブデン 必須　Mo ニトロゲナーゼの FeMo 補因子	43	44 ルテニウム Ru 抗がん性 Ru 薬	45
55	56	57-71	72	73	74 タングステン 必須　W タングステンランプ	75	76 オスミウム Os 比重は全元素中最大，電子顕微鏡の染色剤	77
			57	58	59	60	61	62

図1・4　独特な周期表.

の細胞内濃度をNa^+より高く維持している．図1・6は，輸送タンパク質中のNa^+，K^+，Ca^{2+}，Cl^-の選択的結合部位を示す．Na^+およびK^+イオンチャネルの開閉は，細胞膜を横断する電気化学勾配をつくり，細胞膜は神経インパルスやその他の情報を伝達し細胞機能を調節する．生体システムがどのようにして細胞膜を介して輸送されるイオンを選ぶに至ったかについては，後の章で説明する．

残りの三つのアルカリ金属はルビジウム(Rb)，セシウム(Cs)，フランシウム(Fr)である．セシウムの放射性同位体^{137}Csは1986年のチェルノブイリの核災害後の深刻な汚染物質であり，環境災害を代表するものであるが，生物学的関連性はない．セシウムは，数十万年に1秒しかずれない正確な原子時計としても使われている．

周期表の第2族アルカリ土類金属は，ベリリウム(Be)，マグネシウム(Mg)，カルシウム(Ca)，ストロンチウム(Sr)，バリウム(Ba)，そしてラジウム(Ra)からなる．これらは通

原子番号	元素名	記号	区分	説明
2	ヘリウム	He		空気より軽い．ヘリウム風船，変声ガス
5	ホウ素	B	必須	植物細胞壁の架橋
6	炭素	C	必須	生命体の主要分子の構造元素
7	窒素	N	必須	タンパク質や核酸などの必須成分
8	酸素	O	必須	酸素逆説─呼吸と毒性
9	フッ素	F	必須	骨硬化とう蝕症に必要
10	ネオン	Ne		真空放電管中の赤橙色発光
13	アルミニウム	Al	毒性	酸性雨
14	ケイ素	Si	必須	植物（特に牧草および珪藻）
15	リン	P	必須	細胞エネルギー通貨，ATP
16	硫黄	S	必須	補酵素A，鉄-硫黄クラスター
17	塩素	Cl	必須	嚢胞性線維症における塩素チャネル
18	アルゴン	Ar		グローブボックスに用いる空気より重い気体
28	ニッケル	Ni	必須	ヒドロゲナーゼの活性中心
29	銅	Cu	必須	シトクロム *c* オキシダーゼ．スーパーオキシドジスムターゼ
30	亜鉛	Zn	必須	ルイス酸．DNA結合タンパク質中の亜鉛フィンガー
31	ガリウム	Ga		^{67}Ga（78%ガンマ放射体）．腫瘍イメージング
32	ゲルマニウム	Ge		半導体
33	ヒ素	As	必須？ 毒性	亜ヒ酸と三酸化ヒ素（悪性腫瘍の治療）
34	セレン	Se	必須	グルタチオンペルオキシダーゼ，重要な抗酸化酵素
35	臭素	Br	必須？	成層圏オゾン破壊性の冷却剤，消化剤
36				
46	パラジウム	Pd		パラジウム触媒で2010年ノーベル化学賞
47	銀	Ag		抗生剤
48	カドミウム	Cd	毒性	広く存在する毒素，環境汚染物質
49				
50	スズ	Sn	必須？	合金材料：ブロンズ(＋銅) 白目(＋鉛)
51	アンチモン	Sb	毒性	
52				
53	ヨウ素	I	必須	甲状腺ホルモン，T_3，T_4
54				
78	白金	Pt		シスプラチン抗がん剤
79	金	Au		オーラノフィン：関節リウマチ薬
80	水銀	Hg	毒性	水銀中毒
81				
82	鉛	Pb	毒性	白目のワインカップ─ローマ帝国衰亡？
83				
84	ポロニウム	Po		致死性のα粒子放出
85				
86				
63				
64	ガドリニウム	Gd		Gd-DTPA錯体：MRI造影剤
65				
66				
67				
68				
69				
70				
71				

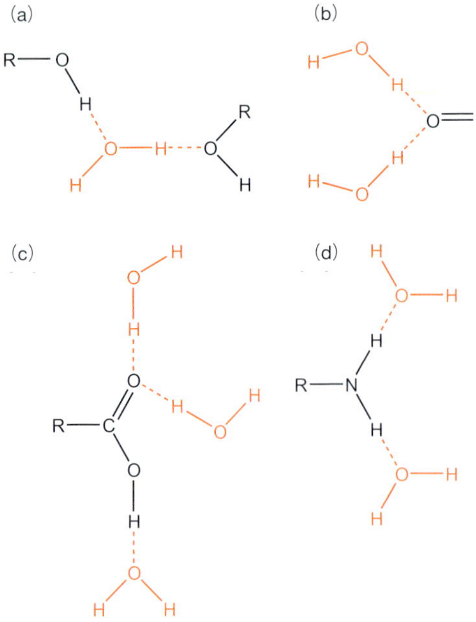

図1・5　水分子と (a) ヒドロキシ基, (b) カルボニル基, (c) カルボキシ基, (d) アミノ基との間の水素結合.

常，酸素と結合した比較的反応性の低い形で見つかる（遊離金属はやはり外殻電子を放出する傾向があるが，その傾向は第1族元素ほど大きくないため，反応性は少し低い）.

ベリリウムはヒトにとってきわめて毒性が高く，肺の炎症や肺がんをひき起こす．ベリリウムは軽いため航空機製造にも使われており，またそのケイ酸塩は美しい緑の宝石用原石，エメラルドやアクアマリンを形成する．マグネシウムはカルシウムと同様に必須である．マグネシウムの役割はリン酸塩と密接に関連があり，筋肉収縮におけるリン酸基転移反応に Mg-ATP の形で関与し，核酸構造の安定化やリボザイム（RNA 触媒分子）の触媒活性にも関係している．マグネシウムは，光合成生物がもつ光吸収色素，クロロフィルの金属中心にもみられる．細胞代謝のおもな変化をシグナル伝達する重要な二次メッセンジャーであるカルシウムは，筋肉活性化，細胞内外の多くのタンパク質分解酵素の活性化，そして骨を含めたさまざまなバイオミネラルの主成分としても重要である（第19章）．ストロンチウム(Sr)，バリウム(Ba)，ラジウム(Ra)は生物学的関連性はない．ストロンチウムは花火を目の覚めるような深紅色にする．また，テレビの受像機やモニターのガラスの添加物にも使われている．しかしながら，その放射性同位体の ^{90}Sr は Ca の代わりに骨の中に吸収されうる．バリウムの不溶性塩は，胃の X 線写真を撮るためのバリウム剤に用いられる．微量のラジウム（およびポロニウム(Po)）は，瀝青ウラン鉱の鉱石から Pierre Curie と Marie Curie により 1898 年に単離された（1トンの瀝青ウラン鉱から通常7分の1gのラジウムがとれる）．Marie Curie は，1911 年 12 月 10 日に“ラジウムおよびポロニウム元素の発見による化学の発展に対する貢献”によりノーベル化学賞を受賞

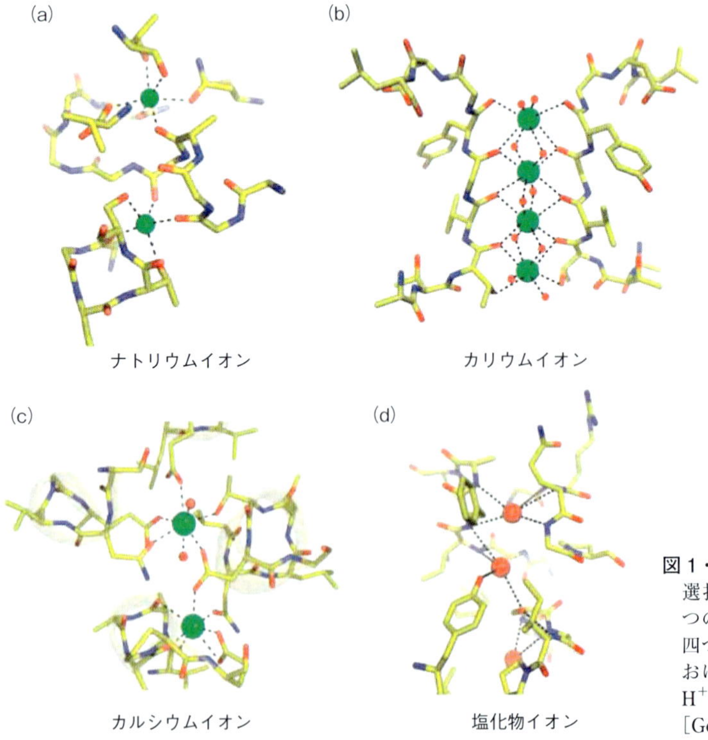

図1・6　Na^+, K^+, Ca^{2+}, Cl^- の輸送タンパク質の選択的結合部位．(a) LeuT Na^+ 輸送体における二つの Na^+ 結合部位．(b) KcsA K^+ チャネルにおける四つの K^+ 結合部位．(c) Ca^{2+}-ATP アーゼポンプにおける二つの Ca^{2+} 結合部位．(d) 変異 ClC 型 Cl^-/H^+ 交換輸送体の二つの中央にある Cl^- 結合部位．[Gouax, MacKinnon, 2005 より]

した．彼女は初めての女性ノーベル賞受賞者であり，しかも二つのノーベル賞を受賞した．2011年世界化学年の四つの目的の一つは，彼女の受賞100周年を祝うことであった*5．図1・7は，彼女が1911年ブリュッセルのホテルメトロポールで開催された第1回ソルベー会議で，他の7名以上のノーベル賞受賞者と一緒にいたときの写真である．

周期表の中央のブロックを占める第3～12族元素は，通常遷移金属あるいはdブロック元素とよばれる．IUPAC*6は，遷移金属を“不完全なd副殻をもつ元素，あるいは不完全なd副殻をもつ陽イオン”と定義している．この定義に従うと，狭義では，第12族元素のZn，Cd，Hgは遷移金属ではない．すなわち，第4～11族元素は通常，第3族のScやYと同様に遷移金属とみなされる．

1869年にMendeleevが有名な元素の分類を提案したとき，現在スカンジウム(Sc)が占めている場所を余白として残さざるをえなかった．しかしながら，彼はそのいくつかの性質を予測し，後の1879年にスカンジナビアでスカンジウムが発見されたときには，その実際の性質と彼の予測が一致し，周期表が一般科学的に受け入れられることに大きな貢献を果たした．スカンジウムも第5周期の同族体イットリウム(Y)も生物学的関連性はない．図1・3の第3族元素のランタン(La)は，ランタノイドとよばれる15元素の最初の元素である．スカンジウムやイットリウムとともに，これらはIUPACにより希土類金属と定義されている（スカンジウムとイットリウムは，ランタノイドと同じ鉱床に見つかる傾向があり，化学的にも同様の性質をもつため，希土類元素と考えられている）．希土類金属のいくつかは，特に風力タービンやハイブリッド車といった環境保全技術に広く使われている．一つの風力タービンが1メガワットの電力を発生するのに，ネオジム(Nd)，ジスプロシウム(Dy)，テルビウム(Tb)といった希土類金属の永久磁石が1トン必要である．トヨタのプリウス車は，そのモーターに1kgのネオジム，電池に10～15kgのランタンを用いていると報告されている．今日，世界の希土類の供給量の97%を中国が生産しており，中国当局は，過剰開発から守るために希土類金属の輸出割当を減らす意向を表明してきた．オーストラリア，ブラジル，カナダ，南アフリカ，グリーンランド，米国のような国々にある代替源の鉱山は，中国が1990年代に世界価格を低下させたときに，その多くが閉鎖され生産を再開する目処が立っていない．数年以内には，世界の希土類金属の需要が年間4万トンを超えると見積もられている*7．残りのランタノイドと

図1・7　ブリュッセルのホテルメトロポールで1911年に開催されたソルベー会議の参加者の写真．座っている人(左から右へ)：Walther Nernst*，Marcel Brillouin，Ernest Solvay，Hendrik Lorenz*，Emil Warburg，Jean-Baptiste Perrin*，Wilhelm Stein，Marie Curie*，Henry Poincaré．立っている人（左から右へ）：Robert Goldschmidt，Max Planck*，Heinrich Rubens，Arnold Somerfeld，Frederick Lindemann，Maurice de Brogli，Martin Knudsen，Friedrich Hasenöhrl，Georges Hostelet，Eduard Herzen，James Hopwood Jeans，Ernest Rutherford*，Heike Kamerlingh Onnes*，Albert Einstein*，Paul Langevin．*はノーベル賞受賞者．

*5　Marie Curieは1903年に，夫PierreとHenry Becquerelとともに放射線の研究でノーベル物理学賞を受賞した．Pierreは雨が降りしきる1906年4月19日，ソルボンヌの近くの丸石を敷き詰めたドフィーネ通りを渡るときに，馬車に引かれて悲惨な死を遂げた．Marieはパリ大学（ソルボンヌ）のPierreの職位を継ぎ，フランス初の女性教授となった．

*6　IUPAC: 国際純正・応用化学連合．

*7　最近の報告によると，供給量が心配されるのは希土類元素ばかりでなく，ヘリウム，リン，銅，そして白金族元素もまた然りである（Critical raw materials for the EU, 2010）．

してガドリニウム(Gd)があるが，必須元素ではない．ガドリニウムは，七つの不対電子に由来する高い磁性や，有利な電子緩和特性のため，磁気共鳴映像法(MRI)の造影剤として広く使われている[*8](図1・8)．ガドリニウムは，水のプロトン緩和時間を劇的に変化させることにより，非造影画像の解剖学的解像度を向上させ，さらなる生理学的情報を与える．

チタン(Ti)は地殻に豊富に存在するが，生物学的に非常に重要な他の第一遷移金属と違って，必須元素ではない．チタンは強く軽い合金として，医療人工装具，整形外科用インプラント，携帯電話等とともに航空宇宙産業で用いられるため，“宇宙時代の金属”といわれている．また，多くの制がん剤において治療可能性を示している．他の二つの同族体であるジルコニウム(Zr)やハフニウム(Hf，コペンハーゲンのラテン語名であるHafniaが語源)はどちらも生物学的関連性はない．

バナジウム(V)の最も重要な工業応用は，硫酸製造の触媒である．その詳細な役割はわかっていないが，バナジウムはおそらくヒトも含めた哺乳類の微量栄養素である．また，バナジウム化合物はインスリン様効果をもつことが示されてきた．バナジウムは，特にある海洋生物では，ハロペルオキシダーゼの成分として必須である．さらに，ニトロゲナーゼ中のモリブデンの代替としてバナジウムをもつ窒素固定生物にとっても必須である．第17章では，謎めいたクロムと一緒に，バナジウムに関して説明する．タンタル(Ta)とニオブ(Nb)の名前は，ギリシャ神話のTantalusとその娘のNiobeに由来する．

鋼鉄にクロム(Cr)を混ぜると腐食に対して高い耐性を示すステンレス鋼になり，クロムを用いる電気メッキとともにクロムの最も大口の利用となっている．微量のクロム(Ⅲ)が糖や脂質の代謝に必要であるという報告が粘り強く報告され続けているが，食事からクロムを完全に取除いてクロム欠乏症になるかどうかは疑問視されている(Di Bona *et al.*, 2010)．クロムが必須であるかについて疑問があるにもかかわらず，クロムはダイエットや筋肉増強のための栄養補給剤として非常に人気があり，ミネラルサプリメントのなかでカルシウムを含む製品についで2位である．モリブデン(Mo)は，先に述べたように，ほとんどの生命体に必須な元素であるが，高熱性細菌や超高熱性古細菌[*9]のようなモリブデンを使わない生命体の酵素では，タングステンに置き換えられている．タングステン(W)は20世紀初頭の電灯のオスミウム(Os)やタンタル(Ta)(その前は炭素)に換わるものとして使用され，しだいにガスランプに取って代わっていった．エジソンは，アルゴンを詰めた電球の中に細く延ばしたタングステンワイヤーを固くらせん状に巻いたものを入れて作ったタングステンランプは，“大衆を照らす光”をもたらし，闇の恐怖をなくすだろうと見通していた．Oliver Sacksは彼の名著“タングステンおじさん”の中で楽しく語られており，化学の発見の歴史は，光の探索とは切り離せないものになっている(Sacks, 2001)．

次の6種の遷移金属，Mn, Fe, Co, Ni, Cu, Znはすべて必須元素であり，後の章で詳しく説明する．第7族元素の最初にあるマンガンの生物学への最も重要な貢献は，植物および地質時代の非常に早い時期のシアノバクテリアの光合成における水の酸化反応に関与する触媒クラスターであり，酸素原子を供与する役割として重要である(第16章)．この反応は酸素分子を生成し，もちろん地球惑星の進化のパターンを変えた．これはおそらく，地球史上最もひどい汚染であり，元来の還元性大気は徐々に酸化的大気に変化した．もちろん，ATP産生において呼吸は発酵より約20倍効率が良いという利点はあったが，高い反応性と毒性をもつ酸素種が生成することによる不都合が伴った(しばしば酸素逆説といわれる)．第7族の他の二つの元素は，どちらも生物学的役割はもたない．テクネチウム(Tc)はスカンジウムのようにMendeleevの周期表の隙間を埋めた．その性質の多くは，1937年に発見される前に予想されていた．テクネチウムは安定な同位体をもたず，その同位体のすべてが放射性である．ほとんどすべてのテクネチウムは人工的に作られ(自然界ではほんのわずかの量が見つけられた)，おもな人工元素の最初であったため，ギリシャ語 τεχνητός(人工的の意)にちなんでテクネチウムと名付けられた．テクネチウムの短寿命同位体である ^{99m}Tc(半減期約6時間)は，PET(陽電子放出型断層撮影)による生体内撮像のためのトレーサーとして，核医学に非常に大きく貢献している．レニウム(Re)は地殻における最も珍しい元素の一つであり，最も高価な工業用金属である(2009

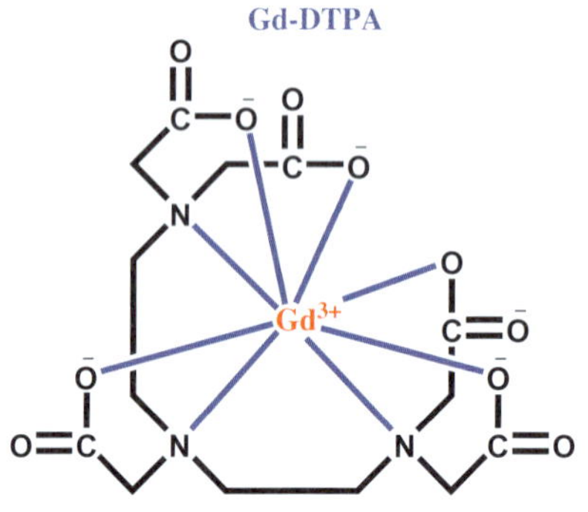

図1・8　MRI造影剤Gd-DTPA(diethylene triamine penta-acetic acid)の化学構造．

＊8　磁気共鳴映像法は，最近20〜30年間の医学治療を変革した非侵襲技術の一つである．
＊9　生物はおもに真核生物，細菌，古細菌の三つに分類される．

年時で 6000 ドル/kg 以上）．最高 6％のレニウムを含むジェットエンジンに最も使われ，その次に重要な用途は工業用触媒である．

上で述べた酸素逆説は，鉄や銅が，有毒で反応性がある酸素種，特に，有名なフェントン反応によるヒドロキシルラジカルを生成する能力に起因している．鉄の多くの多様な役割は，第 13 章でさらに詳しく説明する．ほんの数例をあげると，酸素運搬，酸素を活性化し多様な基質に挿入する酵素，電荷移動タンパク質（ヘム含有シトクロムや鉄-硫黄タンパク質），鉄貯蔵・運搬タンパク質がある．ごくわずかの例を除けば，鉄はほとんどすべての生物に必須である．その最も確からしい理由は，鉄依存リボヌクレオチドレダクターゼにより，DNA 合成に必要なリボヌクレオチドからデオキシリボヌクレオチドへの変換に必要なアミノ酸ラジカルを生成することにある．ロジウム（Rh）やパラジウム（Pd）のように，ルテニウム（Ru）は工業用触媒への応用において重要である．有機金属ルテニウム錯体は，有機化学や薬化学において重要なオレフィンメタセシスの高効率触媒である．また，他のルテニウム錯体は，太陽光エネルギー技術にますます使われるようになっている．さらに最近では，ルテニウムを含む薬剤が抗がん剤として開発されている．オスミウム（Os）は最も高密度の天然元素であり，その四酸化物は電子顕微鏡観察の際に生物組織の染色に用いられる．

コバルト（Co）は，哺乳類においては亜鉛，鉄あるいは銅に比べはるかに低いレベルにあるが，鉄を利用しない乳酸菌（*Lactobacilli*）[*10] のような生命体のリボヌクレオチドレダクターゼを含む，数多くの重要なビタミン B_{12} 依存酵素において不可欠である．これらの生命体のリボヌクレオチドレダクターゼは，ビタミン B_{12} に関連するコバルトを含む補因子を利用する．またコバルトは他の数多くの酵素に使われており，その一部は複雑な異性化反応を触媒する．第 10 族の他の元素であるロジウム（Rh）もイリジウム（Ir）も生物学的意義はもたない．ロジウムの世界生産の 80％もが触媒コンバーターとして使われており，自動車の排ガスからの有毒ガス（炭化水素，一酸化炭素，酸化窒素）の 90％を毒性がより低い物質（窒素，二酸化炭素，水蒸気）に変換する．

ニッケル（Ni）はコバルトと同様に，嫌気性細菌により CH_4, CO, H_2 のような化学種の反応で広く使われているようだ．酸素が出現する前の時期では，それらの代謝は重要であったのだろう．もっと高等な生物，特に植物では，唯一のニッケル含有酵素はウレアーゼである．ほとんどの陸生脊椎動物と同様に，ヒトはタンパク質やそれを構成するアミノ酸の代謝から生じる過剰の窒素を尿素の形で排泄する．陸生脊椎動物は，この尿素を加水分解する酵素をもっていないため，尿素をそのまま排泄している．パラジウム（Pd）やその同族体である白金の供給量の半分以上は，触媒コンバーターに用いられている．また，パラジウムは多くの電子デバイスや燃料電池技術で目にする．有機化学における非常に多くの炭素-炭素結合形成反応（ヘック反応や鈴木カップリング反応など）は，パラジウム触媒により促進され，2010 年にはパラジウム触媒有機反応がノーベル化学賞の対象となった．白金（Pt）は，初めはシスプラチンと名付けられた $Pt(NH_3)_2Cl_2$ のシス体の形で，精巣がんや卵巣がんの治療で大成功を収めてきた．シスプラチン耐性腫瘍が出てきてからも，新しい白金制がん剤が開発されてきた．シスプラチンの詳しい作用機序については，他の多くの金属薬剤の顕著な例とともに，第 22 章で説明する．

酸素が出現したことによる一つの直接的な影響は，新しい酸化還元システムと，それ以前よりはるかに高い酸化還元電位で機能できる酵素が必要になったことである．第 14 章で述べるように，銅は特にこの役割に適していることがわかっており，鉄のように，しばしば酸素が関わる反応に関与している．銀（Ag）と金（Au）は貴金属として知られている．といっても，銀は金と違って，硫化化合物を含む空気に触れると硫化銀を生成し黒ずんでしまう．また，銀の臭化物やヨウ化物は写真のフィルムに用いられている．銀は過去 6000 年にもわたって，細菌感染を防ぐ目的で使用されてきた．特に，火傷の治療で重要であり，抗生物質が導入される前は最も重要な抗菌薬であった．ここ最近数年の間に銀のナノ粒子が登場し，治療目的の優れた薬剤候補として知られてきている．金は，意外でしかも一見して高価な治療薬と思われるかもしれない．それでも，通院の必要がなく，1 日に 3〜6 mg の錠剤が投与できる，経口活性なオーラノフィン（図 1・9）が関節リウマチの金治療に使われており，疼痛治療のための“第二世代”の薬である．

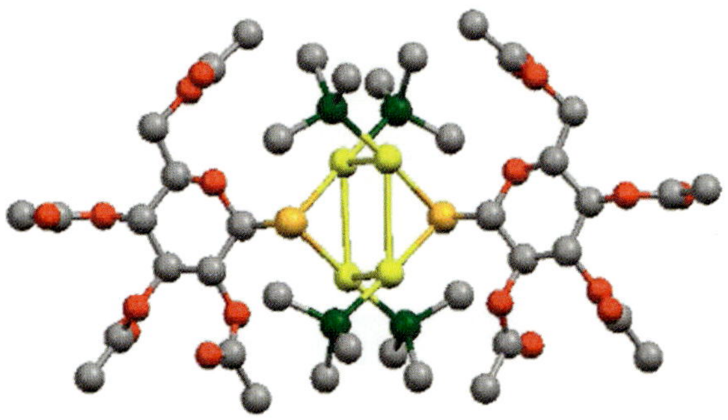

図 1・9　経口抗関節リウマチ薬オーラノフィン．

*10　乳汁中に見つかるのでこのようによばれている．ここでは，鉄結合タンパク質であるラクトフェリンが，微生物が必須元素としている鉄を獲得できないように，鉄に非常に強く結合し隔離している．

第12章に述べるように，亜鉛(Zn)はアルカリ土類金属と多くの類似した性質があり，周期表の中で性質により区分けしたときの一つのブロックに属する．亜鉛と他の二つの同族元素であるカドミウムと水銀は，ホウ素族の三つの重元素に似ている．亜鉛は，酵素触媒においてルイス酸として働くことに加え，タンパク質分子を構造的に安定化する役割を担っている．また，多くの真核生物のDNA結合タンパク質においては，亜鉛フィンガーとよばれている特徴的な構造モチーフにも含まれ，DNAからRNAへの転写を制御する．第12族の他の二つの元素であるカドミウム(Cd)と水銀(Hg)は，第23章で説明するように，どちらも有毒である．カドミウムはイタイイタイ病の原因であり，水銀は“帽子工病”の病因である．硝酸水銀は，帽子工がシルクハットの生産に用いられているフェルトをより硬くするために使用していた．水銀蒸気に長い時間曝されていると，水銀中毒になる．被害者は“帽子工病”とよばれた重篤な筋振戦や手足の痙攣を発症した．また，他の症状としては，視野の乱れや会話障害がみられた．さらに重篤になると幻覚や他の精神病の症状が現れた．ルイス・キャロルの“不思議の国のアリス”の中で，いかれ帽子屋のお茶会（図1・10）が古典的に描写されているが，そこで使われている“mad as a hatter（帽子屋のように狂った）”という表現をうまく説明するものかもしれない．

第13～16族の元素は，半金属，金属，非金属の三つのカテゴリーに分けられる（図1・3）．酸素，窒素，リン，硫黄，セレン，そして塩素やヨウ素を含むハロゲンのうちいくつかがもつ重要な生物学的な役割については，第18章で説明する．

半金属のホウ素(B)，ケイ素(Si)，ゲルマニウム(Ge)，ヒ素(As)，アンチモン(Sb)，テルル(Te)は，金属と非金属を分ける斜めの線に沿って並んでいる[*11]（図1・11）．半金属のいくつか（B，Si）は，生体システムにおいて有益で必須の役割をもっているが，その他（As，Sb）は毒性が高い．よって，すべての生命体は，半金属が存在するときに，効果的な代謝のために十分な量を獲得するか，あるいは逆に，毒性を防ぐために排除する必要があるか対応しなければならない．主要内在性タンパク質（major intrinsic proteins, MIP）は，水や電荷をもたない溶質の拡散を促進する選択的膜チャネルのファミリーである．最近，細菌，菌類，原生生物，哺乳類，植物中に存在する，溶質チャネルのMIPファミリーに属する特定のタンパク質が，還元されて電荷をもたず，ポリヒドロキシ化された形をとるさまざまな半金属の拡散を促進することが証明されている（図1・11）．

図1・10 いかれ帽子屋のお茶会．［Lewis Carroll，“不思議の国のアリス”より］

植物におけるホウ素(B)の本来の役割は80年以上前に初めて記述されており，酵母や，ヒトを含めた哺乳類において必須の元素であるという証拠が増えてきている．ここ10年ぐらいの間に，植物細胞壁中のホウ素の主要な機能は，植物中に広く存在し重要な構造成分であるラムノガラクツロナン分子を架橋することであることが証明されてきている．これは植物がホウ素を非常に必要としていることを意味する．ホウ素は地殻に広く分布しており（1 kg当たり5～100 mg），おもにホウ酸[$B(OH)_3$]の形で存在する．pHが高くなると，この弱ルイス酸は電荷をもち，炭酸水素イオンと物理化学的性質が似ているホウ酸イオン[$B(OH)_4^-$]を生成する．最近，シロイヌナズナを用いた分子遺伝学的実験により，2種類のホウ酸運搬体，ホウ酸チャネルNIP5;1とホウ酸/ホウ酸塩排出体BOR1が同定されている．両タンパク質は，ホウ素が制限されている状態での植物成長に必要であり．さらに，BOR1同族体は哺乳類のホウ素恒常性や，酵母や植物のホウ酸毒性耐性に必要であることがわかっている（Takano, Miwa, Fujiwara, 2008）．ホウ素を必要とするより高等な動物として，シマウマ，魚類，カエルがあげられる．ホウ素が哺乳類の完全なライフサイクルに必須であることを証明する実験，あるいは，ホウ素が生化学的にどのような役割をしているかを明らかにする実験はまだ十分に行われていない．しかしながら，ホウ素が欠乏した実験動物とヒトについて，ホウ素の含有量を調整した餌を使って比較すると，骨の成長や維持，脳機能，炎症反応制御に弊害が生じることがわかっている．

地殻中に酸素についで2番めに多いケイ素(Si)は，哺乳類に必須の元素であり，骨や結合組織の成長に重要であるといわれている．ケイ素は，1970年代に初めて必須な栄養素であると報告されたが，哺乳類にとってなぜケイ素が

＊11 ビスマスやテルルに化学的に似ているポロニウムは，しばしば金属と考えられている．

非常に重要なのかがわかってきたのは，ほんの数年前のことである．最近の研究では，ケイ素がコラーゲンの形成を促進することが確認された．このタンパク質は，骨を強く柔軟にし，関節軟骨に緩衝機能を与え，骨の石灰化が起こる足場を与える．これとは対照的に，ケイ素は植物，特にイネ科植物や，珪藻（ケイ質細胞壁をもつ単細胞微細藻類の一種）のような単細胞生物の多くに，主要元素として見いだされている．ケイ素は植物の成長や生産に有益な効果をもたらし，高等植物においては新芽の乾燥重量の 10% を占めることがある．根はケイ酸の形でケイ素を摂取するが，最近，MIP ファミリーに属するケイ酸流入および流出運搬体が，米，大麦，トウモロコシを含むイネ科植物から同定されている．

また，MIP タンパク質はヒ素やアンチモンの摂取チャネルとして同定され，このような毒性のある元素がどのように食物連鎖に入りうるかを示した．もし MIP が半金属系の細胞毒性薬の侵入経路にあるならば，その異なる基質特異性や，薬物の標的細胞の MIP と患者の細胞の MIP の間の摂取経路を，半金属系薬物を治療標的に移動させることに利用できる可能性があるだろう．ヒ素はヒトには非常に毒性が強いが，ナポレオンの死因がヒ素中毒であったことについては，皇帝の毛髪中のヒ素のレベル（おそらく，セント・ヘレナ島にあった彼のアパートの壁紙上の緑の色素の真菌活性から導かれたのだろう）に基づいて多くの臆測がなされてきた．

セレン(Se)とヒ素(As)の間の興味深い相互作用が明らかになってきており，それによると，セレンは哺乳類の血流中のヒ素の無毒化においてきわめて重要な役割を果たしている．ヒ素は，セレンを含む小麦に起因するラットの肝臓障害を防ぐ．それぞれは毒性が高いヒ素とセレンが相互に無毒化するためには内因性のトリペプチド，グルタチオンが必要とされる．これは生体内で，酵素の助けを借りずに，赤血球中で As–Se 化合物，セレノ-ビス(*S*-グルタチオニル)アルセニウムイオン(図 1・12)を生成し，さらに胆汁中に排泄される（Prince *et al.*, 2007）．

残りの半金属のうち，ゲルマニウム(Ge)は光ファイバーに広く使われている半導体である．ポロニウム(Po)は，Pierre と Marie Curie により発見され，その頃はまだ独立していなかった（ロシア，プロイセン，オーストリアの一部であった）彼女の祖国ポーランドにちなんで名付けられた．致死量の ^{210}Po による急性放射線症候群により殺されたアレクサンドル・リトビネンコについては第 23 章で述べる．

アルミニウム(Al)は地殻には非常に広く存在するが，生命体には使われていない．アルミニウムは，アルツハイマー病に関わっている可能性は非常に低いとはされている

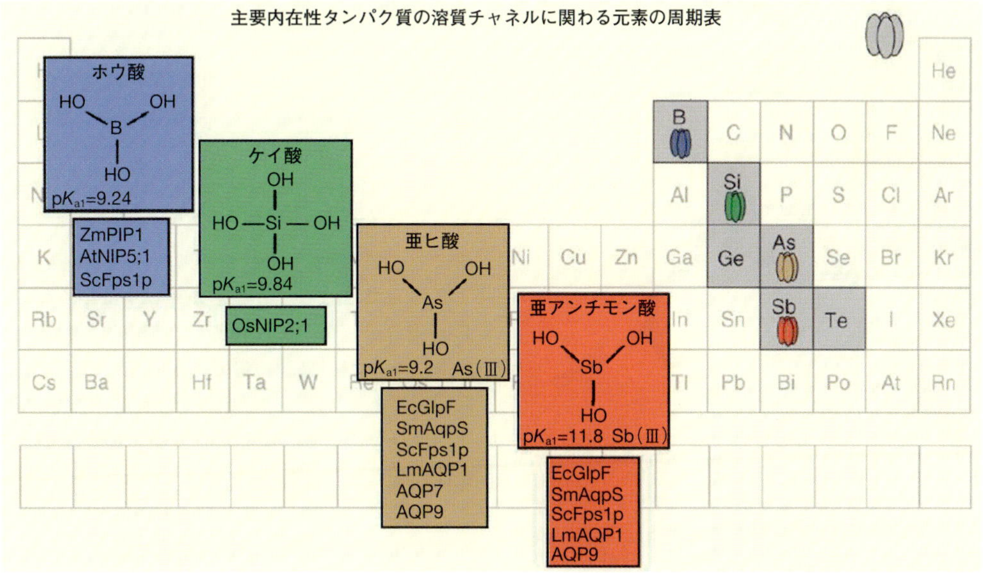

図 1・11　半金属輸送系．半金属元素のグループは灰色で強調されている．電荷的に中性な半金属の水酸化物は，いくつかの主要内在性タンパク質(major intrinsic protein, MIP)を通して供給される．それらのうち四つ(ホウ酸，ケイ酸，亜ヒ酸，亜アンチモン酸）の化学構造と最初の pK_a 値を示した．これらの水酸化物の輸送を担う主要内在性タンパク質をそれぞれの構造式の下に記載した．略語は以下の通り．At：*A. thaliana*（ナズナ）．Ec：*E. coli*．Lm：*L. major*（リーシュマニア）．Os：*O. Sativa*（イネ）．Sc：*S. cerevisiae*（酵母）．Sm：*S. melloti*（酵母）．Zm：*Z. mays*（トウモロコシ）．AQP7 および AQP9：哺乳類相同体．AQP：アクアポリン．［Bienert, Schüssler, Jahn, 2008 より．Elsevier の許可を得て転載．©2008］

ものの，長い間，神経毒として知られている．特に石炭火力発電所から排出される二酸化硫黄や酸化窒素に起因する酸性雨は，アルミニウムの溶解性や生物学的利用能を増加させることは明らかである．その毒性については，第23章でも説明する．ガリウム(Ga)は必須元素ではないが，Ga^{3+}とFe^{3+}は似ているため，ガリウムはトランスフェリンやフェリチンのような鉄の運搬や貯蔵に関わるタンパク質に結合する．ガリウムの放射性同位体^{67}Gaは多くの腫瘍，炎症部位，感染部位に非常によく集まり，また多くの腫瘍はトランスフェリン受容体を過剰に発現させるため，腫瘍イメージングに用いることができる．

第14族では，スズ(Sn)は生物種によっては必須微量元素であると考えられているが，詳細な役割はわかっていない．シスプラチンの抗腫瘍活性が発見されてからは，他の多くの有機金属化合物が合成され，それらの治療薬としての有用性が調べられ，いくつかの有望な有機スズ化合物が見つかった．スズはもちろん，青銅中の銅（青銅器時代はおよそ紀元前3500年から始まった）や白目（ピューター）中の鉛とともに，多くの合金の重要な成分である．鉛(Pb)は毒性が高く，特に社会的に貧しいスラム街の子どもたちの間で起こっている鉛中毒*12の原因である．環境中の鉛の毒性は，ヘムの生合成に必要な重要な亜鉛酵素であるポルホビリノーゲンシンターゼに鉛が非常に高い親和性（結合定数10^{15} M）をもつことで分子レベルの説明がなされている．

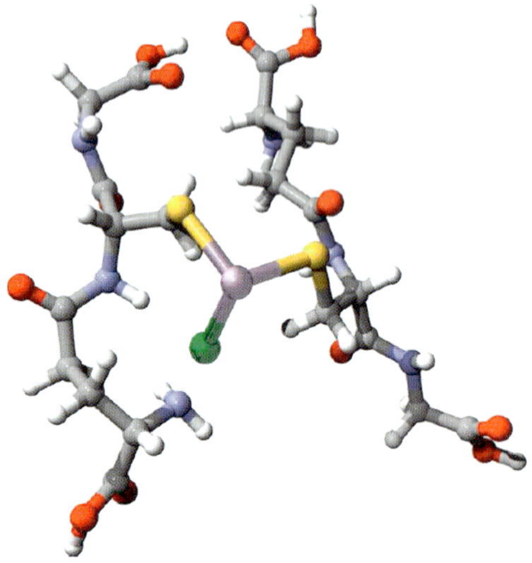

図1・12　セレノ-ビス(*S*-グルタチオニル)アルセニウムイオンの一つの配座異性体の計算構造．緑: Se，薄紫: As，黄: S，赤: O および H，青: N，灰: C．［Prince *et al.*, 2007より．Elsevierの許可を得て転載．©2007］

フッ素(F)はヒトに対して十分に確立された有益な働きをしている．人体のフッ素のほとんどは骨と歯に含まれる．フッ素は骨を硬くするのに必要な成分であり，また歯のエナメル質に虫歯への抵抗力を与えることに役立っている．フッ素が有益な効果を及ぼす機構として，フッ素が歯のエナメル質のヒドロキシアパタイトをつくって象牙質を溶けにくくし，酸攻撃に対する抵抗力を増加させること，そして，カルシウム，マグネシウムおよびリンの代謝，組織の沈着と利用状態を変化させることがあげられる．動物実験により，フッ素は骨の強度を増強させ，その含量が1200 μg/gに達すると強度はピークに達し，さらに高濃度になると強度は低下し，最終的には正常な機能を損なった骨質になってしまう．しかしながら，フッ素が完全なライフサイクルに必要かどうか，あるいは生命に必要なフッ素の生化学的役割は何かを明らかにするための実験が十分ではなく，フッ素が必須栄養素であるとみなすことはできない．さらに，過剰のフッ素は歯にまだらな染みを生じさせる．これは歯のエナメル質がより多孔質になる，歯のフッ素症として知られている．特に子どもの虫歯を防ぐために飲料水にフッ素を添加することは，潜在的毒性の理由で批判されている．しかし，使用されているフッ素の濃度は，多くの重要な酵素を阻害するのに必要な濃度に比べ，桁違いに低いものである．

臭素(Br)は，生物学的な役割は明らかにされていないものの，植物や動物に必須であると考えられている．臭素は消火特性をもっており，防火剤や難燃性プラスチックの製造に使われている．ブロモペルオキシダーゼについては，第17章で詳しく述べる．

ヨウ素(I)は，甲状腺でつくられる二つの関連するホルモン，トリヨードチロニン(T_3)およびチロキシン(T_4)の作用によって，哺乳類の代謝制御において重要な役割を果たす必須元素である．ヨウ素の存在量は多くないが，T_3とT_4の両方がつくられる甲状腺に積極的に濃縮されている．

ヘリウム(He)は他の**貴ガス**と同様に不活性ガスであり，低密度のためしばしば風船に使われる．また，吸入すると声が滑稽な感じで移調しかなり高い音域になってしまう．とはいっても，実際のカウンターテナー風になるのではなく，人気アニメのキャラクターの声にとても近い．先に述べたように，ヘリウムの世界供給は底をつきつつある．ネオン(Ne)*13はチューブに封入して放電すると発光性をも

*12　慢性鉛中毒: Saturnは鉛の錬金術師の名前である．鉛(Pb．ラテン語で*plumbum*)は柔らかく打ち延ばしができるので，ローマ時代から国内の配管に使われていた．ローマ皇帝が晩年体調を崩したのは，配管のせいではなく白目(ピューター)の杯を使っていたからかもしれない．現代の配管工は鉛を使ったことがあるとは考えにくい（今はもっぱら，他の金属やプラスチックが使われている）．小さい子どもがPbに惹かれるのは，それが非常に甘い味がするからである．

*13　neonは，ギリシャ語で新しいという意味の“*neos*”から派生している．

つ．アルゴン(Ar)は，ヘリウムとは対照的に，空気より重いため，嫌気的に作業するときの理想的な媒体である(すなわち，アルゴンで充満したグローブボックスの底であらゆるものを扱うことができる)．

元素については後により詳しく説明するので，多くは述べずに，これで簡単な序論を終わりにする．良くも悪くも，生体内で重要な働きをもつ他の多くの金属イオンの多様な役割についていくぶんは示したつもりである．

文　献

Bienert, G.P., Schüssler, M.D., & Jahn, T.P. (2008). Metalloids: essential, beneficial or toxic? Major intrinsic proteins sort it out. *Trends in Biochemical Sciences, 33*, 20–26.

Di Bona, K.R., Love, S., Rhodes, N.R., McAdory, D., Sinha, S.H., Kern, N., *et al.* (2010). Chromium is not an essential trace element for mammals: effects of a “low-chromium” diet. *The Journal of Biological Inorganic Chemistry, 16*, 381–390.

Gouaux, E., & MacKinnon, R. (2005). Principles of selective ion transport in channels and pumps. *Science, 310*, 1461–1465.

Flohé, L. (2009). The labour pains of biochemical selenology: the history of selenoprotein biosynthesis. *Biochimica et Biophysica Acta, 1790*, 1389–1403.

Levi, P. (1985). *The periodic table*. London: Michael Joseph, p. 233.

Sacks, O. (2001). *Uncle tungsten. Memories of a chemical boyhood*. London: Picador.

Takano, J., Miwa, K., & Fujiwara, T. (2008). Boron transport mechanisms: collaboration of channels and transporters. *Trends in Plant Science, 13*, 451–457.

Wolfe-Simon, F., *et al.* (2010). A bacterium that can grow by using arsenic instead of phosphorus. *Science, 2* Dec, 2010.

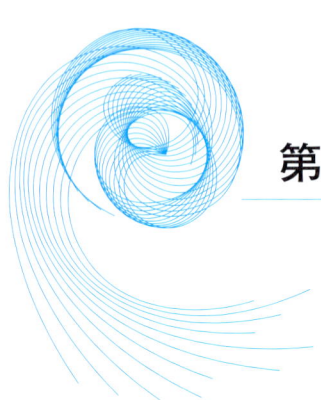

第2章

錯体化学の基礎
生物学者にむけて

2・1　はじめに

生物無機化学はもともと学際的な分野である．そのため，生物学のみ，あるいは化学のみを専攻している学生にとっては用語や概念が難しく感じられるだろう．生物学を専攻する学生にとって最大の課題は，化学種同士の相互作用に関する概念の理解である．化学種には電荷をもつものももたないものもあるが，その電子構造や対称性について学ぶことは化学結合の理解に必須である．この章では，基本的な概念を金属イオンと有機分子との相互作用を中心に説明する．

電子の振る舞いを簡単にイメージするには，負の電荷をもった雲を考えるとよい．この雲は原子核の周りの定まった（しかし任意に定義できる）空間を占めている．電子が占める空間のことを軌道とよぶ*1．一つの軌道には最大で2個の電子が入り，それらのスピンは逆向きになっている．s軌道は球状であり，p軌道はダンベル型をしている．p軌道は3種類存在し，それぞれ直行座標系の x 軸，y 軸，z 軸に沿っている．d軌道（d_{z^2} 軌道を除く）は四つのローブが図2・1に示す向きに並んだ形をしている．f軌道は7種類あるが，詳細は本書の範囲を超えるため割愛する．

2・2　化学結合の種類

原子は化学結合によって結びつく．その結合は電子によって形成される．1個の原子がつくる結合の本数（原子価）は，最外殻（原子価殻）にある不対電子の数によって決まる．結合が形成されると，それぞれの原子の電子配置は貴ガス原子と同じになる*2．

イオン結合

原子が電子を引きつける力の度合いのことを電気陰性度という．原子の電気陰性度に大きな差があると，片方の原子の電子殻から別の原子の電子殻へ電子の移動が起こることがある．結果として，電荷をもった化学種（イオン）が生成し，それらは静電力によって結びつく．この結合は**イオン結合**とよばれ，強く分極しているという特徴がある．イオン結合は化学結合のなかでも最も単純かつ一般的なも

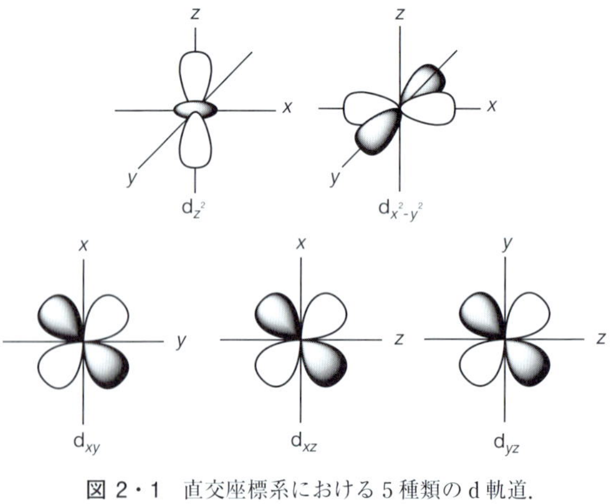

図2・1　直交座標系における5種類のd軌道．

---

*1　厳密に言うと，軌道は物理的に実在するものではない．原子を理論的に記述する複雑な波動方程式の特殊解である．それぞれの軌道は，スペクトル線を表す用語（sharp, principal, diffuse, fundamental）の頭文字を取って名付けられた．

*2　周期表（図1・3）の第18族にあるHeを除く貴ガスはすべて，最外殻に8個の電子をもつ．

のである．たとえばNaClは[Na^+Cl^-]と書くことができる．ナトリウム原子は1個の電子を失ってネオンと同じ電子配置になり，塩素原子は電子を受け取りアルゴン原子と同じ安定な電子配置になっている．イオン化合物には，ほかにも$MgCl_2$ [$Mg^{2+}Cl^-{}_2$] や$CoBr_3$ [$Co^{3+}Br^-{}_3$] といった例があげられる．

共有結合

二つの原子が互いに近い位置にあるとき，それぞれの原子の軌道の間に重なりが生じ，1個もしくは複数の電子が共有される．軌道の重なりによって形成される結合を**共有結合**とよぶ．安定な結合が生じるのは十分な軌道の重なりがある場合である．すなわちH_2分子のように両方の原子が半充塡軌道をもつ場合，もしくは一方の原子の軌道に電子がすべて充塡され，もう片方の原子が空の軌道をもつ場合である．完全な共有結合はH_2など同じ元素からなる分子でみられる．HClなど多くの化合物は，複数種の元素からなり原子間の電気陰性度に差があるため，その結合はイオン結合と共有結合の中間の性質をもっている．

配位結合は共有結合の特別なケースである．配位結合では，共有される電子は片方の原子（ドナー原子）から提供される．しばしばドナー原子は部分的な負電荷をもち，電子を受容するアクセプター原子は部分的な正電荷をもつ．たとえば$CoBr_3 \cdot 3NH_3$は配位結合により形成し，配位化合物*3とよばれている（図2・2）．

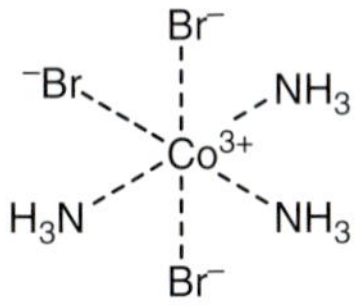

図2・2　配位化合物$CoBr_3 \cdot 3NH_3$の構造．

配位化合物は，中心原子もしくはイオン（たとえばCo^{3+}）と，それを取囲む電子豊富な配位子（たとえばNH_3）からなる．中心原子・イオンに直接結合する（配位する）配位子の数は通常2個から9個の間である．配位子は単原子の場合もあるが，イオンや分子の場合もある．金属原子に直接結合している配位子が存在する範囲を内圏といい，電荷を中和する対イオンは外圏に存在する．配位化合物は一般に錯体ともよばれ，中性の錯体も電荷を帯びた錯体もある．その構造は，配位数（中心原子に結合している配位原子の数）および配位構造（配位子の幾何学的な配置や錯体全体の対称性）によって特徴づけられる．中心のイオンはさまざまな酸化数をとるが，配位化合物を形成しても酸化数はほとんどの場合一定である．次節からは配位化学の基本を，生物無機化学との関連性とともに説明する．

2・3　ハードな配位子とソフトな配位子

1923年に，米国の化学者G. N. Lewisは酸と塩基のより一般的な定義を発表した．従来の定義はプロトンの移動に着目していたが，Lewisの定義はプロトン移動を伴わない酸塩基反応も扱える．この定義では，ルイス酸は電子対の受容体であり，ルイス塩基は電子対の供与体であるとする．この考えは金属と配位子の相互作用にも適用できる．すなわち，配位子は電子対供与体であるのでルイス塩基，金属イオンは電子対受容体であるのでルイス酸となる．

金属イオンは，配位子に対する親和性に基づき，経験的に二つのグループに分類される．イオン半径が大きく分極率の高い金属イオンは，イオン半径が大きく分極しやすい配位子と親和性が高い．逆に，イオン半径が小さく分極率の低い金属イオンは，小さくて分極しにくい配位子を好む．金属イオンが酸，配位子が塩基であることをふまえ，前者を**ソフト**な酸・塩基，後者を**ハード**な酸・塩基とよぶ．このように金属イオンや配位子を分類することにより，金属–配位子結合の強さや錯体の安定性をある程度予測することが可能である．

それぞれのグループの一般的な性質を表2・1にまとめた．例として，生物無機化学において重要な金属イオンや配位子の分類も示した．一般に，ハードな酸（イオン）は

表2・1　生物学的に重要な金属イオンと配位子の“ハード・ソフト-酸塩基”則に基づく分類

	酸 / 電子受容体（金属イオン）	塩基 / 電子供与体（配位子）
ハード	・電荷密度が高い ・イオン半径が小さい ・励起されやすい外殻電子をもたない ・Na^+, K^+, Mg^{2+}, Ca^{2+}, Cr^{3+}, Fe^{3+}, Co^{3+}	・分極率が低い ・電気陰性度が高い ・エネルギー準位が高い空軌道をもつ ・酸化されにくい ・H_2O, OH^-, CO_2^-, CO_3^{2-}, NO_3^-, PO_4^{3-}, $ROPO_3^{2-}$, $(RO)_2PO_2^-$, ROH, RO^-, R_2O, NH_3, RNH_2, Cl^-
中程度	・Fe^{2+}, Co^{2+}, Ni^{2+}, Cu^{2+}, Zn^{2+}	・NO_2^-, SO_3^{2-}, Br^-, N_3^-, イミダゾール
ソフト	・電荷密度が低い ・イオン半径が大きい ・励起されやすい外殻電子をもつ ・Cu^+	・分極率が高い ・電気陰性度が低い ・エネルギー準位の低い空軌道をもつ ・酸化されやすい ・RSH, RS^-, CN^-, CO

*3　配位化合物を他の分子化合物と区別しなければならない理由はないが，ここでは便宜上慣習に従う．

ハードな塩基（配位子）を好み，中間もしくはソフトな酸（イオン）はソフトな塩基（配位子）と安定な錯体を形成する．ハードな酸塩基の相互作用はおもにイオン性であり，ソフトな酸塩基では軌道の相互作用が主である．

表2・1には示されていないが，配位子–金属の相互作用には数々の具体例がある．たとえば，Mg^{2+} はしばしばリン酸基に結合する（第10章参照）．カルボン酸が配位した Ca^{2+} もよくみられる．血液凝固カスケードでみられるタンパク質分解酵素でも，Ca^{2+} が γ-カルボキシグルタミン酸残基に結合している．Cu^{2+} はヒスチジンに結合する例がよく知られている．医薬品や環境汚染物質として知られる金属種も同様の配位子に結合する．Al^{3+} や Ga^{3+} はハードな酸に分類され，Cd^{2+}，Pt^{2+}，Pt^{4+}，Hg^{2+} および Pb^{2+} などはソフトな酸である．

配位子は，中心原子に供与される電子の数や，中心原子との間に形成する結合の本数によって分類される．ある配位子が中心原子に配位するとき，そのドナー原子の数を配位座数という．1個のドナー原子をもつ配位子を単座配位子，2個のものを二座配位子，3個の場合を三座配位子とよぶ．複数のドナー原子を含む配位子は多座配位子という．一つの原子に直接配位する多座配位子をキレート剤とよび，このようにしてできた錯体をキレート化合物とよぶ．

キレート効果

水中の金属イオンは水分子と錯体を形成している．配位した水分子が他の配位子に置換されると，一般に錯体とよばれる化学種になる．水分子が多座配位子に置換された錯体は，単座配位子からなる錯体と比べて，より安定になる．

このような安定化は**キレート効果**とよばれる．キレート効果は，錯体形成に伴うエントロピーの増大により説明できる．もともと配位していた単座配位子（この場合は水分子）が金属イオンの配位圏から離れると，系中の分子の数が増加する．このエントロピーの増加がキレート効果による安定化の理由である．キレート効果は(五員環以上では)キレート環の大きさとともに減少する．キレート配位子の錯体形成能は pM（M は中心金属イオン）を用いて表せる[*4]．pM が大きくなるほど形成するキレート錯体は安定となる．pM を使えば，配位座数が異なるキレート配位子間の比較も可能である．

キレート化反応は医薬品においても重要である．遺伝性疾患である地中海貧血(サラセミア)[*5] の治療には，定期的な輸血とともに，六座キレート配位子であるデフェロキサミン（デスフェラール®，DFO）の投与による過剰な鉄の除去が必要である．デフェロキサミンの pFe 値は 27 であり，その構造を図2・3に示した．デフェロキサミンは Fe^{3+} に結合すると，3個のプロトンを失う．金属イオンの正電荷が配位子の共役塩基（酸の陰イオン）を安定化することは，錯体化学における基本的な現象である．生体内に存在するほかの配位子，たとえば水分子，アルコール，カルボン酸，イミダゾール，フェノール，リン酸，チオールなども同様である．特に水分子は，脱プロトンして水酸化物イオンを生成する．これは，加水分解を触媒する種々の金属酵素において重要と考えられている．たとえば，炭酸脱水酵素(炭酸デヒドラターゼ)における Zn^{2+} の役割を考えるとよい（第12章参照）．

コリンおよびポルフィリンも，天然のキレート配位子の重要な一群である（図2・4）．これらは熱力学的に非常に安定である．四つのピロール環がほぼ同一平面上に位置

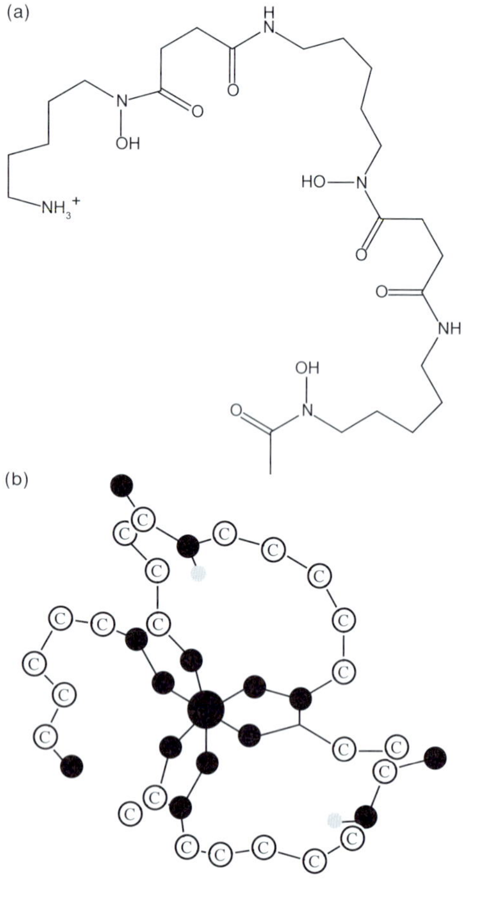

図2・3　(a) キレート配位子であるデフェロキサミン (DFO)，および (b) その鉄錯体．

*4　Ken Raymond が提唱した指標である．pM は，錯体を形成していない遊離の金属イオン M_{aq}^{n+} の濃度の対数に，−1を乗じたものである（$pM^{n+} = -\log[M_{aq}^{n+}]$）．$[M_{aq}^{n+}]$ は標準的な条件（すなわち pH 7.4, 25 ℃）で，配位子の総濃度を 10^{-5} M，金属イオンの総濃度（$[M_{aq}^{n+}]_{tot}$）を 10^{-6} M として，錯体形成定数から計算される．

*5　地中海貧血では，血液中のヘモグロビンが異常な形になっている．

し，窒素原子がさまざまな金属イオンに配位する．ヘムでは Fe^{2+} が，クロロフィルでは Mg^{2+} が，ビタミン B_{12} では Co^{3+} が結合している．

タンパク質ではキレート効果がより重要になる．タンパク質の立体構造により，金属イオン周りの配位構造が制限されるためである．金属配位に関与する配位子が限られ，錯体の立体化学も制限を受ける．疎水性・親水性といった化学的環境や，配位圏に存在するアミノ酸残基間の水素結合などの影響も受ける．ここでは例として Cu/Zn スーパーオキシドジスムターゼ(SOD)をあげよう．SOD の亜鉛結合部位は Zn^{2+} に対する高い親和性をもつ．そのため，金属イオンを含まない SOD は，溶液中から Zn^{2+} を結合部位に取込むことができる．また，Cu^{2+} を 2 個含む SOD に過剰量の Zn^{2+} を加えると，亜鉛結合部位にあった Cu^{2+} が Zn^{2+} に置き換わることが知られている．

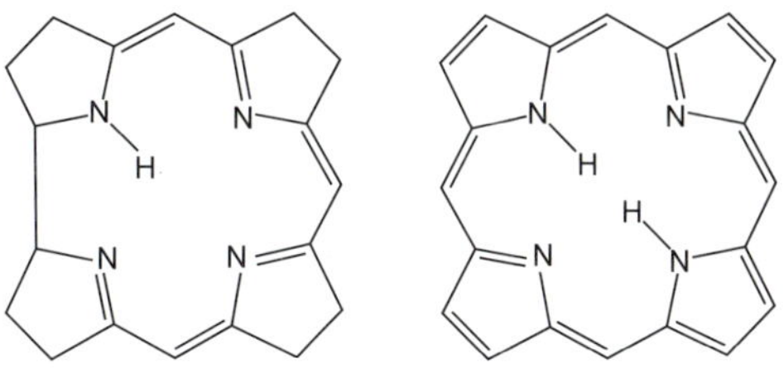

図 2・4　コリン(左)とポルフィリン(右)の構造．

2・4　配 位 構 造

分子の形状，すなわち幾何構造は，分子内の結合の三次元的な配置によって決まる．結合をつくる共有電子対は二つの原子核に引きつけられている．一方で，異なる電子対は静電反発を最小にするように互いに遠ざかろうとする．このことをふまえると，中心原子の価電子殻の電子対の数に基づいて分子の形を予測することができる．電子対の数が 2 個の場合，その分子は直線状の構造になる．3 個の電子対があるときは三角形に，4 個では四面体の各頂点に電子対が位置する構造になる．電子対の数が 5 個のときは 2 種類の構造が考えられる．一つは三方両錐形，もう一つは四角錐形であり，前者の方がより安定である．表 2・2 に考えられる安定構造をまとめた．

表 2・2　中心金属の価電子殻の電子対の配置

電子対の数	予想される安定構造
2	直線形
3	正三角形
4	四面体
5	三方両錐形
	四角錐形
6	八面体

二原子分子は直線形であり，非共有電子対(孤立電子対)をもたない三原子分子も直線形となる．しかし，孤立電子対がある場合は，直線構造からのずれがみられる．共有電子対は 2 個の原子核に引き寄せられるのに対し，孤立電子対は片方の原子核に引きつけられる．そのため孤立電子対は，原子核周りのより多くの空間を占めている．たとえば，水分子は“曲がった”構造となり，H-O-H のなす角度は 180° より小さい．これは，酸素原子の二つの孤立電子対間の静電反発によるものである．

電子雲モデルを用いると，分子の形についての合理的な予測が得られる．しかし，結合に関与しない孤立電子対の

表 2・3　一般的な混成軌道

重なり合う軌道	混成軌道の名称	構　造	例
1 個の s 軌道と 3 個の p 軌道	sp^3	四面体	C
1 個の s 軌道と 2 個の p 軌道	sp^2	三角形	B
1 個の s 軌道と 1 個の p 軌道	sp	直線形	Be
1 個の s 軌道と 3 個の p 軌道，1 個の d 軌道	sp^3d	三方両錐形	Fe, Co
1 個の s 軌道と 3 個の p 軌道，2 個の d 軌道	sp^3d^2	八面体	Ti

表 2・4　4 配位および 6 配位の金属イオンの配位構造の例

配位数	錯体の配位構造	例
4	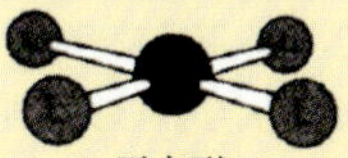 正方形	$[Cu(NH_3)_4]^{2+}$ (平面正方形)
	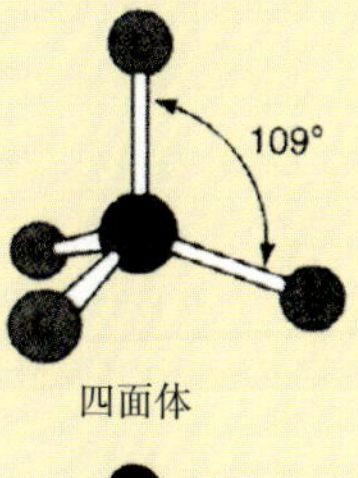 四面体	$CuCl_4$ (四面体)
6	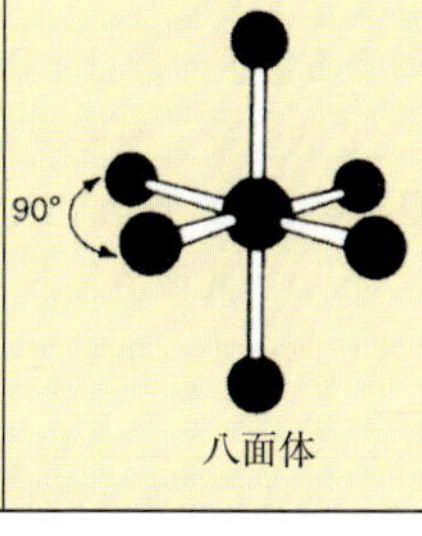 八面体	Fe^{3+}-デフェロキサミン

位置までは説明できない．その限界は，元素の原子価と価電子殻の不対電子数の関係を考えれば明らかだろう．酸素原子は2個の不対電子をもち，その原子価は2である．一方，炭素原子は酸素と同じ2個の不対電子をもつが，原子価は2ではなく4である．予想より多い炭素の原子価は，原子価軌道の再編成によって説明できる．原子軌道の混合により，もともとと異なる形と方向性をもつ軌道になる．これを混成軌道とよぶ．混成軌道の種類と形を表2・3に示す．

錯体の構造も同様に，中心原子の配位数に基づいて予測できる．配位数が2や3の錯体は多くはない．2配位では直線形，3配位では平面形もしくは錐形の構造をとる．最も重要なのは4，5，6配位であり，多くの金属イオンは6配位の錯体を形成する．生体系でよくみられる配位構造を表2・4にまとめた．

2・5　酸化還元の化学

配位子のドナー原子の性質と金属周りの立体化学は，酸化還元活性な金属イオンの酸化還元電位にも大きな影響を与える．ここで，酸化還元電位について説明が必要だろう．酸化還元反応も化学種の移動という意味では，その他の化学反応と同様である．たとえば加水分解反応では，官能基が水分子に移動して反応が進行する．酸化還元反応の場合は，電子が**電子供与体**(還元剤)から**電子受容体**(酸化剤)へと移動する．下記の反応では，還元剤であるCu^{+}が酸化されてCu^{2+}になり，酸化剤であるFe^{3+}が還元されてFe^{2+}になる．

$$Fe^{3+} + Cu^{+} \rightleftharpoons Fe^{2+} + Cu^{2+} \qquad (1)$$

酸化還元反応は，二つの半反応，すなわち**酸化還元対**に分けて考えることができる．電子受容体(酸化剤)が還元される反応と，共役する電子供与体(還元剤)が酸化される反応である．

$$Fe^{3+} + e^{-} \rightleftharpoons Fe^{2+}\text{(還元)} \qquad (2)$$

$$Cu^{+} \rightleftharpoons Cu^{2+} + e^{-}\text{(酸化)} \qquad (3)$$

二つの半反応(2)および(3)の和が，全体の酸化還元反応(1)となる．ここで示した半反応は，ミトコンドリアの電子伝達系の末端酸化酵素でみられ，シトクロムcオキシダーゼが担っている．この反応の詳細は第13章と第14章で説明する．

酸化還元に伴って移動する電子の数は1個とは限らない．多くの生化学反応で，2個の電子が移動することが知られている．**共役酸化還元対**は，**共役酸**(HA)や**共役塩基**(A^{-})と似た概念である．しかし共役酸塩基とは異なり，二つの半反応を別々の電気化学セル（半電池）に物理的に分離することができる．図2・5に示す例では，酸化反応が起こる半電池から電子が移動し，二つの電極間を結ぶ電線に電流が流れる．回路を結ぶ塩橋を通ってイオンが移動し，二つの半電池の電気的中性が保たれる．

標準還元電位$E^{\circ\prime}$は，25 ℃，pH 7.0の条件下，1 Mの酸化剤(Ox)と1 Mの還元剤(Red)を含む半電池が，電子を受け取る参照半電池と平衡状態にあるときの起電力として定義される．単位はボルトである．

次の(4)式で表される反応を考えよう．

$$Ox + ne^{-} \rightleftharpoons Red \qquad (4)$$

Walther Nernst *6 が1881年に導いたように，観測され

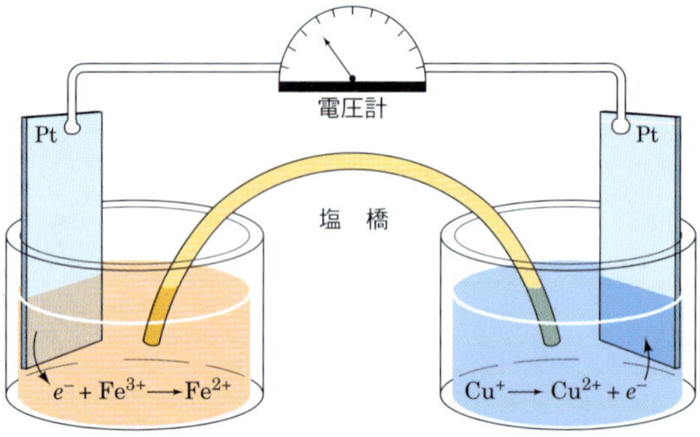

図2・5　電気化学セルの例．酸化反応（$Cu^{+} \rightarrow Cu^{2+} + e^{-}$）により放出された電子は，電線を通って，還元反応（$Fe^{3+} + e^{-} \rightarrow Fe^{2+}$）が起こる半電池に渡される．電解質を含んだ塩橋を通ってイオンが移動することにより，それぞれの半電池の電気的中性が保たれる．［Voet, Voet, 2004 より．John Wiley & Sons. の許可を得て転載．©2004］

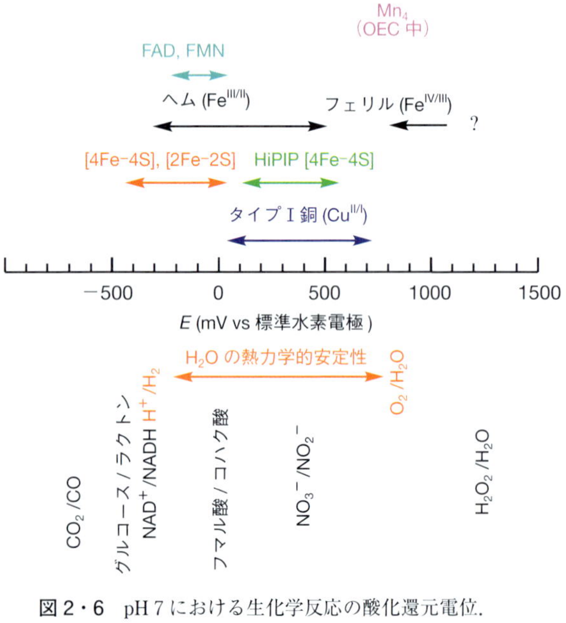

図2・6　pH 7における生化学反応の酸化還元電位．

*6　Nernstは1920年のノーベル化学賞を受賞した．ArrheniusやOstwaldとともに，物理化学の父の一人と称される．

る酸化還元電位 E と標準酸化還元電位 $E°$ との間には次の式が成り立つ.

$$E = E° + \frac{RT}{nF} \ln \frac{[\mathrm{Ox}]}{[\mathrm{Red}]} \qquad (5)$$

標準酸化還元電位は，標準水素電極に対して表すのが慣例となっている．標準水素電極とは，25 ℃，1 気圧の水素ガス雰囲気下，pH 0 の溶液に白金電極を浸したものである．

$$H_2 \rightleftharpoons 2H^+ + 2e^- \qquad (6)$$

この反応の標準還元電位を $E°' = 0.0$ V と定義する．生化学反応では pH 7 が標準であり，このとき水素半電池の電位は $E°' = -0.421$ V となる．

図 2・6 には，生体内でみられる酸化還元反応の pH 7.0 における電位を示した．Cu^{2+}/Cu^+ や Fe^{3+}/Fe^{2+} などの酸化還元対の標準酸化還元電位は，配位子や配位構造によって 1 V 程度は上下する．

2・6　結晶場理論と配位子場理論

結晶場理論（crystal field theory, CFT）は，1929 年に物理学者 Hans Bethe により結晶性固体について提案された理論である．このモデルでは，陽イオンと陰イオンの距離を考慮に入れ，イオンを点電荷として扱う．点電荷の間に働く引力と斥力は静電相互作用，すなわちイオン性の相互作用のみであるとする．水分子やアンモニアなどの中性の配位子でも，電荷が分離した双極子を考える．この理論では，配位子の配置の対称性が中心金属の d 軌道のエネルギー準位に与える影響を記述する．ここで，直交座標系の原点に金属イオンを置き，それを中心とする立方体を考える．金属イオンには 5 種類の d 軌道がある．そのうち 2 種類は，座標軸に沿う方向に向いた軌道（d_{z^2} 軌道および $d_{x^2-y^2}$ 軌道）である．残りの 3 種類の軌道（d_{xy} 軌道，d_{xz} 軌道，および d_{yz} 軌道）は座標軸の間に広がった形状をしている．配位子がない状態では，五つの d 軌道はすべて同じエネルギー準位をもつ．このことを軌道が縮退しているという．さてここで，負電荷をもつ配位子が各座標軸（x 軸, y 軸, z 軸）の方向から立方体の面中心に向かって接近してくることを考えよう．これは八面体型錯体における 6 個の配位子のモデルである．配位子はその周りに負の静電場をもっている．そのため，金属イオンの周りの静電場は配位子が接近してくる方向，すなわち座標軸方向が最も大きくなる．s 軌道や p 軌道の電子にはあまり影響はないが，d 軌道の電子は大きな影響を受ける．座標軸の方向を向いた軌道は配位子の静電場が最大となる方向を向いているので，それ以外の軌道よりも大きな静電反発を受ける．受ける斥力は軌道により異なるため，結果として d 軌道の縮退が解ける．d 電子はより低いエネルギー準位の軌道に入るようになる．すなわち配位子がある座標軸方向を向いた軌道（d_{z^2} 軌道および $d_{x^2-y^2}$ 軌道）よりも，座標軸の間を向いた軌道（d_{xy}, d_{xz}, d_{yz} 軌道）の方が占有される．言い換えると，配位子が生じる静電場は球対称であった中心金属の静電場に影響を与え，結果として，エネルギー準位の異なる 2 組の軌道が生じる．エネルギー準位の高い d_{z^2} 軌道と $d_{x^2-y^2}$ 軌道を e_g 軌道とよび，より安定な d_{xy}, d_{xz}, d_{yz} 軌道を t_{2g} 軌道とよぶ．この表記は，それぞれの軌道の対称性を示している．e は 2 重に縮退した軌道を意味し，t は 3 重に縮退した軌道に用いる．分裂したエネルギー準位を図 2・7 に示した．

上記の説明は配位子が八面体型の配置をした場合である．それぞれの配位子は，直交座標系においた立方体の面の中心に位置する．平面正方形型の錯体の場合は，八面体型錯体から z 軸方向の配位子が除かれたと考える．d_{z^2} 軌道および $d_{x^2-y^2}$ 軌道の電子が受ける静電反発が変化し，八面体型錯体とは異なる軌道の分裂をする．

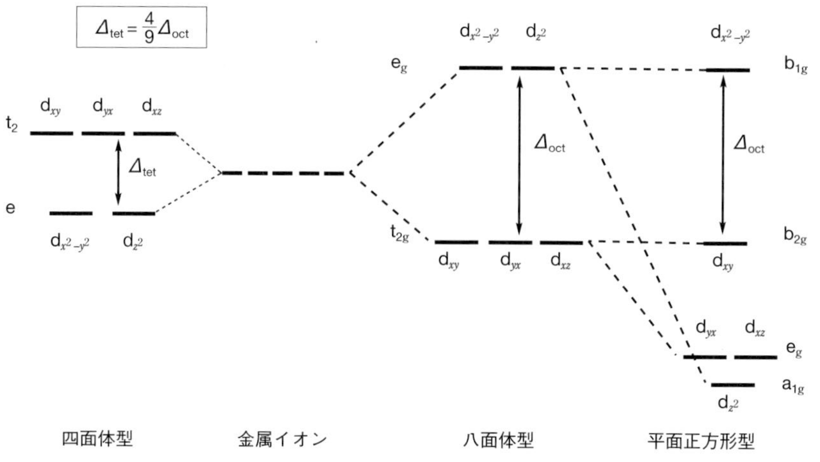

図 2・7　代表的な配位構造における d 軌道の結晶場分裂.

次に，四面体型の錯体を考えよう．このとき，直交座標系においた立方体の頂点のうち4箇所に配位子が存在する．立方体の辺の方向を向いたd軌道のエネルギー準位は上昇し，面を向いた軌道よりも高くなる．その結果，四面体型の配位子場分裂は八面体型と逆になる．

エネルギー準位の分裂幅Δ[*7]は金属イオンと配位子の種類に依存する．八面体型の結晶場の場合，t_{2g}軌道に入った電子は$-\frac{2}{5}\Delta$だけ安定化する．一方，より高いエネルギー準位のe_g軌道に入る電子は$\frac{3}{5}\Delta$だけ不安定化する．四面体型錯体におけるエネルギー準位の間隔Δ_{tet}は，八面体型錯体の分裂幅Δ_{oct}よりも小さく，数学的におよそ$\frac{4}{9}\Delta_{oct}$と求められる．

電子がどのd軌道に分配されるかは，次の二つの要因によって決まる．(a) 電子は互いに反発するため，各軌道には電子が1個ずつ充塡される傾向がある．(b)エネルギー準位の低い軌道には，エネルギーの高い軌道よりも先に電子が充塡される．(a)と(b)のどちらが支配的かはエネルギー準位の差Δによって決まる．強い配位子場ではΔの値が大きくなり，t_{2g}軌道のエネルギー準位はより低くなる．そのため，e_g軌道よりも先にt_{2g}軌道が埋まる．このとき電子は対をつくり，**低スピン**型錯体とよばれる．空のe_g軌道は結合に使われる．一方，弱い配位子場では，先に各軌道に電子が1個ずつ入り，**高スピン**型錯体とよばれる．

d軌道の分裂幅は配位子の種類によって異なる．同じ金属イオンがつくる錯体でも，配位子の種類や立体化学によって異なる色を示すことからも明らかであろう．配位子が起こす配位子分裂の大きさの序列は，金属イオンの種類や酸化数，分子の構造によらない．その序列を**分光化学系列**といい，その一部を以下に示す．

$I^- < Br^- < SCN^- < S^{2-} < Cl^- < NO_3^- < F^- < OH^-$
$\sim RCOO^- < H_2O \sim RS^- < NH_3 \sim$ Im（イミダゾール）
$<$ bpy（2,2′-ビピリジン）$< CN^- < CO$

ヨウ化物イオンは弱い結晶場を与える配位子であり，d軌道の分裂幅は小さい．一酸化炭素は強い結晶場を生じ，Δは大きくなる．ここに示した配位子では，Δはおよそ2倍も異なる．この系列は，代表的な酸化数の金属イオンに対して実験的に調べられたものである．単純かつ便利な法則であるが，すべての場合に適用できるとは限らない．

同様に金属イオンも，次の分光化学系列に並べることができる．

$Mn^{2+} < Ni^{2+} < Co^{2+} < Fe^{2+} < V^{2+} < Fe^{3+} < Co^{3+}$
$< Mn^{3+} < Mo^{3+} < Rh^{3+} < Ru^{3+} < Pd^{4+} < Ir^{3+} < Pt^{4+}$

アルカリ金属イオン（K^+やNa^+）など，球対称な電荷をもつ金属イオンに結晶場理論を適用すると，価数が小さくサイズの大きいイオンはほとんど錯体を形成しないと計算される．一方，遷移金属イオンでは球対称ではない軌道に電子が存在し，それが金属イオンの性質や結合エネルギーを決めている．結晶場理論の弱点は分光化学系列を見ても明らかである．もし静電的な反発のみを考慮するならば，負電荷をもつ配位子は中性配位子よりも強い結晶場をつくるはずである．しかし分光化学系列によれば，負電荷をもつハロゲン化物イオンは弱い配位子場を与える．同じドナー原子で比べても，水酸化物イオンは水分子よりも弱い配位子場となっている．さらに結晶場理論では，遊離の金属イオンと金属錯体の間の磁気的・分光学的性質の違いの説明も難しい．これらの性質が配位子に大きく依存する理由も説明できない．たとえば，$[FeF_6]^{3-}$は5個の不対電子による磁気特性を示すのに対し，$[Fe(CN)_6]^{3-}$の不対電子は1個しかない．

実測と理論との食い違いを解消するには，静電相互作用だけでなく分子軌道の重なりも考慮に入れて，錯体を形成するさまざまな対称性の結合を記述する必要がある．その理論を**配位子場理論**（ligand field theory, LFT）とよぶ．図2・1に示したs軌道，p軌道およびd軌道の形を思い出そう．配位子場理論で用いる化学結合の分子軌道理論（molecular orbital theory, MOT）でも，同じ対称性の軌道が登場する．分子軌道理論では，すべての原子軌道のエネルギーと波動関数を用いて，分子のエネルギーと波動関数の最適な近似を得る．言い換えると，金属-配位子間の共有結合性を考慮に入れるということである．

分子ができるには，各原子の原子軌道の相互作用が必要である．相互作用には結合性のものと反結合性のものがあり，波動関数が足し合わされるか相殺されるかの違いである．どの軌道が効率的に重なり合うかは軌道の対称性に依存し，同じ対称性の軌道のみが相互作用する．結合性軌道にはσ軌道とπ軌道[*8]があり，二つの原子核の間の電子密度が増大している．反結合性軌道にはσ^*軌道とπ^*軌道があり，これらの軌道では原子核間の電子密度は小さい．σ軌道およびπ軌道が関与する結合を，それぞれσ結合とπ結合とよぶ．簡単に言うと，二つの軌道が正面からまっすぐ重なり合う場合がσ結合である．このとき電子密度は結合軸の周りに等価に分布する．一方，二つの軌道が側面から重なり合う場合はπ結合を形成し，結合軸を含む平面の上下に電子密度が存在する．π結合に関与する電子はσ結合に比べ広範囲に広がっている．よって，π結合のほうがσ結合よりも分極しやすい．同一面にあるπ軌道

---

*7　結晶場理論ではエネルギー準位の分裂幅Δを結晶場分裂とよび，静電相互作用の大きさに対応する．配位子場理論では，配位子場安定化エネルギーとよび，配位子場の強さを示す．本書では，エネルギー準位の差，あるいは単に“分裂”と書き表す．
*8　これらのギリシャ文字は，それぞれ，シグマ，パイと読む．

の間には横方向の重なりが生じ，電子の非局在化が起こる．これはアルキンやニトリルなどでみられ，2 種類の互いに直交する π 結合をもつ．非局在化は分子の安定化に寄与し，電子が占める空間の体積が増加することにより系のポテンシャルエネルギーを下げる．

配位化合物をつくる結合にも σ 結合や π 結合がある．σ 結合では配位子の孤立電子対が金属イオンに供与される．π 結合では，金属イオンの電子密度が配位子の空の π 軌道に供与される場合と，配位子の p 軌道の電子が金属イオンの d 軌道に供与される場合がある．6 個の配位子を有する八面体型金属錯体では，中心金属イオンの原子価殻の s, p_x, p_y, p_z, d_{z^2} そして $d_{x^2-y^2}$ 軌道は，金属-配位子結合の方向に向いたローブをもつ．つまり，これらの軌道は σ 結合に適している．一方，d_{yz}，d_{xz} および d_{yz} 軌道のローブは π 結合に適した方向を向いている．ここで，それぞれの配位子が 1 個の σ 軌道をもっていると考えよう*9．金属イオンの各軌道は対称性の合う配位子の軌道と混合し，結合性（正の重なり）もしくは反結合性（負の重なり）の分子軌道を生じる．σ 結合によりつくられる八面体型 ML_6 錯体の単純化した分子軌道エネルギー図を図 2・8 に示した*10．

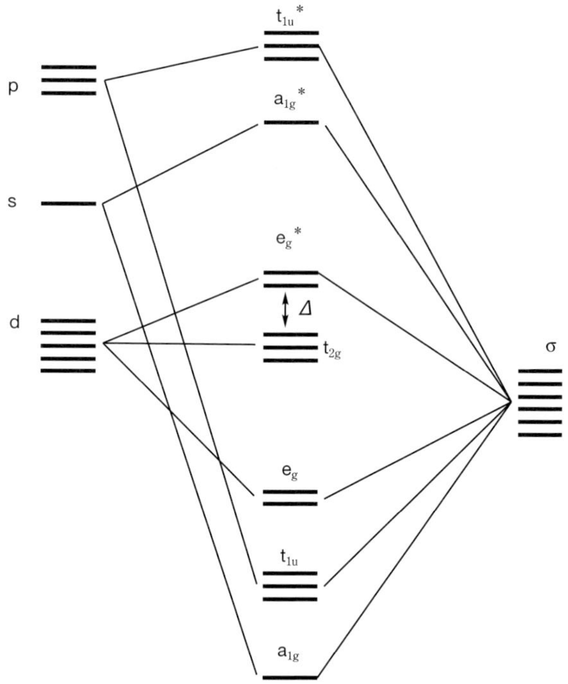

図 2・8　σ 軌道により生成する八面体型 ML_6 錯体の単純化した分子軌道エネルギー図．金属イオンと配位子との間の π 軌道の相互作用はないものとした．［Mackay, Mackay, 1989 より］

一般に分子軌道は，結合を形成する原子軌道のうちエネルギーの近い方に似た性質をもつ．6 個の結合性の σ 軌道に入った電子は“配位子”の電子としての性質が強い．反結合性軌道に入った電子はおもに“金属イオン”の性質をもつ．錯体が形成するとき，金属の d 電子は t_{2g} 軌道のみ，もしくは t_{2g} 軌道と e_g* 軌道の両方に入る．π 結合がない場合，π 結合に関与できる t_{2g} 軌道の電子はすべて金属イオンに属すると考えられる．このときエネルギー準位は実質的に非結合性となる．e_g* 軌道は，配位子の軌道とともに σ 結合に関与する．まとめると，中心金属イオンのエネルギー図は，結晶場理論から導かれる t_{2g} 軌道と e_g 軌道のそれと似ている（図 2・7）．ただし，ここでは e_g 軌道ではなく e_g* 軌道となっている．

t_{2g} 軌道と e_g* 軌道のエネルギーの差が大きい，すなわち強い配位子場であることを，結晶場理論では配位子の電子と金属イオンの d 電子との静電相互作用により e_g* 軌道のエネルギー準位が上がった結果と考えた．しかし分子軌道モデルでは，エネルギー差 Δ の大小関係を t_{2g} 軌道のエネルギー準位の低下からも説明できる．t_{2g} 軌道と配位子の π 軌道の間に π 結合ができる様子を図 2・9 に示した．一般に π 結合は σ 結合よりも弱いため，エネルギー準位に与える影響は支配的ではなく，修正を加える程度と考えてよい．各配位子から 2 個ずつの軌道が混成すると，合計

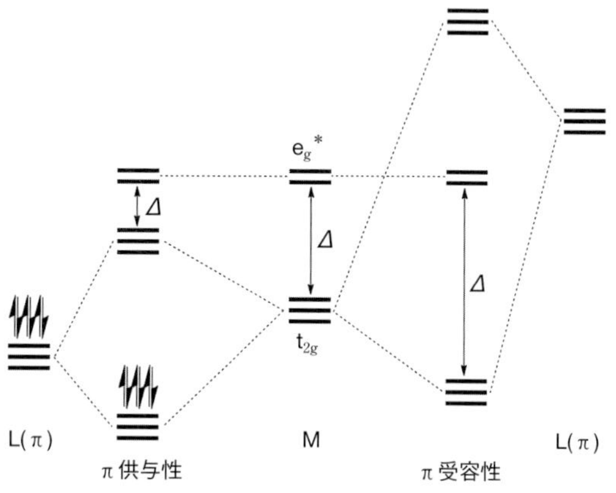

図 2・9　八面体型錯体において配位子との π 結合がエネルギー準位の差 Δ に与える影響．エネルギー準位が高く空の π 軌道をもつ配位子（π 受容性配位子）は分裂幅を広げ，エネルギー準位が低く電子が充填された π 軌道をもつ配位子（π 供与性配位子）は分裂幅を狭める．

*9　配位子が π 軌道をもつ場合は，π 結合も考慮する必要が生じる．

*10　図中の a_{1g}，e_g，t_{1u} という記号は，軌道の対称性を示している．a_{1g} は，完全対称性を有する分子軌道が 1 個あることを示す．e_g と t_{1u} はそれぞれ，2 個および 3 個の軌道が縮退していることを示す．縮退した軌道は，方向性を除けば等価である．下付きの g と u は対称中心に対する対称性を示す．対称中心で反転させたとき，軌道の位相が逆になるものを g，位相が変わらないものを u と示す．

12 個の軌道が生じる．これらの配位子の群軌道は 3 個ずつ，四つのグループに分類できる．金属イオンの t_{2g} 軌道は，これらの軌道との相互作用に最も適している．二つのケースを考えよう．(a) 金属の t_{2g} 軌道は空，配位子の π 軌道は満たされており，π 軌道のエネルギー準位が t_{2g} 軌道に比べて低い場合である．Δ の値は小さくなり，電子は配位子から金属イオンに供与される．このとき，配位子は **π 供与性**であるという．(b) 金属の t_{2g} 軌道は充填されているが，配位子の π 軌道が空であり，π 軌道のエネルギー準位が t_{2g} 軌道に比べて高い場合である．Δ の値は大きくなり，電子は金属イオンから配位子に逆供与される．このとき，配位子は **π 受容性**であるという．分子軌道を使えば，分光化学系列における CO や CN^- の序列についても理解できる．これらの配位子が空の π 軌道をもっていることを考えればよい．低酸化状態の金属イオンが強い配位子場の配位子により安定になることも，金属イオンの電子密度が配位子まで非局在化することを考えれば説明できる．F^- や OH^- など，弱い配位子場の配位子は π 供与性であり，高酸化状態の金属種を安定化する．金属イオンの性質は配位子の影響を受け，また配位子も金属イオンの影響を受けるということを，覚えておいてほしい．

文　献

Constable, E.C. (1996). *Metals and ligand reactivity.* Chapter 1. VCH Weinheim, pp. 1–21.

Cotton, F.A., & Wilkinson, G. (1980). *Advanced inorganic chemistry: A comprehensive text* (4th ed.). New York, Chichester: John Wiley and Sons, pp. 1396.

Huheey, J.E., Keiter, E.A., & Keiter, R.L. (1993). *Inorganic chemistry: Principles of structure and reactivity* (4th ed.). Benjamin Cummings.

Kirchner, B., Wennmohs, F., Ye, S., & Neese, F. (2007). Theoretical bioinorganic chemistry: the electronic structure makes a difference. *Current Opinion in Chemical Biology*, 11, 134–141.

Mackay, K.M., & Mackay, R.A. (1989). *Introduction to modern inorganic chemistry* (4th ed.). Glasgow and London: Blackie, pp. 402.

Neese, F. (2003). Quantum chemical calculations of spectroscopic properties of metalloproteins and model compounds: EPR and Mössbauer properties. *Current Opinion in Chemical Biology*, 7, 125–135.

第3章

構造生物学と分子生物学の基礎
化学者にむけて

3・1　はじめに

前の章では，生物学を専攻する読者に向け，無機化学の考え方を紹介した．この章では，化学や物理学を専攻する読者に向け，構造生物学や分子生物学の基本的な概念を説明する．これらは，本書を読み進め，生体系における金属の多様な役割を理解するのに必要である．より詳しい内容を学びたい読者は参考書（Branden, Tooze, 1991; Berg *et al.*, 2002; Campbell *et al.*, 2005; Creighton, 1993; Fersht, 1999; Voet, Voet, 2004）を読むことを勧める．

構造生物学や分子生物学を学ぶ前に，生命は水に囲まれた環境で機能していることを思い出そう．地球上の最初の生命は，原始の海で生まれたと考えられている．化石の研究が示すように，生命が陸上に進出したのは実に最近のことである．水がなければ生きられない生命が，どのように長い氷河期を生き延びたのか不思議に思う人もいるだろう．答えは実に簡単である．その他多くの液体とは異なり，水は凍ると体積が増える．氷の密度は 0 ℃で 0.9167 g/cm^3 だが，液体の水の密度は 4 ℃で 1.0000 g/cm^3 である*1．氷の密度は水の密度よりも低いのである．このことから，水が凍るときは上部から先に凍ることがわかる．氷の下に残った水の中で，生命は生き永らえたのである．また，水は極性の溶媒である．O 原子と H 原子の電気陰性度は大きく異なるため，O－H 結合は 33%のイオン結合性をもつ．水分子の双極子モーメントは 1.85 デバイである．極性があることの一番の帰結は，H_2O 分子が常に水素結合を形成しているということであろう．高い秩序をもった氷の結晶では，水分子は隣接する 4 個の水分子と水素結合を形成している．図 3・1 に示すように，水分子は四面体型に並んでいる．生理学的な温度である 37 ℃でも，水分子の水素結合ネットワークは広範に広がっている．液体の水の粘性が高いのはそのためである．静電相互作用やファンデルワールス相互作用と同様に，非共有結合である水素結合も一過性の結合である．クリスマスツリーの装飾ライトが明滅するがごとく，水素結合は形成と開裂を繰返す．この弱い非共有結合は，生物学で重要な役割を担っている．タンパク質がそれぞれ定まった洗練された三次元構造に折りたたまれること，長い DNA 分子が正確に複製されるこ

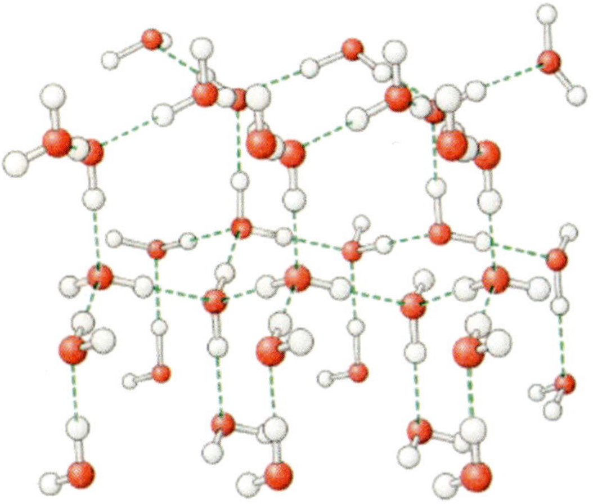

図 3・1　氷の構造．水分子の間には水素結合（点線）がある．

*1　低温室の温度が 4 ℃に保たれている理由である．

と，酵素が特定の分子を基質として認識すること，受容体がそのシグナル分子を選択的に認識すること，そのいずれにおいても多数の弱い相互作用が重要である．すべての生物学的構造や生物学的過程には，共有結合と非共有結合の両方が関わっている．水は，極性分子には最適の溶媒である．もちろん極性分子間の静電力や水素結合は，水分子との競合により弱まってしまう．図3・2に例示したように，カルボニル基とアミド基のNHとの間の水素結合は，水分子との水素結合に置き換わる．アミド基のH原子は水分子のH原子と置き換わり，カルボニル基のO原子は水分子のO原子に換わる．タンパク質や核酸の構造において重要な水素結合だが，水分子が遠ざけられたときにのみ形成することがわかる．水分子は極性分子間の相互作用を弱めるので，生体高分子は水分子のない疎水的な環境をつくり出して問題を克服している．次に，非極性分子についても考察しよう（図3・3）．ほとんどの有機溶媒と比べ，水は非極性分子にとっては適さない溶媒である．非極性分子は，水中でも水分子がつくる水素結合に関与しない．そのため非極性分子の周りにある水分子は，バルクの水中よりも秩序立った状態になる(エントロピーが小さい)．そこで，2個の非極性分子があると互いに会合し，周囲の水分子をバルクの水中に追い出す．結果として，非極性分子は非極性の環境を好む傾向が生じる．水中で非極性分子が会合すると近傍の水分子を放出するため，エントロピーが増加し，熱力学第二法則を満たす[*2]．この疎水効果は非常に多くの生化学的過程の駆動力となっている．タンパク質のフォールディング構造や核酸の構造，生体膜の形成などが代表例である．

3・2 タンパク質の構成要素

タンパク質は，プロリンという例外を除き α-アミノ酸からできている．α-アミノ酸は，同じ炭素上に一級のアミノ基とカルボキシ基をもつ化合物である（プロリンは二級アミノ基をもつ α-イミノ酸である）．グリシンを除いてすべてL体である[*3]．アミノ酸はペプチド結合（アミド結合）により連結され，ポリペプチド鎖を形成する(図3・4)．アミノ酸はpH 7では双性イオンとして存在する．そのため，タンパク質は正電荷をもつ末端アミノ基と，負に帯電した末端カルボキシ基をもつ．タンパク質は通常，20種類のアミノ酸からできている．後の章で述べるように，これらのアミノ酸には対応するアミノアシル tRNA 合成酵素がある．この酵素は，20種類のアミノ酸を対応するtRNAに選択的に結合させる．少数ではあるが，21番めのアミノ酸，セレノシステインを含むタンパク質もある．この場合，普段はタンパク質合成の停止を指示するTGAコドンに，セレノシステインが対応づけられている（詳細は第18章で述べる）．表3・1にはタンパク質を構成する20種類のアミノ酸を三文字表記および一文字表記とともにま

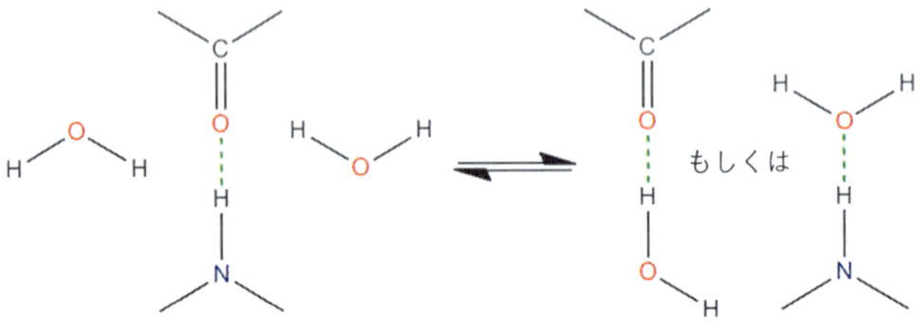

図3・2 カルボニル基とアミド基のNHの間の水素結合と水分子の影響．

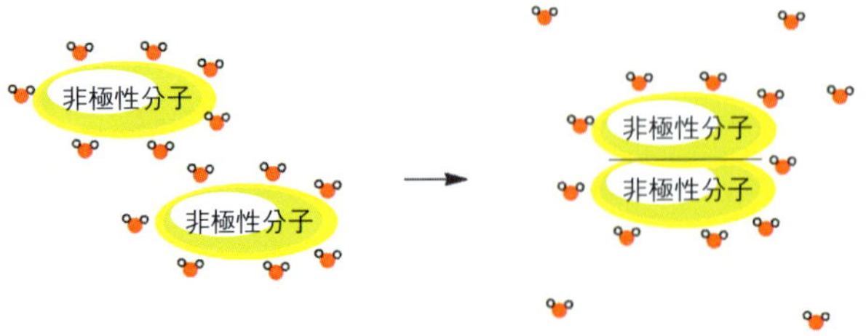

図3・3 疎水効果．水中では非極性の分子が集合する．非極性分子の周りの水分子が水中に放出されるため，エントロピーが増大する．

*2 簡単に言うと，乱雑さは自発的に増大するという法則である．アイデアを練っているときの作家の机のようなものである．
*3 α 炭素にすべて異なる官能基が結合している場合，その α-アミノ酸はキラルとなる．タンパク質を構成する α-アミノ酸はすべてL-アミノ酸である．ほとんどのL-アミノ酸は，絶対配置では *S* 体となる．

とめた．側鎖 R の構造と，必要に応じてその pK_a 値も記した．アミノ酸は非極性のものと極性のものとに大別される．非極性のアミノ酸は，たいてい電荷のない疎水的な側鎖をもつ．極性のアミノ酸には，電荷はないが極性の側鎖をもつものと，電荷を帯びた側鎖をもつものとがある．

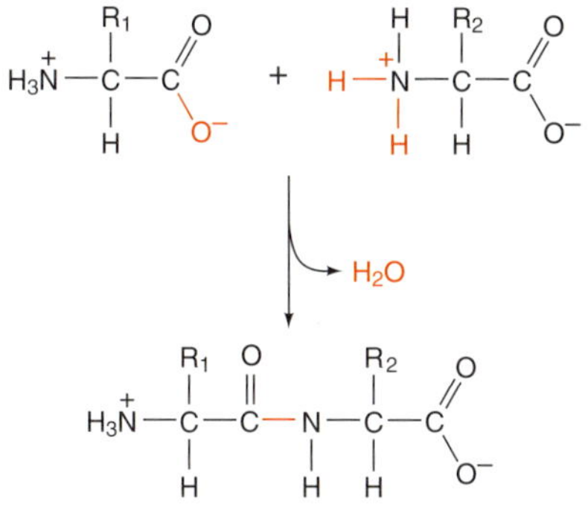

図 3・4　α-アミノ酸の双性イオン型構造．2 個のアミノ酸はペプチド結合形成により縮合し，ジペプチドができる．

非極性の脂肪族の側鎖をもつアミノ酸には Ala, Ile, Leu, Met そして Val がある．これらは疎水的なアミノ酸であり，膜タンパク質以外のタンパク質では内側の疎水的な環境に埋もれている．Ile と Leu は，立体的にかさ高い β 炭素をもっている．芳香族の側鎖をもつアミノ酸の一つである His は，pK_a が約 6 である．生理的な pH では中性の状態で存在するため，どちらかというと疎水的な性質を示す．His は，プロトン移動が関わる反応に使われることが多い．Phe と Trp も，見てわかる通り疎水的なアミノ酸である．Tyr は極性のヒドロキシ基をもっているが，水中と有機溶媒中での自由エネルギーの差を考えると，Phe と大して変わらないといえる．Tyr は疎水的な環境にみられるのも，驚くことではない．Gly は他のアミノ酸と異なり，側鎖には水素原子しかない．よって Gly 残基がつくるペプチド結合はすべてのコンホメーションを自由にとりうる．Pro も疎水的なアミノ酸である．Pro のつくるペプチド結合は，窒素上に水素原子をもたないため水素結合に関与しない．Pro はタンパク質を形づくるアミノ酸のなかでも，シス型のペプチド結合をつくれるという特徴をもつ（プロリルイソメラーゼという酵素が，Pro 残基のシス-トランス異性化を触媒することが知られている）．

前述したように，Tyr は電荷のない極性の側鎖をもっているが，どちらかというと疎水性のアミノ酸である．しかし，フェノールのヒドロキシ基を介して，水素結合を形成することができる．その他のヒドロキシ基をもつアミノ酸（Ser と Thr）や，アミドを側鎖にもつアミノ酸（Asn と Gln）は，タンパク質表面に多くみられ，水分子と相互作用している．タンパク質の内側にある場合は，他の極性アミノ酸残基と水素結合を形成していることが多い．Ser に関連して，セリンプロテアーゼやセリンエステラーゼと総称される重要な酵素を覚えておいてほしい．これらの酵素では，周辺の環境によってセリンの酸素原子の求核性が非常に高められている．だがこれは例外的であり，ほとんどの場合は Ser のヒドロキシ基の反応性はエタノールよりも低い．

最後に紹介するのは，特別なアミノ酸 Cys である．単独で存在するときは，電荷をもたない極性のアミノ酸である．しかしタンパク質の三次元構造中の適切な位置に置かれると，近くにある 2 個の Cys 残基はジスルフィド結合により架橋される（図 3・5）．コラーゲンやエラスチンなど，いくつかのタンパク質では，繊維状構造同士が共有結合により架橋されている．これらの共有結合は，タンパク質合成の後でつくられる（翻訳後修飾）．

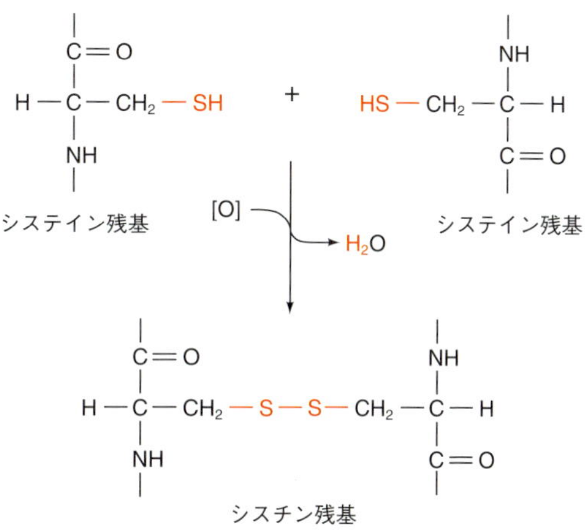

図 3・5　二つのシステイン残基間のジスルフィド結合．酸化反応により生成し，酸による加水分解に安定である．シスチンとよばれる．

タンパク質の電荷は，電荷を有する側鎖をもった 5 種類のアミノ酸によって決まる．pH 7 では Glu と Asp は負電荷をもち，Lys と Arg は正電荷をもつ．His 残基は約 10% が正電荷をもつと考えられる[*4]．これらの電荷を有するアミノ酸（Glu, Asp, Lys, Arg とプロトン化された His）は，タンパク質の表面によくみられる．タンパク質を取囲む水分子の層と相互作用しており，さらに他の極性アミノ酸と水素結合や塩橋をつくることもある．

＊4　アミノ酸の pK_a は，タンパク質中の環境に影響されないと仮定した．

表3・1　タンパク質を構成するアミノ酸

アミノ酸の名称	三文字表記	一文字表記	R基の構造	性　質	R基の pK_a
アラニン	Ala	A	$-CH_3$	疎水性	
システイン	Cys	C	$-CH_2-SH$	極性，ジスルフィド結合を形成する	8.37
アスパラギン酸	Asp	D	$-CH_2-C(=O)-O^-$	極性，負電荷をもつ	3.90
グルタミン酸	Glu	E	$-CH_2-CH_2-C(=O)-O^-$	極性，負電荷をもつ	4.07
フェニルアラニン	Phe	F	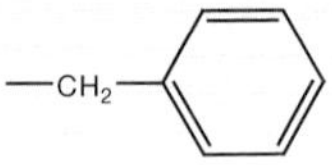	疎水性	
グリシン	Gly	G	$-H$	柔軟性が高い	
ヒスチジン	His	H	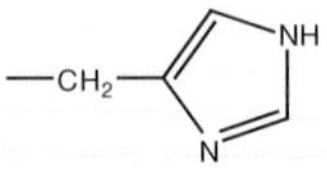	疎水性／極性 H^+の供与体／受容体	6.04
イソロイシン	Ile	I	$-CH(CH_3)-CH_2-CH_3$	疎水性，立体的に混み合ったβ炭素をもつ	
リシン	Lys	K	$-CH_2-CH_2-CH_2-CH_2-NH_3^+$	極性，正電荷をもつ，柔軟な側鎖をもつ	10.54
ロイシン	Leu	L	$-CH_2-CH(CH_3)-CH_3$	疎水性	
メチオニン	Met	M	$-CH_2-CH_2-S-CH_3$	疎水性	
アスパラギン	Asn	N	$-CH_2-C(=O)-NH_2$	極性，電荷をもたない	
プロリン	Pro	P	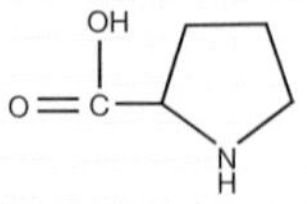	イミノ酸，*cis*-ペプチド結合を形成する	
グルタミン	Gln	Q	$-CH_2-CH_2-C(=O)-NH_2$	極性，電荷をもたない	
アルギニン	Arg	R	$-CH_2-CH_2-CH_2-NH-C(=NH_2^+)-NH_2$	極性，正電荷をもつ	12.48

（つづき）

アミノ酸の名称	三文字表記	一文字表記	R 基の構造	性　質	R 基の pK_a
セリン	Ser	S	$-CH_2-OH$	極性，電荷をもたない	
トレオニン	Thr	T	$-CH(OH)-CH_3$	極性，電荷をもたない，比較的疎水性	
バリン	Val	V	$-CH(CH_3)-CH_3$	疎水性，立体的に混み合ったβ炭素をもつ	
トリプトファン	Trp	W	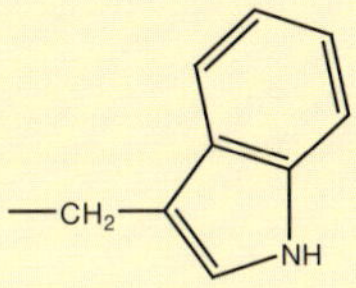	疎水的，非常にかさ高い	
チロシン	Tyr	Y	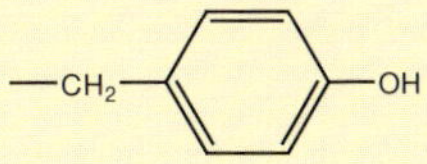	極性，フェニルアラニンと同じくらい疎水性	10.46

3・3　タンパク質の立体構造

タンパク質の構造はいくつかの階層に分けられる．通常，一次構造，二次構造，三次構造，そして四次構造に分類する．図3・6にはIrving Geisによる有名な図解を示した．一次構造は最も単純であり，ポリペプチド鎖のアミノ酸の配列のことである．Christian B. Anfinsenの有名な実験（Anfinsen, 1973）で示されたように，タンパク質が三次元構造に折りたたまれるために必要な情報は，すべてアミノ酸配列にコードされていると考えられる．しかし，アミノ酸配列から三次元構造を予測する方法を私たちはまだ知らない．二次構造は局所的な秩序構造をさす．αヘリックス，βシート，そして逆ターンなどがあり，ポリペプチド鎖のアミド基が形成する水素結合により安定化されている．これらの構造要素が一つあるいは複数のコンパクトな球状構造に折りたたまれたものが超二次構造あるいはドメインであり，これらが積み重なってできたのが三次構造である．三次構造は，すべてのアミノ酸の主鎖および側鎖の原子の三次元座標によって書き表すことができる．一次構造では遠く離れていたアミノ酸が三次構造では近づいて，一つの機能性部位すなわち活性部位を形成することがしばしばある．ヘモグロビンに代表されるように，いくつかのタンパク質は複数のポリペプチド鎖からなる．このように三次構造が集まった集合体のことを四次構造という．

1930年代から40年代にかけて，Linus PaulingとRobert Coreyはアミノ酸やジペプチドのX線結晶構造解析の先駆的な研究を行い，次に示す重要な規則を見つけ出した．1）アミド結合（ペプチド結合）をつくる6個の原子は，すべて同一平面上（アミド平面）にある．Paulingは，カルボニル基の二重結合とアミドのC−N結合の共鳴によって，ペプチド結合は平面構造になると予測していた．共鳴によって，C−N結合は二重結合性を帯び，C=O結合はある程度の単結合性をもつ．2）ペプチド結合は，通常はトランス形となる．3）最も水素結合をつくりやすいのは，アミド基同士である．ペプチド結合がなす平面は固い構造をしておりα炭素を介して共有結合で結ばれている．唯一の自由度はα炭素の周りの回転である．N−C_α結合の二面角をϕ（ファイ），C_α−C′結合の周りの角度をψ（プサイ）と表す（図3・7a）．それぞれのアミノ酸についてϕとψの角度が決まれば，タンパク質の主鎖のコンホメーションを描くことができる．

インドの生物物理学者G. N. Ramachandranは，ペプチドユニット間，あるいはアミノ酸側鎖の間の立体反発を考えて，許容されるϕとψの値を計算した．それを図示したのがラマチャンドランプロットである（図3・7b）．図を見ると，立体的に許容されるϕとψの値は狭い範囲に限ら

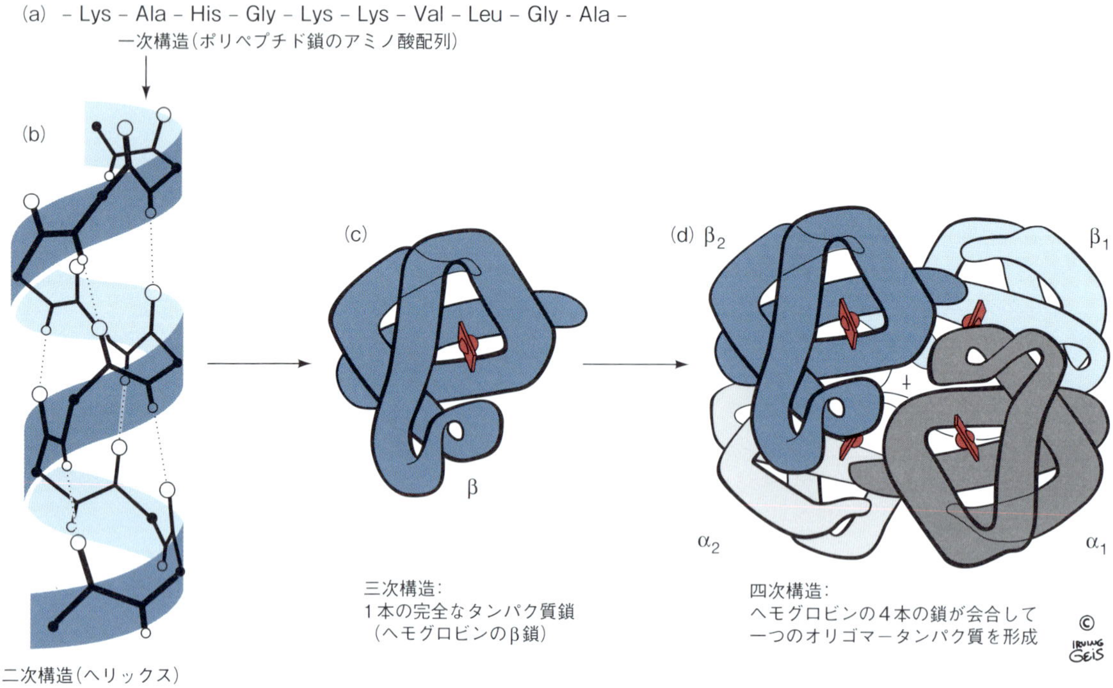

図3・6 タンパク質の構造. [Voet, Voet, 2004 より. John Wiley & Sons, Inc. の許可を得て転載]

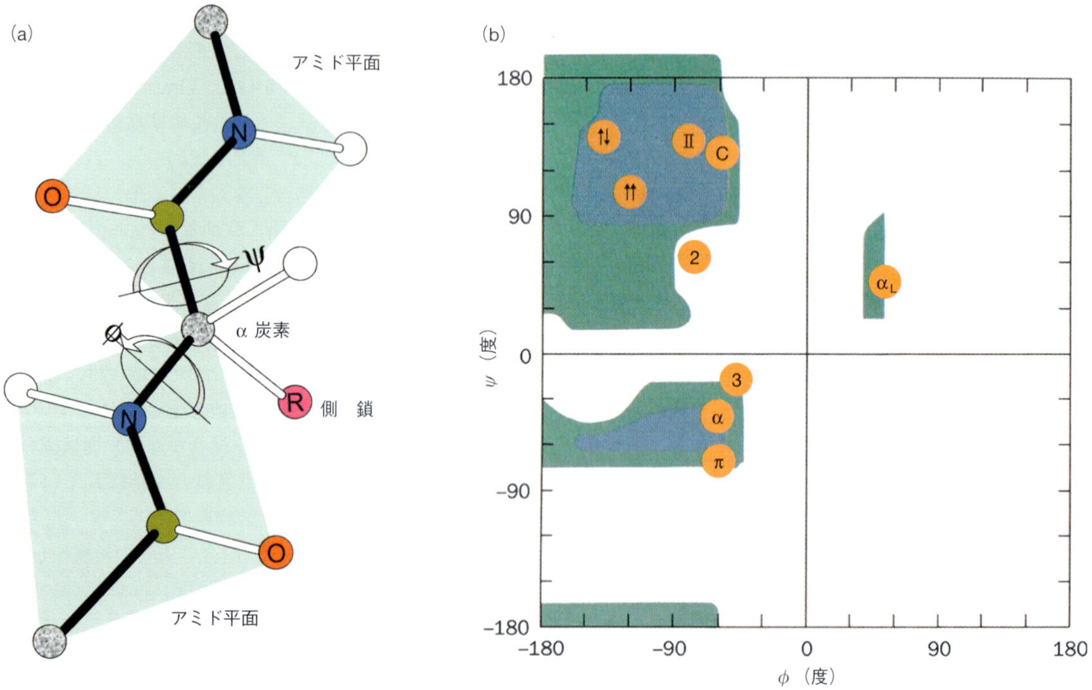

図3・7 (a) ポリペプチド鎖の概略図 (Voet, Voet, 2004 より改変). ペプチド結合を緑の平面 (アミド平面) で示した. 回転角を ϕ と ψ で示した. 角度の符号は図の矢印に示したとおりである. (b) ラマチャンドランプロット. 立体的に許容される ϕ と ψ の角度を示した. ポリペプチド鎖で通常みられるコンホメーションは, 右巻きの α ヘリックス(α), 左巻きの α ヘリックス(α_L), 逆平行 β シート(⇅), 平行 β シート(⇈), 右巻き 3_{10} ヘリックス(3), 右巻き π ヘリックス(π)およびポリプロリン(II)である.

れることがわかる．右巻きの α ヘリックス，β シート，左巻きの α ヘリックスなどの二次構造がどの範囲に対応するかも示してある．図3・8には，タンパク質の高分解能X線結晶構造解析で実際に観測されたアミノ酸残基の二面角 ϕ と ψ を示した．図3・8(a)はGly以外のアミノ酸，図3・8(b)はGlyの値である．前述したように，Glyはタンパク質を形づくるうえで重要なアミノ酸である．Glyが他のアミノ酸とは異なるコンホメーションをとることが一目瞭然である．相同タンパク質で多くのGly残基が保存されているのもこの図を見れば頷けるだろう．

次に，ポリペプチド鎖がつくる最も単純な秩序構造を考えよう．それは，配列のうえで近い位置にあるアミノ酸間の水素結合によりつくられる構造である．図3・9に示すように，アミノ酸のC=O基は，そこから数えて2〜5番めのアミノ酸のNH基との間に水素結合を形成する．2.2_7 リボン構造を例にとると，2.2は1巻きの間に含まれるアミノ酸残基の数を示し，下付きの7は主鎖のカルボニル基から水素結合をつくるアミドまでにある原子の数を示している．この表記を使うと，α ヘリックスは 3.6_{13} ヘリックス，π ヘリックスは 4.4_{16} ヘリックスと書き表せる．

先に述べた観察結果と分子モデルの研究から，PaulingとCoreyはタンパク質中でみられるであろう2種類の重要な構造を提唱した．一つは α ヘリックスであり，もう一つは β シートである(Eisenberg, 2003)*5. 1948年の4月，オックスフォード大学の客員教授であったLinus Paulingは風邪を引いて寝込んでいた．読んでいた推理小説にも飽きてきたので，紙と鉛筆，そして定規を用意してもらい，ポリペプチド鎖がどのような形をしているか描いてみた．そしてその紙を丸め，水素結合ができるように折り曲げたところ，水素結合が連なったリボン構造が得られた．このとき，α ヘリックスを発見したのである(Judson, 1979)．α ヘリックスは，1巻きに3.6残基を含むらせん構造をし

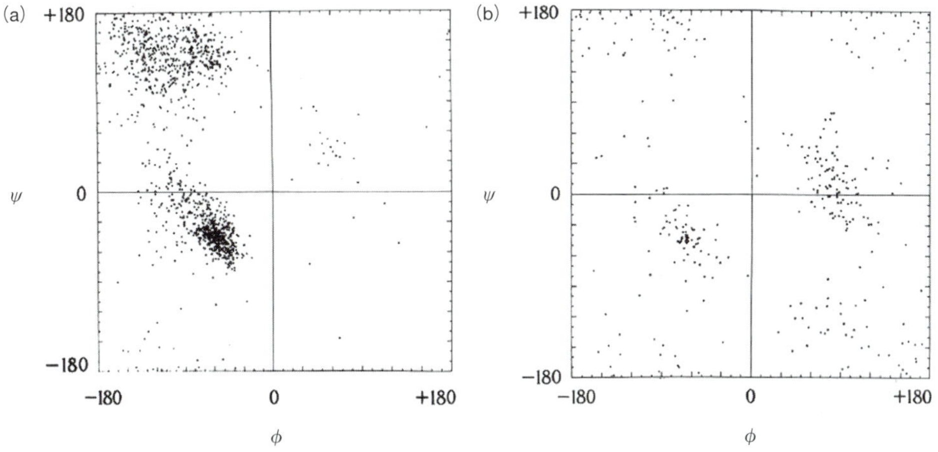

図3・8　タンパク質の構造でみられる ϕ および ψ の角度．(a) Gly以外の残基．(b) Gly残基．(Branden, Tooze, 1991より．Garland Publishing, Inc.の許可を得て転載)

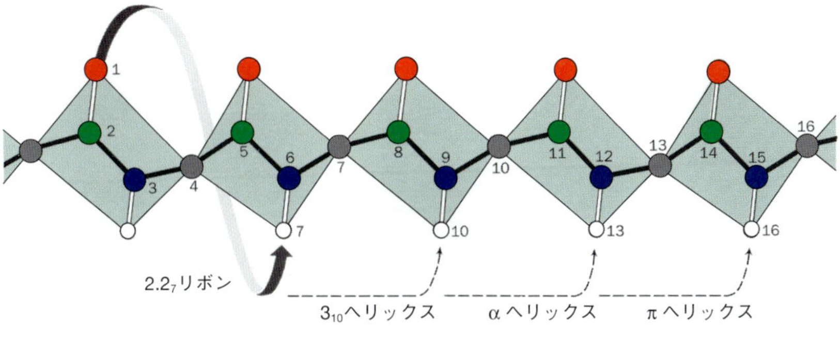

図3・9　ポリペプチドのらせん構造でみられる水素結合．n 番目のアミノ酸残基のNHと，$n-2$, $n-3$, $n-4$ もしくは $n-5$ 番めのアミノ酸のC=Oの間の水素結合により，ポリペプチド鎖はらせん状に曲がる．

*5　この発見についてのより深い洞察は，Max Perutzの素晴らしいエッセイ "I wish I'd made you angry earlier" (Perutz, 2002)で読める．同じタイトルの本に収録されている．

ている．n 番めのアミノ酸の C=O と，$n+4$ 番めのアミノ酸の NH の間に水素結合がある（図3・10）．二面角 ϕ と ψ は，それぞれ $-60°$ と $-50°$ となる．Pro はアミドの NH をもたないが，α ヘリックスの1回転めのどの位置にも存在できる．Pro の C=O 基が，4残基先のアミノ酸の NH と水素結合をつくればよいからである．Pro がヘリックスの途中にある場合は，ヘリックスが折り曲がることが多い．ペプチド結合は NH と C=O の極性の差により，双極子モーメントをもつ．そのため，α ヘリックスは N 末端が正，C 末端が負の大きな双極子モーメントをもつ．α ヘリックスは5個から40個超のアミノ酸からなり，平均鎖長は約10残基である．タンパク質のなかには，ほかにも 3_{10} ヘリックスや π ヘリックスがみられる．およそ31%のアミノ酸が α ヘリックスを形成し，約4%のアミノ酸は 3_{10} ヘリックスをつくることが知られている．3_{10} ヘリックスは，α ヘリックスの C 末端の1巻きにみられ，ポリペプチド鎖の方向を変換する．右巻きの π ヘリックスは，4.4残基で1回転するらせん構造である．フェリチンのスーパーファミリーやニトロゲナーゼ，金属ポルフィリンの合成に使われる鉄付加酵素など，金属タンパク質において特に興味深い二次構造である．π ヘリックスは，アミノ酸の NH が5残基先のアミノ酸の C=O と水素結合（$i+5 \rightarrow i$）を形成しているのが特徴である．π ヘリックスは，既知のタンパク質の15%に存在するにもかかわらず，今までほとんど気づかれなかった．機能と関連している傾向があり，進化の過程で α ヘリックスに1残基挿入されて生じたと考えられる（Cooley *et al.*, 2010; Fodje and Al-Karadaghi, 2002）．

Pauling と Corey が提唱した二つめの二次構造は β シートである（図3・11）．このシートはおよそ5〜10残基からなる β 鎖から構成される．β 鎖はほぼ完全に伸びたコンホメーションをしており，互いに平行に並んでいる．ペプチド結合の C=O は，隣の鎖の NH と水素結合を形成している．C_α 原子は β シートの面の上下に交互に張り出しており，波状のひだのあるシートとなっている．アミノ酸側鎖も，上側と下側に互い違いに出ている．β 鎖同士の相互作用により，2種類の β シート構造ができあがる（図3・11）．

(i) 平行 β シートは，ポリペプチド鎖が互いに同じ方向を向いて並んだ構造である．逆平行 β シートと比べて水素結合が不安定であり，5残基より短いポリペプチド鎖からなる平行 β シートはあまりみられない．C_α 原子が等間隔に並んでおり，平行 β シートをつくるアミノ酸の配列に制約は少ない．逆平行 β シートをつくる β 鎖は連続した配列であることが多いが，平行 β シートの場合は二つの β 鎖の間にある程度の長さのペプチド鎖が挟まっている．多くの場合，β 鎖の間には α ヘリッ

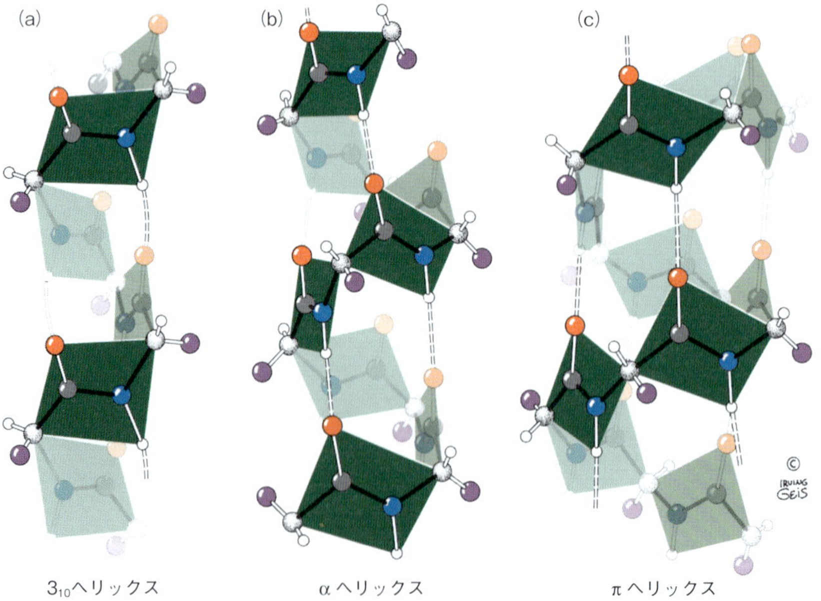

図3・10　タンパク質の構造でみられる3種類のヘリックス．(a) 3_{10} ヘリックス．1巻きに3.0個のペプチドユニットを含む．らせんのピッチは0.6 nm であり，α ヘリックスよりも細く伸びた構造である．(b) α ヘリックス．1巻きは3.6残基であり，ピッチは0.54 nm である．(c) π ヘリックス．1巻き当たり4.4残基であり，ピッチは0.52 nm である．α ヘリックスと比べ，太くて短い．［Voet, Voet, 2004 より．John Wiley and Sons, Inc. の許可を得て転載］

クスがあり，β-α-β モチーフを形成する．このモチーフは，さまざまなタンパク質でみられる超二次構造である．

(ii) 逆平行βシートでは，ポリペプチド鎖が逆向きに並んでいる．水素結合の向きはそろっているが，C_α 原子の位置には2種類ある．隣り合う二つの C_α 原子が比較的近い場合と，離れている場合がある．そのため，前者の位置を占めるアミノ酸の種類には制限がある（絹を構成する代表的なタンパク質では，GAGA(S)の繰返し配列があり，Gly(G)が前者の位置を，Ala(A)やSer(S)が後者の位置を占める*6）．隣り合う逆平行βシートはヘアピンループでつながっている．これはβターンともよばれ，1個めのアミノ酸のC=Oと4個めのアミノ酸のNHが水素結合をつくっている．3_{10} ヘリックスと似た構造であり，ペプチド鎖を180°方向転換させる．

2本のβ鎖がβシート構造をつくる場合，水素結合を形成するのはC=OやNHの50％のみである．そのため，複数のペプチド鎖（たいていは4本から10本程度）がまとまって，βシートのネットワークを形成する．全部が平行あるいは逆平行にそろっていることもあるし，平行βシートと逆平行βシートが混ざっている場合もある（図3・11）．

二次構造が集まると，フォールドともよばれる超二次構造となる．コンパクトに折りたたまれた球状タンパク質のドメインとしてもよくみられる．図3・12には3種類のモチーフを示した．(a) β-α-β モチーフでは，二つのβシートをαヘリックスがつないでいる．(b) 逆平行βシートでは，前述したようにβシートの間がβターンで連結されていることが多い．(c) α-α モチーフは，二つのαヘリックスが短いループを介して逆平行につながったものである．これらのドメインの具体例は図3・13から図3・15に図示されている．ここではJane Richardsonが考案した方法（Richardson, 1981）に従って，タンパク質の主鎖をリボンで示してある．αヘリックスはコイルで，βシートはC末端を向いた矢印で描いてある．全部の側鎖を描くよりも，フォールディング構造を簡単に把握できるからである．

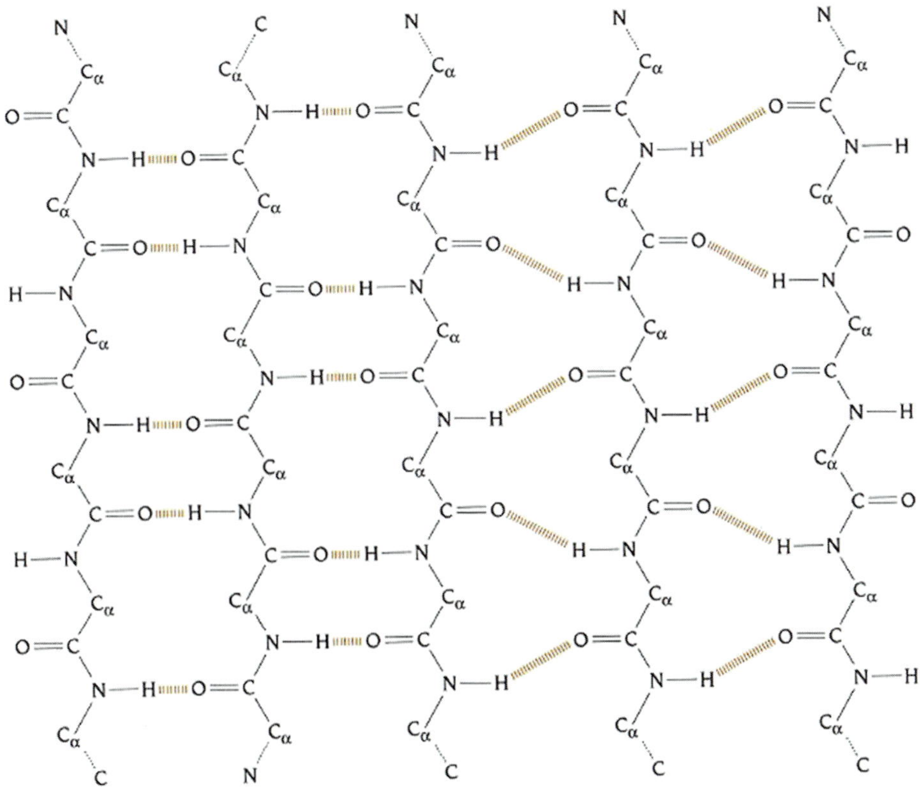

図3・11 平行と逆平行が混じった大腸菌(*E. coli*)のチオレドキシンのβシート．β鎖の間の水素結合も示した．
［Branden, Tooze, 1991 より．Garland Publishing, Inc. の許可を得て転載］

＊6 優雅に着飾った女性のドレスの裾を，格好つけた若い男がうっかり踏んでしまったと考えよう．きっと，生地が破れる音が聞こえるだろう．その少なくとも一部は，数百万の水素結合が切れたためだといえる．

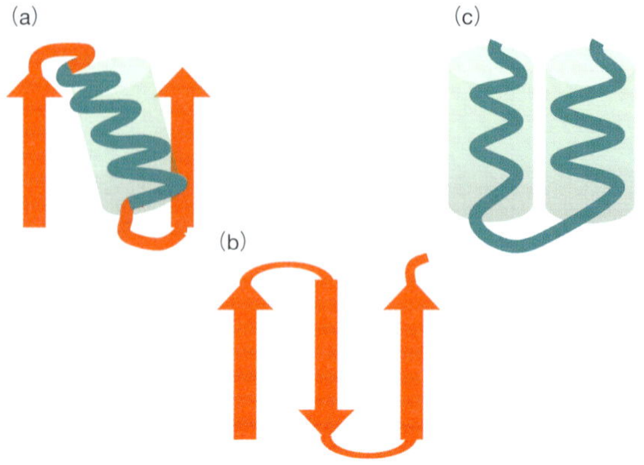

図3・12 タンパク質でみられる超二次構造. (a) β-α-β モチーフ, (b) ヘアピンループでつながれた逆平行 β シート, (c) α-α モチーフ.

β-α-β モチーフからなる α/β タンパク質の例として, まずトリオースリン酸イソメラーゼをあげよう. 247 個のアミノ酸からなる酵素であり, 解糖系に関与する (第5章参照). 中央には8個の平行 β 鎖がねじれた形で並んでいる. この円筒状の構造は β バレルとよばれている. 上から見た構造を図3・13(a)に示す. β 鎖間を結ぶ α ヘリックスは, β バレルの外側に並んでいる. このような構造は, トリオースリン酸イソメラーゼ (TIM) で初めて見つかったことから, しばしば TIM バレルとよばれる. 図3・13 の下部は, 構造のトポロジーをわかりやすく表現したものである. α ヘリックスを長方形で描き, β シートは矢印になっている. 図3・13(b)には, α/β タンパク質のもう一つの例として, デヒドロゲナーゼ (脱水素酵素) やキナーゼ (リン酸化酵素) のヌクレオチド結合ドメインにみられる構造を示す. ねじれた β シートの両側が, α ヘリックスに囲まれている.

タンパク質の超二次構造の2種類めとして, 逆平行 β 構造を紹介する. 非常に多様な機能に関わっており, 酵素や輸送タンパク質, 抗体, そしてウイルスのコートタンパク質にみられる. 4本から10本超の β 鎖からなる. 二つの β シートが向かい合って重なり, β サンドイッチとよばれる構造になる. 例として, スーパーオキシドジスムターゼという酵素を示す (図3・14a). 8本の逆平行 β 鎖 (青と赤に色分けしてある)が二つの β シートをつくり, それが β サンドイッチ構造を形成している. 二つのねじれた β シートがサンドイッチ構造をつくると, バレル構造に似た形になる. 免疫グロブリンは外来性の抗原を認識する分子の一群である. 多数のドメインで構成されるが, その多くは〔免疫グロブリン G(IgG)では, 13個のドメインのうち12個〕共通の免疫グロブリンフォールド構造をもっている. 免疫グロブリンの定常領域は7本の β 鎖からなる (図3・14b). 4本が一つの β シートをつくり, 残りの3本が別の β シートを形成する. これらが重なるように位置し, さらにジスルフィド結合で架橋されている. 免疫グロブリンの可変領域の構造は定常領域の構造と類似しているが, β 鎖の本数が9本と多い (図3・14c). 2本の β 鎖が鎖3と鎖4の間のループ部分に挿入されている. この2本の β 鎖は超可変領域とよばれ, 重要な機能を担っている. 他の2個の超可変領域も近くに位置し, 合計3個の超可変領域が免疫グロブリンの抗原認識の特異性を決めている.

二つの隣り合うヘリックスを並べる一番単純な方法は,

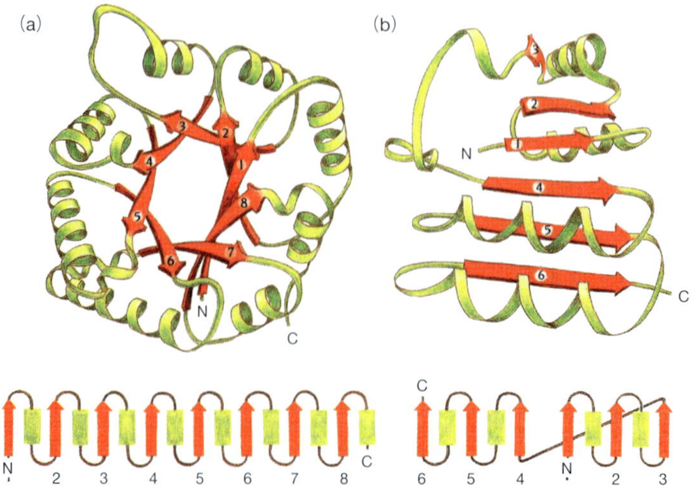

図3・13 (a) トリオースリン酸イソメラーゼ(TIM)は, 末端に α ヘリックスがある8個の βα モチーフからなる β-α-β 構造をもつ. 全体として, たる (バレル) 状の構造を形成している. (b) 両側にヘリックスをもつねじれた β シート. 多くのデヒドロゲナーゼの補酵素結合ドメインでみられる. [Branden, Tooze, 1991 より. Garland Publishing, Inc. の許可を得て転載]

それらを逆平行に配置して，間を短いループで結ぶ方法である．タンパク質のドメイン構造としてよくみられるのは，4本の平行もしくは逆平行のヘリックスが集まった4ヘリックスバンドルである．長軸方向に整列しており，中央には疎水的な部分がある．アミノ酸配列で隣接するヘリックスは，三次元構造でも隣り合った位置にある．バンドルの内側に埋もれたアミノ酸側鎖は，疎水的なコアをつくっている．海洋無脊椎動物から発見された非ヘム酸素運搬タンパク質であるミオヘムエリトリンなどでみられる構造である（図3・15a）．

もう一つの重要なヘリックスドメインはグロビンフォールドである．酸素貯蔵タンパク質であるミオグロビンなどでみられる（図3・15b）．マッコウクジラの筋肉由来のミオグロビンは，三次元構造が決定された最初のタンパク質である．ヘモグロビンを構成する四つのグロビン鎖はミオグロビンと非常によく似た三次元構造をもつ．後に明らかになったことだが，ユスリカの幼虫（*Chironomus thummi*）やヤツメウナギ（ウナギに似た吸血性の円口類の魚）から見つかった酸素結合ヘムタンパク質もグロビンフォールド構造をもっている．グロビンフォールドでは，8本のαヘリックスが並んでおり，4本のヘリックスからなるバンドル構造とは大きく異なる．各ヘリックスは7個（ヘリックスC）から28個（ヘリックスH）のアミノ酸残基からなり，ヘム結合ポケットの周りを包み囲むようになっている．そのため，三次元構造中で隣にあるヘリックスでも，アミノ酸配列上で隣接しているわけではない．

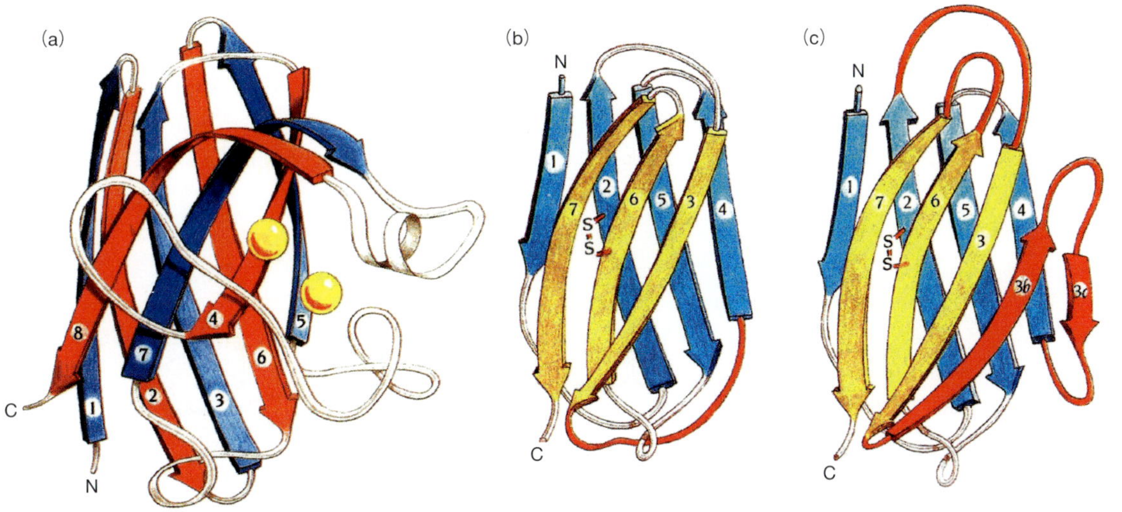

図3・14　(a) 8本の逆平行β鎖からなるCu/Znスーパーオキシドジスムターゼ．(b) 免疫グロブリンの定常領域と (c) 可変領域．いずれも同様の構造の7本の逆平行β鎖をもつ．可変領域は，さらに2本のβ鎖をもつ．（Branden, Tooze, 1991より．Garland Publishing, Inc. の許可を得て転載）

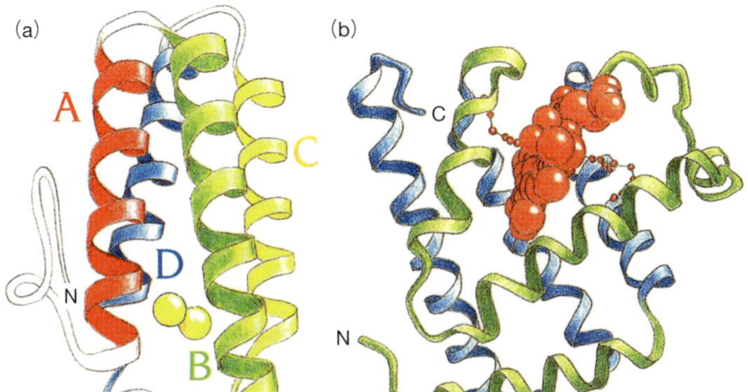

図3・15　(a) ミオヘムエリトリンにみられる4ヘリックスバンドルのドメイン．ヘリックスバンドルの中心の疎水的な場所に二核鉄中心があり，そこに酸素が結合する．(b) ミオグロビンでみられるグロビンフォールド．[Branden, Tooze, 1991より．Garland Publishing, Inc. の許可を得て転載]

3・4 核酸の構成要素

核酸は，次の 3 種類の構成要素からなる．一つめは窒素原子を多く含んだ核酸塩基であり，プリンとピリミジンに大別される．アデニンとグアニンはプリン塩基であり，チミンとシトシンはピリミジン塩基である．二つめは糖であり，核酸塩基が *N*-グリコシド結合により結合している．RNA ではリボース，DNA ではデオキシリボースとなっている．三つめはリン酸基であり，糖骨格をつないでいる．核酸塩基と糖が結合したものをヌクレオシドとよぶ．たとえばアデニン塩基がデオキシリボースに結合すると，デオキシアデノシンになる．一方，核酸塩基と糖，そしてリン酸基が結合したものはヌクレオチドとよばれる．通常はリボースもしくはデオキシリボースの 5′-ヒドロキシ基にリン酸基が結合する．例としてデオキシアデノシン 5′-三リン酸をあげる（図 3・16）．

DNA でみられるチミン塩基(T)は，RNA ではウラシル(U)になっている．ウラシルはチミンに似ているが，メチル基がない．核酸の構造では，ヌクレオシドの 3′-ヒドロキシ基と，隣接するヌクレオシドの 5′-ヒドロキシ基がリン酸ジエステル結合で結ばれている．これは 1952 年に Alexander Todd[*7] が明らかにしたとおりである（図 3・17）．

3・5 核酸の二次構造と三次構造

現代の分子生物学は，1953 年に *Nature* 誌に発表された一つの素晴らしい論文で幕を開けた．Francis Crick と Jim Watson の DNA の二重らせん構造についての論文である．この論文は，次の二つの重要な観察に基づいている．一つは，DNA を構成する核酸塩基の組成についての知見である．核酸塩基全体の組成はその由来によってさまざまであったが，必ず A と T の量は等しく，G と C も同じ量だけ含まれることが示されていた．二つめは，繊維状の DNA の良質な X 線写真である．X 線写真から，DNA は 2 本もしくは 3 本のポリヌクレオチド鎖からなるらせん構造だと考えられた．Rosalind Franklin[*8] が撮った X 線写真は

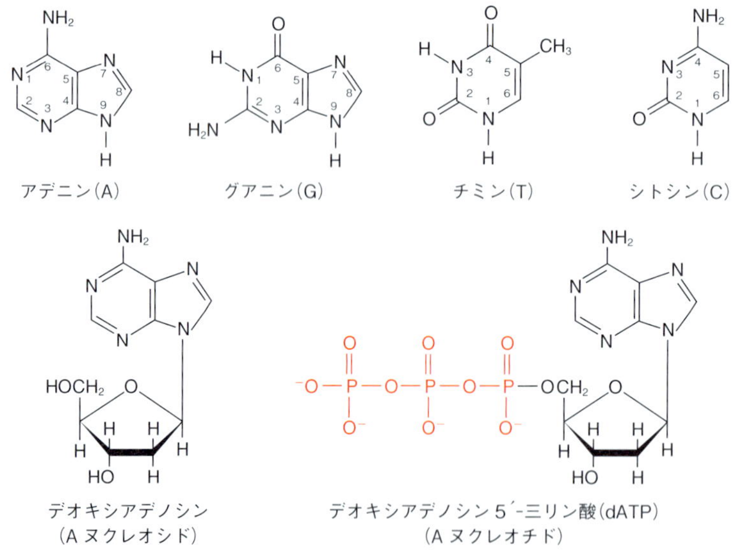

図 3・16 DNA の 4 種類の核酸塩基（A, G, T および C）とヌクレオシド（デオキシアデノシン）およびヌクレオチド（デオキシアデノシン 5′-三リン酸）の構造．

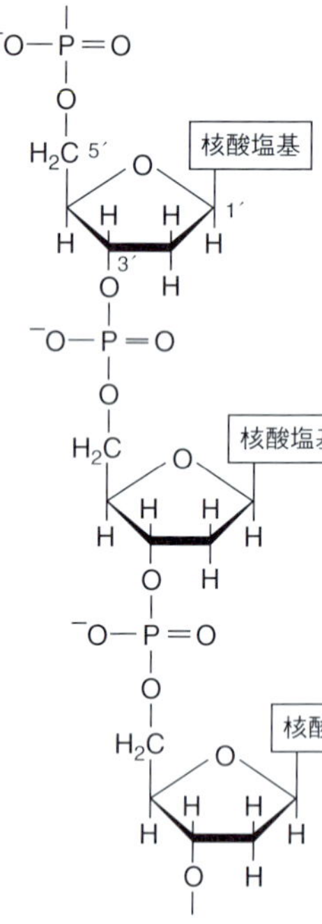

図 3・17 DNA 分子の構造．デオキシリボースが，ヌクレオシドの 3′-OH 基と隣の 5′-OH 基の間のリン酸ジエステル結合によりつながれている．

*7 Alexander Todd は 1957 年のノーベル化学賞を受賞している．筆者と同じグラスゴーの Allan Glen 高校を卒業している．彼は核酸の化学構造を明らかにしただけでなく，FAD や ADP, ATP の構造に関する研究も行った．

*8 Watson と Crick が DNA の構造を予想するのに使った X 線写真は，Rosalind Franklin が撮影したものである．彼女は 1958 年に，卵巣がんで亡くなった．

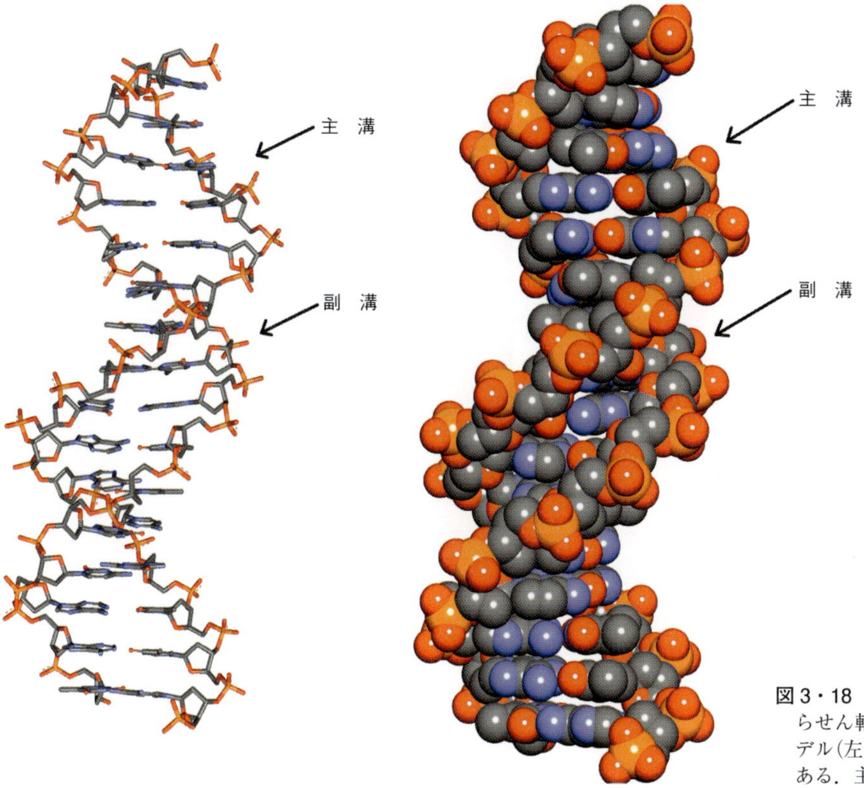

図3・18　B型のDNA二重らせんの構造．らせん軸に沿った向きの構造を，球棒モデル(左)および空間充塡モデルで示してある．主溝と副溝も示した．

DNA二重らせんの主要な構造であるB-DNA構造を示していた（図3・18）．この構造では，1回転の間に塩基対が10組あり，塩基対同士は0.34 nmずつ離れている．1塩基対進むと，らせんは36°だけ回転する．塩基対の間には，スタッキングとよばれる大きな相互作用がある．プリン塩基とピリミジン塩基は二重らせんの内側を向いており，AとTの間，およびGとCの間で水素結合を形成する(図3・19)．そのため，二重らせんは固い中心部をもっている．デオキシリボースとリン酸からなる主鎖は外側に位置しており，2本の鎖は逆平行になっている．後で述べることだが，遺伝子の発現を制御するタンパク質は，この糖リン酸骨格に結合する．DNAの二重らせんには，主溝(メジャーグルーブ)とよばれる広い溝と，副溝(マイナーグルーブ)とよばれる狭い溝がある（図3・18）．

DNAの二本鎖は，疎水的な核酸塩基間のスタッキングと，A-TおよびG-C塩基対の間の水素結合によって安定化されている．熱をかけると，二本鎖は可逆的に一本鎖へと解離する．この過程は融解とよばれる．DNA二本鎖のうち半数が一本鎖に解離する温度を，融解温度(T_m)と定義する．G-C塩基対の多いDNA二本鎖は，A-T塩基対の多い二本鎖よりも高いT_mを示す．このことから，二本鎖の安定性には水素結合が大きく寄与していることがわかる(A-T塩基対が2本の水素結合をもつのに対し，G-C塩基対の水素結合は3本である)．

RNA分子は通常，DNAのような二本鎖構造は形成しない．その代わり，逆平行の二本鎖が5塩基から7塩基のループでつながれたステムループとよばれる構造がよくみられる．タンパク質のβターンのように，ポリヌクレオチド鎖の進行方向を180°変えることができる．RNAではチミ

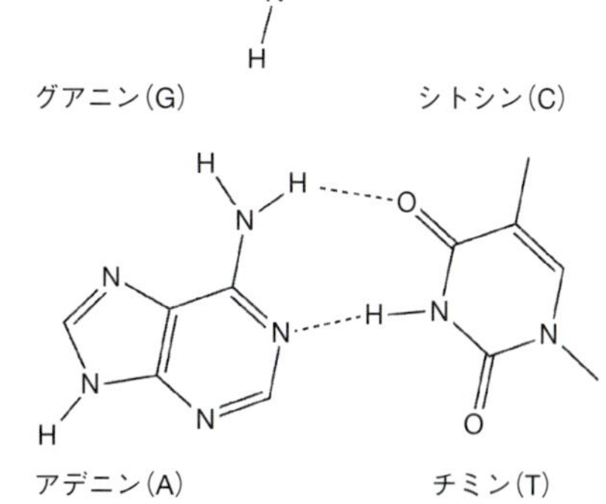

図3・19　DNAの中にみられるワトソン・クリック型塩基対．G-C塩基対とA-T塩基対を示した．

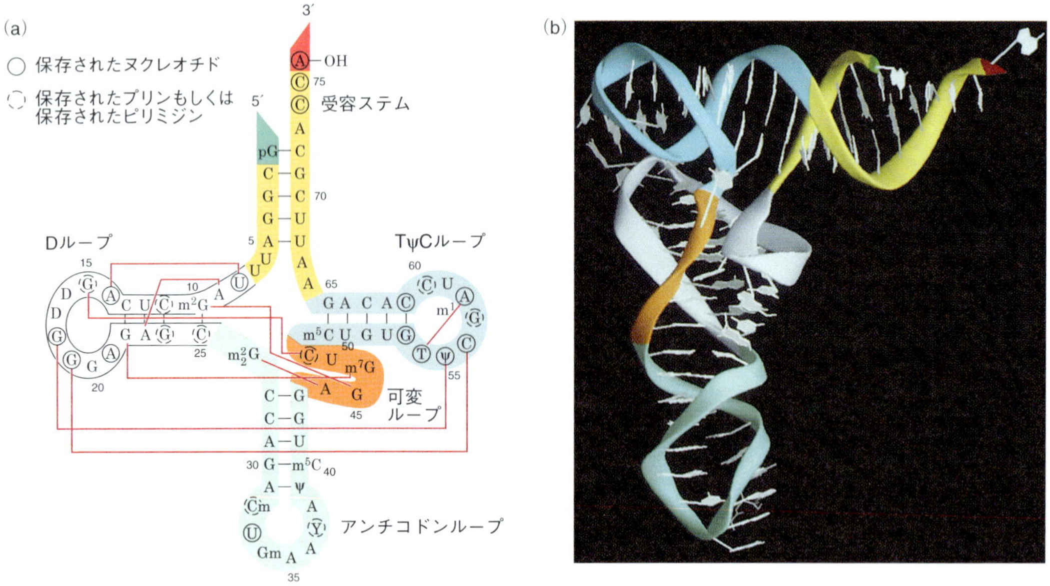

図3・20 酵母の tRNA[Phe] の構造. (a) 塩基配列で示したクローバー葉モデル. 三次元構造で塩基対を形成している核酸塩基を, 赤い線で結んだ. すべての tRNA で保存されている塩基を実線で, 半保存されている塩基を破線の丸で囲んだ. 部位ごとに色を分けて示してある. (b) X 線構造. 塩基対を形成したそれぞれのステムが L 字形構造を形成している. 糖とリン酸からなる骨格は, (a)と同じ色のリボンで示してある. [Voet, Voet, 2004 より. John Wiley & Sons, Inc. の許可を得て転載]

ン(T)塩基の代わりにウラシル(U)塩基が使われるが, それに加え, ワトソン・クリック型塩基対とは異なる様式の塩基対がみられる. 図3・20 には, 初めて三次元構造が決定された RNA (Phe をコードするトランスファー RNA, tRNA[Phe]) を示した. 多くの非ワトソン・クリック型塩基対があり, 核酸塩基間の水素結合が最大になるように最適化されている. mRNA に結合するアンチコドン(GmAA)が*9, tRNA の 3′-OH (図では赤く示してある) に結合した Phe 残基 (これがタンパク質に導入される) から 8 nm も離れていることにも注目してほしい.

高等生物では, DNA はそのほとんどが細胞の核の中に収まっているが (一部はミトコンドリアや植物の葉緑体にも存在する), RNA は細胞の中に広く分布している. RNA はおもに3種類の形態で存在し, いずれもタンパク質の生合成に関わっている. リボソーム RNA(rRNA)は, タンパク質合成の舞台となる細胞内小器官であるリボソームの質量の3分の2を占めている. メッセンジャー RNA(mRNA)は, タンパク質を構成するアミノ酸の配列情報をコードしている. トランスファー RNA(tRNA)は, 4種類の文字からなる核酸の配列情報を, 20 種類の文字からなるタンパク質の配列情報へと翻訳する役割を担う. tRNA には多くの修飾塩基が含まれるが, これらは特別な酵素によって導入される.

3・6 炭水化物(糖)

炭水化物も生体内で重要な化合物の一つである. 経験的に $C_nH_{2n}O_n$ の化学式で表されることから, そのように名付けられている. 代謝の過程では単純な糖(単糖類)の形で存在している (第5章参照). 炭素やエネルギーの貯蔵には, ポリマー(多糖類)が使われる (植物におけるデンプンや動物におけるグリコーゲンが該当し, いずれもグルコースのポリマーである). また, 構造をつくる材料としても使われる (植物の細胞壁を構成するセルロースもグルコースのポリマーであり, 無脊椎動物の殻のキチンは *N*-アセチルグルコサミンの多量体である). タンパク質や生体膜に結合していることもあり, 生物学的認識における高い特異性を生み出している (血液型決定基がそのよい例である).

まず, おもな単糖類から簡単に説明しよう. 分子認識に関わる糖の立体化学に注目して読み進めてほしい. 単糖類の $(CH_2O)_n$ という組成に着目すると, n は最小でも3であることがわかるだろう (炭素の数が3個の糖を, 炭素を表す ose を語尾に付けてトリオースとよぶ). その炭素のうち1個は, アルデヒドかケトンに酸化されている必要がある. 図3・21 には2種類のトリオースの構造を示した. グリセルアルデヒドはアルドース (アルデヒド基を含むものをアルドースとよぶ) の一種であり, ジヒドロキシアセ

*9 訳注: Gm は 2′ 位のヒドロキシ基がメチル化されたグアノシンを示す.

トンはケトース（ケトンを含むものをケトースとよぶ）の一種である．この二つの分子は異性体であり，異性化酵素（イソメラーゼ）とよばれる酵素により互いに変換される．フィッシャー投影式*10 で描くと，グリセルアルデヒドの中央の炭素に結合したヒドロキシ基は，右側にある場合と左側を向く場合があることに注意しよう．多くの糖では，還元性官能基（アルデヒドやケトンなど）から最も遠くにあるヒドロキシ基が右側を向いている（ビタミンCとして知られるアスコルビン酸は例外である）．これら糖の立体配置をD型とよぶ．ここではその他の糖（テトロース，ペントース，ヘキソースなど）の構造の詳細は割愛するが，代謝において重要ないくつかの糖の構造を図3・21に示した．D-リボース，D-ガラクトース，D-グルコース（これらはアルドースである），そしてD-フルクトース（これはケトースである）を示したが，これらはしばしばリン酸化される．次に，アルドヘキソースの一種であるグルコースについて詳しく見ていこう．グルコースは，アルデヒド基と5番めの炭素上のヒドロキシ基とが縮合することで環状構造になる．この構造はいわゆるヘミアセタールである．同様にケトンをもつフルクトースも，ヘミケタールを形成して環状構造となる（図3・22）．名前はそれほど重要ではないが，以下のことは覚えてほしい．環状構造では，1位の炭素原子は非対称であり，ヒドロキシ基が環をなす平面の下側にある場合（α-D-グルコース）と，上側にある場

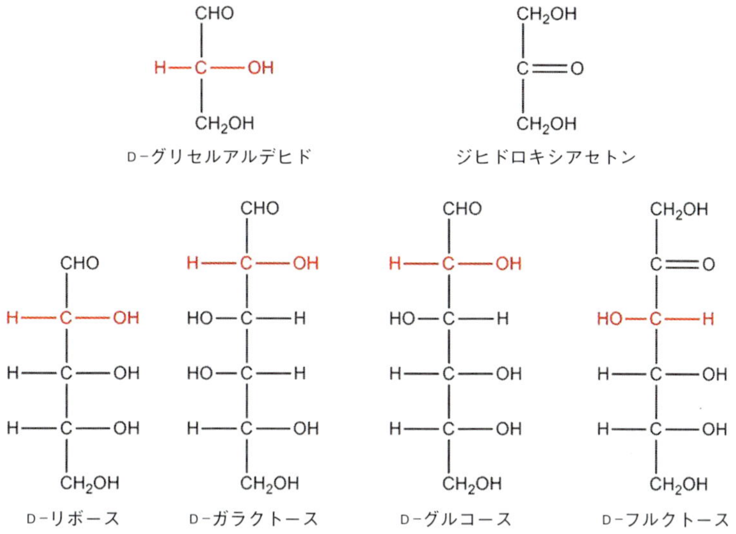

図3・21　トリオース，ペントースおよびヘキソースの開環構造．トリオース：D-グリセルアルデヒド（アルドース），ジヒドロキシアセトン（ケトース）．ペントース：D-リボース，ヘキソース：D-ガラクトース，D-グルコース（アルドース）およびD-フルクトース（ケトヘキソース）．アルデヒドもしくはケトンから一番離れた炭素上のヒドロキシ基の向きにより，D体，L体の立体配置が決まる．

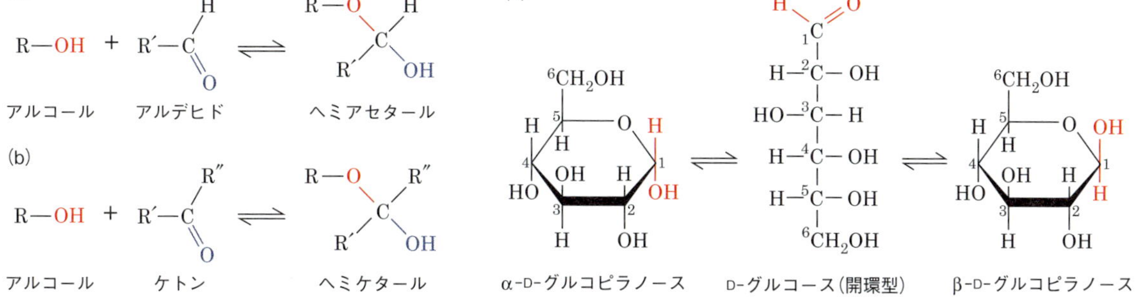

図3・22　アルコールと（a）アルデヒドまたは（b）ケトンとの反応．それぞれヘミアセタールとヘミケタールが生成する．（c）グルコースの5位の炭素上のアルコールとアルデヒドとの反応．2種類のヘミアセタール，α-D-グルコピラノースおよびβ-D-グルコピラノースが生成する（ピラノースは，同じ六員環を含む最も単純な化合物ピランにちなむ）．

*10　訳注：フィッシャー投影式では，横方向の結合は紙面の手前側，縦方向の結合は紙面の向こう側に出ると約束する．

合(β-D-グルコース)とがある．この2種類の異性体はアノマーとよばれ，1位の炭素をアノマー炭素という．後で述べるように，この違いは糖が重合するときに大きな影響を生じる（デンプンとセルロースの物理的性質が大きく異なることを思い浮かべよ）．図3・21に示したリボース，フルクトースおよびガラクトースも，グルコースと同様に，水溶液中で安定な環状構造となる．最後に，グルコースとガラクトースの違いを説明しよう．両者の違いは4位の炭素上のヒドロキシ基の向きだけである．このように1箇所の炭素上の立体配置のみが異なる異性体をエピマーとよぶ．ここで説明した糖の多くは代謝経路でみられる化合物であり，しばしばリン酸化されている．そのほか生物学的に重要な糖の誘導体には，DNAを構成するβ-D-2-デオキシリボースなどのデオキシ糖や，キチンを構成する*N*-アセチルグルコサミン（2位の炭素上のヒドロキシ基がアセチルアミノ基に置き換わっている）のようなアミノ糖がある．

二つの糖の分子は，グリコシド結合によって連結される（図3・23）．“ベルギーの二糖類”とでも言うべきマルトー

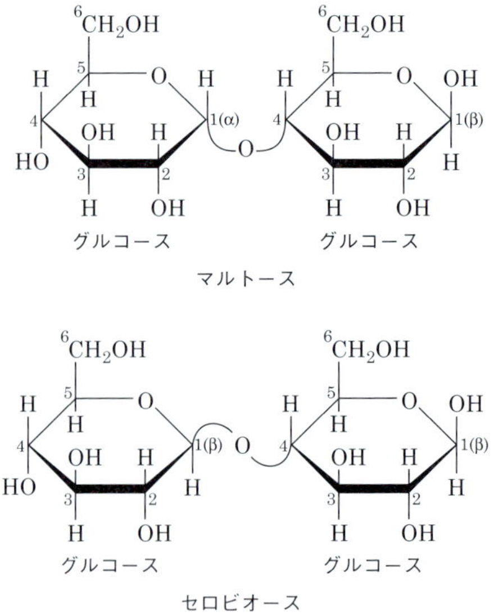

図3・23　二糖類のマルトースとセロビオースの構造．それぞれデンプンとセルロースの加水分解で生成する．

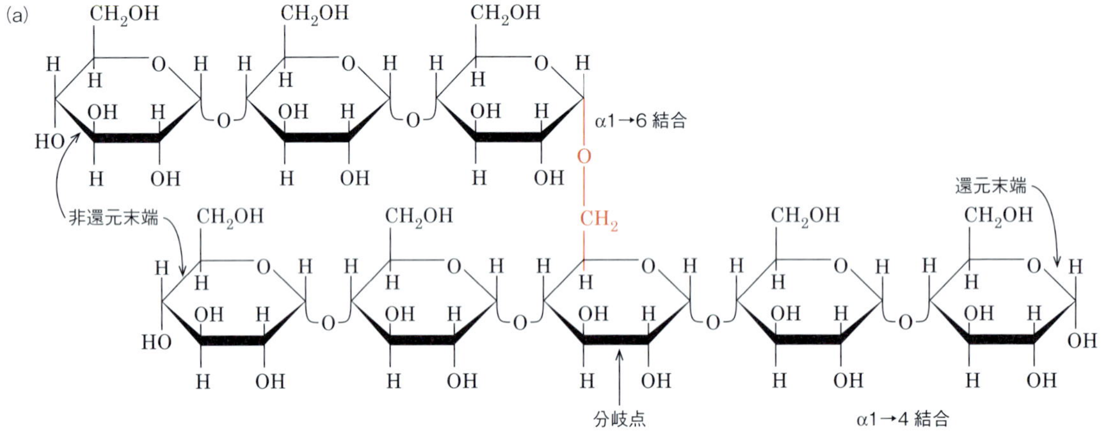

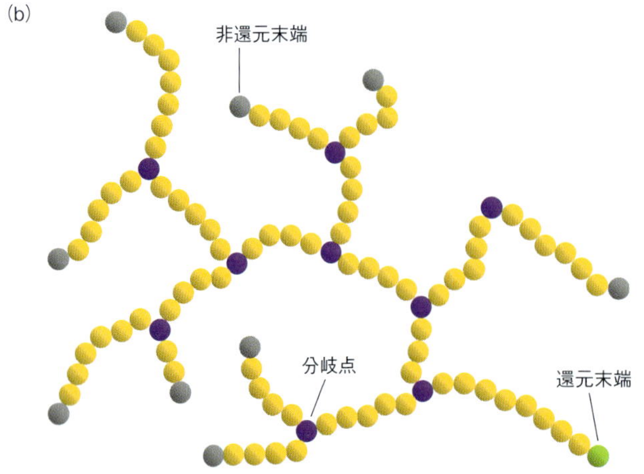

図3・24　(a) グリコーゲンの分子構造（ポリグルコース鎖を示してある．当然のことだが，実際の分子はこれよりも非常に長い）．(b) 分岐構造の模式図．還元末端は1箇所しかないのに対し，非還元末端は複数存在することに注意しよう．非還元末端からグルコースが放出される．

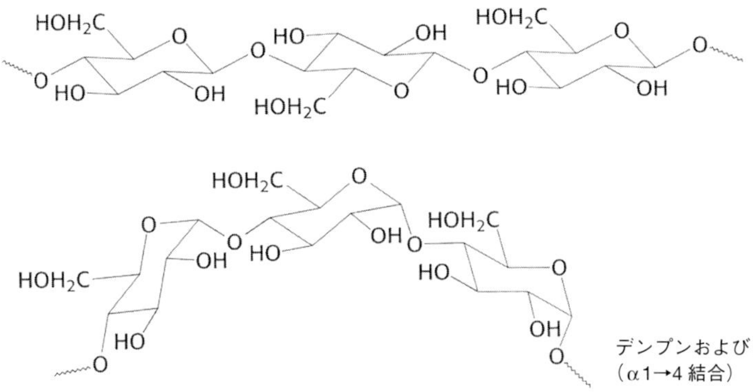

図 3・25 グリコシド結合の向きにより多糖の構造と機能が決まる．セルロースはβ1→4 結合のために直鎖状になり，構造を維持するのに最適である．一方，デンプンやグリコーゲンは α1→4 結合のために曲がった構造になり，水和されて貯蔵されるのに適している．

スがその典型例である*11．マルトースは，デンプンの加水分解によって得られる．グルコース分子のアルデヒド基ともう一つのグルコース分子の 4 位のヒドロキシ基の間に，α-グリコシド結合（α1→4）が形成される．一方，セルロースの加水分解で得られる主要な二糖類であるセロビオースでは，二つのグルコース分子はβ1→4 結合で結ばれている．

多糖類には大別して二つの種類がある．グリコーゲンのようにエネルギーや糖の貯蔵に使われるものと，セルロースのような構造多糖である．植物の主要な貯蔵多糖であるデンプンは，アミロースとアミロペクチンが混ざったものである．アミロースは，グルコースが α1→4 結合でつながれた直鎖状のポリマーである．アミロペクチンは，大半はアミロースと同様に α1→4 結合でつながれたグルコースの多量体だが，24～30 個ごとに α1→6 結合による分岐がある．動物がもつ貯蔵多糖であるグリコーゲンは，おもに肝臓や筋肉などで水和した細胞質顆粒として存在する．最大で 120,000 個のグルコース単量体が含まれる．グリコーゲンはアミロペクチンに似た構造だが，8～14 残基ごとに α1→6 結合による分岐がある（図 3・24）．分岐が多い，すなわち末端が多いため，分解が速くグルコースが放出されやすい．

セルロースは，植物の細胞壁を構成する主要な分子である．生物圏にある炭素の約半分を占め，毎年およそ 10^{15} kg もつくり続けられている（そして分解され続けている）．貯蔵多糖とは異なり，セルロースはグルコースがβ1→4 グリコシド結合でつながった多量体である（図 3・25）．一般的には，最大 15,000 個のグルコースからなる．デンプンやグリコーゲンは α1→4 結合をもつため，曲がった構造であり容易に水和される（グリコーゲンの顆粒については前に述べた）．一方，β1→4 結合で連結されているセルロースは，長い直鎖構造となる．直鎖状ポリマーが，鎖間の水素結合ネットワークにより平行に集合し，繊維状の構造となる．このように，グリコシド結合の立体の違いが，構造や機能の大きな違いを生んでいる．一方はエネルギーを貯蔵する顆粒となり，一方は野菜などの細胞壁を構成する．木材が大きな荷重に耐えられるのもこのためである．ロブスターなどの甲殻類の殻に目を向けると，*N*-アセチルグルコサミンがβ1→4 結合でつながったポリマーであり，性質の違いはもっと顕著になる．

3・7 脂質と生体膜

これまでに紹介した生体分子は，いずれも水溶性の高分子であった．それに対し，脂質*12 は脂溶性の分子であり，さらに分子量も比較的小さい．一部の脂質を除き（命名委員会はその有機化学的な複雑さとは逆に，単純脂質と名付けた*13．ほかにもステロイドやイソプレノイドなどがある），多くは複合脂質である．定義によれば，脂質はけん化されうる分子である．すなわちアルカリで処理すると，

*11 何年か前に，1800 年代後半のフランスの地図を買ったことがある．その北端にベルギーの一部が入り込んでいて，“ビール飲みの王国”と書かれていた．ビール製造で重要な成分にマルトース（麦芽糖）がある．マルトースは，モルトをつくる過程で，デンプンの部分的な加水分解によって得られる．その後，酵母を加えて，糖をエタノールに発酵させる．ベルギービールは重要な文化的かつ経済的な伝統であるので（私見だが世界最高級だと思う），ベルギーの“国の糖”を定めるとしたらマルトースは最有力候補だろう．

*12 英語の lipid は，ギリシャ語で油を表す lipos に由来する．

*13 一般に，罪には sins of comission（作為の罪）と sins of omission（不作為の罪）がある．科学用語の命名に限っていえば，それは明らかに sins of Commission（命名委員会の罪）である！

グリセロールなどのアルコールと脂肪酸などを生じ，石けんとなる．脂肪酸は一般的には偶数個の炭素原子をもち（第５章で見るように，アセチル CoA からの合成に由来する），その数はたいてい 16 個か 18 個である．ステアリン酸（融点 69.6 ℃）やパルミチン酸（融点 63.1 ℃）のような飽和脂肪酸であるか，もしくはオレイン酸（融点 13.4 ℃）やパルミトレイン酸（融点 0.5 ℃）のように１個あるいは複数の二重結合をもつ（図３・26a）．ここで重要なことは，脂質の性質はそれを構成している脂肪酸に由来するということである．日常生活でみられる例では，ラード（動物性脂肪）とオリーブオイルの違いがある．ラードは 20 ℃では固体であるが，オリーブオイルは液体である．なぜだろうか？ どちらもトリアシルグリセロールであるが（図３・26b），ラードに含まれる脂質では３分子の飽和脂肪酸（たいていはステアリン酸）がグリセロールに結合しているのに対し，オリーブオイルでは二重結合を１個含むオレイン酸が結合している．トリアシルグリセロールはエネルギー源の効率的な貯蔵庫である．グラム当たりのエネルギーは炭水化物やタンパク質の２倍にも及ぶ．グリコーゲンが質量にして２倍の水分子を含むのに対し，脂質は水を含まない．動物はトリアシルグリセロールの合成や貯蔵に特化した脂肪細胞をもっており，その細胞内は脂肪球で埋め尽くされている．

ここまでで，最も単純な複合脂質，トリアシルグリセロールについて学んだ．次に，リン脂質の生物学的性質を見ていこう．リン脂質はトリアシルグリセロールのような脂溶性ももつが，グリセロールのヒドロキシ基のうち一つに電荷をもった極性置換基をもっている（図３・26c）．リン脂質を構成するアルコールにはいくつかあるが，ここではグリセロリン脂質を紹介する．ジグリセリドに，極性をもったリン酸基が結合している（これをホスファチジン酸という）．さらにリン酸基には，極性のアルコール分子がエステル結合している．たとえばエタノールアミンやコリン（図３・26d），セリン，イノシトールなどが結合している．それらのリン脂質はホスファチジルエタノールアミン，ホスファチジルコリンなどとよばれる．いずれも**両親媒性**の分子であり，疎水的な尾部は非水環境下に埋め込まれ，極性の頭部は水中に露出する．水の表面では自発的に単分子

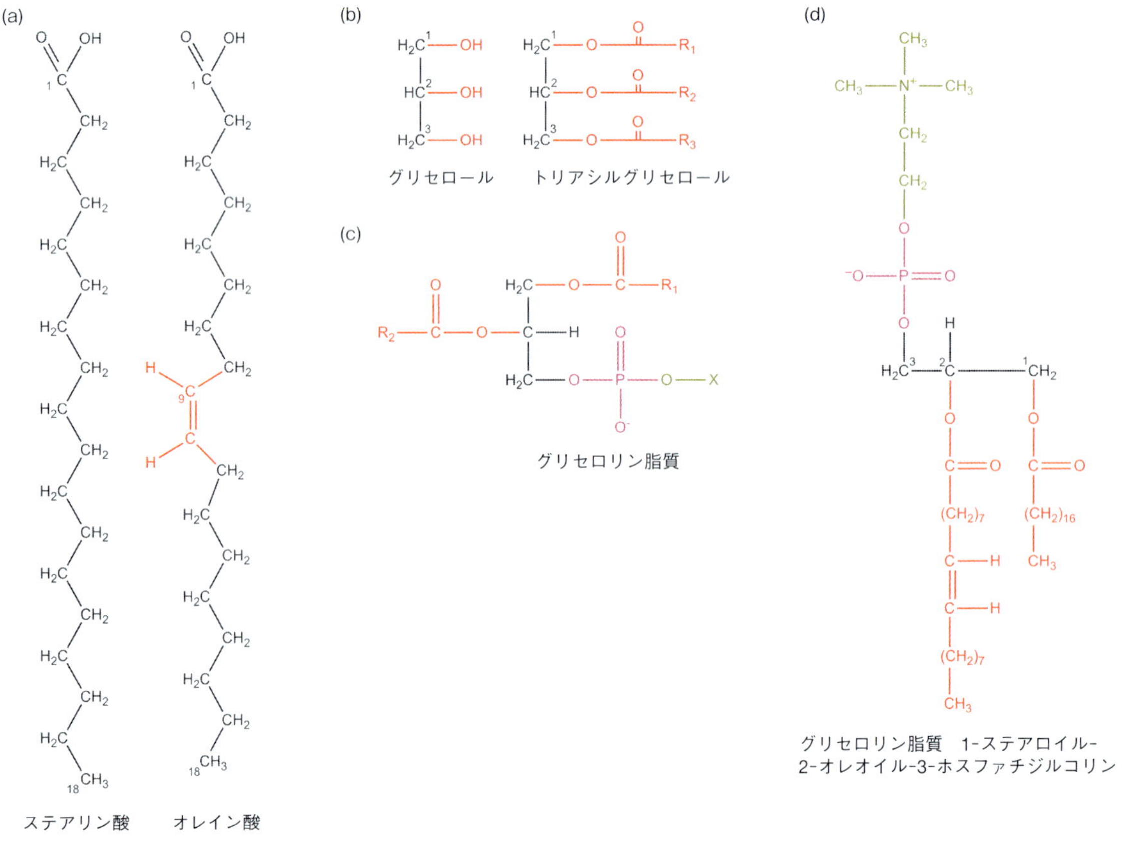

図３・26 (a) ステアリン酸およびオレイン酸，(b) グリセロールおよびトリアシルグリセロール，(c) グリセロリン脂質の一般的な構造，(d) グリセロリン脂質の一種，1-ステアロイル-2-オレオイル-3-ホスファチジルコリン．

層を形成し，水中では二分子層を形成する．脂質二重層の重要な性質は，それ自身が閉じた構造であるということにある．炭化水素鎖は水中に露出せず，閉じた空間をつくる．脂質二重層に穴が空くと，エネルギー的に不利になるので自然に修復される．これが生体膜の基盤となっている．生体膜では両親媒性のリン脂質が，疎水性の脂肪酸側鎖による二重層を形成する．水分子は二重層の内部から排除され，親水性の頭部は二重層の両側から水中に露出している．脂質二重層が形成される駆動力は，しばしば“疎水効果”とよばれる．すなわち，生体分子の非極性部分が互いに集合し，疎水的な核ができる．今まで見てきたように，疎水効果はタンパク質のフォールディングや核酸塩基のスタッキングにおいても重要である．

脂質二重膜は，水分子を除き，イオンや極性分子のほとんどを通さない．そのため，生体膜のさまざまな動的な機能は，脂質二重膜のみでは達成されない．リン脂質の主鎖に埋め込まれたタンパク質が種々の機能，すなわち受容体による分子認識，ポンプやチャネルによる輸送，エネルギー変換，酵素反応などを担っている（図3・27）．生体膜は，脂質とタンパク質が非共有結合的に集合したものであり，流動性をもった土台と捉えられる．脂質分子（およびタンパク質）は膜内を素早く拡散するが，膜を通り抜けることはない．したがって生体膜は，整列した脂質が形成する二次元の溶液と考えることができる．タンパク質はその中に選択的に挿入されており，脂質二重層を貫通する内在性膜タンパク質と，一方の表面に結合している表在性膜タンパク質とがある．糖脂質のリンカーを介して，共有結合でつながれている場合もある．生体膜は非対称であり，細胞膜ではしばしば膜の外側にオリゴ糖や糖脂質が存在する．最後に以下の点を指摘しておく．動物細胞において，疎水的なリン脂質の膜を貫通するタンパク質のドメインは，しばしば疎水的な α ヘリックスであり，その長さは 20〜30 残基である．

3・8　分子生物学の概要

歴史的な理由から，生化学の中で遺伝情報の変換を扱う分野，すなわち DNA や RNA の 4 文字の暗号から 20 文字からなるタンパク質の配列への変換を扱う分野を，分子生物学とよぶことが多い*14．近年のゲノム解読の進展と，遺伝子発現を検出する遺伝子アレイの普及は，狭い定義での分子生物学がすべての問題を解明できるという印象を高めたに違いない．しかし，ゲノムがコードするタンパク質の精製や同定などのように，時間や手間のかかる仕事抜きには問題は解明されないし，これからも無理だろう．残念なことだが，遺伝子の DNA 配列の情報だけから，タンパク質の構造さらには生物学的機能を予測することはできない（すでに構造が知られている他のタンパク質と相同性がある場合を除く）．しかし分子生物学の手法が現代の生化学の研究に重要であることには違いない．ここではまず，分子生物学のセントラルドグマと称されてきたものが何であるかを学ぶ．DNA の複製では，二つの同じ分子ができる．転写は，DNA に含まれる情報を RNA へ組込む過程である．そして翻訳では，リボソームが RNA の配列情報を対応す

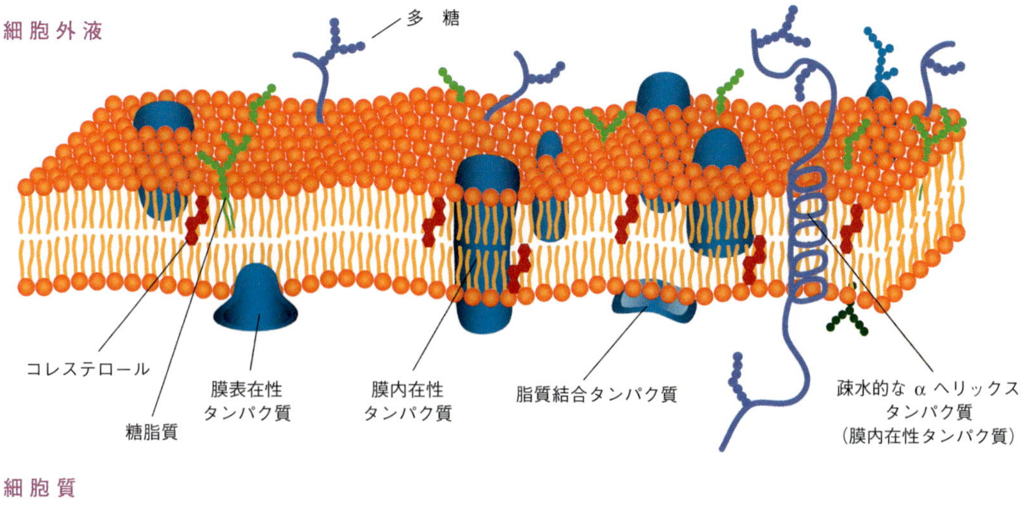

図3・27　細胞膜の模式図［Voet, Voet, 2004 をもとに作成］

*14　*Journal of Molecular Biology* の最近の号の目次を眺めると，そうではないことがわかるだろう（*Journal of Molecular Biology* は，タンパク質の結晶構造解析を専門とし，ミオグロビンやヘモグロビンの三次元構造の解析で Max Perutz ともにノーベル化学賞を受賞した John Kendrew により設立された専門誌である）．

るタンパク質のアミノ酸配列へと変換する．

複　製

Watson と Crick は 1953 年の論文の最後で，“われわれが仮定したこの特有の対形成から，遺伝物質の複製機構がただちに示唆されることに，われわれは気づいていないわけではない（Watson and Crick, 1953）”と述べている．今になってみれば，これはかなり自明なことのように思える．以下の説明に疑いの余地はほとんどない．DNA を合成する酵素（DNA ポリメラーゼ）は，ワトソン・クリック型塩基対に基づいて，新しく合成される娘鎖に正しい核酸塩基を配置する（図 3・28）．すでにある鋳型 DNA 鎖の上で，3′–ヒドロキシ基をもつプライマー鎖から，新しい DNA 鎖を合成する．反応は，プライマーの 3′–ヒドロキシ基がデオキシヌクレオシド三リン酸（dNTP）の P_α 原子に求核攻撃することで進行する．リン酸ジエステル結合ができ，ピロリン酸（PP_i）が放出される．

$$(\mathrm{DNA})_n + \mathrm{dNTP} \rightleftharpoons (\mathrm{DNA})_{n+1} + \mathrm{PP_i}$$

ヌクレオシド三リン酸（dNTP もしくは NTP）を基質とする他の酵素と同様に，DNA ポリメラーゼや RNA ポリメラーゼも金属酵素である．通常，2 個の金属イオン（普通は Mg^{2+}）を必要とする．図 3・29 に示すように，1 個めの金属イオンはプライマーの 3′–ヒドロキシ基と結合してお

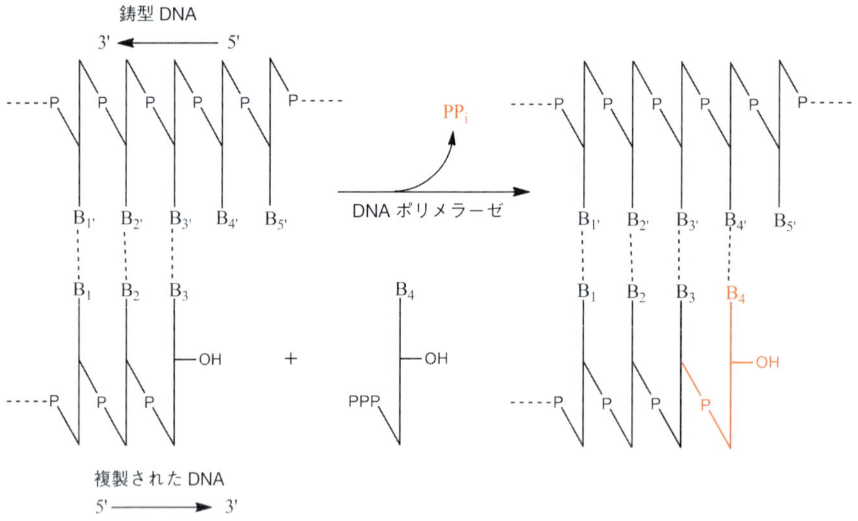

図 3・28　DNA ポリメラーゼが触媒する反応．

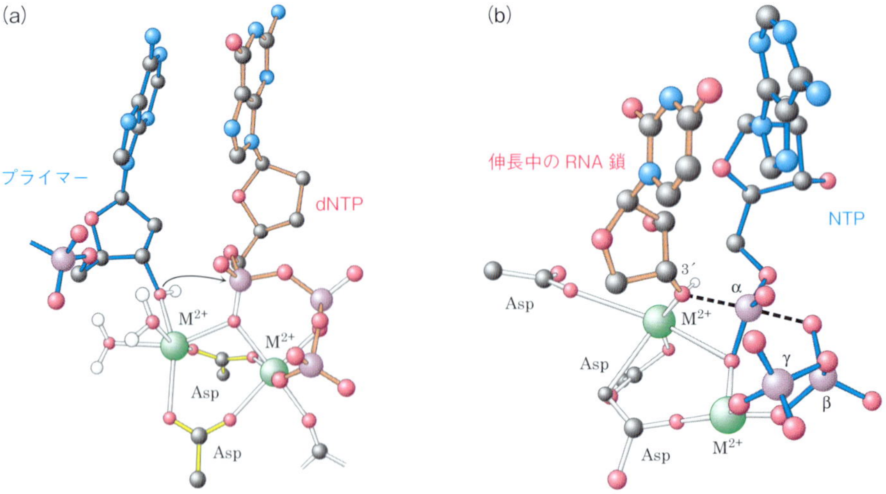

図 3・29　(a) DNA ポリメラーゼが触媒するリン酸ジエステル結合の形成反応．通常 2 個の金属イオン（普通は Mg^{2+}）を必要とする．(b) RNA ポリメラーゼによるリン酸ジエステル結合形成の遷移状態．黒，青，ピンク，紫の球は，それぞれ炭素，窒素，酸素，リンを示す．［Berg, Tymoczko, Stryer, 2002 より．W.H. Freeman and Co. の許可を得て転載］

り，二つの金属を架橋している酸素原子とヌクレオシド三リン酸の α-リン酸基が相互作用している．もう一方の金属イオンは，ヌクレオシド三リン酸のみに結合している．両方の金属イオンは，2 個のアスパラギン酸のカルボキシ基により架橋されており，その結果適切な位置に保持される．プライマーに結合した金属イオンは 3′-ヒドロキシ基を活性化し，ヌクレオシド三リン酸の α-リン酸基への求核攻撃を促進する．2 個の金属イオンは，5 配位の遷移状態の負電荷を安定化する．ヌクレオシド三リン酸に結合した金属イオンは,生じるピロリン酸の負電荷を安定化する．図 3・29(b)には，RNA ポリメラーゼにおける遷移状態を示した．

しかし現実はもっと複雑である．DNA 分子は逆平行の 2 本の鎖からなるが，分解能の低い観察法では片方の鎖の複製しか見られない．たとえば DNA 二本鎖の複製を電子顕微鏡で観察すると，複製フォークとして知られる構造が見られる（図 3・30a）．DNA ポリメラーゼは，1 本めの鎖を図 3・28 および図 3・29 に示した向き(5′ → 3′)に複製する．このとき同時にもう一方の鎖を逆方向(3′ → 5′)に複製しなければならないが，それは不可能である（ポリメラーゼは DNA 鎖の 3′-ヒドロキシ基を反応点にしているが，もう片方の鎖の複製では DNA 末端の 5′-リン酸基と反応させる必要が出てきてしまう）．この問題は，DNA の半不連続複製によって解決される．このメカニズムでは，いずれの娘鎖とも 5′ → 3′ の方向に複製される．短い RNA プライマー（プライマーゼという別の酵素により合成される）を必要とし，その 3′-ヒドロキシ基から DNA が合成される．RNA プライマーから合成される鎖をラギング鎖といい，もう一方の鎖（リーディング鎖）と逆方向に複製が進む．リーディング鎖では必ず DNA 末端の 3′-ヒドロキシ基がポリメラーゼに認識されるため，連続的に DNA が合成される（図 3・30b）．ラギング鎖では，短い RNA プライマーの 3′-ヒドロキシ基から DNA 鎖が合成される．この短い DNA 断片は，岡崎フラグメント[*15]とよばれる(真核生物ではわずか 100〜200 塩基の長さであるが，原核生物ではもっと長い)．その後，RNA プライマーは切断され，岡崎フラグメントから取除かれる．続いて DNA ポリメラーゼが隣の DNA 断片から DNA を合成し，結果として RNA プライマーが DNA 鎖に置き換えられる．最後にラギング鎖の断片は，DNA リガーゼによりつなげられる．

転　　写

複製の過程では，DNA ポリメラーゼが DNA 分子全体を複製した．一方,転写では DNA 二本鎖の一方(コード鎖)の一部分の配列をもとに，それと相補的な配列の RNA 分子が合成される．この反応は RNA ポリメラーゼにより行われるが（図 3・29b にその遷移状態が示してある），DNA ポリメラーゼの場合とよく似ている．原核細胞では DNA ポリメラーゼが DNA 合成を開始する点は 1 箇所しかない．それに対し，RNA ポリメラーゼが転写を始める点（プロモーターとよばれる）は多数存在し，酵素はプロモーターを探す必要がある．4.8×10^6 塩基対の大腸菌(*E. coli*)のゲノムには，約 2000 個のプロモーターがある．RNA ポリメラーゼは，σ 因子というタンパク質サブユニットを介してプロモーター領域を認識する．DNA 二本鎖上を滑らかに動いて，プロモーターを見つけるとそこに結合

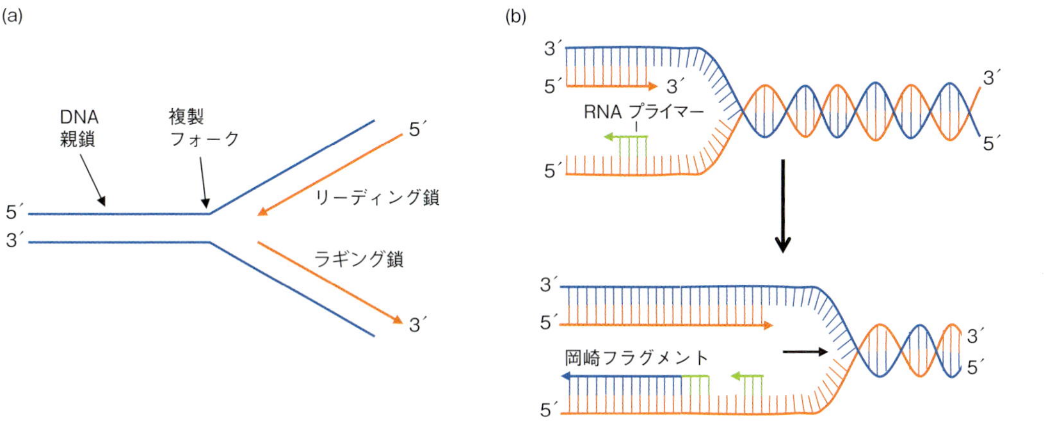

図 3・30　(a) 低分解能で見た DNA 複製の模式図（たとえば電子顕微鏡により見られる）．一つの複製フォークのみが見え，親 DNA 鎖の両方の鎖は同じ方向に連続的に複製されるように見える．(b) 実際は，DNA 合成は短い RNA プライマーから始まる．DNA ポリメラーゼは RNA プライマーの 3′-ヒドロキシ基から合成を始め，岡崎フラグメントが形成される．もう一方の鎖は連続的に DNA 合成が進む．

＊15　岡崎令治は，DNA を複製している大腸菌に，ごく短時間だけ放射性標識した DNA の原料を加えた．新しく合成された DNA は 1000 から 2000 塩基長の短い断片であり，その後で DNA 二本鎖に組込まれることがわかった．

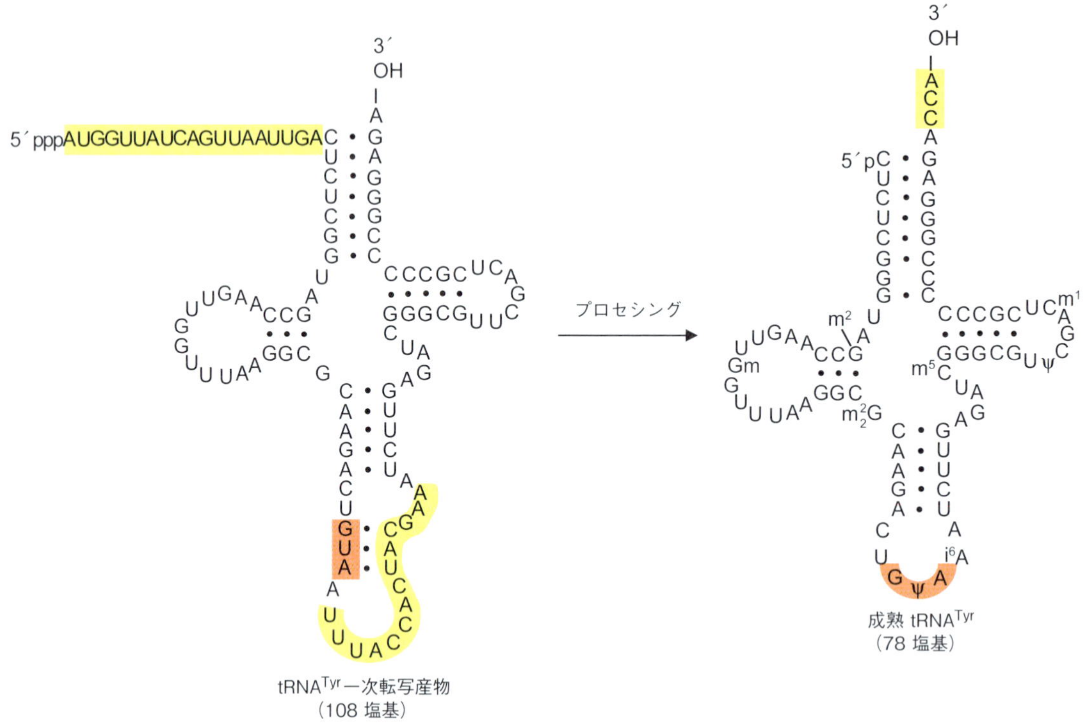

図 3・31　酵母の tRNA^Tyr の転写後プロセシング.

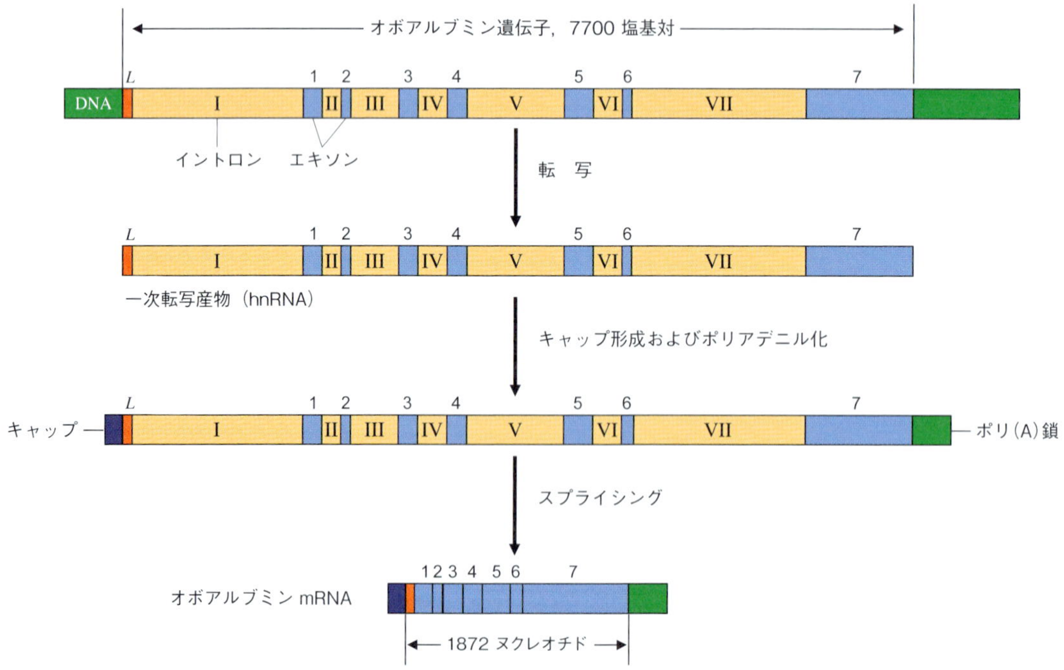

図 3・32　真核生物の mRNA の成熟過程. ニワトリのオボアルブミン遺伝子の例を示した.

する．RNA 合成が始まるとσ因子は酵素から離れ，ポリメラーゼのコアの部分が合成を続ける．転写終結部位（ターミネーター）まで進むと，合成された RNA 鎖が放出される．RNA ポリメラーゼは再びσ因子に結合し，次のプロモーターを探し始める．

RNA 分子はポリメラーゼによって合成されたのち，しばしば“成熟”の過程を経る．これは転写後プロセシングとよばれ，ヌクレオチドの切除と化学的修飾が行われる．たとえば tRNA は大掛かりなプロセシングを受ける（図 3・31）．酵母の $tRNA^{Tyr}$ では，一次転写産物から 5′ 末端の 19 塩基と内部の 14 塩基が切り出され，3′ 末端に-CCA という配列が付加される．さらに複数の塩基が修飾される．すなわち，ウリジンがプソイドウリジン（ψ）やジヒドロウリジン（D），チミジンへと変わり，成熟 tRNA となる．そのほかにも転写後修飾には，5′ 末端のキャップ形成がある（図 3・32）．これは mRNA の翻訳開始部位を示すものであり，真核生物の mRNA で非常に重要である（次項参照）．3′ 末端にはポリ A 鎖が付加し，さらにスプライシングを受ける．原核生物とは異なり，真核生物の遺伝子にはアミノ酸配列をコードする領域（エキソン）と，それを分断する領域（イントロン）とがある．イントロンの長さは，典型的にはエキソンの長さの 4 倍から 10 倍に及ぶ．真核生物の mRNA の一次転写産物は，5′ キャップやポリ A 鎖をもたず，イントロンを含んでいる．タンパク質のアミノ酸配列をコードする成熟 RNA になるには，イントロンを取除きエキソンを連結する必要がある．この過程はスプライシングとよばれ，非常に正確に行われなければならない．なぜならスプライシングで 1 塩基のエラーが起こってしまうと，mRNA のリーディングフレーム（読み枠）がずれてしまい，まったく異なるアミノ酸配列になってしまうからである．真核生物の mRNA のスプライシングは，複数の核内低分子 RNA とタンパク質が形成するスプライソソームという大きな複合体により行われる．

翻　訳

翻訳は，タンパク質を生合成する過程である．4 種類の文字でコードされている mRNA の配列を，タンパク質の 20 種類の文字によるアミノ酸配列に変換する．タンパク質を構成する 20 種類のアミノ酸をコードするには，3 文字のコードが必要である．すなわち，核酸の 3 塩基（これをコドンという）が一つのアミノ酸に対応する．遺伝暗号には 64 通りのコドンがあるが，それらは縮重している．ほとんどのアミノ酸は，2 種類以上のコドンに対応している．遺伝暗号が読まれるときには，個々のアミノ酸それ自身がコドンを選択的に認識するわけではない．アミノ酸は特定のアダプター分子に結合しており，それがコドンを認識するのである．これは 1955 年に Francis Crick により初めて提案された（図 3・33）．このアダプター分子はトランスファー RNA（tRNA）とよばれている．tRNA の 3 塩基のアンチコドンが，mRNA 上のコドンと塩基対を形成することにより，コドンの配列を認識している．タンパク質合成の選択性を決めている重要な段階は，アミノ酸を対応する tRNA に結合させる反応である．これはアミノアシル tRNA 合成酵素という酵素によって行われる．まず，アミノ酸と ATP 分子が縮合しアミノアシルアデニル酸ができる．次に，酵素に結合したアミノアシルアデニル酸から，アミノ酸が tRNA の末端の 2′-ヒドロキシ基もしくは 3′-ヒドロキ

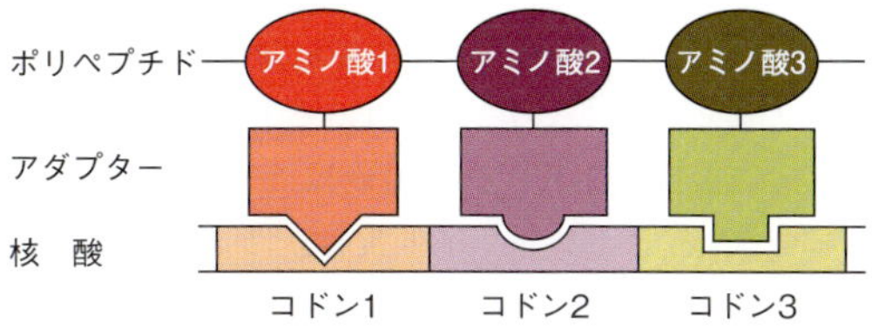

図 3・33　アダプター仮説．［Voet, Voet, 2004 より改変］

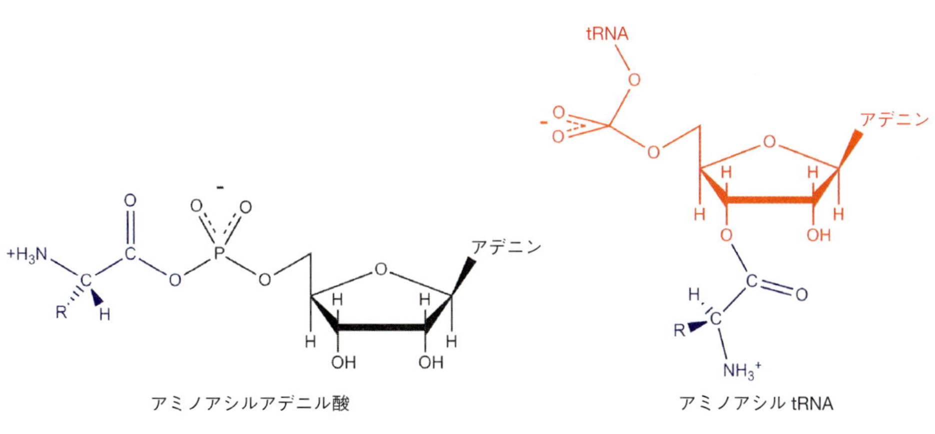

図 3・34　アミノアシルアデニル酸とアミノアシル tRNA の構造．

シ基に転移する．この2段階反応によりアミノアシルtRNAが生成する（図3・34）．この反応の重要性は，システイン(Cys)を用いた次の実験で証明された．$tRNA^{Cys}$に結合したシステインを，ラネーニッケルで還元しアラニン(Ala)に変換した．このAla-$tRNA^{Cys}$を用いてウサギのヘモグロビンを合成すると，Cys残基がAlaに置換されていた．この実験から，アミノ酸とコドンの配列を結びつけるのはアミノ酸そのものではなく，アミノ酸が結合したtRNAの役割であることがわかった（Chapeville *et al.*, 1962）．

20種類のアミノ酸に対し，それぞれのアミノアシルtRNA合成酵素が存在する．これらはアミノ酸に対する高い選択性をもっている．間違ったアミノ酸が取込まれるのはわずか10^4～10^5回に1回の割合でしかない．これは一つには，合成酵素の中に物理的に異なった二つのドメインがあるためである（図3・35a）．触媒反応を担うドメイン（アシル化部位）はアミノ酸を識別し，対応するtRNAに結合させる．校正機能をもつドメインは，アミノアシルアデニル酸やアミノアシルtRNAの加水分解を行い，間違ったアミノ酸を除去するのに使われる．トレオニルtRNAを例にとって説明しよう．合成酵素は，トレオニン（Thr）とバリン（Val, ヒドロキシ基の代わりにメチル基をもつ）あるいはセリン（Ser, ヒドロキシ基をもつがメチル基がない）とを見分ける必要がある．酵素の触媒ドメインでは，二つのHisと一つのCysが配位した亜鉛イオンが，ThrとValを見分けている．亜鉛イオンは，Thrの側鎖のヒドロキシ基およびアミノ基と配位結合を形成する（図3・35b）．さらにThrのヒドロキシ基は，近くにあるAsp残基と水素結合をつくる．一方，Valのメチル基はこれらの結合をつくれない．そのため，酵素によりアデニリル化されず$tRNA^{Thr}$に結合しない．しかしSerは，10^{-2}～10^{-3}遅い速度ではあるが，$tRNA^{Thr}$に転移されてしまう．間違いの割合が低く抑えられているのは，校正ドメインの働きによる．Serが結合したSer-$tRNA^{Thr}$が校正部位（アシル化部位から20 Å離れている）に移動すると，加水分解されて元のtRNAとSerに戻る．一方，正しいThr-$tRNA^{Thr}$では加水分解は起こらない．アシル化部位と校正部位の二つの働きが，tRNAにアミノ酸を結合させる高い正確性を保証している．前者は大きいアミノ酸を区別し，後者は小さいアミノ酸が結合した間違った複合体を分解する．

さて，合成酵素はどのように対応するtRNAを識別するのだろうか．詳細な変異研究の結果，アミノアシルtRNA合成酵素は，tRNA分子のある特定の部位を認識していることがわかった．それは多くの場合，アンチコドンループやアクセプターステムとよばれる部分である．

アミノ酸がtRNAに結合すると，次はタンパク質合成の段階である．mRNAとの相互作用は，リボソームで起こる．

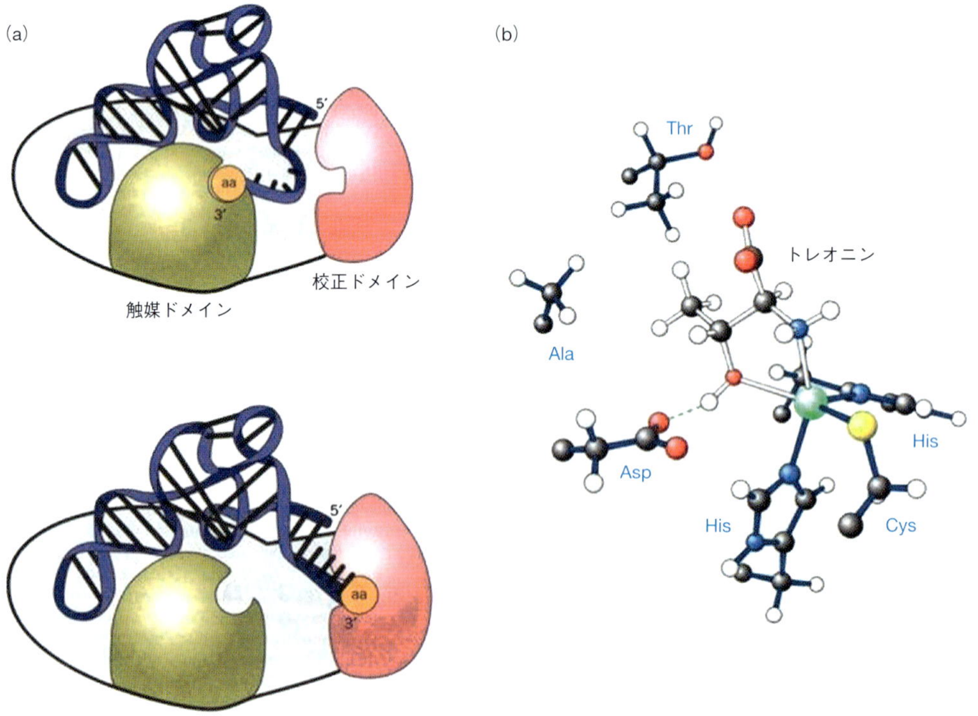

図3・35　(a) アミノアシルtRNAの3′末端の位置の比較．触媒ドメイン(上)と校正ドメイン(下)を示した．［Voet, Voet, 2004より］ (b) トレオニルtRNAシンテターゼのアミノ酸結合部位．アミノ酸のアミノ基とヒドロキシ基が亜鉛イオンに配位している．［Berg *et al.*, 2002より．W.H. Freeman and Co.の許可を得て転載］

リボソームは非常に複雑な分子機械である．大腸菌のリボソームは分子量2700，沈降係数*16にして70Sのリボ核タンパク質複合体である．およそ3分の2のRNAと3分の1のタンパク質からなり，小さいサブユニット(30S)と大きいサブユニット(50S)とに分かれる．30Sサブユニットは，21個のタンパク質と1個の16S RNAからなる．50Sサブユニットは，34種類のタンパク質と2個のRNA（23S RNAと5S RNA）からなる．この大きさと複雑さにもかかわらず，リボソームの両方のサブユニットの構造は原子分解能で決定されている（図3・36）．さらに最近，70Sリボソームの原子構造も2.8 Åの分解能で決定された．タンパク質合成やリボソームについてより詳しく知りたい人は以下の文献を読むとよい（Moore, Steitz, 2005; Rodnina *et al.*, 2007; Selmer *et al.*, 2006; Yonath, 2005）．

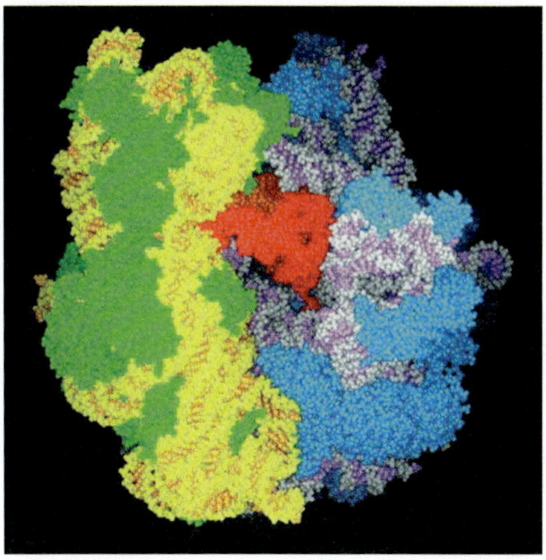

図3・36　70Sリボソームの空間充填モデル．3個のRNA分子（5S, 16Sおよび23S）をそれぞれ白，黄，紫で示した．リボソームタンパク質は，大きいサブユニットを青で，小さいサブユニットを緑で示してある．A部位に結合しているtRNAは赤で示してあり，3′末端がペプチジルトランスフェラーゼ中心に伸びている．P部位のtRNAは黄で示してある．[Moore, Steitz, 2005より．Elsevierの許可を得て掲載．©2005]

リボソームには三つのtRNA結合部位があり，大小両方のサブユニットにまたがっている．そのうち2箇所に，アンチコドン–コドン間の塩基対を介してtRNAが結合する．それぞれA部位(aminoacylの略)，P部位(peptidylの略)とよばれる．3番めの結合部位はE部位(exitの略)といい，後で説明するように，アミノ酸が外れたtRNAが結合している．リボソームによるタンパク質合成の各段階，すなわち開始，伸長，終結には，数々のタンパク質因子が関与している．細菌では，タンパク質合成は30Sサブユニットがm RNAに結合することにより開始する．次に，開始tRNA（*N*–ホルミルメチオニンが結合している）がmRNA上の開始コドンAUGに結合する．つづいて50Sサブユニットが結合し，70Sリボソームが形成される．P部位に開始tRNA(次の段階ではペプチジルtRNA)が結合すると，

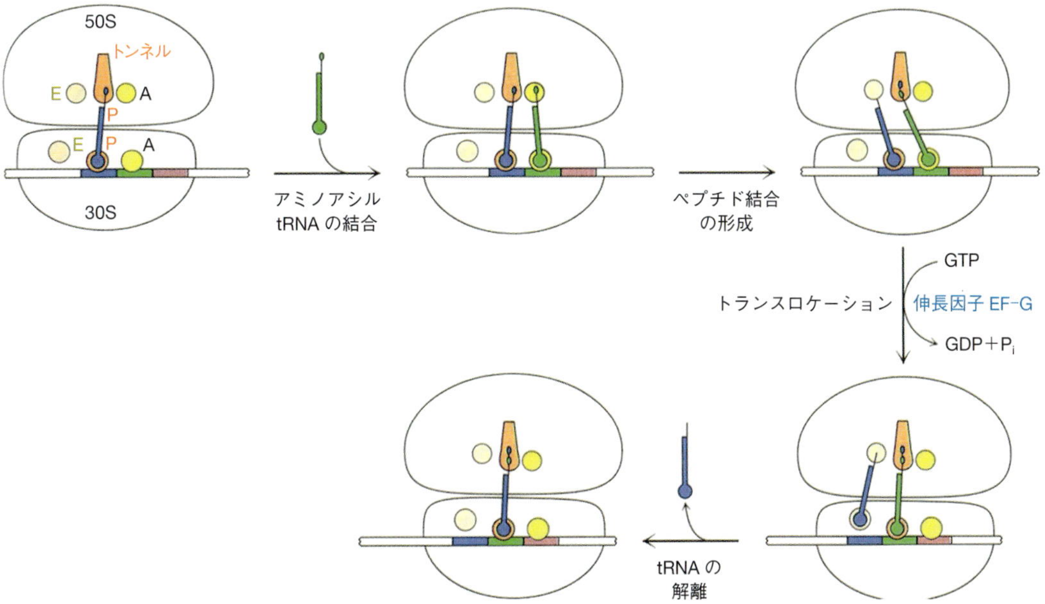

図3・37　タンパク質合成のメカニズム．[Berg *et al.*, 2002より．W.H. Freeman and Co.の許可を得て転載]

*16　沈降係数はスベドベリ(S)という単位で表す．1920年代に超遠心分離を発明したスウェーデンの生化学者Theodor Svedbergの名にちなむ．沈降係数は質量をそのまま表すわけではないので，足し算はできない．70Sリボソームは，50Sサブユニットと30Sサブユニットからなっている！

A 部位に mRNA のコドンに対応するアミノアシル tRNA が結合し，伸長段階が始まる（図 3・37）．続くペプチド結合の形成はエネルギーを必要としない．アミノアシル tRNA のアミノ基がペプチジル tRNA のエステル結合のカルボニル基を攻撃し，四面体型の中間体となる．これがペプチド結合となり，アミノ酸が外れた tRNA が放出される（図 3・38）．ペプチド鎖は 30S サブユニットの A 部位にいる tRNA に結合する．このとき，tRNA もペプチド鎖も 50S サブユニットの P 部位にいる．翻訳を進めるには，次のアミノアシル tRNA のコドンが A 部位に入るように mRNA が移動しなければならない．このトランスロケーションには伸長因子(elongation factor)EF-G を必要とし，GTP の加水分解によって駆動される．mRNA はコドン 1 個分動き，ペプチジル tRNA が再び P 部位にくる．伸長段階全体を通して，ペプチド鎖は 50S サブユニットの P 部位にとどまっていることに注意しよう．50S サブユニットには，リボソームの内部と外部とをつなぐトンネル*17 がある．アミノ酸が外れた tRNA は E 部位に移動し，mRNA から解離する．伸長反応は，A 部位が 3 種類の終止コドンのいずれかに出会うまで続く．終止コドンに対応する tRNA は存在しないため，伸長反応が停止しポリペプチドの合成サイクルが終了する．

リボソームのペプチジルトランスフェラーゼ部分は 50S サブユニットに位置し，活性中心の周囲 15 Å にはタンパク質は存在しない．これは，リボソーム RNA がペプチド結合形成の触媒として重要な役割を担っているという生化学的な証拠である．リボソームは，今までに知られているなかで最も大きな RNA 触媒(リボザイム)であり，かつ合成活性をもつ唯一のものである．ペプチジルトランスフェラーゼ部分の近傍には，タンパク質の出口となるトンネルがある．伸長したペプチド鎖はそこからリボソームの外に出る．

真核生物のリボソームは，細菌のそれと比べて，より大きくかつ複雑である．しかし，タンパク質合成の基本的な流れは細菌の場合にとてもよく似ている．おもな違いは翻訳の開始である．前にも述べたが，真核生物ではリボソームの小サブユニットが成熟 mRNA の 5′ キャップを認識し，翻訳が開始する．

あとがき

本章では，分子生物学の簡単な概説を行った．そのため，金属タンパク質の研究に重要な影響をもたらした数々の重要なトピックを説明できなかった．たとえば分子クローニングや DNA 組換えの技術は，タンパク質を過剰発現させたり個々のアミノ酸残基を別のものに置き換えたりすることを可能にした．ゲノムやプロテオームの解析は生物の遺伝子すべての配列決定を可能にし，すべてのタンパク質の定量や局在の確認，相互作用の解明，場合によっては活性

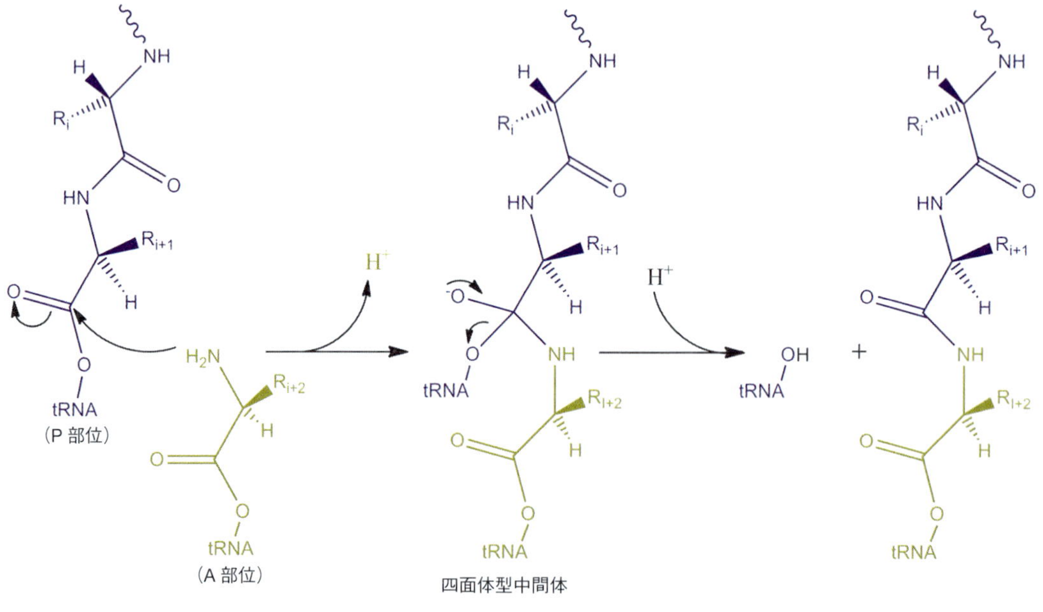

図 3・38 ペプチド結合形成．（詳細は，以下の文献を参照．Rodnina, Beringer, Wintermeyer, 2007; Yonath, 2005）

*17 50S サブユニットにあるトンネルは，リボソームの偉大な研究者 2 人，すなわち Ada Yonath と故 Heinz-Günther Wittmann による三次元構造解析によって明らかになった（Yonath *et al*., 1987）．ちなみに私は 1970～1972 年にかけて，ベルリンにあった彼らの研究室でとても充実した時を過ごした．（訳注：Ada Yonath はリボソームの構造解析の業績により，2009 年のノーベル化学賞を受賞した）

評価や同定も可能にした．DNAの修復，転写や翻訳の調節，タンパク質の翻訳後修飾，真核生物の遺伝子発現の調節，遺伝子発現のエンハンサーおよびサイレンサーなども取扱わなかった．完全に学びたい人は章末文献にあげた生化学の優れた教科書を参照してほしい．本書では金属イオンの関与する生物学を取扱い，生化学や分子生物学の教科書ではないので，簡潔な概論にとどめておく．

文　献

Anfinsen, C.B. (1973). Principles that govern the folding of protein chains. *Science, 181*, 223–230.

Branden, C., & Tooze, J. (1991). *Introduction to protein structure*. New York and London: Garland Publishing, Inc, 302.

Berg, J.M., Tymoczko, J.L., & Stryer, L. (2002). *Biochemistry* (5th ed.). New York: W.H. Freeman and Co, 974. [邦訳：入村達郎ほか監訳，"ストライヤー生化学"，東京化学同人．現行版は第7版（2013）]

Campbell, P.N., Smith, A.D., & Peters, T.J. (2005). *Biochemistry illustrated biochemistry and molecular biology in the post-genomic era* (5th ed.). London and Oxford: Elsevier, 242. [邦訳：佐藤敬ほか訳，"キャンベル・スミス図解生化学"，西村書店(2005)]

Chapeville, F., Lipmann, F., G. von Ehrenstein, B Weisblum, Ray, W.J., Jr., & Benzer, S. (1962). On the role of soluble ribonucleic acid in coding for amino acids. *Proceedings of the National Academy of Sciences of the United States of America, 48*, 1086–1092.

Creighton, T.E. (1993). *Proteins structures and molecular properties* (2nd ed.). New York: W.H. Freeman and Co, 507.

Eisenberg, D. (2003). The discovery of the α-helix and the β-sheet, the principal structural features of proteins. *Proceedings of the National Academy of Sciences of the United States of America, 100*, 11207–11210.

Fersht, A. (1999). *Structure and mechanism in protein science a guide to enzyme catalysis and protein folding*. New York: W.H. Freeman and Co, 631.

Judson, H.F. (1979). *The eighth day of creation*. New York: Simon and Shuster.

Moore, P.B., & Steitz, T.A. (2005). The ribosome revealed. *TIBS, 30*, 281–283.

Perutz, M.F. (2002). *I wish I'd made you angry earlier. Essays on science, scientists and humanity*. Oxford University Press, 354.

Rodnina, M.V., Beringer, M., & Wintermeyer, W. (2007). How ribosomes make peptide bonds. *TIBS, 32*, 20–26.

Selmer, M., Dunham, C.M., Murphy, F.V., Weixlbaumer, A., Petry, S., Kelley, A.C., et al. (2006). Structure of the 70S ribosome complexed with mRNA and tRNA. *Science, 313*, 1935–1943.

Voet, D., & Voet, J.G. (2004). *Biochemistry* (3rd ed.). Hoboken: John Wiley and Sons, 1591. [邦訳：田宮信雄ほか監訳，"ヴォート生化学(上・下)"，東京化学同人．現行版は第4版(2013)]

Watson, J.D., & Crick, F.H.C. (1953). Genetical implications of the structure of deoxyribonucleic acid. *Nature, 171*, 964–967.

Yonath, A. (2005). *Ribosomal crystallography: Peptide bond formation, chaperone assistance and antibiotics activity*.

Yonath, A., Leonard, K.R., & Wittmann, H.G. (1987). A tunnel in the large ribosomal subunit revealed by three-dimensional image reconstruction. *Science, 236*, 813–816.

第4章

生体内の金属配位子

4・1　はじめに

第2章では金属イオンの配位化学の基礎を説明した．この章では，金属タンパク質に含まれる金属イオンに結合する配位子について学ぶ．すでに配位子と金属イオンとの結合を，中心金属に結合している原子，官能基，分子と，金属イオンとの親和性により説明した．この章で取扱う配位子は，以下の三つに分類できる．

- タンパク質を構成する天然アミノ酸，および生化学的に改変されたタンパク質を構成するアミノ酸
- 低分子量の無機アニオン
- 有機補因子

第2章で見たように，生物学的に重要な金属イオンや配位子は，"ハード・ソフト-酸塩基"則（表2・1）に基づいて分類できる．例外はあるが，ほとんどの金属イオンはこの法則に従って配位子に結合する．ハードな酸（Na^+, K^+, Ca^{2+}, Mg^{2+}およびFe^{3+}などの金属イオン）はハードな塩基（Oなどの配位子）に選択的に結合し，ソフトな酸（Cu^+など）はソフトな塩基（SやN）に結合する．

アミノ酸残基

タンパク質をつくる20種類のアミノ酸のうち（第3章参照），金属イオンの配位子になるものは比較的少数である．最も頻繁にみられる配位子は，Cys残基のチオール基，His残基のイミダゾール，GluやAspのカルボキシ基，そしてTyrのフェノール性ヒドロキシ基である*1（図4・1）．ほかにも頻度は低いが，Met残基のチオエステル基やLysのアミノ基，Argのグアニジノ基，AsnおよびGlnのアミド基，そしてペプチド結合のカルボニル基や脱プロトンしたアミド窒素に金属イオンは結合し，タンパク質の末端のアミノ基やカルボキシ基と結合することもある．

Cysは，1個もしくは2個の金属イオンに配位する．しばしば鉄イオン(たとえば鉄-硫黄クラスター)や，Cu^+(たとえば，銅結合タンパク質に銅イオンを受け渡す銅シャペロン）に結合する．Hisが金属イオンに結合する部位は2箇所あり，Cu^{2+}に高い親和性をもっている．Aspのカルボキシ基の酸素原子は（図4・1には示していないが，Gluも同様），アルカリ金属イオンやアルカリ土類金属イオン（Ca^{2+}など）のよい配位子である．これらは単座配位子あるいは二座配位子（キレート配位子）として働き，二つの金属イオンを架橋することもある．Fe^{3+}は，カルボキシラートやTyrのフェノラートの酸素原子に高い親和性をもつ．Cysと同様に，Metの硫黄原子も金属イオンに結合する．たとえば，シトクロム*c*などの電子伝達ヘムタンパク質でみられる．

血液凝固カスケードに関わる多くのタンパク質（プロトロンビンやその他の凝固因子など）は，翻訳後修飾*2を受けている．ビタミンK依存カルボキシラーゼにより，特定のGlu残基の側鎖が4-カルボキシグルタミン酸(Gla)に変換される（図4・1）．この反応では同時にビタミンK

*1　訳注:チオール基，カルボキシ基，フェノール基が脱プロトンして生じる陰イオンをそれぞれチオラート，カルボキシラート，フェノラートとよぶ．
*2　リボソーム（タンパク質合成装置）から放出された後で，タンパク質が酵素によって修飾を受けること．

が還元されてできるヒドロキノン体 KH_2 が，O_2 によって酸化されてエポキシド体 KO になる（図 4・2）．つづいて，2 種類の還元酵素によって KO が KH_2 に戻る．これらの酵素は，補因子としてチオレドキシンなどのジチオールを必要とする．

4-カルボキシグルタミン酸はグルタミン酸に比べ，Ca^{2+} に対する優れたキレート配位子である．プロトロンビンは 4-カルボキシグルタミン酸によって Ca^{2+} に結合し，けがのあとで放出される血小板の膜の上に結合する．プロトロンビンが血液凝固カスケードの他のプロテアーゼの近くにくると，血栓形成の一連の反応が始まる．ジチオール依存性のビタミン K レダクターゼおよびビタミン K エポキシドレダクターゼは，いずれもジクマロール（Ⅰ）やワルファリン（Ⅱ）によって阻害される．これらのビタミン K のアンタゴニスト（拮抗剤）は，ビタミン K エポキシドがビタミン K ヒドロキノンに戻るのを妨害するため（図 4・2），抗凝血剤として治療に用いられる[*3]．

この章の後半でも，翻訳後修飾で生成する別のアミノ酸，

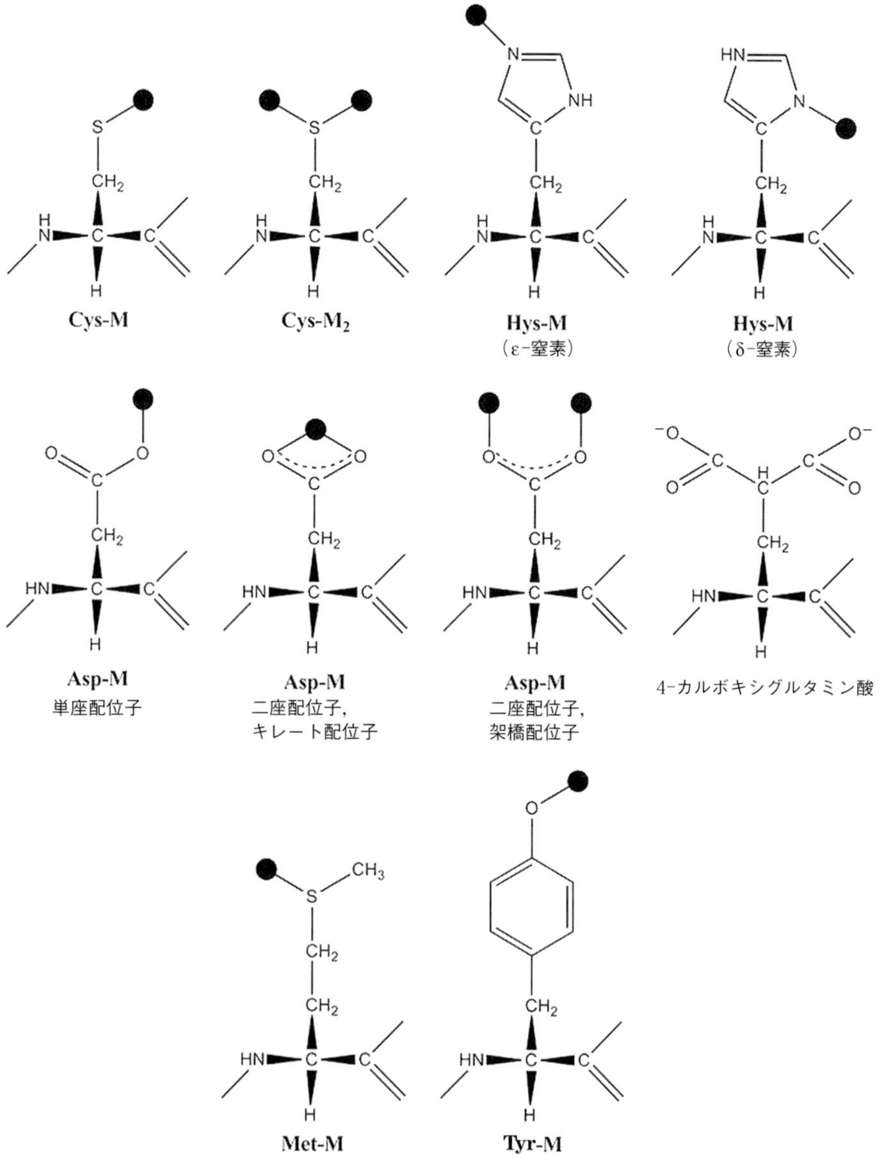

図 4・1　金属イオンに結合する主要なアミノ酸側鎖とその結合様式．

*3　これらの抗凝血剤は，ネズミなどにとっては致死的な化合物である．なぜヒトは死なないのか明らかではないが，相対的な投与量によるものかもしれない．70 kg のヒトにとって毒性のない量でも，体重 200～300 g のネズミにとっては致死量になるのかもしれない．（まさにパラケルススの格言“毒か否かは摂取量の問題なのだ”である）

すなわちC末端のチオカルボキシラートを紹介する．チオカルボキシラートは，広く存在するモリブデン補因子(Moco)の生合成において硫黄原子の供与体として使われている．

低分子量の無機陰イオン

低分子量の無機配位子にも，金属タンパク質の中で金属イオンに結合しているものがある．たとえばHCO_3^-やPO_4^{3-}などはFe^{3+}に配位し，他のアミノ酸残基とともに鉄の輸送に関わっている．ここではCN^-とCOの役割について紹介しよう．これらは細菌のヒドロゲナーゼにおいて鉄に配位している．後で，より複雑な金属中心について述べる．

多くの病原性細菌（*Neisseria*や*Haemophilus*など）は，宿主となる哺乳類の鉄結合タンパク質（トランスフェリンやラクトフェリンなど）から直接鉄イオンを奪い取る．実に皮肉なことだが，奪い取られた鉄は鉄イオン結合タンパク質FbpAによって，ペリプラズム*4を通過し細菌の細胞膜へと運ばれる．FbpAは，トランスフェリンやラクトフェリンと同じスーパーファミリーに属するタンパク質である！　トランスフェリン，ラクトフェリン，そしてFbpAは，いわゆる“ハエトリグサ”（Venus fly trap）機構によって機能する*5．これらのタンパク質は二つのドメインからなり，Fe^{3+}は二つのドメインの間に結合する．二つのドメインは，鉄イオンと陰イオン（HCO_3^-およびPO_4^{3-}）がタンパク質に結合することによって近接する．FbpAでは，Fe^{3+}は八面体型の配位構造をとっている．Tyr195とTyr196の酸素原子と，His9のイミダゾールの窒素，Glu57のカルボキシラートの酸素原子，そして外来性のリン酸イオンと水分子の酸素原子がそれぞれ配位して

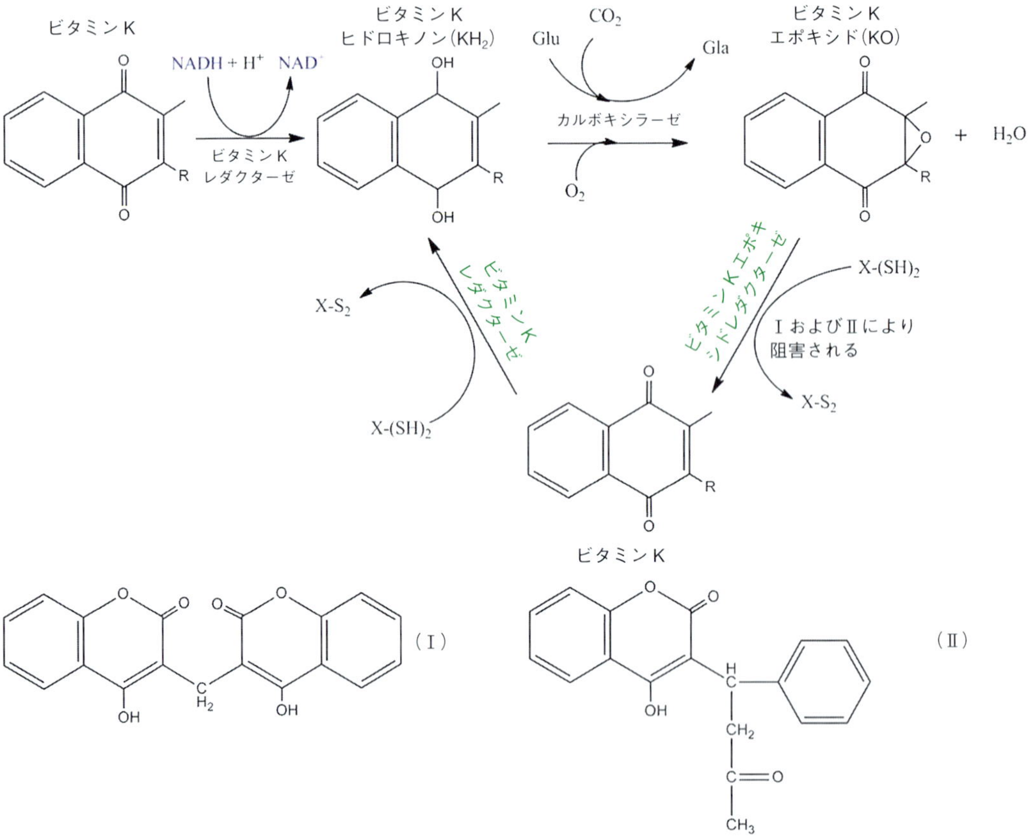

図4・2　グルタミン酸のカルボキシ化におけるビタミンKサイクル．カルボキシラーゼによって，タンパク質中のグルタミン酸(Glu)が4-カルボキシグルタミン酸(Gla)に変換される．カルボキシ化の反応と並行して，ビタミンKヒドロキノン(KH_2)はビタミンKエポキシド(KO)に酸化される．X-$(SH)_2$はチオレドキシンの還元体を，X-S_2はその酸化体を示す．NADH依存性のビタミンKレダクターゼと，ジチオール依存性のビタミンKレダクターゼは別の酵素である．ジチオール依存性のビタミンKレダクターゼとビタミンKエポキシドレダクターゼは，いずれもジクマロール(I)やワルファリン(II)で阻害される．

---

*4　訳注：グラム陰性細菌は，細胞膜の外側に外膜をもつ．この二つの膜に挟まれた領域をペリプラズムという．

*5　ハエトリグサ（Venus fly trap）は，湿地に咲く食虫植物である．カロライナ原産で，モウセンゴケ科に属する．二つの刃が蝶番でつながったような形をした2枚の葉をもっており，それをパタンと閉じて虫を捕まえる．

いる（図4・3a）．トランスフェリンでも，同様のアミノ酸残基（Tyr95, Tyr188 および His249）が Fe^{3+} に配位しているが，Glu の代わりに Asp63 が Fe^{3+} に結合している．さらに，炭酸イオンが二座配位子として協同的に結合し，Fe^{3+} は八面体構造をとる（図4・3b）．FbpA では Fe^{3+} に結合する二つの Tyr 残基がアミノ酸配列でも隣り合っているが，トランスフェリンではそれぞれ別のドメインに属している．Tyr 残基は，鉄結合タンパク質の二つのローブが閉じた構造をとるのに重要な役割を担っている．

有機補因子

後の章で説明するが，多くの金属タンパク質では，金属イオンは有機補因子の中に存在している．たとえば，ポルフィリンやコリンなどである．鉄-硫黄タンパク質の鉄-硫黄クラスターに代表される金属クラスターや，ニトロゲナーゼの FeMo 補因子(FeMoco)のような複雑な補因子もある．ここでは，それらの構造を簡単に説明し，金属イオンが有機補因子の中にどのように挿入されるか，例とともに見ていこう．

Co, Fe, Mg および Ni は，コリンやポルフィリンのテトラピロール骨格に挿入される（図4・4）．それぞれ，ビタミン B_{12} などのコバラミン補因子，ヘム，クロロフィル，そして補因子 F_{430} を形成する．本章の後半では，どのように金属イオンがポルフィリンやコリンに挿入され，ヘム

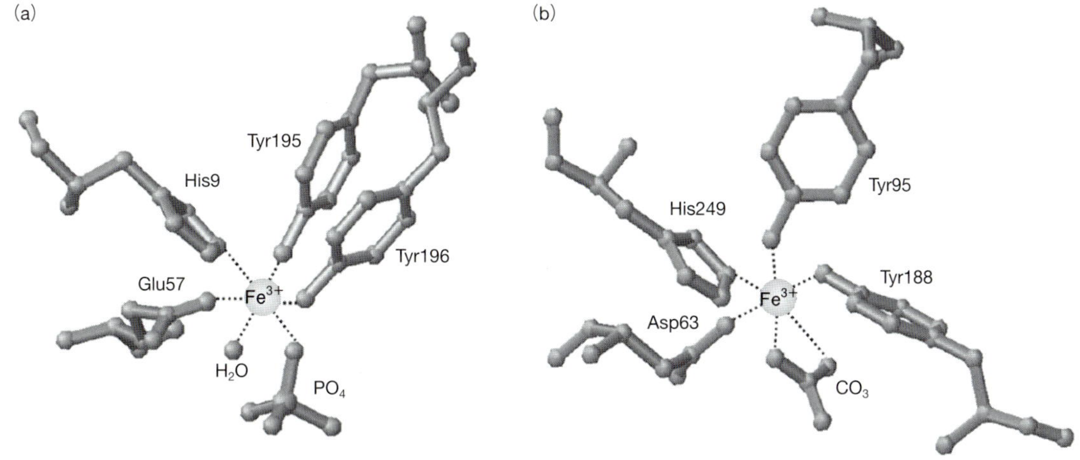

図4・3 (a) *Neisseria meningitidis* FbpA および，(b) ヒトのトランスフェリンの N ローブ内の Fe^{3+} 結合部位．いずれのタンパク質も似た配位子が Fe^{3+} に結合している．FbpA では Tyr195 と Tyr196 の酸素原子と，His9 のイミダゾールの窒素，Glu57 のカルボキシラートの酸素原子，そして外来性のリン酸イオンと水分子の酸素原子がそれぞれ配位している．トランスフェリンでも同様のアミノ酸残基（Tyr95, Tyr188 および His249）が Fe^{3+} に配位しているが，Glu の代わりに Asp63 が Fe^{3+} に結合している．さらに，炭酸イオンが二座配位子として協同的に結合し，Fe^{3+} は八面体構造をとる．［Krewulak, Vogel, 2007 より．Elsevier の許可を得て転載．©2007］

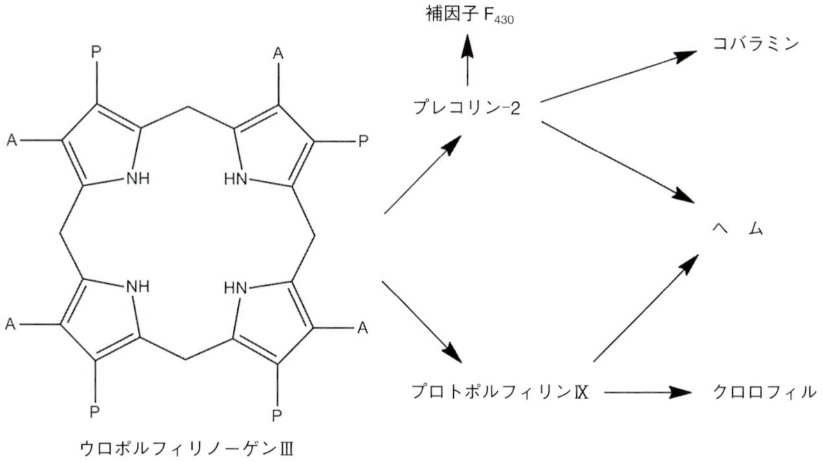

図4・4 ポルフィリンの生合成経路．

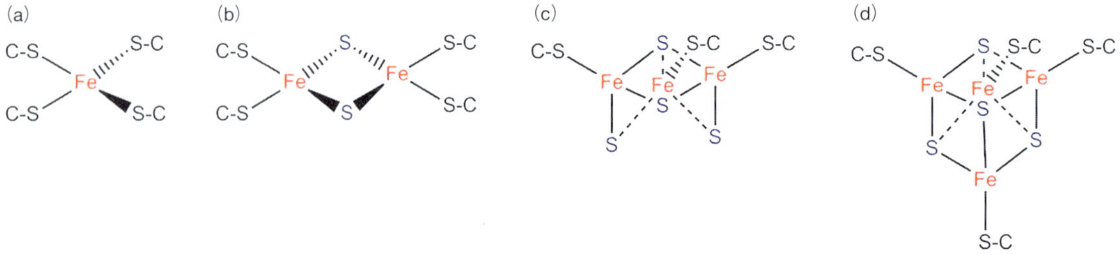

図 4・5 よくみられる鉄-硫黄中心の構造．C は Cys 残基を表す．(a) ルブレドキシン，(b) ひし形の二鉄二硫黄[2Fe-2S]クラスター，(c) 立方体状の三鉄四硫黄[3Fe-4S]クラスター，(d) キュバン型四鉄四硫黄[4Fe-4S]クラスター．

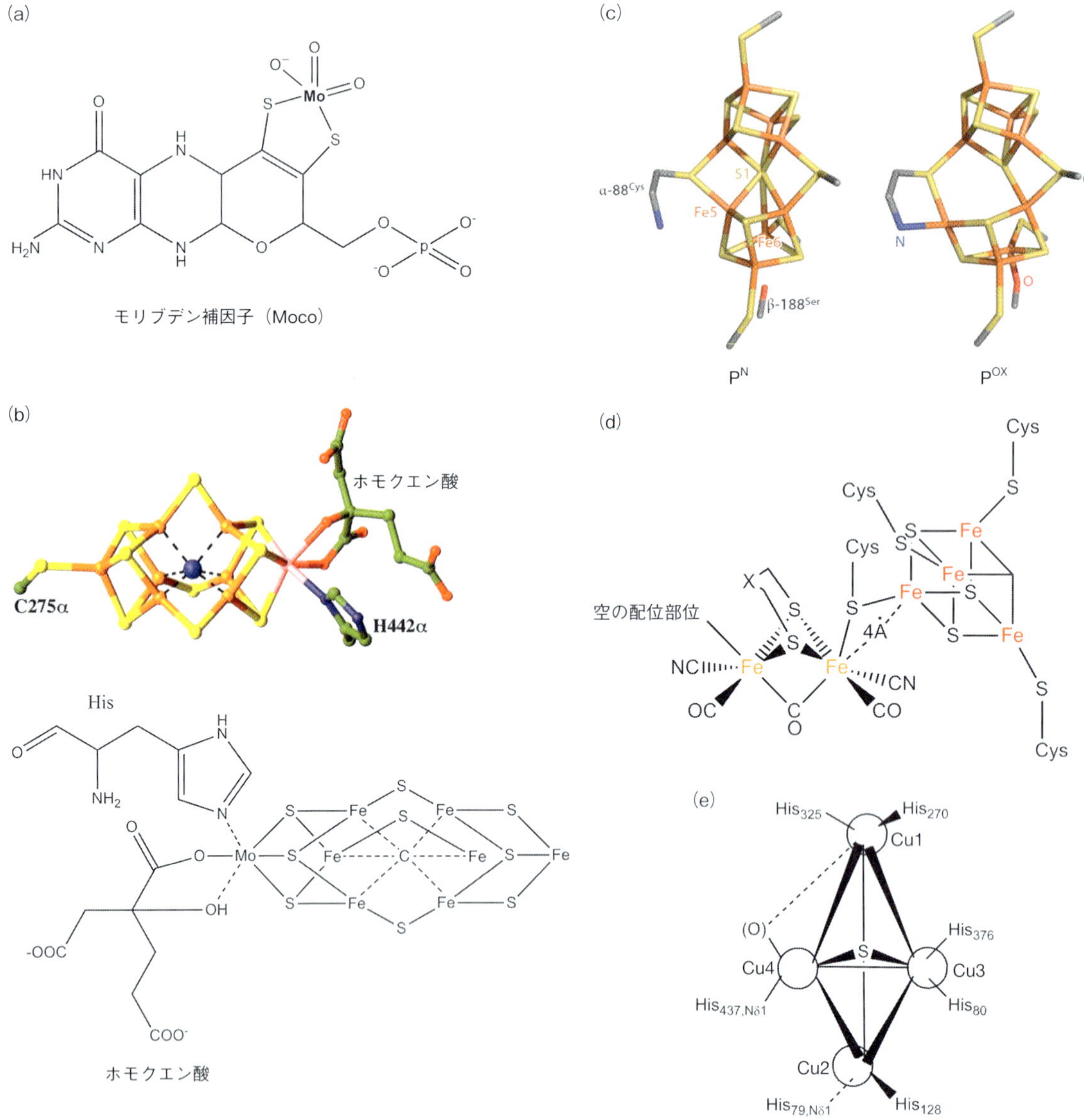

図 4・6 金属タンパク質にみられる複雑な有機補因子の例．(a) モリブデン補因子(Moco)．(b) FeMo 補因子(FeMoco)．(c) ニトロゲナーゼの P クラスター．(d) 微生物のヒドロゲナーゼの H クラスター．(訳注: 現在では X＝NH であると考えられている) (e) 微生物の一酸化二窒素レダクターゼの Cu_Z クラスター．

やテトラピロール金属錯体が形成されるかを簡単に説明する．ヘムタンパク質の重要な機能，すなわち酸素の運搬や貯蔵，酸素の活性化，電子伝達については，第13章でさらに詳しく紹介する．第15章では，コバラミン補因子をもつ酵素，イソメラーゼ，メチルトランスフェラーゼ，クラスⅡリボヌクレオチドレダクターゼについて述べる．さらに，メタン生成の最終段階に関わるNi-コリン錯体，補因子 F_{430} についても説明する．草木の青々としたクロロフィルの色は，私たちに冬の終わりと春の訪れを告げ，新たな活力を与えてくれる．だがそれだけでなく，実際に日の光を集めてエネルギーを生み出し，CO_2 を固定する働きがある．詳しくは第10章で説明する．

進化の最初の10億年は，地球は嫌気的な環境にあり，鉄と硫黄が豊富に存在した．鉄-硫黄クラスターをもつタンパク質は，おそらく自然が利用した最初の触媒の一つである．ほぼすべての生物に分布していると言っても言い過ぎではないだろう．しかし金属タンパク質の一つの種類として認識されるには，その酸化型が示す特徴的な電子スピン共鳴（EPR）スペクトルが観察される1960年代まで待たなければならなかった．鉄-硫黄タンパク質では，鉄原子は硫黄に結合している．タンパク質のシステイン残基に由来するチオール基のみが結合している場合と，無機硫黄とシステインのチオール基の両方が配位している場合とがある．これらの鉄-硫黄クラスターは，電子移動を容易にするだけでなく，基質分子の電子豊富な酸素原子や窒素原子に結合するなど，生化学的に重要である．

鉄-硫黄クラスター(Rao, Holm, 2004)は，その構造によっておもに4種類に分けられる．クラスターの構造はモデル化合物や鉄-硫黄タンパク質の結晶構造解析によって決められた（図4・5）．(a) ルブレドキシンは細菌でみられ，鉄原子1個からなる[1Fe-0S]クラスターである．鉄原子には四つのCys残基が配位しており，鉄原子の酸化数は+2か+3である．(b) 2個の鉄原子と2個の無機硫黄原子がひし形に並んだ[2Fe-2S]クラスターでは，全体の電荷は+1か+2である（配位したCys残基の電荷は考慮していない）．(c) 3個の鉄原子と4個の硫黄が立方体状に並んだ[3Fe-4S]クラスターでは，全体の電荷は0もしくは+1の状態が安定である．(d) 4個の鉄原子と4個の硫黄からなるキュバン型の[4Fe-4S]クラスターも存在する．フェレドキシン型のクラスターでは，全体の電荷は+1か+2であり，HiPIP型*6のクラスターでは+2もしくは+3である．電子は非局在化しており，それぞれの鉄原子の酸化数は+2と+3の間である．[1Fe-0S]クラスターを含む低分子量のタンパク質はルブレドキシン(Rd)とよばれ，他の3種類のクラスターを含むものはフェレドキシン(Fd)とよばれている．たいていの場合タンパク質配位子はCys残基であるが，そのほかの残基が配位しているものも見つかっている．呼吸鎖のリスケタンパク質でみられる高ポテンシャル[2Fe-2S]クラスターでは，二つのチオラートがHis残基に置き換わっている（第13章参照）．

金属タンパク質には，ヘムや鉄-硫黄クラスターよりもさらに複雑な補因子をもつものもある(Rees, 2002)．図4・6には，いくつかの例を示してある．種々のモリブデン酵素に含まれるMo補因子(Moco)，ニトロゲナーゼがもつFeMo補因子(FeMoco)とPクラスター，微生物のヒドロゲナーゼに含まれる3種類の金属クラスター（CO配位子をもつという共通の特徴がある），そして一酸化二窒素レダクターゼの Cu_Z クラスターをあげた．本章では，そのいくつかの補因子の生合成について説明する．

本章の最後では，低分子量の鉄キレーターである微生物のシデロフォアを紹介する．

4・2　金属タンパク質への金属イオンの挿入

ここで考える質問は一見当たり前に思えるかもしれない．今まで見てきた金属結合部位は，タンパク質が合成された際にすでにできあがっていたのだろうか．それともタンパク質の大きな構造変化によって，後で結合部位が生じたのだろうか．前述したFbpAやトランスフェリンでは，金属イオンを含まない“開いた構造”と金属イオンが結合した“閉じた構造”との間で構造変化が起こることが示されている．鉄の取込みと放出は，いわゆるハエトリグサ機構によって起こると考えられている．詳細は第8章で議論するが，二つのドメインの間に鉄イオンが結合することにより，両ドメインが大きく動いて“開いた構造”から“閉じた構造”になる．

細胞内では，銅イオンは金属シャペロン*7の一種に結合しており，遊離の銅イオンの濃度は非常に低い．第8章で述べるが，銅シャペロンは銅タンパク質への銅の挿入に関わっている．Cu/Znスーパーオキシドジスムターゼ(SOD1）への銅イオンの挿入については図4・7に示すメカニズムが提唱されている．このメカニズムでは，あらかじめ形成された銅結合部位が利用されている．銅シャペロンCCSは，銅輸送体から Cu^+ として銅を受け取る．そして，還元されたジチオールをもつSOD1とドッキングし，ヘテロ二量体となる（ステップⅠおよびⅡ）．酸素(O_2)やスーパーオキシド(O_2^-)にさらされると，ヘテロ二量体のユニット間でジスルフィドが生成する（ステップⅢ）．ひ

*6　高電位鉄-硫黄タンパク質（high-potential iron-sulfur protein）．
*7　シャペロンとは，若い未婚女性が社交界に出るときに，礼儀作法が守られているかを監督するために，案内役や保護者として付き添った人のことである．

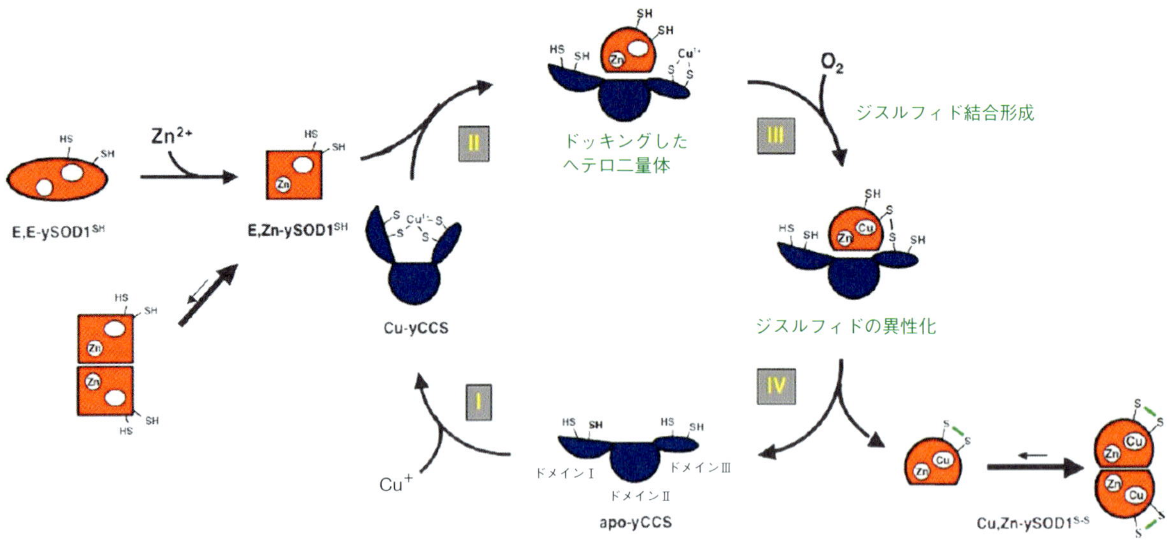

図4・7　金属シャペロン CCS による SOD1 への銅の挿入．銅シャペロンが銅を受け取る経路は明らかになっていない．CCS は還元型の SOD1 とドッキングする（ステップⅠおよびⅡ）．この複合体は不活性であり，酸素(O_2)やスーパーオキシド(O_2^-)にさらされて初めて，次の反応に進む（ステップⅢ）．まずヘテロ二量体のユニット間にジスルフィド結合が生じた中間体ができる．次にジスルフィドの異性化が起こり，分子内ジスルフィド結合をもつ SOD1 が生成する（ステップⅣ）．酸化後のいずれかの段階で，銅が SOD1 へと受け渡される．成熟した SOD1 単量体は，CCS から分離される．［Culotta, Yang, O'Halloran, 2006 より．Elsevier の許可を得て転載．©2006］

き続くジスルフィドの異性化により，SOD1 の分子内でジスルフィドが生成する（ステップⅣ）．この過程で，銅イオンはシャペロンから SOD1 へと受け渡される．成熟した SOD1 は CCS シャペロンから放出され，活性種である二量体となる．

次に，金属イオンがどのようにポルフィリンやコリンに挿入され，ヘムや金属化テトラピロールが形成されるか，そして鉄–硫黄クラスターがどのように合成されるかを見ていこう．

4・3　ケラターゼ：テトラピロールのメタル化の最終段階

テトラピロールは，四つのヘテロ五員環（ピロール）が大環状もしくは直鎖状に連結した有機分子である．ヘム，クロロフィル，コバラミン（ビタミン B_{12}），シロヘム*8，そして補因子 F_{430} はいずれも，テトラピロール誘導体と中心に位置する金属イオンからなる補欠分子族である．ヘムやシロヘムは Fe^{2+} をもち，クロロフィルやバクテリオクロロフィルは Mg^{2+}，コバラミンは Co^{2+}，補因子 F_{430} は Ni^{2+} を含む．これらは共通のテトラピロール前駆体，すなわちウロポルフィリノーゲンⅢから合成される（図4・8）．金属イオンの挿入は，ケラターゼとよばれる酵素が担っている．たとえばフェロケラターゼは，ヘムの生合成経路の最終段階でプロトポルフィリンⅨに Fe^{2+} を挿入する．異なるケラターゼも似たメカニズムをもっている．まずポルフィリンに酵素が結合すると，ポルフィリンの構造がひずみ，サドル型になる（図4・9a）．向かい合う二つのピロール環が少し上側に傾き，残る二つのピロール環は下側に傾く．図4・9(a)では，プロトン化されていないピロールの窒素原子が上側を向いており，プロトン化された窒素原子はポルフィリン平面よりも下を向いている．ポルフィリンの変形に続いて，金属–ポルフィリン間に一つめの結合ができる（図4・9b）．続く配位子交換により，ポルフィリン環の中央に鉄イオンが位置する錯体が形成する．この錯体では，2個の窒素原子が鉄イオンに配位しており，残る二つの窒素はプロトン化されたままである．最後に，この窒素原子が順番に脱プロトンされ，メタル化（金属化）ポルフィリンが生成する．ポルフィリンのサドル型のひずみは面外変形であり，窒素原子上のプロトンおよび孤立電子対を金属イオンの挿入に適した配置にしている．

いくつかのフェロケラターゼについては，その構造が明らかになっている．ポルフィリンのB環，C環およびD環が，保存されたアミノ酸によって固定化されているのに対し，A環はひずんでいる．2個の金属イオン結合部位が同定されており，一つはケラターゼの表面に存在し，完全に水和された Mg^{2+} によって占有されている．もう一方は，ポルフィリンが結合するくぼみ（クレフト）の，ひず

*8　シロヘムは，隣り合う二つのピロールが還元されたテトラヒドロポルフィリンである．亜硫酸レダクターゼや亜硝酸レダクターゼに含まれる．

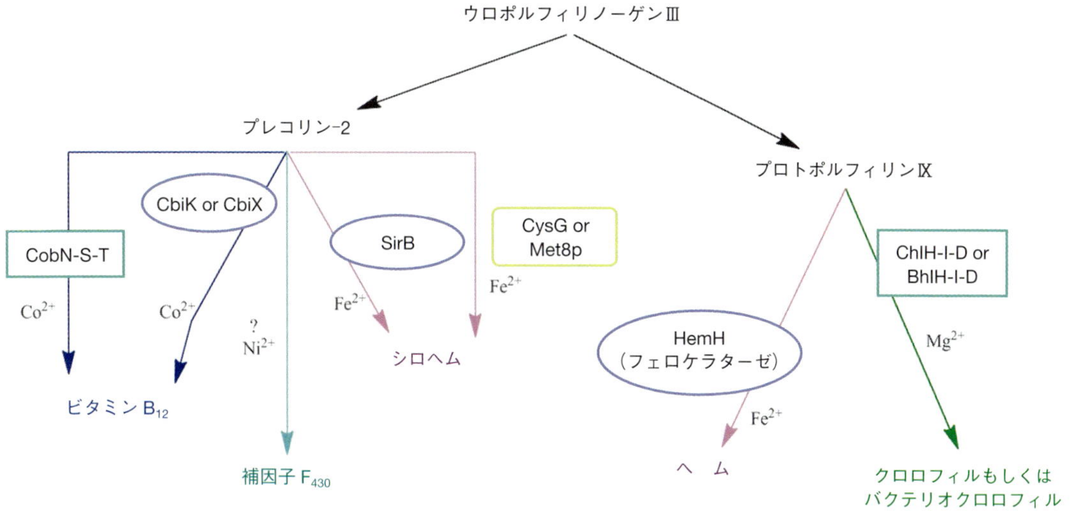

図4・8　テトラピロールの生合成経路．ケラターゼは，ヘムにはFe^{2+}を，クロロフィルにはMg^{2+}を，コバラミンにはCo^{2+}を選択的に挿入する．メタン生成菌では，Ni^{2+}の挿入により補因子 F_{430} がつくられる．

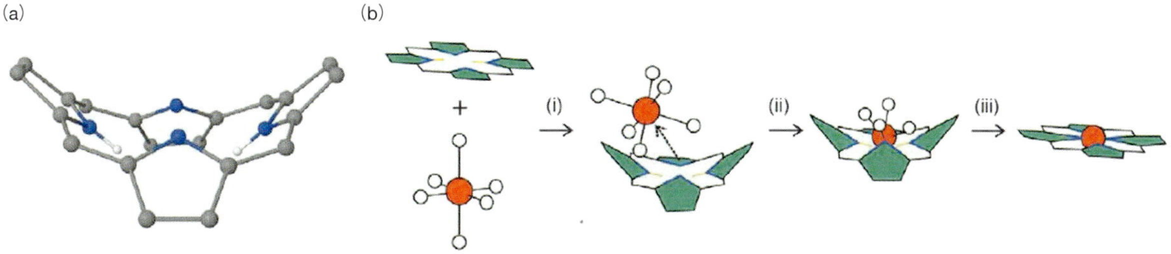

図4・9　ポルフィリンのメタル化（金属化）のメカニズム．(a) ポルフィリン分子のサドル型への変形．平面構造がひずんでいる．プロトン化されていない窒素原子（青い球で示した）をもつ2個の向かい合うピロール環は上側を向いている．プロトン化された窒素原子（窒素原子を青で，水素原子を白で示した）をもつ残りのピロール環は下を向いている．(b) ポルフィリンへの金属イオンの挿入の各段階．金属イオンを赤，ポルフィリンのピロール環を緑で示している．プロトン化されていないピロールの窒素原子は青で，プロトン化された窒素原子は黄色で示した．(i) ポルフィリン環の変形．(ii) 金属-ポルフィリン間の一つめの結合形成と，引き続く配位子交換による“sitting-atop”錯体の形成（ピロレニンの窒素原子が金属イオンに配位し，残る2個のピロール窒素にはプロトンが結合している）．(iii) 残りのピロールの窒素原子の脱プロトンと，メタル化ポルフィリンの生成．［Al-Karadaghi *et al.*, 2006 より．Elsevier の許可を得て転載．©2006］

んだA環の近くに位置する．A環の窒素原子は，His183 および Glu264 の方を向いている（図4・10）．外側に結合した金属イオンは，π ヘリックス*9 上に並んだ酸性アミノ酸側鎖との配位子交換によって，内側の金属イオン結合部位へ運ばれると考えられている．そしてピロール窒素との配位子交換により，金属イオンはポルフィリンに挿入される．二つの金属イオン結合部位は，それぞれ Zn^{2+} と，完全に水和された Mg^{2+} によって占有されている．金属間距離は約7Åである．Zn^{2+} に配位している二つのアミノ酸，His183 と Glu264 はすべてのフェロケラターゼに共通している．Glu272，Asp268 および Glu264 の側鎖は π ヘリックス上に並んでおり，二つの金属イオン結合部位を結んでいる．このような側鎖の配列は π ヘリックス構造でのみ可能である．この構造は他の金属タンパク質，たとえばニトロゲナーゼやフェリチンのスーパーファミリーとも似ている．いずれも π ヘリックス上のアミノ酸残基が金属イオンに配位し，酵素活性に寄与している．

なぜケラターゼは，ある特定の二価遷移金属イオンのみを挿入し，他の金属イオンは挿入しないのだろうか．これは実に興味深い疑問である．それぞれの細胞内区画では，特定の M^{2+}（ヘムの合成では Fe^{2+}）が他の金属イオンよりも高濃度で存在するからかもしれない．実験では，ケラターゼの金属イオン結合部位のアミノ酸に変異を導入すると，ポルフィリンに挿入される金属イオンの選択性が変化

*9　典型的ではないヘリックス構造については，第3章で詳しく述べた．

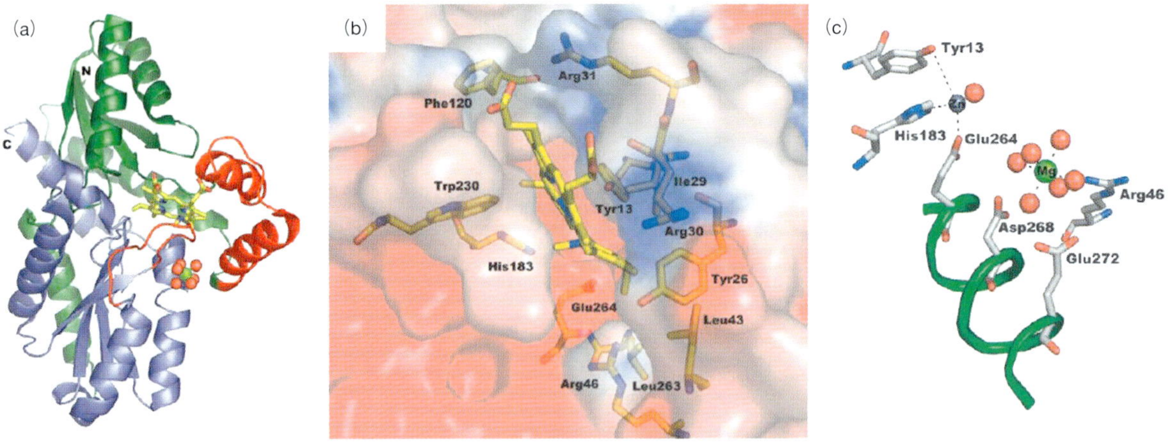

図4・10 フェロケラターゼのポルフィリン結合部位と金属イオン結合部位．(a) *B. subtilis* フェロケラターゼの構造．遷移状態阻害剤である*N*-メチルメソポルフィリン(*N*-MeMP)との複合体の構造を示した．(b) 基質が結合するくぼみ(クレフト)のアミノ酸残基と *N*-MeMP との相互作用．(c) *B. subtilis* フェロケラターゼの二つの金属イオン結合部位．Zn^{2+}(灰色)および完全に水和された Mg^{2+}(緑)が結合している．[Al-Karadaghi *et al.*, 2006 より．Elsevier の許可を得て転載．©2006]

することがわかっている．これもこの謎を解く鍵になるだろう．

4・4 鉄-硫黄クラスターの生成

真正細菌，古細菌，真核生物のいずれの生物においても，数々の鉄-硫黄タンパク質が知られている．電子伝達や触媒など，鉄-硫黄タンパク質のさまざまな機能については第 13 章で述べる．鉄-硫黄クラスターはその他の多くの補因子とは異なり，本質的には無機化合物である．すなわち，鉄イオン(Fe^{2+} もしくは Fe^{3+})と，無機のスルフィドイオン(S^{2-})のみで構成されている．この数年の間に鉄-硫黄クラスターの生成についての理解が急速に深まった．ここでは，真核生物のミトコンドリアで鉄-硫黄クラスター(iron-sulfur cluster, ISC)が生成する過程に関して現在わかっていることを説明する．ミトコンドリアでの ISC アセンブリーの機構は，細菌のそれと非常によく似ている．ミトコンドリアは鉄-硫黄タンパク質の生合成において最も重要な役割を担っている．ミトコンドリア内だけでなく，外にある鉄-硫黄タンパク質の成熟にも関与している．鉄-硫黄タンパク質の生合成に関する現時点での知見(図 4・11)によれば，3 種類の多成分タンパク質系(複数のタンパク質からなる機能マシナリー)，すなわち ISC アセンブリー，ISC 輸送系，そして CIA (cytosolic iron-sulfur assembly, 細胞質内鉄-硫黄アセンブリー) マシナリーが関わっている．

真核生物の ISC 生合成について，現時点で考えられているモデルを図 4・11 に示す．図には，ヒトにおける各構成要素の名称が示してある．生合成過程では，一時的に ISC が *de novo* 合成される．まず，ピリドキサールリン酸 (PLP) 依存システインデスルフラーゼ Nfs1 と Isd11 の複合体が，基質であるシステインから硫黄原子を引き抜く．この反応では，遊離システイン残基の硫黄原子が Nfs1 の保存配列のシステインに受け渡され，反応中間体であるペルスルフィド(-SSH)を生成する．つづいて，硫黄原子は足場タンパク質複合体 ISC アセンブリー酵素(ISCU)に転移される．これは毒性のあるスルフィドイオンの遊離を避けるために必要な過程である．NADH（還元型ニコチンアミドアデニンジヌクレオチド)の電子が，電子伝達系のフェレドキシンレダクターゼ(FdxR)と[2Fe-2S]フェレドキシン(Fdx)を介して硫黄原子を還元し，スルフィドイオンが生成される．一方，鉄はキャリヤータンパク質であるミトフェリン(Mfrn1/2)によってミトコンドリア内に入る．さらに，鉄シャペロンタンパク質フラタキシン(Fxn)によりミトコンドリア内の鉄-硫黄足場タンパク質 ISCU に運ばれ，スルフィドイオンと反応して鉄-硫黄クラスターが生成する．一時的に生成した鉄-硫黄クラスターは，その後ミトコンドリアのアポタンパク質に引き渡される．この転移過程は ATP に依存し，シャペロンシステム（Hsp70 シャペロン Grp75, HscB および GrpE からなる）とモノチオールグルタレドキシン GLRX5 が関与している．また，アコニット酸ヒドラターゼ様鉄-硫黄タンパク質やラジカル *S*-アデノシルメチオニン(SAM)鉄-硫黄タンパク質など，一部の鉄-硫黄タンパク質への鉄-硫黄クラスターの運搬には，タンパク質 Isa1, Isa2 および Iba57 が特別な役割を果たしている．一方，呼吸鎖複合体 I への鉄-硫黄クラスターのアセンブリーにはタンパク質 Ind1 が関与している（第 5 章参照)．細胞質内あるいは核内の鉄-硫黄タンパク質の合成経路は次のとおりである．ISC アセンブリーマシナリーにより未知の中間体(X)が合成され，膜内 ABC 輸送

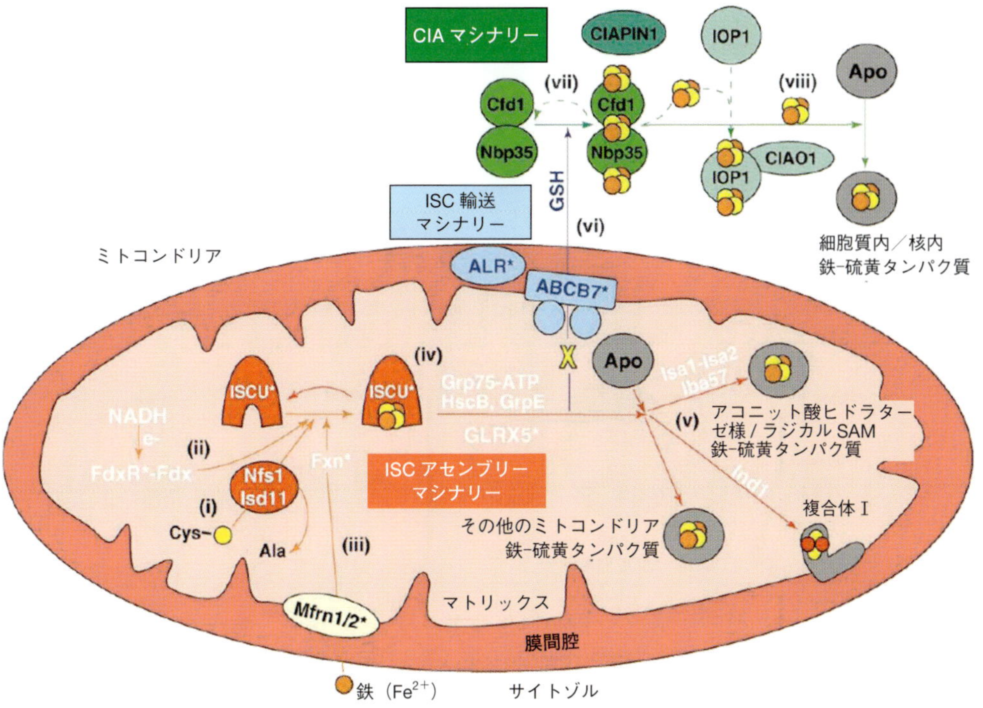

図 4・11　真核生物の鉄-硫黄タンパク質の生合成．鉄-硫黄タンパク質の生合成は，三つのマシナリーが関与する複雑な過程である．図にはヒトでの生合成経路における各構成要素の名称を記したが，実際には多くの部分は酵母での研究に基づいている．[Sheftel, Stehling & Lill, 2010 より．Elsevier の許可を得て転載．©2010]

体*[10]ABCB7 によりミトコンドリアの外に輸送される．この過程には，チオールオキシダーゼ ALR とグルタチオン（GSH）が必要であると考えられている．細胞質では，P ループ NTP アーゼ Cfd1 および Nbp35 からなる足場タンパク質に，鉄-硫黄クラスターが一時的に結合する．その後，鉄-硫黄クラスターはミトコンドリア外に輸送され，アポタンパク質に挿入される．この反応には IOP1 および CIAO1 が関与している．

4・5　複雑な補因子：Moco，FeMoco，P クラスター，H クラスター，Cu_Z

金属ポルフィリンや鉄-硫黄クラスターは非常に多くの金属タンパク質に含まれている．近年，それらへの金属イオンの挿入過程についての理解が非常に深まっている．一方で，数々のさらに複雑な補因子が存在することも明らかになってきた．これらの補因子は限られた金属タンパク質に含まれている．遷移金属のモリブデン（Mo）は，細菌，菌類，藻類，植物そして動物がもつさまざまな金属酵素の活性部位に含まれることが発見されている．しかしモリブデンそのものは，ジチオレン配位子をもつモリブデン補因子（Moco, 図 4・6a）に挿入されない限り，生物学的に不活性である．Moco を必要とする酵素には硝酸レダクターゼ，亜硫酸オキシダーゼ，キサンチンデヒドロゲナーゼ，そしてアルデヒドオキシダーゼなど種々の酵素が知られている．今までに研究されてきた生物種では Moco の生合成経路はよく保存されていた（図 4・12）．この経路は五つの段階からなり，生合成の中間前駆体の環状ピラノプテリン一リン酸（cPMP），MPT（金属結合プテリン），アデニリル化 MPT，そして Moco が関わっている．Moco の生合成には 6 種類の酵素活性が関与しており，いずれも遺伝子を含め同定されている．Moco の合成は，他のフラビンやプテリンの生合成と同様，グアノシン三リン酸（GTP）から始まる．GTP の環化反応により，前駆体である環状ピラノプテリン一リン酸（cPMP）が合成される．この反応は，二つのタンパク質により触媒される．一つめはラジカル SAM*[11] 酵素である，二つめの酵素は二リン酸の放出に関わっている．前者の酵素は 2 個の酸素感受性の[4Fe-4S]クラスターをもつ．そのうち一つはラジカル SAM の生成を担い，もう片方は基質の結合に必須である．その後，

*10　ABC（ATP 結合カセット）ドメインをもつ膜輸送タンパク質．ATP の加水分解エネルギーを用いて，種々の小分子を膜を通して輸送する．非常に大きなタンパク質スーパーファミリーをなす．
*11　ラジカル SAM（*S*-アデノシルメチオニン）酵素は，鉄-硫黄クラスターと SAM を用いて，多様なラジカル反応を開始する．

3種類の酵素によって，金属が結合したプテリン（metal-binding pterin, MPT），すなわちモリブドプテリンのジチオレン基が形成される．2個の硫黄原子は，ヘテロ四量体（大きいサブユニット2個と，小さいサブユニット2個からなる）の酵素MPTシンターゼによってcPMPに導入され，ジチオラート体のMPTが合成される．小サブユニット(MoaD)は，C末端のGly残基にチオカルボキシラートとして硫黄原子を含んでいる．硫黄原子は大サブユニット

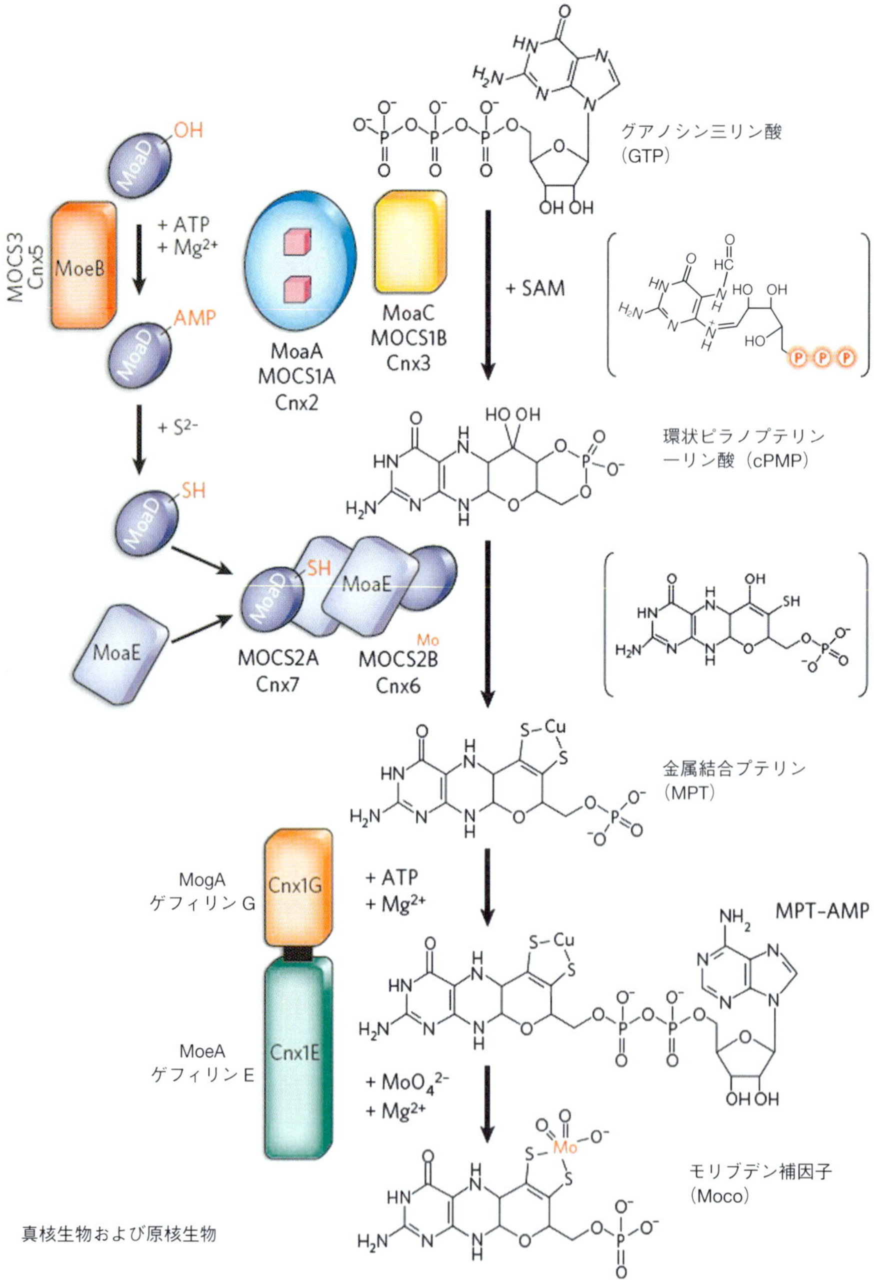

図4・12 GTPから始まるMocoの生合成の経路．合成経路は大腸菌(*E. coli*)，植物，およびヒトから得られたデータに基づく．最初の段階の中間体は推定構造であり，2番めの段階の中間体は部分的に同定されたものである．ともにカッコの中に示してある．参考までに，*E. coli*（名前に“Mo”がつく），ヒト（ゲフィリンを除き，名前に“MOCS”がつく），植物（名前に“Cnx”がつく）における相同タンパク質を示した．金属結合プテリン(MPT)シンターゼが再生される経路は，灰色の四角で囲ってある（簡単のために，MoeBタンパク質のみ示してある）．真核生物では，MoeBドメインとロダネース様ドメインをもつ融合タンパク質が発現している．このタンパク質は，MPTシンターゼの小サブユニットへの硫黄の転移に関与している．［Schwarz, Mendel, Ribbe, 2009より．Elsevierの許可を得て転載．©2009］

(MoaE)の中に深く埋め込まれており，活性部位を形成する．珍しいことに，ヒトの MPT シンターゼの両方のサブユニットは，ビスシストロン性の mRNA にコードされている．別の合成経路では，硫黄原子が小サブユニットに転移され，MPT シンターゼが再生される（図 4・12 では灰色の四角で囲ってある）．大腸菌では，MoaD の C 末端 Gly 残基のカルボキシ基のアデニリル化を MoeB が触媒している．この反応は，以前ふれたように，ユビキチン-プロテアソーム系でユビキチンの活性化を E1 酵素が触媒する反応によく似ている．AMP が結合して活性化された MoaD は，未知の供与体からスルフィドを受け取り，硫化される．その後，ジチオレン基が生成し，そこに直接銅が結合すると考えられている．続く反応では，Mg-ATP により MPT がアデニリル化される．最後に，モリブデン酸（MoO_4^{2-}）存在下で MPT-AMP が加水分解され，銅が放出される．そしてモリブデンが MPT ジチオレンに受け渡され，生成した Moco 補因子が放出される．

Moco は酸素感受性であり，非常に不安定である．そのため，Moco キャリヤータンパク質（MCP）に結合した状態で輸送・貯蔵されるか，もしくはモリブデン依存酵素にただちに挿入される必要がある（図 4・13）．活性型の Moco は，三つめの硫黄配位子が必要である．硝酸レダクターゼや亜硫酸オキシダーゼの場合は，アポタンパク質のシステイン残基が配位している．キサンチンデヒドロゲナーゼおよびアルデヒドオキシダーゼでは，ペルスルフィドが配位している．鉄-硫黄クラスターの生成と同様に，PLP 依存システインデスルフラーゼによって，システインからペルスルフィドがつくられる．これが Moco に受け渡され，硝酸レダクターゼや亜硫酸オキシダーゼの硫黄原子と同じ位置に配位する*12．興味深いことに，モリブデン酵素の活性化はモリブデンの供給に依存するだけでなく，鉄と銅をも必要とする．

窒素固定は，ジアゾ栄養生物とよばれる少数の種類の微生物によって行われている．そのうちのいくつか（*Rhizobium* 属）は，マメ科植物（エンドウやクローバーなど）の根に根粒をつくって共生*13している．ニトロゲナーゼという酵素が，窒素分子の三重結合を還元してアンモニアを合成している（詳しくは第 17 章で述べる）．ニトロゲ

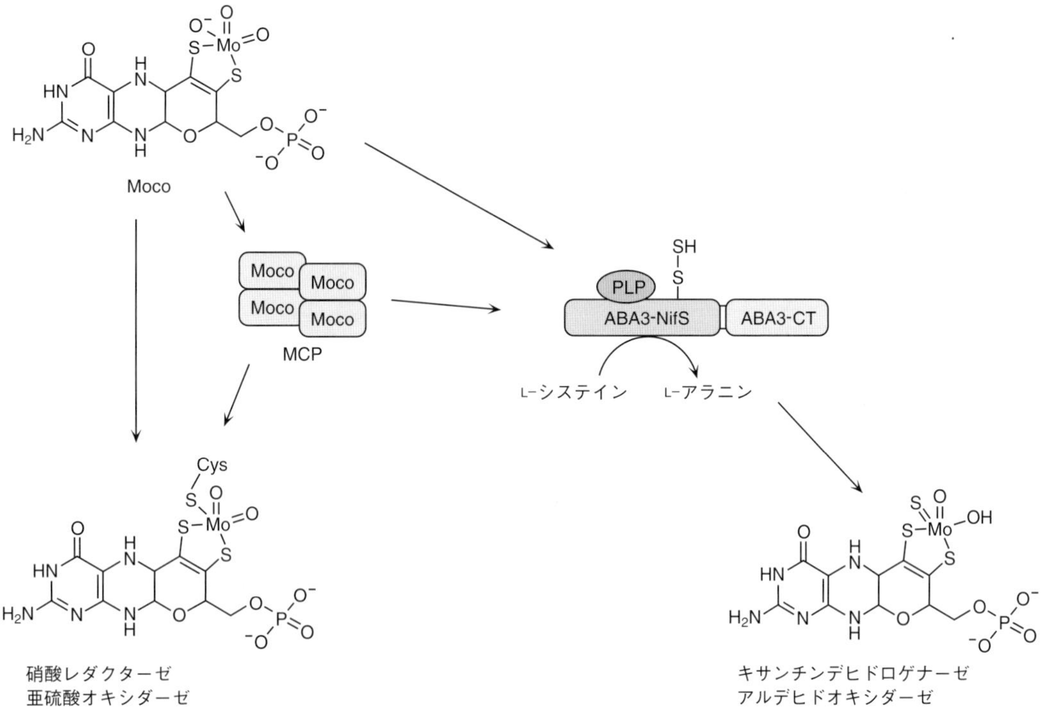

図 4・13　成熟 Moco は，Moco キャリヤータンパク質(MCP)，硝酸レダクターゼもしくは亜硫酸オキシダーゼ，または ABA3 タンパク質に結合する．ABA3 が生成するペルスルフィド(-SSH）は，XDH/AO ファミリーの酵素がもつ Moco の三つめの硫黄配位子となる．［Mendel, Smith, Marquet, Warren, 2007 より改変］

*12　モリブデン依存酵素には，第三の種類がある．ジメチルスルホキシドレダクターゼ(DMSOR)は，硫化された Moco の二量体を補因子としている．詳しくは第 17 章で述べる．

*13　二つの異なる種に属する個体が，長期間にわたって相互に連携関係にあるということ．両方の生物種がともに利益を得る場合に使うことが多い．

ナーゼは一般に **Fe タンパク質**と **FeMo タンパク質**の2種類のタンパク質からできている．Fe タンパク質はホモ二量体であり，二つのサブユニット間に[4Fe-4S]クラスターが結合している．サブユニットには，それぞれ1箇所ずつ ATP 結合部位が存在する．FeMo タンパク質は $\alpha_2\beta_2$ ヘテロ四量体であり，2種類の複雑な金属クラスター，P クラスターと FeMo 補因子(FeMoco)を含む．いずれのクラスターも，8個の金属イオンを含んでいる．P クラスターは[8Fe-7S]クラスターであり，Fe タンパク質の[4Fe-4S]クラスターと FeMoco の間に位置している．FeMoco は[Mo-7Fe-9S-C-ホモクエン酸]クラスター*14 であり，α サブユニットの内側に組込まれている．電子は，[4Fe-4S]クラスターから P クラスターへ，そして FeMoco へと受け渡される．

P クラスターは，2個の[4Fe-4S]クラスターが1個のスルフィドイオン(μ_6-S)を共有して連結された構造と捉えることができる（図4・6c）．酸化型(P^{OX})と静止状態である還元型(P^N)との間で，構造変換が起こることが知られている．還元型では，すべての Fe 原子は二価である．また，スルフィドイオンは両方のキュバン型クラスターの頂点に位置し，合計6個の鉄イオンと結合している．2個のシステインのチオラート基が二つのクラスターを架橋しており，それぞれ各クラスター中の鉄イオン1個ずつに結合している．システインが結合した合計4個の鉄イオンは，同時に中央のスルフィドイオンにも結合している．2電子酸化された酸化型では，スルフィドイオンに結合していた鉄イオンのうち2個が大きく移動する．その結果，中央のスルフィドイオンには残りの4個の鉄イオンが結合する．スルフィドイオンの代わりに，Cys87α のアミド窒素および Ser186β のヒドロキシ基が鉄イオンに配位し，鉄は4配位を保っている．この P クラスターの構造は，典型的なシステインの S 原子に加えて，セリン（β サブユニット，Ser188）側鎖の O 原子，および主鎖のアミド（α サブユニット，Cys88）の N 原子が配位した唯一の鉄-硫黄クラスターである．この構造は，P クラスターが二つの[4Fe-4S]様サブクラスターの融合により形成された可能性を示している．この反応機構は無機合成化学において確認されており，最近 P クラスターの骨格が合成された．図4・14には，FeMoco を欠損した FeMo タンパク質における P クラスターの成熟前(a)と成熟後(b)の構造モデルを示した．

FeMo 補因子（図4・6b）は，P クラスターと構造的に似ていると考えられる*14．キュバン型の[4Fe-3S-C]クラスターと，同じくキュバン型の[Mo-3Fe-3S-C]クラスターが，頂点の C 原子を共有した構造をしている．二つのキュバン型クラスターは，さらに3個のスルフィドイオンによって架橋されている．見方を変えると，FeMoco は中心に[6Fe-9S]クラスターを含んでいると見ることもできる（さらに鉄イオンは中央の C 原子に対称的に配位している）．両側には1個の Cys と1個の His が結合しており，FeMoco はこれらを介してタンパク質に結合している．Mo イオンには，FeMoco のもつ3個のスルフィドイオンに加え，タンパクのヒスチジン残基のイミダゾール窒素とホモクエン酸（珍しいトリカルボン酸であるが，補因子の重要な要素である）の2個の酸素原子が配位しており，およそ正八面体型の配位構造となっている．P クラスターと FeMoco の両方の合成には，おそらく複雑な酵素系が必要である．さらにそれらをタンパク質に挿入し，活性なニトロゲナーゼを構成する過程も複雑であろう．ほかの植物に窒素固定の機能を与えるというのはバイオテクノロジーの夢の一つであるが，いまだ夢のままである．

窒素固定の遺伝子(*nif*)が解析された最初のジアゾ栄養生物は *Klebsiella pneumoniae* である．同定された，染色体 K 上の *nif* 遺伝子のクラスターを図4・15に示した．窒素固定の研究に使われるほかのモデル生物，たとえば *Azotobacter vinelandii* の遺伝子と比べると単純ではあるが，23 kb の長さにもかかわらず20個の遺伝子を含んでいる*15．これらの遺伝子はいくつかの転写単位に分かれて

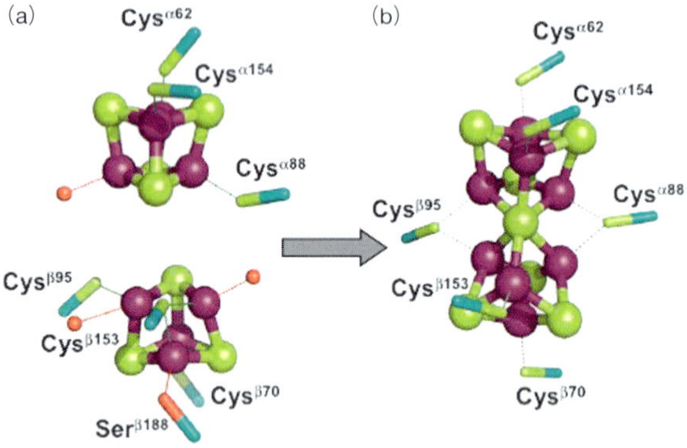

図4・14　FeMoco を欠損した FeMo タンパク質の P クラスターの構造モデル．(a) 成熟前と (b) 成熟後の構造．前駆体である(a)は，2個の独立したサブクラスター，すなわち[4Fe-4S]クラスター(上側)と[4Fe-4S]様クラスター(下側)からなる．中央のスルフィドイオンの代わりに，システインが架橋配位子となっている．(b)の P クラスターの構造は，Δ*nifB* FeMo タンパク質の成熟した[8Fe-7S]クラスターとほぼ同じである(Fe, 紫；S, 緑)．タンパク質配位子も示してある．N や O などの配位原子は赤い球で示した．[Lee *et al.*, 2009 より．©2009 National Academy of Sciences, USA]

*14　訳注：中央の原子は，以前は N 原子であると考えられていたが，2011年に C 原子であると報告された．[Spatzal, T. *et al.*, "Evidence for interstitial carbon in nitrogenase FeMo cofactor", *Science, 334*, 940 (2011); Lancaster, K. M. *et al.*, "X-ray emission spectroscopy evidences a central carbon in the nitrogenase iron-molybdenum cofactor", *Science, 334*, 974–977 (2011)]

*15　*K. pneumoniae* は厳密に嫌気性の条件下で窒素固定を行うのに対し，*A. vinelandii* は好気性条件で窒素固定を行う．

いる．ニトロゲナーゼを構成する三つのタンパク質単位をコードする遺伝子 *nifHDK* を左側に示した．色は上に描いたタンパク質分子と対応している．窒素固定に関連する遺伝子はその機能に応じて色分けしてある．

遺伝子の機能に関する知見が増え，さらに近年多くの中間体が同定されたことによって，FeMoco の生合成について深く理解できるようになってきた．FeMoco の生合成に関与するタンパク質は，その機能によって 3 種類に分類できる．FeMoco が組立てられる土台になるタンパク質（NifU，NifB，NifEN*16），FeMoco 前駆体の土台タンパク質間での輸送を担う金属クラスターキャリヤータンパク質（NifX，NifY），そして硫黄，モリブデン，もしくはホモクエン酸を基質として FeMoco の合成を行う酵素（NifS, NifQ, NifV）である．NifH の役割はまだ議論になっている．その生合成経路を図 4・16 に示した．FeMoco の合成は，おそらく NifS と NifU による硫黄と鉄の反応から開始される．NifS は PLP（ピリドキサールリン酸）依存システインデスルフラーゼであり，タンパク質上にペルスルフィドを生成する．次に，硫黄原子が NifU に受け渡され，[2Fe-2S]および[4Fe-4S]クラスターが合成される（ステージ 1 および 2）．これらのクラスターは，NifB 上で大きな鉄-硫黄コアを構築するのに使われる（ステージ 3）．NifB の役割は正確にはわかっていないが，N 末端に CX_3CX_2C モチーフをもっている．これは，[4Fe-4S]クラスターに結合するラジカル SAM スーパーファミリーに特徴的なモチーフである．クラスターは SAM の還元に必要な電子を提供する．その結果，SAM はメチオニンと反応性の高い 5-デオキシアデノシンラジカルに分解される．NifB が硫黄原子を挿入して 2 個の[4Fe-4S]キュバン型クラスターを架橋し，さらに中央の C 原子も挿入して完全な鉄-硫黄骨格を構築することは不可能ではないだろう．そして，それが再配置されて最終的な FeMoco の中心部ができあがるのかもしれない．これが，モリブデンを含まない FeMoco 前駆体となる（ステージ 4）．次に NifEN の上で，Fe タンパク質によってモリブデンとホモクエン酸が挿入され，成熟 FeMoco となる（ステージ 5）．このように，FeMoco は完全な鉄-硫黄中心構造ができてから，モリブデンが挿入されるように思われる．NifEN 上で完成した FeMoco は，最終的に MoFe タンパク質の中に運ばれる（ステージ 6）．

さらにもう一つの非常に複雑な有機補因子として，[FeFe]ヒドロゲナーゼの H クラスターがある（図 4・6d）．ヒドロゲナーゼは，プロトンの水素分子への還元反応を触媒する酵素である．この補因子は，[4Fe-4S]クラスターと 2Fe サブクラスターとで構成され，両者をシステインのチオラート基の硫黄原子が架橋している．2Fe サブクラスターには，配位子として CO, CN およびジチオラート配位子が含まれている（Nicolet *et al*., 2002）．X 線結晶構造解析で得られる電子密度から炭素，窒素および酸素を見分けることは簡単ではない．そのため分光学的手法によって，シアン化物イオンと一酸化炭素の 2Fe サブクラスターへの配位が確かめられた．2Fe サブクラスターは，土台タンパク質 HydF の上で組立てられると考えられている．この過程には，2 種類のラジカル SAM 酵素 HydE および HydG が必要である．H クラスターは段階的に合成される．まず，アポ HydA に[4Fe-4S]クラスターが挿入される（図 4・17）．一方，H クラスターの 2Fe サブクラスターは，HydF の上で[2Fe-2S]クラスター骨格から合成される．この過程は HydE, HydG そして GTP を必要する．合成されたクラスターは HydF から HydA へと受け渡される．2Fe クラスターに配位している二原子配位子 CN およ

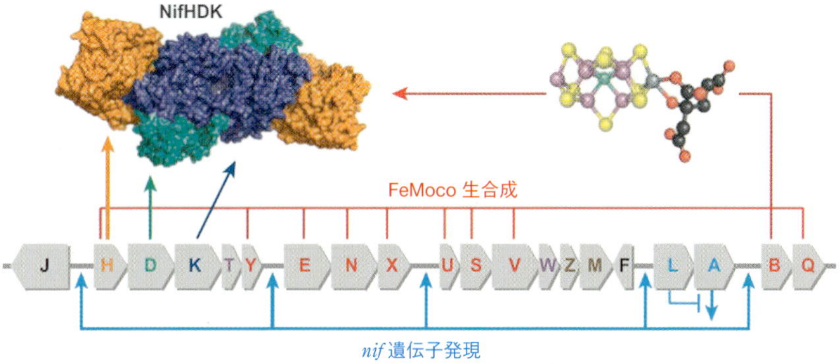

図 4・15 *Klebsiella pneumoniae* の窒素固定の遺伝子（*nif*）のクラスター．左側に，ニトロゲナーゼを構成するタンパク質をコードしている遺伝子 *nifHDK* を示した．窒素固定に関連する遺伝子は，その機能に応じて色分けしてある．［Rubio, Ludden, 2008 より改変］

*16 本書では，遺伝子はイタリック体（*NifA* など）で示し，それがコードするタンパク質は普通の書体（NifA など）で示す．

び CO はチロシンから合成される．まず，チロシンが *p*-クレゾールおよびデヒドログリシンへと分解される(図 4・17)．つづいて，反応機構は未知であるが，CN と CO が生成する．架橋配位子となるジチオラートの由来と HydE の役割は，まだ解明されていない．1,3-ジチオラート配位子の中央の原子（C, N もしくは O）が何であるかは，X 線のデータからははっきりとは決定されていないため，図 4・17 では X で示してある．（訳注：H クラスターの架橋配位子の X は，NH，CH_2，O のいずれであるか議論がつづいていたが，2013 年に X＝NH であることが明らかに

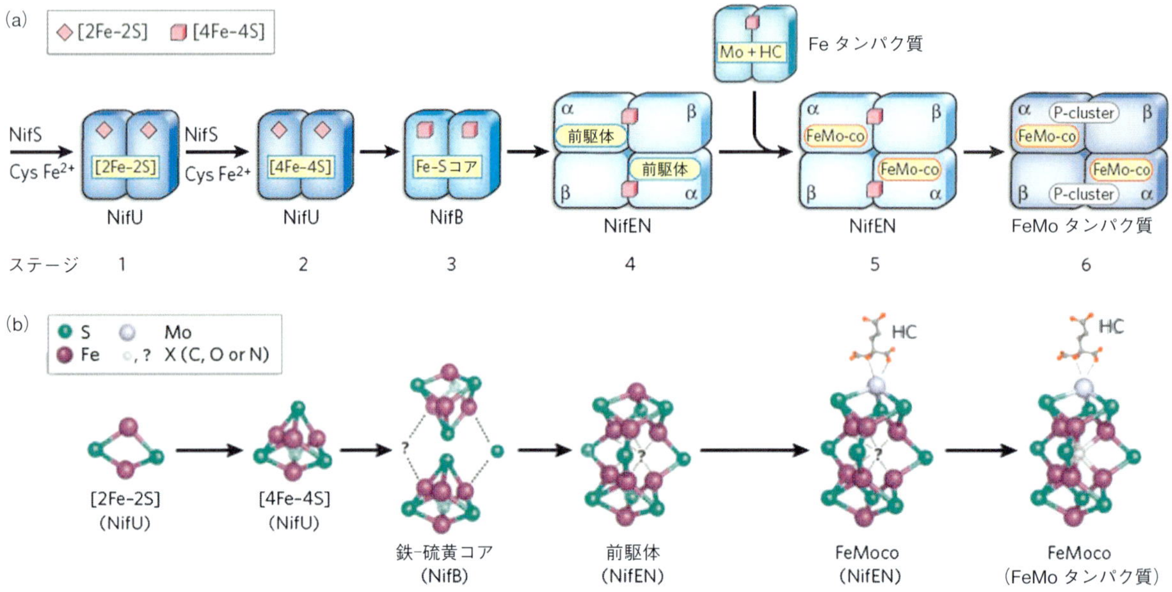

図 4・16 FeMoco の生合成．(a) FeMoco が合成されるまでの過程．生合成の流れは NifU-NifS → NifB → NifEN → FeMo タンパク質 である．土台タンパク質がもつ金属クラスターはピンク色で示した．生合成の中間体のクラスターは，黄色で示した．HC はホモクエン酸である．(b) FeMoco 合成の中間体の構造．同定されたクラスターの構造（NifU，NifEN および FeMo タンパク質）および推定構造(NifB)を示した．仮説ではあるが，NifB は硫黄原子を挿入して二つの[4Fe-4S]クラスターを架橋する．さらに中央の X 原子を挿入し，FeMoco 前駆体の鉄-硫黄クラスターの骨格が形成される．NifEN 上の前駆体に関しては，8Fe モデルのみを示した．おそらく中間体にも存在するであろう X 原子は，？マークで記した．（訳注：現在では，X 原子は C 原子であることが明らかになった）[Schwarz *et al*., 2009. Elsevier の許可を得て掲載．©2009]

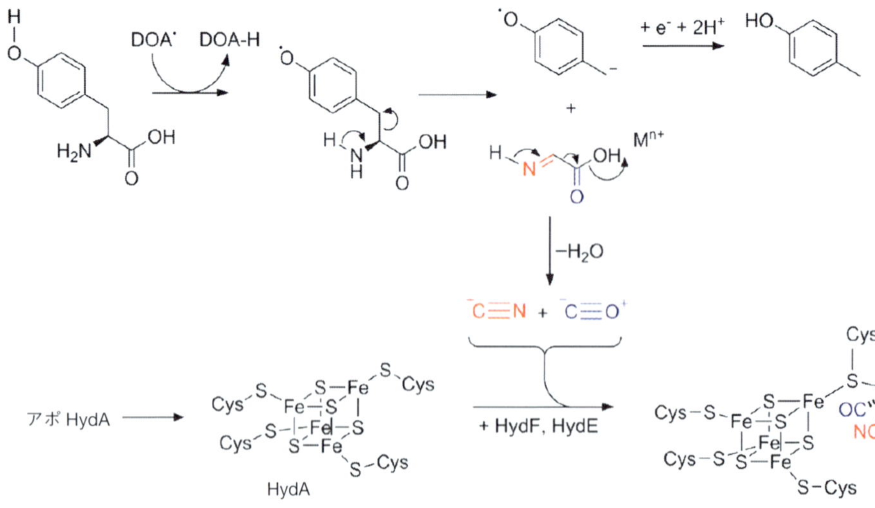

図 4・17 [FeFe]ヒドロゲナーゼの構築における HydG の役割．M^{n+} は，活性部位に存在するプロトン(H^+)もしくは金属イオン(たとえば HydG の二つめの鉄-硫黄クラスターの一部から生成するであろう Fe^{2+} や Fe^{3+} など)を示す．（訳注：現在では X＝NH であると考えられている）[Roach, 2010 より．Elsevier の許可を得て掲載．©2010]

なった．〔G. Berggren *et al.*, *Nature*, 499, 66-69(2013)〕

ここまで驚くべき配位子の数々を見てきたが，その最後に一酸化二窒素レダクターゼの Cu_Z クラスターを紹介しよう．この酵素は脱窒菌で見つかった酵素で，窒素循環の最終段階で一酸化二窒素(N_2O)の窒素分子への還元を触媒する．すなわち，固定した窒素を大気中に戻す役割を担っている．一酸化二窒素レダクターゼは，Cu_A および Cu_Z とよばれる2種類の銅中心をもつ．Cu_A 中心は電子移動中心としてはたらき（第14章で述べる），Cu_Z 中心は N_2O の還元反応の活性中心だと考えられている．Cu_Z 部位は，4個の銅イオンが並んだ四面体型のクラスターであり，その中心にスルフィドが結合している（図4・6e）．さらにCu1とCu4の間を酸素が架橋し，7個のHis配位子が銅イオンに配位している．4個の銅イオンのうち3個にはHis残基が2個配位しており，Cu4にはHisが1個だけ配位している．Cu4にはHis配位子が1個しか結合しておらず，さらに架橋酸素が配位していることから，Cu4が N_2O の結合部位だと考えられている．一酸化二窒素レダクターゼの構造遺伝子に加え，これらの補因子の合成と挿入に関わっている数々の遺伝子産物が同定されている．

4・6 シデロフォア

第2章で，Fe^{3+} のキレート配位子であるデフェロキサミンBについて述べた．これはシデロフォアとよばれる鉄捕捉化合物の一種である．シデロフォアは鉄と金属錯体を形成する低分子量（一般的には1000以下）の化合物である．細菌や菌類によって合成され，微生物の細胞が周囲環境から鉄を取込むのを助けている（第7章参照）．好気的な環境では鉄はおもに Fe^{3+} として存在しており，天然のシデロフォアはすべて Fe^{3+} に選択的にキレート錯体を形成する．通常，配位部位にハードなO原子をもち，Fe^{3+} と熱力学的に非常に安定な八面体型（6配位）錯体を形成する．シデロフォアは，その化学構造によりいくつかの

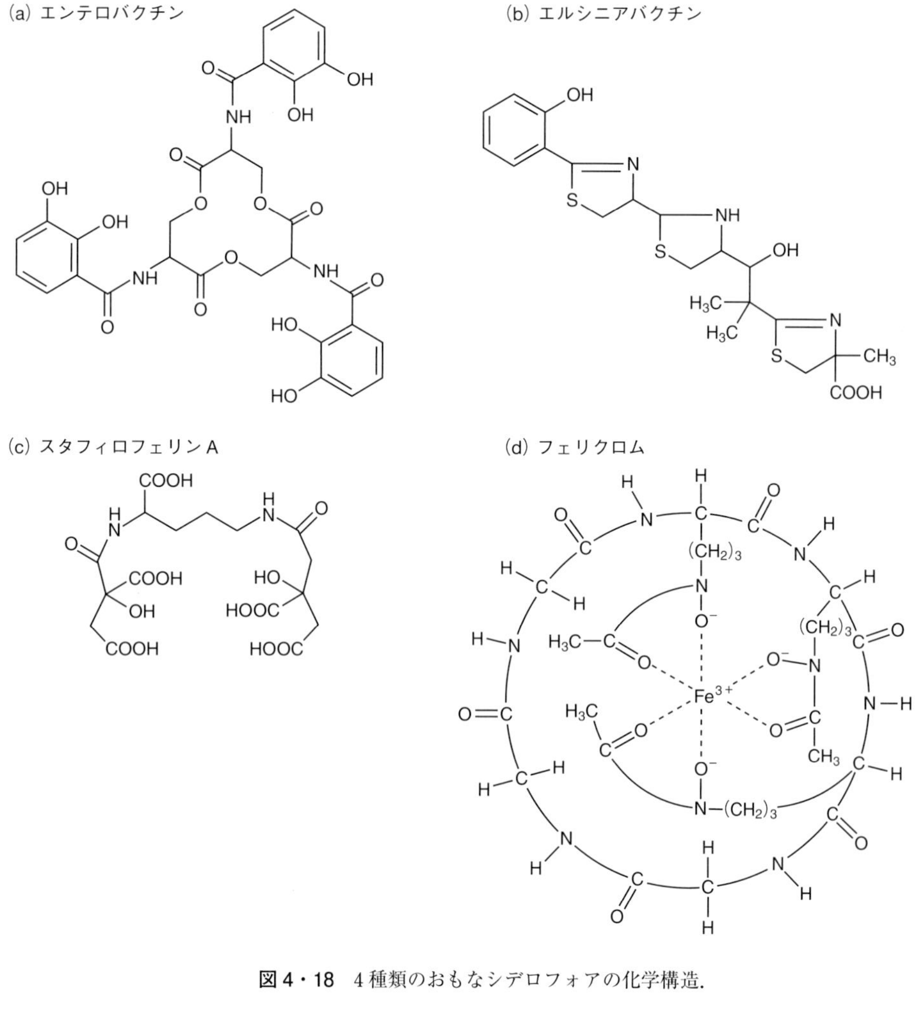

図4・18　4種類のおもなシデロフォアの化学構造．

グループに分けられる．ヒドロキサム酸型，カテコール型，カルボン酸型，そしてフェノール/含窒素複素環/カルボン酸からなる多座配位子である．構造決定されたシデロフォアの数は500を超える．図4・18にはその例を示した．フェリクロム（pFe＝25.2）*17 は，1952年に黒穂菌類 *Ustilago* から初めて単離されたシデロフォアであり，ヒドロキサム酸型の構造が決定されている（デフェロキサミンBも同じグループに分類される）．環状のヘキサペプチド骨格に，*N*-アシル-*N*-ヒドロキシ-L-オルニチンが3分子結合した構造である．典型的なカテコール型のシデロフォアであるエンテロバクチン（pFe＝35.5）は，ジヒドロキシベンゾイル-セリンの環状トリエステルである．大腸菌 *Eschericia coli* が生成する重要なシデロフォアとして知られている（Raymond *et al.*, 2003）．ジヒドロキシベンゾイル基（カテコール）の脱プロトンした6個のヒドロキシ基（カテコラート）が鉄イオンに結合し，分子の中央に取囲むようにして金属イオンを捕捉する（図4・19）．スタフィロフェリンAは，*Staphylococci* がもつ鉄輸送シデロフォアである．D-オルニチンに，Fe^{3+} に結合するクエン酸残基が2個連結した構造である．ヘテロ環をもつシデロフォアの例として，エルシニアバクチンをあげる．高い病原性をもつ *Yersinia* 属*18 から単離された．エルシニアバクチンの鉄錯体では，鉄イオンに3個の窒素原子と負電荷をもった3個の酸素原子が配位し，ひずんだ八面体型構造になっている（Miller *et al.*, 2003）．

大腸菌などの細菌における鉄の重要性は，エンテロバクチンによる鉄の取込みに14の遺伝子が関わっていることからもわかる．これらの遺伝子には，エンテロバクチンの合成および分泌，そして細胞内への鉄錯体の輸送と鉄イオンの放出に関わる遺伝子が含まれる．大腸菌は合計で少なくとも8個の鉄の取込み機構をもっており，およそ50の遺伝子でコードされている．それらはしばしば毒性因子としても機能する．そのため，シデロフォアの生合成に関わる酵素は抗菌剤開発の標的にもなっている．シデロフォアの生合成の仕組みは，類似のタンパク質マシナリーが関わる他の基本的な生合成の仕組みとも似ている（第5章では脂質の生合成について詳しく説明する）．重要な天然物である種々のポリケチドおよびペプチド（多くの抗生物質を含む）の微生物における生合成にも共通している．図4・20に示すように，エンテロバクチンの生合成にはキャリヤータンパク質が関わっている．この上に前駆体が結合し，一連の伸長反応が進行する．エンテロバクチン合成酵素には4種類（EntB, EntD, EntE, EntF）あり，2,3-ジヒドロキシ安息香酸（DHB）からエンテロバクチンを合成する．まず，DHBがEntEにより活性化され，EntBのキャリヤータンパク質ドメインに受け渡される．四つのドメインから

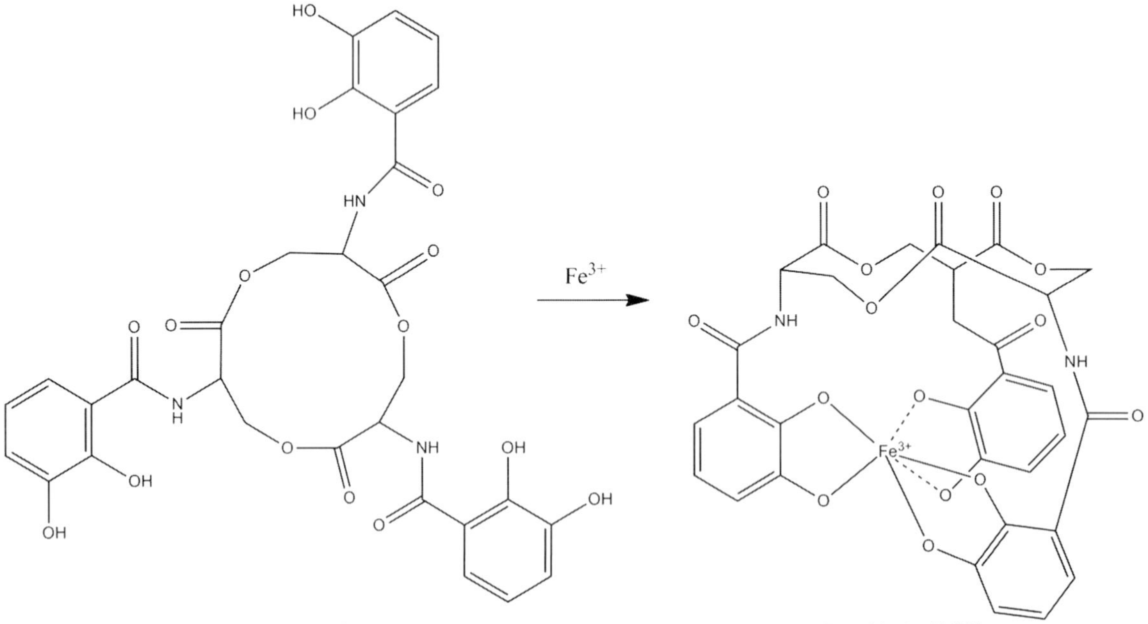

図4・19 アポ-エンテロバクチンへの鉄の取込み．

*17 pFeの定義は第2章で示した．
*18 ペストの病原体である *Y. pestis* も，同じ *Yersinia* 属である．

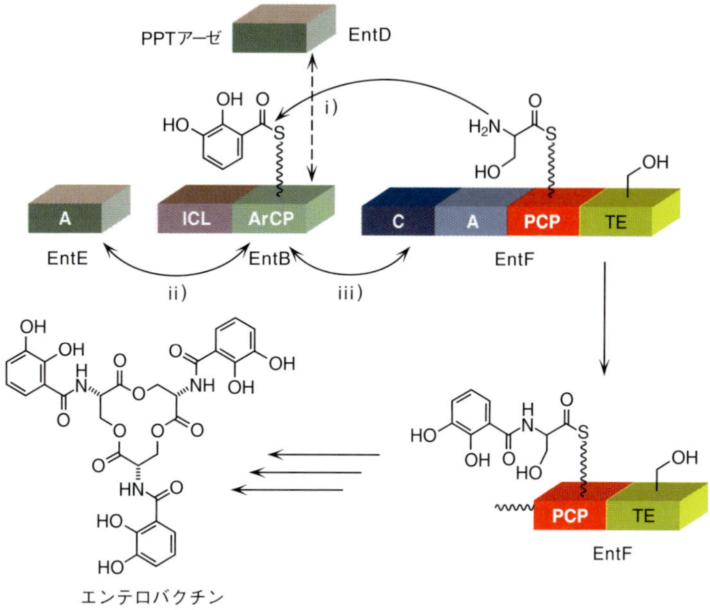

図4・20 エンテロバクチンの生合成の仕組み．EntD は，内因性のホスホパンテテイニルトランスフェラーゼである．EntB のアリール基キャリヤータンパク質(ArCP)ドメインとほかのタンパク質構成要素との間の相互作用を，両矢印で示した．ArCP は PPT アーゼ〔EntD(i)，EntE(ii)，EntF の C ドメイン(iii)〕によって認識されるに違いない．[Zhou, Lai & Walsh, 2007 より改変]

なる EntF タンパク質と，EntE および EntB が反応の開始，伸長および終結を行う．DHB-セリン 3 分子の脱水結合の後，EntF のチオエステラーゼドメインにより環化されて，最終産物が放出される．

文　献

Al-Karadaghi, S., Franco, R., Hansson, M., Shelnutt, J.A., Isaya, G., & Ferreira, G.C. (2006). Chelatases: distort to select?. *Trends in Biochemical Sciences, 31*, 135–142.

Chu, B.C., Garcia-Herrero, A., Johanson, T.H., Krewulak, K.D., Lau, C.K., Peacock, R.S., *et al.* (2010). Siderophore uptake in bacteria and the battle for iron with the host; a bird's eye view. *Biometals, 23*, 601–611.

Culotta, V.C., Yang, M., & O'Halloran, T.V.O. (2006). Activation of superoxide dismutases: putting the metal to the pedal. *Biochimica et Biophysica Acta, 1763*, 747–758.

Krewulak, K.D., & Vogel, H.J. (2008). Structural biology of bacterial iron uptake. *Biochim. Biophys Acta, 1778*, 1781–1804.

Lee, C.C., Blank, M.A., Fay, A.W., Yoshizawa, J.M., Hu, Y., Hodgson, K.O., *et al.* (2009). Stepwise formation of P-cluster in nitrogenase MoFe protein. *Proceedings of the National Academy of Sciences of the United States of America, 106*, 18474–18478.

Mendel, R.R., Smith, A.G., Marquet, A., & Warren, M.J. (2007). Metal and cofactor insertion. *Natural Product Reports, 24*, 963–971.

Miller, M.C., Parkin, S., Fetherson, J.D., Perry, R.D., & Demoll, E. (2006). Crystal structure of ferric-yersiniabactin, a virulence factor of *Yersinia pestis. Journal of Inorganic Biochemistry, 100*, 1495–1500.

Nicolet, Y., Cavazza, C., & Fontecilla-Camps, J.-C. (2002). Fe-only hydrogenases: structure, function and evolution. *Journal of Inorganic Biochemistry, 91*, 1–8.

Rao, P.V., & Holm, R.H. (2004). Synthetic analogues of the active sites of iron-sulfur proteins. *Chemical Reviews, 104*, 527–559.

Raymond, K.N., Dertz, E.A., & Kim, S.S. (2003). Enterobactin: an archetype for microbial iron transport. *Proceedings of the National Academy of Sciences of the United States of America, 100*, 3584–3588.

Rees, D.C. (2002). Great metalloclusters in enzymology. *Annual Review of Biochemistry, 71*, 221–246.

Roach, P.L. (2011). Radicals from S-adenosylmethionine and their application to biosynthesis. *Current Opinion in Chemical Biology, 15*, 267–275.

Rubio, L.M., & Ludden, P.W. (2008). Biosynthesis of the iron-molybdenum cofactor of nitrogenase. *Annual Review of Microbiology, 62*, 93–111.

Schwarz, G., Mendel, R.R., & Ribbe, M.W. (2009). Molybdenum cofactors, enzymes and pathways. *Nature, 460*, 839–847.

Sheftel, A., Stehling, O., & Lill, R. (2010). Iron-sulfur proteins in health and disease. *Trends in Endocrinology and Metabolism, 21*, 302–314.

Zhou, Z., Lai, J.R., & Walsh, C.T. (2007). Directed evolution of aryl carrier proteins in the enterobactin synthetase. *Proceedings of the National Academy of Sciences of the United States of America, 104*, 11621–11626.

第5章

中間代謝と生体エネルギーの概説

5・1　はじめに

中間代謝とは何かと質問する人がいるかもしれない．中間代謝とは，生命体がその環境から吸収した物質の変換過程に含まれるすべての反応の総称である．それらの物質のエネルギーへの変換や，タンパク質，核酸，膜，オリゴ糖と多糖，および第 4 章で述べた貯蔵脂質や膜脂質のような生命体の機能に必要な分子の生合成への利用が含まれる（第 4 章の内容をもっと知りたい人は Berg *et al*., 2002; Campbell *et al*., 2005; Devlin, 2005; Voet, Voet, 2004 を参照）．前者は本質的に分解過程であり，**異化代謝**とよばれる（図 5・1）．この異化代謝においては，より複雑で還元された代謝物が，ATP という形のエネルギーと NADPH という形の還元力を生成しながら，より単純で酸化された生成物に変換される．一つの好例は，解糖系とクエン酸回路(式 1)の組合わせによる，グルコースから二酸化炭素と水への変換(式 1)である．

$$C_6H_{12}O_6 + 6O_2 \longrightarrow 6CO_2 + 6H_2O \qquad (1)$$

これとは対照的に，**同化代謝**（しばしば生合成とよばれる）は，エネルギーを生産するというよりは，むしろ消費する方である．一般に，より酸化されている分子がより複雑で還元された最終生成物に変換される．多くの光合成細菌で行われる式(1)の逆反応では，カルビン回路[*1](式 2)を構成する酵素群の触媒反応により，空気中の炭酸ガスが固定されグルコースが産生される．

$$6CO_2 + 6H_2O \longrightarrow C_6H_{12}O_6 + 6O_2 \qquad (2)$$

式(1)と式(2)で記述される反応から，以下の二つの重要なことが推測される．1) 異化経路においてしばしば電子受容体として働く補因子のニコチンアミドアデニンジヌクレオチド(NAD^+)や，同化経路において電子供与体として働く還元型ニコチンアミドアデニンジヌクレオチドリン酸(NADPH)にみられるように，代謝的変換において酸化還

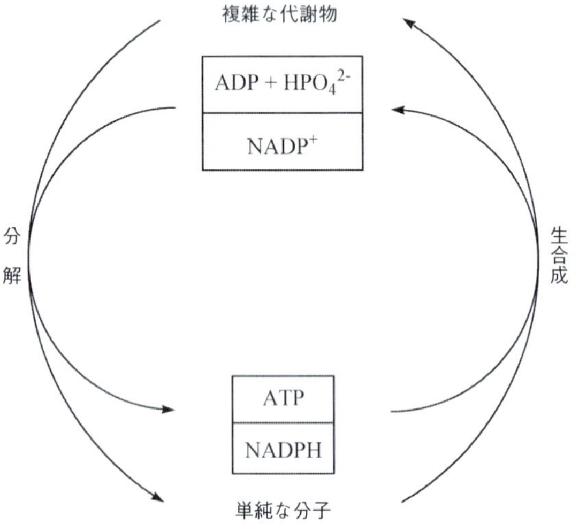

図 5・1　生合成（同化作用）に用いられる ATP のエネルギーと NADPH の還元力は，複雑な代謝産物の分解（異化作用）により生じる．

*1　この名称は，カリフォルニア大学の生化学者 Melvin Calvin の名前にちなんでつけられた．彼は二酸化炭素固定の最初の生成物がホスホグリセリン酸であることを発見し，それを回路に発展させた功績でノーベル賞を受賞．その後この回路を確立した．

元反応は重要な役割を果たしている．2) 異化経路により産生されるエネルギーは，ほとんどの場合アデノシン三リン酸(ATP)の形で生合成に用いられる．

生体エネルギー学では，ATP の形のエネルギーがいかに産生され用いられるかを扱うが，その詳細については本章の最後で述べる．代謝経路の説明に入る前に，酸化還元反応に関する基本的な考え方を概観し，次に代謝においてリン酸基の授受に関わる ATP の中心的役割について簡単に述べる．そして最後に，いくつかの中間代謝経路にみられる代表的な反応をまとめる．

5・2　代謝における酸化還元反応

代謝産物が受ける多くの変換反応は酸化状態の変化を伴うため，補因子が電子授受機能をもつように発達してきたことは理解できる．最も重要な二つの補因子は，NAD^+と$NADP^+$である（図 5・2）．NAD^+は，アルコールデヒドロゲナーゼによる触媒反応において，二つの電子と一つのプロトン(H^+)〔ヒドリド(H^-)に相当〕をエタノールのような基質から受け取ることができ，酸化されたアセトアルデヒドと還元型補因子の NADH とプロトンを生成する．

$$CH_3CH_2OH + NAD^+ \rightleftharpoons CH_3CHO + NADH + H^+$$

金属上の酸化還元反応は通常電子移動のみを含むが，中間代謝物の酸化還元反応の多くは，上記の例と同様に，電子移動だけでなく水素移動が関わる．よって，“デヒドロゲナーゼ(脱水素酵素)”という言葉が頻繁に用いられる．ここで留意すべきことは，これらの脱水素反応のほとんどが可逆的であることである．生合成経路の酸化還元反応では通常，NADPH が電子源として使われる．酸素機能を含む酸化還元反応にはNAD^+や$NADP^+$が使われるが，それらに加えて，リボフラビン〔図 5・3，フラビンモノヌクレオチド(FMN)やフラビンアデニンジヌクレオチド(FAD)という形をとる〕のような他の補因子が，電子伝達系や$-CH_2-CH_2-$から$-CH=CH-$への変換反応に関わっている．さらに，電子伝達系における 2-オキソ酸デヒドロゲナーゼ中のリポ酸塩，ユビキノンとその誘導体のような，他の多くの酸化還元因子が見つかっている．

5・3　代謝における ATP の中心的役割

中間代謝における ATP の重要性を，いくつかの事例をあげて位置づけることができる．ATP 分子は代謝サイクルが非常に速く，合成されると平均数分以内に加水分解される．平均的な人間は安静時に，1 日当たりおよそ 40 kg の ATP を消費するが，激しく運動している間は，これが 1 分当たり約 0.5 kg にもなる！ ATP から ADP とリン酸への加水分解は(図 5・4)，比較的大きな自由エネルギー変化（ΔG＝約 50 kJ/mol）を伴う*2．ADP から AMP とリン酸への加水分解も同様である．それとは対照的に，AMP からアデノシンとリン酸への加水分解の自由エネルギー変化は非常に小さい．生化学的にいうと，細胞の“エネルギー通貨”としての ATP の重要性は，ATP/ADP 共役系の高エネルギー供与体からリン酸基を受け取る容量と

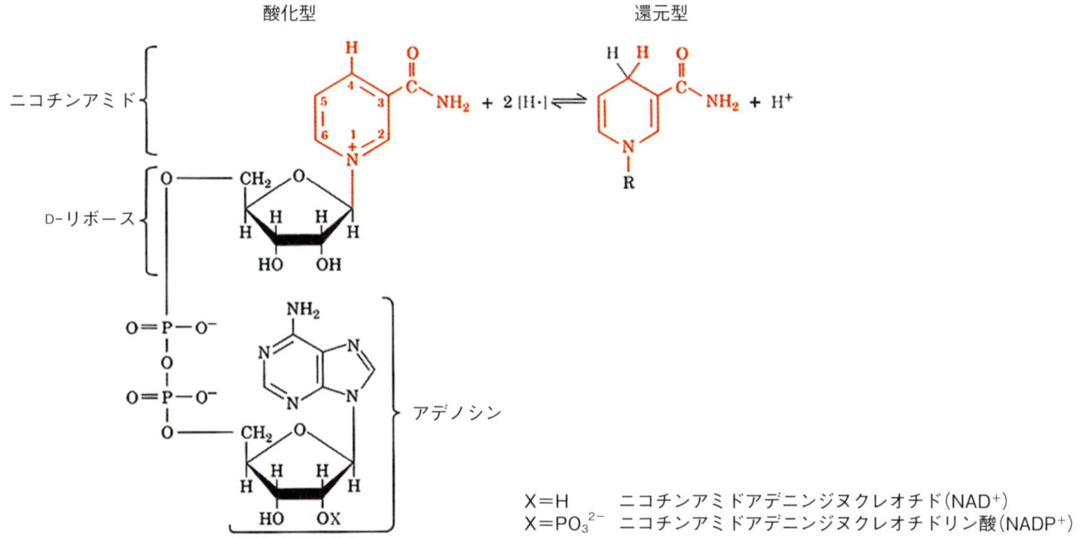

図 5・2　NAD^+と$NADP^+$の構造とニコチンアミド部分の電子受容体としての役割．

*2　可能であれば，標準自由エネルギー変化 $\Delta G°$よりもむしろ代謝物の生体内濃度から計算した自由エネルギー変化 ΔG を用いてきた．ただしこれは反応体や生成物の局所濃度を考慮していない．

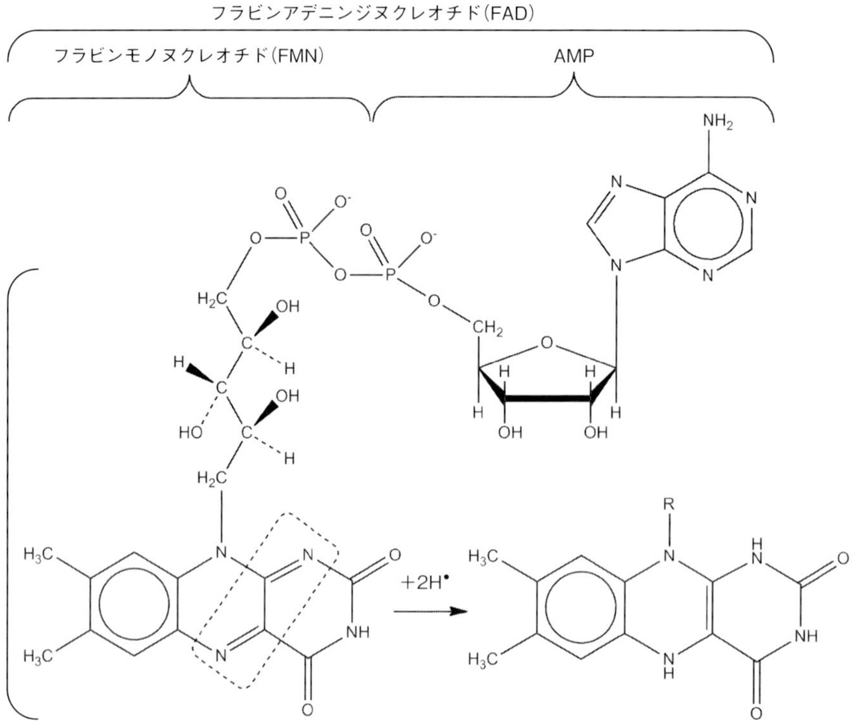

図5・3　フラビン補酵素 FAD および FMN．FMN はリボフラビン一リン酸のみからなるが，FAD はリボフラビン一リン酸に結合した AMP 部分をもつ．NAD^+ とは対照的に，フラビン類は，部分還元されて安定なラジカル(FADH•)と，完全に還元されたジヒドロフラビン($FADH_2$)を与える．

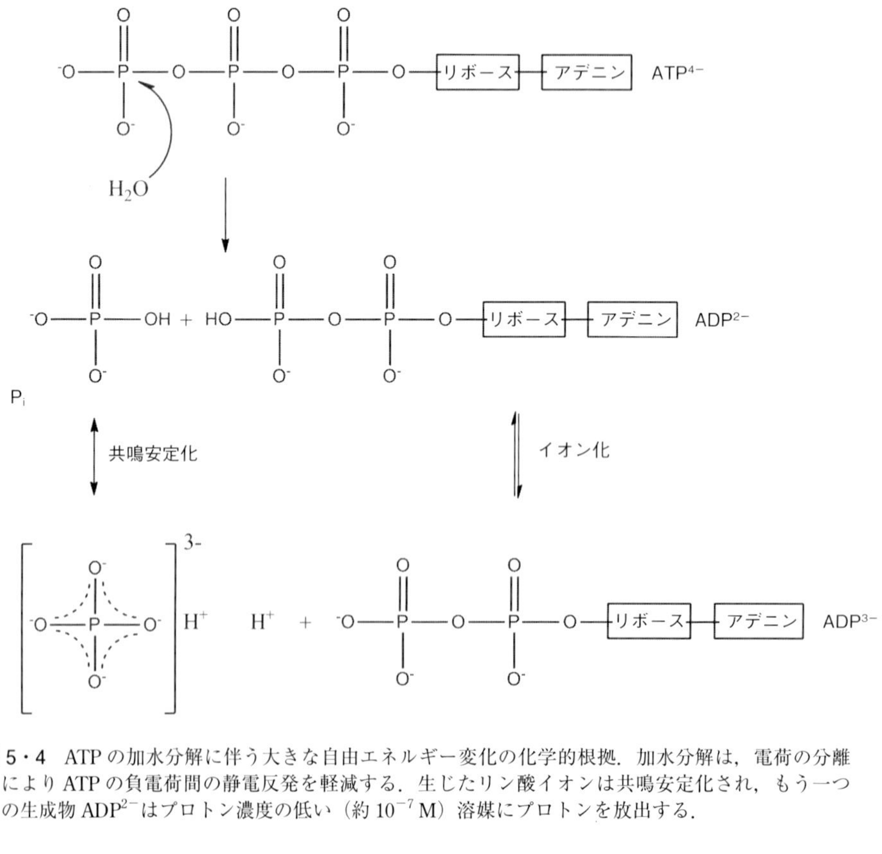

図5・4　ATP の加水分解に伴う大きな自由エネルギー変化の化学的根拠．加水分解は，電荷の分離により ATP の負電荷間の静電反発を軽減する．生じたリン酸イオンは共鳴安定化され，もう一つの生成物 ADP^{2-} はプロトン濃度の低い（約 10^{-7} M）溶媒にプロトンを放出する．

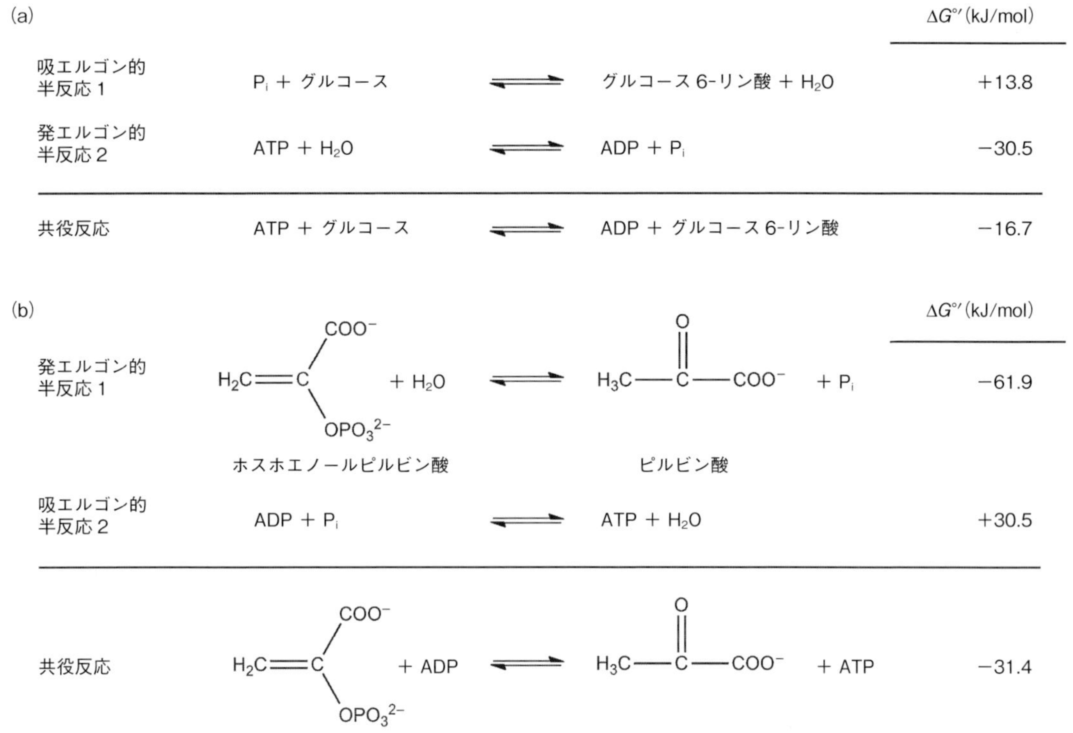
(a)
ΔG°′(kJ/mol)
吸エルゴン的半反応1
Pi + グルコース
グルコース6-リン酸 + H2O
+13.8
発エルゴン的半反応2
ATP + H2O
ADP + Pi
−30.5
共役反応
ATP + グルコース
ADP + グルコース6-リン酸
−16.7
(b)
ΔG°′(kJ/mol)
発エルゴン的半反応1
+ H2O
+ Pi
−61.9
ホスホエノールピルビン酸
ピルビン酸
吸エルゴン的半反応2
ADP + Pi
ATP + H2O
+30.5
共役反応
+ ADP
+ ATP
−31.4

図5・5　ATPがグルコース6-リン酸の合成にリン酸基を供給する共役反応．一方，ホスホエノールピルビン酸は，ADPにリン酸基を与えATPを生成するために十分な高さのリン酸基転移ポテンシャルをもつ．

低エネルギー受容体にリン酸基を与える能力に依存する．以下に述べる解糖系から一つの例をあげると，ATPはグルコースにリン酸基を与え，グルコース6-リン酸とADPを生成する．これは，エネルギー的に不利な反応と非常に有利な反応の和と考えられる（図5・5）．このことは，グルコース6-リン酸の加水分解の自由エネルギー変化がATPのそれより著しく小さいことからも容易に理解できる．これとは対照的に，ホスホエノールピルビン酸分子はADPに容易にリン酸基を転移し，その結果ATPを生成できる．すなわちATP/ADPは，ホスホエノールピルビン酸のような供与体からリン酸基を受け取り，それらをグルコースのような受容体に渡すことができる．これが，細胞のエネルギー通貨としてのATPの役割の最も重要な点である．ATPのもう一つの重要な性質は，ATPの加水分解は共役反応に用いられることである．たとえば次の反応，

$$A \rightleftharpoons B$$

に比べ，その共役反応

$$A + ATP + H_2O \rightleftharpoons B + ADP + P_i + H^+$$

では，非常に不利な反応がエネルギー的にきわめて有利になる．その結果，生成物と反応体との平衡比は約10^8倍も変化する（実際に，一つあるいは複数の反応がn個のATP分子と共役することにより，平衡比は10^{8n}倍大きくなるだろう）．

5・4　中間代謝の酵素触媒反応の種類

中間代謝は膨大な数の変換反応を含むが，実際に用いられる反応のタイプはほんの数種類である．最初の例は，上述の酸化還元反応である．次は，しばしば官能基転移反応といわれる求核置換反応である（図5・6）．最も一般的な

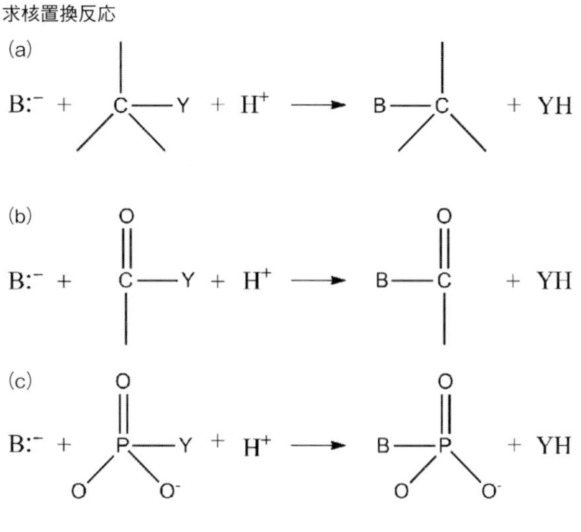
求核置換反応
(a)
(b)
(c)

図5・6　グリコシル基(a)，アシル基(b)，あるいはリン酸基(c)の転移に関わる求核置換反応．B:⁻は求核剤．Yは脱離基．

転移官能基として，グリコシル基(a)，アシル基(b)，リン酸基(c)があげられる．すでにふれたが，官能基転移反応にはほかにも，ATP あるいは他のヌクレオシド二リン酸や三リン酸を用いるリン酸基転移や，上述したニコチンアミドやリボフラビン誘導体が関わる電子移動がある(表5・1)．また，アシル基，アルデヒド基，CO_2，一炭素ユニット，糖，ホスファチジン酸の転移の例もある．脱離反応はしばしば炭素-炭素二重結合を形成する（図5・7)．エンジオラート中間体を含むアルドース-ケトース異性化のように，異性化反応では分子内水素移動により二重結合の位置が変わる．一方，バリンやイソロイシンのような分岐側鎖をもつアミノ酸の生合成における側鎖転移の例にみられるように，転移反応では炭素-炭素結合の開裂と再形成を伴う．最後に，共鳴安定化された求核性カルボアニオン（エノラートイオン）を生成する反応をあげる．この負電荷をもった炭素イオンは，アルデヒド，ケトン，エステル，CO_2 のカルボニル炭素原子のような求電子性炭素に付加し，炭素-炭素結合を形成する．

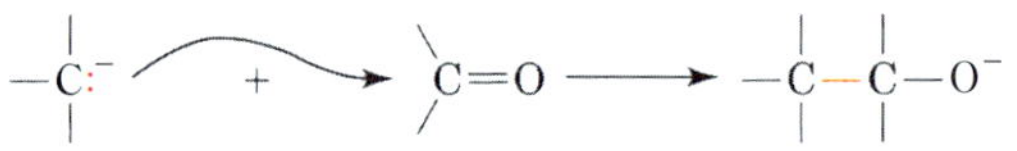

ケトン類のプロトン引き抜きによりこのようなカルボアニオンが生成すると（図5・8)，アルドール縮合反応が起こる．また，アセチル CoA のプロトン引き抜きではクライゼンエステル縮合が起こる．3-オキソ酸の脱炭酸反応で生成した共鳴安定化されたエノラートも同様に求電子性炭素に付加することができる．脱炭酸の逆反応も炭素-炭素結合を形成する（この反応も，転移される活性化 CO_2 の運搬体であるビオチンが関わる官能基転移反応である)．

官能基転移反応にはしばしばビタミン類が関与してい

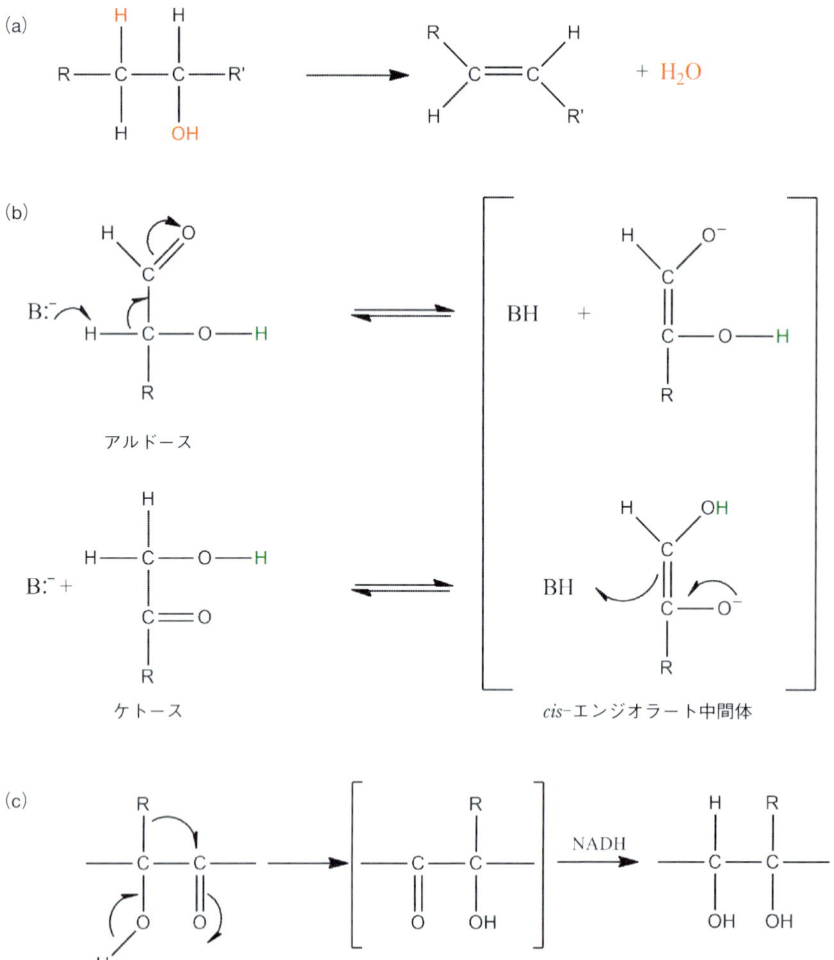

図5・7　バリンやイソロイシンの生合成にみられる，(a) 脱離，(b) アルドース/ケトースの異性化，(c) ピナコール/ピナコロン型の複雑な転移反応の例．

る．ヒトは体内でビタミンを合成できないため，食事で摂取する必要がある．ニコチン酸由来のニコチンアミドやビタミン B_2 などのリボフラビン誘導体は電子移動に必要であり，CO_2 の転移にはビオチン，アシル基転移にはパントテン酸，アルデヒド基の転移にはチアミン（チアミン二リン酸としてビタミン B_1），一炭素ユニットの交換反応には葉酸（テトラヒドロ葉酸塩）が関わっている．ビタミンではないが，リポ酸はアシル基転移と電子伝達の両方に関わっている．さらに，ピリドキシン（ピリドキサールリン酸としてビタミン B_6）のようなビタミン，ビタミン B_{12}，ビタミン C（アスコルビン酸）は，多くの重要な代謝反応の補因子として働く．

表 5・1 中間代謝に関わる官能基転移反応の種類 左側は転移する官能基などの供与体，右は転移する官能基などの種類．

ATP	リン酸基
NADH† および NADPH†	電　子
$FADH_2$† および $FMNH_2$†	電　子
補酵素 A†	アシル基
リポアミド†	アシル基
チアミン二リン酸†	アルデヒド基
ビオチン†	二酸化炭素
テトラヒドロ葉酸†	一炭素ユニット
S-アデノシルメチオニン	メチル基
UDP-グルコース	グルコース
CDP-ジアシルグリセロール	ホスファチジン酸

† ビタミン B の誘導体を含む．

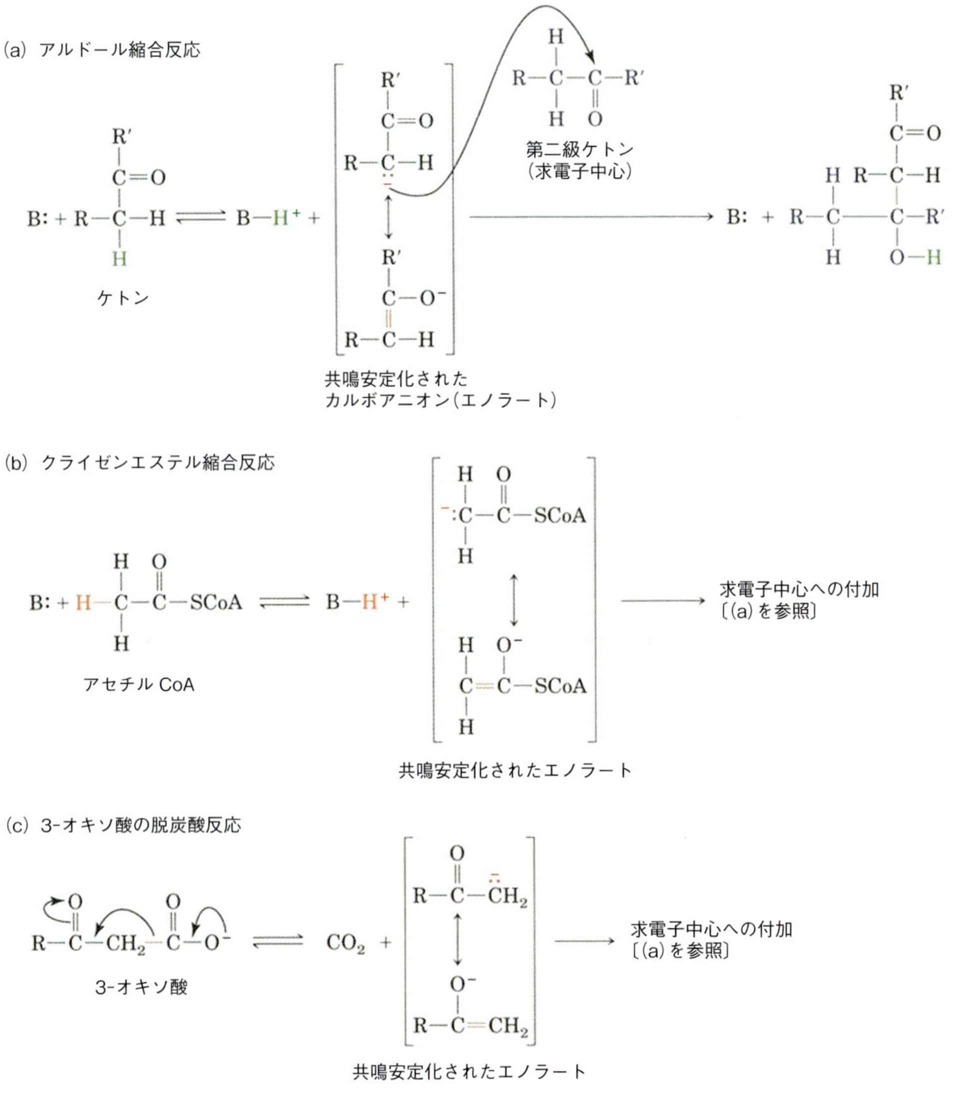

図 5・8 炭素-炭素結合の形成と開裂の例．(a) アルドール縮合，(b) クライゼンエステル縮合，(c) 3-オキソ酸の脱炭酸．［Voet, Voet, 2004 より改変］

5・5　異化代謝の概説

図5・1で指摘したように，中間代謝には，エネルギーを産生して還元力を得る一連の経路（異化代謝）と，エネルギーを消費して還元力を利用する経路（同化代謝）がある．

異化代謝では(図5・9)，タンパク質，貯蔵多糖（動物ではグリコーゲン，植物ではデンプン），トリアシルグリセロールの形の貯蔵脂肪などの複雑な高分子は，最初に加水分解されてそれぞれの基本成分，すなわちアミノ酸，単糖類，グルコース，グリセロール，脂肪酸になる．次の段階では，これらの分子は異化代謝の最後の中核部分，すなわちクエン酸回路に供給される形に変換される．グルコースは，以下に詳しく述べるように，解糖系によりピルビン酸塩に変換される．タンパク質には20種類のアミノ酸があるが，最初にそのすべてのアミノ基が除去されアンモニウムイオンに変換される(ヒトを含む多くの高等生物では，アンモニウムイオンは尿素に変換されて無毒化される)．残りの炭素骨格は，ピルビン酸塩，アセチルCoA，あるいはクエン酸回路の構成成分の一つに変換される．トリアシルグリセロールの場合は，グリセロールは解糖系に直接入り，長鎖脂肪酸はβ酸化によりアセチルCoAに変換される．アミノ酸と脂肪酸の酸化反応は，クエン酸回路に関わるすべての酵素も局在しているミトコンドリア内で行われる．

式(1)に示したように，グルコースの酸化反応により，CO_2のほかにH_2Oが生成する．4電子還元された酸素分子と4個のプロトンから，2個のH_2O分子ができる．その還元等量は，NADHや$FADH_2$の形で異化代謝の脱水素酵素反応によりもたらされる．これらの電子は次に一連の電子受容体を通して，いわゆる呼吸鎖-電子伝達系の末端酸化酵素であるシトクロムcオキシダーゼに受け渡される．これらの電子が電子移動鎖を伝わる間に，プロトン勾配が生じ，後述のように，これがATP合成酵素の駆動力

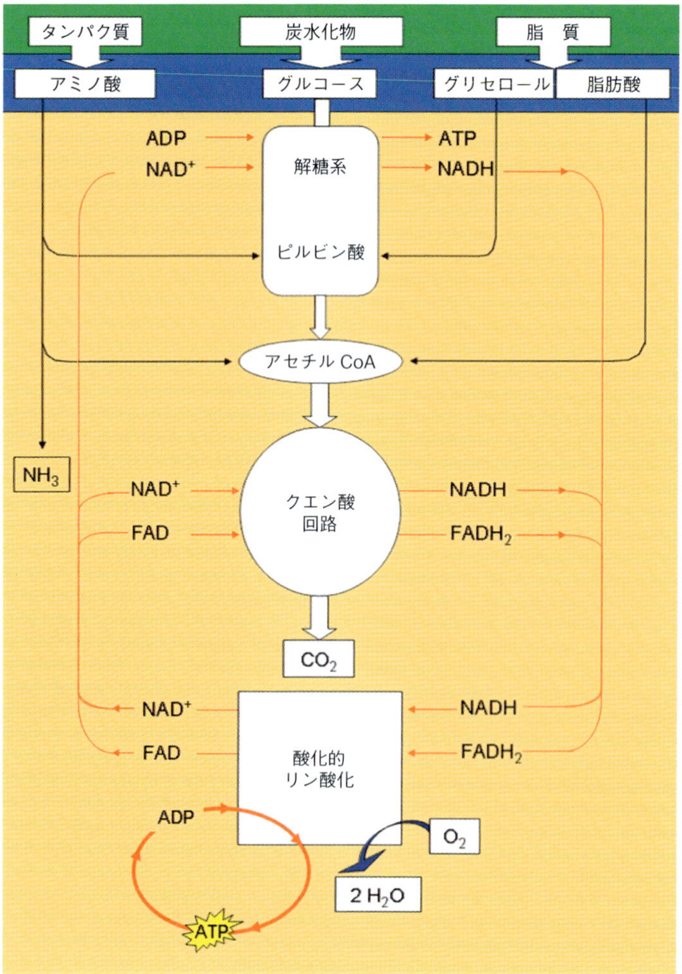

図5・9　異化代謝の概観．

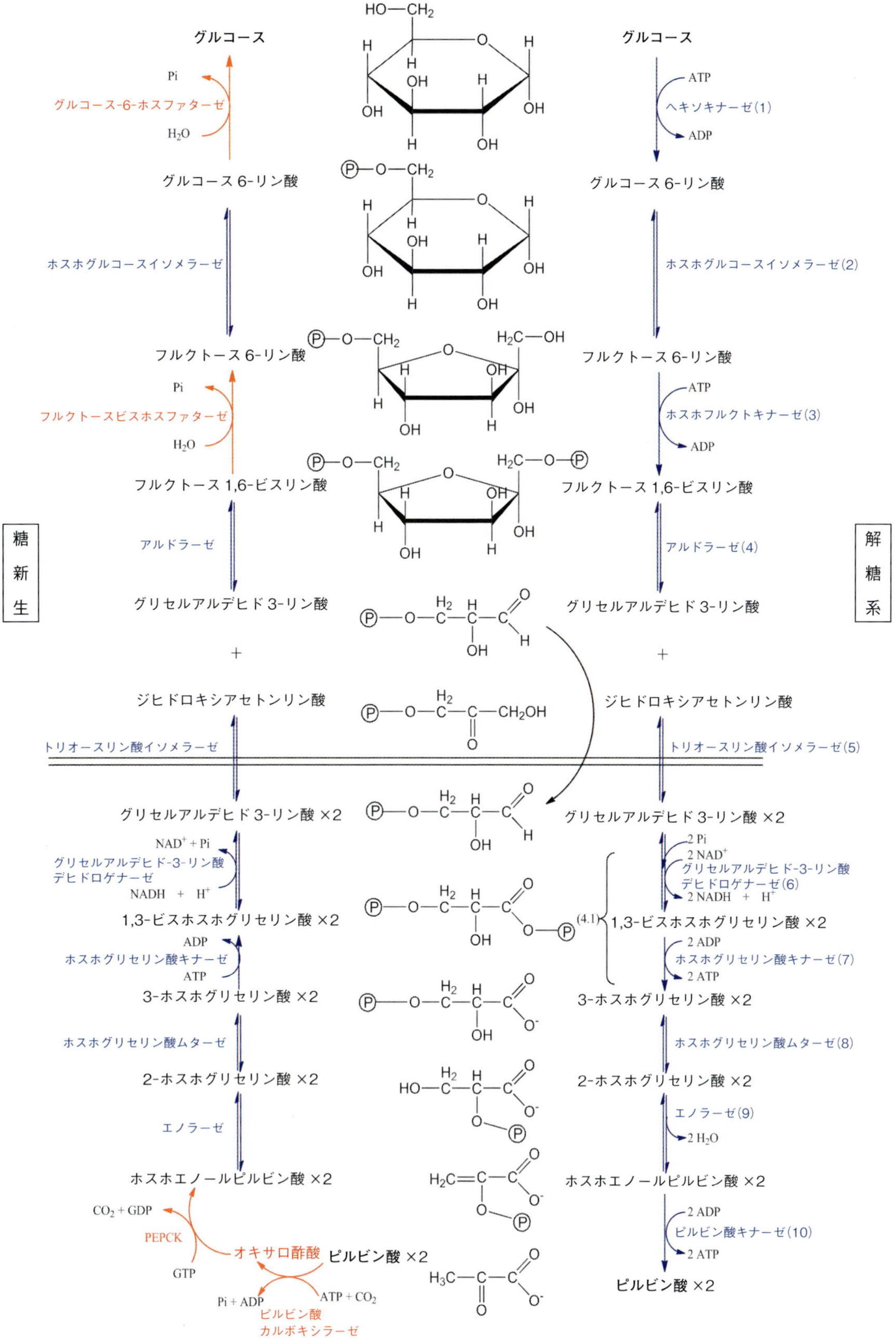

図 5・10 解糖系と糖新生の経路.

となる．このようなミトコンドリアの機能は通常，酸化的リン酸化とよばれる．

少し後に，同化経路について概観するが，その前に二つの重要な異化経路，解糖系とクエン酸回路について詳しく説明したい．

5・6　解糖系とクエン酸回路

解糖系は，グルコースの異化代謝のほぼ共通の経路であり生物に広く分布する．この系では，グルコースを2分子のピルビン酸に変換して正味2分子のATPと2分子のNADHを産生する．この経路は一連の10種の反応からなり（図5・10），最初の五つの反応においては，グルコース1分子が2分子のトリオースリン酸に変換され，2分子のATPが消費される．次の五つの反応では，2分子のグリセルアルデヒド3-リン酸が2分子のピルビン酸に変換され，4分子のATPと2分子のNADHが産生される．10種の反応のうち，(1,3,6,7,8,10)はリン酸基転移反応，(2,5)は糖の異性化反応，(4)はアルドール開裂反応である．また(6)の反応は，NAD^+依存酸化還元反応であり，リン酸基転移を伴うチオヘミアセタールからアシルチオエステルへの変換反応を含む．さらに(9)は脱離(脱水)反応であり，二重結合を生成する．

解糖系は，多くの分解産物反応を含んでいるので，このシステムになじむためには少しエネルギーを注がないといけない．図5・5にあるように，ヘキソキナーゼに触媒される反応(1)は，グルコースのリン酸化を進行するためにATP加水分解のエネルギーを用いる．これは，結果として生じたグルコース6-リン酸が細胞から再排出されないようにするだけでなく（グルコースを細胞内に運ぶ段階でATP加水分解が必要である），次の分解反応のための活性化につながっている．自由エネルギーの点でいうと，この反応は，細胞内の基質と生成物の濃度を仮定すると，基本的に非可逆である（$\Delta G = -27.2$ kJ/mol）．対応するケトース（フルクトース6-リン酸）への異性化(2)に続いて，2番めの非可逆なリン酸基転移は（$\Delta G = -25.9$ kJ/mol），解糖系の重要な調節酵素であるホスホフルクトキナーゼが触媒となり，フルクトース1,6-ビスリン酸を生成する．これはアルドール開裂*3により，グルコースの炭素1～3位に由来するジヒドロキシアセトンリン酸と炭素4～6位に由来するグリセルアルデヒド3-リン酸の，二つのトリオースリン酸を生成する．これらのうちグリセルアルデヒド3-リン酸のみが，さらに解糖系を進む．トリオースリン酸イソメラーゼにより(5)，これら二つのトリオースリン酸の異性化反応が触媒され，解糖系の前半が完了する．トリオースリン酸イソメラーゼは完全触媒の域に達している（Knowles, 1991）．すなわち，触媒と基質の反応速度は拡散支配であり，酵素と基質の反応は衝突により進行する．

解糖系の後半では，前半に投入したエネルギーが，4分子のATPと2分子のNADHの生成により返済される．グリセルアルデヒド-3-リン酸デヒドロゲナーゼ(6)は，アルデヒド体であるグリセルアルデヒド3-リン酸のNAD^+依存性酸化反応を触媒する．活性部位のシステイン残基のチオール基に結合してチオヘミアセタールを生成し，対応する酸に（酵素に結合したアシルチオエステルとして）変換される．これに無機リン酸P_iが攻撃して，アシルリン酸体，1,3-ビスホスホグリセリン酸が生成する（図5・11）．この反応は，エネルギー的に有利な反応（チオヘミアセタールの酸化反応）とエネルギー的に不利な反応（アシルリン酸の生成）を対にしたよい例である．この反応の生成物である1,3-ビスホスホグリセリン酸は，次にADPにリン酸基を移し(7)，それにより解糖系の前半で使った2分子のATPを取戻す．生成物の3-ホスホグリセリン酸は，次にリン酸基転移反応に進む(8)．まず，リン酸化酵素により2,3-ビスホスホグリセリン酸が中間体として生成し，それが分解して2-ホスホグリセリン酸が生成し，リン酸化酵素が再生する．2-ホスホグリセリン酸の脱水反応(9)は，Mg^{2+}が必須なエノラーゼ（第10章でより詳しく述べる）により，高エネルギー化合物であるホスホエノールピルビン酸を与える．図5・5で示したように，ホスホエノールピルビン酸のリン酸基はADPに受け渡され，酸化されたグルコース1分子当たり，もう2分子のATPが産生される．この反応は，解糖系の三つめの基本的な非可逆反応である（$\Delta G = -13.9$ kJ/mol）．

次に説明する代謝経路は，**クエン酸回路**（トリカルボン酸回路，クレブス回路ともよばれる）である*4．この回路は，好気性の真核生物や原生生物における炭水化物，脂質，アミノ酸の酸化的異化においてのみならず，多数の生合成前駆体源として，中間代謝物の生化学の中心を成す．細胞質中の解糖系で生成するピルビン酸は，ミトコンドリアマトリックスに輸送され，多酵素複合体であるピルビン酸デヒドロゲナーゼによりアセチルCoAに変換される．アセ

*3　この反応は，$\Delta G°$よりΔGが重要であることを示す最も良い例の一つである：実際$\Delta G°$が$+23.9$ kJ/molであるのに対し，細胞内のΔGは-1.3 kJ/molである．これは細胞内の代謝物の濃度を反映している．

*4　Hans Krebsは1937年に，すりつぶしたハトの筋肉を用いた実験に基づき，この回路を提唱した．彼は1953年に，Fritz Lipmannとともにノーベル医学生理学賞を受賞した．

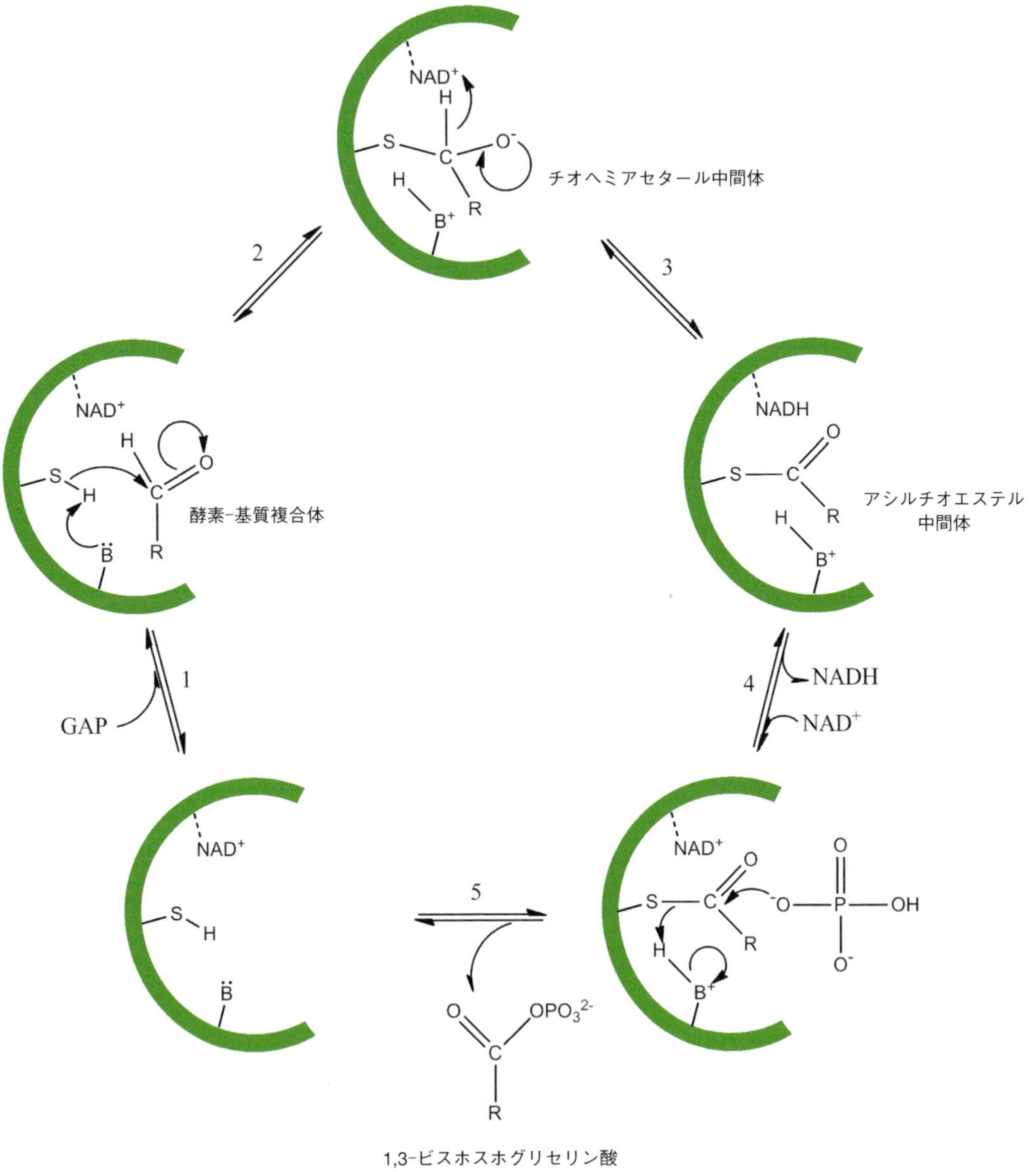

図 5・11 グリセルアルデヒド-3-リン酸デヒドロゲナーゼ反応の機構．［Voet, Voet, 2004 より改変］

チル CoA は，ミトコンドリアでの脂肪酸の β 酸化や，多くのアミノ酸の酸化代謝によっても産生される．この回路の最初の反応は（図 5・12），アセチル CoA とオキサロ酢酸からクエン酸を生成する縮合反応(①)，クライゼンエステル縮合反応である．次にクエン酸は，第 13 章で述べるアコニット酸ヒドラターゼの鉄-硫黄中心により，より容易に酸化される第二級アルコールの D-イソクエン酸に変換される(②)．この反応では，クエン酸の脱水反応で生成し酵素に結合した *cis*-アコニット酸が，再度水和され，D-イソクエン酸を生成する．この際，酵素はプロキラルなクエン酸分子の外側の二つのカルボキシ基を識別する．次に，D-イソクエン酸のヒドロキシ基が酸化され，酵素に結合した 2-オキソ酸を生成する．これは容易に脱炭酸反応に移行し，2-オキソグルタル酸と CO_2 を生成する(③)．二つめの酸化的脱炭酸反応では，ピルビン酸からアセチル CoA への変換とまったく同様に，2-オキソグルタル酸がスクシニル CoA と CO_2 と NADH に変換される(④)．スクシニル CoA のチオエステル結合の高エネルギーは，GDP から GTP への変換により保存される(⑤)（ヌクレオシド二リン酸や三リン酸は相互変換が可能なので，これは

ADPからATPへの変換と等価である）．次に，コハク酸のメチレン炭素の中央の単結合が，FADを補酵素とする酵素であるコハク酸デヒドロゲナーゼにより酸化され，*trans*-二重結合になる（⑥）．フマル酸ヒドラターゼにより触媒されるフマル酸への水分子の付加はL-リンゴ酸を生成する（⑦）．そして，最終のNAD$^+$に依存する酸化により，オキサロ酢酸に変換され（⑧），回路が完成する．一連の反応（⑥〜⑧）は脂肪酸のβ酸化にも使われている．

クエン酸回路の全体としては，1分子のアセチルCoAから，3分子のNADH，2分子のCO_2，1分子のGTP，1分子の$FADH_2$が産生される．これらのうち還元等価体は，後述のようにATPを生成する．

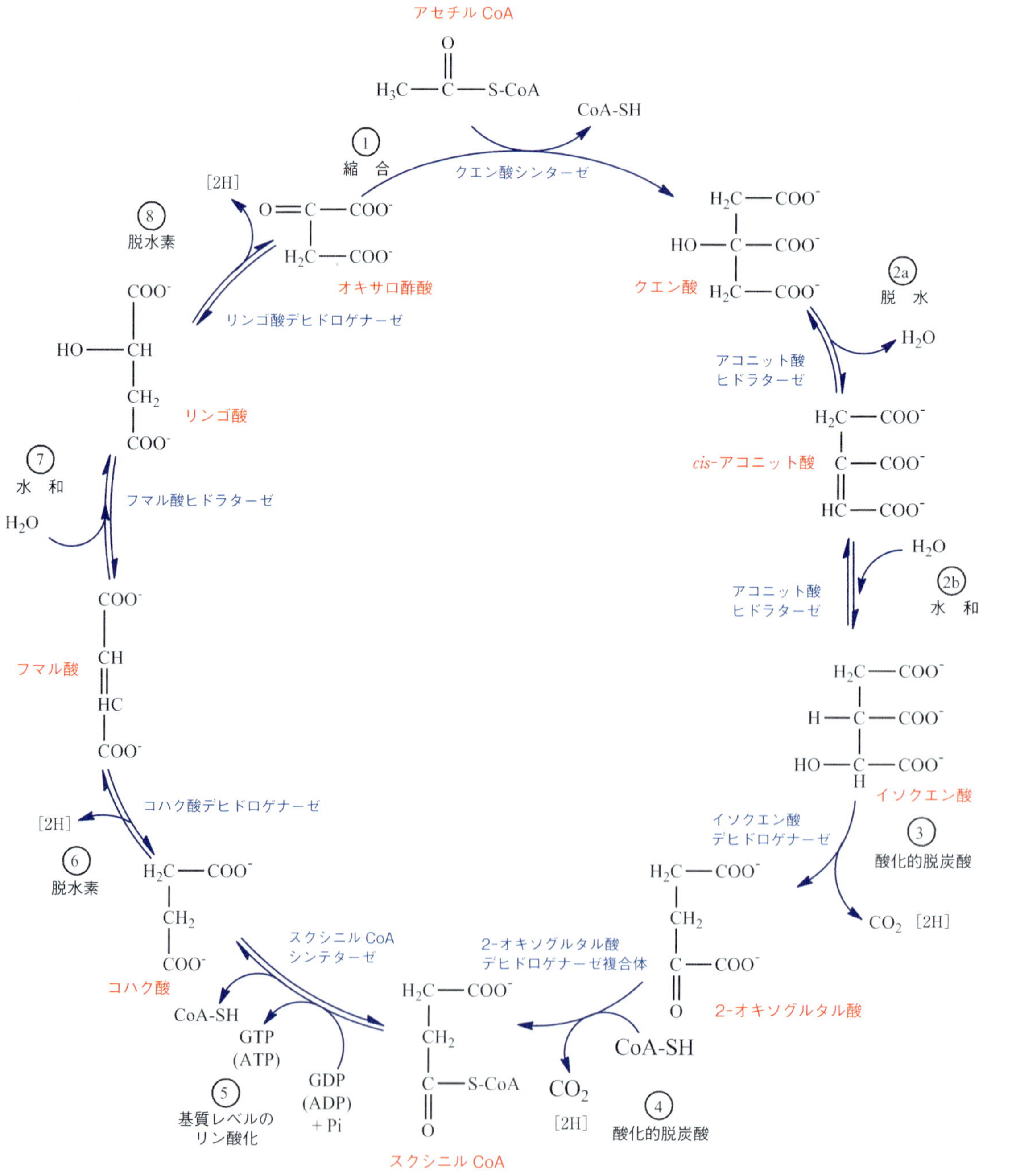

図5・12 クエン酸回路の反応．

5・7 同化代謝の概説

序章で述べたように，異化代謝の反対である同化代謝は，異化代謝の経路で生成したよりシンプルでより酸化された分子から，より複雑でより還元された分子への生合成反応を含む．これらの生合成経路は，ATPのエネルギーとNADPHの還元力を必要とする．NADHのほとんどは，ATP合成に使われるためにミトコンドリア呼吸鎖-電子伝達系に集まるが，異化代謝はNADPHの形で還元等価体を産生することもできる（たいていは，グルコース異化代謝の一つであるペントースリン酸経路による）．光合成生物は光エネルギーでNADPHとATPを合成できる．

クエン酸回路は，異化経路の中間体の酸化的代謝に集中的に関わる重要な役割を果たしている．しかしながら，クエン酸回路はアセチルCoAの酸化ができるだけでなく，生合成経路で用いられる多くの分子も供給している．図5・13には，同化代謝経路に用いられる中間体の位置を示してある．オキサロ酢酸や2-オキソグルタル酸のような2-オキソ酸は，アミノ酸（アミノトランスフェラーゼ）によりアミノ基を受け取り，それぞれアスパラギン酸やグルタミン酸になる．どちらのアミノ酸も，他のアミノ酸やヌクレオチドの生合成に広く用いられている．スクシニルCoAは，グリシンとともにポルフィリンの合成に用いられ，クエン酸は脂肪酸とコレステロールの生合成の始物質である．しかしながら，これらの生合成経路のすべては自由エネルギーを必要とするので，流用された回路内中間体は補充される必要がある．いわゆるアナプレロティック（ギリシャ語で補充の意）反応も図5・13に示してある．

代謝が混乱しないように，生合成経路は対応する異化代謝経路とは同じ酵素システムを使えないことは明らかである．これより，ピルビン酸からグルコースの合成（糖新生）においては，経路のわずか数段階でも代わりの酵素が使われる．また，脂肪酸の生合成のように，その経路が異化代謝経路から別の細胞区画に分かれて局在し，他の酵素が使われることになる．次節では，それぞれの経路について説明しよう．

5・8 糖新生と脂肪酸生合成

グルコースは代謝経路において，栄養として，また基本的な炭水化物や他の生体分子の前駆体としてきわめて重要である．赤血球と同様，脳はエネルギー源であるグルコースにほぼ完全に依存している．しかしながら，肝臓（体内のグルコース貯蔵臓器）がグリコーゲンを貯蔵する容量は，絶食や飢餓の状態で脳に約半日分のグルコースしか供給できない．このような状態では，非炭水化物前駆体からグルコースを合成する糖新生により必要量を確保しなければならない．前駆体としては，解糖系で産生される乳酸やピル

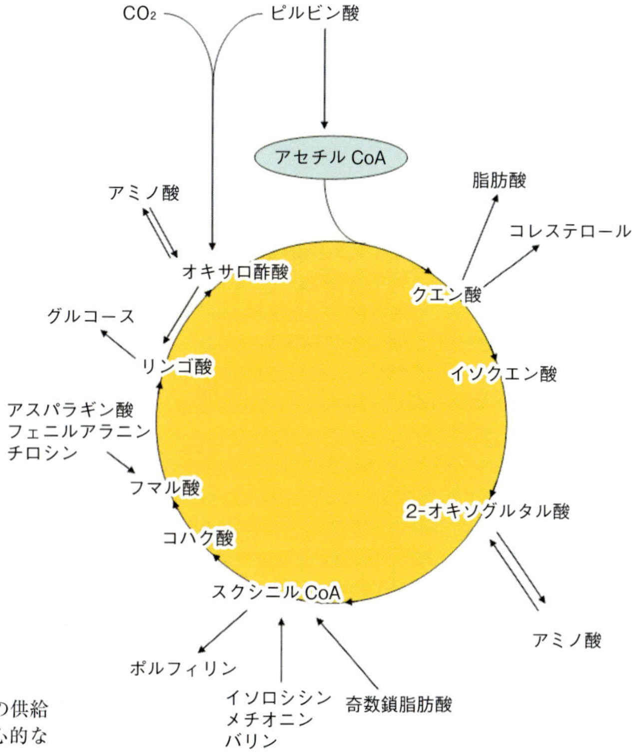

図5・13 クエン酸回路は，生合成経路の中間体の供給や，異化経路からの中間体の受容において中心的な役割を果たす．［Voet, Voet, 2004 より改変］

ビン酸，クエン酸回路の中間体，タンパク質中の2種を除くアミノ酸すべてが含まれる．これらの分子はすべて共通して，糖新生の始物質であるオキサロ酢酸に変換される．動物の場合，アセチル CoA が最終的にオキサロ酢酸に変換される経路は存在しない．ほとんどの脂肪酸は完全に酸化されてアセチル CoA になるため，これらのどれもグルコースの前駆体になることはない*5.

図5・10 に示したように，解糖系の10種の酵素のうち

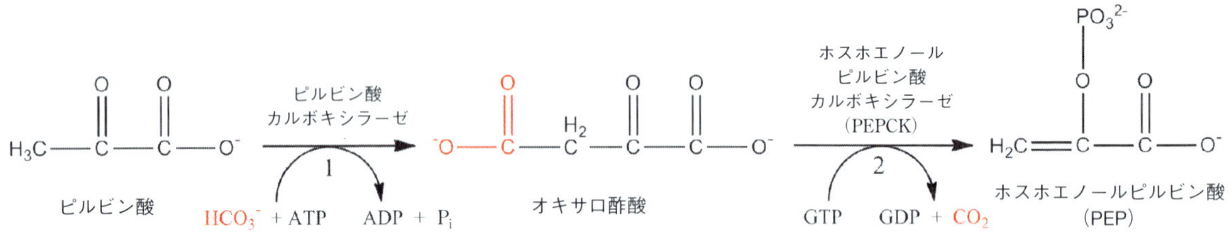

図5・14　ピルビン酸からオキサロ酢酸，ホスホエノールピルビン酸への変換.

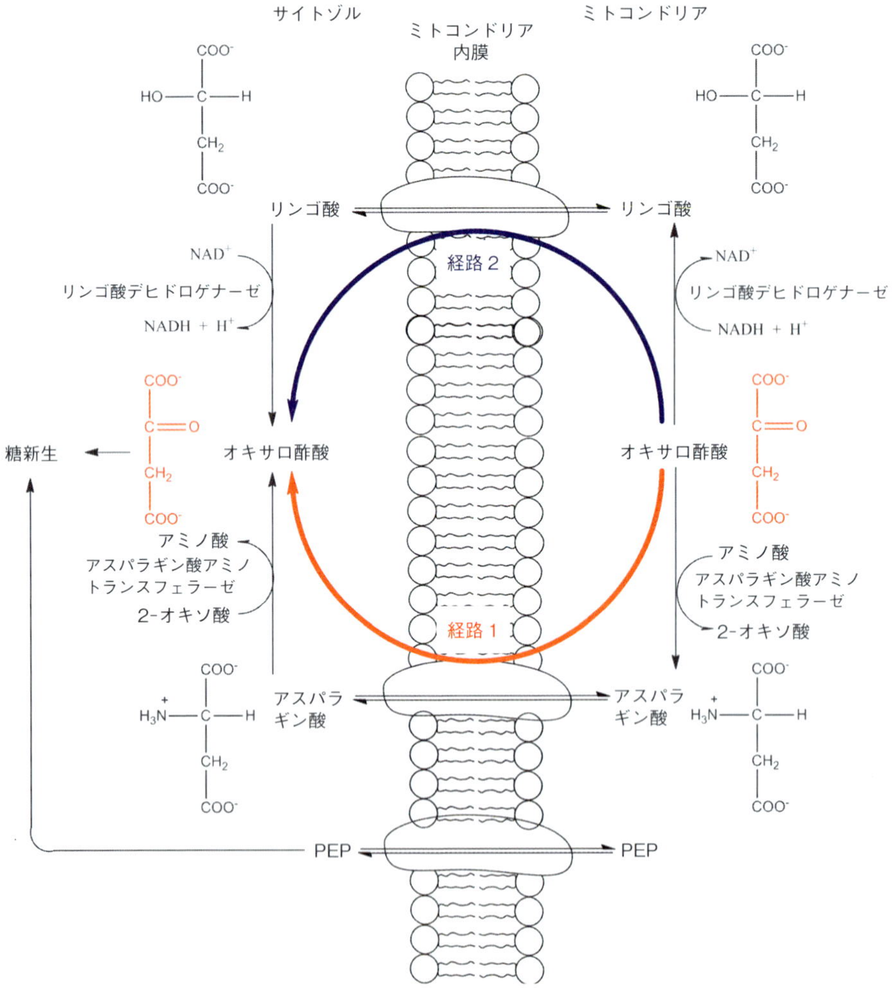

図5・15　ミトコンドリアからサイトゾルへのオキサロ酢酸およびホスホエノールピルビン酸(PEP)の輸送.

*5　したがって，糖から脂肪がつくれても，その逆は不可能である.

7種は糖新生にも用いられ，残りの3種は解糖系における基本的に非可逆な反応を触媒すると考えられる．解糖系でATPを使う最初の2種，ヘキソキナーゼとホスホフルクトキナーゼは，それぞれグルコース-6-ホスファターゼ*6とフルクトース-1,6-ビスホスファターゼに触媒される加水分解反応に置き換えられており，リン酸基を無機リン酸として脱離させる．ピルビン酸からホスホエノールピルビン酸への変換は，二つの理由でさらに複雑である．一つは，この反応がエネルギー的にきわめて不利なためである．もう一つは，糖新生の酵素がサイトゾルに存在するのに対して，糖新生に必要なピルビン酸はミトコンドリアマトリックスに局在しているためである．これを解決するために，ミトコンドリア中でピルビン酸カルボキシラーゼにより，ピルビン酸からオキサロ酢酸へのエネルギー依存性カルボキシ化が行われている（図5・14）．そしてオキサロ酢酸は，以下に示すように，リンゴ酸あるいはアスパラギン酸としてサイトゾルに排出される．サイトゾルでは，オキサロ酢酸はホスホエノールピルビン酸カルボキシキナーゼ(PEPCK)により，GTPを含むエネルギーに依存する過程で再びホスホエノールピルビン酸に変換される（図5・14）．いくつかの種では，ホスホエノールピルビン酸カルボキシキナーゼは，糖新生に必要な量のホスホエノールピルビン酸がミトコンドリアで生成し，特異的な輸送システムにより直接サイトゾルに運ばれるように，ミトコンドリアとサイトゾルにほぼ同等に分布している（図5・15）．一方，オキサロ酢酸は内部のミトコンドリア膜を直接通過できないので，アスパラギン酸アミノトランスフェラーゼによりアスパラギン酸へ（経路1），あるいはリンゴ酸デヒドロゲナーゼでリンゴ酸へ（経路2）変換されなければならない（図5・15）．しばしばリンゴ酸シャトルといわれる経路2は，ミトコンドリアでのNADHの酸化とそれに続くサイトゾルでのNAD^+の還元を含む．この経路により，NADHという形の還元等価体がミトコンドリアから，糖新生で必要なサイトゾルへ運ばれる．

脂肪酸のβ酸化に関わる酵素はミトコンドリア中にあることはすでに述べた．コレステロールのようなイソプレノイドや脂肪酸の生合成に用いられる二炭素源は，ミトコンドリア中の酸化代謝により生成するアセチルCoAである．アセチルCoAはミトコンドリアの外には出られないが，クエン酸としてサイトゾルに排出され，再びオキサロ酢酸とアセチルCoAに変換される．脂肪酸とコレステロールの生合成はサイトゾル中で行われ，炭酸水素塩を必要とする．炭酸水素塩は，アセチルCoAカルボキシラーゼによりアセチルCoAに取込まれマロニルCoAを生成する．脂肪酸，特にC_{16}パルミチン酸の生合成には，1分子のアセチルCoAと7分子のマロニルCoAを必要とする．動物の場合，脂肪酸の合成に必要な酵素反応が7種あり，脂肪酸合成酵素として知られる単一の多機能性タンパク複合体の中に存在する*7．この合成酵素は，伸長する脂肪酸がエステル化されてできるアシルキャリヤータンパク質(ACP)を含む．アシルキャリヤータンパク質は補酵素A(CoA)のように，ホスホパンテテイン基をもっており，アシル基とチオエステルを生成する．ホスホパンテテインのリン酸基は，アシルキャリヤータンパク質ではセリン残基のヒドロキシ基にエステル結合しているが，CoAではAMPにエステル結合している（図5・16）．一方，脂肪酸生合成においては，脂肪酸合成酵素の異なる酵素領域間の基質運搬を柔軟に行う役割をもつ．

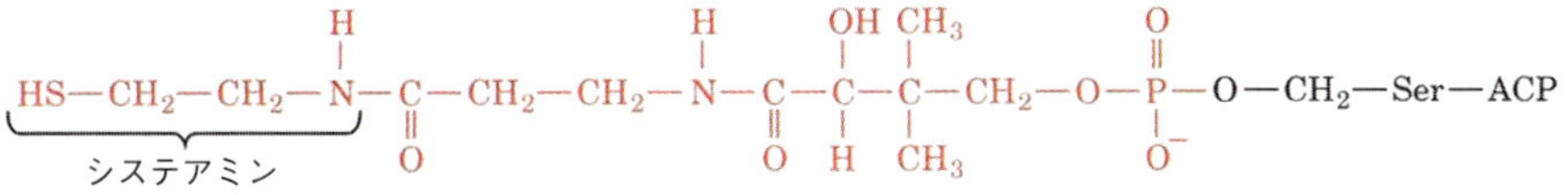

ACPのホスホパンテテイン補因子

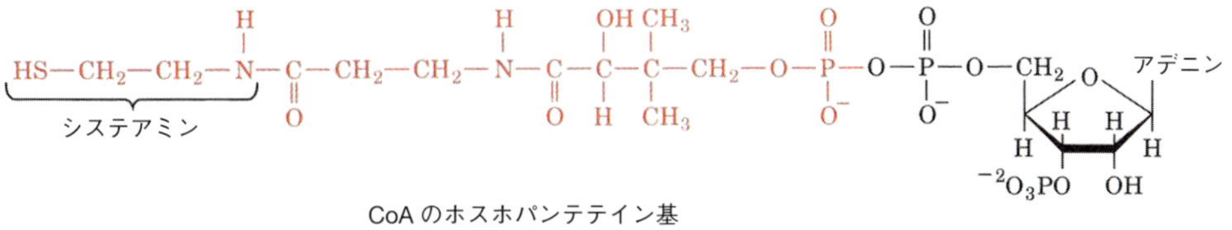

CoAのホスホパンテテイン基

図5・16　アシルキャリヤータンパク質(ACP)およびCoAにおけるホスホパンテテイン基．

*6　グルコース-6-ホスファターゼは，肝臓と腎臓のみにみられ，炭水化物の蓄えをほとんどもたない脳のような他の組織にグルコースを供給できる．

*7　これはHenry Fordの時代よりずっと前に自然界が創った組立ラインであるが，唯一の例ではない．前の章で述べたように，ピルビン酸デヒドロゲナーゼも2-オキソグルタル酸デヒドロゲナーゼも，多酵素複合体である．

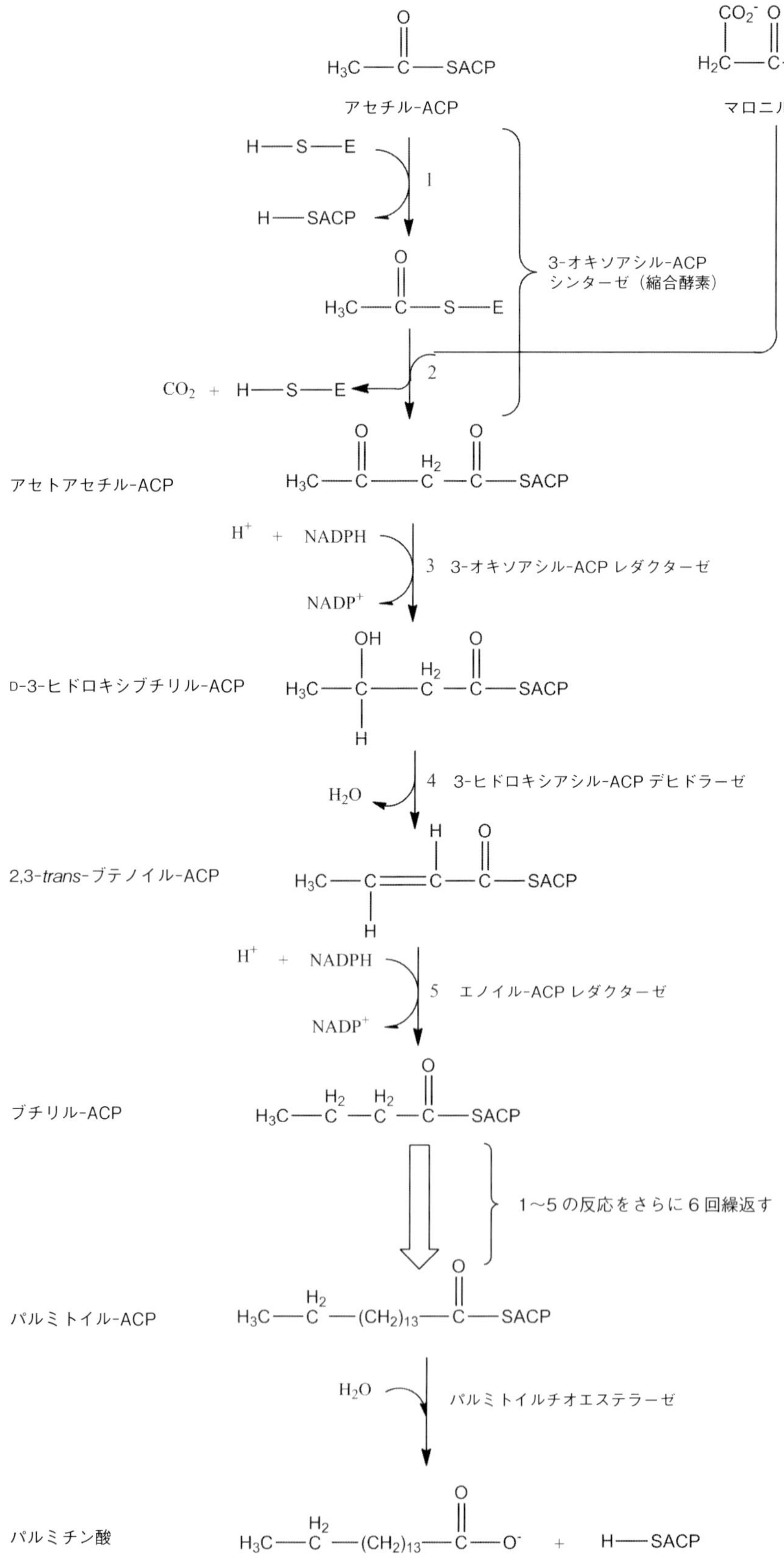
アセチル-ACP
マロニル-ACP
H—S—E
H—SACP
1
3-オキソアシル-ACP
シンターゼ（縮合酵素）
2
CO2 + H—S—E
アセトアセチル-ACP
H+ + NADPH
NADP+
3 3-オキソアシル-ACP レダクターゼ
D-3-ヒドロキシブチリル-ACP
4 3-ヒドロキシアシル-ACP デヒドラーゼ
H2O
2,3-trans-ブテノイル-ACP
5 エノイル-ACP レダクターゼ
ブチリル-ACP
1〜5 の反応をさらに 6 回繰返す
パルミトイル-ACP
パルミトイルチオエステラーゼ
パルミチン酸
H—SACP

図 5・17　脂肪酸生合成.

脂肪酸合成の連続的段階において(図5・17)，アセチルCoAはまずマロニル/アセチルCoA-ACPアシルトランスフェラーゼ（MAT）によりアシルキャリヤータンパク質（ACP）に，次に3-オキソアシル-ACPシンターゼ（KS，図ではEと示されている）に運ばれる．マロニル-ACPはMATの働きにより，アセチルCoAと同様に，マロニルCoAから生成する．アセチル基とマロニル-ACPのβ炭素との縮合反応は，KSにより触媒されるが，その際に，脱炭酸によるアセトアセチル-ACPの生成とKSの活性部位のシステインのSH基の除去を伴う．次の3段階は，還元反応，脱水反応，アセトアセチル-ACPからブチリル-ACPへの還元変換反応を含む．これらの反応は，（コハク酸からオキサロ酢酸への）クエン酸回路にみられた脂肪酸β酸化の正反対である．生合成過程においてはNADPHが電子供与体であるが，β酸化の二つの酸化還元反応では，電子受容体はFADとNAD^+である．縮合反応，2種の還元反応，脱水反応はさらに6回繰返され，パルミトイル-ACPを生成する．この段階で，チオエステル結合はパルミトイルチオエステラーゼにより加水分解され，最終生成物であるパルミチン酸が与えられ，生合成の次のサイクルのための合成酵素が再生する．

5・9　生体エネルギー学: プロトン勾配を利用したリン酸基転移ポテンシャルの発生

中間代謝に関して簡単に説明したが，Louis Pasteurが“空気がいらない生命”と述べたような，成熟した呼吸性酸化代謝に代わるものがあることについては述べていなかった．酸化される基質分子数に対するATPの生産量は呼吸作用に比べてはるかに少ないものの，酸素がなくても生きられる生命体は多い．それらの生命体は，たとえば他の分子を還元することにより，解糖系のNAD^+からNADHへの還元反応を補っている．その例として，運動中の筋肉組織中のピルビン酸から乳酸への還元や，酵母菌によるピルビン酸の脱炭酸により生成するアルデヒド体からエタノールへの還元反応があげられる．これらは発酵とよばれるものであるが，台所にあるもの（ビール，ワイン，アルコール飲料全般*8，チーズ，ヨーグルト，ザワークラウトなど）からさまざまな工業製品や医療応用に至るまで，膨大な数の興味深い最終製品を産んでいる．

しかしながら，呼吸作用の魅力は絶大である．その理由は，グルコース1分子から乳酸やエタノールへ発酵が産生するATPはたったの2分子であるのに対して，グルコースからCO_2と水へ完全に酸化する系では36分子または38分子ものATPを産生するからである．これまで，生化学者が“基質レベルのリン酸化”とよぶもの，すなわち代謝過程のATP産生しか見ていなかった．呼吸作用におけるATP産生の収率を達成するためには，還元等価体，すなわちNADHと$FADH_2$がそれらの電子を非常に高い酸化還元電位をもつ電子受容体（ミトコンドリアでは酸素分子）に渡すことによって得られるポテンシャルエネルギーを利用する必要がある．

生体内の酸化還元対のほとんどの標準酸化還元電位$E^{\circ\prime}$は明らかにされている（生化学者にとっての標準条件は酸化体1 M，還元体1 M，プロトン濃度は10^{-7} M，すなわちpH＝7，25 ℃）．ここで$E^{\circ\prime}$は次の半反応に対応することを思い出そう．

$$\text{酸化体} + e^- \longrightarrow \text{還元体}$$

さらに，標準自由エネルギー変化$\Delta G^{\circ\prime}$は，標準酸化還元電位と以下のように関連している．

$$\Delta G^{\circ\prime} = nF\Delta E^{\circ\prime}$$

ここでは，nは移動した電子の数であり，Fはファラデー定数〔96.48 kJ/(mol・V)〕，$\Delta E^{\circ\prime}$は二つの標準酸化還元電位の差をボルト単位で表したものである．

酸化的リン酸化の駆動力は，O_2に対するNADHあるいは$FADH_2$の電子移動ポテンシャルの差である．以下の酸化還元対

$$NAD^+ + H^+ + 2e^- \longrightarrow NADH \qquad E^{\circ\prime} = -0.315\ V$$

に対して，以下の対

$$\frac{1}{2}O_2 + 2H^+ + 2e^- \longrightarrow H_2O \qquad E^{\circ\prime} = +0.815\ V$$

を考慮すると，以下の反応に対して，$\Delta G^{\circ\prime}=-218.0$ kJ/molと計算できる．

$$\frac{1}{2}O_2 + NADH + H^+ \longrightarrow H_2O + NAD^+ \qquad \Delta E^{\circ\prime} = +1.130\ V$$

比較としてATPの加水分解の$\Delta G^{\circ\prime}$は−30.5 kJ/molであるので，この大きなエネルギーで数分子のATPを産生することができるはずである．しかしながら，二つの重要な条件がある．一つは，ポテンシャルエネルギー差をすべていっぺんに使うことはできないが，徐々に酸化還元ポテンシャルが変わる一連の輸送体を通して電子を移動させることができること，もう一つは，ATP合成酵素(ATPシンターゼ)を回転させることができる電子移動と連携し，ミトコンドリアの内膜を通してプロトン勾配を生じさせるシステムを備えることである．

最初の条件は，ミトコンドリアの内膜に挿入された一連の四つのタンパク質複合体をもつことで満たされる．それ

*8　実際，あらゆるグルコース源は，アルコール発酵が可能である．たとえば，100 gのジャガイモを22 ℃で酸素のない環境下で8日間置いておくと600 mgのエタノールができる．それ自体は非常にまずいが，蒸留すれば美味しくなる．

ぞれの複合体は，酸化還元電位が勾配をもつ多くの電子（プロトンの場合もある）受容体からできている．それらのうち三つ（複合体Ⅰ，Ⅲ，Ⅳ）は図5・18に示してある．複合体ⅠはNADH-補酵素Qオキシドレダクターゼともよばれる．NADHから，補酵素としてFMNをもつフラボタンパク質を経由して，一連の鉄-硫黄クラスターへ（第13章で詳しく述べる），そして最終的には脂溶性のキノンである補酵素Qまで段階的に電子を移動させる．この電子はその後，複合体Ⅲに運ばれる．対になっているNADH/補酵素Qの $\Delta E^{\circ\prime}$ は0.36 Vであり，これは $\Delta G^{\circ\prime} = -69.5$ kJ/molに相当する．この電子移動過程では，プロトンはミトコンドリアの膜間部分（内膜と外膜の間）に運ばれる．

図には示していないが，複合体Ⅱはコハク酸デヒドロゲナーゼ（クエン酸回路のFAD依存酵素）を含み，複合体Ⅰのように，鉄-硫黄クラスターやシトクロム*b*（ヘム鉄タンパク質については第13章で詳しく述べる）を経由して，補酵素Qへ電子を運ぶ．しかしながら，ここでは $\Delta E^{\circ\prime}$ はたかだか0.085 Vであり（$\Delta G^{\circ\prime} = -16.4$ kJ/molに相当），プロトンポンプには十分ではない．

複合体Ⅲ（補酵素Q/シトクロム*c*オキシドレダクターゼ）は，一連のシトクロム類と鉄-硫黄クラスター補因子を経由して，補酵素Qからシトクロム*c*に電子を移動させる．ここで対になっている補酵素Q/シトクロム*c*の $\Delta E^{\circ\prime}$ は0.19 Vであり，$\Delta G^{\circ\prime} = -36.7$ kJ/molに相当する．これはミトコンドリア内膜のプロトン勾配が駆動するATP分子の合成に十分なポテンシャルである．

最後に，複合体Ⅳ（シトクロム*c*オキシダーゼ）は，4分子のサイズの小さい水溶性ヘムタンパク質，シトクロム*c*から電子を受け取り，膜間部の膜の外側を移動して，酸素1分子から水2分子への4電子還元を行う．対になっているシトクロム *c* /O_2 の $\Delta E^{\circ\prime}$ は0.58 V（$\Delta G^{\circ\prime} = -112$ kJ/molに相当）であり四つの複合体のなかで群を抜いて高く，間違いなくプロトンポンプは稼働しうる．この複合体は，他の三つの複合体と異なり，1電子シトクロムと銅イオンしかもっていないため，構造変化を伴うと考えられるが，プロトン交換が可能かどうかは定かではない（シトクロム*c*オキシダーゼについては，第13，14章で詳しく述べる）．

次に，ATP合成に関わる分子モーターを回転させるために，複合体Ⅰ，Ⅲ，Ⅳによりプロトンがどのようにミトコンドリア内膜を通って膜間部分に送り出され，膜電位を発生させるかに興味がもたれる．詳細にはふれないが，ミトコンドリアのマトリックスから膜間部分へのプロトン送出の ΔG は21.5 kJ/molと計算できる．1分子のATPを合成するときの生体内の真の自由エネルギー変化 ΔG は $+40$～$+50$ kJ/molと見積もられているので，少なくとも2個のプロトン（3個が最も可能性が高い）が1分子のATP生成に必要であると考えられる．実験結果から，NADHから（すなわち複合体Ⅰ，Ⅲ，Ⅳを経由して）呼吸鎖を O_2 に向かって下っていく2電子は，3分子のATPを産生する．一方，$FADH_2$ から複合体Ⅱ，Ⅲ，Ⅳを経由して酸素に受け渡される電子は，2分子のATPを産生する．

呼吸鎖に沿って電子が移動する際に，プロトンはマトリックスから膜間部分に移行するが，このプロトン勾配はどのようにATP合成に使われるのだろうか？ まず，プロトン駆動型ATP合成酵素そのものから見てみよう（図5・19）（Capaldi, Aggeler, 2002）．この酵素は二つの部分からなる．一つは F_o とよばれ，ミトコンドリア内膜に挿入されプロトン移動チャネルを含む部分である．もう一つは F_1 とよばれ，F_o と連結する柄の部分をもち，卵形の球が結合している．F_1 は5種のサブユニット（α_3, β_3, γ, δ, ε）をもち，そのうちの二つ α と β サブユニットは F_1 の大

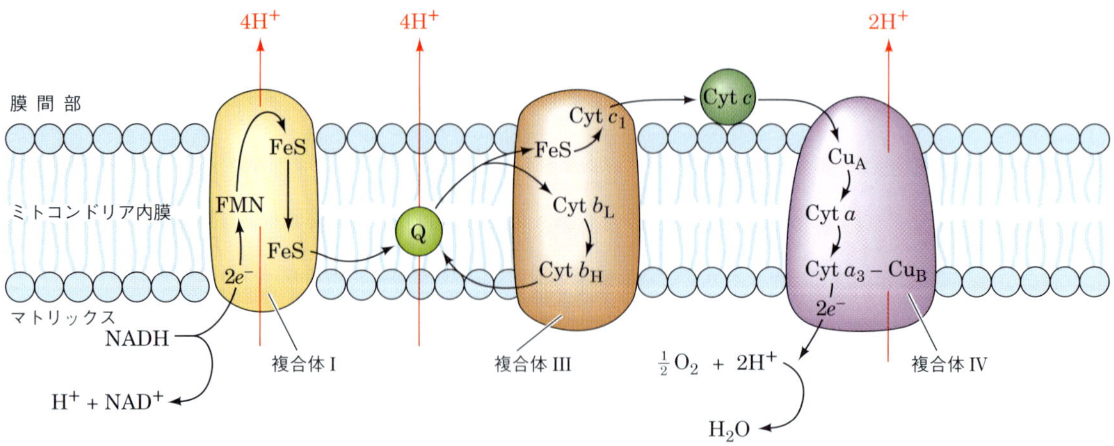

図5・18 ミトコンドリアの電子伝達系．［Voet, Voet, 2012 より］

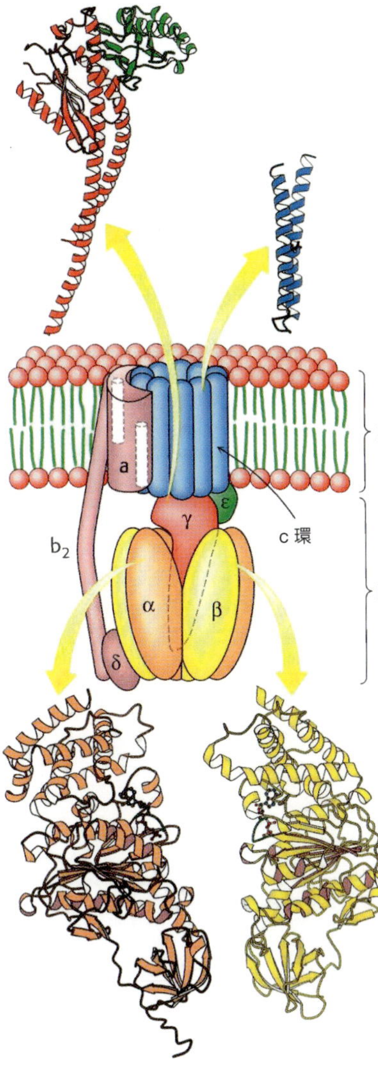

図5・19 ATP 合成酵素の構造.［Berg, Tymoczko, Stryer, 2002 より］

部分を形づくっている. 両者ともヌクレオチドに結合するが, β サブユニットのみが ATP 合成の触媒サイクルに直接関わっている. 中央の柄の部分は γ と ε サブユニットからなっており, γ サブユニットは $\alpha_3\beta_3$ 六量体の中心に突き刺さった長い α ヘリックスのコイルドコイルをもつ. 機構上重要なことは, 触媒に関わる β サブユニットの一つ一つが γ サブユニットの異なる面と相互作用することにより, $\alpha_3\beta_3$ 六量体の対称性が低くなっていることである.

Paul Boyer は結合解析に基づいて, プロトン駆動型 ATP 合成酵素の結合変化機構を提案した（図5・20）. これは, この酵素（特に三つの β サブユニット）が三つの異なる型で存在しうることを意味している. 一つめの β サブユニットは, 結合した ADP と P_i から ATP ができるように ATP に対して非常に高い親和性（tight な T 型）をもつ. しかしながら, この部位は ATP を放出することができない. それと同時に, 二つめ（loose な L 型）は ADP と P_i を離れないように強く捕捉し, そして3番めの β サブユニットは空の状態（open な O 型）にある. この三つめの β サブユニットは, 二つの状態で存在する. 一つは, T 型あるいは L 型と同じように, 1分子のヌクレオチドが結合している状態, もう一つは, よりオープンなコンホメーションで結合したヌクレオチドを放出する状態である. John Walker とそのグループは実際, 三つの触媒サブユニットのそれぞれが三つのコンホメーション状態の一つにある, ウシ心臓 F_1-ATP 合成酵素を結晶化することができた（図5・21）. これにより Boyer が予想した機構が裏づけられた*9. この完全な形の ATP 合成酵素の構造は, いかなる瞬間においても三つの触媒サブユニットが触媒サイクルの異なる状態にある, という触媒機構を支持する. 図5・21 の左下の図で示すように, 三つの β サブユニットの手

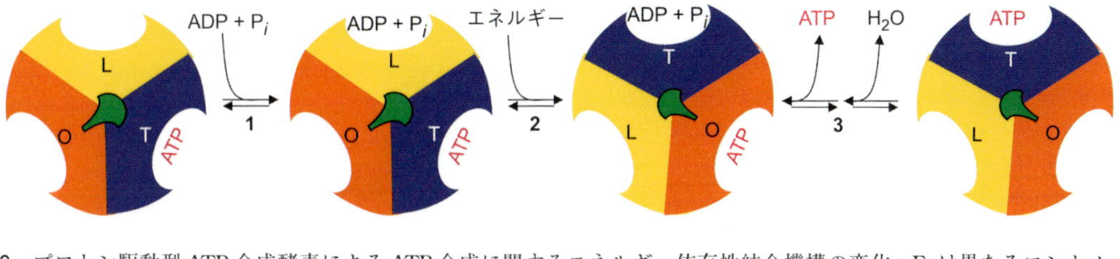

図5・20 プロトン駆動型 ATP 合成酵素による ATP 合成に関するエネルギー依存性結合機構の変化. F_1 は異なるコンホメーションで相互作用する三つの αβ サブユニットをもつ. O 型は開いたコンホメーションをもち, 基質に対する親和性が非常に小さく不活性である. L 型は基質に緩やかに結合するが, 触媒活性はない. T 型は基質に強く結合し, 触媒活性をもつ. ATP 合成は3段階で進行する.（1）L 型部位へ ADP と P_i が結合する.（2）エネルギー依存的なコンホメーション変化により, L 型結合部位は T 型に, T 型は O 型に, O 型は L 型に変換される.（3）T 型部位で ATP が合成され, O 型部位から ATP が放出される. この反応サイクルがさらに2回繰返されることにより, 酵素は最初の状態に戻る. コンホメーション変化を駆動するエネルギーは γε 会合体（緑で示した中央部分の非対称体）の回転を介して触媒反応に関わる $\alpha_3\beta_3$ 会合体に伝えられる.［Voet, Voet, 2004 より改変］

*9 Boyer と Walker は 1997 年に, Na^+/K^+-ATP アーゼ（第9章で述べる）を発見した Jens Skou とともにノーベル化学賞を受賞した.

前はO型（図ではemptyのEとしてある）であり，左側のβサブユニット（L型）にはジヌクレオチドが結合し，右奥のβサブユニットはT型である．この図は，ATP合成酵素が回転する触媒であることをもっともらしく示している．

これらの三つの状態の相互変換の駆動力は，γサブユニットの回転である．プロトンの流れはγサブユニットの回転をひき起こすので，120°回転で三つのβサブユニットの位置とコンホメーションが変わる．それにより，ATPを強く結合していたサブユニットは空の配座（O型）をとるようになり，ATPが放出される．ADPとP_iが緩やかに結合していた部位はT型になり，ATPへの高い親和性が駆動力となりATPが合成される．最後に，空の配座（O型）はL型になり，ADPとP_iを捕捉する．ATP合成酵素が回転分子モーターであることの明解な証拠は，タンパク質の末端鎖に短配列のヒスチジン残基を結合させたもの（Hisタグ）を用いて，$\alpha_3\beta_3$六量体をγサブユニットを上方に向けた形でニッケル表面に固定し，蛍光標識したアクチンフィラメントとつなげるシステム（図5・22）を用いた研究によりもたされた．ATP合成の逆反応を起こさせるためにATPを当量ずつ加えると，120°ずつ回転が起こった．

最後に概念的な質問が一つ残った．プロトンの流れがF_oを通して，どのようにγサブユニットの回転を駆動するのか？ 膜を貫通するヘリックス対の中央にアスパラギ

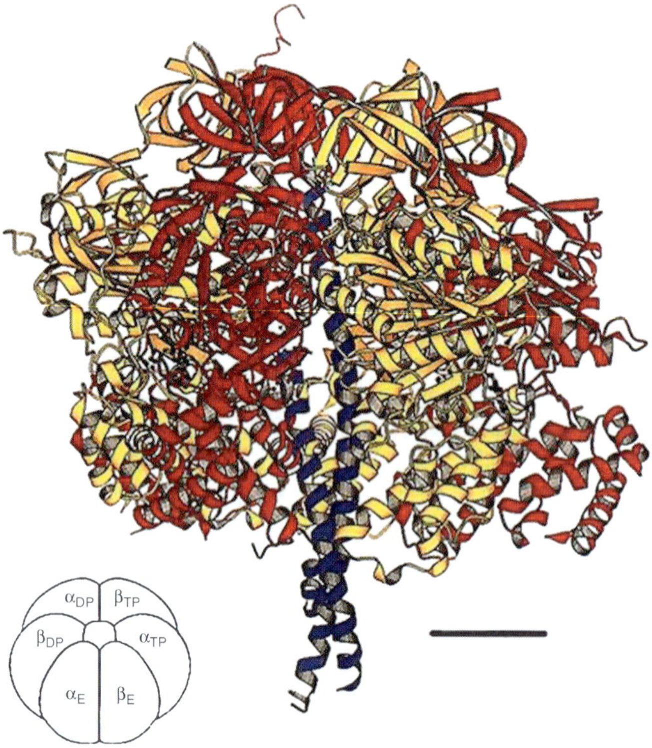

図5・21　ウシ心臓ミトコンドリア由来のF_1–ATP合成酵素のX線構造．α, β, γサブユニットは，それぞれ赤，黄，青で示す．左下の挿入図はこちらから見たときのサブユニットの方向を示す．バーの長さは20Åに相当する．［Abrahams, Leslie, Lutter, Walker, 1994より］

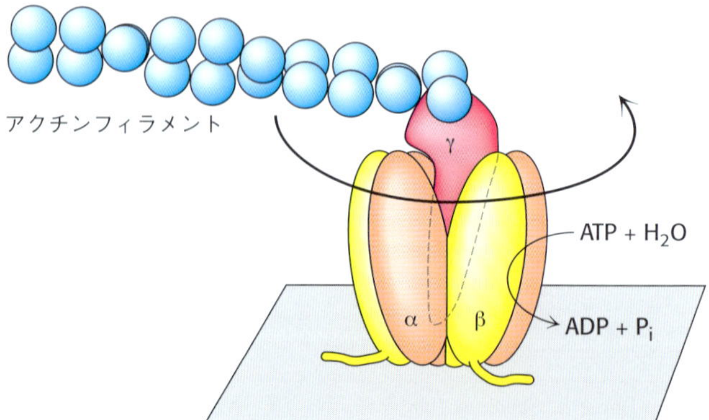

図5・22　ATP合成酵素におけるATP駆動型回転の直接観察．$\alpha_3\beta_3$六量体は，γサブユニットを上方に向けた形でニッケル表面に固定され，蛍光標識したアクチンフィラメントにつながっている．ATPを加えるとγサブユニットが回転することが蛍光顕微鏡により観察された．［Berg *et al.*, 2002より］

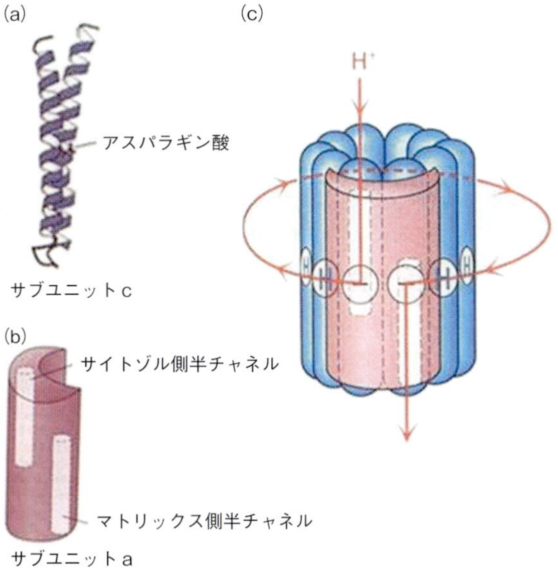

図5・23　ATP合成酵素プロトン輸送ユニットの成分(a, b)および膜を介するプロトン経路(c). それぞれのプロトンは細胞質側の半チャネルに入り, c環の完全回転の後に, もう一つの半チャネルを介して細胞基質側に排出される. [Berg *et al.*, 2002より]

ン酸残基（Asp61）をもつサブユニットc（図5・19）が重要な役割を果たしていると考えられる. サブユニットcから成る中央の環に巻きついているサブユニットaにはチャネルがある. このチャネルは, 膜を貫通しておらず, 膜の片方の端から半ばぐらいまでで止まっている（図5・23）. さらに, 二つのサブユニットcの二つのAsp61残基がサブユニットaの二つの半チャネルと接触していると仮定してみよう. 一つのAsp61残基がミトコンドリアのサイトゾル側（膜間部分）の高濃度プロトン領域からプロトンを一つ捕捉すると, プロトン化した中性のカルボン酸基になる. プロトン濃度が低いマトリックス側の半チャネルに由来するAsp61残基は, プロトン化されていない電荷をもつ形になる. c環が360°回転すると, プロトン化したAsp61残基はマトリックス側の半チャネルに位置するようになる. 一方, プロトン化されていないAsp61は, プロトン濃度が高いサイトゾル側の半チャネルに向き合うことになる（このプロトン濃度は, マトリックス側の25倍である）. 全体として, ミトコンドリア内膜を横断する方向性のあるプロトン移動が起こり, c環が回転する.

文　献

Abrahams, K.P., Leslie, A.G., Lutter, R., & Walker, J.E. (1994). Structure at 2.8 Å resolution of F_1-ATPase from bovine heart mitochondria. *Nature, 370*, 621–628.

Berg, J.M., Tymoczko, J.L., & Stryer, L. (2002). *Biochemistry* (5th ed.). New York: W.H. Freeman and Co..

Campbell, P.N., Smith, A.D., & Peters, T.J. (2005). *Biochemistry illustrated niochemistry and molecular biology in the post-genomic era* (5th ed.). London and Oxford: Elsevier, pp. 242.

Capaldi, R., & Aggeler, R. (2002). Mechanism of F_1F_o-type ATP synthase, a biological rotary motor. *TIBS, 27*, 154–160.

Devlin, T.M. (2005). *Textbook of Biochemistry with clinical correlations* (6th ed.). Hoboken: John Wiley and Sons, pp. 1208.

Knowles, J.R. (1991). Enzyme catalysis: not different, just better. *Nature, 350*, 121–124.

Voet, D., & Voet, J.G. (2004). *Biochemistry* (3rd ed.). Hoboken: John Wiley and Sons.

第6章

生体内の金属の研究手法

6・1　はじめに

生体内の金属種の研究にはさまざまな手法が必要となる．ある金属イオンに特有の物性に限られた分析方法もあれば，多くの金属種に適用可能な一般性の高い方法もある．たとえばメスバウアー分光法は，生体内では鉄を含む系にしか使えない．生体内で利用できるメスバウアー核は ^{57}Fe のみだからである．電子スピン共鳴(EPR)スペクトルは，金属中心が不対電子をもっている場合にのみ利用可能である．一方，適当な結晶さえ得られれば，X線回折法によって金属タンパク質やその金属中心の三次元構造を決定することができる．

本書では，個々の分析方法の詳細を述べはしない．その代わり，どの手法によりどのような情報が得られるのか(あるいは得られないのか)を中心に説明する．分析の手引書としては，“Practical Approaches to Biological Inorganic Chemistry”(Crichton, Louro, 2012) が参考になる．それぞれの分析法についてより詳しく学びたい人は，参考図書(Arnesano *et al*., 2005; Banci *et al*., 2006; Bertini *et al*., 2005; Campbell, Dwek, 1984; Que, 2000; Ubbink *et al*., 2002) も参照してほしい．

本題に入る前に，一般論ではあるが実践において重要な考え方を二つ紹介しよう．一つめは，不純物の多い生体試料の分析に精緻な物理化学的技術を駆使しても，ほとんど意味がないということである．また，高純度の生体試料を分析するのに不十分な分析手法を用いてはならない．二つめのおそらくさらに重要な事項は，一般に生体試料の分析にはより多くの手法を使った方がよいということである．たった一つの分析方法であなたの疑問のすべてに答えられることは実質ないに等しい．有名な例としては，微生物のヒドロゲナーゼの構造解析がある．ヒドロゲナーゼのHクラスターの金属まわりの配位構造は独特であり，CO と CN が配位している．高分解能のX線構造解析がなされたが，C, O そして N の電子密度を区別することは不可能であった．よって最終的な構造は，タンパク質結晶構造解析とともに分光学的手法を駆使して決定された．

表6・1に，各分析方法によって得られるパラメータや情報をまとめた．

各種の分光法は，タンパク質結晶構造解析と違い，結晶化を必要としないという利点がある．さらに，時間分解測定が可能であり，短寿命の中間体も検出できる．しかし構造情報を得るには，観測された分光データを分子構造に対応させる必要がある．実際には，金属タンパク質の分光学的性質を反映するモデル錯体の構造を元にする．分子構造の明らかな低分子量の合成錯体や，X線結晶構造解析や高磁場 NMR によって高分解能の構造が得られている金属タンパク質などである．別の有用なアプローチには，量子化学計算によって金属タンパク質の分光学的性質を計算し，モデル化合物との比較により，立体的構造および電子構造を推測する方法もある (Neese, 2003)．

6・2　磁気的性質

金属イオンの磁気的性質を簡単に復習しよう．これから学ぶ分析方法の理解に大きく役立つだろう．まず，反磁性と常磁性の定義から説明する．反磁性，すなわち電子が閉殻構造である場合は，磁気的性質をもたない．磁場を作用させたときと作用させないときの試料の重量を測定すると，磁場によるわずかな重量の減少がみられる（磁場への反発による）．逆に，常磁性の分子は磁場に引きつけられるため，重量の増加がみられる．不対電子は，そのスピンと軌道運動のため，電流や磁場に応答する．遷移金属は，生物学において非常に重要である．そのため，遷移金属の不対電子の磁気的性質およびそれから得られる情報に興味がもたれている．金属タンパク質の金属中心のモデル化合物を用いて，磁化率を直接測定することができる．そこから磁気モーメント（ボーア磁子*1 で表される）も容易に算出される．タンパク質の残りの部分は反磁性の寄与があり，結合した水分子とともに金属タンパク質の磁気測定を困難にしている．しかし，高感度の SQUID（超伝導量子干渉素子）による磁化率測定や他の測定法により，金属タンパク質の磁気的性質の直接的な決定が可能である．多くの分子の磁化率は温度によって変化し，温度依存性の解析から磁気モーメントや不対電子の数を決定できる．EPR や NMR も，これらのパラメータの推定に用いられる．

常磁性の分子では，磁気モーメントには2種類の起源がある．すなわち，スピンと軌道の寄与である．遷移金属イオン（Co^{2+} および Co^{3+} を除く）では軌道の寄与は非常に小さいため，磁気モーメントはスピンのみの寄与からなると考えてよい．生物学的に重要な遷移金属イオン*2 の，八面体型錯体におけるスピンオンリーの磁気モーメント*3 を表6・2に示した．はじめの三つの d 電子は，その電子配置は決まっており，三つの t_{2g} 軌道に入る（表6・3）．d^4 の場合は，2種類の電子配置が可能である．一つは，4個めの電子が他の電子とスピンの向きが同じで，よりエネルギー準位の高い e_g 軌道に入る場合である．もう一つは，t_{2g} 軌道に入って別の電子と電子対をつくる場合である（このとき結晶場の安定化は最大となる）．前者を**高スピン**状

表6・1 分析方法の概要

方　法	パラメーター	得られる情報
磁化率測定	分子の g 値，軸対称および斜方対称のゼロ磁場分裂，交換相互作用	不対電子の数，スピンの基底状態，強磁性および反強磁性相互作用，基底状態の副準位の分裂
電子スピン共鳴（EPR）法	四極子テンソル，核ゼーマン分裂，g 値，カップリング定数，緩和時間	奇数個の電子を含む金属イオンについて：基底状態の高分解能の波動関数
電子核二重共鳴（ENDOR）法		配位子の超々微細構造，EPR の感度と NMR の高分解能をもつ
メスバウアー分光法	四極子カップリング，異性体シフト	^{57}Fe について：酸化状態およびスピン状態，化学環境
核磁気共鳴（NMR）分光法	化学シフト，カップリング定数，緩和時間	常磁性タンパク質について：化学シフト分解能の向上，コンタクトシフトと双極子シフト，スピンの非局在化，磁気カップリング（化学シフトの温度依存性より）
電子吸収スペクトル（ABS）	エネルギー，強度，吸収帯の形	配位子場や電荷移動の励起状態の直接観測
振動分光法（ラマン，IR）	エネルギー（同位体摂動による），強度，分極	金属中心に結合している配位子の同定
円二色性（CD）分光法	ABS と同じパラメーターに加え，金属中心の非対称性に基づく円偏光	吸収スペクトルでは観測しにくい遷移の検出
磁気円二色性（MCD）分光法	ABS と同じパラメーターに加え，磁場により誘起される円偏光，磁化率	ABS より高い感度をもち，弱い遷移も観測できる．円偏光の違いによる高い分解能．相補的な選択律（電子遷移の帰属に有用）
共鳴ラマン分光法	強度情報，偏光解消度	低濃度の生体分子中の発色団の情報，金属-配位子結合の情報
広域 X 線吸収微細構造（EXAFS）	エネルギー，強度，分極	配位原子の同定，配位原子と金属原子の距離，散乱配位子の数
X 線回折	ある分解能での原子座標	金属中心の配位子の同定（ただし距離情報は EXAFS の方が正確である）

*1　訳注：磁気モーメントの単位となる物理定数 μ_B．$\mu_B = eh/4\pi mc$.
*2　そのため，d 電子を一つもつチタンイオンは含めていない．
*3　訳注：不対電子の数を n とするとき，スピンオンリーの磁気モーメント μ は，$\mu = \sqrt{n(n+2)}$ で求められる．

態といい，後者の電子対を含む配置を**低スピン**（強配位子場）状態という．同様に，d^5, d^6 そして d^7 のイオンも八面体型錯体では2種類の電子配置が可能である．

2個以上の磁気中心を架橋配位子が連結するとき，その電子スピンは打ち消し合うか，もしくは強め合うかのいずれかになる．それぞれ反強磁性，強磁性カップリングとよばれる．この現象，特に前者は，生物無機化学においてしばしば散見される．鉄貯蔵タンパク質であるフェリチンの内部に蓄えられた鉄イオンのコアが，その最もよい例であろう．詳しくは第19章で述べる．

表6・2　スピンオンリーの式で求めた正八面型配位の金属イオンの磁気モーメント

d電子の数	磁気モーメント（ボーア磁子）		
	高スピン		低スピン
2 (V^{3+})		2.83	
3 (V^{2+}, Cr^{3+})		3.87	
4 (Mn^{3+}, Cr^{2+})	4.90		2.83
5 (Mn^{2+}, Fe^{3+})	5.92		1.73
6 (Fe^{2+}, Co^{3+})	4.90		0.00
7 (Co^{2+})	3.87		1.73
8 (Ni^{2+})		2.83	
9 (Cu^{2+})		1.73	
10 (Cu^{+})		0.00	

表6・3　八面体型錯体における電子配置

d電子の数	電子配置				
	t_{2g}			e_g	
1	↑				
2	↑	↑			
3	↑	↑	↑		
4高スピン	↑	↑	↑	↑	
4低スピン	↑↓	↑	↑		
5高スピン	↑	↑	↑	↑	↑
5低スピン	↑↓	↑↓	↑		
6高スピン	↑↓	↑	↑	↑	↑
6低スピン	↑↓	↑↓	↑↓		
7高スピン	↑↓	↑↓	↑	↑	↑
7低スピン	↑↓	↑↓	↑↓	↑	
8	↑↓	↑↓	↑↓	↑	↑
9	↑↓	↑↓	↑↓	↑↓	↑
10	↑↓	↑↓	↑↓	↑↓	↑↓

6・3　電子スピン共鳴（EPR）法

生物無機化学で登場するV, Mn, Fe, Co, Ni, Cu, Mo, Wや，多くの非生物系の遷移金属元素には常磁性という共通項がある．電子スピン共鳴（electron paramagnetic resonance, EPR）分光法は，常磁性種の分析において特に有用な方法である（Hagen, 2006）．金属タンパク質の場合，希釈溶液を凍結して測定を行う．非常に感度が高く（高スピンの Fe^{III} は μM 濃度でも検出される），常磁性化合物の混合物の化学量論の決定も可能である．EPRは，試料を強い磁場（0.3テスラ）の中に置いたときに，試料中の不対電子がマイクロ波（Xバンド，約9〜10 GHz）のエネルギーを吸収することを利用している．標準的なEPR測定では，磁場を掃引してマイクロ波の吸収を検出する．周波数は空洞共振器の大きさに応じて調節される．通常，EPRスペクトルは吸収スペクトルの一次微分の形で表される．四つのおもなパラメータ，すなわち強度，線幅，g 値（位置を示す），多重項によって特徴づけられる．

金属タンパク質のEPR測定からどのような情報が得られるのだろうか．EPRスペクトルの解析により，以下のことがわかる．1）超微細相互作用から，結合の種類を同定できる．また，金属イオンの酸化状態や，金属イオンと配位原子の種類の情報が得られる場合もある（たとえば，[3Fe-4S]と[4Fe-4S]の区別など）．2）常磁性種の濃度を決定できる．3）(1)の帰結として，構造決定も可能である．第一配位圏の配位原子の超微細相互作用から，配位子の同定が可能である．4）タンパク質の特定の部位への金属イオンの結合を決定することで，機能の評価も行われる．EPR分光法を用いて，タンパク質の補欠分子族の還元電位を求めることもできる．共鳴線は，電子スピンと核スピンの相互作用により分裂し，多重項構造となることがある．これが超微細相互作用である．配位子を同定するにあたり，より詳細な情報を得たり，分解能を向上させたりするには，高度なEPR技術を必要とする．たとえば，ENDOR（electron-nuclear double resonance spectroscopy, 電子核二重共鳴分光法）や，ESEEM（electron spin echo envelope modulation, 電子スピンエコーエンベロープ変調）などの方法がある．

図6・1(a)には，ヘミンを添加したウマ脾臓由来のアポフェリチンのEPRスペクトルを示す．$g=6$ のシグナルはヘムの高スピン Fe^{III} の典型的なピークである．$g=4.3$ にみられる小さなシグナルはヘムではない遊離の Fe^{III} であり，生体試料ではしばしばみられる．Fe^{II} を添加したアポフェリチンのEPRスペクトル(図6・1b)では，$g=4.3$ に高スピンの非ヘム鉄(Ⅲ)のシグナルがあり，さらに $g=1.94$ に混合原子価の鉄クラスターに帰属されるシグナルがみられる．同様のシグナルは，リボヌクレオチドレダクターゼや

メタンモノオキシゲナーゼなど，二核鉄タンパク質でも観測される（詳しくは，第13章参照のこと）．図6・1(c)および図6・1(d)は，ヘミンから鉄イオンが取除かれる過程を観察したスペクトルである．図6・1(a)と比べ，$g=6$ のシグナルが減少し，代わりに $g=4.3$ のシグナルが現れている．図6・1(e)は，有効スピン $S=1/2$ として g-strain を考慮して，図6・1(d)のシグナルをシミュレーションしたものである．強度は，$S=5/2$ 系の三つのクラマース二重項において，ゼロ磁場分裂を $D\approx2\ \mathrm{cm^{-1}}$ と仮定して，ボルツマン分布より求めた．すなわち16 Kでは，34%が2番めの準位にあるクラマース二重項の状態である．同様に，軸対称な $S=5/2$ 系における最低準位のクラマース二重項に由来する $g=6$ のシグナルの強度は，$D\approx10\ \mathrm{cm^{-1}}$ として求めたものである．これは16 Kにおいて，84%が $m_S=\pm1/2$ の二重項である状態である（Carette *et al.*, 2006）．

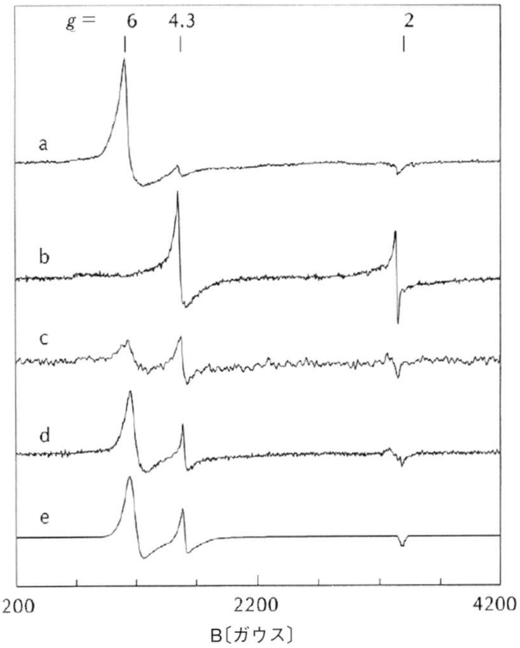

図6・1　(a) ヘミンを加えたウマ脾臓由来のアポフェリチンのEPRスペクトル（アポフェリチン1分子当たり8分子のヘミンを含む）．pH 8．(b) 鉄原子を含むウマ脾臓由来のアポフェリチンのEPRスペクトル（アポフェリチン1分子当たり20個の鉄を含む）．pH 4．(c) ヘミンを加えたウマ脾臓由来のアポフェリチンのEPRスペクトル（アポフェリチン1分子当たり8分子のヘミンを含む）．リン酸ナトリウム緩衝溶液(0.1 M, pH 8) 中でヘミンを導入したのち，酢酸ナトリウム緩衝溶液(0.1 M, pH 5.3) に対して透析を行った．続いて，硫酸アンモニウムおよび硫酸カドミウム存在下で結晶化し，得られた結晶を水に再溶解した．(d) ヘミンを加えたウマ脾臓由来のアポフェリチンのEPRスペクトル（アポフェリチン1分子当たり8分子のヘミンを含む）．リン酸ナトリウム緩衝溶液（0.1 M, pH 8）中でヘミンを導入したのち，酢酸ナトリウム緩衝溶液（0.1 M, pH 5.3）に対して透析を行った．(e) 有効スピン $S=1/2$ として g-strain（訳注：試料中の常磁性種に微細な配向の違いが存在することに起因した g テンソルの分布による線幅の広幅化）を考慮して，図6・1(d)のシグナルをシミュレーションしたもの．強度は，$S=5/2$ 系の三つのクラマース二重項において，ゼロ磁場分裂を $D\approx2\ \mathrm{cm^{-1}}$ と仮定して，ボルツマン分布より求めた．すなわち16 Kでは，34%が2番めの準位にあるクラマース二重項の状態である．同様に，軸対称な $S=5/2$ 系における最低準位のクラマース二重項に由来する $g=6$ のシグナルの強度は，$D\approx10\ \mathrm{cm^{-1}}$ として求めたものである．これは16 Kにおいて，84%が $m_S=\pm1/2$ の二重項である状態である．すべてのスペクトルは，周波数：9.41 GHz，温度：16 Kで測定した．［Carette *et al.*, 2006 より．Elsevier の許可を得て転載．©2006］

6・4　メスバウアー分光法

メスバウアー分光法は，原子核の高エネルギーの遷移を検出する．この現象はγ線の無反跳共鳴吸収に基づいており，1957年にメスバウアー(Rudolf Mössbauer)によって発見された．それは，彼がミュンヘン工科大学で博士号を取得する前年のことであった*4．通常は，原子核がγ線を放出もしくは吸収するときに反跳が起こり，その波長は反跳の程度によってシフトする．Mössbauerが発見したのは，十分に低い温度ではかなりの割合の原子核はその結晶格子に固定されるため，反跳が起こらずにγ線を放出・吸収するということであった．すなわち，ある同位体の放射崩壊過程で放出される単色のγ線は，試料中の同じ同位体の原子核に吸収される（生物学的な応用は，基本的に ^{57}Fe に限られる．同位体濃縮を行わない限り ^{57}Fe の天然存在比は2%である）．この現象の興味深い点は，エネルギー遷移が原子核の中で起こるとき，その大きさは核外電子の密度や配置，すなわち原子の化学状態に依存するということである．γ線源と試料の化学状態の違いに由来する非常に小さいエネルギー差（10^{-8} eV）は，ドップラー効果を利用して検出される．γ線源を試料に対して相対的に動かすと(通常は数 mm/s)，γ線のエネルギーが変化する．放出される放射線の周波数はドップラー効果によりシフトする（線源を試料に向かって動かすと周波数が高くなり，遠ざけると周波数は低くなる)*5．それぞれのドップラー速度において試料を透過したγ線のカウントを記録し，横軸に線源の速度を，縦軸にγ線の強度をプロットして，メスバウアースペクトルを得る．何度も繰返し測定して平均し，シグナルノイズ比を改善させる．スペクトルは，4.2 Kから300 Kまでの広い温度範囲で測定する．結果として得られたスペクトルは，核電荷や周囲の配位子の

*4　Mössbauerは，1962年にノーベル物理学賞を受賞した．
*5　動く物体(電車や飛行機など)が発する音も，近づいてくるときは高く聞こえ，遠ざかるときはしだいに低くなる．これもドップラー効果のよく知られた例である．

性質，配位子場の対称性の影響を受ける．観測された異性体シフトを δ（単位は mm/s）で表し，金属種の酸化状態やスピン状態，鉄イオンに配位した配位子の性質に関する情報を与える．四極子分裂 ΔE_Q は核における電場勾配の影響を受けるため，金属イオンまわりの電場の非対称性を示し，構造情報を与える．

図6・2に示したメスバウアースペクトルは，ヒトのヘモジデリン（鉄貯蔵タンパク質フェリチンのリソソームによる分解産物）と，その前駆体であるプレヘモジデリンおよび，鉄過剰症のラットとウマのヘモジデリンのスペクトルである．さまざまな温度でのスペクトル（図6・2a）から，ヘモジデリンが3種類の無機鉱物を含むことがわかる．4.2 K では，水酸化鉄様成分とゲータイト（針鉄鉱）様成分が6重線のスペクトルを与えている．さらに中央に見える2重線は，アモルファスの酸化鉄に帰属される．1.3 K では，この成分は6重線になり重なり合い，全体として6本のピークがみられる．水酸化鉄様成分とゲータイト様成分はいずれも超常磁性挙動を示し，温度を上げるとスペクトルは2重線に変化する．しかし，この遷移が起こる平均温度はゲータイト様成分の方が高い．そのため，77 K では，ゲータイト様成分に特徴的な6重線の成分もみられる（図6・2a）．図6・2(b)のスペクトルでは，77 K でも6重線はみられない．すなわちフェリチンは，ゲータイト様成分を含んでいないことを示している．一方，4.2 K のスペクトル

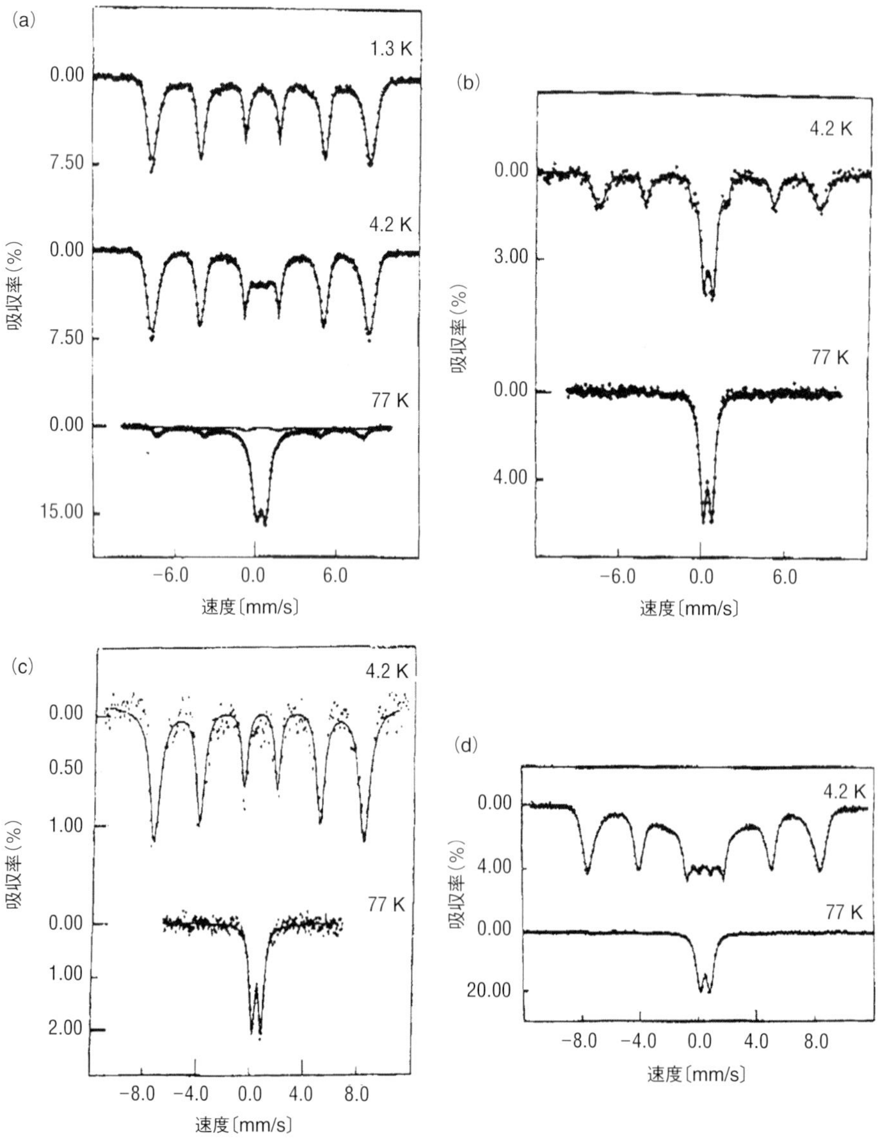

図6・2　ヘモジデリンのメスバウアースペクトル．(a) ヒトのヘモジデリン，(b) プレヘモジデリン，(c) 鉄過剰症のラット由来のヘモジデリン，(d) ウマのヘモジデリン．［Ward *et al.*, 1994 より．John Wiley & Sons. の許可を得て転載．©1994］

では中央に強い2重線がみられ，かなりの量のアモルファスの酸化鉄の存在が確認できる．図6・2(c)のスペクトルでは，77 Kでは2重線のみがみられ，4.2 Kでは6重線のみがみられる．鉄過剰症のラットから抽出されたヘモジデリンは，水酸化鉄様成分のみを含むことを示唆している．一方，ウマのヘモジデリンでは（図6・2d），4.2 Kのスペクトルで中央に2重線がみられ，少量ながらアモルファスの酸化鉄が含まれることがわかる．

6・5　核磁気共鳴（NMR）分光法

核磁気共鳴（nuclear magnetic resonance, NMR）は広く使われている技術である．この方法では，磁場の中に置かれた核のスピンの再配向を検出する．今ではタンパク質の三次元構造の決定にも使われ，得られる情報は速度論やダイナミクス，リガンドの結合，各アミノ酸のpK値の決定，電子構造や磁気的性質など枚挙にいとまがない．NMRは，^{1}H, ^{13}C, ^{15}N, ^{19}Fそして^{31}Pなど，特定の核のみに使える分光法である．^{19}FはHを置換することにより，局所構造のプローブとして用いられる．^{31}Pは，核酸の構造解析だけでなく，細胞内での代謝産物のリン酸化の研究でも活用される．NMR実験の原理はEPRの原理とよく似ている．しかし技術的な理由により，装置は大きく異なっている．EPRでは，マイクロ波による分子の基底状態から励起状態への遷移を，対応するエネルギーの**吸収**によって検出した．一方，NMRでは**緩和**過程を観測する．ラジオ波によって分子が励起状態になり，それが基底状態に戻る過程（緩和）を観測する．NMRで最もよく使われる方法では，試料にラジオ波のパルスを照射した後，核スピンが基底状態に戻る際の過渡的な信号を検出する．この過渡信号のフーリエ変換により，NMRスペクトルを得る．NMR測定からは，化学シフト(δ)，強度(I)，緩和時間，そしてカップリング定数の4種類のパラメータが得られる．化学シフト(δ)は，EPRにおけるg値と同様に，NMRシグナルの位置を示す（この場合，試料に添加した標準に対する位置を示す）．現在のNMR装置は，巨大分子中のプロトンも区別できる分解能をもっている．磁石が非常に大きな磁場をつくれるようになった(900 MHzにも達する)のに加え，多次元NMR*6の技術の発展にもよる．隣接するスピン間の双極子相互作用がその距離に依存することを利用して，構造情報を導くことができる．二次元NMRのなかでも，相関分光法（correlation spectroscopy, COSY）や核オーバーハウザー効果分光法（nuclear Overhauser effect spectroscopy, NOESY）は，大きい分子の中の近接する原子を同定することを可能にする．COSYでは隣り合う原子に結合したプロトンの情報が得られ，NOESYでは空間的に近接した（およそ0.5 nm以内）原子の情報が得られる．これは，それぞれのスピンが互いに影響を与えるためであり，タンパク質のアミノ酸配列上は離れていてもよい．

NMRスペクトルの何百もの異なるシグナルをすべて帰属し，膨大な数のプロトン間の距離や二面角を算出することにより，中くらいの大きさのタンパク質であれば，溶液中での完全な三次元構造の決定も可能である*7.

10年ほど前までは，常磁性の金属イオンを含む金属タンパク質には，NMR測定は適さないと考えられていた．常磁性原子があると，スペクトルの分解能が著しく低下するからである．しかし，常磁性種が速い電子緩和を示す場合は分解能はさほど低下しない．パルス技術とデータ処理法の発展により，従来考えられていた常磁性種のNMRの限界は乗り越えられた．タンパク質に常磁性種が含まれるとき，NMRによって構造やメカニズムに関する情報が得られる．それは反磁性のタンパク質のNMR研究とは異なるものである．実際に，タンパク質中のNMRサイレントな金属イオンを適切な常磁性の金属イオンに置き換えることで，他の方法では得られない情報が得られる．そのよい例にタンパク質のCa^{2+}結合部位へのランタニドイオンの導入がある．

タンパク質は剛直な構造体ではなくさまざまな異なるコンホメーションをとっていることが，しだいにわかってきた．NMRは，これらのコンホメーションの秒からピコ秒の時間スケールでの変化を観察するのに特に適した方法である．コンホメーションの不均一性や，その動きの時間ス

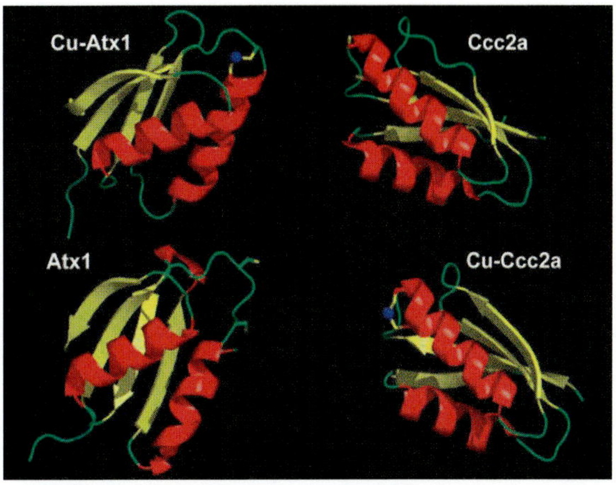

図6・3　Atx1とCcc2の間でのCu^{+}の交換．［Fragai, Luchinat and Parigi, *et al*., 2006より．The American Chemical Societyの許可を得て転載．©2006］

*6　多次元NMRは，Richard Ernst（1991年ノーベル化学賞受賞）により最初に開発された．さらにKlaus Wüthrich（2002年ノーベル化学賞受賞）が，一次元NMRでは困難であった生体高分子の構造決定へと応用した．

*7　典型的にはおよそ10^{-3} Mの濃度で測定する．20 kDのタンパク質では，20 mg/mLの濃度に対応する．

ケールについての情報が得られる．図6・3に示したのは，銅シャペロンAtx1からCcc2 ATPアーゼの可溶性ドメインへのCu^+の移動である．二つのタンパク質の会合体において，銅イオンにより架橋された中間体が生成する．Cu^+が結合したAtx1では，金属イオンに結合した二つのシステイン残基は内側に埋もれている．Cu^+が放出されると，システインは溶媒に露出するようになる．一方Ccc2aの構造は，Cu^+の結合の前後でほとんど変わらない．これは，Ccc2aのアポ体の金属結合部位は，Atx1のアポ体に比べてあらかじめ結合に適した構造になっている（プレオーガナイズされている）ことを意味する．

6・6 電子分光法

異なる電子状態間の遷移は，紫外や可視領域，そして近赤外のエネルギーの吸収を伴い，対応する電磁スペクトルを与える．電子遷移に基づく分光法により，金属イオンと配位子の両方の電子的・磁気的性質に関する詳細な情報が得られる．

金属タンパク質の電子スペクトルは，以下の遷移に由来する．1）ポルフィリンの$\pi \rightarrow \pi^*$遷移など，配位子の吸収帯．2）金属イオンの電子軌道間の遷移（d-d遷移）．3）$S \rightarrow Fe^{II}$や$S \rightarrow Cu^{II}$など，配位子と金属の間の電荷移動遷移．それぞれ鉄-硫黄タンパク質やブルー銅タンパク質のスペクトルでみられる．図6・4(a)に示したスペクトルは，ミトコンドリアの電子伝達系を構成する電子移動ヘムタンパク質の一種シトクロム*c*に特徴的なスペクトルである．還元型では，γ吸収帯（ソーレー帯）とα, β, δ吸収帯の合計4種類の吸収帯がみられ，酸化型とは異なるスペクトルを示す．ウシ心臓ミトコンドリアのスペクトルでは，シトクロム*a*, *b*および*c*のα吸収帯が明確に区別できる（図6・4b）．

6・7 円二色性および磁気円二色性分光法

タンパク質はキラルなアミノ酸からできているため（第4章），右回りと左回りの円偏光を区別できる．右円偏光と左円偏光の吸光度の違い（吸光係数の違い）を円二色性（circular dichroism, CD）とよぶ．CDにより，従来の吸収スペクトルでは検出しにくい電子遷移の検出や区別が可能である．低分子量の金属錯体で観察されたd-d遷移でも，金属タンパク質の電子吸収スペクトルでは観測できないこともある．そのためCDは，タンパク質に結合した金属種の解析に特に有用である．CDスペクトルでは配位子場遷移が強くみられ，より詳細な情報が得られる．図6・5には，還元型の*Chromatium vinosum*由来の高電位鉄-硫黄タンパク質の例を示した．さらにCDにより，タンパク質の二次構造の情報を得ることもできる．αヘリックス，βシート，ランダムコイルはそれぞれ特徴的なCDスペクトルを示す．そのため，タンパク質中のこれらの二次構造の割合を求めることができる．磁場の存在下では，キラルでない分子もCDスペクトルを示すようになる．これは，磁気円二色性（magnetic circular dichroism, MCD）とよばれ，励起状態間，あるいは基底状態と励起状態の間のスピン-軌道相互作用の大きさに関係している．特に低温では，金属中心のd-d遷移に基づくMCDが，その吸収スペクトルと比べて強く観測される．MCDスペクトルの理論的解析は複雑であるが，配位子を同定する際のいわば“指紋”として利用される．配位子の同定にMCDを用いた例として，シトクロムP450のヘムの低スピンFe^{3+}に配位したチ

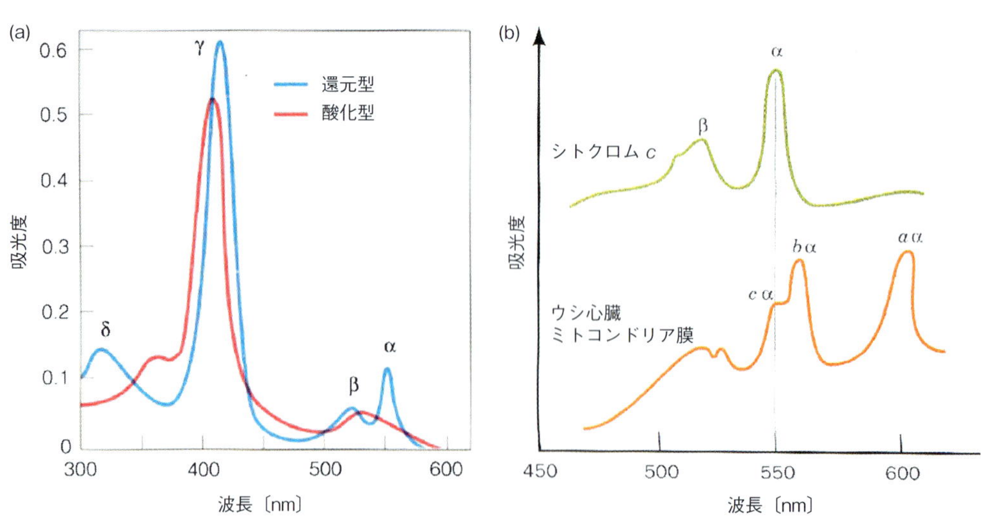

図6・4 (a) 酸化型および還元型のシトクロム*c*の可視吸収スペクトル．(b) 下：ウシ心臓ミトコンドリアの可視吸収スペクトル．三つの分離したα吸収帯があり，それぞれシトクロム*a*, *b*および*c*に対応する．上：シトクロム*c*の吸収スペクトル．

オラートがある．

6・8　共鳴ラマン分光法

共鳴ラマン分光法は，ラマン分光法と同様に分子の振動に関する情報を与える．分子振動の周波数は10^{12}～10^{14} Hzの範囲にあり，電磁スペクトルにおける赤外領域に対応する．共鳴ラマン分光では，入射光であるレーザーのエネルギーを電子遷移のエネルギーの近くに設定する（共鳴状態になるようにする）．特定の遷移に関連する振動モードは非常に強いラマン散乱強度を示す．通常は他のすべてのラマンシグナルよりも非常に大きくなる．ヘモグロビンなどのヘムタンパク質では，レーザーの波長をヘムの電子遷移のエネルギーの近くに調整することで，ヘムの伸縮および変角振動のみに対応するスペクトルが得られる．共鳴ラマン分光ではスペクトルの複雑さが低減される一方，同時に観測できるのは少数の振動モードに限られる．従来のラマン分光法と比べてピーク強度が非常に大きく（10^6倍にものぼる），10^{-8} Mもの低い試料濃度でもスペクトルが得られるという利点がある．

6・9　広域X線吸収微細構造（EXAFS）

シンクロトロンにより波長可変の高フラックスX線が容易に利用できるようになり，新たなX線分光法が開発された．金属タンパク質の分析において興味深い方法の一つに広域X線吸収微細構造（extended X-ray absorption fine structure, EXAFS）分析がある（Strange, Feiters, 2008）．この方法では，固体もしくは液体の試料のX線の吸収を測定する．特定の金属原子（吸収原子）の吸収端よりも少し高いエネルギー領域において，波長の関数としてX線吸収を記録する．鋭い吸収端のすぐ上のエネルギー領域では細かい振動が観測される．これは吸収原子の近傍の原子による干渉によるものである．この振動のフーリエ解析により，近傍の原子の数や種類，そして結合距離の情報が得られる．タンパク質の金属中心の解析においては通常，構造が既知であるモデル化合物の測定も同時に行う．EXAFSのデータをモデル化合物のそれとフィッティングすることにより，±0.01 Åの信頼性で構造情報が得られる．結晶化できない試料でも，正確な構造情報が得られる（X線回

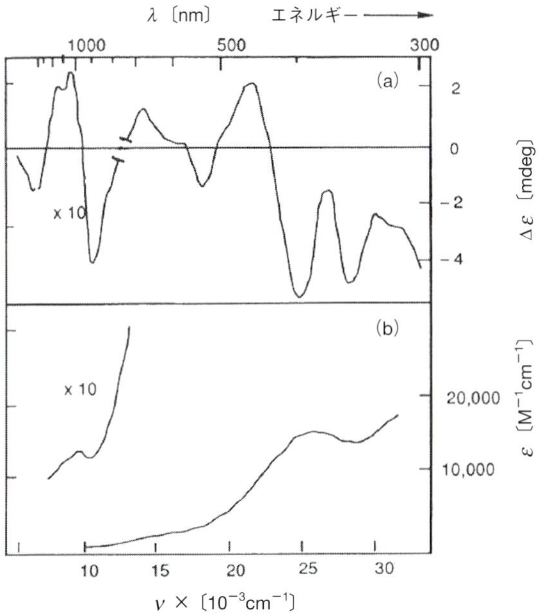

図6・5　高電位鉄-硫黄タンパク質（*Chromatium vinosum* 由来のHiPIP）の[4Fe-4S]クラスターの，(a) CDスペクトルと (b) 吸収スペクトル．［Cowan, 1997より．John Wiley & Sons.の許可を得て転載．©1997］

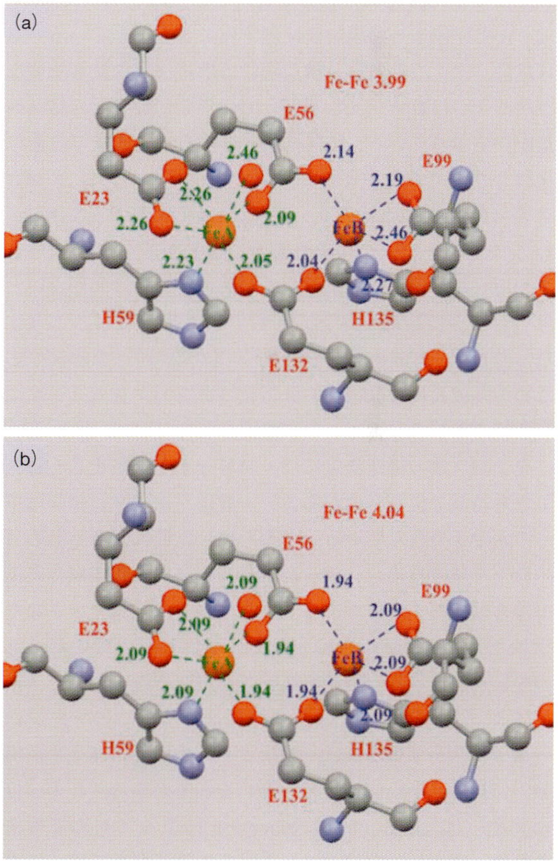

図6・6　*Desulfovibrio desulfuricans* 由来の還元型バクテリオフェリチン（DdBfr）のフェロオキシダーゼ部位．鉄-配位子間距離をÅ単位で示してある．(a) 結晶構造解析によって決定された構造．(b) EXAFSをもとに求められた構造．灰色：炭素，赤：酸素，青：窒素，オレンジ：鉄．水素原子は省略した．Fe_A（左側の鉄イオン）まわりの結合距離は緑で，Fe_B（右側）まわりの結合距離は青で示した．［Toussaint *et al.*, 2009より．Springerの許可を得て転載．© 2009］

折については次節を参照).

図6・6には, *Desulfovibrio desulfuricans* 由来の還元型バクテリオフェリチン(DdBfr)のフェロオキシダーゼ部位の鉄-配位子間距離を示す. 図6・6(a)は結晶構造解析により決定された距離, 図6・6(b)はEXAFSのデータを元に求められた値であり, 単位はÅである(Toussaint *et al*., 2009). 結晶構造解析の結果の方が, 鉄-配位子間距離が短い. 還元型バクテリオフェリチンの鉄イオンのイオン半径は, 酸化型のそれよりも有意に大きく, 鉄(Ⅲ)から鉄(Ⅱ)への還元に一致する.

6・10 X 線 回 折

タンパク質の結晶構造解析は1934年に端を発する. J. D. Bernal と Dorothy Crowfoot Hodgkin はペプシンの結晶が明瞭なX線回折像を示すことを見いだした. これはペプシンが秩序だった結晶構造をとり, 5000以上もの原子のほとんどが決まった場所に位置することを示している. これ以降, タンパク質結晶構造解析は構造決定の最も重要な方法の一つにまで発展した. 今では年間に数千もの結晶構造が決定されている. X線結晶構造解析がここまで急激に発展したおもな理由として以下があげられる. 1) タンパク質の結晶化法の体系化, 2) 低温下での結晶構造解析, 3) シンクロトロンによる高輝度で波長可変のX線ビームの利用(数年前までは小さすぎて構造解析には向かないと思われていた結晶でさえ, 回折実験に用いられるようになった), 4) 実験施設の整備, 5) "位相問題"を解決するための多波長異常分散法の汎用化(タンパク質のメチオニン残基をセレノメチオニンに置換する)(Ealick, 2000).

タンパク質の構造決定には, 試料分子が秩序正しく整列した単結晶を得る必要がある. 一般にタンパク質結晶は多くの水分子を含んでいる. そのため, 乾燥による結晶の質の低下を防ぐために, データ収集の間も結晶化溶媒存在下で湿らせておく必要がある. 通常は湿った結晶を小さなガラスキャピラリーの中に入れて, 単色X線の細いビームの中にセットする. 結晶を回転させて回折像を記録し, 結晶によって回折されたX線の振幅を得る. このデータから原子構造を求めるには, 回折ビームの強度に加えて, 実験的に得られない位相定数を求める必要がある. この"位相問題"は, J. Monteath Robertson によって初めて解決された. 彼が行ったフタロシアニンの構造解析では, フタロシアニンの中央の原子をH, Ni, Cuと変えて比較することにより位相定数を求め, そして絶対構造を求めた. この方法は多重同型置換法(multiple isomorphous replacement, MIR)とよばれ, タンパク質結晶にも応用されている. すなわち, 重原子が特異的かつ均一に結合した結晶を用意する. MIR法を利用するには, 重原子の導入によって分子構造や結晶学的パラメータが変化しないことが条件である. MIR法は, 今では多波長異常分散[*8] (multiple anomalous dispersion, MAD) 法に取って代わられている. MAD法では, 位置のわかっている異常分散原子に合わせて複数の波長を利用する. MAD法による位相決定には, たいていの場合メチオニン残基をセレノメチオニンに置き換えたタンパク質を用いる. 実際にはシンクロトロンのビームラインでのみ実験が可能である. 同じ試料からすべてのデータを収集するので系統誤差は除かれ, 得られる位

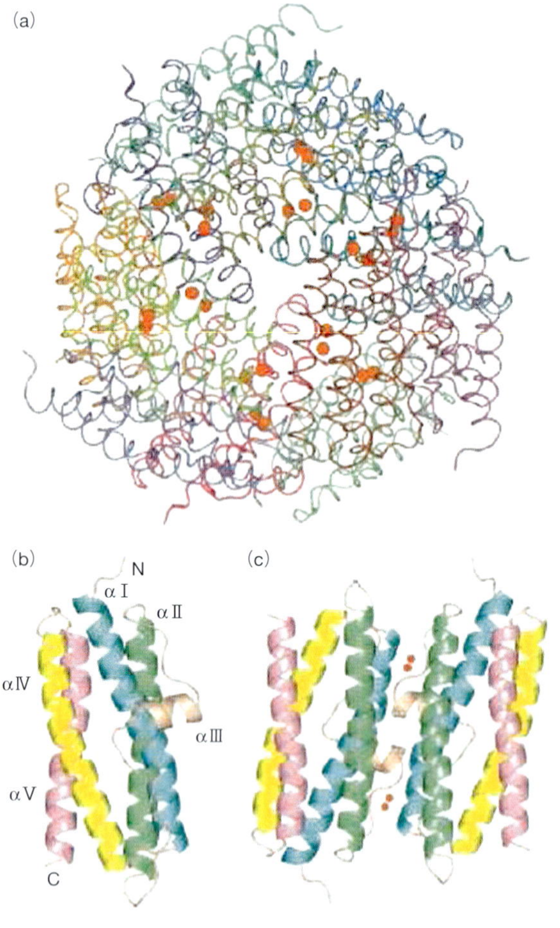

図6・7 *Bacillus brevis* Dps の十二量体の構造. (a) *Bb*Dps の十二量体. 12個のサブユニットは, C_{α} の位置をもとにしたリボンモデルで表現している. 赤い球で示した24個の鉄イオンは, タンパク質のフェロオキシダーゼ中心に位置する. (b) *Bb*Dps 単量体のリボン図. ヘリックス αⅠ～αⅤは, それぞれ異なる色で示した. (c) *Bb*Dps 二量体. 2箇所のフェロオキシダーゼ中心に位置する鉄イオンは, 赤い球で示してある. ヘリックスは(b)と同様に色分けしてある. [Ren *et al*., 2003 より. Elsevier の許可を得て転載. ©2003]

*8 異常分散は, 用いるX線の周波数が, 試料中の一つもしくは複数の原子(たとえば遷移金属)の吸収端に近いときに起こる. 金属タンパク質中の遷移金属元素や, セレンなどの元素でよくみられる.

相角はより正確となる．

飢餓細胞由来のDNA結合タンパク質（Dpsタンパク質）は12のサブユニットからなり，微生物がもつ鉄貯蔵タンパク質でもある（第8章を参照）．大腸菌（*E. coli*）のDpsタンパク質に関する最初の結晶学的研究によると，Dpsタンパク質はフェロオキシダーゼ中心をもたないという結論であった．図6・7に示した*Bacillus brevis*由来のDpsの結晶構造では，二核鉄フェロオキシダーゼ中心が確かに存在することを示している（Ren, Tibbelin, Kajino, Asami, Ladenstein, 2003）．このフェロオキシダーゼ中心は，今までに同定された二核鉄タンパク質のなかでも独特の特徴がある．Dpsは，サブユニットの4ヘリックスバンドル構造の中には，単独の鉄二核フェロオキシダーゼ中心をもたない．その代わり，十二量体構造中の二量体の境界に二核鉄結合部位が2箇所存在する（図6・7c）．隣り合う二核鉄結合部位は，2回対称軸で関連づけられる．ヘリックスαIと別のサブユニットのヘリックスαII（対称な位置にある）とが形成する浅い溝の中に位置している．二量体の境界にあるこれらのヘリックスは，4ヘリックスバンドル構造を形成しているようにも考えられる．この4ヘリックスバンドルは2個の二核鉄部位を含んでいる．図6・8を見ると，Fe1には両方のサブユニットから配位子が結合していることがわかる．一方，ゆるく結合したFe2にはタンパク質配位子は1残基（架橋配位子となっているGlu62(B)のカルボン酸）しか配位しておらず，Glu47(A)およびHis43(A)とは水分子を介して結合している．

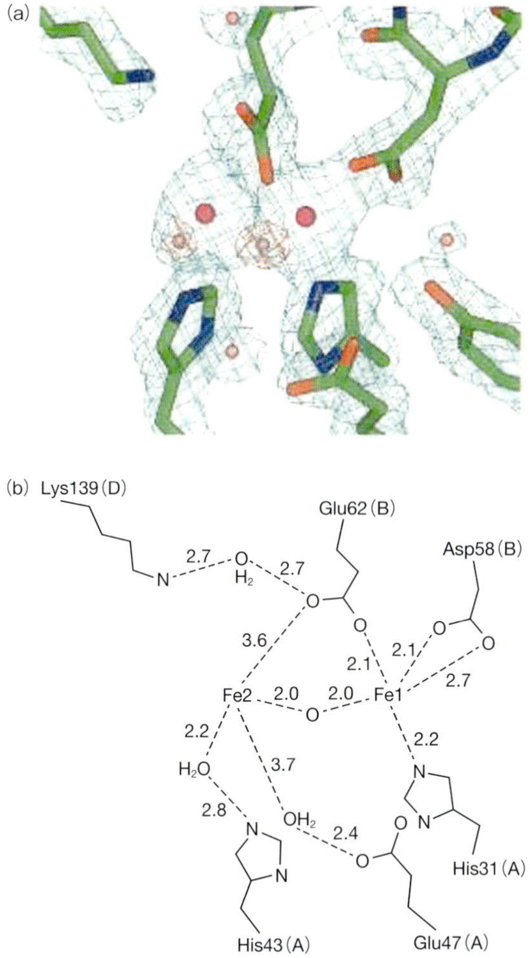

図6・8 *Bacillus brevis* Dpsの十二量体の二核フェロオキシダーゼ中心．(a) 二量体の境界にある二核フェロオキシダーゼ中心の周囲の電子密度．($2F_o$-F_c) マップを水色で示した (1.4σ)．この電子密度マップの中では，鉄イオンが最大の電子密度（12.7σおよび7.2σ）を示している．鉄二核中心に結合している2個の水分子の電子密度は，(F_o-F_c) マップで赤色で示した（4.0σ）．鉄イオンと水分子は，それぞれ赤とオレンジの球で表してある．(b) 鉄二核中心の鉄イオンの配位構造．配位結合は点線で示してあり，結合距離をÅ単位で表示している．［Ren *et al.*, 2003より．Elsevierの許可を得て転載．©2003］

文　献

Arnesano, F., Banci, L., & Piccioli, M. (2005). NMR structures of paramagnetic proteins. *Quarterly Reviews of Biophysics, 38*, 167–219.

Banci, L., Bertini, I., Cantini, F., Felli, I.C., Gonnelli, L., Hadjiliadis, N., *et al.* (2006). The Atx1-Ccc2 complex is a metal-mediated protein-protein interaction. *Nature Chemical Biology, 2*, 367–368.

Bertini, I., Luchinat, C., Parigi, G., & Pierattelli, R. (2005). NMR spectroscopy of paramagnetic metalloproteins. *Chembiochem, 6*, 1536–1549.

Campbell, I.D., & Dwek, R.A. (1984). *Biological spectroscopy*. Menlo Park, Calif.: Benjamin/Cummings Publishing Co., Inc, pp. 404.

Carette, N., Hagen, W., Bertrand, L., de Val, N., Vertommen, D., Roland, F., *et al.* (2006). Optical and EPR spectroscopic studies of demetallation of hemin by L-chain apoferritins. *Journal of Inorganic Biochemistry, 100*, 1426–1435.

Crichton, R.R. , & Louro, R.O. (Eds.), (2012). *Practical approaches to biological inorganic chemistry*. Elsevier.

Ealick, S.E. (2000). Advances in multiple wavelength anomalous diffraction crystallography. *Current Opinion in Chemical Biology, 4*, 495–499.

Fragai, M., Luchinat, C., & Parigi, G. (2006). "Four-dimensional" protein structures: examples from metalloproteins. *Accounts of Chemical Research, 39*, 909–917.

Hagen, W.R. (2006). EPR spectroscopy as a probe of metal centres in biological systems. *Dalton Transactions, 37*, 4415–4434.

Neese, F. (2003). Quantum chemical calculations of spectroscopic properties of metalloproteins and model compounds: EPR and Mössbauer properties. *Current Opinion in Chemical Biology, 7*, 125–135.

Que, L., Jr. (2000). *Physical methods in bioinorganic chemistry: Spectroscopy and magnetism*. Sausalito, Ca: University Science Books, pp. 59–120.

Ren, B., Tibbelin, G., Kajino, T., Asami, O., & Ladenstein, R. (2003). The multi-layered structure of Dps with a novel di-nuclear ferroxidase center. *Journal of Molecular Biology, 329*, 467–477.

Strange, R.W., & Feiters, M.C. (2008). Biological X-ray absorption spectroscopy (BioXAS): a valuable tool for the study of trace elements in the life sciences. *Current Opinion in Structural Biology, 18*, 609–616.

Toussaint, L., Cuypers, M.G., Bertrand, L., Hue, L., Romão, C.V., Saraiva, L.M., *et al.* (2009). Comparative Fe and Zn K-edge X-ray absorption spectroscopic study of the ferroxidase centres of human H-chain ferritin and bacterioferritin from desulfovibrio desulfuricans. *Journal of Biological Inorganic Chemistry, 14*, 35–49.

Ubbink, M., Worrall, J.A.R., Canters, G.W., Groenen, E.J.J., & Huber, R. (2002). Paramagnetic resonance of biological metal centers. *Annual Review of Biophysics and Biomolecular Structure*, 31393–31422.

Ward, R.J., Ramsey, M., Dickson, D.P., Hunt, C., Douglas, T., Mann, S., *et al.* (1994). Further characterisation of forms of haemosiderin in iron-overloaded tissues. *European Journal of Biochemistry, 225*, 187–194.

第7章

金属同化経路

7・1　はじめに

生物学，配位化学，構造および分子生物学における金属の役割について，また物質代謝や生物エネルギーにおける金属の関与についてこれまで概説してきた．さらに生体内の配位子や生体系で利用される数多くの物理化学的な分析手法の数々についてもふれた．本章では最後にわれわれの生命に関わっている生体系金属イオンがどのようにして周りの環境から取込まれるかを紹介することにする．取込み方は3種の生物によって違うことがわかっている．単細胞生物では金属イオンを細胞周辺から直接摂る必要がある．もし可動性なら，液体の中で餌を求めて泳ぎ回ることができる．多細胞生物であれば，土壌に根づいている多くの植物がそうであるように，土中どこでも根を伸ばして栄養分を摂らなければならない．3番めの多細胞で可動性の動物では，魚を捕ったり獣を狩ったりして食料を探し回ることができるし，ヒトなら食事前にスーパーで買うことができる．他の生物がもっている栄養を奪うことは余分な処理がいらないのでメリットが大きい．これはわれわれが自ら合成できないビタミンをどうやって摂っているかと同じことである．金属の同化機構は生物によってかなり違うので，ここでは便宜上三つに簡略化して述べることとする．（参考：Cobine *et al.*, 2006; Crichton, 2009; Hantke, 2001; Kosman, 2003; Palmer, Guerinot, 2009; Petris, 2004; Solioz, Stoyanov, 2003）

次に金属イオンの同化について，細菌，植物と菌類，最後に哺乳類，特にヒトに注目して議論を進めよう．これには，まず鉄，ついで銅，亜鉛の取込みを考えるのが普通である．これらの金属の輸送システムはよく特徴づけられているからである．最初に生物地球無機化学について少しふれ，よくわかっているいくつかの金属について話を進める．ナトリウム，カリウム，カルシウムの特異的な例については第9章，第11章で述べる．ホウ素，ケイ素，そして毒性元素であるヒ素，スズについてはすでに第1章で述べた．

7・2　生物地球無機化学

生物地球無機化学は生物，化学，地質学，物理を含む複合領域で，自然の成り立ちを扱っており，特に炭素，窒素，リン，硫黄といった化学元素が生物圏内でどのように循環するかについて研究がなされている．詳細は第18章で述べる．シアノバクテリアのような海の植物プランクトンは多くの生物地球無機化学循環に重要な働きをしている．これらの生物は全体の50%に当たる1億トン以上もの二酸化炭素固定を光合成により行っている．細菌も植物も光合成装置にはさまざまな金属イオンが必要である．電子移動を行うシトクロムや鉄–硫黄タンパク質には鉄が，電子移動体のプラストシアニンには銅が，クロロフィルにはマグネシウムが，酸素発生装置にはマンガンが，炭酸脱水酵素（炭酸デヒドラターゼ）による炭素固定と二酸化炭素取込みには亜鉛が必要である．

制限栄養因子としての鉄の役割は，この四半世紀で，海洋のいわゆる高栄養低クロロフィル領域（HNLC海域）における研究で確立された．大量の鉄が海に投げ込まれ，Martin と Fitzwater（1988）が唱えていた“鉄仮説”が検証された結果，海洋には豊富な多量栄養素があるにもかかわらず全世界の海の1/3では，鉄の供給がプランクトンの増殖を制限していた（図7・1）．鉄欠乏は植物プランクトンの大増殖を抑えるだけではなく，炭素，窒素，ケイ素，硫黄の生物地球無機化学循環にも影響を及ぼしている．南海での鉄実験（硫酸鉄1.7トンを海に投入）では光合成による植物プランクトンの生長により鉄1原子当たり，1万から10万個の炭素原子を大気中から取込んだことが示された．人類の活動が生み出したCO_2は海中にも溶け込み，その増加分はCO_2分圧を増加させ，pH低下，炭酸水素イオンHCO_3^-濃度の低下をもたらすと考えられる（Shi, Xu, Hopkinson, Morel, 2010）．これは海洋の化学に影響して生物の鉄利用能を減じ，海洋の一部では植物プランクトンの鉄欠乏ストレスを増加させることが予想される．海洋への多量の鉄投入が世界中の温暖化と関係するCO_2の増加を吸収するかどうかは，海の生態系への未知の影響を考えるとにわかには結論が出せない．

2種のシアノバクテリア，*Prochlorococcus*属，*Synechococcus*属は地球全体の20～40%のCO_2を固定化すると考えられている．光合成バイオマスはたった1%にすぎない．シアノバクテリアはまた窒素固定ができる唯一の光合成生物でもあり，太陽光，窒素，二酸化炭素といった空気だけからエネルギーやおもな構成物質をつくることができる．これらの青色をした細菌は海洋から流水，岩，土とあらゆる場所に見られる．先カンブリア時代から生存しており最も古い生命の一つと思われるが，27.5億年前に新しい環境汚染物質である**酸素分子**が光合成経路を経て水から形成される原因となった．太陽光により還元的な環境はしだいに酸化的な環境に変わったため，水表面では水溶性の鉄(Ⅱ)が生物が利用できない鉄(Ⅲ)に酸化された．これと対照的に，硫化物が酸化されて硫酸になった結果，銅と亜鉛は生物により利用されるようになった（亜鉛が関与するタンパク質は原核生物では5～6%にすぎないが真核生物では9%にも及ぶ）．

海洋の一部では亜鉛がかなり少なく，亜鉛もまたCO_2固定の制限因子である．CO_2固定を行うMg^{2+}依存酵素RuBisCO（リブロース-1,5-ビスリン酸カルボキシラーゼ/オキシゲナーゼ）は，基質であるCO_2の親和性が低く非効率的な酵素として悪名高いからである．したがって高いCO_2濃度が必要となるが，シアノバクテリアは効率的なCO_2取込みができる機構をもっており，取込んだCO_2をHCO_3^-に変換し，RuBisCOの近くでHCO_3^-からCO_2に再変換する必要がある．このためには亜鉛酵素である炭酸脱水酵素が必要となる．これが最初に発見された亜鉛酵素であり（第12章），現在までに発見された炭酸脱水酵素（炭酸デヒドラターゼ）[*1]はヒスチジン1個，システイン2個が配位した触媒亜鉛をもっている．

植物プランクトンのみならず細菌プランクトン，菌類，大型藻類に至るまで海洋生物は海の中で生き，増殖するために金属イオンを必要とする．生物での金属の利用は海洋での金属イオンの化学と存在種に大きく依存して制御されている．金属イオンの取込みを容易にする一つの方法は有機配位子を用いることである．コバルト，銅，鉄，ニッケル，亜鉛など多くの微量金属は生物がもつ金属特異的な配

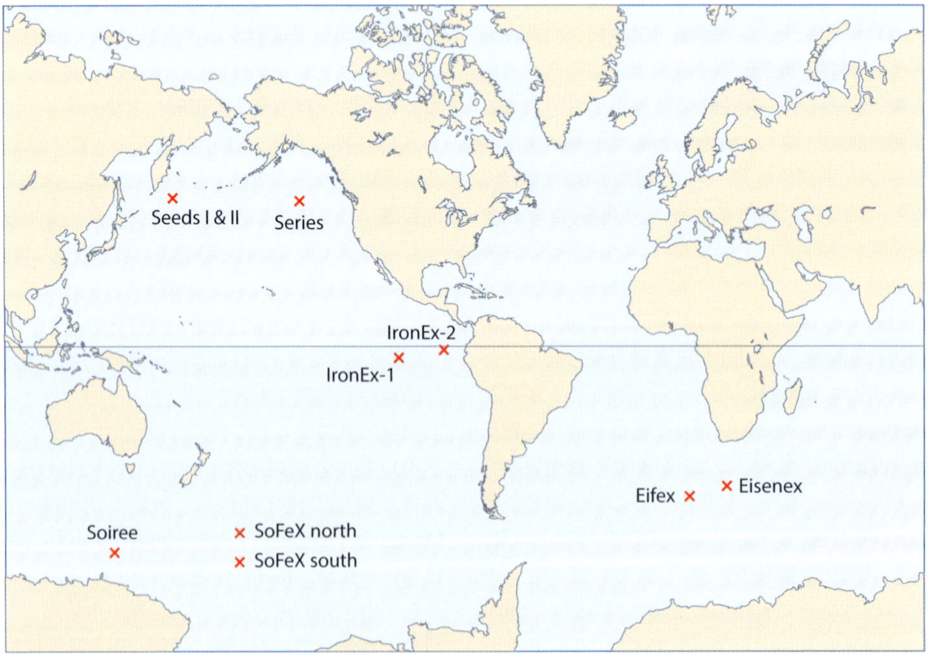

図7・1　現在までに鉄投下実験が行われた場所を示した地図．［Vraspir, Butler, 2009より改変］

*1　海の珪藻 *Thalassiosira weissflogli* の炭酸脱水酵素はCd^{2+}をもつ．

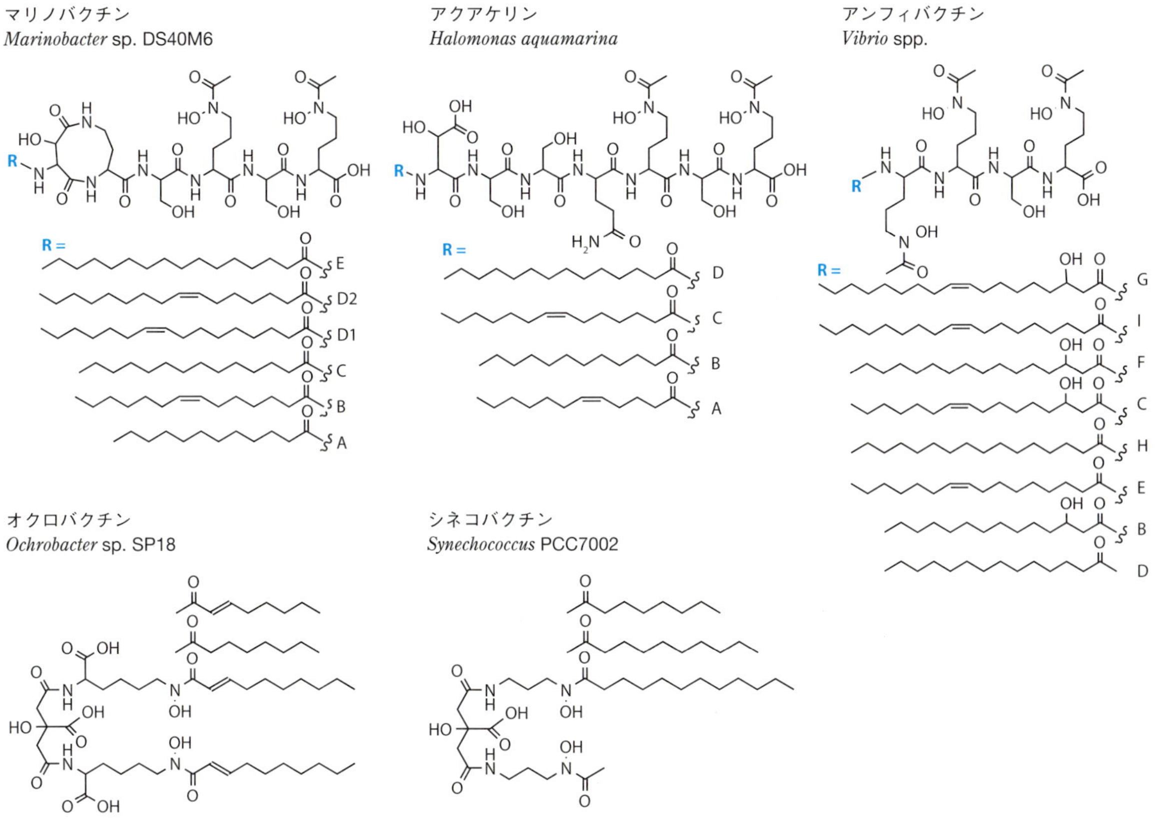

図7・2　海に存在する両親媒性シデロフォア．マリノバクチン，アクアケリン，アンフィバクチン，オクロバクチン，シネコバクチン［Vraspir, Butler,2009 より改変．NIH Public Access］

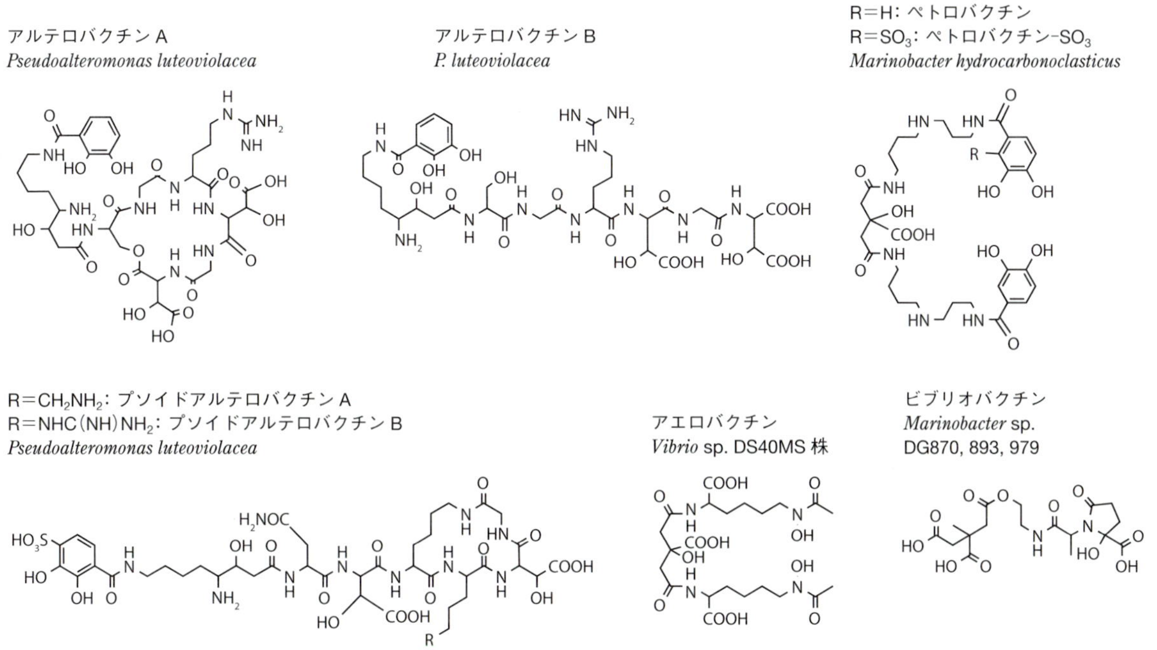

図7・3　他の海洋シデロフォア．アルテロバクチン，プソイドアルテロバクチン，アエロバクチン，ペトロバクチン，ビブリオバクチン．［Vraspir, Butler, 2009 より改変．NIH Public Access］

位子と海水中で錯体を形成している．第4章で低分子の鉄結合シデロフォアについて述べたが，以下細菌での利用について述べよう．2種類の構造をもつシデロフォアが海の細菌から同定され，性質が調べられた．それらは，1) 付随する脂肪酸の長さを調節して両親媒性のシデロフォア（図7・2)，2) 鉄(Ⅲ)に配位すると光反応活性となる α-ヒドロキシカルボン酸をもつシデロフォア(図7・3)である．有機配位子との錯体形成はコバルト，銅，亜鉛など海水中の他の多くの微量金属にも起こる．多くの場合，配位子の性質や生物がそれをつくっているかどうかについてはわかっていない．構成成分であるフィトケラチン（第8章参照）やグルタチオンは真核生物である植物プランクトンから単離されているし，銅輸送に直接関与していると思われる．

嫌気性微生物の生物地球無機化学的に重要な点は，さまざまな金属イオンを金属同化とは関係なく代謝過程で還元することにある．これらの微生物は成長エネルギーを水素，硝酸イオン，酸素や多くの有機物の酸化に伴う鉄(Ⅲ)およびマンガン(Ⅳ)の還元によって得ている．鉄(Ⅲ)およびマンガン(Ⅳ)の異化的還元は，嫌気性下では水に不溶な沈殿物となり地下水の有機・無機地球化学に影響を及ぼす．金属の還元からエネルギーを得ている微生物は，細菌から古細菌界に至るまで広く分布している．しかし最も多く存在する環境中の鉄(Ⅲ)やマンガン(Ⅳ)が水に不溶の酸化物であるというジレンマに直面している．（鉄還元細菌の）*Geobacter* や（金属無毒化細菌の）*Shewanella* では内膜から外膜への電子移動には内膜，ペリプラズム，外膜のマルチヘムであるシトクロム *c* を使った電子移動経路があるように見える（図7・4)．*Shewanella oneidensis* では，デカヘムシトクロム *c* である CymA と MtrA が電子を内膜のキノン/キノールプールからペリプラズムを通って外膜まで運んでいるといわれている．外膜の外側ではシトクロム *c* MtrC と OmcA が金属酸化物を直接還元する．同様に，*Geobacter sulfurreducens* では外膜マルチヘムシトクロム *c* OmcE と OmcS が外膜から金属酸化物（または水酸化物）に電子を渡すタイプⅣの線毛へ電子を運ぶと考えられている．これらのマルチヘムシトクロム *c* は *S. oneidensis* や *G. sulfurreducens* において細菌の細胞膜を通り抜ける電子移動を促進させることで固体金属酸化物を異化的還元する際に重要な役割を果たしている．

7・3 細菌における金属同化

細菌は固い細胞壁に囲まれており，特徴的な形態を示す．また，低張液の中で細胞膜が膨張したり破壊されたりせずに生きることができる．これから述べるいわゆるグラム陰性細菌*2 は細胞膜を囲む薄い細胞壁をもち，それがさらに外膜で覆われている．これは四つの部位，外膜，ペリプラズム，細胞膜，細胞質があることを意味する．電荷があり，水和している金属イオンにとっては，細胞質へ移動するためには2層の膜とペリプラズム層を通り抜ける必要がある．後述するが，金属イオンの輸送には実に多くの輸送タンパク質が関わっている．対照的にグラム陽性細菌は外部環境に対して非常に厚い細胞壁で対抗している．

個々の細菌細胞における微量元素である遷移金属の濃度について述べよう．それらは細菌を育てる培地中の金属濃度よりも数十倍から数千倍多いことがわかっている．大腸菌では鉄，亜鉛は 2×10^5 個/細胞，濃度に直すと 0.1 mM 存在する．これに対して銅，マンガン，モリブデン，セレンは 10 μM 存在している．

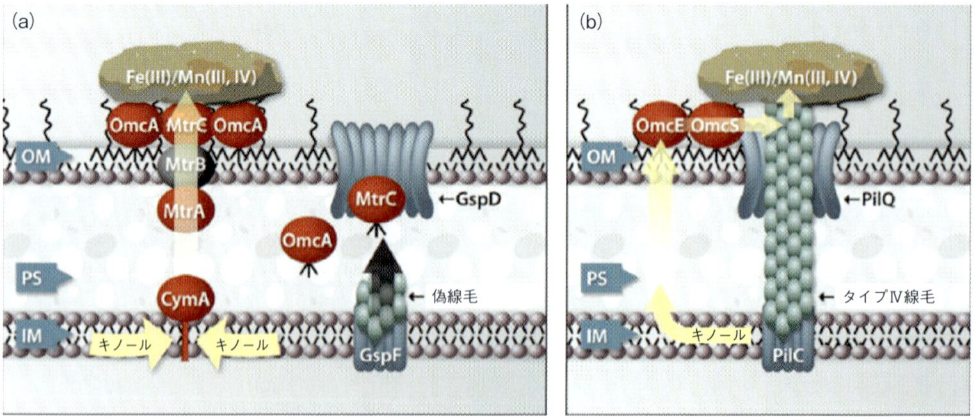

図7・4 (a) *Shewanella oneidensis* MR-1，(b) *Geobacter sulfurreducens* の金属種の酸化物/水酸化物の自発的還元過程での電子移動経路のモデル図．［Shi, Squier, Zachara, Fredrickson, 2007 より］

*2 この分類は1884年に Christian Gram により発見され，細菌がグラム染色で染まるかどうかによっている．

金属の同化経路を解明するうえでゲノム配列プロジェクトは，大きくなく複雑でないゲノムをもつ生物について大きなインパクトがあった．配列が解明された最初のゲノムは小さなRNAとDNAウイルスをもつ生物であった．今日，1500以上の細菌ゲノムが解明されており，シアノバクテリア族については40種前後が知られている．このことは一つの金属同化遺伝子が同定されるや否や，その存在や機能的に似た遺伝子が他の属の中に見つけられることを意味する．同様に，どんな細菌でも輸送タンパク質として知られる配列が同定されれば，他の細菌にも似た同化経路があることが推定できてしまう．小さなことだが，（タンパク質としての）遺伝子発現を調べることは手間がかかるうえに遺伝子はタンパク質として発現するとは限らないことに注意したい．

次に，外部から生命体そのものへの金属の取込み，すなわち金属同化について述べる．後の第8章では生命体，細胞の金属輸送，貯蔵，恒常性について話を進める．

（i）鉄

Fe^{3+}の低い溶解性（pH 7では遊離のFe^{3+}濃度は10^{-9} Mにすぎない）と成長に多量の鉄が必要なことから，細菌はさまざまな鉄取込みの仕組みを発展させてきた．これらのシステムはある時期の環境条件によって取込む鉄の状態が違っていたことを反映していると思われる．グラム陰性菌に必要な栄養素のほとんどは外膜からポリンで構成される膜貫通チャネルを通ってペリプラズムに濃度依存的に輸送される．しかし，鉄やコバルト（たとえば大腸菌*E. coli*の場合ヒト消化管にあるビタミンB_{12}）のようなまれな金属は，細胞を覆う膜*3を能動的に輸送する必要がある．鉄の場合，第4章で端的に述べたようにFe^{3+}と特異的な錯体を形成する化合物，シデロフォアを合成し，周囲へ分泌し，特有の輸送経路により取込む．時として任意の鉄源，

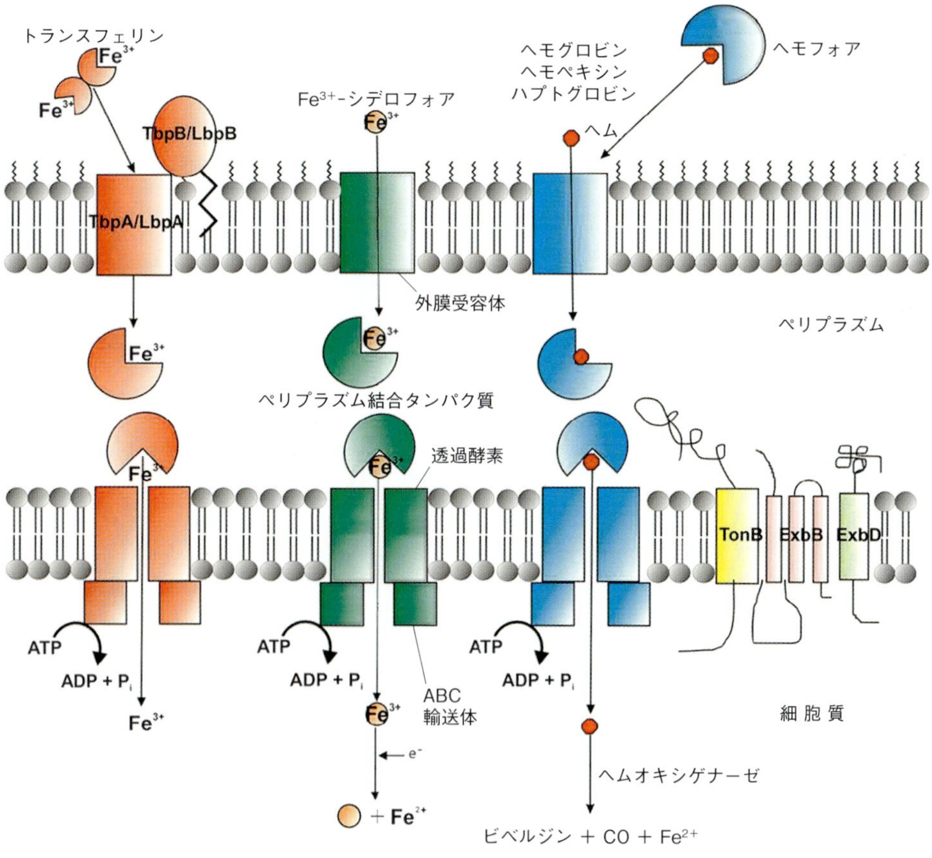

図7・5　グラム陰性菌における鉄取込みの模式図．グラム陰性菌にはいくつもの鉄取込み経路があり，トランスフェリン，シデロフォア，ヘムから鉄を取込むこともある．これらの取込み経路には，外膜受容体，ペリプラズム結合タンパク質，内膜のABC輸送体が必要である．すべての細菌が3個とももっているわけではないが，少なくとも2個はもっている．外膜受容体を通る輸送にはTonBシステム（TonB, ExbB, ExbD）が作動する必要がある．［Krewulak, Vogel, 2008より．Elsevierの許可を得て転載］

＊3　もし細菌細胞にポリンから10^{-9} MのFe^{3+}を流したら，細胞は直ちに死ぬ．

他の細菌や菌由来のFe^{3+}と結合したシデロフォアをも利用する．大腸菌は内因性シデロフォアを1種類(エンテロバクチン)だけつくるが，その生合成については第4章で述べた．一方，フェリクロムやフェロキサミンのようにいくつもの外因性のFe^{3+}–ヒドロキサム酸シデロフォアを取込む外膜受容体がある．また，ペリプラズム輸送体FhuB，内膜ABC輸送体FhuCDが取込みに必要である*4．クエン酸鉄は大腸菌にとっては炭素源でもなければエネルギー源でもないが，クエン酸鉄(Ⅲ)から鉄を取込むことができるシステムもある．Fe^{2+}を特異的に取込むシステムも同様に，嫌気的な環境下で発展してきた．

同様に多くの高病原性の細菌はヘモフォアとよばれるタンパク質を分泌し，ヘムをヘモグロビンから抜いて外膜にある輸送タンパク質に放出することにより哺乳類のヘムから鉄を奪い取ることができる．他にもトランスフェリンの鉄やラクトフェリンの鉄を奪う病原菌もいる．哺乳類宿主の鉄輸送システムを使うことができる病原微生物はヒトの細菌病のなかでも危険なものが多い，少し名前をあげただけでもインフルエンザ菌（*Haemophilus influenzae*，さまざまな病気の原因となるが，インフルエンザの原因ではない），髄膜炎菌（*Neisseria meningitidis*，髄膜炎），淋菌（*Neisseria gonorrhoeae*，淋病），緑膿菌（*Pseudomonas aeruginosa*，宿主の防御を壊す日和見病原体），セラチア菌(*Serratia marcescens*,尿路感染,傷感染)，コレラ菌(*Vibrio cholera*，コレラ)，ペスト菌（*Yersinia pestis*，ペスト），*Yersinia entercolytica*（胃腸炎）がある！

グラム陰性菌によるトランスフェリン，シデロフォア，ヘムからの鉄の引き抜きを図7・5に模式的に示す．鉄の取込み経路には3種類あり，外膜受容体，ペリプラズム結合タンパク質（PBP）および内膜のABC（ATP結合カセット，ATP-binding cassette）輸送体が関与している．Fe^{3+}–シデロフォアやヘムは受容体を経て外膜を通り抜けるのに対し，トランスフェリン，ラクトフェリンの鉄はN末端の脂質をアンカーとして外膜に結合している受容体タンパク質TbpA/TbpB，LbpA/LbpBに結合して通り抜ける．鉄飽和のトランスフェリンはおそらく受容体タンパク質の一つであるTbpBにまず結合し，ついでTbpAに結合すると考えられている．TbpAとLbpAは膜タンパク質で，ループ状の表面でそれぞれトランスフェリンやラクトフェリンと結合し，鉄結合部位である2個のドメインを引き離してFe^{3+}を遊離させると考えられている．しかし，TbpA/TbpB，LbpA/LbpBの構造はいまだに決定されていない．

鉄取込みを行うすべての外膜輸送体(outer-membrane transporter, OMT）は22本の鎖からなるβバレルで構成されている．バレルの末端はαへリックス，βシートが組合わさった約160アミノ酸からなる“コルク”状の球状ドメインに閉じられている．図7・6に，大腸菌や緑膿菌由来のビタミンB_{12}受容体とクエン酸，エンテロバクチン，フェリクロム，ピオケリン，ピオペルジンのFe^{3+}–シデロフォア受容体の説明がある．図7・7のFecAにみられるように，“コルク”ドメインの頂上にFe^{3+}–シデロフォアが座る．配位子が結合すると細胞外にある2個のループが

(a)　(b)　(c)　(d)　(e)　(f)

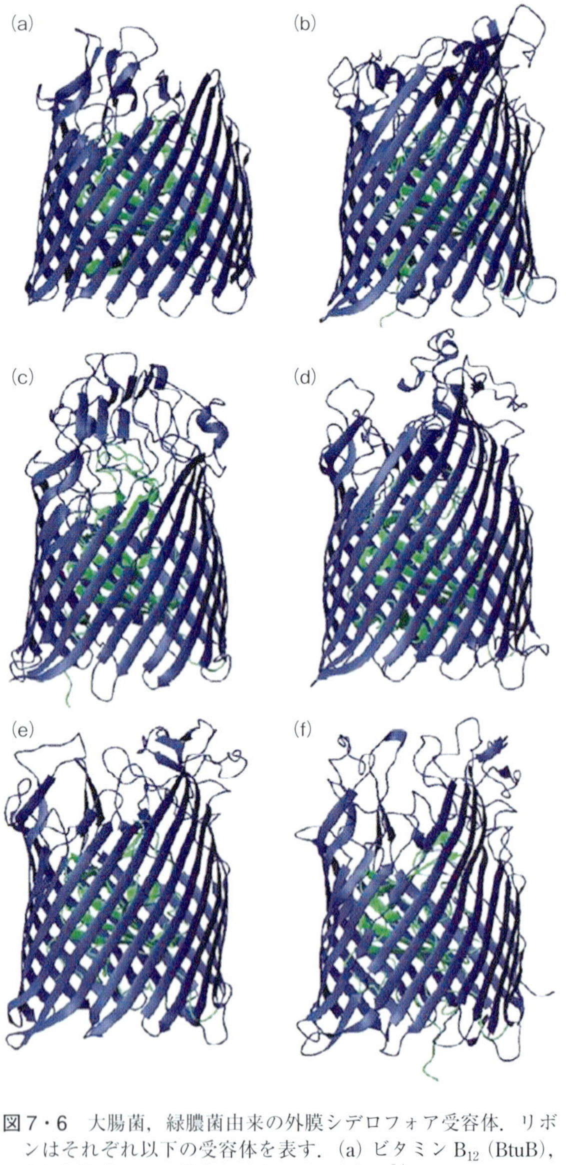

図7・6　大腸菌，緑膿菌由来の外膜シデロフォア受容体．リボンはそれぞれ以下の受容体を表す．(a) ビタミンB_{12} (BtuB)，(b) 大腸菌クエン酸鉄(Ⅲ)(FecA)，(c) Fe^{3+}–エンテロバクチン(FecA)，(d) ヒドロキサム酸鉄(Ⅲ)(FhuA)，(e) 緑膿菌ピオケリン(FptA)，(f) 緑膿菌ピオペルジン(FpvA)．αへリックスとβシートをもつ混合球状(コルク)ドメインは緑で，22本の鎖からなるβバレルは青．[Krewulak, Vogel, 2008より．Elsevierの許可を得て転載]

*4　パン酵母はさらに上を行く：パン酵母 *Saccharomyces cerevisiae* はシデロフォアを自ら合成しないが，四つもの細胞膜にある輸送装置がいくつかのFe^{3+}–シデロフォアの取込みと内部移行を促進させている．

コンホメーション変化を起こし，クエン酸鉄(Ⅲ)に他の分子が近づくのを妨害する．Fe^{3+}-シデロフォアがペリプラズムに移動するためには少なくともコルクドメインの一部がβバレル内から出て行く必要がある．しかし，この外膜には移動のためのエネルギー源であるイオン濃度勾配もなければATPもない．移動のためのエネルギーはTonBタンパク質*5と細胞膜に結合しているExbB，ExbDタンパク質とから与えられる．細胞膜のプロトン駆動力のエネルギーを得ているが，その方法についてはまだよくわかっていない．TonBのよく保存されたC末端が直接外膜輸送体と相互作用をすることはわかっている．Fe^{3+}-エンテロバクチンの外膜輸送体であるFepAの例を図7・8に示す．

いったん，Fe^{3+}-シデロフォア，ヘム，あるいはFe^{3+}そのものが外膜輸送体とTonBによってペリプラズム側に輸送されたら，ペリプラズム結合タンパク質(periplasmic-binding protein, PBP)に結合して輸送される．細菌のFe^{3+}-PBPがトランスフェリンのスーパーファミリーであることはすでに述べた．実際，アミノ酸あるいはリン酸の輸送に関与するペリプラズムタンパク質でもある（第4章）．しかし，シデロフォアPBPは，図7・8のFe^{3+}-エンテロバクチンPBPのFepBに示されるように二つのループがまったく違うところにあるので異種のユニークなペリプラズム結合タンパク質である．シデロフォアが結合したペリプラズム結合タンパク質は細胞膜にあるABC輸送体のペリプラズム側に結合し，ATP加水分解を駆動力として細胞質へ放出される．微生物では少なくとも一部は好気性であるが，無酸素あるいは還元的な状態ではFe^{2+}が自由に拡散し，外膜のポリンを通ってFe^{3+}輸送システムとは異

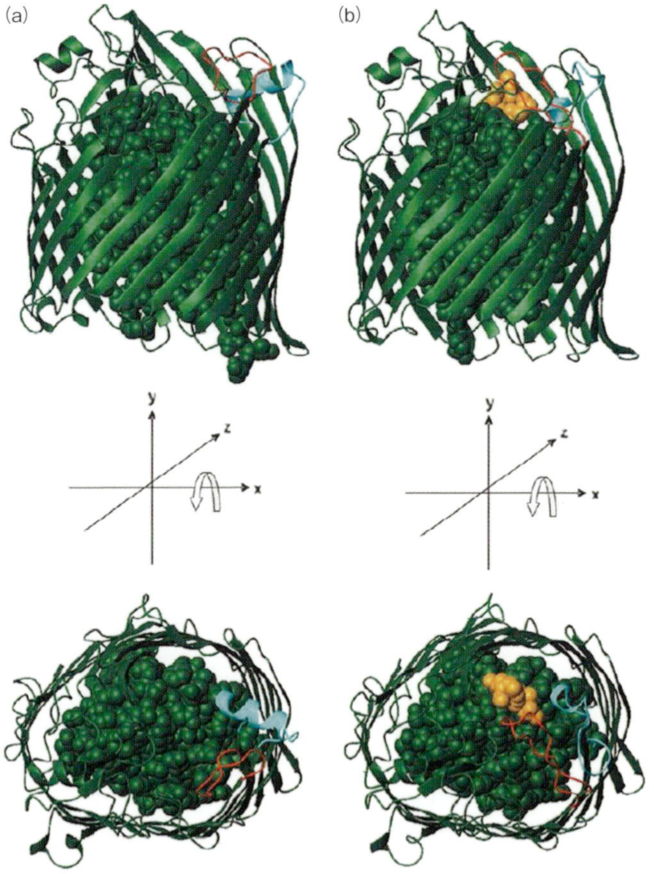

図7・7　結晶構造図．(a) 何も結合していない大腸菌クエン酸鉄(Ⅲ)受容体．(b) クエン酸鉄(Ⅲ)が結合したFecA．22本の鎖からなるβバレルはリボンで，N末端のコルクドメインは空間充填モデルで表されている．クエン酸鉄(Ⅲ)（オレンジ色）は細胞外のループL7（水色）とL8（赤）のコンホメーション変化を起こしてクエン酸鉄(Ⅲ)に溶媒が近づくのを防止している．[Krewulak, Vogel, 2008より．Elsevierの許可を得て転載]

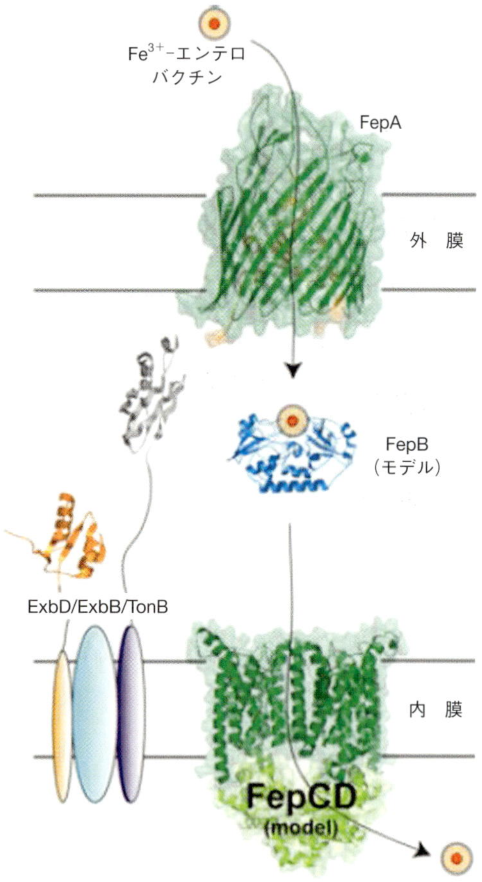

図7・8　大腸菌でのFe^{3+}-エンテロバクチン輸送を例としたシデロフォア取込み経路図（詳細は本文参照）．[Chu *et al.*, 2010より．Springerの許可を得て転載]

*5　そのようにいわれる理由は，TonA（現在ではFhuA）タンパク質とともに，もともとはT1バクテリオファージの取込みと内部移行を行う2個の膜タンパク質と考えられてきたからである．

なるシステムにより輸送される．

外膜のないグラム陽性菌におけるシデロフォア，ヘム，トランスフェリンからの鉄の輸送システムは，グラム陰性菌の内膜にある ABC 輸送システムにきわめてよく似ている．鉄の取込みは膜に結合したタンパク質が行うが，これはグラム陰性な生物のペリプラズム結合タンパク質とよく似ている（図7・9）．

細胞質では，鉄はシデロフォア，ヘムの結合部位から遊離する必要がある．シデロフォアの配位化学に従えば，Fe^{3+}と錯体をつくるのはハードな O ドナーをもつ配位子が有利であるので，細胞質でFe^{3+}からFe^{2+}への還元によって鉄が解き放されると考えるのは論理的に正しいと思われる．Fe^{3+}の還元は安定度定数の減少をもたらし，不安定なFe^{2+}錯体ができるために，比較的容易に鉄が解離する．多くの鉄(Ⅲ)還元酵素が細菌で同定されてきた．しかし，Fe^{3+}-シデロフォアの種類に特異的な酵素はなく，鉄(Ⅲ)還元酵素は実のところはフラビン還元酵素であると思われる．還元型フラビンは NAD(P)H からの電子をもらって生成する．というのは，$NAD(P)^+/NAD(P)H$ 対の還元電位では鉄(Ⅲ)キレートを直接還元できないからではないだろうか．Fe^{3+}-エンテロバクチンの場合は，エステル加水分解酵素によって鉄が放出される．酵素はエンテロバクチン生合成と取込みのオペロンにある *fes* 遺伝子によってコードされている．エステル加水分解酵素が鉄(Ⅲ)還元能をもつかどうかについては不明のままである．

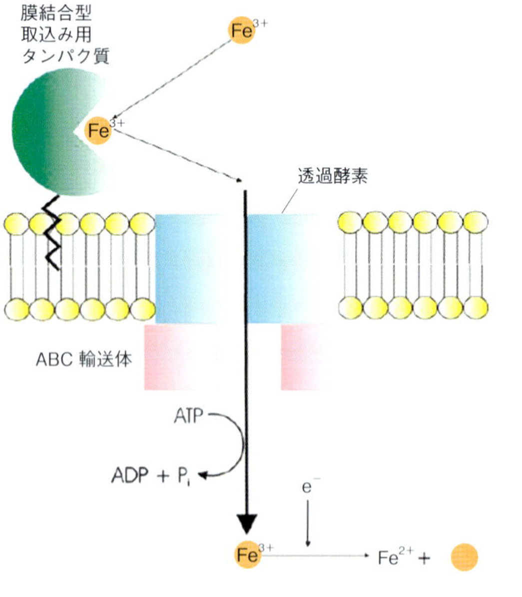

図7・9 グラム陽性菌における鉄取込みの模式図．グラム陰性菌とは違って外膜をもたない．それゆえ，ヘム，シデロフォア，トランスフェリンからの鉄取込みは膜結合型の取込み用タンパク質や膜連動型 ABC 輸送体が働く．［Krewulak, Vogel, 2008 より．Elsevier の許可を得て転載］

鉄源としてヘムを利用する病原菌では，細胞質での鉄の遊離はヘムオキシゲナーゼによって行われ，この酵素はさまざまな生物においてヘム高分子から低分子への交換に関わっている．

(ii) 銅と亜鉛

多くの酵素における銅と亜鉛の重要性のゆえに，細菌は銅，亜鉛双方の取込みシステムを発展させなければならなかった．銅の取込み（恒常性については第8章で述べる）はグラム陽性菌 *Enterococcus hirae* についてよく研究されてきた．膜においては，図7・10 で R と書かれている還元酵素が，銅が不足のときはCu^{2+}をCu^+に還元し，銅は CopA によって取込まれる．銅が過剰のときは逆に CopB が過剰の銅を押し出す．CopA も CopB もヒトの銅代謝異常症であるウィルソン病やメンケス病（第21章で述べる）をひき起こす P 型 ATP アーゼの P1 サブクラスに属している．

メタン資化性細菌はグラム陰性菌であり，メタンのみを炭素源としてエネルギーを得ている．温室効果ガスとしてCO_2についで2番めに重要なメタン(CH_4)の放出に重要な役割を果たしている．ほとんどすべてのメタン資化性細菌が銅依存メタンモノオキシゲナーゼを使ってメタンをメタノールへと変換し，炭素同化の第一段階を行う．酵素の非常に高い銅要求性を満たすため，メタン資化性細菌は銅に高い親和性をもつ化合物メタノバクチンを合成して分泌する．メタノバクチンの結晶構造は決定されており，図7・11 にシデロフォアの多くがオリゴペプチドであることを強調した概略図と一緒に示した．これに対して，メタン資化性細菌がどのようにして銅メタノバクチンを取込むかはわかっていないが，Fe^{3+}-シデロフォアをもつとの類似性

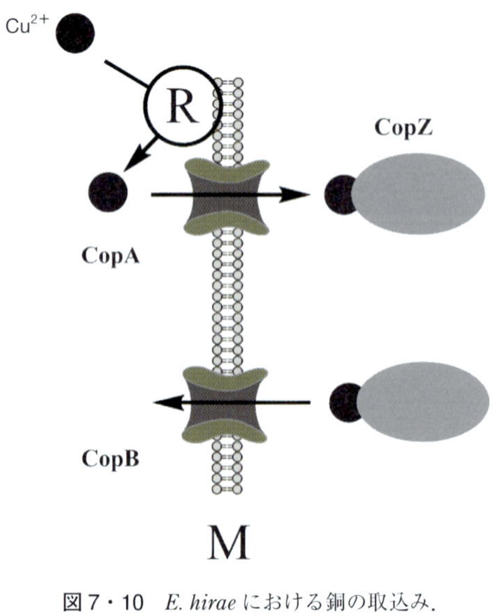

図7・10 *E. hirae* における銅の取込み．

から，前に述べたように TonB 経路が関与していると思われる．すでに見たように，このタイプの取込み機構はコバルトをもつコバラミンの取込みにも使われており，ヘリコバクターピロリ菌 *Helicobacter pylori*[*6] でもニッケルの取込みに同じような TonB 経路が利用されている．

亜鉛においても同様に，細菌は能動的な取込みシステムを発展させてきた．多くの細菌では，高親和性亜鉛取込みには遺伝子クラスター 9 ファミリーの ABC 輸送体が使われる．この輸送体の大部分は亜鉛とマンガンを輸送し，ほとんどすべての細菌がもっている．シアノバクテリアや病原性連鎖球菌で最初に同定されたが，大腸菌でも見いだされ，次の三つの遺伝子からコードされている．亜鉛取込みの ABC 輸送体，基質結合タンパク質 ZnuA（グラム陰性の生物ではペリプラズム結合タンパク質に相当する），膜透過酵素 ZnuB, ATP アーゼ ZnuC．いくつかの基質結合タンパク質の結晶構造が得られているが，これらのタンパク質がどのように亜鉛とマンガンを区別して結合するのかは依然不明である．この章の終わりに出てくる ZupT のような ZIP ファミリーの低親和性輸送体は細菌の亜鉛取込みに関与していることが示されている．

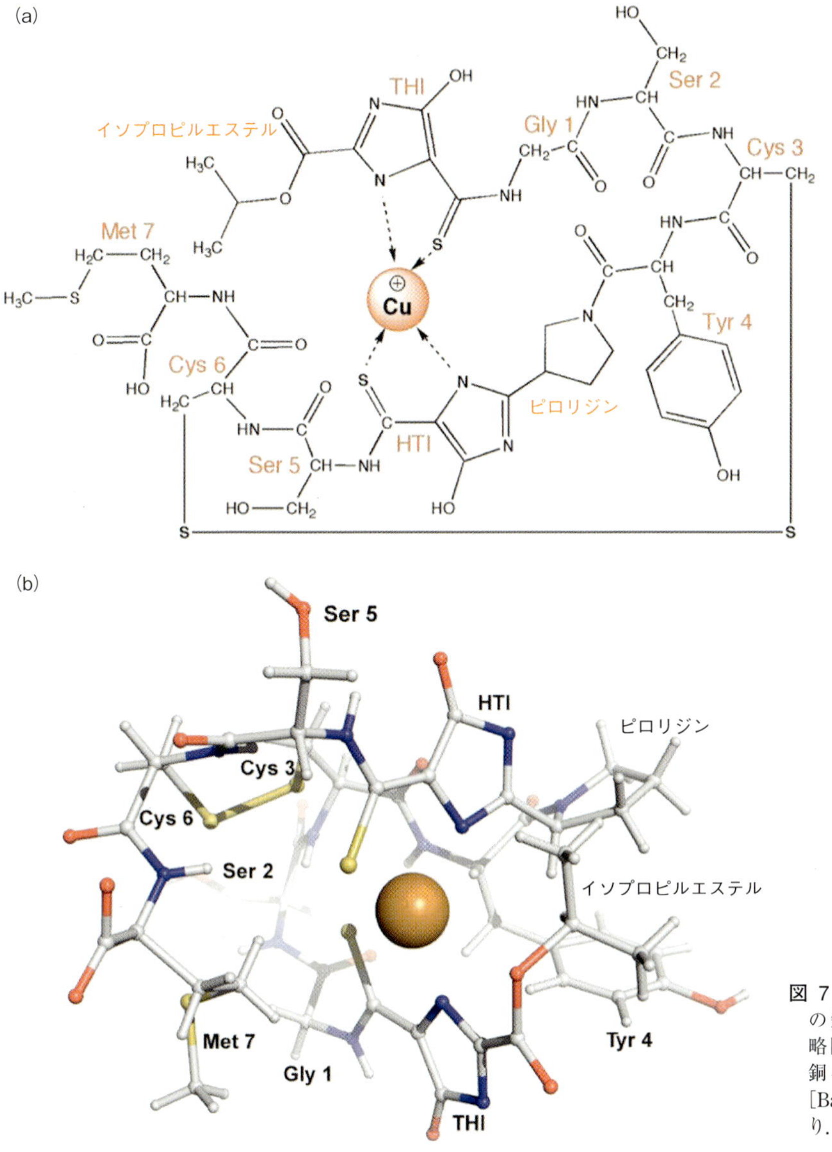

図 7・11　*Methylosinus. trichosporium* の銅メタノバクチンの構造．(a) 概略図．(b) 結晶構造の球棒モデル図．銅イオンは茶色の球で描かれている．[Balasubramanian, Rosenzweig, 2008 より．American Chemical Society. ©2008]

*6　多くの胃潰瘍の原因菌である．

7・4　菌類と植物における金属同化

(i)鉄

ここでは菌類を植物と同等に扱うことにする．動物より野菜に似て見えるからではなく，酵母における近年の遷移金属取込みのエキサイティングな発見は植物や動物のような高等真核生物で何が起こっているかを示す重要な知見をもたらしているからである．*Saccharomyces* 属のパン酵母（*S. cerevisiae*）は真核細胞生物学の研究にきわめて魅力的な単純なモデル生物として使用される．パン製造，アルコール飲料の製造，工業用アルコールの製造に商業的に使われるパン酵母は菌類の鉄の代謝研究にパラダイムを提供し続けている．これは容易に説明できる．真核生物のゲノムとして初めて完全な塩基配列が決定されただけでなく，短時間で増殖し，ある特定の培地では比較的安価に多くのバイオマス生産が容易なのだ．ゲノムが小さく（6043 遺伝子），哺乳類と違って簡単に特定の酵母遺伝子を不活性化できる．そして高等真核生物がもっている鉄の取込み・代謝に関係する多くの作用機構を酵母ももっているのみならず，酵母で鉄の取込みに働く多くの遺伝子もまた高等真核生物がもっており，鉄の取込み・代謝ができない酵母変異体の表現型をしばしば回復させることができる．

図7・12 はパン酵母の鉄の取込み機構をまとめたものである．基本的に以下に述べる三つの作用機構が働いている．そのうち二つの機構では，鉄は Fe^{2+} へ還元されたのち，細胞膜で Fe^{2+} を再酸化する高親和性経路（フェロオキシダーゼ経路）あるいは Fe^{2+} を直接輸送する低親和性経路によって取込まれる．加えて，非還元性輸送システムが働き，菌自体が分泌するか，もしくは周りにいる他の生物たちがつくった Fe^{3+}-シデロフォア錯体から鉄の取込みを直接仲介する．これらの異なる作用機構は，異なる環境条件や生長の段階で働く．

酵母の細胞膜は多孔性の細胞壁からできており，細胞を浸透圧による破壊と大きなタンパク質が漏れることから守っている．鉄が細胞膜を通って取込まれるためにはグルカンとキチン質からなる細胞壁とマンノタンパク質からなる外膜を通らねばならない．パン酵母において鉄の消費はマンノタンパク質 FIT1p，FIT2p，FIT3p（facilitator of iron transport, 鉄輸送の促進剤）の高い発現をひき起こし，Fe^{3+}-シデロフォアから鉄の取込みを促進させる．それらは，Fe^{3+}-シデロフォアが細胞壁に保持されやすくしていると思われる．しかし，シデロフォアが細胞壁を通り抜けるために必要なわけではない．細胞壁は *Candida albicans**7 のような病原性菌類によるヘム取込みにも重要である．シデロフォアの多くは非特異的な孔を通って細胞壁を通り抜けるようである．

菌類のほとんどは一つあるいはそれ以上の膜還元酵素（少なくとも遺伝情報に書き込まれている）によって，金属イオンを非特異的に還元することが多い．パン酵母においては，これらの還元酵素中最も多い FRE1 は Fe^{3+} と Cu^{2+} に同程度の活性を示し，種々の1電子受容体を還元する．この膜架橋ヘムタンパク質はヒト食作用細胞の NADPH オキシダーゼ複合体の gp91-phox タンパク質と似ている．それゆえ FRE1 は膜貫通フラボシトクロム b_{558} 電子移動タンパク質と考えられており，細胞質側に NADPH や FAD 結合ドメインをもち，1組の膜内のヘムが細胞外側表面の Fe^{3+} に電子を1個ずつ渡す．パン酵母は2番めの還元酵素 FRE2 をもち，Cu^{2+} と Fe^{3+} を還元すると考えられている．

高親和性経路はフェロオキシダーゼ FET3 による Fe^{2+} から Fe^{3+} への酸化とそれに続く透過酵素 FTR1 による Fe^{3+} の細胞膜の通り抜けによる．FET3p はアスコルビン酸オキシダーゼ，ラッカーゼ，セルロプラスミン（第14章参照）と同様，マルチ銅オキシダーゼの一つであり，銅シャペロン ATX1p や銅輸送体 CCC2p から分子内の銅を受

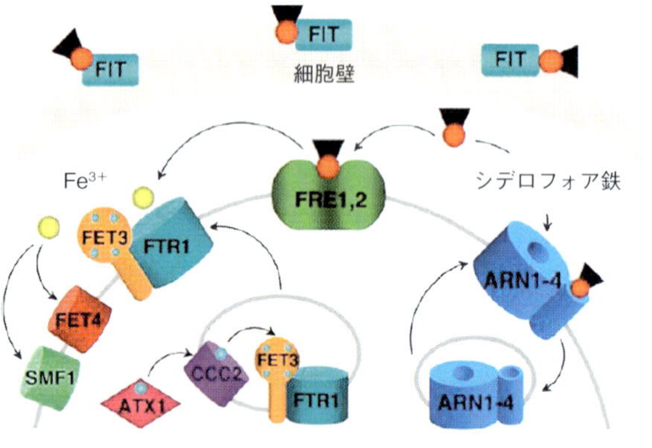

図7・12　パン酵母における鉄取込みシステム．細胞壁の FIT マンノタンパク質はシデロフォア鉄の細胞壁での保持に働いている．しかし，シデロフォア取込みには働いていない．多くのシデロフォアは非特定の穴を通って細胞壁を通り抜けるようである．シデロフォアが結合した鉄は還元され，フラビンレダクターゼによってシデロフォアから遊離される．Fe^{3+}-塩と低親和性のキレートはフラビンレダクターゼによって取込みの前に還元される．還元された鉄は高親和性の Fe^{2+} 輸送体（FET3，FTR1 複合体）あるいは低親和性輸送体（FET4，SMF1）のどちらかによって取込まれる．FET3 は銅を同じ細胞内の銅シャペロン ATX1 および銅輸送体 CCC2 からもらう．シデロフォア鉄キレートは ARN 輸送体ファミリーを経てそのまま取込まれる．ARN 輸送体は Fe^{3+}-シデロフォアに結合し，シデロフォア-輸送体複合体がエンドサイトーシスを起こして膜を通り Fe^{2+}-シデロフォアキレートが移行する．[Philpott, 2006 より．Elsevier の許可を得て転載．©2006]

*7　特に細胞免疫が落ちているとき，口や膣の粘膜の感染の多くに全身感染と同様関与する．

け取ってはじめて機能する．FET3によって生み出されるFe^{3+}は図7・13に示すように，周りのバルク相との平衡状態を経由せずにFTR1に直接運ばれる．これは多機能酵素が共通してもっている特徴である古典的な基質チャネリング*8機構によるとされている．

低親和性経路ではFe^{2+}が二価の金属イオン輸送体によって直接細胞内へ運ばれる．ここでは還元酵素はFe^{2+}に特異的でなく，Mn^{2+}，Ni^{2+}，Cu^{2+}を輸送することもできる．そのようなパン酵母での輸送体の一つSmf1タンパク質は，哺乳類細胞（以下参照）にある二価陽イオン輸送体DCT1（あるいはNramp2）と同じ遺伝子をもつ相同分子である．SMF1およびDCT1双方によるFe^{2+}の輸送はプロトン輸送と共役しており，Fe^{2+} 1個についてH^+ 1個が輸送される．残るFe^{2+}輸送体はFET4タンパク質で，パン酵母に特徴的で他の菌類にはみられない．SMFタンパク質と同じく基質特異性が低いので，基質親和性も低いと考えられ，培地に多く鉄が含まれるときのパン酵母における鉄取込みの主役と考えられる．

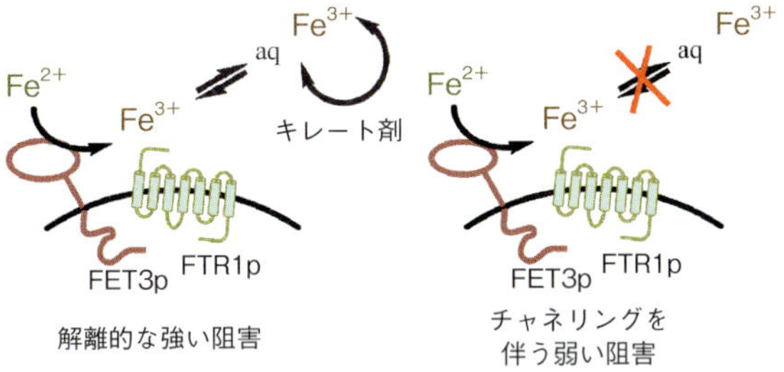

図7・13 Fe^{3+}がFET3pからFTR1pに輸送されるときの解離およびチャネリングモデルにおける鉄キレート剤の役割．［Kwok *et al.*, 2006より改変］

原核生物と同様に，多くの菌類はシデロフォアに依存した鉄の取込みシステムをもっている．フェリクロム型のシデロフォアがよく使われているが，他のタイプのシデロフォアも使われる．実際，典型的な腐食性菌であるパン酵母と同様，菌類はシデロフォアを自分ではつくらないにもかかわらず，Fe^{3+}-シデロフォアを取込む機構をいくつかもっている．たとえば，菌類では多くの細菌がつくるFe^{3+}-エンテロバクチンを取込む．

多くの菌類のゲノム配列が解明されると同時に，植物のゲノム配列も短期間で大いに進展した．最初にシロイヌナズナのゲノムが完全に解明されてから，注目されていた植物イネのゲノムの完全配列が報告されたことは大きな科学的成果である．大きなサイズの穀類のゲノムでは，トウモロコシの完全配列が最初に解読され，ついで大豆，モロコシ，ワイン用ブドウの配列解読が完了した．大麦や小麦の配列も，古典的な植物科学の大きな柱であったジャガイモやトマトと同様すぐに解明されるであろう．このことは鉄の取込み，輸送，鉄恒常性の制御を行っている菌類，哺乳類のゲノム候補を同定するのに役立つに違いない．そして，植物ゲノムの組織化や多様性といった複雑さの詳細を解きほぐすことができるだろう．

鉄は植物では光合成，呼吸，窒素固定，DNA合成といった基礎的な代謝に重要なだけでなく，リポキシゲナーゼ，エチレン合成酵素のような植物ホルモン合成の鍵となる酵素に使われている．鉄は土壌のミネラル組成中4〜5%も含まれるが，土壌ではほとんど溶けない形で存在している．生物学的利用能は半乾燥，石灰質（炭酸カルシウムが多い）土壌に見いだされる中性またはアルカリ性pH下ではさらに減少する．

植物の鉄取込みは二つの戦略に分類される．**戦略I**をとる植物では，根の外側のFe^{3+}を還元してFe^{2+}を得る．これに対して，**戦略II**をとる植物では，Fe^{3+}用シデロフォアを分泌してFe^{3+}を可溶化し，Fe^{3+}を特定の輸送体で取込み，根の細胞でのシンプラストにてFe^{2+}に還元する（図7・14）．戦略Iをとる植物（シロイヌナズナ*9，エンドウマメ，トマトのような双子葉類）では鉄の移行はプロトン排出ATPアーゼ(AHA)と鉄(III)キレートレダクターゼFRO2の2個の働きが合わさって行われる．いずれも鉄不足により誘導される．ZIPファミリーのIRT1という名がついている鉄輸送体はシロイヌナズナではFe^{2+}の主たる輸送体である．IRT1の相同分子はトマトやイネで調べられている．

戦略IIをとる植物（大麦，トウモロコシ，イネなどの単子葉植物）では，Fe^{3+}に高親和性のキレート剤（植物シデロフォア，PS）を自身で合成し，根の回りに分泌して錯体形成により土壌のFe^{3+}を可溶化する．そしてFe^{3+}-シデロフォアに特異的な輸送体が鉄錯体を細胞質に運び込み，細胞質で植物シデロフォアから鉄が遊離するといわれている．関係する輸送体で最もよく研究されているのはYS1（イエローストライプ1）またはYSL1（イエローストライプ様）で，名前は植物シデロフォア取込みに欠陥のあるトウモロコシ変異体の表現型に由来する．しかし，細菌や菌類のシデロフォアと違って，植物シデロフォアのムギネ酸類はL-メチオニンからニコチアナミンを経由して合成される（図7・15）．戦略IIの植物はムギネ酸ファミリーのシデロフォアを合成，分泌する．一方，ニコチアナミンは戦略Iおよび戦略II双方の植物に見いだされるが，これ

*8 物質の合成が順番に起こる生合成経路において，2個の酵素間で中間体を直接渡す過程．
*9 シロイヌナズナ *Arabidopsis thaliana*．小さな花が咲く植物．カラシナやキャベツと同じアブラナ科に属する．植物の生物学研究のモデル生物として使われる．

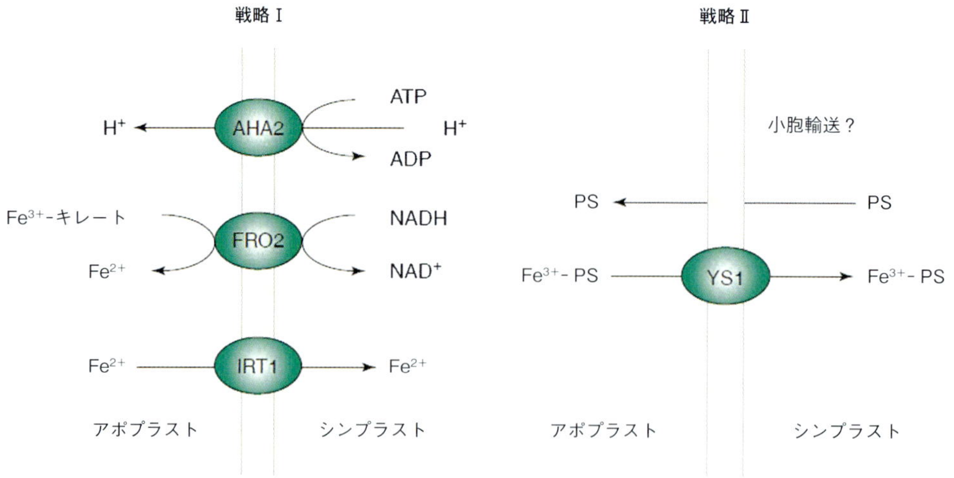

図7・14 高等植物における鉄取込み機構．戦略Ⅰをとる植物（例：シロイヌナズナ，エンドウマメ，トマト）では，Fe^{3+}キレートが還元され，Fe^{2+}が細胞膜を通り抜ける．戦略Ⅱをとる植物（例：大麦，トウモロコシ，イネ）ではシデロフォア(PS)を放出して外部のFe^{3+}を可溶化し，Fe^{3+}-シデロフォア錯体を細胞内へ取込む．AHA2はP型のH^+-ATPアーゼであり，FRO2はFe^{3+}キレートの還元酵素，IRT1はFe^{2+}輸送体，YS1は植物シデロフォア(PS)-鉄錯体である．［Schmidt, 2003より改変．Elsevierの許可を得て転載．©2003］

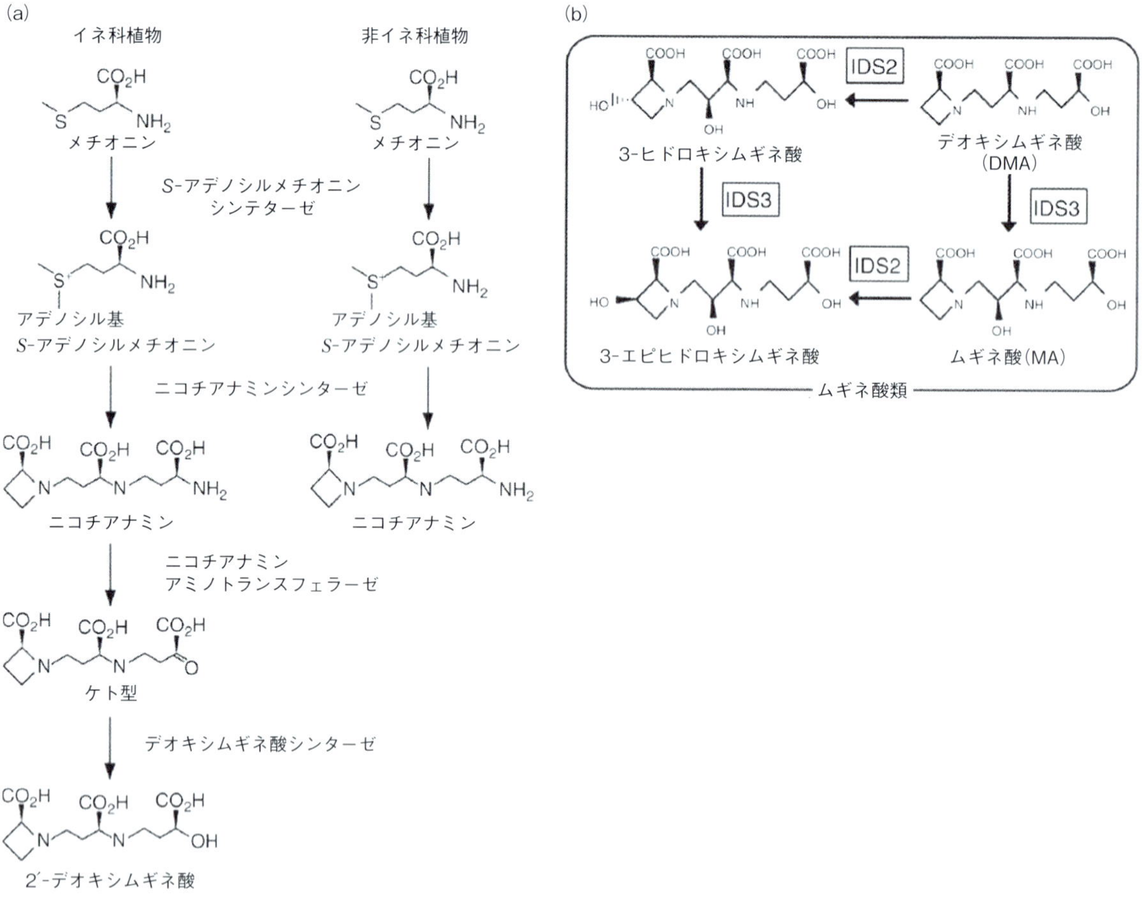

図7・15 (a) イネ科植物と非イネ科植物でのニコチアナミン合成経路，およびイネ科植物でのデオキシムギネ酸(DMA)への変換経路の概要．(b) 他の植物シデロフォアへのデオキシムギネ酸からの変換経路．IDS2：ムギネ酸類3位水酸化酵素．IDS3：ムギネ酸類2′位水酸化酵素．

は鉄ニコチアナミンキレートが鉄の細胞間の輸送に関わっている証拠である．

しかし植物が鉄を Fe^{2+} として取込んでいることもわかり始めてきた．Fe^{2+} の輸送体 IRT1 は鉄欠乏のイネでは高発現しており，（Fe^{3+} を取込む）植物シデロフォアの前駆体ニコチアナミンの合成が損なわれたときでも Fe^{2+} を取込むことができる．酵母由来の Fe^{3+}-キレートレダクターゼのアルカリ pH で活性が上がる遺伝子をイネに組込んで，遺伝子組換えのイネを石灰質土壌で育てたところ（Guerinot 2007），収穫量が 8 倍にも増加するという結果が得られた．世界の 1/3 の土壌はアルカリ性なので，この結果はイネの生産に大きなインパクトを与えるだろう．

(ii) 銅および亜鉛

パン酵母 *S. cerevisiae* での遺伝子の研究から細胞膜の銅に高親和性の銅輸送タンパク質が 2 個（CTR1 と CTR3）が同定された．鉄のところで述べたのと同じ還元酵素 FRE1 と FRE3 によって Cu^{2+} が還元された後，これらのタンパク質は Cu^{+} を輸送する．酵母の CTR ファミリーの CTR2 は液胞に局在化しており，細胞外の銅が少ない場合液胞の銅貯蔵部位から細胞質へ銅を動かすと考えられている．また FET4 と SMF1 透過酵素を経由する低親和性の銅取込み機構も存在する．

菌類における亜鉛取込みは金属イオン輸送体 ZIP（Zrt-, Irt-like Protein）ファミリーによってかなりの部分が行われている．ファミリー名は酵母の Zrt1 タンパク質とシロイヌナズナの Irt1 タンパク質に由来する．これらは亜鉛輸送体として最初に同定されたファミリーであり，細菌，菌類，植物，哺乳類といった系統学的な種のすべてに認められる．哺乳類の輸送体は“SLC39”（Eide, 2004）と命名される．ZIP ファミリーは亜鉛と可能なら他の金属イオンも，細胞外や細胞小器官の隙間から細胞質へと例外なく輸送する．ZIP は，膜を通過する方向が CDF（cation diffusion facilitator, 陽イオン拡散装置）/Znt ファミリーとは違う．Znt ファミリーの哺乳類タンパク質名は Znt であり，系統的に“SLC30”ともよばれる（Palmiter, Huang, 2004）．第 8 章では亜鉛の恒常性を考えるが，Znt ファミリーは亜鉛を細胞質から細胞外の細胞小器官の間あるいは細胞外へ輸送する．このように CDF タンパク質は ZIP タンパク質とは反対の方向に働く．

大部分の ZIP タンパク質は 8 回膜貫通ドメインをもっている（図 7・16）．そして N 末端と C 末端は両方とも膜の細胞質側に位置している．また，3 番めと 4 番めの膜貫通ドメインの間には長いループがあり，ヒスチジン豊富なドメインが細胞質側に位置している．これに対して，CDF 輸送体はほとんどが 6 回膜貫通型と考えられており，ドメイン 4 と 5 の間のループにあるヒスチジン豊富なドメインは N 末端，C 末端と同様細胞膜側にある．

パン酵母では少なくとも 4 個の異なった輸送体が亜鉛取込みに働いている．最も重要なものは ZIP ファミリーの中の ZRT1 であり，亜鉛低濃度状態での細胞成長に働く．ZRT1 の遊離の Zn^{2+} に対する見かけの K_m 値は 10 nM と亜鉛に高い親和性を示す．2 個めの ZIP タンパク質 ZRT2 は亜鉛に低親和性（見かけの K_m 値は約 100 nM）でおそらく亜鉛の利用制限が厳しくないときに働くのであろう．これらの 2 種の ZIP タンパク質に加えて，さらに 2 種の低親和性システムが働く．一つは FET4 タンパク質である．前にも述べたが，鉄と銅の低親和性の取込みに関与している．

シロイヌナズナのような双子葉植物では土壌の酸性化は亜鉛，銅双方の溶解度を上げる．銅は Cu^{+} 輸送体 COPT1（酵母の銅輸送体 CTR1 のシロイヌナズナ相同分子）によって取込まれ，おそらく FRO2 によって還元される．FRO2 は鉄の還元にもかかわっている．亜鉛は ZIP ファミリーによって取込まれるが，それらのいくつかは根に特異的であり，根にも芽にも見いだされるものもある．

単子葉植物では銅取込みに働く植物シデロフォアは見いだされていない．双子葉植物では COPT1 によって Cu^{+} が取込まれると推定されている．また銅を ZIP ファミリーを

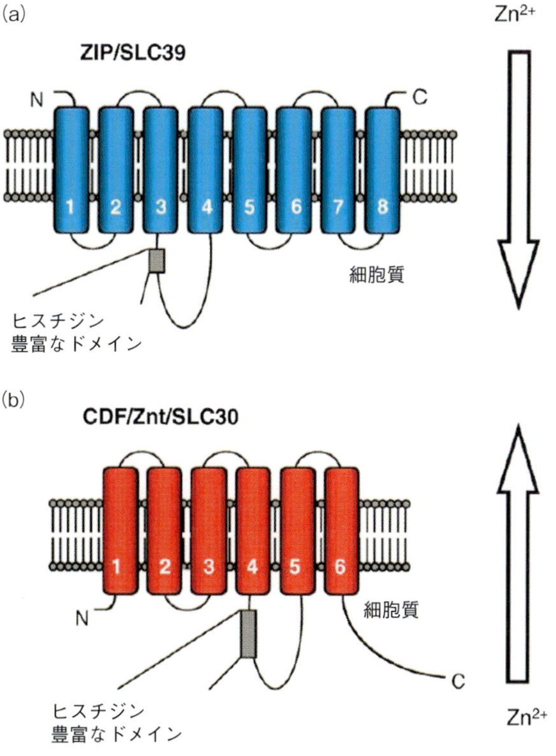

図 7・16 金属イオン輸送体．(a) ZIP/SLC39，(b) CDF/Znt/SLC30 における ZIP/SLC39 と CDF/Znt/SLC30 ファミリーの膜に関して推定されているトポロジー．［Eide, 2006 より．Elsevier の許可を得て転載．©2006］

経て Cu^{2+} として取込んでいると思われる．ZIP2 と ZIP4 は銅欠乏時に高発現する．反対に，土壌から亜鉛を吸収する際にムギネ酸の関与が示されている．

7・5 哺乳類における金属同化

哺乳類では金属はまず腸管にある食物から吸収され，それから血液を経て体のさまざまな器官の細胞へ運ばれる必要がある．そこで，この節では金属イオンが小腸（本質的に十二指腸）の上部にある小腸上皮細胞を通って輸送されることだけを取上げる．小腸では食物の中身，金属イオン，炭水化物，脂肪，アミノ酸，ビタミンなどすべてが吸収される．次に金属イオンが哺乳類の細胞膜を通って細胞質へ入るメカニズムについて，これまで細菌，菌類，植物で述べてきたように簡単に述べることにする．細胞外の金属イオンを輸送する特定のタンパク質は第8章で扱うこととする．

（i）鉄

哺乳類の腸管では，食物由来の鉄は基本的に二つの形，ヘム鉄と非ヘムである鉄(Ⅲ)として存在する．ヘム鉄は非ヘム鉄より容易に吸収されるので，ヒトを含む多くの哺乳類が狩りで食物を得ていたことを反映しているのは間違いない．野菜のようなものは非ヘム鉄であり，鉄源としては乏しい傾向が強い．というのは，リン酸，フィチン酸，ポリフェノールと安定な不溶性の鉄(Ⅲ)錯体を形成するため，吸収されにくい．ヘム鉄は未知の輸送体によって取込まれた後，ヘムオキシゲナーゼがヘムを分解して Fe^{2+}，ポルホビリノーゲン，一酸化炭素を生成し（図7・17），遊離した Fe^{2+} は細胞内の鉄貯蔵部位へ輸送される．食物の非ヘム鉄は酵母における低親和性鉄取込み経路と同じように吸収される．Fe^{3+} は頂端膜の鉄(Ⅲ)レダクターゼ（Dcytb）によって Fe^{3+} が Fe^{2+} に還元される．そして還元された Fe^{2+} はプロトン共役二価陽イオン輸送体 DMT1 によって腸管細胞に運ばれる．腸管細胞では鉄は低分子のプールへ輸送される．そのいくつかはフェリチンに貯蔵され，いくつかは基底側方膜へ移動する．膜貫通輸送体タンパク質，フェロポーチンによって血液循環へと移行される．血液では，第8章や以下で述べるように血清鉄は2個の Fe^{3+} をもつトランスフェリンとして輸送される．アポトランスフェリンへの鉄の取込みは Fe^{2+} から Fe^{3+} への酸化により容易になるとされている．鉄を酸化するフェロオキシダーゼ活性をもつ候補が二つ提案された（図7・17）．血清でのおもな銅タンパク質セルロプラスミンあるいはマルチ銅オキシダーゼファミリー（セルロプラスミンも含まれる）の一つである基底側方膜に結合するヘファエスチンである．

血清鉄はトランスフェリンの細胞でのサイクル（図7・18）を経て細胞へ配達される．2個の Fe^{3+} が結合したトランスフェリンは受容体に結合し，その複合体は陥入してクラスリン被覆ピット（エンドサイトーシス過程で形成される構造体）をつくり，エンドソームの標的膜と融合した後，小胞の中身をエンドソームの内部に輸送する．エンドソームの pH は ATP 依存性プロトンポンプによって約5～6にまで下がる．おそらくこの pH ではトランスフェリンに結合した炭酸イオンはプロトン化され，受容体に結合したトランスフェリンから鉄は Fe^{3+} として放出される．二価の陽イオン(金属)輸送体 DMT1 は，鉄が Fe^{3+} から Fe^{2+}

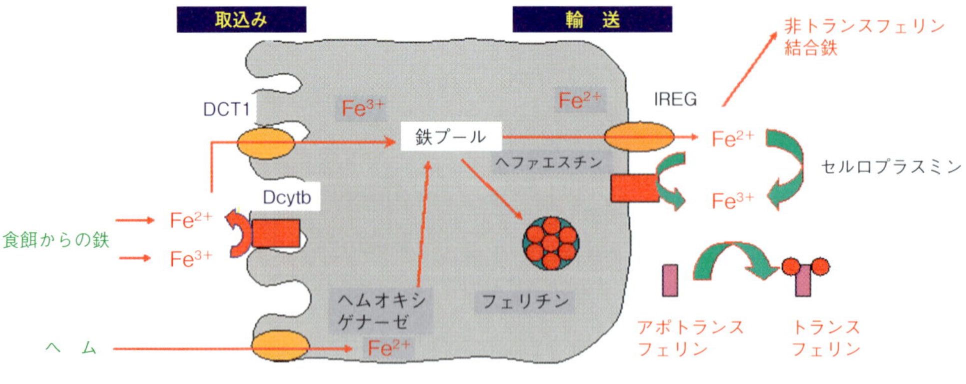

図7・17 正常な鉄取込みの概要図．鉄はヘム鉄あるいは非ヘム鉄の形で消化管から取込まれる．ヘム鉄はヘムオキゲナーゼによって Fe^{2+} を遊離する．一方，非ヘム鉄は Dcytb によって還元され，DCT-1 によって頂端膜を通って輸送される．腸上皮細胞内では，鉄のプールは細胞内の鉄貯蔵タンパク質フェリチンと平衡にある．基底側方膜では鉄は IREG-1 によって細胞外に輸送される．IREG-1 は酵素ヘファエスチンの鉄を酸化する活性（フェロオキシダーゼ）に助けられてアポトランスフェリンへ鉄を渡すものと考えられている．Dcytb: 十二指腸のシトクロム *b*．DCT1: 二価陽イオン輸送体タンパク質1．IREG: 鉄調節輸送体．

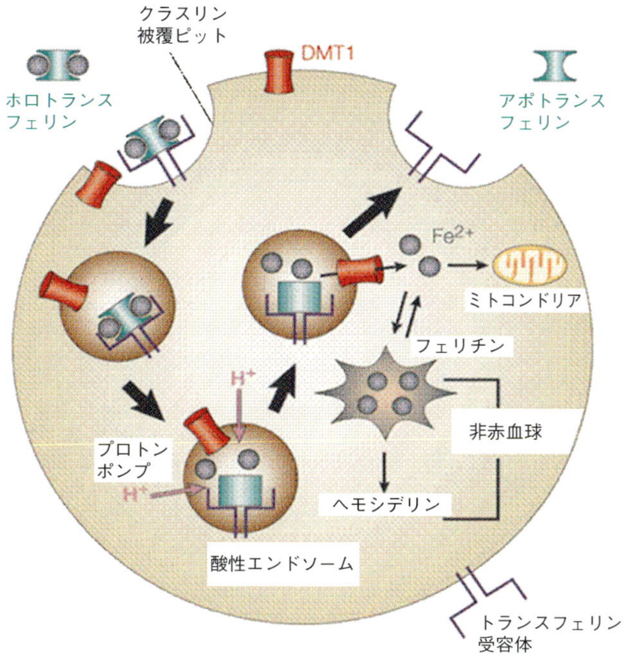

図7・18　トランスフェリンの細胞での再利用．ホロトランスフェリン：2個の Fe^{3+} をもつトランスフェリン．DMT1：二価金属イオン輸送体．

に還元された後にエンドソームから細胞質へ輸送するものと考えられている．細胞質の鉄はミトコンドリアに移され，ヘムや鉄-硫黄クラスターの合成に使われるか，フェリチン内に貯蔵される（第8章）．受容体を経由するエンドサイトーシスで取込まれる多くの他のタンパク質と違って，アポトランスフェリンは酸性pHでもその受容体に対して高い親和性を保ち，細胞膜側へ戻ってリサイクルされる．細胞膜では受容体から解離し，新しい鉄を求めて循環される．このような順序でトランスフェリンが再利用され，トランスフェリン受容体をもつ細胞によって鉄の取込みが可能になる．

（ii）銅および亜鉛

銅の消化管での取込みはほとんどわかっていない．最も可能性が高いのは二価金属イオン輸送体DMT1である．細胞レベルでは，銅はCTRファミリー輸送体によって哺乳類の細胞の細胞膜を Cu^+ として通り抜ける．CTRファミリータンパク質はこれまで見てきたように酵母，植物だけでなくヒトや他の哺乳類でも見つかっている．CTR1はN末端にいくつかのメチオニン豊富なモチーフをもっており，C末端にはシステインやヒスチジン残基が保存されている．CTRタンパク質は白金抗がん剤を取込んで哺乳類の細胞に運ぶことができるという変わった性質を見せる（第22章）．

ZIPファミリーは亜鉛を細胞膜を通って細胞質に運ぶ．ヒトゲノムでは14個のZIP関連タンパク質がコードされているが，ZIP4が亜鉛の取込みを行っているようである．食物の亜鉛を取込んだ後の小腸上皮細胞への移行に関与していることはよくわかっており，ZIP4の変異体は，亜鉛の吸収不全で亜鉛欠乏になる腸性肢端皮膚炎の患者に見いだされている．DMT1は食物の亜鉛を小腸の刷子縁膜に輸送するのに働いていると思われる．

文　献

Balasubramanian, R., & Rosenzweig, A.C. (2008). Copper methanobactin: a molecule whose time has come. *Current Opinion in Chemical Biology, 12*, 245–249.

Chu, B.C., Garcia-Herrero, A., Johanson, T.H., Krewulak, K.D., Lau, C.K., Peacock, R.S., *et al.* (2010). Siderophore uptake in bacteria and the battle for iron with the host; a bird's eye view. *Biometals, 23*, 601–611.

Cobine, P.A., Pierrel, F., & Winge, D.R. (2006). Copper trafficking to the mitochondrion and assembly of copper metalloenzymes. *Biochimica et Biophysica Acta, 1763*, 759–772.

Crichton, R.R. (2009). *Inorganic biochemistry of iron metabolism: from molecular mechanisms to clinical consequences* (3rd ed.). Chichester: John Wiley and Sons, pp 461.

Eide, D.J. (2004). The SLC39 family of metal ion transporters. *Pflügers Archiv – European Journal of Physiology, 447*, 796–800.

Eide, D.J. (2006). Zinc transporters and the cellular trafficking of zinc. *Biochimica et Biophysica Acta, 1763*, 711–722.

Guerinot, M.L. (2007). It's elementary: enhancing Fe^{3+} reduction improves rice yields. *Proceedings of the National Academy of Sciences USA, 104*, 7311–7312.

Hantke, K. (2001). Bacterial zinc transporters and regulators. *Biometals, 14*, 139–249.

Kosman, D.J. (2003). Molecular mechanisms of iron uptake in fungi. *Molecular Microbiology, 47*, 1185–1197.

Krewulak, K.D., & Vogel, H.J. (2008). Structural biology of bacterial iron uptake. *Biochimica et Biophysica Acta, 1778*, 1781–1804.

Kwok, E.Y., Severance, S., & Kosman, D.J. (2006). Evidence for iron channeling in the Fet3p-Ftr1p high-affinity iron uptake complex in the yeast plasma membrane. *Biochemistry, 45*, 6317–6327.

Martin, J.H., & Fitzwater, S.E. (1988). Iron deficiency limits phytoplankton growth in the north-east Pacific subartic. *Nature, 331*, 341–343.

Palmer, C.M., & Guerinot, M. (2009). Facing the challenges of Cu, Fe and Zn homeostasis in plants. *Nature Chemical Biology, 5*, 333–340.

Palmiter, R.D., & Huang, L. (2004). Efflux and compartmentalisation of zinc by members of the SLC30 family of solute carriers. *Pfluger's Arch., 447*, 744–751.

Petris, M.J. (2004). The SLC31 (Ctr) copper transporter family. *Pflügers Archiv – European Journal of Physiology, 447*, 796–800.

Philpott, C.C. (2006). Iron uptake in fungi: a system for every source. *Biochimica et Biophysica Acta, 1763*, 636–645.

Schmidt, W. (2003). Iron solutions: acquisition strategies and signalling pathways in plants. *Trends in Plant Science, 8*, 188–193.

Shi, D., Xu, Y., Hopkinson, B.M., & Morel, F.M.M. (2010). Effect of ocean acidification on iron availability to marine phyto plankton. *Science, 327*, 676–679.

Shi, L., Squier, T.C., Zachara, J.M., & Fredrickson, J.K. (2007). Respiration of metal (hydr)oxides by *Shewanella* and *Geobacter*: a key role for multihaem c-type cytochromes. *Molecular Microbiology, 65*, 12–20.

Solioz, M., & Stoyanov, J.V. (2003). Copper homeostasis in *Enterococcus hirae*. *FEMS Microbiology Reviews, 27*, 183–195.

Vraspir, J.M., & Butler, A. (2009). Chemistry of marine ligands and siderophores. *Annual Review of Marine Science, 1*, 43–63.

第8章

金属イオンの輸送・貯蔵・恒常性

8・1　はじめに

第７章に引き続き，細菌，真菌，植物ならびに動物における鉄，銅および亜鉛の輸送，貯蔵，恒常性について考えていく．単細胞細菌および酵母のような単細胞真核生物における金属同化反応においては，異なる細胞への金属イオン輸送は必要ないので，貯蔵と恒常性に限定して議論する．植物では根によって土壌から取込まれる金属の細胞間輸送，哺乳動物では腸管で取込まれる食物に由来する金属の細胞間輸送についても考える．酵母にはフェリチンは存在しないが，金属貯蔵タンパク質であるフェリチンやメタロチオネインは，細菌，植物，および動物に広く分布している．原核生物や単細胞真核生物においては，転写レベルにおいて恒常性維持機構が機能していることが多い一方で，細胞内の鉄恒常性は mRNA の翻訳レベルにおいて制御されている．（詳細は Boal, Rosenzweig, 2009; Crichton, 2009; Eide, 2006; Sutak *et al.*, 2008; Vaulont *et al.*, 2005 を参照）

8・2　細菌における金属の貯蔵および恒常性

(ｉ) 鉄

細菌細胞内において鉄が同化作用を受けると細胞内機能に利用可能な状態となる．ヘム鉄はヘムオキシゲナーゼによりヘムから遊離される必要があるが，シデロフォア，クエン酸鉄(Ⅲ)，ラクトフェリンおよびトランスフェリン由来の鉄は直接利用可能である．二価鉄は細胞内機能に利用できるが，多くの細菌では，将来鉄欠乏の状態になった場合に備え，鉄が過剰に存在するときに鉄を蓄積するための細胞内保管庫として機能するさまざまな鉄貯蔵タンパク質に鉄を取込む．細菌では，鉄のミネラルコアが析出可能な中心部の空間を，ほぼ球状のタンパク質外殻が取囲むとい

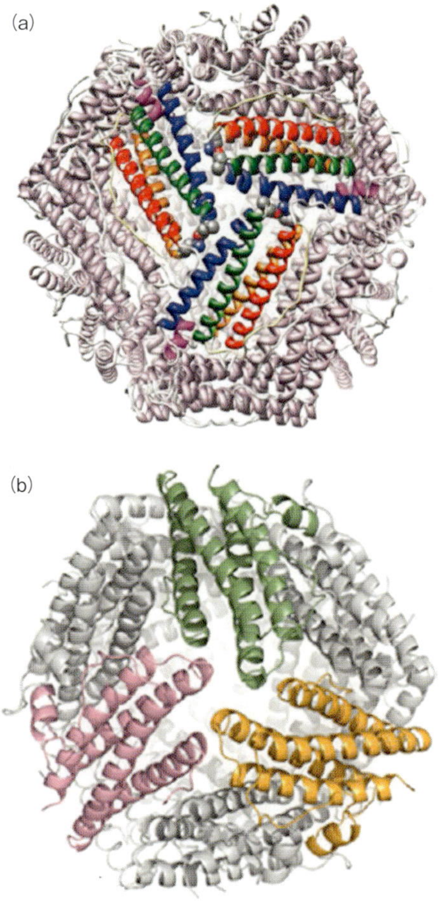

図8・1　(a) フェリチンタンパク質の構造［Watt, Hilton, Graff, 2010. Elsevier の許可を得て転載］(b) Dps タンパク質の構造［Chiancone, Ceci, 2010 より．Elsevier の許可を得て転載］

う類似した分子形状により特徴づけられる 3 種類の鉄貯蔵タンパク質が見いだされている．24 個のサブユニットから構成されるフェリチン(Ftn，真核生物にも存在する)，真正細菌に存在するヘム含有バクテリオフェリチン(Bfr)，および原核生物のみに存在する 12 個のサブユニットから構成される Dps タンパク質（飢餓細胞由来の DNA 結合タンパク質）の 3 種である（図 8・1）．Dps タンパク質を鉄貯蔵タンパク質と考えるかどうかについては議論があるところである．Dps タンパク質の主要な役割は，非特異的に DNA に結合して，遊離の Fe^{2+} が触媒するフェントン反応を防止することにより，特に過酸化水素による酸化ストレスから DNA を保護することにあると考えられている．Dps タンパク質は進化的にはまったく異なるファミリーであるが，構造的にも機能的にもフェリチンと多くの類似性をもっている．双方とも，同一ではないとしても類似した 24 個（フェリチン，バクテリオフェリチンの場合）あるいは 12 個（Dps タンパク質の場合）のサブユニットから構成されている．これらのサブユニットは 4 ヘリックスバンドル(束)構造を形成しており，鉄を貯蔵する中心部の空間をそれらが取囲み，ほぼ球状のタンパク質外殻を構成している（フェリチンおよびバクテリオフェリチンでは二十四量体当たり最大 4500 原子の鉄，分子量が小さい Dps タンパク質十二量体の場合は，500 原子程度の鉄を貯蔵する）．

これらのタンパク質中に，鉄は Fe^{2+} として取込まれるが，フェロオキシダーゼ活性部位で酸化され，三価鉄として貯蔵される(フェリチンへの鉄取込みの詳細については，第 19 章で説明する)．第 13 章で述べるように，フェリチンは，二核鉄タンパク質ファミリーに属している．二価鉄が酸化された後，Fe^{3+} はタンパク質内部に移動し，アモルファス状リン酸鉄(Ⅲ)コアを形成する．細菌中においてフェリチンは，鉄貯蔵タンパク質としての機能を示すと考えられている．一方で，バクテリオフェリチンの生理学的な役割についてはよくわかっていない．大腸菌においては，バクテリオフェリチンは鉄貯蔵において重要な役割を担っているとは思われない．

大腸菌や他の多くの細菌における鉄恒常性は Fur(ferric uptake regulator)タンパク質による鉄の有無への応答により制御されていると長年考えられてきた．Fe^{2+} の存在下においては，Fur タンパク質のホモ二量体が鉄獲得(シデロフォアの発現，利用のみならずその生合成も含む)に関わる遺伝子群の負の制御因子として機能する（図 8・2）．Fur タンパク質は，鉄により制御される細菌の病原因子の発現も制御している．

DNA 中の GC 含量が高いグラム陽性細菌(*Mycobacterium* や *Streptomyces* など）では，DtxR（diphtheria toxin regulator）タンパク質が包括的な鉄制御に関与している．DtxR

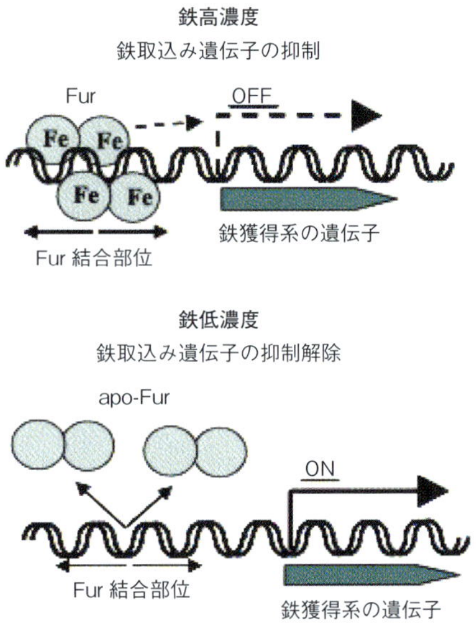

図 8・2　Fur による遺伝子発現制御の概略．［Andrews *et al*., 2003 より改変］

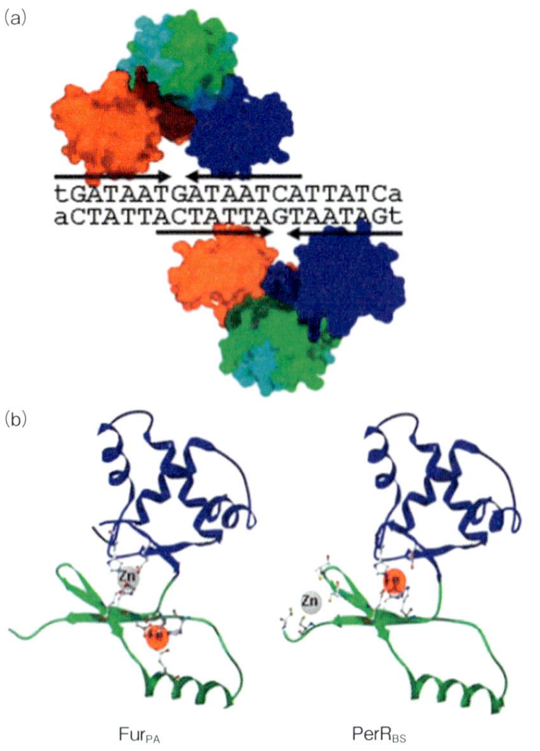

図 8・3　Fur ファミリータンパク質と DNA および金属との相互作用．(a) Fur$_{PA}$ と DNA の相互作用モデル．N 末端 DNA 結合ドメインを赤と青，C 末端二量化ドメインを緑で示す．典型的な Fur ボックスは，一つの二量体分子が結合すると推定された 19 塩基対の逆方向反復配列（大文字で示す）と定義されている．(b) Fur$_{PA}$ および PerR$_{BS}$ の推定金属結合部位の比較．［Lee, Helmann, 2007 より．Springer の許可を得て転載］

は，機能的にはFurと類似した鉄センサーであると考えられている．日和見感染菌である *Pseudomonas aeruginosa* 由来のFurタンパク質，および *Corynebacterium diphtheriae* 由来のDtxRタンパク質の結晶構造が決定されている（図8・3）．FurとDtxRにはほとんど配列類似性はないにもかかわらず，αヘリックスから構成される両者のDNA結合ドメインの構造は類似している．DtxR，Furいずれも二量体2分子が，少なくとも27塩基対からなる一つのオペレーターに結合する．*P. aeruginosa* 由来のFurとDNAとの相互作用モデルも図8・3に示す．

Furそれ自身は，多くの細菌種にまたがって存在する遺伝子制御タンパク質ファミリーの一部である．主要なサブクラスは，大腸菌由来のFurのように鉄恒常性の制御に関わっているが，酸耐性や酸化ストレスに対する防御などにおいて機能するものもある．Furファミリーにおける一つのクラスであるZurは，亜鉛の取込み制御に関与している（p.121参照）．

Fe^{2+}結合型Furが負の制御因子であるにもかかわらず，多くの遺伝子に対して正の制御因子として機能するという知見は，最近に至るまで鉄制御における謎であった．大腸菌では，クエン酸回路中の酵素であるアコニット酸ヒドラターゼ，フマル酸ヒドラターゼ，コハク酸デヒドロゲナーゼ，および2種のフェリチン（FtnAおよびBfr），Feスーパーオキシドジスムターゼ（sodB）が，それに該当する．この謎は，すべての生物に存在している低分子非コードRNAファミリー（大部分のものは，翻訳反応およびmRNAの安定性に関与する制御因子として機能している）の発見により説明がつくこととなった．低分子非コードRNAの一つ，90ヌクレオチドからなるRNAであるRyhBは，鉄制限条件下において，一連の鉄貯蔵タンパク質，および鉄を利用しているタンパク質の発現量を減少させる（図8・4）．さらに，*ryhB* それ自身もFe^{2+}結合型Furにより負に制御されている．RyhB RNAの発現レベルは，Fe^{2+}結合型Furにより発現量が増加することが見いだされているコハク酸デヒドロゲナーゼおよび，他の5種のタンパク質をコードしている *sdhCDAB* オペロンmRNAの発現レベルと逆相関している．Fe^{2+}結合型Furが活性である場合，RyhB RNAの転写は抑制される．RyhBが存在しない場合

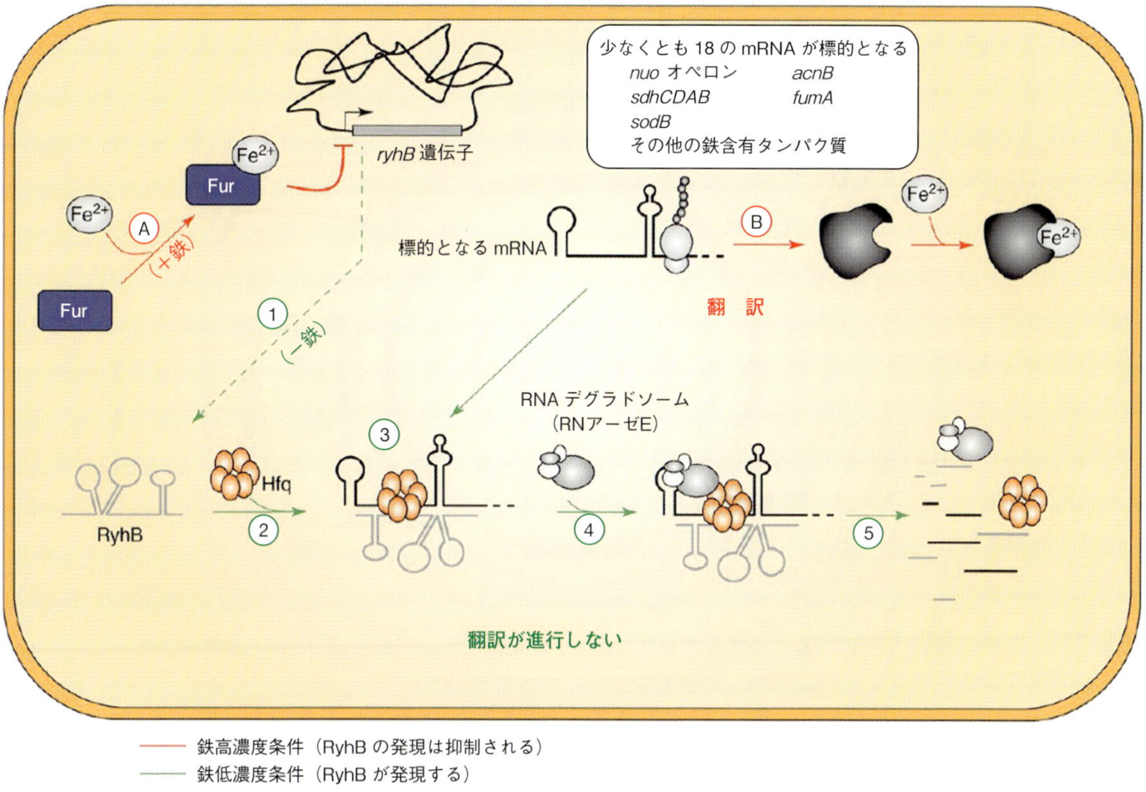

図8・4 鉄欠乏時のRyhB作用機構．Ⓐ 鉄が十分量存在する場合，活性化されたFurがRyhBの転写を抑制し，Ⓑ 必須ではない鉄含有タンパク質の翻訳が進行する．鉄欠乏時には，① Furが不活性型となり，RyhBの転写が進行する．② RyhBがRNAシャペロンであるHfqにより安定化される．③ 低分子非コードRNA（sRNA）であるRyhBがアンチセンス鎖として機能し，標的mRNAと複合体を形成し，翻訳を阻害する．④ マルチタンパク質複合体であるRNAデグラドソームがsRNA-mRNA複合体を認識し，双方のRNAを同時に分解する．［Massé, Salvail, Desnoyers, Arguin, 2007より．Elsevierの許可を得て転載］

には，上記タンパク質のmRNAの発現量は増加し，それらが分解されることはない．このことは，鉄が過剰に存在する場合には活性型Furが鉄獲得遺伝子の発現を停止するのみならず，*ryhB*の発現も停止し，鉄貯蔵遺伝子の発現を開始することを意味している（図8・4）．逆に鉄欠乏状態では，不活性型Furにより鉄獲得遺伝子の発現が開始され，鉄貯蔵遺伝子の発現が停止する．本章の後半では，動物においては，転写ではなく翻訳レベルにおいて，同様な鉄取込み・貯蔵経路の上方制御・下方制御が機能していることを示す．

(ii) 銅および亜鉛

多くの細菌中では，銅および亜鉛はメタロチオネインとよばれるタンパク質中に貯蔵されていることが明らかとなっている．この点に関しては，本章後半において構造的な視点から議論する．これら低分子量でシステイン含量の高い金属捕捉タンパク質の発現は，一価銅 Cu^{+}，二価亜鉛 Zn^{2+} のほか，生物学的には利用されることのない，潜在的には毒性を示す Ag^{+} や Cd^{2+} によっても誘導される．

銅や亜鉛は多くの酵素の活性発現のために重要であり，細菌は，銅や亜鉛の効率的な取込み系を発達させる必要があった．しかしながら，どちらの金属も過剰量存在すれば毒性を示すため，それらの細胞内濃度は厳密に制御されなければならない．銅取込みの恒常性については，グラム陽性細菌である *Enterococcus hirae* におけるものが最も詳細に研究されている．*cop* オペロン中には，*copY*，*copZ*，*copA*，*copB* の4遺伝子が含まれている．第7章で述べたように，CopAおよびCopBタンパク質は銅輸送ATPアーゼであり，CopYは銅応答性リプレッサー，CopZは細胞内銅代謝におけるシャペロン（銅シャペロンについては本章後半部で詳細を説明する）である．*cop* オペロンが存在することにより，*E. hirae* は銅制限条件下で生育可能であるとともに，最大8 mMの銅濃度においても生育できる．CopBが過剰量の銅や銀を細胞外へ排出する一方で，低銅濃度条件下においては，CopAが銅を獲得する．*E. hirae* における銅恒常性のモデルを図8・5に示す．銅はCopA経由，あるいは非特異的流入により細胞内に取込まれる．細胞質に存在する過剰な銅はCopZと結合する．CopZと結合した銅は Cu^{+} の形でCopBに渡されて細胞外に排出されるほか，CopYリプレッサーに渡され，*cop* オペロンの発現が誘導される．低銅濃度条件下では，亜鉛が結合型している2分子のCopY二量体が，*cop* オペロン上流に存在する二つの *cop* ボックスに結合している．CopZがCopYに Cu^{+} を供与する場合には，CopY単量体当たり1分子の Zn^{2+} が2分子の Cu^{+} で置換される．するとCopYがプロモーター部分から解離し，下流にある遺伝子群の転写が誘導される．銅がCopAにより細胞内に輸送される際には，未同定の還元酵素により一価銅（Cu^{+}）の状態に還元される．取込まれた銅は，細胞質では特異的な金属シャペロンであるCopZにより運搬される．CopZに結合した銅は，CopZから二量体構造をもつ亜鉛が結合しているリプレッサーCopYに渡され，亜鉛と置換し，CopYをプロモーターから解離させる．その結果，四つの *cop* 遺伝子の転写が開始される．高銅濃度条件下では，過剰なCopZは銅により活性化されるプロテアーゼにより分解される．

細菌由来の銅タンパク質は，細胞膜（グラム陽性細菌の場合），あるいは細胞膜およびペリプラズム（グラム陰性細菌の場合）にのみ存在し，細胞質には存在しない．しかしながら，シアノバクテリアでは細胞質にも銅タンパク質が存在している．重要な光合成細菌であるシアノバクテリアでは，光合成電子伝達系において重要な役割を担っているプラストシアニンのために銅が必要とされる．プラストシアニンとシトクロム *c* オキシダーゼは，いずれも細胞質中に存在するチラコイド画分に存在している．*Synechocystis* においては，Cu^{+}– P_{1B}-ATPアーゼ*1であるCtaAが Cu^{+} を取込む．第二のATPアーゼであるPacSがチラコイドに Cu^{+} を取込み，Atx1様の銅シャペロンであるScAtx1がCtaAからPacSへ Cu^{+} を輸送していると考えられている

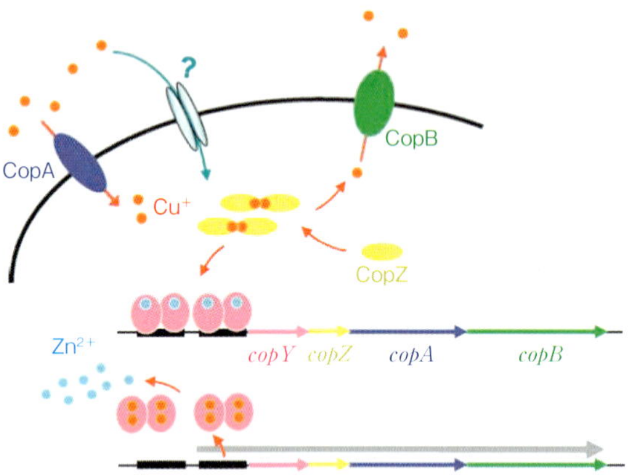

図8・5　*Enterococcus hirae* における銅の恒常性．銅はCopAあるいは非特異的な流入により細胞内に取込まれる．細胞質中の過剰な銅はCopZに結合する．CopZに結合した銅は，Cu^{+} としてCopBに渡され細胞外へ排出されるか，リプレッサーであるCopYに渡され *cop* オペロンの転写が誘導される．低銅濃度条件下においては亜鉛が結合している2分子のCopY二量体が，*cop* オペロン上流に存在する二つの *cop* ボックスに結合している．CopZが Cu^{+} をCopYに供与すると，CopY単量体中の Zn^{2+} 1分子が2分子の Cu^{+} で置換される．それに伴いCopYがプロモーターから解離し，プロモーター下流の遺伝子発現が誘導される．［Solioz, Abicht, Mermod, Mancini, 2010より．Springer Verlagの許可を得て転載．©2010］

*1　訳注：P_{1B}-ATPアーゼはP型ATPアーゼの一種で，重金属の輸送を行う．

（図 8・6）．

メタロチオネインが亜鉛の解毒，貯蔵に関与しているシアノバクテリアを例外として，多くの細菌種においては，亜鉛貯蔵はその主要な恒常性維持機構ではないようである．過剰な亜鉛を除去するより一般的な方法は，細胞外への排出である．亜鉛工場の廃棄タンクから分離された，生育の最低阻害亜鉛濃度が 12 mM である高度亜鉛耐性細菌 *Ralstonia metallidurans* が本機構の重要性を明瞭に示している．一般に，亜鉛恒常性維持システムは，1）金属の取込み，あるいは排出に関与する金属結合タンパク質，2）対応する金属結合タンパク質の存在量を制御するための金属センサーをもっている．シアノバクテリア中において亜鉛への対応およびセンシングに関与する既知遺伝子を図 8・7 に示す（Blindauer, 2008）．Zn^{2+} は，非特異的なポリンタンパク質によりペリプラズムに流出入する．ペリプラズムに存在する Zn^{2+} は，高親和性亜鉛取込み系である ABC 輸送体 ZnuABC（ZntABC ともよばれる）により細胞質へと輸送される．亜鉛欠乏状態下での ZnuABC 発現は Zur により制御されている．Zn^{2+} は ATP アーゼである ZiaA により細胞質から排出される．細菌型メタロチオネインである BmtA が，細胞内で亜鉛（およびカドミウム）を隔離する．原核生物由来の亜鉛センサーの大部分は，1）“ウィングド・ヘリックス型” SmtB/ArsR 関連の重金属依存型転写抑制因子，2）ZntR 関連，あるいは 3）やはりウィングド・ヘリックス型 DNA 結合モチーフをもつ Fur オルソログのうちのいずれかである．大部分の高親和性亜鉛取込み系は，Fur ファミリーのサブグループである Zur タンパク質により制御されている．それに加え，Fur ファミリーの他のメンバーである Mur および Nur がマンガンおよびニッケルの取込み制御に関与している．

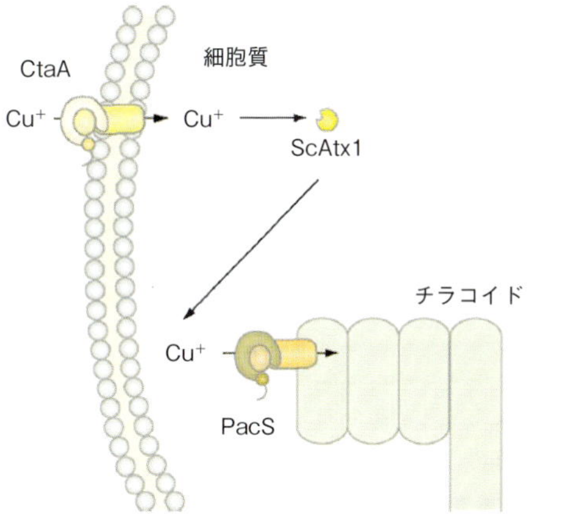

図 8・6 シアノバクテリア *Synechocystis* における銅輸送経路．

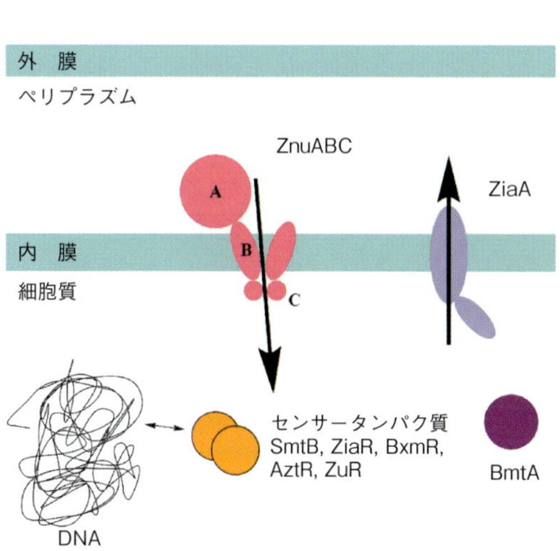

図 8・7 シアノバクテリアにおける既知の亜鉛運搬遺伝子の概要．

8・3 植物および真菌における金属の輸送，貯蔵，恒常性

単細胞真菌が金属輸送系を必要としない一方で，多細胞真菌や植物では金属輸送系が必要である．ここではまず植物における金属輸送について説明する．その後，貯蔵区画にどのようにして金属イオンが隔離されるのかについて説明した後，金属イオンの恒常性について説明する．細菌の場合と同様，鉄，銅，亜鉛について考察する．すべての真菌のなかでも，酵母（*Saccharomyces cerevisiae*）における鉄代謝が最も研究が進んでいるので，ここでは鉄の恒常性維持機構について焦点を絞る．しかしながら読者は，銅および亜鉛の恒常性も，鉄の場合と多くの共通点があることがすぐにわかるであろう．

（i）植物における鉄，銅，亜鉛の輸送と貯蔵

植物の根における鉄，銅，亜鉛の獲得については，第 7 章で説明した．表皮細胞に取込まれた後，鉄は根から木部，さらには葉へと輸送される．双子葉植物および単子葉植物の細胞内金属輸送について図 8・8，図 8・9 にそれぞれ示す．双子葉植物においては，鉄，亜鉛，および銅は，表皮に存在する輸送体によりシンプラスト（原形質連絡でつながった，連続した細胞質）に取込まれる．FRO2 による鉄（およびおそらく銅）の還元や，シロイヌナズナ（*Arabidopsis*）H^+-ATP アーゼ（AHA）による土壌の酸性化が金属取込みの促進に寄与している．取込まれた金属は，シンプラスト空間を経由して維管束へと輸送される．木部への金属輸送についてはまだ完全には解明されていない．鉄の場合にはおそらくクエン酸塩として輸送されている．クエン酸塩輸送体 FRD3 が木部にクエン酸塩を排出することが判明しており，FRD3 がシュート〔茎とそれにつく葉をまとめて“シュート（shoot）”とよぶ〕への鉄輸送

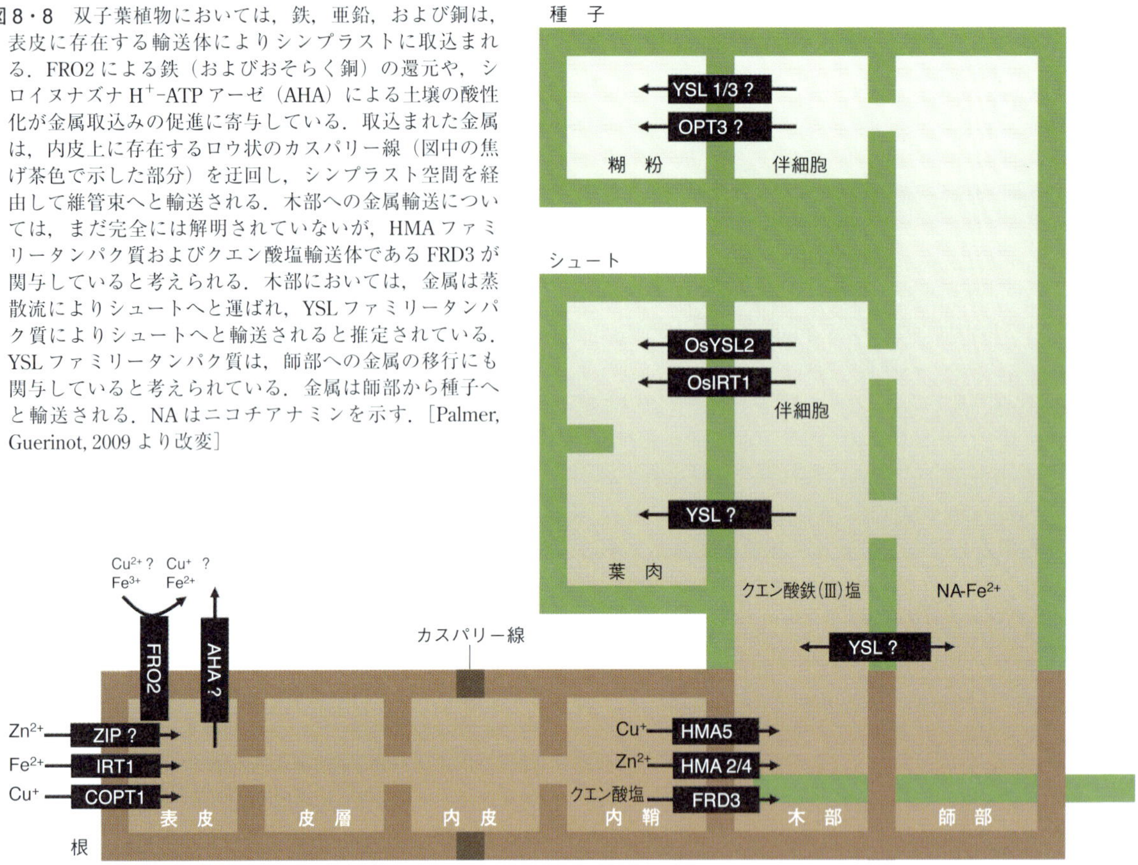

図8・8　双子葉植物においては，鉄，亜鉛，および銅は，表皮に存在する輸送体によりシンプラストに取込まれる．FRO2による鉄（およびおそらく銅）の還元や，シロイヌナズナ H^+-ATPアーゼ（AHA）による土壌の酸性化が金属取込みの促進に寄与している．取込まれた金属は，内皮上に存在するロウ状のカスパリー線（図中の焦げ茶色で示した部分）を迂回し，シンプラスト空間を経由して維管束へと輸送される．木部への金属輸送については，まだ完全には解明されていないが，HMAファミリータンパク質およびクエン酸塩輸送体であるFRD3が関与していると考えられる．木部においては，金属は蒸散流によりシュートへと運ばれ，YSLファミリータンパク質によりシュートへと輸送されると推定されている．YSLファミリータンパク質は，師部への金属の移行にも関与していると考えられている．金属は師部から種子へと輸送される．NAはニコチアナミンを示す．[Palmer, Guerinot, 2009より改変]

に必須となっている．亜鉛および銅は，HMAファミリータンパク質により木部に輸送されると考えられている．木部においては，金属は蒸散流によりシュートへと運ばれ，YSLファミリータンパク質によりシュートへと輸送されると推定されている．YSLファミリータンパク質は，師部への金属の移行にも関与していると考えられている．師部において金属は，ニコチアナミン(NA)キレートとして輸送され，種子へと輸送される．

単子葉植物においては，鉄および亜鉛は表皮に存在するYSL輸送体により植物シデロフォアキレートの形で取込まれる．鉄はOsIRT1によっても取込まれる．取込まれた金属はシンプラスト空間を経由して維管束へと移行する．クエン酸塩排出体であるFRDL1は，木部へのクエン酸塩の搬入と，それに引き続く蒸散流によるシュートへの鉄輸送に重要な役割を果たしている．YSL輸送体も木部からシュートおよび師部への鉄輸送に関与していると考えられている．鉄はOsYSL2およびOsIRT1によって師部からシュートおよび種子細胞へ輸送される．

木部に輸送されたクエン酸塩のようなカルボン酸鉄(Ⅲ)塩の光還元反応が，シュートにおいて鉄還元が進行する主要因であると考えられる．その後，ニコチアナミン鉄錯体が関与して，鉄が葉へと分配されてゆくものと考えられている（図8・9）．

いったん標的細胞に輸送された金属は，それを必要とする細胞内区画に分配される必要があり，過剰に存在するときには安全に貯蔵される必要がある．植物中に含まれる鉄のおよそ90%は葉緑体に存在している．葉緑体では，鉄は電子伝達系，およびクロロフィル，ヘム，鉄–硫黄クラスターの合成に必要とされる．鉄，銅，亜鉛は，スーパーオキシドジスムターゼが，葉緑体形成中の活性酸素種による障害を防止するための補因子として必要とされる．銅は，銅タンパク質プラストシアニンをはじめとするさまざまな酵素にも必要である．植物細胞中における細胞内金属輸送経路を図8・10に示す．葉緑体への金属輸送について，最も研究が進んでいるのは銅である．銅は，HMA1，PAA1と，おそらくPIC1により葉緑体に輸送される．PAA2はチラコイド膜を介しての銅輸送に関与している．葉緑体への鉄輸送には，FRO7により鉄が還元される必要があることが知られており，PIC1により輸送されると考えられている．鉄および銅はミトコンドリアに輸送される必要がある．しかしATM3が鉄–硫黄クラスター排出体として機能することは確立されているものの，ミトコンドリ

図 8・9　単子葉植物においては，鉄および亜鉛は，表皮に存在する YSL 輸送体により植物シデロフォアキレートの形で取込まれる．鉄は OsIRT1 によっても取込まれる．取込まれた金属は，内皮上に存在するロウ状のカスパリー線を迂回し，シンプラスト空間を経由して維管束へと輸送される．クエン酸塩排出体である FRDL1 は，木部へのクエン酸塩の搬入と，それにひき続く蒸散流によるシュートへの鉄輸送に重要な役割を果たしている．YSL 輸送体も木部からシュートおよび師部への鉄輸送に関与していると考えられている．鉄は OsYSL2 および OsIRT1 によって師部からシュートおよび種子細胞へ輸送される．図中の焦げ茶色で示した部分はカスパリー線を，MA はムギネ酸，NA はニコチアナミンを示す．［Palmer, Guerinot, 2009 より改変］

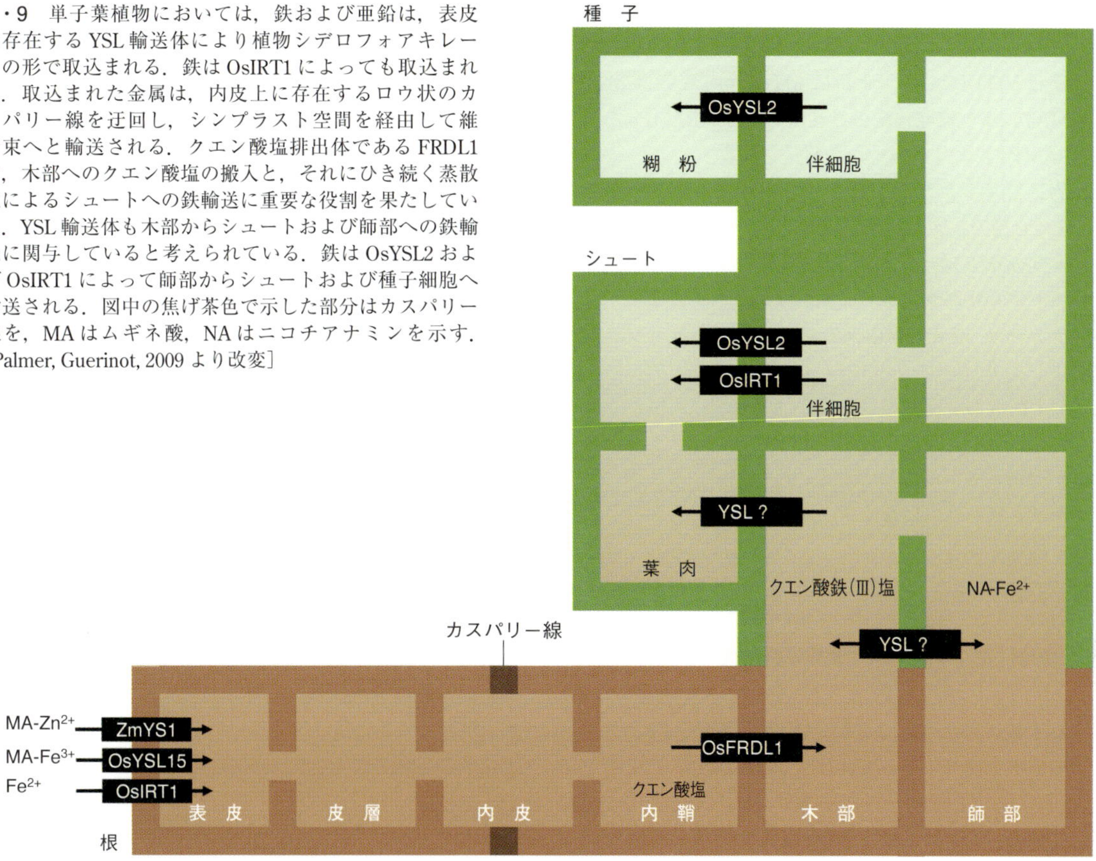

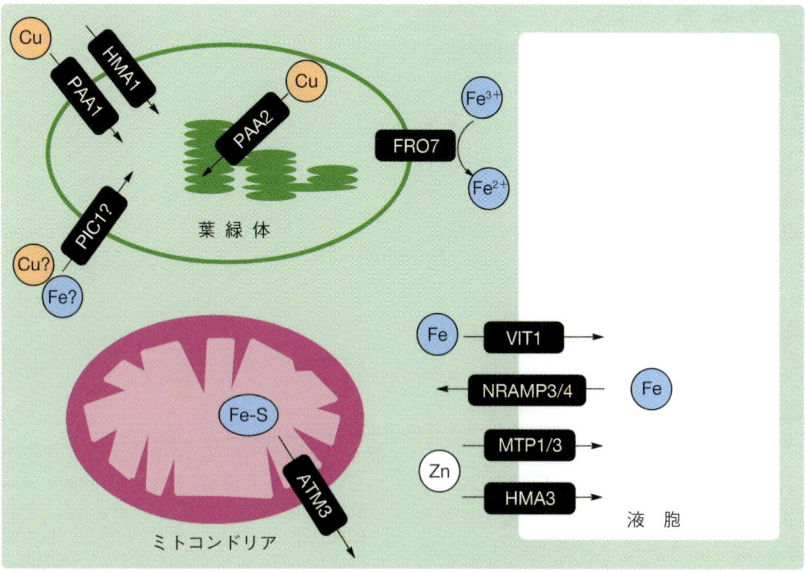

図 8・10　鉄は VIT1 により，亜鉛は MTP1（あるいは MTP3）と HMA3 により液胞に輸送される．鉄は NRAMP3 あるいは NRAMP4 により液胞中から移送される．葉緑体への金属輸送について最も研究が進んでいるのは銅である．銅は HMA1，PAA1 と，おそらく PIC1 により葉緑体に輸送される．PAA2 はチラコイド膜を介しての銅輸送に関与している．葉緑体への鉄輸送には FRO7 により鉄が還元される必要があることが知られており，PIC1 により輸送されると考えられている．ATM3 が鉄−硫黄クラスター排出体として機能することは確立されているものの，ミトコンドリアへの，およびミトコンドリアからの金属輸送についてはよくわかっていない．［Palmer, Guerinot, 2009 より改変］

アへの鉄・銅輸送の詳細についてはよくわかっていない．種子では，液胞が必須金属の貯蔵に重要な役割を担っている．鉄はVIT1により，亜鉛はMTP1（あるいはMTP3）とHMA3により液胞に輸送される．鉄はNRAMP3あるいはNRAMP4により液胞中から移送される．

植物はフィトケラチンをもっている．フィトケラチンは，鉄結合型の状態では非緑色プラスチド*2 に蓄積する．フィトケラチンは，そのN末端に存在するトランジットペプチドによりプラスチドに選別輸送される．また，フィトケラチンは，哺乳動物由来のフェリチンのHサブユニットおよびLサブユニットにみられるような，フェロオキシダーゼ活性および鉄の核生成の活性発現に特徴的な残基をもっている．光合成シアノバクテリア中にメタロチオネインが存在していることはすでに述べたが，植物中にフィトケラチンばかりではなくメタロチオネインも存在していることは驚くべきことではない．それらはおそらく有害金属からの防御において機能していると考えられる．

(ii) 植物における鉄，銅，亜鉛の恒常性

(Grotz, Guerinot, 2006)

シロイヌナズナにおいては，トマト由来のFERタンパク質のオルソログである塩基性ヘリックス・ループ・ヘリックス(BHLH)型転写因子であるFITが鉄欠乏への応答を制御している．FITはトマトの*fer*変異を回復し，鉄欠乏への応答を誘導することができる．FERと同様，FIT1は根に特異的に発現（ただし，その発現は鉄欠乏状態においてのみ誘導される）している．*fit*変異体においてはFe^{2+}輸送体であるIRT1が存在せず，鉄還元酵素であるFRO2のmRNA，およびFe^{3+}キレート還元活性のいずれも観測されない．鉄欠乏への応答においては，図8・11に示すように，BHLHファミリーのタンパク質がFITと協働してDNA結合因子として機能する．IRT1およびFRO2は，亜鉛存在下におけるZRT1の場合と同様，鉄存在下におけるユビキチン化，それに引き続く液胞へのエンドサイトーシスと分解反応により，転写後調節を受けている．

戦略I(第7章参照)を採用している植物における鉄欠乏への応答制御のモデルでは，二つの経路〔(a) シュートから根に向かうループ，(b) 根からシュートに向かうループ〕からなる制御回路がある（図8・12)．本制御経路における根からシュートに向かうループ部分では，根の表皮細胞の分化は，根の細胞内あるいは根圏（根のすぐ周囲の環境）における鉄の有無により制御されている．鉄の取込みを増加させるであろう根毛の発達*3 は，根の近傍に鉄が存在すると抑制される．取込まれ，木部に存在する葉に輸送された鉄は，葉細胞への鉄取込みを制御する．葉における鉄濃度が減少した場合，鉄濃度の減少はセンサーによって感知され，その情報を師部を通じて根に伝達するためのシグナル分子が合成される．このプロセスには，1種類以上のセンサーが関与していると考えられる．二つのシグナルカスケード間での相互作用が存在するため，鉄の取込みは正あるいは負に制御される．

戦略IIを採用している単子葉植物においては，植物シデロフォア合成および鉄取込みに関与する遺伝子の重要な転写調節因子は，BHLHタンパク質のIRO2である．この制御ネットワークがどのように働くかについてのモデルは確立されている．鉄欠乏のシグナルに対応し，二つの鉄センサー(IDEF1およびIDEF2)が*IRO2*遺伝子のプロモーター中に存在するIDE1およびIDE2モチーフに結合し，*IRO2*の発現を活性化する．発現したIRO2は，IRO2結合モチーフをもつ遺伝子の発現を開始する．IRO2結合モチーフをもつほか2種の転写因子遺伝子についても，おそらく同様な制御がなされている．このようなシグナル伝達カスケードによる最終的な植物の応答として，植物シデロフォア合成（前駆体であるメチオニン生合成遺伝子および鉄取込み遺伝子の過剰発現も含め）が増加する．

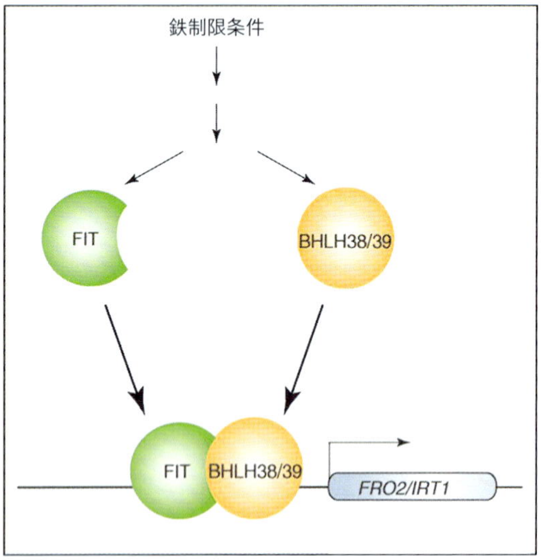

図8・11　FITおよびBHLH38/BHLH39による*FRO2*と*IRT1*発現誘導のモデル．FIT，BHLH38およびBHLH39の発現は鉄制限条件下において増加する．FITはBHLH38あるいはBHLH39とヘテロ二量体を形成し，根の表層に存在する*FRO2*および*IRT1*の転写を誘導する．［Walker, Connolly, 2008より改変］

*2　プラスチド(色素体)は，真核細胞の細胞質に存在する細胞小器官(オルガネラ)の一種である．DNAをもち，二重膜で囲まれた構造をしている．

*3　根毛の発生および伸長は，“根毛の形態形成トランスクリプトーム”として特定されている606個の遺伝子セットにより規定されている．

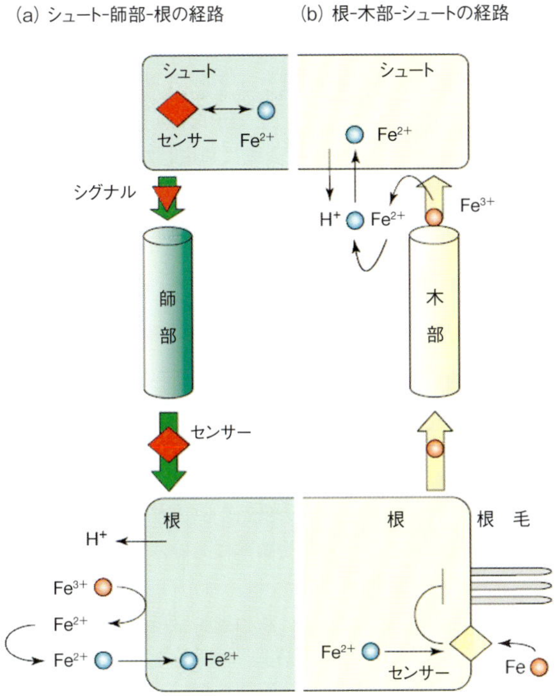

図 8・12　戦略 I を採用している植物における鉄欠乏への応答制御のモデル．二つの制御経路 (a) シュート～根の経路，(b) 根～シュートの経路から構成される本制御系により，一連の応答が制御されている．二つの制御経路間でのクロストークにより，鉄源が空間的に不均一である場合の微調整や鉄源探索が可能となっている．[Schmidt, 2003 より改変]

いくつかの植物種においては，葉や根におけるフィトフェリチンの転写は鉄過剰により誘導され，鉄欠乏により抑制される．トウモロコシには，二つの独立なシグナル経路により別々に制御される 2 種類のフェリチン遺伝子が存在している．そのうちの一方は酸化状態，もう一方は植物の成長ホルモンであるアブシジン酸に依存した制御を受ける．

銅欠乏に対するシロイヌナズナの根および栄養細胞における応答は詳しく研究されている（図 8・13）．銅が制限された状況では，細胞質およびプラスチドに存在する Cu/Zn スーパーオキシドジスムターゼの発現は減少し，Fe スーパーオキシドジスムターゼの発現が増加する．銅が供給される条件下では逆の状態となる．マイクロ RNA の一種 miR398 が，Cu/Zn スーパーオキシドジスムターゼをコードしている mRNA を標的としている．強い酸化ストレスは miR398 の発現を抑制し，その結果 Cu/Zn スーパーオキシドジスムターゼ活性が増大する．銅恒常性の主要制御因子は SPL7 である．細胞内銅濃度が減少すると，SPL7 を介した銅取込み・同化系遺伝子，および 4 種の銅-マイクロ RNA（miR397, miR398, miR408, miR857）の発現が活性化される．これらの銅-マイクロ RNA は，RISC（RNA-induced silencing complex, RNA 誘導サイレンシング複合体）に依存した，必須ではない銅タンパク質をコードする転写産物の分解をもたらす．これらのマイクロ RNA はラッカーゼ，プラストシアニンといった銅タンパク質をも

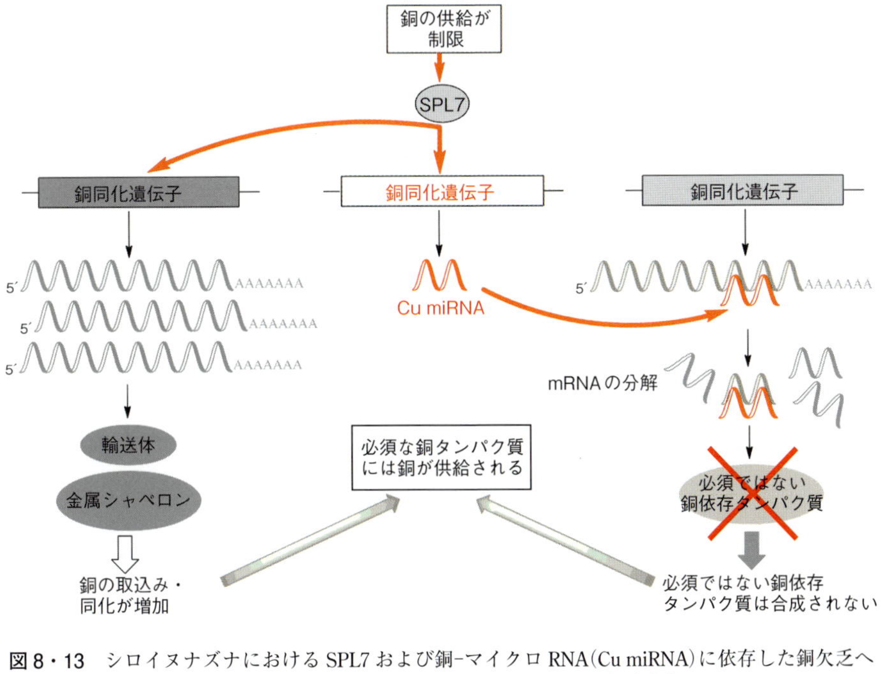

図 8・13　シロイヌナズナにおける SPL7 および銅-マイクロ RNA (Cu miRNA) に依存した銅欠乏への応答モデル．[Pilon, Cohu, Ravet, Abdel-Ghany, Gaymard, 2009 より改変]

標的としている．このように，銅-マイクロRNAとよばれる少なくとも4種のマイクロRNAが銅の有無により制御されている（図8・13）．銅-マイクロRNAの誘導，すなわち銅制限条件下での銅タンパク質発現量が減少することで，光合成により植物が生育するためには必須であるプラストシアニンのような必須銅タンパク質へ限られた銅を割り当てることが可能となる．

シロイヌナズナ中での亜鉛恒常性においても転写制御が存在し，ZIP輸送体であるIRT1とIRT2の双方ともに亜鉛欠乏により発現量が増加する．

(iii) 真菌における鉄，銅，亜鉛の輸送と貯蔵

第7章で述べたように，酵母 *S. cerevisiae* による鉄の還元的取込み反応では，細胞外の三価鉄化合物が還元され，遊離した二価鉄が低親和性二価金属透過酵素(FET4)あるいは高親和性酸化酵素-透過酵素系(FET3-FTR1)により取込まれる．その概略は図7・1に示したとおりである．銅は，CCC2銅シャペロンを介し，後期ゴルジ体におけるFET3生合成に関与している．鉄は，Fe^{3+}-シデロフォア錯体からも取込まれる．第4章でも述べたように，鉄はヘムおよび鉄-硫黄クラスター生合成に必要不可欠である．ヘムおよび鉄-硫黄クラスターを含む多くのタンパク質がミトコンドリアに存在しており，ミトコンドリアは細胞内鉄代謝調節の中心となっている(図8・14)．鉄は膜電位依存的に，ミトコンドリアキャリヤータンパク質MRS3，MRS4，および未知タンパク質XによりFe^{2+}としてミトコンドリア内膜を通過し，ミトコンドリア内部に輸送される．輸送された鉄はフェロケラターゼ（Hem15）によるプロトポルフィリンIX（PPIX）からのヘム合成，および鉄-硫黄クラスター生合成に利用される．鉄-硫黄クラスター生合成は，Nfs1/Isd11システインデスルフラーゼ複合体によるシステインからの硫黄脱離に始まり，足場タンパク質であるIsu1/2上に過渡的な鉄-硫黄クラスターが形成される．Isu1/2上での過渡的な鉄-硫黄クラスター合成には，NADH→フェレドキシンレダクターゼ→フェレドキシンYah1という経路での電子伝達系，および鉄供与体と想定されているYfh1（フラタキシン）が必要である．Yfh1はヘム生合成の最終段階であるフェロケラターゼへの鉄供給におけるシャペロンとしても機能していると考えられている．フラタキシンの構造，およびヒトの神経疾患であるフリードライヒ運動失調症におけるフラタキシンの役割については第21章で述べる．*YFH1* 遺伝子を欠失した酵母ではミトコンドリアに鉄の過剰蓄積が観測され，ミトコンドリアの酸化的障害が進行する．現在までに，子嚢菌および担子菌においては，細菌，植物，動物，および他のほぼすべての生物に存在しているフェリチン様の鉄貯蔵タンパク質は見つかっていない．*S. cerevisiae* のゲノムを精査しても，フェリチンに共通してみられるコンセンサス配列に相同な配列をもつタンパク質は見つからない．酵母の細胞内において鉄は液胞に貯蔵されている．酵母におい

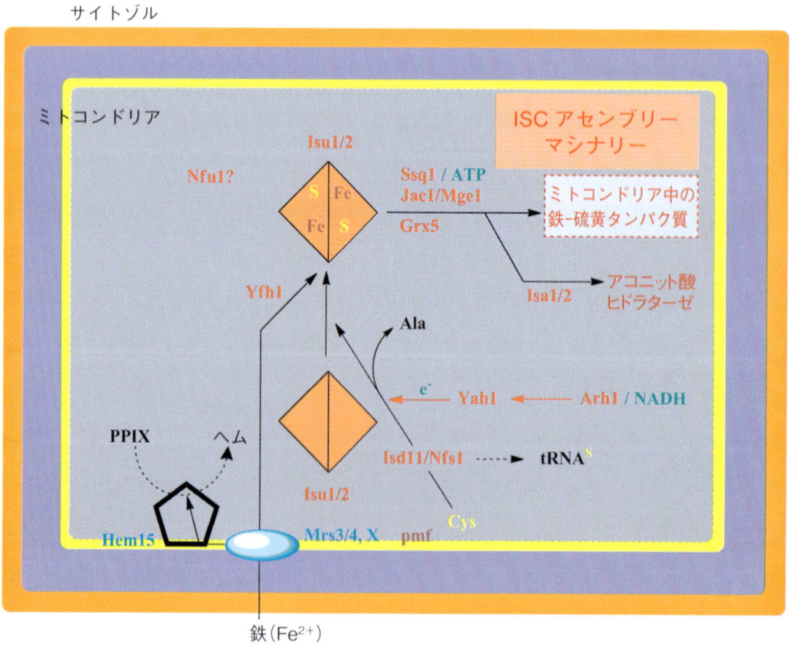

図8・14　ミトコンドリアにおける鉄-硫黄タンパク質生合成機構のモデル［Lill *et al.*, 2006 より．Elsevierの許可を得て転載．©2006］

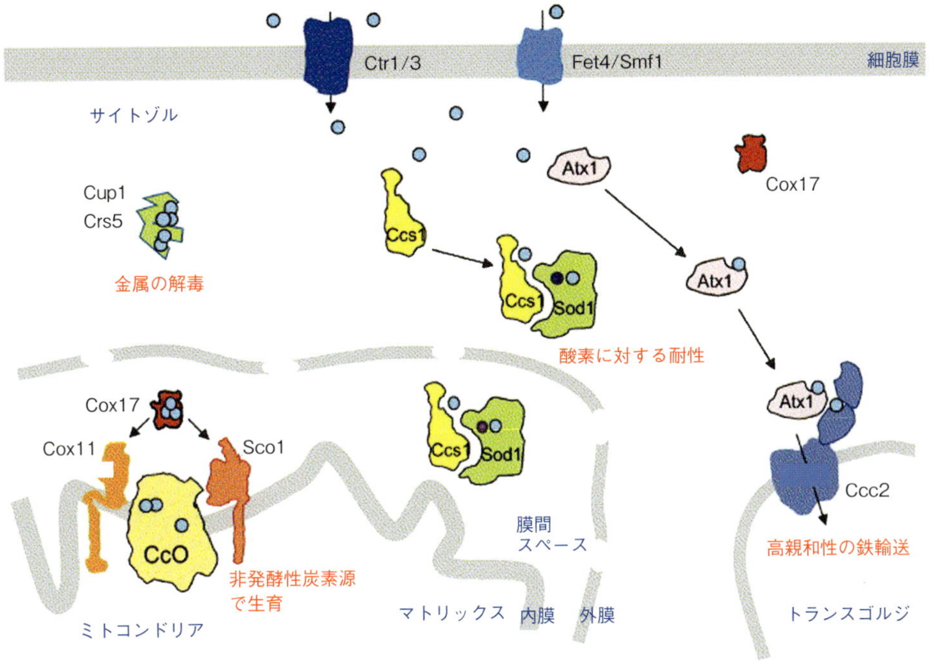

図 8・15　*S. cerevisiae* における銅の恒常性．〔Cobine, Pierrel, Winge, 2006 より．Elsevier の許可を得て転載．©2006〕

て液胞は，鉄に加え，銅，亜鉛，マンガン，マグネシウム，およびカルシウムの取扱いと関連した機能的な保管場所でもある．鉄は，細胞膜に存在する高親和性取込み系の場合と同様，それらと相同なタンパク質〔還元酵素 FRE6，酸化酵素-透過酵素系 FET5-FTH1(?)〕が関与する還元的機構により輸送されている．

酵母における銅取込みに関与する細胞膜システムについては，第 7 章ですでに説明したが，ここでは銅の細胞内輸送と標的タンパク質への銅輸送に関与するシャペロンタンパク質について簡単に説明する（図 8・15）．ここで説明する系は，*S. cerevisiae* で最初に解明されたものである．初めて同定された銅シャペロンは，酵母由来の Atx1 タンパク質である．Atx1 は，ゴルジ膜に存在する P 型 ATP アーゼである Ccc2 に銅を輸送する．Ccc2 は分泌経路のルーメンに銅を輸送する．ゴルジ分泌経路においては，新たに合成された銅タンパク質（細胞膜に存在する Fet3 オキシダーゼのような銅タンパク質）に銅が挿入される．この後すぐに述べるように，Ccc2 は，変異が導入された場合にメンケス病およびウィルソン病の原因となるヒト由来の P 型 ATP アーゼに対応するものである．第二のシャペロン Ccs1 は，酵母の細胞質およびミトコンドリアの外膜と内膜間の膜間スペース双方に存在する Cu/Zn スーパーオキシドジスムターゼ(Sod1)に Cu^{+} を受け渡し，Sod1 を活性化する．Sod1 の機能発現機構については，第 4 章で説明した．最後に，3 種のシャペロン経路のうち最も複雑な Cox17 について説明する．細胞質および膜間スペース双方に存在する Cox17 は，ミトコンドリアに銅を輸送し，第 14 章で詳細に説明する呼吸鎖末端酸化酵素シトクロム *c* オキシターゼに銅を挿入する．Cox17 は，コシャペロンである Cox11 に銅を輸送し，Cox11 がシトクロム *c* オキシターゼ(CcO)の Cu_B 部位に銅を挿入し，シトクロム *c* オキシターゼの Cu_A 部位には Sco1 により銅が挿入される．

第 7 章で説明したように，酵母の細胞膜には亜鉛取込み輸送体がいくつか存在している．細胞内には亜鉛輸送に関与する多くのタンパク質が存在している．*S. cerevisiae* は，細胞膜に亜鉛排出輸送体が存在しない珍しい例である．亜鉛排出輸送体の不在は，液胞が亜鉛の隔離と解毒作用を担うことにより補償されており，野生型酵母では外部亜鉛濃度が 5 mM と高い状態でも耐性を示す．液胞中に貯蔵される亜鉛は mM 濃度に達することができ，亜鉛欠乏時には細胞が利用するため液胞から移送される．CDF（cation diffusion facility）ファミリーに属する 2 種類のタンパク質 Zrc1 と Cot1 により，亜鉛は液胞に取込まれる（図 8・16）．Zrc1 は Zn^{2+}/H^{+} 対向輸送体である*4．液胞への亜鉛蓄積は，液胞 H^{+}-ATP アーゼにより生成したプロトン勾

*4　対向輸送とは，二つの分子（この場合はイオン）を同時に逆方向に輸送することをいう．

配により駆動される．Cot1タンパク質は，Zrc1の場合と同様に機能すると考えられている．細胞質への亜鉛の放出には，Zipファミリーに属するZrt3が関与している．液胞内部では亜鉛は有機陰イオンと結合していると推定されている．哺乳動物細胞中には，亜鉛を貯蔵した小胞も存在しており，“zincosome”とよばれている．このような小胞は亜鉛処理した酵母中にも存在している．ミトコンドリアに亜鉛を供給する輸送体が存在することはほぼ確実であり，ゴルジ体や小胞体を含む分泌系においてもMsc2/Zrg17複合体のような亜鉛輸送体が存在している．

(iv) 真菌における鉄，銅，亜鉛の恒常性

第7章でも述べたように，*S. cerevisiae*には細胞表層での鉄獲得に関与する一連のタンパク質をコードする遺伝子が存在しており，それらの多くは鉄濃度の低下に応答して転写が誘導される．高親和性鉄輸送系(Fet3, Ftr1)はフェロオキシダーゼ活性をもっている．フェロオキシダーゼ活性の発現には銅が必要とされるため，Fet3タンパク質への銅の運搬・輸送に関与するタンパク質(Atx1, Ccc2)をコードする遺伝子もまた，鉄依存的な転写制御を受けている．細胞外銅濃度が低下すると高親和性鉄取込み系の機能が損なわれることが明らかとなっている．*S. cerevisiae*における鉄依存性の遺伝子発現制御には，二つの転写因子Aft1とAft2(activator of ferrous transport)が関与している．鉄制限条件下においては，Aft1が鉄の取込み，貯蔵されていた鉄の移送，および鉄制限状態への代謝適応に関与する一連の遺伝子の転写を活性化する．17にのぼる遺伝子が，直接的あるいは間接的に細胞膜上での鉄取込みに関与している．これらには，還元酵素であるFre1, Fre2，遊離の鉄の高親和性取込み系(Fet3, Ftr1)，低親和性取込み系(Fet4)，Fe^{3+}-シデロフォア取込みに関与し細胞表層とエンドソーム間で鉄をサイクル輸送する輸送体ファミリー(Arn1～Arn4)などが含まれる．Aft1は，細胞表層に存在する還元酵素，ミトコンドリアの鉄輸送体（Mrs4），鉄-硫黄クラスター生合成に関与するタンパク質（Isu1およびIsu2），Fe^{3+}-シデロフォア保持を促進する3種の細胞壁マンノプロテイン(Fit1, Fit2, Fit3)など，ほかにも多くの遺伝子の発現を制御している．Aft2は，Aft1が制御している遺伝子と重複する一連の遺伝子の発現を制御している．

真菌においては，哺乳動物の場合と同様，銅の恒常性は銅輸送体の転写後調節によるところが多い．しかしながら，ここでは銅の獲得，移送，および隔離に関与する遺伝子の転写制御について考えてみよう．それら遺伝子の多くが研究対象となっているが，なかでも特に重要なものが*S. cerevisiae*由来の二つの銅依存転写因子Mac1とAce1である．Mac1は銅欠乏に応答して遺伝子発現を活性化し，Ace1は銅濃度の上昇に応答して遺伝子発現を活性化する．Mac1は，高親和性銅取込み系Ctr1, Ctr3および細胞表層に存在する還元酵素Fre1の発現を活性化することにより，細胞の銅欠乏を回避する．またMac1は，銅過剰の条件下におけるCtr1の翻訳後分解にも必要である．ただ，過剰

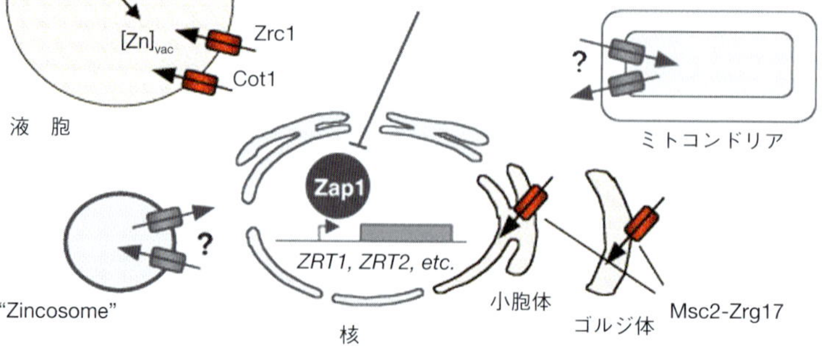

図8・16 酵母*S. cerevisiae*における亜鉛輸送・運搬の概略．ZIPファミリーに属する輸送体を青で，CDFファミリーに属する輸送体を赤で示す．仮想のもの，および他のファミリーに属する輸送体は灰色で示す．黒で示したZap1転写活性化因子は，亜鉛欠乏細胞において多くの標的遺伝子の発現量増加に関与している．亜鉛は，液胞中においては何らかの配位子(L)が配位することにより円滑に貯蔵される．［Eide, 2006より．Elsevierの許可を得て転載．©2006］

な銅に対する耐性の主要部分はAce1に依存した*CUP1*遺伝子の発現によるものである．*CUP1*は，低分子量でシステイン含量の高い銅結合性メタロチオネインをコードしている．銅結合性メタロチオネインが銅を結合・隔離することにより銅の毒性を回避し，細胞を防御している．Ace1は，第二のメタロチオネイン遺伝子（*CRS5*）およびCu/Znスーパーオキシドジスムターゼ遺伝子（*SOD1*）の発現も制御している．

亜鉛の恒常性は転写制御および翻訳後制御の両方からなり，おおむね銅の恒常性と相似している．*S. cerevisiae*においては，亜鉛欠乏に応答して高親和性亜鉛取込み遺伝子*ZRT1*の発現が増加する一方で，亜鉛を結合したZrt1は亜鉛依存的なエンドサイトーシスを受け，液胞で分解される．亜鉛応答性転写因子であるZap1は，*ZRT1*, *ZRT2*, *FET4*遺伝子（図8・16参照）によりコードされる三つの取込み系の発現を増加させるが，亜鉛を輸送可能なリン酸塩輸送体Pho84の発現制御には関与しない．Zap1は液胞への亜鉛流入を制御している*ZRC1*遺伝子の発現量も増加させる．

8・4　哺乳動物における金属の輸送，貯蔵，恒常性

最後に，哺乳動物における金属貯蔵，輸送，および恒常性について述べる．消化管からの鉄取込み，および哺乳動物細胞へ鉄を輸送するトランスフェリンについてはすでに述べた．ここでは，鉄の細胞内輸送と利用，およびフェリチンへの鉄貯蔵に焦点を当てて説明し，銅，亜鉛の輸送および貯蔵についても議論する．その後，まずは細胞レベルでの議論の後，哺乳動物が，金属イオンが欠乏するあるいは過剰となることを防ぐために，食物由来の鉄，銅，亜鉛の吸収をいかにして制御しているかについて言及する．下記で述べるように，ヒトは非常に限られた量の鉄しか排出しないため，食物由来の金属の吸収制御は簡単な問題ではなく，非常に重要な問題である．

（i）哺乳動物における鉄の輸送と貯蔵

ほとんどの哺乳動物細胞は，トランスフェリンにより血清中を運搬されている鉄を取込む．トランスフェリンは，二つの等価な鉄結合部位（分子の半分に，それぞれ一つの鉄結合部位）をもった，80 kDaの二葉型構造をもっている．第4章で述べたように，トランスフェリン中の鉄原子には，タンパク質由来の四つの配位子と1分子の炭酸イオンが配位している．また，トランスフェリンによる細胞への鉄輸送については第7章で概説した．トランスフェリン受容体は，トランスフェリンのコンホメーションをアポトランスフェリンと同じオープン型に変化させる．このことと，エンドソーム内が酸性であることが，非常に安定なFe^{3+}結合型トランスフェリンからの鉄イオンの解離を促している．

図8・17には，トランスフェリンによる鉄輸送サイクルを示すとともに，鉄が三価鉄還元酵素であるSTEAP3により還元され，二価金属イオン輸送体であるDMT1によりエンドソームから放出・運搬された後の，細胞内での行く末の一部についても示した．細胞質において鉄は，いわゆる易動性鉄プール（labile iron pool）として，おそらく何らかの配位子か未同定のシャペロンと結合した状態で存在している．鉄は，フェリチン中に貯蔵されるか，ミトコンドリアにある輸送体であるミトフェリン（Mfrn）1および2によりミトコンドリア中に運搬されるか，細胞中で利用されるか，あるいは十二指腸細胞，マクロファージ，肝細胞，および限られた数の他の細胞種の側底膜から血漿中に排出されるかのいずれかである．排出反応には，第7章で述べたように，IREG-1として知られるタンパク質，あるいはフェロポーチンが関与している．鉄の恒常性に関して，最

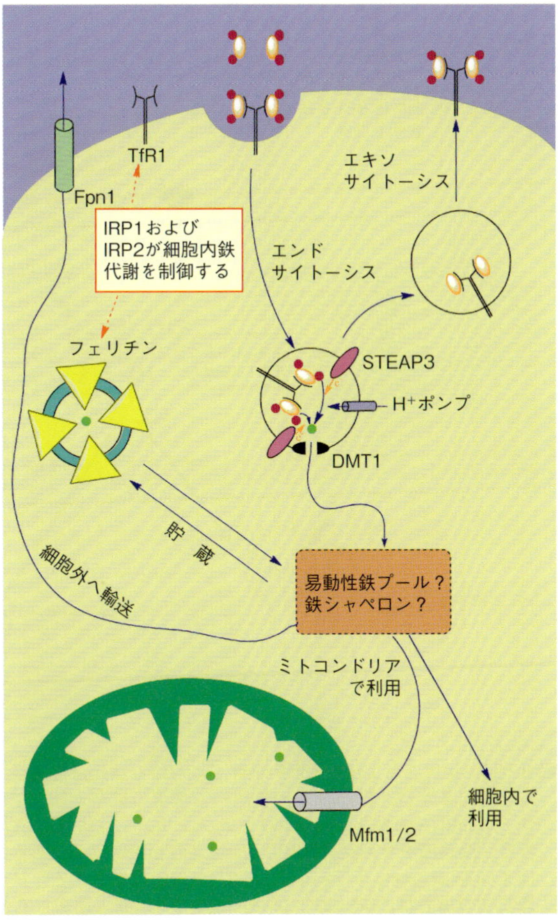

図8・17　細胞への鉄の取込みと利用の概略．［Richardson *et al.*, 2010より改変］

近報告された鉄制御ペプチドであるヘプシジンの標的分子であるフェロポーチンについて次項で詳細を述べる.

全身に存在する鉄の約4分の1は，赤血球細胞生成（赤血球造血）に備えて，マクロファージと肝細胞に貯蔵されている．鉄はおもにフェリチン（24のサブユニットから構成される球状タンパク質であり，その内腔には酸化鉄の形で最大4500の鉄原子を貯蔵可能である）の形で貯蔵されている．酸化鉄は水に不溶であるが，フェリチン内部に取込まれた状態では水溶性であり，哺乳動物由来のフェリチンでは1Mの三価鉄（56 mg/mLに相当する！）を含むフェリチン溶液を簡単に調製可能である．大部分の細菌，および植物由来のフェリチンとは異なり，哺乳動物由来のフェリチンは，2種類のサブユニット（Hサブユニットと Lサブユニット）から構成されるヘテロ高分子であるという特徴をもっている．HサブユニットがFe^{2+}のFe^{3+}への酸化反応を触媒するフェロオキシダーゼ活性をもっている一方，Lサブユニットはミネラルコアの核生成に関与している．いったん臨界量の核が形成されると，生成した酸化鉄微結晶表面上で鉄の酸化反応およびバイオミネラルの沈着がひき続いて起こる．この件に関しては第19章で詳細

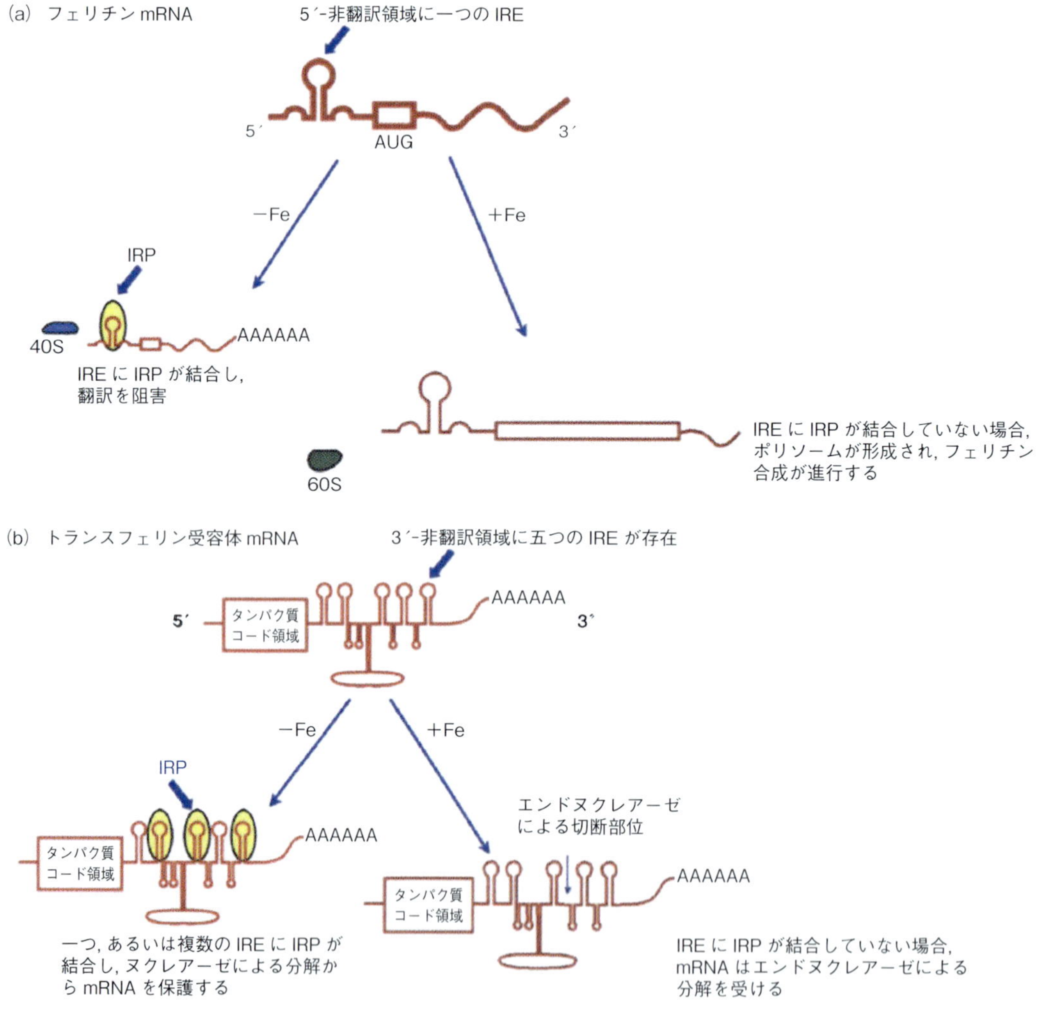

図8・18 鉄欠乏および鉄過剰の条件下における鉄代謝に関与する一連のタンパク質mRNAの翻訳制御機構の概略．(a) フェリチンmRNAの場合．(b) トランスフェリン受容体mRNAの場合．鉄調節タンパク質(IRP)は，特定のmRNAの5′-あるいは3′-非翻訳領域に存在する鉄応答配列(IRE)に結合する．鉄が低濃度の場合は，IRP1およびIRP2は，5′-非翻訳領域に存在するIRE，トランスフェリン受容体mRNAの3′-非翻訳領域に存在するIREに高い親和性で結合する．その結果5′-非翻訳領域にIREが存在するフェリチンmRNAの翻訳は阻害され，トランスフェリン受容体mRNAは安定化される．鉄が高濃度で存在するとIRPはIREへの結合活性を失い，5′-非翻訳領域にIREが存在するフェリチンmRNAの翻訳は増加し，トランスフェリン受容体mRNAについては分解反応が進行する．鉄濃度の増加により，IRP1はRNA結合型から［4Fe-4S］クラスターをもつ細胞質アコニット酸ヒドラターゼ型へと変換される．一方，鉄および（あるいは）ヘム濃度の増加により，IPR2はプロテアソーム分解を受けるようになる．［Crichton, 2009より．©2009 John Wiley & Sons.］

を説明する．

(ⅱ) 哺乳動物における鉄の恒常性

細胞内での鉄の恒常性の大部分は，細胞内鉄代謝に関与するタンパク質の mRNA からの翻訳の段階で制御されている（Rouault, 2006; Wallander *et al*., 2006）．この転写後制御において主要な役割を担っているのは，細胞質内で鉄センサーとして機能する 2 種類の鉄調節タンパク質（iron regulatory protein, IRP1 および IRP2）である．鉄欠乏状態では，IRP は制御対象となっているタンパク質の mRNA 中に存在する鉄応答配列（iron response element, IRE）とよばれるステムループ構造に高い親和性（K_d は約 20〜100 pM）で結合する（図 8・18）．鉄応答配列が，フェリチンやフェロポーチンの場合のように mRNA の 5′-非翻訳領域に存在する場合，mRNA への IRP 結合は翻訳開始を阻害する．これに対し，トランスフェリン受容体や DMT1 の場合のように，鉄応答配列が mRNA の 3′-非翻訳領域に存在する場合には，mRNA への IRP 結合は，ヌクレアーゼによる分解から mRNA を保護する．その結果，鉄の取込みが増加し，鉄の貯蔵や排出は妨げられることとなる．鉄が豊富に存在する場合には，IRP は mRNA への結合活性を失い，フェリチンやフェロポーチンの mRNA が翻訳されるとともに，トランスフェリン受容体や DMT1 の mRNA のヌクレアーゼ分解が進行する結果，トランスフェリン受容体や DMT1 の合成が低下する．このような条件下においては，IPR2 はユビキチン化されプロテアソームで分解される一方で，IRP1 の分子中に[4Fe-4S]クラスターが形成され，IRP1 はアコニット酸ヒドラターゼ活性を獲得する．

哺乳動物における全身的な鉄の恒常性は，十二指腸の腸細胞による食物由来の鉄の吸収制御，およびマクロファージによる老廃赤血球のヘモグロビン分解から回収される鉄の再利用によって制御されている．ヘモクロマトーシス（血色素沈着症）と総称される鉄利用に関する遺伝性疾患では，鉄が実質細胞に沈着し，トランスフェリンの飽和度が上昇，さらに鉄供給が亢進するため，多くの組織，特に肝臓，膵臓のような内分泌組織，および心臓などに重篤な損傷を与える．遺伝性ヘモクロマトーシスは，古典的ヘモクロマトーシス，若年性ヘモクロマトーシス，フェロポーチン病の三つのクラスに分類できる．古典的ヘモクロマトーシスは主要組織適合遺伝子複合体をコードする *HFE* 遺伝子の変異と関係している．まれな例として，主要なトラスフェリン受容体遺伝子である *TRF1* のホモログである *TFR2* 遺伝子が関係している場合もある．若年性ヘモクロマトーシスは，遺伝性ヘモクロマトーシスとしてはまれな例であり，若年で重い症状，特に心機能不全や内分泌不全が発症することが特徴である．大部分の患者は，最近クローニングされた *HJV* 遺伝子（hemojuvelin ヘモジュベリン）に変異をもっている．*HJV* 遺伝子は筋肉，肝臓，および心臓に発現しているが，その機能についてはまだわかっていない．ごく少数の若年性ヘモクロマトーシス患者は，*HAMP* 遺伝子に変異をもっている．*HAMP* 遺伝子は肝臓で合成されるペプチドであり，鉄代謝の主要制御因子であるヘプシジンの前駆体をコードしている．ヘプシジンは鉄による正の制御，鉄欠乏および低酸素状態による負の制御を受け，腸管からの鉄吸収およびマクロファージからの鉄

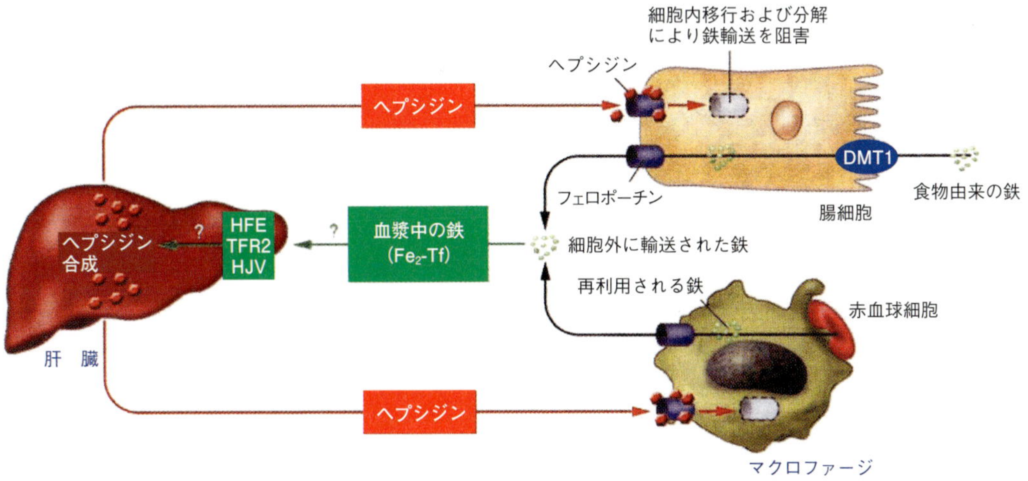

図 8・19　全身の鉄恒常性制御．鉄結合型トランスフェリン（Fe_2-Tf）の増加は，HFE，TFR2，HJV が関与する未同定の複雑な制御系により肝臓で検知される．肝細胞は，鉄増加のシグナルに対応して HAMP の発現とヘプシジン分泌を増加させる．ヘプシジンが循環することにより，十二指腸の腸細胞による食物由来の鉄の取込み，およびマクロファージからの鉄の再利用が抑制され，鉄排出が阻害される．その結果，血清中の鉄は減少する．そのフィードバック応答として，ヘプシジン合成は減少し，フェロポーチン分子が標的細胞の表面に提示されることとなる．［Crichton, 2009 より］

放出を抑制する．第三の遺伝性ヘモクロマトーシスであるフェロポーチン病は，鉄排出輸送体であるフェロポーチンをコードする遺伝子の変異が原因となっている．

全身的な鉄の恒常性がどのようにして制御されているかについては詳細な理解が進みつつある．鉄利用に関する第一の指標であるトランスフェリン飽和度の増加は，鉄結合型トランスフェリン(Fe_2-Tf)濃度の上昇へとつながる．鉄結合型トランスフェリン濃度はHFE，TFR2，HJV（ヘモクロマトーシスにおいて遺伝子変異が知られている3種のタンパク質）が関与する複雑な経路により肝臓で検知される．肝細胞は鉄増加のシグナルに対応して*HAMP*遺伝子の発現を増加させる．その結果，制御ペプチドであるヘプシジンの分泌が増加する．ヘプシジンが循環することにより，十二指腸の腸細胞による食物由来の鉄の取込み，およびマクロファージからの鉄の再利用が抑制される．どちらの場合も，フェロポーチンの細胞内移行により鉄の排出が阻害される（図8・19）．その結果，血漿中の鉄濃度は減少し，ヘプシジンの合成・分泌にはフィードバック阻害がかかることとなる．そうすると，再び腸管細胞やマクロファージ表層にフェロポーチンが提示されることになり，血流中に再び鉄が排出される．古典的ヘモクロマトーシスおよび若年性ヘモクロマトーシスでは，*HFE*，*TFR2*，*HJV*遺伝子の変異によりヘプシジン合成が低下するため，血流中のヘプシジン濃度が低下しフェロポーチンの過剰活性化が起こる．このことは，遺伝性ヘモクロマトーシスの悪い特徴である鉄吸収の増加とマクロファージからの無制限な鉄放出を説明している．

(iii) 哺乳動物における銅，亜鉛の輸送と貯蔵

俗説とは異なり，血漿中の主要な銅タンパク質であるセルロプラスミン*5は，銅輸送には関与していない．このことは，セルロプラスミンが欠損しているセルロプラスミ

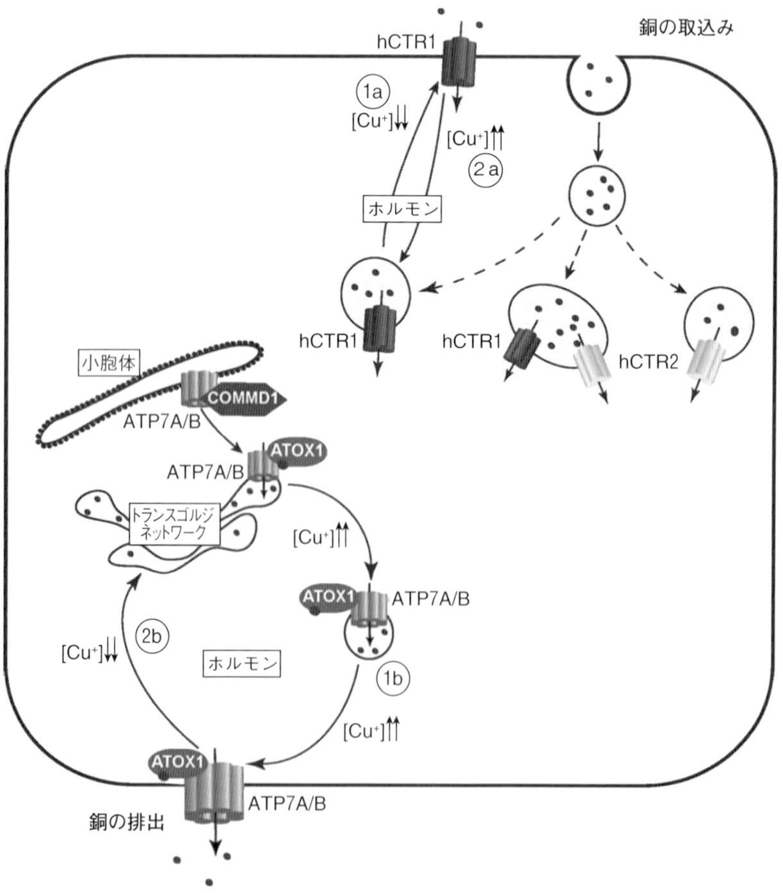

図8・20　細胞内での銅輸送制御．［van den Berghe, Klomp, 2010より．Springer Verlagの許可を得て転載］

*5　セルロプラスミンは，イタリアの作家ルイージ・ピランデッロの作品“作者を探す6人の登場人物”で描かれる内容と同じく，長らくその機能の探索が続いている．セルロプラスミン欠損症や他のセルロプラスミン遺伝子変異患者の細胞には全身性の鉄沈着が観察されることから，セルロプラスミンが細胞内での鉄の輸送反応に関与しているのは確かである．

ン欠損症の患者がまったく正常な銅代謝および銅の恒常性を示すという医学的知見からも明らかである．血漿中において，銅はおもに血清アルブミンにより，また少量ではあるがヒスチジンのような低分子量配位子に結合した状態で輸送される．同様に，亜鉛は血漿中ではおもにタンパク質（アルブミンおよびα_2マクログロブリン）に結合した状態で輸送される．

動物に銅あるいは亜鉛除去食を与えた場合，銅・亜鉛濃度が急速に減少することから，これら金属の貯蔵プールが存在しないことが示唆される．低分子量でシステイン含量の高いタンパク質であるメタロチオネインは亜鉛および銅を非常によく結合するが，これは貯蔵のためではなく解毒作用の機能を反映しているものと考えられる（下記参照）．このことは，メタロチオネイン遺伝子が通常は基底レベルで発現しているが，重金属存在下においてその発現が強く誘導されることからも支持される．

（iv）哺乳動物における銅および亜鉛の恒常性

全身における銅の制御は，基本的には，食物由来の銅のおもな吸収部位である大腸においてなされる．銅の低濃度食（1 mg/日以下）の場合には最大 50％の銅が吸収される一方，銅含量が 5 mg/日以上の場合には 20％以下しか吸収されない．全身の銅濃度は，銅の主要な貯蔵場所であり，胆汁分泌も制御している肝臓によりコントロールされている．哺乳動物においては，銅輸送体の細胞内輸送，銅取込みに関与する一連のタンパク質を対象とした，銅により活性化されるエンドサイトーシスおよび分解などの翻訳後調節が銅の恒常性に主要な役割を果たしている．哺乳動物細胞における銅輸送の主要な制御経路について図 8・20 に示す．細胞での銅取込みは hCTR1 依存的な反応である．定常状態下においては，大部分の hCTR1 は細胞小器官に局在しており，少数の hCTR1 が細胞膜上に存在している．細胞外の銅濃度が減少すると細胞表層に存在する hCTR1 が増加し（1a），細胞外の銅濃度が増加すると，hCTR1 が細胞内移行した後，分解される（2a）．銅排出は同様な制御を受けており，細胞外銅濃度の上昇が感知されると ATP7A/ATP7B が細胞周辺層あるいは細胞表層へと移行する（1b）．同様に，過剰な銅が存在しなくなると ATP7A/ATP7B がトランスゴルジネットワークへと再移行する（2b）．同様な移行反応は，細胞種によってはホルモン，あるいは酸素濃度などによっても誘起される．

銅の恒常性と同様に，哺乳動物における亜鉛の恒常性もおもに翻訳後制御を受けている．亜鉛が充分に存在する場合には Zip1 および Zip3 はおもに細胞小器官に存在している一方で，亜鉛欠乏状態にある細胞では Zip1 および Zip3 はおもに細胞膜に存在している．翻訳後制御に加えて，亜鉛の恒常性は亜鉛依存性転写調節因子である MTF1 により転写レベルにおいても制御されている．この転写レベルにおける制御においては，亜鉛結合性メタロチオネイン遺伝子の発現量増加および多くの亜鉛輸送体の発現制御により，亜鉛の毒性を回避している．MTF1 は銅によっても誘導されるが，この誘導には亜鉛で飽和したメタロチオネインが存在することが必要である．

文　献

Andrews, S.C., Robinson, A.K., & Rodriguez-Quinones, F. (2003). Bacterial iron homeostasis. *FEMS Microbiol. Rev, 27*, 215–237.

Blindauer, C.A. (2008). Zinc-handling in cyanobacteria: an update. *Chemistry & Biodiversity, 5*, 1990–2013.

Boal, A.K., & Rosenzweig, A.C. (2009). Structural biology of copper trafficking. *Chemical Reviews, 109*, 4760–4779.

Chiancone, E., & Ceci, P. (2010). The multifaceted capacity of Dps proteins to combat bacterial stress conditions: detoxification of iron and hydrogen peroxide and DNA binding. *Biochimica et Biophysica Acta, 1800*, 798–805.

Cobine, P.A., Pierrel, F., & Winge, D.R. (2006). Copper trafficking to the mitochondrion and assembly of copper metalloenzymes. *Biochimica et Biophysica Acta, 1763*, 759–772.

Crichton, R.R. (2009). *Inorganic biochemistry of iron metabolism: From molecular mechanisms to clinical consequences* (3rd ed.). Chichester: John Wiley and Sons.

Eide, D.J. (2006). Zinc transporters and the cellular trafficking of zinc. *Biochimica et Biophysica Acta, 1763*, 711–722.

Grotz, N., & Guerinot, M.L. (2006). Molecular aspects of Cu, Fe and Zn homeostasis in plants. *Biochimica et Biophysica Acta, 1763*, 595–608.

Lee, J.W., & Helmann, J.D. (2007). Functional specialization within the Fur family of metalloregulators. *Biometals, 20*, 485–499.

Lill, R., Dutkiewicz, R., Elsässer, H.P., Hausmann, A., Netz, D.J., Pierik, A.J., *et al.* (2006). Mechanisms of iron-sulfur protein maturation in mitochondria, cytosol and nucleus of eukaryotes. *Biochimica et Biophysica Acta, 1763*, 652–667.

Massé, E., Salvail, H., Desnoyers, G., & Arguin, M. (2007). Small RNAs controlling iron metabolism. *Current Opinion in Microbiology, 10*, 140–145.

Palmer, C.M., & Guerinot, M.L. (2009). Facing the challenges of Cu, Fe and Zn homeostasis in plants. *Nature Chemical Biology, 5*, 333–340.

Pilon, M., Cohu, C.M., Ravet, K., Abdel-Ghany, S.E., & Gaymard, F. (2009). Essential transition metal homeostasis in plants. *Current Opinion in Plant Biology, 12*, 347–357.

Richardson, D.R., Lane, D.J., Becker, E.M., Huang, M.L., Whitnall, M., Rahmanto, Y.S., Sheftel, A.D., & Ponka, P. (2010). Mitochondrial iron trafficking and the integration of iron metabolism between the mitochondrion and cytosol. *Proc Natl Acad Sci U S A, 107*, 10775–10782.

Rouault, T.A. (2006). The role of iron regulatory proteins in mammalian iron homeostasis and disease. *Nature Chemical Biology, 2*, 406–414.

Schmidt, W. (2003). Iron solutions: acquisition strategies and signaling pathways in plants. *Trends in Plant Science, 8*, 188–193.

Solioz, M., Abicht, H.K., Mermod, M., & Mancini, S. (2010). Response of gram-positive bacteria to copper stress. *The Journal of Biological Inorganic Chemistry, 15*, 3–14.

Sutak, R., Lesuisse, E., Tachezy, J., & Richardson, D.R. (2008).

Crusade for iron: iron uptake in unicellular eukaryotes and its significance for virulence. *Trends in Microbiology, 16*, 261–268.

van den Berghe, P.V., & Klomp, L.W. (2010). Posttranslational regulation of copper transporters. *Journal of Biological Inorganic Chemistry, 15*, 37–46.

Vaulont, S., Lou, D.-Q., Viatte, L., & Kahn, A. (2005). Of mice and men: the iron age. *The Journal of Clinical Investigation, 115*, 2079–2082.

Walker, E.L., & Connolly, E.L. (2008). Time to pump iron: iron-deficiency-signalling mechanisms of higher plants. *Current Opinion in Plant Biology, 11*, 530–535.

Wallander, M.L., Leibold, E.A., & Eisenstein, R.S. (2006). Molecular control of vertebrate iron homeostasis by iron regulatory proteins. *Biochimica et Biophysica Acta, 1763*, 668–689.

Watt, R.K., Hilton, R.J., & Graff, D.M. (2010). Oxido-reduction is not the only mechanism allowing ions to traverse the ferritin protein shell. *Biochimica et Biophysica Acta, 1800*, 745–759.

第9章

ナトリウムとカリウム
チャネルとポンプ

9・1　はじめに: 膜輸送

この章ではアルカリ金属イオンであるナトリウムイオン(Na^+)とカリウムイオン(K^+)の重要な役割を見ていく．その前に，金属イオンがどのように膜を透過するかを簡単に見ていこう．第3章で説明したように，生体膜のリン脂質二重層は基本的には極性分子やイオンを通さない．H_2O 分子の膜透過性が約 10^{-2} cm/秒であるのに対し，Na^+やK^+では 10^{-12} cm/秒のオーダーである．そのため単純拡散では，ミリ秒オーダーの神経インパルスの伝達は説明できない．膜輸送は2種類の膜タンパク質，すなわちイオンチャネルとイオンポンプが担っている．チャネルではイオンが濃度勾配に従って流れる．これを受動輸送あるいは促進拡散とよぶ．もちろんチャネルは常に開いているわけではない．庭にある扉と同じで，普段は閉じているが状況に応じて開閉する．たとえば，リガンドの結合や膜電位の変化によってチャネルが開く（**リガンド依存性チャネル**および**電位依存性チャネル**）．リガンド依存性チャネルの例としてシナプス後膜にあるアセチルコリン受容体をあげよう．このチャネルは神経伝達物質であるアセチルコリンが結合すると開く．電位依存性チャネルの例にはナトリウム(Na^+)チャネルやカリウム(K^+)チャネルがある．これらはたとえば細胞膜の脱分極などによって開き，ニューロンの軸索の活動電位を誘起する．

一方でポンプは，分子やイオンをその濃度勾配に逆って輸送する．この熱力学的に不利な輸送には ATP や光などのエネルギーが必要とされる．この過程は能動輸送とよばれている．ATP 駆動型のポンプには，P 型 ATP アーゼと ABC（ATP-binding cassette, ATP 結合カセット）輸送体の2種類がある．いずれも ATP の結合が誘起するコンホメーション変化に基いており，ひき続く ATP の加水分解と共役してイオンが膜を透過する．後述する Na^+/K^+-ATP アーゼは P 型 ATP アーゼの一種であり，細胞内の Na^+と細胞外の K^+を交換する働きがある．ポンプのイオン結合部位は，同時には膜の片側だけからしかアクセスできないようになっている．ATP によるリン酸化とその後の脱リン酸によりコンホメーション変化が誘起されることで，膜の両側でのイオンの交換が実現される．能動輸送のもう一つのメカニズムは，あるイオンの電気化学的な勾配を使って他のイオンの対向輸送を行うものである．Na^+/H^+交換輸送体がその例であり，細胞内の pH を制御する重要な役割を担っている．さらに他の例としては，第11章で紹介する Na^+/Ca^{2+}交換輸送体がある．これは細胞内から Ca^{2+}を排出するために重要である．

9・2　ナトリウム vs カリウム

ナトリウムとカリウムは地殻に比較的豊富に存在する元素である．ナトリウムは特に海水に多く含まれている．人体に含まれる Na^+および K^+の量は，それぞれおよそ 1.4 g/kg および 2.0 g/kg である．濃度だけで判断するならば最も重要な金属イオンといえる．しかし，その生体内での分布は対照的である．哺乳類では，K^+の 98%は細胞内に存在するが，Na^+はその逆である．この濃度の差によって細胞の浸透圧のバランスが保たれ，シグナル伝達や神経伝達などの種々の生命機能が可能となっている．後述するように，これらのイオンの濃度は Na^+/K^+-ATP アーゼによって維持されている．細胞外に存在する K^+は全体のわずか

2%にすぎないにもかかわらず，細胞外のK^+濃度は細胞膜の静止電位を保つために重要である．また，脳内あるいは脳と体の他の部位との間での神経インパルスの伝達にも，アルカリ金属イオンの輸送がきわめて重要な役割を担っている（第20章参照）．イオンチャネルは静止状態では閉じているが，膜電位の変化に応じて開閉する．それにより神経細胞に，細胞膜を隔てた電位差が発生する．神経インパルスとは一過的な脱分極と再分極の波であり，これが神経細胞を伝わっていく．この膜電位の変化は活動電位とよばれている．Hodgkin と Huxley は 1952 年，軸索（神経細胞の細胞体から伸びる長い突起）に挿入した微小電極を用いて活動電位を記録することに成功した（図9・1a）．刺激を受けてからはじめの 0.5 ミリ秒で，膜電位は約−60 mV から約+30 mV へと増加する．次に素早い再分極が起こり，膜電位は静止電位よりもさらに低くなる（過分極）．その後ゆっくりと膜電位は元に戻る．Na^+の透過性は一過的に素早く変化するが，K^+透過性の変化はより長い時間に及ぶ（図9・1b）．この違いにより活動電位が誘起される．軸索の膜上に存在するNa^+およびK^+チャネルの開閉により，細胞内外の電気化学的な勾配の変化，すなわち活動電位が生じる．こうして情報が伝達され，細胞機能が調節される．

細胞膜の内外でのイオン透過を制御することは，細胞機能にとって欠かすことができない．Na^+, K^+, Cl^-, H^+そしてCa^{2+}などのイオンの存在量は，細胞の内外で異なっている．細胞膜は疎水的であるため，エネルギーを使ってもイオンを選択的に透過させるのは不可能に思える．細胞内ではK^+濃度は高く，Na^+の濃度は低く維持されている．このようなイオンの濃度勾配がなければ，通常の細胞の代謝活動も不可能になってしまう．つまり簡単にいえば，Na^+とK^+を見分けられる分子機械が存在しているはずである．水和状態ではイオンの区別は難しいので，おそらく脱水和されたイオンを区別する仕組みがあるはずである．能動輸送タンパク質（ポンプやイオン交換輸送体など）に

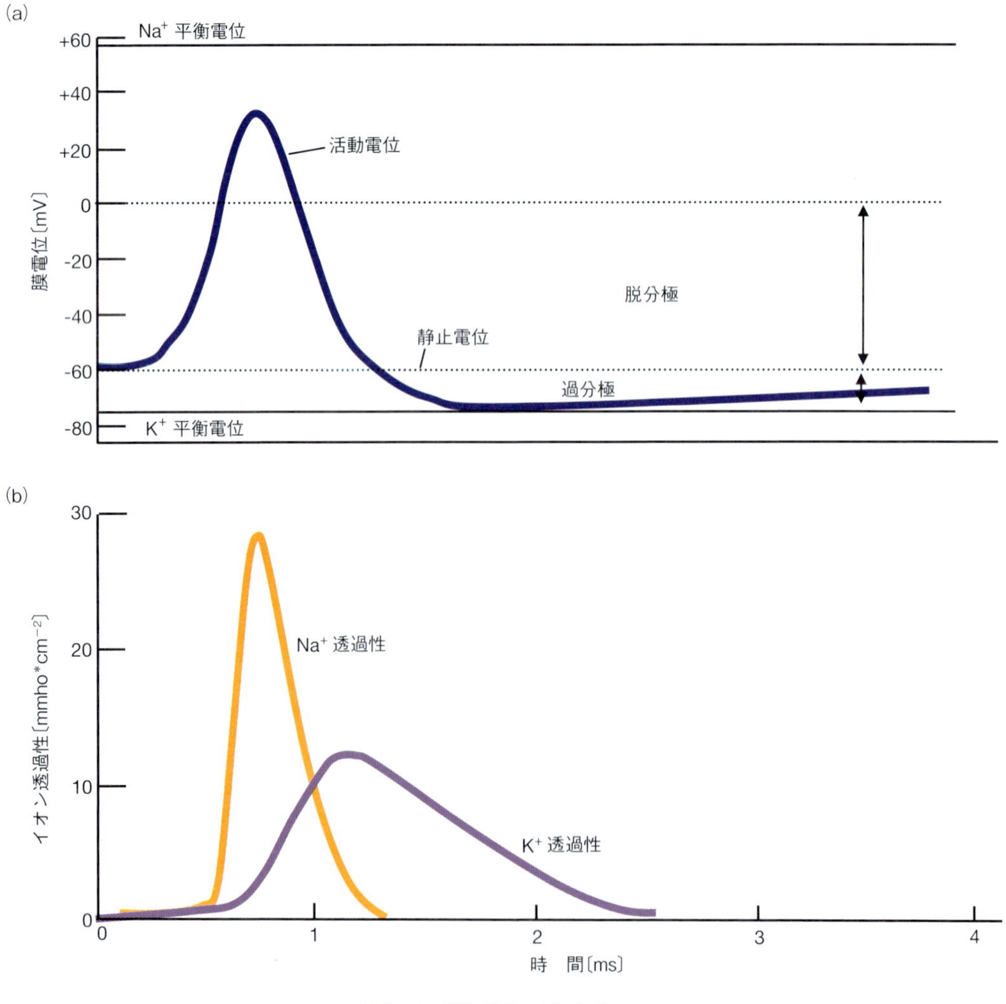

図9・1　活動電位の時間変化．

ついて議論する前に，濃度勾配に基づく輸送体が類似した金属イオンをどのように区別しているのかを考えよう．

はじめに，過去50年以上に及ぶイオンに結合する小分子に関する研究（イオンに関するホスト・ゲスト化学）を思い出そう．合成分子であれ天然分子であれ，イオンの認識について基本的なルールが見いだされた．イオン選択性が生じる要因はおもに以下の二つである．すなわち，結合部位を構成する原子の種類とその立体化学（サイズなど）である．合成化学分野では，ホスト分子の空孔のサイズを捕捉する金属イオンのサイズに適合させることで，Li^+（半径 0.60 Å），Na^+（0.95 Å），K^+（1.33 Å）および Rb^+（1.48 Å）に選択的に結合する一連の小分子が合成された（Dietrich, 1985）[*1]．

現在では，膜輸送タンパク質の高分解能の結晶構造が得られ，結晶構造をもとにイオン選択性がどのように生み出されているかを理解することができる．図9・2に，Na^+ 依存性ロイシン輸送体（LeuT）の Na^+ に選択的な結合部位と，K^+ チャネルの K^+ 選択的なイオン結合部位を示した．Na^+ と K^+ のイオン選択性に着目して構造を比較してみよう．

LeuT（図9・2a）は，ロイシンと Na^+ の膜輸送を担うタンパク質である．Na^+ の濃度勾配を利用してロイシンと Na^+ を細胞内に輸送する．膜を貫通するタンパク質の奥深くにロイシン1分子と2個の Na^+ が結合しており，Na^+ は完全に脱水和されている．一方の Na^+ 結合部位では，6個の酸素原子が直接 Na^+ に結合している．このうち5個の酸素原子は負の部分電荷を帯びており，残るカルボキシ基の酸素原子は完全な負電荷をもっている．二つめの結合部位には5個の酸素原子があり，そのすべてが負の部分電荷をもっている．ここで重要な点は，1）結合部位は Na^+ に直接配位する酸素原子からなること（一方の結合部位の形式電荷は負であるが，もう一方はそうではない），そして 2）酸素原子で囲まれた結合部位の空孔のサイズは，Na^+ の大きさに合致していることである（Na^+－O 距離の平均は 2.28 Å である）．

次に K^+ チャネルを見てみよう．K^+ チャネルは，細胞内外の濃度勾配に従って選択的に K^+ を透過させる．K^+ チャネル（図9・2b）は縦に並んだ四つの K^+ 結合部位をもち，これが K^+ を選択的に透過させるフィルターとなっている．それぞれの結合部位では，K^+ は脱水和された状態で負の部分電荷をもつ8個の酸素原子に直接結合している．それらが形成する空孔の大きさは K^+－O 間の平均距離が 2.84 Å と，K^+ の大きさにちょうど合っている．Na^+ の場合に比べて，K^+ の結合部位は非常に多くの酸素原子から構成されている（Na^+ では5個もしくは6個であるのに対し，K^+ では8個）．イオンを取囲むのにより多くの酸素原子が必要なのは，K^+ の方がイオン半径が大きいという単純な構造的理由による．

LeuT と K^+ チャネルの比較から，輸送タンパク質がもつアルカリ金属イオンの選択性について以下のことがわかる．Na^+ および K^+ の結合部位はいずれも酸素原子から構成され，そのほとんどは負の部分電荷をもっている．これはホスト・ゲスト化学における金属イオン認識と同様である．Na^+ 結合部位は，必須ではないが負の形式電荷をもっている．半径が小さく，かつ高い電荷密度をもつ Na^+ の認識に適した構造である．Na^+ と K^+ の識別において最も重要なことは，Na^+ と K^+ のイオンの大きさと結合部位の空孔のサイズが一致することである．すなわち，アルカリ金属イオンの選択性は小分子によるイオン認識と同じ原理によっている．タンパク質は，酸素原子を配置した適切な

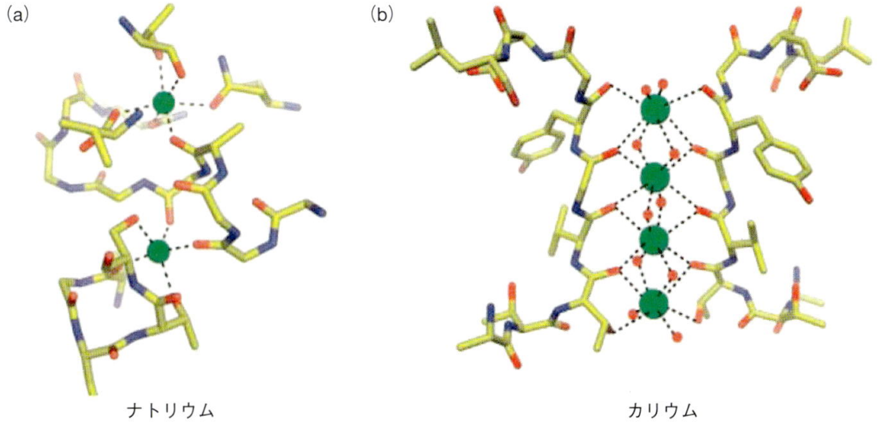

図9・2　Na^+ および K^+ に選択的な輸送タンパク質のイオン結合部位．(a) Na^+ 依存性ロイシン輸送体（LeuT）の二つの Na^+ 結合部位（PDB: 2A65）．(b) KcsA K^+ チャネルの四つの K^+ 結合部位（PDB: 1K4C）．［Gouaux, MacKinnon, 2005 より．John Wiley & Sons. の許可を得て転載］

*1　著者らが言うには，1族のアルカリ金属はイオン半径が大きく異なるため（0.35 Å），ホスト分子の設計は特に簡単であった．

サイズの空孔を用意することで，特定のイオンを選択する仕組みをつくり出したのである．

9・3 カリウムチャネル

カリウムチャネルは，K^+を選択的に透過させるイオンチャネルである．さまざまな役割があるが，膜電位の過分極を誘起するなど膜電位の調節に関わっている．また，活動電位の持続時間の調節にも関係している．K^+チャネルが開閉する仕組みは多様であるが，どのチャネルも同様のイオン透過性を示す．すべてのK^+チャネルのイオン選択性はK^+～Rb^+＞Cs^+の順であり，Na^+やLi^+のような小さいアルカリ金属イオンの透過速度は非常に遅い．一般に，K^+の透過速度はNa^+の少なくとも10^4倍といわれている．K^+チャネルのX線構造を見れば，脱水和されたK^+を選択的に透過し，より小さいNa^+を通さない理由が理解できるだろう．チャネルが分子フィルターとしてイオンを選択しているのに加え，次の仕組みも考えられる．K^+は一列になってチャネルを通過する．このとき，K^+間の静電反発によってK^+は素早く押し出される（“ノックオン機構”）．これを駆動力として，K^+は1秒間に10^7～10^8個の速さでチャネルを通過する（Doyle, 1998; MacKinnon, 2004）[*2]．

最初に同定された電位依存性カリウムチャネルはショウジョウバエの *Shaker* 変異体[*3]のものである．図9・3にShaker K^+チャネルの四量体構造を示す．図の上部に示したのが，チャネルのサブユニットの一次構造である．疎水性セグメントS1～S6，およびポアループとよばれる領域を灰色で示した．ポアループは，膜の内側に入り込み（図中央），四量体構造の中央で選択フィルターを形成している．ポアループのアミノ酸配列で＋で示したものが，K^+と相互作用する残基である（図下）．

最初に構造決定されたK^+チャネルは，細菌 *Streptomyces lividans* のK^+チャネル KcsAである．このチャネルのトポロジーは単純で，一つのサブユニットに膜貫通領域は二つしかない．これは，Shaker K^+チャネルからS1～S4セグメントを取除いた形に相当する．今では数々のK^+チャネルの構造が明らかになっている．pH依存性K^+チャネルや，細菌の電位依存性K^+チャネルやカルシウム依存性K^+チャネル，哺乳類の電位依存性K^+チャネルなどである．驚くべきことに，これらはみな類似した構造をもっている．いずれも四量体からなり，イオン透過路を中心とする4回対称性をもつ．疎水性解析により，K^+チャネルには近縁関係にある二つのファミリーがあることがわかった．KcsAのようにサブユニット当たり二つの膜貫通領域があるもの

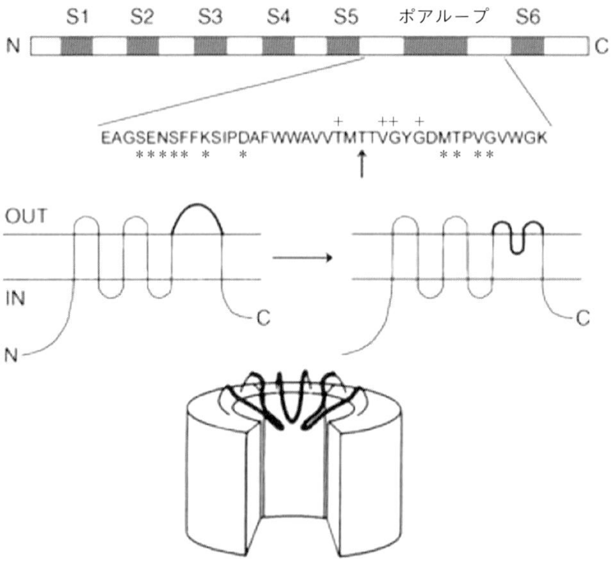

図9・3 K^+チャネルの四量体の構造．ポアループ構造が選択フィルターを形成している．図の上部には，チャネルのサブユニットの一次構造を示してある．灰色で示したのが，疎水性セグメントS1～S6，およびポアループとよばれる領域である．ポアループのアミノ酸配列も示してある．さらに，細胞外の阻害剤であるサソリ毒（*），細胞内阻害剤であるテトラエチルアンモニウム（↑），そしてK^+（＋）と相互作用する部分を図示してある．ポアループは，膜の内側に入り込み（図中央），四つのサブユニットの中央で選択フィルターを形成すると考えられる（図下）．[MacKinnon, 2004より．John Wiley & Sons. の許可を得て転載]

*2 Roderick MacKinnonは，カリウムチャネルに関する先駆的な研究によって，2003年のノーベル化学賞を受賞した．
*3 この変異体は，エーテル麻酔をかけると激しいけいれん（shake）をひき起こす．

と，ショウジョウバエや脊椎動物の電位依存性 K^+ チャネルのように六つの膜貫通領域をもつものである．後者では，最後の二つの膜貫通ヘリックス（S5 および S6）が，その間にあるポアループ（P ループ）とともにイオンの透過路（ポア）を形成する．カルシウム依存性 K^+ チャネルなど，その他のイオンチャネルも類似した構造をもつことが知られている．二つの膜貫通領域をもつファミリーには内向き整流 K^+ チャネルやいくつかの細菌の K^+ チャネルが含まれる．これらは 4 個のサブユニットから構成されるが，一つのサブユニットには膜貫通領域は二つしかない．類似した二つのセグメント M1 および M2 とポアループが K^+ チャネルの膜貫通構造を形成している．この二つのファミリーの間では，特にポアを形成する配列の相同性は非常に高い．K^+ チャネルは，Na^+ 以外のその他の一価の陽イオンを通すこともできるが，陰イオンは通さない．また，二価の陽イオンによってブロックされる．

KcsA K^+ チャネルの構造はしばしば“逆さにしたティピ*4”にたとえられる．長さは約 45 Å であり，内幅の異なる三つの領域からなる（図 9・4）．細胞質側の入口部分（内部ポア）のサイズは幅 0.6 nm，長さ 1.8 nm である．入口には負電荷をもった四つのアミノ酸側鎖が並んでいる（おそらく陰イオンがチャネル内に入るのを防いでいるのだろう）．中央の空孔は幅が広くなり，直径が約 1 nm になる．およそ 50 個の水分子を含んでおり，水和された K^+ が疎水的な膜内部にまで移動することを可能にしている．三つめの領域は細胞外に露出しており選択フィルターともよばれる．P ループから構成され，幅は 0.3 nm しかない．そのため，通れるのは脱水和された K^+ のみである．選択フィルターの長さは 1.2 nm であり，四つの K^+ 結合部位が並んでいる．それぞれの結合部位では，脱水和された K^+ が，高く保存されたアミノ酸配列（署名配列）TVGYG のもつ 8 個の酸素原子（主鎖のカルボニル酸素と側鎖のヒドロキシ基の酸素原子）に結合する（図 9・5）．この配列に変異を導入すると，K^+ と Na^+ を区別できなくなる．相対的な電子密度の比較により，これらの結合部位に同時に結合している K^+ の数は 2 個であることがわかった．残りの結合部位には水分子が結合している．すなわち K^+ は，結合部位 1 および 3 に結合しているか，結合部位 2 および 4 に結合しているかのどちらかであり，水分子と K^+ は交互に

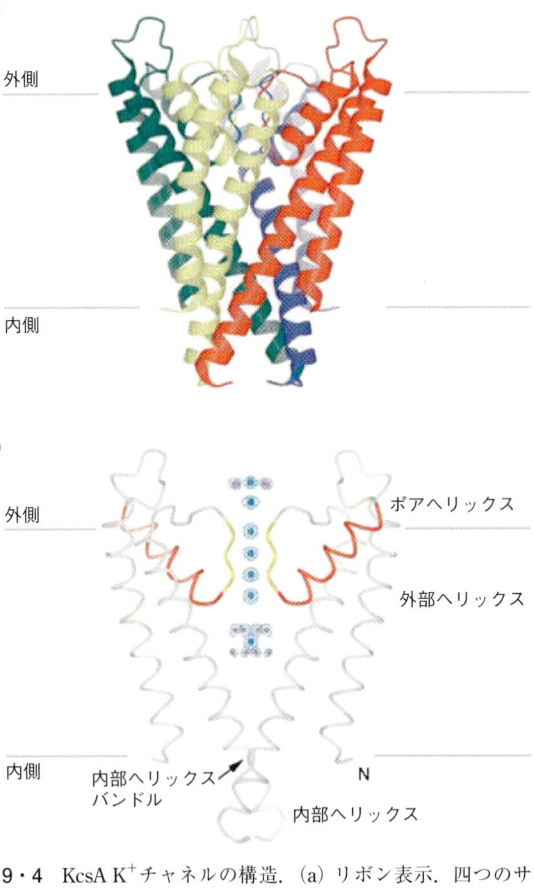

図 9・4 KcsA K^+ チャネルの構造．(a) リボン表示．四つのサブユニットを別の色で示してある．チャネルの上側が細胞外である．(b) 手前と奥の二つのサブユニットは省略してある．ポアヘリックスを赤で，選択フィルターを黄色で示した．青の網目は，イオンの通り道の電子密度である．外部ヘリックスと内部ヘリックスは，それぞれ図 9・3 の S5 および S6 に対応する．［MacKinnon, 2004 より．John Wiley & Sons. の許可を得て転載］

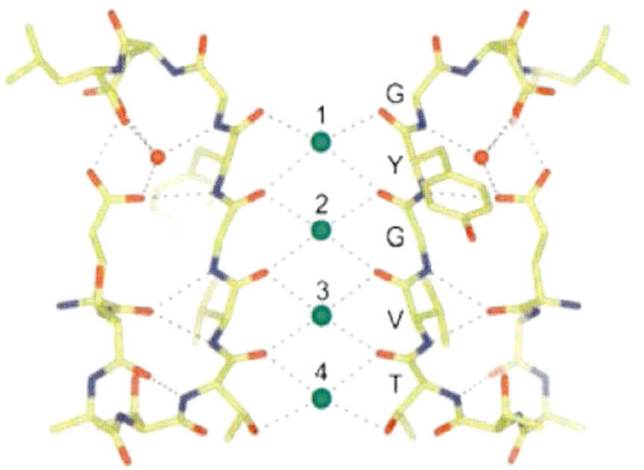

図 9・5 K^+ 選択フィルターの詳細な構造．二つのサブユニットのみを示した．酸素原子（赤）が K^+（緑の球）に結合している．結合部位には，細胞外側から順に 1～4 の番号がふられている．署名配列のアミノ酸を一文字表記で示した．緑と灰色の破線は，それぞれ O…K^+ 間の相互作用と水素結合を示している．［MacKinnon, 2004 より．John Wiley & Sons. の許可を得て転載］

＊4 アメリカ・インディアンが使うテント小屋．

並んでいる（図9・6）．このX線構造は，以前提案されたチャネル通過の“ノックオン機構”を支持している．チャネルの細胞外への出口と，中央の空孔にも，8個の水分子が配位したK^+が観測された．K^+が選択フィルターに入ると，すでに存在する2個のK^+の配置が変わる．その結果，K^+の列が移動し，K^+が1個外に押し出される．フィルター内の結合部位は新しいK^+に置き換わる．

ここまで，二つの膜貫通領域をもつKcsA K^+チャネルの三次元構造について見てきた．内向き整流K^+チャネルも類似した構造をもつ．“逆さティピ”構造が中央のポアを囲んでおり，ポアループからなる狭い出口をもっている（図9・7）．ポアの開閉機構は，細菌由来の2回膜貫通型（2TM型）のカルシウム依存性K^+チャネル MthK（図9・7）の構造から推測される．カルシウムが結合した構造が解析されており，これはおそらく開状態である．膜貫通へリックスの一つであるM2へリックスにはよく保存されたグリシン残基がある．そこが折れ曲がることにより細胞質側のポアの入口が開き，イオンが通れるようになる．

9・4 ナトリウムチャネル

ナトリウム（Na^+）チャネルはαサブユニット（260 kDa）と補助的なβサブユニットからなる（Catterall, 2000）．チャネルの機能発現にはポアを形成するαサブユニットだけでも十分である．しかし，チャネルの開閉の速度論や電位依存性はβサブユニットにより調節されている．図9・8にNa^+チャネルの膜貫通構造を示す．αサブユニットは相同な四つのドメイン（Ⅰ～Ⅳ）からなる．各ドメインは，

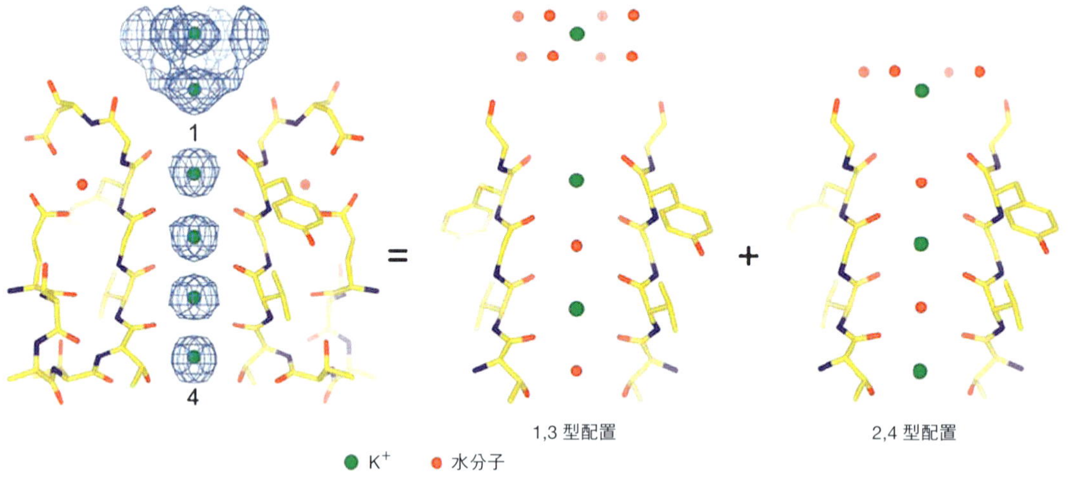

図9・6 選択フィルターに結合した2個のK^+．おもに2通りの配置（1,3および2,4）が存在すると考えられる．［MacKinnon, 2004より．John Wiley & Sons.の許可を得て転載］

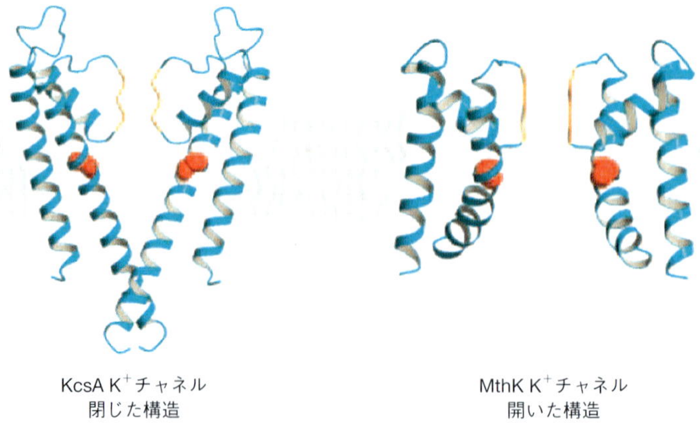

図9・7 カリウムチャネルの開いた構造と閉じた構造．選択フィルターをオレンジで示した．保存されたグリシン残基（赤）は，チャネルを開くときのM2へリックスの屈曲に重要だと考えられている．［Yu, Yarov-Yarovoy, Gutman, Catterall, 2005より．Blackwell Publishing Ltd.の許可を得て転載］

六つの膜貫通 α ヘリックス（S1～S6）と，S5 ヘリックスと S6 ヘリックスの間にあるポアループとから構成される．これらは 6 回膜貫通型（6TM 型）K^+チャネルの一つのサブユニットの構造と類似している．ポアループは外側に面し，ポアの狭い入口を形成する．S5 ヘリックスと S6 ヘリックスは内側に面し，ポアの広い出口を形成している．S4 セグメントには 3 残基おきに正電荷を帯びたアミノ酸が並んでいる．これらのアミノ酸残基は電位変化を感知する役割をもつ．S4 セグメントは膜の脱分極を感知すると膜を横断するように動き，チャネルを活性化する．ドメインⅢとⅣをつなぐ細胞内の短いループはチャネルを不活性化する働きをしている．膜の脱分極がある程度続くと，チャネルの内側に折りたたまれて細胞の内側からポアをふさぐ．チャネルの不活性化に必須な Ile-Phe-Met-Thr（IFMT）という配列を含んでいる．各ドメインにあるポアの内側にへこんだループに描いてある白い丸印は，イオン選択フィルターを形成するアミノ酸を示している．外側にある丸印は，順にグルタミン酸，グルタミン酸，アスパラギン酸，アスパラギン酸（EEDD）であり，細胞質側にある丸印は順にアスパラギン酸，グルタミン酸，リシン，アラニン（DEKA）である．

9・5　Na^+/K^+-ATP アーゼ

哺乳類の細胞では，細胞内の Na^+濃度は低く（約 12 mM），K^+濃度は高く（約 140 mM）保たれている（細胞外の濃度はそれぞれ約 145 mM と約 4 mM である）．Na^+/K^+-ATP アーゼ（Na^+/K^+ポンプもしくはナトリウムポンプともよばれる）は細胞膜に存在し，細胞内の K^+濃度と Na^+濃度を維持する役割をもつ．この ATP アーゼは P 型 ATP アーゼのファミリーに属する．このファミリーにはほかに，真核生物では筋小胞体や細胞膜の Ca^{2+}-ATP アーゼや胃の H^+/K^+-ATP アーゼが，植物では H^+-ATP アーゼが含まれる．Na^+/K^+-ATP アーゼは全体として以下の反応を触媒する．

$$3Na^+(in) + 2K^+(out) + ATP + H_2O \rightleftharpoons 3Na^+(out) + 2K^+(in) + ATP + P_i$$

この反応では 3 個の正電荷を細胞外に出し，2 個の正電荷を中に入れる．その結果，生理的に非常に重要な膜電位（50～70 mV）が発生する．静止状態の哺乳類の細胞では，細胞内外の Na^+と K^+の濃度勾配を維持するために ATP の 3 分の 1 以上が使われる（神経細胞では 70%にも及ぶ）．これにより，細胞の体積が調節されたり，ニューロンや筋細胞の電気的興奮が起こったりする．また糖やアミノ酸の能動輸送の駆動力にもなっている（後述）．

Na^+/K^+-ATP アーゼは，濃度勾配に逆らって細胞内の Na^+と細胞外の K^+を交換する．この熱力学的に不利なプロセスは，ATP によるリン酸化と，ひき続く脱リン酸により実現される．Na^+/K^+-ATP アーゼのイオン結合部位には，同時には膜の片側からしかアクセスできない．リン酸化によるコンホメーション変化により，結合部位にイオンがアクセスできるようになる．この過程がどのように実現されているのかはまだ完全にはわかっていない．だが，

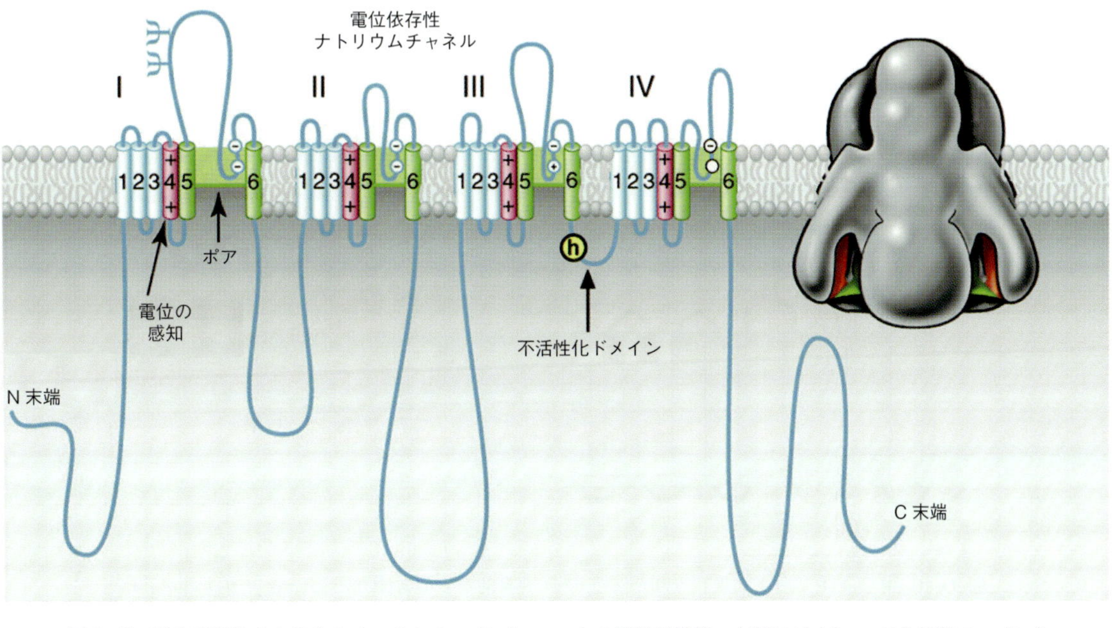

図 9・8　電位依存性ナトリウムチャネルの α サブユニットの膜貫通構造．右側には 0.2 nm の分解能の α サブユニットの三次元構造を示した．［Yu *et al.*, 2005 より．Blackwell Publishing Ltd. の許可を得て転載］

数々の実験や観察によりそのメカニズムが推定されている．鍵となるのは，ATPアーゼはNa^+存在下でATPによりリン酸化され，生じるアスパルチルリン酸残基はK^+存在下でのみ脱リン酸されるという点である．このことから，この酵素はE_1およびE_2の二つの異なるコンホメーションをとると考えられる（図9・9）．E_1とE_2はコンホメーションだけでなく触媒活性やリガンド特異性も異なっている．実際に，この陽イオン交換はリン酸化と脱リン酸を伴うNa^+/K^+-ATPアーゼのコンホメーション変化によって達成される．結合部位には交互に陽イオンが結合する．この反応は細胞外ではリン酸化されたE_2-P状態から始まり，細胞内では脱リン酸された状態(E_1)から始まる．E_1には細胞内を向いたNa^+に高い親和性をもつ結合部位がある．ATPと反応すると“高エネルギー”のアスパルチルリン酸中間体E_1～P・$3Na^+$を生じる．“低エネルギー”のコンホメーションE_2-Pに変化すると，結合していたNa^+が細胞外に放出される．E_2-Pには，細胞外を向いたK^+に高い親和性をもつ結合部位がある．ここに2個のK^+

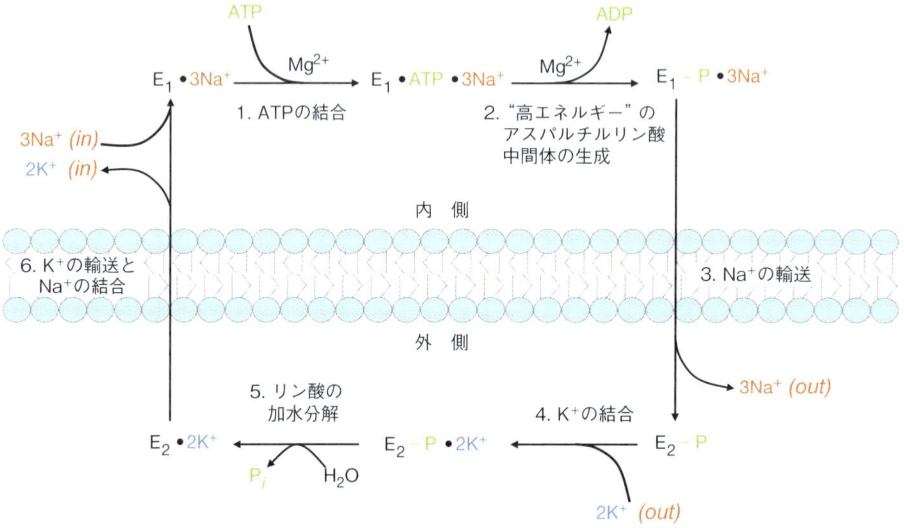

図9・9 Na^+/K^+-ATPアーゼによるNa^+およびK^+の能動輸送の機構．［Voet, Voet, 2004より改変］

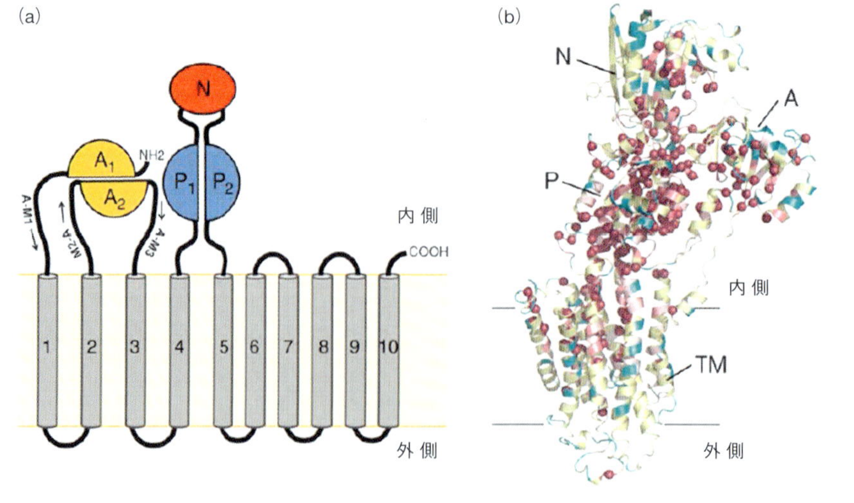

図9・10 P型ATPアーゼの保存された構造．(a) 典型的なP型ATPアーゼのαサブユニットのトポロジー図．10個の膜貫通領域がある．(b) ヒトP型ATPアーゼの構造と保存されたアミノ酸配列．よく保存されたアミノ酸残基(赤)は，Pドメインに多い．［Bublitz *et al.*, 2010より．Elsevierの許可を得て転載］

が結合すると，アスパルチルリン酸が加水分解され E_2・$2K^+$を生じる．つづいてコンホメーションが変化し E_1 状態になり，2個のK^+が細胞内に放出される．このサイクルを繰返すことで，全体としてATPの加水分解と共役した細胞膜内外へのNa^+およびK^+の輸送が行われる．Na^+/K^+-ATPアーゼはジギタリス（キツネノテブクロの葉の抽出物）などの強心配糖体により阻害される．強心配糖体はE_2-Pの脱リン酸を阻害し，うっ血性心不全の治療で処方される種々のステロイド薬の元となっている．

Na^+/K^+-ATPアーゼを含む数々のP型ATPアーゼの構造が決定されている．触媒機能をもつ α サブユニットには共通したドメインの配置がある（図9・10）．6個から12個の α ヘリックスがイオン輸送ドメインを形成している．三つの細胞内ドメイン，すなわちNドメイン（ヌクレオチド結合ドメイン），Pドメイン（リン酸化ドメイン），Aドメイン（作動ドメイン）はATPの加水分解を担っている．求核攻撃を受けるATPの γ-リン酸基はNドメインに位置する．Pドメインの保存されたAsp残基がリン酸化され，高エネルギーのアスパルチルリン酸が生成する．つづいてAドメインのGlu残基に結合した水分子により加水分解され，リン酸基が放出される．図9・11には，4種類のP型ATPアーゼ，すなわちウサギの筋小胞体Ca^{2+}-ATPアーゼ（SERCA），ブタのNa^+/K^+-ATPアーゼ，ヒトのK^+/H^+-ATPアーゼ（Na^+/K^+-ATPアーゼの構造から構築したもの），および植物のH^+-ATPアーゼについて，全体構造とイオン結合部位を示した．

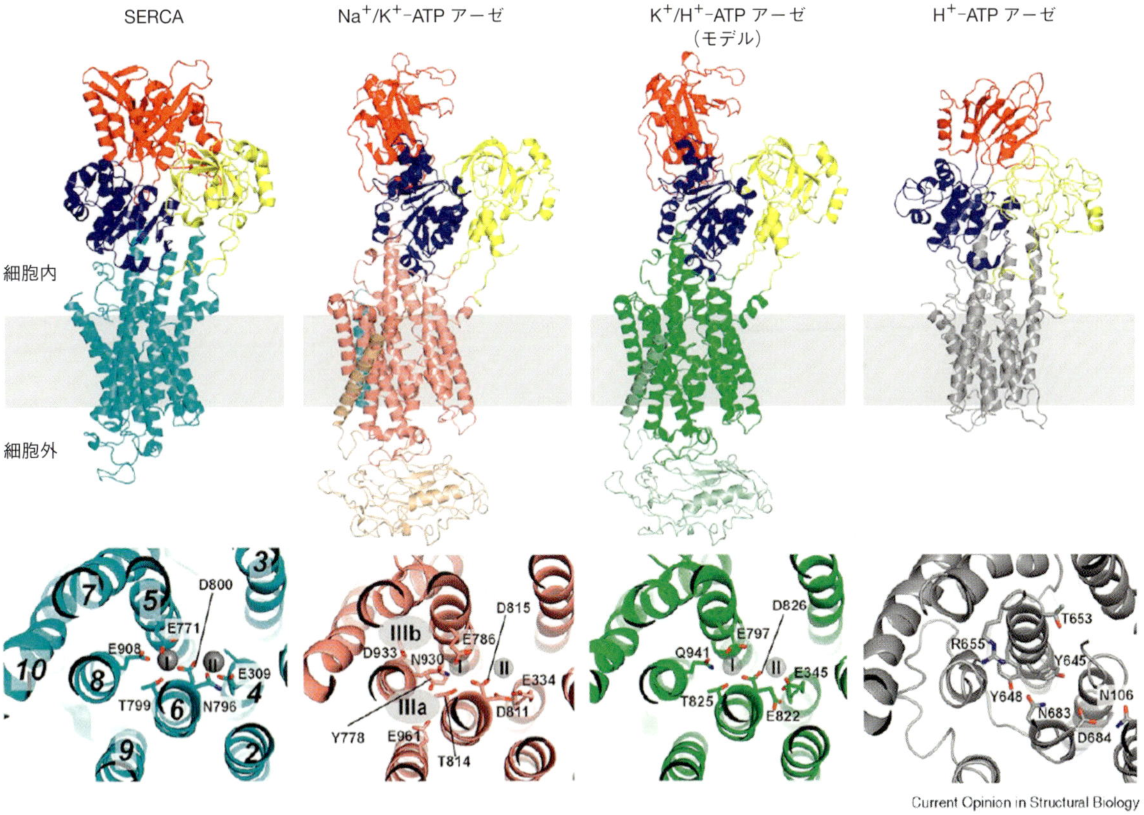

図9・11　P型ATPアーゼの全体構造（上）とイオン結合部位の構造（下）．左から順に，ウサギの筋小胞体Ca^{2+}-ATPアーゼ（SERCA, E_1, PDB: 1T5S），ブタのNa^+/K^+-ATPアーゼ（E_1:P_i, PDB: 3KDP），ヒトの胃のK^+/H^+-ATPアーゼのホモロジーモデル〔Na^+/K^+-ATPアーゼの構造（3KDP）から構築した〕，および植物のH^+-ATPアーゼAHA2（E_1, PDB: 3B8C）．Nドメインは赤，Pドメインは青，Aドメインは黄色で示してある．Na^+/K^+-ATPアーゼの β サブユニットと γ サブユニットは，それぞれ小麦色と青緑色で示した．K^+/H^+-ATPアーゼの β サブユニットは薄緑色で示した．イオン結合部位は，細胞の外側から細胞膜に垂直な方向から見たE_1状態の構造を示した〔Na^+/K^+-ATPアーゼとK^+/H^+-ATPアーゼの構造は，SERCAのE_1状態（1T5S）を基にしたモデルである〕．イオンに結合したアミノ酸残基は棒モデルで示した．SERCAでは，膜貫通ヘリックスとCa^{2+}（灰色の球）に番号をふっている．Na^+/K^+-ATPアーゼとK^+/H^+-ATPアーゼでは，イオンを半透明の球で示した．Na^+/K^+-ATPアーゼの三つめのNa^+結合部位は，灰色の楕円で示した部位だと推定されている．[Bublitz, Poulsen, Morth, Nissen, 2010 より．Elsevierの許可を得て転載]

9・6 Na^+の濃度勾配により駆動される能動輸送

多くの膜輸送タンパク質は，イオンの濃度勾配を駆動力として溶質分子の膜輸送を行っている．これを二次性能動輸送という．イオンの移動と共役した溶質分子の輸送により，溶質分子の濃度は10^6倍にも濃縮される．その移動速度は単純拡散の10^5倍も速い．すでにLeuTによるロイシンとNa^+の共輸送について見てきたが，それ以外にも多くの例がある．糖やアミノ酸はNa^+依存性の共輸送によって細胞内に取込まれる．食事で摂取したグルコースは，Na^+依存性の共輸送により小腸の上皮細胞に濃縮される．この細胞の毛細血管側にはグルコース単輸送体があり，グルコースは受動輸送によって血液中に移動する（図9・12）．グルコースの輸送を続けるには細胞内のNa^+濃度が維持されなければならず，Na^+/K^+-ATPアーゼによるATPの加水分解が必須である．

グルタミン酸輸送体は興奮性アミノ酸輸送体（excitatory amino acid transporter, EAAT）ともよばれ，シナプスから細胞外に放出されたグルタミン酸を除去する働きをもつ．これにより，興奮性シナプス伝達の正確な制御が可能になっている．細胞外の過剰なグルタミン酸は神経毒性があるため，グルタミン酸を効果的に除去することは興奮毒性細胞死や疾患を抑えるためにも必要である．興奮性アミノ酸輸送体は，哺乳類では5種類のアイソフォームが同定されている．図9・13にグルタミン酸の輸送サイクルを示した．グルタミン酸はNa^+とともに輸送体に結合し，細胞質に輸送される．基質が解離した輸送体は，K^+が細胞質側から結合することで元のコンホメーションに戻る．最後にK^+は細胞外に放出される．

興奮性アミノ酸輸送体を含む二次輸送タンパク質は，交互に起こるコンホメーション変化により，輸送を行っていると考えられている．基質結合部位へのアクセスは細胞内か細胞外の片方のみから可能であり，それが交互に入れ替わる．古細菌 *Pyrococcus horikoshii* のグルタミン酸輸送体オルソログ Glt_{Ph} の結晶構造から，興奮性アミノ酸輸送体のグルタミン酸輸送機構が考察される．結晶構造では Glt_{Ph} は同一のサブユニットからなる三量体構造であった．各サブユニットは八つの膜貫通ヘリックスと，膜を貫通していない二つのループ構造からなる（図9・14）．はじめの六つの膜貫通ヘリックス（TM1〜6）は，輸送機構を担うC末端のコアドメインを取囲んでいる．コアドメイン

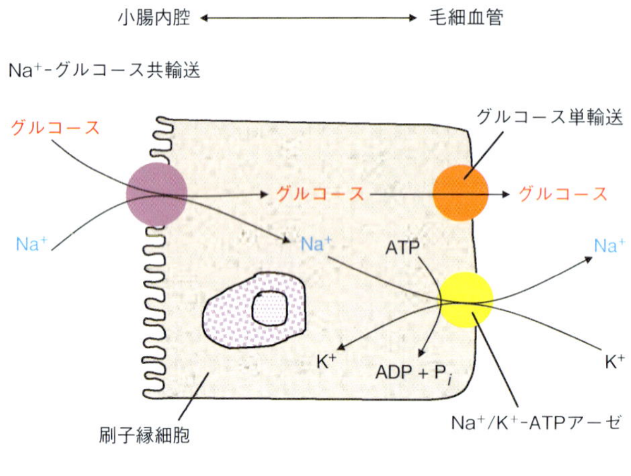

図9・12 小腸の上皮刷子縁細胞はNa^+との共輸送により小腸内腔からグルコースを濃縮する．この細胞の毛細血管側にはNa^+/K^+-ATPアーゼがあり，Na^+濃度を維持している．グルコースは受動輸送系により細胞外に輸送される．［Voet, Voet, 2004 より改変］

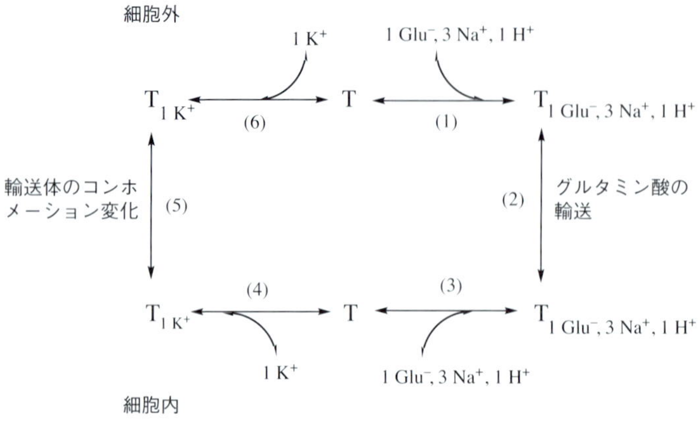

図9・13 興奮性アミノ酸輸送体(EAAT)によるグルタミン酸の輸送サイクル．単純化したサイクルを示してある．グルタミン酸はNa^+とともに輸送体(T)に結合する(段階1)．その後，細胞質に輸送され(段階2)，放出される(段階3)．基質が解離した輸送体にK^+が細胞質側から結合し(段階4)，元のコンホメーションに戻る(段階5)．最後に，K^+は細胞外に放出される(段階6)．［Jiang, Amara, 2011 より．Elsevier の許可を得て転載］

は，二つの逆を向いたヘリカルヘアピン(HP1 および HP2)，途中にβリンカーと両親媒性のヘリックスを含んだ7番めの膜貫通ヘリックス(TM7)，および8番めの膜貫通ヘリックス(TM8)からなる．HP1 と HP2 は，輸送体の細胞内側と細胞外側のゲートになっていると考えられる．最初に決定された Glt_{Ph} の構造(PDB: 1XFH)は基質が結合した閉塞状態のもので，細胞内側および細胞外側のゲートがいずれも閉じている(図9・15b)．他の二つの状態の構造も決定されている．2番めに報告された構造(PDB: 2NWW)は，拮抗阻害剤である DL-*threo*-ベンジルオキシアスパラギン酸(TBOA)の存在下で結晶化を行ったものである．TBOA が結合した構造であり，HP2 部分を除き，基質が結合した構造(PDB: 1XFH)とよく似ている．この構造では，HP2 は基質結合部位とは逆の方向を向いている(図9・15a)．最近決定された3番めの構造(PDB: 3KBC)は内向き構造とよばれ，C 末端コアドメインが細胞質側に約

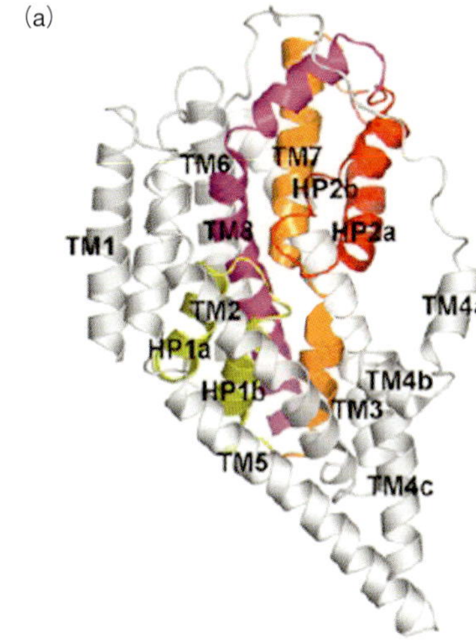

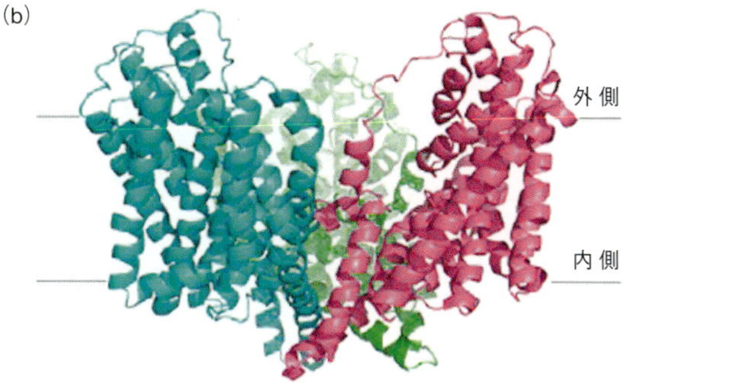

図9・14　(a) Glt_{Ph} の単量体の構造．灰色で示した膜貫通ドメイン(TM1〜6)が，輸送機構を担うコアドメインを取囲んでいる．コアドメインは，HP1(黄色)，TM7(橙色)，HP2(赤)，TM8(赤紫)からなる．(b) 膜に埋め込まれた Glt_{Ph} の三量体．単量体をそれぞれ緑，赤紫，薄緑で示した．[Jiang, Amara, 2011 より．Elsevier の許可を得て転載]

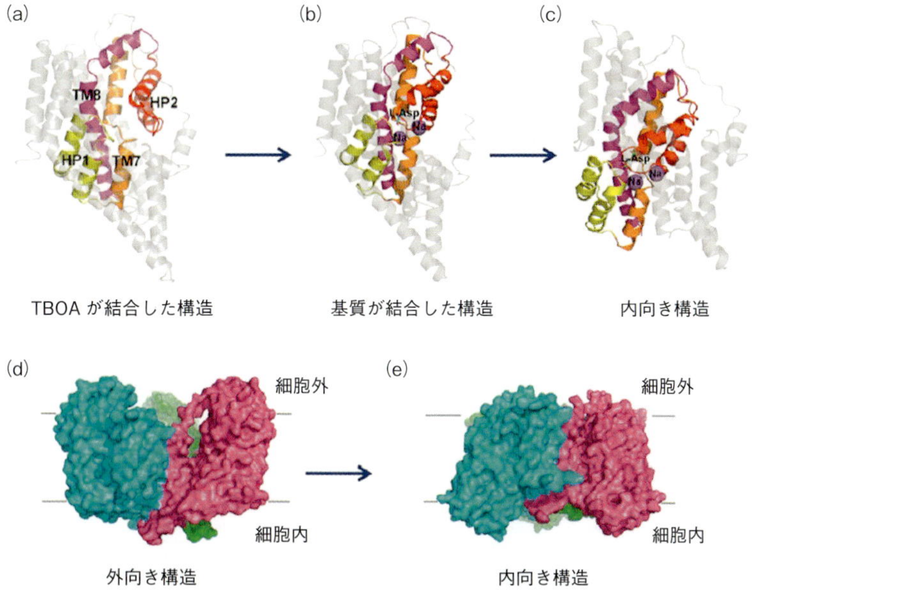

図9・15　グルタミン酸輸送体の基質輸送機構．(a) TBOA (DL-*threo*-ベンジルオキシアスパラギン酸) が結合した Glt_{Ph} の構造 (PDB: 2NWW)．HP2 が，基質結合部位とは逆の方向を向いている (図では TBOA 分子は表示していない)．(b) 基質が結合した Glt_{Ph} の構造 (PDB: 1XFH)．基質である L-アスパラギン酸と2個の Na^+ が結合しており，HP2 が閉じている．(c) 内向き構造の Glt_{Ph} の構造 (PDB: 3KBC)．C 末端コアドメイン全体が細胞質側に移動している．(d) コアドメインが動く前の，外向きの Glt_{Ph} の表面構造．(e) 内向きの Glt_{Ph} の表面構造．各サブユニットを，緑，赤紫，青緑で色分けした．図は Glt_{Ph} の結晶構造 2NWW, 2NWX および 3KBC を基に，ソフトウェア Pymol (Schrödinger, LLC) を使って作成した．[Jiang, Amara, 2011 より．Elsevier の許可を得て転載]

18 Å 動いている（図 9・15c）.

以上の構造から次の輸送機構が考えられる．外向き状態の輸送体では HP2 のゲートが開いており，結合部位が露出している．グルタミン酸および共輸送されるイオンが結合すると，HP2 が閉じて基質結合部位にふたがされる（外向きの閉塞状態．図 9・15d）．次にコアドメイン全体が細胞質側に動き（内向きの閉塞状態．図 9・15e），内側のゲート（おそらく HP1）が開くようになる．最後に K^+ が結合して，コンホメーションが変化し，元の外向き状態に戻る．

9・7　Na^+/H^+ 交換輸送体

細胞膜の内外での Na^+ とプロトン（H^+）の交換は，細菌からヒトまでほぼすべての生物に共通した重要な生体機能である．その駆動力はイオンの電気化学的勾配であり，Na^+/H^+ 交換輸送体（Na^+/H^+ exchanger, NHE）による対向輸送により実現される．この輸送体は二次性能動輸送体に分類され，生体内ではさまざまな機能がある．真核生物では細胞の恒常性を維持するために必須であり，がんや心臓疾患においても重要である．図 9・16 に示すように，哺乳類の小腸の上皮刷子縁細胞には Na^+/H^+ 交換輸送体 NHE3 が存在する．小腸や腎近位尿細管からの NaCl 吸収を担っており，Na^+ の吸収の大半はこの仕組みにより説明される．

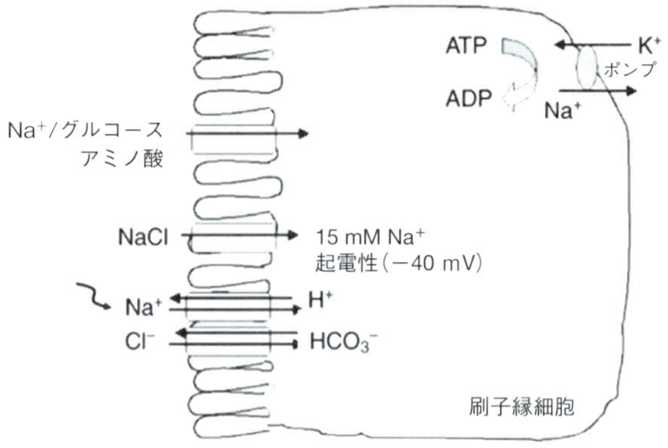

図 9・16　哺乳類の小腸での Na^+ の吸収．Na^+/H^+ 交換輸送体により Na^+ が吸収される．

高等真核生物のゲノムには 7 個から 9 個の Na^+/H^+ 交換輸送体様タンパク質がコードされている．最初に決定された NHE1 は哺乳類の細胞のほとんどに広く存在し，細胞膜に局在している．また，腸細胞の基底膜にも存在する．コンピュータモデリングによると，その他のすべての Na^+/H^+ 交換輸送体と同じく，N 末端側（約 500 アミノ酸残基）に 12 の膜貫通セグメントがある（図 9・17）．C 末端には親水性の高い細胞質領域があり，プロテインキナーゼによりリン酸化される複数の部位や，他の制御因子が結

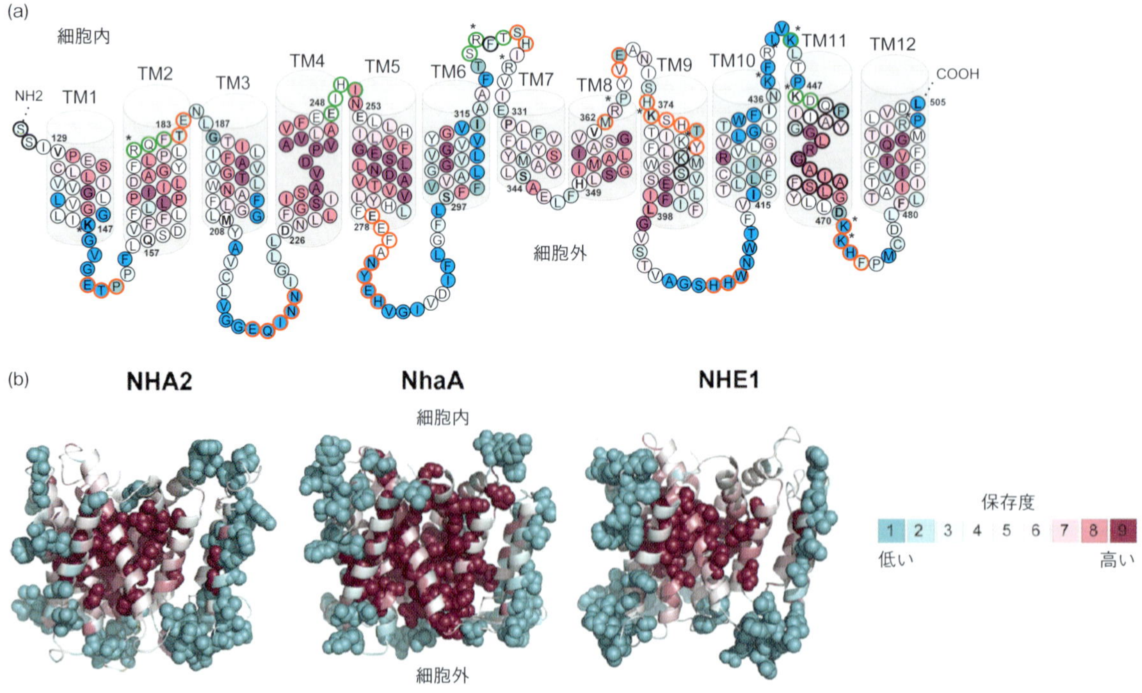

図 9・17　進化的に保存された EcNhaA, NHA2 および NHE1 のプロファイル．(a) NHE1 の膜貫通領域のトポロジー図（残基番号 126〜505）．保存の度合いによって色分けしている．(b) 結晶構造上に表示した保存度．［(a) Landau *et al.*, 2007 より改変．(b) Schushan *et al.*, 2010 より．Elsevier の許可を得て転載］

合する部位がある．大腸菌(*E. coli*)の Na^+/H^+ 交換輸送体の結晶構造（図9・17）を基に，ヒトの Na^+/H^+ 交換輸送体(NHE1)の三次元構造が予測されている．

9・8　細胞内のカリウムのその他の役割

数多くの酵素が K^+ によって活性化されることが知られている．好例は糖分解酵素のピルビン酸キナーゼである．K^+ は，ホスホエノールピルビン酸を基質結合ポケットに収める役割があると考えられている．より活性な Mg^{2+} の酵素における役割については第10章で議論する．細胞内の K^+ 濃度や Mg^{2+} 濃度は高く，それらはおもに核酸に結合している．二価の Mg^{2+} はその高い電荷密度から，多価陰イオン(ポリアニオン)である糖-リン酸骨格に強く結合する．金属イオンの結合により，リン酸基間の静電反発が減少し，塩基対と核酸塩基のスタッキングが安定化される．そのため，金属イオン存在下ではDNAの融解温度が上昇する．細胞内の K^+ と Mg^{2+} の多くはリボソームのRNAに結合している．

真核生物の染色体は直鎖状である．鎖状のDNA分子は，複製の際に末端に問題が生じる．塩基配列解析の結果から，染色体末端にはテロメアとよばれる領域があることがわかった．テロメアは6塩基の配列が数百回も反復された構造である．脊椎動物ではd(TTAGGG)の配列が繰返されている．G豊富なテロメア配列は，折りたたまれてG四重鎖構造を形成する．このDNAの二次構造はG四量体(Gカルテット）が積み重なった構造である（図9・18）．Gカルテットは，フーグスティーン型の水素結合ネットワークにより会合しており，中央には Na^+ や K^+ などの一価の陽イオンが収まっている．グアニンのO6酸素原子がこれらのイオンに配位している．この四量体構造が互いに重なって積層構造をとる（図9・19）．真核生物の染色体末

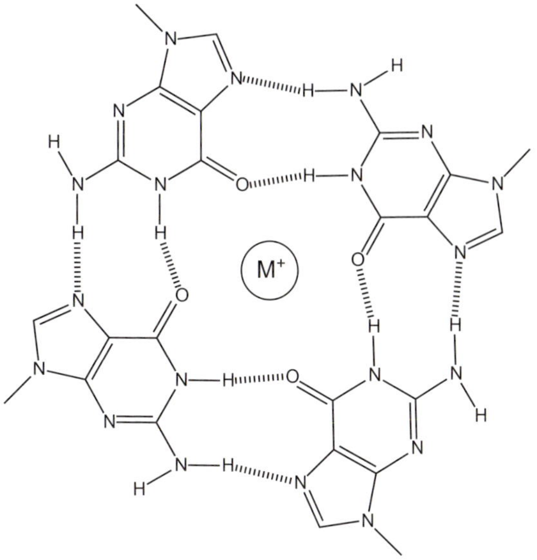

図9・18　Gカルテットの構造．［Wozki, Schmidt, 2002 より］

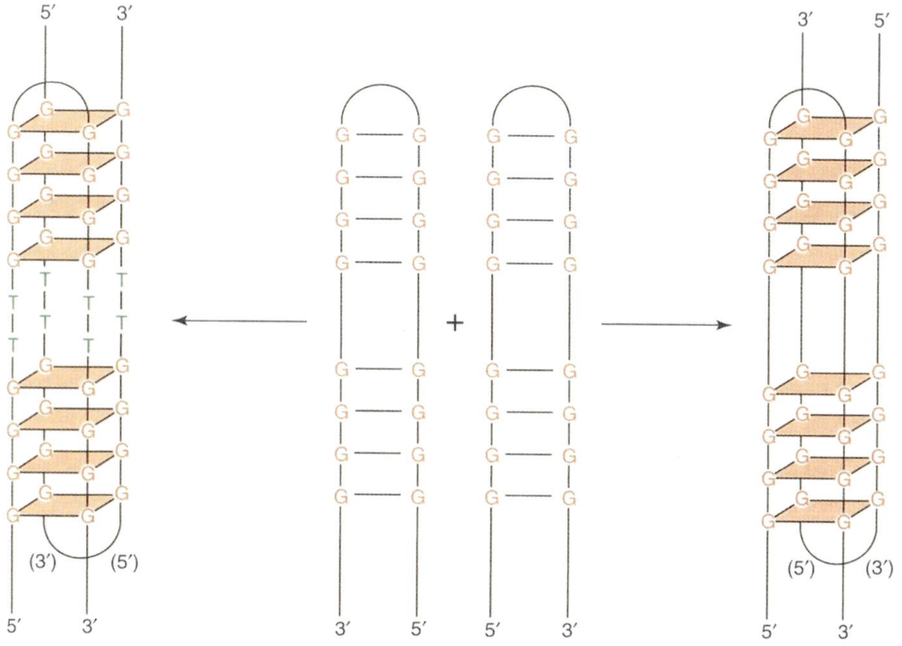

図9・19　G四重鎖DNA．［Wozki, Schmidt, 2002 より］

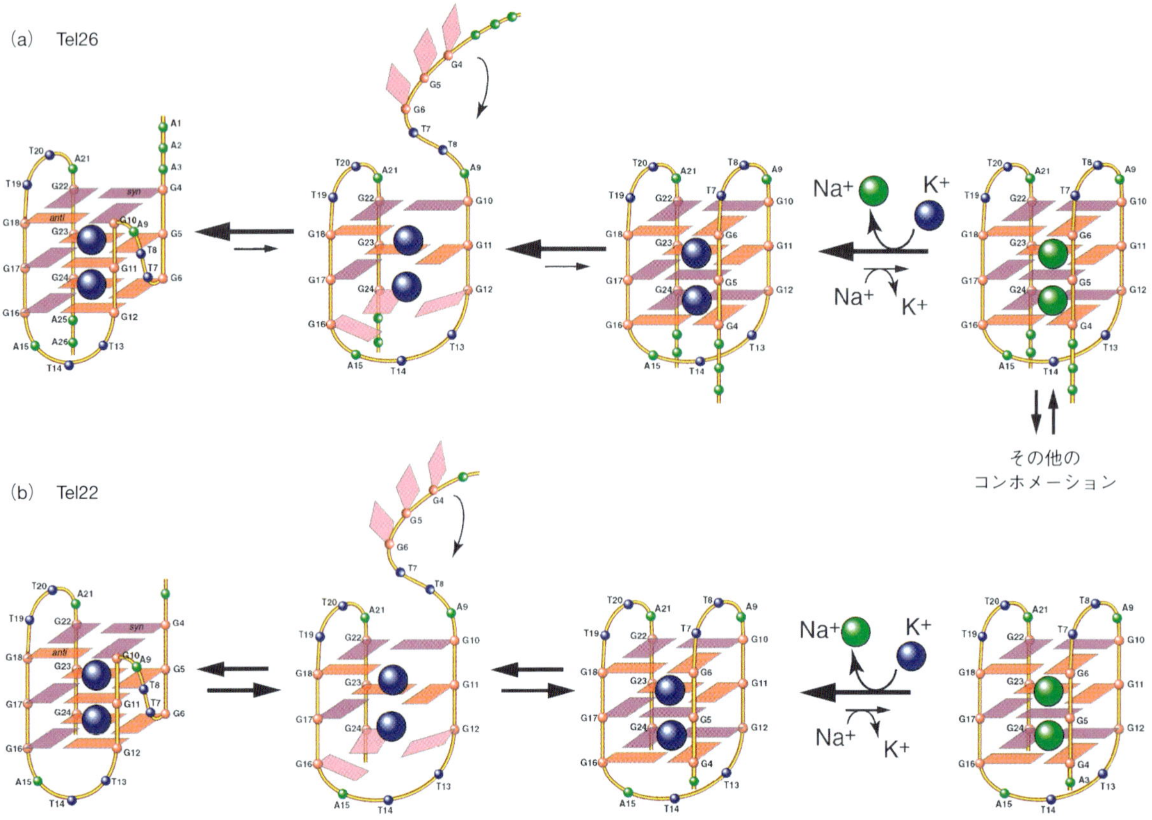

図9・20　テロメアG四重鎖のNa^+存在下およびK^+存在下での構造の相互変換．［Ambrus *et al*., 2006より］

端（テロメア）でみられるG豊富な反復配列は，いくつかの逆平行の四本鎖を形成する．1本のポリヌクレオチド鎖が分子内で折りたたまれて，それが四本鎖のうちの2本以上の鎖を構成する．

ヒトのDNAはd(TTAGGG)のテロメア反復配列をもつ．G四重鎖構造の形成と安定化はテロメラーゼの活性を阻害する．テロメラーゼはがん細胞特異的に活性化されている逆転写酵素で，腫瘍細胞の80〜90%で活性化されており，治療的介入の標的として重要である．構造に基づいた合理的な医薬分子の設計には，ヒトテロメアG四重鎖の生理条件下での構造を理解する必要がある．K^+存在下でのヒトテロメア配列の折りたたみ構造は，NMRにより明らかにされた（図9・20）．分子内で折りたたまれたG四重鎖の新たなトポロジーがみられた．以前報告されたNa^+存在下でのテロメア配列Tel22（22塩基）の構造とは異なり，K^+型の四重鎖は平行二本鎖と逆平行二本鎖が会合したハイブリッド型の構造である．少し長い26塩基のテロメア配列Tel26では，Na^+の有無にかかわらず，K^+存在下で最も多くみられるコンホメーションである．K^+を添加すると，Na^+型の四重鎖構造は速やかにK^+型の四重鎖へと変化する．ここから，ヒトテロメアDNAが効率的に折りたたまれる経路が推測できる．ハイブリッド型のG四重鎖は生理条件下でみられる構造である．テロメアG四重鎖の安定化はがん治療の重要な戦略であるため，小分子医薬の標的として重要なフォールディング構造である．

文　献

Ambrus, A., Chen, D., Dai, J., Bialis, T., Jones, R.A., & Yang, D. (2006). Human telomeric sequence forms a hybrid-type intramolecular G-quadruplex structure with mixed parallel/antiparallel strands in potassium solution. *Nucleic Acids Research, 34*, 2723–2735.

Bublitz, M., Poulsen, H., Morth, J.P., & Nissen, P. (2010). In and out of the cation pumps: P-type ATPase structure revisited. *Current Opinion in Structural Biology, 20*, 431–439.

Catterall, W.A. (2000). From ionic currents to molecular mechanisms: the structure and function of voltage-gated sodium channels. *Neuron, 26*, 13–25.

Dietrich, B. (1985). Coordination chemistry of alkali and alkaline-earth cations with macrocyclic ligands, cations with macrocyclic ligands. *The Journal of Chemical Education, 62*, 954–964.

Doyle, D.A., Cabral, J.M., Pfuetzner, R.A., Kuo, A., Gulbis, J.M., Cohen, S.L., *et al*. (1998). The structure of the potassium channel: molecular basis of K^+conduction and selectivity. *Science, 280*, 69–77.

Gouaux, E., & MacKinnon (2005). Principles of selective ion

transport in channels and pumps. *Science, 310*, 1461–1465.
Hodgkin, A.L., & Huxley, A.F. (1952). A quantitative description of membrane current and its application to conduction and excitation in nerve. *The Journal of Physiology, 117*, 500–544.
Jiang, J., & Amara, S.G. (2011). New views of glutamate transporter structure and function: advances and challenges. *Neuropharmacol, 60*, 172–181.
Landau, M., Herz, K., Padan, E., & Ben-Tal, N. (2007). "http://www.ncbi.nlm.nih.gov/pubmed/17981808" Model structure of the Na^+/H^+ exchanger 1 (NHE1): functional and clinical implications. *J Biol Chem, 282*, 37854–37863.
MacKinnon, R. (2004). Potassium channels and the atomic basis of selective ion conduction (Nobel Lecture). *Angewandte Chemie International Edition, 43*, 4265–4277.
Schushan, M., Xiang, M., Bogomiakov, P., Padan, E., Rao, R., & Ben-Tal, N. (2010). Model-guided mutagenesis drives functional studies of human NHA2, implicated in hypertension. *J Mol Biol, 396*, 1181–1196.
Voet, D., & Voet, J.G. (2004). *Biochemistry* (3rd ed.). Hoboken: John Wiley and Sons.
Yu, F.H., Yarov-Yarovoy, V., Gutman, G.A., & Catterall, W.A. (2005). Overview of molecular relationships in the voltage-gated ion channel superfamily. *Pharmacological Reviews, 57*, 387–395.
Wozki, S.A., & Schmidt, F.J. (2002). DNA and RNA: composition and structure. In T.M. Devlin (Ed.), *Textbook of biochemistry with clinical correlations* (5th ed., pp. 45–92).

第10章

マグネシウム
リン酸代謝と光受容

10・1　はじめに

マグネシウムは，地殻や人体に最も豊富に存在する元素の一つである．特に Mg^{2+} は，細胞の中で最も多く存在する二価陽イオンである．人体の Mg^{2+} の総量の約 50％は骨に含まれており，残りはおもに細胞内に存在する．細胞質にある Mg^{2+} の 50％は ATP に結合しており，残りのほとんどは K^+ とともにリボソームに結合している．細胞内における遊離の Mg^{2+} の濃度は約 0.5 mM である．血漿に含まれる Mg^{2+} は人体の Mg^{2+} 総量の 0.5％以下であるが，その濃度はきわめて厳密に保たれている．

Mg^{2+} は，生体内に存在する陽イオンのなかでも独特の性質をもっている．表 10・1 には，4 種類の代表的な陽イオンの性質をまとめてある．Mg^{2+} のイオン半径は，ほかのイオンと比べて非常に小さい．それにもかかわらず，水和半径はこの 4 種類のなかで一番大きい．水和された Mg^{2+} の体積は，元のイオンの体積の 400 倍にもなる（体積は半径の 3 乗になることに注意しよう）．この値は Na^+ や Ca^{2+} の約 25 倍，K^+ の約 5 倍に比べて非常に大きい．

Mg^{2+} の生物学的な役割を決める重要な因子は，その配位数と配位構造，溶媒交換速度，そしてトランスポート数である*1．K^+ や Ca^{2+} は容易に 6，7，8 配位をとりうるが，Mg^{2+} は Na^+ と同様，常に 6 配位である．6 配位の陽イオンは八面体型の配位構造を強制されるが，Ca^{2+} はより柔軟な構造にも適応する．その結果，結合角は理想的な 90° から最大で 40° まで変化しうる．同様に，酸素配位子との結合長も，Ca^{2+} では 0.5 Å 程度増減するが，Mg^{2+} ではせいぜい 0.2 Å である．

他の三つのイオンと比べ，Mg^{2+} の水和水の交換速度は非常に遅い（表 10・1）．Mg^{2+} は，たとえばキナーゼや他のホスホトランスフェラーゼの ATP 結合ポケットに存在している．このとき Mg^{2+} には，タンパク質のアミノ酸残基四つもしくは五つと，ATP 分子が配位している．1 箇所ないし 2 箇所の配位部位は空いており，ここに水分子が結合できる．これは，酵素の触媒中心にある Mg^{2+} の典型的な配位構造である．たいていの酵素では金属イオンの内圏の基質が活性化されるのに対し，この例では外圏の基質が活性化される（図 10・1）．他のアルカリ土類金属や遷移金

表 10・1　代表的な生体内の陽イオンの性質 a)

陽イオン	イオン半径 (Å)	水和イオン半径 (Å)	イオンの体積 ($Å^3$)	水和イオンの体積 ($Å^3$)	交換速度 (s^{-1})	トランスポート数
Na^+	0.95	2.75	3.6	88.3	8×10^8	7〜13
K^+	1.38	2.32	11.0	52.5	10^9	4〜6
Mg^{2+}	0.65	4.76	1.2	453	10^5	12〜14
Ca^{2+}	0.99	2.95	4.1	108	3×10^8	8〜12

a) Maguire, Cowan, 2002 より．

＊1　溶液中でその陽イオンに十分強く結合し，一緒に移動しうる溶媒分子の平均数をトランスポート数と定義する．

属イオンとは異なり，Mg^{2+}はイオン半径が特に小さく電子密度が高いため，その内圏にはかさ高い配位子よりも，小さい水分子が結合する傾向がある．タンパク質の多くのMg^{2+}結合部位を見ると，タンパク質とMg^{2+}との直接の結合は，3, 4本あるいはそれよりも少ない．残りの内圏の配位部位には，水分子が結合しているか，ホスホトランスフェラーゼではヌクレオシド二リン酸や三リン酸が配位している．

さらに，Mg^{2+}の高い電子密度は，優れたルイス酸であることも示している．特にリン酸基の転移やリン酸エステルの加水分解において重要な役割を担っている．一般にはMg^{2+}はルイス酸として働き，結合した求核剤を反応性のより高い陰イオン型にして活性化したり，反応中間体を安定化したりする．

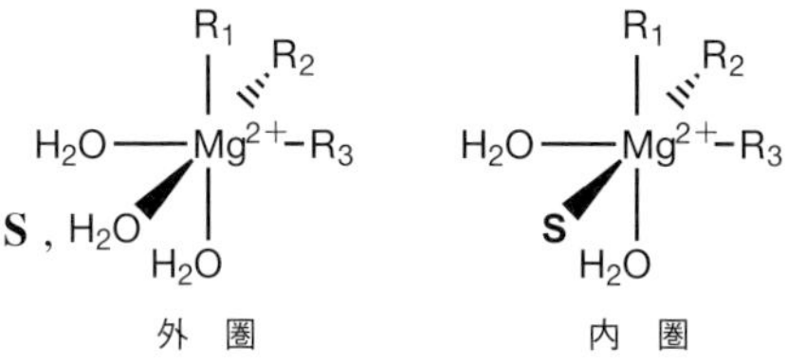

図10・1　内圏と外圏の基質の活性化の比較．Sは基質を示す．［Cowan, 2002より］

10・2　マグネシウム依存酵素

中間代謝に関わる酵素の多くは，Mg^{2+}に依存している．核酸の代謝に関係する酵素の多くもそうである．解糖系（第5章参照）の10種類の酵素のうち，5種類はMg^{2+}依存性の酵素であるが，これは驚くことではない．その5種類のうち4種類（ヘキソキナーゼ，ホスホフルクトキナーゼ，ホスホグリセリン酸キナーゼ，ピルビン酸キナーゼ）はリン酸基の転移に関係している．5種類めのエノラーゼは，基質である2-ホスホグリセリン酸が結合する前にMg^{2+}と錯体を形成する．解糖系はフッ化物イオン(F^-)によって阻害される．リン酸の存在下，F^-イオンが触媒中心であるMg^{2+}に結合し，基質の結合を妨げて，酵素を不活性化するからである．Mg^{2+}が細胞質に最も豊富に存在する二価陽イオンであることからも推測されるように，Mg^{2+}はADPやATPなどのヌクレオシド二リン酸や三リン酸に強く結合し，これらが関与するほとんどすべての反応に直接関係している．

上で述べたように，酵素へのMg^{2+}の結合は，タンパク質の側鎖やペプチド結合のカルボニル基の直接の配位（内圏），もしくは水和水を介した相互作用（外圏）に基づく．Mg^{2+}依存酵素は2種類に大別される．一つは，Mg^{2+}と基質が形成する複合体に結合する酵素である．これらの酵素はおもに基質分子を認識しており，Mg^{2+}との相互作用はほとんどないか非常に弱いケースがほとんどである．一方，Mg^{2+}に直接結合する酵素もある．Mg^{2+}の結合によって酵素の構造が変化したり，Mg^{2+}が反応を直接触媒したりする．

Mg^{2+}と酵素との結合は比較的弱い（結合定数K_aは10^5 M^{-1}以下である）．酵素はしばしば金属が結合していない状態で単離される．そのため，*in vitro*での実験の際には，Mg^{2+}を添加する必要がある．先に述べたように，細胞内の遊離Mg^{2+}の濃度は約5×10^{-4} Mであり，ほとんどのMg^{2+}依存酵素にはその活性に適切なMg^{2+}の局所濃度がある．Mg^{2+}の生化学研究を難しくしている要因は二つある．一つはMg^{2+}はZn^{2+}などと同様，分光学的に観測されない（サイレントである）ことである．実際に利用できる唯一の同位体は，高エネルギーのβ線とγ線を出す半減期21.3時間の^{28}Mgである．しかし1990年から価格がとんでもなく高騰したため（1 mCi当たり30,000ドル），Mg輸送の研究に用いられることはなくなった．これらの問題は，Mg^{2+}をMn^{2+}に置き換えて分光測定を行うことで部分的には解消される．また代わりに放射性同位体の$^{63}Ni^{2+}$も使われている．

10・3　リン酸基の転移: キナーゼ

リン酸基転移反応は，細胞内の代謝物や高分子のリン酸化あるいは脱リン酸をする反応であり，生化学上重要な役割を担っている．リン酸基の転移は，酵母のゲノムにコードされた最も一般的な酵素の機能である．中間代謝において重要なだけでなく（第5章），多くの主要な調節酵素がリン酸基転移反応を触媒している．シグナル伝達カスケードを構成するプロテインキナーゼやプロテインホスファターゼ，ATPアーゼやGTPアーゼなどがその例である．

キナーゼは，有機分子にリン酸基を導入するための道具である．解糖系では，グルコースやフルクトース6-リン酸などの代謝産物がリン酸化される．シグナル伝達カスケードでは，タンパク質がリン酸化される．それにより，たとえばグリコーゲン分解が活性化されたり，グリコーゲン合成が抑制されたりする．このとき，タンパク質の側鎖（この例ではセリン残基）がリン酸化され，そのリン酸基は通常Mg^{2+}-ATP錯体から転移する．

成人の脳は休止状態でも1分間に約80 mgのグルコースと50 mLのO_2を消費している．グルコースが細胞膜を透過して入ってくると，ヘキソキナーゼによりただちにリン酸化される．ヘキソキナーゼは解糖系の最初の酵素である．Mg^{2+}-ATPからグルコースへのリン酸基の転移を触媒し，グルコース6-リン酸とMg^{2+}-ADPを生じる．この酵素は，特徴的なβββαβαβα フォールド（N末端とC末端の両方のドメインで繰返されている）をもつタンパク質スーパーファミリーのメンバーである．このスーパーファミリーに属する酵素は，共通のATPアーゼドメインをもっており，糖だけでなくグリセロールや酢酸，その他のカルボン酸をリン酸化するキナーゼが含まれる．ヘキソキナーゼにグルコースが結合する様子を図10・2に示す．この触媒反応では大きなコンホメーション（立体配座）変化が起こり，酵素のドメイン同士が大きく動くことが知られている．活性部位の溝を構成する二つのローブが約8Åも動いて，開いた状態から閉じた構造に変化する．このとき活性部位から水分子が取除かれる．グルコースへのリン酸基転移が水への転移よりも 4×10^4 倍も速いのはそのためだと考えられる．

このキナーゼファミリーのもう一つの特徴は，リン酸基の転移がコンフィグレーション（立体配置）の反転を伴うことである．Jeremy Knowlesはγ位のリン酸基をキラルにしたATPを用いてこの事実を明らかにした（Knowles, 1980）．基質から生成物にリン酸基が転移する反応は，それぞれの分子が一列に並んだ形で進行する．すなわち，求核剤がリン原子に付加すると，求核剤と脱離基がアピカル位に位置した三方両錐形の中間体を生じる（図10・3）．

ヘキソキナーゼは反応に先立ち，グルコースおよび Mg^{2+}-ATPとの三成分複合体を形成する．ドメインが閉じた構造になることにより，ATPはグルコースのC6ヒドロキシ基に接近する（図10・4）．ATPのリン酸基と Mg^{2+} との錯体形成により，リン酸の負電荷が遮蔽され，γ位のリン原子がグルコースのC6-OH基の求核攻撃を受けやすくなると考えられる．スーパーファミリーの他の酵素でもみられるように，Mg^{2+} はβ-およびγ-リン酸基の酸素原子に直接結合するだけでなく，保存されたAsp残基のカルボキシ基にも水分子を介して結合している．このAsp残基は一般塩基として働き，後にリン酸化されるグルコースのヒドロキシ基を脱プロトンする．図10・5には，例として大腸菌のラムノースキナーゼによる反応を示す．この酵素はATPのγ-リン酸基をL-フルクトースの1-ヒドロキシ基へと転移する．図では，ATPのγ-リン酸基の三つの酸素原子と，ADPのO3β原子，β-L-フルクトースのO1″原子とがなす三方両錐形が確認できる．また Mg^{2+} は，β-およびγ-リン酸基，そして保存されたAsp10残基の間に位置している．Mg^{2+} はリン酸基の酸素原子には直接結合しているが，Aspのカルボキシ基には水分子を介して結合していると推定される．Mg^{2+} は八面体型の配位構造を

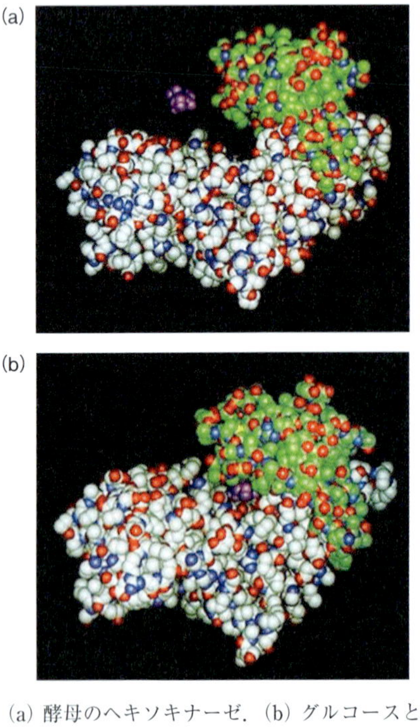

図10・2　(a) 酵母のヘキソキナーゼ．(b) グルコースとの複合体．［Voet, Voet, 2004より．John Wiley and Sons, Inc.の許可を得て転載．©2004］

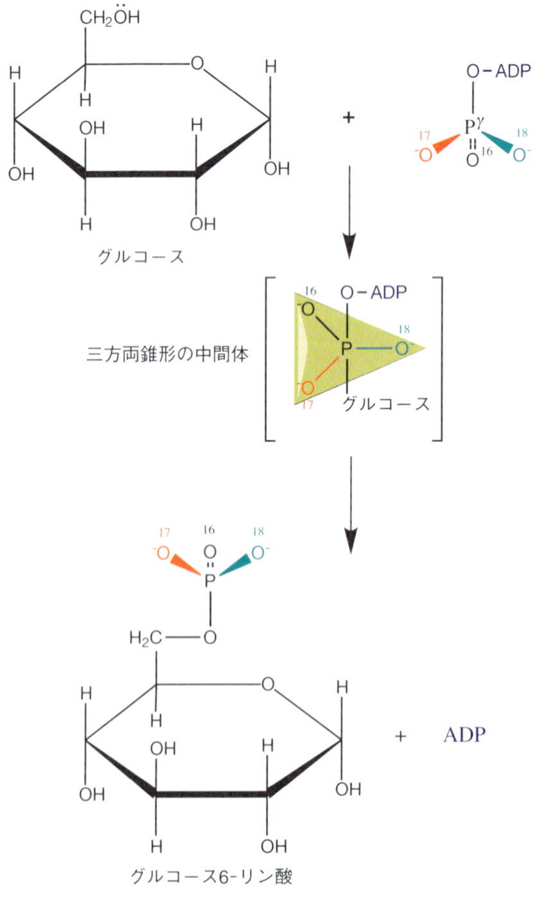

図10・3　ヘキソキナーゼにより触媒されるリン酸基転移反応．ATPのγ-リン酸基のコンフィグレーションの反転を伴う．［Voet, Voet, 2004より改変］

好むため，実際の水分子の配置はラムノースキナーゼのホロ体で観察されるものとは異なる．

代謝産物のリン酸化を触媒するキナーゼとは対照的に，プロテインキナーゼには複数のファミリーがある．プロテインキナーゼは，特定の標的タンパク質の Ser や Thr, Tyr 残基をリン酸化する酵素であり，ほとんどは細胞外刺激に応答するシグナル増幅カスケードの一部となっている．ここでは，MAP キナーゼ（mitogen-activated protein kinase, MAPK．マイトジェン活性化プロテインキナーゼ）のファミリーについて簡単に紹介しよう．MAPK は，種々の細胞内シグナルを仲介する役割をもっており，シグナル伝達カスケードの最終段階で働く．哺乳類には少なくとも 14 種類の MAP キナーゼキナーゼキナーゼ（MAPKKK），7 種類の MAP キナーゼキナーゼ（MAPKK），12 種類の MAPK があり，細胞外刺激を引き金としたシグナルの増幅を担っている．MAPKKK は MAPKK を活性化し，MAPKK は MAPK を活性化して，各ステップでシグナルが数倍に増幅される（図 10・6）．各 MAP キナーゼカスケードは MAPKKK, MAPKK, そして MAPK からなる．各種の外部刺激は 1 個以上の MAPKKK を活性化し，ひき続いてその MAPKKK も 1 個以上の MAPKK を活性化する．一方，活性化された MAPKK の標的 MAPK に対する特異性は比較的高く，特定の転写因子（Elk-1, Ets1, p53, NFAT4, Max など）をリン酸化して標的 mRNA の合成を調節する．また MAPK は，特定のキナーゼ（$p90^{rsk}$, S6 キナーゼ，MAPKAP キナーゼなど）もリン酸化する．これらの転写因子やキナーゼのリン酸化により，細胞の成長や分化，アポトーシスなどの細胞応答が導かれる．これらのキナーゼは Mg^{2+}-ATP 錯体として Mg^{2+} を必要することが知られている．しかし多くの場合，さらにもう 1 個の Mg^{2+} を必要としているように見受けられる．2 個めの Mg^{2+} には化学的な必要性がなく，何の働きをしているか

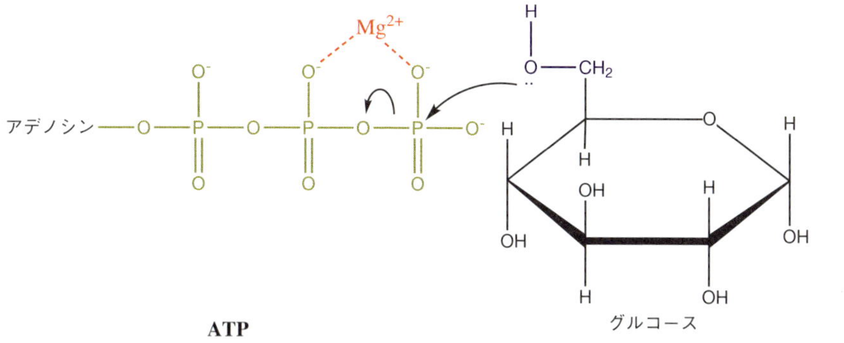

図 10・4　グルコースの C6-OH による Mg^{2+}-ATP 複合体の γ-リン酸基の求核攻撃．［Voet, Voet, 2004 より改変］

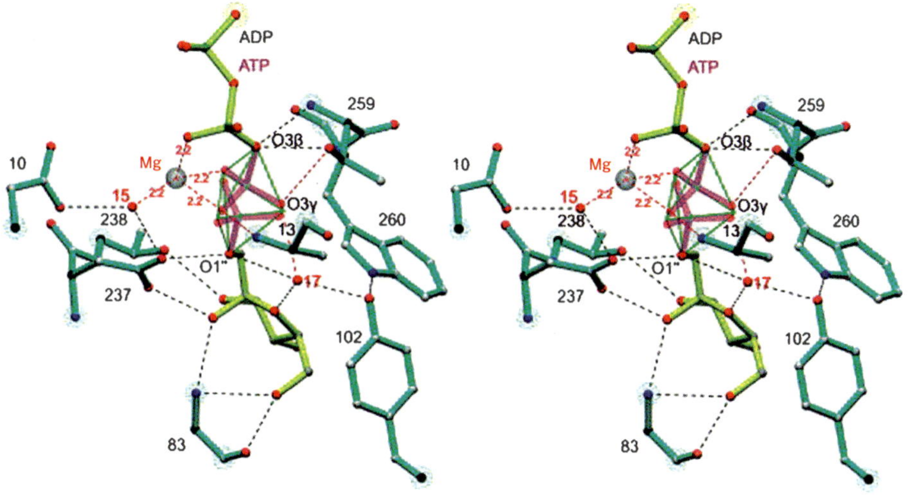

図 10・5　三方両錐形の 5 配位リン原子を経由する反応のステレオ図．反応の前後での γ-リン酸基の位置をピンク色で示してある．Mg^{2+} は，β-および γ-リン酸基と Asp10 との間に位置していると推定される．［Grueninger, Schultz, 2006 より．Elsevier の許可を得て転載．©2006］

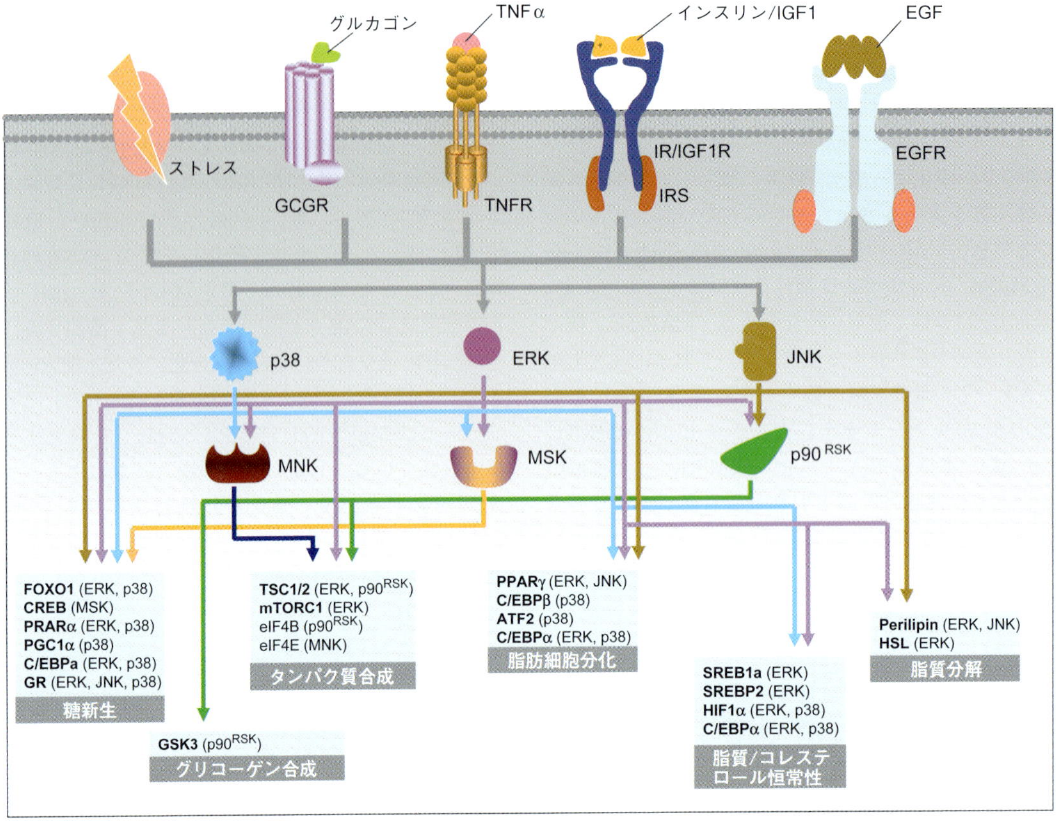

図 10・6　哺乳類の細胞における MAP キナーゼ（MAPK）カスケードの模式図.

は明らかでないが，おそらく酵素のコンホメーション変化に関係していると考えられる.

10・4　リン酸基の転移: ホスファターゼ

キナーゼとは逆に，ホスファターゼはリン酸基の除去を触媒する酵素である．グルコース 6–リン酸やフルクトース 1,6–ビスリン酸など，リン酸化された代謝産物の脱リン酸や，プロテインキナーゼによりリン酸化されたタンパク質の脱リン酸を行っている．この反応は加水分解反応であり，すなわちリン酸基が水分子に転移する反応であるともいえる．ここでは例として，ホスホトランスフェラーゼのハロ酸デハロゲナーゼ（HAD）スーパーファミリー*2 に属するホスホグルコムターゼを取上げる．図 10・7(a) に示すように，求核的な触媒反応ではあるが，キナーゼのような 5 配位の中間体の代わりに，酵素と共有結合でつながったアスパルチルリン酸中間体が形成される．Mg^{2+} はこの反応に必須であり，求核剤である Asp と基質のリン酸基の両方に結合する．これによりリン酸基の電荷が遮蔽され，求核攻撃を受けやすい分子配向になる（図 10・7b)．アスパルチルリン酸は加水分解のエネルギーが高く，これがリン酸基が水分子に転移する駆動力となっている．ホスファターゼでは，アスパルチルリン酸中間体の加水分解は一般塩基により加速されることが知られており，その加速効果は一般に 10^2～10^4 倍である．一方 ATP アーゼでは，アスパルチルリン酸の脱リン酸に Thr 残基が関与しており，加水分解速度は 30 倍程度にしか加速されない．ホスホグルコムターゼの反応では，グルコース 1,6–ビスリン酸中間体を経由する二つのリン酸基転移反応により，グルコース 1–リン酸がグルコース 6–リン酸に変換される（図 10・8)．このときアスパルチルリン酸の加水分解速度はさらに減少する．これはおそらく，糖リン酸エステルそのものがリン酸基転移に必要な塩基触媒になっており，水分子が関与しないからであろう．ホスファターゼの活性中心における二価陽イオンの構造的および機能的役割は，ヒトのホスホセリンホスファターゼでよく理解されている．この酵素は Mg^{2+} が Ca^{2+} に置換されると不活性化される．図 10・9(a) に細菌のホスホセリンホスファター

*2　この名称はデハロゲナーゼに由来するが，HAD ファミリーに属する 3000 以上のタンパク質のなかで，最も多いのはリン酸基転移酵素である.

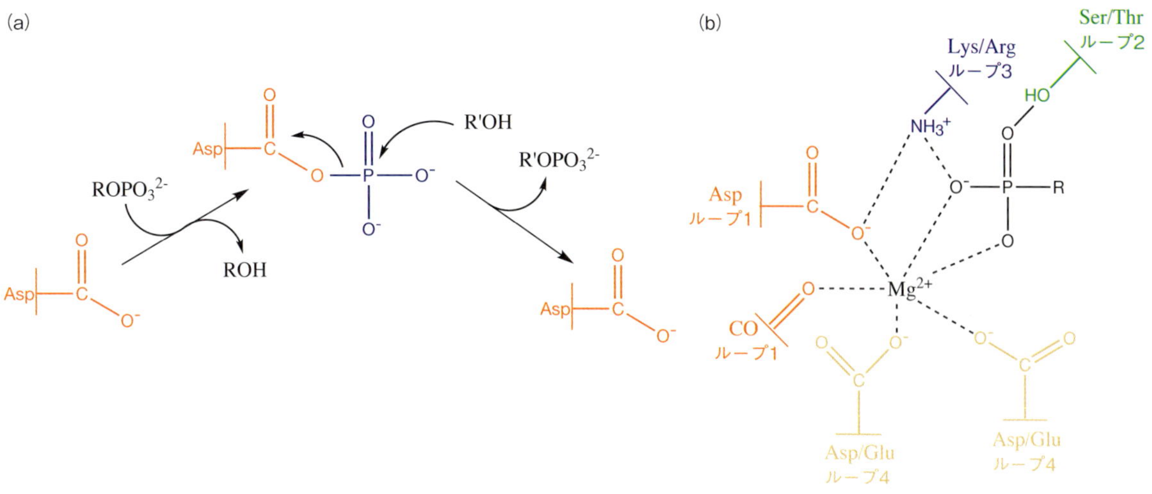

図 10・7　(a) ハロ酸デハロゲナーゼ(HAD)酵素では，Asp 残基がリン酸基の転移を仲介している．(b) 必須である Mg^{2+} の周囲の触媒部位の構造．［Allen, Dunaway-Mariano, 2004 より改変］

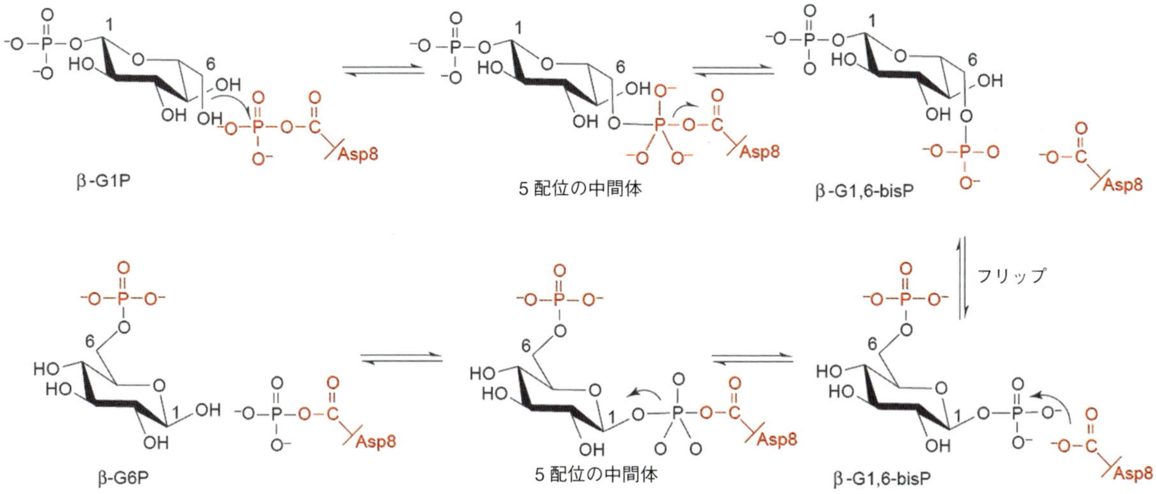

図 10・8　ホスホグルコムターゼの反応．二つのリン酸基転移反応により進行する．［Allen, Dunaway-Mariano, 2004 より改変］

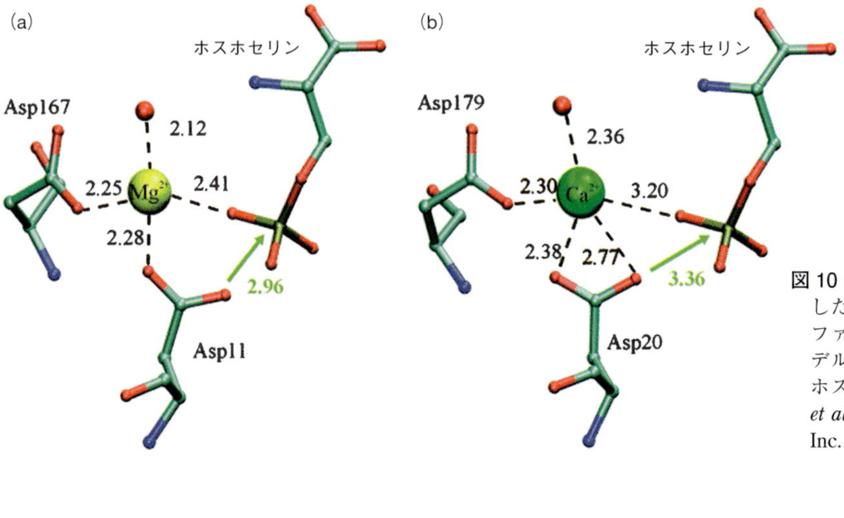

図 10・9　Mg^{2+} とホスホセリンが結合した *Methanococcus* ホスホセリンホスファターゼの活性部位．(b) Ca^{2+} とモデル基質が結合したヒトホスホセリンホスファターゼの活性部位．［Peeraer *et al*., 2004 より．John Wiley & Sons, Inc. の許可を得て転載．©2004］

ゼの活性部位の Mg^{2+} とホスホセリン分子を示す．図 10・9(b) には Ca^{2+} が結合したヒトのホスホセリンホスファターゼの活性部位とモデル基質が示してある．7 配位の Ca^{2+} は触媒の Asp20 側鎖の二つの酸素原子の両方に結合しているが，6 配位の Mg^{2+} は片方にしか結合しない（図 10・9）．Asp20 側鎖の一方の酸素原子が，基質のリン原子へ求核攻撃する．そのため，Ca^{2+} が結合すると反応が阻害されることがわかる (Peeraer, Rabijns, Collet, Van Scaftingen, De Ranter, 2004)．

10・5 エノラートアニオンの安定化：エノラーゼスーパーファミリー

もう一つの Mg^{2+} 依存酵素は，エノラーゼスーパーファミリーである．これらの酵素は，メカニズム的に多様な異なる反応を触媒する．しかし，部分的には共通した反応があり，酵素の活性部位の塩基が基質のカルボン酸の α-水素を引き抜き，エノラートアニオン（負電荷をもつエノラート中間体）を生成する．この中間体は Mg^{2+} の結合によって安定化され，別の活性部位で生成物に変換される（図 10・10）．このファミリーに属する代表的な酵素は，マンデル酸ラセマーゼ，*Pseudomonas putida* のムコン酸シクロイソメラーゼ，およびエノラーゼである．エノラーゼは，上で言及した 5 番めの糖分解酵素である．この三つの酵素の三次元構造は，ほとんど同じである（図 10・11）．いずれも二つのドメインからなる構造で，その活性部位はキャッピングドメインの柔軟なループと C 末端のバレルドメインの境界に位置している．キャッピングドメインはポリペプチド鎖の N 末端および C 末端のセグメントからなる．一方，バレルドメインは TIM バレルドメインの β 鎖の端からなる．TIM バレル（図 3・13 参照）は $(\beta/\alpha)_8\beta$ 構造をもつが，エノラーゼスーパーファミリーは $(\beta/\alpha)_7\beta$ 構造をもつ．このスーパーファミリーに属する酵素はすべて，Mg^{2+} に配位するアミノ酸残基（ほとんどの場合 Glu もしくは Asp）をもっており，それは 3, 4, 5 番めの β 鎖の端に位置している．エノラーゼの構造を図 10・12 に示す．

エノラーゼでは，基質である 2-ホスホグリセリン酸 (2-PGA) が 2 個の Mg^{2+} に配位している．そのうち片方の Mg^{2+} は，3 個の保存されたアミノ酸側鎖のカルボン酸 (Asp246, Glu295 および Asp320) に結合している．現在までに 600 種類を超える数のエノラーゼの配列が同定されている．そのすべてが同じ機能をもっており，2-ホスホグリセリン酸のホスホエノールピルビン酸への変換を触媒していると考えられている．ムコン酸シクロイソメラーゼのサブクラスに属する約 300 種類の酵素では，少なくとも 3 種類の反応を触媒する酵素が知られている．ムコン酸のラクトン化に加え，スクシニル安息香酸の合成，L-Ala-D/L-

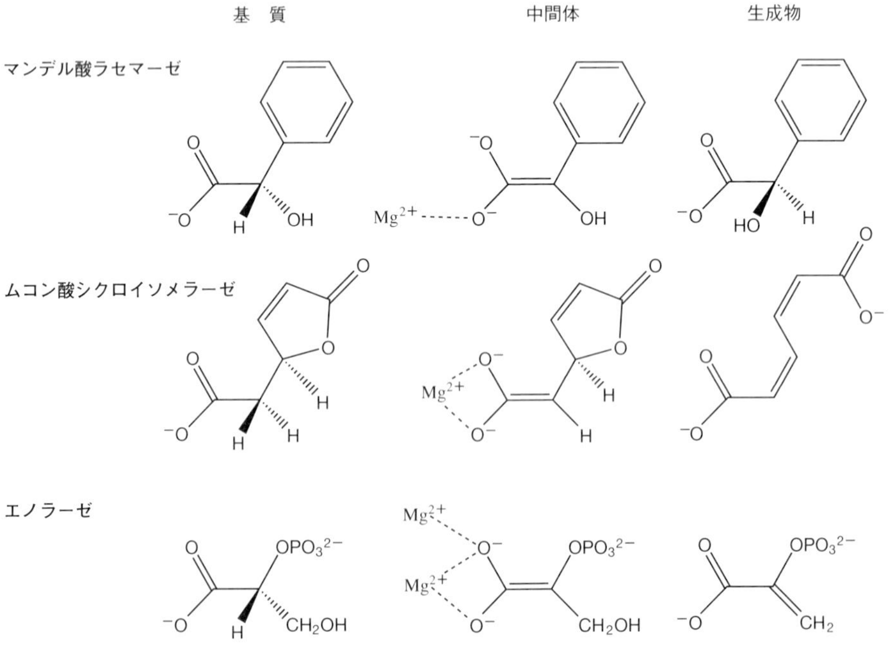

図 10・10 マンデル酸ラセマーゼ，ムコン酸シクロイソメラーゼおよびエノラーゼの基質，エノラート中間体，および生成物．[Gerlt, Babbitt, Rayment, 2005 より改変]

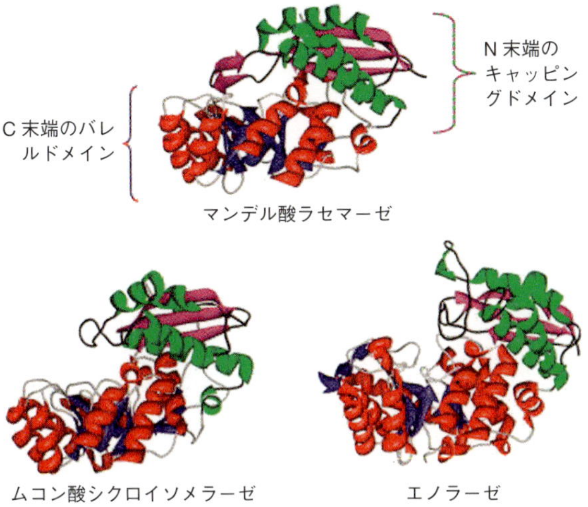

図 10・11 マンデル酸ラセマーゼ，ムコン酸シクロイソメラーゼおよびエノラーゼの構造の比較．二つの相同ドメインは，これらの酵素が分散進化したものであることを示している．［Gerlt *et al.*, 2005 より．Elsevier の許可を得て転載］

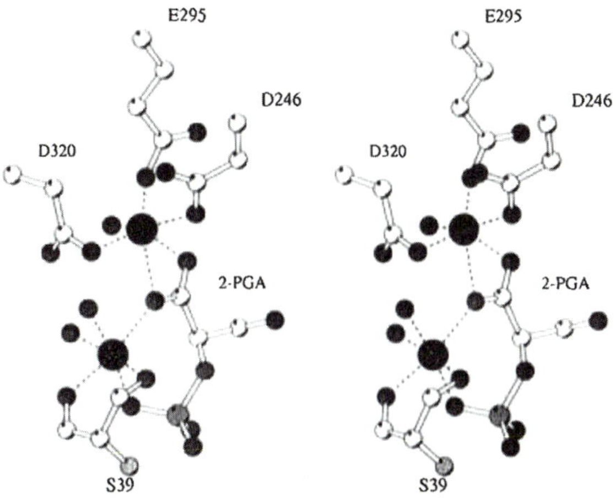

図 10・12 エノラーゼ-$(Mg^{2+})_2$-(2-PGA) 複合体のステレオ図．2 個の Mg^{2+} の配位構造を示してある．［Larsen, Wedeking, Rayment, Reed, 1996 より．American Chemical Society. ©1996］

Glu の異性化反応である．マンデル酸ラセマーゼのサブクラスに属する酵素は，少なくとも 5 種類の反応を触媒している．マンデル酸のラセミ化と，4 種類の糖の脱ヒドロキシである．ムコン酸シクロイソメラーゼのサブクラスでは，同定された約 400 種類の酵素うち約 50%の機能が明らかにされている．

10・6 核酸代謝酵素

DNA 分子および RNA 分子はポリヌクレオチドであり，その骨格は必ず糖とリン酸からなる．そのため，核酸の代謝に関わる酵素の多くが Mg^{2+} を必要とすることは想像に難くない．Mg^{2+} の配位構造や静電的な環境は，基質認識や選択性，触媒活性に大きく影響すると考えられる．この節では，種々の核酸代謝酵素の構造や配列特異性については言及しない．その代わり，金属イオンの役割について注目する．しかし選択性に関する以下の事例は頭に入れておこう．エンドヌクレアーゼである制限酵素は，一般にそれぞれ特定の 6 塩基対の配列を認識する．3000 種類を超えるⅡ型制限酵素は，200 以上の異なる配列を認識する．この配列特異性はどのようにして生じるのだろうか．また，リボヌクレアーゼ H のようなエンドヌクレアーゼは，DNA 複製の際に生じる岡崎フラグメントの RNA-DNA 二本鎖から RNA プライマー部分を取除く．一方でこの酵素は，DNA 二本鎖や RNA 二本鎖は切断しない．さらに，DNA ポリメラーゼや RNA ポリメラーゼでは，その精巧な校正機能がなかったとしても，間違ったヌクレオチドを挿入してしまう確率は 10^3～10^4 回に 1 回である．ワトソン・クリック塩基対とミスマッチ塩基対との自由エネルギーの差は，およそ 2 kcal/mol にすぎないにもかかわらず，高い選択性をもっている．

核酸代謝の主役は，リン酸基の転移反応である（図 10・13）．DNA ポリメラーゼや RNA ポリメラーゼにより触媒される DNA や RNA の生合成もその一つである．これらの反応では，DNA や RNA の 3′ 末端のヒドロキシ基が（デオキシ）リボヌクレオシド三リン酸［d］NTP の α 位のリン酸を攻撃する．新しいリン酸ジエステル結合が生成し，二リン酸が放出される（図 10・13a）．同様のリン酸基転移反応は，DNA や RNA が切断される際にも起こる．異なる点は，求核攻撃を受けるリン酸基が核酸の主鎖に含まれていること，そして求核剤が水分子もしくは糖のヒドロキシ基であることだけである．水分子が求核剤となる場合は，5′-リン酸基と 3′-ヒドロキシ基が生成する（図 10・13b）．グループⅠおよびグループⅡ自己スプライシングリボザイムが触媒する RNA スプライシングの反応では，リボヌクレオチドの 2′-もしくは 3′-ヒドロキシ基が求核攻撃し，5′ 末端にリボヌクレオチドが共有結合的に連結した生成物が生じる（図 10・13c および d）．DNA や RNA 鎖の 3′ 末端のヒドロキシ基が求核剤となる反応では，DNA 転位[*3]などの DNA 鎖移動（図 10・13e）や，RNA スプライシングにおけるエキソンの連結反応（図 10・13f）が起こる．

自己スプライシングイントロンの発見は，RNA が化学

*3 部位特異的な DNA 組換えには，DNA トランスポザーゼ（転位酵素）が必要とされる．トランスポザーゼは，DNA の転位因子を DNA 中で移動させる．

反応を触媒する機能ももつことを示した．タンパク質酵素ではさまざまな pK_a 値や化学的特性をもった官能基が重要な役割を果たしているが，RNA にはそのような官能基は存在しない．Steitz らは，3′-ヒドロキシ基を生成する DNA 切断反応のメカニズムから類推して，リボザイムの触媒活性には 2 個の金属イオンが必要であると考えた (Steitz, Steitz, 1993)．アルカリホスファターゼおよび DNA ポリメラーゼのエキソヌクレアーゼ断片の X 線構造をもとに，2 個の二価陽イオン，おそらく Mg^{2+} が，保存されたアミノ酸側鎖のカルボン酸に結合しており，これらが触媒作用に必須であると考えた．すべてのリン酸基転移反応において，一段階めは求核剤（水分子もしくは糖のヒドロキシ基）の脱プロトンと活性化である（図 10・14 a)．つづいて 5 配位のリン酸中間体が生成する（図 10・14 b)．このとき，金属イオンは両方とも，切断されるリン酸基の酸素原子と，保存された Asp とに結合している．リボザイムでは，おそらく Asp の代わりにリン酸基（図中の Phos）が配位していると考えられる．最後の段階では，求核剤と切断したリン酸基との間に新たなリン酸結合が生成する．このときリン酸基のコンフィグレーション（立体配置）は反転し，脱離した 3′ 末端が再度プロトン化される（図 10・14 c)．

図 10・15 には，酵素反応の各段階を模式的に示した．これは，リボヌクレアーゼ H の反応中間体や生成物との複合体の高分解能の構造解析（Nowotny, Yang, 2006）により明らかになったものである．酵素に RNA/DNA 複合体が結合すると，活性部位に 2 個の金属イオンが結合する．この金属イオン結合部位は 4.0 Å 離れている．金属イオン A は八面体型の配位構造をとっている．水分子を求核反応に適した配向に固定し，かつ活性化する．金属イオン B は通常みられない配位構造であり，おそらく酵素と基質の複合体の不安定化に寄与している．次の段階では，二つの金属イオンが近づくことで，求核剤がリン原子に結合し，5 配位の中間体となる．2 個の二価陽イオンは 4 Å よりも近接し（3.5 Å)，中間体で生じる負電荷を効果的に遮蔽している．最後に，5′-リン酸と 3′-OH が解離し，生成物が生じる．5′-リン酸基が脱離した後，金属イオン B はさらに水 2 分子が配位した通常の八面体型 6 配位構造になる．

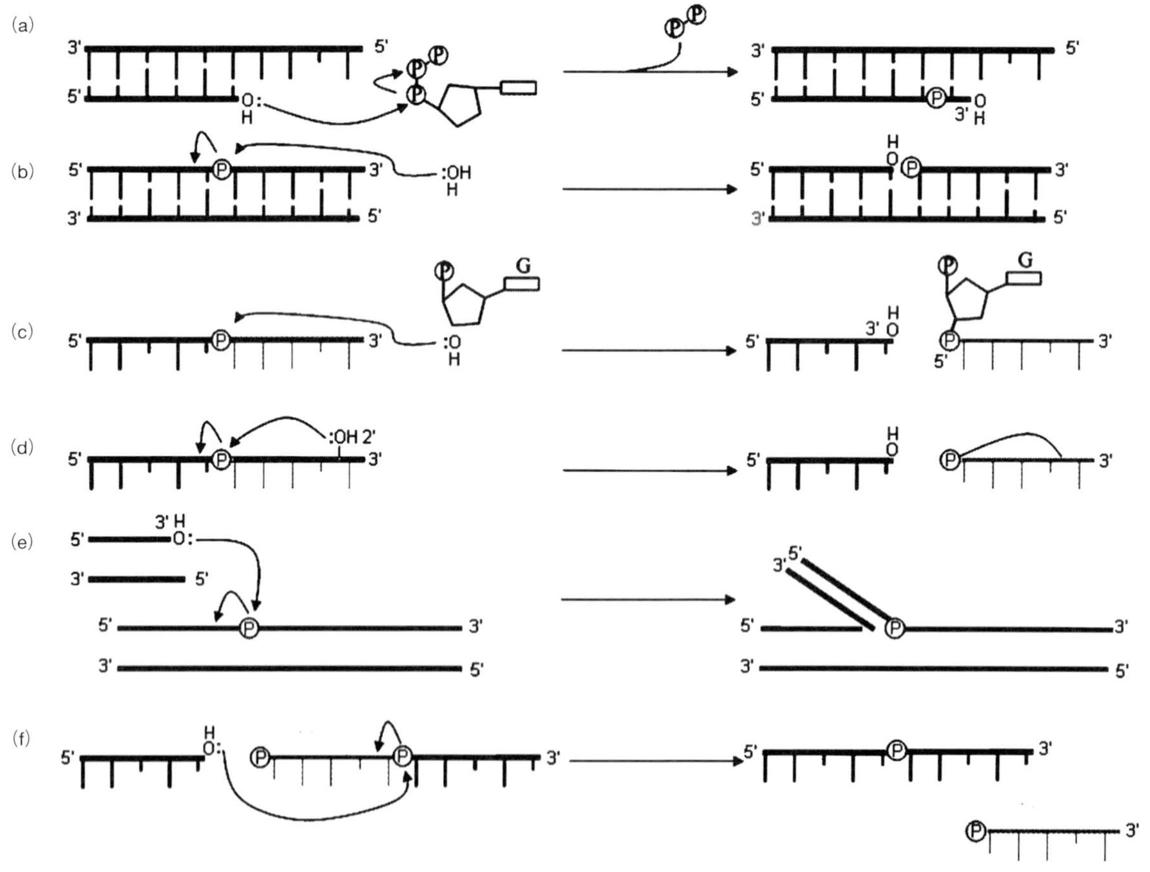

図 10・13　リン酸基転移反応．(a) ヌクレオチドの重合反応．(b) 核酸の加水分解．(c) グループ I リボザイムが触媒するエキソン-イントロンの切断．(d) グループ II リボザイムが触媒するエキソン-イントロンの切断．(e) DNA 転位における DNA 鎖移動．(f) RNA スプライシングにおけるエキソンの連結反応．[Yang *et al.*, 2006 より改変]

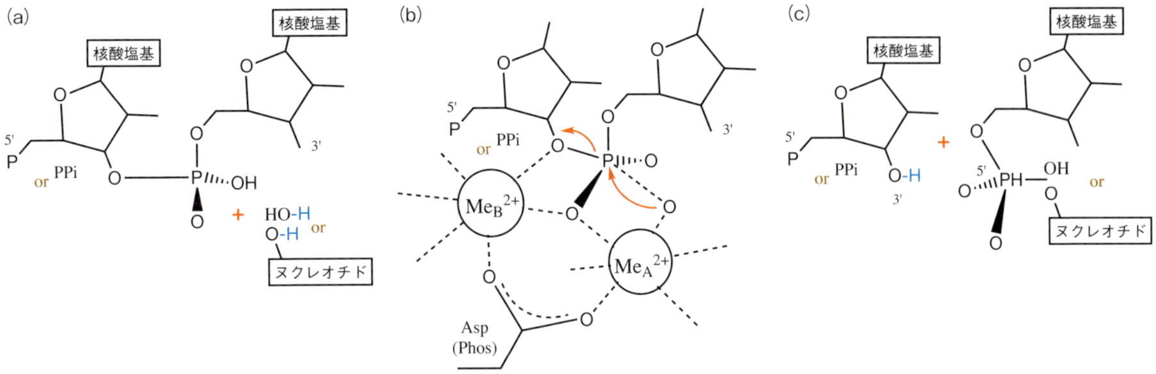

図 10・14 2個の金属イオンに依存するリン酸基転移反応の模式図. (a) 基質. 核酸もしくはヌクレオチドのリン酸基が切断される. 求核剤となる水分子もしくは糖のヒドロキシ基は, 脱プロトンされて（青で示した）活性化される必要がある. (b) 5配位構造の中間体. 二つの金属イオンは, 切断されるリン酸基の酸素原子と, 保存されたAspとに結合している. リボザイムでは, おそらくAspの代わりにリン酸基(Phos)が配位していると考えられる. (c) 生成物. 求核剤と切断したリン酸基との間に, 新たなリン酸結合が生成する. このときリン酸基のコンフィグレーション（立体配置）は反転し, 脱離した3′末端が再度プロトン化される. ［Yang *et al.*, 2006 より改変］

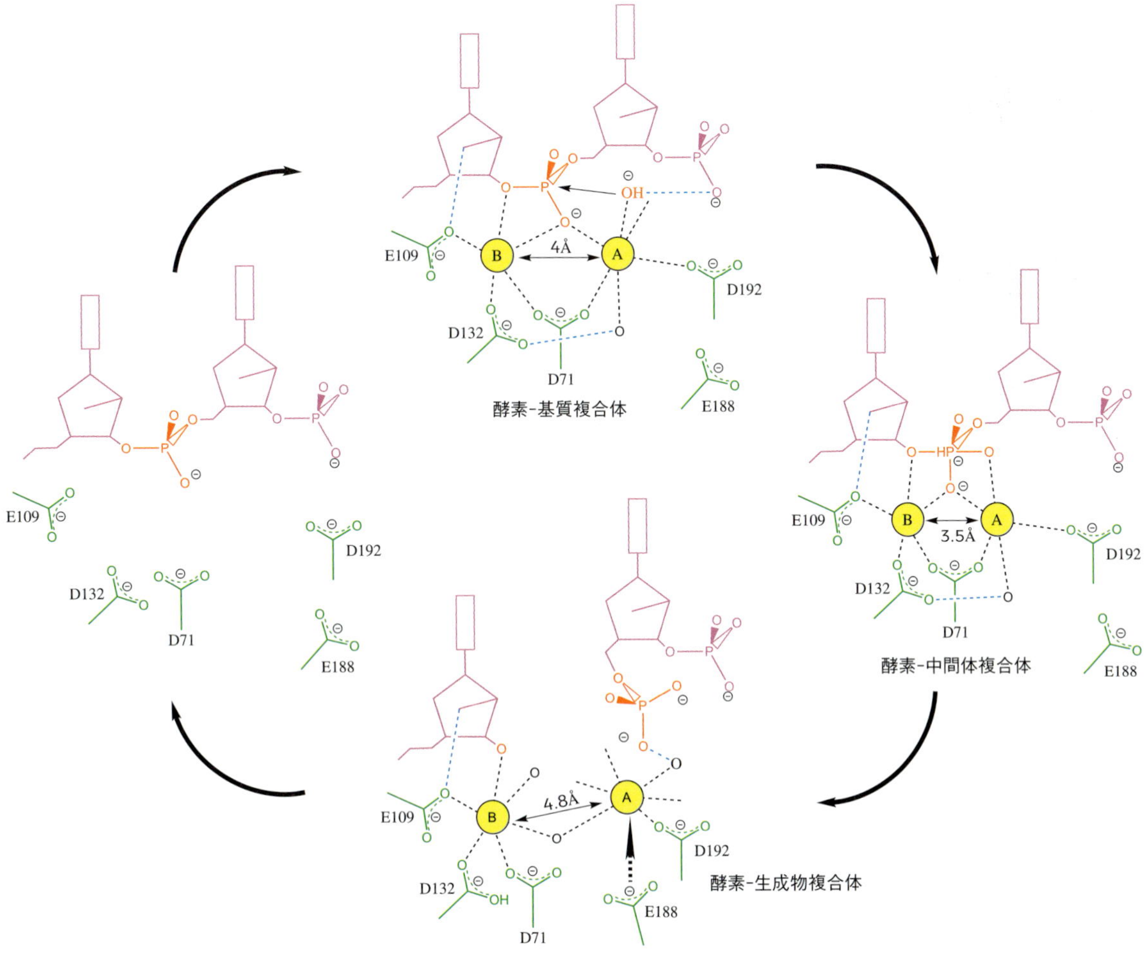

図 10・15 推定されるリボヌクレアーゼHの反応の各段階の模式図. RNA分子はピンクで示した. 金属イオンの配位は黒い破線で, 切断されるリン酸基は赤で示した. 水素結合のいくつかは青い破線で示してあり, 水分子は黒いOで示した. 酵素-基質複合体, 酵素-中間体複合体, 酵素-生成物複合体には, 2個の金属イオン間の距離を記してある. ［Nowotny, Yang, 2006 より改変］

標準的なポリメラーゼやホスホジエステラーゼの反応には2個の金属イオンが関与している．片方の金属イオンは求核剤となる水分子や糖のヒドロキシ基を活性化し，もう一つの金属イオンは脱離基に結合する．両方とも5配位の遷移状態の安定化に寄与している．最近の構造解析（Schmidt, Burgin, Deweese, Osheroff, Berger, 2010）で明らかになったことだが，トポイソメラーゼ*4によるDNA切断では，2個の金属イオンが関与するものの，古典的な反応機構とは異なるメカニズムで反応が進行する．提唱されている切断機構を図10・16に示す．金属イオンAとArg781が遷移状態を安定化し，金属BとHis736が切断箇所の隣(−1)のリン酸基に結合している．

もう一つのスーパーファミリー，すなわちヌクレオチジルトランスフェラーゼも，2個の金属イオンに依存する酵素である．トランスポザーゼ，レトロウイルスインテグラーゼ，ホリデイジャンクションリゾルバーゼ*5などが含まれる．ヌクレアーゼでは二つのMg^{2+}が非対称的に結合し，それぞれ求核剤の活性化と遷移状態の安定化という別々の役割をもっている．一方トランスポザーゼでは2個のMg^{2+}の配位構造は対称的であり，水分子と3′-OHの活性化を交互に担い，鎖の切断と転移を連続して行っている．

10・7 マグネシウムと光受容

ここまで，Mg^{2+}の生化学について学んできた．最後に，春にわれわれに多くの喜びを与えてくれる緑の色素，クロロフィルを紹介しよう．クロロフィルは，木々や庭の植物の緑色のもとであるだけでなく，太陽光エネルギーを利用したCO_2の固定化に必要であり，その他さまざまな代謝機能にも関わっている．一般に光合成は，CO_2の固定化とそれに伴うO_2分子の発生だと思われているかもしれない．だが実際には，光合成を行っている生物の50%以上は偏性嫌気性生物である．それらの生物が行う実際の反応では，太陽光のエネルギーを使って電子供与体H_2D（緑色植物ではH_2O）を酸化し，その電子を電子受容体A（通常は$NADP^+$）に与えることで，酸化体D（緑色植物ではO_2）と還元体AH_2（通常はNADPH）が生じる．一般的には次の式で表される．

$$H_2D + A \xrightarrow{\text{光}} H_2A + D$$

光合成における主要な光受容体であるクロロフィルは環状のテトラピロールである．ヘムと同様，プロトポルフィリンⅨから誘導される．しかしピロール環Ⅲにはシクロペ

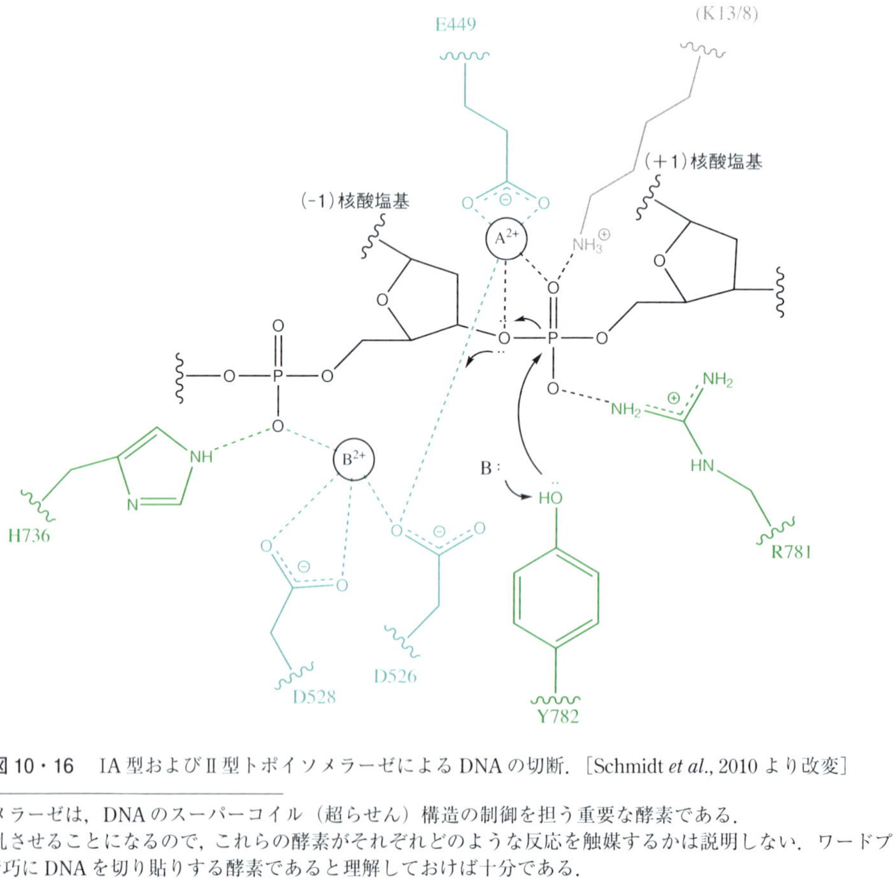

図10・16 IA型およびⅡ型トポイソメラーゼによるDNAの切断．[Schmidt *et al.*, 2010より改変]

*4 トポイソメラーゼは，DNAのスーパーコイル（超らせん）構造の制御を担う重要な酵素である．

*5 読者を混乱させることになるので，これらの酵素がそれぞれどのような反応を触媒するかは説明しない．ワードプロセッサーのように，精巧にDNAを切り貼りする酵素であると理解しておけば十分である．

ンタノン環(V)が縮環しており，さらに環Ⅰおよび環Ⅱには さまざまな修飾が施されている．環Ⅳのプロピオン酸側鎖には，テトライソプレノイドアルコールがエステル結合している．さらに，ピロール環の一つは還元されている（真核生物とシアノバクテリアのクロロフィルでは環Ⅳが，その他の光合成細菌のクロロフィルでは環Ⅱと環Ⅳが還元されている）．また，最も重要な点は，中央に Fe^{2+} ではなく Mg^{2+} が結合していることである（図10・17）．クロロフィルは，単結合と二重結合が交互に並んだ共役二重結合系（ポリエン）を含んでいるため，きわめて効率的な光受容体である．太陽放射の極大がある可視領域に，非常に強い吸収帯をもっている．種々のクロロフィル分子のモル吸光係数は $10^5\ M^{-1}\ cm^{-1}$ 以上であり，有機化合物のなかで最高クラスである．

太陽エネルギーを捉えるのに，なぜ自然は Mg^{2+} を使ったのだろうか？ 最も大きな理由はおそらく Frausto da Silva と Williams（2001）が提唱した以下の要因だろう．Mn，Co，Fe，Ni，そして Cu のような他の金属とは違い，Mg はポルフィリンに挿入された際に酸化還元を示さない．そして，Zn ポルフィリンのように蛍光を発することもないからだろう．

もし光捕集系が反応中心であるクロロフィル分子のスペシャルペアのみに依存したとすると，光合成の効率は著しく下がるだろう．それは次の二つの理由による．一つは，クロロフィル分子が青と赤の波長領域の光しか吸収しないことである．つまり可視光の中央の 450〜650 nm の光，すなわち太陽光のスペクトルのピークにあたる光は吸収されず，使うことができないからである．二つめの理由は，反応中心の密度が低いため，届いた光子の多くが使われないことである．そこで，クロロフィル分子に加え，カロテノイド*6 や直鎖状テトラピロールであるフィコビリンなどの分子が光エネルギーを集めるアンテナとして働いている．これらの分子は光子を吸収し，そのエネルギーを反応中心に集める．フィコビリンは黄色や緑の光を利用するため，特に重要な色素である．生態学的ニッチにあるシアノバクテリアや紅藻は，それぞれ青〜緑や赤色のフィコビリンをもっている．クロロフィル分子のスペシャルペアの励

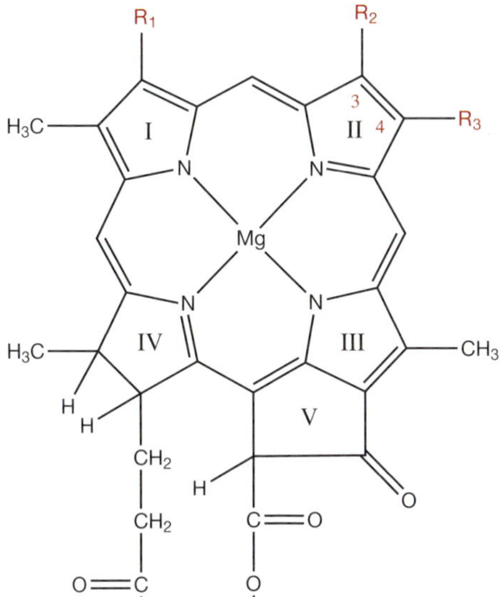

図10・17 クロロフィル *a* および *b* の構造．R_1, R_3 および R_4 には，それぞれビニル基，エチル基，フィチル基が結合している．クロロフィル *a* では R_2 はメチル基であり，クロロフィル *b* ではホルミル基である．［Voet, Voet, 2004 より改変］

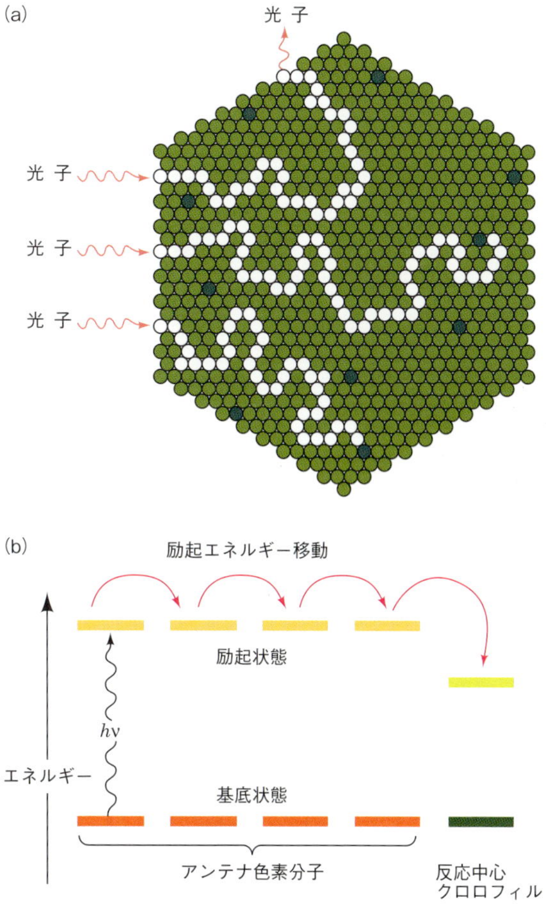

図10・18 アンテナ色素分子から反応中心への光エネルギーの移動．(a) アンテナ複合体が吸収した光子のエネルギーは，反応中心のクロロフィルまで移動する．一部は蛍光として再び放出される．(b) 電子は反応中心のクロロフィルにトラップされる．クロロフィルの励起状態のエネルギーは，アンテナ分子の励起状態のエネルギーより低いためである．［Voet, Voet, 2004 より改変］

*6 ニンジン(carrot)のオレンジ色のもとになっているだけでなく，秋の落葉樹の華やかな色のもとでもある．

起状態のエネルギーは，他のアンテナ色素分子よりも低い（図10・18）．

アンテナ色素が吸収した光子エネルギーが反応中心のクロロフィルに移動すると，何が起こるのだろうか？ 光エネルギーにより電子が励起し，基底状態から励起状態になる．そして電子は，クロロフィル分子から近傍の適切な電子受容体へと移動する．このとき，クロロフィル分子が正電荷をもち，電子受容体が負電荷をもった光誘起電荷分離状態になる．これは細菌 *Rhodopseudomonas viridis* の光合成反応中心の構造を見るとよくわかる（図10・19）*7．反応中心の二つのバクテリオクロロフィル分子がスペシャルペアを形成しており，二つの類似したペプチド鎖L（赤）およびM（青）の2回対称軸の近くに位置している．二つのクロロフィル分子はほぼ平行であり，$Mg^{2+}-Mg^{2+}$ 間距離は約7Åである．いずれもタンパク質の疎水領域に位置し，Hisの側鎖が第五配位子として金属イオンに結合している．さらに，ポリペプチド鎖H（白）と，スペシャルペアから電荷を受け取るシトクロムサブユニット（黄）がある．

スペシャルペアが光子を吸収すると，逆反応が起こらないように，励起された電子は速やかに反応中心の近傍から除去かれる．この過程は次のようである．3ピコ秒（3×10^{-12} 秒）以内に，電子はバクテリオフェオフィチン（Mg^{2+} が2個のプロトンに置き換わったクロロフィル分子）に移動する．近くにバクテリオクロロフィル分子があるが，それとは反応しない．約200ピコ秒後には，電子はキノンに移動する．次の100マイクロ秒で，スペシャルペアは還元され，正電荷をもたなくなる（電子はすぐ上に位置するシトクロムからつながる電子移動鎖から供給される）．この間に励起電子は次のキノン分子に移動する．

文　献

Allen, K.N., & Dunaway-Mariano, D. (2004). Phosphoryl group transfer: evolution of a catalytic scaffold. *TIBS, 29*, 495–503.

Berg, J.M., Tymoczko, J.L., & Stryer, L. (2001). *Biochemistry* (5th ed.). New York: Freeman.

Cowan, J.A. (2002). Structural and catalytic chemistry of magnesium-dependent enzymes. *BioMetals, 15*, 225–235.

Frausto da Silva, J.J.R., & Williams, R.J.P. (2001). *The biological chemistry of the elements* (2nd ed.). Oxford University Press, p. 270.

Gerlt, J.A., Babbitt, P.C., & Rayment, I. (2005). Divergent evolution in the enolase superfamily: the interplay of mechanism and specificity. *Archives of Biochemistry and Biophysics, 433*, 59–70.

Grueninger, D., & Schultz, G.E. (2006). Structure and Reaction Mechanism of L-Rhamnulose Kinase from *Eschericia coli*. *Journal of Molecular Biology, 359*, 787–797.

Knowles, J.R. (1980). Enzyme-catalysed phosphoryl transfer

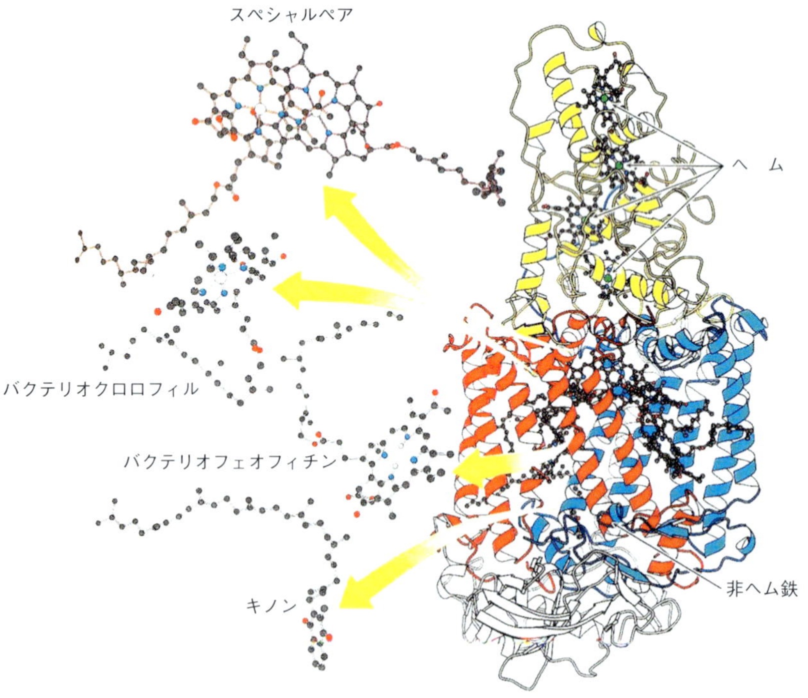

図10・19　細菌の光合成反応中心の構造．［Berg, Tymoczko, Stryer, 2001 より．W.H. Freeman and Co. の許可を得て転載］

*7　これは初めて詳細な構造が明らかになった膜貫通タンパク質である．1984年にDeisenhofer, HuberおよびMichelが構造を明らかにし，彼らはその4年後にノーベル化学賞を受賞した．

reactions. *The Annual Review of Biochemistry, 49*, 877–919.

Larsen, T.M., Wedeking, J.E., Rayment, I., & Reed, G.H. (1996). A carboxylate oxygen of the substrate bridges the magnesium ions at the active site of enolase: structure of the yeast enzyme complexed with the equilibrium mixture of 2-phosphoglycerate and phosphoenolpyruvate at 1.8 Å Resolution. *Biochemistry, 30*, 4349–4358.

Maguire, M.E., & Cowan, J.A. (2002). Magnesium chemistry and biochemistry. *BioMetals, 15*, 203–210.

Nowotny, M., & Yang, W. (2006). Stepwise analyses of metal ions in RNase H catalysis from substrate destabilization to product release. *EMBO Journal, 25*, 1924–1933.

Peeraer, Y., Rabijns, A., Collet, J.-F., Van Scaftingen, E., & De Ranter, C. (2004). How calcium inhibits the magnesium-dependent enzyme human phosphoserine phosphatase. *European Journal of Biochemistry, 271*, 3421–3427.

Schmidt, B.H., Burgin, A.B., Deweese, J.E., Osheroff, N., & Berger, J.M. (2010). A novel and unified two-metal mechanism for DNA cleavage by type II and IA topoisomerases. *Nature, 465*, 641–644.

Steitz, T.A., & Steitz, J.A. (1993). A general two-metal-ion mechanism for catalytic RNA. *Proceedings of the National Academy of Sciences of the United States of America, 90*, 698–6502.

Voet, D., & Voet, J.G. (2004). *Biochemistry* (3rd ed.). New York, Chichester: John Wiley and Sons.

Yang, W., Lee, J.Y., & Nowotny (2006). Making and breaking nucleic acids: two-Mg^{2+}-ion catalysis and substrate specificity. *Molecular Cell, 22*, 5–13.

第11章

カルシウム
細胞内シグナル経路

11・1　はじめに：Ca^{2+} と Mg^{2+} の比較

自然界における生命体の結合配位子は，どのように Ca^{2+} に対して高い結合選択性を獲得したのだろうか？ なぜ Mg^{2+} ではなかったのか？ 錯体の構造，熱力学的安定性，そして反応速度における Ca^{2+} と Mg^{2+} との違いは，六つの酸素原子が配位したときのイオン半径（Mg^{2+}，0.6 Å；Ca^{2+}，0.95 Å）に原因を求めることができる．具体的には，Mg^{2+} では Mg－O が距離 2.05 Å の厳密な正八面体錯体を形成するのに対し，よりイオン半径の大きい Ca^{2+} では，Na^+ や K^+ と同様に不規則な配位構造，結合角，距離，配位数（7～10）をもち，Ca－O の距離は 2.3～2.8 Å である．より小さな Mg^{2+} の場合は，陽イオンの中心場が配位圏において優勢であるが，それよりも大きな陽イオンでは第二，第三の配位圏さえ，構造のひずみに重要な影響を与える．つまり Mg^{2+} とは違って，Ca^{2+} は多数の配位中心への結合が可能である．また，Ca^{2+} の結合速度は衝突拡散限界速度に近い配位水交換 $10^{10}\ s^{-1}$ の速度であり，結合速度が $10^6\ s^{-1}$ とかなり遅い Mg^{2+} とは異なる．さらに，Mg^{2+} と違って，水溶液中で陰イオンとともにカルボニルやエステルなどの中性の酸素ドナーと Ca^{2+} は相互作用し，Na^+ との競合を避けることができるのである．

11・2　Ca^{2+} が担う新たな役割の発見：体構造の構成成分から生理活性物質へ

Ca^{2+} は Na^+，K^+，Mg^{2+} などとともに，生命体が多量に必要とする金属であり，実際に大人の身体の全体重の約 1.5～2％を占めている．体内 Ca^{2+} の大半（99％）は歯と骨の構成成分である．残りの 1％は細胞や組織中に存在し，すべての一連の細胞応答の制御にとってきわめて重要である．数多くの他の発見と同様に，Ca^{2+} の重要性の発見は偶然のひらめき，すなわち“セレンディピティ”の産物であり，科学界がその重要性を認識できるにはあまりにも早すぎる発見であった．1883 年，英国の生理学者である Sidney Ringer は“ずぼらな”とも形容できる実験を行った．彼がロンドンの水道水（Ca^{2+} を高濃度で含有する“硬水”で悪名が高い）から調製した生理食塩水中にラットの心臓を浸したところ，長時間にわたって心臓が拍動する様が観察された．ところが蒸留水を用いて再実験をしたところ，20 分間ほどの低温放置で拍動が停止してしまった．次に，蒸留水を用いた生理食塩水に Ca^{2+} を添加すると心収縮が延長することを見いだし，骨や歯をもたない組織における Ca^{2+} の重要性を明確に示した．しかし，骨や歯などの構成成分としての確立された構造上の役割とはまったく無関係に，Ca^{2+} が細胞生化学において機能上の役割を担う本当の重要性が明らかになるまで，約 60 年以上の月日を要することになったのである．

われわれは現在，生細胞中のほとんどの重要なプロセスは Ca^{2+} により制御されると認識している．それを Ernesto Carafoli は“まるで，受精から死ぬまで一生の間，死の運び屋のように Ca^{2+} は細胞に寄り添う（Carafoli, 2002）”と表現した．実際に，分泌や移動，代謝制御，シナプス可塑性，膨大な遺伝子の発現など，細胞が生きている間に行うすべての事象を Ca^{2+} は制御しているのである．（詳しくは Berg *et al.*, 2002; Carafoli, 2005; Gurini *et al.*, 2005; Voet, Voet, 2004; Williams, 2006）

平均的な哺乳類の細胞において，Na^+ のように，細胞外の Ca^{2+} 濃度は細胞質の Ca^{2+} 濃度に比較してきわめて高くに保たれている（20,000 倍）．これは Mg^{2+} と好対照であり，Mg^{2+} の細胞膜を隔てた濃度差はわずかである．細胞内外にこのような大きなCa^{2+}濃度の差異が存在する(Ca^{2+}の担うシグナル伝達上の役割を維持するために細胞質Ca^{2+}濃度は100〜200 nMに保たれなければならない)ことから，細胞内のCa^{2+}恒常性を保つためには，細胞はCa^{2+}の取込みおよび排出を制御するメカニズムを発達させる必要があったことは明らかである．しかしながら，細胞内には少なくとも3種類の細胞質よりも高いCa^{2+}濃度を維持する区画が存在する．ミトコンドリア，小胞体そしてゴルジ体である．したがって，細胞が必要とするCa^{2+}の大半は細胞外からの取込みではなく，このような“Ca^{2+}貯蔵庫”からの放出で賄っている．

11・3 Ca^{2+}の制御およびシグナルの概観

タンパク質がどのように機能するかは，その形や電荷により決定される．Ca^{2+}のタンパク質への結合は，タンパク質の形と電荷の両方を変化させる．それと同様に，プロテインキナーゼ（真核生物のゲノムの約2％にあたる）によるSer, Thr, Tyr残基のヒドロキシ基のリン酸化もまた，タンパク質の電荷を負に帯電させることにより変化させ，また，コンホメーションを変化させる．タンパク質の局所的な静電場やコンホメーションを変化させるこのCa^{2+}やリン酸基の能力は，生物学においてはシグナル伝達のための普遍的な手段である．

Ca^{2+}制御とシグナルの基本概念を図11・1にまとめた．Ca^{2+}結合タンパク質は2種類に大別される．一つめが細胞膜上や細胞小器官に存在するCa^{2+}の膜輸送体である．二つめはCa^{2+}センサータンパク質として知られており，標的の酵素へと伝達する前の段階でCa^{2+}シグナルを解読する．

Ca^{2+}は細胞膜に存在するチャネル群を介して細胞内に流入する．それらは3種類のファミリー，1) 電位依存性チャネル，2) リガンド依存性チャネル，3) 容量依存性あるいはストア作動性のチャネルに分類される．図11・1には3種類すべてを代表して細胞膜に存在するチャネルを一つだけ示した．

電位依存性Ca^{2+}チャネル(voltage-gated Ca^{2+}-selective channel, Ca_V)は，対応するNa^+チャネルおよびK^+チャネルと同様に（第9章参照），6回膜貫通構造の4回繰返し単位をもつチャネル形成α_1サブユニットからなり，各繰返し単位の第5および第6の膜貫通領域間の膜中へと折れ込んだループで孔(ポア)が形成されている．α_1サブユニットには，極性アミノ酸が豊富な電位センサーとして機能する膜貫通領域S4も存在する．また，他のサブユニットもチャネル特性に影響を与えている．クローニングされた10種類のα_1サブユニットの遺伝子は，四つのチャネル型

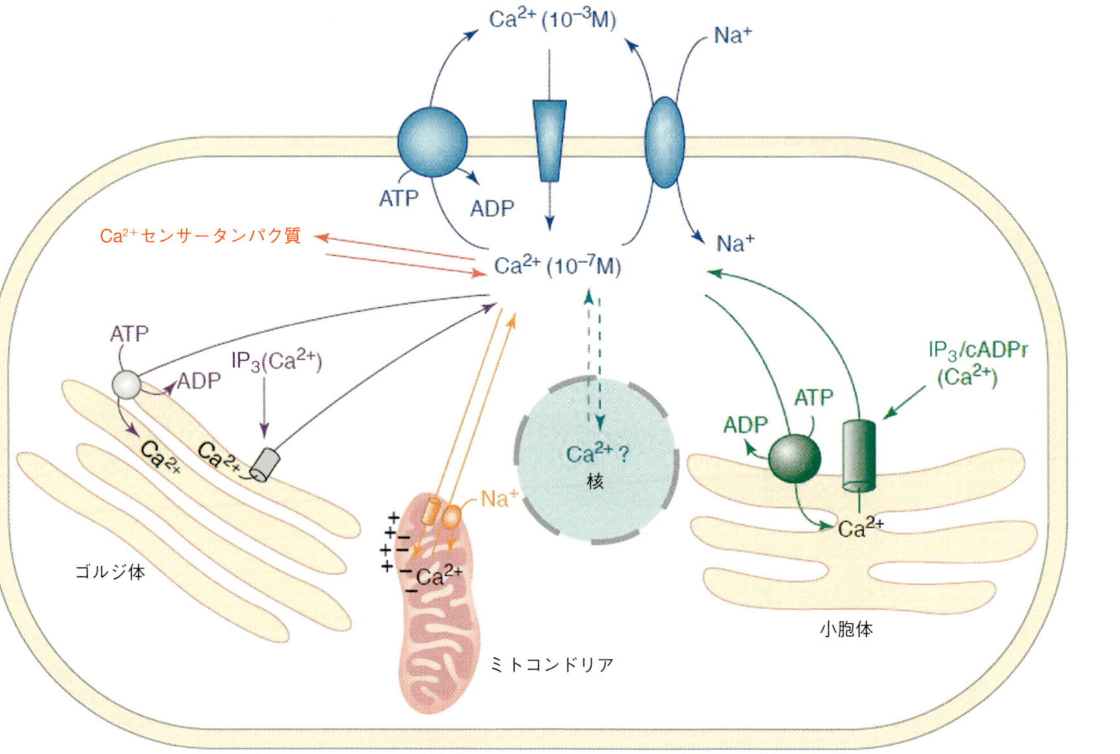

図11・1 Ca^{2+}恒常性の基本概念図．[Carafoli, 2004より．Elsevierの許可を得て転載．©2004]

に大別され，それらのうち3種類が高電位で開口し，1種類が低電位で開口する．電位依存性 Ca^{2+} チャネルは最速の Ca^{2+} シグナルタンパク質であり，個々のチャネルがおよそ毎秒100万個もの Ca^{2+} を透過させる能力をもつ．つまり，一つの細胞につき数千チャネルで，ミリ秒間に細胞内 Ca^{2+} 濃度を10倍に増加することができるのである．

リガンド依存性 Ca^{2+} チャネルは直接的または間接的に活性化されうる．直接的に活性化されるリガンド依存性 Ca^{2+} チャネルには，NMDA受容体のように神経伝達物質であるグルタミン酸により活性化されるものが存在する．NMDA受容体はグルタミン酸系アゴニストである *N*-メチル-D-アスパラギン酸（NMDA）により活性化される．

間接的に活性化されるリガンド依存性 Ca^{2+} チャネルは，イノシトール1,4,5-トリスリン酸（IP_3）の産生を促すGタンパク質共役受容体と，そのアゴニストとの間の相互作用の結果として活性化される（図11・2）．IP_3 は小胞体膜上に存在する IP_3 受容体チャネルを活性化し，小胞体から Ca^{2+} を素早く細胞質へ放出する．その結果として起こる小胞体内腔の Ca^{2+} の枯渇は，細胞膜へ戻って伝わるメッセージの主要な引き金として働き，第三のタイプの Ca^{2+} チャネルである容量性のストア作動性 Ca^{2+} チャネル（store-operated channel, SOC）の比較的ゆっくりとした（10〜100秒）活性化を誘起する．長い間小胞体と細胞膜間でのフィードバック機構の存在が予想されていたが，ようやく1980〜1990年代になされた研究によって，細胞質 Ca^{2+} 濃度の上昇ではなく，IP_3 による Ca^{2+} 放出が誘起する小胞体の Ca^{2+} の枯渇が，細胞膜の Ca^{2+} チャネルを介した Ca^{2+} 流入（SOC entry, SOCE）を開始させるシグナルであることが明らかになった．最も詳しく同定されている SOC 電流は，リンパ球やマスト細胞における Ca^{2+} 放出活性化 Ca^{2+}（Ca^{2+} release-activated, Ca^{2+}CRAC）電流である．近年まで詳細な分子機構は不明であったが，それを飛躍的に進歩させた鍵は RNAi スクリーニングである*1．RNAi スクリーニングにより，小胞体における Ca^{2+} 枯渇を細胞膜における SOCE および CRAC チャネルの活性化に結びつける分子として，STIM タンパク質が同定された（Cahalan, 2009）．ひき続いて，CRAC チャネルのポア形成ユニットである Orai（CRACM）タンパク質も同定された．STIM と Orai との間の相互作用は非興奮性細胞の Ca^{2+} 恒常性における決定的に重要な要素であり，“斑点（puncta）”とよ

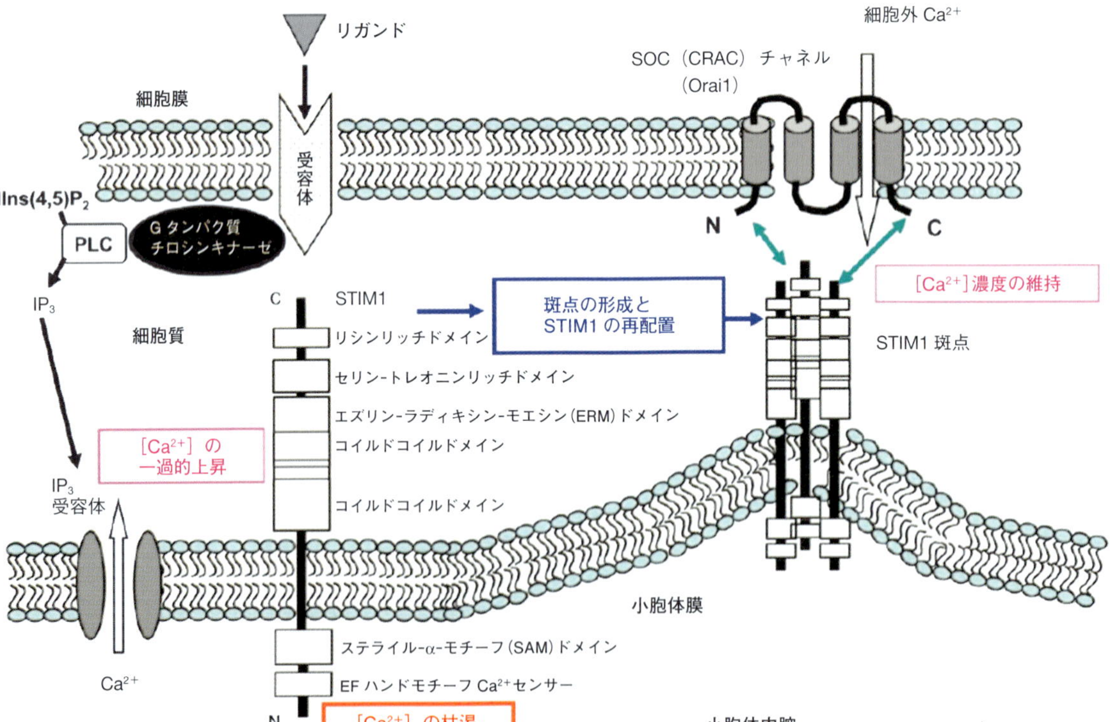

図11・2 斑点（puncta）構造の形成と STIM1 の再分布．Ca^{2+} 貯蔵庫の枯渇は STIM1 の puncta への迅速なトランスロケーションを誘起する．puncta 構造をとった STIM1 は小胞体部位から細胞膜へと移行する．その後，STIM1 の CRAC 活性部位（CAD）が直接 Orai1 の N 末端および C 末端部位に結合し，SOC（CRAC）チャネルを開口させる．［Kurosaki, Baba, 2010 より．Elsevier の許可を得て転載．©2010］

*1 RNA interference（RNA 干渉）．mRNA を分解することにより，特定のタンパク質の発現を抑制できる．

ばれる蛍光顕微鏡で可視化可能な複合体の形成を誘導する（図11・2）．細胞質へと流入した Ca^{2+}は筋小胞体/小胞体の Ca^{2+}-ATP アーゼ（sarcoendoplasmic reticulum Ca^{2+}-ATPase, SERCA）ポンプの活性により，Ca^{2+}が枯渇した小胞体へと Ca^{2+}を再充塡する．

静止状態の細胞において細胞質の Ca^{2+}濃度は低い．細胞膜 Ca^{2+}-ATP アーゼ（plasma membrane Ca^{2+}-ATPase, PMCA）を介した細胞外への Ca^{2+}の排出や，SERCA を介した(筋)小胞体への Ca^{2+}の取込みにより，細胞質 Ca^{2+}濃度は 100 nM 以下に保たれている（図11・3）．Na^{+}/Ca^{2+}交換輸送体（Na^{+}/Ca^{2+} exchanger, NCX）は細胞質 Ca^{2+}濃度の主要な二次制御分子である．NCX は起電的に三つの Na^{+}に対して一つの Ca^{2+}を交換輸送する．特に興奮性細胞においては，NCX が PMCA よりも高い輸送能力を示す．細胞内の Ca^{2+}は多くの細胞で K^{+}チャネルを，また，いくつかの細胞では Cl^{-}チャネルも同時に活性化することにより，過分極をひき起こす．これは電位依存性 Ca^{2+}チャネルの活性を減弱させるが，電位依存性 Ca^{2+}チャネルを介する Ca^{2+}透過の駆動力を増強する．

上記のように，エネルギー駆動系により Ca^{2+}を蓄積し，共役型輸送体やリガンド依存性チャネルにより Ca^{2+}を放出する，少なくとも 3 種類の細胞内 Ca^{2+}貯蔵庫が存在する．(筋)小胞体は SERCA ポンプにより Ca^{2+}を取込み，IP$_3$ 受容体(IP$_3$R)やリアノジン受容体(RyR)とよばれる Ca^{2+}チャネルを介して細胞質へ Ca^{2+}を放出する（図11・3）．ゴルジ体においては，分泌経路の Ca^{2+}-ATP アーゼ（secretory pathway Ca^{2+}-ATPase, SPCA）により細胞質から Ca^{2+}を取込み，IP$_3$ 受容体を介して Ca^{2+}を放出する（図11・1）．第三の貯蔵庫であるミトコンドリアでは，電気化学的勾配に従い，単輸送体が Ca^{2+}を取込むが，これはいまだ分子としては同定されていない．Ca^{2+}は継続的に Na^{+}/Ca^{2+}交換輸送体を介して，また，H^{+}/Ca^{2+}放出交換系や膜透過性遷移孔を介して Ca^{2+}を流出させる．ミトコンドリアのマトリックスにおいては，二つのトリカルボン酸デヒドロゲナーゼおよびピルビン酸デヒドロゲナーゼが内膜における Ca^{2+}サイクルによって制御されている．

上述のように，細胞内の Ca^{2+}濃度は通常，直接的に標的分子に伝達されるわけではなく，まず，センサータンパ

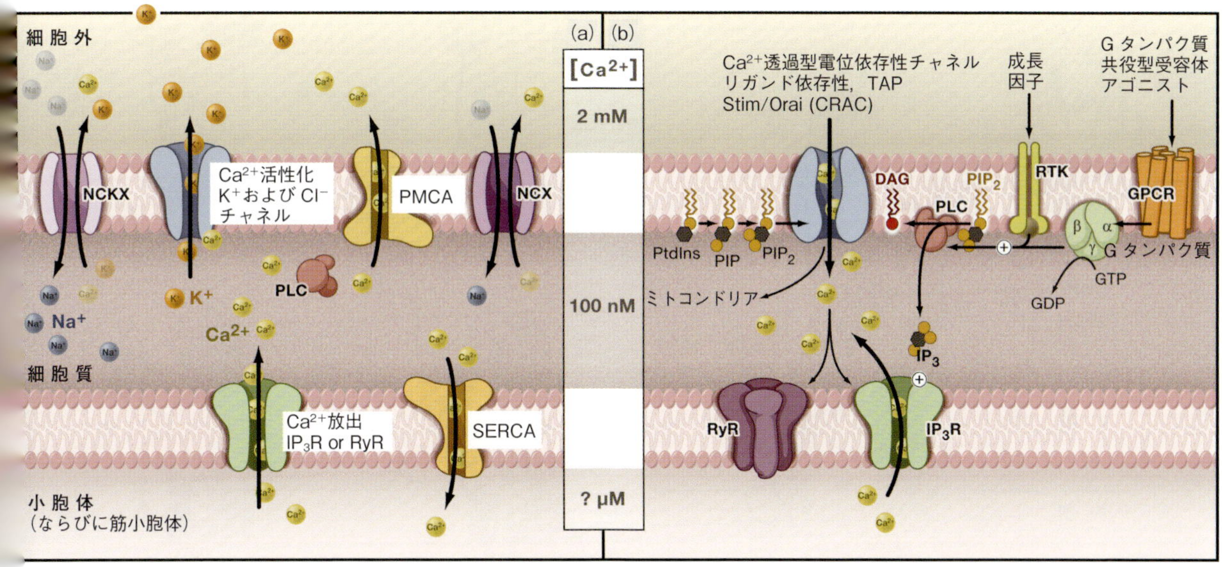

図11・3 (a) 細胞質の Ca^{2+}濃度([Ca^{2+}]$_i$)は，静止状態の細胞では低く保たれている．[Ca^{2+}]$_i$は，細胞膜 Ca^{2+}-ATP アーゼ(PMCA)や筋小胞体 Ca^{2+}-ATP アーゼ(SERCA)輸送体の排出により約 100 nM に保持される．[Ca^{2+}]$_i$の主要二次調節因子である Na^{+}/Ca^{2+}交換輸送体(NCX)は起電性を示し，3 個の Na^{+}を 1 個の Ca^{2+}と交換する．細胞内 Ca^{2+}は，K^{+}チャネルの活性化によって多くの細胞を過分極化する．また，いくつかの細胞では Cl^{-}チャネルの活性化により過分極が起こる．これにより電位依存性 Ca^{2+}チャネルの活性は減少するが，Ca^{2+}透過型チャネルを介する Ca^{2+}透過の駆動力は上昇する．(b) 興奮性 Ca^{2+}シグナリングにおいては，細胞膜のイオンチャネルは電位変化や細胞内外のリガンド結合によって開かれる．開口時には，(a)に示した構成要素によって維持された 2 万倍の[Ca^{2+}]$_i$勾配(E_{Ca}〜+150 mV)をチャネル当たり約 100 万イオン/秒の Ca^{2+}が流れ下る．[Ca^{2+}]$_i$の初期増加により，おもに Ca^{2+}感受性リアノジン受容体(RyR)を介した小胞体からのさらなる放出がひき起こされる．G タンパク共役型受容体(GPCR)やチロシンキナーゼ受容体を介したホスホリパーゼ C(PLC)の活性化により，ホスファチジルイノシトール 4,5-ビスリン酸(PIP$_2$)はイノシトール 1,4,5-トリスリン酸(IP$_3$)とジアシルグリセロール(DAG)に開裂する．IP$_3$は小胞体膜を貫く細胞内 IP$_3$ 受容体チャネルのリガンドである．GPCR は，G$_\alpha$ サブユニットの GTP をグアノシン二リン酸(GDP)に変換する反応を触媒し，活性化した G$_\alpha$ と G$_{\beta\gamma}$ が放出され，PLC$_\beta$ が活性化する．受容体型チロシンキナーゼ(RTK)は，リガンドの結合により二量体化し，自己リン酸化することで，PLC$_\gamma$ を活性化する他のシグナルタンパク質に作用する．[Clapham, 2007 より．Elsevier の許可を得て転載．©2007]

ク質の対応を受ける．カルモジュリン（後述）のように，多くの Ca^{2+} センサーは特徴的な EF ハンドモチーフを介して Ca^{2+} に結合し，標的酵素との相互作用に必要なコンホメーション変化をひき起こす．しかし，プロテインキナーゼ C やカルパイン，カルシニューリンなどのいくつかの Ca^{2+} センサーは，それ自身が Ca^{2+} 依存性の酵素である．一方，他の Ca^{2+} センサー，ゲルゾリンやアネキシンなどは EF ハンド[*2] をもっていない．

ここでは，3 種類の Ca^{2+}-ATP アーゼポンプ（SERCA, PMCA, SPCA），特に SERCA についてより詳細に論じる．SERCA については過去 10 年間で構造に関する膨大な知見が蓄積されている．また，細胞内 Ca^{2+} プールと細胞質との Ca^{2+} 交換をより詳細に紹介する．

Ca^{2+} ポンプ

ギリシャ神話シーシュポスの姿のように[*3]，ATP アーゼポンプは Ca^{2+} を勾配に逆らって際限なく小胞体の中へ（筋小胞体 Ca^{2+}-ATP アーゼ：SERCA ポンプ経由），また，細胞の外へ（細胞膜 Ca^{2+}-ATP アーゼ：PMCA ポンプ経由）押し出すように運命づけられている．ゴルジネットワークの膜内に位置する Ca^{2+}-ATP アーゼ（ポンプ）も存在する（SPCA ポンプ）．これら三つは P 型 ATP アーゼファミリーに属し，高度に保存された配列 SDKTGT[L/I/V/M][T/I/S] のアスパラギン酸（Asp）塩基のリン酸化中間体の存在によって特徴づけられる（P 型はリン酸化 phosphorylation に由来する）．すでに Na^+/K^+-ATP アーゼは第 9 章で議論した．図 11・4 にウサギ白色骨格筋 Ca^{2+}-ATP アーゼ（SERCA1a）の α サブユニットの構造を示す．膜内に埋め込まれているイオン輸送ドメインに加えて，多くの高度に保存された塩基が集まった N ドメイン（ヌクレオチド結合）と P ドメイン（リン酸化），そして，それらとともに ATP 加水分解活性を与える A ドメイン（アクチュエーター actuator[*4] より）という三つの細胞質ドメインが存在する．N ドメインは，ATP の γ-リン酸基を認識して求核攻撃に

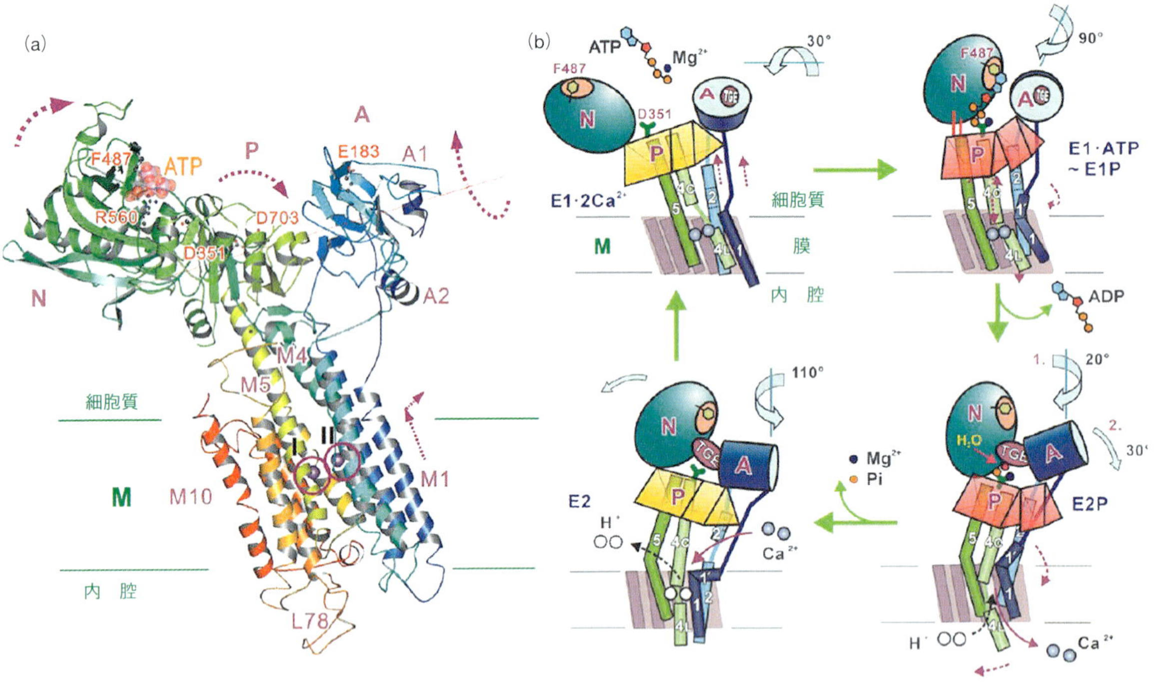

図 11・4　Ca^{2+}-ATP アーゼの構造とイオン汲み出しのメカニズム．(a) 膜平面に沿って見たときの $E_1 \cdot 2Ca^{2+}$ 状態における Ca^{2+}-ATP アーゼのリボン図．アミノ末端（青）からカルボキシ末端（赤）へ徐々に色が変わっている．紫の球（Ⅰ，Ⅱと番号を振って丸で囲ってある）は結合した Ca^{2+} を表している．三つの細胞質ドメイン（A,N,P），A ドメインの α ヘリックス（A1〜A3），膜貫通ドメインの α ヘリックス（M1〜M10）が示されている．M1′ は，脂質二重層表面に位置する M1 ヘリックスの両親媒性部位である．結合した ATP は透明な空間充填モデルで示されている．いくつかの鍵となる残基〔E183(A)，F487 と R560(N, ATP 結合)，D351（リン酸化），D627 と D703(P)〕が示してある．A ドメインの回転軸（または傾斜）は，細い橙色線で示されている．PDB：1SU4（$E_1 \cdot Ca^{2+}$）．(b) 反応サイクル間における Ca^{2+}-ATP アーゼの構造的な変化を，七つの異なる状態の結晶構造を基に示した模式図．［Toyoshima, 2009 より．Elsevier の許可を得て転載．©2009］

*2　EF ハンドはタンパク質の二次構造の一つであり，直交する二つの α ヘリックスからなる（図 11・9 参照）．

*3　またすぐ転げ落ちてしまうような岩を山の上に押し上げるという，意味のない作業を延々と繰返す果てしない徒労を，シーシュポスの岩という．

*4　actuate：作動させる．

適切な場所へ配置し，一方，Pドメインの保存されたAspは，リン酸基を受けて高エネルギーのアスパルチルリン酸中間体を形成する．Aドメインの特徴的な配列であるTGESモチーフ内のグルタミン酸(Glu)残基は，次の加水分解のための水分子を配置し，リン酸基の放出を促す．細胞質ドメインは，五つのリンカー領域（図11・4）によって膜貫通領域と結合している．リンカー領域は，細胞質側への2段階のエネルギー放出と，膜を介したイオンの物理的な転位への変換との間に，きわめて重要な構造的連結をつくっている．

筋肉収縮においては，筋小胞体から筋細胞へとCa^{2+}放出チャネルを介してCa^{2+}が放出される．そして，筋肉を弛緩させるために，ATPアーゼポンプは放出されたCa^{2+}を筋小胞体内へと戻す．SERCA1aは構造的にも機能的にも，最もよく同定されたP型（またはE_1/E_2型）イオン転移ATPアーゼの一つである．古典的なE_1/E_2理論(図11・5)によると，膜貫通Ca^{2+}結合部位は，E_1状態では親和性が高く細胞質に面しているが，E_2状態では親和性が低く筋小胞体の内腔（または細胞外）を向いている．結合したCa^{2+}の実際の移動は，二つのリン酸化中間体E_1-PとE_2-Pの間で起こると考えられている．

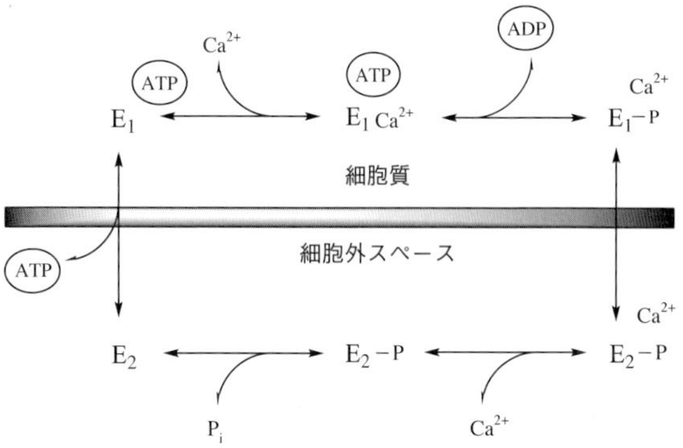

図11・5 Ca^{2+}-ATPアーゼポンプの反応サイクル．ポンプのE_1状態でCa^{2+}は細胞膜の細胞質側で高い親和性をもって結合している．E_2状態で結合部位はCa^{2+}を細胞膜の外へとさらす．そこではCa^{2+}との親和性が低く，放出へと有利に働く．[Di Leva *et al.*, 2008より改変．Elsevierの許可を得て転載．©2008]

SERCA1aの全反応サイクルをおおよそカバーする九つの状態について，20以上の結晶構造が報告されている．全反応サイクルは，基本的に図11・4(b)で描写した四つの基本構造で説明することができる．この図はきわめて詳細なイオン汲み出しの機構，すなわち，どのようにして膜貫通Ca^{2+}結合部位の親和性が変化しているのか，また，50Å以上離れたリン酸化領域周辺で起こる事柄により内腔のゲートがどのように開閉するのかを説明している．

E_2状態は，内腔へのCa^{2+}放出やアスパルチルリン酸の加水分解の後に生じ，酵素の基底状態とされている．A, P, Nドメインからなる細胞質の頭部分はコンパクトであり，AドメインのTGESループの下部にPドメインを配置するため，M5はM1の方向に曲がっている(図11・4b)．Pドメインは，結合したリン酸塩やMg^{2+}がひずまないよう保ってくれている．膜貫通Ca^{2+}結合腔は水分子で満たされており，そこではCa^{2+}放出によりつくられた空間と電荷の不均衡を補償するために，すべてのカルボキシ基がプロトン化されていると予測される．この構造は，低pH時でだけ維持することができ，熱運動により頭部分が開いて結合しているプロトンを細胞質へ放出させ，ほとんどのATPアーゼ分子をE_1状態へと移す．この状態では，Ca^{2+}結合腔のカルボキシ基はプロトン化されておらず，加えてCa^{2+}への高い親和性をもつ．

Ca^{2+}結合はM5へリックスを真っすぐに伸ばし，AドメインからPドメインを離すことによって頭部分が閉じた構造を崩す．これにより，ATPはリン酸化部位へと運ばれ，Ca^{2+}がない場合にはNドメインと結合して，頭部分の開きを促進する．しかし，それはリン酸化された351番めのAspへは届かない．M5へリックスが真っすぐに伸びることで，PドメインとM4へリックスは細胞質の方向へと動き，二つのCa^{2+}がM4のゲート残基である309番めのGluを通って高親和性の領域へと入り込む（図で示していない）．ATPは，PドメインとNドメイン間のちょうつがい付近に結合し，Pドメインを曲げる．その過程でAドメインは約30°に傾き，三つの細胞質ドメインが再び近くに配置される．

次のステップでは，M1へリックスが引っぱり上げられ曲げられることで両親媒性のN末端領域(M1′)が膜表面に現れる．この結果，M1の膜貫通領域の頂上部が309番めのGluに近づき，それによってその側鎖の立体構造を固定し，膜貫通結合部位を二つのCa^{2+}で塞ぐことにより，Ca^{2+}結合部位の細胞質の入口を閉じる．M1, M2へリックスはV形の構造をとりながら，反応サイクルが終わるまで硬い塊のままで動き，Aドメインの動きを他の膜貫通へリックス，特にM4へリックスの内腔側へと伝達する．

γ位のリン酸から351番めのAspへのリン酸基の転移によってNドメインの傾斜位置が固定されると，NドメインとAドメインの間で機械的な相互作用が形成され，次の主要変化であるE_1P-E_2P転移によるAドメインの90°回転に備えることになる．リン酸基の転移はNドメインとPドメインの接合部を開くきっかけにもなる．次に，Aドメインが膜から約25°傾いた軸の周りを90°回転し，アスパルチルリン酸の上方のNドメインとPドメインの隙間にAドメインのTGESループを移動させる．この位置にあると，TGESループは筋小胞体の内腔へと結合した

Ca^{2+}を放つのに十分な滞留時間を得ることができる．A ドメインの回転は，M4 の大きな下向きへの移動，M1 の方向への M5 の屈曲，Ca^{2+}結合部位を完全に不安定化する M6 の回転等を含む，膜貫通ヘリックス M1～M6 の劇的な再配置をひき起こす．M1 と M2 の下部は M4L を押して内腔の入口を開き，結合しているCa^{2+}を内腔に放つ．そして，空のCa^{2+}結合部位を安定化させるためにプロトンや水分子が入ってきて，休止状態である E_2 状態に戻ることになる．(SERCA1 ポンプの機構のより完全な詳細は豊島による総説を参照せよ：Toyoshima, 2008, 2009)．

PMCA ポンプはカルモジュリン制御の標的であるという知見に基づいて，カルモジュリンカラムを使って単離，精製された．リン酸化された PMCA は二つのコンホメーション状態をとることがわかっている．輸送サイクルの開始においてそれは E_1 状態にあるが，姉妹タンパク質である SERCA とは対照的に，細胞膜の細胞質側で一つのCa^{2+}と高い親和力で結合し，細胞の外側でCa^{2+}との親和力が弱くなる E_2 状態でCa^{2+}を放つ．しかし，PMCA の重要な側面は，長い C 末端をもっていることであり，この領域にはCa^{2+}結合タンパク質であるカルモジュリンの結合部位がある．つまり，PMCA はCa^{2+}自身によって自動制御されていることになる（より詳細なカルモジュリンの特徴やCa^{2+}シグナリングでの役割については後述する）．Ca^{2+}やカルモジュリンの非存在下でポンプは不活性であるが，Ca^{2+}が飽和した状態ではカルモジュリンは C 末端に結合し，ポンプは活性化される．

分泌経路のCa^{2+}ポンプ（SPCA）はCa^{2+}輸送 ATP アーゼファミリーとして最も新しく，すべての SPCA ポンプがMn^{2+}を効果的に輸送するという特徴を示す．これはゴルジ体に酵素，特にグリコシルトランスフェラーゼが必要とする多量のMn^{2+}があることと関係しているかもしれない．

細胞内の Ca^{2+} の貯蔵庫

すでに言及したように，細胞には相当な量のCa^{2+}を貯蔵できる三つの細胞小器官，小胞体，ゴルジ体，ミトコンドリアが存在する．細胞が必要とするほとんどのCa^{2+}は，外部から取込まれるよりも，これらの三つの器官から放出される（図 11・1）．

小胞体は（筋）小胞体 ATP アーゼ（SERCA）ポンプを使ってCa^{2+}を汲上げ（図 11・4），筋肉における多くのタイプの SERCA ポンプはホスホランバンというタンパク質によって調節される．ホスホランバンは細胞質と膜貫通領域の両方で SERCA と結合し，脱リン酸のときにはポンプを不活性化状態に維持するが，リン酸化するとコンホメーション変化によってポンプから脱離すると考えられる．このように，Ca^{2+}で飽和したカルモジュリンは PMCA を活性化するが，一方，キナーゼ依存的なリン酸化は SERCA 活性化に関わる（おそらくカルモジュリン依存的に）という違いを除いて，SERCA ポンプは PMCA ポンプに似ている．

小胞体（筋小胞体）内でCa^{2+}は，多くの低親和性Ca^{2+}結合タンパク質と複合体をつくって貯蔵されるが，それらのなかで最も重要なCa^{2+}結合タンパク質がカルセケストリンである．

小胞からのCa^{2+}の放出は，開くためにCa^{2+}を必要とする二つのタイプの特定のリガンド作動型チャネルを介してひき起こされる（図 11・3）．一つめは横紋筋以外の細胞に存在し，IP_3を必要とする．IP_3はジアシルグリセロールやCa^{2+}と同様にいわゆるホスホイノシチドカスケードのセカンドメッセンジャーであり，後ほどこの章で詳細に説明する．IP_3結合部位はタンパク質の細胞質の長い N 末端にある．一方，Ca^{2+}チャネルそのものは 6 回膜貫通領域を構成している C 末端領域にあり，細胞膜の電位依存性チャネルで見つかったように，5 番めと 6 番めのヘリックスをつないでいるリンカーが膜中に折り返されてチャネル孔を形成している．

その他のリガンド作動型チャネルには，Ca^{2+}濃度に応答してチャネルを開閉する植物アルカロイドから名づけられたリアノジン受容体（ryanodine receptor, RyR）がある．リアノジン受容体は筋小胞体/小胞体の膜に局在し，心筋や骨格筋での興奮収縮連関の際に細胞内貯蔵庫からCa^{2+}を放出する役割を担っている．IP_3チャネルのように，約 5000 ものアミノ酸からなるサブユニットが四量体を形成する巨大タンパク質であるリアノジン受容体は，N 末端の細胞質部分と C 末端のCa^{2+}チャネル部分からなる．細胞膜の電位依存性Ca^{2+}チャネルにおいてみられるように，リアノジン受容体は 6 回膜貫通ヘリックス構造の 5 番めと 6 番めの間のループによってポアを形成している．リアノジン受容体は既知のイオンチャネルの中で最大であり（2 MDa 以上），哺乳動物においては 3 種類のアイソフォームが存在している（RyR1～3）．これらはすべてホモ四量体を形成し，リン酸化，酸化還元修飾，さまざまな小分子やイオンと相互作用し，それらによって制御されている．ほとんどのリアノジン受容体チャネルの調節因子は大きな細胞質ドメインと相互作用する．リアノジン受容体はIP_3受容体と同様にCa^{2+}によって活性化される．その生体内の活性化メッセンジャーの正体は正確にはわかっていないが，重要な候補としてニコチンアミドアデニンジヌクレオチド（NAD^+）やその代謝物であるサイクリック ADP リボース（cADPr）があげられる．最近，ニコチンアミドアデニンジヌクレオチドリン酸（NADP）がCa^{2+}動員のメッセンジャーとしてきわめて重要であることがわかった．NADP が小胞体よりも酸性の細胞内区画で活動することを示唆するいくつかの証拠はあるが，リアノジン受容体に作用することを示唆する報告もなされている．心臓のリアノジン受容体(RyR2)は，心臓の収縮に不可欠である Ca^{2+} 放出を制御している*5.

ゴルジ体も細胞内 Ca^{2+} の恒常性の制御に重要な役割を果たしている．ゴルジ体には SERCA ポンプや，高親和性の Ca^{2+} 取込み能をもち Ca^{2+} と Mn^{2+} を輸送できる Ca^{2+}-ATP アーゼ（SPCA）が存在する．Ca^{2+} 放出は小胞体と同じように IP_3 によって調節されるチャネルにより仲介される．しかし，そこにリアノジン型のチャネルは存在していない．

細胞内の Ca^{2+} の貯蔵に関する三つめの重要な貯蔵庫はミトコンドリアである（図 11・6）. 1950 年代，1960 年代において，ミトコンドリアが Ca^{2+} を積極的に蓄積しているという報告がなされた（Carafoli, 2003）ことを皮切りに，その取込み経路が解明され，細胞内 Ca^{2+} 恒常性にミトコンドリアが支配的な役割を担っていることが明らかにされた．Ca^{2+} 取込み経路は，いまだ同定されていない電気化学的勾配に従う単輸送体によってなされている．それはミトコンドリアの呼吸鎖（第 5 章参照）によって維持される内膜の負の膜電位をエネルギー源として輸送する．Ca^{2+} 放出は Na^+/Ca^{2+} 交換輸送体を介して行われ，一部のミトコンドリアでは H^+/Ca^{2+} 交換輸送体に置き換わる．これらの取込みおよび放出の経路はミトコンドリアのエネルギーを消費する Ca^{2+} サイクルを構成している（Carafoli, 1979）.

しかし，効果的にミトコンドリア内に Ca^{2+} を蓄積するためには，ミトコンドリアの Ca^{2+} 取込み系の Ca^{2+} 親和性は細胞質の Ca^{2+} 濃度と比べて低すぎることは明白である（見かけの K_m 値は 10〜15 μM だが，それと比べ細胞質の Ca^{2+} 濃度は μM 以下）．さらに，小胞体の取込み系の Ca^{2+} 親和性は，ミトコンドリアに比べると少なくとも一桁大きくなっている（見かけの K_m 値は 1 μM よりもかなり小さい）．これは，後ほど紹介する IP_3 により活性化される

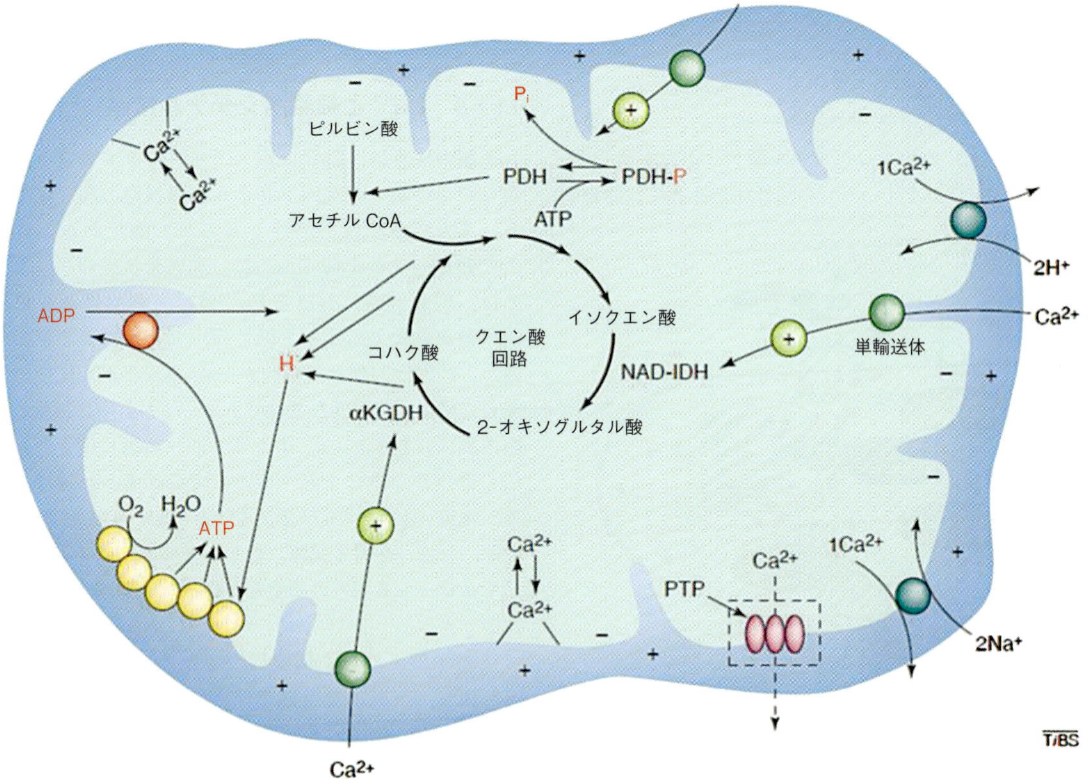

図 11・6 ミトコンドリア内外の Ca^{2+} 輸送．すべての Ca^{2+} 輸送体を示してあり，マトリックス内のデヒドロゲナーゼの活性化を強調してある．膜透過遷移孔(permeability transition pore, PTP)は，Ca^{2+} 放出の役割が未確定なため，破線で囲んでいる．略号は，αKGDH: 2-オキソグルタル酸デヒドロゲナーゼ, NAD-IDH: NAD^+ 依存イソクエン酸デヒドロゲナーゼ, PDH: ピルビン酸デヒドロゲナーゼ．[Carafoli, 2003 より．Elsevier の許可を得て転載．©2003]

*5 アメリカ心臓協会の推定によれば，2010 年に米国はほぼ 390 億ドルを，500 万人以上の心不全を患う米国人に費やすことになる．リアノジン受容体(RyR2)/Ca^{2+} 放出チャネル研究の進歩は，心不全を治療し不整脈を予防するための新規 RyR2 標的薬の開発につながっている．

チャネルの発見と相まって，細胞内 Ca^{2+} 恒常性の制御に小胞体が主要な役割を担うと考えられた．

細胞内 Ca^{2+} 恒常性におけるミトコンドリアの役割が忘れ去られなかったのは，いくつかの重要な報告がなされたからである．第一には，細胞質全体ではなく細胞内の微小区画(ミクロドメイン)内の Ca^{2+} 濃度変化を感知できる指示薬であるエクオリン*6 を使用して，IP_3 により活性化するチャネルの開口に起因する細胞内 Ca^{2+} 濃度の増加と，迅速かつ可逆的なミトコンドリア内 Ca^{2+} 濃度の増加とが並行することがあげられる．このミトコンドリアの Ca^{2+} 取込みの活性化は，ミトコンドリアと小胞体が近接していることによる．小胞体による大量の Ca^{2+} の放出は，ミトコンドリアの Ca^{2+} 取込みチャネル付近に 20〜30 μM に達する局所的な Ca^{2+} 濃度の“ホットスポット”を形成し，その結果，親和性の低いミトコンドリアの単輸送体を活性化する．これが，図 11・7 に示されるいわゆる“Ca^{2+} ミクロドメイン”という概念（Rizzuto *et al.*, 1993）を成立させている．ミトコンドリアは細胞膜からの浸透であれ，小胞体からの浸透であれ，局所的な Ca^{2+} 濃度のホットスポットを感知することができる．ミトコンドリアによる速い Ca^{2+} 取込みは，前述の通りマトリックス領域に存在する Ca^{2+} 感受性の三つのデヒドロゲナーゼ（イソクエン酸デヒドロゲナーゼ，2-オキソグルタル酸デヒドロゲナーゼ，ピルビン酸デヒドロゲナーゼ）の活性化を介して代謝を刺激する．

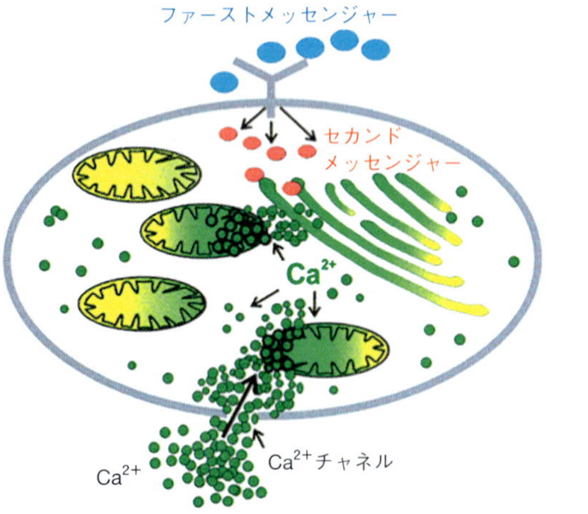

図 11・7 ミトコンドリアの Ca^{2+} 輸送に関するミクロドメインの概念図．細胞の外から浸透，もしくは小胞体から放出される Ca^{2+} は，近傍に存在するミトコンドリア低親和性の Ca^{2+} 取込み系の活性化に適切な局所的高 Ca^{2+} 濃度（20 μM 以上）領域を形成する．Ca^{2+} 放出に寄与するアゴニストは IP_3 であるが，異なるチャネルに働く他のアゴニスト（たとえば cADPr）もまた Ca^{2+} のホットスポットを生じる．［Carafoli, 2002 より．National Academy of Sciences, USA の許可を得て転載．©2002］

以前の報告で，ミトコンドリアは ADP のリン酸化の代わりに Ca^{2+} を蓄積するだけでなく（Ca^{2+} 取込みは電子伝達とリン酸化を脱共役させる），いったんリン酸が取込まれると，はるかに大量の Ca^{2+} を蓄積し，電子顕微鏡下で高電子密度の顆粒として見ることができる不溶性のヒドロキシアパタイトとして，マトリックス内に Ca^{2+} の沈殿を生じることが観測された．これらのヒドロキシアパタイトの沈殿の異常な特徴として，結晶ではなく長時間にわたって非結晶体であり続けることがあげられる．多くの病態において，ミトコンドリアにヒドロキシアパタイトが存在することは，たとえ短時間でも，細胞質の Ca^{2+} 過負荷の状況下で細胞の生存を可能にする一種の安全装置としてのヒドロキシアパタイトの役割を示唆する．さらに，核もまた Ca^{2+} の恒常性に重要であるかもしれない．しかし，核膜が小胞体の延長線上で真の Ca^{2+} 貯蔵庫であるかはいまだ論争中である．核膜は小胞体と同じ Ca^{2+} ポンプや IP_3 あるいはサイクリック ADP リボース（cADPr）に感受性の Ca^{2+} チャネルをもつ．

11・4 Ca^{2+} と細胞内シグナル伝達

先述のように，Ca^{2+} はホスホイノシチドカスケードを含むいくつかの細胞内シグナル伝達経路の構成成分である．また，多くは不溶性であるリン酸化あるいは炭酸 Ca^{2+} 錯体の沈殿を防ぐために，非興奮状態の細胞においては，細胞質内における Ca^{2+} 濃度を細胞外液や細胞内 Ca^{2+} 貯蔵庫よりもずっと低く保つことが必要不可欠である．この濃度勾配は，細胞が Ca^{2+} をシグナル伝達の引き金として用いる重要な基礎である．すなわち，細胞膜や細胞内膜に存在する Ca^{2+} チャネルが一時的に開き，細胞質 Ca^{2+} 濃度が急激に上昇することでシグナル伝達は開始する．細胞内における可変的な Ca^{2+} 濃度の増加は，受精，収縮，分泌，学習と記憶，そして最終的にはアポトーシスとネクローシス両方の細胞死といった広範囲の細胞過程を調節できる．

後述するように，細胞外シグナルはしばしば細胞質 Ca^{2+} 濃度の一時的な上昇をひき起こし，カルモジュリンのような Ca^{2+} 結合タンパク質の働きにより，多様な酵素をつぎつぎに活性化する．たとえば，グリコーゲン分解，解糖，筋収縮のようにさまざまな過程をひき起こす．ホスホイノシチドカスケードでは，膜上に存在する受容体にアゴニストが結合すると，G タンパク質（GTP を加水分解して得られるエネルギーによりサブユニットを遊離し，シグナル伝達における次の要素を活性化できる）あるいはそ

*6 訳注：エクオリンは，下村脩(2008 年ノーベル化学賞)らがオワンクラゲから発見した発光タンパク質の一つで，Ca^{2+} と反応して青色光を発する．

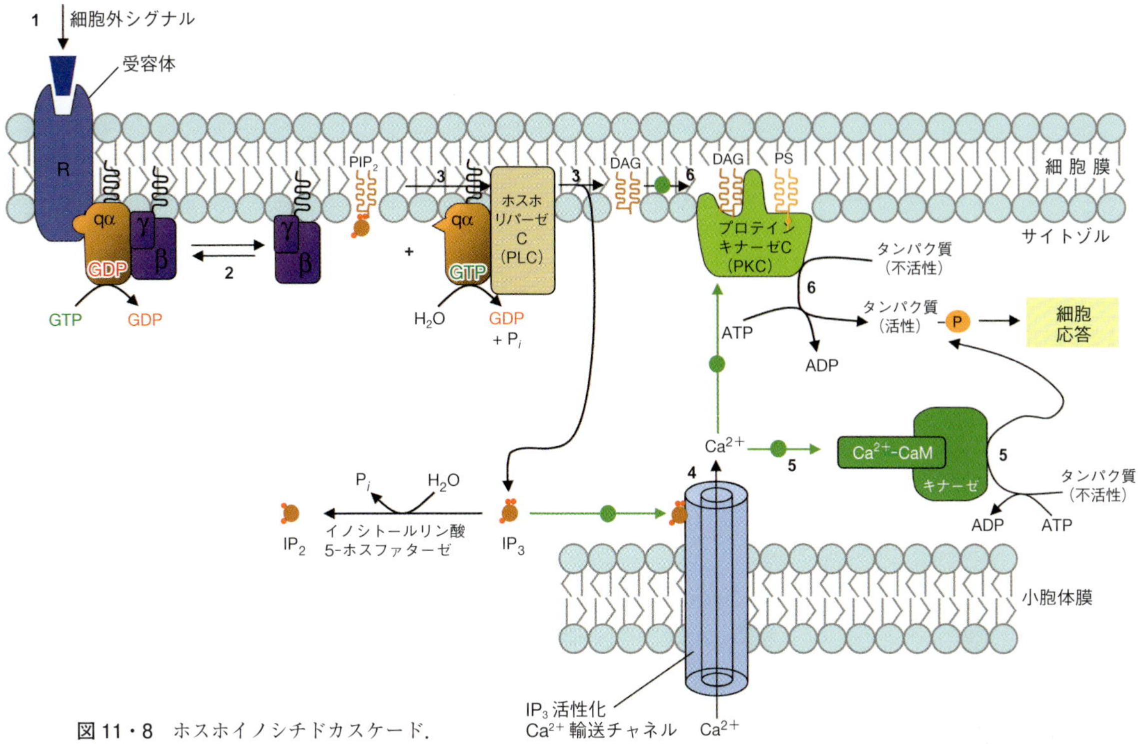

図 11・8　ホスホイノシチドカスケード.

れに代わるチロシンキナーゼの活性化を経てホスホリパーゼ C(PLC)が活性化される（図 11・8）. この結果として，ホスファチジルイノシトール 4, 5-ビスリン酸(PIP_2)が，IP_3 とジアシルグリセロール(DAG)に加水分解される. 先ほど述べたように，IP_3 は小胞体に取込まれた Ca^{2+} を放出させて，カルモジュリンのような Ca^{2+} 結合タンパク質を利用しながらつぎつぎに数多くの細胞過程を活性化する. 膜結合性ジアシルグリセロールはプロテインキナーゼ C を活性化し，グリコーゲンホスホリラーゼなど他の酵素をリン酸化して活性化するのだが，この段階においても Ca^{2+} が必要となる.

Ca^{2+} により活性化されて標的部位に結合する Ca^{2+} 結合タンパク質は，Ca^{2+} に結合できるように特別に設計されている. この Ca^{2+} 結合タンパク質の構造は，いくつかの構造モチーフを用ることにより可能になり，最も有名な構造モチーフとしてヘリックス-ループ-ヘリックス EF ハンドモチーフ（図 11・9）がある. この構造は約 90° に折れ曲がった二つのらせん構造からなっており，その両側に 12 個のアミノ酸よりなるループをもっている. このループ構造は五つの不変な残基の側鎖とカルボキシ基の酸素によって Ca^{2+} に配位する. Ca^{2+} 結合タンパク質ファミリーのなかで最もよく調べられてきたカルモジュリンは，高い親和性をもつ Ca^{2+} 結合部位を含む二つの球状ドメインで構成されており，それらは 7 回折り返し α ヘリックス構造でつながっている. すべての EF ハンドモチーフタンパ

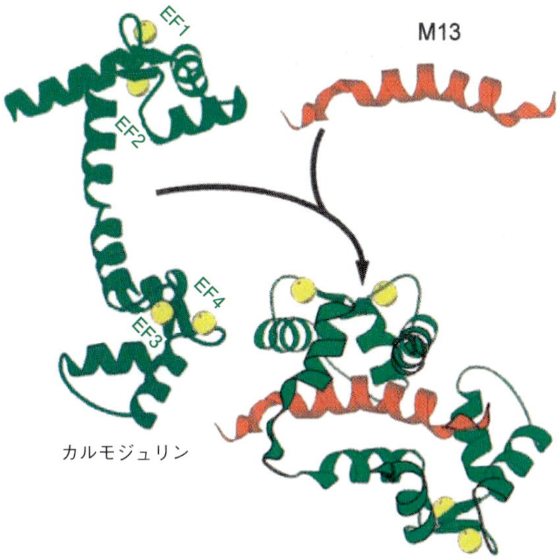

図 11・9　EF ハンドタンパク質（カルモジュリン，CaM）の構造変化による Ca^{2+} シグナルの解読. カルモジュリンは骨格筋ミオシン軽鎖キナーゼの M13 とよばれる 26 アミノ酸残基からなる結合領域（右上の赤色のペプチド）と相互作用を生じる. カルモジュリン(左)は四つの EF ハンドで Ca^{2+}(黄色部分)と結合し，表面が疎水性となる変化を達成するが，分子は完全に伸びた構造をとったままである. M13 と相互作用することで折れ曲がり，結合タンパク質を巻き込むようにヘアピン構造を形成する. [Carafoli, 2002 より. National Academy of Sciences, USA の許可を得て転載. ©2002]

ク質において，Ca^{2+}は三つの単座配位の Asp 残基または Asn 残基，一つの二座配位の Glu 残基，ペプチド中のカルボニル基，結合した水分子による 7 配位を受けている（図 11・10）．ダンベル型のカルモジュリン分子の球状領域ドメインにCa^{2+}が結合することで（図 11・9），まずはじめにコンホメーションが変化する．この変化は分子全体に及ぶものではないが，二つの Ca^{2+}結合ローブを開放して，疎水性残基を外向きに移動させる（実際にはメチオニン(Met)であり，平均的なタンパク質のメチオニン含有率が約 1%であるのに対して，カルモジュリンはたいていの場合 6%とメチオニンを多く含んでいる）．そして，これは，カルモジュリンの細長い構造が折れ曲ってヘアピン構造を形成し，標的となる酵素の結合領域を覆うという劇的な第二の構造変化を生じる（図 11・9）．

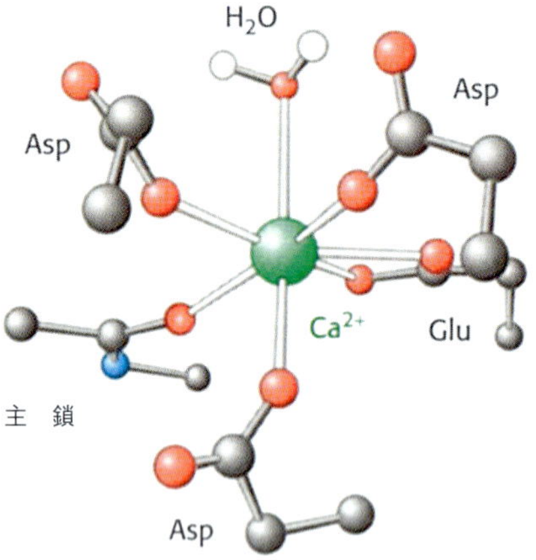

図 11・10 カルモジュリンの Ca^{2+}結合部位．

Ca^{2+}のカルモジュリンへの結合は，細胞内におけるCa^{2+}の変化を，数多くのプロテインキナーゼ，NAD^+キナーゼ，ホスホジエステラーゼを含む酵素群，ポンプ，およびその他の標的タンパク質を活性化状態へと伝達する．なかでも興味深いタンパク質が二つあり，一つがシグナルを伝播するのに対し，もう一方はシグナルを停止する．カルモジュリン(CaM)依存プロテインキナーゼは多くの異なるタンパク質をリン酸化し，物質代謝の調節，イオン透過性，神経伝達物質の合成と放出を調節する．これらのカルモジュリンキナーゼはCa^{2+}-カルモジュリンが結合することで活性化し，標的タンパク質をリン酸化することができる（図 11・8）．さらに，活性化された酵素は自己リン酸化すると，Ca^{2+}濃度が減少してカルモジュリンが酵素から解離した後でさえも部分的に活性を持続できる．カルモジュリンキナーゼとは対照的な Ca^{2+}-カルモジュリンのもう一つの重要な標的は，先述したように，活性化することで細胞内 Ca^{2+}濃度を減少させてシグナル伝達を止める細胞膜 Ca^{2+}-ATP ポンプである．

カルモジュリンが示す独特な特徴の一つは，他の多くの EF ハンドタンパク質が特異的，すなわち特定のタンパク質のみと反応するのに対し，カルモジュリンは広範囲の標的タンパク質と相互作用することである．標的となるタンパク質のカルモジュリン結合領域のアミノ酸配列を比較すると，カルモジュリンが主として正に帯電した両親媒性らせん領域を認識することがわかる．興味深いことに，Ca^{2+}-カルモジュリンとこれらのらせん領域の約 20 アミノ酸残基の結合部位との結合の親和性が，標的タンパク質全体との結合の親和性と同様に高くなっている．標的タンパク質と結合した際に生じる劇的なコンホメーション変化（図 11・9 の左と右の図を比較せよ）を見ると，Ca^{2+}複合化する前のカルモジュリンに特徴的な中央の長いらせん構造がどのようにほどけて，さらに折れ曲がりながら，疎水性トンネルで標的ヘリックスポリペプチドを囲んで球状構造を形成するかがわかる．

文 献

Berg, J.M., Tymoczko, J.L., & Stryer, L. (2001). *Biochemistry* (5th ed). New York: Freeman, 974.

Cahalan, M.D. (2009). STIMulating store-operated Ca(2+) entry. *Nature Cell Biology, 11*, 669–677.

Carafoli, E. (1979). The calcium cycle of mitochondria. *FEBS Letters, 104*, 1–5.

Carafoli, E. (2002). Calcium signalling: a tale for all seasons. *Proceedings of the National Academy of Sciences of the United States of America, 99*, 1115–1122.

Carafoli, E. (2003). Historical review: mitochondria and calcium: ups and downsof an unusual relationship. *Trends in Biochemical Sciences, 28*, 175–181.

Carafoli, E. (2004). Calcium-mediated cellular signals: a story of failures. *Trends in Biochemical Sciences, 29*, 371–379.

Carafoli, E. (2005). Calcium – a universal carrier of biological signals. *FEBS Journal, 272*, 1073–1089.

Clapham, D.E. (2007). Calcium signaling. *Cell, 131*, 1047–1058.

Di Leva, F., Domi, T., Fedrizzi, L., Lim, D., & Carafoli, E. (2008). The plasma membrane Ca^{2+}-ATPase of animal cells: structure, function and regulation. *Archives of Biochemistry and Biophysics, 476*, 65–74.

Guerini, D., Coletto, L., & Carafoli, E. (2005). Exporting calcium from cells. *Cell Calcium, 38*, 281–289.

Kurosaki, T., & Baba, Y. (2010). Ca^{2+} signaling and STIM1. *Progress in Biophysics and Molecular Biology, 103*, 51–58.

Rizzuto, R., Brini, M., Murgia, M., & Pozzan, T. (1993). Microdomains with high Ca^{2+} close to IP_3-sensitive channels that are sensed by neighboring mitochondria. *Science, 262*, 744–747.

Toyoshima, C. (2008). Structural aspects of ion pumping by Ca^{2+}-ATPase of sarcoplasmic reticulum. *Archives of Biochemistry and Biophysics, 476*, 3–11.

Toyoshima, C. (2009). How Ca^{2+}-ATPase pumps ions across the sarcoplasmic reticulum membrane. *Biochimica et Biophysica Acta, 1793*, 941–946.

Voet, D., & Voet, J.G. (2004). *Biochemistry* (3rd ed). New York, Chichester: John Wiley and Sons.

Williams, R.J.P. (2006). The evolution of calcium biochemistry. *Biochimica et Biophysica Acta, 1763*, 1139–1146.

第12章

亜　鉛
ルイス酸と遺伝子制御因子

12・1　はじめに

亜鉛は，その比較的小さい半径(0.65 Å)に比して電荷が集中していて，カルボン酸やリン酸などの陰イオンと適度に結合する．2 番めの性質は電子との親和性が高いことであり，銅やニッケルなどと同様，強いルイス酸性を示す．それらの二つの金属イオンと異なる点は，酸化数はほとんど変化せず，ラジカル反応をひき起こさないことである．

亜鉛は，ヒトの身体の中で鉄の次に多く含まれる微量元素である．平均的な成人の身体には約 3 g の亜鉛が含まれていて，これは約 0.6 mM の溶液に相当する．またそれらのほとんど(約 95%)は細胞内に存在する．亜鉛はすべての生体の成長や発達に必須であり，感染症などに対する治療や予防効果をもち，たとえばヒトが風邪にかかる期間を短縮する．

亜鉛は約 300 種類以上の酵素に含まれていて，触媒因子や構造因子として機能している．また，国際生化学連合によると，酵素の基本的な六つのクラスすべてに見いだされる．その六つのクラスとは，① アルコールデヒドロゲナーゼやスーパーオキシドジスムターゼのような**酸化還元酵素**，② RNA ポリメラーゼやアスパラギン酸トランスカルバモイラーゼのような**転移酵素**，③ カルボキシペプチダーゼ A やサーモリシンのような**加水分解酵素**，④ 炭酸脱水酵素（炭酸デヒドラターゼ）やフルクトース-1,6-ビスリン酸アルドラーゼのような**リアーゼ**（除去付加酵素），⑤ ホスホマンノースムターゼのような**異性化酵素**，⑥ ピルビン酸カルボキシラーゼやアミノアシル-tRNA シンテターゼのような**リガーゼ**（合成酵素）である．亜鉛イオンは酵素に含まれて触媒的および構造的役割を果たしているだけではない．亜鉛を必須とする核酸認識タンパク質の数は増大しており，遺伝子情報の転写や翻訳の制御にも重要な役割を果たしている（本章に関するさらなる情報は，Auld, 2001; Brown, 2005; McCall *et al*., 2000; Voet, Voet 2004 を参照されたい）．

生物無機化学における亜鉛の重要な点は，以下のようなものである．二価の亜鉛イオンは酸化還元的に不活性であり，その点でマンガン，鉄，銅と異なる．亜鉛イオンの電子配置が d^{10} であるために d-d 遷移に由来する吸収がない．また，亜鉛錯体は結晶場理論に支配されないために，決まった配位構造がなく，配位数と幾何学的配位構造は配位子のサイズと電荷に依存する．このことは，亜鉛イオンの配位構造が非常に柔軟であることを意味する．しかし，多くの亜鉛酵素中では，四面体構造をもつことが多く，多くの場合わずかにひずんでいるため，亜鉛のルイス酸性と，Zn^{2+} の配位水の酸性が強くなっている．亜鉛よりも強いルイス酸は Cu^{2+} だけである．そのほかに，5 配位でひずんだ三方両錐体構造もいくつか報告されている．亜鉛の酸性は，ハード酸とソフト酸の境界にあるため，酸素原子(Asp, Glu, H_2O)，窒素原子(His)，硫黄原子(Cys)を含む配位子と結合できる．

亜鉛酵素における亜鉛部位としては，触媒因子，構造因子，共触媒因子という三つのタイプが知られている（図 12・1）．亜鉛酵素の多くは，アミドを加水分解するペプチダーゼとアミダーゼである．それらには，サーモリシンやカルボキシペプチダーゼのようなペプチダーゼ，ペニシリンの四員環 β-ラクタム構造を分解する β-ラクタマーゼ，コラーゲンのような細胞外マトリックスを分解するマトリックスメタロプロテイナーゼがある．そのほか，DNA や RNA 中にあるホスホジエステル部を切断する酵素や，炭酸脱水酵素のようなリアーゼ，アルコールデヒドロゲナーゼに代表される酸化還元酵素も亜鉛酵素である．

本章では，いくつかの単核亜鉛酵素について考察し，二

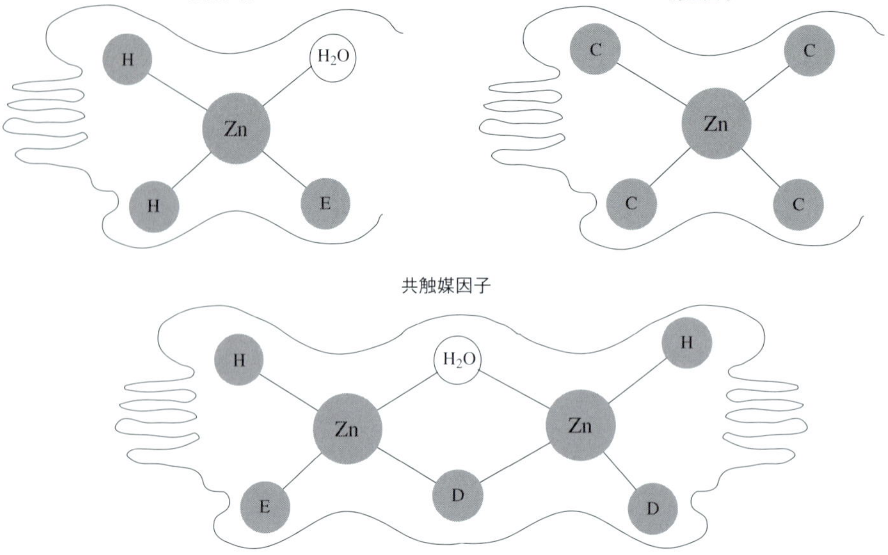

図 12・1 酵素中の亜鉛イオンは，触媒因子，構造因子，共触媒因子に分類される．酵素側の配位子を小さい灰色の丸で示す．

核, 三核亜鉛酵素についても議論する．それらのなかには，亜鉛以外の金属を含むものもある．最後に，核酸の制御とタンパク質合成に関わるタンパク質にある亜鉛モチーフについても紹介する．

12・2 単核亜鉛酵素

最初の亜鉛酵素は 1940 年に発見された炭酸脱水酵素（炭酸デヒドラターゼ）であり，その 14 年後にカルボキシペプチダーゼ A が発見された．これらは単核亜鉛酵素の原型ともいえる酵素であり，触媒活性部位の亜鉛イオン（Zn^{2+}）は三つのアミノ酸配位子と結合し，四つめの配位場に水が存在する．これら単核亜鉛酵素の多くは [(XYZ)Zn^{2+}-OH_2] という共通の四面体型構造モチーフをもち，触媒活性構造がよく似ているが，これらの酵素は，上記のようなさまざまな反応を触媒することができる．ほとんどの酵素の作用機構で重要なのは亜鉛配位水であり，Zn^{2+}-OH_2 と表される．それぞれの亜鉛酵素の触媒活性は，配位子だけでなく，配位しているアミノ酸間のアミノ酸配列にも依存する．たとえば，配位している二つのアミノ酸の間には 1〜3 個のアミノ酸しかないが，三つめのアミノ酸との間には 5〜196 個のアミノ酸が存在する（表 12・1）．

単核亜鉛酵素の作用機序において重要なのは Zn^{2+}-OH_2 中心であり，これは三つのメカニズムで触媒サイクルに関与する（図 12・2）．それらは，亜鉛配位水酸化物イオン（炭酸脱水酵素中で）を生成するイオン化（脱プロトン），一般塩基による分極化（カルボキシペプチダーゼ中で），亜

表 12・1 典型的な単核亜鉛酵素にある亜鉛配位モチーフ

炭酸脱水酵素（炭酸デヒドラターゼ）	His-X-His-X_{22}-His
β-ラクタマーゼ	His-X-His-X_{121}-His
サーモリシン	His-X_3-His-X_{19}-Glu
カルボキシペプチダーゼ	His-X_2-Glu-X_{123}-His
アルコールデヒドロゲナーゼ	Cys-X_{20}-His-X_{106}-Cys
アルカリホスファターゼ	Asp-X_3-His-X_{80}-His
アデノシンデアミナーゼ	His-X-His-X_{196}-His

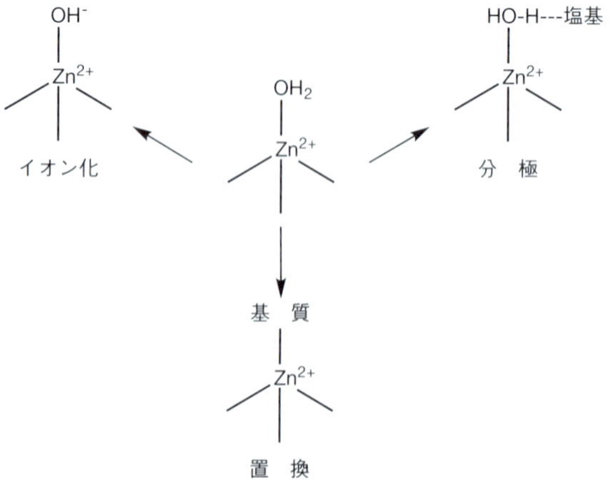

図 12・2 亜鉛イオン上の配位水は，水酸化物イオンへ変換されたり（脱プロトン），一般塩基によって極性が増大して求核的触媒になったり，基質によって置換されたりする．

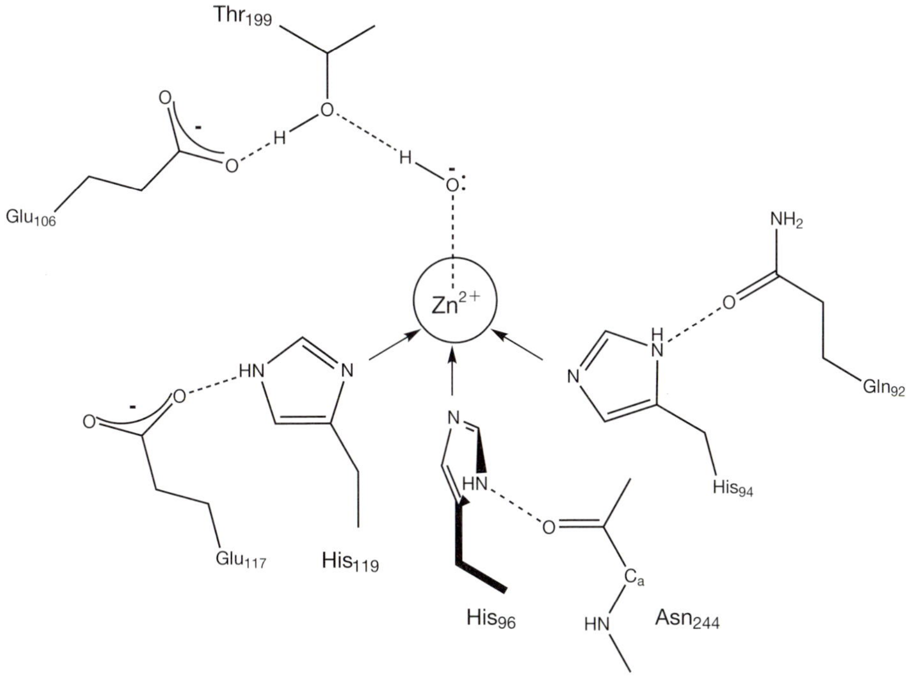

図 12・3　炭酸脱水酵素の活性中心.

鉛配位水と基質の置換反応(アルカリホスファターゼ中で)に分類される. われわれがここで考察する単核亜鉛酵素の最初の 2 例, リアーゼ(除去付加酵素)(カルボニックアンヒドラーゼ)や加水分解酵素(カルボキシペプチダーゼ)では, Zn^{2+} は, 次のように強力な求電子触媒として機能している. 1) 水を活性化して求核攻撃剤とする, 2) 切断されるカルボニル基の極性を増大する. 3) 遷移状態で生成する陰イオンを安定化する.

炭酸脱水酵素(炭酸デヒドラターゼ)

哺乳類の赤血球の炭酸脱水酵素は, 過去数十年間にわたって研究されており, 亜鉛配位水(Zn^{2+}-OH_2)の分極によって水酸化物イオンが生成して, 加水分解や水和反応を起こす亜鉛酵素のプロトタイプとして考えられている. Zn^{2+} は約 15 Å の円錐形の空間の底部に存在し, 三つの常在性 His によって配位され, 残りの 4 番めの配位子として水分子が存在する. この水分子は Thr 残基と水素結合していて, その Thr はさらに Glu 残基と水素結合している(図 12・3).

図 12・4 に示す炭酸脱水酵素のおもな作用機序では, 以下の過程を含む. ① pK_a が約 7 である亜鉛配位水(Zn^{2+}-OH_2)の脱プロトン, このステップは一般塩基である His64 によって加速される. この His は亜鉛配位水から離れていて直接脱プロトンができず, 二つの水分子を含む水素結合ネットワークを介して His と相互作用する. この水素結合ネットワークは, プロトンシャトルとして機能する(図 12・4 a). ② ①で生成した亜鉛配位水酸化物イオンが二酸化炭素に対して求核攻撃し, 炭酸水素イオン中間体 [$(His)_3Zn$-OCO_2H] を生成する. ③ ここから炭酸水素イオ

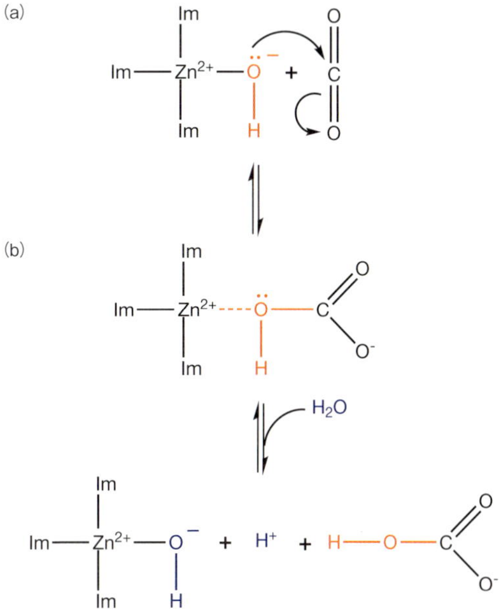

Im = イミダゾール

図 12・4　炭酸脱水酵素のおもな作用機構.

ンが遊離して水に置換することで，触媒サイクルが終了する（図12・4b）．Zn^{2+}の役割を理解するための鍵は，Zn^{2+}の電荷が亜鉛配位水を，Zn^{2+}に配位していない遊離H_2Oよりも酸性にして，中性pHでも求核性のある亜鉛配位水酸化物イオンを発生させることである．

メタロプロテイナーゼ（金属プロテアーゼ）

上記したように，きわめて多くの亜鉛酵素が加水分解反応に関与していて，その多数がペプチド結合の加水分解反応である．具体的な例としては，カルボキシペプチダーゼAおよびBのようなエキソプロテアーゼがあり，これらはタンパク質のC末端にあるアミノ酸を除去する．一方，サーモリシンのようなエンドプロテアーゼは，ポリペプチド鎖の内側にあるペプチド結合を切断する．これらの酵素は類似した活性中心構造をもち（図12・5），Zn^{2+}は二つのHisと一つのGluと結合している．Glu残基は単座または二座配位子として配位している．これら二つのクラスの酵素は，類似の作用機序で反応を触媒していると考えられる．

ウシカルボキシペプチダーゼAは，ミオグロビンやリゾソームについて高分解能結晶構造解析が行われた三つめの酵素である．その活性中心のZn^{2+}は，His69，Glu72，His196および水分子と結合している（図12・5）．亜鉛配位水は，Glu270と直接水素結合している．多くの実験データがあるにもかかわらず，カルボキシペプチダーゼの作用機序には不明な点が多い．現在，図12・6のように二つの反応経路が提唱されている．いわゆる“水主導型経路”（図

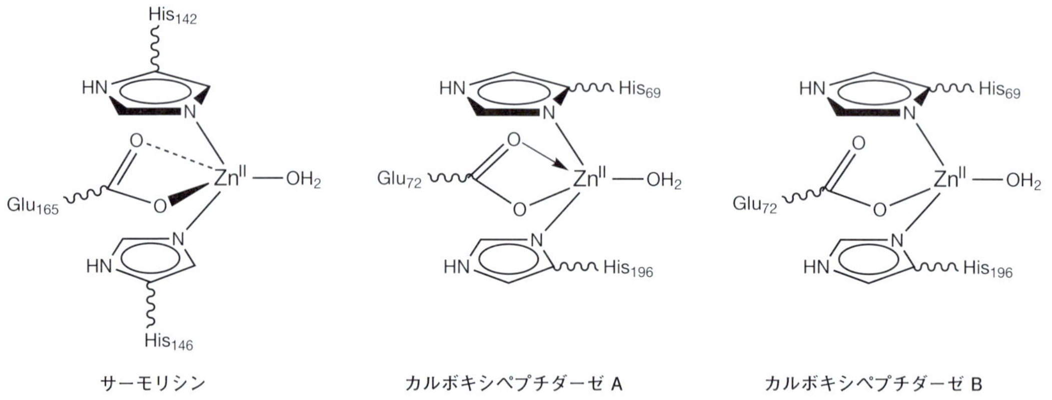

図12・5　サーモリシンとカルボキシペプチダーゼAおよびBの活性中心構造．

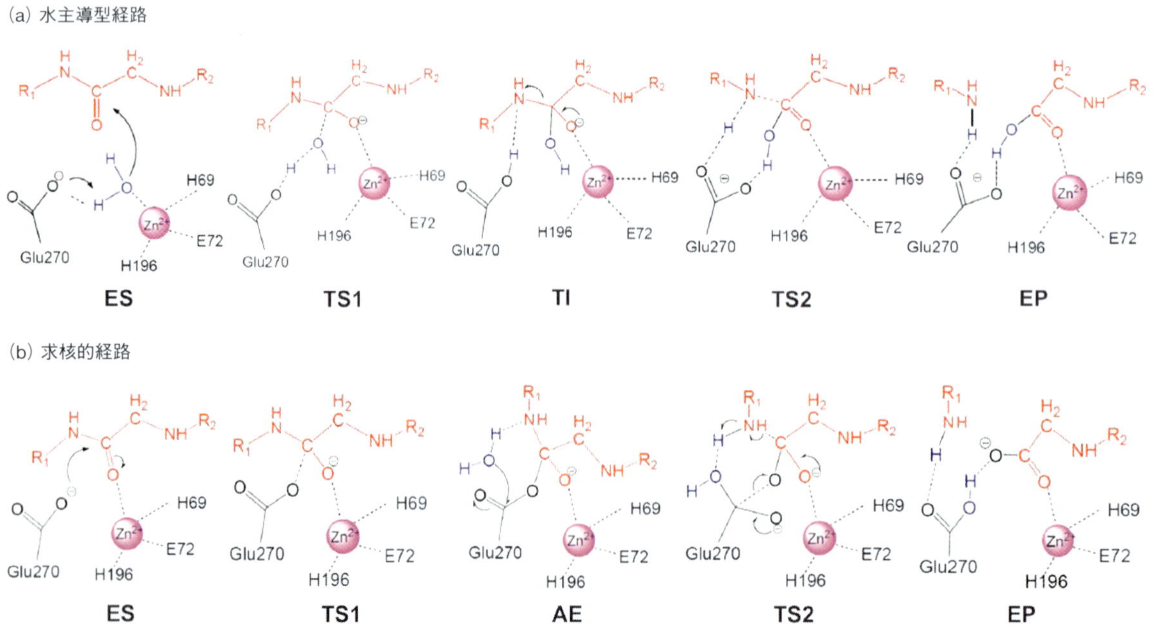

図12・6　カルボキシペプチダーゼAの作用機序に関する二つの可能性．［Wu *et al.*, 2010より］

12・6a)では，Glu270 が二つの役割を果たす．最初の求核付加の段階では一般塩基として機能して，水分子が亜鉛配位水を活性化して切断されるカルボニル炭素へ求核攻撃させ，さらに水からカルボニル酸素へプロトンを移動させる．2 番めの脱離段階では，このプロトンを脱離する窒素原子へ付加するための一般酸として働く．一方，“求核的経路”では(図 12・6b)，Glu270 のカルボキシラート側鎖が切断されるカルボニル炭素へ直接求核攻撃し，アシル-酵素(AE)中間体を生成し，それがすぐに水によって加水分解される．最近のハイブリッド量子力学/分子力学計算によれば，“水主導型経路”の方が優勢である(Wu, Zhang, Xu, Guo, 2010)．

マトリックスメタロプロテイナーゼ(MMP)は，もう一つの重要な亜鉛依存メタロプロテイナーゼであり，メタロプロテイナーゼ metzincin スーパーファミリーの中の一種（一族）である．これらは，おたまじゃくしが蛙への変態に伴って尾がなくなるための必須因子として 1962 年に発見された（Gross, 2004）．MMP は細胞外マトリックス構造の主たる制御因子であり組織の再生，修復，胚形成，血管再生に関与する．それらの制御が適格な場所とタイミングで精密に行われない場合には，関節炎，炎症，がんのような疾病を誘起する可能性がある．ヒトには 23 個の MMP があり，これまでに 13 個の MMP の触媒活性部位の構造が決定されている．活性中心とその周辺の疎水的ポケットを標的とすることで，MMP の選択的な第三世代阻害剤の設計が可能になる．そのことが，異なる MMP を識

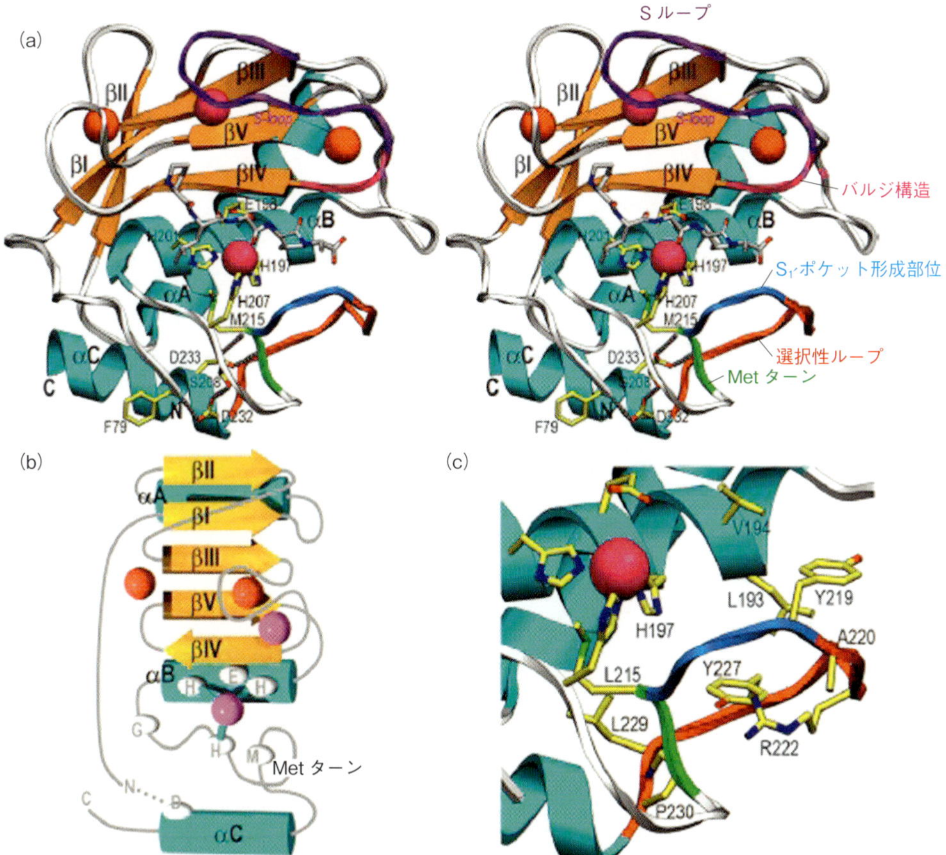

図 12・7　マトリックスメタロプロテイナーゼ(MMP)の触媒活性部位の構造．(a) ヒト MMP-8 の触媒活性部位(Phe79-Gly242) を示すステレオ図 (PDB: 1JAN)．繰返し二次構造（β シート構造，βI 〜 βV をオレンジ色，α ヘリックス構造，αA〜αC を青緑で示す）と四つの陽イオン（二つの Zn^{2+} を濃いピンクで，二つの Ca^{2+} を赤で示す）を示す．C 末端のサブドメイン中で亜鉛に結合している His 側鎖と一般塩基/酸である Glu，Met ターン中の Met，C 末端側のサブドメイン中で重要な電気的相互作用をもつ残基を，棒モデルで示す（炭素を黄色くしている）．報告されている阻害剤構造に基づいて，Pro-Leu-Gly-Leu-Ala 配列をもつ基質を棒モデルで示している（炭素を灰色にしている）．関連する残基をそのほかの色で示している（Met ターンを緑，選択性を示すループを赤，$S_{1'}$ ポケットを形成している部位を青，S ループを紫で，バルジ構造を濃いピンクで示す）．(b) MMP-8 の幾何学的特徴を(a)と同様の角度から表したもの．(c) (a)の拡大図．亜鉛結合部位の基質選択性を示すポケットを構成するアミノ酸を記載している．[Tallant, Marrero, Gomis-Rüth, 2010 より．Elsevier の許可を得て転載．©2010]

別できず，臨床試験に失敗した第一，第二世代の阻害剤とは異なる点である．

metzincin スーパーファミリーに共通する構造，特にヒト MMP-8 の触媒活性部位（Phe79-Gly242）（PDB：1JAN）を図 12・7 に示す．繰返し二次構造（β シート構造，βI～βV をオレンジ色，α ヘリックス構造，αA～αC を青緑色で示す），四つの陽イオン（二つの Zn^{2+} を濃いピンク，二つの Ca^{2+} を赤で示す），亜鉛に配位する His，一般塩基/酸として機能する Glu，Met ターン内の Met，および重要な電気的相互作用をもつ残基を示す．触媒反応機構は，サーモリシンやカルボキシペプチダーゼの研究を基にすると，図 12・8 のように考えられる．一般塩基/酸であるグルタミン酸と亜鉛によって溶媒分子が活性化され，中性付近の pH において切断されるペプチド結合へ触媒的に求核攻撃する．この反応が進行するためには，基質と結合してミカエリス複合体を生成する必要がある（図 12・8）．このとき基質は，酵素活性中心の $S_{1'}$ ポケットの内壁を形成する部分とバルジ（膨らんでいる）部分にはさまれた溝と（図 12・8 の I. ミカエリス複合体の右側），側鎖 βIV によってできている上部の溝（図 12・8 の I の左側）を通過しながら，伸びた状態で酵素と複合体を生成する．切断されるカルボニル基が Zn^{2+} へ配位するため，Zn^{2+} は亜鉛結合配列中に含まれる His および溶媒分子も含めて 5 配位になっている．Glu は水からプロトンを引き抜いて水酸化物イオンを生成させ，これが基質のカルボニル炭素へ攻撃して四面体中間体を生成する．この四面体中間体は二座配位

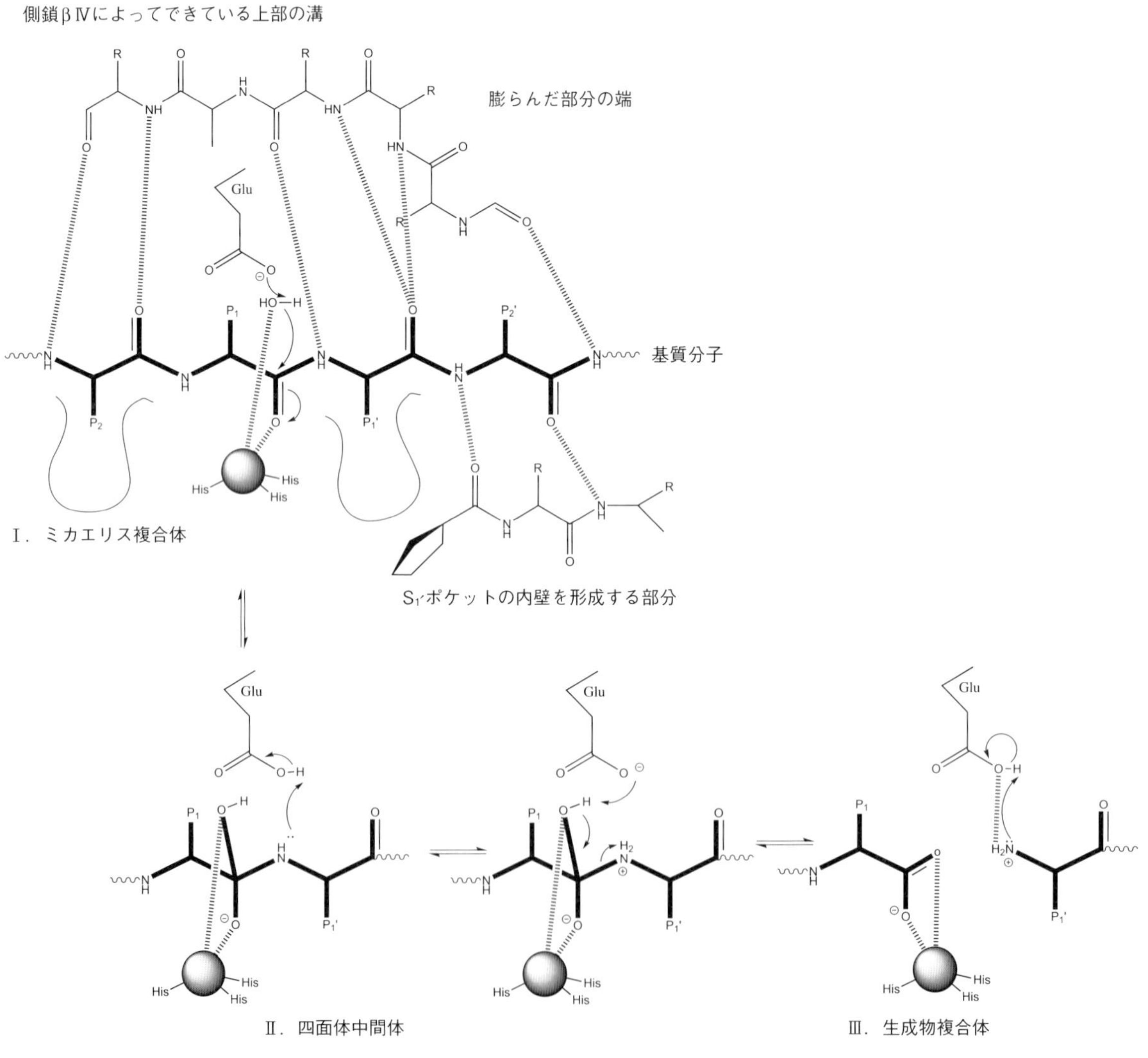

図 12・8　マトリックスメタロプロテイナーゼ(MMP)の触媒反応機構．触媒となる亜鉛イオンを球で，水素結合を点線で，三つの His 残基を棒で示す．2 番めのプロトンが，一般塩基/酸である Glu を介在せずに，*gem*-ジオラートから脱離するアミンへ直接移動する機構が，もう一つの可能性として考えられる．プロトン移動は，アミド結合切断の前か後で起こる可能性がある．［Tallant *et al.*, 2010 より］

子として Zu^{2+} へ相互作用し，そのヒドロキシ基の一つが，亜鉛上の配位水があったところへ配位する．Glu は一般酸触媒として機能し，溶媒から受け取ったプロトンを，切断されるアミドの窒素原子へ供給して第二級アンモニウムイオンを与える．

アルコールデヒドロゲナーゼ

アルコールデヒドロゲナーゼ(ADH)は，第一級および第二級アルコールから NAD^+ へのヒドリド陰イオンの移動およびプロトン放出を起こし，対応するアルデヒドまたはケトンへの酸化を触媒する．

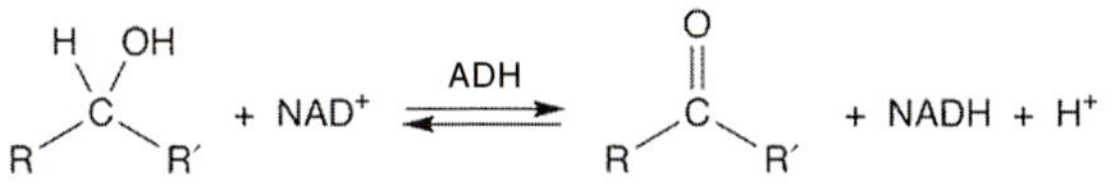

これらは，短および中程度の長さをもつデヒドロゲナーゼ/レダクターゼに含まれ，それらは 82 および 25 遺伝子に対応する非常に大きいファミリーを構成している．SDR (short-chain dehydrogenase/reductase，短鎖型脱水素/還元酵素）ファミリーに属する酵素によって触媒される反応を図 12・9 にまとめた．最もよく研究されているのは，ヒト肝臓のアルコールデヒドロゲナーゼである．それらは二量体構造をもち，それぞれのサブユニットが二つの Zn^{2+} と結合していて，その一つが触媒因子である．この触媒的 Zn^{2+} はひずんだ四面体構造をもち，一つの His と二つの Cys と配位結合している．触媒因子ではない Zn^{2+} は構造を安定化させる役割をもち，四つのシステインと結合して四面体構造をもっている．触媒サイクルの重要な点を図 12・10 に示す．NAD^+ と結合した後，亜鉛配位水が亜鉛イオンから外れてアルコール基質に置換される．アルコールの脱プロトンによって亜鉛-アルコキシド中間体が発生

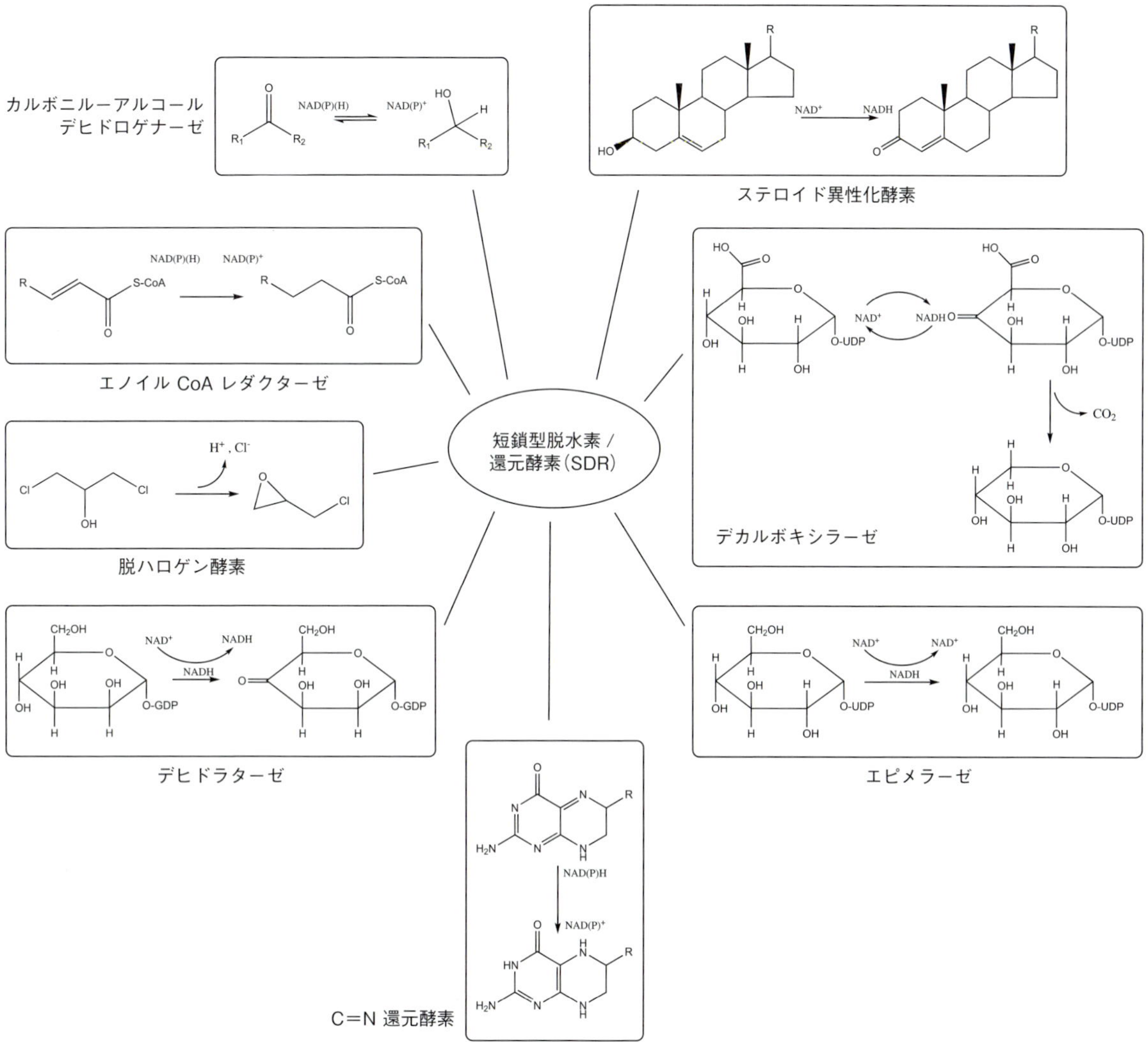

図 12・9　短鎖型脱水素/還元酵素(SDR)による触媒反応．［Kavanagh, Örnvall, Persson, Oppermann, 2008 より］

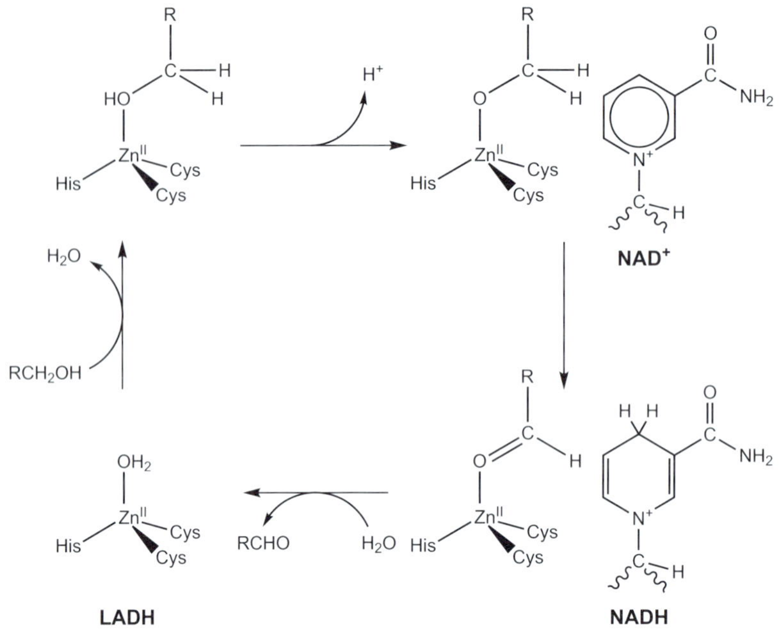

図12・10　肝アルコールデヒドロゲナーゼのおもな触媒サイクル．［Parkin, 2004より］

し，ヒドリドがNAD^+へ転位することによって亜鉛に配位したアルデヒドとNADHが生成する．その後水分子がアルデヒドと置換して最初の亜鉛中心が再生され，NADHが遊離して触媒サイクルが終了する．

したがって，脱水素反応における亜鉛イオンの役割は，アルコールの脱プロトンによって，亜鉛-アルコキシド中間体からのヒドリド転位を加速することである．一方，その逆反応である水素付加（還元）反応では，カルボニル炭素の求電子性を増大することが亜鉛の役割である．アルコールデヒドロゲナーゼは厳密な立体選択性をもっている．これは，基質が3点認識されることによって（図12・11），エタノール中の二つのプロキラルなメチレン水素を認識できるからである．

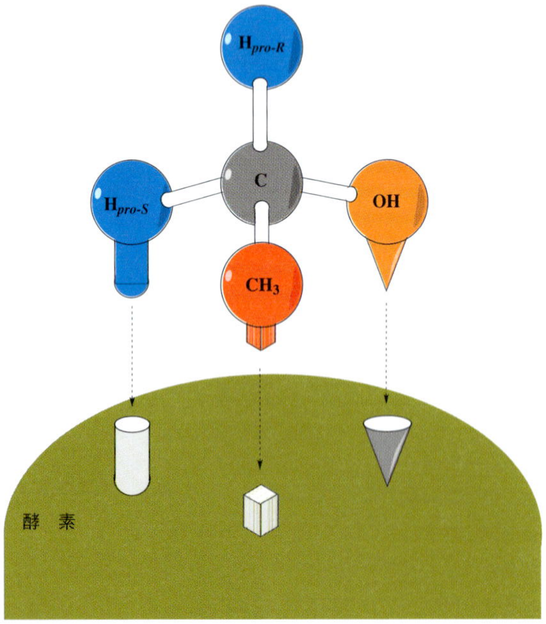

図12・11　プロキラルな中心炭素に結合した官能基が選択的に酵素の結合部位と結合することにより，エタノール中の二つのプロキラルなメチレン水素が識別される．［Voet, Voet, 2004より］

そのほかの単核亜鉛酵素

ここまで，リアーゼ，加水分解酵素，酸化還元酵素の機能の多様性について述べてきた．そのほかの酵素では，異なる亜鉛の配位様式を見いだすことができる（図12・12）．その例としては，バクテリオファージT7のリゾチーム中がもつ$[(His)_2(Cys)Zn^{2+}\text{-}OH_2]$や，5-アミノレブリン酸デヒドラターゼ（ポルホビリノーゲンシンターゼ）にある$[(Cys)_3Zn^{2+}\text{-}OH_2]$がある．後者は5-アミノレブリン酸2分子を縮合してポルフィリン（ヘム，クロロフィル，コバラミン）のピロール前駆体を合成する．この酵素が鉛イ

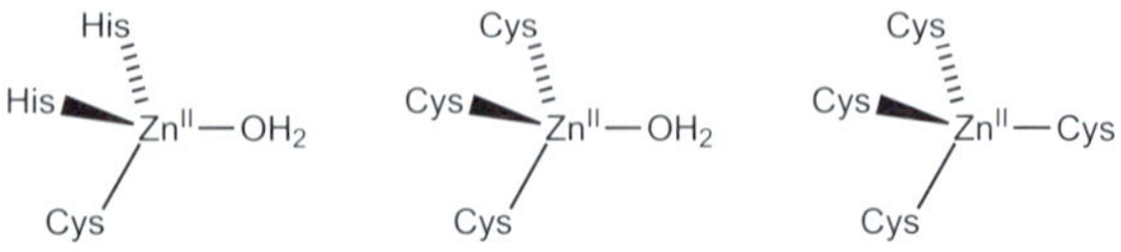

図12・12　そのほかの単核亜鉛酵素にみられる活性中心の配位構造．左から，バクテリオファージT7リゾチーム，5-アミノレブリン酸デヒドロゲナーゼ，Ada DNA修復タンパク質．［Parkin, 2004より］

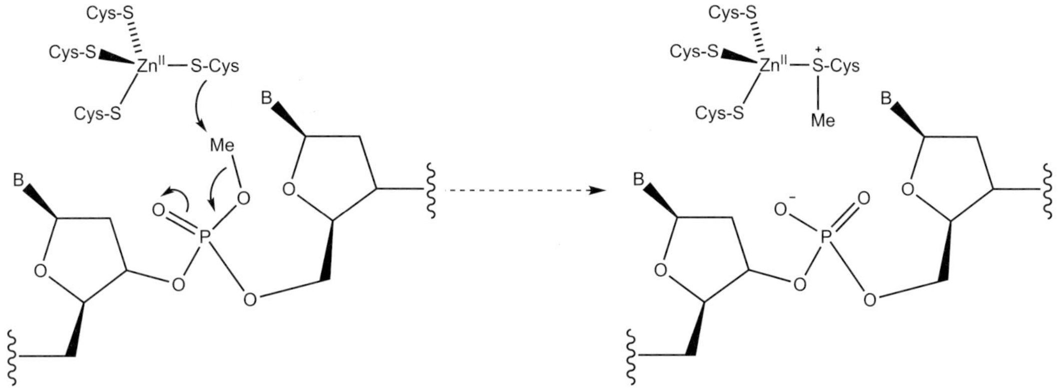

図 12・13 Ada DNA 修復タンパク質の亜鉛に配位したシステインのチオラートによる犠牲的アルキル化による DNA 損傷の修復.［Parkin, 2004 より］

オン(Pb^{2+})によって阻害されると鉛中毒の原因となる（第23章参照).

四面体構造をもつ構造因子である亜鉛イオンは，多くのタンパク質中でシステイン残基によって配位されていて，その典型的な例が肝アルコールデヒドロゲナーゼ中の[$(Cys)_4Zn^{2+}$]である．四面体構造の“無水”的亜鉛をもっている亜鉛タンパク質と亜鉛酵素が見いだされており，亜鉛配位水よりも亜鉛配位チオラートの活性が重要である．最初に発見されたのはAda DNA修復タンパク質であり(図12・12)，このタンパク質は[$(Cys)_4Zn^{2+}$]モチーフをもち，メチル化損傷を受けたDNAを修復する．Ada DNA修復タンパク質は，その中の亜鉛に配位したシステインのチオラートの一つが，犠牲的にアルキル化されることによってDNA損傷を修復する（図12・13)．Ada DNA修復タンパクは酵素としてではなく，試薬として機能する（したがってDNA修復タンパク質とよばれる)．そのほかに亜鉛配位システインチオラートが反応するタンパク質としては，メチオニンシンターゼやファルネシルおよびゲラニルゲラニルトランスフェラーゼがある．後者はそれぞれ，ファルネシル基やゲラニルゲラニル基の標的タンパクへの付加を行う．

12・3 複核および共触媒亜鉛酵素

亜鉛酵素には，最大活性を発揮するために二つ以上の金属イオンを必要とするものが多いが，X線結晶構造データがないために，相対的な位置が不明なものが多かった．最初の三次元的構造が明らかになると，金属が近接していることが明らかになった．それらの酵素の多くのおもな特徴は，二つの金属イオンを架橋する配位子が存在することであり，その多くはタンパク質のAspであり，しばしば水分子によって置換されている．いくつかの活性中心はZn^{2+}だけを含んでいるが，いくつかはCu(細胞質内スーパーオキシドジスムターゼ)，Fe(パープル酸性ホスファターゼ)，Mg(アルカリホスファターゼ)を含んでいる．

Cu/Zn スーパーオキシドジスムターゼについては，第14章でさらに詳しく記述する．ここでは，この酵素では二つの金属を脱プロトンしたHisが架橋していることと，亜鉛イオンは構造因子とルイス酸として機能していること，そして銅イオンが酸化還元反応を触媒していることを指摘しておく．亜鉛イオンの重要性は，第21章で紹介するように，亜鉛欠損酵素が散発性および家族性神経変性疾患や筋萎縮性側索硬化症に関与していると考えられる．

β-ラクタム系抗生物質（ペニシリン系抗生物質の中の必須構造）に耐性を示す細菌は，亜鉛依存β-ラクタマーゼを発現している．亜鉛依存β-ラクタマーゼについては近年記述されるようになっており，病原体がこの酵素を発現していて，これらの酵素は幅広い活性スペクトルをもち，ペニシリンやセファロスポリンだけでなく，カルバペネムの四員環β-ラクタムをも開裂する．三つのメタロβ-ラクタマーゼの構造が明らかになり（B1, B2, B3)，それらすべてが二つのZn^{2+}をもつことがわかった（図12・14)．B1酵素中では，一つのZn^{2+}が[$(His)_3Zn^{II}(\mu\text{-}OH)$]モチーフ中で四面体構造をもっており，その中の$OH^-$がもう一つの$Zn^{2+}$とを架橋している．二つめの$Zn^{2+}$は[$(His)(Asp)(Cys)Zn^{2+}(OH_2)(\mu\text{-}OH)$]モチーフ中で三方両錐体型構造をもっている．B3ファミリーは，B1酵素と同様“ヒスチジン”部位をもっている一方，二つめのZn^{2+}は二つのHisと一つのAspと配位結合している．CysはSerに置換され，亜鉛とは相互作用しない．B1およびB3 β-ラクタマーゼは二つの亜鉛部位が埋まることで最大活性を発揮する一方，B2 β-ラクタマーゼは一つの亜鉛部位が占有されるだけで活性が最大になり，二つめの亜鉛が入ると酵素活性が阻害される．EXAFSとX線結晶構造解析によって，最初の亜鉛部位はCys部位であることが明らかになった．β-ラクタマーゼの反応機構は不明であるが，上記したカ

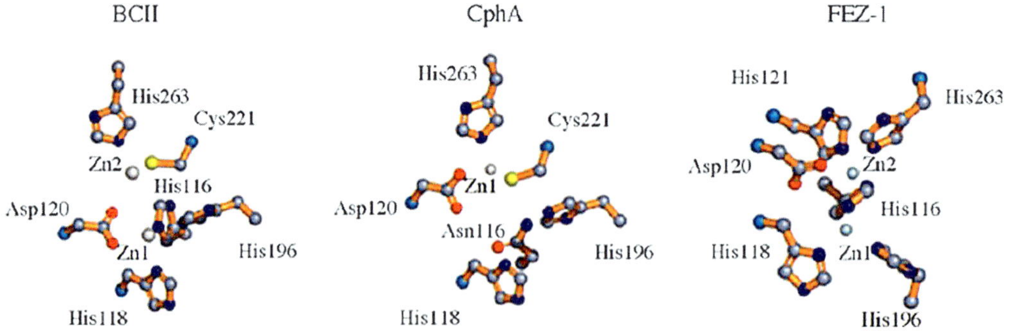

図 12・14　β-ラクタマーゼ B1（*B. cereus* 由来の BCⅡ），B2（*A. hydrophila* 由来の CphA），B3（*L. gormanii* 由来の FEZ1）の亜鉛結合部位．［Bebrone, 2007 より．Elsevier の許可を得て転載．©2007］

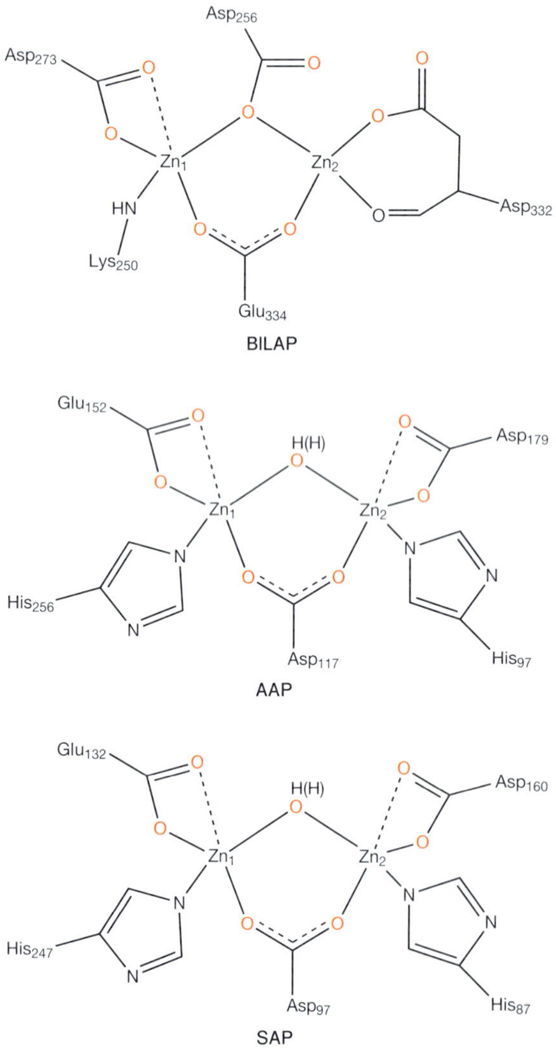

図 12・15　結晶構造に基づくロイシンアミノペプチダーゼ BlLAP（PDB：1LAM），AAP（PDB：1AMP），SAP（PDB：1CP7）の活性中心．［Holz, Bzymek, Swierczek, 2003 より］

ルボキシペプチダーゼと類似していると考えられていて，一つめの Zn^{2+} は触媒亜鉛としての特徴をもっており，二つめの亜鉛の役割はわかっていない．

アミノペプチダーゼはカルボキシペプチダーゼと対照をなし，N 末端アミノ酸を取除く．しかし，カルボキシペプチダーゼと異なり，二つの亜鉛部位をもっている．この酵素は二つのグループに分類され，一つめにはウシの水晶体のロイシンアミノペプチダーゼ（BlLAP）があり，二つめには *Aeromonas proteolytica* のロイシンアミノペプチダーゼ（AAP）と *Streptomyces griseus* のロイシンアミノペプチダーゼ（SAP）が含まれる（図 12・15）．AAP 酵素の作用機序はよく研究されていて，メタロペプチダーゼによる触媒的ペプチド加水分解の一般的な反応機構であると考えられる．

一般に提唱されている反応機構を図 12・16 に示す．反応場へ進入してきたカルボニル酸素が亜鉛イオンへ配位し，その亜鉛イオンによってカルボニル基の分極が増大して求核攻撃されやすくなる．そして二つの亜鉛イオンを架橋する水（水酸化物イオン）が末端で Zn1 へ配位する．おそらく Zn_2-OH(H) の切断は，アミノペプチダーゼでは N 末端のアミノ基が，またカルボキシペプチダーゼでは C 末端のカルボキシラートが Zn2 に配位して基質を的確に配置させることによって加速される．次に，活性部位付近に存在するグルタミン酸残基（またはヒスチジン）が，水分子の脱プロトンを補助して求核性の高いヒドロキシドを生成する．これは，カルボキシペプチダーゼ A の Glu270 の役割と同様である．いったん金属配位水酸化物イオンが生成したら，活性化されたカルボニル炭素へ攻撃し，*gem*-ジオール中間体を生成し，その二つの酸素原子が二つの亜鉛イオンへ架橋することによって安定化される．アミド窒素も，水素結合によって安定化されて脱離基として機能する．この水素結合は遷移状態の分解も加速する．活性中心にあるグルタミン酸（ヒスチジン）は，さらにもう一つのプロトンを2番めのアミノ窒素へ付加してイオン化状態へ変換する．最後に，共触媒亜鉛部位から切断されたペプチドが放出され，二つの金属を架橋する水が供与される．このように二つの金属イオンが最大酵素活性に必要であるが，それぞれの役割は大きく異なる．

リン酸エステルの加水分解を触媒するいくつかの亜鉛酵素では，触媒部位に近接した三つの金属イオンがある．この酵素群には，アルカリホスファターゼ，ホスホリパーゼC，ヌクレアーゼP1が含まれ，ホスホリパーゼC，ヌクレアーゼP1では三つすべてがZn^{2+}である（図12・17）．

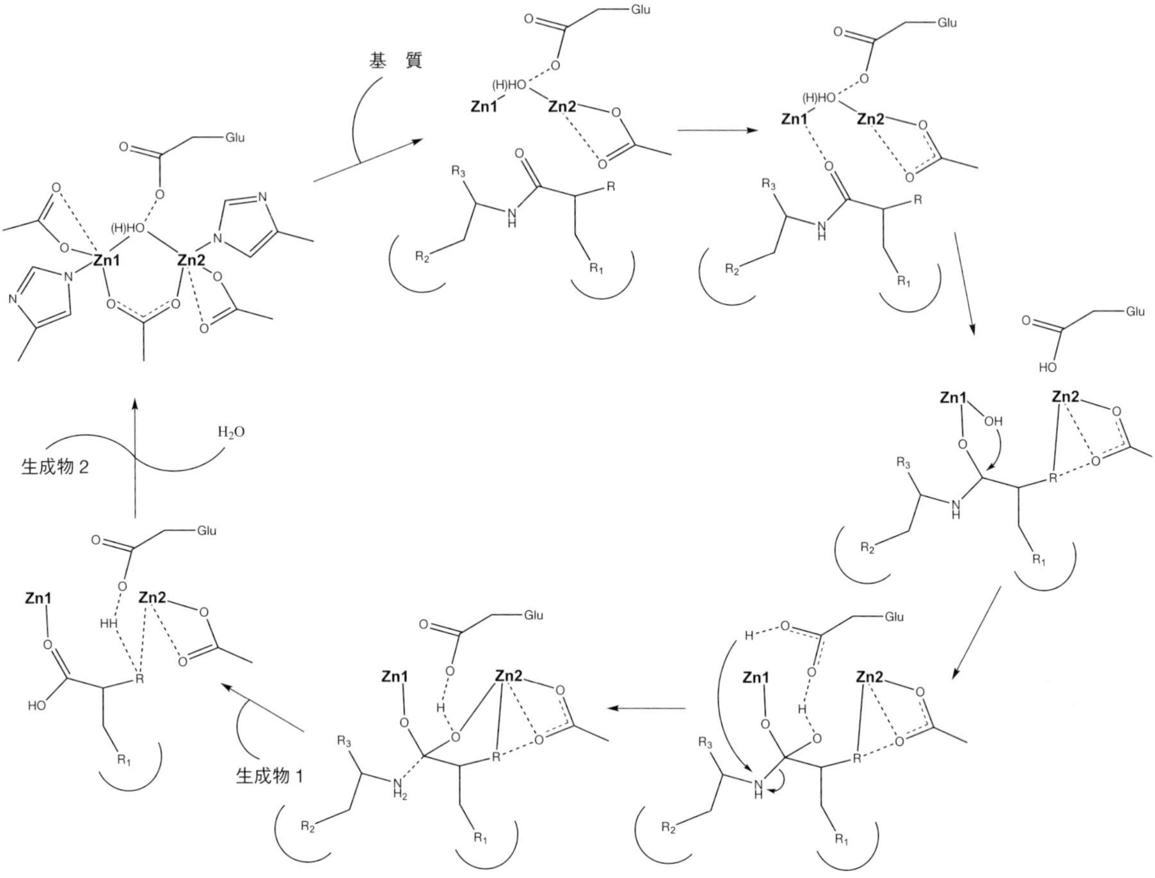

図12・16　共触媒活性中心をもつメタロペプチダーゼによるペプチド加水分解の一般的反応機構．R1, R2, R3は基質の側鎖，RはN末端アミンまたはC末端カルボン酸を示す．本反応機構は*Aeromonas proteolytica*のアミノペプチダーゼの反応機構に基づく．［Holz *et al.*, 2003より］

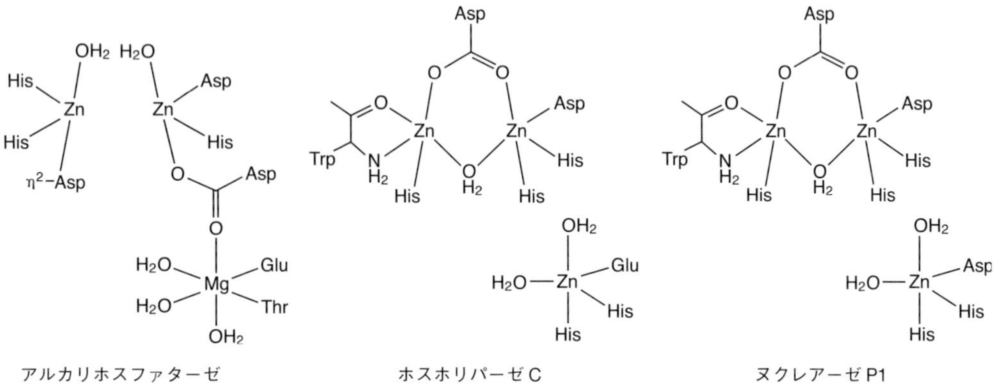

図12・17　三核亜鉛酵素の金属配位構造．［Parkin, 2004より］

しかし，三つめのZn^{2+}は他の二つのZn^{2+}から少し離れていて，三つのZn^{2+}はすべて5配位である．アルカリホスファターゼの構造はホスホリパーゼC，ヌクレアーゼP1に類似しているが，三つめの金属イオンはMg^{2+}である．Zn^{2+}部位の一つは，6配位構造をもつMg^{2+}とAsp配位子を共有している．

最後に，パープル酸性ホスファターゼについて述べる．この酵素は，アルカリホスファターゼと違い，酸性pHでリン酸エステルを加水分解する．この酵素の紫色は，TyrからFe^{3+}への電荷移動に基づいている．哺乳類のパープル酸性ホスファターゼは二核のFe^{II}–Fe^{III}酵素であるが，インゲンマメパープル酸性ホスファターゼはZn^{II}とFe^{III}をもち，水酸化物イオンとAspによって架橋されている（図12・18）．Fe^{III}は末端のヒドロキシド配位子をもつ一方，

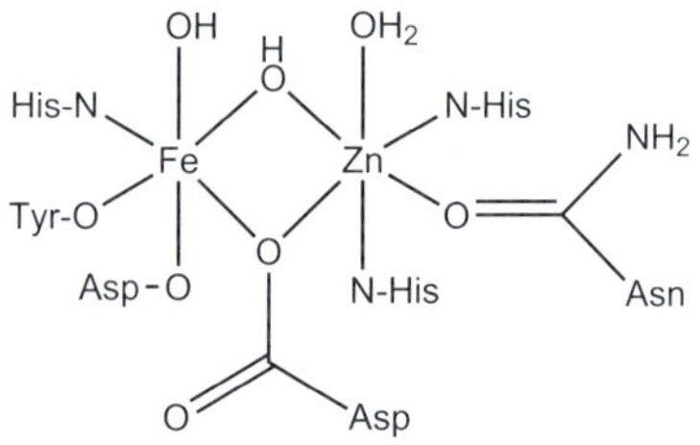

図12・18　インゲンマメパープル酸性ホスファターゼの二核亜鉛部位の配位構造．［Parkin, 2004 より］

Zn^{II}は水を配位子としている．ここでは反応機構について述べないが，この酵素ではアルカリホスファターゼと大きく異なり，リン原子の立体化学の反転を伴って加水分解が進行する（図12・18）．

12・4　亜鉛フィンガーのDNA，RNA結合モチーフ

Aaron Klugがツメガエルの転写因子ⅢA（TFⅢA）（5S rRNA遺伝子に結合する）の中に，真核生物のDNAに結合するモチーフを発見した．DNAとDNA結合モチーフの複合体は，さらに別の二つの転写因子とRNAポリメラーゼⅢに結合し，5S rRNA遺伝子の転写を開始する．TFⅢAは九つの類似した約30残基の直列繰返しモジュールをもつ．それらのモジュールは二つのCys残基と二つのHis残基，保存性の高い疎水性残基およびZn^{2+}を普遍的に含んでいて，Zn^{2+}はCysとHisとの四面体4配位構造をもっている（図12・19）．これら，いわゆるCys_2–His_2亜鉛フィンガー（ジンクフィンガーともいう．Klug, Rhodes, 1987）は，真核生物の転写因子中では2～37回繰返される．いくつかの亜鉛フィンガーでは，His残基はCysに置換されており（Cys_2–Cys_2亜鉛フィンガー），なかには六つのCysが二つのZn^{2+}へ結合しているものもある（二核Cys_6亜鉛フィンガー）．構造の多様性が亜鉛フィンガーの特徴である．亜鉛により比較的コンパクトな球形のDNA結合ドメインが形成されるため，他のタンパク質のようにはるかに大きな疎水性コアを必要としない．亜鉛フィンガーはスーパーファミリーを構成していて，哺乳類のタンパク質の約1%に匹敵する．亜鉛フィンガーによるDNA二本鎖の認識はよくわかっている．これまでに単離されたCys_2–His_2亜鉛フィンガーは，βターンでつながった二つのβ鎖をもち，その後にαヘリックスとがつながっていて，これらが四面体型配位構造をもつZn^{2+}によって固定されている（図12・19右）．そしてこの亜鉛フィンガーは，DNA中で連

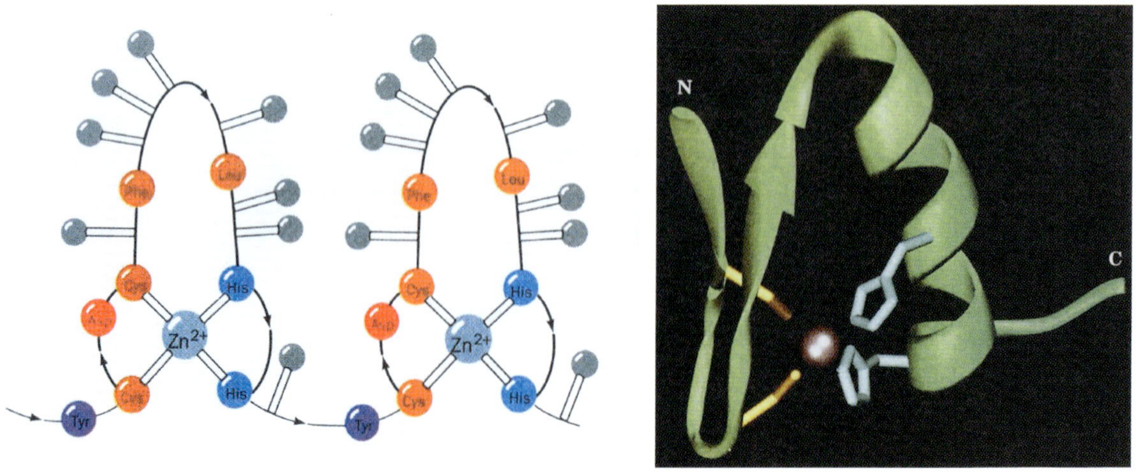

図12・19　（左）亜鉛フィンガーの直列繰返し構造の模式図（Zn^{2+}は4配位構造をもつ）．（右）亜鉛フィンガー単体のリボン表示．

続する3〜4塩基配列をカバーする．複数の亜鉛フィンガーはDNAの主溝の核酸塩基と複数の相互作用をもつことによって，右手で覆うようにDNA二本鎖を認識する．このとき，αへリックス中の−1，+2，+3および+6位のアミノ酸側鎖との間でDNAと相互作用する．

これまでに観測されたなかでは，Argとグアノシンの間，Aspとアデノシンおよびシトシンの間，Leuとチミジン間に強い親和性がみられる．しかしながら，これらの法則性は見いだされていない(特定のDNA配列に対する亜鉛フィンガーのアミノ酸配列は決まっていない)．

ツメガエルの転写因子ⅢAは，5S rRNA遺伝子発現のために必須なRNAポリメラーゼ転写因子として機能するだけでなく，5S rRNAに結合して7Sリボ核タンパク質粒子を形成し，RNAをリボソーム集積および5S rRNAの核からの放出まで安定化させている．実際，このタンパク質(TFⅢA)は，転写因子として認識される以前は，ツメガエルの卵母細胞中の7S粒子中で5S rRNAとの結合タンパクとして見いだされた．それでは，TFⅢAは5S rRNA遺伝子のDNA配列を認識するだけでなく，5S rRNA中の異なる配列も認識するだろうか．

生化学的およびX線結晶構造データの結果では，TFⅢAが5S rRNA遺伝子制御配列を認識するときには，九つの亜鉛フィンガーのうち，4番めと6番めのフィンガー以外のすべてを用いる（図12・20a)．

亜鉛フィンガー1〜3は“ボックスC”配列中の10塩基対を認識して，DNAの主溝を覆うように結合する（図12・20a)．フィンガー5は“中間因子(intermediate element, IE)”配列の3塩基対に結合する．フィンガー4と6は離れた配列を認識するため，DNAと結合しないスペーサーである．そして，フィンガー7〜9は“ボックスA”配列に存在する11塩基対を認識する．

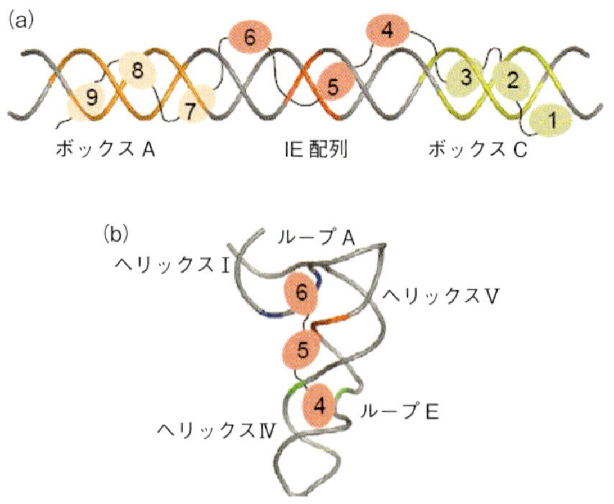

図12・20 (a) TFⅢAは5S rRNAプロモーター配列へ結合する．そのとき，亜鉛フィンガー1〜3, 5, 7〜9を使ってそれぞれボックスC(緑)，IE配列(赤)，ボックスA(オレンジ色)を認識する．(b) 亜鉛フィンガー4〜6を用いたTFⅢAの5S rRNAプロモーター配列認識．亜鉛フィンガー4はループEに，亜鉛フィンガー5はヘリックスⅤの主骨格に，フィンガー6はループA中の配列に結合する．[Hall, 2005より．Elsevierの許可を得て転載．©2005]

このように鮮やかな手法を用いることによって，Klugと共同研究者たちは，亜鉛フィンガー4〜6を認識する5S rRNA部分構造を設計した（図12・20b)．その結果得られたX線結晶構造解析から，フィンガー4がループEの塩基配列へ結合し，フィンガー5がヘリックスⅤの母骨格に，フィンガー6がループAに結合することが明らかになった．これらの三つの亜鉛フィンガーはDNAおよび

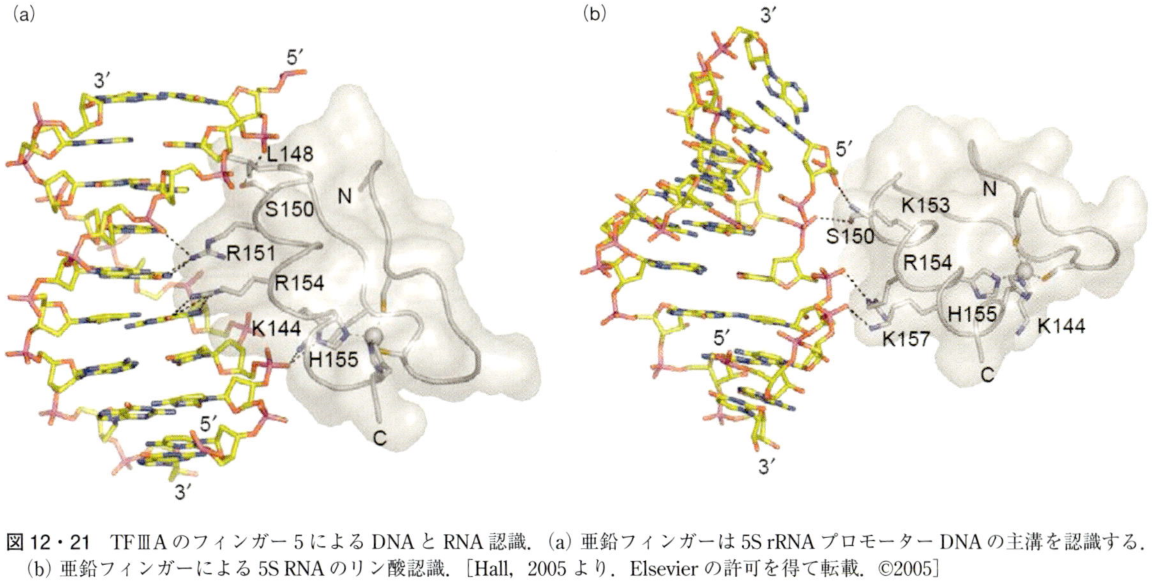

図12・21 TFⅢAのフィンガー5によるDNAとRNA認識．(a) 亜鉛フィンガーは5S rRNAプロモーターDNAの主溝を認識する．(b) 亜鉛フィンガーによる5S RNAのリン酸認識．[Hall, 2005より．Elsevierの許可を得て転載．©2005]

RNAの同じ塩基配列を認識するものの，結合の仕方は異なっていた．図12・21に，三つの亜鉛フィンガーによるDNAとRNAの認識の違いを示す．フィンガー5は，5S rRNAプロモーターDNAおよびRNAとの複合体において，DNAとRNAの両方に結合する．しかし，DNAとの複合体中ではおもに主溝と結合してDNA塩基と特異的な相互作用をもつ（たとえば，Leu148はDNA中のチミン塩基と相互作用するが，RNA複合体中では核酸塩基と直接相互作用せず，5S rRNA中のリン酸ジエステル部分と相互作用する）．フィンガー5の，Ser150，Lys144，Arg154，His155のようなアミノ酸残基はRNAとDNAどちらとも結合するものの，認識する場所は異なる．このことは，フィンガー4中ではHisがグアノシンとおそらくもう一つのグアノシンとも相互作用し，フィンガー6ではTrpがアデノシンとスタッキングしているのとは好対照である．

文 献

Auld, D.S. (2001). Zinc coordination sphere in biochemical zinc sites. *BioMetals, 14*, 271–313.

Bebrone, C. (2007). Metallo-beta-lactamases (classification, activity, genetic organization, structure, zinc coordination) and their superfamily. *Biochemical Pharmacology, 74*, 1686–1701.

Brown, R.S. (2005). Zinc finger proteins: getting a grip on RNA. *Current Opinion in Chemical Biology, 15*, 94–98.

Gross, J. (2004). How tadpoles lose their tails: path to discovery of the first matrix metalloproteinase. *Matrix Biol, 23*, 3–13.

Hall, T.M. (2005). Multiple modes of RNA recognition by zinc finger proteins. *Current Opinion in Chemical Biology, 15*, 367–373.

Holz, R.C., Bzymek, K.P., & Swierczek, S.I. (2003). Co-catalytic metallopeptidases as pharmaceutical targets. *Current Opinion in Chemical Biology, 7*, 197–206.

Kavanagh, K.L., Jörnvall, H., Persson, B., & Oppermann, U. (2008). Medium- and short-chain dehydrogenase/reductase gene and protein families: the SDR superfamily: functional and structural diversity within a family of metabolic and regulatory enzymes. *Cellular and Molecular Life Sciences, 65*, 3895–3906.

Klug, A., & Rhodes, D. (1987). 'Zinc fingers': a novel protein motif for nucleic acid recignition. *TIBS, 12*, 464–469.

McCall, K.A., Huang, C.-C., & Fierke, C.A. (2000). Function and mechanism of zinc metalloenzymes. *Journal of Nutrition, 130*, 1437S–1446S.

Parkin, G. (2004). Synthetic analogues relevant to the structure and function of zinc enzymes. *Chemical Reviews, 104*, 699–767.

Tallant, C., Marrero, A., & Gomis-Rüth, F.X. (2010). Matrix metalloproteinases: fold and function of their catalytic domains. *Biochimica et Biophysica Acta, 1803*, 20–28.

Voet, D., & Voet, J.G. (2004). *Biochemistry* (3rd ed). New York, Chichester: John Wiley and Sons, p. 1360.

Wu, S., Zhang, C., Xu, D., & Guo, H. (2010). Catalysis of carboxypeptidase A: promoted-water versus nucleophilic pathways. *Journal of Physical Chemistry B, 114*, 9259–9267.

第13章

鉄　ほとんどすべての生物にとって必要不可欠なもの

金は夫人のもの，銀はメイドのもの，銅は商いでずるしている職人のものである．“よろしい！ だが鉄は，冷たい鉄は，それらすべての支配者なのである．”と男爵は邸宅で腰掛けて言った．(Rudyard Kipling, “Cold Iron” より)

13・1 はじめに

人類の先史時代は，便宜的に**石器時代**，**青銅器時代**，そして**鉄器時代**の連続した三つの時代に分けることができ，それらは道具や武器がつくられた材料によって名づけられている．石器時代は，約250万年前にサハラ砂漠の南の地域で道具や武器を石から作った人間の進化とともに始まった．気候が穏やかになるにつれて，旧石器時代の狩猟採集による遊牧的な生活スタイルが，新石器時代の農耕による定住するスタイルに変化していった．その後，金属（初期には銅）を使って道具や武器が作られるようになり，石器時代は青銅器時代に取って代わられた．銅を用いた生活は，紀元前4000年から3000年にかけてアナトリアからメソポタミア，中東にまで広がっていった．本当の意味での青銅（銅とスズの合金）は，当時はごくまれであったが，紀元前2000年ごろまでにはさまざまなものに使用されるようになった．また，車輪や牛引き鋤のような重要な発明がなされたことも青銅器時代の特徴である．しかし，加熱技術の向上と先進的な金属である鉄の出現によって，青銅器時代は紀元前1200年ごろまでには幕を下ろすこととなった．かくして鉄器時代が始まり，道具や武器は青銅製から鉄製に変わった．これは，鉄が少量の炭素と合金を作ると（0.2～0.8%，鉄鉱石から鉄を取出すときに使う石炭から吸収する）青銅より2倍以上硬くなり，尖った刃を保つことができるためである．19世紀半ばに鋼鉄に取って代わられるまでの3000年以上の間，鉄はヨーロッパ，アジア，アフリカの文明を支える物質であった．しかし，石器時代や青銅器時代の遺物はたくさんあるが，鉄器時代の遺物は鉄が酸素や水に弱いためほとんどない（さびは，歴史的な遺物を保存するうえであまり好ましくない！）．

この章では，鉄の生化学に関して鉄を含む酵素を例に取上げて解説する．すべての生物にとって鉄の生化学的な重要性を過小評価できないことは，次の三つの簡単な事例によって理解することができる．大腸菌(*E. coli*)は，鉄を取込むためにおよそ50種類の遺伝子を備えている．これらの遺伝子は6種類の異なるシデロフォアを介するFe^{3+}輸送システム，クエン酸鉄から鉄を取込むシステム，およびFe^{2+}輸送システムのためのものである．しかし，大腸菌はエンテロバクチンというシデロフォアのみを合成する（第7章参照）．また，湖で藻類が大量発生するとき，大量発生をひき起こすかどうかを決める藻類に備わっている要因は，鉄とキレートを形成する能力の大きさである．そして，臨床医が哺乳動物の腫瘍の増殖力を予測しようとするときには，鉄の取込みひいては細胞の成長と分裂に欠くことができないトランスフェリン受容体の量を測定することである．

13・2 鉄の化学

鉄（原子番号26）は，地球の地殻に4番めに多く存在する元素であり，アルミニウムにつぐ2番めに多い金属である．鉄は，第一遷移元素系列の真ん中あたりにあり，さまざまな酸化状態(−2価から+6価)をとることができる．

おもには二価(d^6)と三価(d^5)で存在するが，多くの鉄を含むモノオキシゲナーゼでは，その酵素反応中に四価や五価の反応中間体を生成している．生体内で鉄が優れた触媒になれるのは，Fe^{II}/Fe^{III}の酸化還元電位を柔軟に変化させることができるためである．酸化還元電位は，約−0.5 V から約+0.6 V の生化学的に重要な範囲が含まれるように配位子によって微調整することができる．

Fe^{3+}は水にほとんど溶けず（$K_{sp}=10^{-39}$であり，pH=7 で$[Fe^{3+}]=10^{-18}$），水中でFe^{3+}がある程度の濃度になるには，強い錯体生成をするしかない．一方これとは対照的に，Fe^{2+}は水によく溶ける．第2章で示したように，Fe^{3+}はイオン半径が 0.067 nm であり，3+の電荷があるためハードな酸である．したがって，Fe^{3+}はイミダゾールやチオラートよりフェノラートやカルボキシラートのような“ハードな”酸素原子をもつ配位子を好む．逆にFe^{2+}は，“ハード酸”と“ソフト酸”の中間にあり，酸素由来の“ハードな配位子”，窒素原子や硫黄原子をもつ“ソフトな配位子”(たとえばヒスチジン，プロトポルフィリン，システイン，無機硫黄のような配位子)の両方と結合することができる．金属イオンに配位する配位原子の種類や構造が，金属中心の機能を決定づけている．一つの配位座が空いている場合には6番めの非タンパク質配位子が結合する可能性がある．水溶液中での鉄イオンの化学は，Fe^{2+}とFe^{3+}がおもなものとなり，これらの錯体は電子移動や酸塩基反応を容易に行っている．鉄が担う多様な触媒機能やその他多くの機能は，これらの酸化状態を使って説明することができ，生体系で鉄を重要なものにしている．その他の鉄の重要な特徴は，その豊富さである．しかし前にもふれたように，酸素が地球の大気中に出現して以降，鉄のバイオアベイラビリティー（生物の鉄の利用のしやすさ）は著しく低下してしまった．それでも，配位子との結合を変化させることにより広範な酸化還元電位が得られることや，1電子移動（フリーラジカル）反応をひき起こす能力があることを思い起こすと，なぜ鉄が生命にとってなくてはならないものであるかが容易に理解できるであろう．

13・3 鉄と酸素

還元的な雰囲気下で地球に生命が誕生したとき，鉄の存在比，バイオアベイラビリティー（たいていは鉄二価状態として），酸化還元特性といったものが進化の初期段階では重大な役割を果たしていた．しかし約10億年前に，光合成シアノバクテリアの出現に伴い酸素分子が地球の大気中に放出されるようになった．光合成によってつくられた初期の酸素分子は海水中のFe^{2+}の酸化に使われたため，酸素分子が大気中で十分な濃度に達するためには2億から3億年を要した．酸素が大気の主要な化学成分となると，先カンブリア時代の地層中の赤い酸化鉄(Ⅲ)の堆積物が明確に示すように鉄は水酸化鉄として沈殿したため，鉄のバイオアベイラビリティーは大きく低下してしまった．鉄のバイオアベイラビリティーの低下と並行して，水に不溶な銅(I)の酸化が起こり水に可溶な銅(II)が生成され，銅はより容易に生命が活用できるようになった．好気的な環境は，酸化還元電位が0から0.8 V の新たな酸化還元活性な金属イオンを必要とした．銅はこの目的にかなっていて，次の章で学ぶように酸素の酸化力を活用できる（ラッカーゼの二核銅部位やシトクロム *c* オキシダーゼの鉄–銅部位のような）より高い酸化還元電位をもった酵素が使われるようになった．鉄（または銅）部位と酸素の反応は，生物無機化学のなかで最も重要な反応であり，その主要な反応を図13・1にまとめてある．

基底状態の酸素分子が電子を一つ受け取るとスーパーオキシドラジカル($O_2^{\bullet-}$)を生成する．二つめの電子を$O_2^{\bullet-}$が受け取ると，不対電子がなくなりペルオキシドイオン

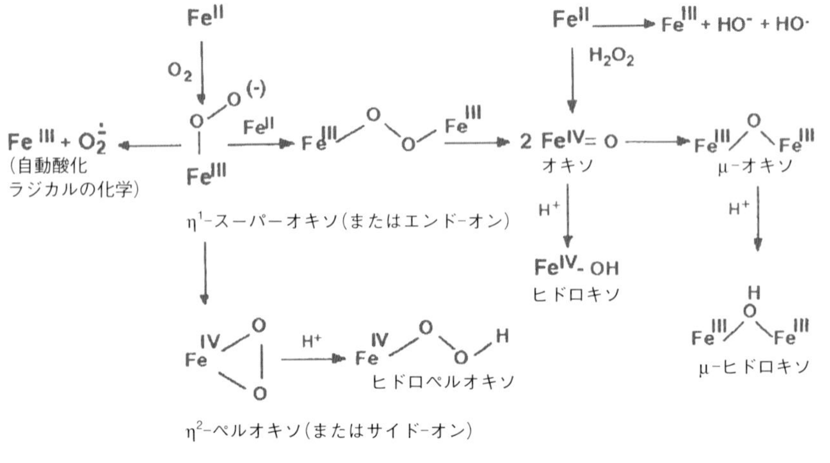

図13・1 鉄と酸素の化学．［Crichton, Pierre, 2001 より改変］

O_2^{2-}となる．生理的な pH では，O_2^{2-}はすぐにプロトン化されて過酸化水素 H_2O_2 になる．生体系でみられる第三の活性酸素種は，ヒドロキシルラジカルである．1894 年に James Fenton は過酸化水素と鉄(Ⅱ)塩の混合溶液を使って酒石酸を酸化できることを見いだした（Fenton, 1894）．現在は，この反応が反応中に •OH ラジカルを発生するためであることがわかっていて，彼の名前にちなんでフェントン反応とよばれている．

$$Fe^{2+} + H_2O_2 \longrightarrow Fe^{3+} + \bullet OH + OH^- \quad (1)$$

少量の鉄存在下では，スーパーオキシドは Fe^{3+}を Fe^{2+}に還元して酸素となる(式 2)．この反応(式 2)とフェントン反応(式 1)を足し合わせると，スーパーオキシドと過酸化水素から，酸素分子，ヒドロキシルラジカル，水酸化物イオンが生成することになる．この反応は，1934 年に Haber と Weiss によって初めて示されたハーバー－ワイス反応(式 3)であるが，熱力学的な考察から触媒量の鉄や銅のような酸化数を変える金属イオンがないと起こらないことが示されている．

$$Fe^{3+} + O_2^{\bullet -} \longrightarrow Fe^{2+} + O_2 \quad (2)$$
$$O_2^{\bullet -} + H_2O_2 \longrightarrow O_2 + \bullet OH + OH^- \quad (3)$$

鉄（あるいは銅）が，酸素を毒性の高い化合物に変換する能力がいわゆる**酸素パラドックス**の原因である．第 5 章でみたように，発酵に代わる呼吸経路の出現により，中間代謝[*1]のエネルギー収率はほぼ 20 倍となり，この経路を活用できる生物が繁栄することとなった．しかし良いことばかりでなく，酸素の燃焼能を活用できるようになったことは，活性酸素種により害がもたらされるという負の側面ももち合わせている．これについては，第 20 章（脳内の金属）と第 21 章（金属と神経変性疾患）の神経変性疾患における活性酸素種の毒性のところでふれる．

13・4　鉄の生物学的な重要性

鉄は電子移動反応や酸塩基反応を容易に行うことができるが，1 電子移動反応（すなわちフリーラジカル反応）にも関与することができる．そのようなフリーラジカル反応の一つに，DNA 合成において重要なリボヌクレオチドをデオキシリボヌクレオチドに還元する反応があり，この反応はリボヌクレオチドレダクターゼ（RNR）という金属酵素によって触媒される（Nordlund, Reichard, 2006; Stubbe *et al.*, 2001）．リボヌクレオチドレダクターゼの仲間はすべて，ラジカルを使って機能する金属酵素である．すべての生物はその遺伝情報を DNA の中に保存しているため，リボヌクレオチドレダクターゼはすべての成長している生物の細胞の中に存在していなければならない．リボヌクレオチドレダクターゼの仲間はすべて，2′ 位の炭素-ヒドロキシ基結合を開裂させてこれを炭素-水素結合に変換することにより，アデニン，ウラシル，シトシン，グアニンのヌクレオチドをデオキシヌクレオチドに変換するという反応を触媒している（図 13・2）．

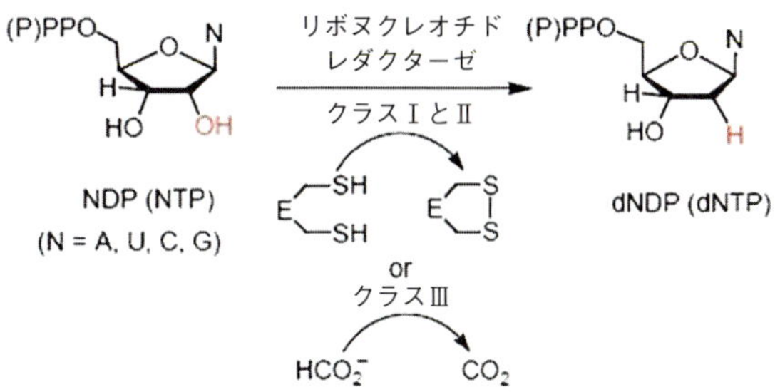

図 13・2　リボヌクレオチドレダクターゼ(RNR)によって触媒される反応．［Stubbe, Ge, Yee, 2001 より．Elsevier の許可を得て転載］

反応に使われる水素原子は，水から取出され，立体配置を保持したままヒドロキシ基と置き換わる．すべてのリボヌクレオチドレダクターゼは，酵素内に生成したチイルラジカル[*2]中間体によりリボースの 3′ 位の水素を引き抜いてリボヌクレオチドを活性化するという共通の反応機構をもっている（図 13・2）．リボヌクレオチドレダクターゼは，酸素分子との反応様式やチイルラジカル中間体の生成法の違いにより三つに分類できる．クラスⅠのリボヌクレオチドレダクターゼは，二つのサブユニット（R1 と R2）からなる二量体であり，R2 サブユニットにある Fe-O-Fe 部位と酸素分子を使って安定なチロシルラジカルを生成する．このラジカルは反応中，チイルラジカル中間体となる約 30 Å 離れた R1 サブユニットのシステイン残基まで運ばれる（図 13・3）．真正細菌やいくつかの古細菌，酵母からヒトに至るまでほとんどすべての真核生物が，クラスⅠのリボヌクレオチドレダクターゼをもっている．クラスⅡのリボヌクレオチドレダクターゼ（たとえば *Lactobacillus* 菌中[*3]）は，クラスⅠの酵素とは異なり酸素分子を反応に使用せず，単量体構造で，アデノシルコバラミン補因子のコバルト(Ⅲ)イオンを使って，おそらくはデオキシアデノシルラジカルの生成を経由してチイルラジカル中間体を生

＊1　訳注: 体内に入った物質が最終代謝産物となるまでに行われる反応のこと．
＊2　訳注: システイン残基のチオラートから生成する硫黄ラジカル（$-S^\bullet$）．
＊3　このことは，この種の細菌がラクトフェリチンがあるための鉄を取込むことが困難となる場所にでも見つかるわけを説明している．クラスⅡのリボヌクレオチドレダクターゼは，古細菌の中にも見つかっている．

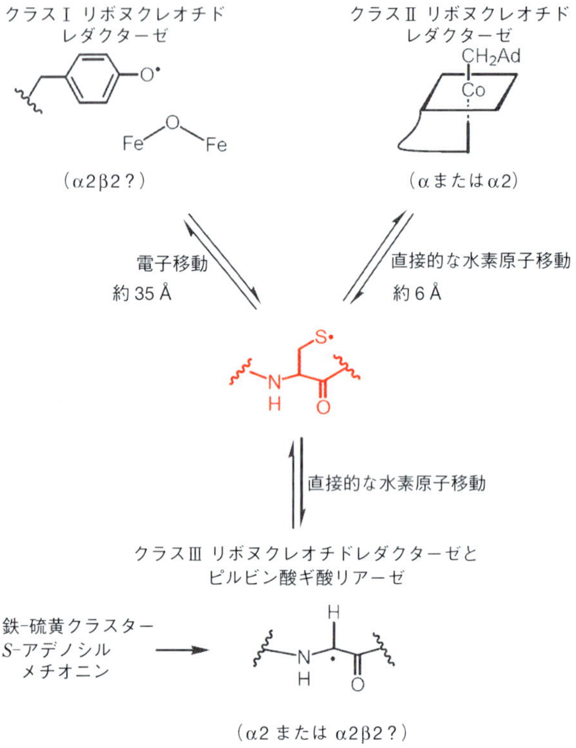

図 13・3 三つのクラスのリボヌクレオチドレダクターゼ(RNR) が活性部位にチイルラジカル(-S•)を生成するために使用している金属-補因子. クラスⅠの酵素の二核鉄-チロシルラジカルは R2 サブユニット内になり, チイルラジカル部位 (R1 サブユニット内) から少なくとも 35 Å は離れている. $-CH_2Ad$ は 5′-デオキシアデノシル基[Stubbe *et al.*, 2001 より]

成する. クラスⅢのリボヌクレオチドレダクターゼは, 嫌気条件下で働く酵素で, 好気下では不活性化されてしまう. クラスⅠの酵素のチイルラジカル中間体に相当するグリシルラジカルを鉄-硫黄クラスターと *S*-アデノシルメチオニンを使って生成する. クラスⅠとⅡのリボヌクレオチドレダクターゼは, チオレドキシンやグルタレドキシンのような酸化還元活性なシステインをもった小さいタンパク質から供給される電子を使って反応するが, クラスⅢの酵素はギ酸イオンを電子供与体として用いて反応する (図 13・2).

13・5 鉄を含んだタンパク質の生物学的な機能

鉄を含むタンパク質はいくつかの基準によって分類することができる. たとえば, 金属イオンの機能という観点から分類すると, 1) 構造維持, 2) 金属イオンの貯蔵と輸送, 3) 電子伝達, 4) 酸素運搬貯蔵, 5) 触媒 (ここには非常にたくさんのものが含まれる) のように分類できる. 本書では, 鉄タンパク質をその配位化学に基づいて分類してある. 鉄イオンがタンパク質と結合するために使う配位子という観点から学ぶことにより, 鉄イオンが関わる非常に多くの生物内での機能を容易に理解できるようになるのである. ここでは, 以下の順に解説する.

1. 鉄ポルフィリンがさまざまなタンパク質に取込まれたヘムタンパク質. 酸素運搬体, 酸素活性化酵素, あるいは電子伝達タンパク質などとして機能している.
2. 鉄-硫黄タンパク質. 電子伝達過程に関与している.
3. ヘムタンパク質, 鉄-硫黄タンパク質以外の鉄タンパク質. 第 8 章ですでに説明したような鉄の貯蔵や輸送に関わるタンパク質も含まれる.

鉄の機能は多様であり, それらすべてを取扱うことはできないので, ここではいくつかの簡単な実例についてのみ扱うことにする. ポルフィリンや鉄-硫黄部位への鉄の挿入については, すでに第 4 章で説明してある.

13・6 ヘムタンパク質

酸素運搬

哺乳類や昆虫, 環形動物などの多細胞生物の酸素の運搬と貯蔵は, ヘモグロビン*4 とミオグロビンによって行われている. これらは X 線回折により構造が解明された初めてのタンパク質であり, これに成功した John Kendrew と Max Perutz は 1962 年にノーベル化学賞を受賞している. その後まもなく, 昆虫とヤツメウナギのヘモグロビンの構造も解明され, すべての酸素結合タンパク質が共通の, いわゆるグロビンフォールドとして知られる三次構造をもつことが明らかとなった. マッコウクジラのミオグロビンの構造が図 13・4 に示してある. ヘムを一つもった単量体のミオグロビンは, 酸素結合曲線が双曲線状になるが, 四つのヘムをもつ四量体のヘモグロビンは, S 字状の酸素結合曲線になる. これは, ヘモグロビンの酸素結合過程での協同効果によるものであり, 4 番めに結合する酸素は最初に結合する酸素より 100 倍以上の高い親和性でヘムと結合している. 他のアロステリックタンパク質*5 と同様に, ヘモグロビンには T 状態〔デオキシ型(酸素が結合していない状態)のヘモグロビンの構造〕と R 状態〔オキシ型(酸素が結合した状態)のヘモグロビンの構造〕という二つのはっきりと異なる構造がある. オキシ型とデオキシ型のヘモグロビンの構造変位が大きいため, デオキシ型のヘモグロビンの結晶を酸素と反応させてオキシ型にすると結晶が

*4 二つの α サブユニットと二つの β サブユニットからなる四量体構造をとる.
*5 タンパク質の機能が他の化合物 (エフェクター) によって制御されているタンパク質のことをいい, ヘモグロビンでは酸素分子が基質とエフェクターの両方の役割を担っている.

壊れてしまう．ヘモグロビンの中のヘム同士は十分離れているため，こうした正の協同効果は，タンパク質によって伝達されているはずである．酸素がヘムに結合したという情報を隣のサブユニットに伝える引き金は何なのか？

ヘムは，おもにEヘリックスとFヘリックスによってつくられる疎水性ポケットの中で近位ヒスチジンとよばれるF8(訳注：Fヘリックスの8番めのアミノ酸残基をさす)のヒスチジン残基のイミダゾールと配位結合をつくってタンパク質に強く結合している（図13・5）．デオキシ型では，ヘムの二価の鉄はドーム型にひずんだポルフィリン面から約0.6 Åとび出している．二つめのヒスチジンE7（遠位ヒスチジン）は，ヘム鉄から遠すぎるためヘムに結合できない．

デオキシ型ヘモグロビンとオキシ型ヘモグロビンの構造を比較することにより，たくさんの重要な構造変化が明らかにされた．T状態（デオキシ型）では，ヘム鉄はヘム面からとび出した構造になっているが，酸素がヘム鉄に結合するとヘム鉄はポルフィリン平面内に引き戻され，ドーム状にひずんだポルフィリン面は平面状に戻る．これにより，F8の近位ヒスチジンとそれが結合しているFヘリックスはヘム面の方に引っ張られることになる（図13・6）．すぐ後でわかると思うが，これがT状態からR状態への変換の引き金となっている．このほかにR状態とT状態のおもな構造変化は α_1-β_2 サブユニット間の界面で起こっ

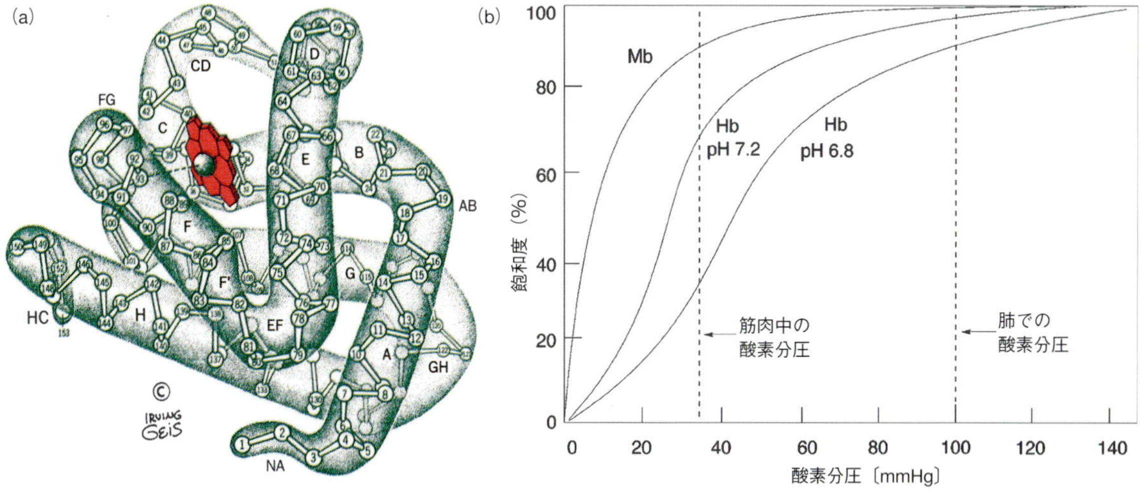

図13・4 (a) マッコウクジラのミオグロビンの構造．［Voet, Voet, 2004より］(b) ミオグロビン(Mb)とヘモグロビン(Hb)の酸素結合曲線．［Collman *et al*., 2004より改変］

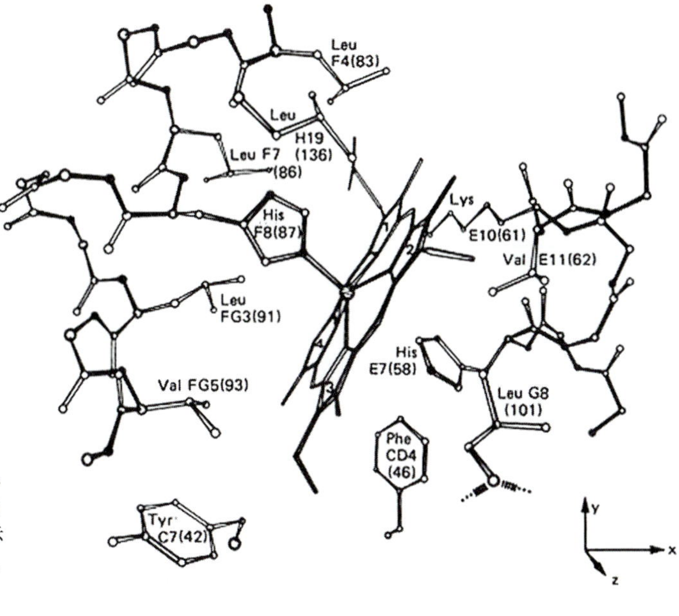

図13・5 ヒトのヘモグロビンαサブユニットのデオキシ型のヘムとその周辺の構造．わかりやすくするため，一部のアミノ酸残基のみを示し，ヘム側鎖のプロピオン酸を省略してある．［Gelin, Karplus, 1977より］

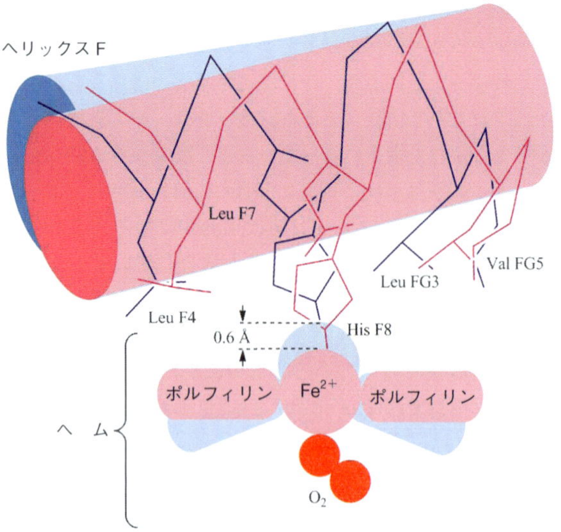

図13・6　ヘモグロビンのT状態からR状態への遷移をひき起こす引き金となる機構．T状態を青で，R状態を赤で示す．

ている（対称的な構造のため α_2–β_1 サブユニット間でも同じ構造変化が起こっている）．この界面では α サブユニットのCヘリックスと β サブユニットのFG界面が接触して，T状態とR状態ではこの界面が6 Åずれた明らかに異なる構造になっている．T状態ではFG4のヒスチジンはC6のトレオニンと接触しているが，R状態ではCヘリックスのらせん一周分ずれたC3のトレオニンと接触している（図13・7）．もう一つの重要な構造変化は，サブユニット間界面での塩橋のネットワークに起こっていて，塩橋のネットワークはT状態を安定化しているが，R状態では壊れてしまっている．

オキシ型のミオグロビンやヘモグロビンでは，酸素結合部位近傍の遠位ヒスチジンのN−H部位が，ヘム鉄に結合した酸素と水素結合を形成し，安定化している．このため，酸素はヘムに対して垂直方向から倒れて配位している．一方，一酸化炭素結合型のミオグロビンやヘモグロビンでは，遠位ヒスチジンは，一酸化炭素と水素結合をつくらないため一酸化炭素がヘム鉄に配位する際の立体障害となり，本来安定な（ヘムに対して垂直な）配位構造がとれないようにしている．一酸化炭素は，タバコの煙や自動車の排気ガスの中に含まれ，また生体内で正常なヘムの代謝過程でも生成する毒物ではあるが，このような理由で，ミオグロビンやヘモグロビンに対しては酸素の250倍程度しか強く結合できなくなっている．一方，タンパク質部分をもたないヘムのみに対しては，遠位ヒスチジンの立体効果がないため一酸化炭素の親和性はこれよりずっと大きくなっている．

酸素分子の結合に伴うヘム鉄の構造変化は，どうして起こるのであろうか？ オキシ型ミオグロビンの共鳴ラマン分光測定では，酸素分子のO−O伸縮振動が約1105 cm^{-1} に観測されていて，これは金属に配位したスーパーオキシドに特徴的な振動数である．この結果は，二価ヘム鉄から配位した酸素分子への電子移動が起こっていることを示しており，オキシ型ミオグロビンやヘモグロビンでは鉄(Ⅲ)スーパーオキシド錯体となっていて，遠位ヒスチジンとの水素結合がこの状態を安定化していると考えることができる．デオキシ型のヘモグロビンは鉄(Ⅱ)高スピン状態にあり，鉄イオンの共有結合半径が大きすぎてポルフィリン環の中に収まりきらない．その結果，ポルフィリン環がドーム型に変形し，鉄が面外にとび出しているのである．オキシ型の6配位鉄(Ⅲ)スーパーオキシドは低スピン状態であり，共有結合半径が小さいため鉄はポルフィリン面内に入ることができる．ヘムに酸素分子が結合すると近位ヒスチジンF8とFヘリックスが移動し，T状態からR状態への構造変化が始まり，おそらく最初にサブユニット界面の塩橋が壊れ，しだいに酸素に対して高親和性のR状態に移

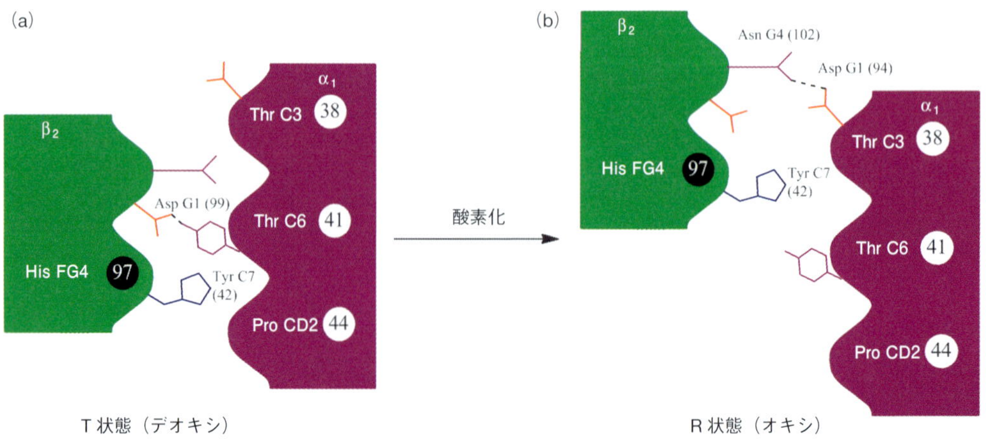

図13・7　α_1–β_2 界面の構造．(a) ヒトのデオキシ型ヘモグロビンと，(b) オキシ型ヘモグロビン．［Voet, Voet, 2004より改変］

行していく．この機構では，塩橋は 1) T 状態を R 状態に比べ安定化している，2) T 状態に酸素が結合しようすると塩橋の切断に多くのエネルギーが必要なため，T 状態の酸素親和性を低下させている，3) 塩橋が壊れるときにプロトンを放出するという三つの役割を担っている．(3)で示した役割を使って，生理学者 Christian Bohr（原子物理学者 Niels Bohr の父）によってほぼ 100 年前に発見された効果，つまり pH が低下するとヘモグロビンの酸素親和性が低下する（図 13・4 参照）という効果をうまく説明することができる*6．

分子状酸素を活性化する酵素

ヘム酵素には，シトクロム *c* オキシダーゼ，ペルオキシダーゼ，カタラーゼ，シトクロム P450 といったようなものがある．これらの酵素は 5 配位型構造をとり，第 6 配位座に酸素分子あるいは過酸化水素が配位する．シトクロム P450 の場合には，基質と鉄-炭素結合を形成することさえある．これらすべての酵素は，鉄(Ⅲ)高スピン状態から Fe^{IV}/Fe^{III} の酸化還元電位と同程度の電位で鉄(Ⅳ)ポルフィリンラジカルカチオン状態となり，酸素の活性化や過酸化水素を使った基質分子の酸化のような化学反応を行うことができるようになる．このオキソ鉄(Ⅳ)の活性種 $P^{\bullet+}Fe^{IV}{=}O$ は，一般的にはコンパウンドⅠ中間体とよばれ，ポルフィリンカチオンラジカル $P^{\bullet+}$ に $Fe^{IV}{=}O$ が結合した状態にある．

こういった酵素の最初の例としてまず，好気性生物の呼吸鎖末端酵素でありヘムと銅を含むシトクロム *c* オキシダーゼについて解説する．この酵素は，膜結合型の酵素であり，酸素分子を水に還元する反応（式 4）を 1 秒間に 250 回程度行うことができる．

$$O_2 + 4H^+ + 4e^- \longrightarrow 2H_2O \qquad (4)$$

呼吸における電子伝達系についてはすでに第 5 章で学んだが，呼吸鎖に関わる多くの複合体の構造が解明されていることを思い出してもらうために図 13・8 にもう一度それらの構造を示してある（Hosler, Ferguson-Muller, Mills, 2006）．$NADH/NAD^+$ やコハク酸（複合体Ⅰ やⅡ）から供給された電子は，補酵素 Q（ユビキノン）を経由してシトクロム bc_1 複合体（複合体Ⅲ）に渡り，さらにシトクロム *c* を介してシトクロム *c* オキシダーゼ（複合体Ⅳ）に伝達される．シトクロム類の電子伝達については，次の節で解説することとする．

複合体Ⅰ やⅢと同じように，シトクロム *c* オキシダーゼは電子伝達過程で得られるエネルギーを膜の一方の側から他方の側にプロトンを輸送する過程と共役させていて，このプロトン輸送によって生じた浸透圧により ATP が合成されるのである．酸素分子は，ヘム a_3 というヘムと銅イオン Cu_B からなる部位に結合する（図 13・9）．この二核金属部位で酸素分子は水に還元される．還元に使われる電子は，シトクロム *c* から Cu_A とよばれる二核銅部位とヘム *a* とよばれるヘム部位を経由してこの反応部位に供給される．この 10 年間に，ウシ心臓のミトコンドリアや細菌（*Rhodobacter sphaeroides* や *Paracoccus denitrificant*）から単離した aa_3 型の（酵素内にヘム *a* とヘム a_3 をもった）シ

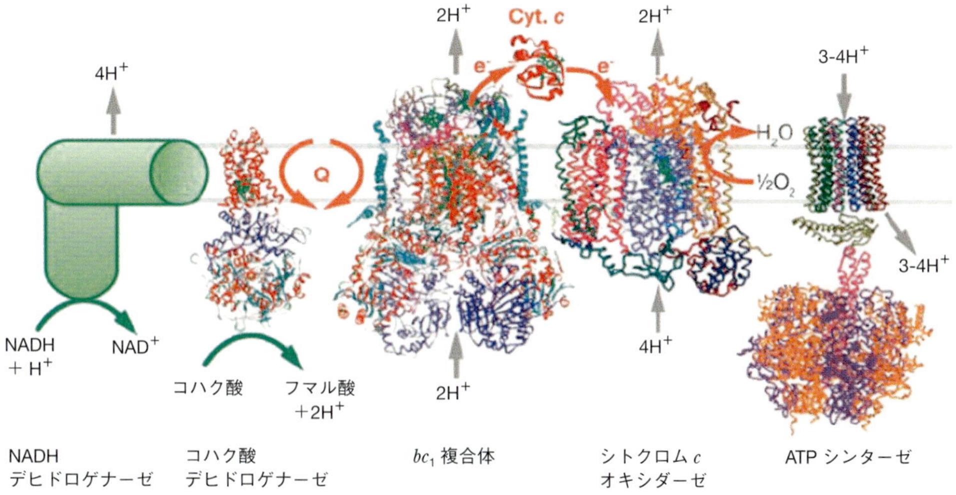

図 13・8 呼吸鎖の複合体．これらには NADH デヒドロゲナーゼ，コハク酸デヒドロゲナーゼ（PDB: 1NEN），bc_1 複合体（PDB: 1PP9），シトクロム *c* オキシダーゼ（PDB: 1V54），シトクロム *c*（PDB: 1HRC）が含まれている．［Hosler *et al.*, 2006 より．Annual Reviews の許可を得て転載．©2006］

*6 訳注：ボーア効果．塩橋の崩壊はプロトンを放出する平衡反応である．そのため pH が低下すると酸素が結合しても塩橋は壊れにくくなり，R 状態の割合が低下し，ヘモグロビン全体の酸素親和性が低下する．

トクロム c オキシダーゼの結晶構造が解明され，触媒部位をもつサブユニットが二つしかない *Rhodobacter sphaeroides* 由来のシトクロム c オキシダーゼでは，分解能が 2.0 Å にまで到達している＊7．この酵素は，ヘム a と触媒部位であるヘム a_3 と Cu_B を含むサブユニット I，二核銅構造の Cu_A を含むサブユニット II，その他二つのサブユニットをもつことが明らかとなった（Qin, Hiser, Mulichak, Garavito, Ferguson-Miller, 2006）．

シトクロム c オキシダーゼは，4 分子の還元型シトクロム c の酸化により得た四つの電子を使って酸素分子を水に還元する．この電子の伝達はシトクロム c オキシダーゼが結合する膜の一方の側で起こり，プロトンはこれとは反対側から供給されるようになっている．このため，酸素分子に電子が一つ伝達されるごとに，膜を挟んで正の電荷（プロトン）1 個が移動したことに相当する電荷分離が起こることになる．酸素分子を水に還元する反応から得られる自由エネルギーの一部は電気化学的なプロトン勾配の形で蓄えられる．残りのエネルギーは，平均すると一つの電子が酸素分子に伝達されるごとに一つのプロトンが膜を挟んで一方の側から他方の側に汲み出されるために使われる．電子とプロトンはそれぞれ膜の別々の側から供給されるため，この反応では膜を挟んで一つ分の電荷が移動したこと

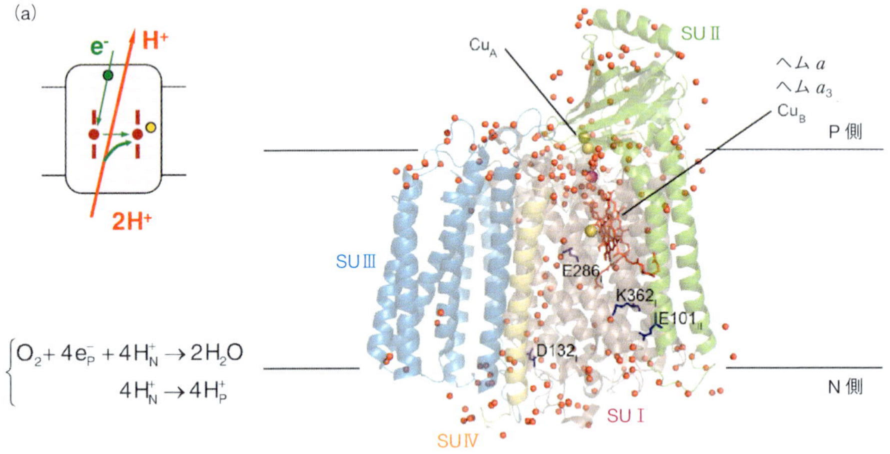

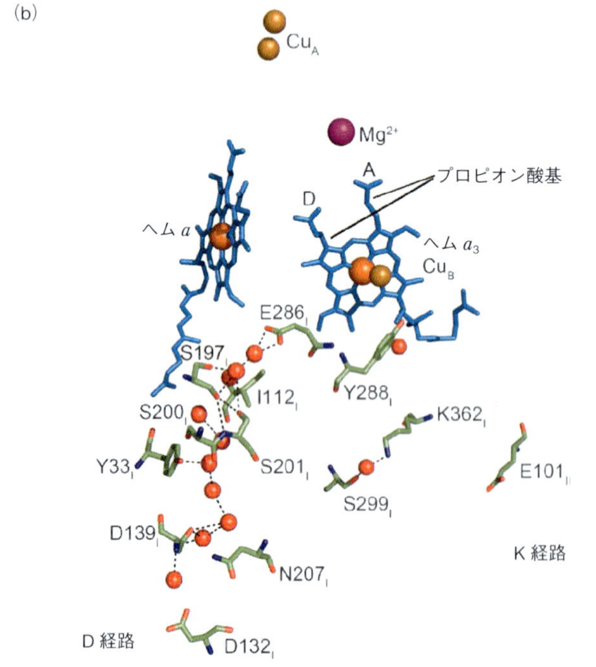

図 13・9　(a) *R. sphaeroides* 由来のシトクロム c オキシダーゼの構造（PDB: 1M56）．酵素の四つのサブユニットは図中に色分けして示してある．ヘム a と a_3 は赤色で，銅部位 Cu_A と Cu_B は黄色で示してある．赤い球は，構造解析で明らかとなった水分子の位置を示している．サブユニット I（SU I）の Glu286，Asp132，Lys362 の残基，サブユニット II（SU II）の Glu101 残基は図中に示してある（残基の後ろの下付文字はサブユニットの番号を示している）．おおまかな膜の位置は実線で示してあり，P 側と N 側はそれぞれ正と負に帯電する側を表している．紫色の球は，構造解析から判明した酸化還元反応に関与しない Mg^{2+} の位置を示している．左に示してある概略図は，酵素サイクルの各過程での反応（図 13・10 参照）とシトクロム c オキシダーゼによって触媒される反応式を示している．下段の式は，プロトンポンプに対応する反応式である．(b) D 経路と K 経路の詳細図．本文中で解説されたヘム a_3 のプロピオン酸残基も示してある．［Brzezinski, Johansson, 2010 より．Elsevier の許可を得て転載．©2011］

＊7　訳注：13 個のサブユニットからなるウシの心臓由来の酵素で，最近さらに高い分解の構造が日本の研究グループによって報告されている．

になる．したがってこの共役プロトンポンプは，酸素分子に電子が一つ伝達されるごとに二つ分の正電荷を膜を挟んで負(N)側から正(P)側に移行したことになる[*8]（図13・9a）．

シトクロム c から供給された電子は，はじめ二核銅構造の Cu_A 部位に渡り，その後ヘム a 部位を経由して二核ヘム-銅（ヘム a_3-Cu_B）の触媒部位に伝達される．触媒部位にはチロシン残基(Y288)があり，Cu_B の配位子部位(H240)と共有結合でつながっていて活性部位の一部でもある．*R. spheroides* 由来のシトクロム c オキシダーゼにおけるこれら四つの部位の配置を図13・9(a)に，より詳細な構造をプロトン伝達経路に関わるアミノ酸とともに図13・9(b)に示す（Brzezinski, Johansson, 2010）．

酸素結合やそれに続く酸素還元の各反応過程は，フラッシュ-フロー法[*9]を用いた時間分解測定により分光学的に追跡されている．シトクロム c オキシダーゼによる酸素還元の反応機構を図13・10に示す（Brzezinski, Johansson, 2010）．シトクロム c オキシダーゼの反応サイクルのなかでは，電子とプロトンは一つずつ触媒部位に供給され，そのたびにプロトンが膜を挟んで運び出される．酸化型のシトクロム c オキシダーゼは，$O^{4(0)}$ のように示されている．上付きの数字は，触媒部位（酸化型のヘム a_3 と Cu_B，すなわち $Fe_{a3}{}^{III}$ と $Cu_B{}^{II}$）に運ばれた電子の総数を示している．触媒部位にはじめの電子が供給されると E^1 状態に，第二の電子が供給されると R^2 状態（$Fe_{a3}{}^{II}$ と $Cu_B{}^{I}$）になり，これら各過程でプロトンが触媒部位に一つ運ばれ，さらに膜を挟んで一方から他方に一つ汲み出される．R^2 生成後10マイクロ秒以内には，酸素が R^2 状態のヘム a_3 に結合する．次にO−O結合が開裂して，ヘム a_3 部位がオキソ鉄(Ⅳ)状態，$Fe^{IV}=O$〔鉄(Ⅱ)のヘム a_3 が二つ電子を酸素原子に供給して鉄(Ⅳ)になる〕，Cu_B 部位が銅(Ⅱ)ヒドロキシド状態〔Cu_B の銅(Ⅰ)が酸素原子に1電子供与して銅(Ⅱ)になる〕にそれぞれなる．この状態は，P^2 として示された状態であり，50マイクロ秒以内に生成する．この過程ではプロトンの取込みは起こらず，触媒部位内でプロトンと電子の再配列が起こり，最終的にヘム a_3 部位と Cu_B 部位が酸化されるのみである．この反応ではさらに，Tyr288残基が触媒部位に電子を一つ供給しチロシルラジカル(Tyr288•)となり，触媒部位近傍に構造変化が起こる．次の反応過程では，（第3番めの）電子が一つチロシルラジカルに供給されるとN側からプロトンが取込まれ F^3 と記された状態になり，さらに100マイクロ秒の時定数でプロトンがN側からP側に汲み出される．最後に約1.2ミリ秒の時定数で第4番めの電子が一つ触媒部位に供給されると，N側からプロトンが取込まれ O^4 と記された状態になり，さらにこのときもプロトンがN側からP側に汲み出される．触媒サイクル上での酸化状態を考えると，酸素分子に四つの電子が供給されると酵素の各部位すべてが元の酸化状態に戻るため O^4 は O^0 と等価である．

この酸化還元反応で放出されるエネルギーの一部は，膜

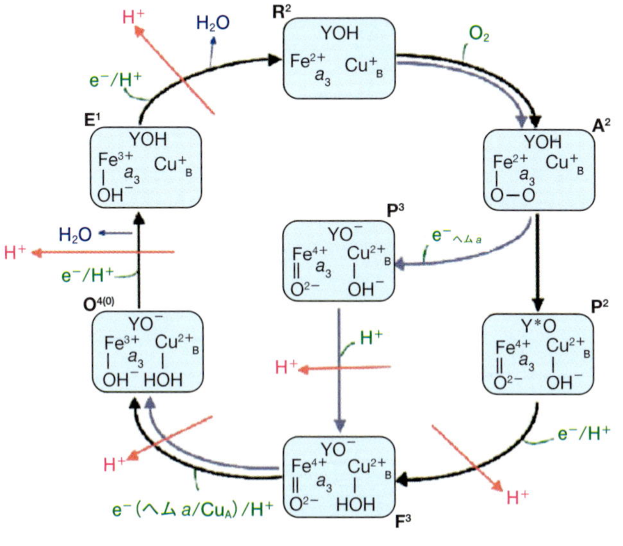

図13・10　シトクロム c オキシダーゼの酵素反応サイクル．各状態を示す文字の上付きの数字は，触媒部位に入った電子の総数を示す．矢印で示した電子（e^-）とプロトン(緑)は，触媒部位に渡ったものを示し，反応の矢印に垂直な矢印(赤)は，汲み出されたプロトンを示している．Yは，Tyr288を示し，Y*Oはそのチロシルラジカルを示している．酸化型の酵素は，$O^{4(0)}$ で表されている（本文参照）．ヘム a_3 と Cu_B の両方が還元されると(R^2)，酸素分子が結合して A^2 になる．その後の反応は，本文中に記したとおりである．黒い矢印で示した反応経路は，電子が一つずつ触媒部位に伝達された場合の反応経路を示している．青い矢印で示した反応経路は，（酵素内の四つの金属部位が4電子で完全に還元された）完全還元型酵素と酸素分子が反応する場合の経路である．このときには，酸素分子がヘム a_3 に結合後（A^2 生成後），電子がプロトンより先に触媒部位に供給される（P^3 状態になる）．ここで P^3 状態の活性部位には他の状態と比較して余分な負電荷があることに注意せよ．［Brzezinski, Johansson, 2010より．Elsevierの許可を得て転載．©2011］

*8　訳注：プロトンが取込まれる側では正電荷が減少するため，負に帯電することになり，プロトンが放出される側では正電荷が増加し正に帯電するため，それぞれをこのようによぶ．ミトコンドリアのシトクロム c オキシダーゼでは，プロトンはミトコンドリア内膜を挟んでマトリックス側から膜間部側に運ばれるため，マトリックス側が負(N)側，膜間部側が正(P)側となる．

*9　訳注：サンプルを測定のための分光セルに一定の速度で流しながら，強い光を当て活性部位に配位している配位子を解離させることにより酵素反応を開始させ，その後の反応を分光学的に追跡する方法．酵素反応は速く，反応中間体の検出が困難な場合によく用いられる．

のN側からP側に向かって一方向にプロトンを輸送するために使われているため，ATPの合成に必要な電気化学的な膜間のプロトン勾配が維持されている．N側の表面から二核触媒部位につながる二つのプロトン伝達経路が明らかにされている(図13・9b)．*Rhodobacter sphaeroides* 由来のシトクロム *c* オキシダーゼでは，そのうちの一つの経路（D経路）は，Asp132から始まりGlu286までつながっている．D経路は，触媒部位に運ばれた酸素分子の還元に使われるプロトンと膜のP側まで運ばれるプロトンの両方が通る経路であるため，プロトンを触媒部位と膜のP側のどちらに運ぶのかが決まる分岐点が経路中にあるはずである．それは，Glu286であると考えられている．もう一方の経路（K経路）は，N側表面のGlu101から始まりよく保存されたLys362とTyr288を経由して二核触媒部位につながっている．

図13・9(b)は，シトクロム *c* オキシダーゼとペルオキシダーゼやカタラーゼとの類似性をも示している．ペルオキシダーゼとカタラーゼが行う酸素-酸素結合の開裂反応とその反応による生成物の性質については次の節で詳しく解説する．シトクロム *c* オキシダーゼの反応では，酵素は触媒部位の金属イオンから三つの電子〔ヘム a_3 部分から二つ取出され Fe^{II} が Fe^{IV} になり，Cu_B 部位から一つ取出され Cu^{I} が Cu^{II} になる〕と，酸化還元活性なタンパク質の側鎖（チロシン）から一つの電子が取出されて酸素に渡される．その結果，酸素結合型中間体の酸素分子は1段階でオキシ(O＝)とヒドロキシ(OH^-)まで還元される．オキシ，ヒドロキシともに水(H_2O)の酸素と同じレベルまで還元されているが，反応の後半の過程ではじめてそれらへのプロトン化が起こり，水(H_2O)として触媒部位から放出されるのである．

カタラーゼとペルオキシダーゼは，さまざまな有機基質を酸化することができる（ペルオキシダーゼ活性）（反応式5）．

$$AH_2 + H_2O_2 \longrightarrow A + 2H_2O \qquad (5)$$

ペルオキシダーゼと異なりカタラーゼは電子受容体，電子供与体の両方に過酸化水素を用いる．したがって過酸化水素の不均化反応を触媒する（カタラーゼ活性）（式6）．

$$H_2O_2 + H_2O_2 \longrightarrow 2H_2O + O_2 \qquad (6)$$

ペルオキシダーゼやカタラーゼの反応では，これらの酵素は活性部位のヘム鉄とポルフィリン配位子やアミン酸残基のような有機的な部位から電子を一つずつ取出し，過酸化水素を一度にオキソとヒドロキソまで還元する．この反応による生成物は，鉄(Ⅳ)オキソ部位と有機ラジカル部位をもったコンパウンドⅠであり，これはシトクロム *c* オキシダーゼにおける鉄(Ⅳ)オキソ部位とチロシルラジカルをもったP中間体と類似するものである．コンパウンドⅠの有機ラジカル部位は次に起こる反応で還元され，鉄(Ⅳ)オキソ部位をもつコンパウンドⅡという中間体になる．この反応は，シトクロム *c* オキシダーゼでP中間体からF中間体を生成する反応と同じである．酸素活性化に関わるヘムタンパク質の反応のこうした相同性は，酸素や過酸化水素を活性化したり還元したりする他の酵素の反応へも拡

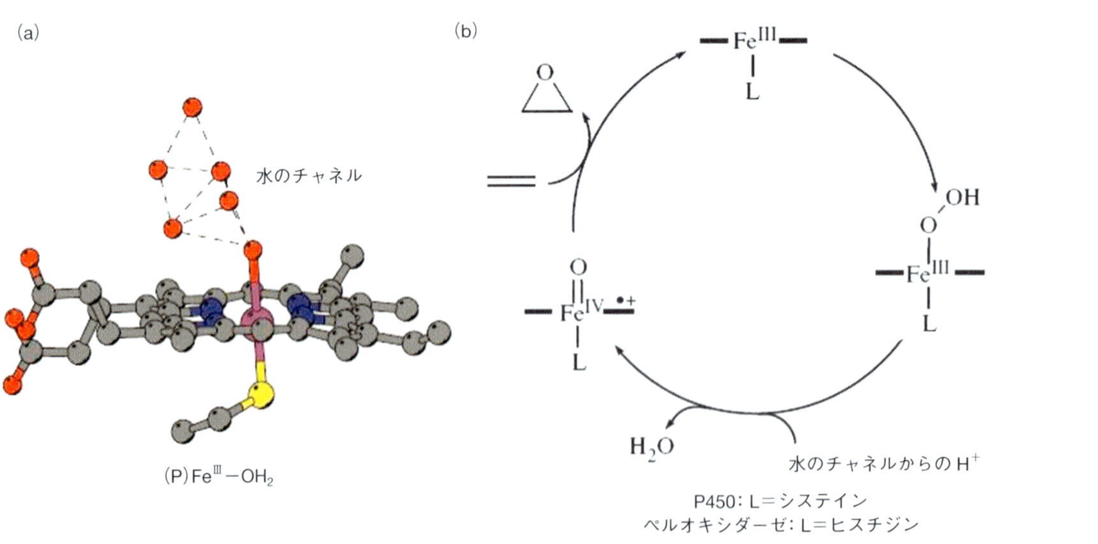

図 13・11　(a) 高分解能構造解析からの *Pseudomonas putida* 由来のシトクロム P450 の構造とヘム面上の水のネットワーク［Poulos *et al.*, 1986 より改変．American Chemical Society の許可を得て転載. ©1986］(b) モノオキシゲナーゼによるペルオキソ-シャント機構によりコンパウンドⅠ中間体が生成し，$P^{\bullet+}Fe^{IV}$＝O 部位の求電子的なオキソ配位子に基質が求核攻撃することにより，基質は酸化される．［Dempsey, Esswein, Manke, *et al.*, 2005 より．American Chemical Society の許可を得て転載. ©2005］

張できるものであろう．

基質が酸素分子から酸素原子を取込む反応を触媒する酵素は，モノオキシゲナーゼ（一原子酸素添加酵素）（式7）とジオキシゲナーゼ（二原子酸素添加酵素）（式8）の二つのカテゴリーに分類でき，それらは基質が酸素分子の中の酸素原子を一つ取込むかあるいは二つとも取込むかという点による分類である．下の式(7)と式(8)で，XH と AH_2 は基質と電子供与体をそれぞれ表している．

$$XH + {}^*O_2 + AH_2 \rightarrow X({}^*O)H + H_2{}^*O + A \qquad (7)$$
$$XH + {}^*O_2 \rightarrow X({}^*O_2)H \qquad (8)$$

シトクロム P450 類は，モノオキシゲナーゼのなかで重要な酵素であり，内在性の生理物質，さまざまな薬物やその他の外因性の化合物（生体異物）のヒドロキシ化反応において重要な酵素である．生体内に異物が入るとある特定の種類のシトクロム P450 が誘導される（細胞の中でつくられる）．シトクロム P450 は，ほとんどすべての哺乳類の組織や臓器のほか，植物，細菌，酵母，昆虫などにみられる酵素であり，さまざまな異なる反応を触媒している．ほとんどのシトクロム P450 は膜結合型の酵素であり，ミトコンドリア内膜や小胞体膜に結合している．シトクロム P450 がモノオキシゲナーゼとして働くときには，2 電子供与体（還元酵素）が必要であり，それらは NADH あるいは NADPH から供給される電子をそれらの内部の電子伝達部位を経由してシトクロム P450 に伝達している（式9）．

$$RH + O_2 + NAD(P)H + H^+ \rightarrow ROH + H_2O + NAD(P) \qquad (9)$$

シトクロム P450 では，タンパク質由来のシステイン残基がヘム鉄の第 5 番めの配位子，すなわち軸配位子として配位している（この配位子構造のため，ヘムに一酸化炭素が結合すると 450 nm に特徴的な吸収を示すのである）．他の多くの酸素活性化に関わる酵素と同様にシトクロム P450 は，ヘム面と垂直に配置されたプロトン伝達網（水素結合ネットワーク）*10 をもっている．シトクロム P450 のヘム周辺の構造解析の結果は（Poulos *et al.*, 1986, 1987），ヘムの上に水のがっちりとした水素結合によるプロトンのネットワークがあり（図 13・11a），プロトンがこれに沿って供給されていることを示している．モノオキシゲナーゼのペルオキソ-シャント機構を図 13・11(b) に示してある．

モノオキシゲナーゼの代表例としてシトクロム P450 の触媒サイクルを図 13・12 に示してある（Johnson, Ouellet, Podust, Oritz de Montellano, 2011）．基質のヒドロキシ化反応は，シトクロム P450 の触媒サイクル中に生成するコンパウンド I 類似の鉄(IV)反応中間体によって触媒されている．この鉄(IV)反応中間体は，鉄(IV)のヘム鉄とポルフィリン配位子に非局在化したラジカルカチオンに酸化当量をもっているため，休止型の酵素よりも 2 電子酸化当量高い状態にある．

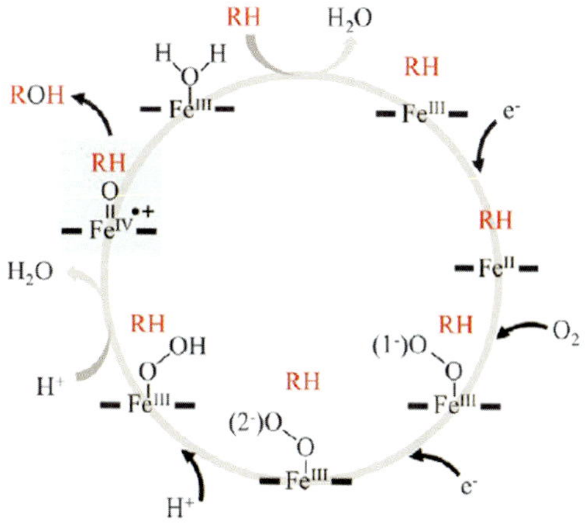

図 13・12　シトクロム P450 の触媒サイクル．青い四角で示したコンパウンド I 類似の鉄(IV)種を使ったシトクロム P450 の触媒サイクル．ヘムは，ポルフィリン面を表す 2 本の太い棒と Fe で表してある．RH は基質である炭化水素，ROH はそのアルコール生成物である．[Johnston *et al.*, 2011 より．Elsevier の許可を得て転載．©2011]

電子移動タンパク質

ヘムタンパク質の第三のクラスはシトクロム類である．シトクロム類は，ボルバーハンプトンという田舎で医者をしていた C. A. McMunn によって発見された．彼はそれらの特徴的な吸収ピークを分類し，それらの酸化と還元を巧みに使うことにより呼吸系に関与していることに気がついた．彼はこの発見を発表したが（McMunn, 1884），その論文は当時ドイツの有名な生理学者の Hoppe Seyler に小馬鹿にされ無視されてしまった．幸運にもシトクロム類は，1925 年に David Keilin によって再発見され（Keilin, 1925），彼はこれらにシトクロムという名前をつけた．手製の分光器を使って，彼は生きている酵母の中の 3 種類のシトクロム類 *a,b,c* の特徴的な吸収帯（ソーレー帯）の観測を行い，それらが酸素を加えると消えることを発見した．今日のわれわれは当然知っていることであるが，McMunn と同様に彼はここから，先の節ですでに解説したようにシトクロム類が基質の酸化により得られた電子を末端酸化酵素シトクロム *c* オキシダーゼに伝達していると正しく結論したのであった．シトクロム類は，タイプによって異なったヘム

*10　最近のプロトン共役電子移動に関する総説として，Reece *et al.*, 2006 を参照．

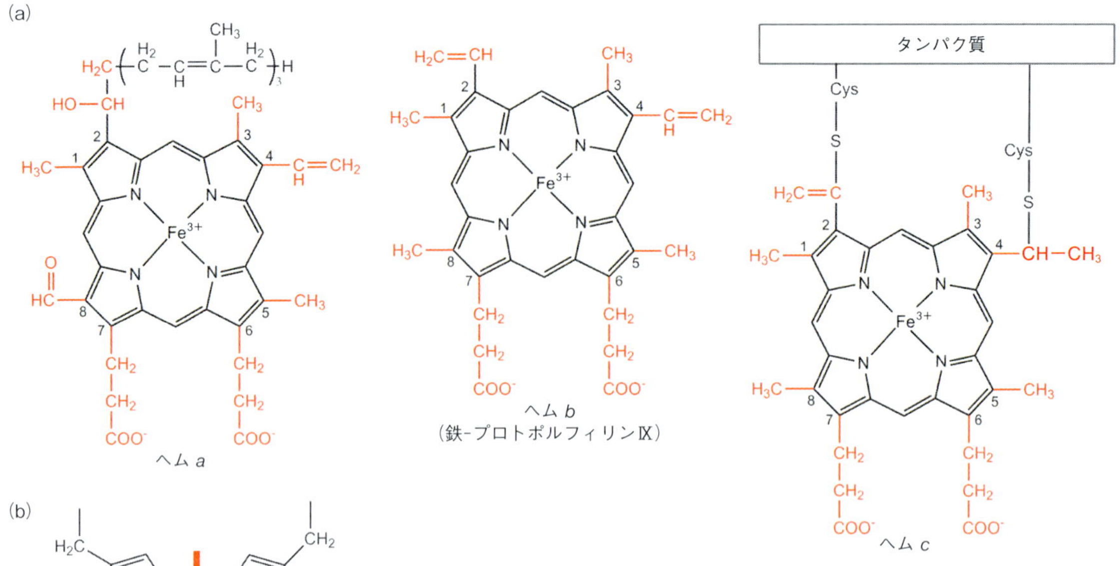

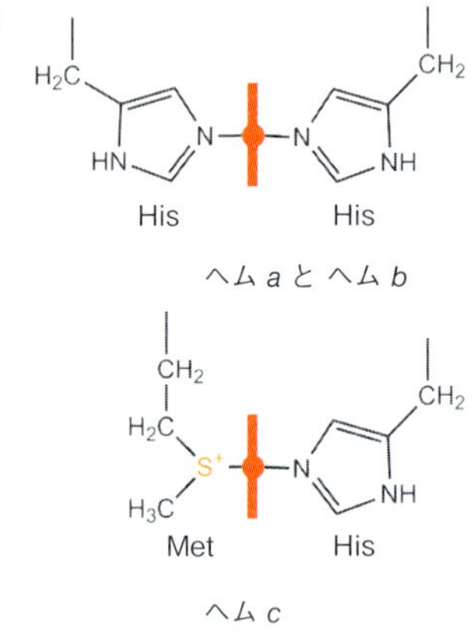

図13・13　(a) シトクロム類 *a,b,c* 内のヘムの構造. (b) シトクロム類 *a,b,c* のヘムに結合する軸配位子. [Voet, Voet, 2004 より改変]

をもっている. *b* 型シトクロムのヘムはヘモグロビンのヘムと同じプロトポルフィリンⅨであり, *c* 型シトクロムのヘムはプロトポルフィリンⅨの側鎖のビニル基がタンパク質部分の Cys 残基とチオエーテル結合をしていて, *a* 型シトクロムのヘムはメチル基の代わりにホルミル基が結合し, さらにイソプレン基がつながった長い疎水性基がポルフィリンに結合している (図13・13a). ヘムの上下に配位する軸配位子もシトクロムの型によって異なっている (図13・13b). シトクロム *a* と *b* では, 二つともが His 残基であるが, シトクロム *c* では His 残基と Met 残基である. シトクロム類は, 多くの生物に広く分布していて, ミトコンドリア, 葉緑体, 小胞体のほか, 細菌の電子伝達系で電子伝達を行っている. シトクロム類のヘム鉄は, 酸化型では鉄(Ⅲ)低スピン状態であり, 不対電子を一つもち+1価の電荷をもっている. 一方, 還元型では鉄(Ⅱ)低スピン状態にあり, 不対電子はなく電荷も0である. ヘム鉄が酸化型還元型ともに低スピン状態にあるため, 電子移動を非常に容易に行うことができる.

電子伝達系の構成要素であるシトクロム類は, 電子供与体から電子を受け取ったり電子受容体に電子を渡したりす

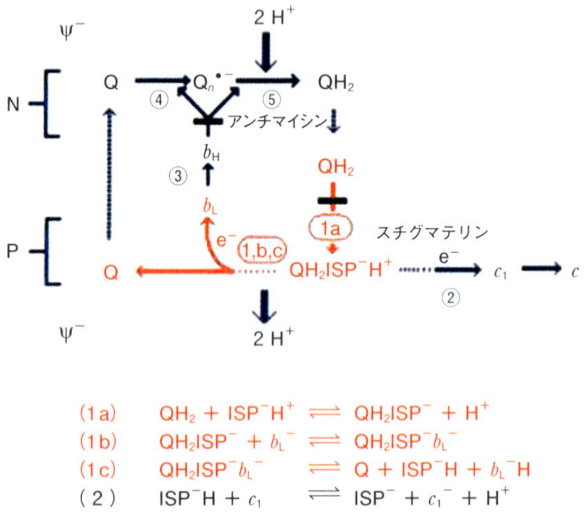

図13・14　プロトン駆動Qサイクル. 電子移動反応は, 丸で囲った数字で示してある. 破線で示した矢印は, N側とP側間のユビキノール(QH_2)やユビキノン(Q)の移動とシトクロム *b* とシトクロム c_1 間の鉄-硫黄クラスター部位の移動を示している. 黒い太い実線は, アンチマイシンとスチグマテリンが電子伝達を阻害する箇所である. [Hunte, Koepke, Lange, Rossmanith, Michel, 2000 より. Elsevier の許可を得て転載. ©2000]

るため，他の構成要素と相互作用しなければいけない．ミトコンドリアの呼吸鎖では，ユビキノール—シトクロム c オキシドレダクアターゼ（QCR，あるいはシトクロム bc_1 複合体ともいう）が，複合体ⅠとⅡから伝達されてきた電子をシトクロム c に渡している．シトクロム bc_1 複合体は，膜内に局在するユビキノール(QH_2)から電子を受け取る．この過程は膜をまたいだプロトンの輸送過程と共役していて，図13・14に簡略化して示してあるようないわゆるプロトン駆動Qサイクルとして知られている．このサイクルはPeter Mitchellによって30年前に提案されたものであり，その後実験的に確かめられた．Qサイクルは2回のユビキノール(QH_2)との反応から成り立っている（図13・14）．このサイクルでは，ミトコンドリア内膜の膜内で脂溶性のユビキノールが安定なセミキノン $QH^{\bullet}$ を経て2段階でユビキノンに酸化される．2回のQサイクルでは，ユビキノールがもつ二つの電子のうちの一つはシトクロム bc_1 複合体内のリスケ*11型鉄–硫黄タンパク質部位に渡り，もう一つの電子はシトクロム bc_1 複合体内の二つあるシトクロム b のうちの一つ(b_L)に渡る．このとき，二つのプロトンが膜間部側に運び出される．電子を受け取ったシトクロム b_L は同じ複合体内のシトクロム b_H に電子を渡し，一方，リスケ型鉄–硫黄タンパク質部位に渡った電子は同じ複合体内のシトクロム c_1 に伝達される．シトクロム c_1 は，次に水溶性のシトクロム c に電子を渡し，シトクロム c は

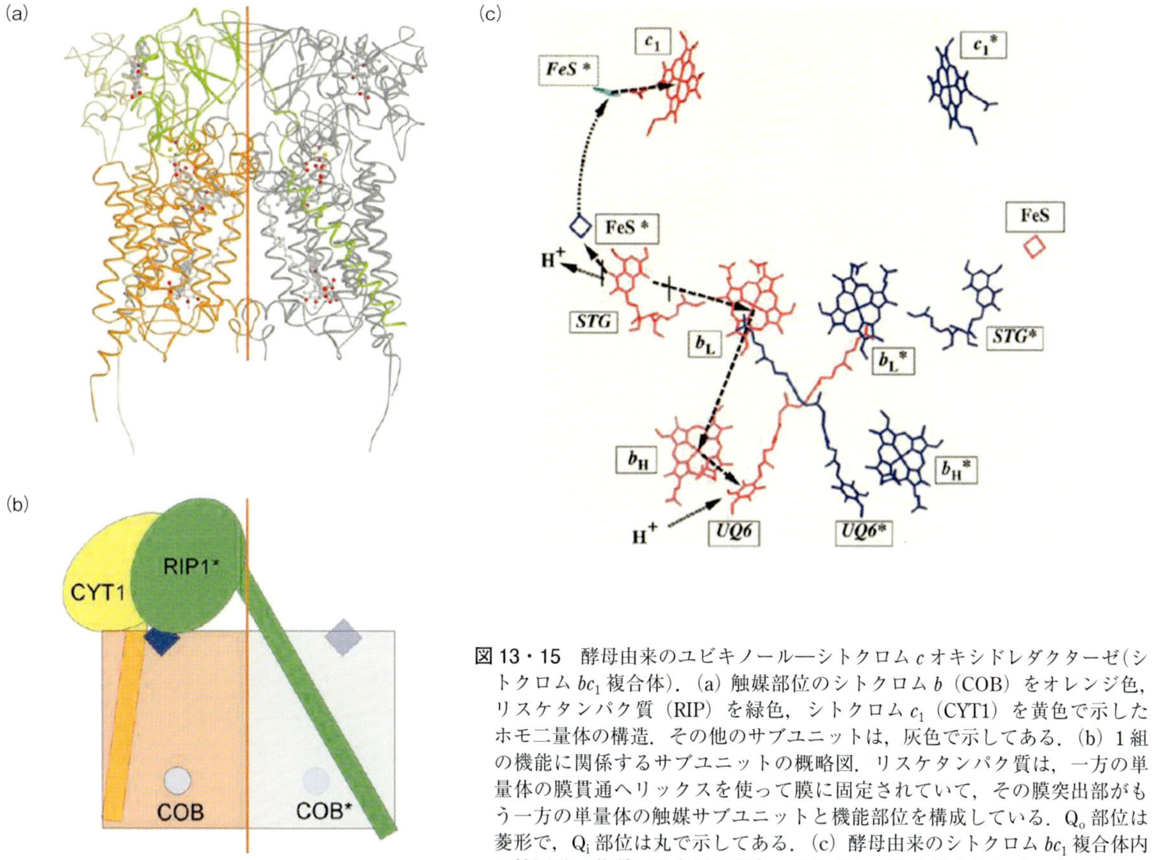

図13・15　酵母由来のユビキノール—シトクロム c オキシドレダクターゼ(シトクロム bc_1 複合体)．(a) 触媒部位のシトクロム b（COB）をオレンジ色，リスケタンパク質（RIP）を緑色，シトクロム c_1（CYT1）を黄色で示したホモ二量体の構造．その他のサブユニットは，灰色で示してある．(b) 1組の機能に関係するサブユニットの概略図．リスケタンパク質は，一方の単量体の膜貫通ヘリックスを使って膜に固定されていて，その膜突出部がもう一方の単量体の触媒サブユニットと機能部位を構成している．Q_o 部位は菱形で，Q_i 部位は丸で示してある．(c) 酵母由来のシトクロム bc_1 複合体内の補因子，基質，阻害剤の配向．それぞれの単量体AとBは，赤と青でそれぞれ示してある．膜から突出した部位は動きやすく，[2Fe–2S]クラスター部位は，ヘム b_L に非常に接近した位置（b 位置）とヘム c_1 に非常に接近した位置（c 位置）の異なる配向が見つかっている．後者の配向はウシ由来のシトクロム bc_1 複合体の構造でみられ（X, PDB：1BE3），その[2Fe–2S]クラスター部位の位置は，緑色で示してある．酵母の酵素には，スチグマテリンは，Q_o 部位に結合して b 位置の構造を安定化する．電子の移動とプロトンの取込みは，直線の矢印で示してある．曲線の矢印は，[2Fe–2S]クラスター部位の移動を示し，クラスター部位の酸化はシトクロム c_1 によって起こっているようである．このような補因子の空間的な配置が速い電子移動を可能にしている．［Hunte, 2001より．Elsevierの許可を得て転載．©2001］

＊11　リスケ(Rieske)は英語ではリスキーと発音される．

前の節で解説したように末端酸化酵素であるシトクロム *c* オキシダーゼに電子を渡す．1回めのQサイクルで電子を受け取ったシトクロム b_H は，この反応により生じたユビキノン(Q)をセミキノン $QH^\bullet$ に還元し，さらにこのセミキノンは2回目のQサイクルでもう一度電子を受け取ったシトクロム b_H によりさらにユビキノール(QH_2)に還元される．この反応（キノンをキノールに還元する反応）に必要な二つのプロトンは，内膜のマトリックス側から供給される．2回のユビキノールサイクル全体の反応の収支は，式(10)のようになる．

$$QH_2 + 2\,\mathrm{cyt}c_1(Fe^{3+}) + 2H^+_{\text{マトリックス側}} \longrightarrow Q + 2\,\mathrm{cyt}c_1(Fe^{2+}) + 4H^+_{\text{膜間部}} \qquad (10)$$

真核生物のシトクロム bc_1 複合体は多くのサブユニットからなるホモ二量体*12である（図13・15a）．おのおのの単量体は，二つの *b* 型ヘムをもつシトクロム *b* 部位，[2Fe-2S]クラスターをもつリスケ型鉄-硫黄タンパク質部位(ISP)，シトクロム c_1 部位の三つの触媒機能に関わるサブユニットをもっていて，それらの構造は図13・15(b)にシトクロム *c* とともに示してある．リスケ型のタンパク質部分は膜貫通ヘリックスにより膜に固定されていて，それぞれの膜突出部はもう一方の単量体由来のサブユニットと相互作用して触媒機能部位を形成している．ユビキノールが結合する Q_o 部位は菱形で，キノンやセミキノンが結合する Q_i 部位は丸で示してある．図13・15(c)には，酵母由来のシトクロム bc_1 複合体内の補因子，基質，阻害剤分子の配向が示してある．ホモ二量体を形成するそれぞれの単量体AとBは，赤と青でそれぞれ色分けして示してある．膜から突出した部位が動きやすい構造であるため，[2Fe-2S]クラスター部位は，ヘム b_L に非常に接近した位置（*b* 位置）とヘム c_1 に非常に接近した位置（*c* 位置）に配向した異なった構造が見つかっている．ウシ由来のシトクロム bc_1 複合体では，[2Fe-2S]クラスター部位がヘム c_1 に近い位置に見つかっていて，その位置を図13・15(c)の中に緑色で示してある．酵母由来のシトクロム bc_1 複合体では，スチグマテリンは Q_o 部位に結合し，[2Fe-2S]クラスター部位が *b* 位置にある構造を安定化するため酵素機能（電子伝達機能）が阻害されるのである．電子の流れとプロトンの取込みは，直線の矢印で示してある．曲がった矢印は，[2Fe-2S]クラスター部位の移動を表していて，この移動により電子が[2Fe-2S]クラスター部位からシトクロム c_1 に渡ることができるのであろう．これら補因子の空間的な配置が，速い電子移動を可能にしているのである．シトクロム bc_1 複合体の中央部分は，シトクロム *b* 部位由来の単量体につき8本の膜貫通ヘリックスから形成されている．シトクロム c_1 部位とリスケタンパク質部位の触媒部位は，図13・15(b)に示してあるように膜間部位内に位置している．

同じ機能をもつ，構造がより簡単な bc_1 複合体が多くの細菌の細胞膜に見つかっていて，呼吸，脱窒，窒素固定，光合成系の電子伝達などに関わっている．

鉄-硫黄タンパク質

進化の過程の最初の10億年の間，地球は嫌気的な環境にあった．それはすなわち，鉄と硫黄が豊富に存在していたのでおそらく鉄-硫黄クラスターをもったタンパク質がたくさん存在し，自然が手にすることができた最初の触媒の一つであったことを意味している（Huber, Wächtershäuser, 2006）*13．鉄-硫黄クラスターをもつタンパク質は現在ほとんどすべての生物に広く分布しているが，金属タンパク質の一つの部類として認知されるようになったのは，1960年代に酸化型のタンパク質が特徴的なEPRスペクトルを示すことが発見されてからである．鉄を含んだタンパク質の第二のクラスに分類されるものは，硫黄が鉄に配位したタンパク質であり，Cys残基のチオール基を使ってポリペプチド鎖に結合しているものと，無機の硫黄とCysのチオール基の両方を配位子として結合しているものがある．鉄-硫黄クラスターを生物が利用するのは，それらが容易に電子を伝達できるためだけでなく，有機基質の中の電子密度の高い酸素や窒素原子に結合しようとする性質があるからである．

鉄-硫黄タンパク質には，鉄-硫黄タンパク質やそれらのモデル錯体の結晶構造解析から同定された（Rao, Holm, 2004），四つの基本骨格構造がある（図13・16）．(a) 細

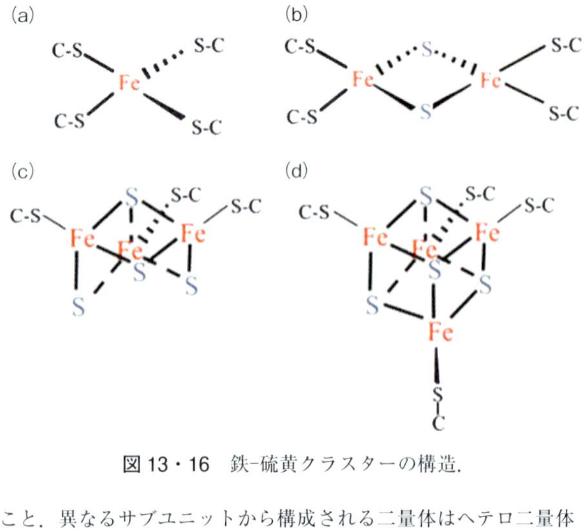

図13・16 鉄-硫黄クラスターの構造．

*12 訳注: 二つの同じサブユニットで構成されている二量体のこと．異なるサブユニットから構成される二量体はヘテロ二量体とよばれる．

*13 Günther Wächtershäuser は，進化論とその実験的検証の熱烈な支持者であったが，彼の本業は弁理士であった．

菌内のルブレドキシン類．単核の鉄に四つのCys残基が配位した[Fe-S]クラスターをもち，中心にある鉄は二価と三価を使って機能する，(b) 二つの鉄と二つの無機硫黄（スルフィド）で菱形を形成した[2Fe-2S]型クラスターをもつもので，クラスター全体の電荷*14が+1と+2の状態が安定である（配位しているCys由来のチオラートは電荷の計算から除外している），(c) 三つの鉄と四つのスルフィドで立方体状の[3Fe-4S]型クラスターをもつもので，クラスター全体の電荷が0と+1の状態が安定である，(d) 四つの鉄と四つのスルフィドで立方体を形成した[4Fe-4S]型クラスターをもつもので，フェレドキシンタイプではクラスター全体の電荷が+1と+2の状態が安定であり，HiPIPとよばれるタイプのクラスターでは+2と+3が安定である．タイプ(a)とタイプ(b)～(d)をもつ低分子量のタンパク質をそれぞれルブレドキシン(Rd)，フェレドキシン(Fd)とよぶ．タンパク質からの配位子はほとんどの場合Cys残基であるが，他の配位子の場合もみられ，とりわけHis残基が配位した場合があり，リスケタンパク質の[2Fe-2S]型クラスター部位には二つのHis残基がCys残基の代わりに配位している．これらルブレドキシンやフェレドキシンのような部位は，生体内では電子伝達系や酵素に対する電位供与体の中にみられるほかに，酸化還元

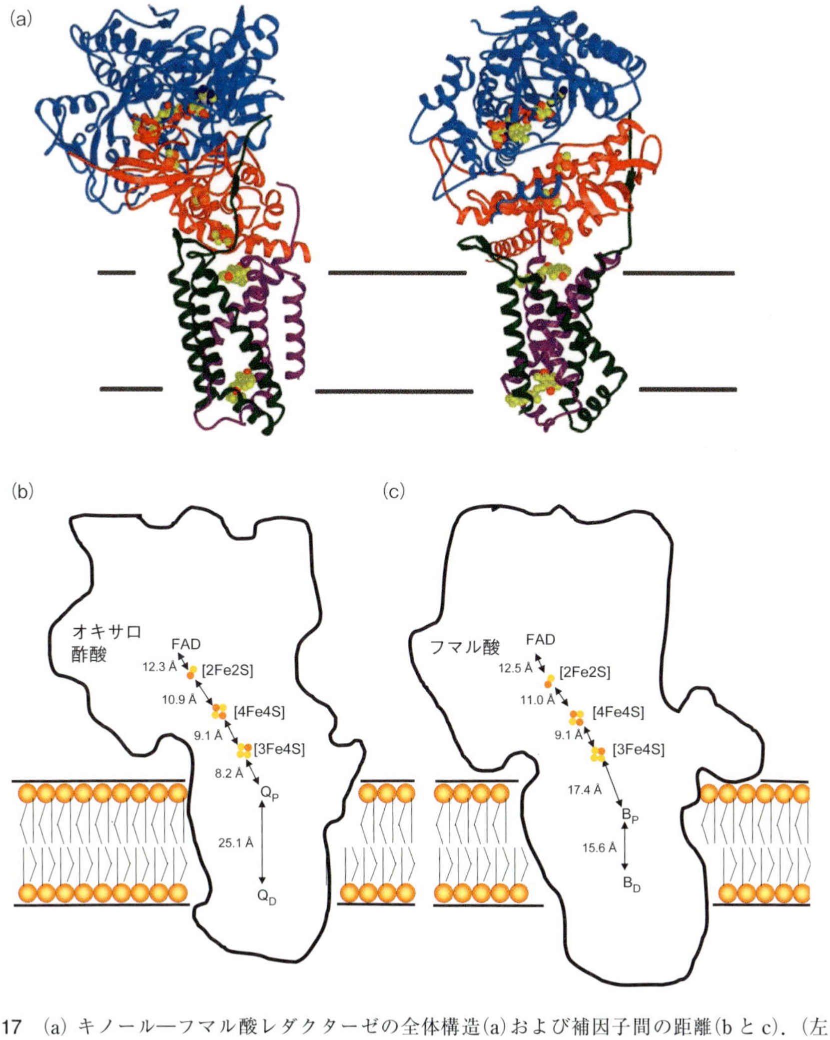

図 13・17 (a) キノール―フマル酸レダクターゼの全体構造(a)および補因子間の距離(bとc)．(左側) 大腸菌(*E. coli*)の酵素．(右側) *W. succinogenes* 由来の酵素．[Iverson *et al.*, 2002 より．American Society for Biochemistry and Molecular Biology の許可を得て転載．©2002]

---

*14 訳注：[2Fe-2S]型クラスターでは二つの鉄の酸化数は $Fe^{II}Fe^{III}$ と $Fe^{III}Fe^{III}$ の状態が安定であり，[3Fe-4S]型クラスターでは三つの鉄の酸化数は $Fe^{II}Fe^{III}Fe^{III}$ と $Fe^{III}Fe^{III}Fe^{III}$ の状態が安定である．フェレドキシンタイプの[4Fe-4S]型クラスターでは四つの鉄の酸化数は Fe^{II} が三つ，Fe^{III} が一つのとき，Fe^{II} が二つ，Fe^{III} が二つのときの状態が安定であり，HiPIPタイプの[4Fe-4S]型クラスターでは四つの鉄の酸化数は Fe^{II} が二つ，Fe^{III} が二つのとき，Fe^{II} が一つ，Fe^{III} が三つのときの状態が安定である．

酵素の中で電子を伝える電線のような働きをしていて，物理的に離れている酸化体-還元体の間で一度に 1 個の電子を伝達している（図 13・17）．膜に結合したキノールから細胞質側のフマル酸に電子を伝達している大腸菌由来のキノール—フマル酸レダクターゼでは，電子はキノールから電線のような働きをしている三つの異なる鉄-硫黄クラスターを通って活性部位で酵素と共有結合でつながったフラビンアデニンジヌクレオチド(FAD)に届けられ，最終的にはフマル酸の還元に用いられている（図 13・17）．金属が置換されたり簡単なクラスターが架橋してつながったりした金属混成のあるいは混合クラスターのようなもっと複雑なクラスターの構造が特殊な酸化還元酵素の中で見つかっている（Rees, 2002）．

鉄-硫黄タンパク質の生理的機能は，1 電子移動反応だけではない．別の機能をもった鉄-硫黄タンパク質が脱水酵素の中にはあり，その代表例がアコニット酸ヒドラターゼである．これらの酵素はすべて[4Fe-4S]クラスターを

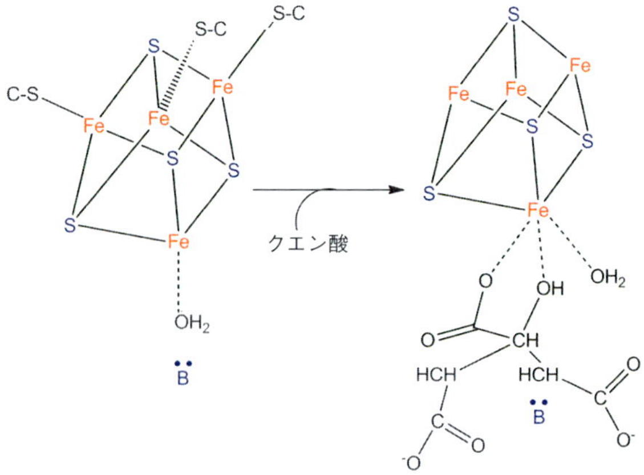

図 13・18 基質結合過程でのクラスターの役割．アコニット酸ヒドラターゼでは，基質の結合に伴い，クラスターの配位構造が 4 配位から 6 配位に変化する．基質が配位した鉄原子が脱水反応において水酸化物イオンを引き抜く．[Voet, Voet, 2004 より改変]

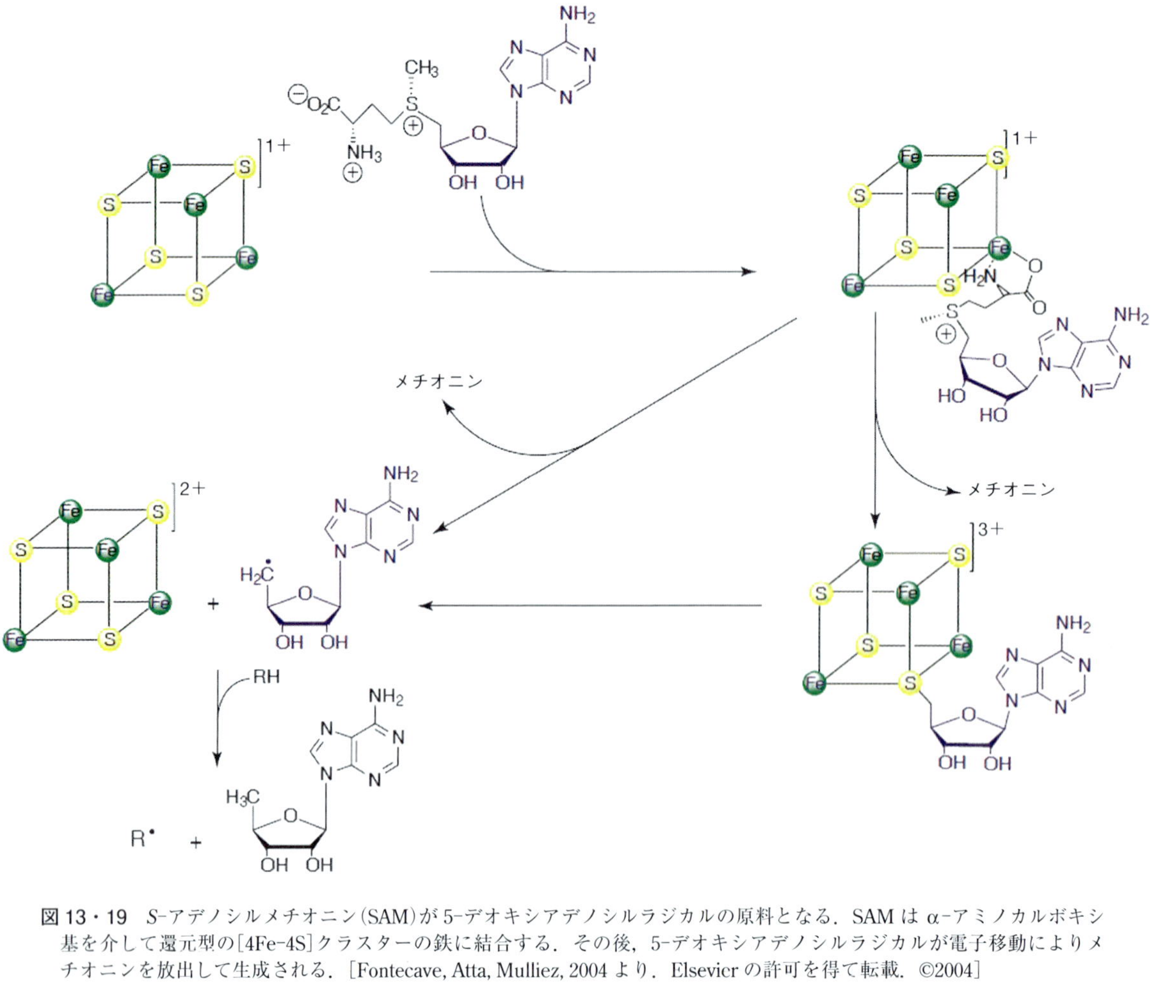

図 13・19 *S*-アデノシルメチオニン(SAM)が 5-デオキシアデノシルラジカルの原料となる．SAM は α-アミノカルボキシ基を介して還元型の[4Fe-4S]クラスターの鉄に結合する．その後，5-デオキシアデノシルラジカルが電子移動によりメチオニンを放出して生成される．[Fontecave, Atta, Mulliez, 2004 より．Elsevier の許可を得て転載．©2004]

もっている（図13・18）．しかし，四つの鉄のうち三つは他と同様にチオラート配位子をもっているが，残りの一つはチオラート配位子がなく，活性部位の溶媒側にむき出しになっていて，水が弱く配位している．基質（アコニット酸ヒドラターゼではクエン酸）がこの鉄に配位すると，基質のカルボキシ基とヒドロキシ基が配位するためこの鉄は正四面体（4配位）構造から八面体（6配位）構造になる．活性部位で塩基として働くアミノ酸残基が配位した基質のメチレン基のプロトンを引き抜き，それと同時に鉄がルイス酸として働き配位したヒドロキシ基を脱離させ，基質の脱水反応が起こる．ここでは鉄-硫黄クラスターは，電子移動を行っているのではなく，基質と結合し正の電荷を供給することにより触媒として機能しているのである．

リシン-2,3-アミノムターゼ，ピルビン酸—フマル酸リアーゼ，嫌気的リボヌクレオチドレダクターゼのような *S*-アデノシルメチオニン（SAM）を用いた反応を行う三つの鉄-硫黄タンパク質の研究は，SAMが生体内のおもなフリーラジカル種源となっていることをよく認識させてくれる（最近の総説としてAtta *et al.*, 2010を参照）．これらの酵素は脱水酵素であり，前に説明したような三つの鉄がCysと結合し一つが基質と結合できるようになった[4Fe-4S]クラスターをもっている．このクラスターは還元型$[4Fe\text{-}4S]^{1+}$のときだけ活性があり，前に説明したような基質結合部位としての機能と酸化還元反応の触媒部位としての機能の二つの役割を担っている（図13・19）．活性部位の露出した鉄にSAMのアミノ基とカルボキシ基が配位すると，鉄は八面体構造になる．電子が低電位のクラスターからSAMに移動すると，アデノシルラジカルを生成し，遊離したメチオニンが鉄に配位する．この遊離した硫黄原子の鉄の空いた配位座への配位が，エネルギー的に不利な電子移動反応過程を進行させるために役立っているようである．非常に活性な5′-デオキシアデノシルラジカルは，その後，基質RHから水素を引き抜きフリーラジカルR•を生成するという酵素反応を行う．現在これらの酵素は，ラジカルSAM酵素とよばれ，ビオチン合成や α-リポ酸合成などが含まれる多くの代謝経路の中で，大きなファミリーを構成している．これらの酵素は，脂肪族の基質に硫黄原子を挿入する反応を触媒している．アデノシルラジカルが脂肪族の基質を活性化した後，二つめの鉄-硫黄クラスターがこれに硫黄原子を挿入するための硫黄原子源となっている．

最後に，細胞質内のアコニット酸ヒドラターゼは鉄調節タンパク質として働いていて，アポ型のアコニット酸ヒドラターゼがフェリチンやトラスフェリン受容体のメッセンジャーRNAの中の鉄応答配列に結合して，これらのタンパク質の転写を調節しているということも思い出していただきたい（第8章）．

13・7 単核非ヘム鉄酵素

ヘムや鉄-硫黄クラスター以外の形式で鉄を含んでいるタンパク質はたくさんある．すでに学んだ鉄の貯蔵や輸送に関わるフェリチンやトランスフェリンはこうしたタンパク質である（第8章）．ここでは，それら以外の二つの部類について解説することにする．それらは，単核非ヘム鉄部位と二核非ヘム鉄部位をもったタンパク質である．単核非ヘム鉄酵素のなかには，酸素を活性化して基質に酸素原子を挿入するような酵素がたくさん含まれている．ここでは，単核非ヘム鉄酵素を高スピン鉄(Ⅱ)酵素と鉄(Ⅲ)酵素に分けて紹介する．

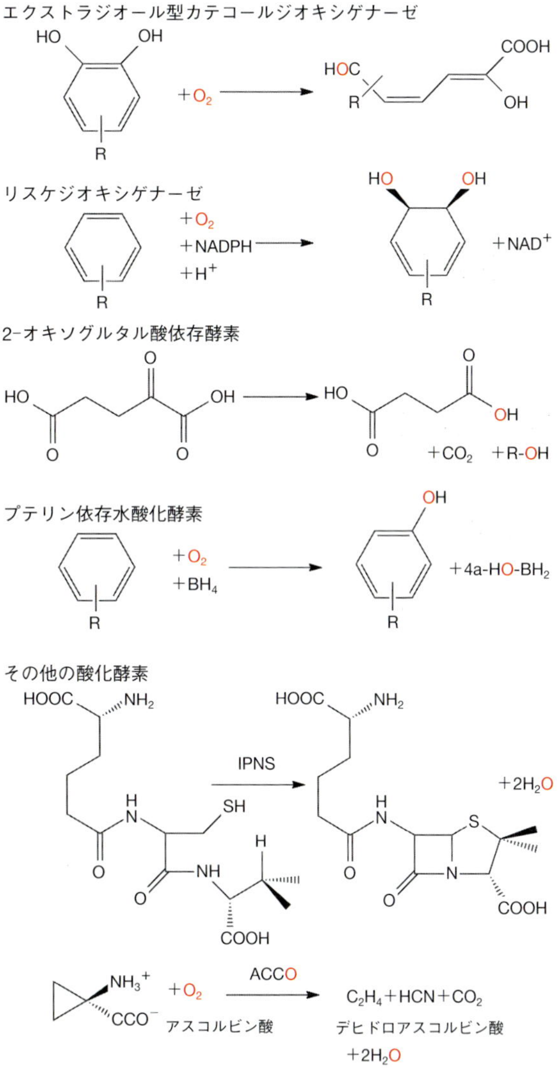

図13・20 二つのHis残基と一つのカルボン酸残基による *fac* 3配位様式をもった五つのファミリーに属する単核鉄酵素により触媒される反応．酸素分子は，おのおのの酸素原子がどうなったかを示すため赤字で示してある．[Koehntop, Emerson, Que, 2005より改変]

単核鉄(Ⅱ)酵素にはさまざまな反応を触媒するものがあり，五つのファミリーに分類することができる（図13・20）．

カテコールジオキシゲナーゼは，自然界における芳香族化合物の代謝の一翼を担っている．それらは，地中の細菌内にみられ，カテコールの代謝の最終段階の開環反応を触媒していて，これにより芳香族化合物は脂肪族化合物に変換される．エクストラジオール型の酵素は，Fe^{II}で機能し，イントラジオール型の酵素はFe^{III}で機能する．エクストラジオール型の酵素は，カテコールのジオール部分のすぐ隣のC−C結合を4電子酸化と酸素分子の二つの酸素原子を挿入させながら切断し，芳香環を開裂する反応を触媒している．

リスケジオキシゲナーゼ（単核鉄部位に加えリスケ型[2Fe-2S]クラスターをもっているためこうよばれる）は，2電子供与体としてNADHを用いて芳香族化合物のC=C二重結合を*cis*-ジヒドロキシ化する反応を触媒する．この反応においても酸素分子の二つの酸素原子が*cis*-ジオール生成物に挿入される．

2-オキソ酸依存酵素は，鉄(Ⅱ)部位と酸素分子のほか，通常は2-オキソグルタル酸やアスコルビン酸のような2-オキソ酸補因子を酵素反応のために絶対に欠かせないことが他の非ヘム鉄酵素と大きく異なっている．酵素反応では，2-オキソグルタル酸に酸素分子のうちの一方が挿入され脱炭酸を起こし，コハク酸になる．このグループの酵素は，C−H結合のヒドロキシ化反応，酸素移動反応，ヘテロ環合成反応，脱水素反応を行う．これらの酵素の例としては，プロリン4-ヒドロキシラーゼ，プロリンリシンヒドロキシラーゼ，クラバミン酸シンターゼ，4-ヒドロキシフェニルピルビン酸ジオキゲナーゼのようなものがある．プロリンリシンヒドロキシラーゼは，コラーゲンの成熟に不可欠なコラーゲン中のある特定のプロリンやリシンのヒドロキシ化反応を行う．またクラバミン酸シンターゼは，重要なβ-ラクタマーゼ阻害剤であるクラブラン酸の合成経路に含まれるため，細菌の薬物抵抗性の鍵となる酵素である．4-ヒドロキシフェニルピルビン酸ジオキゲナーゼは，哺乳類のPheやTyrの代謝で重要な過程である4-ヒドロキシフェニルピルビン酸をホモゲンチジン酸に変換する反応を触媒している．

第四のクラスは，**プテリン依存水酸化酵素**である．これらの酵素には，芳香族アミノ酸をヒドロキシ化する酵素などが含まれ，テトラヒドロビオプテリンを補因子としてPhe，Tyr，Trpのヒドロキシ化を行う．Tyrをヒドロキシ化する酵素は神経伝達物質やドーパミン，ノルアドレナリン，アドレナリンといったホルモンを合成する過程の律速段階となる反応を触媒している．Trpをヒドロキシ化する酵素はセロトニンを合成する過程の律速段階となる反応を触媒している．

最後のクラスは，その他いろいろな酸化酵素であり，これらには植物中でエチレンの生成を触媒するものやその他多くの多様な反応を触媒するものが含まれる．図13・20には，複素β-ラクタム環の環化反応を触媒するイソペニシリンNシンターゼ(IPNS)による反応の例が示してある．ペニシリンやセファロスポリン関連の抗生物質の重要性は治療薬として決して過小評価できず，それらの生合成経路の研究が盛んに行われている．これらの抗生物質の生合成の鍵となる反応は，δ-(L-α-アミノアジポイル)-L-システニル-D-バリン(AVC)の酸化的閉環反応によってペニシリンやセファロスポリンの前駆体であるイソペニシリンNを生成する過程であり，この反応はイソペニシリンNシンターゼによって触媒される．この反応は，酸素分子に備わった4電子酸化能力をフルに活用したものであり，反応後には酸素分子は2分子の水に還元される．前に解説したように，これらの酵素は厳密には酸化酵素であり，酸素分子の還元に必要な4電子は，基質から取出される．

これら酸素活性化を行う単核非ヘム鉄(Ⅱ)酵素はさまざまな化学反応を触媒しているが，それらの触媒部位には共通の構造モチーフが存在することが構造解析より明らかにされている．非ヘム鉄(Ⅱ)イオンの共通する配位構造は，二つのHis残基と一つのAsp残基あるいはGlu残基の三つの配位子からなる*fac*型配位[*15]構造であり，これら三つの配位子は八面体構造の中にできる一つの三角形平面の各頂点にくるよう鉄に*fac*配位している（図13・21a）．この二つのHis残基と一つのカルボン酸残基による*fac*配位様式は，20種類以上の酵素ファミリーの活性部位にみられる．金属活性部位は，タンパク質の強固なコア構造からのアミノ酸残基を使って二本鎖らせんβヘリックス構造[*16]中に収まっている．アミノ酸配列で見ると，配位子はHXD/E…Hモチーフのような配列をとっていて，保存された二つのHis間の距離はさまざまに変化している[*17]．ポルフィリン由来の四つの等価なエクアトリアル位の配位子をもったヘム酵素とは対照的に，二つのHis残基と一つのAsp残基あるいはGlu残基が配位空間の一つの面だけを占有するように配位していることが*fac*配位様式の優れた点である（図13・21a）．その結果，反対側の残りの三つの配位部位は交換可能な水分子で占有されることとな

＊15 訳注：*fac*異性体では，三つの同じ配位子が八面体の一つの三角面の頂点に位置している．
＊16 訳注：二つの平行なβシートがらせん構造を形成した構造で，タンパク質がもつ二次構造の中の一つ．
＊17 どんどん見つかっている鉄(Ⅱ)オキシゲナーゼのなかで，興味深いことにシステインジオキシゲナーゼはカルボン酸残基がヒスチジン残基に置き換わっている．

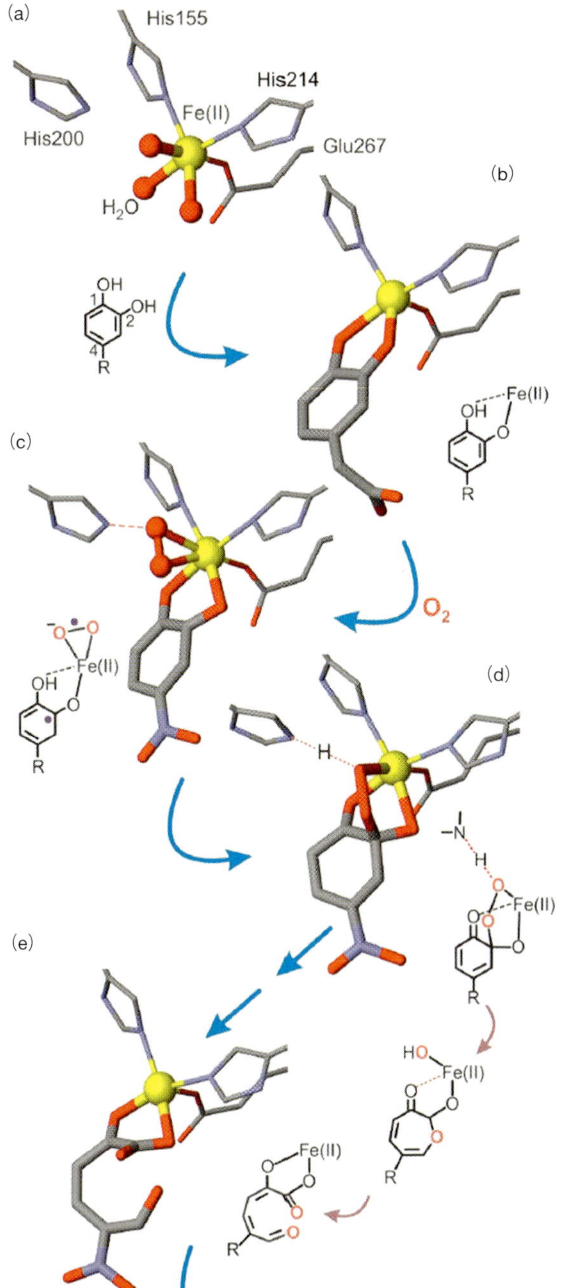

図 13・21 ホモプロトカテク酸 2,3-ジオキシゲナーゼ(HPCD)によるエクストラジオール型の芳香環開裂反応の反応機構．これまでに報告されている活性部位の構造が示されている．(a) 休止型の酵素，PDB: 2IG9．(b) HPCA 複合体，PDB: 1Q0C．(c～e) 4-ニトロカテコールを基質として用いたときの，(c) セミキノン-鉄(Ⅱ)-スーパーオキソ種，(d) 鉄(Ⅱ)-ペルオキソ種，(e) 生成物複合体，PDB: 2IGA．化学構造図は，提案されている電子の分布や構造が明らかとなっていない反応過程などの詳細を表している．図の色は，黄: 鉄(Ⅱ)，赤: 酸素，灰色: 炭素，青: 窒素．［Lipscomb, 2008 より．Elsevier の許可を得て転載．©2008］

り，ここに酸素分子，基質，補因子といった外来の配位子が結合でき，それによって鉄(Ⅱ)活性部位の反応性を調整できるような柔軟性をタンパク質部分に与え，先の節で見たような驚くほど多様な触媒反応を可能にしている．

図 13・21 には，エクストラジオール型ジオキシゲナーゼによる芳香環の開環反応の推定反応機構をホモプロトカテク酸 2,3-ジオキシゲナーゼ(HPCD)を例にして示してある（Lipscomb, 2008）．酵素活性部位は，中心の鉄イオンにアミノ酸残基由来の三つの配位子が *fac* 配位しその反対側を三つの水分子が配位していて（図 13・21a），ここに酸素分子は直接反応できない．休止型の酵素の活性部位にホモプロトカテク酸がカテコール部位のヒドロキシ基により結合すると，水が解離して鉄(Ⅱ) 5 配位構造に変化する．こうなると酸素分子と結合できるようになる（図 13・21b, c）．この構造は，反応機構のうえで二つの重要な意味をもっている．第一に，酸素分子と基質が反応を進行させるうえで都合がよい配置をとっているということであり，第二に，鉄を介して酸素と基質が電子的につながっているため，カテコールから酸素への電子移動が速くなるということである．これにより，酸素とカテコールはラジカル性を帯びることとなり，スピン許容な反応であるため迅速な反応が起こりアルキルペルオキソ中間体を生成することとなる（図 13・21c, d）．いったんこの中間体が生成すると，O−O 結合と C−C 結合の開裂が起こり七員環ラクトンとなる．ラクトンは，鉄イオン上に残った一方の酸素原子（ヒドロキシ基）によって加水分解を受け開環生成物となり，酵素から解離する（図 13・21e）．図 13・21 に示した反応機構は広く受け入れられているが*18，ジオキセタンを生成する機構や他の *fac* 型 3 配位構造の酵素ファミリーで提案されている鉄(Ⅳ)オキソのような高原子価鉄オキソ種を生成する機構など他の機構も提案されている（Krebs, Fujimori, Walsh, Bollinger, 2007）．

つぎつぎに新たなタンパク質の構造が解明されるに伴い，単核非ヘム鉄オキシゲナーゼのなかには，二つの His 残基と一つのカルボン酸残基による配位様式が，他の配位構造やマンガン(Ⅱ)に置き換わったものがあることが明らかになり始めている．

このほかにも，イントラジオール型カテコールジオキシゲナーゼやプロトカテク酸 3,4-ジオキシゲナーゼ（PCD）といった鉄(Ⅲ)で機能する単核非ヘム酵素がある．プロトカテク酸 3,4-ジオキシゲナーゼは，3,4-ジヒドロ安息香酸（プロトカテク酸）を β-カルボキシ-*cis, cis*-ムコン酸に変

*18 この機構を支持する重要な結果は，HPCD が結晶中でも触媒活性が残っていて，反応性の低い基質と低酸素濃度条件での X 線回折実験から反応サイクル中の三つの異なった中間体がはっきりと見つかったことである（それらの構造は図 13・22c～e に示してある）．

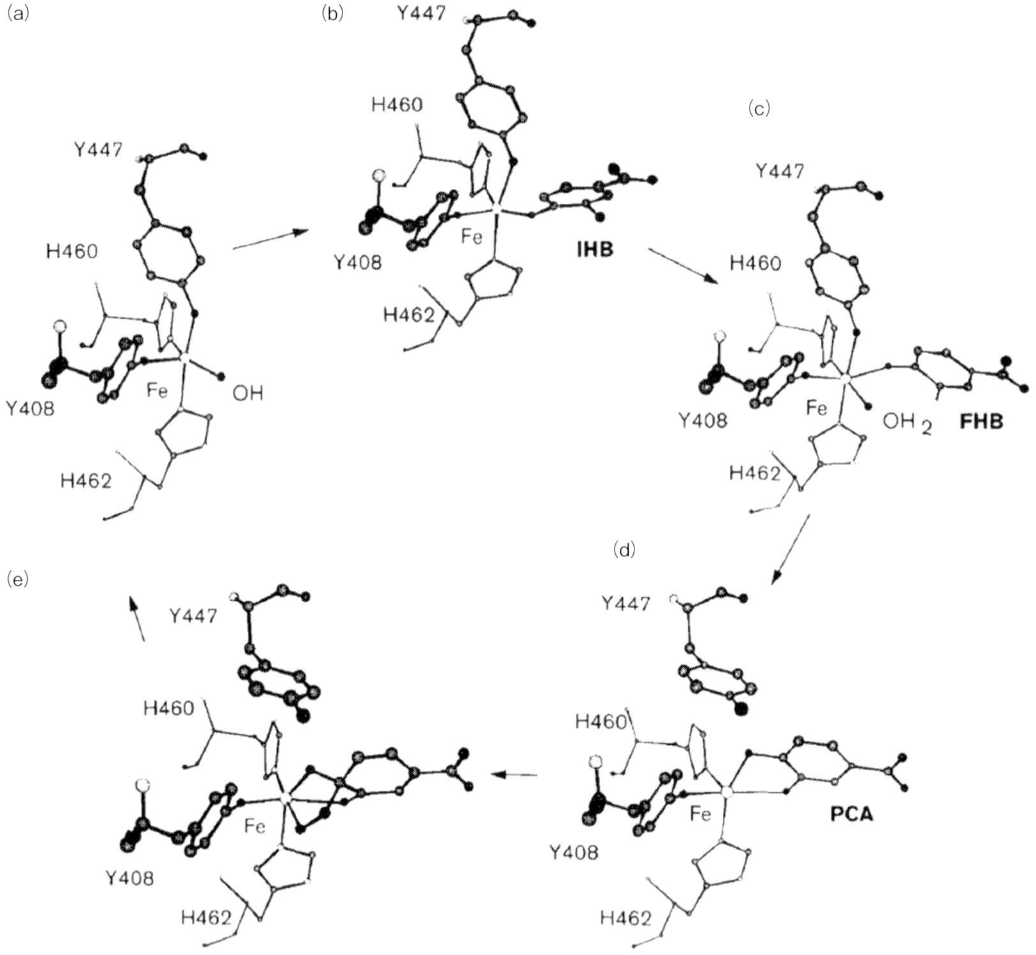

図13・22 基質や基質類似体と結合したプロトカテク酸3,4-ジオキシゲナーゼ（PCD）の鉄活性部位の構造．(a) 単離されたPCD．(b) 3-ヨード-4-ヒドロキシ安息香酸(IHB)複合体．大きなヨウ素原子が活性部位のサイズに適合しないため，この構造は，基質結合の初期段階を表していると考えられている．(c) 3-フルオロ-4-ヒドロキシ安息香酸(FHB)複合体．より小さいフッ素原子により活性部位により適合した基質となっている．(d) 酵素-基質複合体（PCA：3,4-ジヒドロキシ安息香酸）．Y447が基質の二つめのプロトンを取り，基質とキレート配位した複合体が生成するように置き換わる．(e) 酵素-基質-酸素分子三元錯体の推定構造．［Lange, Que, 1998より．Elsevierの許可を得て転載．©1998］

換する酵素であり，カテコールジオキシゲナーゼのなかで最もよく研究されている．単離されたプロトカテク酸3,4-ジオキシゲナーゼは，溶媒分子，おそらくヒドロキシ基と二つのチロシン残基，二つのヒスチジン残基が三角両錐構造でFe^{3+}に結合している．触媒サイクルの各過程は，ホモプロトカテク酸2,3-ジオキシゲナーゼと同様に，基質や基質類似体が結合した酵素の結晶構造解析により明らかにされている（図13・22）．酵素に基質が結合するとき，Tyr447が基質（カテコール）の二つめのヒドロキシ基のプロトンを受け取り，鉄中心から解離するため，基質はキレート配位する．その後酸素分子が結合し，酵素-基質-酸素分子という三元錯体を生成する．ペルオキソモデル（図13・22e）以外のすべての構造は，X線結晶構造から得られている．

リポキシゲナーゼは，植物や動物の体内に広く見つかる

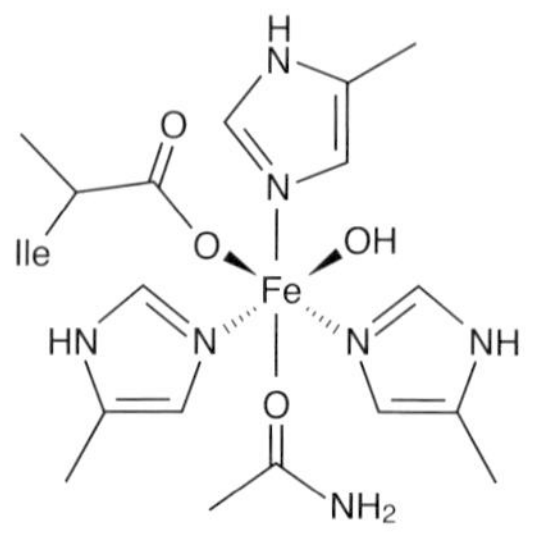

図13・23 植物のリポキシゲナーゼの活性部位の配位構造．［Andreou, Feussner, 2009より改変］

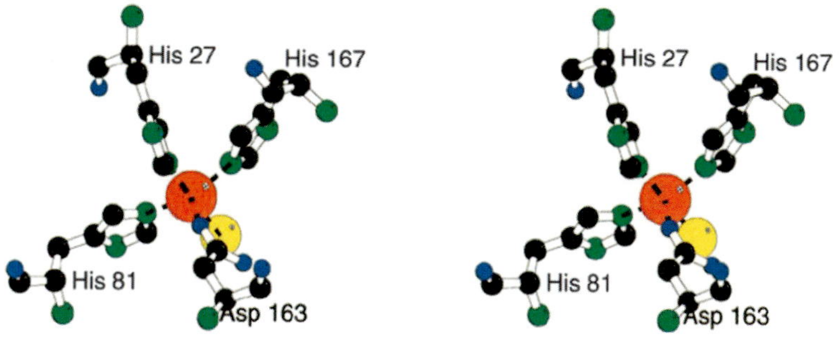

図 13・24　*Asuifex pyrophilus* 由来のスーパーオキシドジスムターゼの鉄に配位する配位子．鉄イオン(赤)と水分子(黄)は番号をつけていない．[Lim *et al*., 1997 より．Elsevier の許可を得て転載．©1997]

酵素であり，*cis,cis*-1,4-ペンタジエン骨格をもつ不飽和脂肪酸を対応する 1-ヒドロペルオキシ-*trans, cis*-2,4-ジエンに酸化する反応を触媒している．哺乳類の本酵素の典型的な反応は，アラキドン酸を炎症メディエーターとして働くロイコトリエンやリポキシンの前駆体となるペルオキシドに変換する反応である．この酵素の活性部位の構造は，五つのアミノ酸残基と水またはヒドロキシ基が非ヘム鉄イオンに配位した 6 配位構造をとっている（図 13・23）．植物のリポキシゲナーゼでは，五つのアミノ酸残基はいつも三つの His 残基と一つの Asn 残基，そしてタンパク質 C 末端の Ile のカルボキシ基である．一方，哺乳類のリポキシゲナーゼでは，四つの His 残基とタンパク質 C 末端の Ile のカルボキシ基である（Andreou, Feussner, 2009）.

このほかの鉄(Ⅲ)で働く単核非ヘム鉄酵素には，細菌類のスーパーオキシドジスムターゼがある．この酵素は，His 残基三つ，Asp 残基一つ，水分子一つが配位したプロトカテク酸 3,4-ジオキシゲナーゼに類似した活性部位をもつ（図 13・24．Lim *et al*., 1997）.

13・8　二核非ヘム鉄酵素

鉄タンパク質の最後のクラスは，ヘムと硫黄をもたない二核鉄部位をもった大きなグループであり，まとめて二核鉄タンパク質とよばれることがある．これら二核鉄タンパク質の共通点は，機能する際に酸素分子と反応することである．このクラスのタンパク質の金属結合部位のもっと適切な構造表記は，μ-カルボキシラート二核鉄部位であろう（Nordlund, Eklund, 1995）．これらのタンパク質のすべてが，4 ヘリックスバンドル構造*19 をもっていて，それが μ-カルボキシラート二核鉄骨格を取囲んでいる．二核鉄の鉄間距離は 0.4 nm 以下であり，一つ以上のカルボキシラート架橋配位子が架橋し，各鉄イオンにはカルボキシラートやヒスチジン残基が配位していて，ときおり，特に二つの鉄イオンが Fe^{III} のときには，オキソ，ヒドロキソ，あるいはアクア架橋配位子で架橋されている（Kurz, 1997）．二核金属部位は 4 ヘリックスバンドルドメインの中に収まっていて（図 13・25），こうした構造は酸素分子の結合や活性化に適した骨格となっているようである．このファミリーの多くのタンパク質では，鉄イオンに結合する四つの配位子が二つの E(D/H)XXH モチーフから供給されている．これら二核鉄タンパク質の機能には以下のようなものがある．1）鉄を貯蔵するフェリチン（哺乳類のフェリチンでは細菌内のフェリチンで見つかったような二核鉄部位を H 鎖にもっている）．2）多くの海洋性の無脊椎動物の酸素運搬体であるヘムエリトリン（同様のタンパク質は古細菌内にも見つかっている）．3）クラスⅠリボヌクレオチドレダクターゼの R2 サブユニット(RNR-R2)．ここでは二核鉄部位がチロシルラジカルを生成するために必要となり，次に生成したチロシルラジカルが約 35 Å 離れたところにある活性部位にチイルラジカルを生成する．4）好気性の細菌や古細菌の中でペルオキシドの捕捉剤として働くルブレリトリン（ルブレドキシンとヘムエリトリンの短縮語，ルブレドキシン型の単核鉄硫黄部位[$Fe(Cys)_4$]と二核鉄部位の両方を備えている）．5）飽和脂肪酸に C=C 二重結合を導入するステアロイル-アシル運搬タンパク質 Δ^9-デサチュラーゼ，6）アルカン，アルケン，芳香環を含む多くの炭化水素類のヒドロキシ化反応を触媒する細菌由来の多成分系のモノオキシゲナーゼ．このファミリーのタンパク質には，メタンやトルエンを対応するアルコールに変換するメタンモノオキシゲナーゼ（MMOH）やトルエンモノオキシゲナーゼヒドロキシラーゼ（ToMOH）などが含まれる．ここでは，メタンモノオキシゲナーゼやクラスⅠリボヌクレオチドレダクターゼの反応機構は簡単に解説し，フェリチンの機能については第 19 章で詳細に解説する．

これらのタンパク質の二核鉄部位の配位子は非常によく

*19　訳注：四つの α ヘリックスが平行，逆平行で束になったタンパク質の三次構造．

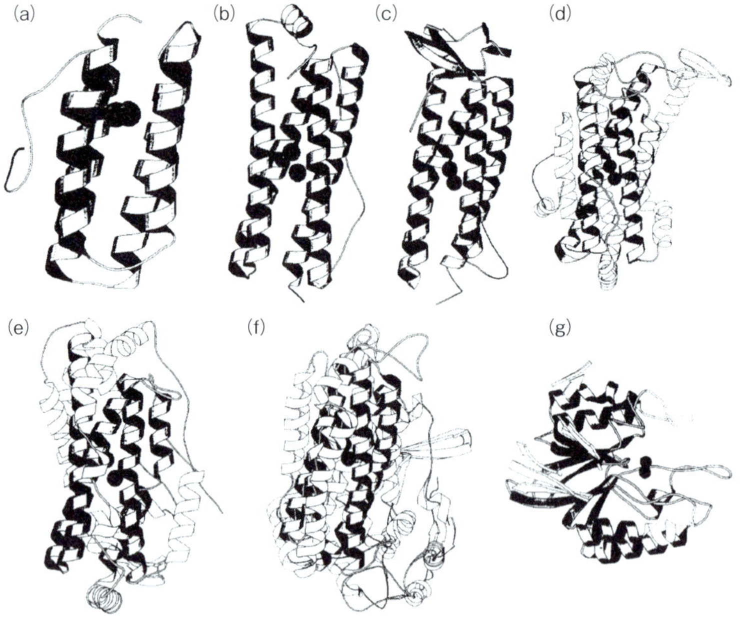

図 13・25　二核鉄タンパク質の三次元構造．鉄結合サブユニットの構造．(a) ヘムエリトリン．(b) バクテリオフェリチン．(c) ルブレリトリン．(d) リボヌクレオチドレダクターゼ R2 サブユニット．(e) ステアロイル-アシル運搬タンパク質 Δ^9-デサチュラーゼ．(f) メタンモノオキシゲナーゼヒドロキシラーゼの α サブユニット．［Nordlund, Eklund, 1995 より．Elsevier の許可を得て転載．©1995］

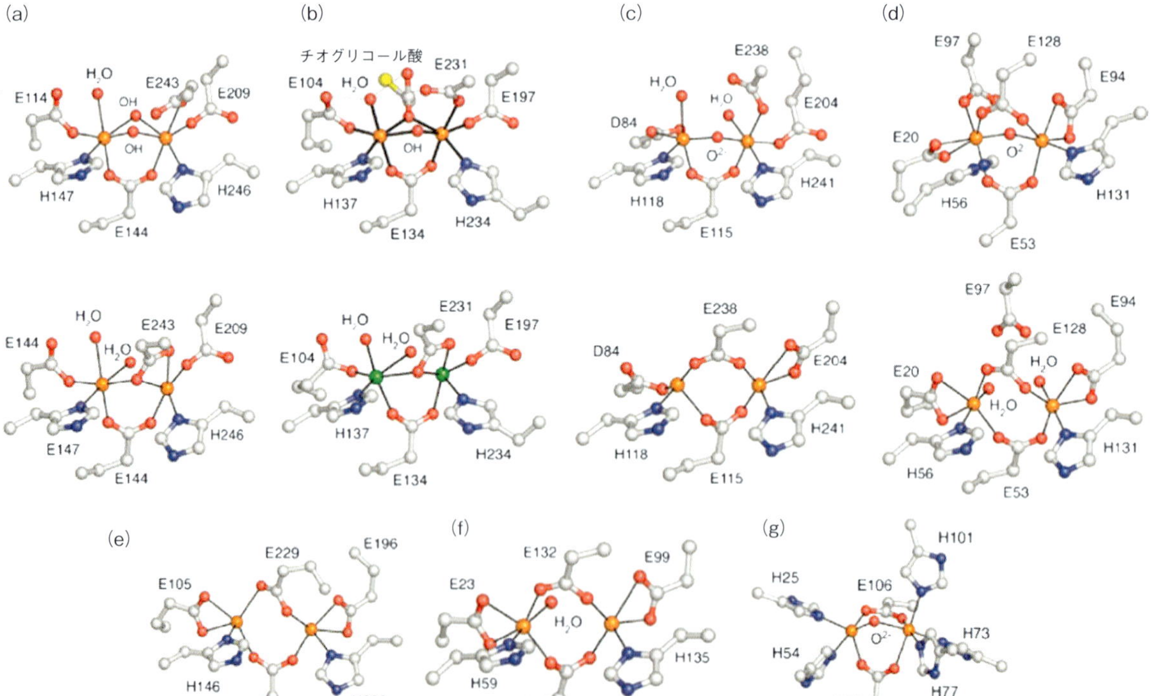

図 13・26　酸素分子と結合するカルボキシラート架橋二核鉄部位の構造．(a) 酸化型(上)と還元型(下)のメタンモノオキシゲナーゼ(MMOH)．(b) 酸化型のトルエンモノオキシゲナーゼヒドロキシラーゼ(ToMOH)(上)と，Mn^{2+}で再構成した ToMOH(下)．(c) 酸化型(上)と還元型(下)の RNR-R2．(d) 酸化型(上)と還元型(下)のルブレリトリン．(e) 還元型のステアロイル-アシル運搬タンパク質 Δ^9-デサチュラーゼ．(f) 還元型バクテリオフェリチン．(g) 酸化型ヘムエリトリン．Fe1 は左側の鉄，Fe2 は右側の鉄．［Sazinsky, Lippard, 2006 より．American Chemical Society の許可を得て転載．©2006］

似ている．図13・26に，MMOH，ToMOH，RNR-R2，ルブレリトリン，ステアロイル-アシル運搬タンパク質Δ^9-デサチュラーゼ，バクテリオフェリチン，酸化型ヘムエリトリンの二核鉄-カルボキシラート部位の構造が示してある．これらすべての酵素では，二核鉄部位の一方の側に同一の三つのアミノ酸からなる構造モチーフがある．それらは架橋配位子であるGlu残基と二つのHis残基から成り立っていて，活性部位となる空間とは離れた部分に配位している．MMOHとToMOHの残りの配位子は，他の五つのタンパク質の配位子とはまったく異なっている．休止状態のこれらの酵素では，Fe1に単座のGlu残基と水が，Fe2に二つの単座のGlu残基と架橋ヒドロキシ基が配位し，それぞれの鉄イオンは八面体構造（6配位構造）をとっている．RNR-R2，Δ^9-デサチュラーゼ，バクテリオフェリチン，ルブレトリンでは，二核鉄部位の反対側のカルボキシラート配位子がまったく異なった構造をとっている．これらの酵素が触媒する化学反応が大きく異なっているのは，間違いなくこれらの活性部位の構造の違いを反映した結果であるが，配位子がどのように変化すると酵素機能がどのように変化するのかということを予測することはまだできない．

細菌由来のメタンモノオキシゲナーゼ（BMM）のなかで最もよく研究が行われている水溶性メタンモノオキシゲナーゼ（sMMOH）の構造と反応機構について簡単に解説する（図13・27）．これらの酵素は，不活性なメタンのC−H結合を活性化してメタノールを合成することができる．水溶性メタンモノオキシゲナーゼは三つのタンパク質ユニットから成り立っていて，それらはカルボキシラート架橋の二核鉄部位をもち水酸化酵素として働くMMOH，調節タンパク質として働くMMOB，NADHから二核鉄部位に電子を伝達するための[2Fe-2S]とFADを含む還元酵素（MMOR）である．水酸化酵素ユニット（MMOH）は，$\alpha_2\beta_2\gamma_2$サブユニットからなるヘテロ二量体であり，二核鉄部位はαサブユニットのB，C，E，Fヘリックスによってつくられる典型的な4ヘリックスバンドルの中にある．EヘリックスとFヘリックスは，水酸化酵素ユニットの表面にあり，酵素のくぼみの縁の一部を構成していて，二核鉄部位は，縁から12Å下にある．MMOHの反応機構では，まず休止状態の酵素の二つのFe^{III}が還元型MMORにより両方ともFe^{II}に還元される．二つの架橋ヒドロキシ基はこの過程で水として放出され，Glu243のカルボキシ基がFe2の方に配位した構造のまま架橋配位子となり，Fe1には水が弱く配位する．鉄-鉄間の距離は長くなり，活性部位空間に面したFe2に空間ができ，そこに酸素分子が配位できるようになり，$H_{superoxo}$と表記される中間体を生成する．これはさらにH_{peroxo}と表記されるペルオキソ中間体に変化する．この中間体は，それ自身，基質に酸素を挿入する活性をもち合わせている．しかし，MMOHの鍵と

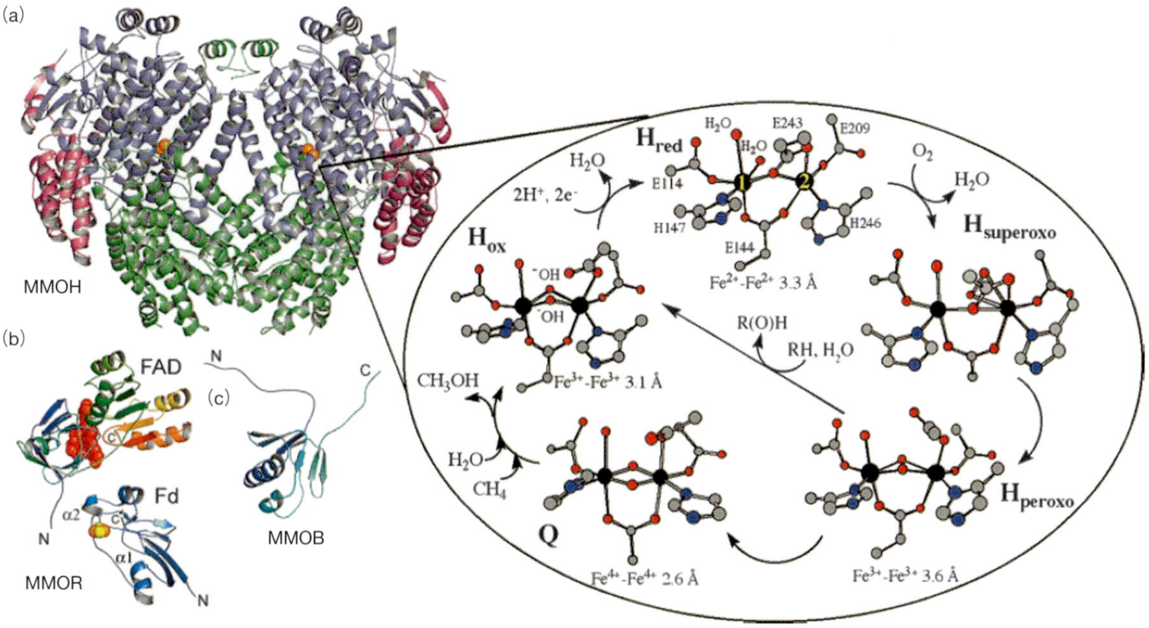

図13・27　水溶性メタンモノオキシゲナーゼ（sMMOH）ユニットの構造と推定反応機構．(a) MMOH．(b) MMORのFADとフェレドキシン（Fd）ドメイン．(c) MMOB．MMOH中のα，β，γサブユニットは，青，緑，紫を使ってそれぞれ示してある．鉄，硫黄，FADはオレンジ色，黄，赤の球を使ってそれぞれ示してある．MMOの反応機構は各原子を色づけして右側に示してある．鉄：黒，炭素：灰色，酸素：赤，窒素：青．［Sazinsky, Lippard, 2006より．American Chemical Societyの許可を得て転載．©2006］

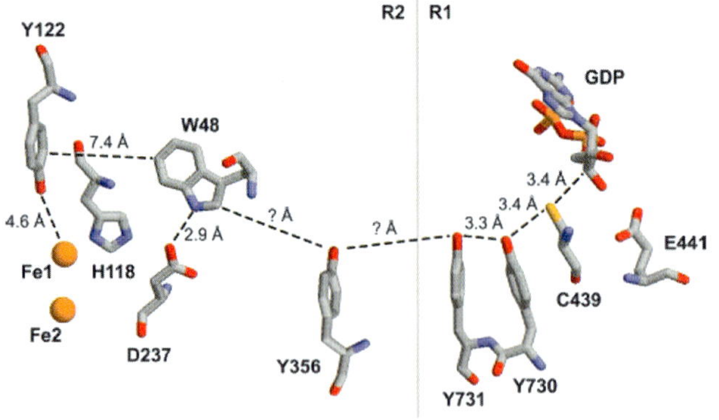

図13・28 R2サブユニットのY122からR1サブユニットのC439までのラジカル輸送のためのプロトン共役電子移動経路を構成しているクラスIリボヌクレオチドレダクターゼの保存されたアミノ酸残基.［Seyedsayamdost, Yee, Reece, Nocera, Stubbe, 2006より. American Chemical Societyの許可を得て転載. ©2006］

なる中間体は, Qと表記される中間体であり, この中間体は分光学的に同定されていて, ダイヤモンド型の鉄(Ⅳ)ビスμ-オキソ骨格をもっていると提案されている. H_{peroxo}の鉄-鉄間距離が3.6 Åであるのとは対照的に, このQ中間体の鉄-鉄間距離は2.6 Åしかない. Q中間体は生成後, メタンの濃度に依存した反応速度でメタンと直接反応する.

最後にクラスIリボヌクレオチドレダクターゼについて解説する. この酵素における二核鉄部位の役割は, R2サブユニット内に二核鉄(Ⅲ)チロシルラジカル (Y122) 補因子を生成させることであり, これによりR1サブユニットにある酵素活性部位にチイルラジカル中間体 (C439) が生成されヌクレオチドを還元できるようになる (Stubbe, Riggs-Gelasco, 1998). R1サブユニットとR2サブユニットのそれぞれの結晶構造をドッキングすることによって, R2サブユニットのY122が活性部位から35 Å以上も離れた構造が提案されている (Uhlin, Eklund, 1994). プロトン共役電子移動 (proton-coupled electron transfer, PCET) により, 図13・28に示したような芳香族アミノ酸残基を含むラジカルホッピング経路を伝ってY122に生成したラジカルは, この長い距離を移動すると考えられている (Stubbe, Nocera, Yee, Chang, 2003). ラジカルは, R2サブユニット内のY122→W48→Y356を経て, R1サブユニット内のY731→Y730→C439と伝わっていくと考えられている. この経路は, 二核鉄部位から始まっていて, ここではR2サブユニットの中を電子が移動するために必要となる電子の流れに直交したプロトン移動がY122とオキソ/ヒドロキソ二核鉄部位との間で起こっている. R2サブユニットとR1サブユニット間のラジカル移動の門番となっているY356の酸化はプロトン共役電子移動で起こり, このときも電子の流れと直交したプロトン移動がW48とD237の間で起こっている. Y122とY356のところでプロトンが電子移動経路とはずれたところへ移動することによって, チロシンの終点での短距離のプロトン移動と共役した長距離の電子移動がR2サブユニット内のラジカル移動で起こるようになっている. R1サブユニット内のまっすぐなプロトン共役電子移動の経路は, プロトンと電子の両方がY731-Y730-C439間を移動しているであろうことを示している. このようにリボヌクレオチドレダクターゼは, 他のほとんどの生化学系の酵素とは異なり, 二つのサブユニット間にまたがる35 Å以上のラジカルの移動過程にプロトン共役電子移動のすべての可能なバリエーションを組合わせているようである (Reece, Hodgkiss, Stubbe, Nocera, 2006).

文献

Andreou, A., & Feussner, I. (2009). Lipoxygenases – structure and reaction mechanism. *Phytochemistry, 70*, 644–649.

Atta, M., Mulliez, E., Arragain, S., Forouhar, F., Hunt, J.F., & Fontecave, M. (2010). S-Adenosylmethionine-dependent radical-based modification of biological macromolecules. *Current Opinion in Structural Biology, 20*, 684–692.

Brzezinski, P., & Johansson, A.L. (2010). Variable proton-pumping stoichiometry in structural variants of cytochrome c oxidase. *Biochimica et Biophysica Acta, 1797*, 710–713.

Collman, J.P., Boulatov, R., Sunderland, C.J., & Fu, I. (2004). Functional analogues of cytochrome c oxidase, myoglobin, and hemoglobin. *Chemical Reviews, 104*, 561–588.

Crichton, R.R., & Pierre, J.-L. (2001). Old iron, young copper: from Mars to venus. *Biometals, 14*, 99–112.

Dempsey, J.L., Esswein, A.J., Manke, D.R., Rosenthal, J., Soper, J.D., & Nocera, D.G. (2005). Molecular chemistry of consequence to renewable energy. *Inorganic Chemistry, 44*, 6879–6892.

Fenton, H.J.H. (1894). *Transactions of the Chemical Society, 65*, 899–910.

Fontecave, M., Atta, M., & Mulliez, E. (2004). S-adenosylmethionine: nothing goes to waste. *TIBS, 29*, 243–249.

Gelin, B.R., & Karplus, M. (1977). Mechanism of tertiary structural change in hemoglobin. *Proceedings of the National Academy of Sciences of the United States of America, 74*, 801–805.

Haber, F., & Weiss, J. (1934). The catalytic decomposition of hydrogen peroxide by iron salts. *Proceedings of the Royal Society of London – Series A, 147*, 332–351.

Hosler, J.P., Ferguson-Miller, S., & Mills, D.A. (2006). Energy transduction: proton transfer through the respiratory complexes. *Current Opinion in Structural Biology, 17*, 444–450.

Huber, C., & Wächtershäuser, G. (2006). α-Hydroxy and α-amino acids under possible Hadean, volcanic origin-of-life conditions. *Science, 314*, 630–632.

Hunte, C., Koepke, J., Lange, C., Rossmanith, T., & Michel, H. (2000). Structure at 2.3 Å resolution of the cytochrome bc1 complex from the yeast *Saccharomyces cerevisiae* with an antibody FV fragment. *Structure, 8*, 669–684.

Hunte, C. (2001). Insights from the structure of the yeast cytochrome bc1 complex: crystallization of membrane proteins with antibody fragments. *FEBS Letters, 504*, 126–132.

Iverson, T.M., Luna-Chavez, C., Croal, L.R., Cecchini, G., & Rees, D.C. (2002). Crystallographic studies of the *Eschericia coli* quinol-fumarate reductase with inhibitors bound to the quinol-binding site. *Journal of Biological Chemistry, 277*, 16124–16130.

Keilin, D. (1925). On cytochrome, a respiratory pigment, common to animals, yeast, and higher plants. *Proceedings of the Royal Society of London – Series B: Biological Sciences, 98*, 312–339.

Koehntop, K.D., Emerson, J.P., & Que, L., Jr. (2005). The 2-His-1-carboxylate facial triad: a versatile platform for dioxygen activation by mononuclear non-heme iron(II) enzymes. *Journal of Biological Inorganic Chemistry, 10*, 87–93.

Krebs, C., Fujimori, D.G., Walsh, C.T., & Bollinger, J.M., Jr. (2007). Non-heme Fe(IV)-oxo intermediates. *Accounts of Chemical Research, 40*, 484–492.

Kurz, D.M., Jr. (1997). Structural similarity and functional diversity in diiron-oxo proteins. *The Journal of Biological Inorganic Chemistry, 2*, 159–167.

Johnston, J.B., Ouellet, H., Podust, L.M., & Ortiz de Montellano, P.R. (2011). Structural control of cytochrome P450-catalyzed *ω*-hydroxylation. *Archives of Biochemistry and Biophysics, 507*, 86–94.

Lange, S.J., & Que, L., Jr. (1998). Oxygen activating nonheme iron enzymes. *Current Opinion in Chemical Biology, 2*, 159–172.

Lim, J.H., Yu, Y.G., Han, Y.S., Cho, S., Ahn, B.Y., Kim, S.H., *et al.* (1997). The crystal structure of an Fe-superoxide dismutase from the hyperthermophile Aquifex pyrophilus at 1.9 A resolution: structural basis for thermostability. *Journal of Molecular Biology, 270*, 259–274.

Lipscomb, J.D. (2008). Mechanism of extradiol aromatic ring-cleaving dioxygenases. *Current Opinion in Structural Biology, 18*, 644–649.

McMunn, C.A. (1884). On myohaematin, an intrinsic muscle-pigment of vertebrates and invertebrates, on histohaematin, and on the spectrum of the suprarenal bodies. *The Journal of Physiology, 5*, XXIV.

Nordlund, P., & Eklund, H. (1995). Di-iron-carboxylate proteins. *Current Opinion in Structural Biology, 5*, 758–766.

Nordlund, P., & Reichard, P. (2006). Ribonucleotide reductases. *The Annual Review of Biochemistry, 75*, 681–706.

Poulos, T.L., Finzel, B.C., & Howard, A.J. (1986). Crystal structure of substrate-free Pseudomonas putida cytochrome P-450. *Biochemistry, 25*, 5314–5322.

Qin, L., Hiser, C., Mulichak, A., Garavito, R.M., & Ferguson-Miller, S. (2006). Identification of conserved lipid/detergent-binding sites in a high-resolution structure of the membrane protein cytochrome c oxidase. *Proceedings of the National Academy of Sciences of the United States of America, 103*, 16117–16122.

Rao, P.V., & Holm, R.H. (2004). Synthetic analogues of the active sites of iron-sulfur proteins. *Chemical Reviews, 104*, 527–559.

Reece, S.Y., Hodgkiss, J.M., Stubbe, J., & Nocera, S.G. (2006). Proton-coupled electron transfer: the mechanistic underpinning for radical transport and catalysis in biology. *Philosophical Transactions of the Royal Society B: Biological Sciences, 361*, 1351–1364.

Rees, D.C. (2002). Great metalloclusters in enzymology. *Annual Review of Biochemistry, 71*, 221–246.

Stubbe, J., Ge, J., & Yee, C.S. (2001). The evolution of ribonucleotide reduction revisited. *TIBS, 26*, 93–99.

Sazinsky, M.H., & Lippard, S.J. (2006). Correlating structure with function in bacterial multicomponent monooxygenases and related diiron proteins. *Accounts of Chemical Research, 39*, 558–566.

Seyedsayamdost, M.R., Yee, C.S., Reece, S.Y., Nocera, D.G., & Stubbe, J. (2006). pH rate profiles of F_nY356-R2s (n = 2, 3, 4) in *E. coli* ribonucleotide reductase: evidence that Y356 is a redox active amino acid along the radical propagation pathway. *Journal of the American Chemical Society, 128*, 1562–1568.

Stubbe, J., Nocera, D.G., Yee, C.S., & Chang, M.Y.C. (2003). Radical initiation in the class I ribonucleotide reductase: longrange proton-coupled electron transfer?. *Chemical Reviews, 103*, 2167–2202.

Stubbe, J., & Riggs-Gelasco, P. (1998). Harnessing free radicals: formation and function of the tyrosyl radical in ribonucleotide reductase. *TIBS, 23*, 438–443.

Uhlin, U., & Eklund, H. (1994). Structure of ribonucleotide reductase protein R1. *Nature, 370*, 533–539.

Voet, D., & Voet, J.G. (2004). *Biochemistry* (3rd ed). Hoboken, N.J.: John Wiley and Sons.

第14章

銅　酸素分子への対処

14・1　は じ め に

二価鉄の溶解性のおかげで鉄は初期の地球の還元的環境で広く利用可能であったが，きわめて不溶性の高い硫化銅(I)として存在していた銅は生物学的な利用性は乏しかった．しかしながら，光合成を行うシアノバクテリアが酸素分子を生成して，初めてのかつ大規模な非可逆的な環境汚染を始めると，銅は二価銅の状態となり，はるかに生物による利用性が向上した．嫌気代謝に関与する酵素分子は低い酸化還元電位の範囲で作用するように設計されていた．酸素の存在は，0 から 0.8 V の標準酸化還元電位の新しい酸化還元系の必要性を生み出し，銅はこの役割に対して際立って適していた．好気代謝では，酸素分子の酸化力の優位性を利用した高い酸化還元電位をもつ酵素やタンパク質が利用されるようになった．初期の生命の進化は“鉄の時代”であったが，続く“銅の時代”は実際には両方の金属の“鉄-銅時代”である．このことは，鉄代謝において重要な役割を担う，血清における主要な銅結合タンパク質であるセルロプラスミンと，活性のためにヘム鉄と銅を要求するミトコンドリアの呼吸鎖の末端酸化酵素であるシトクロム *c* オキシダーゼによってよく示されている．

銅は数多くの酵素中に存在しており，その多くは，電子伝達，酸素や窒素酸化物，メタン，一酸化炭素のような小分子の活性化，スーパーオキシド($O_2^{\bullet -}$)の分解，さらには，いくつかの無脊椎動物において酸素の運搬にまでかかわっている（詳細は Granata *et al.*, 2004; Hatcher, Karlin, 2004; Messerschmidt *et al.*, 2001; Rosenzweig, Sazinsky, 2006; Solomon, 2006)．

14・2　銅の化学と生化学

銅の通常の酸化状態は Cu^{I} と Cu^{II} であり，鉄と同様に，還元型は過酸化水素を用いてフェントン反応を触媒することができる．Cu^{II} は 4，5 または 6 の配位数を好むが，Cu^{I} は配位数 2，3 または 4 の錯体を形成する．Cu^{II} の 4 配位錯体は平面四角形であるが，対応する Cu^{I} 錯体は四面体である．二価遷移元素のなかで Cu^{II} は最も安定な錯体を形成する．HSAB 則の分類によると，Cu^{I} は硫黄配位子への親和性によりソフトであるが，Cu^{II} は比較的“ハード”である．どちらも配位子交換速度は速い．生物界を通して明らかなことは，“遊離”の銅の細胞内濃度はきわめて低いレベルに維持されていることである．これはおそらく，細胞内の銅の代謝は標的タンパク質（ゴルジ体で銅が挿入されるシトクロム *c* オキシダーゼ，スーパーオキシドジスムターゼ，マルチ銅オキシダーゼ）へ銅を輸送する銅シャペロンタンパク質の利用（第 4 章）に特徴づけられているからである．

銅の生化学のパイオニアの一人 Bo Malmström によってもともと提唱されたように (Malkin, Malmström, 1970)，銅含有タンパク質には可視，UV，EPR スペクトルにより分類される三つのタイプの銅中心が見いだされている．タイプ 1 およびタイプ 2 銅中心はそれぞれ一つの銅原子をもっており，タイプ 1 銅中心の銅原子は強い青色を呈するが，タイプ 2 銅中心の銅原子はほぼ無色である．対照的にタイプ 3 銅中心は EPR-サイレントである複核銅中心をもっている．三つのタイプの詳細を以下に示す．

・タイプ 1 銅(Ⅱ)：強い青色の吸収帯（λ_{max}～600 nm，ε ＞3000 $M^{-1}cm^{-1}$）．$g_{/\!/}$ 領域にきわめて小さい超微細分分裂の EPR スペクトル．
・タイプ 2 銅(Ⅱ)：弱い吸収スペクトル．平面四角形の Cu^{II} 錯体に特徴的な EPR スペクトル．

・タイプ3銅(Ⅱ)：複核銅中心．近紫外部に強い吸収(λ_{max}～330 nm)；EPR スペクトルを与えない．二つの銅が反強磁性相互作用している．

タイプ1銅中心の銅イオンは，三つの強い配位子（Cys と二つの His）ならびに Met の硫黄もしくは窒素または酸素ドナーのような一つの弱い配位子により，ひずんだ四面体中心（図 14・1）に結合しているのが普通である．タイプ2銅中心は，通常，窒素もしくは酸素配位子により，平面四角形または四角錐形幾何構造をもっている．タイプ3銅中心は，通常，それぞれ三つの His に配位されており，酸素もしくは水酸化物イオンのような架橋配位子をもっている．

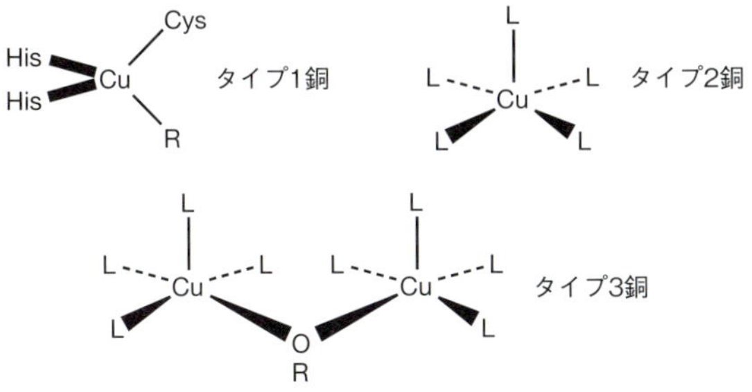

図 14・1　銅部位の分類．

タイプ1ブルー銅タンパク質：電子伝達

ブルー銅タンパク質は，電子吸収スペクトルにおいて 620 nm 付近の強い Cys-Cu^{2+} 電荷移動帯に由来する強い青色により，そうよばれている．タイプ1銅中心は，シトクロム類のようにもっぱら，電子伝達タンパク質として機能する．タイプ1銅中心は，アズリンやプラストシアニンのような移動性の電子伝達タンパク質中や，複数の機能部位をもつより複雑な酵素中に見いだされている．後者では，触媒部位への電子の供給や触媒部位からの電子の引き抜きを行う．興味ある疑問は，Cu^{I} と Cu^{II} が劇的に異なった配位構造を好むにもかかわらず，いかにして銅が迅速な電子伝達を行うことができるかである[*1]．通常，4配位 Cu^{II} 錯体は平面四角形であるが，対応する Cu^{I} 錯体はより四面体となる傾向がある．プラストシアニンのタイプ1銅中心が X 線結晶構造解析によって初めて示されたとき（図 14・2a, b），アポタンパク質と銅タンパク質中で，また銅が Cu^{I} であろうと Cu^{II} であろうと，銅結合部位は実質的には同じであることがわかった．言い換えれば，タンパク質は結合部位構造を金属に押しつけているともいえる．これは実際には Cu^{II} より Cu^{I} にとってより有利な構造であるため，Cu^{II} が好む配位構造への再配置は困難になっている[*2]．

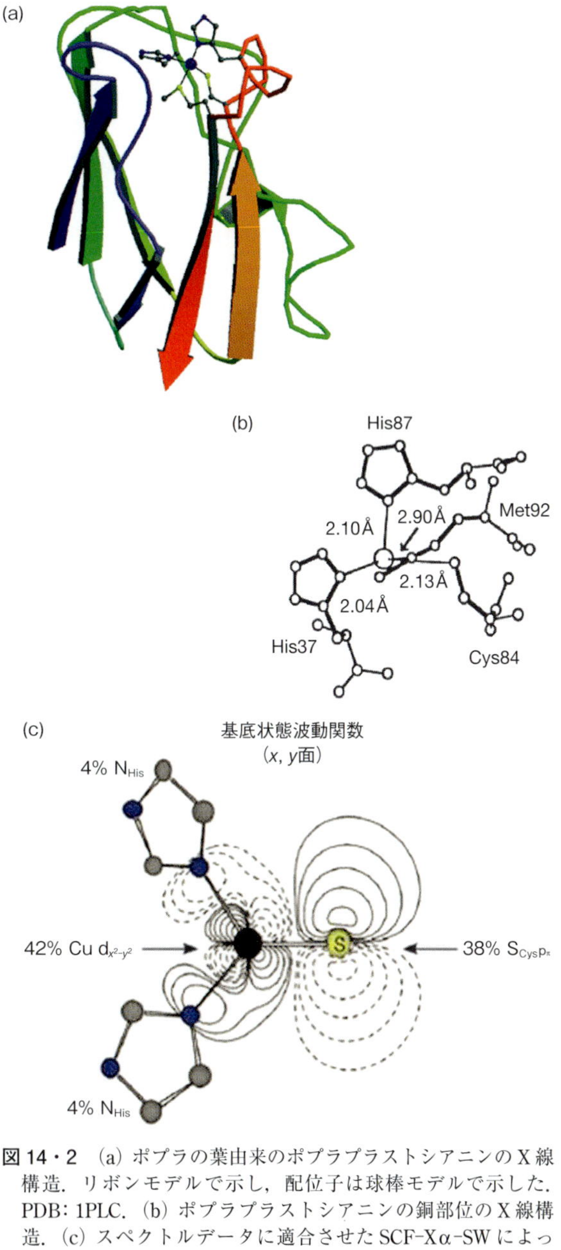

図 14・2　(a) ポプラの葉由来のポプラプラストシアニンの X 線構造．リボンモデルで示し，配位子は球棒モデルで示した．PDB: 1PLC．(b) ポプラプラストシアニンの銅部位の X 線構造．(c) スペクトルデータに適合させた SCF-Xα-SW によって計算したプラストシアニンの基底状態波動関数(RAMO)の等高線．［(b)と(c)は Solomon, 2006 より．American Chemical Society News の許可を得て転載．©2006］

＊1　結合の切断と形成を含む触媒作用にはコンホメーション変化が必要であるため，酵素の反応速度は比較的遅い(最大約 $10^{8}\ s^{-1}$)．一方，電子伝達ははるかに速く（$10^{12}\ s^{-1}$），コンホメーションが変化する十分な時間はない．これは酵素学の重要なコンセプトである！

＊2　酵素の触媒作用には，必然的にコンホメーション変化が含まれる．はるかに速い時間で起こる電子伝達では，コンホメーション変化のための時間はない．

銅配位部位は大きくひずんでいる（図14・2b）．二つのHisと一つのCysが金属イオンとともにほぼ一つの面上に横たわる．一方，Met残基の硫黄と銅原子の間は長く，面外への軸結合となっている．この構造は，多くの点で，タンパク質は結合した金属中心の性質を微調整できるという考えの確実な証拠となるものである．この構造は，ValleeとWilliamsが“entatic状態”とよんだ“通常の安定な分子の遷移状態に近い”ものである（Vallee, Williams, 1968）．entatic状態，すなわちタンパク質に金属が結合することによって誘起される構造的ひずみは，速い電子伝達のために設計されたブルー銅タンパク質のような電子伝達タンパク質の金属部位の生成を説明するのに有用な概念である．タンパク質が課す三つの強いエクアトリアル配位子による三方両錐構造は，Cu^{I}とCu^{II}の両方の状態に好ましい幾何学を提供し，迅速な電子伝達を容易にするのである．

初期には，分子軌道理論の適用により，図14・2(c)に示すCu，CysのS，二つのHisのNによってつくられた*xy*面にあるブルー銅部位の基底状態が記述された．最近のDFT計算は共有結合性の高いブルー銅部位の基底状態について同じ構造を与えており，チオラート硫黄のp_{π}軌道に非局在化した共有性を示している．

タイプ1銅中心をもつ多くの他の電子移動を行うタンパク質（アズリン，セルロプラスミン，ラッカーゼ，亜硝酸レダクターゼ，ルスチシアニン，ステラシアニン）が知られている．これらはいずれもプラストシアニンの銅の配位化学に類似した二つのHisと一つのCysによる三つの配位座をもっているが，酸化還元電位の範囲は200 mV以下から少なくとも800 mVに及んでいる．将来的な挑戦課題の一つは，何がタイプ1銅中心の酸化還元の性質の微調整をプログラムしているかを決定することである．

14・3 酸素の活性化と還元を行う銅酵素

過去25年の間に，生化学的および生物物理学的研究，そして，きわめて重要な配位化学に由来する情報を用いて，Cu^{I}-酸素に関する膨大な研究活動がなされてきた．これによりきわめて多くの銅-酸素錯体の構造およびスペクトルが特徴づけられた．そのいくつかを図14・3に示した（Himes, Karlin, 2009）．銅酵素における酸素反応性の中心は単核（タイプ2），複核（タイプ3）または三核（タイプ2と3銅）のいずれかである．それぞれ順番を追って議論するが，三核部位はマルチ銅オキシダーゼの議論に含めることとする．

(i) タイプ2銅タンパク質

アミンオキシダーゼ，ガラクトースオキシダーゼ，リシンオキシダーゼ，ドーパミンβ-モノオキシゲナーゼ，ペプチジル-グリシンα-ヒドロキシ化モノオキシゲナーゼを含むタイプ2銅部位含有オキシダーゼとオキシゲナーゼについて多くのX線構造が知られている．しかしながら，酸素を結合するタイプ2単核銅部位に関しては矛盾した議論がある．O_2を活性化するためには，Cu-スーパーオキソ錯体をより有利な酸素ドナー，すなわちCu-ペルオキソ錯体に変換する必要がある．このとき，生体系ではありそうにないCu^{III}状態を経由しない限り，2個めの電子がO_2に与えられないという矛盾が生じる．このジレンマに対しては，二つの解決法がある．

第一には，ガラクトース＋O_2を対応するアルデヒド＋H_2O_2に変換するガラクトースオキシダーゼが最もよい例である．かつてこの酵素はCu^{III}を含むと考えられた．しかしながら，ガラクトースオキシダーゼはフリーラジカル金属酵素であることが判明した（Rogers, Dooley, 2003）．

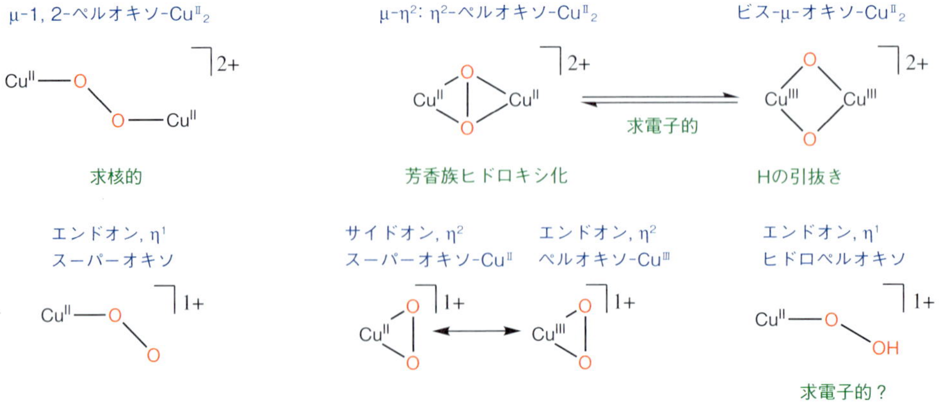

図14・3 特徴的な反応性(緑)をもつ小分子配位子-銅錯体でみられる結晶学的または分光学的に特徴づけられたCu-O_2付加体．［Himes, Karlin, 2009より改変］

活性部位に存在する銅イオンに配位したチロシルラジカルを含む新規な金属-ラジカル錯体を経由することによって矛盾を解決している（図14・4）．異常に安定なタンパク質ラジカルが，Cysと共有結合したTyr残基の酸化還元活性な側鎖で形成される（Tyr-Cys）．第13章で見たように，そして，この章で後に議論するように，この戦略はチロシルラジカルを利用するシトクロム *c* オキシダーゼによってもまた採用されている．

第二の戦略は，一つのタイプ2銅中心に加え，アスコルビン酸を用いる，他の二つの酵素によって用いられている．ペプチジルグリシンα-ヒドロキシ化モノオキシゲナーゼ（PHM）[*3] はC末端にグリシンをもつペプチドをα-ヒドロキシ化合物へと変換し（式1），ドーパミンβ-モノオキシゲナーゼ（DβH）はドーパミンをノルアドレナリンに変換する（式2．R: $-C_6H_3(OH)_2$）．

$$\mathrm{R{-}\overset{O}{\overset{\|}{C}}{-}NH{-}CH_2{-}CO_2^- + O_2 \xrightarrow{\text{アスコルビン酸}} R{-}\overset{O}{\overset{\|}{C}}{-}NH{-}CHOH{-}CO_2^- + H_2O} \tag{1}$$

$$\mathrm{R{-}CH_2{-}CH_2{-}NH_3^+ + O_2 \xrightarrow{\text{アスコルビン酸}} R{-}CHOH{-}CH_2{-}NH_3^+ + H_2O} \tag{2}$$

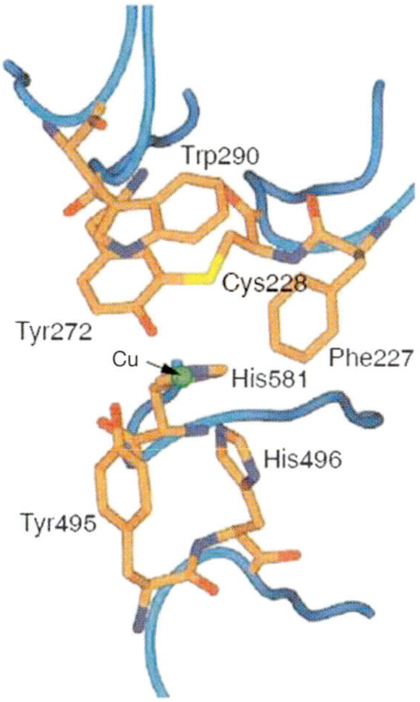

図14・4　ガラクトースオキシダーゼのCu配位子（Tyr272，Tyr495，His496，His581），Tyr272とチオエーテル結合を形成しているCys228，Tyr272上にスタッキングしているTrp290およびPhe227．［Rogers, Dooley, 2003より．Elsevierの許可を得て転載．©2003］

両酵素とも二つの銅原子を含有しており，PHMの場合（図14・5），酸素分子は二つのタイプ2銅原子の一方に“エンドオン様式”で結合する．酸素とアスコルビン酸の存在下，ゆっくり反応する基質である *N*-アセチル-ジヨード-チロシル-D-トレオニン（IYT）に浸しておいた酵素の結晶を凍結することによって，銅-酸素錯体を観測することができた．触媒過程の前段階にあるCuの配位距離内に，O_2としてモデル化される電子密度が観測された（図14・5）．それは，すべての他のPHMの構造で観測された溶媒分子に置き換わっていた．O_2の還元には二つの銅中心からそれぞれ1電子ずつの寄与があるが，結合した基質分子が銅中心間の電子移動を仲介していると提唱された．

図14・6はPHMとDβHに対して可能な機構を表している．基質とO_2は還元された酵素に結合し，タイプ2銅からの電子移動を含むO_2活性化の開始の引き金となり，銅-スーパーオキソ中間体を形成する．ついで，もう一つの銅部位から2番めの電子が輸送され，生成物の放出とアスコルビン酸による二つの銅部位の還元へと続く．二つの銅部位間の長距離電子移動の正確な機構は，解決されるべき疑問として残っている．

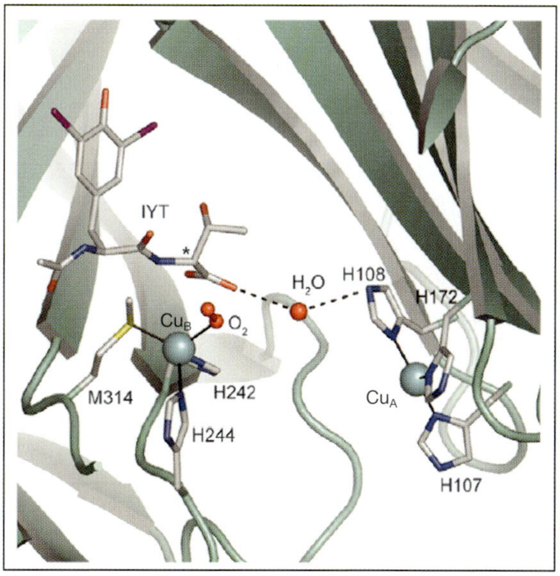

図14・5　配位したO_2をもつPHMの活性部位．Cu_AとCu_B部位は一つの水分子と基質アナログIYTで結ばれている．ヒドロキシ化されるCαの位置はアスタリスクで示されている．［Rosenzweig, Sazinsky, 2006より．Elsevierの許可を得て転載．©2006］

*3　訳注：PHMはペプチドグリシンのα炭素のヒドロキシ化後，リアーゼ活性により，アミド化されたペプチドとグリオキシル酸を生成することから，ペプチジルグリシンα-アミド化モノオキシゲナーゼ（PAM）ともよばれる．

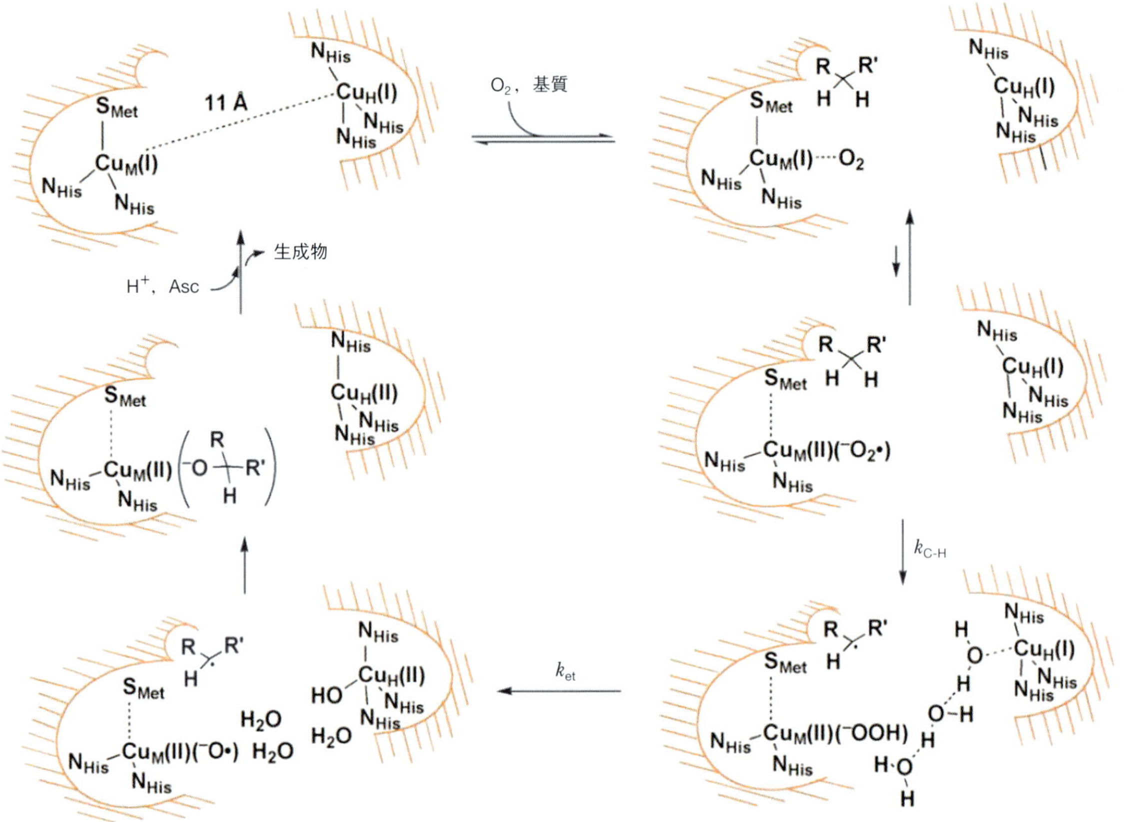

図 14・6　DβM と PHM に対する銅-スーパーオキソ機構［Klinman, 2006 より改変］

(ⅱ) 複核タイプ 3 銅タンパク質

ヘモシアニン，チロシナーゼ，カテコールオキシダーゼはタイプ 3 銅タンパク質ファミリーに属しており，近接し反強磁性相互作用した二つの銅イオンによって特徴づけられる．しかしながら，ヘモシアニンが O_2 “輸送” タンパク質であるのに対し，カテコールを対応する *o*-キノンに変換するカテコールオキシダーゼと，それに加えてモノフェノール（たとえば，チロシン）のヒドロキシ化も行うチロシナーゼはどちらも “酵素” である．それらはきわめて異なった構造とアミノ酸配列をもっている（図 14・7）．それにもかかわらず，それらがきわめて類似した活性部位をもっていることは明らかである．図 14・7 には，カブトガニとミズダコのヘモリンパ由来の二つのヘモシアニン(a および b)と，放線菌のチロシナーゼ(c)と，サツマイモ由来のカテコールオキシダーゼ(d)のサブユニット構造内のドメインの配置を表している．銅中心の位置は，触媒部位へのアクセスを妨げるアミノ酸残基（ブロッキング残基）とともに示されている．

モデル化合物から予測されていたように，ペルオキソ二核銅錯体において，酸素分子が μ-η^2: η^2-ペルオキソ型（図 14・3）で結合していることが，オキシ型の高分解能構造解析により明らかになった．各銅原子はそれぞれ三つのヒスチジン残基によってタンパク質のマトリックスに結合している（図 14・8）．酸素の結合は銅原子の原子価の変化を誘導する．デオキシ形では Cu^{I} 状態であるが，酸素が結合すると Cu^{II} になる．酸素化によってタイプ 3 銅タンパク質が特徴的な青色を示すのはこのためである．カテコールオキシダーゼ，チロシナーゼ，ヘモシアニンの活性部位は，銅原子に酸素が結合した状態では，類似した UV-共鳴ラマン，X 線吸収および UV/VIS スペクトルを示す．

このスペクトルの類似性は，ヘモシアニンもまた触媒活性をもつはずだということを意味する．今までに得られた実験データから，二つの主要な機能の違い（酸素の運搬と酵素活性）は，活性部位を覆うタンパク質ドメインの有無によって決定されるということが明らかである．チロシナーゼとカテコールオキシダーゼの場合，不活性なプロ酵素は活性部位への入口となるチャネルをブロックしている一つのアミノ酸(図 14・7 において黒い線で示されている)を除去することで活性化される．同じようにヘモシアニンは不活性な酵素のように振る舞うが，ブロックしているアミノ酸が除去されると同様に活性化できる．カニなどの節足動物では，このアミノ酸はサブユニットのN末端ドメインに位置しているが，タコなどの軟体動物では，機能性ユニットのC末端ドメインに存在している．

図14・8(a)は*Streptomyces*チロシナーゼの結晶構造解析に基づいて，活性部位に接近後の基質の立体配置を示している．一方，図14・8(b)は，基質がCu_Aへ向かって移動する様子を示している．構造およびその他の考察に基づくチロシナーゼのヒドロキシ化機構を図14・9に示す（詳しい説明はDecker, 2006）．

(iii) マルチ銅オキシダーゼ

重要なマルチ銅酵素のファミリーでは，基質の酸化とO_2のH_2Oへの還元が共役している．このファミリーには，アスコルビン酸オキシダーゼ，セルロプラスミン，Fet3，ヘファエスチンおよびラッカーゼが含まれる．これらの酵素は少なくとも四つの銅イオンをもっている．四つの銅イオンは，一つはタイプ1ブルー銅部位に，一つはタイプ2銅部位に，残りの二つはタイプ3銅部位に位置している．タイプ1ブルー銅部位は通常，架橋酸素によって結ばれた

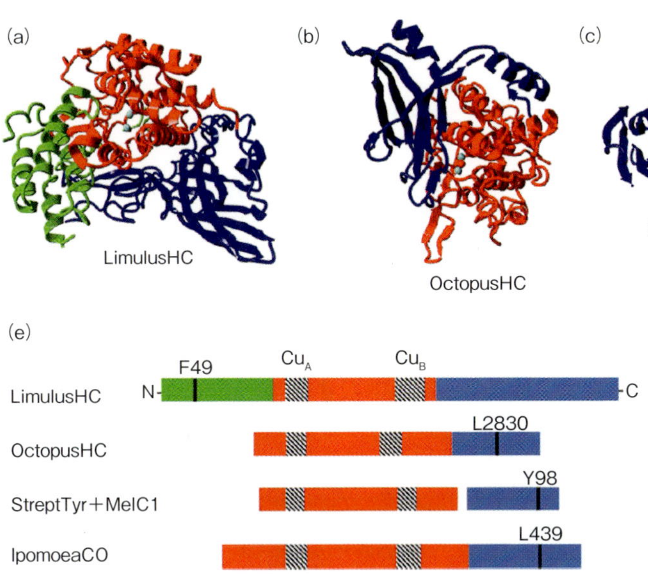

図14・7　異なるタイプ3銅タンパク質のサブユニット構造でのドメインの配置．(a) *Limulus polyphemus*（カブトガニ）ヘモシアニン．(b) *Octopus dofleini*（ミズダコ）Fu-gヘモシアニン．(c) *Streptomyces castaneoglobisporus*（放線菌）チロシナーゼ．(d) *Ipomoea batatas*（サツマイモ）カテコールオキシダーゼ．(e) 配列の比較（色分け：ドメインⅠ(緑)，ドメインⅡ(赤)，ドメインⅢ(青)．銅中心は斜線をつけた区間，ブロック残基は黒線で示されている）．キャディータンパク質(MelC1)が会合した*Streptomyces*のチロシナーゼを例外として，すべての場合，ドメインはサブユニットの一部である．［Decker, Schweikardt, Nillius, Salzbrunn, Jaenicke, Tuczek, 2007より．Elsevierの許可を得て転載．©2007］

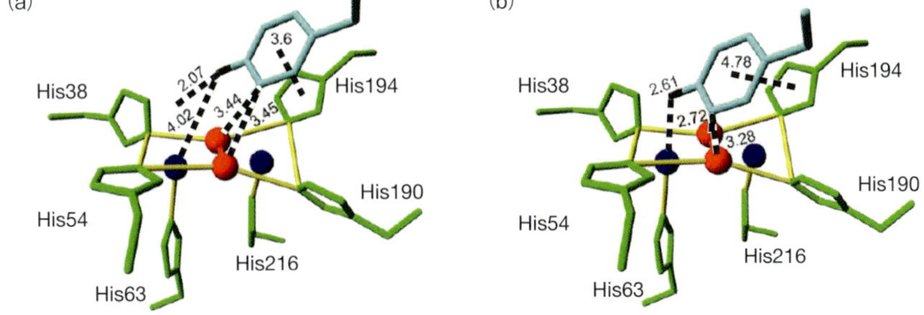

図14・8　*Streptomyces*チロシナーゼの活性部位における酸素分子の結合と，(仮想的な)基質の配位．距離は反応が可能か否かを示すために与えられている．(a)ではヒドロキシ基とCu_Aの距離はいかなる反応にとっても大きすぎる．Cu_A上の配位点への移動後，反応可能な距離に縮まる．(a)は*Streptomyces*チロシナーゼの結晶構造に基づいて，活性部位への基質の接近後，反応が開始される配置を示す．(b)はCu_Aへの基質の移動を示す．銅：青球，ヒスチジン：緑，酸素分子：赤球，モノフェノール基質：水色(基質の酸素原子は黒)，Cu_AとCu_Bのエクアトリアルな配位：黄色の環状の枠，Cu_AとCu_Bの軸配位：黄色の線，Cu_Aのトランスの軸配位：破線．［Decker *et al*., 2007．Elsevierの許可を得て転載．©2007］

二つのタイプ 3 銅と一つのタイプ 2 銅をもつ三核部位から約 12～13 Å 離れている．小さな有機（一般に芳香族性の）基質の酸化と共役して O_2 の水への 4 電子還元を触媒するラッカーゼを例として，マルチ銅オキシダーゼについて説明しよう．ラッカーゼは機能的に多様で，熱安定性が高く，そして環境に優しい触媒である．すなわちラッカーゼは自然界に存在し，空気を用い，副生成物として水を生成することから“グリーンケミストリー”における潜在的な応用性が高く，バイオテクノロジーの研究者にとって多大な興味の対象となってきた（Riva, 2006）．100 以上の真菌ラッカーゼが同定され，これまでに，9 種の菌類から 10 種類のＸ線構造が決定されている．

図 14・10（a）は *T. versicolor* ラッカーゼのＸ線構造のリボンモデルを示しており，銅原子はタイプ別にラベルし，基質結合ポケットは赤で示した（Rodgers, Blanford, Giddens, Skamnioto, Armstrong and Gurr, 2009）．三つの異なるラッカーゼについて，四つの銅部位の詳細な構造を図 14・10（b）に示した．配位子が Phe である図 14・10（b）の上の構造と配位子が Met である下の構造のタイプ 1 銅の酸化還元電位には 110 mV の差がある（“デザイナーラッカーゼ”のアイデアに対応する）．

酸素分子は三核銅部位のタイプ 3 銅に結合していると示

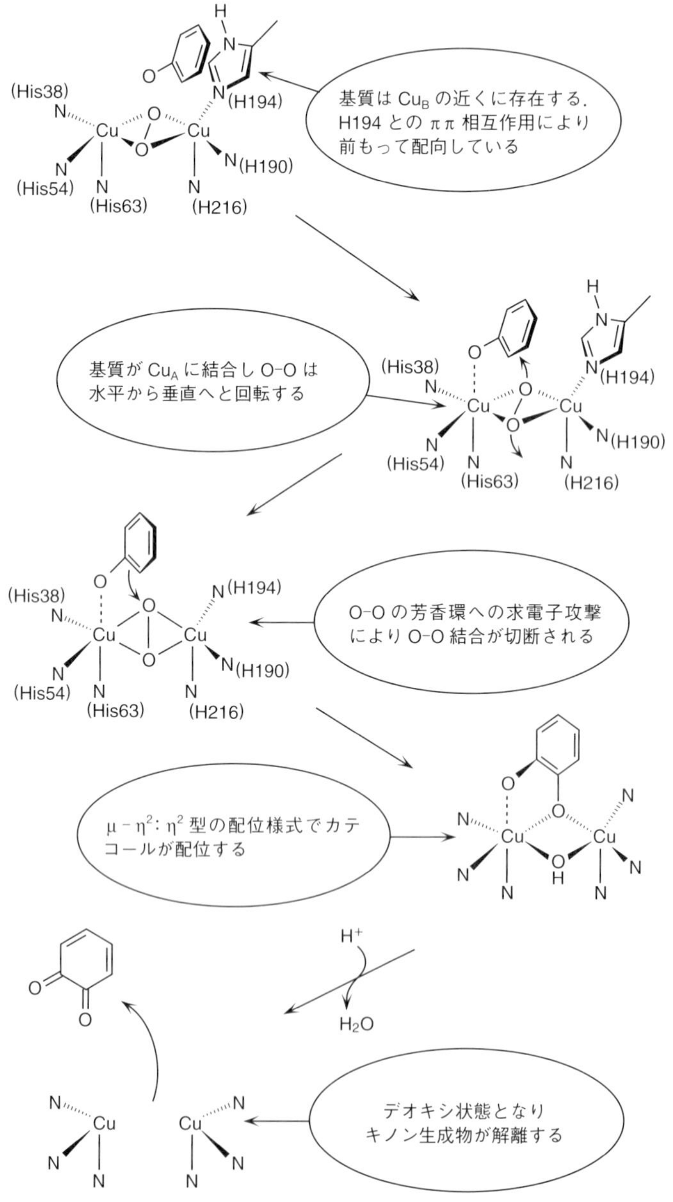

図 14・9　チロシンのヒドロキシ化機構．［Decker *et al.*, 2007 より．Elsevier の許可を得て転載．©2007］

唆されている．この“休止状態”ではすべての銅は酸化された二価状態にある（この中間的な状態の青色は，タイプ1銅がまさしく酸化されていることの確証である）．ついで，2電子が基質分子からタイプ1銅を経由して三核部位のタイプ3銅に輸送される．ここで酸素分子は還元され，ペルオキソ中間体を与える．タイプ1部位の銅は，保存されたHis-Cys-Hisを経由する三核銅クラスターへの長距離分子内電子移動によって素早く再酸化される．それから，同様の機構でさらに2電子が取込まれ，ペルオキソ中間体は二つのヒドロキシ基へと分裂する*4．続いて，出口チャネルに存在する酸性アミノ酸によって供給されるプロトン付加により2分子の水が連続的に放出される．O_2 は二つのタイプ3銅の間に結合し，活性酸素中間体を放出することなく水へと還元される．完全な触媒サイクルでは，タイプ1銅は4回，酸化と還元を受けなければならない．タイプ3銅は，酸素の結合と酸素とペルオキシドへの電子

(a)

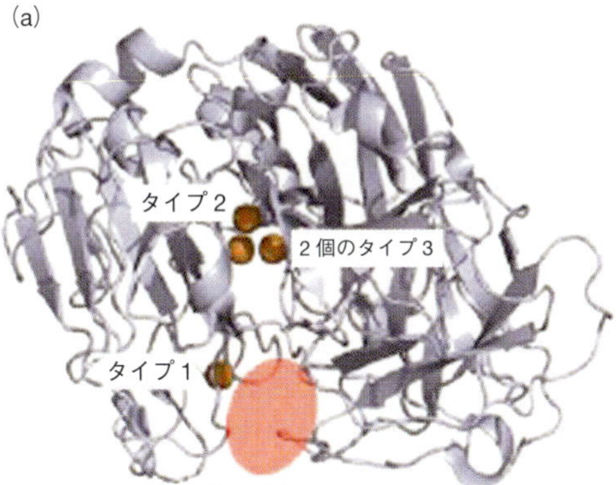

(b)

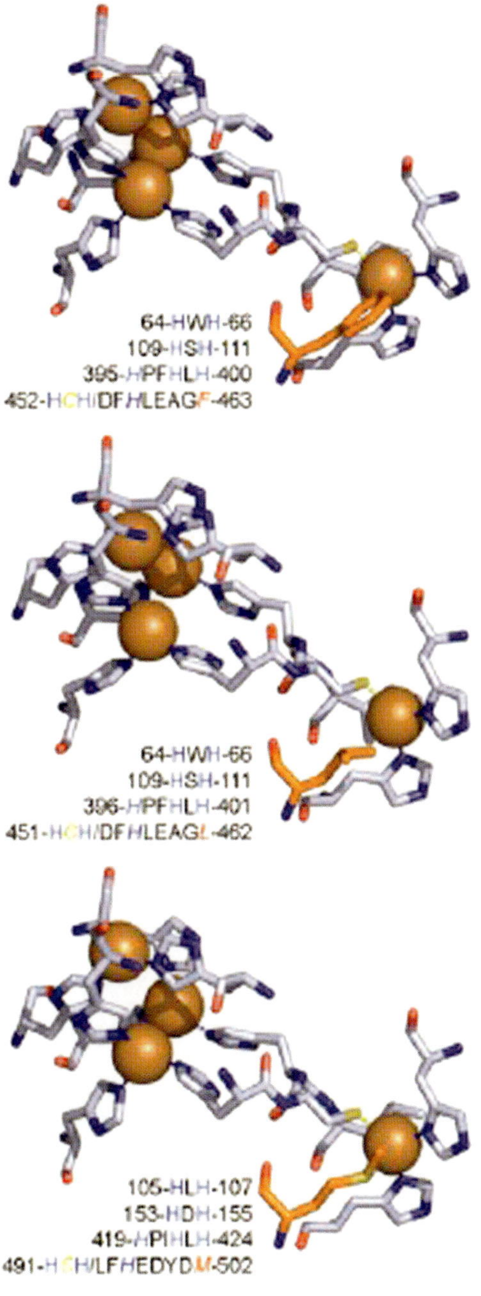

図14・10　X線結晶学によるラッカーゼの構造的識見．(a) 銅（オレンジ色の球）をタイプ別にラベルし，基質結合部位を赤色で示した *T. versicolor* Lac1（PDB：1KYA）のX線結晶構造のリボンモデル．(b) ラッカーゼの構造と配列保存性の比較．（上）*T. versicolor* Lac1（軸配位子のPheはオレンジで表示，PDB：1KYA）．（中央）*Rigidoporus microporous* ラッカーゼ（軸配位子のLeuはオレンジで表示, PDB：1V10）．（下）*B. subtilis* CotA（軸配位子のMetはオレンジで表示，PDB：1GSK）．アミノ酸配列において色をつけた残基は，銅に配位している．タイプ1銅のそれはイタリックである．［Rodgers *et al.*, 2009 より．Elsevierの許可を得て転載．©2007］

*4　訳注：この段階では O^{2-} と OH^- となり，ヒドロキシ基は一つしか生成しないというのが定説である．

移動に関与している．それに対し，タイプ 2 銅の役割は，還元に際して三核クラスターに酸素をつなぎ止め，出口チャネルへ水分子を放出する前に，ペルオキソ中間体の還元によって生成するヒドロキシ基を一時的に結合することであると仮定されている．

(iv) シトクロム *c* オキシダーゼにおける Cu の役割

前の章において，呼吸鎖における末端酸化酵素，シトクロム *c* オキシダーゼ(CcO)について議論した．ここでは，この重要な代謝酵素における銅の役割に焦点を当てることにする．ウシ心臓のシトクロム *c* オキシダーゼの異なる酸化還元金属中心の配置とそれらの相対距離を図 14・11 に示す．膜間部（細菌ではペリプラズム空間）に突き出たサブユニット II の球状ドメインに位置する二核 Cu_A 部位は，シトクロム *c* から直接電子を受け取る．この銅中心は，以前は単核と信じられていたが，実際には二核であり，二つの Cys 残基が銅を架橋している（図 14・12）．各銅はさらに，二つのタンパク質由来の配位子をもっている．1 電子還元型では，電子は二つの Cu 原子に完全に非局在化しており，[$Cu^{+1.5}$ ⋯$Cu^{+1.5}$] 状態を生じている．ついで Cu_A 中心は，約 19 Å（金属-金属間距離）離れて位置するヘム *a* を分子内電子移動によって還元する．電子はヘム *a* から活性部位であるヘム a_3 と Cu_B に分子内で輸送され，そこで酸素が結合する．Cu_B 中心では三つの His 配位子が銅イオンに配位しており，酸化状態における Fe-Cu_B の距離は 4.5 Å である（図 14・13）．His の一つは近接する Tyr 残基に共有結合している．酸素還元の機構は第 13 章で議論した．

すでに見たように酸素はヘム a_3 の Fe に結合し，O−O 結合が切断された後，酸化された Cu_B 中心に水酸化物イオンが結合する．つづいて，水酸化物イオンはプロトン化され，二つの水分子のうち一つめの水分子が酵素から解離される．His-Tyr 架橋は *Paracoccus denitrificans* とウシ心臓シトクロム *c* オキシダーゼの結晶構造で初めて確認されたのである（図 14・13）．これは二核ヘム a_3/Cu_B 中心による O_2 分子が水へ還元されるときの 4 番めの電子源となっている．His-Tyr 架橋は，チロシン残基のフェノールの pK_a を低下させることにより，プロトンの供給とチロシルラジカルの生成を容易にしていると思われる．

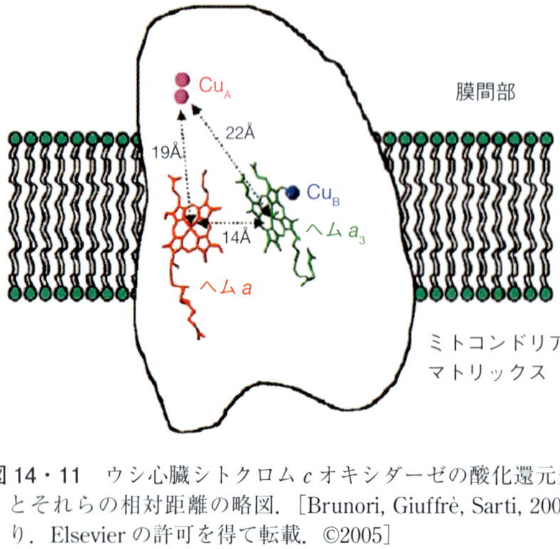

図 14・11　ウシ心臓シトクロム *c* オキシダーゼの酸化還元金属とそれらの相対距離の略図．[Brunori, Giuffrè, Sarti, 2005 より．Elsevier の許可を得て転載．©2005]

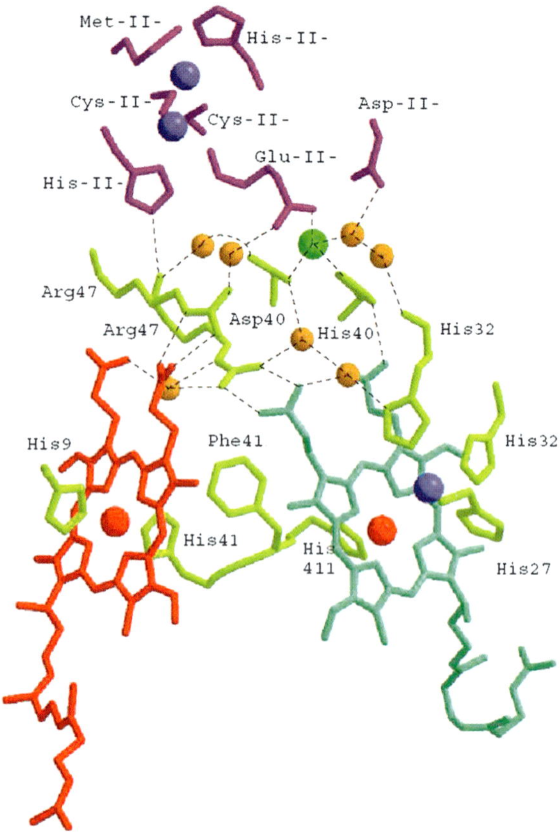

図 14・12　シトクロム *c* オキシダーゼの金属結合部位．Cu は青で，Fe は赤で，Mg は緑で表示．

(v) 健康と疾病におけるスーパーオキシドジスムターゼ

スーパーオキシドは多くの酵素の反応サイクル中で生成するが，はるかに大量のスーパーオキシドや活性酸素種がミトコンドリアの呼吸鎖で生成している．スーパーオキシドジスムターゼ(SOD)は，二つのスーパーオキシドの酸素分子と過酸化水素への変換を触媒することにより，スーパーオキシドのレベルを低下させる．Cu/Zn スーパーオキシドジスムターゼ(CuZnSOD)は広く分布しており，細菌の細胞ではペリプラズム空間に，真核生物の細胞ではサイトゾルとミトコンドリアの膜間部の両方に存在している．反応は 2 段階であり，1 分子のスーパーオキシド($O_2^{\bullet -}$)は酸化型酵素(Cu^{2+})を還元し，酸素分子(O_2)と還

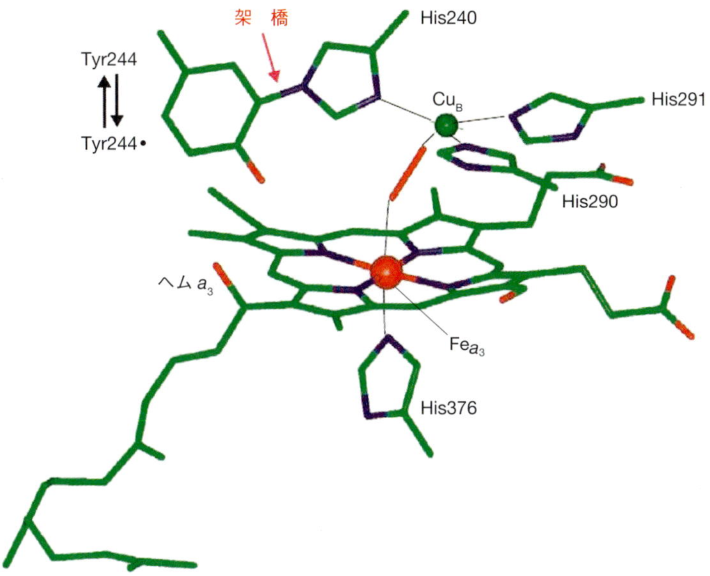

図 14・13 His-Tyr 架橋と仮想的な Tyr の寄与を示す 2.3 Å 分解能でのウシ心臓シトクロム c オキシダーゼの完全酸化状態の複核部位の結晶構造．ペルオキソ種が Fea_3 と Cu_B の間にみられる．Insight を用いて PDB：2OCC から改作．［Rogers, Dooley, 2003 より．Elsevier の許可を得て転載．©2003］

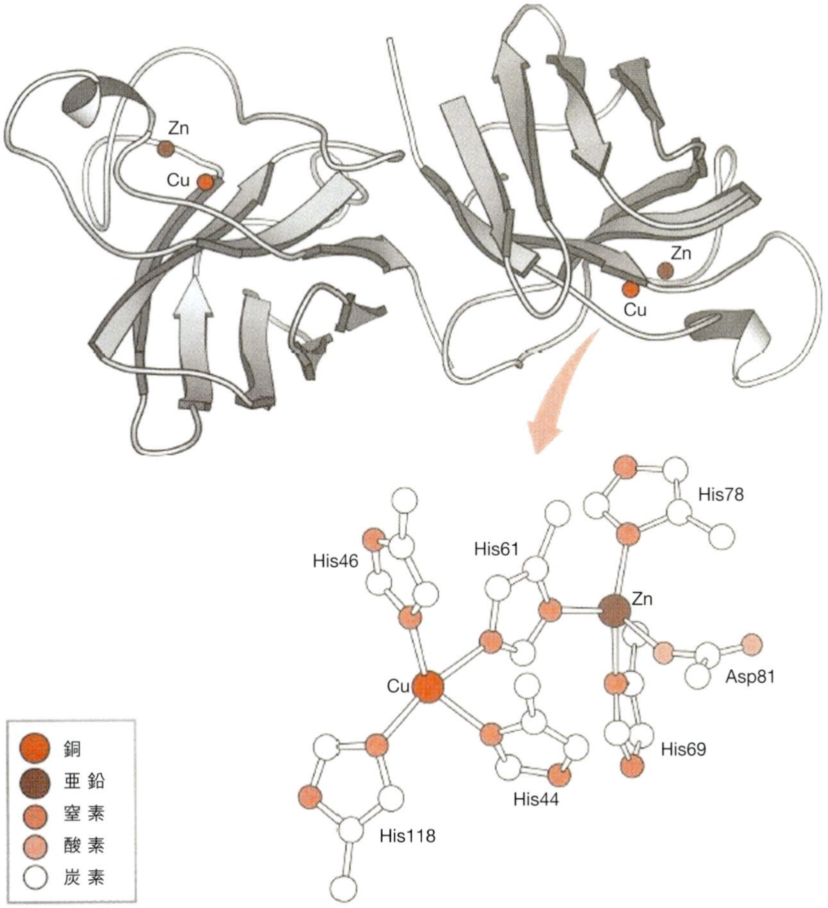

図 14・14 ヒトスーパーオキシドジスムターゼ 1．全体構造（上）と活性部位の拡大（下）．［Hart, 2006 より．Elsevier の許可を得て転載．©2006］

元型酵素(Cu^+)を生成する. つづいて, 還元型酵素(Cu^+)は第二のスーパーオキシドを還元し, 過酸化水素(H_2O_2)が生成するとともに, 酵素は酸化型に戻る.

$$2O_2^- + 2H^+ \rightarrow O_2 + H_2O_2$$
$$Cu^{2+}ZnSOD + O_2^{\bullet -} \rightarrow Cu^+ZnSOD + O_2$$
$$Cu^+ZnSOD + O_2^{\bullet -} + 2H^+ \rightarrow Cu^{2+}ZnSOD + H_2O_2$$

第3章で見たように, ヒトCuZnSODであるSOD1は32 kDaのホモ二量体である. 各サブユニットは八本鎖のβバレルで構成されており, 一つのCuと一つのZnを含み, サブユニット内にはジスルフィド結合がある (図14・14). 銅部位は四つのHis配位子をもつ典型的なタイプ2銅部位であり, ひずんだ平面四角形のCuN_4配置構造のトランス位にHis44とHis46が位置している (図14・14). CuN_4面の一方の側は, トリペプチドHis44-Val45-His46によりCuへの接近が完全に妨げられている. 反対側は, 正に帯電した残基が並んだ約4 Å幅の円錐形のチャネルによって, 溶媒の接近が可能である. Cu原子に通じる活性部位チャネルはスーパーオキシドのような小さな陰イオン種に対して理想的になるよう構築されていて, ほぼ拡散律速の酵素触媒作用を可能としている (速度定数約2×10^9 $M^{-1}s^{-1}$). 亜鉛イオンには一つのAspと三つのHis配位子が配位しており, そのうちの一つHis61は二つの金属イオンを架橋している. この特徴的な配位構造は以前にはみられなかったものである. 第21章では, 筋萎縮性側索硬化症(ALS)に関連したSOD1の変異 (Potter, Valentine, 2003) について詳細に議論する.

銅酵素はほかの多くの基質(ほとんどは無機分子である)との反応に関与している. 上述した酸素やスーパーオキシドの活性化の役割以外に, 銅はメタン, 亜硝酸, 亜酸化窒素を活性化する酵素にも含まれている.

14・4 酸素以外の低分子の活性化 (変換)

世界には大量のメタンガスが埋蔵されている. しかし, メタンをメタノールへ選択的に酸化する経済的かつ持続可能な戦略が欠除しているため, 液体燃料や化学製品のための供給原料としては, 現在のところ未活用である. 現在の人工的なプロセスは高温が必要であり, 高価で効率が悪く, 廃棄物も生じる. 一方, 自然界全体に存在するメタン資化性細菌はメタンモノオキシゲナーゼ(MMO)を用いて, この反応を室温条件下で遂行する. すでに第13章で, 銅制限条件下, メタン資化性細菌のいくつかの株によって発現された可溶性の二核鉄メタンモノオキシゲナーゼを説明した. すべてのメタン資化性細菌は膜結合性粒状メタンモノオキシゲナーゼ(pMMO)を生成する. 20年に及ぶ研究と二つの結晶構造が得られているにもかかわらず, 金属の組成と金属活性部位の位置はごく最近まで知られていなかった. 2010年に, メタン資化性細菌 *M. capsulatus* のpMMOの構造が2.8 Åの分解能で決定された (図14・15). それは$\alpha_3\beta_3\gamma_3$のポリペプチド配置をもつ三量体であった. 単核銅および二核銅としてモデル化される二つの金属中心が, シトクロム*c*オキシダーゼのサブユニットIIに類似した各βサブユニットの可溶部に位置している. 膜内に位置している第三の金属中心は結晶中では亜鉛によって占められている (Balasubramanian, Smith, Rawat, Yatsunyk, Stemmler, Rosenzweig, 2010).

多くの細菌における亜硝酸還元酵素はヘムタンパク質である. それ以外にも, 三つのタイプ1銅と三つのタイプ2銅をもつ銅含有ホモ三量体の酵素がいくつか知られている. タイプ2銅中心は基質の結合部位であると考えられており, タイプ1銅中心は電子供与タンパク質からタイプ2銅中心への電子輸送に寄与している.

脱窒[*5]の最終段階を触媒し, N_2OをN_2に還元する一酸化二窒素(N_2O)レダクターゼは特に興味深い. 脱窒を行う生物は, プロトン汲み出しを経由してATP合成に共役する嫌気呼吸の末端電子受容体として, 酸素ではなく窒素の酸化物を用いる. また, 一酸化二窒素レダクターゼは環境問題で興味深い酵素である. なぜなら, N_2Oは (CO_2とCH_4についで) 3番めに重要な温室効果ガスだからである. さらに, 有機基質を酸化するためのオキソ-運搬試薬として潜在的に魅力的だからである (副生成物はN_2のみであり, 環境にやさしい反応である). 一酸化二窒素レダクターゼはCu_AとCu_Zの二つの銅中心をもっている. Cu_A部位は, 二つのCys配位子により架橋された混合原子価の二核銅からなる電子伝達部位である. この構造は, シトクロム*c*オキシダーゼですでに見たものである (そして一酸化窒素レダクターゼでもみられる[*6]). Cu_Zの構造はきわめてユニークであることがわかっている. すなわち, μ_4-スルフィド架橋の四核銅クラスターである (図14・16). Cu_Z中心は二量体酵素のN末端ドメインに位置しているが, Cu_A中心は各サブユニットのC末端ドメインに位置している. よって, 二量体構造では, 異なるサブユニットに属するCu_AとCu_Z部位とが隣り合っている. [4Cu-S]クラスターはほぼ2回対称であり, きわめてよく似たCu-S結

*5 生物学的な窒素サイクルの部分をなす脱窒では, 四つの酵素反応により, 土壌の硝酸イオンが亜硝酸イオン, 一酸化窒素, そして一酸化二窒素に変換される. そして最終的に気体の窒素を生成する (第18章参照).

*6 訳注: 一酸化窒素レダクターゼはシトクロム*c*オキシダーゼの先祖酵素であり, 通常, Cu_A中心はもたないが, 両者の中間的な酵素 (qCu_ANOR) はCu_Aをもっている.

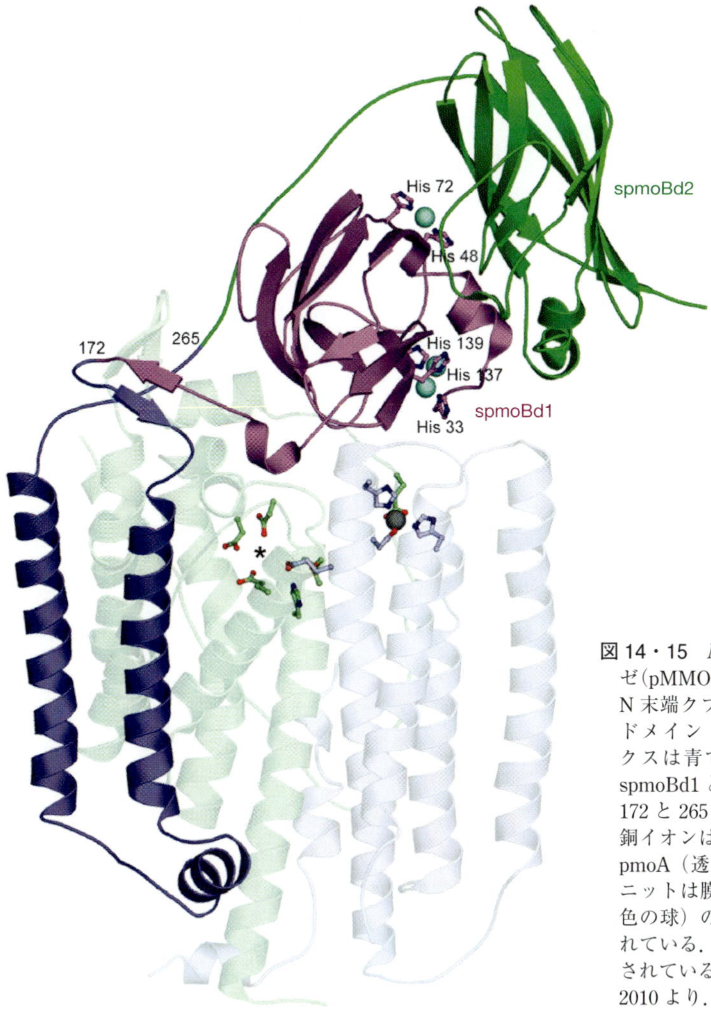

図 14・15　*M. capsulatus*（Bath）粒状メタンモノオキシゲナーゼ（pMMO）のプロトマーの構造（PDB: 1YEW）．pmoB の N 末端クプレドキシンドメイン（spmoBd1）は紫で，C 末端ドメイン（spmoBd2）は緑で，そして二つの膜貫通へリックスは青で示されている．組換え spmoB タンパク質では，spmoBd1 と spmoBd2 は二つの膜貫通へリックスではなく，172 と 265 の残基をつなぐ GKLGGG 配列で結合されている．銅イオンは緑の球で，配位子は棒球モデルで表示されている．pmoA（透明な淡い緑）と pmoC（透明な淡い青）のサブユニットは膜貫通へリックスを形成している．亜鉛イオン（灰色の球）の場所は，二鉄中心を収容するための場所と提唱されている．アスタリスクをつけた親水性部位は，存在が提唱されている三核銅中心の部位である．［Balasubramanian *et al.*, 2010 より．Nature の許可を得て転載．©2010］

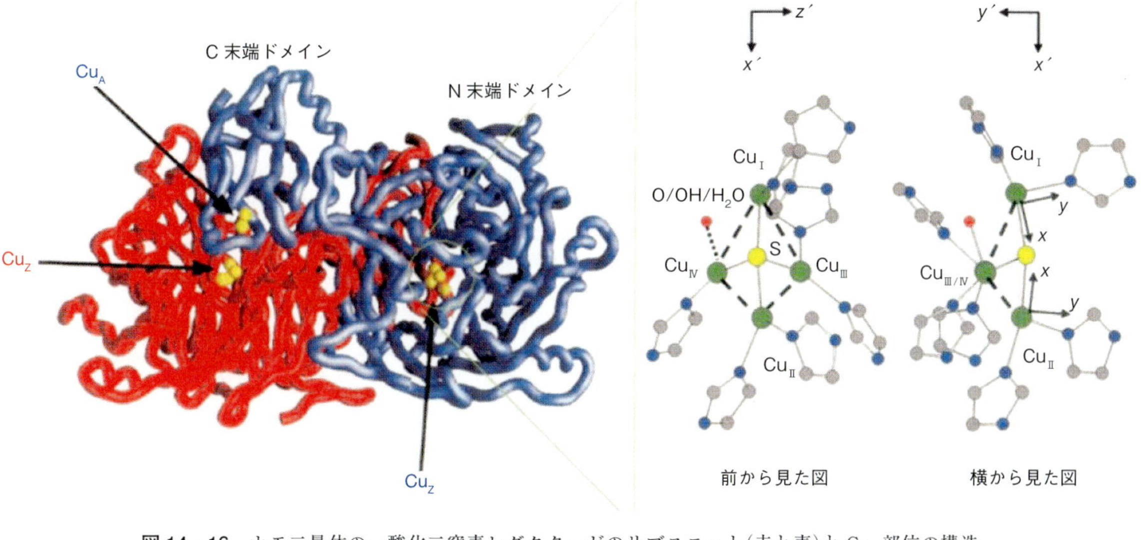

図 14・16　ホモ二量体の一酸化二窒素レダクターゼのサブユニット（赤と青）と Cu_Z 部位の構造．［Chen, Gorelsky, Ghosh, Solomon, 2004 より．Nature publishing の許可を得て転載．©2004］

合長をもっている．しかし，Cu–Cu 距離は非常に異なっており，Cu_{II}，Cu_{III}，Cu_{IV}と名付けられた三つの銅中心は近くにあるが，Cu_{I}は遠くに離れている．[4Cu–S]クラスター全体は七つの His 配位子でタンパク質に結合しているが，さらに，いまだ同定されていない酸素性の配位子がCu_{I}/Cu_{IV}エッジ部分に存在している．このCu_{I}/Cu_{IV}エッジは基質結合部位と考えられている．触媒作用に関連するのはCu_{Z}の完全還元状態であり，四つの銅はすべて一価である．提唱されているN_2OのN_2への還元の機構では，N_2O基質がCu_{I}/Cu_{IV}のエッジに結合し，Cu_{I}とCu_{IV}を架橋していると考えられている（図14・17）．Cu_{I}とCu_{IV}からの同時の電子供与により，N_2Oの2電子還元が可能となるのであろう．隣のサブユニットのCu_{A}中心からCu_{II}とCu_{IV}への効率の良い電子伝達経路が存在するため，Cu_{Z}中心の迅速な再還元が可能となっている．

14・5 鉄と銅: 鉄代謝における銅の役割

きわめて初期の研究で，銅不足が多くの動物における貧血に関連していることがわかっている．しかし，銅と鉄の相互作用を理解する鍵は，酵母において，銅代謝に影響する変異が鉄取込み系を阻害したという結果に基づいている．細胞膜にある銅輸送体に変異を導入しても，また鉄を Fet3 オキシダーゼに挿入する銅シャペロンである P 型 ATP アーゼ Atx1 に変異を導入しても，結果は同じであった．いずれも，酵母への鉄の取込みがマルチ銅オキシダーゼを必要とするためである．鉄が脳や肝臓に蓄積する希有なヒト神経疾患であるセルロプラスミン欠損症において（第7章に示されている），セルロプラスミンの鍵となる役割が，組織における鉄の動員であるという発見は驚くにあたらない．このことは，酵母の Fet3 オキシダーゼが，セルロプラスミン欠損症のネズミの鉄恒常性を回復させた研究によって示された（Harris *et al.*, 2004）．有力な機構が図14・18に示されている．Fe^{2+}の輸送体であるフェロポーチンによる鉄の排出には，セルロプラスミンのフェロオキシダーゼ活性が必要と考えられる．それにより，アポトランスフェリンへの鉄の取込みが保証される．詳細は Crichton, Pierre, 2001; Crichton, Ward, 2006; Crichton, 2009; Hellman, Gitlin, 2002 を参照．

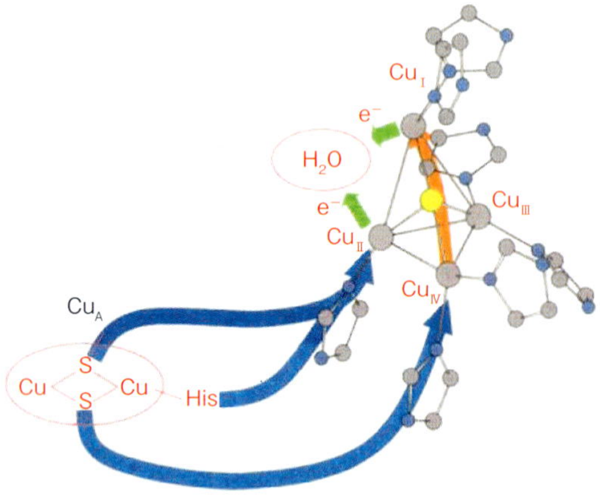

図14・17 Cu_{Z}部位におけるN_2Oの還元．[Chen *et al.*, 2004 より．Nature publishing の許可を得て転載．©2004]

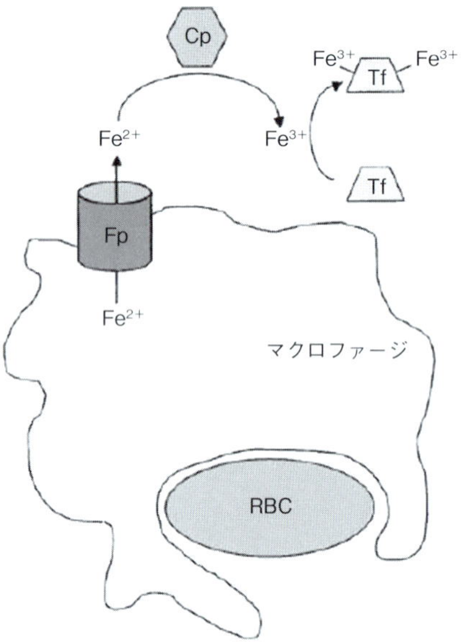

図14・18 細網内皮細胞からの鉄の利用におけるセルロプラスミンの役割．Fp: フェロポーチン，Cp: セルロプラスミン，Tf: トランスフェリン．[Hellman, Gitlin, 2002 より．Annual Reviews の許可を得て転載．©2002]

文 献

Balasubramanian, R., Smith, S.M., Rawat, S., Yatsunyk, L.A., Stemmler, T.L., & Rosenzweig, A.C. (2010). Oxidation of methane by a biological dicopper centre. *Nature, 465*, 115–119.

Brunori, M., Giuffrè, A., & Sarti, P. (2005). Cytochrome c oxidase, ligands and electrons. *Journal of Inorganic Biochemistry, 99*, 324–336.

Chen, P., Gorelsky, S.I., Ghosh, S., & Solomon, E.I. (2004). N_2O reduction by the μ4-sulfide-bridged tetranuclear Cu_{Z} cluster active site. *Angewandte Chemie International Edition, 43*, 4132–4140.

Crichton, R.R. (2001). *Inorganic biochemistry of iron metabolism: From molecular mechanisms to clinical consequences*. Chichester: John Wiley and Sons, pp. 326.

Crichton, R.R., & Pierre, J.-L. (2001). Old iron, young copper: from Mars to Venus. *BioMetals, 14*, 99–112.

Crichton, R.R., & Ward, R.J. (2006). *Metal-based neurodegeneration from molecular mechanisms to therapeutic strategies*. Chichester: John Wiley and Sons, p. 227.

Decker, H. (2006). A first crystal structure of tyrosinase: all questions answered?. *Angewandte Chemie International Edition, 45*, 4546–4550.

Decker, H., Schweikardt, T., Nillius, D., Salzbrunn, U., Jaenicke,

E., & Tuczek, F. (2007). *Gene, 398*, 183–191.

Granata, A., Monzani, E., & Casella, L. (2004). Mechanistic insight into the catechol oxidase activity by a biomimetic dinuclear copper complex. *Journal of Biological Inorganic Chemistry, 9*, 189–196.

Hart, P.J. (2006). Pathogenic superoxide dismutase structure, folding, aggregation and turnover. *Current Opinion in Chemical Biology, 10*, 131–138.

Harris, Z.L., Davis-Kaplan, S.R., Gitlin, J.D., & Kaplan, J. (2004). A fungal multicopper oxidase restores iron homeostasis in aceruloplasminemia. *Blood, 103*, 4672–4673.

Hatcher, L.Q., & Karlin, K.D. (2004). Oxidant types in copper-dioxygen chemistry: the ligand coordination defines the Cu_n-O_2 structure and subsequent reactivity. *Journal of Biological Inorganic Chemistry, 9*, 669–683.

Hellman, N.E., & Gitlin, J.D. (2002). Ceruloplasmin metabolism and function. *Annual Review of Nutrition, 22*, 439–458.

Himes, R.A., & Karlin, K.D. (2009). Copper-dioxygen complex mediated C–H bond oxygenation: relevance for particulate methane monooxygenase (pMMO). *Current Opinion in Chemical Biology, 13*, 119–131.

Klinman, J.P. (2006). The copper-enzyme family of dopamine beta-monooxygenase and peptidylglycine alpha-hydroxylating monooxygenase: resolving the chemical pathway for substrate hydroxylation. *Journal of Biological Chemistry, 281*, 3013–3016.

Malkin, R., & Malmström, B.G. (1970). The state and function of copper in biological systems. *Advances in Enzymology and Related Areas of Molecular Biology, 33*, 177–244.

Messerschmidt, A. , Huber, R. , Poulos, T. , & Weighardt, K. (Eds.), (2001). *Handbook of metalloproteins*. (p. 227). Chichester: John Wiley and Sons.

Potter, S.Z., & Valentine, J.S. (2003). The perplexing role of copper-zinc superoxide dismutase in amyotrophic lateral sclerosis (Lou Gehrig's disease). *Journal of Biological Inorganic Chemistry, 8*, 373–380.

Riva, S. (2006). Laccases: blue enzymes for green chemistry. *TIBS, 24*, 219–226.

Rodgers, C.J., Blanford, C.F., Giddens, S.R., Skamnioto, P., Armstrong, F.A., & Gurr, S.J. (2009). Designer laccases: a vogue for hipotential fungal enzymes? *Trends in Biotechnology, 28*, 63–72.

Rogers, M.S., & Dooley, D.M. (2003). Copper-tyrosyl enzymes. *Current Opinion in Structural Biology, 7*, 131–138.

Rosenzweig, A.C., & Sazinsky, M.H. (2006). Structural insights into dioxygen-activating copper enzymes. *Current Opinion in Structural Biology, 16*, 729–735.

Solomon, E.I. (2006). Spectroscopic methods in bioinorganic chemistry: blue to red to green copper sites. *Inorganic Chemistry, 45*, 8012–8025.

Vallee, B.L., & Williams, R.J. (1968). Metalloenzymes: the entatic nature of their active sites. *Proceedings of the National Academy of Sciences of the United States of America, 59*, 498–505.

第15章

ニッケルとコバルト
進化の名残り

15・1　は じ め に

ニッケル酵素やコバルト酵素が触媒する反応の種類や進化に伴う分布について調べてみると，メタン，二酸化炭素，一酸化炭素，水素のように，地球上に酸素が発生する以前に特に豊富に存在した化学物質の代謝において，ニッケルとコバルトが特に重要であったという結論に達する．これを反映して，この二つの元素は多くの嫌気性細菌に多量に存在する．対照的に，哺乳類の血清中には，これらの元素は亜鉛，鉄，銅の存在量に比べて100分の1以下しか含まれていない．それでもコバルトは多くの重要なビタミン B_{12} 依存酵素に含まれており，哺乳類を含む高等生物の中で使用され続けている．一方ニッケルは，植物のウレアーゼを除いて高等生物にほとんど存在しない．

ニッケルとコバルトは，鉄と同様に多数の電子をもつという特徴がある．さらに低原子価状態では，これらの金属の3d電子のいくつかはむき出しの σ または π 軌道に存在している．その結果，正方両錐形にひずんだコバルト(Ⅱ)やニッケル(Ⅲ)は反応性の高いフリーラジカルとして通常の有機の σ ラジカルと同様の方法で1電子を与えたり奪ったりできる．実際に，コバルトはフリーラジカル反応において機能し，たとえばリボヌクレオチドからデオキシリボヌクレオチドへの変換では鉄と同様に働く．酸塩基反応に働くコバルトやニッケルは，亜鉛によって容易に代替された．また，地球上に急激に酸素が増加した後の世界では，すべての酸化還元機能におけるコバルトやニッケルの役割は生物が取込みやすい鉄，銅，マンガンなどによって取って代わられた．ニッケルとコバルトは光合成が始まった後では生体金属のリーダーの座を失ったのである．これはニッケルにおいて顕著であるが，コバルトでも同様である．

初めにニッケル酵素，その後コバルト酵素について記述する．コバルト酵素についてはコバラミンを補酵素としてもつ酵素に注目し，非コリンコバルト酵素についても記述する．参考書として Bannerjee, Ragsdale, 2003; Brown, 2005; Hegg, 2004; Kobayashi, Shimizu, 1999; Mulrooney, Hausinger, 2003; Ragsdale, 1998, 2004, 2006, 2009 などがあげられる．

15・2　ニッケル酵素

8個の既知のニッケル酵素のうちの7個（表15・1）は気体（CO, CO_2, CH_4, H_2, NH_3, O_2）の消費と生産に関係し，地球上の炭素，窒素，酸素サイクルに対して重要な役割を果たしている（Ragsdale, 2007, 2009）（第18章）．最初に発見されたニッケル酵素であるウレアーゼは NH_3 を，またアシレダクトンジオキシゲナーゼ(ARD)は CO を生産する．スーパーオキシドジスムターゼ(SOD)はスーパーオキシドから O_2 を発生する．ヒドロゲナーゼは H_2 を使用するが，それよりもむしろ H_2 発生に働く．一酸化炭素デヒドロゲナーゼ(CODH)は CO と CO_2 を相互変換する．アセチル CoA シンターゼ(ACS)は，一酸化炭素デヒドロゲナーゼと共同して CO_2 やメチル基をアセチル CoA に変換する．メチル CoM レダクターゼ(MCR)はメタンを生産する．

残りの一つのニッケル酵素であるグリオキシラーゼ(GlxⅠ)は毒性を示すメチルグリオキサールの乳酸への変換を触媒する（メチルグリオキサールは DNA と容易に化

表 15・1　ニッケル酵素

酵　素	反　応
グリオキシラーゼ（EC 4.4.1.5）	メチルグリオキサール ⟶ 乳酸 + H_2O（反応 1）
アシレダクトンジオキシゲナーゼ（EC 1.13.11.54）	1,2-ジヒドロキシ-3-オキソ-5-(メチルチオ)ペンタ-1-エン + O_2 ⟶ HCOOH + メチルチオプロピオン酸 + CO（反応 2）
Ni スーパーオキシドジスムターゼ（EC 1.15.1.1）	$2H^+ + 2O_2^{\bullet -} \longrightarrow H_2O_2 + O_2$（反応 3）
ウレアーゼ（EC 3.5.1.5）	$H_2N\text{-}CO\text{-}NH_2 + 2H_2O \longrightarrow 2NH_3 + H_2CO_3$（反応 4）
ヒドロゲナーゼ（EC 1.12.*X.X*）	$2H^+ + 2e^- \rightleftharpoons H_2$ ($\Delta E^{\circ\prime} = -414$ mV)（反応 5）
メチル CoM レダクターゼ（EC 2.8.4.1）	CH_3-S-CoM + CoB-SH ⟶ CH_4 + CoM-SS-CoB（反応 6）
一酸化炭素デヒドロゲナーゼ（EC 1.2.99.2）	$2e^- + 2H^+ + CO_2 \rightleftharpoons CO + H_2O$ ($E^{\circ\prime} = -558$ mV)（反応 7）
アセチル CoA シンターゼ（EC 2.3.1.169）	CH_3-CFeSP + CoASH + CO ⟶ CH_3-CO-SCoA + CFeSP（反応 8）

学結合付加体を形成して変異原性を示す）．この酵素の活性中心にある八面体構造をもつ単核 Ni^{2+} は，その価数を変えることなくルイス酸として働いている．これは，たとえばヒトではなぜこの酵素の Ni^{2+} が Zn^{2+} に置換されているのかという理由を説明するだろう．

酵素のニッケル部位は，その配位構造や酸化還元において，かなり高い融通性を示す．スーパーオキシドジスムターゼのニッケル中心は酸化還元電位を＋890 mV〜－160 mV の間で変化させられなければならない，一方メチル CoM レダクターゼや一酸化炭素デヒドロゲナーゼでは，電位を－600 mV まで下げられなければならない．これは，タンパク質内でニッケルが約 1.5 V の電位幅で酸化還元反応を行えることを意味する．自然環境中における取込み可能なニッケル量は少ないため，金属シャペロンやニッケル恒常性の制御因子とともに，高い親和性をもつニッケル取込みシステムの発達を必要としてきた．

(i) ウレアーゼ

最初に発見されたニッケル酵素はタチナタマメに含まれるウレアーゼであり，1926 年に James Sumner らが結晶化に成功した*1．しかし，分析技術が追いつかず 50 年後までウレアーゼがニッケル酵素であるとは認識されなかった．ウレアーゼは尿素からアンモニアとカルバミン酸への加水分解を触媒する．カルバミン酸は自発的に加水分解し，炭酸と二つめのアンモニア分子を生じる．

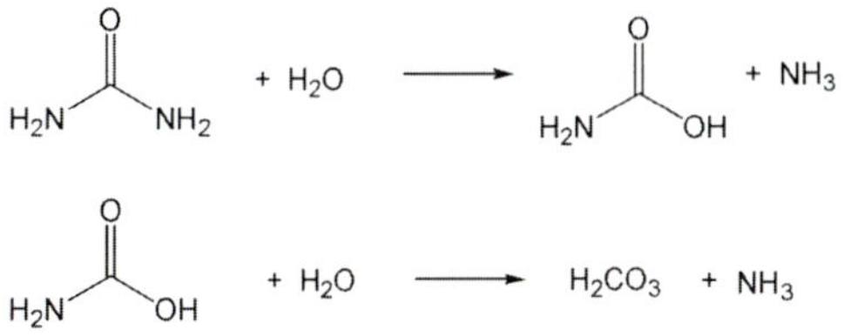

この酵素は植物や微生物の窒素代謝において重要な役割を果たす．一方，陸生動物はウレアーゼをもたず，窒素代謝の最終生成物として尿素を排泄する．ウレアーゼの活性中心（図 15・1）には，二つの Ni^{2+} がおよそ 3.5 Å 離れて存在し，カルバミル化されたリシン残基により架橋されている．それぞれの Ni^{2+} には，二つの His 窒素，一つの架橋

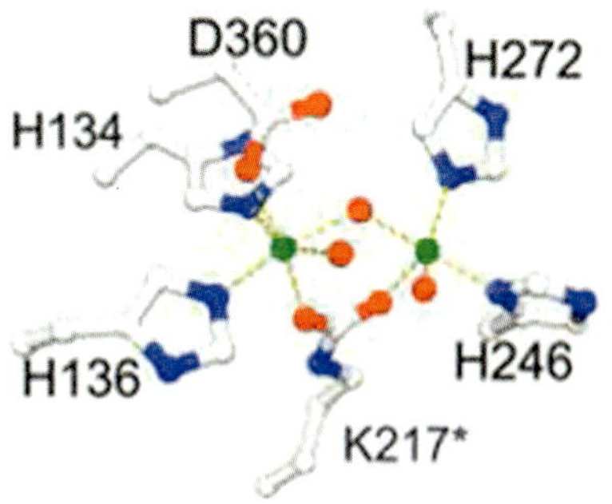

図 15・1　ウレアーゼの二核ニッケル活性部位．Ni 原子は緑で，Ni に結合した水分子は赤で示す．カルバミル化された Lys 残基は K217* である．[Mulrooney, Hausinger, 2003 より．Elsevier の許可を得て転載．©2003]

カルバモイル基の酸素，一つの水分子の酸素が配位している．さらに，一方の Ni^{2+} には Asp 残基の酸素が配位している．二つの Ni を架橋するカルバミル化されたリシン残基を生成するには CO_2 が必要である．また，このリシン残基の変異により活性が消失する．尿素の加水分解には高いエネルギー障壁があるが，1) Ni 1 に尿素のカルボニル基が配位してカルボニル基がより求電子的になること，2) Ni 2 に水が配位して活性化された OH を生じること，3) 尿素の四つのすべての水素原子がタンパク質内の水素

*1　James Sumner は，タンパク質の結晶化によって 1946 年にノーベル化学賞を受賞した．一方，1915 年に化学賞を受賞した Richard Willstätter は，タンパク質は酵素ではなく，ウレアーゼにおけるタンパク質の役割は単に真実の触媒のための足場でしかないと主張した．ウレアーゼは Ni なしでは不活性であるので，彼はそれほど間違っていたわけではない．

受容基と水素結合することにより，この障壁は低くなる．初めに，N_2^{2+}で活性化されたOH^-の攻撃により，四面体型の構造をもつ反応中間体が生じるだろう．この中間体のプロトン化によりアンモニアが脱離し，二つの Ni の間にカルバミン酸架橋が生じる．二核中心からのカルバミン酸の解離により，炭酸と第二のアンモニアへの自発的な加水分解が進行する．このとき，プロトン化された His 残基が一般酸塩基触媒として働き，アンモニアの放出を促進する．

(ii) Ni-Fe-S タンパク質

8 個のニッケル酵素のうちの 3 個，ヒドロゲナーゼ，一酸化炭素デヒドロゲナーゼ，アセチル CoA シンターゼは Ni-Fe-S タンパク質である．ヒドロゲナーゼは水素の可逆的酸化を触媒することにより，微生物のエネルギー代謝に重要な役割を果たしている．

$$H_2 \rightleftharpoons 2H^+ + 2e^-$$

いくつかの嫌気性微生物では，過剰の還元力を除去するための機構として水素の生産が役立っている．一方その他の多くの微生物では，水素の消費が二酸化炭素，酸素，硫酸イオン，およびその他の電子受容体の還元と共役し，同時に ATP 生産に使用するプロトン濃度勾配の発生に使用されている．3 種類のヒドロゲナーゼ，[NiFe]ヒドロゲナーゼ，[FeFe]ヒドロゲナーゼ，[Fe]ヒドロゲナーゼがこれまでに記述されてきた．ニッケルが制限された環境においては，メタン生成菌はニッケルに依存しない[Fe]ヒドロゲナーゼを合成し，ニッケルの必要性を減少させている．[Fe]ヒドロゲナーゼは特殊な鉄-グアニリルピリジノール補因子（FeGP 補因子）をもち，一つの低スピン鉄に二つの一酸化炭素，一つの $COCH_2$-基，一つのチオール基，一つの sp^2 混成のピリジノール窒素が結合している（Thauer, Kaster, Goenrich, Schick, Hiromoto, Shima, 2010）．メタン生成菌により触媒される，$4H_2$ と CO_2 からのメタン生成は H_2 を貯蔵するための効率的な方法の一つだろう．

[NiFe]ヒドロゲナーゼは，特異な NiFe 活性部位をもつことで特徴づけられる（図 15・2）．分光分析と結晶構造解析を組合せた研究から，鉄に配位した一つの CO と二つの CN^- という三つの非タンパク質性二原子配位子が明らかにされた．これらの配位子が鉄を二価の低スピン状態に保つと考えられている．*D. norvegium* では，Ni に配位した配位子の一つはセレノシステイン（図 15・2）であり，その他のほとんどの[NiFe]ヒドロゲナーゼでは，Ni に配位するタンパク質由来の四つの配位子は，すべて Cys 残基である．そのうちの二つは Fe 原子に対する架橋配位子である（図 15・2）．[NiFe]ヒドロゲナーゼが Ni_a-C* 状態となるための活性化には長時間の H_2 処理が必要である．この過程は，一つの OH^- 配位子のニッケル-鉄間のヒドリド架橋（赤色で表示）への置換（図 15・2）と H−H 結合のヘテロリシス開裂を含む．触媒作用は，ヒドリド移動またはプロトン共役電子移動反応による Ni_a-C* からニッケル(I)の酸化状態（Ni_a-R*）への変換に続いて起こり，触媒作用に供される生産的な H_2 の結合が可能になる．触媒サ

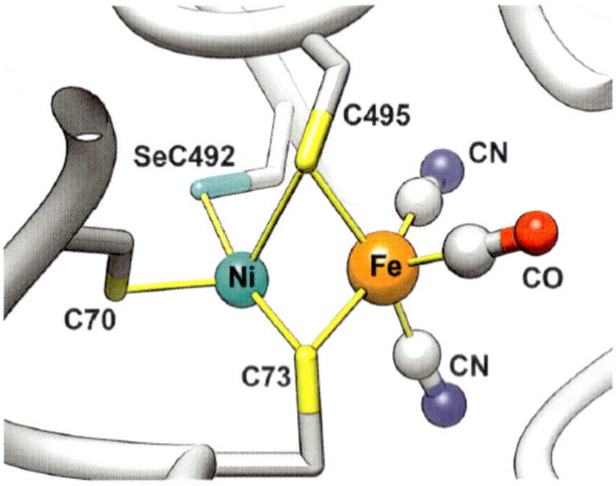

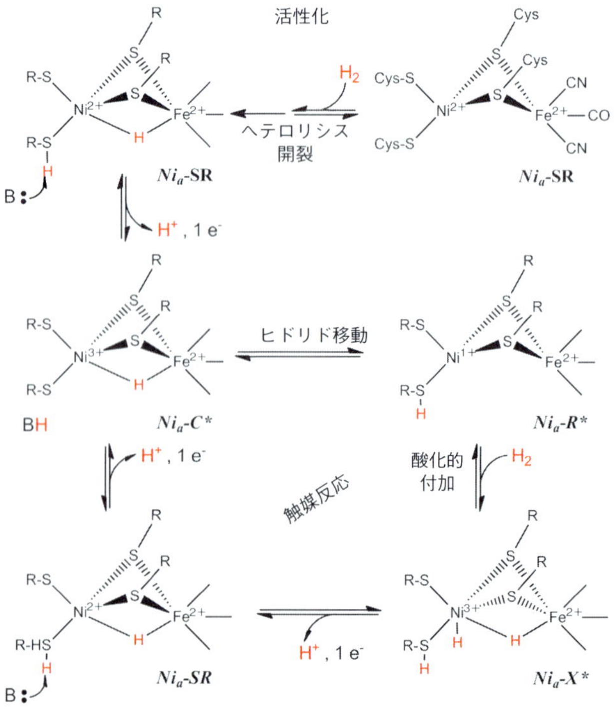

図 15・2 NiFe 活性部位の構造とヒドロゲナーゼの機構（構造は PDB: ICC1 より）．ヒドロゲナーゼの活性化と触媒の機構は Lill と Siegbahn（2009）の研究に基づいている．アスタリスク（*）は EPR 活性な状態を示している．［Ragsdale, 2009 より改変］

イクル中のH−H結合開裂は，酸化的付加機構で進行すると提案されており，そこで生じるであろう Ni_a-X*中間体は，2回の連続するプロトン共役電子移動を経て Ni_a-C*を再生する（Lill, Siegbahn, 2009）．また[NiFe]ヒドロゲナーゼは，触媒部位（シトクロム c_3 などの電子受容体）に電子を伝える多数の鉄−硫黄クラスターを含んでいる．

“有機分子を合成するための概念的に最も単純な方法は，炭素一つから組立てることである”（Ragsdale, Pierce, 2008）．Wood-Ljungdahl経路（アセチルCoA経路，図15・3）では，まさにそれが行われており，CO_2 からアセチルCoAが合成される．一酸化炭素デヒドロゲナーゼ（CODH）とアセチルCoAシンターゼ（ACS）は CO_2 のCOへの還元と，それに続くアセチルCoAの生成を担っている（Drennan *et al.*, 2004）．CODH/ACS酵素は，古代酵素と考えられており，CO_2 豊富な嫌気性の大気下における原始生物の生存を可能にしてきた．この経路では，一酸化炭素デヒドロゲナーゼによって CO_2 はCOに還元され，さらに CO_2 由来のメチル基を使って，アセチルCoAシンターゼによってアセチルCoAに変換される．このメチル基は，メチル基転移酵素（メチルトランスフェラーゼ，MeTr）によってメチルテトラヒドロ葉酸からコリノイド鉄−硫黄タンパク質（CFeSP）に移され，続いてアセチルCoAシンターゼのAクラスターにメチル基が転移される．

CODH/ACS酵素を含む微生物は，泥炭地からウシの反芻胃やヒトの腸までの嫌気代謝が唯一の生存の手段であるような，あらゆる場所で見いだされる*2．いわゆる，一酸化炭素デヒドロゲナーゼのCクラスターは生物がエネルギー源や炭素源としてCOを使用することを可能にする．一方，その他の酢酸生成菌やメタン生成菌は，二機能性のCODH/ACS酵素を用いて温室効果ガスである CO_2 をアセチルCoAに変換する．まとめるとCODH/ACS酵素は嫌気性生物のC1代謝に重要な役割を果たし，地球の炭素サイクルの主要な構成要素となっている．

一酸化炭素デヒドロゲナーゼは可逆的な2電子過程でCOの酸化を触媒する．金属クラスターを五つもつホモ二量体酵素である．五つのクラスターはCOの CO_2 への酸化を触媒するCクラスター二つと典型的な[4Fe-4S]キュバン型クラスター三つからなる（図15・4）．*R. rubrum* では，

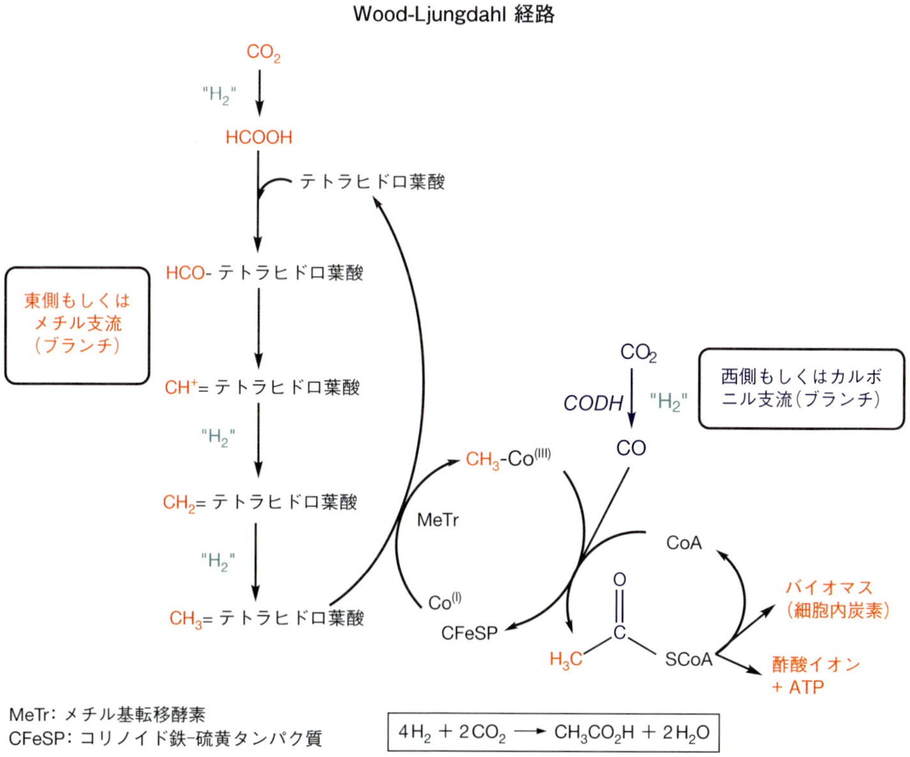

図15・3 Wood-Ljungdahl経路．“H_2”は，一般的な意味で，反応の中で2電子2プロトンが要求されることを示すために使用されている．［Ragsdale, Pierce, 2008より．Elsevierの許可を得て転載．©2008］

＊2　そのような場所では，CODH/ACS酵素は，われわれの豊富な食物源から利益を得ているいわば“出稼ぎ労働者”ともいえる微生物によって供給される見返りとして，たぶん意図せずに，われわれがつくることのできない少数のビタミンやその他の不可欠な栄養などのもてなしを返してくれる．

電子は D クラスターから CooF と名付けられた膜結合性の鉄–硫黄タンパク質に移動し，さらにヒドロゲナーゼに移動され，ここでは CO 酸化は H_2 生産と共役している．

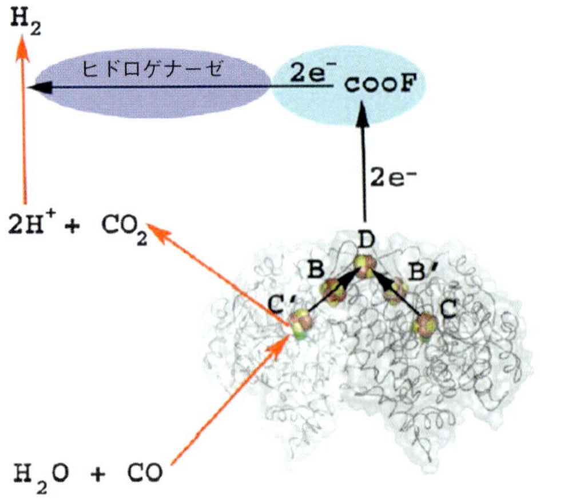

図 15・4　*R. rubrum* における一酸化炭素デヒドロゲナーゼ（CODH）活性とヒドロゲナーゼ活性の共役．CODH の二つのサブユニットは，濃淡のワイヤーフレームで示されている．C と C′ クラスターにおいて CO の酸化により生じる電子は CODH の鉄–硫黄クラスターである B（および B′）と D からなる内部の酸化還元鎖の中を移動する．D クラスターは，二つのサブユニットの接点に存在し，電子を電子伝達タンパク質（Coof）に渡す．Coof はヒドロゲナーゼと共役している．［Ragsdale, Pierce, 2008 より．Elsevier の許可を得て転載．©2008］

一酸化炭素デヒドロゲナーゼの C クラスターは CO_2 を CO に還元し，そのときに CO はアセチル CoA シンターゼの A クラスターによりアセチル CoA に変換される（図 15・3）．C クラスターは，特異な Fe-Ni-Fe_3S_{4-5} コアをもち，二核 Ni-Fe 中心に架橋した［3Fe-4S］クラスターと見なされる（図 15・5）．*C. hydrogenoformans* の C クラスターの触媒効率は非常に高く，CO 酸化の触媒回転数は 1 秒間に 39,000 回であり，その k_{cat}/K_m は $10^9\ M^{-1}\ s^{-1}$ よりも大きい．

アセチル CoA シンターゼの活性中心の A クラスターは，架橋性のシステイン残基を通して近位の金属イオンにつながる［4Fe-4S］キュバンからなり，さらに，図 15・5 に示すように二つの Cys 架橋を通して平面構造をもつ遠位の Ni に連結しているという点で特異である．近位にある触媒活性な金属イオンの正体については以前から議論されてきた．しかし現在は，酵素の高活性型がこの部位に Ni をもつということで合意されているようである（Svetlitchnyi *et al*., 2004）．クラスター A は，CFeSP からのメチル基，Co，CoA と結合する．クラスター A 上でのアセチル CoA 合成には，二つの機構が提案されている．単核機構では，CO とメチル基が近位の Ni に結合してアセチル基を形成し，これに続く，脱プロトンした CoA-S^- によるカルボニル炭素への攻撃によりアセチル CoA が生成される．二核機構では，CO は近位の Ni に結合し，メチル基は遠位の Ni に結合する．

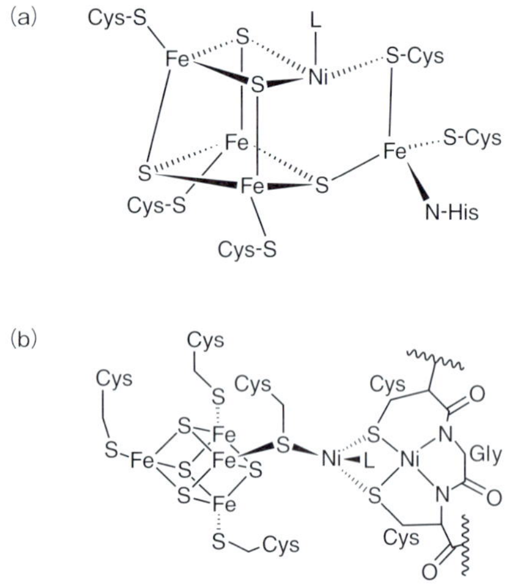

図 15・5　一酸化炭素デヒドロゲナーゼの C クラスターとアセチル CoA シンターゼの A クラスター．［Ragsdale, 2007 より．Elsevier の許可を得て転載．©2007］

15・3　メチル CoM レダクターゼ

毎年 10^9 トン以上のメタンが嫌気環境下でメタン生成菌によって生産されており，そのすべてはメチル CoM レダクターゼの触媒活性によるものである（Shima *et al*., 2002; Thauer *et al*., 2008）．メチル CoM レダクターゼはメチル CoM（メチル–SCoM）と N^7–メルカプトヘプタノイルトレオニンリン酸（CoB-SH）をメタンとヘテロジスルフィド CoB-SS-CoM に変換し（表 15・1 の反応 6），その触媒回転数は 1 秒間に約 100 回，k_{cat}/K_m は約 $1\times10^5\ M^{-1}\ s^{-1}$ である（メチル–SCoM）．*M. thermoautotrophicum* から得られるこの酵素の構造は，基質が結合した二つの状態において高分解能で決定されている．この酵素では，430 nm の吸収極大から F_{430} と名づけられたコリノイド補因子の中に Ni が存在する（図 15・6）．この酵素は二つの活性中心をもつヘテロ三量体であり，それぞれニッケル含有のテトラピロールをもつ．この補因子 F_{430} は，ニッケル（I）状態で活性であり，非共有結合的に強く結合し，タンパク質の奥深くに埋まっているが，30 Å の長さのチャネルによって表面とつながっており，そこから基質が入ってくる．この反応は，メチル–S-CoM（CH_3–S-CoM），N^7–メルカプトヘプタノイルトレオニンリン酸（補酵素 B，CoB-SH）

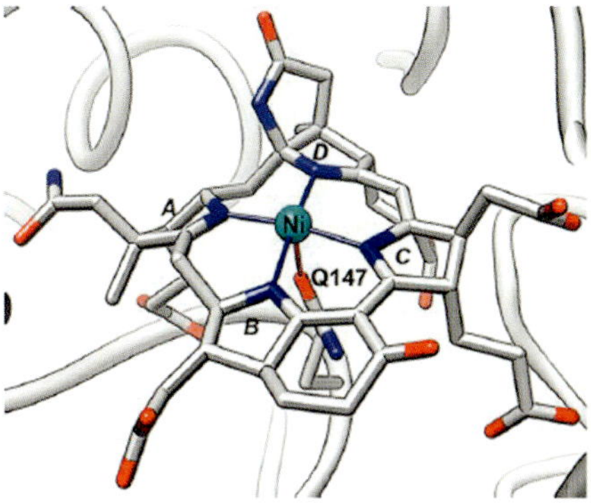

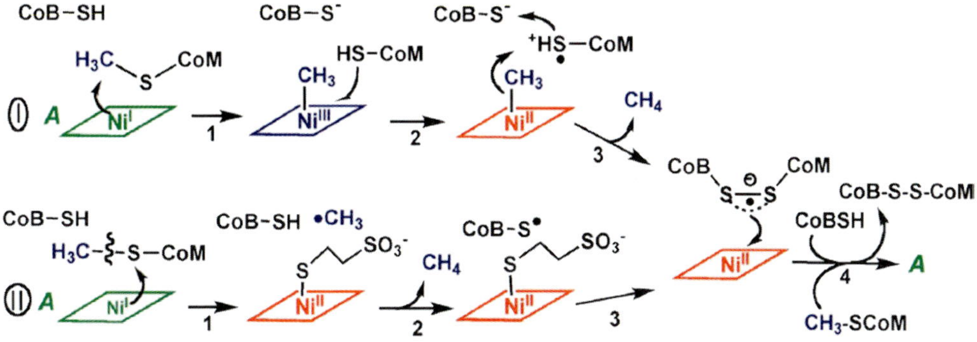

図 15・6　メチル CoM レダクターゼ(MCR)の活性部位における F_{430} の構造とメタンの生成機構(構造は PDB: 1HBN より). テトラピロールに焦点を当てるために結合した CoM は表示していない. [Ragsdale, 2009 より. Elsevier の許可を得て転載. ©2009]

を基質としており, それらはメタンとヘテロジスルフィド CoB-S-S-CoM に変換される. これまでに二つの反応機構が提案されており, 一つは有機金属であるメチル Ni 中間体経由の機構で, もう一つはメチルラジカル経由のものである (図 15・6).

15・4　コバラミンとコバルトタンパク質

ビタミン B_{12} は, コリン環の四つのピロール窒素が六配位コバルトに平面配位したテトラピロール補因子であり (図 15・7), 1925 年に抗悪性貧血因子として見いだされた. 第五配位子は, 5,6-ジメチルベンズイミダゾールヌクレオチド (Dmb) の窒素原子であり, これは共有結合でコリン D 環に結合している. 一方, 第六配位子は, ビタミン B_{12} では CN^-, アデノシルコバラミン(AdoCbl)では 5′-デオキシアデノシンであり, その他の生物学的に活性なメチルコバラミン(MeCbl)においてはメチル基である. 炭素-金属結合は生物ではまれであり, この第六配位子のメチル基は C−Co 結合を形成する点で特異である. 遊離の補因子は base-on 型または base-off 型のいずれのコンホメー

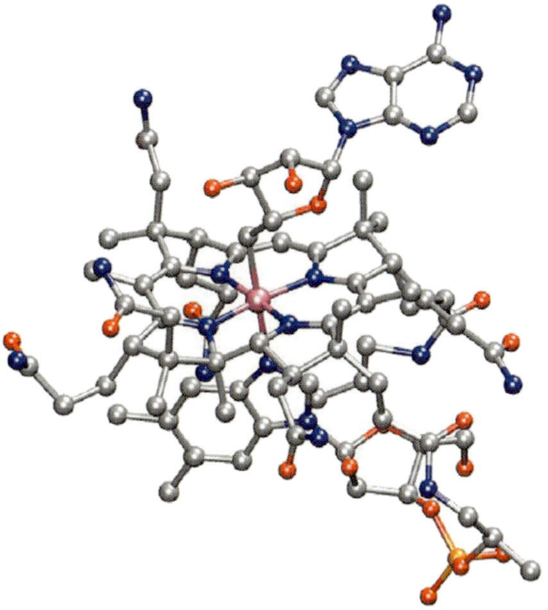

図 15・7　アデノシルコバラミン(AdoCbl)の球棒モデル表示. [Reed, 2004 より. Elsevier の許可を得て転載. ©2004]

ションでも存在することができ（図 15・8），生理的 pH ではほとんど base-on 型として存在する．いくつかの B_{12} 依存酵素では，ジメチルベンズイミダゾールの代わりに活性部位の His 残基が結合している（いわゆる His-on 型）．コリノイド鉄-硫黄タンパク質（CFeSP，前述の CODH/ACS の反応にも含まれる）では，補因子は base-off 型のコンホメーションにあり，タンパク質由来の配位子は下側の軸配位部位を占有しないように見える．反応性を示す C−Co 結合は，コバラミン補因子を必要とする三つのクラスのすべての酵素，アデノシルコバラミン依存異性化酵素，メチルコバラミン依存メチル基転移酵素，還元的脱ハロゲン酵素に存在する．ここでは最初の二つのクラスの酵素についてより詳細に議論し，さらに多くの非コリン系コバルト酵素についても述べる．

15・5　B_{12} 依存異性化酵素

異性化酵素は細菌で見いだされた B_{12} 依存酵素の最大のサブファミリーであり，発酵経路の中で重要な役割を果たす．唯一の例外はメチルマロニル CoA ムターゼであり，細菌と同様にヒトにおいてもプロピオニル CoA の代謝に必要な酵素である．アデノシルコバラミン（AdoCbl）依存異性化酵素に関する一般的な反応機構（図 15・9）は，ホモリシス開裂による 5′-デオキシアデノシルラジカルの生成（段階 1）と，これに続く基質ラジカルを生じる水素原子の引き抜き（段階 2）を含む．基質ラジカルが生じると，1, 2-転位して（段階 3）生成物ラジカルを生成する．さらに生成物ラジカルによる水素原子の引き抜きにより，生成物と 5′-デオキシアデノシルラジカル（段階 4）が生じる．5′-デオキシアデノシルラジカルは最初の B_{12} 補酵素に戻ることができる（段階 5）．第 13 章で指摘したように，たとえば *Lactobacillii* のようないくつかの微生物は B_{12} 依存クラス II リボヌクレオチドレダクターゼ（クラス II RNR）をもち，デオキシアデノシルラジカルによって基質ラジカルではなくチイルラジカル（RS•）が生成される．チイルラジカルは，二核鉄-チロシルラジカル依存リボヌクレオチドレダクターゼ（クラス I RNR）とクラス II RNR で共通しており，同様に基質ラジカルの生成に働く．興味深いこと

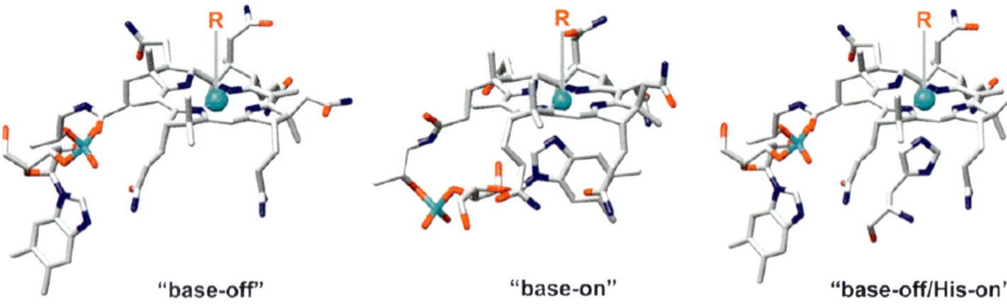

図 15・8　コバラミン誘導体の構造とさまざまな配位状態．［Banerjee, Gherasim, Padovani, 2009 より．Elsevier の許可を得て転載．©2009］

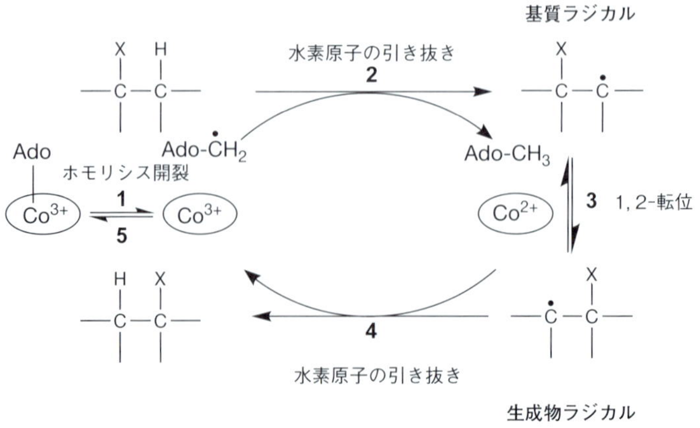

図 15・9　アデノシルコバラミン（AdoCbl）依存異性化酵素の一般的な反応機構．［Banerjee, Ragsdale, 2003 より．Annual Reviews の許可を得て転載］

に，他の B_{12} 依存異性化酵素とは異なり，クラスⅡRNR は B_{12} を結合するための異なるくぼみをもつ．これはクラスⅠRNR における対応する構造要素に類似している．

アデノシルコバラミンの Co－C 結合は水中で安定であるが，その結合解離エネルギーは 30～35 kcal mol^{-1} であり，本来は不安定である．アデノシルコバラミン依存異性化酵素はこの不安定さを利用し，上に示したように Co－C 結合のホモリシス開裂によって開始されるラジカル転位反応をひき起こす．基質非存在下ではホモリシス生成物は観測されないが，基質存在下ではホモリシス開裂速度は大きく加速される．ホモリシス開裂の平衡では再結合を好むが，基質存在下では高エネルギーの Ado-$CH_2^{\bullet}$ ラジカルが基質から水素を引き抜いて，より安定な基質ラジカル中間体を生成すると提案されている．これがホモリシス開裂の平衡全体をラジカル再結合からラジカル増殖に偏らせる正味の効果である．

15・6 B_{12} 依存メチル基転移酵素

B_{12} 依存メチル基転移酵素は C1 代謝に関与しており，以前に見たように，嫌気細菌では CO_2 固定にも関与している．この酵素はヒトを含む多くの生物内のアミノ酸代謝に重要な役割を果たしている．これらの酵素では，B_{12} 含有タンパク質がメチル基のキャリヤーとして働き，メチル基供与体からメチル基受容体へのメチル基転移を触媒する（図 15・10 a）．メチル基転移酵素（methyltransferase, MT）は，三つのタンパク質成分を含み，それぞれは異なるポリペプチドやドメイン上に存在する．第一成分である MT1 がメチル基供与体（CH_3-X）を結合し，B_{12} 含有タンパク質に転移させ，有機金属のメチルコバルト中間体を生成する．第三成分である MT2 は，Co に結合したメチル基が受容体 Y^- へ転移するのを触媒する．メチルテトラヒドロ葉酸のような数多くの分子のいずれか一つがメチル基供与体となり，一方，メチル基受容体には，たとえばメチオニンを与えるホモシステインやアセチル CoA を生成する CODH/ACS 二機能性複合体などがなりうる．すべての MT2 酵素は Zn を含んでいるように見え，Zn がメチル基受容体であるチオラート（SR）を配位結合して活性化している（図 15・10 b）．しかし CODH/ACS 系内におけるメチル基転移では，メチル基は Co から Ni に転移されるという点で，異なるタイプの反応が関与している．

最もよく解析された B_{12} 依存メチル基転移酵素は，*E. coli* から単離されたメチオニンシンターゼであり（図 15・11），この酵素はメチルテトラヒドロ葉酸からホモシステインへのメチル基転移を触媒し，メチオニンとテトラヒドロ葉酸を生成する．触媒サイクル中で，B_{12} は CH_3-Co^{III} と Co^{I} の状態を繰返す．しかし，時折 Co^{I} は Co^{II} に酸化的に不活性化されるため，Co^{II} を還元して活性化する必要が

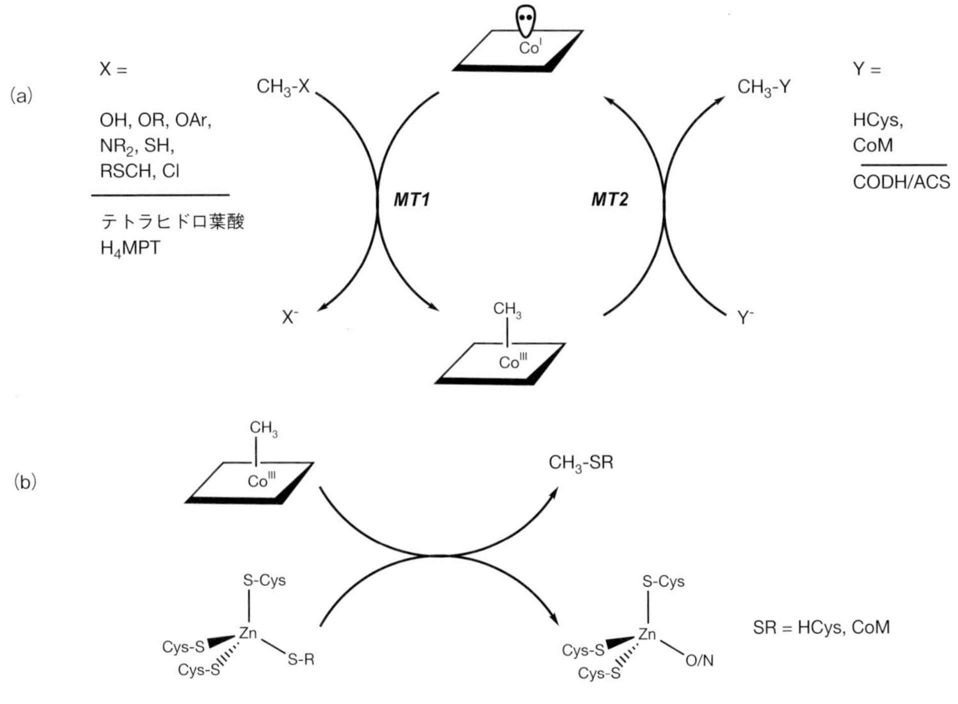

図 15・10 (a) B_{12} 依存メチル基転移酵素に含まれる三つの成分．(b) MT2 酵素はチオール受容体を活性化するチオラートをもつ．［Banerjee, Ragsdale, 2003 より．Annual Reviews の許可を得て転載］

ある．この過程では，メチル基供与体は *S*-アデノシルメチオニン(AdoMet)であり，電子供与体は *E. coli* ではフラボドキシン(Fld)，ヒトではメチオニンシンターゼレダクターゼ(MSR)である．メチオニンシンターゼはモジュラー酵素(複数の機能ドメインから構成される酵素)であり，ホモシステイン，メチルテトラヒドロ葉酸，B_{12}，*S*-アデノシルメチオニンを結合する別々のドメインをもつ(図 15・12)．B_{12} ドメインはその酸化状態に応じて，それ以外の三つのドメインと相互作用する．すなわち，Co^{I} 型はメチルテトラヒドロ葉酸と，不活性な Co^{II} 型は *S*-アデノシルメチオニン結合ドメインと，CH_3-Co^{III} 型はホモシステイン結合ドメインとそれぞれ相互作用する．コバラミンが結合すると，下部にある Dmb の軸配位は His に置換され His-on 型構造（図 15・8）が生じる．この His 残基

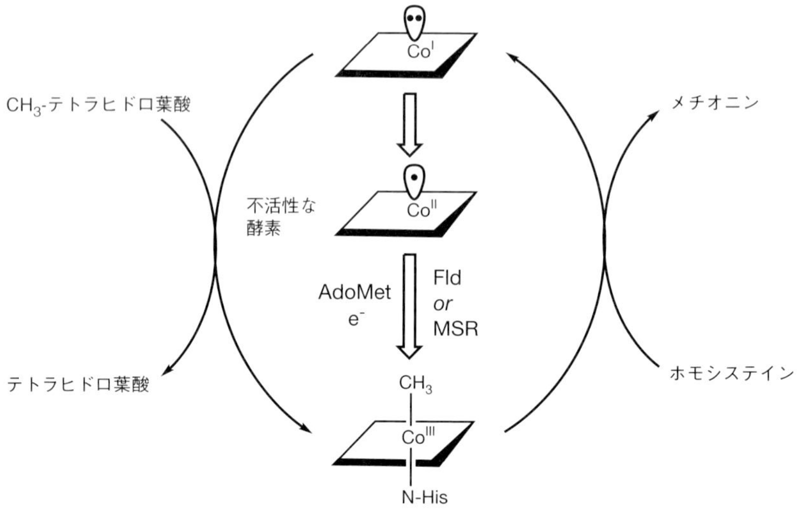

図 15・11　コバラミン依存メチオニンシンターゼ．[Banerjee, Ragsdale, 2003 より．Annual Reviews の許可を得て転載]

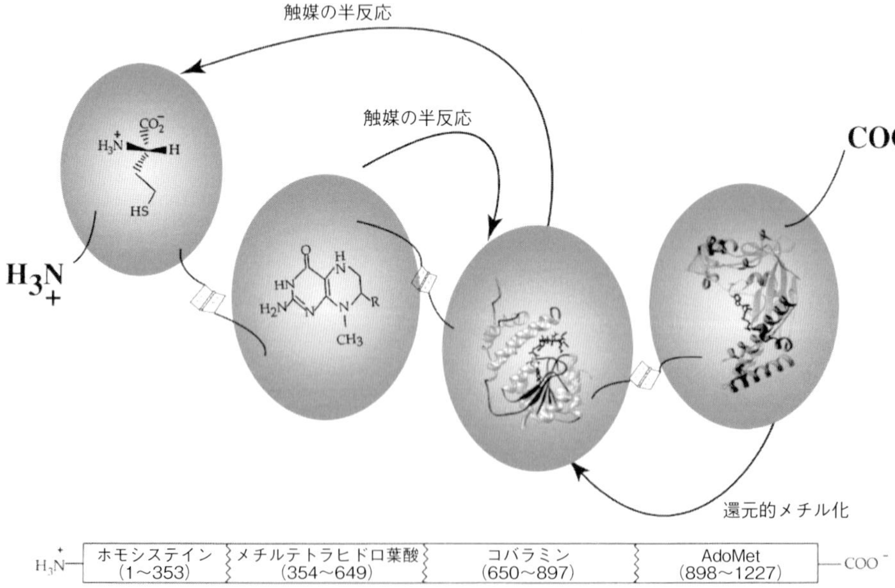

図 15・12　メチオニンシンターゼのモジュール構造．四つのドメインは柔軟なちょうつがいによって接続されている．これによりメチルテトラヒドロ葉酸結合ドメイン，*S*-アデノシルメチオニン結合ドメイン，または，ホモシステイン結合ドメインが，交互に B_{12} 結合ドメインにアクセスすることが可能になる．[Banerjee, Ragsdale, 2003 より．Annual Reviews の許可を得て転載]

は Ser, His, Asp からなる触媒三残基の一部であり，His へのプロトン化を調整することによってコバルトへの配位状態（His-on/His-off）を制御している．

先に指摘したように，第三のクラスの B_{12} 依存酵素は嫌気性微生物に存在し，これらは還元的脱ハロゲン反応を行い，塩素化された脂肪族や芳香族化合物（これらは多くの重要な人工的な汚染物質である）の解毒に重要な役割を果たしている（El Fantroussi *et al.*, 1998）．このクラスの酵素における B_{12} の役割は明確ではないが，たぶんメチル基転移酵素の場合のように有機コバルト付加物を生成することによって，またはコリノイドが電子供与体として働くことによって，その役割を果たしているのであろう．

15・7　非コリンコバルト酵素

非コリンコバルトは工業化学において多数の面白い応用があり，たとえば CO，H_2，オレフィンの間でのヒドロホルミル化反応（オキソ法）がある．メチオニンアミノペプチダーゼ（MetAP），Xaa-Pro アミノペプチダーゼ，プロリダーゼ，ニトリルヒドラターゼなどを含む多数の非コリンコバルト酵素が報告されてきた（Lowther, Matthews, 2002）．これらの酵素は N 末端のペプチド結合における限定された分画を切断することから，その役割は，タンパク質の一般的な分解というよりは生物的プロセスの制御であると示唆される．広く存在するメチオニンアミノペプチダーゼの場合には，新しく翻訳されたポリペプチド鎖の N 末端のメチオニンを切断する．タンパク質からの N 末端のメチオニンの除去は遺伝子の翻訳の初期に起こるようである．この N 末端のトリミングは，タンパク質の生物学的活性，細胞小器官への局在，他の酵素による最終的な分解などにおいて必要である．このメチオニンアミノペプチダーゼ活性の重要性は，*E. coli*，*S. typhimurium*，酵母における遺

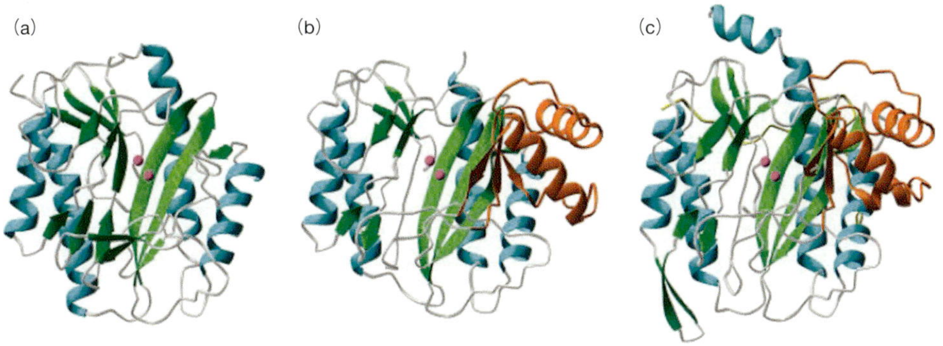

図 15・13　タイプ 1 およびタイプ 2 のメチオニンアミノペプチダーゼ（MetAP）（"ピタパン"酵素）．(a) *E. coli* MetAP-1．(b) *P. furiosis* MetAP-2．(c) ヒト MetAP-2．タイプ 1 酵素と対照的に，タイプ 2 MetAP は触媒ドメイン（それぞれ水色と緑で示された α ヘリックスと β 鎖）の中に挿入された α ヘリックスのサブドメイン（オレンジ）をもつ．［Lowther, Matthews, 2002 より．American Chemical Society の許可を得て転載］

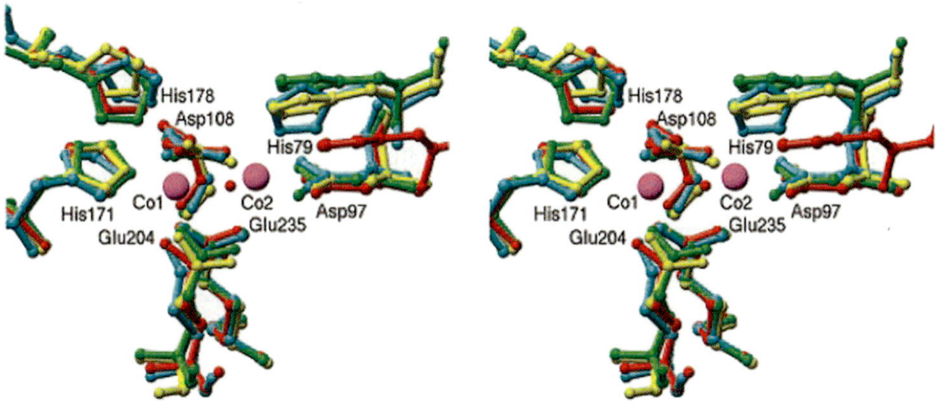

図 15・14　*E. coli* MetAP-1（赤）およびその類縁体における二核金属中心や隣接する His 残基の比較．［Lowther, Matthews, 2002 より．American Chemical Society の許可を得て転載］

＊3　ピタパンはポケットをもつ丸いパンで，中東，地中海沿岸，バルカン半島諸国の料理で広く消費されている．そのポケットは，蒸気の力でつくられ，パン生地を膨れあがらせる．そのパンが冷えて平らになると，中央にポケットが残る．

伝子ノックアウトの致死率によってはっきりと示される．

図 15・13 に *E. coli*, *P. furiosis*, さらにヒトのメチオニンアミノペプチダーゼの構造を示す．それらは特徴的なピタパン型*3 の折りたたみ構造をもち，二つの基質結合ポケットの側腹部に金属中心がある．この酵素の活性中心（図 15・14）には，五つのアミノ酸残基：Asp97, Asp108, His171, Glu204, Glu235（*E. coli* の メチオニンアミノペプチダーゼにおける番号）が配位した二つの Co^{2+} がある．二つの Co^{2+} 間の距離はロイシンアミノペプチダーゼ内の二つの Zn^{2+} 間と類似している．実際にメチオニンアミノペプチダーゼの触媒機構は，他のメタロプロテイナーゼ，特にロイシンアミノペプチダーゼと多くの特徴を共有する．

プロリダーゼは細菌に広く存在し，Pro 残基が C 末端にあるとき，Pro 残基を含むジペプチド鎖を特異的に切断する．この酵素は，心臓血管系と肺系に含まれる生理活性ペプチドやコラーゲンの分解物を処理しているように見える．超好熱性の原始細菌である *P. furiosus* から単離された酵素は，一つの強く結合した Co^{2+} をもち，また触媒活性を示すためには二つめの Co^{2+} と結合する必要がある．これは，この酵素がメチオニンアミノペプチダーゼと同じ機構で働くことを示唆している．ニトリルヒドラターゼはニトリルからアミドへの水和反応を触媒し，アクリルアミドやニコチンアミドの工業生産のために千トンのスケールで使用されている．コバルトは，他の微生物から単離された鉄含有ニトリルヒドラターゼで見いだされたのと同様の構造モチーフの中で，三つの Cys 残基と結合していると思われる．

文　献

Banerjee, R., & Ragsdale, S.W. (2003). The many faces of vitamin B_{12}: catalysis by cobalamin-dependent enzymes. *The Annual Review of Biochemistry, 72*, 209–247.

Banerjee, R., Gherasim, C., & Padovani, D. (2009). The tinker, tailor, soldier in intracellular B_{12} trafficking. *Current Opinion in Chemical Biology, 13*, 484–491.

Brown, K.L. (2005). Chemistry and enzymology of vitamin B_{12}. *Chemical Reviews, 105*, 2075–2149.

Drennan, C.L., Doukov, T.I., & Ragsdale, S.W. (2004). The metalloclusters of carbon monoxide dehydrogenase/acetyl-CoA synthase: a story in pictures. *The Journal of Biological Inorganic Chemistry, 9*, 511–515.

El Fantroussi, S., Naveau, H., & Agathos, S.N. (1998). Anaerobic dechlorinating bacteria. *Biotechnol Progress, 14*, 167–188.

Hegg, E.L. (2004). Unravelling the structure and mechanism of acetyl-coenzyme A synthase. *Accounts of Chemical Research, 37*, 775–783.

Kobayashi, M., & Shimizu (1999). Cobalt proteins. *European Journal of Biochemistry, 261*, 1–9.

Lill, S.O., & Siegbahn, P.E. (2009). An autocatalytic mechanism for NiFe-hydrogenase: reduction to Ni(I) followed by oxidative addition. *Biochemistry, 48*, 1056–1066.

Lowther, W.T., & Matthews, B.W. (2002). Metalloaminopeptidases: common functional themes in disparate structural surroundings. *Chemical Reviews, 102*, 4581–4607.

Mulrooney, S.B., & Hausinger, R.P. (2003). Nickel uptake and utilisation by microorganisms. *FEMS Microbiology Reviews, 27*, 239–269.

Ragsdale, S.W. (1998). Nickel biochemistry. *Current Opinion in Chemical Biology*, 2208–2215.

Ragsdale, S.W. (2004). Life with carbon monoxide. *Critical Reviews in Biochemistry and Molecular Biology, 39*, 165–195.

Ragsdale, S.W. (2006). Metals and their scaffolds to promote difficult enzymatic reactions. *Chemical Reviews, 106*, 3317–3337.

Ragsdale, S.W. (2007). Nickel and the carbon cycle. *Journal of Inorganic Biochemistry, 101*, 1657–1666.

Ragsdale, S.W. (2009). Nickel-based enzyme systems. *Journal of Biological Chemistry, 284*, 18571–18575.

Ragsdale, S.W., & Pierce, E. (2008). Acetogenesis and the Wood-Ljungdahl pathway of CO(2) fixation. *Biochimica et Biophysica Acta, 1784*, 1873–1898.

Reed, G.H. (2004). Radical mechanisms in adenosylcobalamin-dependent enzymes. *Current Opinion in Chemical Biology, 8*, 477–483.

Shima, S., Warkentin, E., Thauer, R.K., & Ermler, U. (2002). Structure and Function of enzymes involved in the methanogenic pathway utilising carbon dioxide and molecular hydrogen. *Journal of Bioscience and Bioengineering, 93*, 519–530.

Svetlitchnyi, V., Dobbek, H., Meyer-Klauke, W., Meins, T., Thiele, B., Römer, P., et al. (2004). A functional Ni-Ni-[4Fe-4S] cluster in the monomeric acetyl-CoA synthase from Carboxydothermus hydrogenoformans. *Proceedings of the National Academy of Sciences of the United States of America, 101*, 446–451.

Thauer, R.K., Kaster, A.K., Seedorf, H., Buckel, W., & Hedderich, R. (2008). Methanogenic archaea: ecologically relevant differences in energy conservation. *Nature Reviews Microbiology, 6*, 579–591.

Thauer, R.K., Kaster, A.K., Goenrich, M., Schick, M., Hiromoto, T., & Shima, S. (2010). Hydrogenases from methanogenic archaea, nickel, a novel cofactor, and H_2 storage. *The Annual Review of Biochemistry, 79*, 507–536.

第16章

マンガン
酸素の発生と解毒

16・1　序: マンガンの化学と生化学

マンガンは，生物学的には，Mn^{II}，Mn^{III}とMn^{IV}の三つの酸化状態をとる．鉄をはじめとする他の酸化還元活性な金属との大きな違いは，マンガンは，鉄ほど還元力のある低い酸化還元電位をもたないことである．Fe^{3+}はFe^{2+}より安定であるのに対し，Mn^{2+}はMn^{3+}に比べ安定である．これはつまり，いずれの場合においても，Fe^{3+}とMn^{2+}がもつd^5の半閉殻構造が熱力学的に安定だということである．この酸化還元に関する化学的性質が，以下の重要な二点につながる．まず当然のことながら，Fe^{3+}が使われるのと同様な基質と反応する系において，Mn^{2+}も有用な酸化還元触媒として反応に関わることができる．さらに，遊離イオンの状態で，Fe^{2+}ならばヒドロキシルラジカルを生成して害を成すような状況でも，Mn^{2+}ならば，より高い酸化還元電位をもつので無害である．これは，細胞（特に細菌の細胞）が，非常に高濃度のMn^{2+}を，害なくその細胞質中に受け入れられることを示している．この点は，鉄や銅のような生物学的に重要な酸化還元能をもつ他の金属イオンとは明らかに異なっている．

それ以外に，Mn^{2+}が生化学的に重要である性質は，意外にもMg^{2+}に似ているということである．第10章で見たように，Mg^{2+}はひずみのない6配位八面体型の構造をとり，その各配位子と金属の間で成す結合角がほぼ90°である．そのためMg^{2+}は特にリン酸化された生体分子にとっては，理想的な“構造因子”として振る舞う陽イオンとなる．Mn^{2+}のイオン半径はMg^{2+}と比較的似ているために，ほとんどの配位環境にあるMg^{2+}と容易に交換し，同様な置換活性な6配位八面体型錯体の化学的性質を示す．しかしながら，概してMn^{II}-配位子の結合の方が，Mg^{II}-配位子の結合よりも柔軟性に富んでおり，触媒活性部位においてMg^{2+}をMn^{2+}と交換したときに，それが活性化エネルギーを低下させる効果がある．すなわち，配位構造がより変化しやすくなり，基質が金属に結合して遷移状態に進み，さらに結合したまま生成物へと反応が進行するようになるのである．このように，活性部位のMg^{2+}をMn^{2+}へと置き換えることは，酵素の性能の向上につながることになる．

生物におけるマンガンの主たる役割は，光合成を行う植物，藻類やシアノバクテリアの酸素生産である．またアルギナーゼのような哺乳類の酵素や，ミトコンドリアのスーパーオキシドジスムターゼにも含まれており，微生物の代謝経路でも重要な役割を演じている．マンガンが生命現象に関わる化学反応の大部分は，一方では酸化還元活性，他方ではMg^{2+}との類似性によって説明できる．

16・2　光合成による水の酸化: 酸素発生

約25億年前(2.5 Ga*1)に，ある酵素活性が発現したために，地球の大気の化学組成が劇的に変わり，生命活動が爆発的に飛躍するきっかけとなった．その酵素は，今は光化学系II（photosystem II，PSII）というタンパク質複合体として知られており，太陽エネルギーを使って，熱力学的に厳しく，化学的に挑戦的な課題である水の分解反応を行っている．

$$2H_2O \xrightarrow{h\nu} O_2 + 4e^- + 4H^+$$

---

*1　地質学者は，今から10億年前を表すために，Ga（Giga annum，Gはギガ）の呼称を使用する．

これにより，相当する還元当量を無限に供給して二酸化炭素を炭水化物に変換し，しかるのちに生命を維持する他の有機分子を生成することが可能となった．

$$4e^- + 4H^+ + CO_2 \longrightarrow (CH_2O) + H_2O$$

このようなプロトン移動を伴う水からの電子供与が豊かになる以前には，生命活動は H_2S や NH_3，いくつかの有機酸，Fe^{2+} などに依存していた．それらはわれわれの住む緑の地球表面にあまねく存在する海水と比べると限られており，供給不足であった．ところが，酸素発生型の光独立栄養生物*2 が登場したために，以下の二つの状況が一変した．まず，水の分解反応の副産物として生成した酸素分子のおかげで，われわれの地球は嫌気的条件から好気的条件に変化した．これは，細胞システムにおけるエネルギー生産効率を約20倍に増加することになり，その結果，真核生物と多細胞生物における以降の進化を最も促した要因となったであろう．つづいて，少し長いプロセスを経てオゾン層が形成された．これが有害な紫外線照射を遮蔽する盾となったので，新しい生息地が広がった．最も重要なのは生息地が陸上環境まで含めて広がったことである．

X線結晶学と，広範囲にわたる生化学と生物物理学と分子生物学の手法を駆使して，光化学系IIの分子特性について非常に刺激的な新しい結果が得られている．実際，以下に見るように，水の分解反応の正確な反応メカニズムを化学的に理解するに至るところまで，いまかなり近づいているとみられる（詳細な情報は Barber, 2008；Barber，Murray, 2008；Ferreira *et al.*, 2004；Goussias *et al.*, 2002；Iverson, 2006；Rutherford，Boussac, 2004 を参照されたい）．

光化学系II（PSII）は，またの名を水–プラストキノン（Q）光酸化還元酵素ともいい，これは複合酵素群で，植物，藻類とシアノバクテリアのチラコイド膜に埋め込まれており，特異な四核マンガン型の酸素発生クラスター（oxygen-evolving cluster, OEC）を用いて，水を酸素へと酸化する

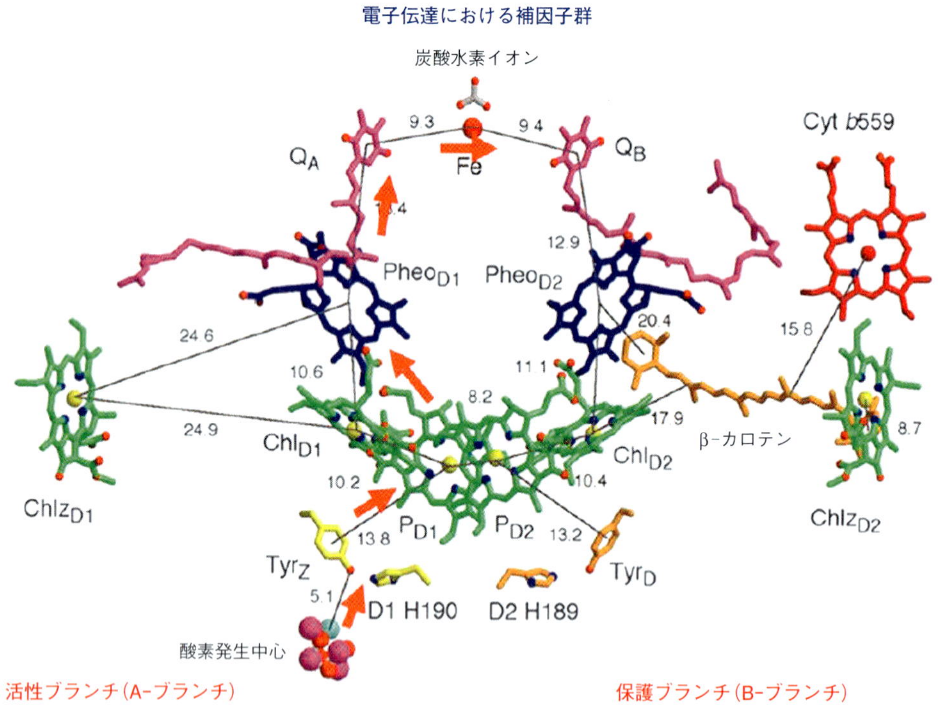

図16・1 単結晶X線構造解析によって決定されたPSIIの電子伝達における補因子群（Ferreira *et al.*, 2004，PDB：1S5L）．酸素発生中心（OEC）の金属クラスターの例外を除いて，Cyt *b*559 のヘムと酸化還元活性な β-カロテン分子ならびにすべての補因子は，P_{D1} と P_{D2} のクロロフィル部位と非ヘム鉄中心を結ぶ擬二回軸の周りに配置されている．タンパク質D1とD2の側鎖はそれぞれ黄と橙色で，クロロフィルIIは緑で，フェオフィチンは青で，プラストキノン Q_A と Q_B は赤紫で，Cyt *b*559 のヘムは赤で示した．クロロフィルとフェオフィチンのフィチル基（3, 7, 11, 15-テトラメチル-2-ヘキサデセニル基）については煩雑さを避けるため図中には示していない．水の酸化触媒の原子は，マンガン（赤紫），カルシウム（緑青），酸素（赤）である．非ヘム鉄（赤）とその炭酸イオン配位子も示されている．距離はオングストローム単位である．赤い矢印は，活性ブランチ（A-ブランチ）からの電子移動経路を示す．一方，Cyt *b*559，カロテノイド（茶色）および $Chlz_{D2}$ は保護ブランチ（B-ブランチ）を形成している．［Murray, Barber, 2007 より．Elsevier の許可を得て転載．©2007］

*2 栄養分を蓄えるため，単純な無機物質だけを要求し，唯一の炭素源として CO_2 を要求する O_2 産生の光合成生物．

反応を光エネルギーで駆動している.

$$2Q + 2H_2O \xrightarrow{h\nu} O_2 + 2QH_2$$

生物の種類により，あるいは生育条件に応じても大きく異なるが，ここではまず，PSⅡの光捕集系がどのように太陽エネルギーを吸収して，それを反応中心へ移動するかについて考える．その構造に関する初期の研究から，植物やシアノバクテリアに含まれるPSⅡの核となる複合体は二量体であり，光を吸収する色素分子としてクロロフィル *a* と β-カロテンのみを含み，それらはおもにCP43とCP47のタンパク質に結合している．反応中心は，エネルギー変換過程に関与するすべての酸化還元活性な補因子とともに，タンパク質D1とD2で構成されている．CP43とCP47サブユニットの光補集系クロロフィル群は，光子のエネルギーを集めて，反応中心のクロロフィル P_{D1} と P_{D2} のスペシャルペア(P)へと伝達する（図16・1)．スペシャルペア(P)は光励起により（Barber, 2008)，強い還元剤である P^* になり，P^* は近接したフェオフィチン分子（Pheo）を数ピコ秒で還元し，ラジカル対の状態である $P^{\bullet+}Pheo^{\bullet-}$ を生成する．数百ピコ秒以内に，$Pheo^{\bullet-}$ は固く結合したプラストキノン分子(Q_A)を還元して $P^{\bullet+}PheoQ_A{}^-$ 状態を生成する．このとき $P^{\bullet+}$ は強力な酸化剤であり（酸化還元電位が >1 V)，ナノ秒の時間スケールでチロシン残基(Tyr_Z)を酸化して $Tyr_Z{}^{\bullet}PPheoQ_A{}^-$ を生じる．Tyr_Z の酸化は，そのフェノールOH基の脱プロトンに依存しており，中性ラジカルの $Tyr_Z{}^{\bullet}$ を生成する．ミリ秒の時間スケールで，$Q_A{}^-$ は二つめのプラストキノン分子(Q_B)を還元して，$Tyr_Z{}^{\bullet}PPheoQ_AQ_B{}^-$ の状態を生成する．それとほぼ同時に，$Tyr_Z{}^{\bullet}$ は，基質である二つの水分子が結合したOEC (Mn_4Ca) クラスターから，1電子を引き抜くのである．2度めの光化学変換過程によって，$Q_B{}^-$ は $Q_B{}^{2-}$ になり，これはプロトン化してプラストキノール QH_2 となって脂質二重層中に放出され，光化学系Ⅰによって再酸化される．さらに2度の光化学変換過程により，二つの水分子を酸化するのに必要な4電子酸化当量を達成し，そこで酸素を発生する．

酸素電極と光の短時間パルス光照射を使った古典的な実験で，四つの光化学的な繰返し反応が，毎回の酸素分子の発生に必要であることが確立された．この特徴はS状態のサイクルとして知られる速度論的モデルの形で説明された（図16・2)．このモデルでは S_n ($n=0〜4$) とよばれる酵素の五つの状態があり，それぞれの状態が四つのマンガンの異なる酸化状態に対応する．S_4 状態になるとマイクロ秒以下で反応し，酸素を発生して酵素の還元状態である S_0 状態に戻る．暗所での酵素の安定な状態である S_1 状態は $Mn^{III}{}_2Mn^{IV}{}_2$ に相当するので，酸素を発生するまでに三つの光化学的な繰返し過程が必要である．

光化学系Ⅱの光駆動の水分解反応を触媒する Mn_4Ca^{2+} クラスターの位置と構造とタンパク質環境は，単結晶X線構造解析によって決定された．しかしながら，これまでに報告された結晶構造の分解能が低いため，X線照射による触媒中心へのダメージの可能性により，各金属イオンの正確な位置が未定のままである（図16・3．訳注: 現在では2011年と2014年に発表された高分解能X線構造解析により，より精密な構造が得られ，“ゆがんだ椅子型構造”とよばれる Mn_4Ca^{2+} クラスターの構造が知られている．p.248, 補遺参照)．これらの問題は広域X線吸収微細構造（EXAFS）のような分光学的な技術によりある程度は克服されつつある．これらの二つのX線に基づく技術で得られた最新の結果を考慮して，BarberとMurray (2008) が Mn_4Ca^{2+} クラスターとそのタンパク質環境の構造モデルを精密化することを試みた．Ferreira, Iverson, Maghlaoui, BarberとIwata (2004) らによる，マンガンの異常分散を考慮した差電子密度マップによって求めた Mn_4Ca^{2+} クラスターを図16・3(a)に示した．図16・3(b)は(a)のモデルのアミノ酸の配位様式の模式図であり，クラスター内で3Å以下の距離以内であるところは赤の破線で結んだ．図16・3(c, d)に，Ferreiraら(2004)とLoll, Kern, Saenger, Zouni, Biesiadka (2005)の報告した複数の電子密度マップと，マンガンの異常分散を考慮した差電子密度マップを用いて再構築した水分解の活性部位の構造を示した．それは，Ferreiraら(2004)の示した $Mn_3Ca^{2+}O_4$ キュバン構造を保持しているが，Mn4はそこに1本のμ-オキソ架橋した結合(3.3Å)でつながっている．

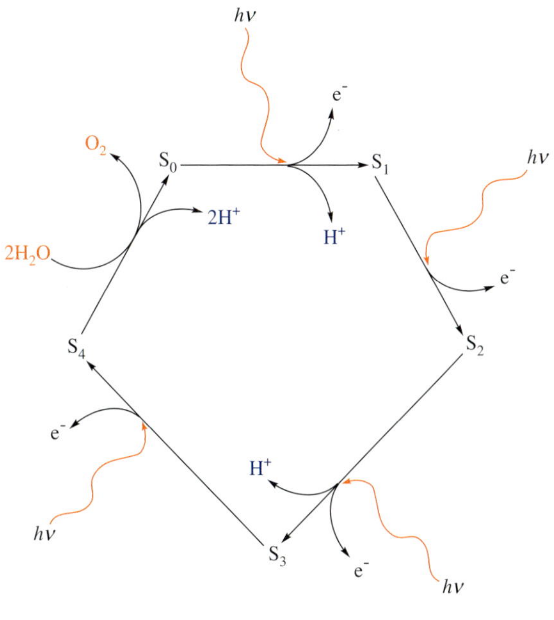

図16・2　酸素発生のS状態サイクルモデル．[Voet, Voet, 2004より改変]

Mn_4Caクラスターの正確な構造は，まだよくわかっていないが，これらのモデルは，水の酸化と酸素生成の化学的な反応メカニズムを確立するための基礎となるものである．Mn4または“ぶらさがりMn”とよばれる一つのマンガンイオンがCa^{2+}に近接し，それらが酸化還元活性なチロシンを含むいくつかの鍵となるアミノ酸の側鎖の方を向いていることが，それらが二つの水分子を基質として結合し，しかるのちに酸化する触媒表面である，ということを示唆している．図16・4に示す二つのメカニズムが提唱されている（訳注：新たな構造に基づき提唱された反応機構があるのでp.248の補遺を参照）．一つめのメカニズムは，以下のように提唱されている．S状態サイクルの間に基質である水がMn4に結合して脱プロトンし，O–O結合が形成する直前のS_4状態に達するまでに，そのMn4が高酸化状態であるMn^{V}状態になる．ほかの三つのマンガンイオンもS_4状態までに高原子価であるMn^{IV}状態にされ，オキソ-Mn4錯体の酸化当量を満たすように働く．このようにして，そのオキソ種は高い求電子性をもち，Ca^{2+}の配位圏内に結合した二つめの基質の水の酸素原子による求核攻撃の理想的な標的になりうる（図16・4a）．二つめのメカ

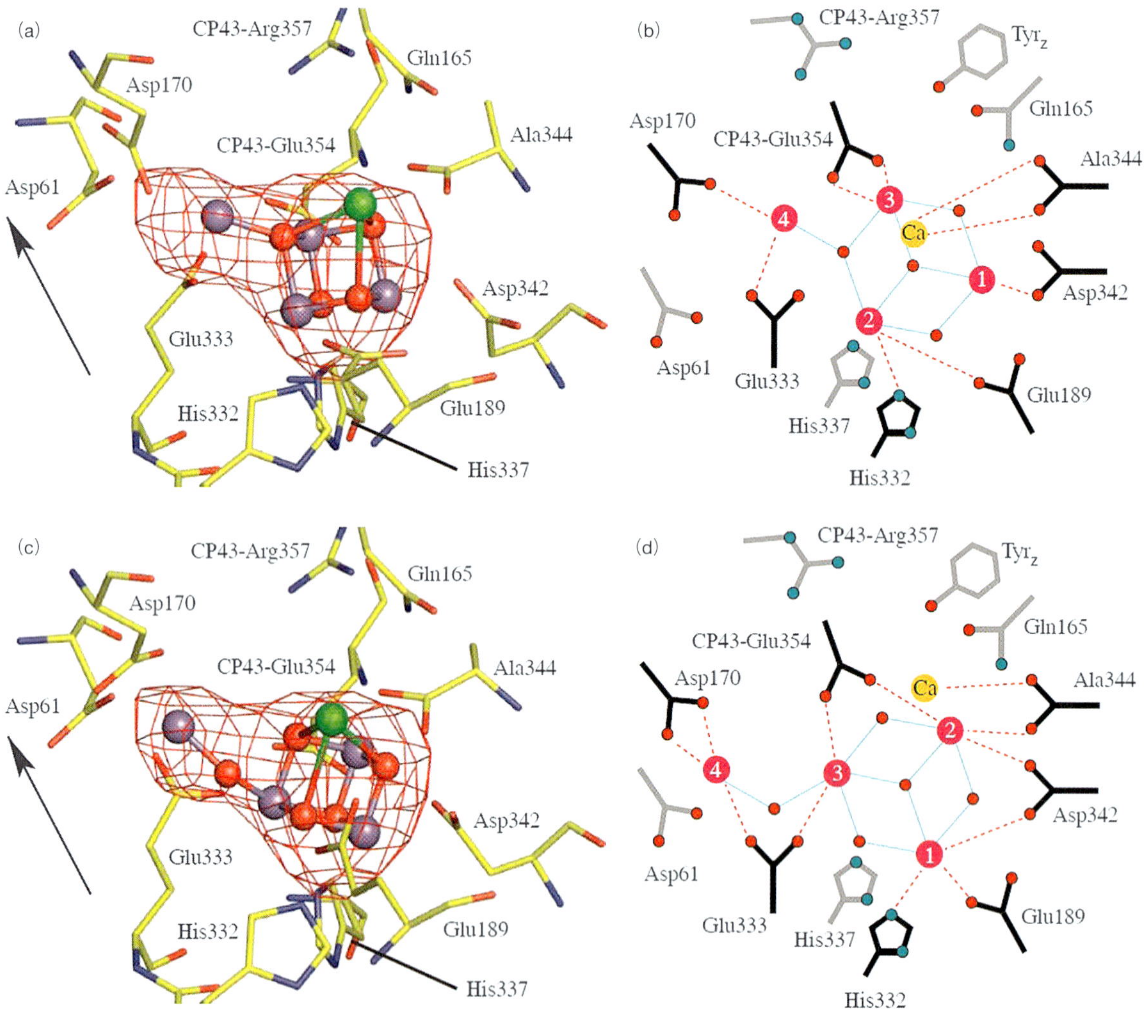

図16・3　(a, b) Ferreiraらによって報告された水分解の活性部位 (2004)．(a) マンガンの異常分散を考慮した差電子密度マップで決定したMn_4Ca^{2+}クラスターと複数のアミノ酸残基．(b) (a)の精密化構造モデルのアミノ酸配位様式の模式図．2.8 Å以内の距離の結合を赤の破線で結んだ．(c, d) 水分解の活性部位の再精密化．Ferreiraら(2004)とLollら(2005)の報告した複数の電子密度マップと，Ferreiraら(2004)のマンガンの異常分散を考慮した差電子密度マップを用いた．Ferreiraらの示した$Mn_3Ca^{2+}O_4$キュバン構造を保持しており，Mn4と1本のμ-オキソ架橋した結合(3.3 Å)でつながっている．(c) 水分解の活性部位の構造．1本のμ-オキソ架橋が，Mn4（ぶらさがりMn）と$Mn_3Ca^{2+}O_4$キュバン構造内のMn3の間にあることを示す．構造最適化は，実空間における精密化によって，マンガンの異常分散を考慮した差電子密度マップに合わせて行われた．(d) (c)の精密化構造モデルのアミノ酸配位様式の模式図．3 Å以内の距離の結合を破線で結んだ．マンガンの異常分散を考慮した差電子密度マップは，赤色で示されている（境界は＞5 sigma)．矢印は，膜平面が存在する標準的な方向を示す．[Barber, Murray, 2008より．Royal Societyの許可を得て転載．©2008]

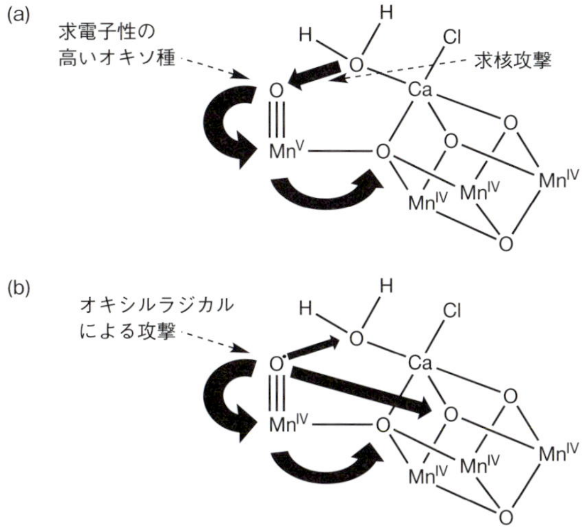

図 16・4 S_4からS_0へ遷移する際の酸素生成の推定反応機構. [Barber, 2008 より改変]（訳注: 新たな構造に基づく同様な反応機構が提唱されている. p.248 の補遺参照）

ニズムは図 16・4(b)のように提唱されている. Mn4 の上で脱プロトンした水分子がオキシルラジカルを形成し, それが他の Mn と Ca^{2+}を架橋する酸素原子を攻撃するか, またはその Ca^{2+}のみに配位した水分子の酸素原子を攻撃して, O–O 結合を形成するというものである.

16・3 Mn^{II}と酸素フリーラジカルの解毒

マンガンは, カタラーゼやペルオキシダーゼや, スーパーオキシドジスムターゼ(SOD)の補因子であり, それらはすべて活性酸素種(reactive oxygen species, ROS)の解毒に関わっている. ここで, 広く分布する Mn スーパーオキシドジスムターゼ(MnSOD)を詳しく取扱い, 二核 Mn カタラーゼを簡単に取上げることにする.

MnSOD は, 真正細菌と古細菌, ならびに真核生物に存在し, しばしばミトコンドリアに偏在している. 図 16・5 に示すように, FeSOD とかなり相同性が高い構造をもつ. いずれも 200 残基ほどのアミノ酸から成る単量体の集合体であり, 二量体や四量体として発現する. 触媒部位も非常によく似ている. MnSOD も FeSOD も 2 段階のスーパーオキシド($O_2^{\bullet-}$)の不均化を触媒する. CuZnSOD に似て, いずれも, 段階ごとに 1 分子ずつのスーパーオキシドと反応することで, 負電荷をもつ二つのスーパーオキシド同士の静電反発をまねかないようにしている. CuZnSOD の場合と同様に, 一つめのスーパーオキシドは Mn^{III}状態の酸化型酵素を還元しつつ酸素(O_2)を生成する. そこで生成した Mn^{II}状態の還元型酵素は, 二つのプロトンとともに二つめのスーパーオキシドと反応して酸化され, 過酸化水素(H_2O_2)を生成すると同時に, 再び Mn^{III}状態の酸化型酵素に戻る.

カタラーゼは, 毒性のある過酸化水素(H_2O_2)を酸素と水に不均化する反応を触媒するという重要な防御の役割を担っている. 一般に好気性生物がヘム鉄カタラーゼをもっているのとは対照的に, 乳酸菌*3 を含めた低酸素の微好気性環境で生息する多くの微生物は, 活性部位に二核マンガン中心を有するカタラーゼをもつ (図 16・6) (Wu *et al.*, 2004). これらの“もうひとつ”のカタラーゼは, 4 ヘリックスバンドルをもつタンパク質である. 4 ヘリックスバン

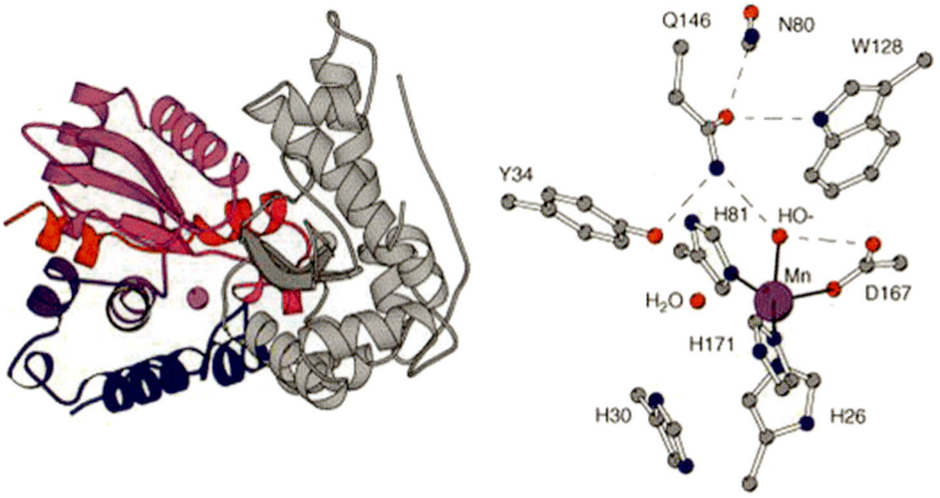

図 16・5 MnSOD あるいは FeSOD のタンパク質の折りたたみ構造(左)と活性部位(右). [Miller, 2004 より. Elsevier の許可を得て転載. ©2004]

*3 この微生物のファミリーは, 鉄なしで機能するために, コバルトやマンガンを代わりに用いてその環境に適応したことはすでに以前の章で述べた.

ドルの真ん中に二核マンガン中心が位置する．

過酸化水素の不均化は，熱力学的に有利であるが，その速度を上げるためには，2 電子反応ができる触媒が必要である．ヘム鉄カタラーゼは，これを Fe^{III} と Fe^{IV}-ポルフィリン π カチオンラジカルの間を往復することで達成している．二つのマンガンイオンによって，それぞれが Mn^{II} と Mn^{IV} の間で動作して，五つの酸化状態が Mn カタラーゼには可能である．分光学的な測定を組合わせて，少なくともこれらのうちの四つの状態が観測された．還元型の Mn^{II}_2 状態，混合原子価の $Mn^{II}Mn^{III}$ 状態，酸化型の Mn^{III}_2 状態，および高酸化状態の $Mn^{III}Mn^{IV}$ 状態である．現在まで，Mn^{IV}_2 状態の証拠はない．

活性部位の構造に基づいて，酸化と還元の異なる半反応の経路が関与する触媒メカニズムが提唱されている．過酸化水素は，酸化的半反応において，酸化型の二核マンガン中心の一方に水分子と交換して単座で結合する（図 16・7）．この部位は，アジドイオンが本カタラーゼの結晶中で結合する部位である．過酸化水素の 2 電子酸化が二核の

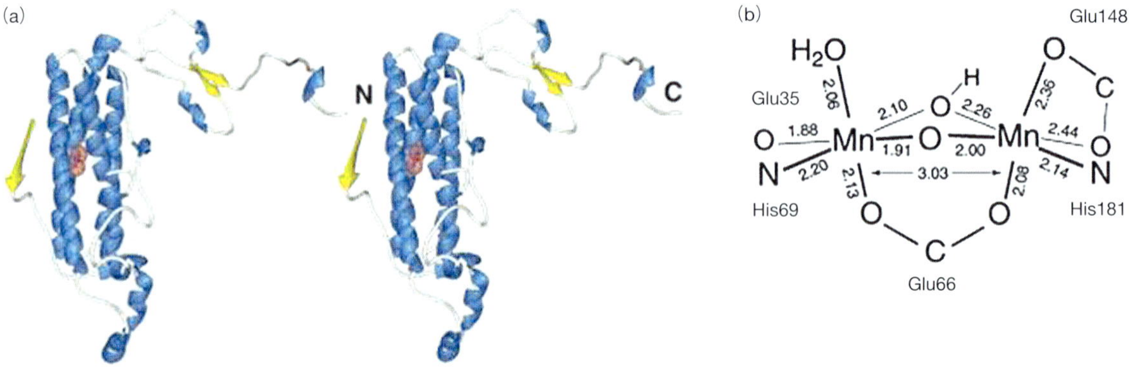

図 16・6　*Lactobacillus plantarum* 由来の Mn カタラーゼ．(a) 三次構造のステレオ図．二核マンガンユニットは赤球で示した．(b) 二核マンガン中心の詳細な構造．［Barynin *et al.*, 2001 より．Cell Press の許可を得て転載．©2001］

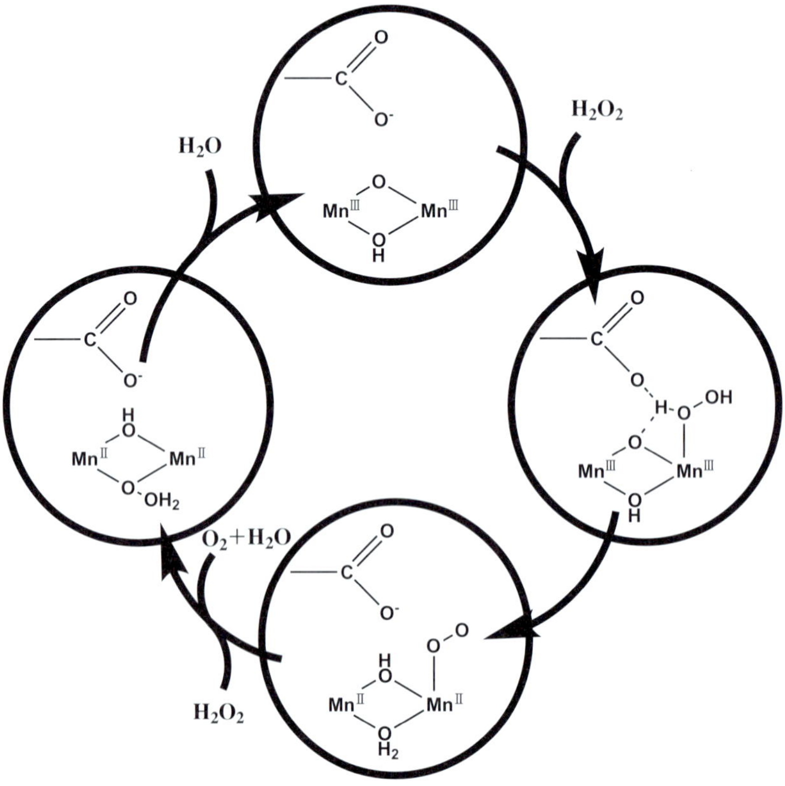

図 16・7　Mn カタラーゼの触媒反応サイクル．［Whittaker, Barynin, Igarashi, Whittaker, 2003 より改変］

$Mn^{III}{}_2$ 中心によってなされ，酸素分子が生成物として放出される．酸素原子で架橋することによって，電子構造的に二つのマンガン同士は強く結びつくので，それらは一つのユニットとして機能する．Glu178 は，過酸化水素のプロトンを活性部位の塩基まで運ぶと提唱されており，その有力な塩基の候補は，その金属イオン間を架橋する溶媒分子（O^{2-}, OH^-）である．還元的半反応においては，過酸化水素は架橋して結合し，対称な μ-η^1 型架橋の錯体を形成して，O-O 結合開裂が活性化されて，二核マンガン中心が再酸化される．Glu178 は結合した基質の架橋していない酸素にプロトン化を促す可能性がある．このメカニズムでは結果として，それぞれの反応サイクルごとに二核マンガン中心を架橋する二つの酸素原子のうちの一つが置き換わり，連続する反応サイクルごとに基質の酸素原子が一つずつ二核マンガン中心に残ることになる．

16・4 酸化還元のない二核マンガン酵素: アルギナーゼ

酸化還元活性な二核 Mn カタラーゼのほかにも，二核マンガン中心をもつ別の酵素が多数あり，そのなかで性質を最も詳細に調べられたものが，アルギナーゼである．アルギナーゼは，二価陽イオンに依存した L-アルギニンの加水分解を触媒し，L-オルニチンと尿素を生成する（Ash, 2004）．

哺乳動物において肝臓アルギナーゼは尿素サイクルの末端の酵素であり，尿素は窒素代謝の主たる最終生成物である．平均的な成人は 1 年に約 10 kg の尿素を排出する．オルニチンは，必須アミノ酸でないプロリンの前駆体や，ポリアミン生合成の前駆体であるので，その酵素は肝臓に限らず，入れ替えの激しい組織に必要とされる．アルギニン

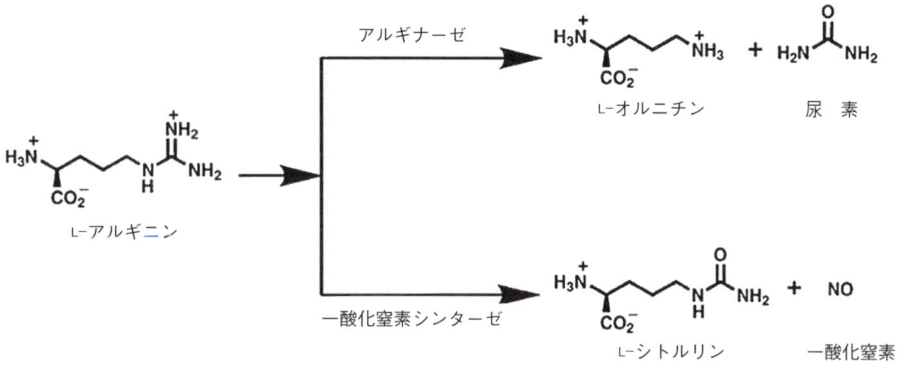

図 16・8 アルギナーゼと一酸化窒素シンターゼの L-アルギニン異化作用．

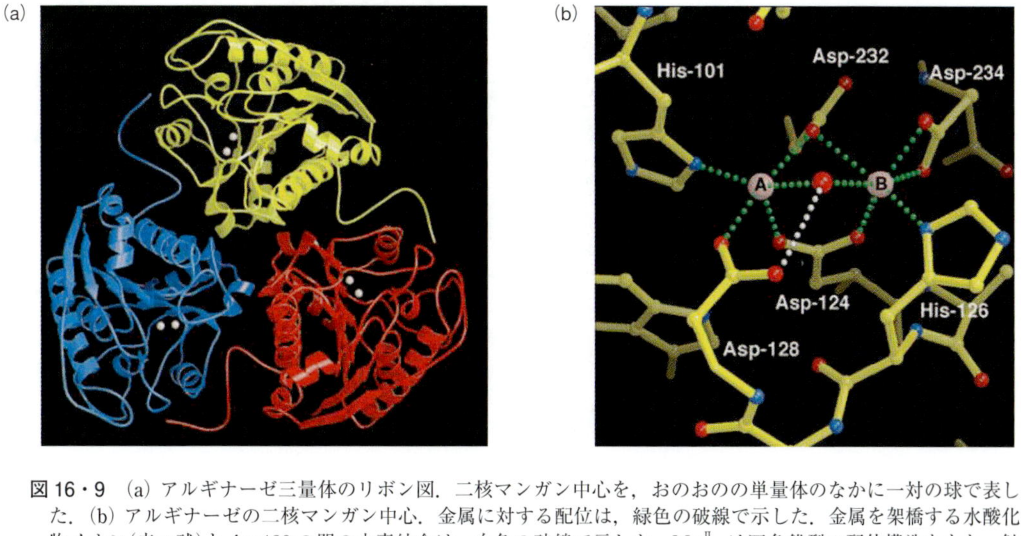

図 16・9 (a) アルギナーゼ三量体のリボン図．二核マンガン中心を，おのおのの単量体のなかに一対の球で表した．(b) アルギナーゼの二核マンガン中心．金属に対する配位は，緑色の破線で示した．金属を架橋する水酸化物イオン（赤い球）と Asp128 の間の水素結合は，白色の破線で示した．$Mn^{II}{}_A$ は四角錐型の配位構造をもち，触媒反応の遷移状態を安定化するために，八面体構造を許容する空配位座を一つ残している．$Mn^{II}{}_B$ は八面体構造である．[Kanyo, Scolnick, Ash, Christianson, 1996 より．Nature Publishing Group. の許可を得て掲載．©1996]

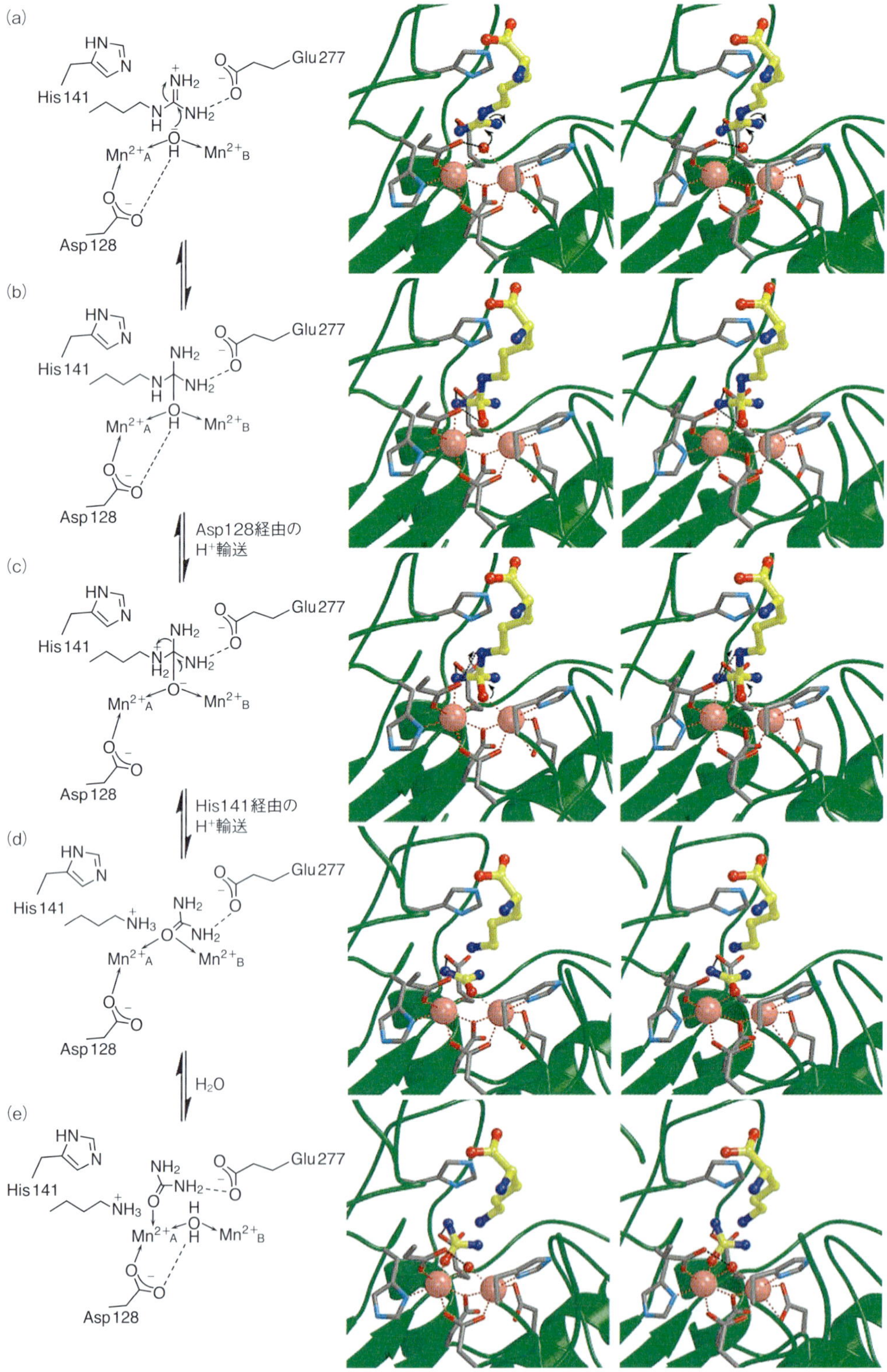

図 16・10　構造に基づくアルギナーゼの反応機構．（左）アルギナーゼの反応スキーム．基質である Arg のアミノ基とカルボキシラート基は簡略化のため省略した．（中央，右）アルギナーゼの反応機構のステレオ図．タンパク質中の原子の色指定は次の通り．炭素：灰色，酸素：赤，窒素：青．基質と生成物の原子は，炭素を黄色にしたほかは同じ色分けである．水は赤球．マンガンの配位構造は赤の破線で示し，水素結合は黒の破線で示した．［Cox *et al.*, 2001. American Chemical Society の許可を得て転載．©2001］

はまた，多くの脊椎動物のシグナル伝達経路における伝達物質である一酸化窒素(NO)の重要な前駆体でもある(図16・8).

アルギナーゼは，真核生物であるにせよ原核生物であるにせよ，活性に複数の二価陽イオンを必要とすることがよく知られている．そしてほぼすべてのアルギナーゼのサブユニットには，約 3.3 Å の距離で電子スピンが相互作用した二核マンガン中心が含まれている．図 16・9(a)はアルギナーゼ三量体のリボン図を示し，その二核マンガン(Ⅱ)中心は，活性部位の深さ 15 Å の谷底に位置している．図16・9(b)はアルギナーゼの二核中心を示しており，Mn^{II}_{A} は，四角錐型の配位構造をもち，触媒反応の遷移状態を安定化するために，八面体構造を許容する空配位座を一つ残している．Mn^{II}_{B} は，八面体構造である．興味深い特徴の一つは，配位した Asp128 のカルボキシラートの配位していない方の酸素原子には，金属を架橋した水酸化物イオンが水素結合していることである．その Asp128 に類似する残基は，二核金属をもつ加水分解酵素の多くの活性部位においてみられる.

生化学的，酵素学的かつ構造学的なデータに一致する反応メカニズムについて，図 16・10 に概略を示し，その詳細を以下に示す．(a) 初めのステップは，基質である L-アルギニンの酵素への結合である．基質のグアニジニウム基はマンガンイオンに配位しないため，Glu277 の側鎖が重要な役割を担っている．(b) 金属架橋配位子である水酸化物イオンが，基質であるグアニジニウム基に求核攻撃を行うと，無電荷で四面体型の中間体種が生成する．中間体は二核 Mn^{II} 中心により安定化されている．(c, d) Asp128 を介して，脱離するアミノ基にプロトンが移動し，それに続いて四面体型の中間体は壊れ，L-オルニチンと尿素を生じる．(e) 一つの水分子が二核 Mn^{II} クラスターに入ってきて架橋する．それによって生成物である尿素が Mn^{II}_{A} の末端の配位座に結合する．生成物の解離が金属に結合した水分子のイオン化を促し，触媒活性な水酸化物イオンを生じる．金属に結合した水分子から，バルク溶媒へのプロトンの移動は His141 を介して行われ，二つの生成物の放出に続いて起こる.

アルギナーゼにより，他の酵素による L-アルギニンの利用を制御することができる．一酸化窒素シンターゼが基質として用いる L-アルギニンを分解することで，一酸化窒素の生合成が制御される．したがって，アルギナーゼ阻害剤は一酸化窒素の生合成のための基質の蓄積を促すことができる．すなわち，アルギナーゼ阻害は一酸化窒素に依存した生理学的なプロセスを強化する．たとえば，性的刺激に必要な平滑筋の弛緩である．生体内，生体外のいずれの実験においても，アルギナーゼ抑制剤の投与は，男性と女性の生殖器の勃起機能と充血を促進する(Christanson, 2005)．それゆえに，アルギナーゼは男性と女性の性的な興奮障害に対処するための潜在的な治療の標的である．バイアグラとは異なるが，同じ目的の一つの方法である.

文　献

Ash, D.E. (2004). Arginine metabolism: enzymology, nutrition and clinical significance. *Journal of Nutrition, 134*, 2760S–2764S.

Barber, J. (2008). Photosynthetic generation of oxygen. *Philosophical Transactions of the Royal Society B: Biological Sciences, 363*, 2665–2674.

Barber, J., & Murray, J.W. (2008). The structure of the Mn_4Ca^{2+} cluster of photosystem II and its protein environment as revealed by X-ray crystallography. *Philosophical Transactions of the Royal Society B: Biological Sciences, 363*, 1129–1138.

Barynin, V.V., Whittaker, M.M., Antonyuk, S.V., Lamzin, V.S., Harrison, P.M., Artymiuk, P.J., *et al.* (2001). Crystal Structure of Manganese Catalase from *Lactobacillus plantarum. Structure, 9*, 725–738.

Christianson, D.W. (2005). Arginase: structure, mechanism, and physiological role in male and female sexual arousal. *Accounts of Chemical Research, 38*, 191–201.

Cox, J.D., Cama, E., Colleluori, D.M., Pethe, S., Boucher, J.-L., Mansuy, D., *et al.* (2001). Mechanistic and metabolic inferences from the binding of substrate analogues and products to arginase. *Biochemistry, 40*, 2689–2701.

Ferreira, K.N., Iverson, T.M., Maghlaoui, K., Barber, J., & Iwata, S. (2004). Architecture of the photosynthetic oxygen-evolving center. *Science, 303*, 1831–1838.

Goussias, C., Boussac, A., & Rutherford, A.W. (2002). Photosystem II and photosynthetic oxidation of water: an overview. *Philosophical Transactions of the Royal Society B: Biological Sciences, 357*, 1369–1381.

Iverson, T.M. (2006). Evolution and unique bioenergetic mechanisms in oxygenic photosynthesis. *Current Opinion in Chemical Biology, 10*, 91–100.

Kanyo, Z.F., Scolnick, L.R., Ash, D.E., & Christianson, D.W. (1996). Structure of a unique binuclear manganese cluster in arginase. *Nature, 383*, 554–557.

Loll, B., Kern, J., Saenger, W., Zouni, A., & Biesiadka, J. (2005). Towards complete cofactor arrangement in the 3.0 Å resolution structure of photosytstem II. *Nature, 438*, 1040–1044.

Miller, A.-F. (2004). Superoxide dismutases: active sites that save, but a protein that kills. *Current Opinion in Chemical Biology, 8*, 162–168.

Murray, J.W., & Barber, J. (2007). Structural characteristics of channels and pathways in photosystem II including the identification of an oxygen channel. *Journal of Structural Biology, 159*, 228–237.

Rutherford, A.W., & Boussac, A. (2004). Water photolysis in biology. *Science, 303*, 1782–1784.

Voet, D., & Voet, J.G. (2004). *Biochemistry* (3rd ed). Hoboken: John Wiley and Sons.

Whittaker, M.M., Barynin, V.V., Igarashi, T., & Whittaker, J.W. (2003). Outer sphere mutagenesis of *Lactobacillus plantarum* manganese catalase disrupts the cluster core. Mechanistic implications. *European Journal of Biochemistry, 270*, 1102–1116.

Wu, A.J., Penner-Hahn, J.E., & Pecoraro, V.L. (2004). Structural, spectroscopic, and reactivity models for the manganese catalases. *Chemical Reviews, 104*, 903–938.

補遺：Mn_4CaO_5 クラスターの構造

2011 年，好熱性シアノバクテリア由来光化学系 II 複合体（PS II）の高分解能 X 線結晶構造解析により，Mn_4Ca クラスターの詳細な構造が初めて報告された[1]．Mn_4Ca クラスターは 4 個のマンガン（Mn）と 1 個のカルシウム（Ca）が 5 個の酸素原子（O1〜O5）によって結びつけられた“Mn_4CaO_5 クラスター”であり，そのゆがんだ結合様式から“ゆがんだ椅子型構造”と命名された．各 Mn には番号が付けられており（Mn1（D）〜Mn4（A）：アルファベット記号で表記されることもある），4 個目の Mn4 と Ca にそれぞれ 2 個の水分子（W1〜W4）が配位していることが明らかとなった．その後，広域 X 線吸収微細構造（EXAFS）や量子化学計算などの解析から[2),3)]，2011 年に得られた構造は X 線照射によって結晶内部に存在する水分子などからフリーラジカルが発生して Mn の一部が還元され，Mn_4CaO_5 クラスターの構造が変化しているとの指摘があり，この問題を解決するため，2014 年に X 線自由電子レーザーを利用した無損傷構造解析法によって X 線照射による Mn の還元を受けていない Mn_4CaO_5 クラスターの構造が報告された（図 1）[4]．

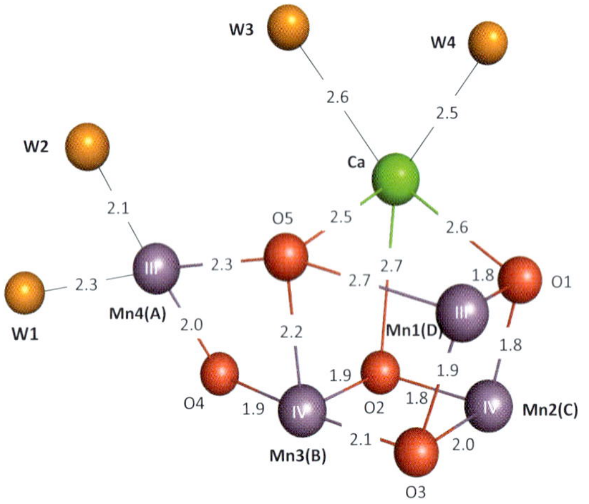

図 1　Mn_4CaO_5 クラスターの構造．マンガンを紫，カルシウムを緑，酸素を赤，水分子を茶色の球で示す．

錯体合成によってつくられる Mn 錯体は対称性が高いものが多く，そのほとんどのものは水分解反応を行うことができない．Mn_4CaO_5 クラスターは“ゆがんだ椅子型構造”のため対称性が低く，構造変化が容易であるため，水分解反応が可能になったと考えられている．対称性を崩している要因と考えられているのが O5 と Ca で，一般的な Mn 錯体の Mn−O 間の配位距離が 1.9〜2.1 Å と短いのに対し，5 個目の酸素原子（O5）と Mn4，Mn1 の配位距離はそれぞれ 2.3 Å，2.7 Å と長いのが特徴である．2011 年の構造においてもこれらの配位距離は 2.4〜2.6 Å と長く，この原因として X 線損傷による Mn の還元と O5 のプロトン化が考えられたが，無損傷構造解析法によって得られた構造においても O5 と Mn4，Mn1 の配位距離の長さが保持されていた．そのため，暗黒条件下で安定な S_1 状態の Mn_4CaO_5 クラスターの構造では，O5 がプロトン化された OH^- であるという提案が再度なされ[4]，この部位で O−O 結合が行われると提案されている[4),5)]．また，Ca と O1，O2，O5 の距離は通常の Mn−O 間の配位距離に比べて長く（2.5〜2.7 Å），これが Mn_4CaO_5 クラスターのゆがんだ構造をつくり出すもう一つの要因となっている．

Mn_4CaO_5 クラスターに結合するアミノ酸残基として，Glu（Glu333/D1，Glu189/D1，Glu354/CP43．D1 と CP43 は，PS II を構成するサブユニットの名称である）と Asp（Asp170/D1，Asp342/D1）といった通常の生理的 pH において負電荷をもつアミノ酸残基があげられる（図 2）．これらのアミノ酸残基は正電荷を帯びた Mn_4CaO_5 クラスターを電荷的に中性にして構造を安定化している．一方で，Mn_4CaO_5 クラスターの近傍では生理的 pH において正電荷をもちやすいアミノ酸残基（Arg357/CP43，His332/D1 や His337/D1）も正に帯電している可能性もあり，これらも Mn_4CaO_5 クラスターの構造安定化と機能に大きく貢献していると考えられる．

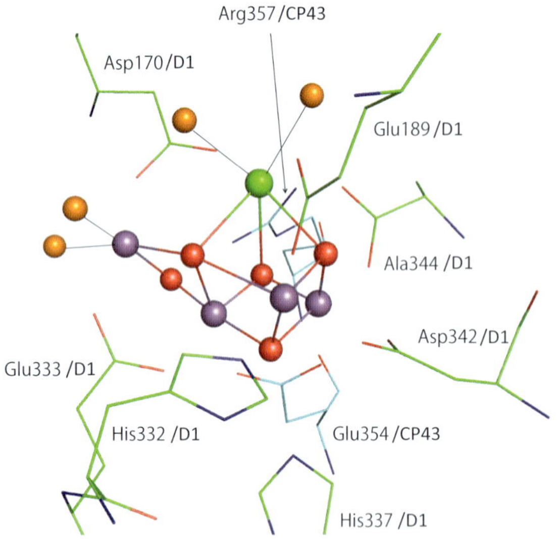

図 2　Mn_4CaO_5 クラスターの構造安定化を行っているアミノ酸残基群．

水分解の反応機構

現在，複数の研究グループから Mn_4CaO_5 クラスターの水分解反応機構が提案されているが，どの反応機構が正しいのかいまだ明らかとなっていない．特に，S_1 状態において O5 が O^{2-} と OH^- のどちらであるか議論が続いており，また X 線自由電子レーザーを用いた S_2，S_3 状態の構造決定の研究が行われているものの[6),7)]，分解能が低いため詳細な構造決定ができていない．しかし，Mn_4CaO_5 クラスターの反応機構の解明は植物やシアノバクテリアの光合成による太陽光エネルギーの利用や酸素発生機構を解明するという学術的な研究意義だけでなく，Mn_4CaO_5 クラスターの構造を模倣した高効率人工光合成システムの構築の研究に拍車をかけるものである．そのため，X線結晶構造解析以外のいくつかの実験結果も含めて Mn_4CaO_5 クラスターの水分解・酸素発生機構の議論を行う(図3)．

S_1 状態における各 Mn の価数はそれぞれ（Mn1, Mn2, Mn3, Mn4＝Ⅲ, Ⅳ, Ⅳ, Ⅲ）と考えられている．この考えは，S_2 状態の各 Mn の価数が（Ⅲ, Ⅳ, Ⅳ, Ⅳ）であるという X 線発光分光(XES)と電子スピン共鳴(EPR)の実験結果と[8),9)]，S_1→S_2 への状態変化の際に1個の Mn がⅢ価からⅣ価に価数変化するという X 線吸収端近傍構造(XANES)の実験結果に基づいている[10)]．そして，X 線自由電子レーザーを利用した無損傷構造解析法によって O5 は OH^- との再提案がなされ，また最近の量子化学計算によって S_1 状態において W2 が OH^- として Mn4 に結合しているとされている[11)〜14)]．S_1→S_2 への状態変化の際，プロトンは PSⅡから放出されず[15)]，Mn1 または Mn4 がⅢ→Ⅳ価へと変化する．Mn1 がⅣ価になった場合，S_2 状態での O5 は Mn1 側に引き寄せられた L 型構造となり，一方 Mn4 がⅣ価になった場合では S_2 状態での O5 は Mn4 側に引き寄せられた R 型構造となると，量子化学計算の結果から提案されている[16)]．S_2→S_3 への状態変化の際，プロトンが1個放出されるとともに1個の水分子（W5）が Mn_4CaO_5 クラスターに挿入される．本書ではこのときに放出されるプロトンは O5 からと仮定しているが，この水分子は Mn1 に結合するとの考えもある[5),17)]．しかしながら，O5 の近傍には疎水性アミノ酸残基である 185 Val/D1 が存在し Mn1 まで水分子が到達するのは困難と思われ，また Mn1 に水分子が結合するという実験的根拠はまだ得られていないため，筆者としては，現状では親水性環境に存在する Mn4 に新たな水分子が挿入されるモデルを妥当と考えている．S_3 状態における各 Mn の価数については，すべてⅣ価になっているという考えと，配位子が酸化されて S_2 状態から酸化数が変化しない（$Mn^{III}Mn^{IV}_3O\bullet$ ラジカルの状態）という二つの考えがある[18)]．つづいて，Mn_4CaO_5 クラスターの水分解・酸素発生反応は，S_3→S_4 への状態変化でクライマックスを迎えるが，この過程についてはこれまで二つの反応（求核攻撃とラジカルカップリング反応）が提案されている．求核攻撃は，おもに Ca に配位した水分子（または OH^-）が $Mn4^{V}=O$ に求核攻撃して O−O 結合を形成するという考えであるのに対し[19)]，ラジカルカップリング反応は $Mn_4^{IV}-O\bullet$ ラジカルに O5 が求核攻撃して O−O 結合を形成

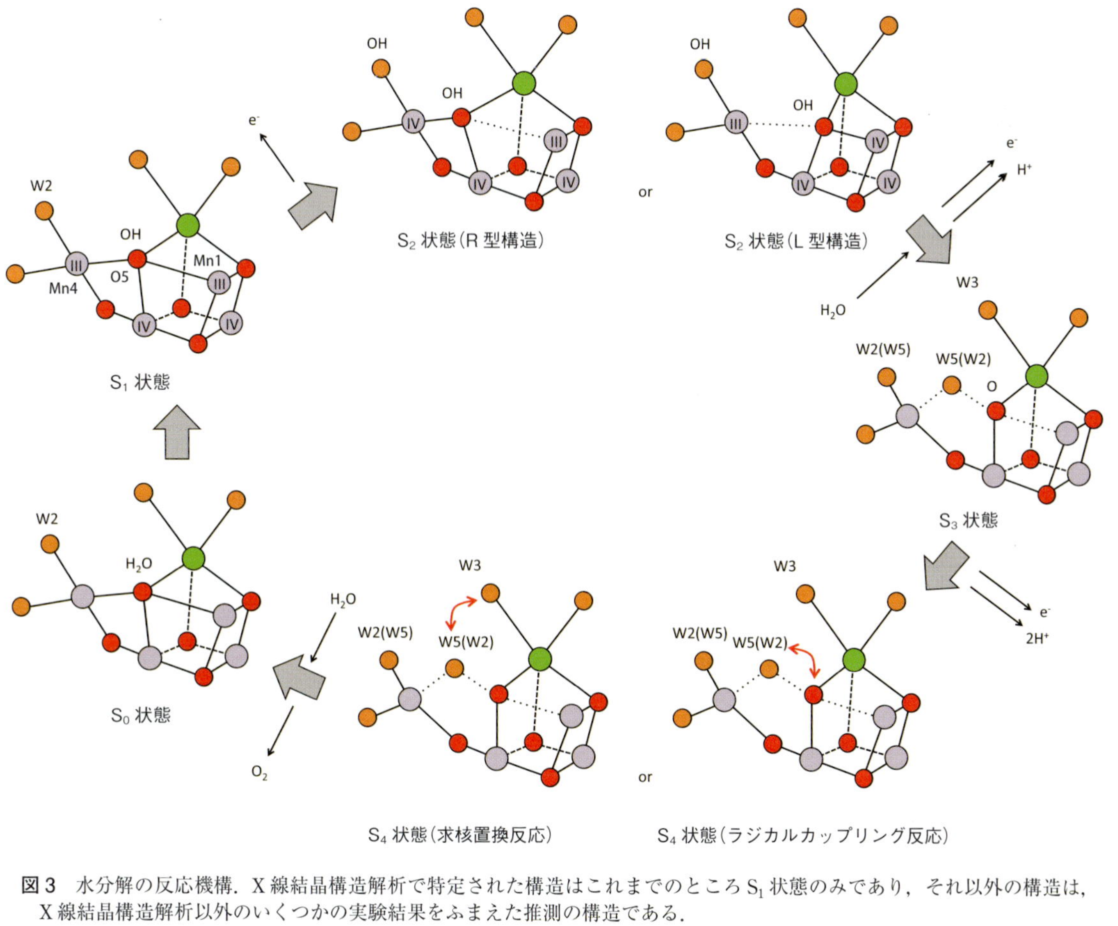

図3　水分解の反応機構．X 線結晶構造解析で特定された構造はこれまでのところ S_1 状態のみであり，それ以外の構造は，X 線結晶構造解析以外のいくつかの実験結果をふまえた推測の構造である．

するという考えである[5),17)]．しかしながら，現在のX線結晶構造解析の知見からはこの二つの反応の妥当性を検証できていないため，$S_3 \rightarrow S_4$への状態変化については現在提案されている反応式を図式化するのみにとどめておく．その後，$S_4 \rightarrow S_0$への状態変化の際に新たな水分子が挿入されて分子状酸素がMn_4CaO_5クラスターから放出される．S_1状態でO5がOH^-であるためには，S_0状態のときにO5はH_2Oの状態である必要がある．また，S_0状態の各Mnの価数はなおあいまいなままであるが，（II，III，IV，IV）または（III，III，III，IV）であると考えられている[20),21)]．

X線結晶構造解析で特定されたMn_4CaO_5クラスターの構造は，これまでのところS_1状態のみであり，水分解・酸素発生機構を構造化学的に議論するためにはいまだ情報量が乏しい．そのため，本稿で議論したMn_4CaO_5クラスターの反応機構はいまだ推測の域を出ておらず，今後S_2, S_3状態の高分解能X線結晶構造解析を行っていくことで，各中間状態の正確な構造に裏づけされた反応機構を明らかにしていかなければならない．

文　献

1) Y. Umena, K. Kawakami, J.-R. Shen and N. Kamiya (2011) Crystal structure of oxygen-evolving photosystem II at a resolution of 1.9 Å, *Nature, 473*, 55-60.

2) C. Glöckner, J. Kern, M. Broser, A. Zouni, V.K. Yachandra, J. Yano (2013) Structural changes of the oxygen-evolving complex in photosystem II during the catalytic cycle, *J. Biol. Chem., 288*, 22607-22620.

3) K.M. Davis, I. Kosheleva, R.W. Henning, G.T. Seidler, Y. Pshukar (2013) Kinetic modeling of the X-ray-induced damage to a metalloprotein, *J. Phys. Chem. B., 117*, 9161-9169.

4) M. Suga, F. Akita, K. Hirata, G. Ueno, H. Murakami, Y. Nakajima, T. Shimizu, L. Yamashita, M. Yamamoto, H. Ago, J.-R., Shen (2015) Native structure of photosystem II at 1.95 Å resolution viewed by femtosecond X-ray pulses, *Nature, 517*, 99-103.

5) N. Cox, M Rentegan, F. Neese, D.A. Pantazis, A. Boussac, W. Lubitz (2014) Photosynthesis. Electronic structure of the oxygen-evolving complex in photosystem II prior to O-O bond formation, *Science, 345*, 804-808.

6) C. Kupitz *et al.* (2014) Serial time-resolved crystallography of photosystem II using a femtosecond X-ray laser, *Nature, 513*, 261-265.

7) J. Kern *et al.*, (2014) Taking snapshots of photosynthetic water oxidation using femtosecond X-ray diffraction and spectroscopy, *Nature Commun., 5*, 4371.

8) K. Sauer, J. Yano, V.K. Yachandra (2005) X-ray spectroscopy of the Mn_4Ca cluster in the water-oxidation complex of Photosystem II, *Photosynth. Res., 85*, 73-86.

9) M. Asada, H. Nagashima, F.H. Koua, J.-R. Shen, A. Kawamori, H. Mino (2013) Electronic structure of S(2) state of the oxygen-evolving complex of photosystem II studied by PELDOR, *Biochim. Biophys. Acta, 1827*, 438-445.

10) D. Goodin, V.K. Yachandra, R.D. Britt, K. Sauer, M.P. Klein, (1984) Light-induced changes in X-ray absorption (K-edge) energies of manganese in photosynthetic membranes, *Biochim. Biophys. Acta, 767*, 209-216.

11) W. Ames, D.A. Pantazis, V. Krewald, N. Cox, J. Messinger, W. Lubitz, F. Neese (2011) Theoretical evaluation of structural models of the S_2 state in the oxygen evolving complex of photosystem II: protonation states and magnetic interactions, *J. Am. Chem. Soc., 133*, 19743–19757.

12) M. Kusunoki (2011) S1-state Mn4Ca complex of photosystem II exists in equibrium between the two most-stable isomeric substates: XRD and EXAFS evidence, *J. Photochem. Photobiol. B, 104*, 100-110.

13) H. Isobe, M. Shoji, S. Yamanaka, Y. Umena, K. Kawakami, N. Kamiya, J.-R. Shen, K. Yamaguchi (2012) Theoretical Illumination of water-inserted structures of the CaMn4O5 cluster in the S2 and S3 states of oxygen-evolving complex of photosystem II; full geometry optimization by B3LYP hybrid density functional, *Dalton Trans., 41*, 13727-13740.

14) P.E.M. Siegbahn (2013) Water oxidation mechanism in photosystem II, including oxidations, proton release pathways, O-O bond formation and O_2 release, *Biochim. Biophys. Acta., 1827*, 1003-1019.

15) H. Suzuki, M. Sugiura, T. Noguchi (2009) Monitoring proton release during photosynthetic water oxidation in photosystem II by means of isotope-edited infrared spectroscopy, *J. Am. Chem. Soc., 131*, 7849-7857.

16) D.A. Pantazis, W. Ames, N. Cox, W. Lubitz, F. Neese (2012) Two interconvertible structures that explain the spectroscopic properties of the oxygen-evolving complex ofphotosystem II in the S2 state, *Angew. Chem. Int. Ed., 51*, 9935-9940.

17) P.E.M. Siegbahn (2011) Recent theoretical studies of water oxidation in photosystem II, *J. Photochem. Photobiol. B, 104*, 94-99.

18) Y. Pushkar, J. Yano, K. Sauer, A. Boussac, V.K. Yachandra (2008) *Proc. Natl. Acad. Sci. USA., 105*, 1879-1884.

19) J.S. Vrettos, J. Limburg, G.W. Brudvig (2001) Mechanism of photosynthetic water oxidation: combining biophysical studies of photosystem II with inorganic model chemistry, *Biochim. Biophys. Acta, 1503*, 229-245.

20) R.D. Guiles, V.K. Yachandra, A.E. McDermott, J.L. Cole, S.L. Dexheimer, R.D. Britt, K. Sauer, M.P. Klein (1990) The S_0 state of photosystem II induced by hydroxylamine: differences between the structure of the manganese complex in the S_0 and S_1 states determined by X-ray absorption spectroscopy, *Biochemistry, 29*, 486-496.

21) L.V. Kulik, B. Epel, W. Lubitz, J. Messinger (2007) Electronic structure of the Mn_4O_xCa cluster in the S_0 and S_2 states of the oxygen-evolving complex of photosystem II based on pulse 55Mn-ENDOR and EPR spectroscopy, *J. Am. Chem. Soc., 129*, 13421-13435.

第17章

モリブデン，タングステン，バナジウムおよびクロム

17・1　は じ め に

この金属についての最終章では，マンガンやニッケルとともに特殊鉱をつくる合金に用いられる 4 種類（Mo，W，V および Cr）の特別な金属を扱う．鋼鉄[*1] に特殊な物性を与える金属の能力ではなく，これら金属の生物化学的重要性のためである．（詳しくは次の文献を参照．Brondino *et al.*, 2006; Crans *et al.*, 2004; Enemark *et al.*, 2004; Mendel and Bittner, 2006; Vincent, 2000a）．モリブデン（Mo）はたいていの生物にとって，元素周期表の第 5 周期では唯一の必須元素であり遷移元素である．モリブデンを必要としないわずかの生物種は，モリブデンの 1 周期下（第 6 周期）の同族体（第 6 族）のタングステン（W）を用いることがある．バナジウムは化学的性質がモリブデンとよく似ているため，ある種の細菌のニトロゲナーゼの FeMo 補因子で Mo と V が置換することがある．バナジウム（V）はまた，ハロペルオキシダーゼの活性に関与する．4 配位型バナジン酸（五価バナジウム）は，リン酸とよく似ているため，細胞代謝を模倣できるからである．これまで述べた三つの金属のイオンは，すべて酵素中で重要な役割を果たしている．一方クロム（Cr）は，ピランデルロの戯曲“作者を探す六人の登場人物”（1921年）[*2] に少し似て，生物学的には必要かもしれないが，機能やクロム結合タンパク質が発見されていない元素である．

17・2　Mo および W の化学と生化学

モリブデン（Mo）は地殻中にはかなり希少であるが，海水中では最も豊富な遷移金属である．生命が誕生した原子スープに最も近い環境は現在の地球では海洋であることを考えると，モリブデンが広く生物系に取込まれ，モリブデンを必要としない生物のみが，その代わりにタングステン（W）を用いたことは驚くべきことではない．Mo と W とが生物的に互換性が高いのは，Ⅳ から Ⅵ 価までの幅広い酸化状態をとる酸化還元性によるものだけでなく，中間の V 価状態をも利用して，1 および 2 電子酸化還元系の中間体として作用し，これが最終の酸素源としての水を用いて，炭素原子のヒドロキシ化反応を触媒できるからである（図 17・1b）．この反応は，酸素分子（O_2）が生成物のヒドロキシ基の酸素源となる系（図 17・1a）とは異なっている．モノオキシゲナーゼ系（一原子酸素添加酵素系）は，フラビン含有 *p*-ヒドロキシ安息香酸ヒドロキシラーゼから銅含有ドーパミン β-モノオキシゲナーゼ，ヘム含有シトクロム P450 や非ヘム鉄含有メタンモノオキシゲナーゼなどに及んでいる．

もし地球の初期状態が嫌気的であるだけでなく，熱かったと仮定すれば，タングステンはモリブデンよりもはるかに用いられたであろう．なぜなら，低原子価の硫化タングステン化合物は水溶液によく溶け，そのタングステン-硫

*1　鋼鉄は，鉄と 2％以上の炭素とを含む合金である．合金に他の金属を加えると，すぐれた強度，硬度，耐久性や耐食性などの特性が得られる．

*2　訳注：ルイジ・ピランデルロ（Luigi Pirandello, 1867-1930）は，イタリアの劇作家，小説家，詩人であり，1934 年にノーベル文学賞を受賞した．この戯曲は 1921 年初演された．6 人の登場人物が自分たちの身に起こった悲劇を題材にした劇をつくってくれる作者を探し，ついにある劇団に出会う．しかし制作の過程で，登場人物と俳優たちとの間に葛藤が絶えず，さまざまな事件が起こった末，計画が挫折する物語である．クロムの機能やそれに結合するタンパク質がまだ確定していない状況を，戯曲の内容にたとえていると思われる．

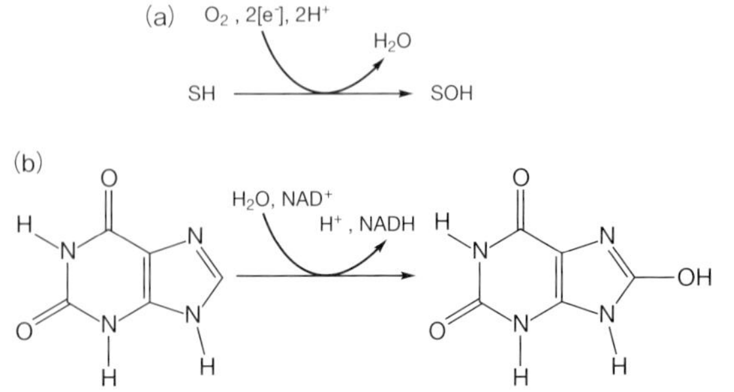

図17・1　モノオキシゲナーゼ(a)およびモリブデンヒドロキシラーゼ(b)の反応化学量論．[Hille, 2005より改変]

黄結合はより安定になり，さらにその還元電位は対応するモリブデン化合物よりも低かったであろうからである．地殻が冷えて，シアノバクテリアによる光合成が大気を嫌気状態から好気状態に変化させると，タングステン化合物の高い酸素感受性と高原子価モリブデン化合物の高い水溶性のため酸化還元性が劇的に変化してモリブデンを好む仕組みになったのであろう．この仮説(Hille, 2002)は，モリブデン酵素はすべての好気生物に存在し，タングステン酵素は特定の嫌気生物（好熱性生物）にのみ存在するという両面から支持されている．わずかだが，得られやすいほうの金属を利用できる嫌気生物もいる．

Mo（やW）酵素を特徴づけているもう一つの因子は，細菌のニトロゲナーゼを例外として（そのFeMo補因子は後述），タンパク質のアミノ酸側鎖と直接配位結合する金属を用いずに，触媒の活性中心となるモリブデンピラノプテリンジチオラート補因子(Moco)を含有していることである．その補因子（ピラノプテリンジチオラート）は，ジチオラート側鎖が金属イオンに配位結合をする．

すでに第4章で述べたが，このプテリン補因子の生合成経路は生物では普遍的に保存されていて，きわめて重要である．しかし，興味深いことは，真核生物のモデルとして用いられるパン酵母は，Mo酵素を含まない唯一の生物である（フェリチンを含まない数少ない生物の一つ）．Mocoは，完全に酸化されたMo^{VI}型や完全に還元されたMo^{IV}型で存在でき，ある種の酵素は触媒の中間状態としてMo^{V}型も生成できる．

17・3　モリブデン酵素ファミリー

モリブデン酵素は，次の三つのファミリー，つまりXO（キサンチンオキシダーゼ）ファミリー，SO（亜硫酸オキシダーゼ）ファミリーおよびDMR（DMSOレダクターゼ）ファミリー に分類できる．それぞれは特有の活性中心構造をもち（図17・2a），特有の反応形式を用いて触媒反応をする．真核生物ではプテリン側鎖の末端はリン酸基であるが，原核生物の補因子ではRはしばしばジヌクレオチドである（図17・2b）．

XOファミリーの3種類の酵素のうち，キサンチンオキシダーゼ/デヒドロゲナーゼとアルデヒドオキシドレダクターゼは基質の中心炭素のヒドロキシ化反応を触媒し，一方，もう一つの酵素である*Oligotropha carboxidovorans*から得られる一酸化炭素デヒドロゲナーゼはCOをCO_2に変換する．この酵素の構造は例外的であり，二核異種金属[CuSMoO(OH)]クラスターをもち，配位子スルフィドはCu^{I}中心と配位結合している（この構造は，図4・12を参照）．

2番めのSOファミリーの亜硫酸オキシダーゼはあらゆる門に広く分布し，植物，藻，酵母の硝酸レダクターゼも含んでいる．XOファミリー同様，SOファミリーの酵素は1当量の補因子をもっているが，この場合はタンパク質のシステイン残基がMoに配位している．

最後に，第三のDMRファミリーは，ジメチルスルホキシド（DMSO）還元，異化型硝酸還元やギ酸脱水素などの多様な反応を触媒する．この第三ファミリーのすべては，

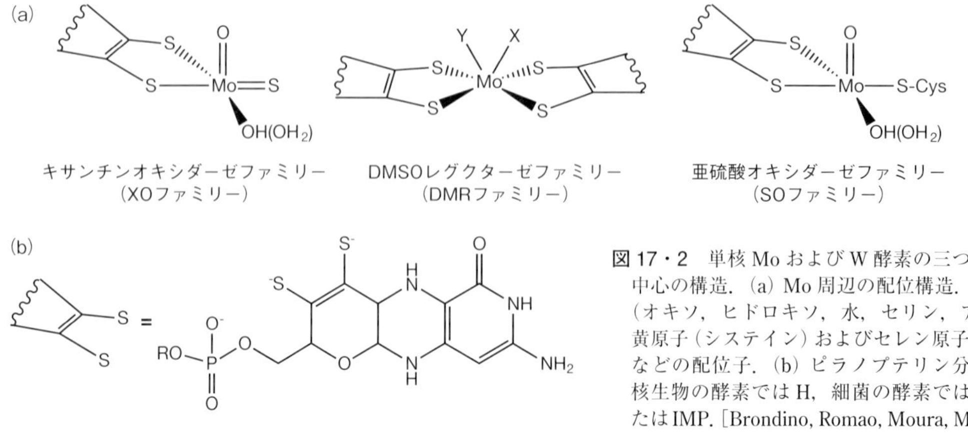

図17・2　単核MoおよびW酵素の三つのファミリーの活性中心の構造．(a) Mo周辺の配位構造．XおよびYは，酸素（オキソ，ヒドロキソ，水，セリン，アスパラギン酸），硫黄原子（システイン）およびセレン原子（セレノシステイン）などの配位子．(b) ピラノプテリン分子の構造．Rは，真核生物の酵素ではH，細菌の酵素ではGMP, AMP, CMPまたはIMP．[Brondino, Romao, Moura, Moura, 2006より改変]

1個のモリブデンイオンに結合した2分子の補因子をもっている．金属中心は，Mo＝O に2個の補因子が配位しており，さらにDMSOレダクターゼ中のセリン残基が6番めの配位子として結合している（このファミリーの他の酵素では，セリンの代わりにシステイン，セレノシステインまたはヒドロキシ基が配位している）．後の章で述べるが，構造が明らかなすべてのタングステン酵素は，タングステン1原子に2分子のピラノプテリンジチオラート配位子を含んでいる．

17・4　キサンチンオキシダーゼファミリー

キサンチンオキシドレダクターゼは複雑な金属フラビン酵素であり，細菌からヒトまでの幅広い生物に存在し，プリン，ピリミジン，プテリンやアルデヒドなど多様な基質のヒドロキシ化反応を触媒する．このファミリーのすべての酵素は，よく似た分子量と組成の酸化還元中心をもっている．哺乳類ではヒポキサンチンやキサンチンをヒドロキシ化して水溶性のより高い尿酸に変換する反応を触媒しており，デヒドロゲナーゼ型のキサンチンデヒドロゲナーゼ(XDH)として合成され，細胞内ではたいていこの型で存在する．しかし，SH基の酸化やタンパク質加水分解によってオキシダーゼ型，つまりキサンチンオキシダーゼ(XO)へと簡単に変換される．キサンチンデヒドロゲナーゼはフラビンアデニンジヌクレオチド(FAD)反応部位で NAD^+ の還元反応を触媒し，一方，キサンチンオキシダーゼは NAD^+ と反応せず，もっぱら酸素分子を基質として用いる．この反応によりスーパーオキシド($O_2^{\bullet -}$)と過酸化水素が生成される．

XOファミリーの $LMo^{VI}OS(OH)$ 中心は酸化状態では，Mo＝O をアピカル位(頂点位)とするひずんだ四角錐型配位構造をしている（図17・2a）．補因子の二座配位子エンジチオラートは，Mo＝S や Mo−OH とともにエクアトリアル位(水平位)にある．

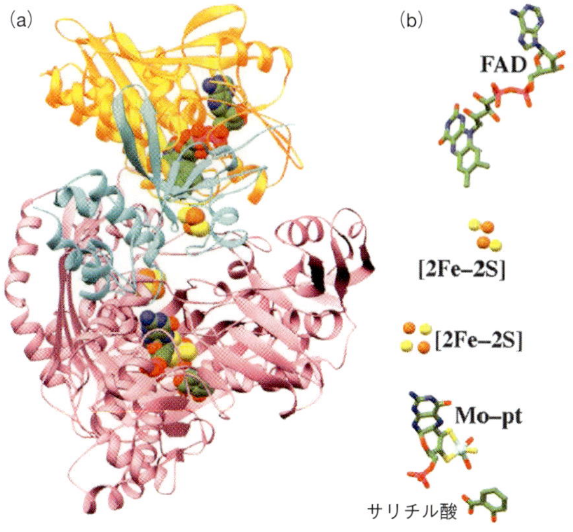

図17・3　(a) 3本の主鎖と2本の接続ループをもつキサンチンデヒドロゲナーゼサブユニットのリボン表示図．N末端からC末端に向かって，鉄-硫黄ドメイン(アミノ酸残基3〜165；青色)，FADドメイン(残基226〜531；金色)，Mo補因子ドメイン(残基590〜1331；薄紫色)．酸化還元補因子および結合している競合的阻害剤のサリチル酸は空間充填モデルで表示．C：緑，N：青，O：赤，S：黄，P：赤紫，Fe：オレンジ，Mo：水色．中心のFADドメインと結合している鉄-硫黄ドメインとMo補因子ドメインと結合しているFADドメインとを結んでいる二つのループはひずんでおり，きわめて柔軟性がある．(b) 酸化還元補因子とサリチル酸は棒形で，S, Fe および Mo 原子は球形で表示．X線構造は Enroth, Eger, Okamoto, Nishino, Nishino, Pai, 2000 による．PDB：1FIQ．［Voet, Voet 2004 より．John Wiley & Sons の許可を得て転載．©2004］

哺乳動物のキサンチンオキシダーゼは約1330個のアミノ酸からなるホモ二量体〔同じ二つのサブユニット（単量体）で構成される二量体〕であり，多くの電子伝達中心，たとえば一つのFAD，二つの分光学的に異なる[2Fe-2S]クラスターおよびMo補因子と結合している．競合的阻害

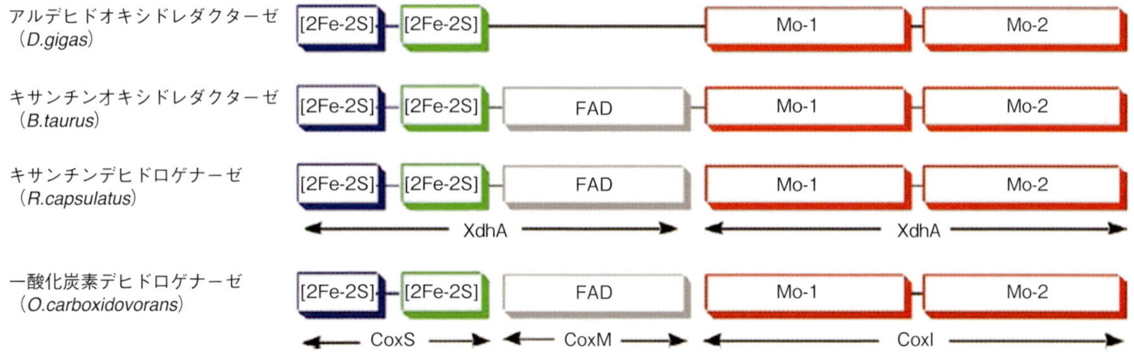

図17・4　キサンチンオキシドレダクターゼのトポロジー（結合関係）．モリブデンヒドロキシラーゼ間に存在する相同関係を図式化．［Hille, 2005 より．Elsevier の許可を得て転載．©2005］

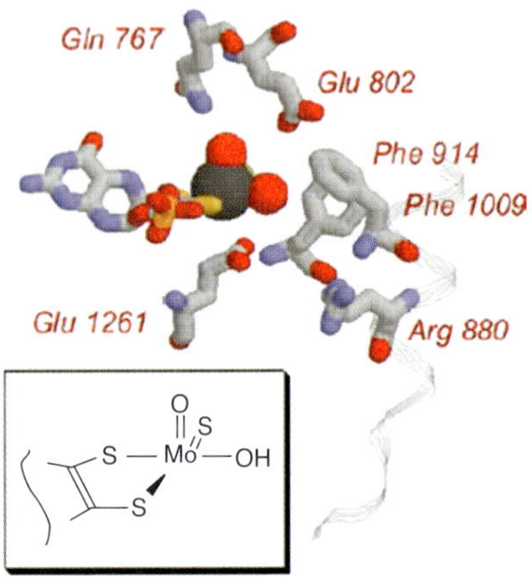

図 17・5　キサンチンオキシドレダクターゼの活性中心の構造．ほぼ四角錐型の配位構造をもつ LMoOS(OH) 中心．Mo＝O はアピカル（頂点）位にある．L はプテリン補因子からの二座エンジチオラート配位子．Mo＝S と Mo–OH はエクアトリアル面にある．［Hille, 2005 より．Elsevier の許可を得て転載．©2005］

剤であるサリチル酸と結合しているウシのキサンチンデヒドロゲナーゼ（XDH）の構造を図 17・3(a) に示す．次の四つのドメイン，すなわち N 末端にある二つの鉄-硫黄ドメイン（Ⅰ とⅡ），中心的な FAD ドメイン，および C 末端部にあるモリブデン結合ドメインからできている．図 17・3(b) は，二つの[2Fe–2S]クラスターが FAD とモリブドプテリン錯体の間に挟まれ，小さな電子伝達鎖をつくっている様子を示している．サリチル酸は Mo 補因子と接触しないが，中心金属に基質が近づかないような形でキサンチンオキシダーゼと結合している．

他の 2 種類のモリブデンヒドロキシラーゼの結晶構造も知られている．一つは *Desulfovibrio gigas* から得られたアルデヒドオキシドレダクターゼであり，もう一つは *Rhodobacter capsulatus* から得られたキサンチンデヒドロゲナーゼである．さらに，*Oligotropha carboxidovorans* から得られた一酸化炭素デヒドロゲナーゼの構造も報告されている．この酵素は C−H 結合を開裂させずに，CO を CO_2 に酸化する反応を触媒するが，モリブデンヒドロキシラーゼと強い構造の類似性がみられる．これらのすべての酵素は，N 末端の離れたドメインに 1 対の[2Fe–2S]クラスター，中心ドメインに FAD 結合部位（*D. gigas* 酵素では，この FAD 結合ドメインはない）および C 末端にモリブデン結合部位をもつ共通した全体構造をもっている（図 17・4）．

これらのキサンチンを用いる酵素の基質結合部位には，いくつかの高度に保存されたアミノ酸残基がある（図 17・5）．これらは，Phe914（ウシ酵素での番号），Phe1009，Glu802，Glu1261 および Arg880 である．阻害剤存在下の結晶構造から，基質は二つの Phe の間に挿入（インターカレーション）して結合すると考えられる．二つの Glu は，Phe がつくる基質結合ポケットの反対側に位置する．Glu802 は基質と水素結合が可能な距離にあり，また Glu1261 は Mo 中心に近い距離にある．Arg880 は基質結合ポケットに対し Glu1261 と同じ側に位置するが，Mo 中心からは離れている．Glu802 と同様に基質と相互作用する位置にあるようにみえる．アルデヒドオキシダーゼでは，Phe 残基の片方もしくは両方が Tyr に置き換わっていることもあるが，基質結合ポケットは形成している．アルデヒドオキシダーゼでは，Glu802 も Arg880 も共に保存されていないが，Glu1261 は広く保存されている．この触媒的役割は後に議論する．

キサンチンオキシダーゼがヒドロキシ化反応を触媒する反応機構については，生成物に取込まれる最終の酸素源が O_2 ではなく水であることを考慮する必要がある．$H_2{}^{18}O$ を用いた単一代謝回転実験では，放射性同位体は生成物に取込まれなかった．一方この実験で用いた酵素を，放射性標識していない水中で基質との反応を行ったところ 8-^{18}O-尿酸が生成した．このことから，酵素の触媒的活性部位は，最も隣接している酸素供与体であり，モリブデン中心の Mo–OH であることが，多くの証拠とともに示された．Mo–OH（触媒的に活性な酸素）による塩基に依存した基質への求核攻撃が，Mo＝S への水素移動と連動して起こるとする機構を図 17・6 に示す．生成物（P）は，新たにつくられた OH 基を経由してモリブデンに end-on 型で結合する．アミノ酸残基の Glu1261 が反応を開始する一般的な塩基触媒として作用していると考えられる．

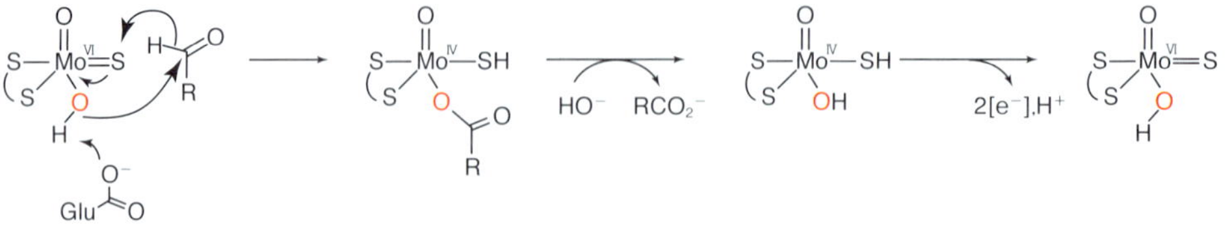

図 17・6　モリブデンヒドロキシラーゼ中のアルデヒドオキシダーゼの反応機構．複素環化合物のヒドロキシ化反応と同様に，アルデヒドから対応するカルボン酸への変換では，基質のカルボニル基への Mo−OH の塩基依存的求核攻撃と Mo＝S への水素移動が同時に進行すると提案されている．［Hille, 2005 より．Elsevier の許可を得て転載．©2005］

17・5　亜硫酸オキシダーゼおよび DMSO レダクターゼ

亜硫酸(SO_3^{2-})を酸化する酵素は，植物，動物および細菌中で発見されている．動物では，亜硫酸オキシダーゼ(sulfite oxidase, SO)は Met や Cys などの硫黄含有アミノ酸の異化(分解)反応の最終段階において毒性の強い亜硫酸を硫酸に酸化する反応を触媒している．ヒトでは，亜硫酸オキシダーゼの欠損は新生児の早期の死に至る重い神経症をひき起こす劣性遺伝病の原因となることがある*3．植物の亜硫酸オキシダーゼは同様に亜硫酸の解毒に重要な役割を果たし，さらに，硫酸の同化型還元反応にも働いている．亜硫酸オキシダーゼは，電子を分子状酸素に与える能力により，2 種類のモリブデン酵素に分類される．一つは電子受容体として分子状酸素を用いる亜硫酸オキシダーゼ，もう一つはシトクロム *c* のような他の電子受容体を用いる亜硫酸デヒドロゲナーゼ(sulfite dehydrogenase, SDH)である．亜硫酸イオンは環境中自然に存在し，その高い反応性のため DNA やタンパク質などの生命活動に必須な細胞成分と反応する．したがって，外部から，あるいは細胞内で発生する亜硫酸にさらされる原核細胞や真核細胞は，硫黄またはスルフィド（硫化物）に還元するか，もしくはより

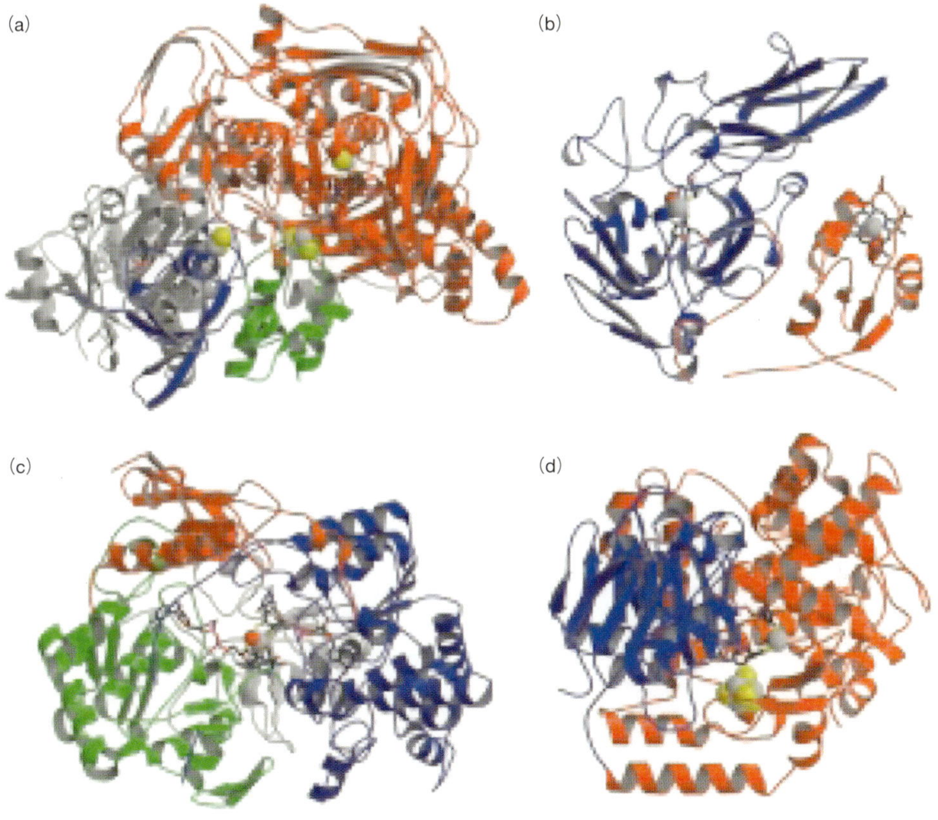

図 17・7　代表的な Mo および W 含有酵素の構造．(a) ウシキサンチンオキシダーゼ，(b) ニワトリの亜硫酸オキシダーゼ，(c) *Rhodobacter sphaeroides* のジメチルスルホキシド(DMSO)レダクターゼおよび (d) *Pyrococcus furiosus* のホルムアルデヒド―フェレドキシンオキシドレダクターゼ．キサンチンオキシダーゼ(a)では，ドメインは N 末端から次のように示す．[2Fe-2S]：青および緑色，FAD：灰色，Mo：赤．二つのサブドメインの境界の Mo 中心は空間充填(CPK)モデルで示し，金属は灰色表示．[2Fe-2S]中心は空間充填モデルで表し，FAD とプテリンは CPK 配色で示した．亜硫酸オキシダーゼ(b)では，ヘムドメインは赤，Mo ドメインは青．それぞれの酸化還元反応の活性中心は，金属を灰色にして CPK 配色で示した．DMSO レダクターゼ(c)では，Mo 中心は一つであり，四つのドメインは緑，青，赤および灰色（構造の背後）で表示．二つのプテリン補因子は CPK 配色で示した．Mo は灰色．W 含有ホルムアルデヒド―フェレドキシンオキシドレダクターゼ(d)では，ドメインは赤および青色で表し，W 中心（W は灰色）と[4Fe-4S]中心は空間充填モデルで表示．すべてについて，オリゴマー酵素（低重合体）の 1 サブユニットのみを表示．[Hille, 2002 より．Elsevier の許可を得て転載．©2002]

*3　2010 年，生まれたての少女が生後 6 日目にモリブデン補因子欠損症と診断された．Moco の前駆体の合成に欠陥があったため，精製した環状ピラノプテリン一リン酸(cPMP)の投与が生後 36 日目に開始された．亜硫酸オキシダーゼおよびキサンチンオキシダーゼの欠損によるすべての尿中代謝物はほとんどが正常値に回復し，1 年以上一定値を維持した．

一般的には硫酸にまで酸化するなどして亜硫酸を効率的に解毒する必要がある．

ニワトリの亜硫酸オキシダーゼの構造を図 17・7(b)に示した．Mo ドメイン(青色)は，柔軟性に富む 13 残基のペプチドを介してヘム *b* ドメイン(赤色)につながり，両者は約 36 Å 離れている．これにより，二つのドメインの電子伝達が結合する．亜硫酸オキシダーゼの触媒機構には，Mo 補因子から *b* 型ヘムの鉄への 2 段階の分子内 1 電子移動が提案されている．同様の機構は，Mo 補因子と *c* 型ヘムを含む亜硫酸デヒドロゲナーゼにも提案されている．しかし，ヘム補因子をもたない植物の亜硫酸オキシダーゼは，電子受容体として分子状酸素を用いる．亜硫酸オキシダーゼ中のモリブデンのオキソ転移に関する化学は，合成モデル，構造あるいは反応機構に関するデータによって，おそらく最もよく解明されている．反応サイクル(図 17・8)は，酵素が完全に酸化された休止型 Mo^{VI}/Fe^{III}，すなわち両金属が酸化された状態から始まる．亜硫酸が酸化型 Mo^{VI}に結合すると，最初のオキソ転移反応，すなわち共有結合した中間体を経て基質と中心金属の間に直接の原子移動が起こる．中心金属は，続いて 2 段階の逐次的 1 電子移動で還元される．合成モデル化合物で最も難しい問題の一つは，$[Mo_2O_3]^{4+}$コアからなる安定な二核 $Mo^{V}O$ 種の生成を防ぐために $Mo^{VI}O_2$ と $Mo^{IV}O$ 間の不可逆な μ-オキソ二量化反応を避けなければならないことである（酵素系では，これは簡単に避けられている）．

代表的な Mo 酵素および W 酵素の構造を図 17・7 に示した．*Rhodobacter sphaeroides* から得られる DMSO レダクターゼの構造は図 17・7(c)に示されている．DMSO レダクターゼファミリーでは，中心金属は 2 分子の補因子と結合している．DMSO レダクターゼそれ自身はジメチルスルホキシド(DMSO)の酸素原子を水に取込ませ，DMSO をジメチルスルフィドに還元する反応を触媒している．酸化型酵素の活性中心は $L_2Mo^{VI}O$(O-Ser)であり，これを還元すると Mo=O 配位子を失って L_2Mo^{IV}(O-Ser)となる．触媒反応機構(図 17・9)では，還元された酵素 L_2Mo^{IV}(O-Ser)は DMSO と反応して DMSO の酸素を Mo=O として

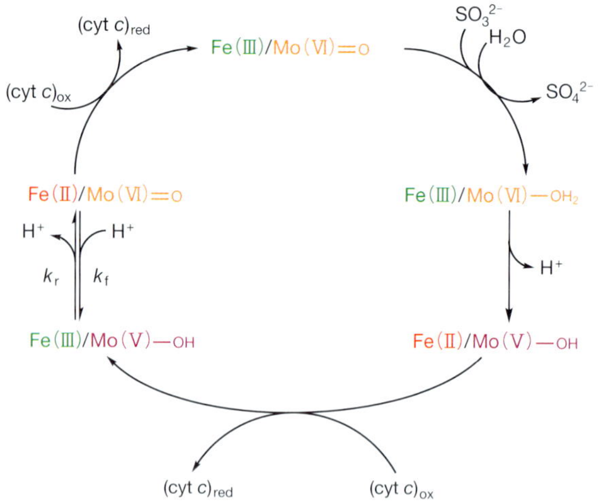

図 17・8 亜硫酸酸化と (cyt *c*)$_{ox}$ の還元を同時進行する動物の亜硫酸オキシダーゼの Mo および Fe 中心の酸化状態の変化．[Johnson-Winters, Tollin, Enemark, 2010 より改変]

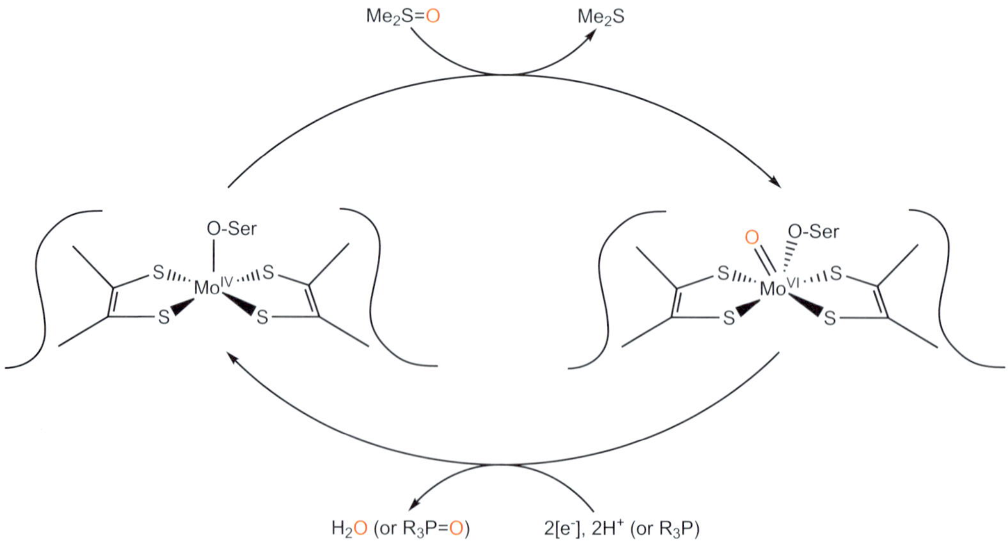

図 17・9 ジメチルスルホキシド(DMSO)レダクターゼの触媒サイクル．DMSO レダクターゼの最小限の触媒サイクルは，還元型 L_2Mo^{IV}(OR)酵素（左）と DMSO(Me_2S=O)が反応し酸化型 $L_2Mo^{VI}O$(OR)酵素（右）となる触媒反応を含む．酸化型酵素はシトクロムまたは水溶性ホスフィン(R_3P)と順次反応し，水またはホスフィンオキシド(R_3P=O)を生成．反応中の 1 原子酸素の移動は DMSO からの標識(赤色)の移動で表示．[Hille, 2002 より改変]

取込み，酸化型酵素 $L_2Mo^{VI}O(O\text{-}Ser)$ となる．この第2段めでは，酸化型酵素はシトクロムにより還元され DMSO からの酸素を水として放出する（この反応は，水溶性ホスフィン R_3P でも起こり，このときホスフィンオキシド $R_3P{=}O$ ができる）．

タングステン酵素

先に述べたように，タングステン酵素は好熱性細菌や超好熱性古細菌中でモリブデン酵素に代わって発見されている．モリブデン酵素と同様に，タングステン酵素も3種類の広いファミリーに分類され，それらはすべて1個のタングステン(W)につき2個のプテリン補因子分子を含んでいる．したがって，これらのタングステン酵素はモリブデン酵素の DMSO レダクターゼファミリーによく似ている．*Pyrococcus furiosus* から得られるホルムアルデヒド—フェレドキシンオキシドレダクターゼの構造を図17・7(d)に示した．初めの二つのファミリーの酵素は酸化還元反応を触媒する．一つめのアルデヒドオキシドレダクターゼファミリーはアルデヒドのカルボン酸への酸化を触媒する．還元当量は一つの[4Fe-4S]中心に輸送される．まだ多少のあいまいさが残っているが，補因子の四つの配位子に加えて，酸化型酵素は $W^{VI}O(OH)$ を含んでいるらしい（図17・10）．還元型はおそらく一つの $W^{IV}\text{-}OH$ をもっているであろう．モリブデン酵素のキサンチンオキシダーゼのように，タンパク質と結合する配位子はなさそうである．第二のファミリーは，還元的に CO_2 を固定する酵素である．これらはモリブデン酵素の DMSO レダクターゼファミリーと同じアミノ酸配列をもっている．酸化型では，$L_2W^{VI}OX$ 中の金属にタンパク質のシステインもしくはセレノシステインが配位している（図17・10）．第三のファミリーにはアセチレンヒドラターゼのみが含まれる．この酵素はアセチレンの三重結合に水を付加してアセトアルデヒドをつくっている．この酵素は一つの[4Fe-4S]クラスターを含んでいるが，アコニット酸ヒドラターゼ（第13章）と違って，この部分は触媒反応には直接関わらないようである．その代わりとして，モデル研究や単離した酵素は強い還元剤による活性化が必要であるという観察から，アセチレン水和反応触媒に W^{IV} 部位が関与しているらしい．

多くの生物は，すでに述べたように，バイオアベイラビリティー（生物学的利用のしやすさ）のいかんによりモリブデンもしくはタングステンを利用できるようである．

ニトロゲナーゼ

生物窒素循環（第18章）では，ごく限られた数の嫌気性微生物のみが，大気の窒素分子の約3分の1をアンモニアに変換するという重要な役割を果たしている．つづいてアンモニアはグルタミン酸やグルタミンに取込まれ，さらに他の窒素含有分子へと取込まれる．この反応は，1年に 10^8 トンに及び，ほぼ同じ量がハーバー–ボッシュの工業的方法により生産されている．ただし，ハーバー–ボッシュ法では高圧（150～350気圧）と高温（350～550℃）が必要である．窒素を固定する微生物には，マメ科植物の根粒に共生し窒素固定する細菌 *Rhizobium* が知られている．この酵素は酸素にきわめて鋭敏であるため*4，植物の根は，この酵素の周りを嫌気的環境に保つために酸素と高い親和性をもつヘモグロビンの一種のレグヘモグロビンを合成している（Downie, 2005）．レグヘモグロビンは，昆虫の幼虫やヤツメウナギのヘモグロビンと同様に，哺乳動物のヘモグロビンやミオグロビンで見いだされている古典的なグロビンフォールドをもっている（第3章）．

すべてのニトロゲナーゼは二つのサブユニットからなる．一つはPクラスターとして知られる特別な鉄–硫黄クラスターを含み，もう一つは鉄以外の金属を含む硫黄含有補因子を含んでいる．金属は普通 Mo であり，したがって，この補因子は FeMoco として知られている．しかし，いくつかの種や，特定の金属を利用できない条件では，Mo は V もしくは Fe に置換される．Mo 濃度が低く，V が利用できる場合には，この代替ニトロゲナーゼは V を含むこととなる．Mo と V 濃度が低ければ3番めのニトロゲナーゼが産生され，これは Fe のみを含む．しかし，ニトロゲナーゼの構造や反応機構についての理解が長足の進歩をとげたのは，まったく自由な環境で生育する *Azotobacter*, *Clostridium* や *Klebsiella* のような細菌の FeMo ニトロゲ

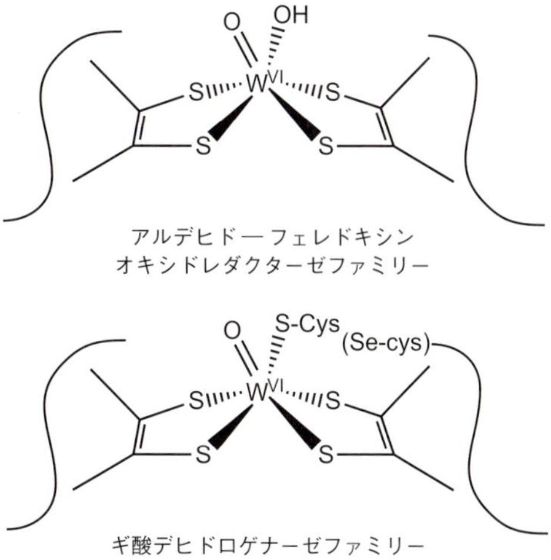

図17・10　タングステン酵素の活性中心の構造．［Hille, 2002 より改変］

*4　すべてのニトロゲナーゼは分子状酸素により不可逆的に阻害される．エンドウマメやインゲンマメなどの一般的なマメ科植物の根粒を切断すると，高い濃度のレグヘモグロビンによる血液様の赤色がみられる．

ナーゼについての研究のおかげである．

ニトロゲナーゼが触媒する全反応を，次に示す．

$$N_2 + 8H^+ + 8e^- + 16ATP + 16H_2O \longrightarrow 2NH_3 + H_2 + 16ADP + 16P_i$$

この式から，窒素固定化の反応過程はきわめてエネルギーに依存し，多量のATPと還元当量を必要とすることがわかる．ニトロゲナーゼはFeMoタンパク質とFeタンパク質と名づけられている二つのタンパク質からできている（図17・11）．$\alpha_2\beta_2$の異種四量体のFeMoタンパク質はFeMo補因子とPクラスターの両者を含む．機能性ユニットは$\alpha\beta$の二量体からなり，FeMo補因子とPクラスターを一つずつもっている．一方，Feタンパク質はホモ二量体であり，二つのサブユニットの境界に一つの[4Fe-4S]クラスターが結合している．生化学での多くの多電子移動反応とは異なり，Feタンパク質とFeMoタンパク質の間の電子移動には，少なくとも2分子のATPが結合し加水分解する必要がある．Feタンパク質とFeMoタンパク質の触媒サイクルを図17・12に示した．Feタンパク質の触媒サイクルは3状態からなる．はじめの段階では，2分子のMg-ATPと結合した還元型Feタンパク質（$[4Fe-4S]^{1+}$）が，FeMoタンパク質と一時的に結合する．Mg-ATP 2分子が加水分解され，1電子がFeタンパク質[4Fe-4S]クラスターからFeMoタンパク質に移動する．2分子のMg-ADPが結合した酸化型Feタンパク質（$[4Fe-4S]^{2+}$）は，つづいてFeMoタンパク質から解離する．ここがニ

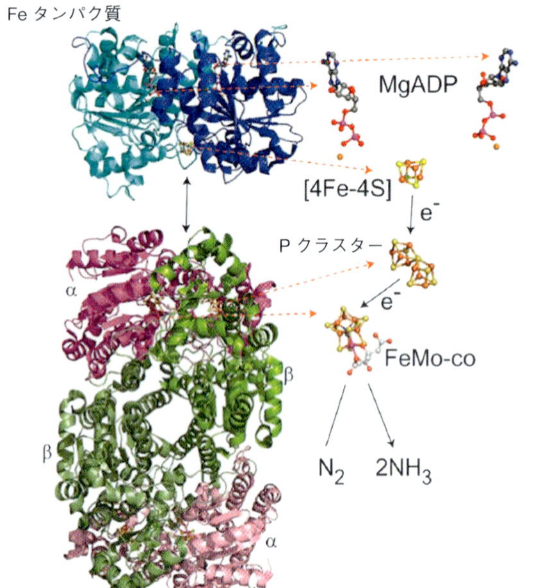

図17・11 ニトロゲナーゼのFeMoタンパク質およびFeタンパク質の構造．FeMoタンパク質は一つの$\alpha_2\beta_2$の四量体であり，αサブユニットは赤紫，βサブユニットは緑で表示した．Feタンパク質はγ_2の二量体であり，サブユニットは青で表示した．FeMoタンパク質は二つのFeタンパク質と結合し，それぞれの$\alpha\beta$ユニットが触媒ユニットである．Feタンパク質がFeMoタンパク質の$\alpha\beta$ユニットと結合している状態を示している．結合している2分子のMg-ADP，Feタンパク質の[4Fe-4S]クラスター，FeMoタンパク質のPクラスター（8Fe-7S）およびFeMo補因子（7Fe-Mo-9S-ホモクエン酸-X）*5の相対配置と構造を示した．それぞれを，右側に引き出して描いている．電子は[4Fe-4S]クラスターからPクラスターへ，さらにFeMo補因子へと流れる．元素は，C：灰色，O：赤，N：青，Fe：赤錆色，S：黄，Mo：赤紫色で表示．PDBファイルからの構造は，FeMoタンパク質では1M1N，Feタンパク質では1FP6．［Seefeldt, Hoffman, Dean, 2009より．Annual reviews, Inc.の許可を得て転載．©2009］

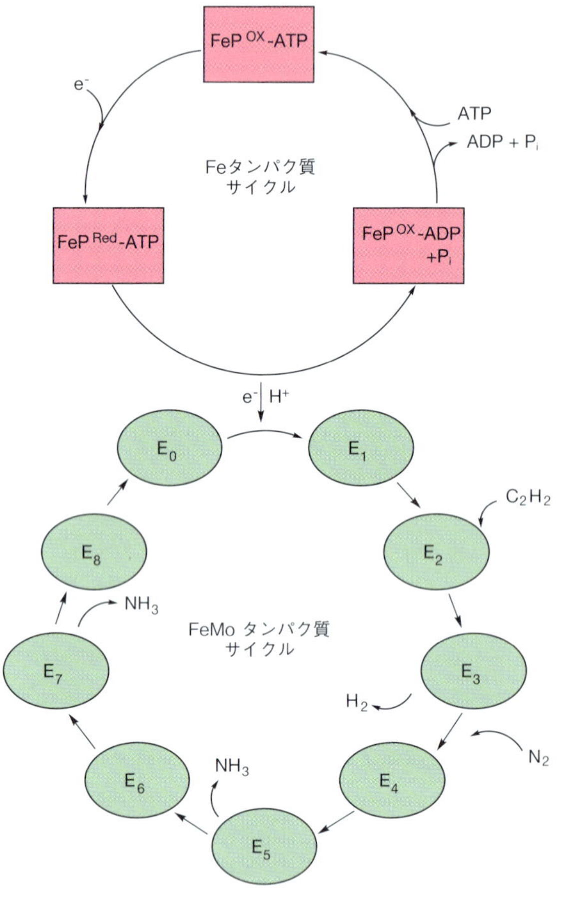

図17・12 Feタンパク質およびFeMoタンパク質の触媒サイクル．Feタンパク質（上）の3状態サイクルおよびFeMoタンパク質の8状態サイクル（下）．Feタンパク質（FeP）では，[4Fe-4S]クラスターは+1の電荷をもつ還元型（Red）または+2の電荷をもつ酸化型（Ox）で存在する．Feタンパク質は，2分子のMg-ATP（ATP）を含むか，もしくは2分子のP_iと結合した2分子のMg-ADP（ADP+P_i）を含んでいる．電子の交換は，Feタンパク質が下のサイクルのFeMoタンパク質と会合するときに起こる．FeMoタンパク質サイクルでは，FeMoタンパク質が電子により逐次的に還元される．還元型はE_nで示し，nはFeタンパク質に与えられた全電子数である．アセチレン（C_2H_2）はE_2に結合し，一方N_2はE_3とE_4に結合する．N_2が結合すると，H_2と置換する．アンモニア2分子は，後続のE状態から放出される．［Seefeldt *et al.*, 2009より改変］

トロゲナーゼ触媒反応全体の律速段階である．放出された Fe タンパク質は 2 段階で再生される．Mg-ADP 分子は Mg-ATP と置き換わり，$[4Fe\text{-}4S]^{2+}$ クラスターが再還元されて＋1 酸化状態となる．この反応サイクルの会合，還元，ATP 加水分解そして解離が繰返されて，1 サイクルにつき 1 電子が FeMo タンパク質に移動する．FeMo タンパク質の触媒サイクルは 8 状態からなる．FeMo タンパク質は順次 1 電子還元され，各状態は E_n として示されている．通常，16 分子の ATP が加水分解されて 8 還元当量が蓄積されると，酵素はきわめて安定な三重結合をもつ窒素分子に結合し，2 分子のアンモニアへと還元する．同時に，2 個のプロトンと 2 電子が水素ガスに変わる．電子は，光合成あるいはミトコンドリアの電子伝達鎖からもたらされ，Fe タンパク質に移動する．

FeMo 補因子と P クラスターの構造は，ニトロゲナーゼの構造が高分解能 X 線結晶構造解析法により決定されたときに明らかにされた．FeMo 補因子（図 17・13a）は，一つの[4Fe-3S]クラスターと一つの［3Fe-Mo-3S］からなり，これは 1 個の中心原子 X*5 と 3 個の架橋型の無機スルフィドを介してつながっている．(*R*)-ホモクエン酸（$^-OOCCH_2C^*(OH)(COO^-)CH_2CH_2COO^-$）は，2-ヒドロキシ基と 2-カルボキシ基が Mo に配位している．FeMo 補因子は二つのアミノ酸残基の Cys α 273 と His α 442 とでタンパク質に結合し，それぞれ伸びたクラスターの反対側で Fe と Mo 原子に結合している．この構造は，1 個の金属が一つのタンパク質側鎖の配位子と結合している他の鉄-硫黄クラスターと著しく異なっている．8 個の中心金属が配位圏を完成するためには，いくつかの無機スルフィドと 1 分子のホモクエン酸*6 が Mo 原子に二座配位して八面体配位をつくる必要がある．

ジチオナイト（亜ジチオン酸）で還元した P^N 状態（図 17・13 b）では，P クラスターは 6 配位硫黄により架橋した二つの[4Fe-3S]クラスターと考えることができる．P^N を 2 電子酸化した P^{OX} 状態では，2 個の鉄原子の Fe5 と

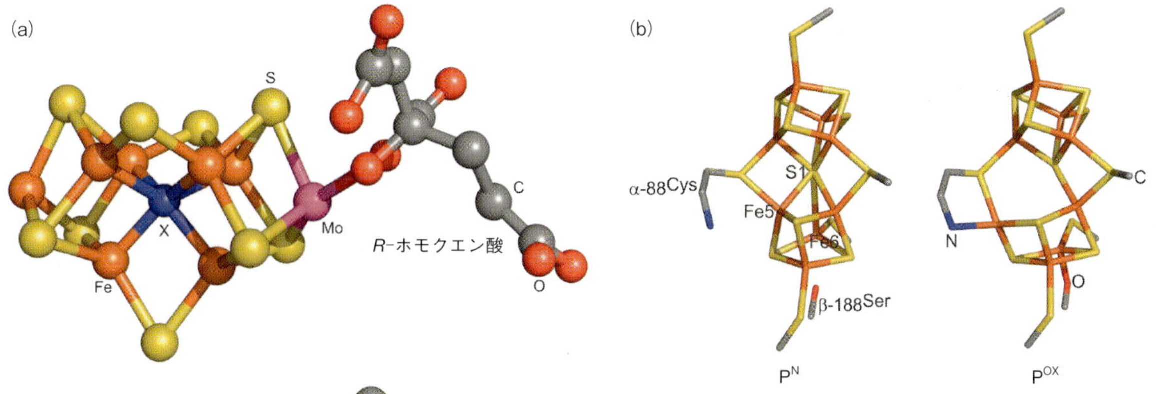

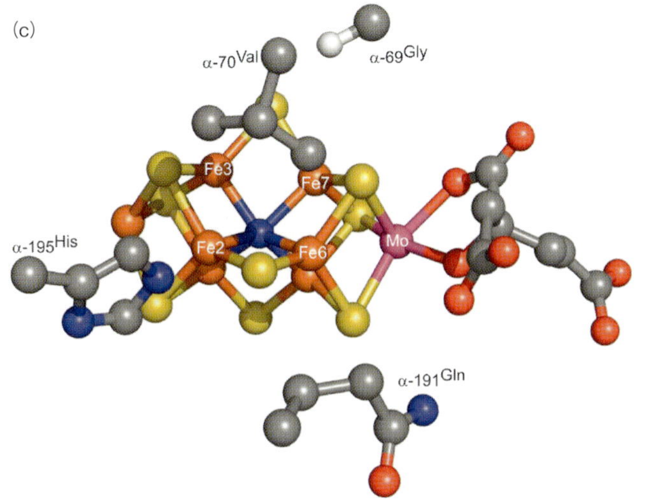

図 17・13　(a) ニトロゲナーゼの FeMo 補因子の構造．元素の色は，図 17・11 と同じ．(b) P クラスターの構造．酸化型(P^{ox})および還元型(P^N)の P クラスター[8Fe-7S]の構造．FeMo タンパク質のアミノ酸配位子(β-188^{Ser} およびα-88^{Cys})も示した．中心の S 原子は S1 で表示．用いた PBD ファイルは，P^{ox} 型は 2MIN および P^N 型は 3MIN. (c) FeMo 補因子への基質結合部位．FeMo 補因子の Fe は番号 2,3,6 および 7 で表示．図は，基質が結合している Fe 表面を上から下へ眺めたもの．アミノ酸の C_α 原子と側鎖は，α-69^{Gly}，α-70^{Val}，α-195^{His} および α-191^{Gln} について示した．PDB: 1M1N. [Seefeldt *et al.*, 2009 より．Annual reviews, Inc. の許可を得て転載．©2009]

＊5　訳注: 中央の原子は，以前は N 原子であると考えられていたが，2011 年に C 原子であると報告された．[Spatzal, T. *et al.*, “Evidence for interstitial carbon in nitrogenase FeMo cofactor”, *Science, 334*, 940 (2011); Lancaster, K. M. *et al.*, “X-ray emission spectroscopy evidences a central carbon in the nitrogenase iron-molybdenum cofactor”, *Science, 334*, 974–977 (2011)]

＊6　CH_2 基を余分にもつクエン酸の同族体については，第 5 章を参照．

Fe6は中心硫黄から離れて，Cysα87のアミド窒素とSerα186のヒドロキシ基とが結合し，鉄を4配位状態にしている．

Feタンパク質は，タンパク質折りたたみ部分と，ヌクレオチドに依存したスイッチタンパク質であるGタンパク質ファミリーのヌクレオチド結合ドメインとからなる．ヌクレオチド結合ドメインは，ヌクレオシド二リン酸（GDPやADP）と三リン酸（GTPやGTP）のどちらが結合しているかによって，コンホメーション（立体配座）が変化する．しかし，Feタンパク質のコンホメーションを変えさせるヌクレオチド類縁体はFeMoタンパク質による基質の還元をひき起こさない．そればかりか，他の電子移動試薬でも（小さいタンパク質であれ酸化還元色素分子であれ），FeMoタンパク質による還元反応は誘起されない．窒素分子のような基質を還元できる状態までFeMoタンパク質を還元するのは，Feタンパク質のみである．

Feタンパク質に到達した電子はPクラスターに移動し，つづいて還元される窒素分子や他の基質との相互作用の部位となるFeMoタンパク質に送られる．Chattがはじめて提案したモデル反応によれば，2分子のアンモニアが最終的に放出される前に，ジアゼン(N_2H_2)やヒドラジン(N_2H_4)のような窒素性化学種が存在している．FeMoクラスターに結合するジアゼン由来の化学種について，最近の研究はこの考え方を支持しており，ヒドラジンがニトロゲナーゼの基質になる証拠も示している．N_2やアルキン（アセチレン系炭化水素）基質の結合部位はFe原子の2，3，6および7で示されるFeMo補因子の鉄-硫黄表面に局在し（図17・13 c），電子核二重共鳴分光(ENDOR)からは，アルキンが還元されたアルケン（鎖状炭化水素）生成物がFeMo補因子の1個のFe原子に垂直に結合していることが示されている．

ニトロゲナーゼの反応経路の開始点は，有機金属錯体が触媒するN_2還元の機構から提案されている．1960年代の初めにChattやHidaiのグループにより開始された一連のモデル研究は，MoやW錯体の1個の中心金属上に窒素分子が結合し，アンモニアに還元されることを示した（Chatt, 1978; Hidai, 1999）．しかし，Chattの示した触媒サイクル中のすべての中間体が実際に単離されたにもかかわらず，N_2をNH_3に還元できなかった．1個のモリブデン上での窒素分子のアンモニアへの還元は，HITP [3,5-(2,4,6-i-$Pr_3C_6H_2)_2C_6H_3$]配位子を用いたRichard R. Schrock*7のグループによりはじめて達成された（Yandulov, Schrock, 2003; Schrock, 2005）．単核Mo金属錯体上でN_2が還元されるChatt機構で最も重要な中間体は，Schrockグループにより，最近のMo錯体による触媒的還元反応によって仕上げられた（図17・14左）．N_2がFeMo補因子（Mで表示）に結合すると，つづいて段階的還元とプロトン付加が起こり，それぞれの中間体が金属に結合する．N_2は，N-N結合に$3e^-/H^+$が付加して1個のN（遠位）が水素化され，最初のアンモニアが放出される．2個目のアンモニアは，結合しているニトリド種が$3e^-/H^+$によってさらに還元されて放出される．この遠位(D)経路では，遠位N原子が最初にプロトン化され最初のNH_3が放出されることが肝心である．ニトロゲナーゼの別途反応経路（図17・

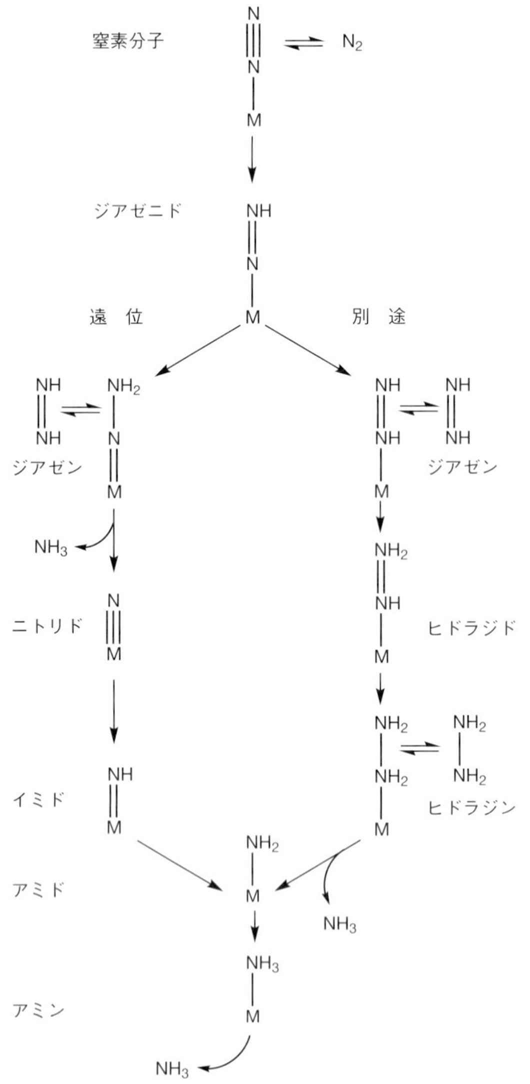

図17・14　ニトロゲナーゼの反応機構．ニトロゲナーゼの2通りの反応機構を示した．左は遠位機構，右は別途機構．FeMo補因子はMで表し，異なった結合状態の名称を示している．ジアゼンおよびヒドラジンの可能な結合点も示している．[Seefeldt *et al.*, 2009より改変]

---

*7　R. R. Schrockは，R. H. GrubbsとY. Chauvinとともに2005年のノーベル化学賞を受賞した．

14 右）では，2 個の N 原子が交互に還元され，反応の最後で N-N 結合の切断が起こる．両経路とも金属に結合する N_2 の段階的還元反応を含んでいるが，後者では両 N 原子へのプロトンの付加が必要であり，$5e^-/H^+$ が付加するまで N−N 結合の開裂と最初のアンモニアの放出が遅れることになる．

1 個の金属窒素中間体による窒素分子の三重結合の触媒的還元反応をみると，自然はなぜ窒素固定反応において，FeMo 補因子中に複雑な[7Fe-Mo-9S-ホモクエン酸-X]クラスターを用いたのかという疑問が起こる．窒素固定反応で 1 個あるいは 2 個の中心金属が生物学的に機能的であったならば，進化において支配的であったと期待した人もいただろう．FeMo 補因子には異常な代謝物であるホモクエン酸が含まれ，その合成やタンパク質への挿入には少なくとも 20 種類のタンパク質が必要である．それにもかかわらず，10 億年以上の進化の中で，この複雑な補因子を使うニトロゲナーゼが維持され続けてきた．実際に，代わりのニトロゲナーゼでさえ，補因子には Mo の代わりに V や Fe を含んでいるという程度のわずかな違いしかない．Howard と Rees（2006）は，“窒素固定には金属はいくつ必要か？”（必要な金属の数は，FeMo 補因子，P クラスター，Fe タンパク質を合わせて 20 個にのぼる）と題する生物的窒素固定に関する総説の最後で，次のように述べている．“これらの金属はすべて必要であるように思え，この系をより簡単にする方法は現在までのところ見つかっていない”．結局のところ，Jeremy Knowles*8 の言葉“enzymatic catalysis — not different, just better !”が的を射ているだろう．

バナジウム

バナジウムは，ヒトにおいては有益であり，おそらく必須である．バナジウムは多くの生物体では確実に必須である．バナジン酸塩（酸化状態＋5）とその誘導体は，リン酸塩の類似体であり，リン化合物と同様の基底状態や遷移状態（構造的にも電子的にも）を示す．リン酸エステルの加水分解の遷移状態と同じ 5 配位のバナジウム化合物がよく知られており，多くのバナジウム化合物がホスファターゼやリボヌクレアーゼ，ATP アーゼの強い阻害剤となるのはそのためである．

ハロペルオキシダーゼは最初のそして最もよく研究されているバナジウム酵素であり，過酸化水素を用いて 1 個のハロゲン化物を 2 電子酸化する反応を触媒している（Butler and Carter-Franklin, 2004）．多くの藻類，地衣類や菌類に発見されているクロロペルオキシダーゼは Cl^- と Br^- の両者を酸化できるが，いくつかの海産物の抽出物中のブロモペルオキシダーゼは Br^- のみを酸化する．多くのバナジウムハロペルオキシダーゼの X 線による構造が報告されている．図 17・15 には，海産藻類 *C. pilulifera* から得られるブロモペルオキシダーゼのバナジウム部位の X 線構造と活性中心の構造を示した．分光学的に得られている証拠から，バナジウムの酸化状態は触媒反応中では＋5 価であり，図 17・16 に示すように，いずれのバナジウムハロペルオキシダーゼの反応機構も同じであると考えられている．初めに H_2O_2 が酵素に結合し，つづいて結合したペルオキシドのプロトン化とハロゲン化物イオンの付加反応が進む．NMR 分光法から，VO_2-O_2 の存在が確かめられているが，ハロゲン化物がバナジウムイオンに直接結合する証拠は得

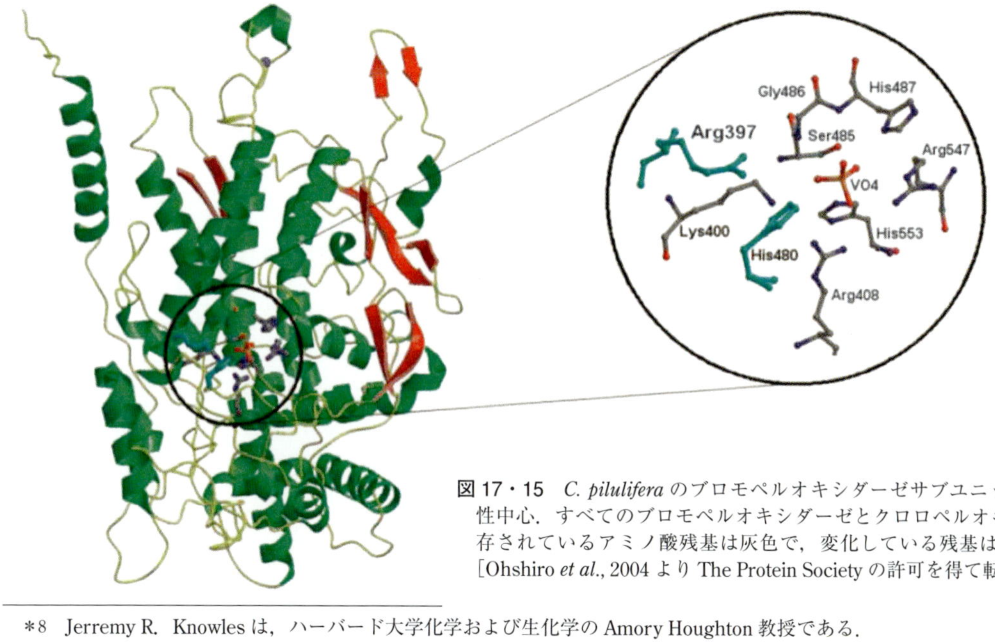

図 17・15　*C. pilulifera* のブロモペルオキシダーゼサブユニットの構造と活性中心．すべてのブロモペルオキシダーゼとクロロペルオキシダーゼで保存されているアミノ酸残基は灰色で，変化している残基は青緑色で表示．［Ohshiro *et al.*, 2004 より The Protein Society の許可を得て転載．©2004］

＊8　Jerremy R. Knowles は，ハーバード大学化学および生化学の Amory Houghton 教授である．

られていない．触媒反応の律速段階は，プロトン化されたタンパク質–ペルオキシド複合体にハロゲン化合物が求核的に攻撃して“X^{+}”状態ができるところにあり，これが直接有機基質(RH)と反応して基質をハロゲン化(RX)する．RH がなければ，この段階で一重項酸素が産生される．

C. pilulifera のバナジウム依存ブロモペルオキシダーゼのハロゲン特異性は，アミノ酸 Arg379 を Trp または Phe に替えると変化する（Ohshiro *et al.*, 2004）．R379W と R379F の変異タンパク質はいずれも，クロロペルオキシダーゼ活性もブロモペルオキシダーゼ活性も示す．このことは，ハロゲンはバナジウムハロペルオキシダーゼの触媒ポケット内の特定のハロゲン結合部位に存在していることを示している．

興味深いことに，バナジウムハロペルオキシダーゼのアミノ酸配列と活性中心の構造は，いくつかのホスファターゼファミリーと共通している．バナジウム酵素におけるバナジン酸結合部位とホスファターゼのリン酸結合部位のアミノ酸はよく保存されている．

バナジウム依存ニトロゲナーゼの構造情報はかなり限られている．多くの点で，FeV 補因子の存在以外は，モリブデンニトロゲナーゼとよく似ているとの統一見解があるが，ここではこれ以上議論しない．

キノコの *Amanita muscaria* や海洋生物のホヤ（原索動物）には，高濃度のバナジウムが見つかっている．前者には，アマバジンとよばれるバナジウム(Ⅳ)と結合するシデロフォア様の配位子が発見されている．アマバジンは，バナジウムと配位子 *S,S*–2, 2′–ヒドロキシイミノジプロピオン酸が 1：2 で結合した金属錯体である（図 17・17）．この錯体は加水分解に対してきわめて安定であり，可逆的な 1 電子酸化還元性をもっているため，1 電子酸化還元触媒としての生物的役割が示唆されている．

$VOSO_4$ としてのバナジウムは，細菌や植物ではシデロフォアが関与する鉄輸送を妨げることが見いだされている．バナジウムはシデロフォアによって輸送されうると示唆されるため，ヒドロキサム酸–バナジウム錯体の応用に焦点をあてた多くの研究が始まっている．

尾索類（ホヤ類またはホヤ）は 350 mM に達する濃度のバナジウムを蓄積できる無脊椎海洋生物である（海水中のバナジウム濃度は約 35 nM）*9．バナジウムは海水から V^{V} として取込まれ（図 17・18），V^{III} または V^{IV} の酸化状態に還元され，強い酸性の液胞内の血液細胞中に外部よりも 100 万倍以上の高濃度で可溶形で蓄積される．バナジウムは細胞質内でバナジウム結合タンパク質（バナビン，分子量 12〜16 kD）と結合しているらしい．しかし，これらの海洋生物におけるバナジウムの詳しい役割はまだ知られていない．細胞膜の金属輸送体である DMT1 ファミリーがバナジウム輸送体であることが，最近あるホヤについて遺伝子解析がされている（Ueki, Furano, Michibata, 2011）．

最後に，バナジウム化合物のインスリン様作用について簡単に述べる．第 5 章で指摘したように，中間代謝の制御

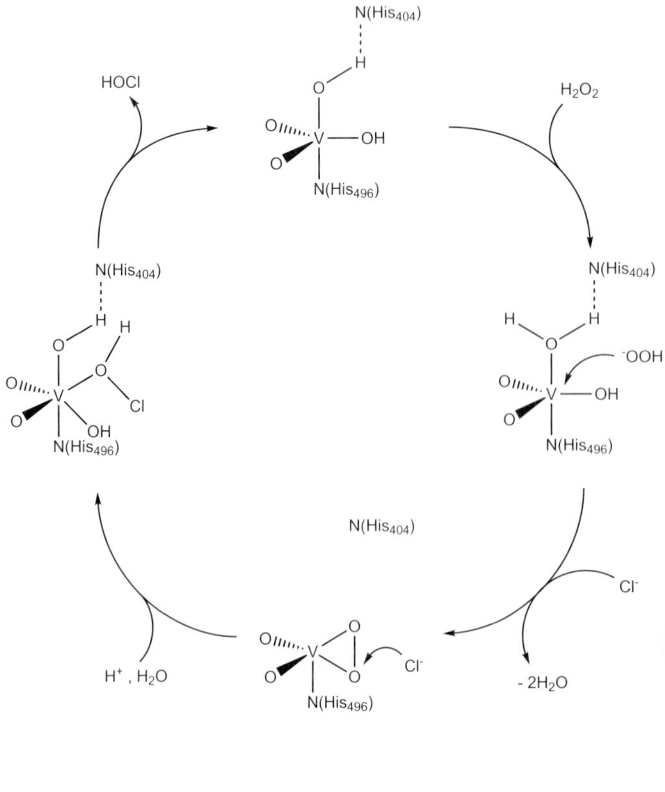

図 17・16　バナジウムクロロペルオキシダーゼによる過酸化水素存在下での塩素酸化の反応機構．[Ligtenbarg, Hage, Feringa, 2003 より改変]

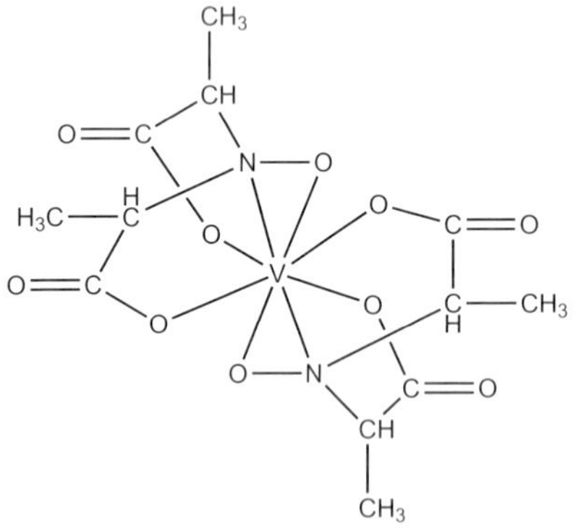

図 17・17　アマバジンの構造．

は非常に複雑な現象であり，インスリン作用よりも簡単な例はほとんどない．インスリンは実に多くの標的組織の受容体と相互作用し，炭化水素や脂質の代謝のみならず，他の多くの代謝に影響をひき起こす一連のシグナルカスケードを開始させる．*in vitro* の実験で，バナジウム化合物はインスリン受容体のリン酸化を刺激し，プロテインホスファターゼを阻害してインスリンの効果を高めることが示されている．バナジウム化合物はまた，特にバナジルイオン(VO^{2+})の場合には，トランスフェリンと結合し，トランスフェリン/トランスフェリン受容体経路を経てバナジウムが細胞内に入りやすくしている（細胞内でバナジウムが受容体からどのように解離するかは不明である）．バナジウム化合物はまたグルタチオン系と相互作用して細胞の酸化還元バランスに影響するかもしれない．しかし，バナジウムが有益な作用をもっている可能性があるにもかかわらず，治療的応用に至らないのは，一つにはバナジウムに毒性があり，また一方では治療作用が狭い領域に限られているからである．バナジウム化合物は複雑なインスリンシグナルカスケードのいくつかの部位を標的とするかもしれない．しかし，バナジウム化合物は天然ホルモンの精巧な特異性を発揮できない，すなわち，カスケードを活性化し，その目的がいったん達成されれば活性化されたカスケードを止めることができないのである．

クロム

第1章で述べたように，クロムは，筋肉の発達を促進させる栄養サプリメントや体重減少剤として（Vincent, 2003, 2004），またカルシウムにつぐミネラルサプリメントとして（Nielsen, 1996）非常に一般的となった．クロム投与が2型糖尿病の補助的治療剤として，また妊娠中の糖尿病のコントロールに有効かもしれないと示されているが，クロムの生化学的作用機構は不明である（Lau *et al.*, 2008)．生物学的に関係があるクロムは，三価の Cr^{3+} であり，哺乳動物での正常な炭化水素や脂肪の代謝に必要であるかもしれない．しかし，クロム欠乏症は見つかっていない．最近，できる限りクロムの少ない食事をした場合，クロムが“充足されている”食事と比較しても，体の組成，グルコース代謝あるいはインスリンに対してなんら効果はなかったと報告されている．過去10年以上にわたりクロムの必須性を唱えてきた人々は，“他の最近の研究の結果と同様に，この研究結果は，クロムはもはや必須元素とは考えられない”と結論している（Di Bona, 2011)．

今日まで，クロム依存酵素やクロム結合タンパク質は同定されていない．しかし，繰返しの pEEEEGDD（pE はピログルタミン酸）配列をもつクロム結合ペプチドであるクロモジュリンが同定され（Chen, Watson, Gao, Sinha, Cassady, Vincent, 2011)，1本のペプチドに4個のクロムイオンが結合していることが見いだされている．クロムが結合したクロモジュリンは，インスリンに応答して Cr^{III} を組織に輸送し，インスリンシグナルの増幅系に機能するかもしれないと考えられている（Vincent, 2000b)．

クロモジュリンと Ca^{2+} 結合タンパク質カルモジュリン，両者の名称や提案されている作用機構の間には明らかな類似性はあるが，クロモジュリンの作用機構を分子レベルで

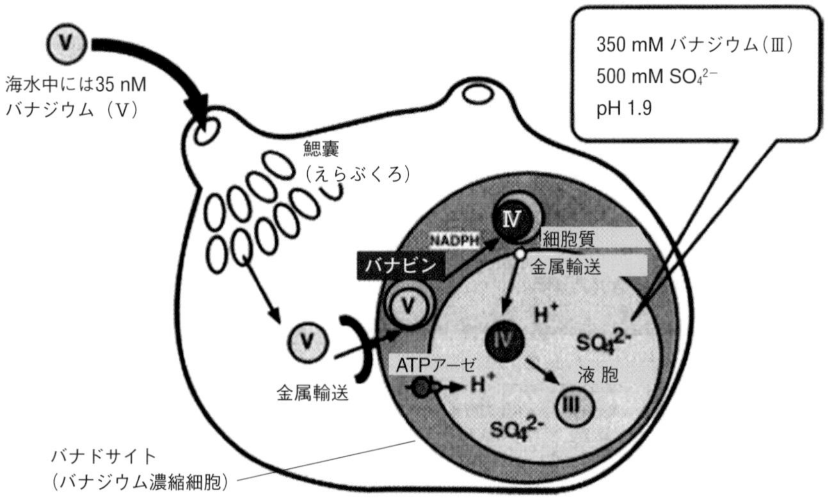

図17・18　ホヤの液胞（バナドサイト）中でのバナジウムの還元と蓄積過程のモデル．
［Michibata, Yamaguchi, Uyama, Ueki, 2003 より．Elsevier の許可を得て転載．©2003］

＊9　訳注：ホヤは地球上に約3000種存在すると考えられている．このうち高濃度のバナジウムを蓄積しているホヤは数種に限られている．

明瞭に確立する仕事が残されている．世間的な評価によるクロムの食事サプリメントの不思議な性質については，個人的には私はきわめて懐疑的である．

文　献

Brondino, C.D., Romao, M.J., Moura, I., & Moura, J.J.G. (2006). Molybdenum and tungsten enzymes: the xanthine oxidase family. *Current Opinion in Chemical Biology, 10*, 109–114.

Butler, A., & Carter-Franklin, J.N. (2004). The role of vanadium bromoperoxidase in the biosynthesis of halogenated marine natural products. *Natural Product Reports, 21*, 180–188.

Chatt, J., Dilworth, J.R., & Richards, R.L. (1978). Recent advances in the chemistry of nitrogen fixation. *Chemical Reviews, 78*, 589–625.

Chen, Y., Watson, H.M., Gao, J., Sinha, S.H., Cassady, C.J., & Vincent, J.B. (2011). Characterization of the organic component of low-molecular-weight chromium-binding substance and its binding of chromium. *Journal of Nutrition, 141*, 1225–1232.

Crans, D.C., Smee, J.J., Gaidamauskas, E., & Yang, L. (2004). The chemistry and biochemistry of vanadium and the biological activities exerted by vanadium compounds. *Chemical Reviews, 104*, 849–902.

Di Bona, K.R., Love, S., Rhodes, N.R., McAdory, D., Sinha, S.H., Kern, N., *et al.* (2011). Chromium is not an essential trace element for mammals: effects of a "low-chromium" diet. *The Journal of Biological Inorganic Chemistry, 16*(3), 381–390.

Downie, J.A. (2005). Legume haemoglobins: symbiotic nitrogen fixation needs bloody nodules. *Current Biology, 15*, R196–198.

Enemark, J.H., Cooney, J.J.A., Wang, J.-J., & Holm, R.H. (2004). Synthetic analogues and reaction systems relevant to the molybdenum and tungsten oxotransferases. *Chemical Reviews, 104*, 1175–1200.

Enroth, C., Eger, B.T., Okamoto, K., Nishino, T., Nishino, T., & Pai, E.F. (2000). Crystal structures of bovine milk xanthine dehydrogenase and xanthine oxidase: structure-based mechanism of conversion. *Proceedings of the National Academy of Sciences of the United States of America, 97*, 10723–10728.

Hidai, M. (1999). Chemical nitrogen fixation by molybdenum and tungsten complexes. *Coordination Chemistry Reviews, 185–186*, 99–108.

Hille, R. (2002). Molybdenum and tungsten in biology. *TIBS, 27*, 360–367.

Hille, R. (2005). Molybdenum-containing hydroxylases. *Archives of Biochemistry and Biophysics, 433*, 107–116.

Howard, J.B., & Rees, D.C. (2006). How many metals does it take to fix N2? A mechanistic overview of biological nitrogen fixation. *Proceedings of the National Academy of Sciences of the United States of America, 103*, 17088–17093.

Johnson-Winters, K., Tollin, G., & Enemark, J.H. (2010). Elucidating the catalytic mechanism of sulfite oxidizing enzymes using structural, spectroscopic, and kinetic analyses. *Biochemistry, 49*, 7242–7254.

Lau, F.C., Bagchi, M., Sen, C.K., & Bagchi, D. (2008). Nutrigenomic basis of beneficial effects of chromium(III) on obesity and diabetes. *Mol Cell Biochem, 317*, 1–10.

Ligtenbarg, A.G.J., Hage, R., & Feringa, B.L. (2003). Catalytic oxidations by vanadium complexes. *Coordination Chemistry Reviews, 237*, 87–101.

Mendel, R.R., & Bittner, F. (2006). Cell biology of molybdenum. *Biochimica et Biophysica Acta, 1763*, 621–635.

Michibata, H., Yamaguchi, N., Uyama, T., & Ueki, T. (2003). Molecular biological approaches to the accumulation and reduction of vanadium by ascidians. *Coordination Chemistry Reviews, 237*, 41–51.

Nielsen, F. (1996). Contreversial chromium: does the superstar mineral of the mountebanks receive appropriate attention from clinicians and nutritionists?. *Nutrition Today, 31*, 226–233.

Ohshiro, T., Littlechild, J., Garcia-Rodriguez, E., Isupov, M.N., Iida, Y., Kobayashi, T., *et al.* (2004). Modification of halogen specificity of a vanadium-dependent bromoperoxidase. *Protein Science, 13*, 1566–1571.

Peters, J.W., & Szilagyi, R.K. (2006). Exploring new frontiers of nitrogenase structure and function. *Current Opinion in Chemical Biology, 10*, 101–108.

Rees, D.C., Tezcan, F.A., Haynes, C.A., Walton, M.Y., Andrade, S., Einsle, O., *et al.* (2005). Structural basis of biological nitrogen fixation. *The Philosophical Transactions of the Royal Society, 363*, 971–984.

Schrock, R.R. (2005). Catalytic reduction of dinitrogen to ammonia at a single molybdenum center. *Accounts of Chemical Research, 38*, 955–962.

Seefeldt, L.C., Hoffman, B.M., & Dean, D.R. (2009). Mechanism of Mo-dependent nitrogenase. *The Annual Review of Biochemistry, 78*, 701–722.

Ueki, T., Furano, N., & Michibata, H. (2011). A novel vanadium transporter of the Nramp family expressed at the vacuole of vanadium-accumulating cells of the ascidian Ascidia sydneiensis samea. *Biochimica et Biophysica Acta, 1810*, 457–464.

Vincent, J.B. (2000). The biochemistry of chromium. *The Journal of Nutrition, 130*, 715–718.

Vincent, J.B. (2000). Elucidating a biological role for chromium at a molecular level. *Accounts of Chemical Research, 33*, 503–510.

Vincent, J.B. (2003). The potential value and potential toxicity of chromium picolinate as a nutritional supplement, weight-loss agent and muscle development agent. *Sports Medicine, 33*, 213–230.

Vincent, J.B. (2004). Recent advances in the nutritional biochemistry of trivalent chromium. *Proceedings of the Nutrition Society, 63*, 41–47.

Voet, D., & Voet, J.G. (2004). *Biochemistry* (3rd ed). Hoboken: John Wiley and Sons, p. 1591.

Yandulov, D.V., & Schrock, R.R. (2003). Catalytic reduction of dinitrogen to ammonia at a single molybdenum center. *Science, 301*, 76–78.

第18章

非　金　属

18・1　は じ め に

ここではいくつかの非金属元素を選んで，その多様で多彩な生物活性について簡単にふれる．第1章では，有機化学が“炭化水素の化学”であることを示した．しかし水素と炭素だけでは生命に必須の分子をつくり出すことは不可能であり，タンパク質，核酸，炭水化物，脂質には，酸素や窒素，リン，硫黄も必要である．第1章で示したように生命には，そのほかにも多くの元素，とりわけ少なからぬ数の金属元素も必要になる．

ここでは，生体高分子（タンパク質，DNAなど）すべてに構成成分として含まれる六つの基本的な元素，H，C，N，O，S，そしてPに焦点をあて，生体におけるこれら非金属元素の役割について概述する．次の節で述べるように，これら元素の絶え間ない変化と流転が，いわゆる生物地球化学的循環を構成している．この循環を通じて，六つの元素は，地球上の生物の領域（生物圏）と無生物の領域（岩石圏，大気圏，水圏）を往き来する．図18・1に示した“水の循環”は，その好例である．水は蒸発し，凝集し，清浄な淡水として地表に降り注ぐ．また，海洋，湖，山麓

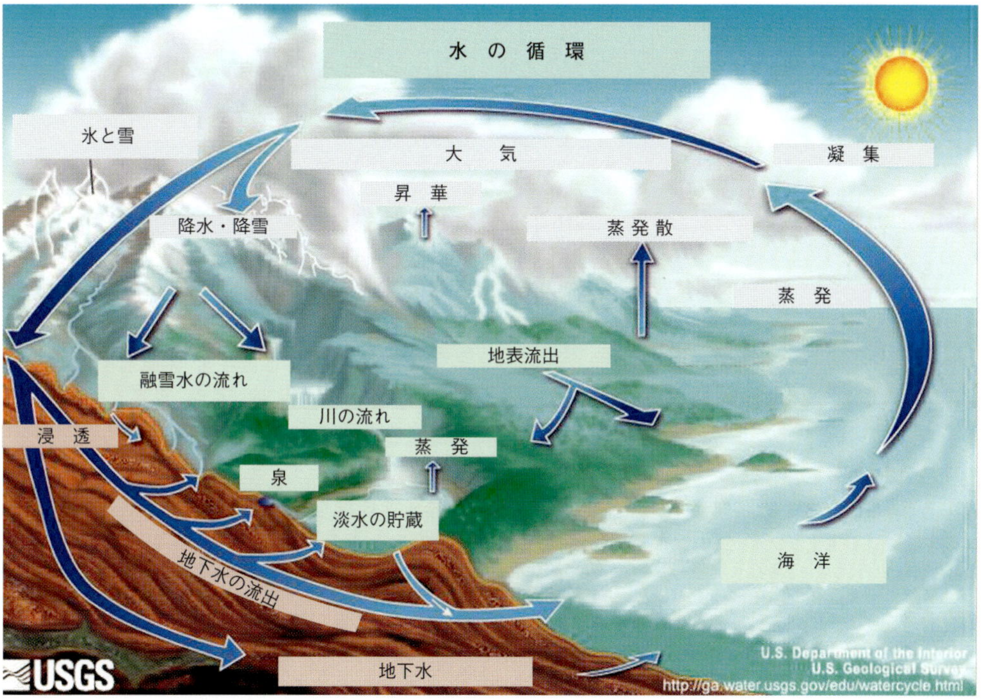

図18・1　水の循環．［U.S. Geological Survey の厚意による］

の氷や雪，大気中の雲，あるいは地下水脈のように，長期間にわたって滞留する場所もある．

18・2 おもな生物地球化学的循環

上で述べたように，生物地球化学的循環が起こる舞台は，生物と無生物で構成されている．大部分の無生物的な地球化学が，酸–塩基反応を基本とするのに対し，生物の化学は，酸化還元反応を基本としている．六大元素である H, C, N, O, S, および P に関連するプロトンと電子の動きは，地球規模でみるエネルギーと物質の代謝マップに構成要素の一つとして組込むことができる（Falkowski, Fenchel, Delong, 2008）．エネルギーと物質のおもな出入りを示した生物圏の一般的なモデルを図 18・2 に示す．地球化学（無生物）における典型的なエネルギーと物質の変換は，大気圏における反応，続成作用*1，地殻運動，地熱作用に区分けすることができる．一方，微生物による生化学プロセスの典型は，生物圏で起こる反応と堆積である．窒素は

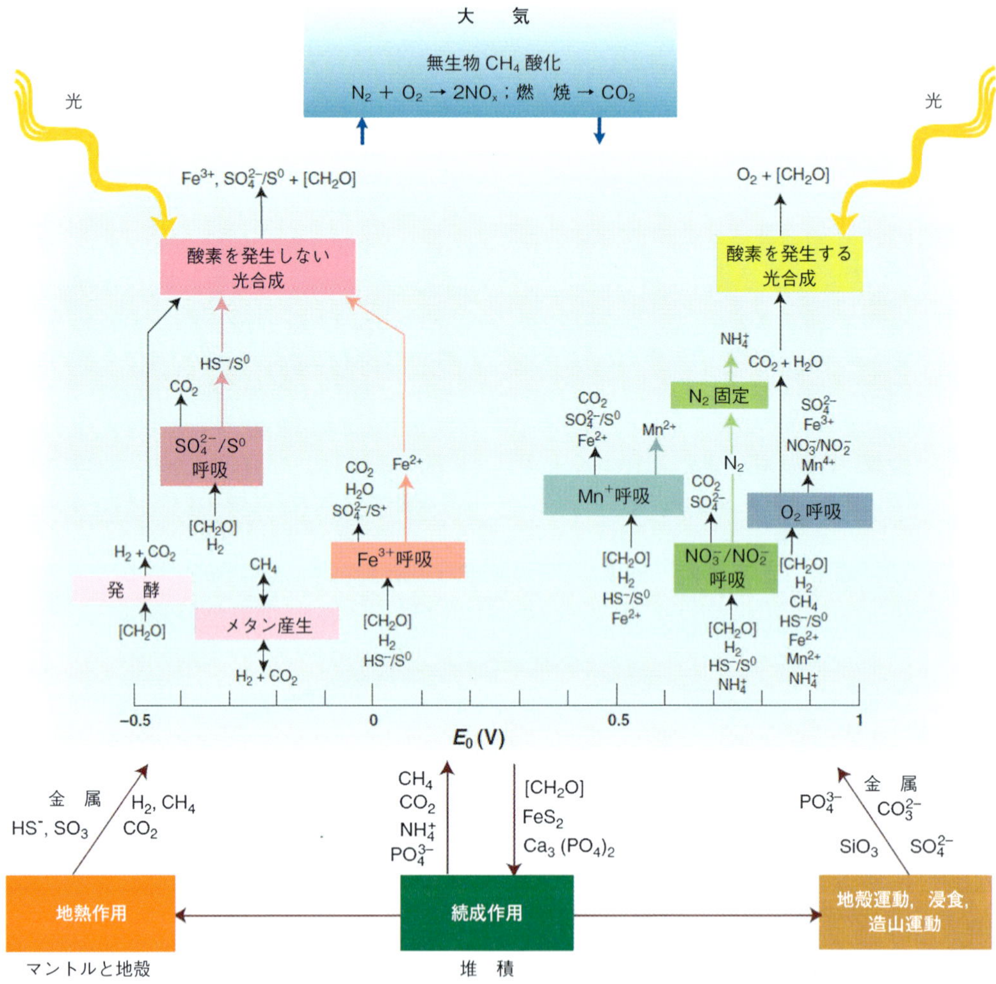

図 18・2 エネルギーと物質のおもな出入りを示した生物圏の一般的なモデル．地球化学（無生物）による物質変換は，図の一番上（大気中の反応）と一番下（地熱作用と地殻運動）に示してある．微生物による生化学プロセスは，図の中ほどの生物圏（水色）と堆積（緑色）に示してある．堆積によって有機物中の炭素と窒素，炭酸，金属硫化物，硫酸塩，リン酸塩は生物圏から消失し，脱窒過程によって窒素は，大気中へ放出される．このため，生物による元素循環は完全な閉鎖系になっていないが，浸食や地熱作用のような地質学的プロセスが偶発的にこれらの元素を生物が利用可能な形態へと再生することもある．図中の微生物による呼吸プロセスは，各プロセスで働く酸化剤の電子受容能が大きなものほど右になるように並べてある．酸化還元電位は pH7 におけるおおよその値である．正確な値は，個々の反応がどのような組合わせになるかに依存する．[Falkowski *et al.*, 2008 より．The American Association for the Advancement of Science の許可を得て転載．©2008]

*1 続成作用：堆積物が圧縮されて，堆積岩へと変化する際に生じる物理的，化学的変化．

脱窒過程*2によって大気中へ放出され，また，有機物中の炭素と窒素，炭酸，金属硫化物，硫酸塩，リン酸塩は堆積によって生物圏から消失する．このため，生物による元素循環は，厳密な閉鎖系になっていないが，浸食や地熱作用のような地質学的なプロセスが，偶発的にC，S，Pを生物が利用可能な形態へと再生することもある．

炭素，水素，酸素，リンの循環

多くの人に理解されている炭素の循環は，対照的で相補的な活動である呼吸と光合成によるものである．前者が酸素を消費して二酸化炭素を放出するのに対し，後者はその逆反応を行う．もちろん，実際の話はそれほど単純ではなく，相互変換の途中には，複数の炭素貯蔵の仕組みがある．炭素貯蔵系は，大気，生物圏，土壌で構成される陸地，および海洋に存在し，化石燃料もその一つである（図18・3）．

一世紀以上前，大気中の二酸化炭素濃度が，地球規模の気温に重要であると最初に気づいたのはArrhenius(1896)だった．現在，地球表層の温度は19世紀の後半に比較して0.8℃上昇しており，記録に残っている最も温暖だった12年分のうち11年は，1995年よりも後である(IPCC, 2007)．こうした現象やそのほかの気候変動を示す観測結果は，人類の活動に伴う温室効果ガス（greenhouse gas, GHG）の放出がひき起こしたものだといわれている．土地利用の変化，森林伐採，バイオマスの燃焼，湿地の干拓，農耕，化石燃料の燃焼は，そのおもな例である．大気中の温室効果ガス濃度の増加は，人口の増加に対応しており，1850年ごろの産業革命以降では，特にそうである．二酸化炭素濃度は，工業化以前(1750年頃)の平均値とされる278 ppmvから2014年の398 ppmvまで43%増加しており，現在も毎年1.9 ppmvのペースで増え続けている(WDCGG, 2014)〔ppmvは体積当たりの百万分率(ppm)を示す単位〕．他の主要な温室効果ガスであるメタンと一酸化二窒素の濃度についても同様である（IPCC, 2007; WMO 2006）．気候変動に対処しうる実行可能な戦略をつくり出すため，地球規模の炭素循環を理解し，人類の活動がどのような影響を及ぼすのか把握する必要がある．将来の大気中の二酸化炭素濃度の増加率は，人類の活動のみならず，生物地球化学と気候プロセスによる炭素循環やおもな炭素貯蔵系間のやりとりにも依存するようになるであろう．地球規模の炭素貯蔵系は五つあり，海洋が最大である．その貯蔵量は38400 Gt（ギガトン）と見積もられており，毎年2.3 Gtずつ増えている（図18・3）．化石燃料として地層に貯蔵されている量は4130 Gtと見積もられており，その85%が石炭，5.5%が石油，3.3%がガスである．化石燃料の確認埋蔵量のうち，678 Gtが石炭（年間採掘量3.2 Gt），146 Gtが石油（年間採掘量3.6 Gt），98 Gtが天然ガス（年間採掘量1.5 Gt）である．石炭と石油はそれぞれ，地球規模での二酸化炭素排出源のおよそ40%を占め，地層中の炭

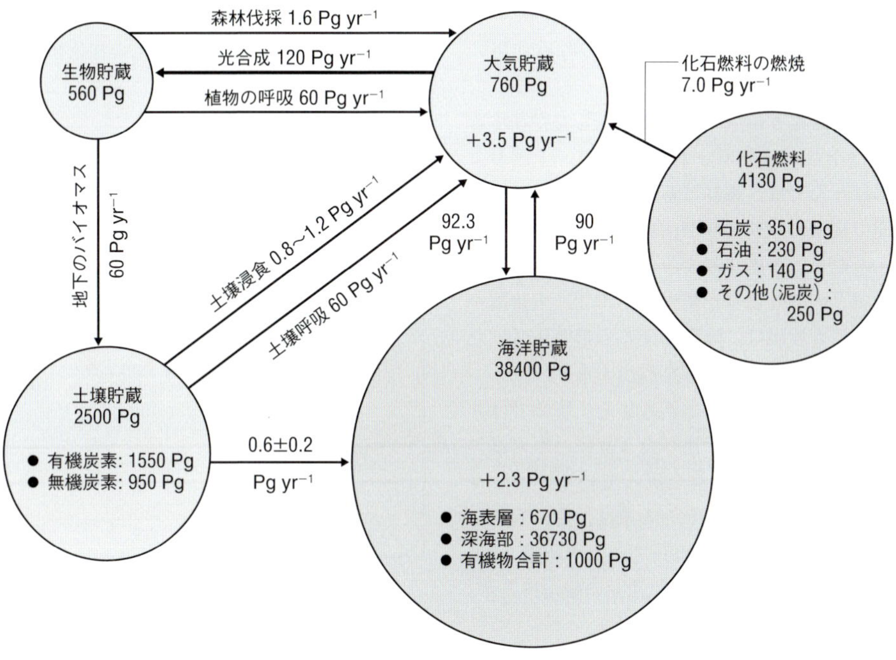

図18・3　地球規模の主要な炭素貯蔵系と，貯蔵系間での炭素の移動．Pg(ペタグラム)＝Gt(ギガトン)＝10^{15} g
［Lal, 2008より．The Royal Societyの許可を得て転載．©2008］

*2　訳注：脱窒過程については，p.269, 窒素循環の節を参照．

素貯蔵量は，化石燃料の燃焼により，毎年 7.0 Gt（炭素換算）ずつ減少している．土壌は，3 番めに大きな炭素貯蔵系であり，深さ 1 m までで 2500 Gt と見積もられている．この貯蔵系は，有機炭素（soil organic carbon, SOC．1550 Gt）と無機炭素（soil inorganic carbon, SIC．950 Gt）で構成されている．有機炭素には，高い流動性を示す腐植土と比較的流動性の低い木炭が含まれており，これらは死んだ植物や動物のさまざまな分解過程のものが混じった状態である．一方，無機炭素には，炭素単体や炭酸の鉱物塩が含まれる．大気は，4 番めに大きな炭素貯蔵系であり，貯蔵量 760Gt のほとんどが二酸化炭素である．二酸化炭素は毎年 3.5 Gt，すなわち 0.46%ずつ増加している．一番小さな貯蔵系は，生物によるもので 560 Gt と見積もられている．土壌および生物による炭素貯蔵は，ともに陸上の炭素貯蔵に寄与している（双方でおよそ 3060 Gt）．大気中の貯蔵は，海洋による貯蔵とつながっており，毎年 92.3 Gt が海洋に吸収され，90 Gt が大気に放出されている．その結果，貯蔵量は，毎年 2.3 Gt ずつ増加している．海洋による吸収は，2100 年にはおよそ 5 Gt/年になると予測されている．海洋に吸収され，貯蔵される無機炭素の総量は，大気中の貯蔵量のおよそ 59 倍である．千年のスケールでみれば，大気中の二酸化炭素濃度を決定するのは海洋である．化石燃料と大気貯蔵の間で生じる炭素の交換は一方向であり，毎年およそ 7 Gt の化石燃料が消費され，大気中に貯蔵される．希望的観測では，化石燃料の消費は 2025 年ごろまでにピークを迎える．光合成は年間 120 Gt の炭素を固定するが，その大半は植物と土壌での呼吸作用によって大気中に戻される．

大気中の炭素のほとんどは，二酸化炭素として存在するが，その存在比は小さい（モル分率で 0.04%）．土壌および地表の炭素のほとんどは，森林に蓄積される．海洋の表層は大気との間で炭素のやりとりが活発に行われる最大の貯蔵系である．ただし，表層よりずっと広い深海部の炭素貯蔵系では，大気とのやりとりが緩慢である*3．生物圏から大気への最大の炭素放出は，呼吸によるものである．ただし，バイオマスの燃焼も相当な量を放出する．

いうまでもなく，炭素と同様に水素もまた生物学では非常に重要な元素である．第 5 章で述べたように，水素はエネルギー変換において重要な役割を担っている．エネルギー変換は，生体膜を介したプロトンの濃度勾配に起因しており，この濃度勾配を使って，ATP アーゼが駆動され，ATP が合成される*4．第 5 章では，酸化還元の輸送物質が，その酸化還元状態に対応してプロトン化/脱プロトンを受け，プロトンの濃度勾配形成に寄与することにふれた．また生体では，多くの電子移動反応が 2 電子で進行するとともに，しばしば水素原子二つの移動を伴うことを指摘した．エネルギーの中間代謝に数多くの脱水素酵素が含まれることは，その例証である．

炭素と硫黄の年代測定から，およそ 24 億年前の地球大気に含まれる酸素濃度は 1 ppm 未満であったと推定されている．一方メタンは，10^2～10^3 ppm 程度（現在は 1.7 ppm）だったと考えられている．現在，メタンは海成堆積物に含まれる有機物の嫌気分解によって大量に生成するが，海底の硫酸塩によって酸化されるため，大気には到達しない．酸素を発生する光合成が広まる以前，メタンの嫌気的酸化が可能なほどの硫酸塩は海洋に存在しなかった．しかし，大気中の酸素濃度と海水中の硫酸塩濃度が上昇した結果，メタンの嫌気的酸化が常態化し，正味のメタン発生量が減少した．

酸素発生を伴う光合成によって，酸化的な大気が出現すると，現代につながる大気と生命が誕生した．つづいて，光合成を駆動力とする生物地球化学的な酸素循環がつくり出された．図 18・4 は，大気圏，生物圏，岩圏（地殻）間での酸素の循環を示したものである．岩圏のケイ酸塩および鉱物酸化物は，最大の酸素貯蔵物質で，そのほとんどを占める（99.5%）．生物圏における単体の酸素分子は，ごくわずかである（0.01%）．大気中の酸素分子を加えるといくぶん増えるが，それでも 0.36%である．

光合成を行う生物には，陸上の緑色植物はもちろんのこ

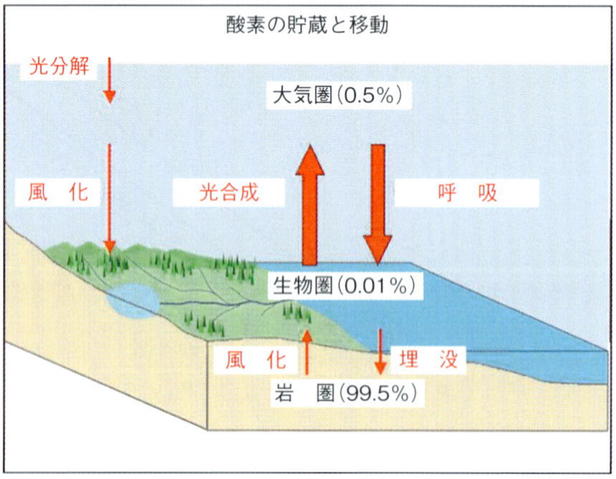

図 18・4 酸素の貯蔵と移動．

*3 ただし深海部も，二つの構造プレートが離れてゆく場所に生じる熱水の噴出や深海油田で不意に起こる石油の流出など，外的な要因により炭素のやりとりに関わることがある．

*4 訳注：ここで述べられている ATP アーゼは，ATP の加水分解エネルギーを利用して，生体膜を透過しないイオンの能動輸送を行い，膜の両側でイオンの濃度勾配をつくり出す．この酵素は，加水分解の逆反応（イオン濃度勾配を利用して，ADP から ATP を合成する）も触媒することができる．

と，植物プランクトンも含まれる．とりわけ，シアノバクテリアは海洋で酸素を生産し，それを大気中に放出する．大気中で高エネルギーの紫外光が水分子や一酸化二窒素を原子レベルに分解する光反応も，そのほかの酸素源に含まれる．こうして生み出された酸素は，動物や細菌の呼吸によって消費されて減少し，二酸化炭素として大気中に戻される．酸素は，露出した岩の表面で鉱物が風化する際にも失われる．鉄さびの生成はその好例である．

$$4Fe + 3O_2 \longrightarrow 2Fe_2O_3$$

酸素は，生物圏と岩圏の間でも循環することができる．炭酸カルシウムの殻をもつ海洋生物が死ぬと，殻は海の浅瀬に埋まり，岩圏の石灰岩になる．一部の酸素はオゾン(O_3)になる．成層圏のオゾン層は，有害な紫外線から地球を保護するのに重要な役割を担っている．

三つの貯蔵系（大気圏，生物圏，岩圏）における酸素循環をまとめると次のようになる．光合成により年間 300,000 Gt の酸素が生産され，その内訳は，陸上が 55%．海洋が 45% である．光分解によるものは，ごくわずかである(0.005%)．生産された 300,000 Gt のうち，94% は呼吸によって消失し，化石燃料の燃焼による消失はおよそ 4% である．

リンは，六大元素のなかで酸化還元反応に関わらず，また大気とのつながりもない唯一の元素である．実際，リンの単体やリン化合物のほとんどは，地球上の一般的な温度と大気圧下では固体である（きわめて還元的な条件下でのみ，ガス状のホスフィン，PH_3 として存在する）．生物学から眺めれば，リンのおもな活躍の場は，ヌクレオシド二リン酸および三リン酸, それに核酸の DNA や RNA である．ヌクレオシド三リン酸の一つ，アデノシン三リン酸(ATP)は，細胞内のエネルギー伝達に関与する．生体膜では，リン脂質の構成成分であり，骨や歯，昆虫の外骨格にも存在する．多くの生物の体液では，pH の緩衝作用の重要な成分である．さらに忘れてはならないのは，リンが，酵素などのリン酸化/脱リン酸反応を介して，物質やエネルギーの中間代謝の制御に関与することである．

リンは，一般にリン酸イオンとして生体系に存在する．リン酸イオンは，動物や植物の中を素早く巡るが，土壌や海洋での移動はずっと遅い．そのためリンの循環は，生物地球化学の中で，最も遅い循環系の一つとなっている．リンを含む主要な鉱物はアパタイト $Ca_{10}(PO_4)_6(OH)_2$ である．ただし，この鉱物はリンのおもな供給源ではない．多くの生物は，必要なリンを生物が死んで土壌に放出されたものに依存している．

窒素循環

窒素は，太陽系で 5 番めに豊富な元素である．タンパク質と核酸の両方に存在するため，生物が必要とする量は膨大である．生物種によってばらつきはあるが，炭素原子 100 個が細胞に取込まれるには，2〜20 個の窒素原子が必要である（Canfield, Glazer, Falkowski, 2010）．窒素の生物地球化学にはほとんどの場合，酸化還元反応が関与しており，その大部分は金属酵素が触媒する．窒素循環とそれに関連する酵素を図 18・5 に示す．非常に不活性な窒素ガスをタンパク質や核酸の合成に利用できるようにする唯一の反応を“窒素固定”といい，ニトロゲナーゼとよばれる酵素が触媒する．この酵素は，さまざまな種でよく保存された複数のタンパク質で構成されており，窒素をアンモニアに変換することができる．第 17 章で述べたように，ニトロゲナーゼは，2 種類のタンパク質で構成されている．$\alpha_2\beta_2$ 型のヘテロ四量体は，FeMo(鉄モリブデン)タンパク質とよばれ，FeMo 補因子と P クラスターを内包している．またホモ二量体である Fe タンパク質は，二つのサブユニットの界面に，一つの[4Fe-4S]クラスターを結合している．ほとんどの多電子反応と異なり，Fe タンパク質から FeMo タンパク質へ 8 電子を移動させるときには，Fe タンパク質が 1 電子当たり 2 分子の ATP を結合し，加水分解しなくてはならない．窒素固定を行う生物の中には，FeMo タンパク質のほかに，Mo が V（バナジウム），あるいは Fe に置換されたニトロゲナーゼをもつものも知られている．しかしそうしたニトロゲナーゼは，Mo が利用できない場合に発現するものであり，FeMo タンパク質に比べて窒素固定の効率が悪い．大気中の酸素濃度が低かった原始の地球で，水溶性の Fe^{2+} が大量に手に入る一方，水溶性の Mo が欠乏していたとすれば，分子進化の一時期では，Fe 型が優勢だったのかもしれない．実際，深海へ酸素が供給され，水溶性 Mo の濃度が上昇する 5〜6 億年前まで，触媒効率の高い Mo 型のニトロゲナーゼの分布範囲は狭かったようである（Canfield *et al.*, 2010）．窒素固定によって得られたアンモニウムイオンは，アミノ酸やプリン，ピリミジン塩基としての取込みが可能になり，その後，餌に含まれる有機窒素として，より高等な生物に吸収される．

生物が死ぬと，その窒素はアンモニウムイオンとして環境に戻るが，その後の運命は，酸素の有無によって変わる．酸素がある場合，アンモニウムイオンはおもに土中細菌による 2 段階の反応を経て硝酸に酸化される（硝化作用）．まず，亜硝酸細菌（*Nitrosomonas*）などによって，アンモニウムイオンから亜硝酸イオンに酸化される．この段階では，銅/鉄酵素であるアンモニアモノオキシゲナーゼが，アンモニウムイオンをヒドロキシルアミンに酸化し，続いてヘム酵素であるヒドロキシルアミンオキシドレダクターゼが亜硝酸イオンへ酸化する．亜硝酸イオンは，次の段階で，先ほどとは異なる属の硝化細菌（*Nitrosobacter*）がもつへム酵素，亜硝酸オキシドレダクターゼによって硝酸に酸化される．すべての硝化細菌は，アンモニウムイオン，あるいは亜硝酸イオンを酸化して得られるプロトンと電子を用いて，暗所で二酸化炭素を還元し，有機物をつくる（これを化学合成独立栄養生物とよぶ）．温室効果ガスである一酸化二窒素（N_2O）は*5，この一連の過程の副生成物であり，海洋および陸上生物による硝化作用は，大気中の一酸化二窒素の主要な発生源である．

酸素がない状態になると，日和見感染症を起こす細菌類が，硝酸イオンと亜硝酸イオンを電子受容体として利用して有機物の嫌気的酸化を行う．いわゆる異化型硝酸還元（dissimilatory nitrate reduction to ammonium, DNRA）によるアンモニウムイオンの生成，または，脱窒過程による窒素ガス生成のことであり，有機物炭素の嫌気的酸化と硝酸還元が同時に進行する（図18・5）．脱窒を行う生物には，多くの細菌や古細菌の代表的なもの，それに真核生物

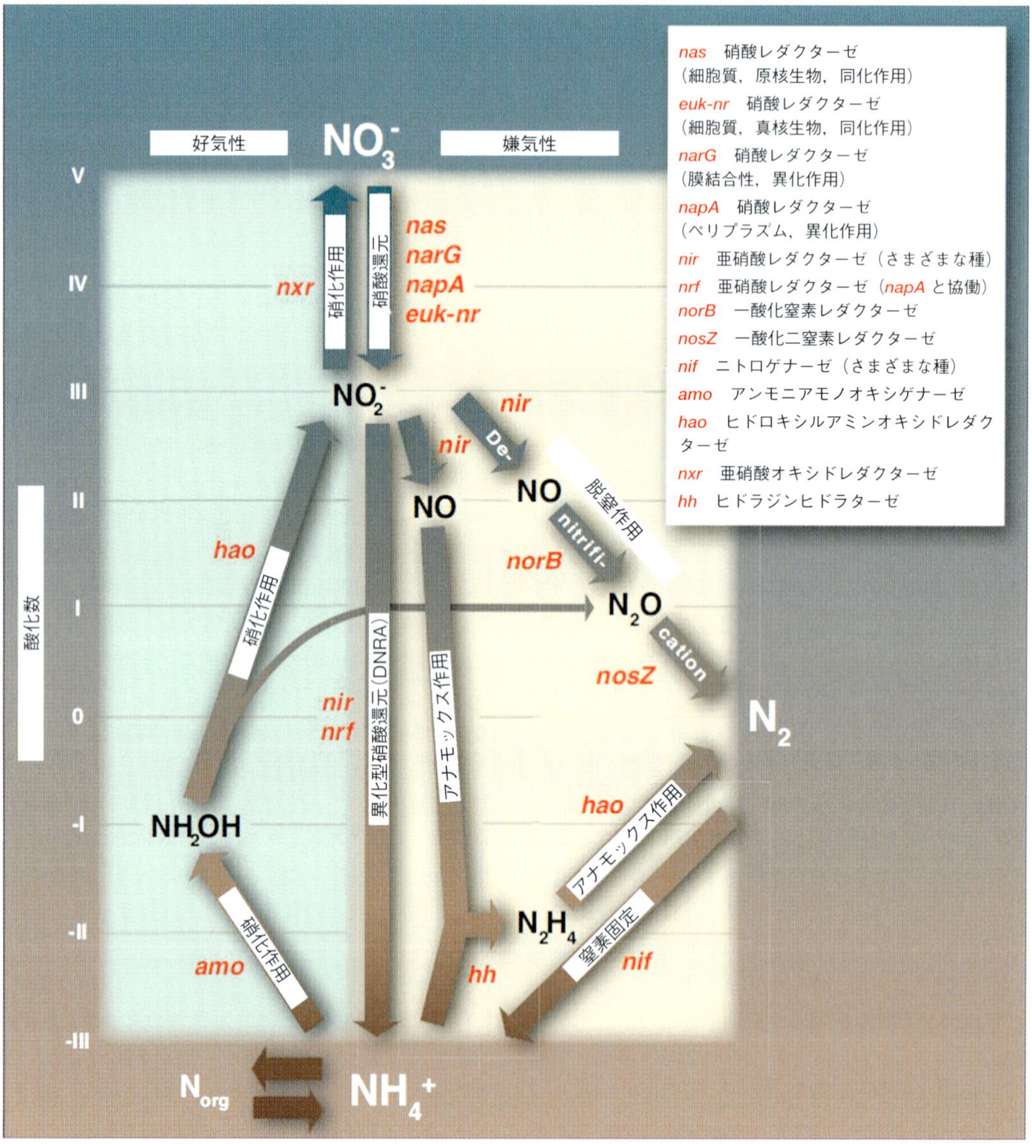

図18・5 生物によるおもな窒素変換の経路とそれに関連する酵素．重要な変換を行う酵素の遺伝子は，以下のとおり．硝酸レダクターゼ（*nas, euk-nr, narG, napA*），亜硝酸レダクターゼ（*nir, nrf*），一酸化窒素レダクターゼ（*norB*），一酸化二窒素レダクターゼ（*nosZ*），ニトロゲナーゼ（*nif*），アンモニアモノオキシゲナーゼ（*amo*），ヒドロキシルアミンオキシドレダクターゼ（*hao*），亜硝酸オキシドレダクターゼ（*nxr*），ヒドラジンヒドラターゼ（*hh*）．［Canfield *et al.*, 2010 より．AAAS より許可を得て転載．©2010］

*5 一酸化二窒素（N_2O）は現在，二酸化炭素，メタンにつぐ3番めに重大な温室効果ガスである．二酸化炭素ほど存在量は多くないが，地球を暖める能力は300倍に及ぶ．

もいくつか含まれる．脱窒過程には，次の四つの金属酵素，硝酸レダクターゼ，亜硝酸レダクターゼ，一酸化窒素レダクターゼ，一酸化二窒素レダクターゼが関与する．脱窒過程において一酸化二窒素は，中間体として必ず生成し（図18・5），大気中へ放出されることもある．そのため脱窒過程は，海洋と陸上，両方の環境で，温室効果ガスの重大な放出源の一つとなっている．

細菌によって硝酸イオンから窒素ガスが生成するもう一つの経路は，アナモックス（嫌気性アンモニア酸化）とよばれ，アンモニウムイオンの酸化と亜硝酸イオンの還元が同時に進行する．この経路は，多くの海洋環境における窒素ガス生成の主流であるが，脱窒過程とは異なり一酸化二窒素を生成しない．以上の脱窒過程とアナモックス過程を合わせて，N_2 ガスが大気中に戻り，窒素循環が完結する．

硫黄とセレン

地球の原始大気の特徴は酸化還元電位が低いことであり，おそらく硫黄が非常に重要な元素だったであろう．硫化水素は，水中に mM 単位の濃度で存在したと考えられており，遷移金属の硫化物は，おそらく最初の生体触媒の一つだろう．細菌のなかには，硫黄の単体や亜硫酸塩から直接硫黄含有有機物を合成するものもあるが，ほとんどの生物は硫黄を硫酸塩から摂取する．二酸化炭素や窒素ガスの利用に固定反応が必要なように，生物が硫酸塩を利用する場合にも，簡単に還元ができるような形態へ変換する必要がある．植物と細菌では，硫酸塩が ATP と縮合し，アデノシン 5′-ホスホ硫酸塩（adenosine 5′-phosphosulfate, APS）となり，さらに糖骨格の 3′ 位がリン酸化されて 3′-ホスホアデノシン 5′-ホスホ硫酸塩（3′-phosphoadenosine 5′-phosphosulfate, PAPS）を生成する（図18・6）．

$$SO_4^{2-} + ATP \xrightarrow{\nearrow PP_i} APS \xrightarrow{ATP \searrow} PAPS + ADP$$

その後 PAPS は細菌中で，反応活性な硫酸塩として硫化反応に利用されたり，硫酸還元の基質として利用される．硫酸塩は，チオレドキシンを還元剤として，まず亜硫酸塩に変換される．亜硫酸塩（SO_3^{2-}）はひき続き亜硫酸レダクターゼにより還元される．この酵素は大きく複雑な構造をしており，補因子として NADPH，FAD，FMN および鉄-硫黄クラスターとシロヘムとよばれるポルフィリン誘導体を内包している．亜硫酸イオンは，ここで 6 電子還元を受け，硫化水素を生成する．植物では，PAPS よりも APS が基質として用いられる．

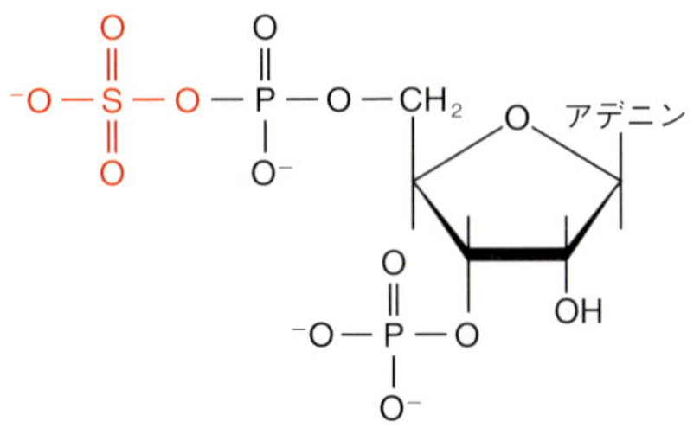

3′-ホスホアデノシン 5′-ホスホ硫酸塩

図18・6 PAPS の構造．

硫黄の酸化数は，硫酸塩が＋6 であり，硫化水素あるいはチオールが−2 である．硫黄の化学の興味深い点は，アミノ酸であるシステインが，RS^-（チオラート）型で塩基として H^+ と結合するほか，Fe，Zn，Mo さらに Cu など，多くの遷移金属とも結合することである．

硫化水素は，たとえば緑色あるいは紅色硫黄細菌によって，硫黄の単体まで酸化される．硫黄酸化細菌は，硫黄の単体をさらに酸化し，硫酸塩を生成する．

セレンは，周期表の第 16 族元素で，硫黄とテルルの間に位置する（図1・3）．この元素は Jöns Jacob Berzelius によって，スウェーデンの硫酸工場にあった鉛室の赤泥からクロハツカダイコンのような不快なにおいとともに発見された．Berzelius はセレンを硫黄とテルル*6 の中間的なものと位置づけたが，その性質はテルルよりも硫黄に近い．

生化学におけるセレンの重要性が見いだされるまでの経緯は，かなり複雑である．近年，それをうまくまとめたものが発刊されているが（Flohé, 2009），ここでは立ち入らないことにする．強烈な不快臭を発する有害物資で，家畜にみられる慢性的な中毒症状の原因であったが，セレンは，まずラットにとって，そしてその後ヒトを含む哺乳類にとって必須であることがわかったとだけいっておこう．最初にセレン含有酵素として同定されたのは，グルタチオンペルオキシダーゼであった．その後，立て続けに *Clostridia* とよばれる細菌からグリシンレダクターゼ，ギ酸デヒドロゲナーゼの構成タンパク質として同定された．セレンがセレノシステイン（Sec）としてタンパク質に組込まれていることはすぐに明らかになった．後ほどふれるが，Sec を合成しセレンタンパク質に組込むことは，生物にとって非常に手間のかかることである．Cys を Sec に変えるのに必要な膨大な手間を上回る優位性が Sec にあるのだろうか？ 最近，Cys と Sec の化学的，物理的な性質の違いをまとめたものが報告された（Wessjohann, Schneider, Abbas, Brandt, 2007）．これまで長い間，両者を分ける鍵となる性質は酸解離定数（pK_a）であり，Cys の値（8.5）に比べて，Sec の値（5.2）が極端に低いためであると考えられてきた．しかし今では，Cys を上回る求核性，および求電子

*6 Berzelius は月の女神セレネにちなんで命名した．ローマの地の神にちなんで名付けられたテルルは，それよりも数年前に単離されていた．

剤との反応性が，Cysの塩基性ではまねできないSec固有の性質であると提案されている（Arnér, 2010）．

三つの哺乳類セレン酵素の推定触媒機構を図18・7に示す．図18・7(a)に，チオレドキシンレダクターゼの触媒機構を図示した．この酵素は酸化型チオレドキシンを還元する．チオレドキシン(Trx)とは，リボヌクレオチドをデオキシリボヌクレオチドに変換するリボヌクレオチドレダクターゼの電子供与体である．推定機構では，電子移動反応が3段階で進行する．電子は，まず一つのサブユニットのN末端に位置する活性中心を経由して，NADPHからFADへ，その後，もう一方のサブユニットのC末端に位置するCys-Sec部位のセレン-硫黄結合へ，そして最後に基質であるチオレドキシンへ移動する．図18・7(b)は，グルタチオンペルオキシダーゼ(glutathione peroxidase, GPx)の酸化還元触媒サイクルである．この酵素は，過酸化水素や有機過酸化物を除去する抗酸化作用で重要な役割を果たす．その過程でセレネン酸(-Se-OH)に酸化されたSecは，グルタチオン/グルタチオンレダクターゼ（GSH/GR）によって，セレノラートイオン($-Se^-$)へと再還元される．図18・7(c)に示すように，ヨードチロニンデヨージナーゼ(DIO)は，甲状腺から分泌される主要なT_4ホルモンの脱ヨウ素を触媒し，活性なT_3ホルモンを生成する．この触媒反応では，酸化型DIO-SeI中間体が生成する．この中間体が，チオール基をもつ還元剤と反応すると，ヨウ化物イオンが遊離する．

最後に，Secが生成し，翻訳の際に同時にセレンタンパク質に組込まれる仕組みについて簡単に述べる．ヒトには25種類のセレンタンパク質の遺伝子があり，Secはそれらタンパク質の活性中心で見つかっている．Secは，遊離したアミノ酸として存在しない．真核生物の場合，図18・8に示すように，$tRNA^{Sec}$に結合したセリン残基をもとにSecが生合成され，その際には四つの酵素が必要である．セリンtRNAシンテターゼ(SerRS)によって，まずセリンと特定のtRNA($tRNA^{Sec}$)との間でアミノアシル化が生じる($Ser\text{-}tRNA^{Sec}$の生成)．次に$Ser\text{-}tRNA^{Sec}$のセリン残基がSecに変換される．セレンタンパク質のアミノ酸解析と単離したDNAの塩基配列解析より，セレンタンパク質のSecがTGAコドン（mRNAではUGA）にコードされていることが明らかになった．遺伝子の翻訳領域内にあるUGAコドンは通常，翻訳を停止するシグナルである．

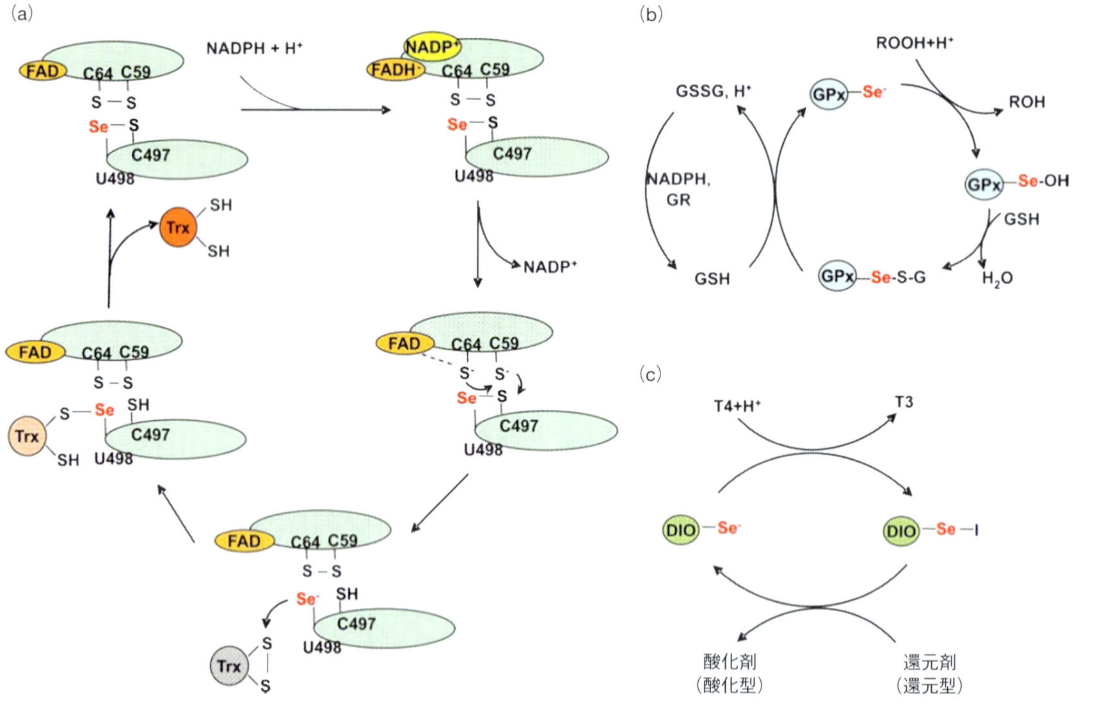

図18・7 哺乳類がもついくつかのセレン酵素の推定触媒機構．(a) チオレドキシンレダクターゼによる還元機構．電子は，一つのサブユニットのN末端に位置する活性中心を経由して，NADPHからFADへ移動する．その後，もう一方のサブユニットのC末端に位置するCys-Secのセレン-硫黄結合から，最終的な基質であるチオレドキシン(Trx)へ移動する．(b) グルタチオンペルオキシダーゼ(GPx)の酸化還元触媒サイクルでは，過酸化水素や有機過酸化物によってSecがセレネン酸(-Se-OH)に酸化され，その後グルタチオン/グルタチオンレダクターゼによって，セレノラートイオン($-Se^-$)に還元される．GR: グルタチオンレダクターゼ．(c) ヨードチロニンデヨージナーゼ(DIO)の脱ヨウ素機構．酸化型DIO-SeI中間体が生成し，その後チオール基をもつ還元剤によって還元され，ヨウ化物イオンを遊離する．［Lu, Holmgren, 2009より．ASBMBの許可を得て転載．©2009］

mRNA に転写されたこのコドンが翻訳の終了位置ではないことがどのようにリボソームに伝えられ，どのように Sec が取込まれるのかは細菌，そして真核生物の順に，しだいにわかってきた．それには，セレンタンパク質の mRNA にある 3′ 側非翻訳領域(3′-UTR)内のステムループ構造，セレノシステイン挿入配列（selenocysteine insertion sequence, SECIS），SECIS 結合タンパク質（SECIS-binding protein, SBP），そのほか多くの因子から構成される複雑な遺伝コード変更装置が用いられる．図 18・9 は，図 18・8 で示した SPS1/SEC43p/EFSec/Sec-tRNA^{Sec} 複合体が，どのように核へ輸送されるのかをモデルで示している．このモデルでは，核内に移動した複合体が，セレンタンパク質の mRNA にある SECIS に結合し，SBP2 と相互作用した状態で再び細胞質へ送り出されることを示している．

まとめると，通常，翻訳の終了をコードする TGA コドンは，長い過程を経て“21 番めのアミノ酸”セレノシステインにプログラムされる．それには次のような過程が含まれる．1）tRNA 上で，特別な酵素によってセリンから新規にセレノシステインが合成され，セレノシステイン残基を結合した特別な tRNA（tRNA^{Sec}）が蓄積される．2）mRNA の二次構造を認識し，そこに tRNA^{Sec} を結合させるための特殊なタンパク質を用いている．3）特殊な伸長因子が，本来の伸長因子や終結因子と競合する．これほど多くの協働分子が必要であることを正当化するほどの“セレノシステイン独特の性質”（Arnér, 2010）とは何だろうと化学者や生化学者が問うのは無理もないことである

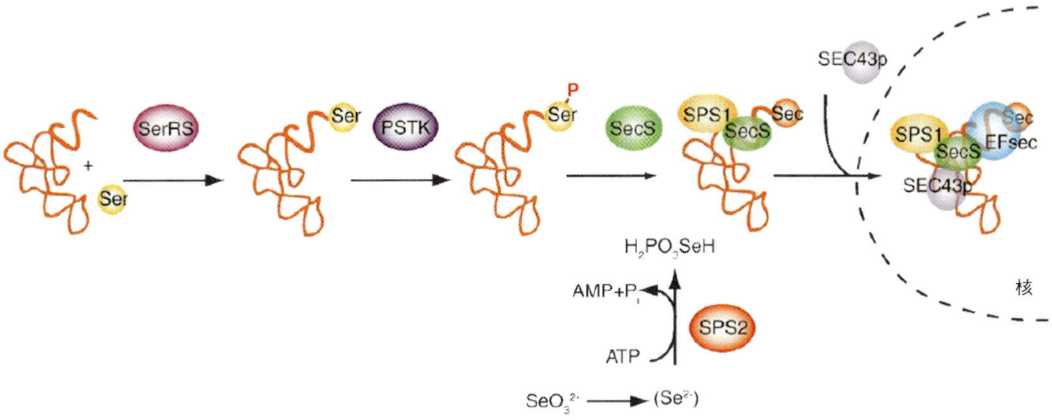

図 18・8　真核細胞におけるセレノシステイン生合成経路．はじめに，セリン tRNA シンテターゼ(SerRS)によって特定の tRNA(tRNA^{Sec})とセリンとの間でアミノアシル化が生じる(Ser-tRNA^{Sec} の生成)．次に Ser-tRNA^{Sec} のセリン残基が *O*-ホスホセリル tRNA^{Sec} キナーゼ(PSTK)によってリン酸化される．セレノシステインシンターゼ(SecS)は，モノセレノリン酸(H_2PO_3SeH)を基質に用いて，Ser-tRNA^{Sec} を Sec-tRNA^{Sec} に変換する．モノセレノリン酸は，セレノリン酸シンテターゼ(SPS2)によって合成される．生体系におけるセレン源は，未同定のセレニド陰イオン(Se^{2-})であるが，おそらく亜セレン酸イオン(SeO_3^{2-})に由来するだろう．SEC43P は，SPS1/SecS/Sec-tRNA^{Sec} 複合体を核に輸送するタンパク質であることがわかっている［Allmang *et al*., 2009 より．Elsevier の許可を得て転載．©2009］

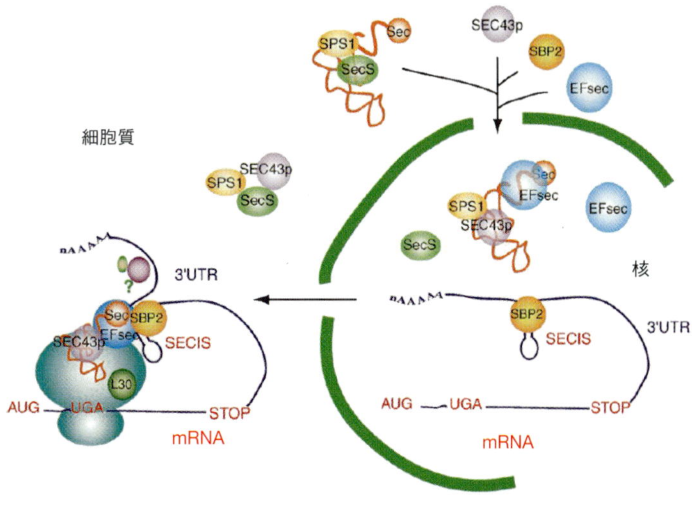

図 18・9　SBP2 の核-細胞質間輸送モデル．SPS1/SEC43p/EFSec/Sec-tRNA^{Sec} 複合体が核に輸送される．ついで SBP2 が SECIS 部位に結合する．図の左側では，SECIS 部位に結合した複合体が細胞質側へ運び出される様子を示している［Allmang *et al*., 2009 より．Elsevier の許可を得て転載．©2009］

(Allmang, Wurth, Krol, 2009).

塩素とヨウ素

周期表のハロゲン族元素は，生体系ではF^-，Cl^-，Br^-，I^-のような陰イオンとして存在することが特徴である．F^-とBr^-については第1章でいくぶん議論したので，ここではCl^-とI^-について述べる．生体系におけるCl^-濃度はたいていの場合非常に高い．Cl^-は海水中の主要なイオン成分であり（Cl^- 55%．そのほかではNa^+ 30%，SO_4^{2-} 7.7%，Mg^{2+} 3.7%，Ca^{2+} 1.2%，K^+ 1.1%），その濃度は0.55 mMである．細胞外液のCl^-濃度も103 mEq/L*7（そのほかではNa^+ 142 mEq/L，HCO_3^- 27 mEq/L）である．対照的に，細胞内のCl^-濃度はきわめて低く(2 mEq/L)，HCO_3^-(8 mEq/L）と同程度である．細胞内における陰イオン強度のほとんどは，無機および有機のリン酸塩(140 mEq/L)とタンパク質(55 mEq/L)による．Cl^-を選択的に通過させる陰イオンチャネルが細胞膜に存在するのはこのためである．Cl^-は生体系で大量に利用される唯一のハロゲン化物イオンなので（Br^-とI^-の量は少ない），Cl^-輸送タンパク質におけるCl^-の選択性（リン酸イオン，硫酸イオン，炭酸水素イオン，陰イオン性タンパク質に対して）は大した問題ではない．

ClC型Cl^-チャネル*8は，膨大な陰イオンチャネルファミリーの一つであり，真核系，原核系生物の両方に広く分布している．脊椎動物の骨格筋では，ClC型Cl^-チャネルが静止膜電位を安定化させ，電気的な興奮を制御している．一方，腎臓では経上皮液体輸送や電解質輸送に機能している．陽イオンチャネル(たとえばK^+チャネル)では，ゲートの開閉と特定イオンに対する選択性が別々の部位によって独立に実現されているが，ClC型Cl^-チャネルのゲート開閉と選択性は，互いに密に関係しているようにみえる．細菌由来，野生型ClC型Cl^-チャネルのイオン選択フィルターには，二つのCl^-が水素結合している（図18・10a)．一つめのS_{cen}（中央結合部位）では，αNヘリックス末端の主鎖アミド基の窒素原子とSer107，Tyr445の側鎖がCl^-に結合している（図18・10b)．二つめのS_{int}（内部結合部位）は，タンパク質の表層にあり，イオン選択フィルターが細胞液に接している．Cl^-は，αDヘリックス末端の主鎖アミド基の窒素原子と2箇所で水素結合しており，その反対側が細胞液に露出している（図18・10b)．イオン選択フィルターのもう片方の端では，αN，αFヘリックス

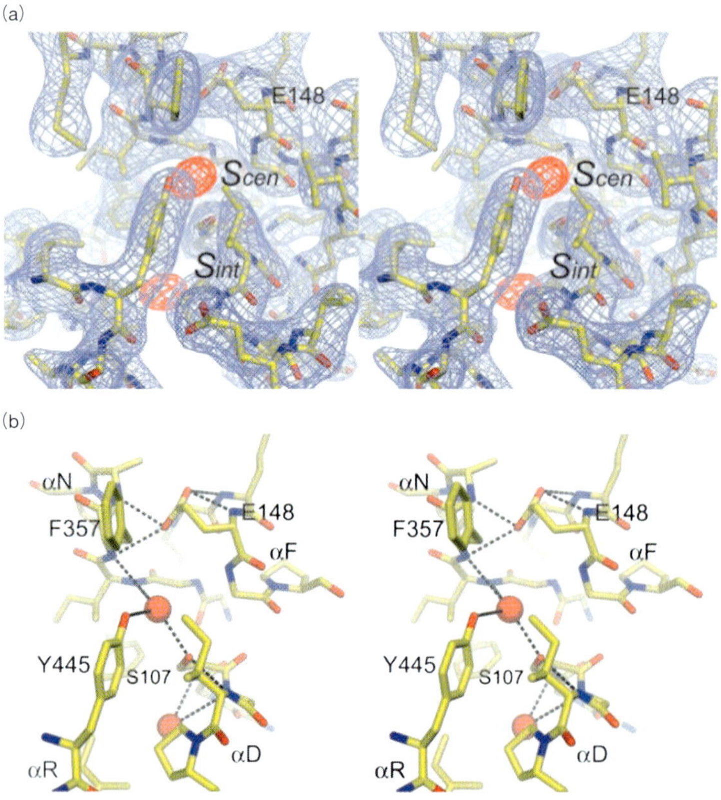

図18・10 ClC型Cl^-/H^+交換輸送体の変異体にみられる2箇所のCl^-結合部位付近の構造(PDB: 1OTU)．左右の絵でイオン結合部位のステレオ図になっている．結合したCl^-近傍のアミノ酸残基をいくつか表示してある．タンパク質とCl^-(赤球)の水素結合，およびタンパク質のGlu148とそのほかの部分との水素結合を黒の点線で示してある［Dutzler *et al.*, 2003より．AAASの許可を得て転載．©2003］

---
*7 Eq/L = milliequivalents per litre（ミリ当量/リットル）
*8 ClC: Charcot-Leyden crystal（シャルコー・ライデン結晶）

両末端の隙間に，Glu148 の側鎖カルボン酸が入り込み，両方のヘリックスと水素結合することで，その隙間をふさいでいる．この構造は，Glu148 が Cl^- のゲートとして機能する際の閉じた状態であると推定されている．Glu148 を Ala や Gln に置換した変異型のチャネル構造では，三つめの Cl^- が元の Glu 側鎖の場所(S_{ext})を占有している様子がみられる．以上の観測結果をもとに，ClC 型 Cl^- の閉チャネル構造では，イオン結合部位である S_{cen} と S_{int} が，Cl^- で占有されており，もう一つの S_{ext} は，Glu148 の側鎖で占有されていると推定されている（図 18・11）．チャネルが開いた構造では，Glu148 の側鎖が S_{ext} からチャネルの外側に移動し，S_{ext} は三つめの Cl^- によって占有されるようになるのであろう（Dutzler, Campbell, MacKinnon, 2003）．

CFTR（cystic fibrosis transmembrane regulator，嚢胞性線維症膜貫通調節タンパク質）も細胞膜 Cl^- チャネルであるが，ClC 型 Cl^- チャネルとは異なり cAMP による制御を受け，上皮膜におけるイオンと水輸送に関与する．CFTR の機能不全の原因となる遺伝子欠損は，嚢胞性線維症（cystic fibrosis, CF）をひき起こす．この病気は，白人に最も一般的な致死性の遺伝子疾患であり，新生児およそ 2500 人当たり 1 人の割合で発症する．反対に，病原性微生物が腸管に定着し CFTR の機能亢進が起こると，分泌性の下痢症状をひき起こし，幼児の場合には死に至ることもある．

このチャネルを介した陰イオンの流れは，気道，腸管，膵管，輸精管，汗腺などの上皮組織の正常の機能に必須である．陰イオンの流れがなければ，水の動きが遅くなり，水分の少ない粘液が管をふさぎ，肺に溜まる．それが感染症をひき起こし，最後には死に至る．1989 年に嚢胞性線維症患者の遺伝子変異箇所がポジショナルクローニングによって同定され，変異は Cl^- チャネルの遺伝子上にあるだろうと予想された．その理由として，嚢胞性線維症患者の上皮は Cl^- を通さないような性質をみせたこと，また Cl^- チャネルは通常 cAMP 依存性キナーゼ（プロテインキナーゼ A）によって活性化されるのに，嚢胞性線維症患者の気管上皮ではそれがみられなかったことがあげられる．CFTR は，ABC 輸送体（ATP 結合カセット輸送体）の相同タンパク質であり，プロテインキナーゼ A によってリン酸化されるコンセンサス部位がいくつか存在する．実際，Cl^- チャネルがプロテインキナーゼ A によってリン酸化されると，すぐに活性化されることが報告されている（図 18・12）．CFTR は，ABC 輸送体 ATP アーゼのスーパーファミリーであるとともに，数千ある ABC ファミリーのなかで，チャネルの開閉が酵素活性（ATP 加水分解活性）と連動している唯一のイオンチャネルである．リン酸化された CFTR チャネルが，ATP に依存してゲートを開閉する様子を図 18・12 に示す．嚢胞性線維症の 3 分の 2 は，CFTR に生じる 1 箇所の変異（ヌクレオチド結合部位 1 にある Phe508 の欠損）によるが，それ以外にも 1000 以上

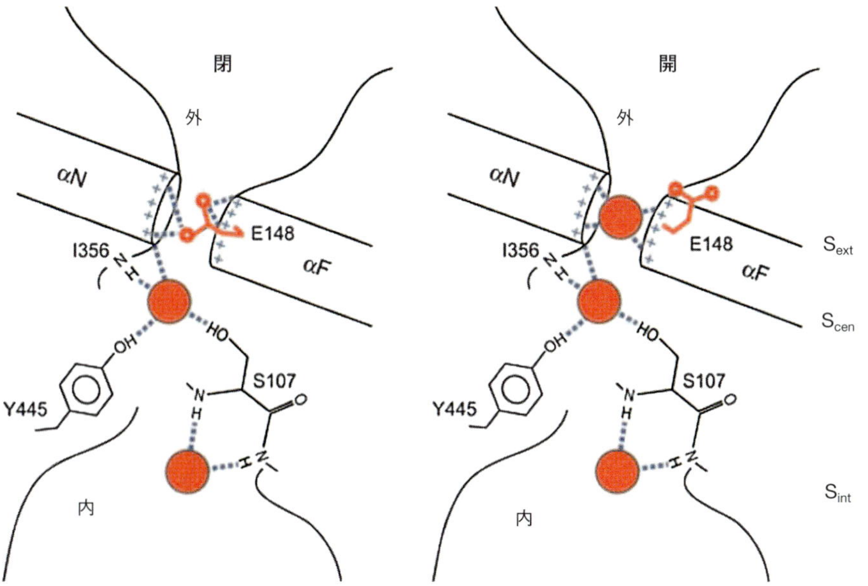

図 18・11　ClC 型 Cl^- チャネルの閉構造と開構造の模式図．閉構造では，イオン結合部位である S_{int} と S_{cen} に Cl^- が結合しており，S_{ext} は，Glu148 の側鎖で占められている．開構造になると，Glu148 の側鎖が S_{ext} の結合部位から細胞外に向かって移動する．S_{ext} には，三つめの Cl^- が結合する．Cl^- は赤球，Glu148 の側鎖は赤線，水素結合は点線で示してある［Dutzler *et al*., 2003 より．AAAS の許可を得て転載．©2003］

の疾患に関連する変異が同定されている．

ヨウ素は海洋生物で大量に利用されている．たとえばコンブの仲間は，すべての生体系の中で最もヨウ素を効率的に蓄積することができ，その量は乾燥重量の平均1.0%に及ぶ．これは，海水中のヨウ素が30,000倍に濃縮されたことを意味する．第17章では，このヨウ素がバナジウムハロペルオキシダーゼに利用されることを述べた．ここでは，ヒトや高等動物の甲状腺ホルモンに必要な，必須微量元素としてのヨウ素の役割に焦点を当てる．ヒトにヨウ素が必須なのは，甲状腺ホルモンの3,3′,5,5′-テトラヨードチロニン(T_4)と3,3′,5-トリヨードチロニン(T_3)の生合成にヨウ素が必要なためである（図18・13）．これらのホルモンは甲状腺でつくられ，その後体内を巡りながら基礎代謝，体温調節，種々のタンパク質の発現を含むさまざまな代謝過程を制御する．ヨウ素は甲状腺に運ばれて濃縮され，その濃度は血漿中の40倍に達する．濃縮後は，モノヨードチロシンおよびジヨードチロシンとして，チログロブリンタンパク質のチロシン残基に蓄積される．このヨウ化反応は甲状腺ペルオキシダーゼによって触媒され，ヨウ化されたチロシン残基はT_3，T_4生成の前駆体となる．チログロブリンタンパク質内で隣接したジヨードチロシン残基は，上述のヨウ化反応を触媒したのと同じ甲状腺ペルオキシ

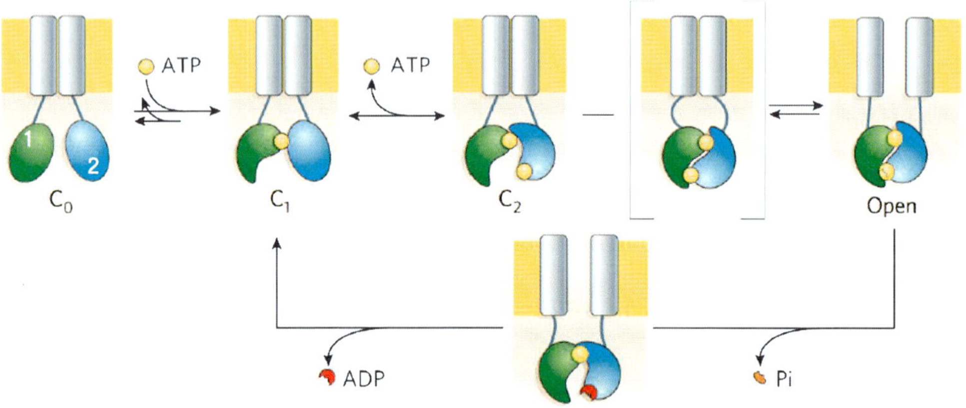

図18・12　ATPに依存した，リン酸化CFTRチャネルのゲート開閉サイクル．Rドメインは省略してある（訳注：Rドメインとは，CFTRの一部分である．この部分がプロテインキナーゼAによりリン酸化されるとCFTRのゲート開閉が活性化される）．ATP（黄）は数分間にわたって，NBD1 Walkerモチーフ（緑）に強く結合し続ける（NBD：ヌクレオチド結合ドメイン）．その間，いくつもの閉-開-閉ゲートサイクルが生じる．ATPがNBD2（青）に結合すると，遷移状態（角括弧）を経由するゆっくりとしたチャネル開放ステップが始まる．遷移状態では，分子内でNDB1-NDB2の強固なヘテロ二量体が形成されるが，この段階でゲート（膜貫通孔，灰色の長方形）は，開いていない．NBD1-2複合体の触媒部位に結合したATPが加水分解され，ピロリン酸(P_i)が脱離すると，閉状態よりも相対的に安定だった開状態が不安定化する．その後，強固な二量体を形成していた部位が開裂し，ADPを放出してチャネルは閉状態に戻る．［Muallem, Vergani, 2009より．The Royal Societyの許可を得て転載．©2009］

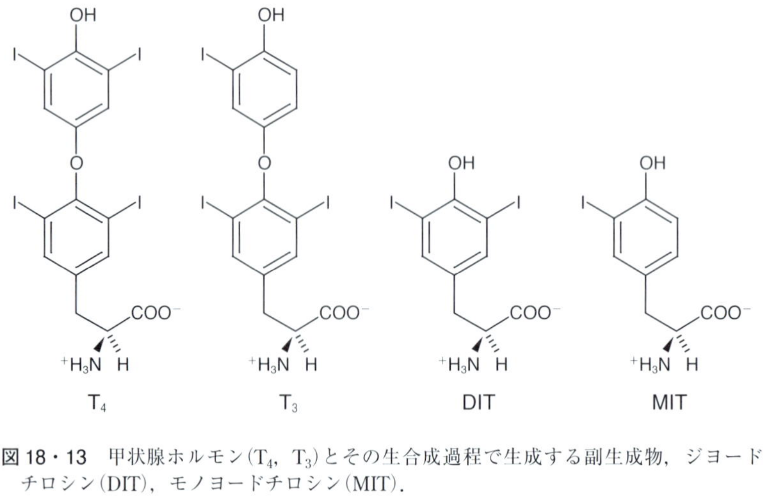

図18・13　甲状腺ホルモン(T_4，T_3)とその生合成過程で生成する副生成物，ジヨードチロシン(DIT)，モノヨードチロシン(MIT)．

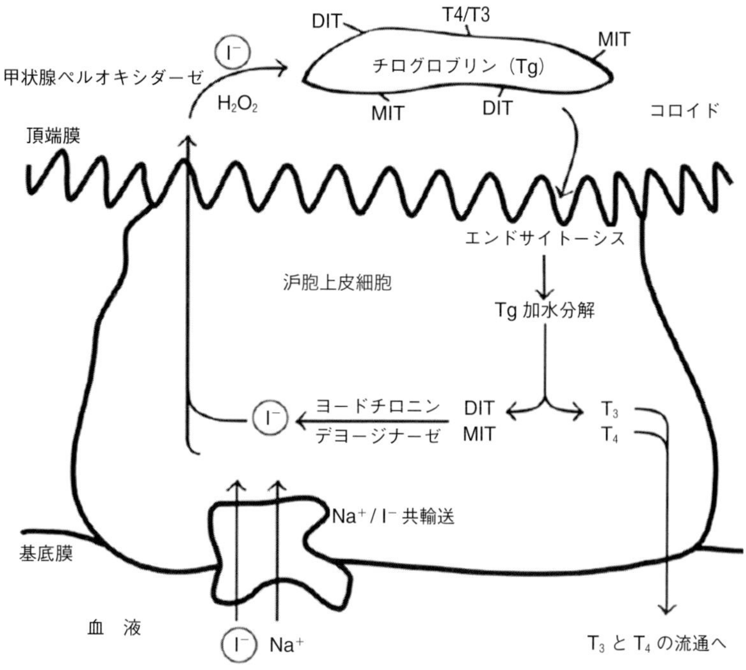

図 18・14 甲状腺沪胞上皮細胞によるヨウ化物の摂取，輸送，代謝，回収．［Rokita, Adler, McTamney, Watson, 2010 より改変］

ダーゼの触媒作用により，ヨードチロニンを生成する．最終的に，チログロブリン 1 分子当たり，およそ七つのモノヨードチロシン(MIT)，六つのジヨードチロシン(DIT)，そして一つの T_4 が生成する．チログロブリンの中には，さらに T_3 一つを生成する場合もある．甲状腺刺激ホルモンなどにより甲状腺細胞が活性化すると，チログロブリンが沪胞内のコロイドから取出される．その後この分子はエンドサイトーシスによって沪胞上皮細胞内に移動して加水分解を受け，T_4/T_3 を血漿中に放出する（図 18・14）．T_3 による代謝制御の効率は，T_4 の 10 倍である．このことから T_4 は，ホルモンの前駆体と考えることもできる．末梢組織は，T_3，T_4 の量比をヨードチロニンデヨージナーゼのはたらきによって制御することができる．この酵素は，この章ですでに紹介されている．重要な活性中心にセレノシステイン(Sec)をもつ酵素である．

文　献

Allmang, C., Wurth, L., & Krol, A. (2009). The selenium to selenoprotein pathway in eukaryotes: more molecular partners than anticipated. *Biochimica et Biophysica Acta, 1790*, 1415–1423.

Arnér, E.S.J. (2010). Selenoproteins – what unique properties can arise with selenocysteine in place of cysteine?. *Experimental Cell Research, 316*, 1296–1303.

Arrhenius, S. (1896). On the influence of carbonic acid in the air on the temperature on the ground. *Philosophical Magazine and Journal of Science, 41*, 237.

Canfield, D.C., Glazer, A.N., & Falkowski, G.T. (2010). The evolution and future of Earth's nitrogen cycle. *Science, 330*, 192–196.

Dutzler, R., Campbell, E.B., & MacKinnon, R. (2003). Gating the selectivity filter in ClC chloride channels. *Science, 300*, 108–112.

Falkowski, P.G., Fenchel, T., & Delong, E.F. (2008). The microbial engines that drive earth's biogeochemical cycles. *Science, 320*, 1034–1039.

Flohé, L. (2009). The labour pains of biochemical selenology: the history of selenoprotein biosynthesis. *Biochimica et Biophysica Acta, 1790*, 1389–1403.

Intergovermental Panel on Climate Change (2007). *Climate change 2007. Climate change impacts, adaptation and vulnerability.* Working Group II.Geneva, Switzerland: IPCC.

Lal, R. (2008). Carbon sequestration. *The Philosophical Transactions of the Royal SocietyB: Biological Sciences, 303*, 815–820.

Lu, J., & Holmgren, A. (2009). Selenoproteins. *Journal of Biological Chemistry, 284*, 723–727.

Muallem, D., & Vergani, P. (2009). Review. ATP hydrolysis-driven gating in cystic fibrosis transmembrane conductance regulator. *The Philosophical Transactions of the Royal SocietyB: Biological Sciences, 364*, 247–255.

Rokita, S.E., Adler, J.M., McTamney, P.M., & Watson, J.A., Jr. (2010). Efficient use and recycling of the micronutrient iodide in mammals. *Biochimie, 92*, 1227–1235.

Wessjohann, L.A., Schneider, A., Abbas, M., & Brandt, W. (2007). Selenium in chemistry and biochemistry in comparison to sulfur. *Biological Chemistry, 388*, 997–1006.

WMO (2006). *Greenhouse gas bulletin: the state of greenhouse gases in the atmosphere using global observations up to December 2004.* Geneva, Switzerland: World Meteorological Organization.

第19章

バイオミネラリゼーション

“世界の調和というものも，かたちと数によって明らかにされるし，精神や哲学さえもその内面に数学的な美を秘めているのである”[*1]

19・1　はじめに

生物界をながめれば，その形の多様性にただ驚くばかりである．スコットランドの博識な学者D'Arcy Thompson[*2]は，著書“On Growth and Form”（初刊1917年，1942年改訂．邦訳『生物のかたち』1973年）において，生物の形の多様性について論じている（Thompson, 1942）．この本の主題は，生物の形や構造を決定づけるものとして，生物学者は進化の役割を強調しすぎており，物理法則や力学の役割について十分な議論をしていない，という点である．彼は，静的および動的な張力，圧縮力やせん断力がすべての生命体に働いており，それらが生命の成長，機能，そして構造形成に影響していると考えた．博物館の骸骨は，クランプやロッドの支えなしでは，床の上でぐったりとしたかたまりになる．Thompsonは，中世の大聖堂のアーチが張力によって保持されていたり，吊り橋をぶら下げるための張力がスチール製のケーブルによって生み出されたりしているように，生きている動物においても，骨格（形）の保持のために，張力が重要な役割を果たしていると主張している．

生物は張力を得るため，いわば骨格の保持のために，無機構造体であるバイオミネラル（生体内における鉱物様の構造体）を利用しているが，形の多様性は，バイオミネラルが形成される場である有機マトリックスに依存している．それは，鉄筋コンクリートによる建築にいくぶん似ている．つまり，鋳型がコンクリートの形を決定するのと同様の現象がバイオミネラリゼーションにおいてもみられる．バイオミネラリゼーションにおける鋳型は，有機分子によって組織化された有機マトリックスで，有機分子からなる場において，無機物であるバイオミネラルの選択的な形態形成が行われる．

カルシウムが最も広くバイオミネラル，特に歯や骨のような“硬い部位”にみられる元素であるが，現在では，その他の多くの種類の陽イオン（バリウム，カルシウム，銅，鉄，カリウム，マグネシウム，マンガン，ナトリウム，ニッケル，鉛，ストロンチウムおよび亜鉛）が水酸化物，酸化物，硫化物，硫酸塩，炭酸塩およびリン酸塩としてバイオミネラルを形成することがわかっている．このことから，カルシウムのミネラリゼーションに限定された“石灰化”という単語よりも，より包括的な“バイオミネラリゼーション（生体内鉱物形成）”という単語が用いられるようになった．

19・2　固体状態の生物無機化学

バイオミネラリゼーションとは，生物によって殻や骨，歯のような階層的な有機無機複合構造体の形成が導かれる過程である．ここ数十年間で，バイオミネラリゼーションに関わる多くの高分子やそれらの相互作用を同定するための技術が大きく進歩し，そのメカニズムの解明を目指した研究が進められてきた．

---

*1　“On Growth and Form” D'Arcy Wentworth Thompson（1917）より．［邦訳：柳田友道ほか訳，『生物のかたち』東京大学出版会（1973）］

*2　D'Arcy Thompsonは複数の異なる学問に精通した学者である．実際に，彼はSaint Andrews大学から古典学，数学，および動物学の学部長の申し出を受け，動物学の学部長となることを選んだ．

バイオミネラルが生み出されるメカニズムが明らかになってきて，最近では，材料設計を指向したバイオミネラルの成型加工技術の開発や，その構造的特徴の複製に関する研究が行われるようになってきた．本節では，バイオミネラルの形成原理の概要について述べる．

バイオミネラルは，その形態に基づいて，大きく三つに分類することができる．1）アモルファスミネラル：最も柔軟な構造をもつバイオミネラル．アモルファスバイオミネラルは決まった構造をとらないので，自由に構造を成型できる．シリカを含んだ珪藻類や放散虫によくみられる．2）多結晶性のバイオミネラル：さまざまな構造をとることができる．小さな結晶性の部分を構造単位として組織化することで，複雑な構造を形成することが可能．3）単結晶性のバイオミネラル：結晶格子の対称性が反映された外形をもつ幾何学構造になると思われる．しかし，生物によって生み出される単結晶性のバイオミネラルは，結晶構造とはまったく関係のない構造をもつことが多い．

バイオミネラルの形成においては，厳密な制御を必要とする四つのパラメーター（過程）がある．溶解度，過飽和レベル，核形成そして結晶成長である．いずれの過程においても，バイオミネラルと生体分子，特に，タンパク質や生体膜中に存在するリン脂質とタンパク質（膜タンパク質）との相互作用がバイオミネラルの形成・成長に関与している．簡単にミネラリゼーションの過程を説明すると，イオンの状態を始状態とし，過飽和状態になることを推進力として，沈殿の析出によりバイオミネラリゼーションが開始される．図19・1は，エタノール溶液中での硫黄の結晶化曲線を示したものであり（LaMer, Dinegar, 1950），どんなタイプの沈殿形成（バイオミネラリゼーションも含む）もこのような曲線に従って起こる．図19・1を説明すると，硫黄の濃度が上がっていき，濃度が過飽和の限界に達すると，自発的に沈殿の形成が起こる（図19・1のⅠからⅡの過程）．そして，時間とともに溶液中の遊離した硫黄濃度が低下し，溶液から硫黄が供給されて析出した硫黄の粒子が成長する（図19・1のⅢ）．物質（タンパク質や生体膜）の表面，ほこりの粒子，結晶のタネ（微結晶）などが不均一な核形成を進行させる開始点になりうる．一方で，均一系の場合，核形成が穏やかであれば核は溶液から自発的に形成される．この場合，形成した核の粒子サイズは，拡散によってさらなる成長が起こる前は同じサイズにそろっている．

以下では，いくつかの異なる系におけるバイオミネラリゼーションについて紹介する．はじめに単純な例としてオリゴマータンパク質であるフェリチンにおける鉄のバイオミネラルについて述べる．フェリチンでは，タンパク質内腔において，鉄のバイオミネラリゼーション，すなわち，鉄の析出，核形成，結晶成長が起こる．次に，フェリチンの“かご”を利用して新しい機能性物質を生み出した例について紹介する．そして，複数のタンパク質が関与して起こる走磁性細菌でのマグネタイト形成について説明する．炭酸カルシウムやリン酸カルシウムのバイオミネラルについて述べ，最後に，アモルファス状のバイオミネラルの例として，植物や珪藻類におけるケイ素を基盤とした細胞壁に関して説明する．

19・3 バイオミネラルについて

バイオミネラルは，カルシウム，鉄，マグネシウムやマンガンなどの金属イオン（陽イオン）と，炭酸，リン酸，シュウ酸，硫酸，酸化物や硫化物などの陰イオンから形成される．生体系では60種類以上もの鉱物（バイオミネラル）が報告されており，そのごく一部を表19・1に示している．炭酸カルシウムやリン酸カルシウムが骨や歯などに代表されるバイオミネラルの大部分を占めている．これは，細胞外においてカルシウムが高濃度（10^{-3} M）で存在しているうえ，その炭酸塩やシュウ酸塩，リン酸塩，二リン酸塩，

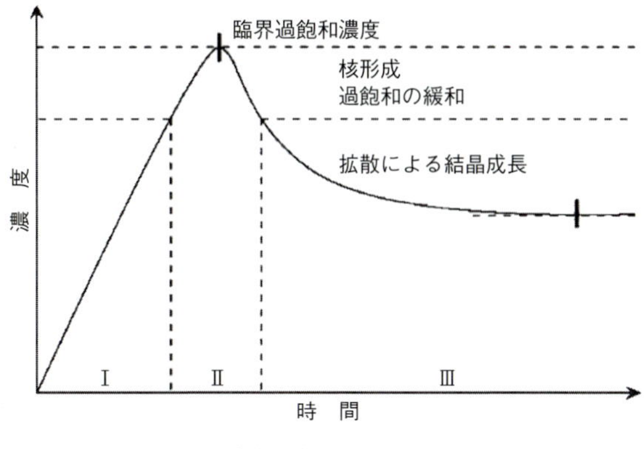

図19・1 核形成前後の硫黄濃度の経時変化の模式図．［Meldrum, Cölfen, 2008より改変］

表19・1 生体系にみられる鉱物構造（バイオミネラル）

カルサイト（方解石）	$CaCO_3$	ホヤ，軟体動物（貝など）
アラゴナイト（アラレ石）	$CaCO_3$	軟体動物（貝など），魚
ヒドロキシアパタイト	$Ca_{10}(PO_4)_6(OH)_2$	骨，歯，硬骨魚
ギプス（石膏）	$CaSO_4$	クラゲの幼生
バライト（重晶石）	$BaSO_4$	藻類
シリカ	$SiO_2 \cdot nH_2O$	珪藻，植物，海綿動物
マグネタイト（磁鉄鉱）	Fe_3O_4	走磁性細菌，ヒザラガイの歯
ゲータイト（針鉄鉱）	α-FeOOH	カサガイの歯
フェリハイドライト	$Fe_{10}O_{14}(OH)_2$	哺乳動物のフェリチンコア

硫酸塩の溶解度が低いために，カルシウムのバイオミネラルが細胞内で広く利用されていると考えられる．対照的に，マグネシウム塩はより水に溶けやすいので，単一のマグネシウム塩から形成されるバイオミネラルは報告例がない．しかし，マグネシウムは容易にカルシウムの格子の中に取込まれるので，そのような形態でマグネシウムを含んだバイオミネラルが存在する．

フェリチンによる鉄のバイオミネラリゼーション

第8章で紹介したフェリチンは広く生物界に分布している．フェリチンは24のサブユニットから形成される球状のタンパク質（アポフェリチン）で，内部に大きな空洞をもつ．大きさは外径が約120 Åで，内腔の径が80 Å程度である（図19・2）．一つのサブユニットはいわゆる4ヘリックスバンドル構造をしており，その4本のヘリックスに加えて，C末端に短いヘリックスをもつ．フェリチンは非常に対称性が高い分子で，分子内に2回，3回および4回対称軸をもつ（図19・2）．哺乳動物のフェリチンは，HサブユニットおよびLサブユニットとよばれる2種類の異なる性質をもつサブユニットから形成されるヘテロポリマーである．肝臓や脾臓など，鉄の貯蔵を行っている組織ではLサブユニットの割合が高い．一方で，ヒドロキシルラジカルの生成を促す“遊離鉄”の毒性を低下させる必要がある心臓や脳などの組織ではHサブユニットの割合が高い．HとLいずれのサブユニットも同様の立体構造をもつが，両者には50％程度の遺伝子配列の相同性しかない．HとLサブユニットには重要な違いが一点あり，Hサブユニットにのみ，フェロオキシダーゼ部位とよばれる二つの二価鉄を結合して酸化する部位が4ヘリックスバンドルの中央に存在する．フェロオキシダーゼ部位は，細菌由来のフェリチンやバクテリオフェリチンにもみられる．第8章でも述べたように，バクテリオフェリチンは，二量体を形成するサブユニットの界面にヘム（鉄-プロトポルフィリンⅨ錯体）をもつ（図19・2）．Lサブユニットには，フェロオキシダーゼ部位がないものの，Hサブユニットと同様，鉄バイオミネラルのコアを形成するための核形成部

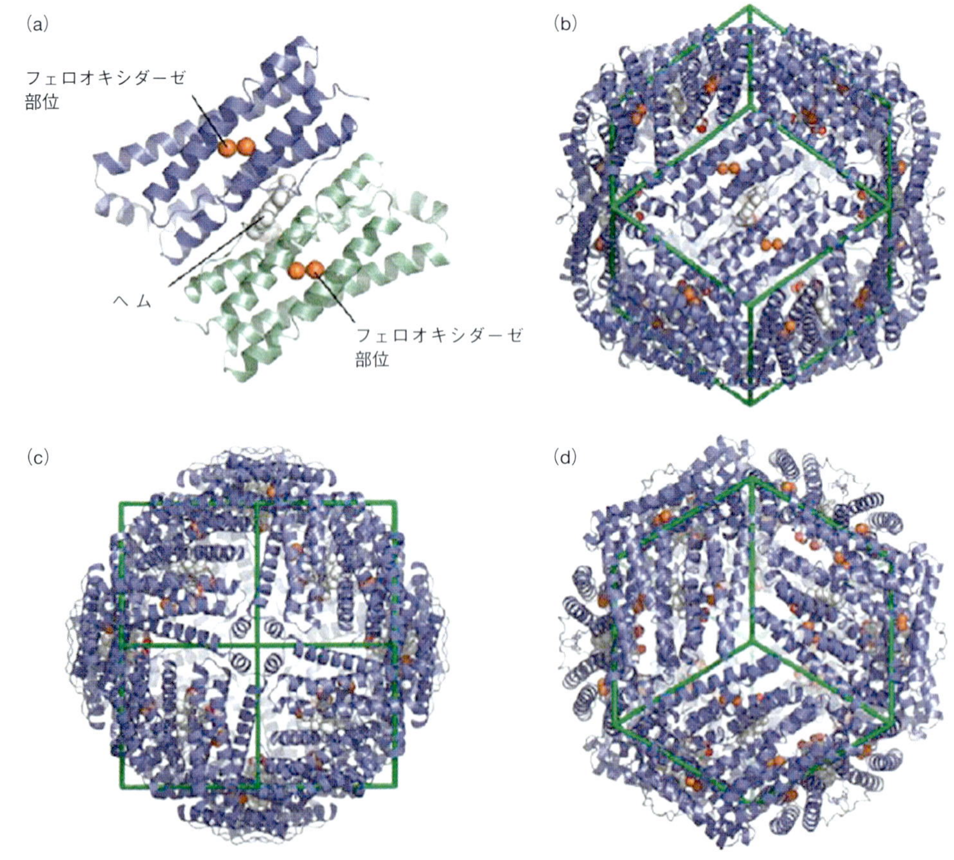

図19・2 バクテリオフェリチンの構造．(a) 大腸菌由来バクテリオフェリチン（PDB ID: 3E1M）のサブユニット二量体の構造．サブユニット内のフェロオキシダーゼ部位とサブユニット間のヘムを示している．(b～d) 大腸菌由来バクテリオフェリチン二十四量体の全体構造．(b)は2回対称軸，(c)は4回対称軸，(d)は3回対称軸に沿って示している．[Le Brun, Crow, Murphy, Mauk, Moore, 2010より．Elsevierの許可を得て転載．©2010]

位がある．最適な鉄バイオミネラル形成のためには，H と L 両方のサブユニットが必要である（Bou-Abdallah, 2010; Crichton, Declercq, 2010）．

哺乳動物由来のフェリチンは約 4500 個の鉄原子を含む多核鉄クラスターを蓄えることができる（単離した状態では通常 2000～3000 個の鉄原子を含んでいる）．このフェリチン中の水溶性かつ無毒で生物が利用可能な“鉄”は，水和した酸化鉄バイオミネラルで，リン酸を含んでいる．哺乳動物のフェリチンにみられる鉄バイオミネラルの構造は，結晶性がありフェリハイドライト様の構造をしている（図 19・3）．一方，バクテリオフェリチンにみられる鉄ミネラルは，リン酸含量が高くアモルファス状の構造をしている．フェリハイドライトはいたるところに存在するナノ結晶性の鉱物で，ヘマタイト（赤鉄鉱）の前駆体として自然の堆積物中や，酸性鉱山廃水によって汚染された地域などによくみられる．フェリハイドライトは，その非常に大きな表面積や高い反応性から，地下水や河川から汚染物質を取除くのに役立っている．また，フェリハイドライトは，石炭液化や冶金の過程などで，吸着材としても工業的に応用されている．

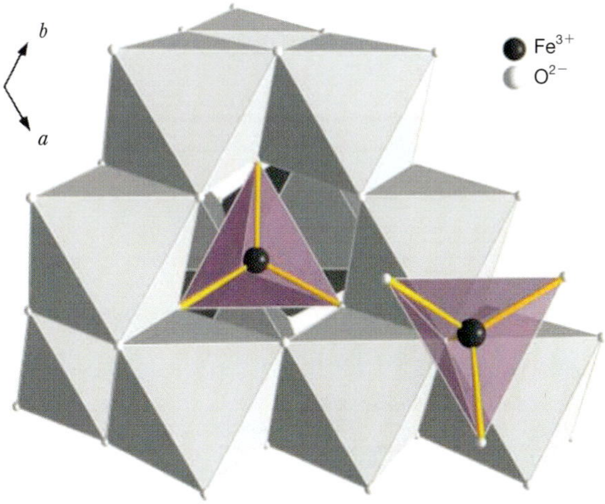

図 19・3　フェリハイドライトの構造．図は，*c* 軸（紙面に垂直な方向）に沿った方向から見た場合を示している．中心に位置する FeO_4 の四面体を 12 個の FeO_6 の八面体が囲っている．［Michel *et al.*, 2007 より．AAAS の許可を得て転載．©2007］

哺乳動物のフェリチンに鉄が取込まれる過程は次のようなステップからなると考えられている．① 親水的な 3 回対称軸チャネルを通って二価鉄がフェリチン内腔に取込まれる．② 4 ヘリックスバンドルの中央に位置するフェロオキシダーゼ部位において，二つの二価鉄が酸素分子により過酸化水素の発生を伴い酸化される．③ 酸化された三価鉄がフェロオキシダーゼ部位から核形成部位であるタンパク質内腔表面へ輸送され，鉄バイオミネラルの核形成が起こる．④ バイオミネラル表面において鉄が酸化され，フェリハイドライトコアが成長する．哺乳動物のフェリチンにおけるバイオミネラリゼーションの全体像は図 19・4 のとおりである．これは“結晶成長メカニズム”とよばれ，30 年以上前に提案された反応機構である（Crichton, Roman, 1978）．

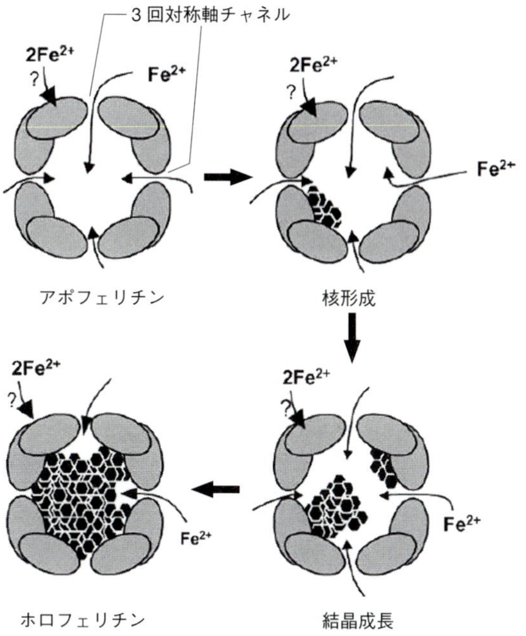

図 19・4　フェリチンにおける結晶（バイオミネラル）成長の分子機構．［Lewin *et al.*, 2005 より改変］

フェリチンによる鉄の取込みの過程では，鉄イオンは 3 回対称軸チャネルを通ってアポフェリチンの内腔に輸送される．ヒト由来のフェリチン H サブユニットの静電ポテンシャルの計算から，3 回対称軸チャネルの外側入口付近は，負電荷が集中しており，その周辺は正電荷が分布していることが示されている．この電荷の分布が陽イオンを 3 回対称軸チャネルの入口に引き込むようになっている．二価陽イオンのフェリチン内腔への輸送における 3 回対称軸チャネルの役割は，組換え体ヒト由来フェリチン H サブユニットを用いた研究から明確にされた．二価鉄のモデルとして，安定な二価陽イオンである亜鉛イオンを用いたところ，3 回対称軸チャネルに存在するシステイン残基（Cys130）がその配向を変化させることで，金属イオンを輸送することが示された（図 19・5）．このようなフェリチンの 3 回対称軸チャネルにおける二価イオンの輸送機構は，第 9 章で述べたカリウムチャネルでのカリウム輸送機構と類似している．

二価鉄は，12 Å からなる 3 回対称軸チャネルを通り抜

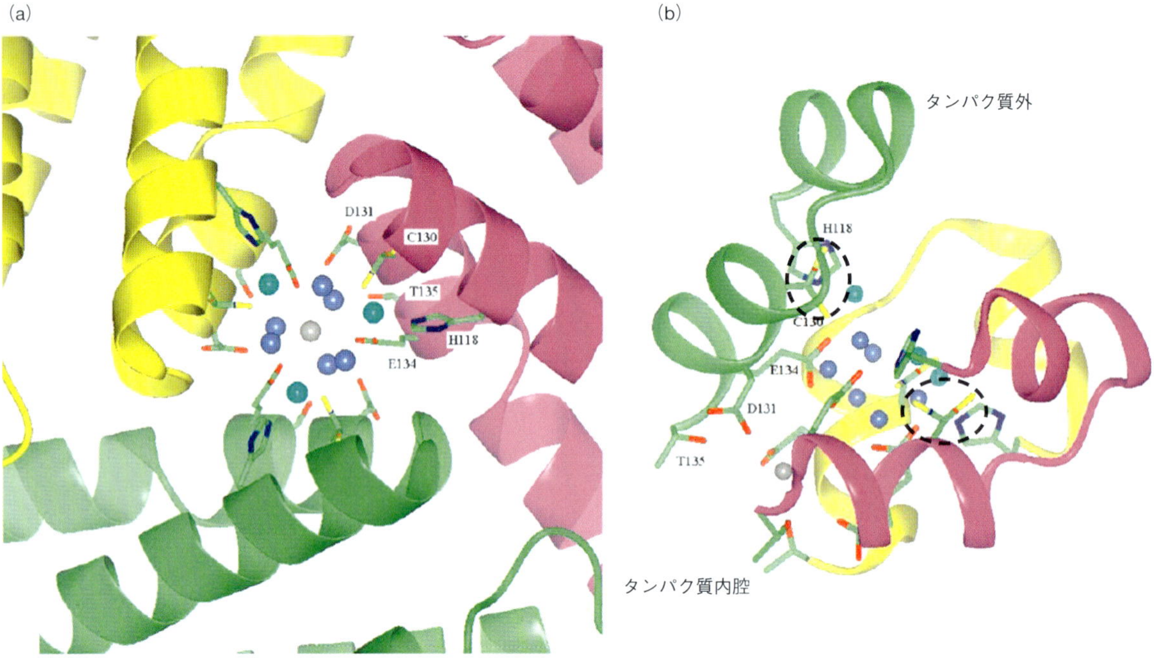

図19・5　亜鉛が結合したフェリチンの結晶構造．鉄イオンの取込み口と考えられている3回対称軸チャネル部位における金属イオン(亜鉛)の結合の様子を示している．チャネルは漏斗型の構造をしており，水色と青色は漏斗上の亜鉛の結合部位の位置，灰色はチャネルの中央の亜鉛の結合部位を示している．(a)はチャネルをフェリチンの外側から見た図で，(b)はチャネルを真横からみた図．［Toussaint, Bertrand, Hue, Crichton, Declercq, 2007より．Elsevierの許可を得て転載．©2007］

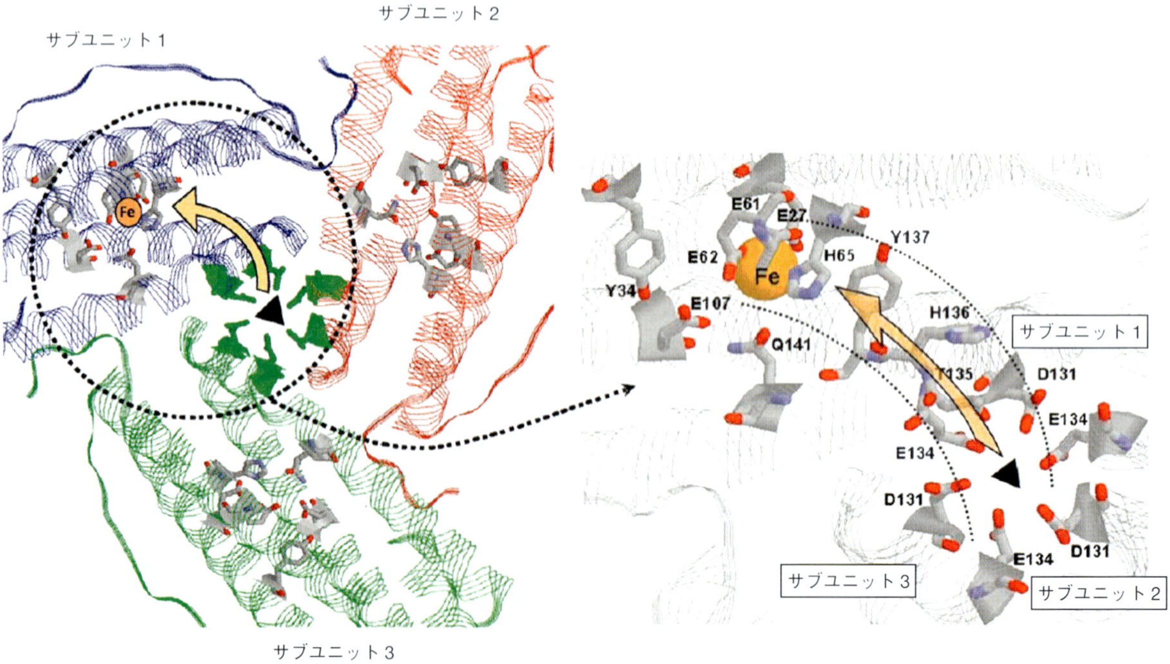

図19・6　フェリチン内部からみた3回対称軸チャネルの構造(左図)と，推定される3回軸チャネルからフェロオキシダーゼ部位への鉄イオンの輸送経路(右図)．［Bou-Abdallah, 2010より．Elsevierの許可を得て転載．©2010］

けた後,親水的なタンパク質の内腔表面に沿って輸送され,約8Å離れたフェロオキシダーゼ部位に到達する．図19・6には，推定される二価鉄の輸送経路を示している．二核鉄フェロオキシダーゼ部位は4ヘリックスバンドルからなるサブユニットの中央に位置しており，ヒト由来のフェリチンHサブユニットでは，図19・7のようなアミノ酸により二核鉄構造を形成することが知られている．フェリチンHサブユニットにおけるフェロオキシダーゼ反応の詳細な解析から，図19・8に示した反応中間体を経た反応機構が提案されている．

哺乳動物のフェリチンにおける鉄取込みでは，Hサブユニットのフェロオキシダーゼ部位による二価鉄の酸化が必要となるが，その後は，タンパク質内腔表面においてバイオミネラルの核形成・成長が進行する．核形成部位では，鉄の配位子が存在するが，その際に空の配位座があることでバイオミネラルの成長が可能となる．このように，バイオミネラリゼーションの過程が進行し，いくつかの小さなフェリハイドライトの結晶が形成する．そして，それらが核の中心となり，バイオミネラルの成長を促す．おそらくは，生成したいくつかのミネラルクラスターのうちの一つが優位な核の中心となり，バイオミネラルが成長すると考えられる．フェリチンによる鉄のミネラリゼーションのある段階で，ミネラル表面での二価鉄の酸化が優位になり，タンパク質による二価鉄の酸化（フェロオキシダーゼ部位による二価鉄の酸化）は重要でなくなる．この段階でのタンパク質の役割は，フェリハイドライトを限定されたタンパク質の空間に閉じ込めて成長させることであり，そのおかげで，不溶性の水酸化鉄を沈殿として析出させることなく，水溶性の状態に保つことができる．

三価鉄の加水分解によるミネラルコアの形成は，電気的に中性なフェリハイドライトを産生するが，同時に陽イオンであるプロトンの発生を伴う．フェリチンにおいて，二価鉄の酸化がフェロオキシダーゼ部位で行われ，加水分解を伴って核形成部位に輸送される場合でも，鉄バイオミネラルの表面で直接二価鉄が酸化・加水分解を受ける場合でも，一つの二価鉄が酸化・加水分解されるにあたり，2当量のプロトン(H^+)が生成される．電荷を中性に保つために，これらのプロトンは，タンパク質内腔から除去されるか，その電荷を陰イオンによって中和される必要がある．静電ポテンシャルの計算から，ヒト由来フェリチンでは，4回対称軸チャネルを通じて，プロトン同士の反発（もしくは鉄イオンとの反発）による陽イオンの排出,もしくは,リン酸(PO_4^{3-})などの陰イオン（もしくは塩化物イオンのような他の陰イオン）の取込みが促進されることが示唆されているが，ほとんどのフェリチン分子において，バイオミネラル表面にあるいくつかの水酸化物イオンは，リン酸イオンに置き換わっており，陰イオンの取込みがプロトンの中和に寄与しているものと思われる．

なぜ哺乳動物由来のフェリチンが他のミネラル構造ではなく，フェリハイドライト様のバイオミネラルを形成するのかはよくわかっていない．おそらく核形成部位の構造も含めて，タンパク質内腔でバイオミネラルが形成することと関連しているのだろう．細胞内のリン酸含量はバクテリオフェリチンや植物由来フェリチンのバイオミネラル構造がアモルファス状（リン酸を多く含んだバイオミネラルを形成するため）であることをうまく説明する．実際に，リン酸が存在しない状態でバクテリオフェリチンにバイオミネラルを形成させると，天然状態でみられるバイオミネラルよりも結晶性の良いバイオミネラルが形成し，電子線回折の結果からもフェリハイドライト様のバイオミネラルが

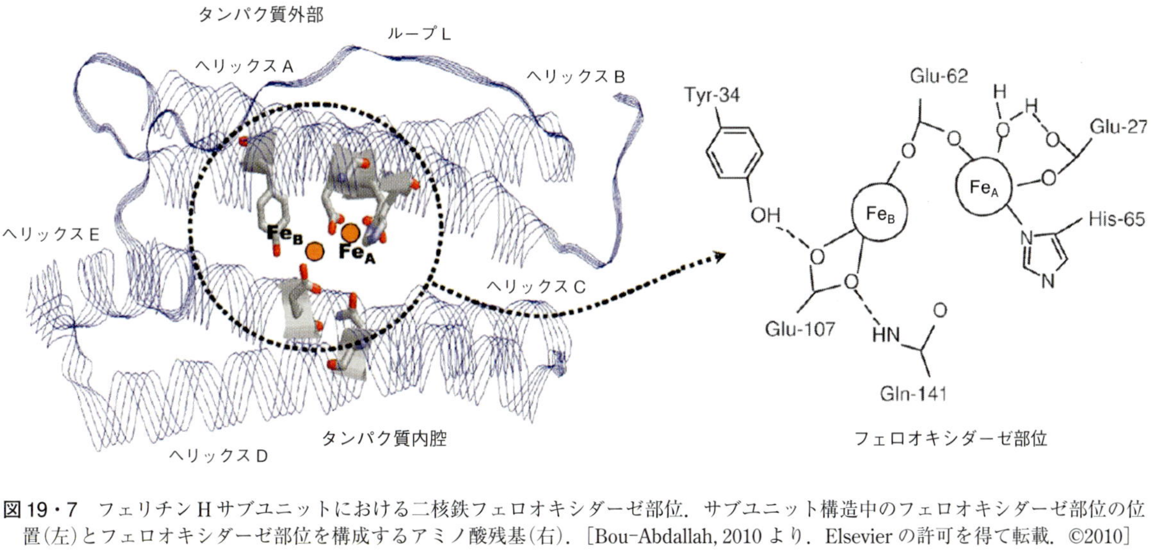

図19・7 フェリチンHサブユニットにおける二核鉄フェロオキシダーゼ部位．サブユニット構造中のフェロオキシダーゼ部位の位置(左)とフェロオキシダーゼ部位を構成するアミノ酸残基(右)．［Bou-Abdallah, 2010より．Elsevierの許可を得て転載．©2010］

形成していることが示唆されている．第8章でも述べた12個のサブユニットからなるフェリチンに類似したDpsとよばれるタンパク質においても，フェリハイドライト様のバイオミネラルが形成される．このように，タンパク質内腔の体積が小さい場合でも，同じようにフェリハイドライト様のバイオミネラルの形成が進行する．

ナノテクノロジーにおける超分子の鋳型としてのフェリチン

バイオミネラリゼーションにおいて，生物システムが形態，構造や厳密な空間的局在を制御している方法を明らかにすることは，ナノテクノロジーの発展に貢献する．硬い無機材料と軟らかい有機材料の相互作用を理解することは，人工的に生体を模倣したシステムを設計・応用するために重要である．フェリチンは単一のタンパク質部分からなる単純な系であり，鉄のバイオミネラリゼーションがタンパク質内腔のタンパク質と溶液の界面で起こる．フェリチンは化学反応を触媒し，バイオミネラル形成のための核形成部位をもつ．そして，フェリチンの構造は最終生成物（バイオミネラル）の構造（形）を規定している．これに加えて，タンパク質のシェル(殻)は，最終生成物であるバイオミネラルを生化学的には不活性な状態であるが，可溶性で流動的であるように維持している．このように，生体を模倣した新奇な合成系の開発のために，フェリチンによるバイオミネラリゼーションの応用を強く推奨する理由が理解できるだろう．

非天然の無機材料が内腔に導入されたものやタンパク質のシェル(殻)部分を修飾したフェリチンの創製が精力的に行われている．初期の研究では，さまざまな種類の非天然のミネラルナノ粒子の合成のために，ナノリアクターとしてフェリチンが用いられた．たとえば，アルカリ条件，低酸素濃度下において鉄のミネラリゼーションを行うと，フェリチンは磁性をもつ混合原子価バイオミネラルを形成する．このように，*in vitro* でフェリチンはマグネタイト(磁鉄鉱，Fe_3O_4)やマグヘマイト(磁赤鉄鉱，γ-Fe_2O_3)を形成することができ，磁気共鳴画像診断(MRI)の造影剤として利用できる可能性がある．また，フェリチンを用いてアモルファス状の硫化鉄バイオミネラルの形成も可能である．このコア(核)には500〜3000個の三価の鉄原子が含まれ，それらは三角錐構造をしたFeS_4がFeS_2Feという構造によってつながれた構造体を形成する．水酸化酸化マンガン（MnOOH）を含むバイオミネラルが単一のHおよびLサブユニットからなるホモポリマーフェリチンによって形成されることも知られている．さらには，哺乳動物の

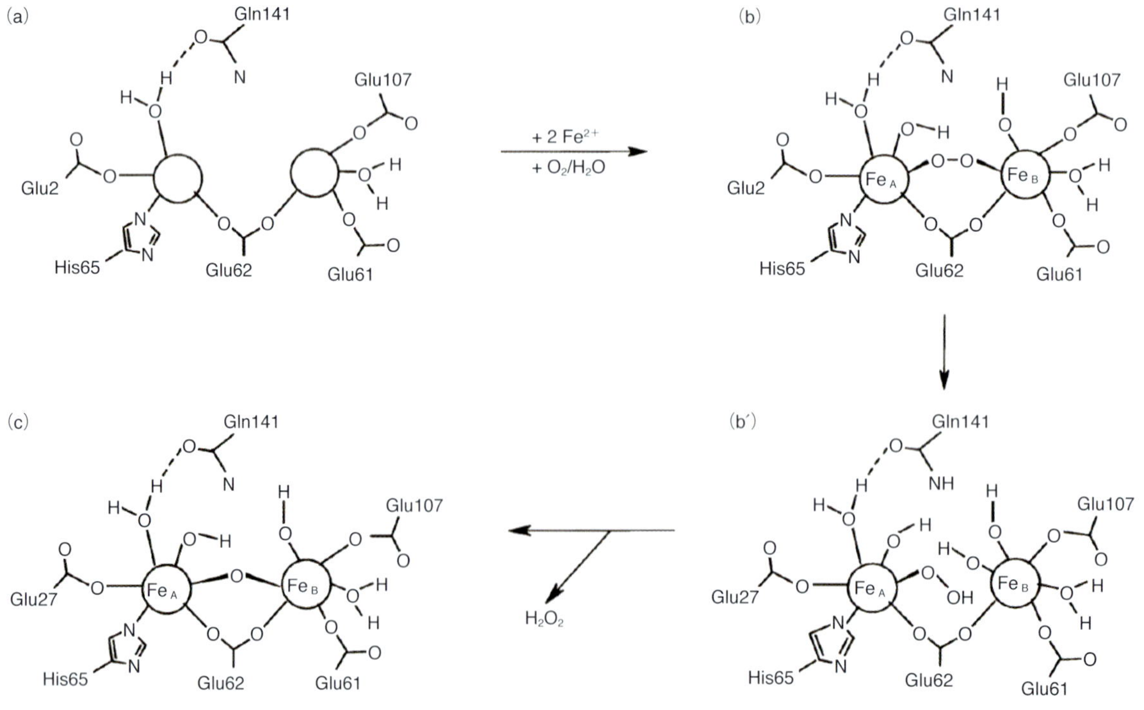

図19・8　フェリチンHサブユニットによるフェロオキシダーゼ部位での反応．(a) アポフェリチン（鉄イオンが結合する前）．(b) μ-ペルオキソ二核鉄(Ⅲ)錯体，(b′) μ-ヒドロペルオキソ二核鉄(Ⅲ)錯体，(c) μ-オキソ二核鉄(Ⅲ)錯体．［Bou-Abdallah, 2010より．Elsevierの許可を得て転載．©2010］

フェリチンおよび *Listeria innocua* 由来 Dps（十二量体からなるフェリチン様タンパク質）のどちらにおいても，酸素とコバルトからなるバイオミネラルがタンパク質によるコバルト(Ⅱ)からコバルト(Ⅲ)への酸化により形成される．鉄を含まないアポフェリチンは，光触媒反応により，その内腔において水溶液中の Cu^{2+} から Cu^0 のコロイドを形成する．そして，さらなる反応を経て，Cu^0 からなるバイオミネラルや銅と鉄が混合したプルシアンブルーのナノ粒子を形成することができる（図 19・9）．

マテリアルサイエンスの研究者は，ナノ粒子を内包させるための超分子鋳型，もしくは，高次な集合体の成型のための構成要素として，フェリチンが利用できることを発見した．たとえば，アポフェリチンのある決まった部位に有機金属錯体である Rh(nbd)（nbd = norbornadiene）を固定化することで，フェリチン内腔においてフェニルアセチレンの重合反応が行えることが報告されている（図 19・10）．これは，フェリチンに金属の結合部位を合理的に導入することで，高活性な“人工金属酵素”を創製できることを示した例である．

フェリチンでは，その内腔を修飾するだけでなく，内腔の特性を変えずにタンパク質外側の表面を修飾することでその機能の改変を行うこともできる．この手法を使うと，生体内においてフェリチンを目的の組織に運ぶことが可能になり，医薬学や電子工学においてフェリチンを有効活用できる．たとえば，第 22 章でより詳細を述べるが，タンパク質表面を修飾することでがん細胞をターゲットとして輸送されるようにしたフェリチンを設計し，その機能改変フェリチンにガドリニウムを取込ませることで，がん細胞特異的に *in vivo* イメージングを行うための造影剤として，フェリチンを利用した例がある．

走磁性細菌におけるマグネタイトの形成

自然界にみられる鉄のバイオミネラルの形態は，ここまで述べてきたフェリハイドライトだけではない．混合原子価（鉄二価，三価）からなる Fe_3O_4 型バイオミネラルであるマグネタイトは，走磁性細菌や，ハチ，鳥，魚などにみられ，方位を認識するための磁気センサーとして機能すると推測されている．いくつかの細菌は，多糖類を鋳型としてミリメートルサイズになるアカガネイト(赤金鉱，β-FeOOH)の擬単結晶を形成する．また，カサガイの小歯や

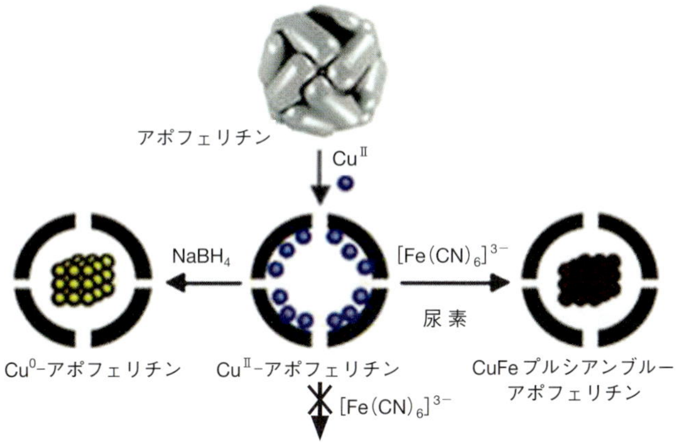

図 19・9 化学的および空間的に限定されたフェリチン内腔での銅ナノ粒子もしくは，銅と鉄が混合したプルシアンブルーナノ粒子の形成機構．[Gálvez *et al.*, 2005 より．The Royal Society of Chemistry の許可を得て転載．©2005]

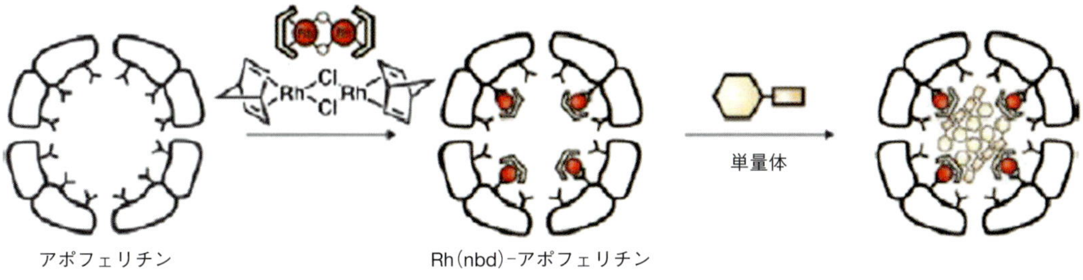

図 19・10 $[Rh(nbd)Cl]_2$ 錯体を内腔に固定化したフェリチンによるフェニルアセチレンの重合反応．重合反応はフェリチン内腔の特異的部位で行われる．[Uchida, Kang, Reichhardt, Harlen, Douglas, 2010 より．Elsevier の許可を得て転載．©2010]

ヒトのヘモジデリンにおいては，ゲータイト（針鉄鉱，α-FeOOH）がみられる．

走磁性細菌は，ナノサイズのマグネタイトの結晶を合成する微生物であり，地磁気を利用して方向を判断できる．1975 年に Richard Blakemore によって発見されたが，その当時は好奇の目にさらされた．細菌が体内にもつコンパスのようなものを利用して北や南に泳ぐという考えは，セレノシステインをタンパク質に導入するために tRNA が利用できるという考えと同じく突拍子もない概念であった（いずれの考えも，その後に正しいことが判明した）．

ナノ材料を合成するために，危険な化合物の使用など不経済な方法が使われることがしばしばあり，異なる組成，大きさ，形，制御された分散度のナノ粒子の合成のための環境負荷の低い持続可能な方法の開発が求められている．そのためにも，ナノテクノロジーと微生物にみられるバイオテクノロジーを連結させたグリーンケミストリーの開発が必要であり，バイオミネラリゼーションを理解することの重要性が高まっている．

マグネタイト（Fe_3O_4）やマグヘマイト（γ-Fe_2O_3）などの磁気を帯びた酸化鉄の粒子は，MRI，細胞の分別，ドラッグデリバリーなど，医学や診断に広く応用されている．このような磁気をもつ鉄のバイオミネラルは外部磁場によって容易に集めることができ，技術開発において大きな可能性を秘めている．走磁性細菌はサイズや形が制御された生体膜で包まれた磁性をもった粒子（マグネトソーム）を合成する．このマグネトソームは水溶液中でよく分散しており，バイオテクノロジーの材料として理想的である．また，マグネトソームは通常の合成条件と比較して温和な条件で合成され，人工合成物を凌駕する．それゆえに，マグネタイトやマグネトソームの医学応用を考えるうえでその形成機構に非常に興味がもたれる．

走磁性細菌は多様な形態をしているが，マグネトソーム

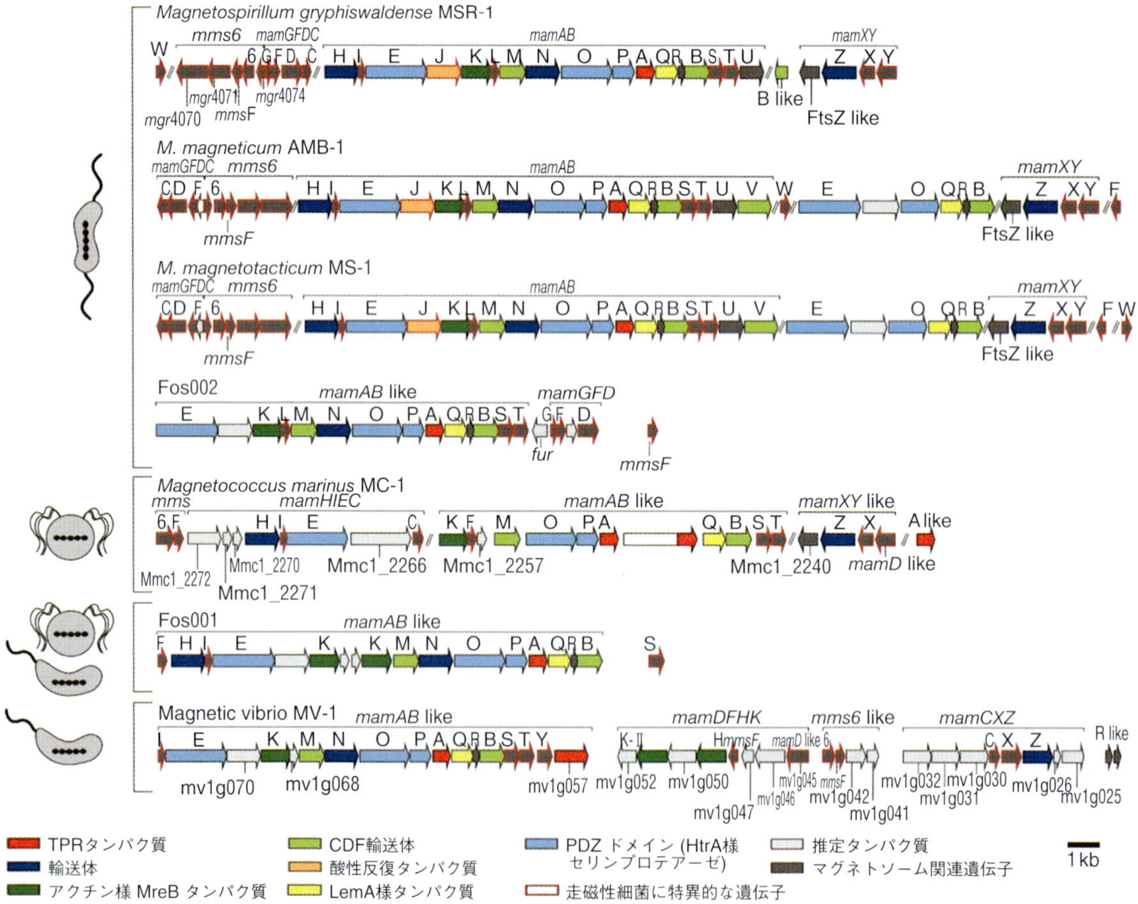

図 19・11　遺伝子配列が既知の走磁性細菌のマグネトソームアイランドにおけるマグネトソームに関連する遺伝子の構成．矢印はそれぞれがタンパク質をコードする遺伝子を示しており，タンパク質の種類によって色分けしている．赤で囲われた矢印は，走磁性細菌に特有で他の生物にはみられないタンパク質をコードした遺伝子である．左の図は，それぞれの走磁性細菌の形態を示している．［Jogler, Schüler, 2009 より．Annual Reviews の許可を得て転載．©2009］

形成に必要な遺伝子群をもつという共通した特徴がある(Komeili, 2007; Matsunaga, Okamura, 2003). そして，これらの遺伝子群はおもにマグネトソームのゲノムアイランドのいくつかのオペロンに位置する（図19・11）. マグネトソーム形成に関わると予想される多くの遺伝子はわかっているものの，2, 3の遺伝子やタンパク質のみについてその機能が理解されているにすぎない．マグネトソームの膜の構成成分であるMms6という小さなタンパク質は*in vitro*におけるマグネタイトの結晶化に影響する．四つの小さな疎水性のマグネトソームタンパク質であるMamG, MamF, MamD, MamCは，マグネタイト結晶の大きさの制御に関与している．MamJやMamKは細胞骨格の要素で，マグネトソームの形態形成に関わっている．

ほとんどの走磁性細菌において，マグネトソームのミネラルのコア(核)はマグネタイト(Fe_3O_4)から形成されているが，磁性をもつ硫化鉄グレイグナイト(Fe_3S_4)を含むマグネトソームを合成するものもある．マグネタイト結晶のバイオミネラリゼーションでは，フェリチンや高スピン二価鉄種からの大量の鉄（乾重量で4%以上の鉄）の蓄積が必要となる．このバイオミネラリゼーションの過程は三つのステップからなる(図19・12)．はじめに内膜が陥入し，陥入した部分にマグネトソームタンパク質が集まる．陥入によって形成された小胞は，マグネトソームの膜の前駆体となる．第二段階として，膜に存在する鉄輸送体の働きにより二価鉄が小胞の中に蓄積する．MamJとMamKタンパク質の相互作用により小胞が鎖状に会合する．三段階めの最終段階で，マグネトソームに強く結合したいくつかのタンパク質の働きで，鉄はマグネトソーム内で秩序立ったマグネタイト結晶に姿を変える．この過程は鉄の過飽和，pHや酸化還元電位が厳密に制御されることで行われる．

ここで述べたように，マグネトソームにおけるマグネタイトのバイオミネラリゼーションは，先に述べてきたフェリチンにおけるバイオミネラリゼーションに比べて非常に複雑であることがわかると思う．

カルシウムを含んだバイオミネラル：ホヤおよび軟体動物における炭酸カルシウム

炭酸カルシウムを基盤としたバイオミネラルは多くの生物にみられる．生物起源のミネラルのなかで最も豊富なのが軟体動物の殻（貝殻）であり，95〜99%が炭酸カルシウムの結晶でできており,残りは有機マトリックスからなる．貝殻の層は，アラゴナイト(アラレ石)やカルサイト(方解石)として炭酸カルシウムから形成されている．タンパク質や多糖類からなる有機マトリックスは炭酸カルシウムの結晶成長に重要であると考えられており，貝殻の変わった特徴の原因となっている．たとえば，貝殻のアラゴナイトの層である真珠層は，耐破壊性が非生物的に形成されたアラゴナイトの3000倍もある．貝殻の層におけるバイオミネラルの結晶多型や微小構造は，外套膜の上皮細胞から分泌されるタンパク質によって制御されている．バイオミネラルと有機マトリックスの相互作用の例として，オウムガイ(*Nautilus repertus*)の貝殻の真珠層における有機物質と無機物質の境界にある分子を図19・13に示している．有機マトリックスにおけるタンパク質部分のβシートの繰返し構造と貝殻のアラゴナイトの格子サイズが絶妙に対応しており，アラゴナイトのカルシウムとβシート上のAsp-X(中性アミノ酸残基)-Aspというアミノ酸配列におけるアスパラギン酸が相補的に相互作用することが提案されている．

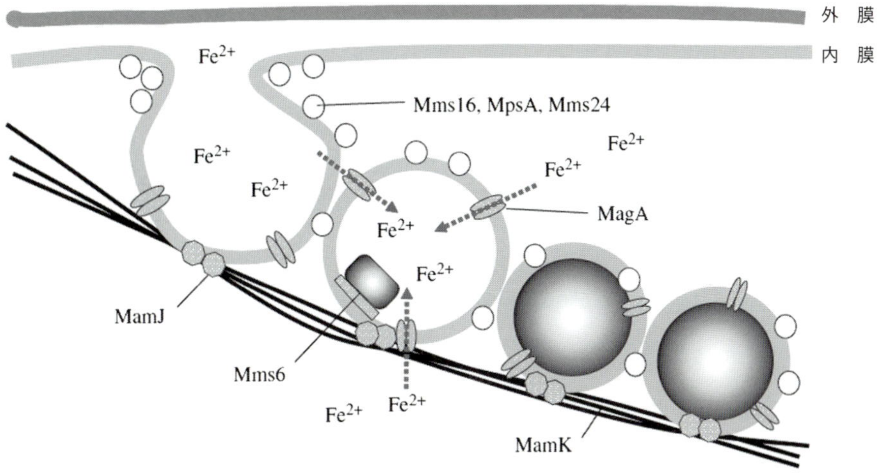

図19・12　推定されるマグネトソームの形成機構.

ホヤ(尾索類)は海洋生物の一種であるが，チュニック(被嚢)とよばれる特徴的な硬い外皮をもつ．チュニックは動物性セルロース(ツニシン)からなっており，カルシウムを含んださまざまな形状からなる小さな骨片を含んでいる(図19・14)．そして，この骨片は組織の剛直さを生み出していると考えられている．このような骨片は，非常に硬い胞状の有機層を分泌する造骨細胞により生成される．ホヤ(*P. pachydermatina*)由来の2種類の骨片を図19・14に示す．これらは，アモルファス炭酸カルシウムとよばれる不安定な状態の炭酸カルシウムを有機小胞とともに含んでいる．犬骨状のチュニックの骨片（図19・14a）はカルサイトを含んでいる．この骨片のカルサイト層から抽出した高分子はカルサイト結晶の成長を促進させる．一方，アモルファス炭酸カルシウムの層からの抽出物は結晶の形成を抑制する働きがある．対照的に，アモルファス炭酸カルシウムのみから形成されている枝角状の骨片(図19・14b)からの高分子は，水和したアモルファス炭酸カルシウムを安定化する．これらのことから，ミネラル構造に内包されたタンパク質やその他の高分子が，アモルファス炭酸カルシウムのような不安定な状態を安定化したり，バイオミネラルの形態形成を選択的に決定したりしていることがわかる．

ハマグリ，カキ，アワビ，ホタテガイや淡水巻貝などの軟体動物の殻にも，多様かつ複雑な構造を形成するための主要な構成要素として炭酸カルシウムが用いられる．これらの複雑な構造体がどのようにして形成されるのか，その

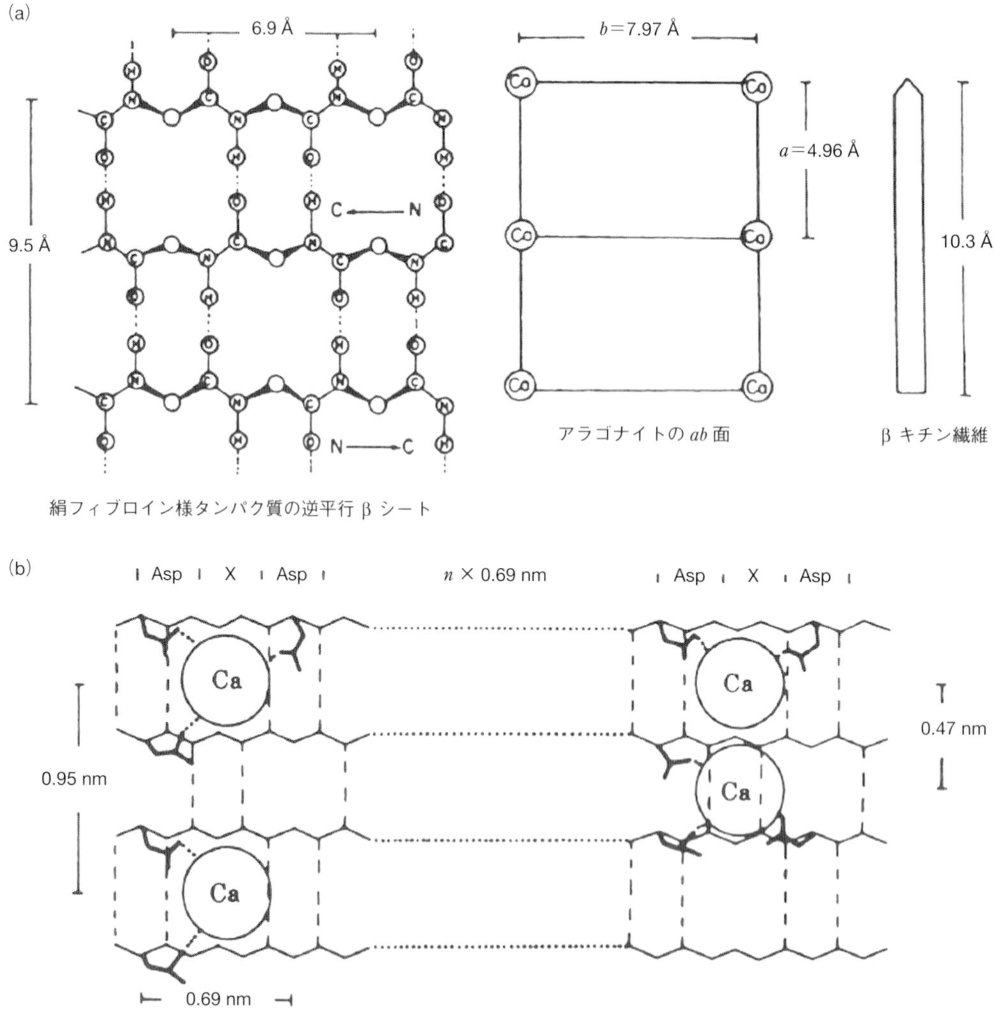

図19・13 オウムガイ(*Nautilus repertus*)の貝殻の真珠層における有機-無機化合物の界面．(a) 真珠層の構成要素であるタンパク質のシート，アラゴナイト結晶とキチン繊維の構造上の関係．タンパク質の β シートの周期構造とアラゴナイト結晶の *ab* 面での格子長が幾何学的によく一致する．(b) アラゴナイト結晶の *ab* 面におけるカルシウム原子とマトリックタンパク質の β シートを構成する Asp-X-Asp 配列のアスパラギン酸残基が形成しうる相補的な相互作用様式．［Mann, Webb, Williams, 1989 より］

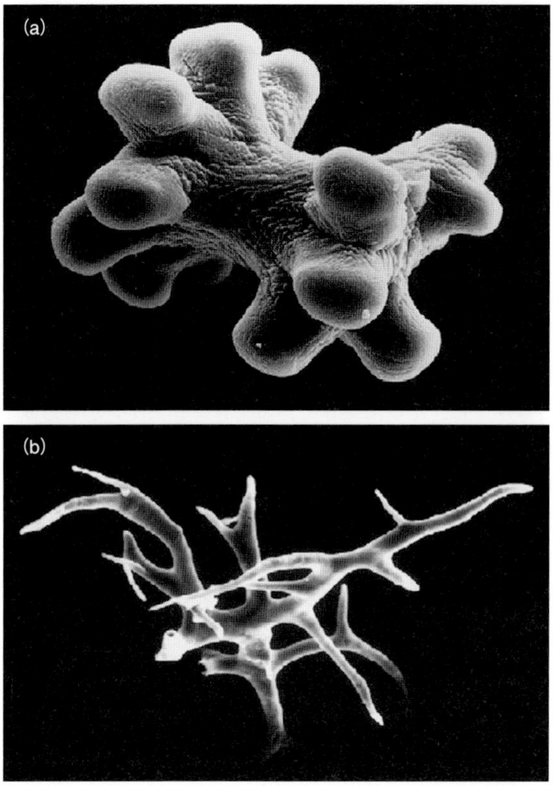

図 19・14　ホヤ(*Pyura pachydermatina*)の骨片の走査型電子顕微鏡像．(a) チュニック(被嚢)から得られた犬骨状の骨片．(b) 鰓嚢(えらぶくろ)から得られた枝角状の骨片．[Wilt, 2005 より．Elsevier の許可を得て転載．©2005]

原理は現在明らかにされていないが，今後研究が進められることで，そのメカニズムが解明されていくだろう．

一つの興味深い結果が，幼体から生体になるまでの間，貝殻の状態を観察して比べるという方法から得られている．幼体の貝殻ではアモルファス炭酸カルシウムとアラゴナイトが混在しているが，数時間から数日かけて，アモルファス炭酸カルシウムが徐々にアラゴナイトへと変化していく．炭酸カルシウムの安定な結晶状態（アラゴナイト）がアモルファス状の前駆体からゆっくりと形成するという提案は，実験的証拠により支持されてきている．またこのことは，幼体においてみられるアラゴナイトは合成で得られるアラゴナイトと比べて結晶性が悪いという観察や，胚にみられるバイオミネラルはアモルファス炭酸カルシウムであるが，微小な範囲ではアラゴナイトと似ているという事実からも裏付けされている．

形態形成の後も貝殻の形成は続き，成体の貝殻にはアラゴナイトのみかアラゴナイトとカルサイトの層が含まれるようになる．アラゴナイトとカルサイトが混ざったものをもつ種は，稜柱層とよばれるカルサイトからなる層を海水と面する殻の外側を覆う殻皮にもつ．その内側の真珠層にはアラゴナイトが使われる（図 19・15）．このような貝殻をもつ種では，2 種類の異なるミネラル構造を形成するために炭酸カルシウムの形態が制御されなければならない．真珠層から抽出された有機マトリックスの可溶性分子は *in vitro* でアラゴナイトの形成を好む．一方，稜柱層からの抽出物はカルサイトの形成を好む．稜柱層および真珠層の形成を秩序立てて行うために，有機マトリックスを分泌する細胞は，決まった時間，場所で，有機マトリックスの成分を変化させるようにプログラミングされており，カルサイトとアラゴナイトのつくり分けを行っていると推察できる．

今後の展開としては，マイクロアレイ技術や抗体の利用により，貝殻のバイオミネラリゼーションに関わる有機マトリックスのタンパク質が明らかにされ，その機能解析が進められると期待できる．近年報告されたウニ（*Strongylocentrotus purpuratus*）の遺伝子解析は，バイオミネラリゼーション（炭酸カルシウムからなる殻の形成）に関わる有機マトリックス内の分子の発見や機能解析への第一歩になるであろう．

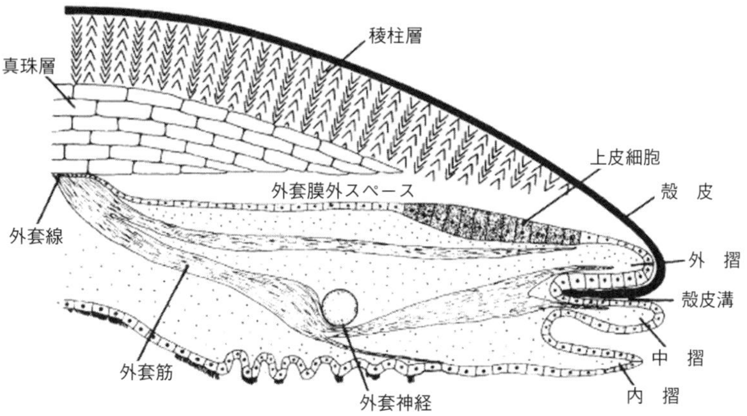

図 19・15　二枚貝の貝殻とそれに結合した外套膜の断面図．[Wilt, 2005 より．Elsevier の許可を得て転載．©2005]

骨やエナメル質の形成における バイオミネラリゼーション

哺乳動物における骨や歯，もしくは硬骨魚は，約5％が炭酸塩と結合したヒドロキシアパタイト[$Ca_{10}(PO_4)_6(OH)_2$]（炭酸ヒドロキシアパタイト）という構造のリン酸カルシウムからなっている．内骨格の骨や歯の象牙質やエナメル質は，炭酸ヒドロキシアパタイトのバイオミネラルを多量に含んでいる．そして，炭酸ヒドロキシアパタイトは，それが形成される組織において，機能に順応した物理的および力学的特性をもつ多様な構造を形成する．本節では，はじめに骨の形成について記述し，最も硬いバイオミネラルである哺乳動物における歯のエナメル質のバイオミネラリゼーションについて述べる．

図19・16に示すように，骨は5階層からなる組織化された構造をしている．1）皮質および海綿状骨．2）オステオン（ハバース系ともよばれる）．骨の主要な構造成分で，ハバース管とよばれる細長い管によって囲まれた骨の層（ラメラ）からなる．3）ミクロンスケールの構造では，ハバース管とラメラがオステオンを形成する．4）サブミクロンスケールでは，コラーゲン繊維にミネラルのマトリックスが埋め込まれている．5）ナノスケールでは，結晶状のミネラル，コラーゲンと水分子が存在する．以下では，骨の主成分である有機マトリックス，アパタイトミネラルと水分子について述べる．

骨の約32％の体積を占める有機マトリックスは，その90％がコラーゲン（Ⅰ型コラーゲン）で，そのほかには，バイオミネラリゼーションの過程を助けるオステオカルシンやオステオネクチンなどのタンパク質が存在する．コラーゲンは，その前駆体であるプロコラーゲンから形成される（図19・17）．プロコラーゲンは三つのポリペプチドがよりあわされた三重らせん構造をした棒状の分子で，骨形成細胞であるオステオブラスト（骨芽細胞）から分泌される．プロコラーゲンは特徴的なアミノ酸配列をもっており，3残基ごとにグリシンをもつ．グリシンの次とその次のア

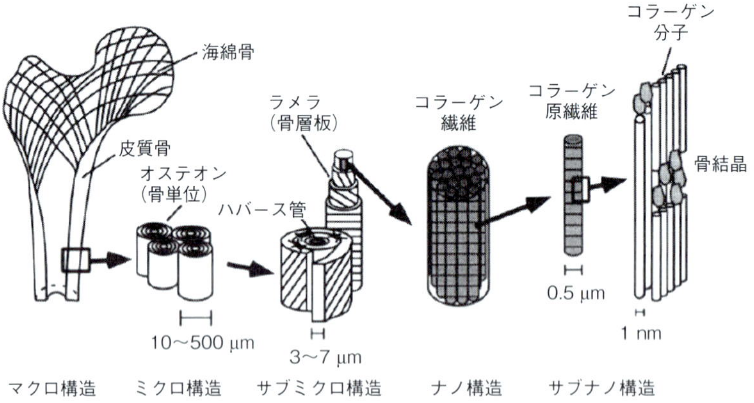

図19・16 大腿骨にみられる骨の階層構造．［Nyman, Reyes, Wang, 2005 より］

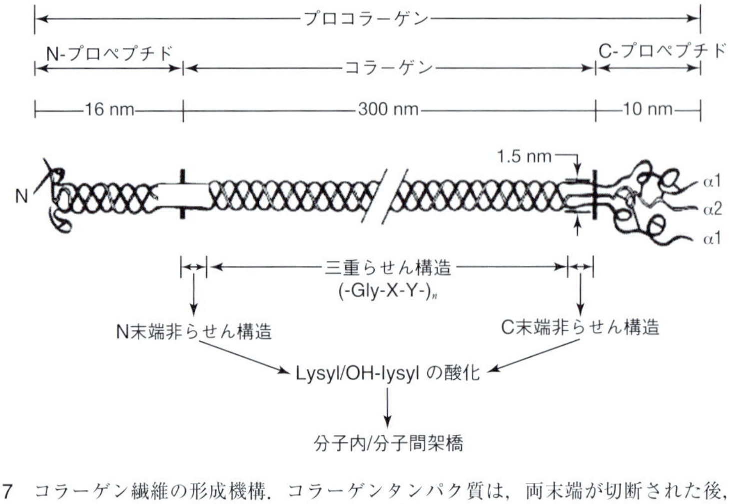

図19・17 コラーゲン繊維の形成機構．コラーゲンタンパク質は，両末端が切断された後，酵素依存の架橋反応により，それぞれが会合し，コラーゲン繊維を形成する．［Nyman *et al*., 2005 より］

ミノ酸は，しばしばプロリンやヒドロキシプロリンとなっている（ヒドロキシプロリンは，Fe^{3+}およびアスコルビン酸依存性のプロリルヒドロキシラーゼによるプロリンのヒドロキシ化により形成される）．プロコラーゲンのN末端およびC末端部分がタンパク質分解酵素により切断された後，コラーゲンは凝集し，長さ300 nm，直径1.2 nmからなるコラーゲン原繊維を形成する．コラーゲン繊維の形成過程では，おもにヒドロキシリシン（銅依存のリシルヒドロキシラーゼにより形成される）の架橋が繊維構造を安定化している．さらにその他の架橋が生じることもある．

骨のバイオミネラル部分は体積にして全体の約43%を占めており，その大半がカルシウムとリン酸からなり，少量だが無視できない量の炭酸（と微量の不純物）を含む．骨のバイオミネラルは，ヒドロキシアパタイトではなく炭酸アパタイト$[Ca_5(PO_4)CO_3]_3$である．哺乳動物の骨格では，骨のミネラリゼーションは架橋されたコラーゲンのネットワーク構造に依存している．はじめにオステオイド（石灰化前の骨組織．すなわちバイオミネラリゼーションが起こる前の骨成分）のコラーゲンマトリックスの枠組みに存在する空隙に水分子が入る．次に，コラーゲン原繊維の中や表面の複数の部位で結晶核の形成が起こる．結晶は成長し，コラーゲン分子の間まで侵入することで，コラーゲン分子の間に存在する水分子を追い出していく．最終的に，骨における水の含量が体積にして25%になるまで結晶成長が起こる．そして，残されたコラーゲンマトリックス内の水分子はコラーゲン分子のヒドロキシプロリンなどの親水性残基と相互作用し，分子内もしくは分子間水素結合を仲介することでコラーゲンの構造安定化に寄与する（図19・18）．

哺乳動物の歯のエナメル質では，骨よりもミネラリゼーションが強く起こっており，より硬質な組織を形成している．また，骨とは異なり，エナメル質にはコラーゲンは存在せず，成熟した状態で少量の特別なマトリックスタンパク質を含んでいる．初期の歯の発生段階は，二つの組織（上皮細胞と間葉系幹細胞[*3]）の間でいくつものシグナル分子が組織的に機能することで起こる．

エナメル質の形成は次のようなステップからなると考えられている．① 上皮細胞由来のエナメル芽細胞が刺激されることで，エナメルマトリックスタンパク質と炭酸アパタイトが分泌される．② マトリックスタンパク質であるアメロゲニンの自己会合が起こり，ナノ球体が形成され，マトリックスの“リボン”が形成する．③ 飽和濃度レベルのCa^{2+}とPO_4^{3-}の分泌．④ 結晶核の形成．⑤ マトリックスによる結晶成長の制御．⑥ タンパク質分解酵素によるマトリックスの分解と炭酸アパタイト結晶によるマトリックス部分の補間．エナメル質の形成において主となる可溶性タンパク質は，アメロゲニンであり，これは，エナメル質の形成とともに分解される．実際に，成長中のエナメル質においてアメロゲニンの分解途中の中間生成物が確認されている．この180残基からなる疎水性のタンパク質は*in vitro*で自己会合し，*in vivo*でみられるマトリックスのリボンのようなナノ球体を形成する．また*in vivo*において，アメロゲニンはバイオミネラルの微結晶を蓄積させ，それを棒状に成型するチャネルのように働くが，*in vitro*でもアメロゲニンは炭酸アパタイトと相互作用し，その結晶成長を制御する．しかし，アメロゲニン以外にもエナメル質に特異的にみられるタンパク質があり，エナメル質の形成機構は単純ではない．一つのマトリックスタンパク質をノックアウトしても，バイオミネラリゼーションが完全に起こらなくなることはなく，同じような機能をもつタンパク質が複数存在していることを意味している．エナメル質形成の複雑な分子機構を理解するためにはさらなる研究が必要である．

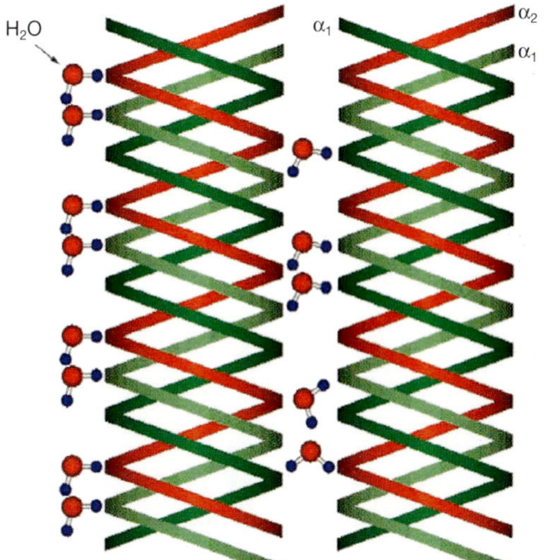

図19・18 水分子によるコラーゲン繊維の安定化．水分子は，コラーゲンの親水性アミノ酸残基と水素結合を介して分子内および分子間での相互作用を仲介することで，コラーゲンの構造を安定化する．［Nyman *et al.*, 2005 より］

おもしろいことに，骨や歯のバイオミネラリゼーションにおいて，無脊椎動物は炭酸カルシウムを利用しているのに対し，脊椎動物はほとんどすべてリン酸カルシウムを用いている．ほとんどと言うのは，バイオミネラリゼーションにおけるリン酸カルシウムの利用は脊椎動物が編み出したのであるが，脊椎動物においても，内耳の耳石[*4]の形

＊3　間葉組織は，未成熟，未分化の組織で，動物の初期胚にみられる．一方，上皮細胞は，実質細胞である．
＊4　脊椎動物の内耳にある小さな骨のような構造体．

成のために炭酸カルシウムが用いられているからである．ゼブラフィッシュ（脊椎動物）における耳石の形成に必要とされる遺伝子（遺伝子名 *starmaker*）のホモログが無脊椎動物にあるかはまだ明らかにされていないが，このようなことが明らかにされることで，生物による炭酸カルシウムおよびリン酸カルシウムの利用に関する理解が深まるであろう．

シリカを基礎としたバイオミネラル

第1章でケイ素が必須元素であることを述べた．そしてケイ素は，珪藻類，植物，海綿動物に多くみられる．珪藻類は単細胞である藻類の一種で，ナノパターンのシリカ(SiO_2)からなる細胞壁を生成する．数万種にも及ぶ珪藻類があり，それらのそれぞれが異なる形状のシリカでできた細胞壁をもっている(図19・19)．珪藻類のシリカバイオミネラルは有機無機複合材料で，無機のシリカがタンパク質，多糖類や長鎖ポリアミンなどの有機高分子と結合した状態にある．珪藻類においては，オルトケイ酸 $Si(OH)_4$ の前駆体である単量体のケイ素化合物は，ケイ酸輸送体である SIT ファミリータンパク質により細胞内に輸送される（第1章参照）．そして，シリカの形態形成はシリカ堆積小胞とよばれる生体膜に結合した区画で行われる．シリカの形態形成が終了すると，シリカ堆積小胞からのエキソサイトーシスによりシリカは細胞外に放出される．珪藻類は，それぞれが種に特異的なシラフィン*5（低分子量のペプチドでシリカと親和性もつ）および長鎖ポリアミンをもつ．シラフィンと長鎖ポリアミンは，ケイ酸からシリカの形態形成を加速・制御し，シリカ堆積小胞における種特異的なシリカナノパターンの形態形成に寄与すると考えられている．

シリカバイオミネラルからなるプラントオパールは植物において，若枝の支持によって植物に構造的剛直さを与えたり，枝葉が落ちるのを防いだり，葉に力学的強度を与えるなどさまざまな目的に用いられる．プラントオパールの硬さは，捕食者の歯のエナメル質をすり減らせることで捕食されるのを防ぐことに役立っている．実際に，ウマの歯の進化と牧草のプラントオパールの含量は相関すると主張されている．また，プラントオパールは植物の味を悪くし，ちくちくした歯ごたえのものにするという効果があり，これも捕食を防ぐ手立てとなっている．イラクサにおける刺し毛，いわゆる毛状突起はシリカのきめの細かい中空の針からできている．それらは非常に鋭く，手の甲に軽く触れるだけで皮膚を貫通し，炎症のもととなる神経伝達物質セロトニンやヒスタミン，アセチルコリン，ロイコトリエン，二環式オクタペプチドであるモロイジンが注入される．このように，植物はシリカからなるバイオミネラルを種の存続のために利用している．

海綿動物は，シリカを酵素的に重合し，細胞内で水和したアモルファス状のシリカミネラルを形成することで μm から m サイズのシリカ含有の骨格要素（針骨）を生み出す．

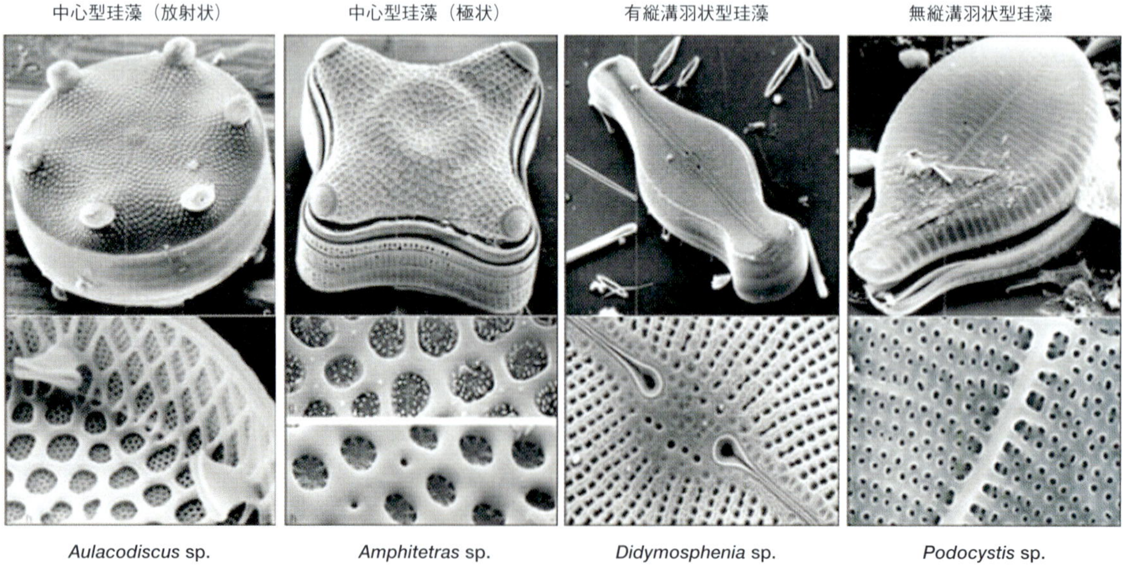

図19・19　四つの種の異なる珪藻類の細胞壁の走査型電子顕微鏡像．［Kröger, Poulson, 2008 より．Annual Reviews の許可を得て転載．©2008］

*5　シラフィンはリン酸化タンパク質で，珪藻類のシリカ（細胞壁）と弱く結合している．シラフィン以外に，フラスチュリンとプリューラリンという二つのタンパク質が珪藻類の細胞壁に結合していることが知られている．

針骨は光ファイバーと同じように光を透過させる構造物で，海綿動物に構造的安定性を与えるとともに捕食を防ぐ働きがある．海綿動物におけるシリカナノ粒子の形成はシリカテインという酵素によって細胞内で行われる．形成されたシリカナノ粒子は融合し，シリカテインと足場タンパク質であるシリンタフィン-1からなるタンパク質繊維を中心に同心円状の層状構造を形成する．このようにしてシリカバイオミネラルである針骨が成長し，細胞外に突き出し，細胞外でさらに成長し，最終的なサイズと形態になる．この過程はシリカテインとシリンタフィン-1および他のタンパク質，ガレクチンやコラーゲンによって行われる．生物によるシリカのバイオミネラリゼーションは，さまざまな形態のシリカミネラルの形成という観点から医学やバイオテクノロジーへ応用が期待されている．図19・20はその一例で，生物システムを利用したバイオシリカナノロッドの形成を示している．この図からもわかるように，

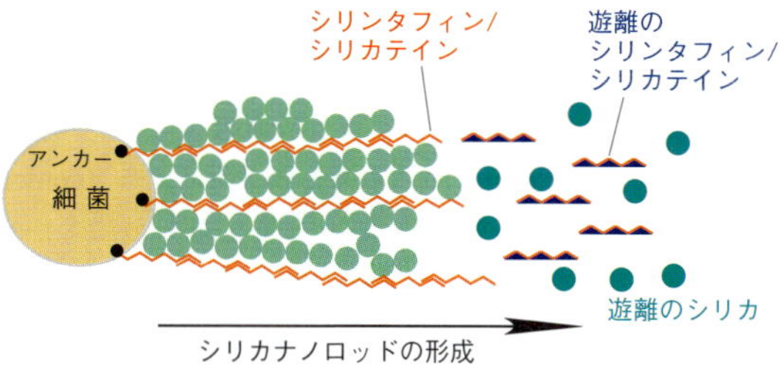

図19・20 シリカテインおよびシリンタフィン-1を発現させた細菌によるバイオシリカナノロッドの形成機構の推定図．足場タンパク質であるシリンタフィン-1がシリカテインと結合し組織化することで，オルトケイ酸を加えるとシリカナノ粒子を会合させ棒状のシリカミネラルを形成する．[Müller *et al.*, 2009 より改変]

針骨は有機的足場（シリカテインとシリンタフィン-1からなる），すなわち構造を決定する場を含んでおり，シリカテインが無機的構造物の形成のための土台となっている．

文　献

Bou-Abdallah, F. (2010). The iron redox and hydrolysis chemistry of the ferritins. *Biochimica et Biophysica Acta, 1800*, 719–731.

Crichton, R.R., & Declercq, J.P. (2010). X-ray structures of ferritins and related proteins. *Biochimica et Biophysica Acta, 1800*, 706–718.

Crichton, R.R., & Roman, F. (1978). A novel mechanism for ferritin iron oxidation and deposition. *J. Mol. Catal., 4*, 75–82.

Gálvez, N., Sánchez, P., & Domínguez-Vera, J.M. (2005). Preparation of Cu and CuFe Prussian Blue derivative nanoparticles using the apoferritin cavity as nanoreactor. *Dalton Trans., 7*, 2492–2494.

Jogler, C., & Schüler, D. (2009). Genomics, genetics, and cell biology of magnetosome formation. *The Annual Review of Microbiology, 63*, 501–521.

Komeili, A. (2007). Molecular mechanisms of magnetosome formation. *The Annual Review of Biochemistry, 76*, 351–366.

Kröger, N., & Poulsen, N. (2008). Diatoms-from cell wall biogenesis to nanotechnology. *Annual Review of Genetics, 42*, 83–107.

LaMer, V.K., & Dinegar, R.H.J. (1950). Theory, production and mechanism of formation of monodispersed hydrosols. *Journal of the American Chemical Society, 72*, 4847–4854.

Le Brun, N.E., Crow, A., Murphy, M.E., Mauk, A.G., & Moore, G.R. (2010). Iron core mineralisation in prokaryotic ferritins. *Biochimica et Biophysica Acta, 1800*, 732–744.

Lewin, A., Moore, G.R., & Le Brun, N.E. (2005). Formation of protein-coated iron minerals. *Dalton Trans., 21*, 3597–3610.

Mann, S., Webb, J., & Williams, R.J.P. (1989). *Biomineralization chemical and biochemical perspectives*. Wienheim: VCH.

Matsunaga, T., & Okamura, Y. (2003). Genes and proteins involved in bacterial magnetic particle formation. *Trends in Microbiology, 11*, 536–541.

Meldrum, F.C., & Cölfen, H. (2008). Controlling mineral morphologies and structures in biological and synthetic systems. *Chemical Reviews, 108*, 4332–4432.

Michel, F.M., Ehm, L., Antao, S.M., Lee, P.L., Chupas, P.J., Liu, G., *et al.* (2007). The structure of ferrihydrite, a nanocrystalline material. *Science, 316*, 1726–1729.

Müller, W.E., Wang, X., Cui, F.Z., Jochum, K.P., Tremel, W., Bill, J., *et al.* (2009). Sponge spicules as blueprints for the biofabrication of inorganic-organic composites and biomaterials. *Applied Microbiology and Biotechnology, 83*, 397–413.

Nyman, J.S., Reyes, M., & Wang, X. (2005). Effect of ultrastructural changes on the toughness of bone. *Micron, 36*, 566–582.

Thompson, D.W. (1942). *On growth and form*. Cambridge University Press Cambridge, pp. 1116.

Toussaint, L., Bertrand, L., Hue, L., Crichton, R.R., & Declercq, J.-P. (2007). High-resolution X-ray structures of human apoferritin H-chain mutants correlated with their activity and metal-binding sites. *Journal of Molecular Biology, 365*, 440–452.

Uchida, M., Kang, S., Reichhardt, C., Harlen, K., & Douglas, T. (2010). The ferritin superfamily: supramolecular templates for materials synthesis. *Biochimica et Biophysica Acta, 1800*, 834–845.

Wilt, F.H. (2005). Developmental biology meets materials science: morphogenesis of biomineralized structures. *Developmental Biology, 280*, 15–25.

第20章

脳内の金属

20・1　はじめに

金属イオンは，神経インパルスの伝達や神経伝達物質の生合成を含む脳内の一連の重要な生理学的反応に絶対的に不可欠である．ここで示す金属イオンとは，分光学的に吸収をもたないナトリウム(Na)，カリウム(K)，カルシウム(Ca)，マグネシウム(Mg)，亜鉛(Zn)などや，より分光学的に吸収をもつ鉄(Fe)，銅(Cu)，マンガン(Mn)などを含む．これらの金属イオンの脳機能における役割は特に重要である．第9章で見たように，アルカリ金属イオンであるNa^+やK^+はニューロンの細胞膜における電気化学的勾配を産み出すイオンチャネルの開閉に関与している．これは，脳内の神経インパルスの伝達のみならず，脳から身体の他の臓器への信号伝達に重要な働きをもつ．カルシウムと亜鉛の流入は神経系の細胞機能の調節に重要である．銅や鉄は，脳内の特に金属酵素の中で特に重要な働きをもつことにも注目する．

20・2　脳と血液脳関門

人間の脳は，ピアニストの指を操り，異なるキーボードを演奏するオルガニストの指や手や足を操るくらい複雑である．脳は網膜の二次元映像から三次元情報を再現することもできる．脳はヒトの体重の2%を占めるのみであるが，酸素消費量では20%を占める．この値は，睡眠時でも，たとえば集中して本書を読んでいる場合のような集中時でもほとんど変化しない．

神経系の複雑さは圧倒的であり，われわれの身体機能の全部を制御している．ポストゲノム時代である今日に至っても，理解にはほど遠い．ヒトの脳は約10^{12}個の特殊化された神経細胞，すなわちニューロンを含み，おのおののニューロンは他のニューロンと10^3個の結合を形成する．数百万のニューロンが体内外の環境情報を集めて，情報を整理し貯蔵する他のニューロンに伝達する．さらに数百万のニューロンが，この情報に応答して筋肉収縮やホルモン合成などを制御する．いわゆる中枢神経系（central nervous system, CNS）は圧倒的な複雑さをもつにもかかわらず，ニューロンの構造と機能はよく理解されている．ほとんどのニューロンは，細胞体，軸索，樹状突起，軸索終末の四つの部位からなる（図20・1）．細胞体は，核を含み，ニューロン内すべてのタンパク質や膜の生合成を行う場所である．ほとんどのニューロンは1本の軸索をもち，これが活動電位とよばれる神経インパルスを伝達し，多くの神経終末につながる．広範に枝分かれした樹状突起は，数百の他の細胞からのシグナルを受け取る．中枢神経系では，軸索は他の多くのニューロンとシナプスにおいて相互作用し，瞬時に応答をひき起こす．シナプス前終末の軸索終末に活動電位が到達すると，シナプス後ニューロンある

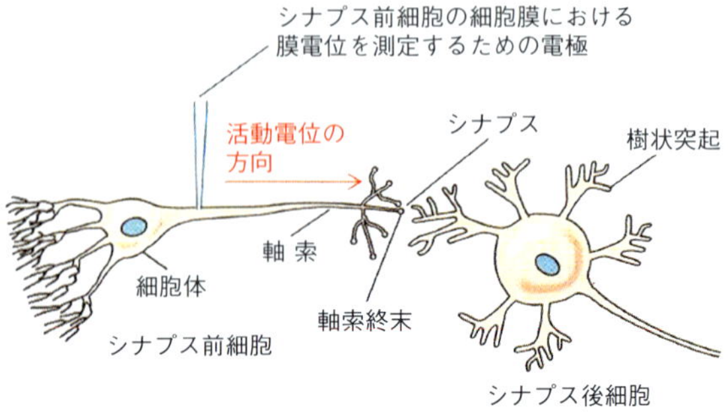

図20・1　典型的な神経細胞とシナプスの構造．ニューロンは多くの軸索終末をもつが，ここでは1本のみを記載している．［Lodish *et al.*, 1995 より．Scientific American Books の許可を得て転載．©1995］

いは他の細胞に電気信号を伝播させる．

ニューロンは三つのタイプに分かれる．多極性ニューロンは多く枝分かれした樹状突起をもち，数百の他のニューロンの信号を受け取り，終末外側枝の多くの他のニューロンへ伝達する（図20・2a）．運動ニューロンは神経インパルスを筋肉細胞に伝達し，単一の，しばしば非常に長い軸索が細胞体から筋細胞に伸びている（図20・2b）．哺乳類のニューロンでは，軸索のランビエ絞輪と神経筋接合部シナプスを除くすべての部分がミエリン鞘に覆われている．感覚ニューロンは，光，におい，音，圧力，触覚などすべての種類の情報を，特化した受容体を介して集め，それらの信号を電気信号に変換する（図20・2c）．感覚ニューロンでは，軸索は細胞体を出たところから分岐している．中央の枝は脊髄神経節に位置しており，細胞体からのインパルスを脊髄あるいは脳へ運搬する．

Na^+とK^+の役割を考えるにあたって，過分極，脱分極の連続したサイクルによって生成され，特有のイオンチャネルの開閉によって伝播する活動電位について詳細に解析してみよう．図20・3に，シナプス前ニューロンの軸索膜内に微小電極を挿入した場合の活動電位を示す．ここで観察できる結果から，このニューロンは4ミリ秒ごとに“発火”していることがわかる．すなわち，このニューロンは毎秒250個の活動電位を生成している．より大きな脊椎動物のニューロン，特に運動ニューロンは，生物学的な絶縁テープであるミエリンで覆われており，神経インパルスを毎秒100 mの高速で伝播することができる．一方，ミエリン化されていない神経の伝播速度は毎秒10 m以下である*1．

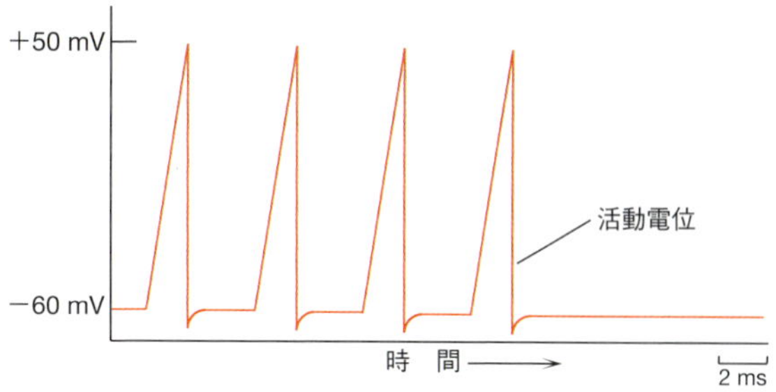

図20・3 シナプス前細胞の細胞膜における膜電位．

ニューロンは情報伝達に化学的信号と電気的信号のどちらかを用いる．化学シナプスにおいては（図20・4a），シナプス前ニューロンの神経終末にはアドレナリンやアセチ

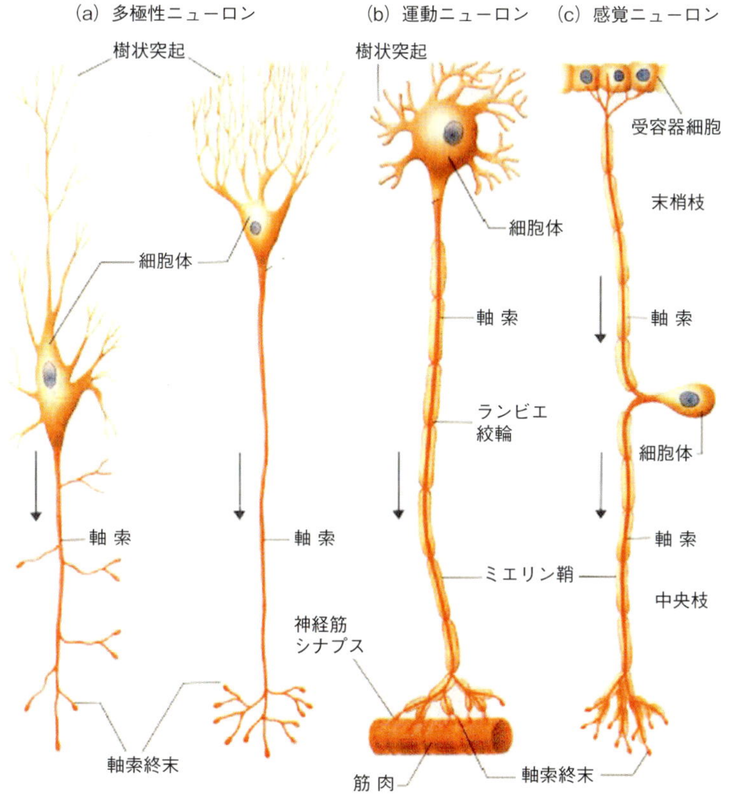

図20・2 典型的な哺乳類ニューロンの構造．矢印はニューロン（赤）における活動電位の伝播方向を示す．(a) 多極性ニューロン．広く枝分かれした樹状突起と1本の長い軸索をもつ．樹状突起はシナプスにおいて他の数百のニューロンからの信号を受け取る．軸索はその末端で横方向に分岐する．(b) 筋細胞に接続する運動ニューロン．通常，運動ニューロンは1本の長い軸索が対象細胞に伸びている．哺乳類の運動ニューロンでは，絶縁性の被覆であるミエリンが軸索のランビエ絞輪と軸索終末以外の部分を覆っている．(c) 軸索が細胞体から分岐している感覚ニューロン．末梢枝は受容器からの神経インパルスを細胞体に伝える．中央の枝は，脊髄神経節に位置している細胞体からのインパルスを，脊髄あるいは脳に伝える．［Lodish *et al.*, 1995 より．Scientific American Books の許可を得て転載．©1995］

*1 もしキリンが非ミエリンニューロンで伝達しなくてはならなかったなら，運動の協調にどんな問題が生じるか考えるとぞっとする．

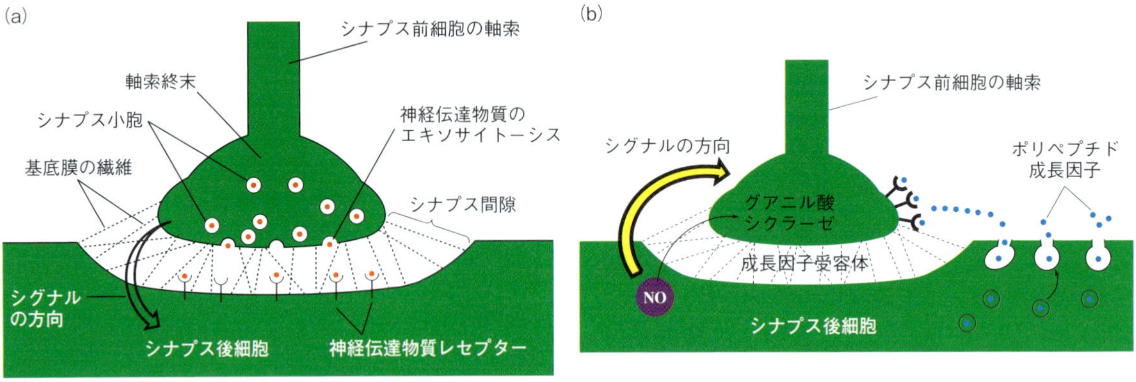

図 20・4　(a) 化学シナプス．シナプス前ニューロンとシナプス後ニューロンの細胞膜は狭い間隙（シナプス間隙）によって分けられている．電気信号の伝達によって，シナプス前細胞からの神経伝達物質の放出が起こり，シナプス間隙を拡散して，シナプス後細胞の特異的な受容体に結合する．(b) 電気シナプス．シナプス前細胞と後細胞の膜は，ギャップ結合によって結合されている．このチャネルを介してイオンが流れることによって，電気インパルスが伝達される．

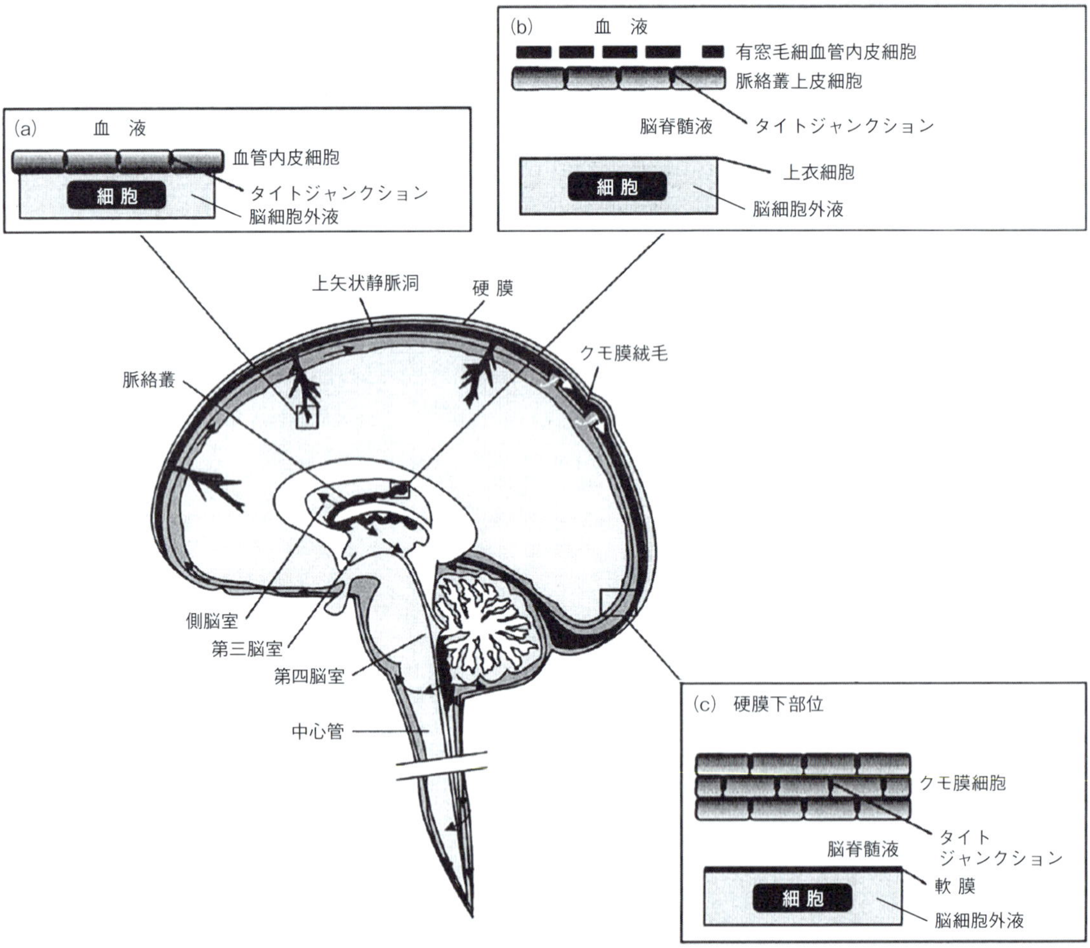

図 20・5　脳の関門．血管と脳の間には 3 種類の関門がある．(a) 血液脳関門．これは大脳毛細血管においてタイトジャンクションによって形成される．これは格段に大きい交換表面積をもち，ヒト成人では 12〜18 m^2 である．血管から 25 μm 以上離れている細胞は存在しないため，いったん血液脳関門を通過したならば，溶質や薬物が拡散してニューロンやグリア細胞に到達するまでの距離は短い．(b) 血液脳脊髄液関門は，脳脊髄液に面した内皮細胞間でタイトジャンクションが形成される，脳の側脳室，第 3 脳室，第 4 脳室の脈絡叢に存在する．(c) クモ膜関門．脳は脳膜の下にあるクモ膜によって覆われている．[Abbott, Patabendige, Dolman, Yusof, Begley, 2009 より．Elsevier の許可を得て転載．©2009]

ルコリンなどの神経伝達物質や亜鉛などの金属イオンが封入された小胞が存在する．活動電位が神経終末に到着すると，小胞のいくつかが細胞膜と融合して，その内容物をシナプス間隙に放出する．放出された神経伝達物質はシナプス間隙を拡散し，シナプス後細胞の特異的な受容体に結合することにより，細胞膜の膜電位を変化させる．シナプス後細胞が別のニューロンであったならば，最終的には活動電位を誘発し，シグナル伝達を行う．一方，シナプス後細胞が筋肉細胞ならば筋線維の収縮が，ホルモン産生細胞ならばホルモン放出が生じる．神経伝達物質は，その後シナプスが再び反応するために，可及的速やかに効率的に除去される必要がある．通常，化学シグナルによる神経伝達は，シグナルの増強（一般に“ゲイン”とよばれる）をもたらす．逆に，電気シナプスでは（図 20・4b），シナプス前膜と後膜はギャップ結合として知られる電流を通過させるチャネルで結合されている．電気シナプスは電気信号をより早く伝えるが，化学シナプスのように信号を増強させることはない．電気シナプスは，通常，防御反射のように急速な応答が必要とされる神経系でしばしば用いられる．

脳は，身体の他の臓器のなかで最も独特である．比較的難透過性の血管関門に隠されているため，血漿中の金属イオンなどの栄養成分に触れることが制限されている．脳と血管の間にはおもに三つの関門がある．これは，本来の血液脳関門（blood-brain barrier, BBB），血液脳脊髄液関門，クモ膜関門である（図 20・5）．血液脳関門は，大脳毛細血管内皮細胞においてタイトジャンクション（密着結合）によって形成される．成人では，血液脳関門は 12～18 m^2 の表面積をもち，基本的に大脳毛細血管内皮細胞において（図 20・6），タイトジャンクションによって基底膜，周皮細胞（ペリサイト），アストロサイト（星状細胞）の終足（end-foot）と結合している．血液脳関門を構成する細胞とそのつながりは図 20・6 に示す．内皮細胞は細胞間にまたがる経路を閉ざすタイトジャンクションを形成する．脳内に進入する物質は専用の内皮細胞輸送システムを用いる必要がある．血液脳関門を介する溶質の輸送は，内皮細胞膜の受動輸送あるいは能動輸送により促進される可能性がある．脳内のどの細胞も血管から 25 μm 以内に存在しているため，いったん溶質が血液脳関門を通過したならば，ニューロンあるいはグリアへの拡散距離は短い．他の血管内皮細胞とは異なり，血液脳関門の内皮は管腔側（血流に向かう側）と反管腔側（アストロサイトの終足やニューロンの突起，間質性溶液に取巻かれている）では異なるタイプの受容体を発現している．周皮細胞や毛細血管の周囲に存在する結合組織細胞は大脳血管の周囲，特に内皮組織の周りに分布して

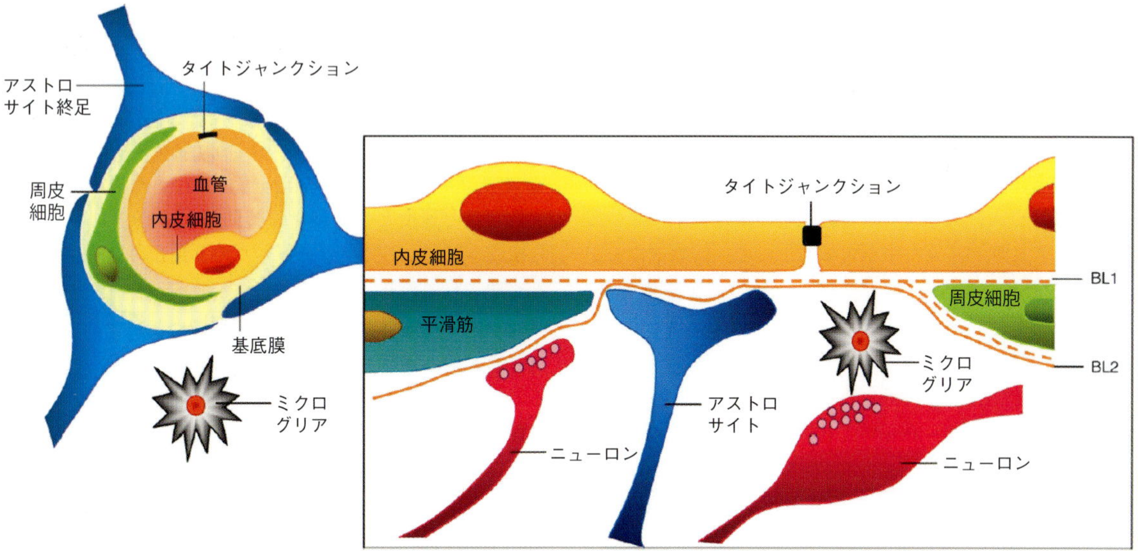

図 20・6　血液脳関門における細胞の連携．大脳血管内皮細胞は，細胞間の隙間をふさぐようにタイトジャンクションを形成している．周辺細胞は，脳血管に沿って不連続的に分布し，部分的に内皮を取巻いている．大脳血管内皮細胞と周辺細胞の両方とも，別個の血管周囲のマトリックス構造（基底膜1, BL1）〔これは脳の間充組織に結合するグリア細胞の終足の細胞外マトリックス（BL2）とは異なる〕を形成する局所基底膜によって覆われ，その一部を占める．アストロサイトからの足突起は，血管周囲で複雑なネットワークを形成し，この細胞との密接な連携は関門の維持に重要である．ニューロンから細動脈平滑筋への軸索投射は，血管作動性神経伝達物質やペプチドを含み，局所脳血流を制御する．血液脳関門の通過性は，血管作動性ペプチドの放出や細胞から放出される血管関連の他の因子によって制御される可能性がある．ミクログリアは脳内に常に存在している免疫担当細胞である．血液脳関門を通過する溶質の移動は受動的，すなわち脳と血管細胞の濃度勾配によって行われ，親水性物質がより容易に侵入する，あるいは内皮細胞膜の受動的輸送体または能動的輸送体によって促進される．内皮細胞の排出型輸送体は幅広い溶質の中枢神経系通過性を制御している．［Abbott *et al.*, 2009 より．Elsevier の許可を得て転載．©2009］

いる．大脳内皮細胞と周皮細胞は両方とも基底膜によって取囲まれており，独自の血管周囲性細胞外マトリックス（基底膜 1，BL1）を形成し，脳の間充組織と結合したアストロサイトの終足の細胞外マトリックス（基底膜 2，BL2）とは区別されている．アストロサイトとは，“星状”のグリア細胞であり，ミクログリアやオリゴデンドロサイト（希突起グリア細胞）と同様，中枢神経系の主要な細胞タイプである．アストロサイト突起のネットワークは，他の中枢神経系の細胞すべてと血管に対して強く結合した組織構造を形成する．これは細胞間空間内のイオンの制御，神経伝達物質の取込みあるいは分解，ニューロンへの栄養分の供給，そして，血液脳関門の形成など多くの機能をもつ．ミクログリアは血液脳関門の周辺にも観察される．ミクログリアは中枢神経系におけるマクロファージであり，アストロサイトやニューロンと連絡して多くのシグナル伝達経路をもつ免疫系細胞である．これは脳の病変の最も感受性が高いセンサーであり，脳の損傷や神経系の異常の兆候を検出すると，複雑な多段階の活性化過程を経て，“活性型ミクログリア”に変化する．活性型ミクログリアは，通常炎症をひき起こす有害に働く物質を放出し，またあるときには周囲の細胞に有益であるような多くの物質を放出する能力をもつ．これは損傷部位に移行し，増殖して，細胞や細胞小器官を貪食する．

20・3 Na^+，K^+，Ca^{2+}チャネル

神経インパルスは，神経細胞を伝わる，膜の一過性の脱分極-分極の波（活動電位）から構成されている．第9章で見たように，Alan Hodgkin と Andrew Huxley は1952年に，ヤリイカの巨大軸索*2（神経細胞の細胞体から伸びる長い突起）に埋め込んだ微小電極によって，活動電位を記録できることを明らかにした（図9・1）．興奮閾値では，Na^+チャネルが開き始め，つづいてK^+チャネルが開く．Na^+が細胞に流入するときに，K^+は放出される．その結果，最初の約 0.5 ms において，膜電位は，約 −60 mV である静止膜電位から +30 mV に上昇する．ここでNa^+チャネルは変化しなくなり，K^+が細胞から流出し続ける間それ以上Na^+は流入しなくなり，急激な再分極をひき起こす．膜電位は静止電位よりもさらに低くなり（過分極），その後最初の値に戻る．軸索膜に存在する電位依存性のNa^+およびK^+チャネルにより，情報伝達と細胞機能の制御を行う活動電位が誘起され（基本的には電気化学的な勾配である），情報伝達と細胞機能制御を可能とする．

哺乳類のニューロンは，さまざまな種類の電位依存性イオンチャネル（voltage-dependent ion channel, VDIC）を発現している．これによって，広い範囲の刺激と発火頻度による豊富な発火の様相を示し，そうして固有の電気的性質を保証し，哺乳類ニューロンにおけるシナプスシグナルの急速な伝達と処理を可能とする．ほとんどの電位依存性チャネルはNa^+，K^+，Ca^{2+}などのイオンに選択的であり，ニューロンの細胞体，樹状突起，軸索の特有の場所に局在している．特有の電位依存性チャネルが選択的に正確な位置に局在し，局所的なシグナル伝達経路によってダイナミックに制御される．そのため脳機能の根底にある神経機能が哺乳類ニューロンでは複雑になっている．

哺乳類の電位依存性カリウムチャネル（K_Vチャネル）は6回膜貫通型の α サブユニット4個で構成されており，それぞれの α サブユニットは補助的な β サブユニットと結合している．ヒトゲノム中には，K_Vチャネルの α サブユニットをコードする合計40の遺伝子が含まれている．この中には，選択的スプライシングを受ける mRNA を生成するものもある．グリア細胞も種々のイオンチャネルを発現しているけれども，哺乳類の脳では，これらのK_Vチャネル α サブユニットの多くの発現はニューロンに選択的である．K_Vチャネルは多様な細胞内分布パターンを示す．主として，K_V1チャネルは軸索と神経終末に，K_V2チャネルは細胞体と樹状突起にみられる．K_V3チャネルは，細胞やドメインの種類に応じて樹状突起もしくは軸索領域に，K_V4チャネルは細胞体の樹状突起膜に集中している．K_Vチャネルの分布を図20・7に示す．

第9章で見たように，電位依存性ナトリウムチャネル（Na_Vチャネル）は，機能発現に充分なポア（孔）を形成する α サブユニットと，それに結合したチャネル開閉の電位依存性と速度とを調整する補助的な β サブユニットから構成されている．Na_Vチャネルの9種類のアイソフォームが知られており，この中では$Na_V1.1$と$Na_V1.3$がおもにニューロンの細胞体と近位樹状突起に局在しており，活動電位の開始と樹状突起-軸索部分への伝播の閾値を設定することによって神経興奮を制御している．$Na_V1.2$チャネルは，主として非ミエリン軸索に発現し，活動電位を伝達する．$Na_V1.6$は主として活動電位を伝播するランビエ絞輪と活動電位が開始される軸索起始部に局在している．Na_V1電流の調節は疑うこともなく生理的に重要であり，Na_V1チャネルの機能を少しでも変化させるような突然変異は，ヒトではてんかんのような過剰興奮を伴う疾患をひき起こす．

電位依存性カルシウムチャネル（Ca_Vチャネル）は，膜の脱分極に伴うカルシウムの細胞内流入をつかさどり，これ

*2 イカの巨大軸索は非常に大きく，直径 0.5 mm にも達し，伝達速度は毎秒約 25 m である．1個の活動電位の間に，Na^+が 3.7 pmol/cm^2 で流入し，これは続いて起こるK^+の 4.3 pmol/cm^2 の流出によって相殺される．

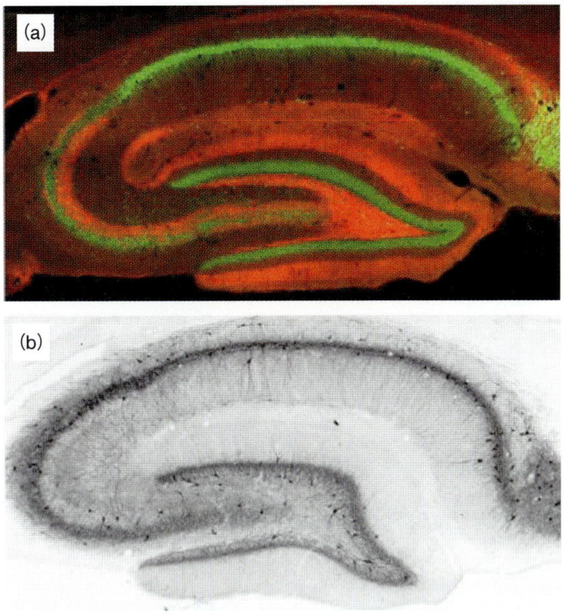

図 20・7　ラット海馬成体における電位依存性カリウムチャネル(K_V チャネル)の細胞内分布. (a) $K_V1.4$(赤)と $K_V2.1$(緑)の二重免疫染色像. $K_V1.4$ は, 歯状回中央分子層の中央貫通線維の終末部位と, 苔状神経線維軸索と CA3 淡明層終末に存在する. (b) $K_V3.1b$ の免疫染色像. [Vacher, Mohapatra, Trimmer, 2008 より. The American Physiological Society の許可を得て転載. ©2008]

はカルシウム依存の酵素活性化や遺伝子転写, 神経伝達物質のエキソサイトーシス放出など幅広い細胞内過程に関わる. これらの活動は, ニューロンの細胞膜における電気信号が細胞内の生理的過程につながるために必要である. 脳の Ca_V チャネルの生化学的性質によれば, 主要な α1 サブユニットに加えて, 多くの補助的なサブユニットが存在する. α1 サブユニットは最も大きいサブユニットであり, イオン通過孔と膜電位感受性部位, 開閉機構を含む. 哺乳類の神経系では, それぞれ特有の生理的機能と電気生理学的, 薬理学的性質をもつ多くの異なる α1 サブユニットが同定されている.

カルシウムとシグナル伝達

神経系の細胞をはじめとする多くの細胞内では, カルシウムイオン(Ca^{2+})の流入がシグナル伝達に重要な働きをもっている (第 11 章). ほとんどの真核細胞では細胞膜を介して Ca^{2+}を放出し, あるいは膜によって閉じられた貯蔵庫に貯蔵しており, 遊離の細胞内 Ca^{2+}濃度を 100〜200 nM に保っている (これは大雑把に言うと細胞外濃度の約 10000 分の 1 である). これにより Ca^{2+}がセカンドメッセンジャーとして, 細胞がその始まりから最終的な死に至るまでを制御する生理的シグナルのキャリヤーとして働くことが可能になっている. 細胞内 Ca^{2+}濃度が上昇すると, 真核細胞に普遍的なカルシウム結合タンパク質であるカルモジュリン(CaM)がカルシウムと結合する (第 11 章). これは大きなコンホメーション変化をひき起こし, 隠されていたカルモジュリンの疎水性部分を露出させ (図 11・9), 多くの標的酵素と結合して, その活性を制御する (第 11 章).

Ca^{2+}は, ニューロンの活動依存的な遺伝子発現をひき起こすシナプスから細胞核へのシグナル伝達にも関与する*3. このシグナル伝達はサーカディアンリズム(概日リズム)や長期記憶, 神経細胞の生存維持に重要な役割を果たす. 神経細胞の興奮の後に生じる遊離 Ca^{2+}の一過性の上昇は, 細胞質から核へといくつかの異なる経路で伝達される (図 20・8). 細胞内 Ca^{2+}の上昇に引き続いて, 核内転写因子である DREAM (downstream regulatory element antagonistic modulator) が活性化される. DREAM は核内に豊富に存在し, 三つの Ca^{2+}結合部位, EF ハンド構造をもつ (第 11 章に示すように). DREAM は, 核内 Ca^{2+}が低下したときに遺伝子のサイレンサー (遺伝子発現を抑制する領域) である DRE (downstream regulatory element) と結合すると考えられる. 核内 Ca^{2+}が上昇すると, DREAM は DNA から離れ, DRE の脱抑制をひき起こす. (コカインの快楽効果の解毒に働くとされる) ダイノルフィンをコードしている下流の遺伝子の活性化を起こし, 生体内の痛みシグナルを緩和する. Ca^{2+}が細胞質に流入した数秒以内に, NMDA(*N*-メチル-D-アスパラギン酸)受容体と L 型電位依存性 Ca^{2+}チャネル(VGCC)を介して, カルモジュリンが活性化され, 核に移行し, CREB (Ca^{2+}/cAMP responsive element-binding protein) 依存的な遺伝子発現に関与する. カルモジュリンはアデニル酸シクラーゼ/プロテインキナーゼ A (AC/PKA) と MAP キナーゼ(MAPK) 経路を介して CREB リン酸化にも関与し, これらは影響を後に及ぼす. 同時に, カルモジュリンは, 哺乳類の脳内のもう一つの標的タンパク質であるカルシニューリン(CaN)を活性化する. カルシニューリンはヘテロ二量体のホスファターゼであり, 活性化 T 細胞核転写因子(NFAT) ファミリーの転写因子 NFATc4 の脱リン酸を行う. 転写因子である NFATc 群は, 神経可塑性, 血液発生, 筋肥大において重要な役割を果たす. NFATc4 は, 脳における記憶学習の中心である海馬のニューロンに発現している. 脱リン酸に伴い, NFATc4 は細胞質から核に移行する.

シナプトタグミンは, シナプス小胞膜に局在するカルシウム結合タンパク質ファミリーであり, 神経伝達物質の放出に関与すると考えられている. シナプトタグミンのカル

*3　シナプスは, ニューロン間を連絡する局所部位である.

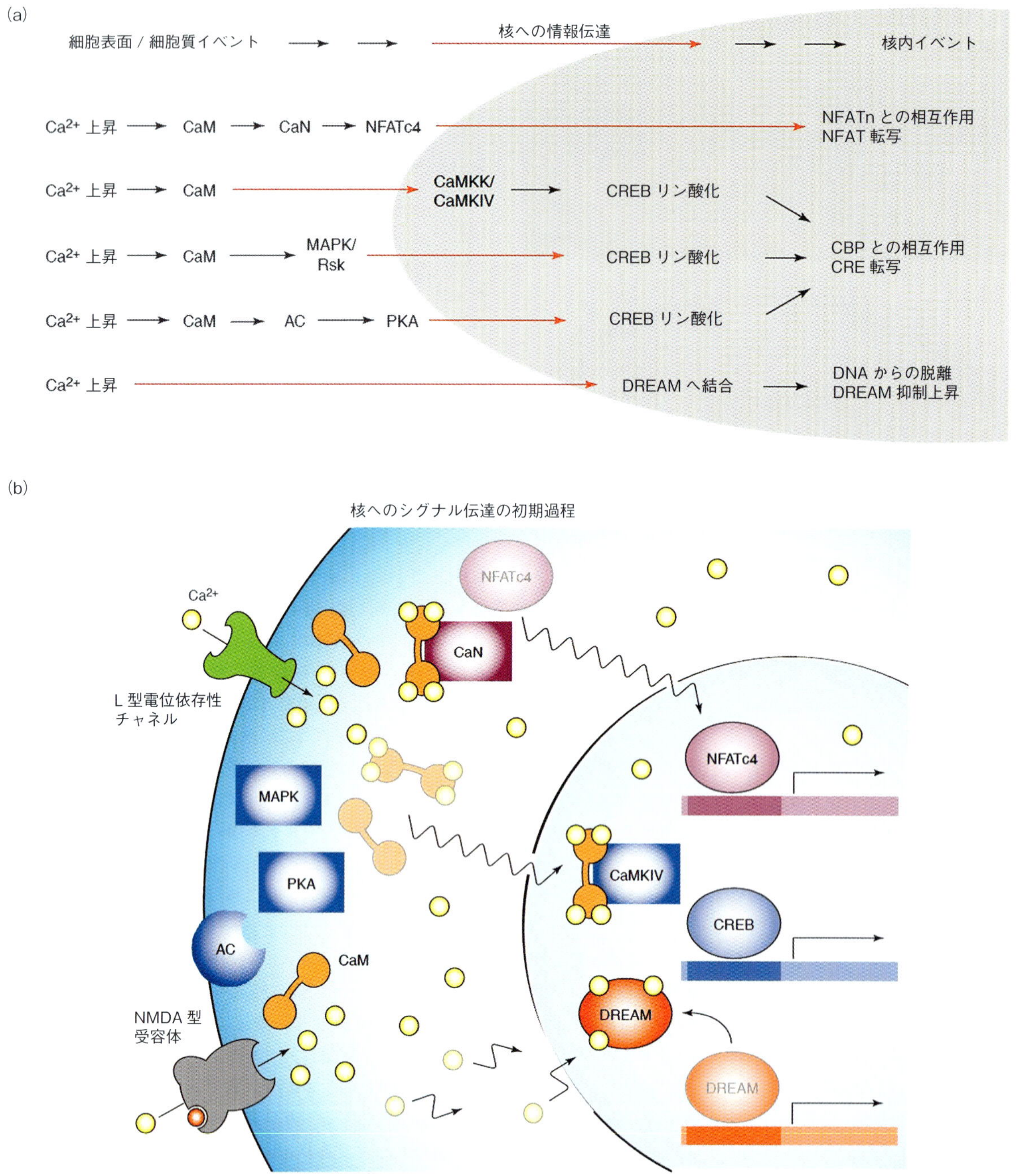

図 20・8 膜から核へのシグナル伝達: 情報伝達の多様な方略. (a) NFATc4, CREB, DREAM の転写因子は, おのおの異なるシグナル伝達経路によっているが, すべて細胞内 Ca^{2+} 上昇に伴って活性化される. NFATc4 は細胞質に局在し転写因子が特有の細胞内領域を標的とできるようにしている. このことはシグナルの高い特異性を可能としている. 実際, L 型 Ca^{2+} チャネルを介した Ca^{2+} 流入は, この転写因子を他の電位依存性 Ca^{2+} チャネルよりも優先的に活性化する. しかしながら, このシナプスから核へのシグナルは速度とシグナル増強の両方で制限がある. 逆に, DREAM は細胞内 Ca^{2+} 上昇一般で活性化され, 早い情報伝達を可能とする. しかしながら, この経路はシグナルの特異性に問題がある. CREB の活性化は, カルシウムセンサーであるカルモジュリンの核への移行あるいはキナーゼの活性化の前に生じ, NFATc4 と DREAM シグナル伝達の両方の利点をもっている. (b) 活動依存性遺伝子発現の早い段階 (0〜5 分) のイメージ. 細胞内 Ca^{2+} 上昇の後で, DREAM は転写抑制の上昇の結果, DNA から離れる. L 型 Ca^{2+} チャネルや NMDA 受容体を介する Ca^{2+} 流入の数秒以内に, カルモジュリンは核へ移行し, CaMKⅣ の活性化を通して CREB のリン酸化を助ける. ほぼ同時に NFATc4 もカルシニューリン (CaN) の脱リン酸に引き続いて核へ移行する. (a) で図示した別の経路, MAPK/PKA 経路などはその後で影響を発揮し始める. [Deisseroth, Mermelstein, Xia, Tsien, 2003 より. Elsevier の許可を得て転載. ©2003]

シウム依存シナプス伝達における役割についてはいまだに明らかではないが，Pb^{2+}はシナプトタグミンに対してCa^{2+}よりも強く結合するため神経細胞死をひき起こすと考えられている．

CaMキナーゼ(カルモジュリン依存プロテインキナーゼ)Ⅱは，Ca^{2+}シグナル伝達において中心的な役割を果たす．脳組織内に高濃度で含まれており，海馬内タンパク質の約2%，脳内タンパク質全体の約0.25%を占める．CaMキナーゼⅡは，シナプス伝達に関わるイオンチャネルが物理的に結合しているシナプス後膜のシナプス後膜肥厚(postsynaptic density, PSD)において最も豊富に存在するタンパク質である．シナプスタンパク質の構造的な修飾は，記憶保持の過程に関わっていると考えられている．CaMキナーゼⅡによってリン酸化される基質は，細胞の恒常性維持，記憶学習をはじめとする複雑な認知機能や行動の基盤にある神経系の活動依存的変化に関わっている．

アストロサイトの小胞部位から，グリア伝達物質としてのグルタミン酸がエキソサイトーシス(開口放出)される．細胞内Ca^{2+}濃度の上昇はこの過程に必要不可欠である．アストロサイトのエキソサイトーシスにおけるCa^{2+}の主要な源は小胞体である．イノシトールトリスリン酸と小胞体のリアノジン受容体は，Ca^{2+}の細胞質への放出の引き金となる．貯蔵庫である小胞体は，部位特異的なCa^{2+}-ATPアーゼによって満たされている．枯渇した小胞体は，細胞外空間から細胞質に流入してきたCa^{2+}によって補充される．これはストア作動性のCa^{2+}流入であり，TRPC1タンパク質がアストロサイトにおけるエキソサイトーシスに関与している．電位依存性カルシウムチャネルと細胞膜Na^+/Ca^{2+}交換輸送体も細胞質内Ca^{2+}流入のために用いられる．細胞内Ca^{2+}濃度の調節はミトコンドリアによっても行われる．これはCa^{2+}単輸送体によって細胞内Ca^{2+}を排出し，ミトコンドリアNa^+/Ca^{2+}交換輸送体によってCa^{2+}を細胞質内に放出するとともに，ミトコンドリア膜透過性遷移孔を形成することによっても行われる．多様な源に由来するCa^{2+}の相互作用は，細胞内Ca^{2+}の変動をひき起こし，アストロサイトからのCa^{2+}依存的なグルタミン酸のエキソサイトーシスを制御する．

20・4　亜鉛，銅，鉄

脳の関門システム，すなわち血液脳関門と血液脳脊髄液関門によって，脳の機能維持と神経疾患を防ぐために亜鉛(Zn)，銅(Cu)，鉄(Fe)を必要量の供給が保証されている．これらの金属の過剰あるいは欠乏は脳の機能にとって有害である．これらの金属の血液脳関門通過は，血液脳関門に存在する特有の輸送体によって行われている．

鉄についで体内に最も多い微量元素であり，脳機能に関わるもう一つの金属イオンがZn^{2+}である．脳関門，すなわち血液脳関門と血液脳脊髄液関門は脳の機能と神経疾患を防ぐための亜鉛の供給を保証している．血漿中でアルブミンと結合した亜鉛は，血液脳関門において容易に輸送体タンパク質に引き渡される．哺乳類の脳では，亜鉛の多くはニューロンやグリア細胞内の亜鉛金属タンパク質の構成成分や補因子として強固に結合している．しかしながら，総亜鉛量の約10%は，おそらくはZn^{2+}として，より弱く結合して，前脳のグルタミン酸作動性神経終末のシナプス小胞内に主として局在している（図20・9）．このような小胞内Zn^{2+}は，神経伝達時にシナプス間隙に放出され，NMDA特異的シナプス後受容体を，可逆的かつ濃度依存的に，急激に修飾する．Zn^{2+}はシナプス前グルタミン酸放出の低下にひき続き，海馬CA3領域のAMPA/カイニン酸型受容体を活性化してγ-アミノ酪酸(GABA)の放出を促進する(AMPA：α-アミノ-3-ヒドロキシ-5-メソオキサゾール-4-プロピオン酸)．

亜鉛は，脳の発達制御，特に胎児から新生児期の発達に重要な働きをもつ．この発達期において，亜鉛欠乏は自律神経系の制御や，海馬および小脳の発達に悪影響をもたらし，学習の障害や嗅覚の異常をひき起こす．さらに，ある種の影響を受けやすいヒトにとっては，亜鉛欠乏はてんかん興奮性（これは小胞内Zn^{2+}の減少につながる）の増進をひき起こす．亜鉛欠乏は身体のストレス感受性の低下も生じうる．この場合，細胞外液中のZn^{2+}濃度低下に先立って，細胞内Ca^{2+}濃度が変動する．亜鉛欠乏誘発モデル動物で観察される不安様行動は，亜鉛摂取によってある程度回復する．これはNMDA受容体のアンタゴニストであるZn^{2+}が，海馬におけるシナプスのZn^{2+}濃度を増加させるBDNF（brain-derived neurotrophic factor, 脳由来神経栄養因子）遺伝子発現を誘導することによって抗うつ効果を示すことに由来する．臨床現場では，うつ病治療としての亜鉛補充療法が試験的に用いられている．

一方，シナプスにおける過剰なZn^{2+}放出は，影響を受けやすいニューロンに流入して神経細胞死をひき起こす．これは，海馬神経前駆細胞の死をひき起こすAktとGSK-3βの引き続いた活性化によって生じる．

亜鉛は，神経系において多様な作用を示す，それゆえにZn^{2+}の濃度は厳密に制御されている必要がある．細胞内の亜鉛恒常性を維持するために，イオンの除去，細胞内緩衝作用，排出の間には微妙なバランスが存在している．メタロチオネインとして知られる一群のタンパク質が，亜鉛の除去と緩衝作用を制御しており，一方，亜鉛の取込みと排出は膜結合性の亜鉛輸送体によって行われている．ミトコンドリアは，ニューロンおよびグリア細胞において，組織化学的に反応性（小胞内，キレート性，イオン性と同じ意味）の亜鉛の貯蔵に用いられている可能性がある．

メタロチオネイン(MT)は普遍的に存在する低分子量タンパク質であり，多重遺伝子ファミリーに属する．システインと金属を多く含み芳香族アミノ酸をもたない．ヒトのメタロチオネインは高度に保存された20個のCys残基を含めて61～68アミノ酸残基からなり，7個のZn原子を結合可能である．中枢神経系においては，メタロチオネインは種々の発現パターンを示し，MT-1とMT-2は主としてアストロサイトと脊髄グリア細胞に発現し，ニューロンにはほぼ存在していない．一方MT-3はニューロンにのみ発現しており，シナプス亜鉛をもつニューロンと共に広く分布していることから，神経内の亜鉛恒常性において重要な働きをもつと考えられている．

哺乳類の亜鉛輸送体は二つの遺伝子ファミリーに属する(Cousins *et al.*, 2006)．第一に，ZnT輸送体(SCL30)はZn^{2+}の細胞外への排出を促進し，細胞内小胞への蓄積を促進することによって，細胞質内Zn^{2+}の生物学的利用能を減少させる．第二にZipファミリー(SLC39)は細胞外からの移行と小胞から細胞質への移行を促進することによって，細胞内Zn^{2+}を増加させる．ヒトでは10個の*SLC30*遺伝子が存在する．ZnT1とZnT3はシナプス小胞内でZn^{2+}と共存している．ZnT3はシナプス小胞内へのZn^{2+}の移行に必要とされるため，小胞内Zn^{2+}濃度は，ZnT3の量によって決定される．ZnT1は細胞からZn^{2+}の排出に必要である．Zip遺伝子は14個が判明しており，その多くは細胞膜に局在している，しかしながらZip7はゴルジ体に存在していることが同定されている．

哺乳類の前脳は，一連のグルタミン酸作動性ニューロンをもち，この中ではZn^{2+}はシナプス小胞内に隔離されている．亜鉛含有軸索終末は海馬*4，梨状皮質，新皮質，線条体，扁桃体に特に多く存在している（図20・9)．前述したように，細胞質内Zn^{2+}は，ZnT輸送体ファミリーの一つであり，Zn^{2+}の細胞質からの排出を促進する神経特異的な亜鉛輸送体（ZnT3）によって小胞内に移行される．ZnT3と小胞内グルタミン酸輸送体(Vglut1)は同様に分布しており，小胞内Zn^{2+}濃度はZnT3の量によって決定される．したがって，ZnT3ノックアウトマウスでは，キレート性亜鉛が存在していない（図20・9)．

Zn^{2+}は神経細胞の興奮と共にシナプス間隙に放出される．細胞外のZn^{2+}はグルタミン酸受容体および輸送体を含む多くのシナプス内標的と相互作用し，制御することが可能である．Zn^{2+}は海馬，扁桃体の両方において，主としてシナプス後受容体に作用することによってシナプス可塑性に重要な働きをもつ．初期の研究で，海馬の苔状神経線維が刺激されると，Zn^{2+}がシナプス間隙に放出されることが明らかになっている．この放出はカルシウム依存的であり，脱分極依存的でもある．シナプス伝達の間のZn^{2+}の放出によって，Zn^{2+}がZn^{2+}チャネルを介して周辺の細胞内へ流入することが可能となる．これらのZn^{2+}放

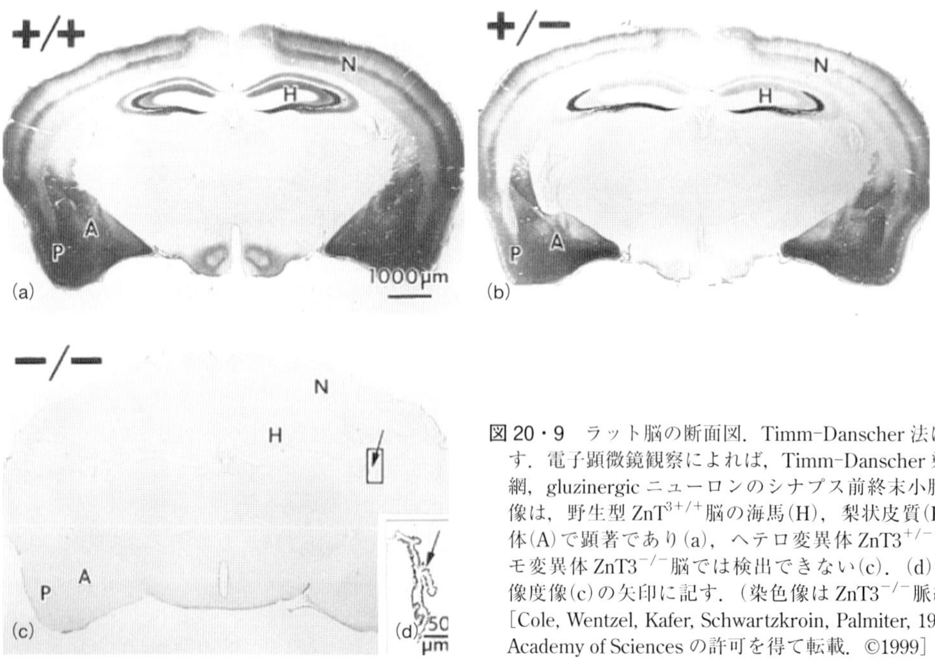

図20・9 ラット脳の断面図．Timm-Danscher法による亜鉛染色像を示す．電子顕微鏡観察によれば，Timm-Danscher染色はすべて神経線維網，gluzinergicニューロンのシナプス前終末小胞内に存在する．染色像は，野生型$ZnT^{3+/+}$脳の海馬(H)，梨状皮質(P)，新皮質(N)，扁桃体(A)で顕著であり(a)，ヘテロ変異体$ZnT3^{+/-}$脳では減少し(b)，ホモ変異体$ZnT3^{-/-}$脳では検出できない(c)．(d) 側脳室脈絡叢の高解像度像(c)の矢印に記す．(染色像は$ZnT3^{-/-}$脈絡叢ではみられない)
[Cole, Wentzel, Kafer, Schwartzkroin, Palmiter, 1999より．US National Academy of Sciencesの許可を得て転載．©1999]

*4 海馬は記憶や学習に重要な脳の部位である．

出ニューロンはグルタミン酸をも放出するゆえに，“gluzinergic” という言葉が提唱されている．gluzinergic 経路は大脳皮質と辺縁系*5（扁桃体，帯状回皮質，海馬，嗅球）にみられる．ニューロンから放出された Zn^{2+} の運命は完全には明らかではないが，電位依存性カルシウムチャネル，NMDA，GABA，グリシン，ニコチン，ドーパミン，セロトニンなどの各受容体に影響して，脳の全般的な興奮性を制御していることが考えられる（図 20・10）．亜鉛はシナプス小胞内にグルタミン酸と共に蓄積しており，通常の刺激によってグルタミン酸と共にシナプス間隙に放出される．そこで，Zn^{2+} は GABA 受容体，NMDA 受容体，電位依存性チャネルのようなシナプス後チャネルタンパク質や，多くのほかのイオンチャネルに働いて，その作用を変化させる．メタロチオネインは，主要な細胞内タンパク質緩衝系であり，シナプス前終末およびシナプス後ニューロン内の遊離の Zn^{2+} を制御している．メタロチオネイン（図 20・10）は二つのドメインから構成され，Zn^{2+} は各ドメインにクラスターとなって結合する．一つのドメインでは，3 個の Zn 原子が 9 個の Cys 残基と結合する．一方のドメインでは 4 個の Zn 原子が 11 個の Cys 残基と

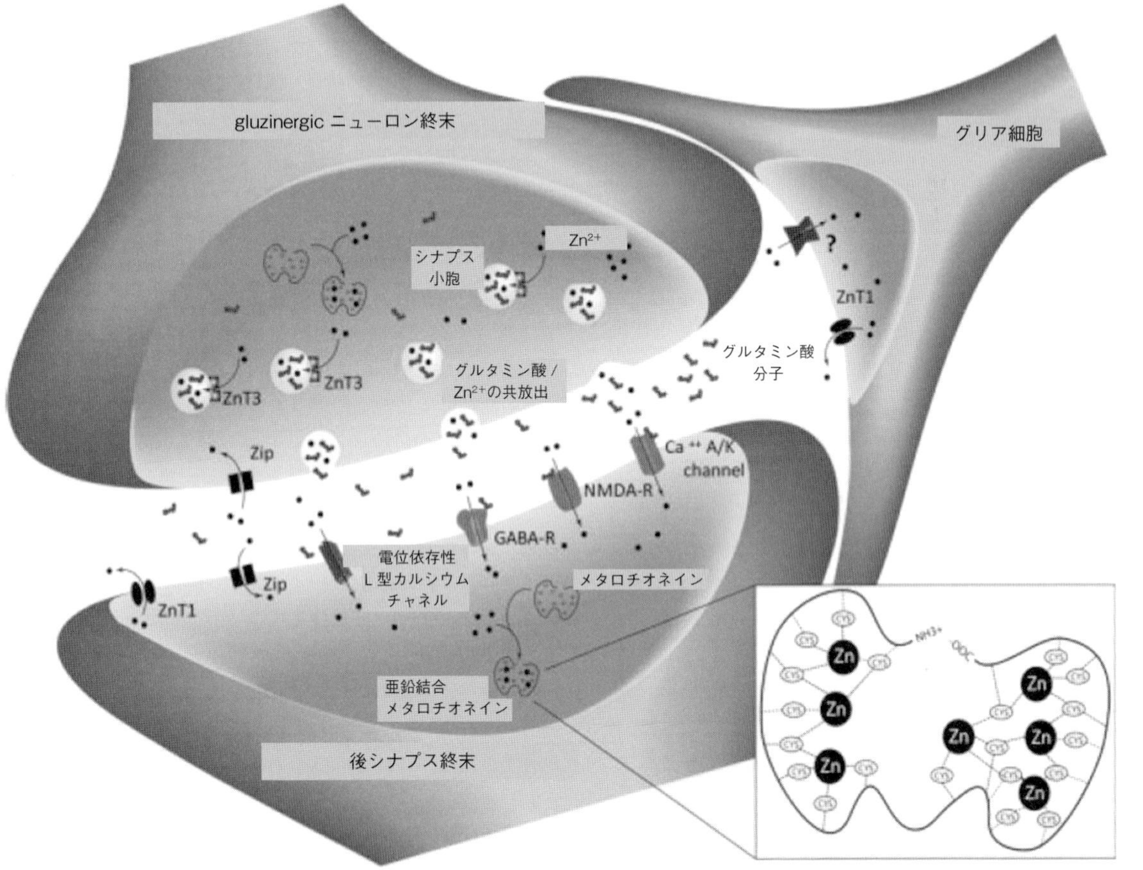

図 20・10　gluzinergic シナプスにおける亜鉛の出入り．Zn^{2+} は gluzinergic 終末のシナプス小胞に，亜鉛輸送体 ZnT3 を介して流入しグルタミン酸と共に蓄えられる．通常の刺激中では，Zn^{2+} はシナプス間隙にグルタミン酸と共に放出され，後シナプスの GABA 受容体，NMDA 受容体，電位依存性チャネルや，その他多くの完全には同定できていないイオンチャネル（たとえば，グリア細胞膜にある不明のイオンチャネルを？マークで図示）に作用してその活性を変化させる．メタロチオネインは細胞内の主要な亜鉛含有タンパク質緩衝系であり，シナプス前終末および後シナプスニューロンにおける遊離 Zn^{2+} を制御している．メタロチオネイン（挿入図）は二つのドメインからなり，Zn^{2+} は各ドメインにクラスターとなって結合する．一方のドメインには 3 個の Zn 原子が 9 個の Cys 残基と結合し，もう一方では 4 個の Zn 原子が 11 個の Cys 残基と結合する．おのおのの Zn 原子は四つのチオール基と四面体型に結合するが，いくつかのチオール基は共有している．[Bitanihirwe, Cunningham, 2009 より．John Wiley & Sons. の許可を得て転載．©2009]

*5　大脳辺縁系は，脳幹の頂点に位置し，大脳皮質の下に覆われている脳の構造体である．大脳辺縁系は，情動や意欲の多く，特に生存維持に関する部分をつかさどっている．このような情動には，恐怖，怒り，性行動関連情動が含まれる．大脳辺縁系は，われわれの生存維持に関連した，食事や性行動の過程で得られるような快楽にも関連している．

結合する．各 Zn 原子には四つのチオール基が四面体型に結合するが，いくつかのチオール基は Zn 原子を共有する．

このような細胞外 Zn^{2+} が早い興奮性グルタミン酸受容体を制御する複数のメカニズムが提唱されている（Paoletti *et al*., 2009）．イオンチャネル型グルタミン酸受容体とグルタミン酸輸送体は Zn^{2+} に感受性をもつ．Zn^{2+} は海馬培養ニューロンにおいて，電位依存性の非競合的抑制を起こし，開状態のチャネルを減少させることによって，NMDA 受容体応答を選択的に抑制する．ある種の NMDA 受容体のサブタイプ（NR2A サブユニット含有）は，細胞外 Zn^{2+} に非常に感受性が高いアロステリック部位をもつがゆえに，特に興味深い．

グルタミン酸をシナプス間隙から除去するグルタミン酸受容体も Zn^{2+} によって制御される．グルタミン酸の取込み抑制も，活性化されたニューロンにダメージを与えるが，しかしながら Zn^{2+} はグルタミン酸の放出をも抑制するため，実際にはシナプス間隙では変化は生じない．加えて，中枢シナプスにてカルシウム依存性の神経伝達物質の放出をつかさどる高電位活性化型カルシウムチャネルは，同様に μM 濃度の Zn^{2+} によって抑制される．結局，Zn^{2+} は健常時あるいは疾患時の両方で，NMDA 受容体活性を制御することによって重要な神経系メッセンジャーとして働く．Zn^{2+} の過剰なシナプスでの放出は，侵されやすいニューロンへの流入によって神経細胞死をひき起こす．

SMN（survival motor neuron）タンパク質全長の発現低下をひき起こす突然変異は，脊髄前角 α 運動ニューロンの脱落を伴う疾患である脊髄性筋萎縮症の主要な原因である．脊髄性筋萎縮症の重症度は修飾遺伝子の作用によって影響される．そのような遺伝子の一つに *ZPR1* がある．これは二つの亜鉛フィンガーをもつ必要不可欠なタンパク質であり，飢餓細胞の細胞質を再配置している増殖細胞の核に局在する．*ZPR1* は脊髄性筋萎縮症患者では発現が低下しており，SMN タンパク質によって構成された複合体と相互作用するが，そのメカニズムはいまだ明らかではない．

銅

正常の脳機能における銅の必要性は，遺伝学的および栄養学的研究によって，明らかになっている．胎児期および新生児期における銅の欠乏は，ミエリンの形成および維持に悪影響をもたらす（Kuo *et al*., 2001; Lee *et al*., 2001; Sun *et al*., 2007; Takeda, Tamana, 2010）．加えて，大脳皮質，嗅球，線条体など脳の多くの部位において，多様な損傷が生じる．血管性の変化も観察されている．銅の輸送体によって酸化還元経路を介して銅の濃度を注意深く制御しているため，細胞内では銅の過剰症は生じないことも非常に重要である．銅は，ドーパミンをノルアドレナリンに変換するドーパミン β-ヒドロキシラーゼなど神経伝達物質合成に関わる多くのタンパク質の必須補酵素であるとともに，細胞質に存在する Cu/Zn スーパーオキシドジスムターゼを介して神経細胞を保護する．しかしながら，過剰の“遊離”銅は細胞代謝に有害であり，それゆえに，細胞内銅濃度は，おそらくは 10^{-18} M 程度の非常に低いレベルに保たれている．脳内の銅の恒常性については不明な点が多い．

銅は主として Cu^{+} 輸送体である Ctr1 を介して神経系の細胞内に侵入する．しかしながら第二の輸送体である Ctr2 も関与する可能性がある．DMT1 も細胞膜を通過する銅輸送に関与している可能性があるが詳細はいまだ不明である．Ctr1 は脈絡叢に多く発現している．Ctr1 を介するさまざまな銅酵素への銅の移行は，第 8 章で述べた金属シャペロン経路によって行われている．興味深いことに，アミロイド前駆体タンパク質は N 末端に Cu^{2+} を Cu^{+} に還元する銅結合部位をもつ．脳脊髄液中にはセルロプラスミン非結合性の銅が含まれる，しかしながらその結合配位子はいまだ明らかではない．

銅輸送体である ATP7A と ATP7B は，ATP 加水分解によって得られたエネルギーを用いて Cu^{+} を，膜を通過して輸送する．そのような銅は，つづいて細胞内小胞に移行されると考えられ，つづいて細胞膜と融合して銅を細胞外に放出する．銅の排出は，カルシウムチャネル活性化によって刺激される．マウス脳において，ATP7A の発現は出産後初期の発達過程では，海馬，嗅球，小脳，脈絡叢にみられる．加齢によってこれは変化し，ATP7A は CA2 海馬の錐体細胞，小脳プルキンエニューロン，脈絡叢において最も多く発現している．アストロサイト，ミクログリア，ミエリンを形成しているオリゴデンドロサイト，内皮細胞では ATP7A の発現は低い．銅は，脱分極後に，海馬や大脳皮質のグルタミン酸作動性シナプスの小胞内からシナプス間隙に放出され，その濃度は約 15μM に達する．初代培養海馬神経細胞では，銅の排出は NMDA 受容体の活性化を介して ATP7A が神経突起に銅非依存的に輸送される過程を伴う．これらの二つのタンパク質の突然変異が，二つの神経疾患，ウィルソン病とメンケス病に関連している（第 21 章）．

鉄

鉄は多くの基本的な細胞機能に重要であり，中枢神経系では酸化的リン酸化，神経伝達物質の生合成，一酸化窒素の代謝，酸素運搬などの代謝過程に補酵素として働くとともに，神経特有の機能，すなわちドーパミン神経伝達物質合成，軸索のミエリン形成などでも重要である．脳内での鉄含量は身体全体の鉄の総量の 2％以下である．それにもかかわらず，脳のさまざまな部位における鉄の含量は大きく変動しており，これは細胞膜における鉄輸送体の位置とも相関していない．肝臓に比べても高い鉄含量が，特に黒質，淡蒼球，歯状回，脚間核，視床，腹側淡蒼球，基底核，赤核などの部位においてみられる．脳内の運動機能に関連した部位が運動に関連していない部位よりも鉄を多く含む傾向がある．このことは，パーキンソン病のような運動疾患が脳内の鉄蓄積としばしば関連している理由かもしれない．

過去10年間に体循環における鉄恒常性を理解するための多くの進歩があった（第8章参照）．脳血管内皮細胞における鉄の管腔側から反管腔側への移行メカニズムに関しては，いまだ確定してはいない．2個のFeが結合したトランスフェリンがトランスフェリン受容体に結合して，エンドサイトーシスされ，鉄は弱酸性のpHによってトランスフェリンからエンドソーム内に遊離される．鉄はその後アポトランスフェリンの内皮細胞の管腔側への回収と血漿中への最終的な放出に伴って，脳内に放出される．しかしながら，いかにして脳がニューロン，オリゴデンドロサイト，アストロサイト，(他の)グリア細胞への鉄の流入と貯蔵を制御しているのかについては謎のままである．腸管系における鉄の吸収を制御している因子がいくつか中枢神経系にも存在していることから，同様な鉄恒常性の制御が脳においても行われている可能性が示唆されている．

脳内ではオリゴデンドロサイトによって生合成されるトランスフェリンは，おそらくは脳の内皮細胞を取巻くアストロサイトの終足突起内にみられる，グリコシルホスファチジルイノシトール(GPI)によって結合したセルロプラスミンによって酸化された後に，血液脳関門を通過する鉄の大部分を結合する．ニューロンは，2個のFeが結合したトランスフェリンから鉄を得る．ミクログリア内での鉄の源は明らかではないけれども，マクロファージなど他の貪食型の細胞はトランスフェリン受容体を介して取込み，フェロポーチンを介して鉄を排出する．

フェリチンは過剰な鉄を蓄積し，細胞過程で必要になった際に放出する．加えて，ドーパミン代謝過程の産物でありジヒドロキシインドールとベンゾチアジンからなる有機ポリマーであるニューロメラニンも存在しており，銅，鉄など多くの金属と結合する．オリゴデンドロサイトでは，鉄はフェリチンのH鎖およびL鎖の両方に結合しており，ミクログリアではL鎖に，ニューロンではほとんどはニューロメラニンに結合している．対照的に，アストロサイトはほとんどフェリチンを含まない．脳の異なる部位間での鉄の移動に関しては，明らかではない．鉄結合タンパク質（トランスフェリンとフェリチン）の受容体のmRNAが白質および灰白質それぞれで検出されているため，これらが重要であろうと考えられている．血液脳関門を通過するトランスフェリン非結合性鉄の運命は明らかではない．

鉄は幼児の行動や発達に影響する多くの中枢神経系の過程に関与するがゆえに，鉄欠乏は，出生前，出生後両方の脳の発達に対して有害な効果をもつ．さまざまな疫学調査によれば，鉄欠乏性貧血の幼児は，ある種の認知機能が低下していることが報告されている．動物実験の結果から，鉄不足による脳機能の失陥が明らかになっており，これには翻訳後修飾（鉄の分解タンパク質への取込みの阻害）やニューロンの代謝マーカーであるシトクロム *c* オキシダーゼの消失を伴う発達期の海馬の脆弱性，樹状突起構造の変化などが含まれる．鉄はミエリンタンパク質や脂質の減少などミエリンにも直接作用し，トリプトファンヒドロキシラーゼ（セロトニン），チロシンヒドロキシラーゼ（ノルアドレナリン，ドーパミン）など多くの酵素に必須であるため，その欠乏は神経伝達物質系にも直接的に作用する．ヒト小児の鉄欠乏の長期追跡研究によれば，鉄欠乏によるミエリン形成の変化は，視覚および聴覚系において伝導が遅くなることをひき起こす．鉄が欠乏している期間に，学習や社会活動に重要なこの二つの感覚系のミエリン化が進む．エネルギー低下，グリア機能の損傷，モノアミン回路活性化の変化などとあいまって，鉄の欠乏は発達初期過程における脳の構造と機能に重要な，経験依存的な過程を変化させる．

逆に，老化の避けがたい結果として，脳の特有の領域(たとえば果核，運動皮質，前頭前皮質，感覚皮質，視床）における脳内鉄の増加が生じる．これはフェリチンH鎖およびL鎖やニューロメラニンと共存しており，見かけ上明白な有害作用を示さない．しかしながら，脳の特有の領域（たとえば黒質，淡蒼球外節）や，ミトコンドリアのような特有の細胞内領域における疾患性の鉄の過剰な蓄積は，フリードライヒ運動失調症，パーキンソン病のような神経疾患をひき起こす（第21章）．老化脳では銅と亜鉛の増加も観察されている．

ここまで見てきたように，極度に低い濃度の金属イオンが，多種のイオンチャネルの開閉を制御したり，神経伝達物質の受容体の活性化によって，脳の多様な活動を全般的に制御することが可能である．そのような金属イオンの濃度の変化は明白に悪影響を及ぼし，ニューロンや他のタイプの細胞の死をひき起こす．これについては，次の章で述べる．

文　献

Abbott, N.J., Patabendige, A.A., Dolman, D.E., Yusof, S.R., & Begley, D.J. (2009). Structure and function of the blood-brain barrier. *Neurobiology of Disease, 37*, 13–25.

Bitanihirwe, B.K.Y., & Cunningham, M.G. (2009). Zinc: the brain's dark horse. *Synapse, 63*, 1029–1049.

Cole, T.B., Wenzel, H.J., Kafer, K.E., Schwartzkroin, P.A., &

Palmiter, R.D. (1999). Elimination of zinc from the synaptic vesicles in the intact mouse brain by disruption of the ZnT3 gene. *Proceedings of the National Academy of Sciences of the United States of America, 96*, 1716–1721.

Cousins, R.J., Liuzzi, J.P., & Litchten, L.A. (2006). Mammalian zinc transporters, trafficking and signals. *Journal of Biological Chemistry, 281*, 24085–24089.

Deisseroth, K., Mermelstein, P.G., Xia, H., & Tsien, R.W. (2003). Signalling from synapse to nucleus: the logic behind the mechanisms. *Current Opinion in Neurobiology, 13*, 354–365.

Kuo, Y.M., Zhou, B., Cosco, D., & Gitschier, J. (2001). The copper transporter Ctr1 provides an essential function in mammalian embryonic development. *Proceedings of the National Academy of Sciences of the United States of America, 98*, 220–225.

Lee, J., Prohaska, J.R., & Thiele, D.J. (2001). Essential role for mammalian copper transporter Ctr1 in copper homeostasis and embryonic development. *Proceedings of the National Academy of Sciences of the United States of America, 98*, 6842–6847.

Lodish, D., Baltimore, D., Berk, A., Zipursky, S.L., Matsudaira, P., & Darnell, J. (1995). *Molecular Cell Biology*. New York: Scientific American Books, p. 1344.

Paoletti, P., Vergnano, A.M., Barbour, B., & Casado, M. (2009). Zinc at the glutamatergic synapses. *Neuroscience, 158*, 126–136.

Sun, H.S., Hui, K., Lee, D.W., & Feng, Z.P. (2007). Zn^{2+} sensitivity of high and low voltage activated calcium channels. *Biophysical Journal, 93*, 1175–1183.

Takeda, A., & Tamana, H. (2010). Zinc signalling through glucocorticoid and glutamate signalling in stressful circumstances. *Journal of Neuroscience Research, 88*, 3002–3010.

Vacher, H., Mohapatra, D.P., & Trimmer, J.S. (2008). Localization and targeting of voltage-dependent ion channels in mammalian central neurons. *Physiological Reviews, 88*, 1407–1447.

第21章

金属と神経変性疾患

21・1　は じ め に

保険数理士が，先進国の生命保険会社に今後数十年のその国民の平均寿命が書かれた表を突きつける．その予測からはあるきわめて重要な，肯定的な点と否定的な点が浮かび上がってくる．最も衝撃的な予測の一つが，われわれの孫の世代が百歳まで生きる，ということである．やった！われわれは人類の寿命の延長になんてすごい進歩を成し遂げたのだろう！ いやまて，このような進歩は勝ち取りはしたがその代償はないのか？ アルツハイマー病やパーキンソン病のような患者を衰弱させる認知症や神経変性疾患の罹患率と，加齢との間には明らかな相関がある．われわれという存在を植物状態よりは少しましな程度なものにしてしまう病気に倒れる可能性に立ち向かうために，平均余命をただ延ばしているだけという状況を考え直さなければならないだろう．厳しい言葉で言えば，これは，老齢世代の生活の質というものを平均余命と同様に考えていかなければならないことを意味している．西欧で最も高い頻度の認知症であるアルツハイマー病のWHOによる罹患率見積りの最近の統計は，読むのがためらわれる．世界の現在のアルツハイマー患者は約1800万人と見積もられている．これが2025年になると約2倍の3400万人と予測されているのだ．この増加の多くは発展途上国のものであり，そこの老年人口による．アルツハイマー病はどの年齢でもかかりうるが，年を取るとともにどんどん多くなっていく．事実，この病気の発症は年齢と共に指数関数的に増えてくる．発症は40〜50歳台ではまれだが，60〜65歳で増加し，80歳以上では多い．いくつかの研究結果をまとめると，西欧社会の一般集団におけるアルツハイマー病にかかる比率は，図21・1に示すように見積もられている．

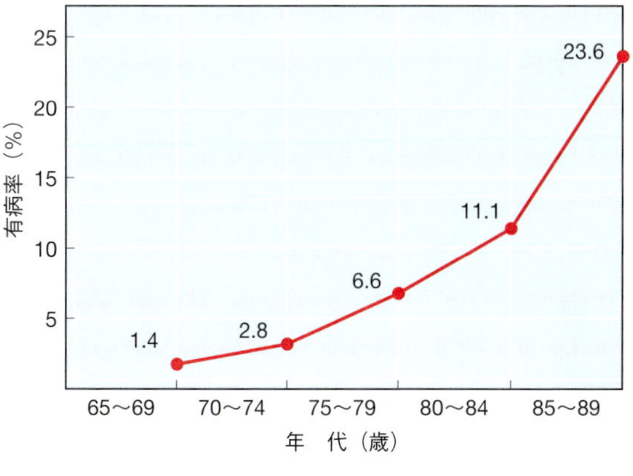

図21・1　西欧社会の一般住民におけるアルツハイマー病の推定発生率．［WHO regional Office for southeast Asiaより］

21・2　金属に基づいた神経変性疾患

炎症は酸化ストレスを伴うが，その酸化ストレスに伴って金属イオン（鉄，銅，亜鉛）の恒常性が維持できなくなることに関わる炎症は，アルツハイマー病やパーキンソン病，ハンチントン病，筋萎縮性側索硬化症，多発性硬化症，フリードライヒ病など，多数の神経変性疾患の鍵となる要素であることは，10年以上前から幅広く受け入れられてきている(Crichton, Ward, 2006)．このことは，アルツハイマー病やパーキンソン病，さらに他の神経変性疾患では，脳の特定の領域でこれらの金属イオンのどれかの濃度が高まっているという観測結果に支持されている．

“金属に基づいた神経変性疾患仮説”は，次のような仮定によって表される．

1）脳の特定領域内に存在する酸化還元活性をもつ金属イオン（鉄，銅）は，活性酸素種（reactive oxygen species, ROS）や活性窒素種（reactive nitrogen species, RNS）を生成することによって酸化ストレスを生み出しうる．

2) 活性酸素種は次に膜リン脂質の中の多価不飽和脂肪酸の過酸化をひき起こす.

3) この過酸化は,さらに引き続いて4-ヒドロキシノネナールのような反応性のアルデヒドを生む.

4) 反応性のアルデヒドは,他の酸化的過程と一緒に,タンパク質と相互作用してカルボニル基を生成する.これはタンパク質に障害を与えることになり,また,活性窒素種によるタンパク質の修飾も進行する.

5) ダメージを受け,ミスフォールディングされたタンパク質は凝集し,ユビキチン/プロテアソーム系による分解を受けなくなってしまう.

6) これらの凝集し,ユビキチン化を受けたタンパク質は,細胞内外で封入体として蓄積する(図21・2).

7) このような封入体は,非常に多くの神経変性疾患で見いだされている.

活性酸素種や活性窒素種は,生理機能と関連し,重要な細胞内シグナル経路にも含まれる.しかし,これらが酸化ストレスの特定の状況で多くの神経変性疾患の病変と結びついていることを示す証拠がかなりある.酸化ストレスとは高いレベルの活性酸素種が観測される状態をさし,活性酸素種の生成が高いレベルにあるか,抗酸化剤による防御

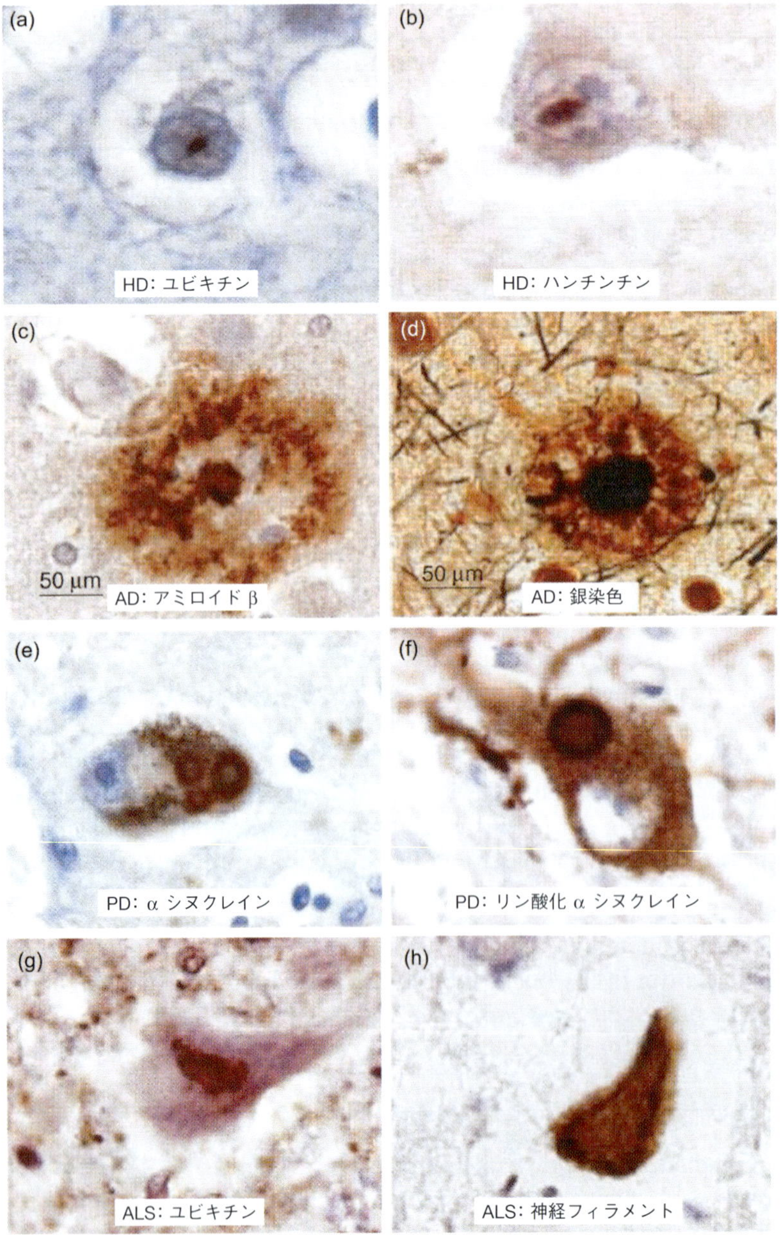

図21・2　特徴的な神経変性疾患の病変部位には,異常なタンパク質の沈着がみられる.[Ross, Poirier, 2004より.Nature Publishing Groupの許可を得て転載.©2004]

のレベルが低下したような条件下で起こりうる．細菌感染に対する先天性免疫応答においては，マクロファージが生成する活性酸素種は，防御的に振る舞う．しかし，さまざまな組織，とりわけ脳において活性酸素種の制御が破綻することが，炎症や加齢に関連した疾患につながることがつぎつぎにわかってきた．酸化ストレスがかかると，細胞の構成成分の酸化がDNA，タンパク質，脂質，糖鎖の修飾をひき起こし，それによって生じる酸化的傷害は，しばしばネクローシスやアポトーシスによる細胞死と関連している（図21・3）．

第13章で指摘したように，最も反応性の高い活性酸素種は，過酸化水素と二価の鉄イオンからフェントン反応で生じるヒドロキシルラジカル(•OH)である．活性酸素種は，核の転写因子を活性化することでシグナル伝達や遺伝子発現に重要な役割を担っている．一方で，侵入してくる微生物を攻撃し殺すことに活性酸素種の毒性を用いる細胞もある．マクロファージや好中球は細菌や異物粒子と出くわすと，外敵を消化し，ファゴソームとよばれる細胞内構成要素の中に取込む．次に多成分酵素であるNADPHオキシダーゼがファゴソームの膜内に集まる．この酵素はファゴソーム内でスーパーオキシド($O_2^{\bullet -}$)を発生させるが，この分子は不均化反応により過酸化水素を生み，それがさらに二価鉄の触媒するヒドロキシルラジカルの発生につながる．活性窒素種もまた，細胞内でメッセンジャーとして重要な役割を担っている．その発見された最初のものである一酸化窒素(•NO)は，NOシンターゼ(NOS)によるアルギニンの5電子を用いた酸化が行われることにより，シトルリンと共に生産される．•NOはいったん生成すると，拡散し，他の細胞にその効果を行使することができるが，その一方で，反応してペルオキシ亜硝酸イオン($ONOO^-$)や，二酸化窒素(NO_2)，N_2O_3といった活性窒素種をも生み出しうる．後者は，•NOの酸素分子による自動酸化で生成する強力なニトロ化反応剤であり，DNAの核酸塩基の脱アミノを行う主要な活性窒素種であると考えられている．もう一つの二酸化窒素ラジカル•NO_2は，タンパク質や脂質のニトロ化に関わる反応剤と考えられている．

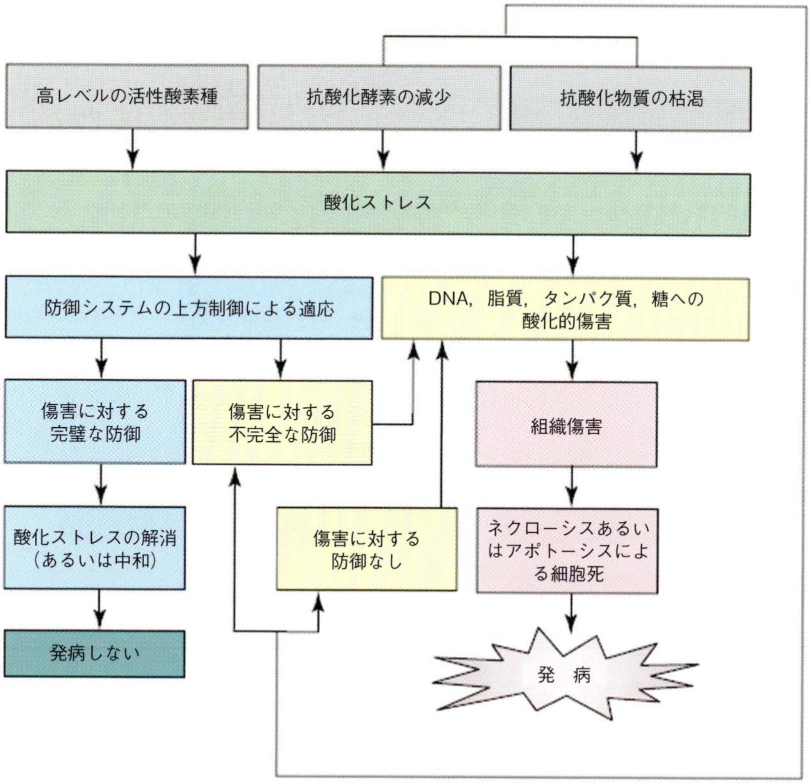

図21・3 病気における酸化ストレスの起源と結果．活性酸素種(ROS)は，酸化酵素やスーパーオキシドアニオン(O_2^-)の不均化によって細胞内で常に生成している．その意図する機能は，母体の保護からシグナル伝達まで幅広い．細胞内には活性酸素種を除去するいくつかの系が存在するが，細胞内や細胞外の誘因が，活性酸素種の過剰な発生や，抗酸化的な防御系の不調をひき起こし，“酸化ストレス”として知られる悪い状況をまねく．防御系の，状況への適応のための上方制御は，傷害に対して完全に，または部分的に保護することができる．すべてのタイプの生物高分子への，酸化ストレスが仲介する傷害は，組織の傷害や，場合によってはネクローシスやアポトーシスによる細胞死をまねく．［Dalle-Donne, Giustarini, Colombo, Rossi, Milzani, 2003より．Elsevierの許可を得て転載．©2003］

活性酸素種が，膜リン脂質の近くで鉄や銅のような酸化還元活性金属によって発生すると，それらはリン脂質中の多価不飽和脂肪酸（polyunsaturated fatty acid, PUFA）の脂肪鎖や，*n*−6系多価不飽和脂肪酸（図21・4）の過酸化のきっかけをつくる．脂質過酸化物は，非酵素的なHock開裂による分解を受ける可能性が高く，4-ヒドロキシノネナール（HNE）に代表されるさまざまな4-ヒドロキシ-α, β-不飽和アルデヒドが生成する．4-ヒドロキシノネナールは，リノレン酸（C18:2）やアラキドン酸（C20:4）のような*n*−6系多価不飽和脂肪酸の過酸化によって生じる主要なアルデヒドである．一方，α-リノレン酸（C18:3）やドコサヘキサエン酸（C22:6）のような*n*−3系多価不飽和脂肪酸では，非常に近い化合物である4-ヒドロキシ-2-ヘキサナール（HHE）が生成する．膜リン脂質の多価不飽和脂肪酸から4-ヒドロキシアルケナールが生成する推定機構に関しては，最近総説としてまとめられた（Schneider *et al.*, 2008）．

4-ヒドロキシノネナールは，当初は脂質過酸化生成物のなかで毒性学的に最も重要性が高いと思われるものとして認識されていた．その後は，酸化ストレスのマーカーのうち最も信頼の置けるものとして考えられている．4-ヒドロキシノネナールはまた，増殖制御因子と同程度に生理的状況下でのシグナル伝達の開始に関わるものでもある．免疫組織化学的研究から，以下の部位に4-ヒドロキシノネナールが存在することが示されている．

・アルツハイマー病における神経原線維変化や老人斑．
・孤発性筋萎縮性側索硬化症における残存する運動神経の細胞質．
・パーキンソン病における新皮質や脳の神経幹細胞の中のレビー小体．

4-ヒドロキシノネナールは，生体内で比較的安定であり，活性酸素種や活性窒素種によるダメージの鍵となるメディエーターの一つと考えられている．

酸化ストレスを受けている間に，正常な代謝で生じる活性酸素種によるタンパク質アミノ酸残基の直接酸化や，脂質や糖の誘導体がタンパク質の官能基と反応するような化合物に変換することによってひき起こされる，数多くのタンパク質の翻訳後修飾が明らかにされている．これら活性酸素種によって導かれる翻訳後修飾のかなりの部分は，一般的には“タンパク質カルボニル化”と名付けられるカル

リン脂質に結合した*n*−3系多価不飽和脂肪酸

$CH_3-CH_2-CH=CH-CH_2-CH=CH-CH_2-CH=CH-CH_2-(CH_2)_6COOH$
α-リノレン酸 C18:3 *n*−3

$CH_3-CH_2-CH=CH-CH_2-CH=CH-CH_2-CH=CH-CH_2-CH=CH-CH_2-CH=CH-CH(CH_2)_2COOH$
エイコサペンタエン酸 C20:5 *n*−3

$CH_3-CH_2-CH=CH-CH_2-CH=CH-CH_2-CH=CH-CH_2-CH=CH-CH_2-CH=CH-CH(CH_2)_4COOH$
ドコサペンタエン酸 C22:5 *n*−3

$CH_3-CH_2-CH=CH-CH_2-CH=CH-CH_2-CH=CH-CH_2-CH=CH-CH_2-CH=CH-CH_2-CH=CH(CH_2)_2COOH$
ドコサヘキサエン酸 C22:6 *n*−3

↓ 脂質過酸化の過程（開始，増幅，停止）

過酸化リン脂質 ＋ **$CH_3-CH_2-CH(OH)-CH=CH-CHO$ 4-ヒドロキシ-2-ヘキセナール**

リン脂質に結合した*n*−6系多価不飽和脂肪酸

$CH_3-CH_2-CH_2-CH_2-CH_2-CH=CH-CH_2-CH=CH-CH_2-(CH_2)_6-COOH$
リノレン酸 C18:2 *n*−6

$CH_3-CH_2-CH_2-CH_2-CH_2-CH=CH-CH_2-CH=CH-CH_2-CH=CH-CH_2-CH=CH-(CH_2)_3-COOH$
アラキドン酸 C20:4 *n*−6

↓ 脂質過酸化の過程（開始，増幅，停止）

過酸化リン脂質 ＋ **$CH_3-(CH_2)_4-CH(OH)-CH=CH-CHO$ 4-ヒドロキシ-2-ノネナール**

図21・4 *n*−3系，*n*−6系多価不飽和脂肪酸の脂質過酸化で生成する反応性のヒドロキシアルケナールの概略図．
［Catala, 2009より．Elsevierの許可を得て転載．©2009］

ボニル化タンパク質の生成である．タンパク質におけるカルボニル基の存在レベルは，酸化的傷害のマーカーとして広く使われている．タンパク質の特定のアミノ酸残基（プロリン，アルギニン，リシン，トレオニン）の直接酸化，あるいはタンパク質主鎖の酸化的開裂が，カルボニル化タンパク質を生成させている（図21・5）．メチオニンとシステインは直接酸化されうる．カルボニル基はまた，反応性のカルボニル化合物（ケトアミン，ケトアルデヒド，デオキシオソン類）のタンパク質への付加によっても導入される．これらの反応性カルボニル化合物は，還元糖やその酸化物と，タンパク質のリシン残基アミノ基との間の複雑な多段階の反応により生じるものであり，これらの反応機構は糖化反応と糖酸化反応として知られている．4-ヒドロキシノネナールや他の α,β-不飽和アルデヒドは，カルボニル基の電子吸引性のために，システインの硫黄原子，ヒスチジンのイミダゾール窒素，リシンのアミノ基（やや反応しにくい）に対するマイケル付加の部位として働く．マイケル付加体の生成後，残るアルデヒド基が近接するリシンのアミノ基とシッフ塩基を形成することにより，分子内や分子間で架橋が起こることもある．最近の研究からは，脂質由来のアルデヒドからのタンパク質カルボニル化は，アミノ酸残基の直接酸化からのものよりも，より一般的であることが示唆されている．

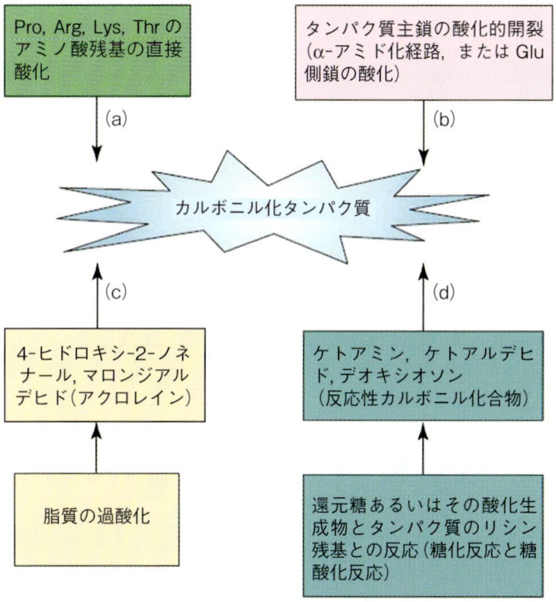

図21・5　カルボニル化タンパク質の生成．(a) これは，アミノ酸（Pro, Arg, Lys, Thr）側鎖の直接酸化によって生じる．(b) カルボニル化タンパク質類は，α-アミド化を経由したタンパク質の酸化的開裂やグルタミン側鎖の酸化を経由して生じうる．そして，N末端アミノ酸が α-ケトアシル誘導体によってブロックされたペプチド鎖を生成することにつながる．(c) タンパク質へのカルボニル基の導入は，リシンのアミノ基，ヒスチジンのイミダゾール基，システインのSH基への，4-ヒドロキシ-2-ノネナールやマロンジアルデヒド，2-プロペナール（アクロレイン）のような α,β-不飽和アルデヒドのマイケル付加反応によって起こりうる．(d) タンパク質へのカルボニル基の導入は，リシンのアミノ基と，還元糖やその酸化生成物との反応によって，反応性のカルボニル基が付け加えられることによっても生じうる．[Dalle-Donne *et al.*, 2003 より．Elsevier の許可を得て転載．©2003]

ペルオキシ亜硝酸イオンは，タンパク質中のメチオニン残基を酸化したり，チロシン残基をニトロ化する．チロシン残基のニトロ化はペルオキシ亜硝酸イオンの毒性の主たるものである．ニトロ化はリン酸化/アデニル化で調節される酵素にとって鍵となるチロシン残基のリン酸化やヌクレオチジル化を阻害し，これにより細胞制御とシグナル伝達という最も重要な機構の一つが損なわれるからである．

活性酸素種も容易にDNAを攻撃することができる．この結果，核酸塩基の酸化や欠落，一本鎖および二本鎖の切断などのさまざまな損傷が生じる．とりわけ，DNA損傷がDNA/RNAポリメラーゼの進行を遮断する場合には，活性酸素種が適切に除かれなければ潜在的に危険であり，変異の誘発や細胞死に至る．

21・3　金属と関連した神経変性疾患

(i) パーキンソン病

パーキンソン病（Parkinson's disease, PD）はアルツハイマー病についで多い神経変性疾患で，60歳以上の人口の約1%がかかっている．脳の記憶と行動の中枢を冒すアルツハイマー病と異なり，自発的な運動の制御がしだいにできなくなっていくことが特徴である．その特徴的な症状（動作緩慢，硬直，震え，バランス感の喪失）は，中脳の黒質線条体のドーパミン作動性ニューロン（ドーパミンを合成し放出するニューロン）がしだいに失われていくことによる．パーキンソン病では，黒質線条体と淡蒼球で鉄の含量が2倍に上昇している．このことは，先天性ヘモクロマトーシスや地中海貧血（サラセミア）患者のような，臨床的異常所見がみられる前に10〜20倍の鉄蓄積上昇がみられる他の鉄蓄積病とは対照的である．この鉄過剰の原因については，血液脳関門を通した鉄放出メカニズムの変化や，特定の脳領域の膜透過性鉄輸送の制御異常が示唆されているが，まだわかっていない．パーキンソン病の二つめの特質は，レビー小体とよばれる細胞内の好酸性タンパク質様凝集体の存在（黒質線条体のニューロン，軸索，シナプス内）である．レビー小体は，大部分はユビキチン化された α シヌクレインであるが，それだけでなくチロシン 3-モノオキシゲナーゼや鉄調節タンパク質 IRP-2 も含んだ凝集体からなっている．細胞質画分のレビー小体と黒質線条体のドーパミン作動性ニューロンでは共に鉄の含量が上昇しており，このことが酸化的な傷害を起こすのであろう．

パーキンソン病では脳の鉄の含量が上昇しているにもかかわらず，フェリチンの発現に関しては対応する上方制御がみられていない．これまで見てきたように，鉄調節タンパク質IRP-1とIRP-2は鉄センサーとして振る舞い，フェリチンの合成を制御している（第7章）．IRP-2は，脳における翻訳後の鉄代謝に主要な役割を担っているように思える．ユビキチン化における変化は，パーキンソン病における重要な側面のように見える．なぜならIRP-2の分解にはユビキチン化とプロテアソーム分解が必要であるからであり，このことはフェリチン合成（IRP-2の不活性化が必要である可能性）の上方制御がうまくいかないことの説明になるかもしれない．

IRP-2は欠損しているがIRP-1に相補的なものはもっている遺伝子改変マウスは，変性していくニューロンにおいてフェリチンが不適切に高発現する神経変性疾患を成体になって発症する．IRP-2欠損ホモ接合型のマウスや，IRP-1欠損ヘテロ接合型のマウスは，黒質の神経細胞の変性を伴って，三価鉄イオン濃度とフェリチン発現の上昇と，ひどい軸索傷害とともに深刻な神経変性が進展する．

パーキンソン病における鉄の役割の概略を図21・6に示す．脳間質液中では，鉄は，トランスフェリン受容体(TfR-1)の仲介するエンドサイトーシスを経て神経細胞に吸収されるトランスフェリン(Tf)に結合し輸送される．鉄の濃度レベルは，パーキンソン病では黒質のニューロンで上昇している．しかし，鉄は，正常時にはフェリチンに貯蔵されている一方で，パーキンソン病ではフェリチンのレベルが不適当に低いことが見いだされている．ドーパミン作動性ニューロンにおいて，黒質や青斑核では，大量の鉄がニューロメラニン-鉄錯体として隔離されている．顆粒状で黒褐色の色素であるニューロメラニンは，黒質や青斑核のカテコールアミン作動性ニューロンにおいて産生されている．これは，おそらくは酸化を受けたカテコール類と，グルタチオンやタンパク質のチオール基を含めたさまざまな求核種との反応生成物である．着色したニューロンにおけるニューロメラニンの役割はわかっていないが，それに結合している遷移金属，特に鉄によってフリーラジカルによる障害からニューロンを守っている可能性がある．パーキンソン病では，黒質のニューロメラニンの絶対濃度が，同世代の対照者のものと比較して50%未満であるという報告はあるものの，ニューロンがニューロメラニンを合成する能力が，パーキンソン病患者で損なわれているかどうかはわかっていない．もし，ニューロンで鉄の量が貯蔵できる許容量を超えてしまうと，毒性を発現しうる遊離の鉄が蓄積し，その鉄がパーキンやαシヌクレイン内部のコンホメーション変化を促進，結果としてそれらのタンパク質は凝集する．鉄はまた，ドーパミン生合成に関わるチロシン

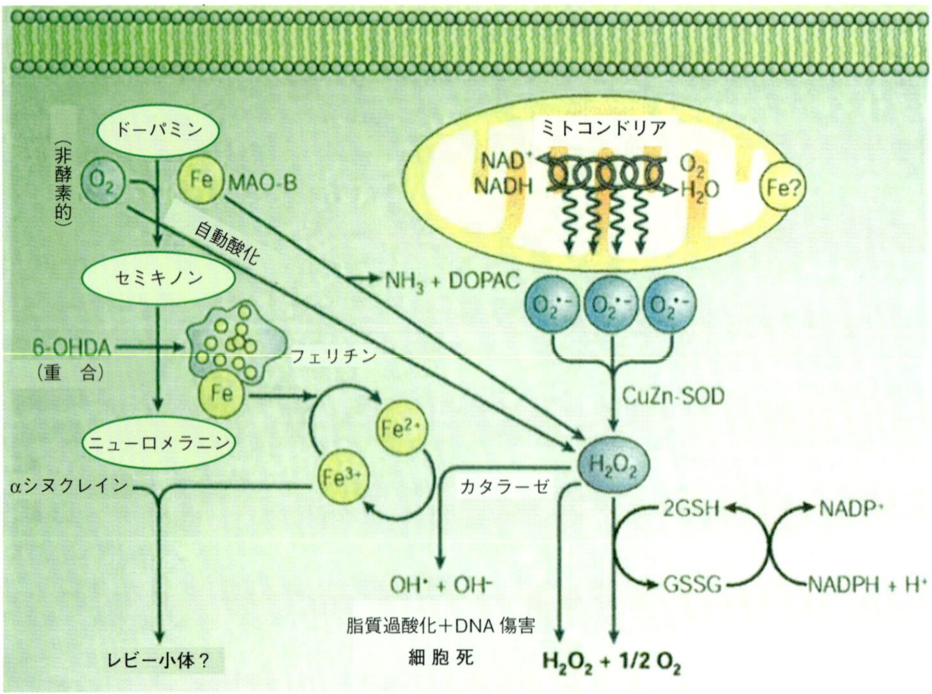

図21・6 パーキンソン病における酸化ストレス．［Zacca *et al.*, 2004より．Natureの許可を得て転載．©2004］

3-モノオキシゲナーゼや，ドーパミンの代謝に関わるモノアミンオキシダーゼ（MAO）の重要な補因子である．過酸化水素がこの酵素反応により発生し，そののち遊離の鉄イオンにより活性酸素種に変換されうる．

αシヌクレイン，パーキン，ユビキチンC末端ヒドロラーゼ（UCH-L1．ユビキチンチオールエステラーゼともいう）という三つのタンパク質は，遺伝性のパーキンソン病に関連していることが示されている．これらのタンパク質の役割についての推定モデルを図21・7に示す．健康なニューロンでは，αシヌクレイン（青）の細胞質における濃度は厳密に制御されている．αシヌクレインのグリコシル化（緑）は，おそらくはパーキン（分解されるべきタンパク質のユビキチン化に関わる酵素群であるユビキチンリガーゼ）によるユビキチン化に必要となっている（黄色の丸）．ユビキチン化されたαシヌクレインのプロテオソームでの分解は，ペプチド-ユビキチン連結体を生み出し，続いて起こるユビキチンのリサイクルはユビキチン末端ヒドロラーゼ（UCH-L1）によって制御されている可能性がある．αシヌクレインは，合成が増加するか，パーキンが不活性化されることを経て細胞質濃度が高まると，凝集が促進される．αシヌクレインをコードする遺伝子に変異が起こると，αシヌクレインの濃度上昇によりそのオリゴマー形成が起こり，原線維型になるが，それがパーキンソン病の発症に関わるのかもしれない．原線維は，形態的に不均一であり，球状，鎖状，輪の形のものが認められている．これらの中間体は，そのうちに繊維に，さらにパーキンソン病の脳における病理学的に最大の特徴であるレビー小体に変わっていく．

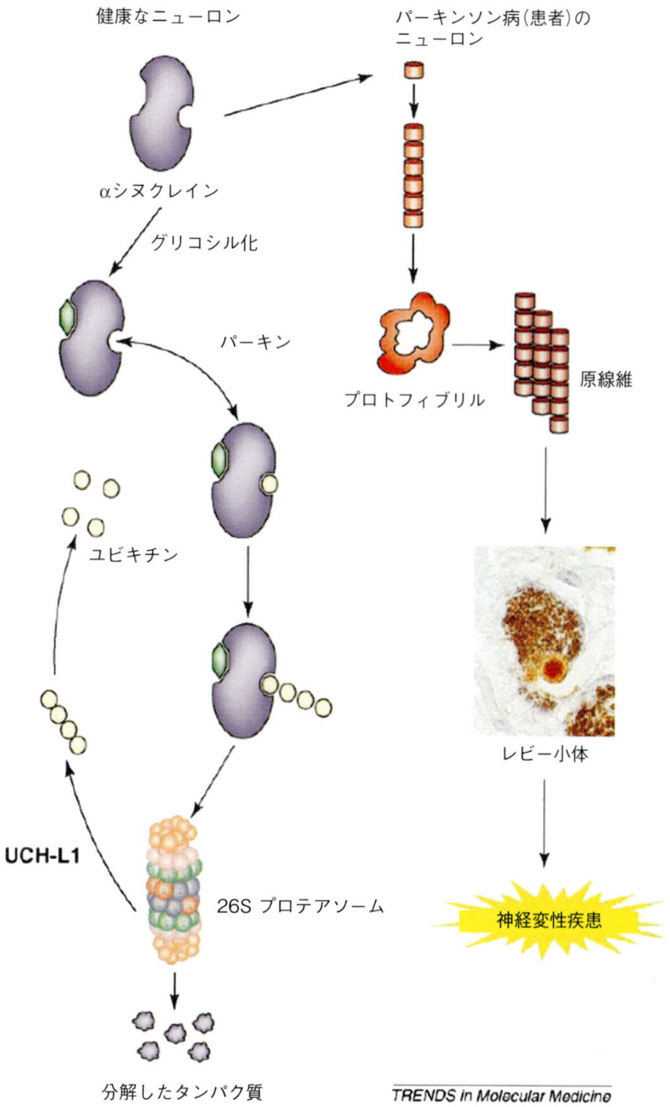

図21・7　パーキンソン病と結びついている三つのタンパク質の役割に関する推定モデル．健康なニューロンではαシヌクレイン（青）の細胞質濃度は厳格に制御されている．αシヌクレインのグリコシル化（緑）には，おそらくはパーキンによるユビキチン化（黄）が必要である．ユビキチン化されたαシヌクレインのプロテアソームでの分解は，ペプチド-ユビキチン結合体を生産し，引き続くユビキチンの回収再利用は，ユビキチンC末端ヒドロラーゼL1（UCH-L1）によって制御されている可能性がある．合成の増加やパーキンの不活性化によって起こる，細胞質におけるαシヌクレイン濃度の増加は，その凝集を促進する．もしαシヌクレインをコードする遺伝子が変異したら，その濃度増加がαシヌクレインのオリゴマー化を促進し，ついにはパーキンソン病の脳の病理学的特徴であるレビー小体の形成へと至る．［Barzilia, Melamed, 2003 より．Elsevier の許可を得て転載．©2003］

(ii) アルツハイマー病

先進国の平均余命が増加するにつれて，軽度認知障害[*1](mild cognitive impairment, MCI)，認知症が増加し，それはアルツハイマー病(Alzheimer's disease, AD)にまで進みうる．世界で2400万人以上の人々が何らかの形の認知症に苦しんでおり，2040年までには8000万人が認知症になり，その全認知症の60%程度がアルツハイマー病となると見積もられている．アルツハイマー病は神経変性疾患の最も一般的な原因であり，脳の記憶や行動中枢を冒す．認知機能や行動機能がしだいに失われていくことは，脳の側頭葉と前頭葉に結びついている．古典的な病理学的特徴は，不溶性で毒性をもつβアミロイドタンパク質(Aβ)多量体の細胞外における老人斑としての蓄積と，リン酸化されひき続いて多量体化した微小管関連タンパク質タウによって形成され，大脳皮質ニューロンの脱落と関連している神経原線維変化(neurofibrillary tangle, NFT)である．臨床症状は，典型的には60歳と70歳の間に起こる．現在までのところ有効な治療法のないこの病気は，最初は記憶の脱落があり，その後，認知機能や運動機能の低下が進行していく．病気の進展には，遺伝要因と環境要因の両方がからんでいる．女性は男性よりかかりやすい．それは，女性の方が，シナプスの亜鉛輸送体ZnT3の構成的活性が高いことに関係している可能性がある（第20章を参照）．雌のマウスでは，βアミロイドタンパク質の蓄積と結びついているZnT3輸送体の活性が，年齢に依存して亢進していくことが研究で示されている．

酸化還元活性金属，すなわち鉄と銅の恒常性が不完全であることは，酸化ストレスと共に，アルツハイマー病の神経病理に寄与している．

βアミロイドタンパク質(Aβ)は，アミロイド前駆体タンパク質(APP)（タイプ1膜貫通型糖タンパク質）の酵素的開裂により産生される．APPは，三つのタイプのプロテアーゼ，α，β，γ-セクレターゼによって切断される．APPの多くはアミロイドを生成しない経路で処理される（図21・8）．APPは，α-セクレターゼによって最初アミロイドβタンパク質ドメイン内で切断されて，神経保護的な細胞外可溶性sAβPPsαフラグメントの放出へと導き，Aβ生成は排除される．膜に固定されたαカルボキシ末端フラグメント(αCTF)が次に膜内でγ-セクレターゼにより切断され，p3ペプチドとAPP細胞内ドメイン(AICD)が放出される．APPがβ-セクレターゼで切断されるときは，代わって，AβPPを生産し，アミロイド生成が起こる．AβとAICDは，膜内にとどまったβ-CTFをγ-セクレターゼが切断することで生成する．α-および

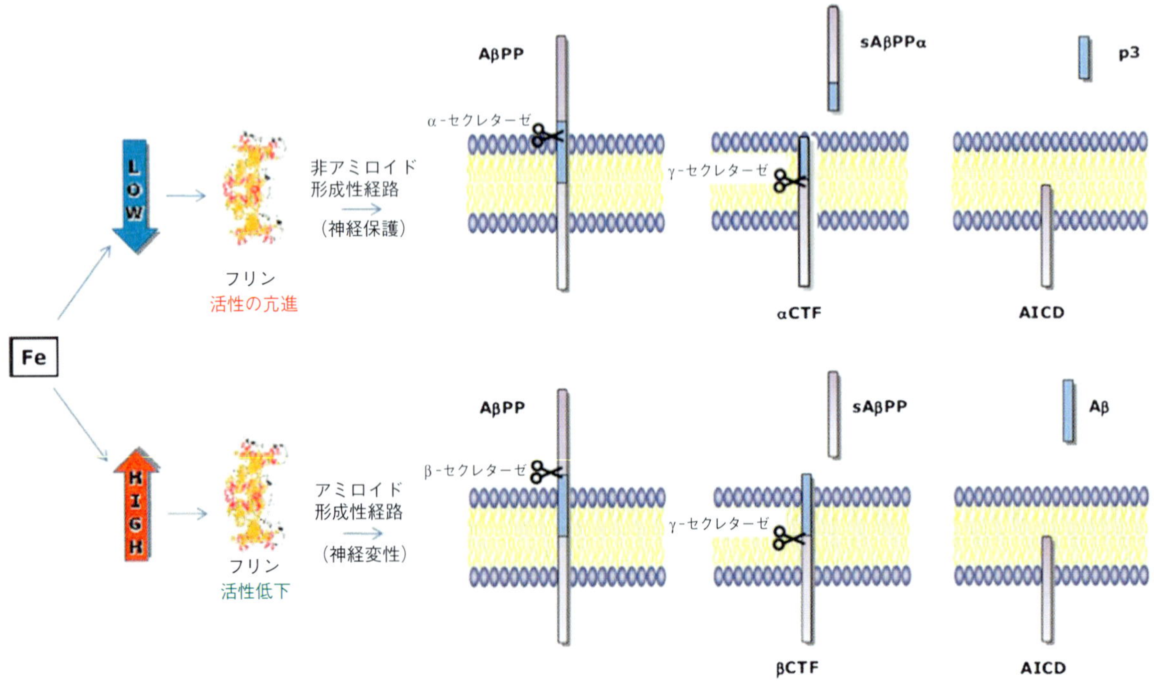

図21・8 フリンの活性と，α-，β-セクレターゼによるAβPP開裂の成り行き．低い細胞内鉄レベルは，フリンの活性増加につながり，非アミロイド経路を刺激すると考えられる．一方，高い細胞内鉄レベルはフリンの活性を低下させ，アミロイド産生経路を活性化する可能性がある．[Altamura, Muckenthaler, 2009より．IOS Pressの許可を得て転載．©2009]

＊1 訳注：軽度認知障害は認知症の前段階であり，認知症と同一ではない．

β-セクレターゼによるAPP処理は，前駆体タンパク質を開裂して活性なものに変換することを触媒するズブチリシン様前駆体タンパク質変換酵素ファミリーに属するフリンによって調節されている．フリンはまた，ヘプシジンの骨形成タンパク質(BMP)が仲介する活性化のアンタゴニストであり，鉄恒常性の重要な調節因子でもある可溶性ヘモジュベリン（HJV）の生産を通して，システマチックな鉄恒常性の調節にも関与している（第8章参照）．フリンの転写は，細胞の鉄濃度レベルや低酸素状態によって調整されている．過剰な鉄は，フリンのタンパク質レベルを下げ，それゆえ可溶性ヘモジュベリンの生産を減じる．一方，鉄の欠乏や低酸素状態は，フリンの活性を上方調節し，それにより可溶性ヘモジュベリンの生産を増やし，ヘプシジンの活性化を阻害する．このことは，図21・8に示しているように，フリンの鉄調節がアルツハイマー病に一定の役割を果たしているかもしれないという仮説へと導いた．脳の鉄濃度レベルの増加は，フリンのタンパク質レベルを下方制御し，α-セクレターゼが神経保護に働くsAβPPsαフラグメントの生成能を損ない，そのためにアミロイド生成経路を活性化し，Aβの生成へ，そして究極的に神経変性へと導く，と考えることができる．さらに，活性酸素種の鉄依存的な生成により，IRP-1は鉄応答配列結合型に変わり，トランスフェリン受容体を経由して細胞の鉄の取込みを増加させ，細胞内の鉄の含量の継続的な増加を行う危険

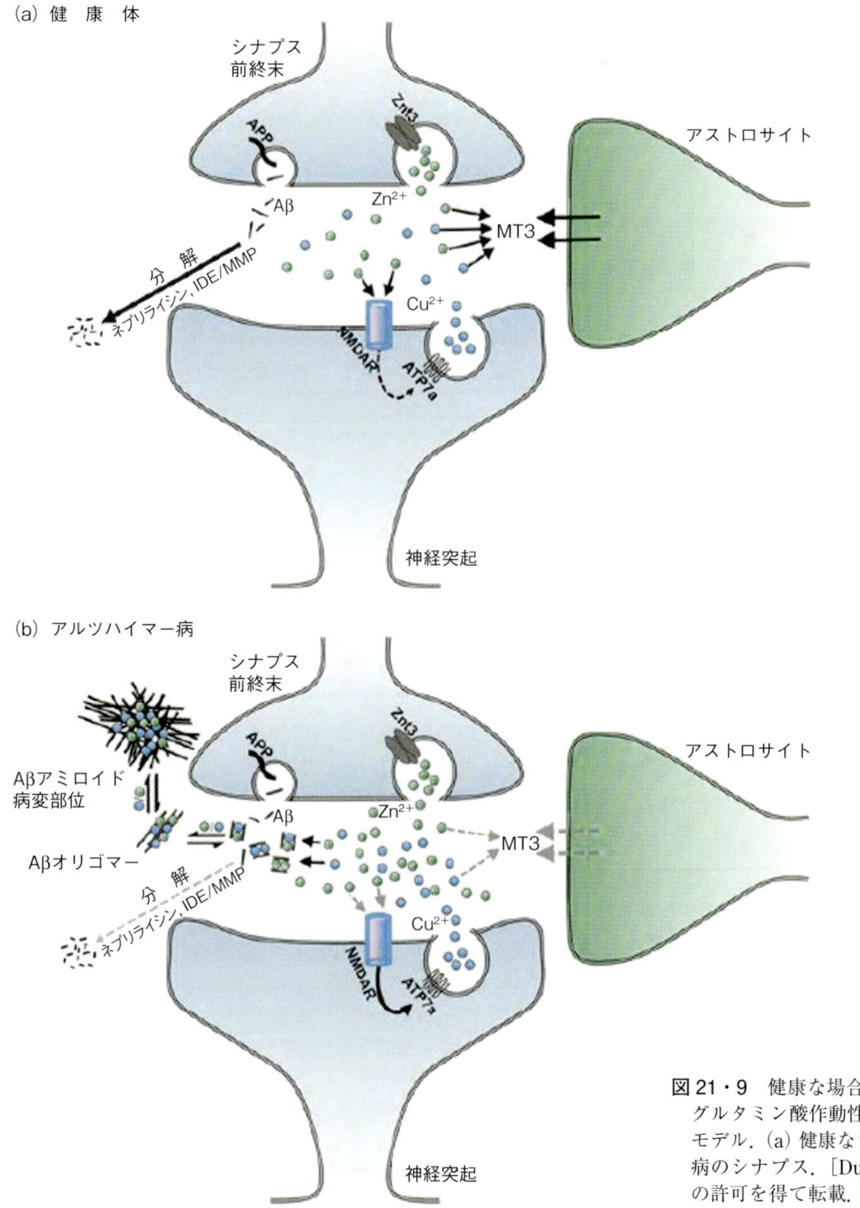

図21・9 健康な場合とアルツハイマー病の場合のグルタミン酸作動性シナプスにおける亜鉛と銅のモデル．(a) 健康なシナプス．(b) アルツハイマー病のシナプス．[Duce, Bush, 2010より．Elsevierの許可を得て転載．©2010]

なサイクルを生み，さらにフリンを下方制御してセクレターゼの平衡をAβ生産に有利な方向に動かすことができる．アルツハイマー病患者やアルツハイマー病動物モデルであるTg2576マウスの脳内のフリンのmRNAレベルは，対照マウスのものより相当に低かった．さらに，Tg2576マウスの脳にフリン-アデノウイルスを注射すると，そのウイルスに感染した脳の部位において，α-セクレターゼ活性が顕著に増加し，Aβの生産が減少した．鉄代謝とアルツハイマー病を結びつけることをさらに支持する結果が，アミロイド前駆体タンパク質mRNAの5′非翻訳領域(5′-UTR)における機能的鉄応答配列IREの同定から得られた（Rogers *et al.*, 2002）．フェリチンの場合のように，神経芽細胞腫において，APPのレベルは，鉄の存在で増加し，鉄キレート剤の添加で減少する．α-セクレターゼ活性の阻害と並行してAPPレベルが増加することは，Aβの蓄積に有利になる．

Aβ のN末端には非常に効果的に銅と結合する領域があり，銅をnMレベルの強度で結合できる．APPあるいはAβが，銅が結合したときに，神経における金属シャペロンになるかどうかははっきりしない．APPのノックアウトマウスおよびノックインマウスで，前者では大脳皮質の銅レベルは増加し,後者では減少することが示されている．銅はまた，細胞でのAPPの切断にも影響を与えていた．銅は，Aβレベルを下げ，APP外部ドメインの分泌を増加させる．

神経原線維変化（NFT）は酸化還元活性の鉄を含んでいる．神経原線維変化におけるタウタンパク質の蓄積は，強力な抗酸化分子であり，損傷を受けたミトコンドリアから放出されるヘムの代謝に重要な役割を果たすヘムオキシゲナーゼ（HO-1）の誘導と結びついている．ヘムオキシゲナーゼは酸化的傷害を減らすが，ヒドロキシルラジカルを生むフェントン反応に関わる二価鉄をも放出する．

Aβのβシート構造が生成することは，実際には保護的なメカニズムと考えられ，脳細胞がAPPやAβの合成の増加は，酸化還元活性の金属すなわち銅と鉄の増加を抑え解毒しようとしている，ということが示唆されている．

アルツハイマー病において銅と亜鉛が関与している可能性については，図21・9にまとめられている（Duce, Bush, 2010）．第20章で見てきたように，脳内の亜鉛は，グルタミン酸作動性神経終末の多く(10〜15%)に豊富に存在し，神経活動時に放出される．健康なシナプスでは，小胞性の亜鉛輸送体ZnT3が亜鉛をシナプス顆粒に移動させている．亜鉛は神経活動で放出され，シナプス間隙でその濃度は300 μMに達する．銅はシナプス後膜側に放出され，NMDA(*N*-メチル-D-アスパラギン酸)に誘導される活性化へとつながり，ATP 7aと，銅を豊富に含んだ顆粒の，シナプス間隙への移動をひき起こすことが報告されている．銅のシナプス間隙における濃度は15μMに達すると考えられる．銅と亜鉛は両方ともNMDA受容体応答を阻害でき，このことは銅がシナプス間隙へさらに放出されることを妨げるフィードバックにもなっている．APPの開裂に引き続いて，神経活動依存的に，Aβはまた，シナプス間隙で放出されうるが，そこは正常時には“亜鉛スポンジ”として働き，シナプスでの亜鉛濃度を下げる．Aβは，典型的には，末梢への移動や，ネプリライシンやインスリン分解酵素のような細胞外プロテアーゼによる分解で排除される．神経刺激が高度に集中しているのにもかかわらず，シナプスでの遊離の銅や亜鉛の平均的濃度は，継続して低くに保たれているようである．これは，推定されているエネルギー依存的な再取込機構や，隣接するアストロサイトからのメタロチオネイン（たとえばMT3）による緩衝効果など複数の機構が働いていることによる．アルツハイマー病では，ミトコンドリアでのエネルギー産生が減少することが，金属の再取込みを減少させ，金属の平均濃度を継続して高めることをひき起こす．このことは，銅や亜鉛がシナプス間隙に放出されたAβと反応し，酸化を受け架橋された可溶なオリゴマーや沈殿したアミロイドが形成することを許す．Aβは1分子当たり2.5原子の金属イオンまでは結合できるが，亜鉛の増加につれ，もっと高濃度では凝集してくる．可溶性のAβ単量体は，恒常的に分解されるが，亜鉛が結合したAβオリゴマーは，分解に抵抗する．MT3はアルツハイマー病では減少しているために，異常な金属-Aβ相互作用の促進とAβによる金属の収奪が，NMDA受容体の制御不能なグルタミン酸による活性化を許し，それは後シナプスにおける銅放出の増加をまねく．

膜に結合したAβは，膜から解き放たれる前に，金属によってもたらされる活性酸素種によって傷害を受けるようである．そして引き続き，シナプス顆粒で放出された亜鉛により凝結するらしい（図21・9）．*in vitro*においては，亜鉛はAβの凝集を急速に加速する．これは，自ら亜鉛結合領域をもつAβのN末端部分同士を亜鉛が結びつけるからだ．亜鉛は，Aβ3のN末端1〜16残基部分のコンホメーション変化をひき起こす．

(iii) ハンチントン病

ハンチントン病(Huntington's disease, HD)は，CAGコドンの繰返しが延長されて発現したタンパク質にポリグルタミン(polyQ)が追加されることによる一群の病気の一つである．ハンチントン病は，ヨーロッパ住民では10万人に4人の頻度（日本人やアフリカ住民では100万人に1人以下）で起こり，ポリグルタミン病のなかでは最も多い疾患である．この病気は，運動障害，認知衰退および精神錯乱をひき起こす．35歳から50歳の間に知らぬ間に発症し，進行性のため15～20年のうちに死に至る．運動障害には，近位筋や遠位筋の舞踏病様*2の不随意運動や，随意運動の失調が含まれる．若年で発症した患者では，動作緩慢（随意運動と会話が遅くなること），固縮，筋緊張症（激しい不規則な筋肉けいれん）がある．子どもの不随意運動は，しばしば震えの形をとり，てんかん発作に苦しむ場合も多い．ハンチントン病は，ニューロン欠失の顕著な特異性によって特徴づけられる．最も敏感な領域は，尾状核および，特に影響を受ける被殻を伴った線条体である．進展したケースでは，視床・黒質・視床下核でもニューロンの欠失がある．この病気の発症年齢および症状の重篤さは，グルタミン延長の長さに依存する．CAG配列の繰返し（リピート）が35以下であれば発症しない．35～39の繰返しがあれば発症のリスクは増加し，40かそれ以上であれば，ほぼ発症する．

関連タンパク質である，機能未知のハンチンチンの遺伝子は67のエキソンからなり，DNAの180 kb以上の領域に広がっていて，3144アミノ酸残基のタンパク質をコードしている（知られている最も長いポリペプチド鎖の一つ）．ポリグルタミン領域はN末端に近く，最初のエキソンはCAGリピートを伴っている．他のポリグルタミン病と同様，ポリグルタミンリピートをもつハンチンチンは，ニューロンの核内の凝集体や封入体に見つかる．これらの封入体は，不溶性のアミロイド様の繊維によって形づくられていることがあり，他の神経疾患にみられるタンパク質の凝集体を思い起こさせる．アミロイドに典型的な特徴である，ランダムコイルからβシートへの構造の転移は，繊維の形成過程で起こる．

脳における鉄代謝の変化と，それによる鉄の蓄積がハンチントン病で報告されている．健常人と比較して，ハンチントン病患者の大脳基底核で顕著である．胎児幹細胞を用いた研究では，ハンチンチンは，核や核周辺小器官で必要不可欠な鉄制御，鉄恒常性の制御に関与していることが明らかとなった．

(iv) フリードライヒ運動失調症

フリードライヒ運動失調症（Friedreich's ataxia, FRDA）は，最も多い遺伝性の運動失調であり，ヨーロッパの子どもと大人で起こる最も一般的な小脳性運動失調である．この疾患は1863年にNikolaus Friedreichにより最初に記述された．臨床所見は，感覚消失，脊柱の側部湾曲，奇形，心臓病を伴う歩行の不器用さと結びついた，青春期発症運動失調を重要な特徴としている．詳しい神経病理学的検討により，脳脊髄の変性が示された．フリードライヒ運動失調症も，不安定な3塩基繰返し配列の異常な延長でひき起こされる15の神経疾患の一つである．しかしながら，ハンチントン病とは異なり，3塩基の延長は遺伝子の非コード領域に起こっている．フリードライヒ運動失調症の遺伝子は，七つのエキソンからなる95 kbのDNAで（図21・10），210のアミノ酸からなるタンパク質，フラタキシンをコードしている．フラタキシンタンパク質の量は，フリードライヒ運動失調症患者ではひどく低下しており，大

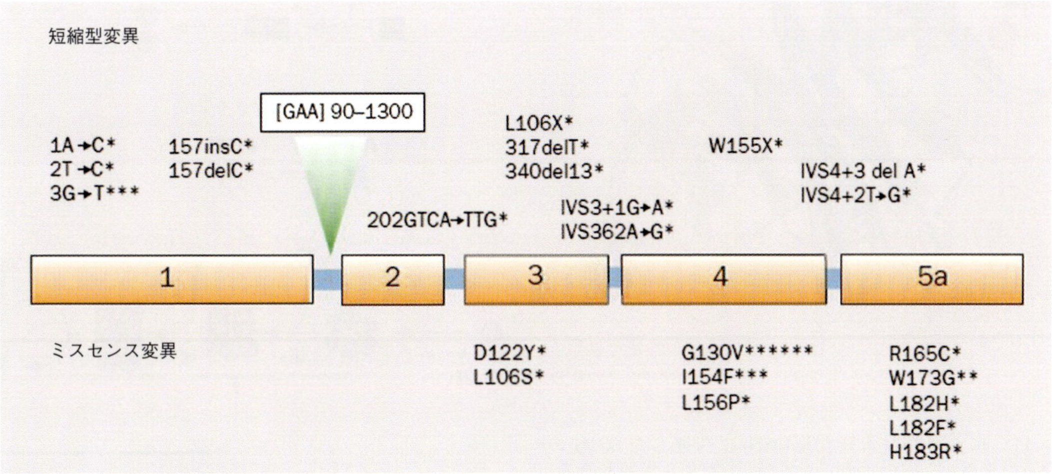

図21・10　フラタキシンの変異．最も一般的なフラタキシン遺伝子の変異は，最初のイントロンにおけるGAAの増幅である（98%）．四角はエキソンを表し，青いバーはフラタキシン遺伝子のイントロンを表す．星マークはそれぞれの変異が報告された家族の数を表す．［Dürr, 2002より．Elsevierの許可を得て転載．©2002］

*2　舞踏病様運動とは，無意味に指を曲げ伸ばしたり肩を上げ下げしたり，顔をゆがめるなどの動きを体が勝手にしてしまうものである．

部分のフリードライヒ運動失調症患者の遺伝子は，イントロン1におけるGAA延長についてホモ接合型である．変異が非コード領域であるイントロンにあることより，GAA延長の影響は合成されるフラタキシンmRNAを減少させることであり，(それによって)タンパク質の量が減じる原因となる．フリードライヒ運動失調症の病理学的特徴として，ミトコンドリアでの鉄の異常な蓄積，酸化ストレスに過敏であることや，フラタキシンの鉄-硫黄クラスター集合における役割を反映し，鉄-硫黄タンパク質と呼吸鎖の電子伝達体が欠失していることがあげられる．

筋萎縮性側索硬化症

Charcotは筋萎縮性側索硬化症 (amyotrophic lateral sclerosis, ALS．運動ニューロン病，ルー・ゲーリック病*3ともよばれる) について，発症は遅く，急速に進行する神経疾患であることを1874年に初めて記述した．筋萎縮性側索硬化症は神経変性疾患のなかでも最も多いものの一つで，10万人当たり4～6人発症する．初期の特徴は，選択的な神経変性と上方系 (皮質-脊髄) および下方系 (脊髄) 運動ニューロンの死である．典型的には中年期に発症し，麻痺そして死に至るまでどんどん進行していく．認知機能が保たれるため，筋肉の消耗の進行と運動機能の喪失，そして診断後の1～5年以内に死に至ることを患者が認識するという点で残酷な病気である．

Cu/Znスーパーオキシドジスムターゼ(SOD1)の遺伝子変異は筋萎縮性側索硬化症(ALS)全体の2%にすぎないが，最もよく理解されている変異である．SOD1をコードしている遺伝子にみられる100以上の変異が家族性ALSをひき起こしている．SOD1タンパク質の凝集が発症の初期状態と考えられており，SOD1の変異はSOD1ポリペプチドの凝集を増加させうるように見える (図21・11)．

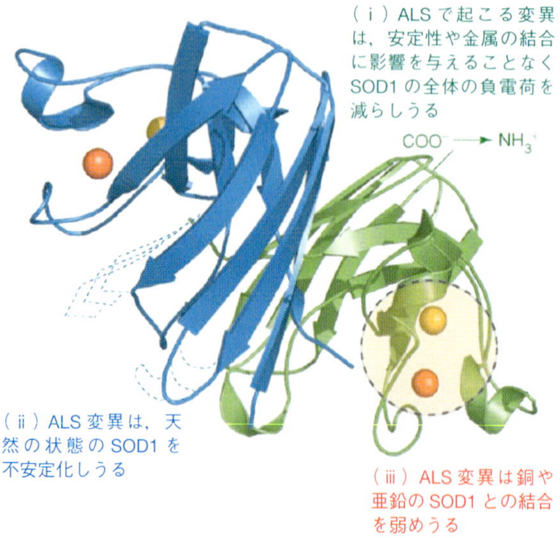
(i) ALSで起こる変異は，安定性や金属の結合に影響を与えることなくSOD1の全体の負電荷を減らしうる
COO⁻ → NH₃⁺
(ii) ALS変異は，天然の状態のSOD1を不安定化しうる
(iii) ALS変異は銅や亜鉛のSOD1との結合を弱めうる

図21・11　筋萎縮性側索硬化症(ALS)に関連したSOD1の異なった変異は，SOD1ポリペプチドの凝集を増加させる．[Shaw, Valentine, 2007より．Elsevierの許可を得て転載．©2007]

クロイツフェルト・ヤコブ病と他のプリオン病

クロイツフェルト・ヤコブ病(Creutzfeldt-Jakob disease)と他のプリオン病は，銅代謝の病気と結びついている．ヒトにおけるクロイツフェルト・ヤコブ病の最初の例は，80年以上前にCreutzfeldtとJakobにより独自に報告されている．ヒツジの致死的な神経疾患のスクレイピーは，1700年代という昔から知られていたが，伝染性は1939年に初めて証明された．1980年代には，伝染病であるウシ海綿状脳症(bovine spongiform encephalopathy, BSE)が，BSE-プリオンに汚染された骨や肉を食べさせられた家畜に発生した．さらに最近では，一部に起こったvCJD(変異型クロイツフェルト・ヤコブ病)の症例は，そのようなBSEに汚染された牛肉を摂取したことによると考えられている．

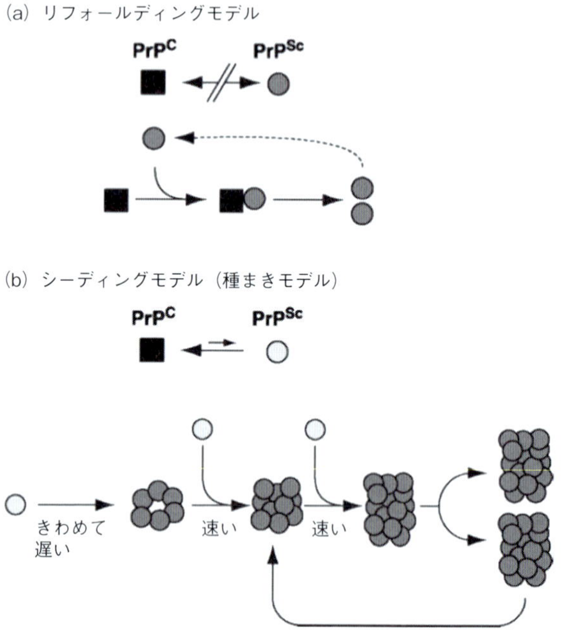
(a) リフォールディングモデル
PrP^C
PrP^Sc
(b) シーディングモデル (種まきモデル)
PrP^C
PrP^Sc
きわめて遅い
速い
速い

図21・12　PrP^CからPrP^{Sc}への変換のモデル．[Crichton, Ward, 2006より]

*3　Henry Louis Gehrig (1903年6月19日～1941年6月2日) は，ニューヨークヤンキースだけに所属した米国人メジャーリーグ選手であり，1939年に最年少で野球殿堂入りを果たした．彼の野球人生は，病気により早く終わりを迎え，筋萎縮性側索硬化症にかかっていることを知ったその年の後半に野球から引退した．この悪化の一途をたどる病気はかなりまれなものだったため，彼によって初めて広く知られるようになり，"ルー・ゲーリック病"ともよばれる．

その原因物質はプリオンというタンパク質であることが知られている．哺乳類のプリオン病の進行は，α ヘリックス構造が優勢な正常な細胞性プリオン(PrP^C)が，β シート構造を多く含む異常なプリオン(PrP^{Sc})になるという転写後プロセスを含んでいる．最初にできた異常プリオンは，二つの別々の過程（凝集体が付加することによる感染性粒子の成長と感染性粒子の数の増幅）により，異常プリオン凝集体の自己増殖をひき起こす．図 21・12 に描かれているように，PrP^C から PrP^{Sc} への変換には二つのモデルが提唱されている．“リフォールディング”あるいはヘテロ二量体モデルは，PrP^C から PrP^{Sc} への直接の変換を含む構造変化を提唱するものである．なお PrP^C から PrP^{Sc} への直接の変換は，観測可能な速度での自発的変換を妨げる高いエネルギー障壁で，速度論的には制御されている．“シーディング”あるいは核形成モデルは，PrP^C と PrP^{Sc}（あるいは PrP^{Sc} 様分子）が大きく PrP^C 側に偏った平衡状態にあることを提唱している．PrP^{Sc} は，多集合体を形成するときのみ安定で，結晶のような種(シード)あるいは PrP^{Sc} の凝集体に加わっていくことで安定化する．種の形成はきわめてまれなことではあるが，いったん種ができると，単量体の付加が急速に起こってくる．

プリオンタンパク質が Cu^{2+} と結合することについては十分な報告がある．おもな銅の結合部位は，特定の形をとらないアミノ末端領域(ヒト PrP^C の 60〜91 残基を含む)にあることが同定されている．ProHisGlyGlyGlyTrpGlyAsn という配列の連続した 4 回の繰返しからなる高度に保存されたオクタペプチドに，銅は特異的に結合する．Cu^{2+} のオクタペプチドと結合する化学量論は 1：1 である．すなわち，オクタペプチドの繰返し領域は四つの Cu^{2+} を結合する．銅との結合は生理的 pH 条件で最も有利であり，弱酸性条件では急激に結合能は落ちる．銅との結合に関する大部分の研究がオクタペプチドリピートに焦点を当てている一方で，リピート配列の外にある His96〜His111 部分が，解離定数が nM の単位で強力に銅と結合する第五の部位であるという証拠が見いだされた．興味深いことに，円二色性分光の研究より，銅の配位が，不定形の構造部分をなくし，β シート構造を増加させることが示された．

正常プリオン(PrP^C)が，特にシナプス膜で銅恒常性に，重要な役割を果たしている証拠は，どんどん積み上がっている．銅の恒常性は，細胞内カルシウムシグナル伝達の開始や，銅や酸化ストレスへの応答に対して防御的な役割を果たしている（図 21・13）．神経芽細胞腫を高濃度の Cu^{2+} にさらすことは，PrP^C のエンドサイトーシスを刺激する．その一方で，四つのオクタリピートを欠失させたり，

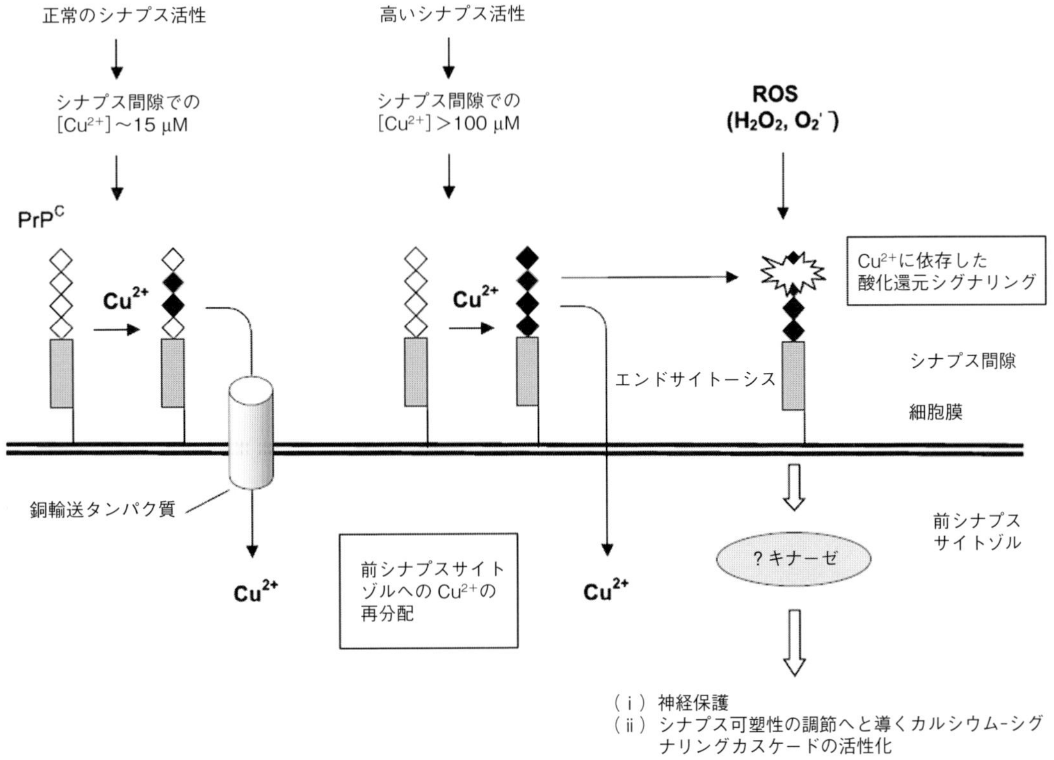

図 21・13　銅の恒常性やレドックスシグナル伝達における正常プリオンタンパク質（PrP^C）の生理的役割についての図解．［Crichton, Ward, 2006 より］

中央の二つのリピートのヒスチジン残基を変異させると，PrP^C のエンドサイトーシスは起こらなくなる．しかし，生理的条件の銅濃度を用いた研究では，PrP^C は細胞外 Cu^{2+} の取込みには関わっていないという結論が導かれた．シナプスの独特の周辺環境では，PrP^C はシナプス間隙での Cu^{2+} 濃度を緩衝するように振る舞い，それに引き続きシナプス顆粒の融合の結果，Cu^{2+} の放出が起こるということが示唆されている（図21・13）．神経伝達物質の顆粒のエキソサイトーシスで放出される Cu^{2+} は，PrP^C により緩衝され，続いて前シナプス細胞質に戻される．このことは，膜内の銅輸送タンパク質（CTR）へ移行させることによって銅が高濃度の場合には PrP^C が仲介するエンドサイトーシスによって起こる．銅が結合した PrP^C は，活性酸素種と相互作用して，酸化還元シグナル応答を開始させ，Ca^{2+} 依存的シグナル伝達カスケードを活性化する可能性がある．これらの細胞内 Ca^{2+} 濃度の変化は，シナプス活性の調整と神経保護に関わっている．

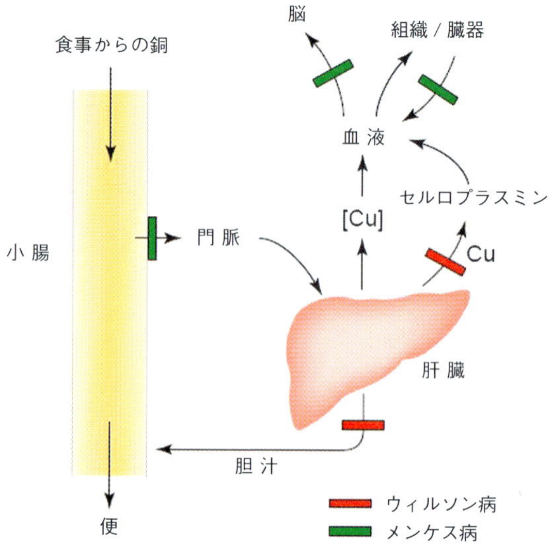

図21・14　メンケス病やウィルソン病で妨げられる銅の経路．［Crichton, Ward, 2006 より］

銅代謝の異常：ウィルソン病，メンケス病，セルロプラスミン欠損症

1912年にロンドンの若い研修医 Samuel Wilson によって，そしてその50年後にコロンビア大学の小児科医 John Menkes によって，銅代謝の異常がひき起こす二つの神経疾患が報告された．この二つの病気の間には大きな違いがある．Wilson は，眼のレンズの性能低下とよび，肝硬変と関連する家族性の神経疾患を記述した．大量の銅が脳に存在し，それが神経の機能不全を導いていた．この病気は，脳，肝臓，腎臓，角膜にどんどん銅が蓄積していくことによって特徴づけられる．一方，メンケス病においては，最初，X染色体に関連した致死的な神経変性疾患と記述され，腸管を通した銅の輸送が妨げられ，全体としては銅の欠乏に陥る（図21・14）．

両方の疾患には，銅を輸送するP型のATPアーゼに，共通して変異がみられる．第8章で見てきたように，銅はシャペロン ATOX1 によって，トランスゴルジネットワークにおもに存在するP型ATPアーゼ ATP7B へと輸送される．ATP7B の主要な機能は，胆汁排泄やセルロプラスミンへの銅の導入のために，銅を分泌経路へと輸送することである（図21・15）．ウィルソン病では，機能的な ATP7B がないことで急速に分解する，銅を含まないアポ

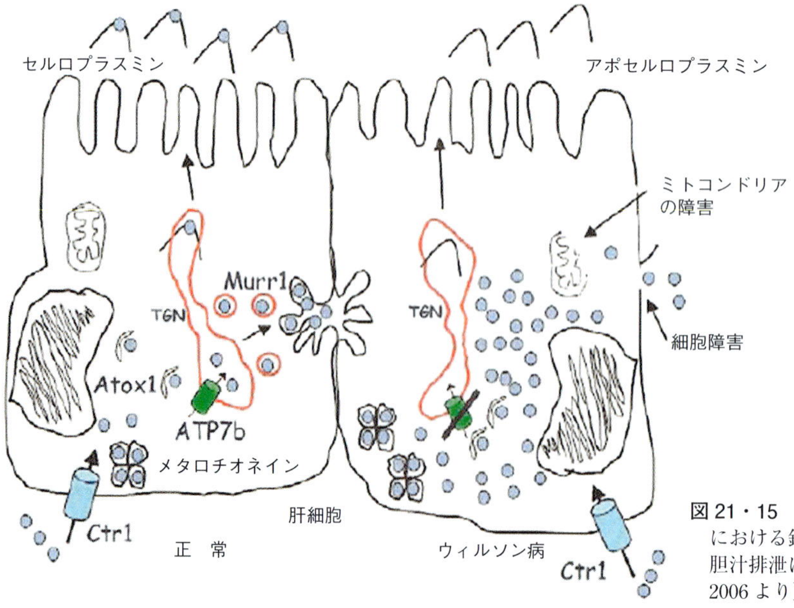

図21・15　正常な肝細胞とウィルソン病の肝細胞における銅の取込み，セルロプラスミンへの結合，胆汁排泄に関連するタンパク質．［Crichton, Ward, 2006 より］

セルロプラスミンを分泌することにつながる．正常な場合には，肝細胞の銅含有量が増加すると，ATP7Bが胆汁小管膜近くの細胞質区画に循環し，胆汁排泄に先立って銅はそこで小胞内に蓄積される．この過程にはおそらくMurr1が関連している．Murr1はイヌの銅中毒症における遺伝子欠陥の産物であるが，冒されたイヌは胆汁への銅排出障害を起こし，肝臓のリソソームに大量の銅を蓄積する．ウィルソン病では，ATP7Bに変異が起こることで肝細胞の細胞質中に銅が蓄積し，酸化的傷害と血清への銅の漏れ，さらに大部分の組織への過剰負荷をひき起こす．

メンケス病は，広範囲の銅欠乏によって特徴づけられるX染色体関連の小児の神経変性疾患である．患者は銅含有酵素の欠損に関連した異常な状態となって，通常は10歳になる前に死んでしまう．メンケス病の原因タンパク質もATP7Aとして知られるP型ATPアーゼであり，これが大腸や腎臓の銅イオン再吸収に主要な役割を果たしている．N末端領域に，銅シャペロンと相互作用することが知られている六つの銅結合領域をもっている．一方，八つの膜貫通領域は銅を汲み上げるチャネルを形成し，これは，ATPの加水分解によって駆動する．通常の状況では，ATP7Aは初めはトランスゴルジネットワーク（TGN）に位置し，銅濃度が上がった条件になると細胞膜に再配置され細胞から銅を放出する．メンケス病患者の脳では銅輸送もまた妨げられる．海馬ニューロンはNMDA受容体の活性化に応答して銅を放出するが，機能的ATP7Aを欠く動物のニューロンは，放出を行わない．

セルロプラスミンは長い間フェロオキシダーゼ（二価鉄酸化酵素）と考えられてきており，セルロプラスミンには，細胞から放出されたFe^{2+}がアポトランスフェリンに結合するのに先立って，より毒性が低いと考えられるFe^{3+}に確実に酸化されるようにする保護的な役割がある，ということが提唱されている．セルロプラスミン欠損症は，セルロプラスミン遺伝子の変異によるセルロプラスミン機能の喪失と関連している神経変性疾患である．この状況は鉄の恒常性を攪乱し，脳や肝臓のようないくつかの組織でかなりの鉄の蓄積が起こる．しかしこれらの患者では，セルロプラスミン欠損症マウスと同様に銅の輸送と代謝は正常であり，このことはセルロプラスミンが主要な銅輸送体であるという強い証拠となっている．

文　献

Altamura, S., & Muckenthaler, M.U. (2009). Iron toxicity in diseases of aging: Alzheimer's disease, Parkinson's disease and atherosclerosis. *The Journal of Alzheimer's Disease, 16*, 879–895.

Barzilai, A., & Melamed, E. (2003). Molecular mechanisms of selective dopaminergic neuronal death in Parkinson's disease. *Trends in Molecular Medicine, 9*, 126–132.

Catala, A. (2009). Lipid peroxidation of membrane phospholipids generates hydroxy-alkenals and oxidized phospholipids active in physiological and/or pathological conditions. *Chemistry and Physics of Lipids, 157*, 1–11.

Crichton, R.R., & Ward, R.J. (2006). *Metal based neurodegeneration: From molecular mechanisms to therapeutic strategies*. Chichester: John Wiley & Sons, pp. 227.

Dalle-Donne, I., Giustarini, D., Colombo, R., Rossi, R., & Milzani, A. (2003). Protein carbonylation in human diseases. *Trends in Molecular Medicine, 9*, 164–176.

Dürr, A. (2002). Friedreich's ataxia: treatment within reach. *The Lancet Neurology, 1*, 370–374.

Duce, J.A., & Bush, A.I. (2010). Biological metals and Alzheimer's disease: implications for therapeutics and diagnostics. *Progress in Neurobiology, 92*, 1–18.

Rogers, J.T., Randall, J.D., Cahill, C.M., Eder, P.S., Huang, X., Gunshin, H., *et al.* (2002). An iron-responsive element type II in the 5'-untranslated region of the Alzheimer's amyloid precursor protein transcript. *The Journal of Biological Chemistry, 277*, 45518–45528.

Ross, C.A., & Poirier, M.A. (2004). Protein aggregation and neurodegenerative disease. *Nature Medicine, 10*, S10–17.

Schneider, C., Porter, N.A., & Brash, A.R. (2008). Routes to 4-hydroxynonenal: fundamental issues in the mechanisms of lipid peroxidation. *J Biol Chem., 283*, 15539–15543.

Shaw, B.F., & Valentine, J.S. (2007). How do ALS-associated mutations in superoxide dismutase 1 promote aggregation of the protein? *Trends in Biochemical Sciences, 32*, 78–85.

Zecca, L., Youdim, M.B., Riederer, P., Connor, J.R., & Crichton, R.R. (2004). Iron, brain ageing and neurodegenerative disorders. *Nat. Rev. Neurosci., 5*, 863–873.

第22章

医薬品の中の金属と金属医薬

22・1　は じ め に

近代医学において金属は多様で多くの役割を担っている．第1章で述べたように，ヒトには約十種類の金属が不可欠である．そのなかには Na^+, K^+, Mg^{2+}, Ca^{2+} の4種類の比較的多い金属と Mn, Fe, Co, Cu, Zn および Mo の微量遷移金属がある．金属の代謝や恒常性が乱れる遺伝性疾患に加えて，遺伝上や栄養上の理由により食物からの金属が不足すると，ヒトの健康に重大な影響が現れる．ほかにも，十種類ほどの金属が，毒性があるにもかかわらず治療剤，診断剤あるいは薬剤として役立っている．太古の昔より，ヒ素，金，鉄などの金属はヒトのさまざまな病気治療に利用されてきた．ときにはリチウムによる双極性障害（躁うつ病）治療のように，簡単な金属塩そのものが使われる．しかし今日では，抗がん剤として汎用されているシスプラチンをはじめとして，さまざまな金属を含む多くの薬物が相ついで生み出されている．（シスプラチンの詳細は次の文献を参照．Geilen, Tiekink; Hartinger *et al.*, 2006; Sigel, Sigel, 2004; van Rijt, Sadler, 2009）

22・2　金属代謝の乱れと恒常性

ヒトには必須金属の代謝や恒常性に影響を与える多くの遺伝性疾患がある．ここではそのすべてを述べないが，ほぼどこにでもある金属で私が長年研究してきた鉄の例を簡単に紹介しよう．ほとんどの生物にとって過剰な鉄は有害であるが，鉄不足もやはり，とりわけヒトではよく問題となる．言い換えれば，第8章でまとめたように，細胞レベルや全身レベルで鉄の恒常性維持はきわめて重要である．他の哺乳類と比べて，ヒトは食物から鉄を吸収する能力に乏しく，吸収した鉄を排出する力もほとんどない．私たちは毎日，食事から 1 mg の鉄を摂取し，ほぼ同量の鉄を排出している（女性の摂取量は男性よりもやや多いものの，排出する量も多く，全体のバランスは男性とほぼ同様である）．そのため，McCance と Widdowson（1937）が初めて提唱したように，ヒトにおける鉄のバランスは吸収過程で決まる．いずれにせよ大切なのは，鉄摂取量が極端に少ないと鉄欠乏や貧血になり，多すぎると鉄過剰に陥ることである．いうまでもなく，どちらの状態も重篤な結果をもたらす．

鉄欠乏性貧血（IDA, iron deficiency anaemia）は，世界中で最も一般的かつ広範に起こる栄養障害である．発展途上国では多数の子どもや女性がその影響を受けているだけでなく，先進国でもよくみられる唯一の栄養障害でもある．WHO の推計によると，世界人口の三分の一に相当する約20億人が貧血症*1 にかかり，発展途上国では妊娠2回目の女性のすべて，および就学前の子どもの約40%が貧血症である（WHO, 2004）．鉄欠乏性貧血のおもな原因は鉄欠乏であるが，マラリアなどの感染症，HIV/エイズ，十二指腸虫の体内侵入，住血吸虫症，葉酸やビタミン B_{12}，ビタミンAなどの重要栄養素の欠乏，あるいは赤血球細胞に悪影響を及ぼす地中海貧血（サラセミア）などの遺伝性疾患により鉄欠乏性貧血はさらに悪化する．鉄欠乏性貧血はヒトの健康や子どもの成長に重大な悪影響を与え，貧血症になれば女性や胎児は産前産後に生命の危機に陥る可能性が増える．また，子どもが鉄欠乏性貧血になると精神的，肉体的成長が損なわれる．鉄欠乏性貧血の治療管理では，

*1　貧血症はヘモグロビンが推奨レベルよりかなり低レベルにある状態をさす．

背後にある感染症などの原因を取除いてから欠乏症を治すことが大切である．ほとんどの場合，鉄欠乏性貧血治療は比較的簡単でお金もかからず，還元鉄塩類を経口投与するだけでよい．経口での鉄投与には，簡単な還元鉄塩類がしばしば使われる．その理由は，還元鉄塩類が一番廉価で，特に硫酸鉄は最も手に入れやすいためである．もちろん，発展途上国では鉄塩の供給だけでなく，マラリアや他の感染症を同時に防ぐ必要がある．

上で指摘したように，ヒトには鉄を排出する十分な能力がないので，鉄代謝の病理的異変がおもに実質組織への過剰鉄蓄積という形で頻繁に観察される．この異変を von Recklinghausen は 1889 年にヘモクロマトーシス（血色素沈着症）と命名した．彼は肝硬変で重い臓器障害を受けた肝臓で見つかる黒い沈着がヘムに由来すると誤解してこう名づけた*2．後になって，主要組織適合型の *HLA-A* 遺伝子座に隣接する第６染色体上の遺伝子が関わっているヘモクロマトーシスは，過剰鉄蓄積による劣性遺伝子病であると判明した．**遺伝性ヘモクロマトーシス**（HH, hereditary hemochromatosis）は多くの鉄過剰蓄積症候群をさす言葉として使われるが，そのすべてに食物からの過剰な鉄摂取に起因するという共通点がある．古典的な遺伝性ヘモクロマトーシス（HFE またはその１型）は常染色体が劣性化した HLA 関連疾患であり，*Hfe* 遺伝子の変異に起因する．HFE は遺伝性ヘモクロマトーシスのうちで一番多く，ヒトの遺伝子疾患のなかで最も頻出する．その頻度は嚢胞性線維症，筋ジストロフィー，フェニルケトン尿症の総数よりも高く，白色人種では 200 人のうち１人がその遺伝子をもつと推測されている．HFE のうち，最も多いのが C282Y のホモ接合体変異である．遺伝性ヘモクロマトーシスの他の症例として，いわゆるサブタイプ１とよばれるものがある．サブタイプ１では，*Hfe* 変異に加えて，トランスフェリン受容体２（*TfR2*, transferrin receptor 2），*HAMP*（ヘプシジン抗菌ペプチド，hepcidin antimicrobial peptide），あるいは骨形成タンパク質（BMPr, bone morphogenic protein）に対するリガンド類の共通受容体であるヘモジュベリン（*HjV*, hemojuvelin）の遺伝子機能が欠けるため希有な障害が起こる．腸管上皮細胞とマクロファージに多く存在する鉄排出タンパク質であるフェロポーチンに異常が起こっても，やはり鉄が過剰蓄積する（サブタイプ２の遺伝性ヘモクロマトーシス）．しかし，これら４種類のタンパク質の変異がどのように全身の鉄恒常性不全を誘導し，その結果として消化管からの鉄吸収を促して，肝臓実質組織に鉄を沈着させ，組織障害をもたらし，最終的にはヒトを死に至らせるのだろうか．

全身の鉄恒常性を理解する鍵は，食物鉄の体への入口である消化管の腸管上皮細胞にあると長年考えられてきた（鉄の吸収と全身の鉄恒常性についての詳しい説明は第８章を参照）．しかし最近の研究によれば，HFE タンパク質が作用する場所は消化管ではなく肝臓にあること，さらにサブタイプ１の遺伝性ヘモクロマトーシスすべてに共通するが，一次欠損が肝臓でのヘプシジン合成抑制にあることが判明している．この結果は二つの重要な観察に基づいている．一つは，マウスにおいて肝細胞に特異的な *Hfe* を除くと全身に鉄が過剰蓄積するが，腸管上皮細胞やマクロファージに特異的な *Hfe* を除いても鉄は異常蓄積しないことである．もう一つは，正常な肝臓を移植された遺伝性ヘモクロマトーシスの患者は，鉄の過剰蓄積がもはや進行しないことである．この結果は，肝細胞が主細胞としてヘプシジン分泌により全身の鉄恒常性を保っていることを明確に示している．

ヘモクロマトーシスは糖尿病と酷似し，内分泌性の肝臓疾患とみなせるとの指摘がある（Pietrangelo, 2007）．グルコースと鉄の恒常性は共に図 22・1 にあるフィードバック系で制御されている．循環系において，グルコースとトランスフェリン結合鉄のレベルは，それぞれが膵臓 β 細胞や肝細胞の細胞膜に存在する特別なセンサーによって正常な生理的範囲に保たれている．これらのセンサーのおかげで，インスリンやヘプシジンがより多く分泌され，受容体に作用して過剰なグルコースや鉄に対応できる．

インスリンとヘプシジンの末端効果はよく似ているが，その作用機構はまったく違う．インスリンの場合，受容体に結合して細胞内でのグルコース利用（特にグリコーゲン合成）を促すシグナル伝達鎖を開始させて循環系のグルコース濃度を大きく下げる．一方，ヘプシジンの標的はフェロポーチンであり，ヘプシジン結合により細胞質内へ移動してリソソームによる分解が始まる（図 22・2）．フェロポーチンが分解されると，マクロファージのような鉄排出に関わる構成成分を含む細胞に鉄が保持され，腸管上皮細胞では鉄がフェリチンに取込まれ貯蔵される．その状況は，肝臓や筋肉でグルコースがグリコーゲンとして蓄えられる状況と似ている．しかし，腸管上皮細胞が絨毛先端から抜け落ちて分解すると，消化管中のマクロファージによる食作用を受けて，フェリチンやフェリチン鉄は失われる．

HFE タンパク質が鉄の恒常性を制御する様子を図 22・3 で簡単に示す．すでに述べたように，HFE と TfR2 が共に変異すると，ヘモクロマトーシスが起こる．HFE タンパク質は TfR1 と TfR2 の両方と相互作用し，TfR2 と TfR1 は HFE 結合時に競合しあう．鉄恒常性が正常に保たれているとき，HFE は TfR1 と TfR2 に分配され，トランスフェ

*2 実際には，フェリチンがリソソームで分解されてできたヘモシデリンの過剰沈着による．

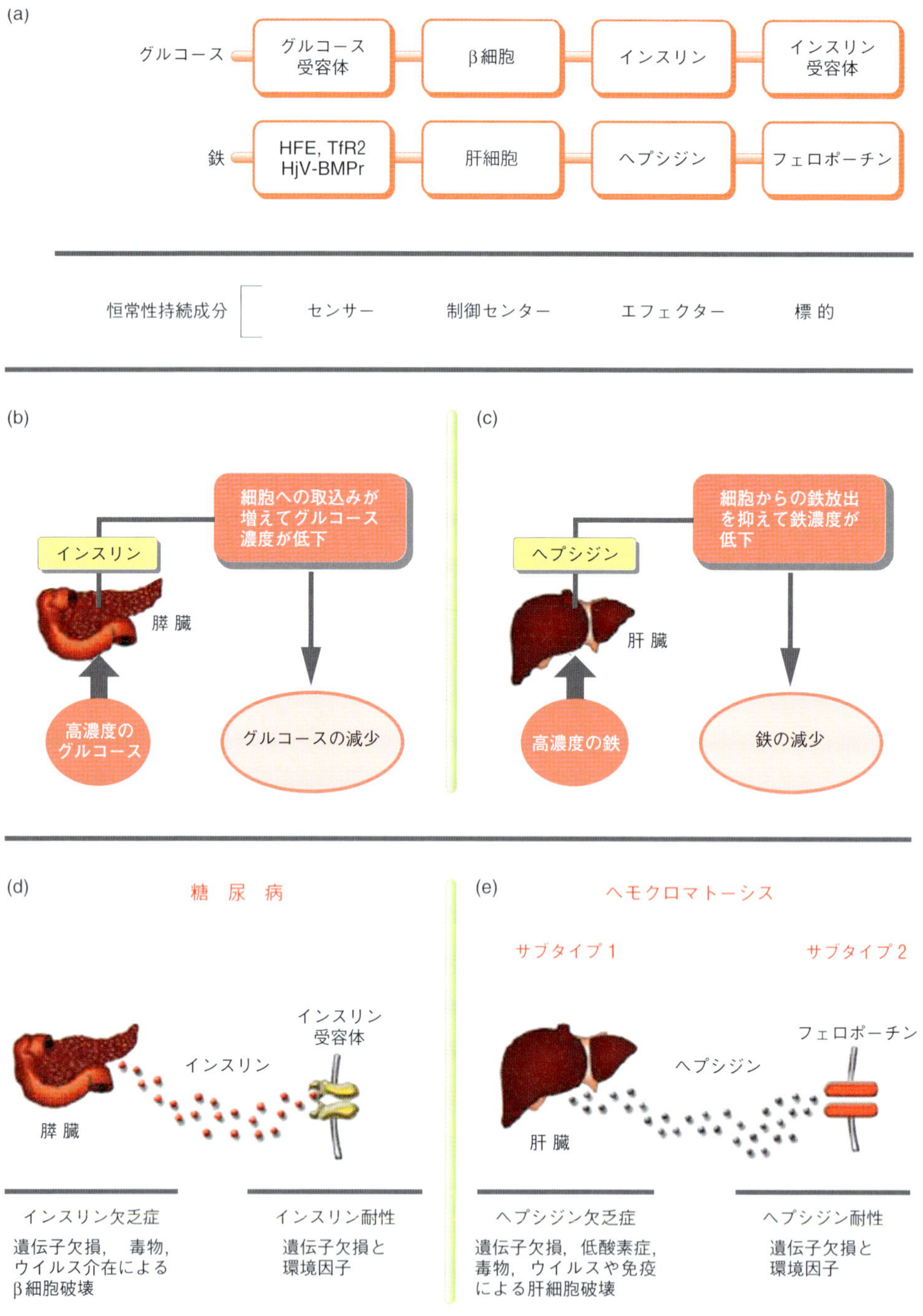

図 22・1 グルコースと鉄の恒常性の制御やその分解に関わる負のフィードバック系．(a) グルコースと鉄の代謝を維持するフィードバック系の重要成分．各成分は，生体が内部環境を制御する固有のはたらきをする．センサーは内部環境にとって危険な変化を感知して制御センター（骨形成タンパク質受容体，BMPr）に伝える．制御センターはエフェクタータンパク質を活性化して応答する．エフェクタータンパク質は固有の標的や受容体と反応して恒常性を回復する機能をもつ．(b, c) グルコースと鉄の代謝の恒常性調節．(d,e) 恒常性の崩壊：糖尿病とヘモクロマトーシス．(d) 不完全なインスリン産生（免疫による理由や二次的な理由で，膵臓β 細胞が破壊される場合やグルコース感知やインスリン合成ができない場合にみられる)．また，インスリン感知能力が下がると，血中グルコース増加が認識できず，ヘプシジン合成も損なわれる．(e) 同様に，鉄感知やヘプシジン合成が低下した場合，先天的または後天的な理由により肝細胞が多量に失われてヘプシジン合成が停止した場合，あるいはヘプシジンへの感受性が低下した場合，血清中の鉄濃度が徐々に上昇してヘモクロマトーシスが起こる．[Pietrangelo, 2007 より．Wiley-Blackwell の許可を得て転載．©2007]

リン飽和度が増えるにつれて，トランスフェリンはTfR1に結合したHFEと置き換わる．このため，図22・3に示すように，HFEはTfR1との相互作用が弱まり，TfR2とより多く結合するようになる．逆に言うなら，鉄濃度が低いほどHFEとTfR1との相互作用は大きい．HFE/TfR2複合体は，次にシグナルカスケード*3によってヘプシジンの上方制御をひき起こし，食物からの鉄取込みとマクロファージの鉄放出が抑制される．HFEとTfR2のどちらかに変異があればHFE/TfR2複合体は損傷を受けるので，ヘプシジンによる上方制御は起こらずヘモクロマトーシスに陥る．

ヘモクロマトーシス治療の第一歩は診断である．画像診断のおかげで，肝臓での鉄過剰が非侵襲的に診断可能になるとともに，分子遺伝学が進展して遺伝性鉄過剰症の理解が進んだ．そのため最近では，臨床医は鉄過剰を懸念される組織を気軽に調べられるようになった．いったん診断が下れば，定期的な静脈穿刺（瀉血（しゃけつ））により血液から過剰な鉄を除いて遺伝性ヘモクロマトーシスを治療する．この治療により，新しい赤血球をつくるために貯蔵されていた鉄を動態化して余分な貯蔵鉄が減らせる．

しかし，先天異常や生まれてからの病気が原因となる続発性ヘモクロマトーシスに分類される異常もある．いずれも，患者には貧血症で赤血球輸血を必要とする共通点がある．赤血球1 mLに鉄1 mgが含まれるので，赤血球の輸血量が多いほど全身の鉄負荷は増える．また，貧血に加えて赤血球生成能が欠損した場合，食物からの鉄吸収が消化管で増えるので，患者は極端に多くの鉄を取込んでしまう．一番よくみられる遺伝性形態は地中海貧血であり，ヘモグ

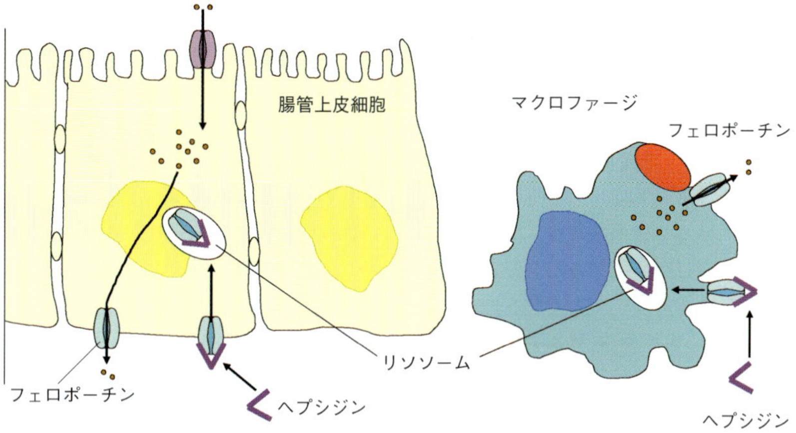

図22・2 ヘプシジンとヘモクロマトーシス．ヘプシジンの活性を示し，鉄排出ポンプであるフェロポーチンが腸管上皮細胞とマクロファージの両方の標的となる様子を示す．ヘプシジンはフェロポーチンに結合して細胞内へ運びリソソームで分解する．[Andrews, 2008より改変]

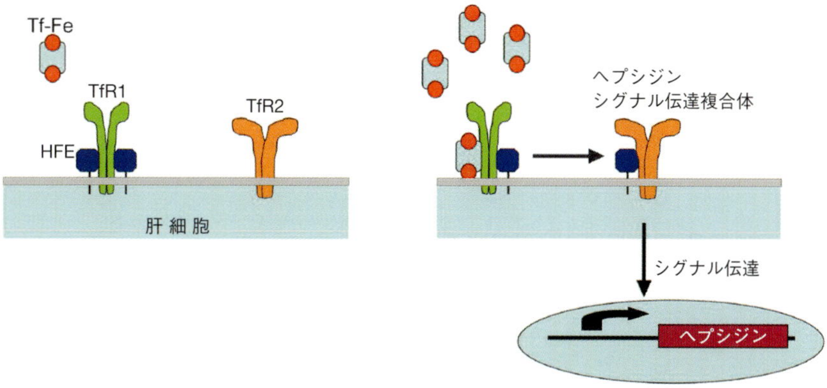

図22・3 肝臓での血清鉄の検知モデル．Tf-Fe：トランスフェリンと鉄の複合体．[Schmidt, Toran, Giannetti, Bjorkman, Andrews, 2008より．Elsevierの許可を得て転載．©2008]

*3 シグナルカスケードの仕組みはもっと複雑である．

ロビン構成鎖の片方が生合成されにくいか，あるいはまったく合成されない事態が起こる．静脈穿刺で過剰鉄を減らせる原発性ヘモクロマトーシスとは違い，続発性ヘモクロマトーシスでは静脈穿刺が無理なので，キレート療法により鉄の過剰負荷を減らす（Hershko, 2006）．キレート剤は体内から鉄を除き，肝臓や内分泌器官，特に心臓が傷つくのを防ぐ効果をもつ．地中海貧血の成人には，体重1 kg当たり純粋な赤血球が年間100～200 mL投与される．鉄に換算すると0.32～0.64 mg/kg/日の鉄取込み量になる．中間型地中海貧血の場合，鉄吸収量は正常値（約0.1 mg/kg/日）の5～10倍もある．キレート療法の第一目的は，輸血由来の鉄をより速く除くこと（軽減療法）または鉄取込み量を一定に保つこと（維持療法）である．

図22・4には今日，臨床利用が認められている3種類の鉄キレート剤の構造を示す．現在の標準的な鉄キレート剤であるデフェロキサミンを用いた臨床研究によると，キレート療法により患者の死亡リスクは減り，40年間も生存期間が延びるとわかった．デフェロキサミンは6配位型キレート剤（第2章参照）である．この物質は経口投与で効果がなく，体内半減期も20～30分間と短いので使いやすくはない．そこで，電池式ポンプで8～12時間かけてデフェロキサミンを皮下注入する（標準投与量，40 mg/kg/日）．この操作は毎週5～7回行う必要がある．患者の負担は大きく，恩恵を十分に受ける前に亡くなる例もある．経口投与できる3-ヒドロキシピリド-4-オンとよばれる二価キレート剤では，75 mg/kg/日を1日3回分与する．その半減期は，デフェロキサミンと同様に3～4時間と短く，24時間の効果持続は無理なので，次の投与までに有毒な遊離性血漿鉄（LPI, labile plasma iron）濃度に戻ってしまう．デフェラシロクス（ICL670）は毎日1回の服用で済むキレート剤で，成人や小児の輸血による鉄過剰用治療薬として承認されている．デフェロキサミンのような少ない投与量で24時間効き目が続き，しかも遊離性血漿鉄の毒性を克服できるので，原理的にはデフェラシロクスは理想的薬剤である．デフェラシロクスの臨床開発は斬新な試みであり，キレート薬剤研究の歴史上，画期的な価値がある．デフェラシロクスは三価キレート剤デスフェリチオシンと構造が類似する．デスフェリチオシンは経口投与可能で，さらに鉄過剰ラットモデルの肝臓から鉄を効率的に移動させることができる（Longueville, Crichton, 1986; Nick *et al.*, 2003）．しかし，デスフェリチオシンには毒性がある．そこで，安全な三価キレート剤を求めて，新規の鉄キレート剤であるビスヒドロキシフェニルトリアゾールと40種類以上のその誘導体が調べられた．さらに，化学的に異なる700種類以上のキレート剤を調べた結果，毒性が低く経口投与できる最有力候補としてデフェラシロクス（ICL670）が浮上した（Nick *et al.*, 2003）．

22・3 金属を含む医薬品

多くの生物学的過程で優れた効果がありながら，金属を含む医薬品の開発は純粋な有機化合物に比べて必ずしも十分ではない．ところが，顕著な例外がいくつか存在する．歴史的にみると，ヒ素を含むサルバルサンがPaul Ehrlichにより1910年に開発されて梅毒治療に使われた．ビスマス化合物は抗潰瘍薬に，またリチウムは1880年代にすでに躁うつ病治療に使われ，さらに，金化合物が関節炎に使われてきた（第1章，オーラノフィン）．最もよく知られている例はがん治療に用いられる白金である．以下では，Pt, Li, AuおよびVを含む医薬品を紹介するとともに，磁気共鳴（MRI）用の造影剤として利用される常磁性金属錯体の重要な応用例についてもふれよう．

シスプラチン，抗がん剤

シスプラチン *cis*-[$PtCl_2(NH_3)_2$]は睾丸や卵巣のがん治療に広く用いられ，他の固形がん（頭部/頸部，肺，子宮頸管および膀胱）の治療にも使われる．精巣腫瘍での治癒率は90%以上である．1845年にPeyroneが初めて合成したもので，ペイロン塩として知られ，1893年にはAlfred Werner[*4]がその構造を考察した．1960年代になると，

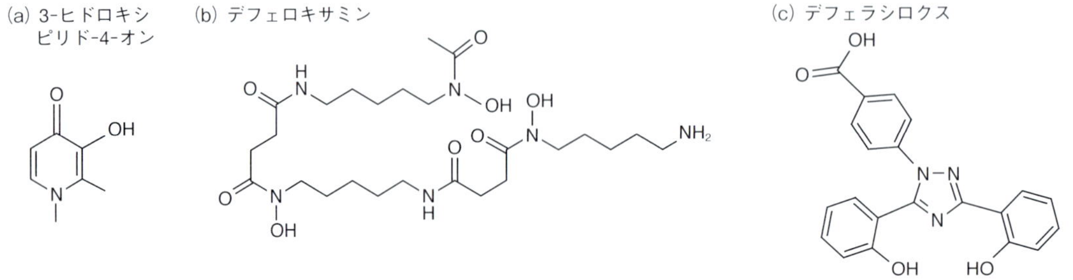

図22・4 現在，診療で使われている鉄キレート剤．

*4 Alfred Wernerは配位化合物の構造研究により1913年にノーベル化学賞を受賞した．

Rosenbergらが細菌の成長に対する電場の影響を調べているときに，セレンディピティ*5によりシスプラチンを再発見した．塩化アンモニウムを加えて，白金電極を浸して日光を当てながら大腸菌を培養すると，菌体は通常の300倍の長さに伸びたが細胞分裂はしなかった．細胞分裂停止が電場の影響によるのではなく，電気分解でできた少量のある種の白金化合物が影響することを彼らは突き止めた．細胞分裂を抑えるなら抗がん剤に使えるのではという理由から研究を進め，トランス異性体はきわめて毒性が強いこと，シス異性体（図22・5）は強い副作用を示すものの，いくつかのがんに有効であることを明らかにした．シスプラチンの適用範囲はある種のがんに限定され，効かないがんがあり，投与後に効力が落ちる場合もある．薬物耐性が起こる理由は，薬剤排出量の増大，薬剤の不活性化，薬物標的の変化，薬剤による組織損傷，およびアポトーシスの忌避などである．副作用や水への溶解性の低さ，静脈注射による投与の煩雑さを克服するために，より効果的で低毒性の類縁化合物の探索が始まった．調べられた数千種もの候補物質の中から，数個の白金化合物だけが診療で日常的

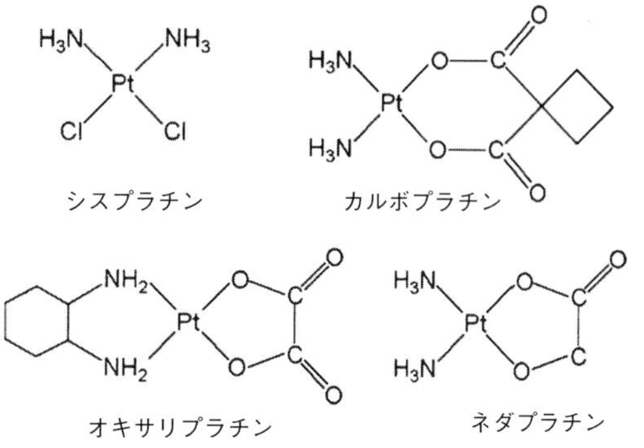

図22・5 現在，診療で使われている白金キレート剤．

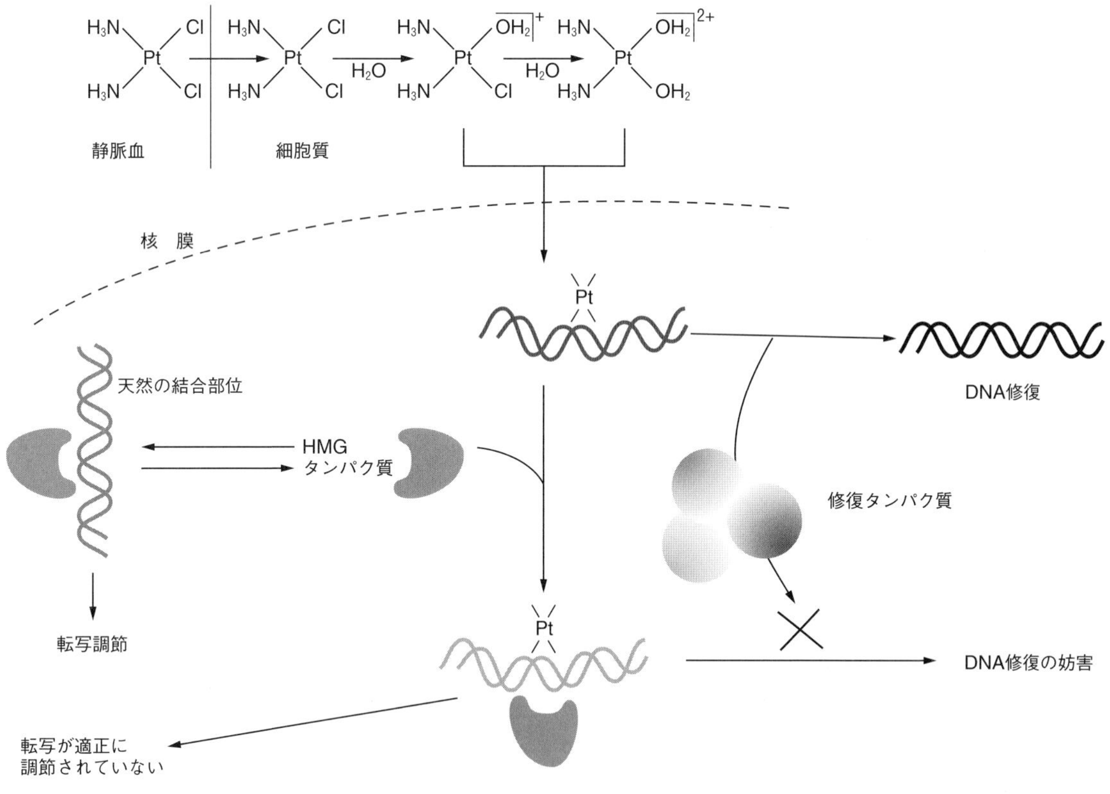

図22・6 シスプラチンの抗がん活性機構．［Brabec, Kasparkova, 2005より］

*5 Horace Walpoleは1754年1月28日に友人のHorace Mannに宛てて次のように書いた．“私は‘セレンディップの三人の王子’という童話を読みました（訳注：セレンディップは旧セイロン，現スリランカの国名）．三人が旅に出ると，いつも予期しない出来事が起こり，彼らは聡明さから思いがけない発見を重ねました．たとえば，一人の王子は，何日も前に同じ道を通った右目が見えないラバがいることに気づきました．その理由は，道の左側だけ草が食われて右側よりも傷んでいたからです．これで‘セレンディピティ’がおわかりいただけるでしょう”．*Nature*誌への長年の定期寄稿者であったWalter Gratzerによれば，セレンディピティとは，バターをつけたトーストを床に落としたとき，バターを塗った面がいつも床に向いてしまうような偶然ではなく，拾い上げてみると，そこには数日前に失くしたコンタクトレンズが付着していたという幸運な偶然をいう．

に使われている．代表的なシスプラチンに加え，カルボプラチン，オキサリプラチン，ネダプラチンが使用されている（図22・5）．すべての分子構造には，水素結合の供与体として重要なN-H結合が複数ある．

シスプラチンの作用機序は比較的よく判明している．濃度勾配に逆らわない受動拡散だけでなく，輸送物質による能動輸送によっても細胞内に取込まれる．第8章で述べた主要な銅の取込み輸送体であるCTR1は，シスプラチンや類縁体であるカルボプラチンやオキサリプラチンの輸送担体としても知られている．さらに，2種類の銅排出輸送体であるATP7AとATP7Bがシスプラチン排出に関与するという証拠がある．銅輸送タンパク質がシスプラチン耐性をひき起こす正確な役割は現在不明である．血液や細胞外体液での塩化物イオン濃度は100 mMと十分高いのでシスプラチンは分解されない．しかし細胞内では，塩化物イオン濃度が4 mMと低く，シスプラチンはモノアクア錯体$[PtCl(H_2O)(NH_3)_2]^+$に加水分解され，時間が経つとさらにジアクア錯体$[Pt(H_2O)_2(NH_3)_2]^{2+}$に変わる（図22・6）．正電荷を帯びたこれらの錯体は核膜を通りDNAに結合する．さらに，RNAやタンパク質のチオール基にも結合する可能性がある．二官能基性分子であるシスプラチンがDNAに結合すると，グアニン塩基の位置で選択的に，まず一官能基性の付加体をつくる．その後，近接するプリン塩基間を鎖内部で結びつけて大きな鎖内架橋ができる．鎖内架橋はDNA複製を妨げて転写を阻害し，最後にはプログラム化された細胞死（アポトーシス）をひき起こす．がん化学療法でシスプラチンが効く理由は，DNAを架橋して構造を変えるからである．ほとんどのシスプラチン-DNA付加体ではd(GpG)配列およびd(ApG)配列が鎖内架橋されて二本鎖がほどけて折れ曲がり，高速移動群（HMG, high-mobility group）領域を複数個もつタンパク質の結合が促進される．HMG領域結合タンパク質が鎖内架橋したシスプラチンに結合すると，DNAにある本来の結合部位から外れしまうので，結合体を除去してDNA修復することができなくなる．そのため，シスプラチンの細胞毒性が現れる．図22・7に一本鎖デオキシトリヌクレオチドのPt^{II}結合物である*cis*-$[Pt(NH_3)_2(d(CpGpG))]$のX線構造を示す．図22・8には十二量体核酸の二本鎖DNAと白金錯体がつくる複合体の，分解能2.6 ÅでのX線構造を示す．

一般に，シスプラチンの抗がん作用には，白金が結合したDNAが細胞タンパク質により認識される過程があるといわれる．特に，遺伝子発現（転写）を制御する鍵である一連のHMGタンパク質はシスプラチン修飾を受けたDNAを特異的に認識するとわかっている（図22・6）．HMGタンパク質は，本来の結合部位から離れてしまい，またシスプラチンが結合したDNAの修復を妨げることにより，シスプラチンの毒性発現に関与する．白金が付いたDNAに結合するタンパク質はほかにも多く見つかっている．

より多くのがんに効き目があり，薬効範囲が広く，副作用が少なくシスプラチン耐性の腫瘍に対して活性な抗がん剤を求めて，三千種類以上のシスプラチン類縁体がつくられた．DNAと一官能基性付加体しかつくらない類縁体，トランスプラチン類，ポリプラチン類，および四価白金類縁体が注目されており，その探索が続いている．統計的にみれば，臨床的に有効な一つの新化合物を探り当てるのに，一万種類以上の新化合物を合成してふるい分ける必要があり，高速大量処理法による新規シスプラチン類縁体の探索が行われている．

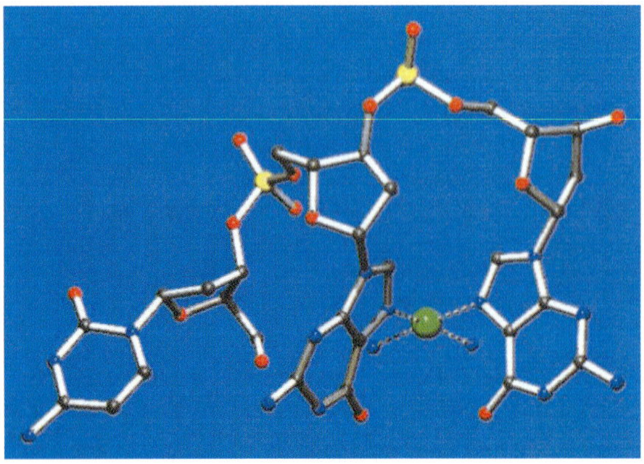

図22・7 シスプラチンと結合したd(CGG)のX線構造［Reedijk, 2003より．US National Academy of Sciencesの許可を得て転載．©2003］

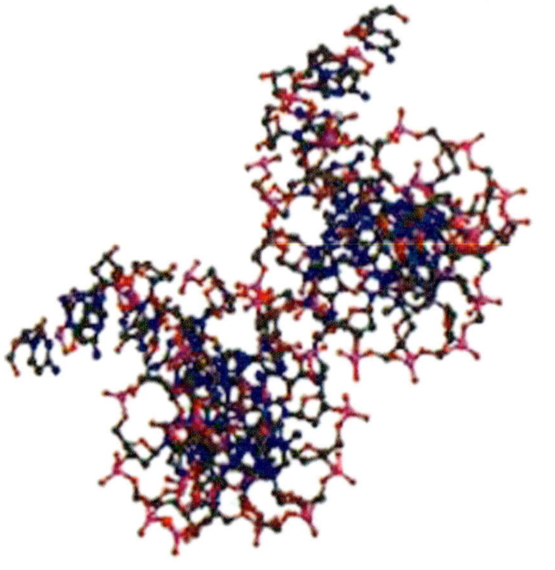

図22・8 シスプラチンによるDNAのねじれを示すX線構造（PDB: 1AIO）．

抗がん剤としての他の金属

白金には強い副作用があり，限られたがんにしか効かず，耐性があったり耐性が出現したりする．このため，白金以外の金属抗がん薬の探索が活発である．Ru^{II} や Ru^{III} を含むルテニウム化合物は，その候補である．現在，$[RuCl_4(DMSO)(Im)]ImH$（NAMI-A，DMSO＝ジメチルスルホキシド，Im＝イミダゾール）とトランス$[RuCl_4(Ind)_2]$-IndH（KP1019，In＝インダゾール）という2種類のルテニウム(III)錯体の臨床試験が行われている（分子構造を図22・9に示す）．KP1019は大部分の白金抗がん剤と重要な点で違いがある．第一に，Pt^{II}錯体が平面四角形構造をとるのに対し，ルテニウム錯体は正八面体構造をとる点である．第二に，ルテニウム錯体では Ru^{II}型から Ru^{III}型へ電子が容易に移動する点である．一方，Pt^{IV}からPt^{II}への還元には配位数と原子間結合距離が共に変わる必要があるので電子が移動しにくい．これらの違いから，ルテニウム含有化合物と白金化合物は作用機序が異なると考えられる．KP1019とのもう一つ重要な違いは，KP1019は血清タンパク質であるトランスフェリンで運ばれるので，トランスフェリン経路により細胞に入ることができる点である（第7章参照）．がん細胞のような活発に分裂する細胞では，トランスフェリン受容体の数も増えるので，がん細胞を薬物送達目標とするのに好都合である．さらに，がん組織でKP1019が還元されて活性化されると，*in vivo* 試験でみられるような副作用を弱めるのに有利である．こうした特徴から，よく使われる白金化合物と違い，KP1019は白金耐性のがん治療に応用できる可能性がある．

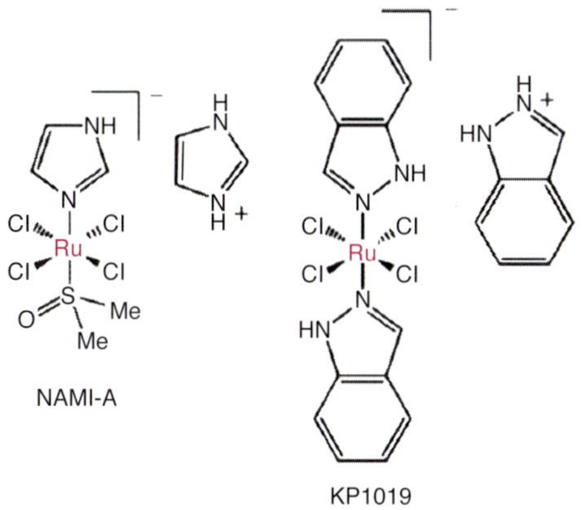

図22・9 (a) NAMI-A の構造．(b) KP1019 の構造．

上述した白金やルテニウム薬物の抗がん性は，これらの金属がDNAに結合するため，DNA修復が阻止されるからである．その結果，がん細胞はDNA複製や有糸分裂ができなくなる．がん細胞で過剰発現する細胞シグナル経路に照準を当てた薬剤も開発されている．チオレドキシンレダクターゼやグルタチオンレダクターゼはその標的物質で，ホスホール（訳注：五員環のピロールで窒素原子がリン原子に置換した分子）を含む Au^{I}錯体（図22・10a）は，これら酵素の強力な阻害剤である．Ga^{III}はFe^{III}と性質が似ているが，Ga^{III}は生理的条件下では還元されない．現在，ガリウムトリス8-キノリノラート(KP46)とガリウムトリスマルトラート（図22・10b, c）の2種類が臨床試験中である．これらの物質は，DNA合成に必須であるリボヌクレオチドを供給するリボヌクレオチドレダクターゼを標的とすると考えられている．このほかに，プロスタグランジン類の前駆体，プロスタサイクリンとトロンボキサンを合成するキナーゼやシクロオキシゲナーゼを阻害する作用もあると考えられている．抗炎症薬のアスピリン（これ自身がシクロオキシゲナーゼ阻害剤）のコバルトアルキン類縁体は乳がんの細胞株に効果的である．シクロオキシゲナーゼを阻害するとがん細胞の成長が遅れるので，従来のがん治療にも応用できる．

22・4 リチウムを使う金属治療法

リチウムはうつ病治療に使われる最も単純な金属で100年以上にわたって使われ，1885年の英国薬局方には炭酸リチウムやクエン酸リチウムが収載されている．リチウム療法は受け入れられたり，拒否されたりした過去の経緯がある．ようやく1914年に，J. J. F. Cadeが炭酸リチウムに

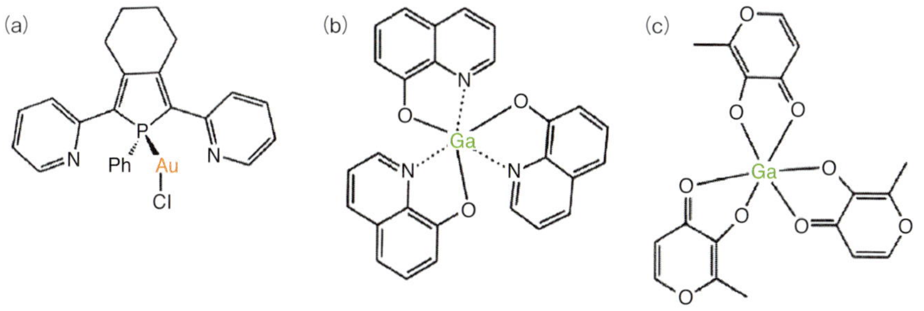

図22・10 (a) Au^{I}ホスホール錯体．(b) KP46．(c) ガリウムトリスマルトラート．

より，1〜2％の人々でみられる慢性疾患である双極性障害（躁うつ病）が改善できると報告した．双極性障害になると，気分の高揚と抑うつが気まぐれに起こって患者の生活の質が下がり，自殺の原因になることもある．今日では，他の薬と組合わせながら，半数以上の双極性障害患者に炭酸リチウムが標準処方されている．気分障害患者の自殺率を低めることは明らかであり，炭酸リチウムの社会経済的な効果は大きい．

双極性障害の分子機構やリチウムがなぜ効くのか，いまもって不明である．リチウムはどんな機構で作用するのだろう．Li^+を覆う水和殻はNa^+とほぼ同じ大きさであるが，Li^+のイオン半径がMg^{2+}にずっと近い点にまず注目しよう．このことは，Li^+がタンパク質のマグネシウム結合部位でMg^{2+}と競合して作用する可能性を示唆する．第 10 章でみたように，代謝経路にはマグネシウム依存酵素が非常に多く，核酸の生化学でのMg^{2+}の重要性はいうまでもない．酵素のマグネシウム結合部位において，Li^+がMg^{2+}とどれだけ競合するのか，相対的な結合特異性をすべての部位で見積もるのは容易でない．おそらく，マグネシウム結合性が低い部位をもつタンパク質が，治療濃度のリチウムの標的になると考えられる．第 1 章で指摘したように，患者の血清のLi^+濃度はおよそ 1 mM である．これは細胞内の遊離Mg^{2+}濃度に近い値である．

細胞には 3 種類の一般的なリチウム標的部位があり，すべてがシグナル伝達経路と関係する（図 22・11）．その第一が，膜受容体R_sとR_iであり，G タンパク質（G_sとG_i）と共役して，アデニル酸シクラーゼが調節している環状 AMP（cAMP）生産を促進したり阻害したりする（図 22・11 の段階 I）．これが原因となって，多数の基質タンパク質をリン酸化するプロテインキナーゼ A（PKA）が制御される．ホスホプロテインホスファターゼ（PP）類はリン酸化されたタンパク質を脱リン酸して元の形に戻すが，ホスホジエステラーゼ（PDE）は cAMP を AMP に分解する．

リチウム阻害につながる第二のシグナル伝達機構（図 22・11 の段階 II）は，よく知られたホスホイノシチドカスケードである（第 11 章参照）．G_qが活性化されると，ホスホリパーゼ Cβ（PLCβ）が介在して，ホスファチジルイノシトール 4,5-ビスリン酸（PIP_2）がジアシルグリセロール（DAG）とイノシトール 1,4,5-トリスリン酸（IP_3）に加水分解される．DAG はミリストイル化されたアラニ

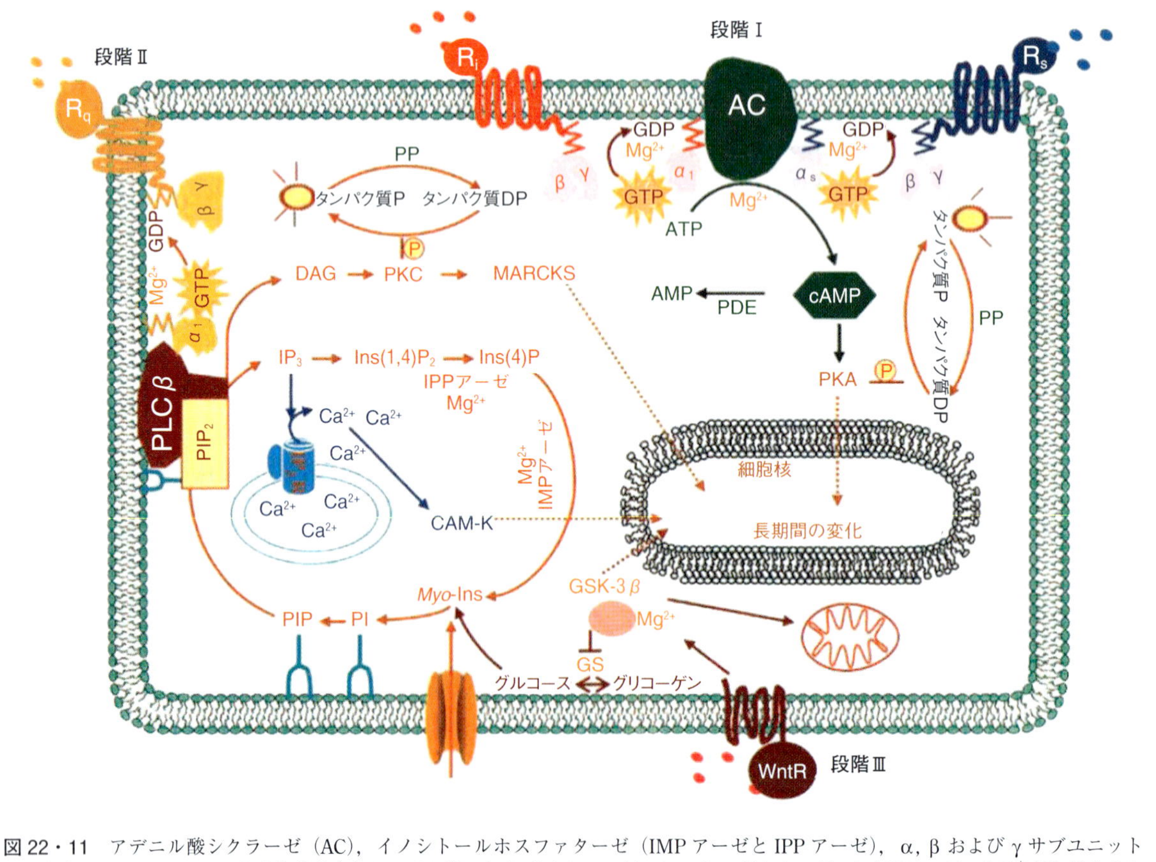

図 22・11　アデニル酸シクラーゼ（AC），イノシトールホスファターゼ（IMP アーゼと IPP アーゼ），α，β および γ サブユニットからなるグアニンヌクレオチド結合（G）タンパク質，およびグリコーゲンシンターゼキナーゼ 3β（GSK-3β）はLi^+が作用するおもな標的である．［Mota de Freitas, Castro, Geraldes, 2006 より．The American Chemical Society の許可を得て転載．©2006］

ンを多く含むCキナーゼ基質（myristoylated alanine-rich C kinase substrate, MARCKS）のほかに，多くのタンパク質をリン酸化するプロテインキナーゼC（PKC）を活性化する．IP_3により遊離した細胞内カルシウムは，カルモジュリン（CaM）とカルモジュリン依存プロテインキナーゼ（CaM-K）を活性化する．IP_3はIPPアーゼとIMPアーゼが触媒する反応でPIP_2に戻り再利用される．この経路に関わる多くの酵素には共通したアミノ酸配列があり，リチウム感受性のMg^{2+}結合部位を形成しているとみられる．また，リチウムはまだ未解明の方法でホスホイノシトールの代謝に影響を及ぼすと提唱されている．

ウィングレスシグナル*6がその受容体（WntR）に結合するとグリコーゲンシンターゼキナーゼ3β（GSK-3β）が制御され，細胞骨格タンパク質とグリコーゲンシンターゼ（GS）の活性が影響を受ける（図22・11の段階Ⅲ）．この過程は第三の信号伝達経路である．GSK-3は脳内に多くあり，シグナル伝達カスケードに関与している．標的タンパク質のセリン残基やトレオニン残基がリン酸化されると，細胞骨格の状態，多くの転写因子が関わる遺伝子発現過程，アポトーシス，およびグリコーゲン合成酵素活性が影響を受ける．リチウムはMg^{2+}と競合的に結合して，強力で選択的な酵素阻害を行う．この阻害過程は，細胞内シグナル伝達にたくさんの重大な結果をひき起こすので，リチウムによる双極性障害治療における神経保護作用の一面を説明できる．情報伝達でのGSK-3とイノシトールリン脂質の間接的相互作用は今後明らかにすべき課題だが，脳内リチウムの作用を完全に解明するには，もっとたくさんの事実を知る必要がある．

22・5　磁気共鳴画像法(MRI)の造影剤

めざましい進歩のおかげで，多くの病気が分子レベルで理解できるようになった．細胞レベルで体内の病気を可視化する分子画像技術は医療診断で画期的な役割を果たしている．**磁気共鳴画像法**（**MRI**, magnetic resonance imaging）は病気診断に欠かせない道具であるばかりでなく，柔らかなヒト組織の立体画像を得るための非侵襲的な方法でもある．この点において，骨のような電子密度が高い硬組織を調べるX線とは対照的である．MRIスキャナは，組織の二次元の横断面図（スライス）を多数つくり，それらを三次元に再構成する．MRIは核磁気共鳴（NMR, nuclear magnetic resonance）分光学で使われるのと同じ長波長のラジオ波を利用する．強力な磁場のもとで試料（つまり患者）に高周波パルスを照射して，励起された核（典型的には組織内の水のプロトン）の緩和時間を調べる．MRI画像の明暗コントラストは，画像化される組織中のプロトン密度，緩和時間T_1（スピン-格子緩和時間）とT_2(スピン-スピン緩和時間）の相対比，測定装置のパラメータなどの多くの因子で決まる．MRI分野の総説としてDzik-Jurasz, 2003とTerreno, Castelli, Viale, Aime, 2010をあげておこう．

この技術の診断力を示す一例として，異なる神経学的状態にある患者二人のMRI画像を示す．図22・12(a)には，特徴的な“虎の目”のような模様が見えるが，これはパン

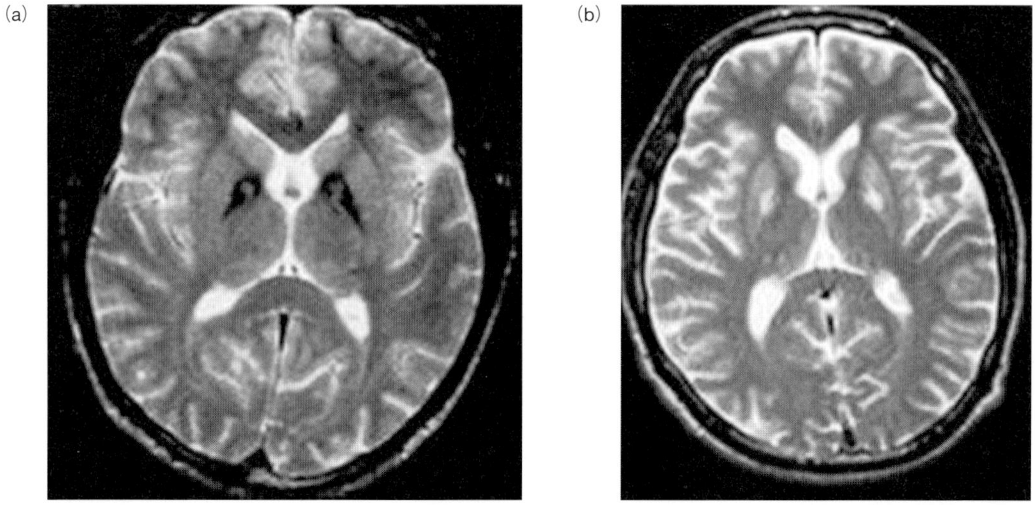

図22・12　(a) ハラーホルデン・スパッツ症候群，および (b) ニューロフェリチノパチーの患者の脳のMRI画像．［Crichton, Ward, 2006より．John Wiley & Sons.の許可を得て転載．©2006］

*6　発生に関わるタンパク質の一種．ショウジョウバエでこの遺伝子が欠損すると羽がない表現型が生まれることからこの名がついた．

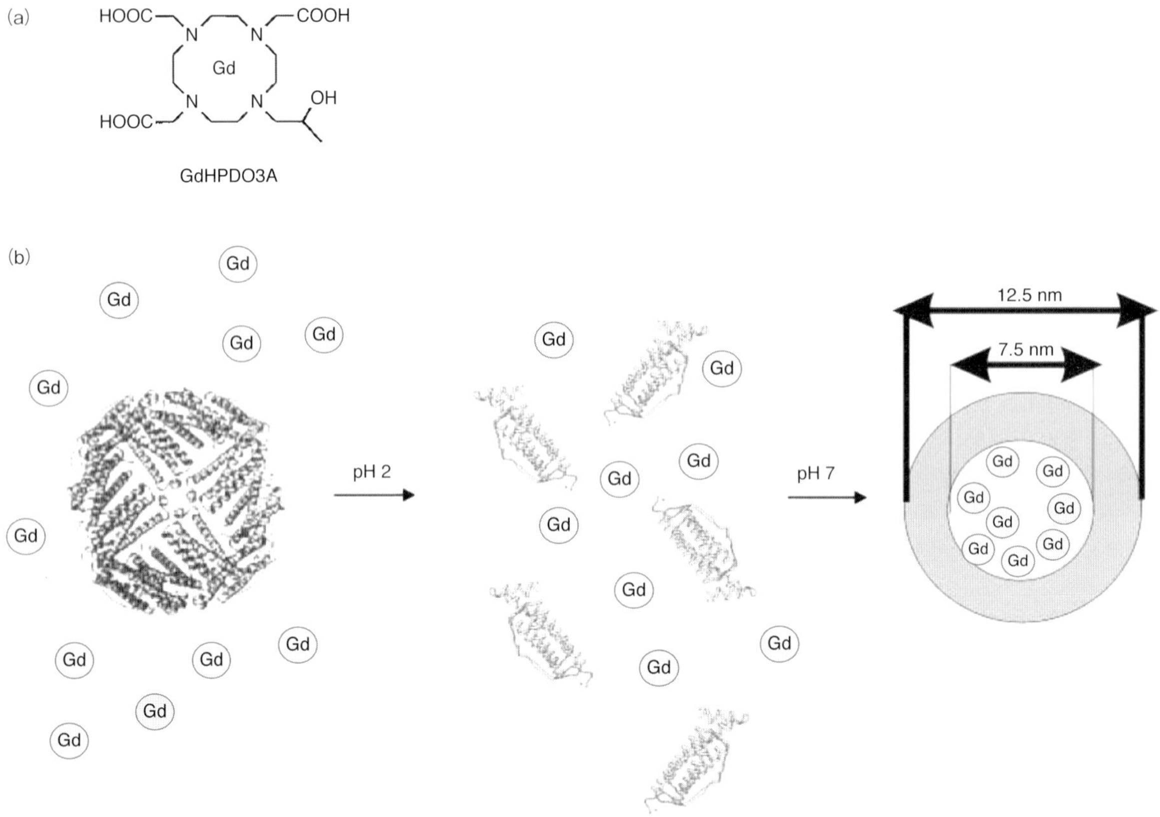

図 22・13 (a) Gd–HPDO3A の構造. (b) アポフェリチンが pH 2 でサブユニットに解離し, pH 7 で元に戻る様子を示す模式図. この方法で溶液中の Gd 錯体がアポフェリチン内部に取込まれる. [Aime, Frullano, Geninatti Crich, 2002 より. John Wiley & Sons. の許可を得て転載. ©2002]

トテン酸キナーゼ 2 をコードする遺伝子に変異があるハラーホルデン・スパッツ症候群に特徴的な模様である. T_2 に重みをかけた画像では, 鉄の沈着により左右対称に拡散した淡蒼球の弱い信号像と内節の明るい色が見える (強い信号は組織浮腫のためと考えられる). ニューロフェリチノパチーはもう一つの神経障害で, フェリチン軽鎖の遺伝子にアデニン残基が挿入されるため, タンパク質のカルボキシ末端側のアミノ酸配列が変化して起こる. 図 22・12 (b) の T_2 を強調した MRI 画像はきわめて特徴的で, 淡蒼球と被殻で左右対称の変質が認められ, 内包では信号強度が減弱している.

MRI を使うと, 多くの病的条件を正確かつ非侵襲的に診断できる. しかし, キレート化した常磁性金属を造影剤に使えば, 感度と特異性の両方がさらに向上する. 画像では MRI 造影剤を直接観測するのではなく, その効果が画像に現れる. 造影剤はその近傍にある水のプロトン信号, つまり NMR 信号の緩和時間に影響を与えて, 画像の明暗差を高める. 不対電子をもつ常磁性分子は, 近傍のプロトンスピンの T_1 および T_2 緩和時間を減少させ, シグナル強度を大きくするため, 強力な MRI 造影剤である. 最もよ

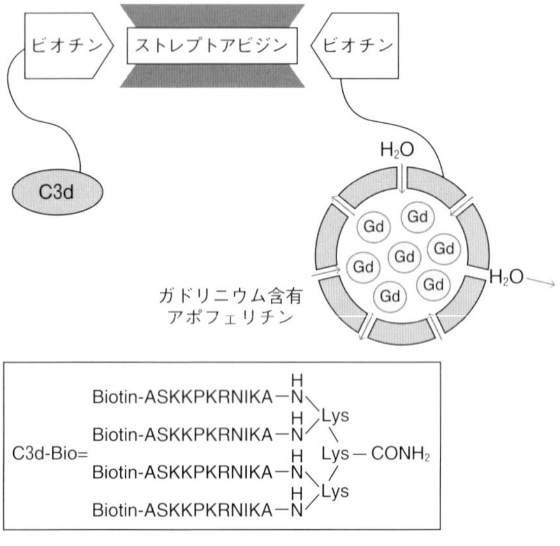

図 22・14 ビオチン化 C3d ペプチド (C3d–Bio), ストレプトアビジンおよびビオチン化したガドリニウム含有アポフェリチンの三者複合体 (Gd–Apo–Bio) の構造模式図. 枠内はデンドリマー構造をもつ C3d–Bio 神経特異的接着分子 (NCAM) 擬似ペプチドの一次構造. [Geninatti Crich *et al.*, 2006 より. AACR の許可を得て転載. ©2006]

く研究された常磁性金属として，遷移金属（例：不対電子5個をもつ高スピンの Mn^{2+} と Fe^{3+}）やランタノイド（例：不対電子7個をもつ Gd^{3+}）がある．遊離イオンのままでは生体毒性があるので，適切な配位子に結合したキレート剤として無毒化して投与する必要がある．臨床用に初めて認可された造影剤は第1章で紹介したGd-DTPAで，1980年代にMRI画像用にヒトへ導入されて以来，急速に普及した．現在では診療で最も広く利用され，十年間で二千万人以上の患者に投与されている．Gd-DTPAは血液中や血管外でも安定で，親水的性質のため腎臓から数時間で排泄される．またGd-DTPAを使うとMRI画像でがんをうまく描像できる．

ごくわずかしか存在しないがん組織でも，最高感度でそれを描像するのがMRIの目標である．緩和速度をできるだけ上げる方法の一つとして，デンドリマー，タンパク質，ミセル，炭素や金属を含むナノ粒子などナノサイズの分子足場を使う手がある．アポフェリチンを超分子鋳型としてナノテクノロジーで使う例は第19章ですでに紹介したとおりである．水のプロトンの緩和速度が20倍も向上した例としては，Gd-HPDO3Aを含むアポフェリチンがある（図22・13）．アポフェリチンに入れた Ga^{3+} は水分子との双極子相互作用を増大させ，タンパク質内腔にある交換性プロトンの緩和速度を上げる．ガドリニウム錯体を含むこのフェリチンはがん細胞を標的とする造影剤に利用できる（図22・14）．画像化には，(a) 抗原決定基へ高親和性をもつビオチン化C3dペプチド誘導体を神経系細胞に結合させ，次に (b) ストレプトアビジンとガドリニウム含有アポフェリチンの1：1複合体をビオチン化した標的部位に送達する手順をふむ．ガドリニウム含有アポフェリチンによる緩和速度の大幅上昇により，*in vitro* と *in vivo* の両方で，マウスの血管系の微小血管にあるがん化した内皮細胞が可視化できる．

残念ながら，アポフェリチン1分子当たりの緩和速度を上げる試みは成功していない．その理由は，アポフェリチン内腔に8〜10分子以上のGd-HPDO3Aを導入するのが技術的に難しいからである．より多くの常磁性金属をアポフェリチン内腔に入れるために，アルカリ性pHでアポフェリチンを Mn^{2+} 塩の濃厚溶液と混ぜて，固体のβ-

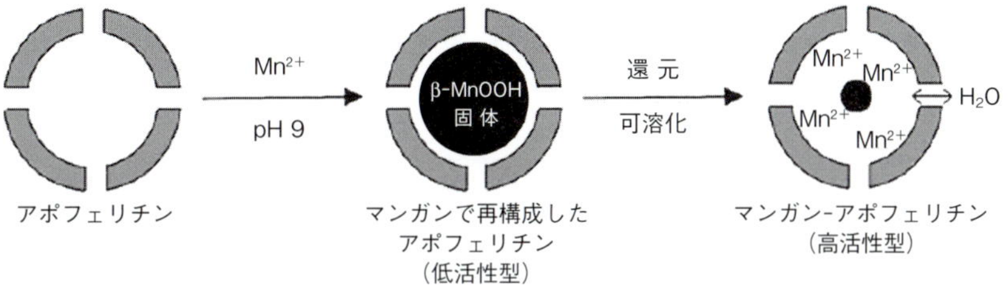

図22・15　マンガン-アポフェリチンの合成．［Kalman *et al.*, 2010より．John Wiley & Sons.の許可を得て転載．©2010］

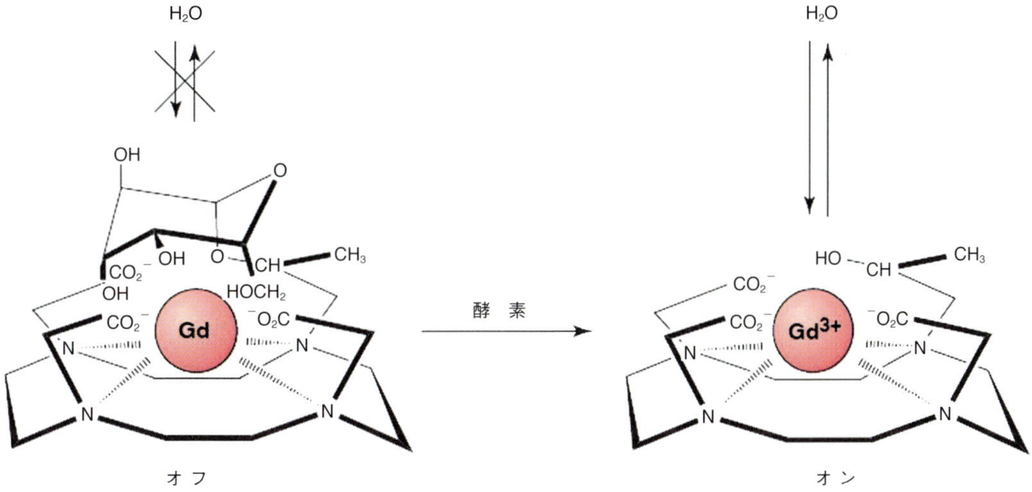

図22・16　酵素によるMRI造影剤の活性化．メチル基をもつGd錯体が緩和速度を高める模式図．窒素4原子を含む環構造のガドリニウム（Gd）でガラクトピラノース環が特異的に置換される様子を示す．β-ガラクトシダーゼで糖部分が除かれると Gd^{3+} の内圏配位部位に水が接近しやすくなる．［Meade, Taylor, Bull, 2003より．Elsevierの許可を得て転載．©2003］

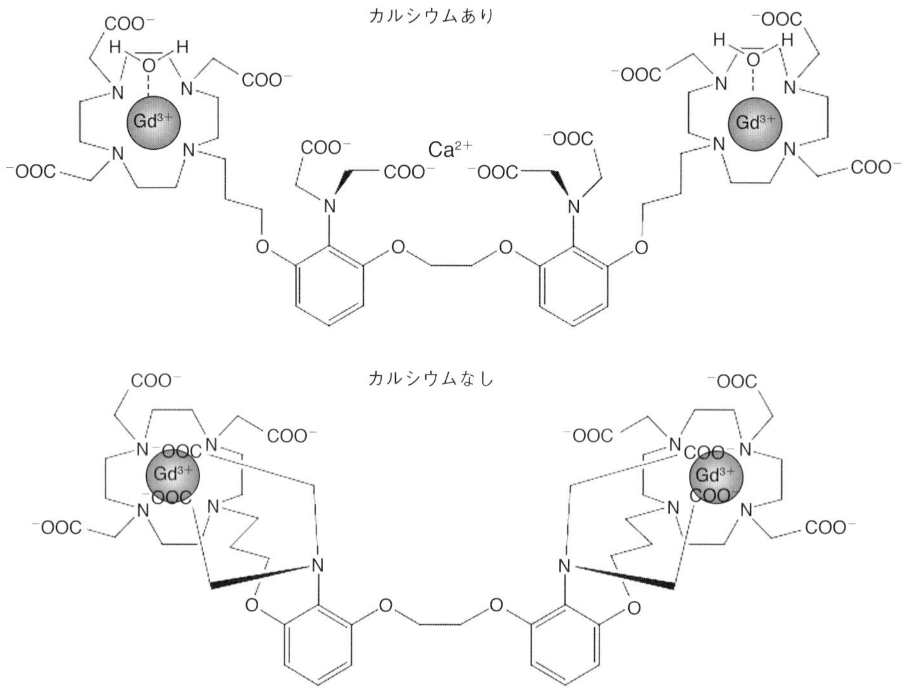

図 22・17　カルシウムによる MRI 造影剤の活性化．Ca^{2+}で活性化された MR 造影剤の立体配座変化．カルシウムを添加するとキレート部位の立体配座が変化して水が接近しやすくなり緩和速度が増える．［Meade *et al.*, 2003 より．Elsevier の許可を得て転載．©2003］

MnOOH 相を導入する方法が試みられている．その後，適切な還元剤で還元して可溶化すれば，数百個もの Mn^{2+}が アポフェリチン内部に入る(図 22・15)．できたマンガン-アポフェリチン複合体は，多数のマンガンイオンを取込んでいるため MRI 造影剤として優れた性能があり，その緩和速度はガドリニウム含有アポフェリチンと比べてほぼ一桁大きい．

第一世代の MRI 造影剤は特異性が低いものの，血液脳関門の状態や腎臓機能という生理的パラメータの評価には有用である．Gd-DTPA による MRI 画像の改良により，多様ながん診断や治療経過評価ができるようになった．しかし，造影剤の診断性能の向上には，体内での標的特異性をさらに高める必要がある．これまでに，膜受容体に抗体を取付ける試みや，トランスフェリンを過剰発現するがん細胞を画像化するためにトランスフェリンを造影剤で標識する試みがある．また，アポトーシス進行の指標であるホスファチジルセリンに結合するアネキシン V の標識化も報告されている．特定の標的があるときだけ活性化されるように設計した高性能センサー分子もいくつか開発されている．遺伝子導入を証明するためにつくられたガドリニウム含有性の高性能造影剤がその一例である（図 22・16)．酵素である β-ガラクトシダーゼを遺伝子操作して細胞で発現させると，Gd^{3+}を保護している β-ガラクトース環が分解され，まわりの水が常磁性のガドリニウムイオンに近づくようになる．第 11 章で見たように，細胞内の Ca^{2+}濃度変化は細胞シグナル伝達に重要である．Ca^{2+}濃度に応じて異なる 2 種類の立体配座をとり，Ca^{2+}を選択的に検出できるガドリニウム含有造影剤が設計されている（図 22・17)．Ca^{2+}がない場合，配位子にある芳香環に付いたイミノアセタートは 2 個の Gd^{3+}と相互作用している．Ca^{2+}があると，そのイミノアセタートが Ca^{2+}を捕捉するよう変形して，水が Gd^{3+}に直接結合する．そのため，水のプロトンの緩和速度は速くなり T_1 画像の信号強度が増幅される．今まで高性能造影剤のほとんどが動物や細胞モデルで試用されてきた．しかし，臨床応用段階まで進んだものはまだないことを指摘しておこう．

文　献

Aime, S., Frullano, L., & Geninatti Crich, S. (2002). Compartmentalization of a gadolinium complex in the apoferritin cavity: a route to obtain high relaxivity contrast agents for magnetic resonance imaging. *Angewandte Chemie International Edition, 41*, 1017–1019.

Andrews, N.C. (2008). Forging a field: the golden age of iron biology. *Blood, 112*, 219–230.

Brabec, V., & Kasparkova, J. (2005). Platinum-based drugs. In M. Gielen, & E.R. Tiekink (Eds.), *Metallo-therapeutic drugs and metal-based diagnostic agents. The use of metals in medicine*. (pp.

489–506). Chichester: John Wiley and Sons.

Crichton, R.R., & Ward, R.J. (2006). *Metal based neurodegeneration: From Molecular Mechanisms to Therapeutic Strategies*. Chichester: John Wiley & Sons, p. 227..

Dzik-Jurasz, A.S.K. (2003). Molecular imaging *in vivo*: an introduction. *British Journal of Radiology, 76*, S98–S109.

Geninatti Crich, S., Bussolati, B., Tei, L., Grange, C., Esposito, G., Lanzardo, S., *et al.* (2006). Magnetic resonance visualization of tumor angiogenesis by targeting neural cell adhesion molecules with the highly sensitive gadolinium-loaded apoferritin probe. *Cancer Research, 66*, 9196–9201.

Gielen, M., & Tiekink, E.R. (2005). *Metallotherapeutic drugs and metal-based diagnostic agents. The use of metals in medicine*. Chichester: John Wiley and Sons, pp. 598.

Hartinger, C.G., Zorbas-Seifried, S., Jakupec, M.A., Kynast, B., Zorbas, H., & Keppler, B.K. (2006). From bench to bedside–preclinical and early clinical development of the anticancer agent indazolium trans-[tetrachlorobis(1H-indazole) ruthenate(III)] (KP1019 or FFC14A). *Journal of Inorganic Biochemistry, 100*, 891–904.

Hershko, C. (2006). Oral iron chelators: new opportunities and new dilemmas. *Haematlogica, 91*, 1307–1312.

Kálmán, F.K., Geninatti-Crich, S., & Aime, S. (2010). Reduction/dissolution of a beta-MnOOH nanophase in the ferritin cavity to yield a highly sensitive, biologically compatible magnetic resonance imaging agent. *Angew Chem Int Ed Engl., 49*, 612–615.

Longueville, A., & Crichton, R.R. (1986). An animal model of iron overload and its application to study hepatic ferritin iron mobilization by chelators. *Biochemical Pharmacology, 35*, 3669–3678.

McCance, R.A., & Widdowson, E.M. (1937). Absorption and excretion of iron. *Lancet, II*, 680–684.

Meade, T.J., Taylor, A.K., & Bull, S.R. (2003). New magnetic resonance contrast agents as biochemical reporters. *Current Opinion in Neurobiology, 13*, 597–602.

Mota de Freitas, D., Castro, M.M., & Geraldes, C.F. (2006). Is competition between Li^{+} and Mg^{2+} the underlying theme in the proposed mechanisms for the pharmacological action of lithium salts in bipolar disorder?. *Accounts of Chemical Research, 39*, 283–291.

Nick, H., Acklin, P., Lattmann, R., Buehlmayer, P., Hauffe, S., Schupp, J., *et al.* (2003). Development of tridentate iron chelators: from desferrithiocin to ICL670. *Current Medicinal Chemistry, 10*, 1065–1076.

Pietrangelo, A. (2007). Hemochromatosis: an endocrine liver disease. *Hepatology, 46*, 1291–1301.

Reedijk, J. (2003). New clues for platinum antitumor chemistry: kinetically controlled meta binding to DNA. *Proceedings of the National Academy of Sciences of the United States of America, 100*, 3611–3616.

Schmidt, P.J., Toran, P.T., Giannetti, A.M., Bjorkman, P.J., & Andrews, N.C. (2008). The transferrin receptor modulates Hfe-dependent regulation of hepcidin expression. *Cell Metabolism, 7*, 205–214.

Sigel, A., & Sigel, H. (2004). Metal ions and their complexes in medication. *Metal Ions in Biological Systems, 41*, 519.

Terreno, E., Castelli, D.D., Viale, A., & Aime, S. (2010). Challenges for molecular magnetic resonance imaging. *Chemical Reviews, 110*, 3019–3042.

van Rijt, S.H., & Sadler, P.J. (2009). Current applications and future potential for bioinorganic chemistry in the development of anticancer drugs. *Drug Discovery Today, 14*, 1089–1097.

WHO (2004). Assessing the iron status of populations. Report of a joint World Health Organisation/Centers for Disease Control and Prevention technical consultation.

第23章

環境における金属

23・1　はじめに: 環境汚染と重金属

すでにはじめの方の章で，必須金属イオンですら毒となりうることを示している．これについては，毒物学の父として知られるパラケルスス(1493～1541)が次のように書き残している．

“万物は毒である．
　毒性のないものなど存在しない．
　毒か否かは摂取量の問題なのだ”

この名言が示すように“摂取量が毒性を定める”ということは，5世紀前と同様，今日においても真実である．しかし，それはまた数多の金属にも当てはまる．われわれは絶えず変貌する自分たちの環境で金属に接し，その多くは生物学的に“存在する理由”のないものである．これらは多くの毒性の金属を含み，社会が産業化したことに伴って，自ら環境に導入したものである．過去数十年以上にわたり，鉛や水銀，カドミウムのような“重金属”に環境でさらされるにつれて，世界的に健康に関する認識が高まると同時に，新たなリスクも増えている．“重金属”という用語は広く用いられ，環境汚染やその潜在的な毒性，あるいは生態系への毒性に関わりのある一連の金属と半金属を表すのにしばしば用いられる．同時に，法律が規制する“重金属”のリストはしばしば更新され，その内容はそれぞれの法規制の枠組みごとに異なる．また“重金属”という用語は，どの金属が含まれるかさえも指定されずに用いられることもあり，関連する文献にも確立された定義がない．上で述べたすべての金属は，人類の活動によって環境に放出されたものであり，“重金属”の範疇に入れられるのは誰もが納得するだろう．アルミニウムも酸性雨をひき起こして知らぬ間に環境汚染を進行させるので（第1章参照），“重金属”に含めてもよいかもしれない．

本章では，アルミニウム，カドミウム，水銀，そして鉛の毒性をまず紹介してから，最後に“毒物としての金属”について述べる．

23・2　アルミニウム

アルミニウム(Al)は地球の地殻の8%を占め，最も豊富な金属であり，酸素やケイ素についで3番めに豊富な元素である．自然界では混晶として存在し，ボーキサイト中や，砂の構成物である雲母や長石などの複雑なアルミノケイ酸塩の複合体の中で酸化物として存在している．アルミニウムは毒性の金属として知られるが，たいていは人々の健康に悪い効果をひき起こすことはない．理由はまだよくわかっていないが，天然に豊富に存在するにもかかわらず，生体はアルミニウムを使うことを避けてきた．地殻には豊富に存在するが，海洋のアルミニウムの濃度は40 nMより低く，おそらく珪藻類によるアルミニウムとケイ素の蓄積を反映している．最近まで，天然の水は有意に確認できるほどの量のアルミニウムを含んでいなかった．不溶性の水酸化物として沈殿するため，通常は水溶液中にはAl^{3+}はないのである．

しかしながら化石燃料を大気中で燃やせば必然的に“酸性雨”が発生することになり，そのために淡水源が大きく酸性化するという結果になっている．酸性雨とは，大気から降ってくる湿った成分と乾いた成分の混合物で，通常より量の多い硝酸や硫酸を含むものを広くさす用語である．酸性雨の前駆物質は，おもに二酸化硫黄と窒素酸化物であり，火山や腐敗した植物のような天然の発生源から放出される．最近のそれらの増加は，化石燃料の燃焼という人為的な発生源に原因がある．このことはまず土壌に堆積した鉱物から，アルミニウムや水銀や鉛のような金属イオンを溶かし出すことにつながる．そして淡水湖が$pH<6$になるとアルミニウムの濃度はμMレベルまで上がり，植物と動物に惨憺たる結果をひき起こす．特に魚に対しては5 μMの濃度で毒性がある．ヨーロッパの一部の地域，たとえばチェコ共和国とドイツとの国境近くにあるポーランドのSzklaska Porebaという山の斜面の森林地帯では，土壌のpH値が3以下になった結果，樹木の個体数に悲惨な影響が出た．一方，いくつかの例外もあり，植物でいえば“お茶”である．茶樹には酸性土壌からアルミニウムを蓄えるという驚異的な傾向があり，それは古い葉で3%も見つかる．平均的な煎じ茶は，煎じたコーヒーのおよそ50倍多くのアルミニウムを含む．たばこはまた，かなり多くのアルミニウムを含み，たばこ1本の煙の中にはたったおよそ0.02〜0.075 μgがあるのみだが，たばこ自体は1本当たりおよそ500〜2000 μgのアルミニウムを含む．酸性雨の影響のもう一つは，ケイ酸塩をもつ土壌におけるアルミニウムの通常の組成を，pH 6.5以上で有意にリン酸塩に変え，アルミニウムをより有毒にすることがあるということである．土壌への酸性雨の影響で，淡水中のアルミニウムの濃度が上がり，生物にとって未知の元素がはじめて生物に関わることになった．にもかかわらず，アルミニウムの飲み水からの摂取は，人体の健康に有害な脅威をもたらしていないようである．アルミニウム中毒をひき起こすずっと深刻な原因は，腎不全患者で用いられる透析液中にリン酸結合剤としてのアルミニウムを使用することである．用いられる透析液が多量であることや，血液透析の頻度や，治療の長期化の度合いによって，低濃度のアルミニウムですら，時間とともに有害になるかもしれない．

pHが5.5以下の酸性土壌は，世界中の農作物生産を明らかに狭めている．世界中で耕作に適しているであろう土壌のうちのおよそ50%が酸性であり，主食農産物の生産は特に悪い影響を受けている．トウモロコシの世界生産量の20%と米の13%が酸性土壌でなされ，一方，世界の酸性土壌の60%が熱帯地方と亜熱帯地方にある．酸性土壌は多くの発展途上国で農作物生産高を制限し，一方，米国のような先進国では，アンモニア肥料の広範囲な使用により，農地のさらなる酸性化をひき起こしている（図18・5参照）．酸性土壌のおもな限界は，有毒なレベルにあるアルミニウムとマンガンであり，最適なレベルより低い濃度のリンである．土壌の酸性化は，河川の酸性化をひき起こしてアルミニウムの溶解性を上げ，魚の個体数や全住民に供する水の供給に直接的な影響を及ぼすものである．

アルミニウムの化学は，ほかの二つのグループの元素に共通の特質を併せもっている．すなわち，1）二価のマグネシウムとカルシウムおよび，2)三価のクロムと鉄である．アルミニウムの毒性は，それがカルシウムに依存する過程に干渉することに強く関係している．しかるに該当する組織にアルミニウムが接近するのは，おそらくFe^{3+}に類似した性質のためである．Al^{3+}は，Mg^{2+}やCa^{2+}よりずっと強酸であるため，これらの生体内で重要な二つの陽イオンに酸素原子を供与する配位子と競合し，それらが担う代謝に深く干渉することになる．これとは対照的に，Al^{3+}は，Fe^{3+}よりは弱い酸なので，鉄が関わる代謝反応には干渉しにくい．Al^{3+}は酸素原子が配位する配位子を好み，特にカルボキシラート基やカテコラート基，およびリン酸基のような負電荷を帯びた場合を好む．チオール基はAl^{3+}に結合せず，アミンはNTA（ニトリロ三酢酸）やEDTA(エチレンジアミン四酢酸)のような多座配位子の一部の配位部位を除いて，強くは結合しない．その配位圏の内外に配位子交換する反応速度は，Al^{3+}では極端に遅い．これは，Ca^{2+}の速い交換が関わる必須の代謝過程は，交換が10^8倍遅いAl^{3+}に置換すると，深刻な影響を受けることを意味する．Mg^{2+}依存性酵素において，Mg^{2+}より交換が10^5倍遅いAl^{3+}へ置換した場合も同様であった．

哺乳類の細胞外の血中において，鉄輸送を担うタンパク質であるトランスフェリンは，たいてい30%だけが鉄と結合しており，残りの70%は金属と結合していない．もしAl^{3+}が鉄輸送の循環に入ったとしたら，確かにその結合部位を占める可能性があるが，トランスフェリンの二つの結合部位に対する安定度定数は$\log K$値で12.9と12.3であり（Martin, 1994），いずれも鉄に比べると相当に低い*1．

ヒトが食事で摂取するアルミニウムの量は2〜3 mg/日だが，腎臓が正常に機能していれば体に蓄積しない．皮膚や肺はアルミニウムの侵入に備える障壁となるが，消化管で経口摂取したアルミニウムが消化管で吸収されるのは0.5%以下である．問題なのは，これらの自然な障壁が，アルミニウムを含んだ溶液の静脈内投与では迂回されることである．一つの例は，血中リン酸塩値が高い末期の腎臓病患者を治療するために，水酸化アルミニウムを使用することである．もう一つの例は，静脈注射で非経口的に役与される栄養にアルミニウムが含まれるうることである．後者のリスクは特に未熟児と腎不全患者に甚大で，米国食品医薬品局(FDA)は，そのような輸液に対してアルミニウム含有量の規制をかけることとなった．

血清中に入ると，アルミニウムがトランスフェリンだけでなくアルブミンやクエン酸のような低分子量の配位子にも結合し，輸送されることもありうる．しかしながら，ト

*1 訳注：鉄(Ⅲ)の安定度定数は，大気下で21.4と20.3である．

ランスフェリン-アルミニウム錯体は，トランスフェリン受容体の経路（第8章）を介して細胞内に入ることができる．エンドソームの酸性環境では，アルミニウムがトランスフェリンから放出されると推測されるものの，この区画からいかに出るかは不明である．細胞質中にあっては，アルミニウムが鉄貯蔵タンパク質フェリチンに直ちに取込まれることはありそうにない．なぜなら，フェリチンに取込まれるには Fe^{2+} と Fe^{3+} の間で酸化還元のサイクルが必要だからである（第13章）．さまざまな細胞系と動物モデルにおけるアルミニウムの細胞内分布に関する研究によって，その大部分がミトコンドリアに蓄積し，カルシウムの恒常性に干渉しうることがわかっている．いったん体内を循環するようになると，アルミニウムが血液脳関門を越えられることを疑う余地はほとんどないようである．

アルミニウムの毒性は（Verstraeten *et al.*, 2008），長期間の透析治療で生じる三つの障害，骨疾患ならびに貧血と痴呆の有力な原因であることである．これらの一つめの障害は，アルミニウムの骨へのカルシウム沈着に対する干渉や，骨基質中へのアルミニウムの蓄積と合致する．それはまた，東南アジアの特定の地域生まれの人たちの間で痴呆の頻度が高いことの原因のようであり，この地域の土壌は Al^{3+} 濃度が高く，Mg^{2+} や Ca^{2+} 濃度が低い．また，アルミニウムは赤血球の大きさが正常より小さくなる小球性貧血をひき起こし，これは鉄によって回復しない．アルツハイマー病の患者の脳では，Al^{3+} が多く蓄積されることが報告されており，アルミニウムが鉄の恒常性に干渉することで毒性を発揮するのではないかという仮説が立てられた．しかしながら，これはかなり議論の余地が残っている．ラットに対するアルミニウムへの慢性曝露の結果，カルシウムの恒常性が損なわれるとともに，選択的な認知障害がひき起こされた．アルミニウムが透析患者で痴呆をひき起こすという事実と併せて，アルミニウムが神経毒であることは疑う余地がない．長期間にわたるキレート剤療法には，加齢によってアルミニウムや鉄が脳に蓄積することを防ぐという利点がありそうである．このことより，多くの神経疾患の原因に対するこれらの金属イオンの役割の理解をより深めることになるだろう．

23・3　カドミウム

カドミウム(Cd)が毒であり産業化社会の有害な産物であることは，1950年代に富山県の神通川流域の住民の間で，イタイイタイ病という形で表面化した．これは長期間のカドミウムの経口摂取によってひき起こされる慢性カドミウム中毒として，現在でも最も重篤な例である．カドミウム汚染は，特に女性において人間の健康に深刻な結果をひき起こすことが初めて示された．最も重大な影響は骨軟化症と腎不全であった．病名は日本語の“痛い”に由来する．この病気は犠牲者の関節と脊柱に激痛をひき起こす．原因は，川の上流にある亜鉛鉱山の廃水に含まれるカドミウムの環境汚染によるものとわかった（図23・1）．汚染地域では，経口摂取されるカドミウムの量の50～70％は米に由来し，実際に，イタイイタイ病の有病率と米に含まれるカドミウム濃度の間に密接な相関があることが報告された．

大気中へのカドミウム排出は，カドミウムとカドミウムを含有する製品の生産と使用，ならびに処分の技術の改善により1960年代から減少し続けてきたが，世界の産業のカドミウム消費量は着実に増加した（2003年の18,400トンから2007年の20,400トンへ）．カドミウムによる職業的および環境的な汚染は，重金属鉱業と冶金ならびに産業利用から生じうる．産業利用とは，ニッケル-カドミウムバッテリー，顔料，プラスチック安定剤とさび止めなどの製品を製造することである．食物や水，空気の汚染だけでなく，たばこに含まれるカドミウムが高濃度なため，ヒトのカドミウム中毒の重要な原因は，たばこの煙である（1日に1箱の喫煙者はカドミウムの摂取量が簡単に二倍になりうる）．ヨーロッパでは，土壌で最も高いカドミウム濃度が表土で起こっており，それは五酸化リンの散布と密接につながっていることがわかった．それはすなわち，集約農業におけるリン鉱石肥料の使用が，汚染の原因であることを示唆している．

低濃度のカドミウムに対する慢性曝露は，イタイイタイ病をひき起こした高濃度の慢性曝露とは完全に異なる健康影響をひき起こす．慢性のカドミウム中毒は，閉塞性気道疾患と肺気腫，ならびに不可逆性腎不全，骨疾患と免疫抑制を伴う．ヒトでは，カドミウム曝露は前立腺がんや肺がんならびに精巣がんにつながるため，カドミウムは発がん物質に分類されている．細胞レベルでは，カドミウムは増殖や分化に悪影響を及ぼしてアポトーシスをひき起こす．しかしながら Cd^{2+} は酸化還元活性ではなく，活性酸素種(ROS)の生成とDNA損傷はその間接的な影響である．カドミウムは遺伝子発現とシグナル伝達を変調して，抗酸化防御に関係する一連のタンパク質群の活性を下げるのである．カドミウムはDNA修復の妨害をすることも示されている．

イオン半径が大きくて容易に分極する Cd^{2+} は，ソフトなルイス酸である．簡単に酸化されるソフトな配位子を好み，特に硫黄原子に親和性をもつので，タンパク質中で硫黄が支配的な配位環境をもつ Zn^{2+} に取って代わる可能性が大きいだろう．カドミウムは，亜鉛と同じく12族元素であり，d電子が完全に充塡されているため，生物的な環境では酸化数が変化しない．しかし，Cd^{2+} と Ca^{2+} のイオン半径がそれぞれ0.95 Åと1.00 Åとかなり類似しているため，カルシウム結合タンパク質において，これらの二つの金属の間の交換が起こる．カドミウムは鉄にも干渉しうる．動物細胞におけるカドミウム輸送の模式図を図23・2に示した．予想にたがわず，Cd^{2+}は他の必須金属イオンに偽装して，トロイの木馬戦術*2よろしく細胞に吸収される．消化管において，Cd^{2+}は幅広い選択性をもつ二価金属イオン輸送体であるDMT1（図23・2a）によって輸送される．DMT1は腸管にある非ヘム鉄のための輸送体である（第7章）．鉄応答配列（IRE）を含むmRNAを介して発現するタイプのDMT1は腸細胞の頂端膜にあり，鉄調節タンパク質（IRP）のmRNAに対する結合によって発現が制御されるので，食事によるCd^{2+}摂取とその毒性は個人の鉄の取込み具合によって変化する．経血による鉄のロスがあるため，女性はより多くの鉄を摂取する食事を摂るので，より高いリスクでCd^{2+}の危険にさらされており，DMT1の発現が増加する妊娠中の危険はさらに大きくなる．Cd^{2+}の高い摂取で腸細胞にCd^{2+}が蓄積するので，基底側膜を通したCd^{2+}の放出は，取込みほど効率は良くない．腸細胞の基底側膜にある鉄の輸送体であるフェロポーチンは，Cd^{2+}の血流への移動にも関わっている可能性があり，その可能性はCa^{2+}-ATPアーゼや亜鉛の排出輸送体と同様である．

Cd^{2+}は，Ca^{2+}が共存していても，電位依存性カルシウムチャネルを通して外部から神経細胞に入る．つまりこれらのチャネルが神経細胞への主要なカドミウム侵入経路である（図23・2c）．これらの電位依存性チャネルがブロックされたとしても，ほかのカルシウムチャネル，たとえばリガンド依存性の*N*-メチル-D-アスパラギン酸（NMDA）受容体か，またはCa^{2+}枯渇により開くストア作動性カルシウムチャネル（第11章）が細胞のカドミウム取込みにも関与する可能性がある．カドミウムが亜鉛の輸送体を介して細胞内に侵入するという証拠は少ないが，最近の研究では，亜鉛輸送体のZIP8が，マウスの睾丸の細胞のカドミウムの取込みに関与する可能性が高いことが示された（図23・2b）．

細胞内であれば，小さいけれどもシステインが豊富で細胞内の亜鉛や銅に結合する役を果たすメタロチオネイン（MT，第8章）が，カドミウムが結合するおもなターゲットである（図23・2d）．Cd^{2+}やZn^{2+}によって，カドミウム（ならびに亜鉛）応答性転写因子であるMTF-1の活性化も起こり，メタロチオネインをコードしている遺伝子が強く誘導される．カドミウムの毒性におけるメタロチオネインの重要性は，メタロチオネイン欠損マウスが野生型マウスよりカドミウム曝露に過敏であるという観察によって

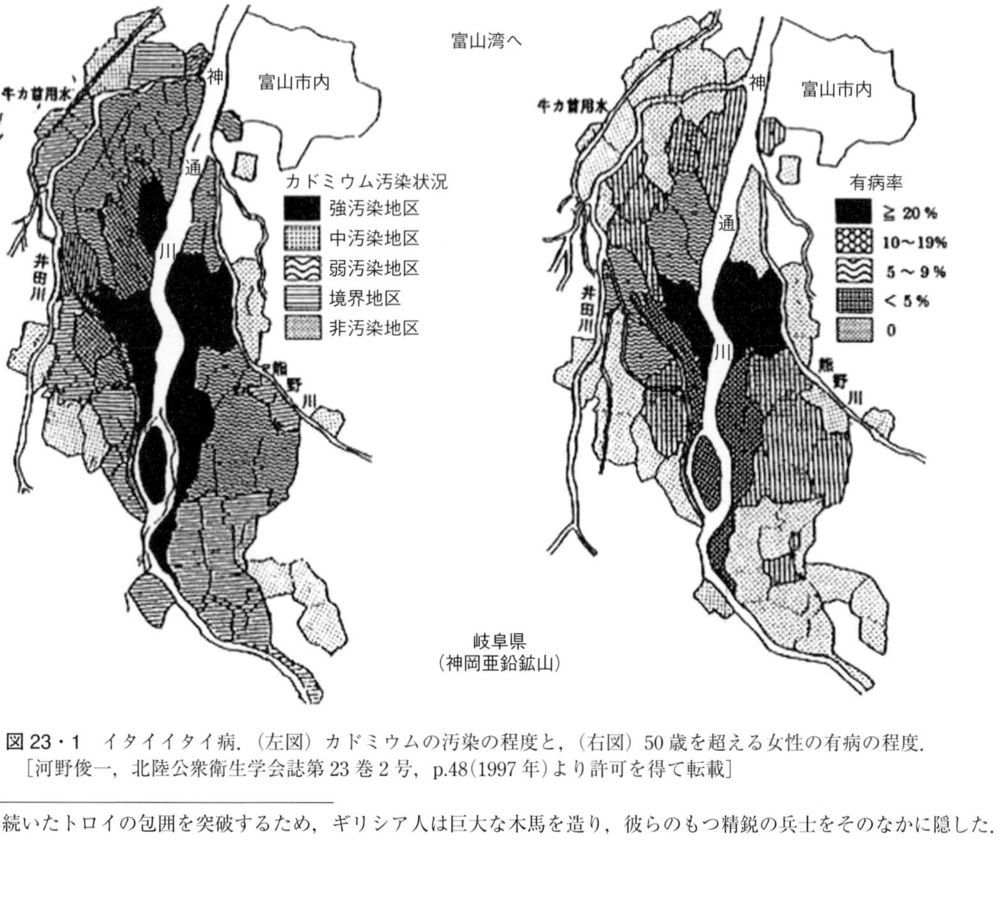

図23・1 イタイイタイ病．（左図）カドミウムの汚染の程度と，（右図）50歳を超える女性の有病の程度．［河野俊一，北陸公衆衛生学会誌第23巻2号，p.48（1997年）より許可を得て転載］

*2 10年続いたトロイの包囲を突破するため，ギリシア人は巨大な木馬を造り，彼らのもつ精鋭の兵士をそのなかに隠した．

裏づけられており，一方，メタロチオネインを過剰発現した細胞は，毒性に対してより抵抗性があった．細胞内に豊富に存在するチオール含有トリペプチドのグルタチオンも，カドミウムの解毒と排出に関わる可能性があるようにみえる．

動物細胞では，メタロチオネインを除いてごくわずかな具体的な証拠しか見つかっていないが，カドミウムと亜鉛の化学的な類似性は，カドミウムが亜鉛結合性タンパク質の亜鉛と交換しうることを暗に示している（図23・2e）．カドミウムはカルシウムの細胞内の濃度を変えることができるが，カルシウムは重要で一般的な細胞内のシグナルメッセンジャーである（第11章）．カドミウムへの深刻な曝露は，性質がまだよく明らかにされていない細胞表面Gタンパク質共役“金属結合性受容体”（GPCR．図23・2f）を通して細胞内のCa^{2+}濃度を増加させ，その結果，ホスホリパーゼCの活性化とホスファチジルイノシトールビスリン酸(PIP_2)の加水分解によるイノシトールトリスリン酸(IP_3)の産生をひき起こす．これが引き金となり，おそらく小胞体内にあるIP_3-依存性カルシウムチャネルから，細胞内貯蔵したカルシウムが放出される（図23・2g）．このカルシウムに依存したカルシウムの内部濃度を上昇させる制御が，結果として細胞増殖や分化およびアポトーシスにつながる可能性がある．細胞内部のカドミウムの場合は，それとは逆の効果をもち（図23・2h），IP_3とリアノジン受容体(第11章)の活性を阻害することにより，貯蔵されたCa^{2+}の放出を妨害する．カドミウムはまた，筋小胞体からのカルシウム放出を促すことによって，筋細胞での細胞内カルシウム濃度を増やすこともできる*3．

かなりの数の転写因子は，細胞内の酸化還元条件に応じられるように，反応活性なシステイン残基をもつ．カドミウムは酸化還元の恒常性を変動させるので，このクラスの転写因子に悪影響を及ぼす．また，もしカドミウムが，亜鉛フィンガーを含む転写因子の中にある4配位の亜鉛原子と入れ替われば，それも悪影響を及ぼす．カルシウムの流れの複雑な制御のもとで，転写因子を活性化や不活性化する多くの経路がキナーゼやホスファターゼに関与する．したがってカドミウムが，転写因子の活性や，がん原遺伝子の活性化やそれによる遺伝子発現に対して何らかの効果を及ぼすことは驚きではない（図23・2i, i′）．

カドミウムはまた，ユビキチン-プロテアソーム経路にも関与する．ユビキチンとタンパク質の結合は，リン酸化のようなタンパク質の翻訳後修飾がしばしばシグナルと

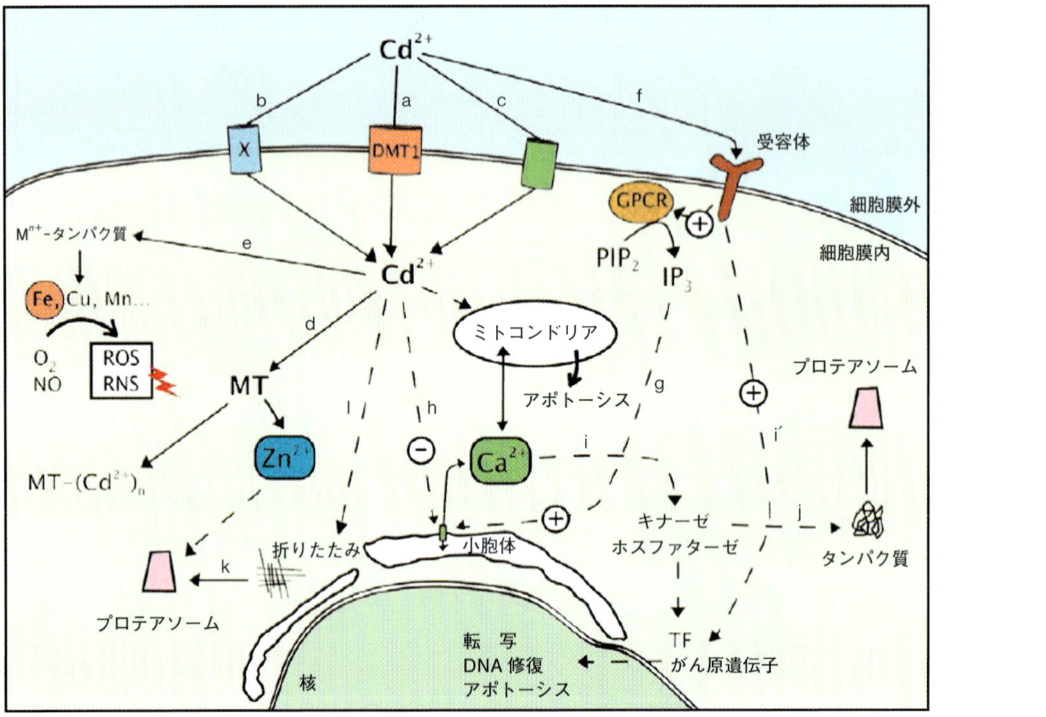

図23・2　動物細胞におけるカドミウム輸送の模式図．MT: メタロチオネイン，GPCR: Gタンパク質共役受容体，IP_3: イノシトールトリスリン酸，PIP_2: ホスファチジルイノシトールビスリン酸，DMT1: 二価金属輸送体1，ROS: 活性酸素種，RNS: 活性窒素種．［Martelli, Rousselet, Dycke, Bouron, Moulis, *et al.*, 2006より．Elsevierの許可を得て転載．©2006］

*3　筋小胞体は，筋細胞の筋形質に広がっており，膜に仕切られた各要素から成る精密な網目状の構造体である．

なってひき起こされる（図 23・2j）．カドミウムはまた，特定のタンパク質の溶解性を下げ，第 18 章にもみられるように高濃度のタンパク質凝集がプロテアソームの働きを妨げる（図 23・2j,k）．それはまた，タンパク質の折りたたみ構造にも悪影響を及ぼし，再びプロテアソームの働きを不十分にする（図 23・2l）．

カドミウムは突然変異を強く誘発しないが，DNA の酸化的損傷を増加することや，DNA の修復系を妨害することが知られている．また，ネクローシスとアポトーシスの両方によって細胞死をひき起こすことも明らかにされた．アポトーシスはカルシウムに非常に依存するため，カドミウムがカルシウム恒常性を妨げることがアポトーシスにつながるようである．

23・4 水　銀

水銀（Hg）の毒性は（Guzzi La Porta, 2008），1956 年，熊本県水俣市で初めて見つかった水俣病によって大きな注目を集めた．深刻な水銀中毒による神経障害で，運動失調，手と足の麻痺，一般的な筋力低下，視野の狭小化，聴力と言語障害などを含む症状がある．水俣病は，化学工場からの産業廃水中に含まれるメチル水銀の放出によってひき起こされた（図 23・3）．高い毒性をもつメチル水銀が水系の食物連鎖で生物濃縮され，水俣湾と不知火海の甲殻類と魚類で最高濃度に達し，それを食べた地域住民が水銀中毒となった．2001 年 3 月現在，公式に認定された 2265 人の犠牲者のうち 1784 人は死亡し，そして，チッソ株式会社が汚染を清浄にするよう命じられたのは 2004 年だけだった．もう一つのメチル水銀中毒の大発生は，1971～1972 年のイラク農村部で，植林に用いられるはずだった水銀含有の殺菌剤を，穀物の種に使用してしまったために起こったものである．6500 人以上が病院に入院し，459 人は水銀で汚染されたパンを食べて死亡した．

アジア地域は人為的な起源をもつ大気中の水銀の最大の割合を占め，全世界の放出量の半分を超えており，それは主として化学産業や水銀と金の採掘の影響下にある地域環境の深刻な水銀汚染によるものである．調査によると，人間と対象となった北極海の哺乳類と猛禽類において水銀が一桁増加し，それは 19 世紀の半ばから終わりに始まり，20 世紀に加速した（Dietz *et al.*, 2009）．現代の水銀濃度への人為的な寄与率は 92% と見積もられた．

水銀は本来三つの形で存在する．メチル水銀（MeHg）をはじめとする有機水銀，金属水銀として知られる元素そのものの水銀（Hg^0），ならびに塩化水銀をはじめとする無機水銀化合物（I-Hg）である．現在，唯一ではないが顕著なメチル水銀の発生源は，水域の堆積物や土壌の無機水銀の生物作用によるメチル化に由来する．メチル水銀は食物摂取によって容易に吸収され，数日内に体内のすべての組織に行きわたる．体内では主としてチオール配位子の硫黄原子に結合した水溶性の錯体として存在し，支障なく血液脳関門を通る．そして L-システイン錯体として内皮細胞に入る．メチル水銀のおもな行先の組織は脳であり，主たる毒性の効果は中枢神経系に現れる．成人の中毒症は視覚野と小脳に悪影響を及ぼし，新生児においてその結果はずっと深刻で，脳性麻痺から発達遅延へとその影響の範囲は広がっている．

エチル水銀（EtHg）は，小児用ワクチンの中の防腐剤としてチメロサール（エチル水銀チオサリチル酸ナトリウム）の形で用いられる．近年では，エチル水銀への曝露が，言語の遅れと注意欠陥多動障害（attention deficit-hyperactivity disorder, ADHD）のような神経発達障害や，特に自閉症スペクトラム障害をひき起こすかもしれないという懸念があった．米国やヨーロッパではたいていのワクチンから取除かれたが，いくつかの発展途上国ではまだ用いられている．

金属水銀（Hg^0）は天然でその形で存在し，室温で液体であり，加熱により速やかに気化する．自然環境における水銀の発生源には，火山噴火や水銀を含む鉱石の浸食からの水銀ガスの放出が含まれる．過去 30 年あまりの研究によると，歯の治療で充填したアマルガムは口腔内に水銀蒸気を発散する．口呼吸はその水銀蒸気を肺に送り，そこで吸収されて各組織に送られる．

水銀塩などの無機水銀（I-Hg）の化合物も，いくつかの国で水銀中毒の重大な発生源となっている．無機水銀は多くの製品において長年使用されてきており，さまざまな治

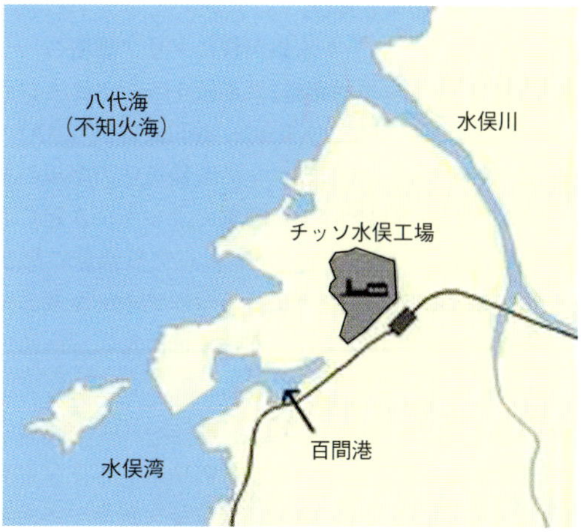

図 23・3　メチル水銀汚染の原因となった新日本窒素肥料㈱（チッソ）の工場とその汚染水の経路．百間港（最初の汚染源）に排出していた工場廃液を，1958 年 9 月から水俣川に直接流した．それが原因ではじめに川の河口で魚が死に，そこから新たな水俣病の犠牲者が八代海（不知火海）の海岸線に面した他の漁村で現れ始めた．

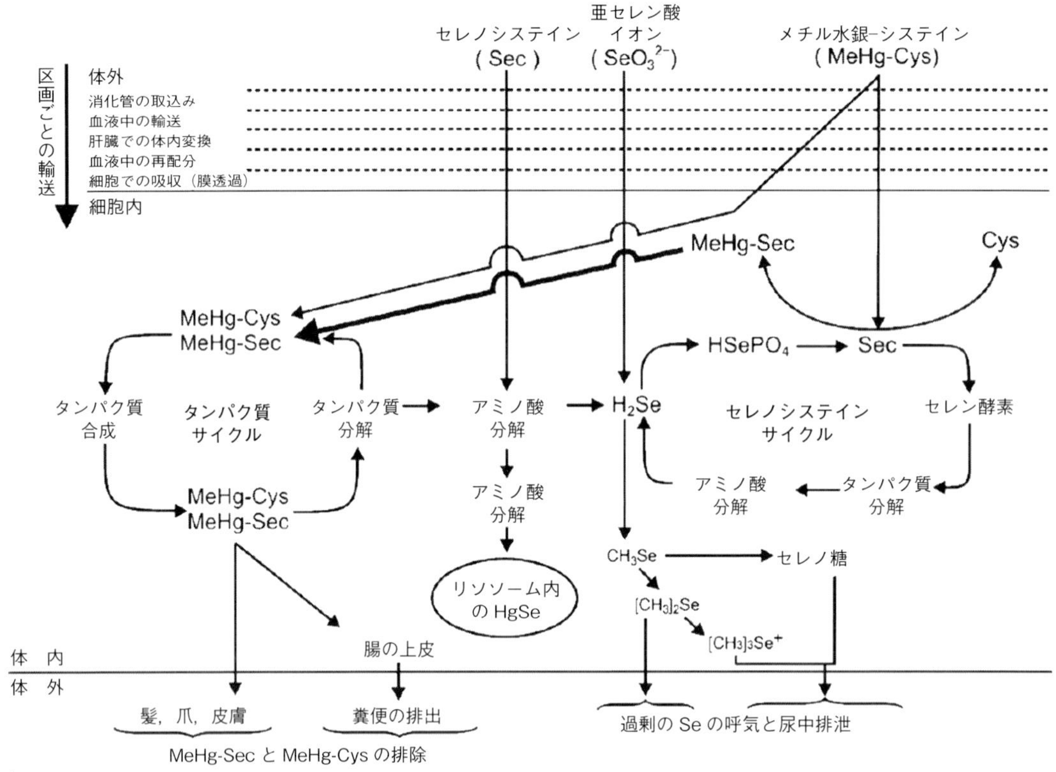

図 23・4　脊椎動物におけるセレン(Se)の一般的な代謝経路とそのメチル水銀との相互の影響．［Ralston, Raymond, 2010 より．Elsevier の許可を得て転載．©2010］

療薬物，殺菌石鹸，歯の生えはじめの痛み止めの粉薬や皮膚クリームに含まれ，その多くは現在も使用されている．ある皮膚クリームは，薬物用の塩化水銀かカロメル〔塩化水銀(I)〕を 6〜10％も含む．

中枢神経系では，メチル水銀が特にグリア細胞の一つであるアストロサイト(星状細胞)に蓄積する．アストロサイト膨張，興奮性アミノ酸(excitatory amino acid, EAA)の放出と取込みの抑制は，興奮性アミノ酸輸送体の発現の抑制と同様に，メチル水銀に対する曝露によってひき起こされることが知られている．Hg^{2+}がタンパク質機能に悪影響を与えうるかなり明らかな方法の一つはチオール基と反応することであり，それによって活性部位近傍に反応活性なチオール基をもつ酵素を阻害する．ここで，セレン(Se)の摂取状況がメチル水銀(MeHg)の毒性に対する脆弱性と逆の相関があるという観察は，潜在的により大きな重要性がある．最近の研究では，セレンが豊富な食事がメチル水銀の毒性を抑えるだけでなく，その最も深刻な症状のいくつかを迅速に回復させることもできることがわかった．メチル水銀は，セレン依存酵素（セレン酵素）に対する高選択的かつ不可逆的阻害剤であることもいまは理解されている．セレン酵素，特にグルタチオンペルオキシダーゼ/チ

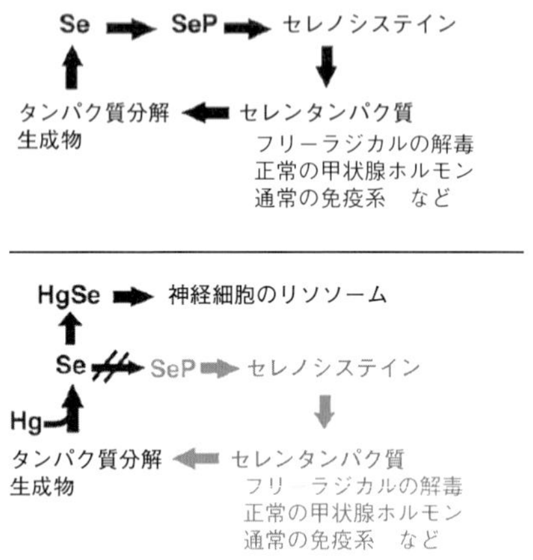

図 23・5　水銀の毒性をセレン(Se)で封鎖するメカニズム．セレンタンパク質合成の標準的サイクルの簡略図を上図に示す．中毒量の Hg（メチル水銀）でこのサイクルは混乱することが下図に描かれている．セレンタンパク質の分解で放出されたセレンイオンは，水銀に結合することになり，HgSe を形成し，神経細胞のリソソームに蓄積される．このとき Hg が過剰になると，不溶な HgSe が生成するため，タンパク質合成のために Se がまったく使われなくなってしまう（灰色の文字で示した）．そして最終的には，セレン酵素が必要な通常の生理機能を失うことになる．［Ralston, *et al.*, 2010 より．Elsevier の許可を得て転載．©2010］

オレドキシンレダクターゼと，チオレドキシングルタチオンレダクターゼは，体の全体や，とりわけ脳や神経内分泌の組織において，酸化によるダメージを防止したり，消去したりするのに必要である．これらの脆弱な組織におけるセレン酵素の阻害は，メチル水銀の毒性で起こるとされている病理学作用のおもな原因とみられる（図23・4）．水銀のセレンに対する結合の親和性は，2番めに親和性の高い硫黄の百万倍にのぼるため，メチル水銀はセレンを容赦なく奪い，そして直接，セレン酵素の活性とその生合成反応を阻害するのである（図23・5）．

23・5 鉛

慢性鉛中毒（鉛毒症*4）は世界中すべての国で環境上の懸念の主たる原因になっている．鉛(Pb)の毒性は神経，造血，腎，内分泌，骨格などの諸器官に影響を及ぼす．特に懸念される影響は，幼児や年少の子どもにおける認識力や行動が損なわれることと，早期に鉛にさらされることが後年の神経変性をひき起こすかもしれないという証拠が増えつつあることである．鉛を使用した塗料やこの塗料で覆われた表面からの家庭内のちり，あるいは空気中や食物，水に含まれる鉛など，種々の環境に起源する低濃度の鉛の関与が考えられる．ガソリンから鉛添加物を除去したことは空気，食物，水，ちりからの鉛の汚染を大きく減少させた．水に含まれる鉛は食物中の鉛よりもより効果的に吸収されるため，住居での配管のはんだやパイプに由来する水道水中の鉛の危険性はとりわけ懸念される．鉛を含んだ塗料は6歳未満の子どもが鉛にさらされる最も一般的な原因であるが，ロサンゼルス郡において鉛中毒にかかった6歳以上の子どもの34％は，キャンディ，フォーク，伝統的な薬，磁製の食器，それに家に持ち込まれた金属製玩具や装身具のような，鉛を含む品々にさらされていた．オレゴン州では，メダルペンダントを飲み込んだために4歳男児の静脈血鉛濃度が123 μg/dL（懸念濃度：＞10 μg/dL）にもなった．玩具販売機で購入したこのメダルは38.8％の鉛（388,000 mg/kg）を含むことが判明し，140万個の金属製玩具ネックレスを全国的に自主回収をするに至った．鉄欠乏と鉛中毒は共通の環境危険因子によるため，鉛毒性の危険にさらされている子どもの食物に鉄とカルシウムを補充することが通常なされている（予想されるように，鉛は細胞でのカルシウム代謝を阻害する）．

鉛毒性は血中鉛濃度と関連する．およそ10 μg/dL濃度では臨床症状のない生化学的な異常を生じ，100 μg/dLを超える濃度では昏睡状態および死へと進行する．鉛中毒による貧血症は高い血清鉄濃度を伴うが，これは低いトランスフェリン濃度を反映するものかもしれない――鉛は *in vitro* でヒトトランスフェリンタンパク質とmRNAのレベルを抑えることが示されている．鉛毒性では赤血球中の亜鉛プロトポルフィリン濃度が高まることが見いだされ，低下したグルタチオンペルオキシダーゼ濃度や増加したチオバルビツール酸反応性物質生成に反映されるような，増大した酸化ストレスの証拠も見いだされている．鉛は脂質酸化と膜の物理的性質の改変を促進することが見いだされており，慢性的鉛中毒はミエリン糖タンパク質を標的としてラットの中枢神経系におけるミエリンの構造に影響を及ぼす．未成熟ラットを長期間鉛にさらすと炎症性サイトカインを上昇させてグリア細胞の活性化をもたらす．亜鉛依存酵素5-アミノレブリン酸デヒドラターゼ〔ポルホビリノーゲンシンターゼ(PBGS)としても知られる〕はヘム生合成過程の第2段階を触媒し，2分子の5-アミノレブリン酸を縮合してピロールポルホビリノーゲンを生成する（第12章）．この5-アミノレブリン酸デヒドラターゼの阻害が

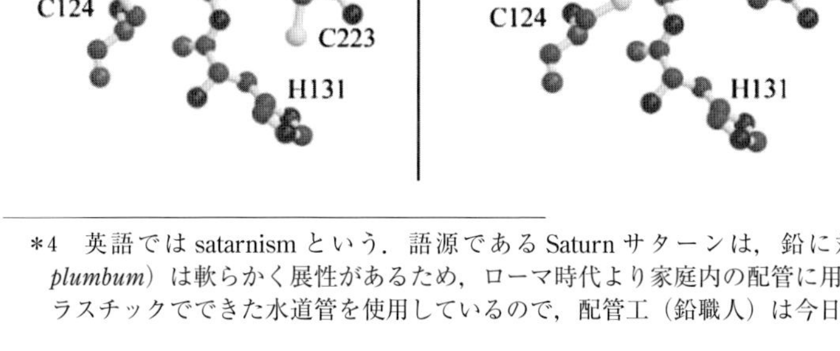

図23・6 Pb^{2+} のヒトのポルホビリノーゲンシンターゼ(PBGS)との相互作用のモデル．(a) ZnB部位に類似したPbB部位に結合した Pb^{2+}（半透明）のモデル構造．その Pb^{2+} はZnBと比べ，わずかに複数のCysから離れ，この図では，Cys122の硫黄原子上に直接的に乗っている．(b) 複合したPbAB部位に結合した Pb^{2+}（半透明）の類似のモデル構造．その複数のシステインは，Aとは異なった回転異性体の立体配位座を示している．［Jaffe, Martins, Li, Kervinen, Dunbrack, *et al.*, 2001より．American Society for Biochemistry and Molecular Biologyの許可を得て転載．©2001］

*4 英語ではsatarnismという．語源であるSaturnサターンは，鉛に対する錬金術師の名前である．金属Pb（ラテン語 *plumbum*）は軟らかく展性があるため，ローマ時代より家庭内の配管に用いられた．現代のたいていの家屋は鉛以外の金属やプラスチックでできた水道管を使用しているので，配管工（鉛職人）は今日ではほとんど鉛を使わない．

鉛中毒による貧血を説明すると考えられる．図23・6に示したヒトPBGSの亜鉛結合部位に鉛が結合した構造（酵母PBGSに結合した鉛について発表された観測結果に基づいてモデル作成）は，触媒亜鉛部位としてはきわめて異例である．たいていの触媒亜鉛の配位構造とは異なり，PBGSの亜鉛部位はシステインに富んでいる．そして3個のシステイン配位子がすべて金属イオンの片側にあるという珍しい配置が，PBGSを異常な立体化学的配位を好む鉛による阻害の主たる標的にしているのである．急性鉛中毒の重要な特徴であるPBGSの阻害は，この金属に対する酵素の並外れた親和性である．この酵素はK_m値1.6 pMでZn^{2+}により活性化され，K_i値0.07 pMでPb^{2+}により阻害される．神経伝達物質γ-アミノ酪酸(GABA)に類似し，GABA受容体に対する強力なアゴニストである5-アミノレブリン酸が血液中に蓄積されることが，神経学的徴候と鉛中毒にしばしば伴う精神異常の原因となっているかもしれないと示唆されている．鉛はまたフェロケラターゼを阻害すると考えられ，このことは鉛中毒で見いだされる亜鉛プロトポルフィリンの高い値を説明するかもしれない．

ヒトの健康への鉛の影響は古代より認識されてきた．Pb^{2+}は生殖系への著しい毒性をもつため，不妊や流産をひき起こす．それがローマ帝国の滅亡の原因の一つであるという説もある．しかしながら，独創的な疫学的研究により子どもにおける認知能へのPb^{2+}中毒の効果を証拠づけられたのは，ようやく1970年代になってからである．哺乳動物の脳におけるシナプス可塑性，学習および記憶に必須である神経過程に対してPb^{2+}が及ぼす多くの複雑な影響は，過去20年間ではるかに明確になった．特に，グルタミン酸作動性シナプスへのPb^{2+}の影響は，*N*-メチル-D-アスパラギン酸型の興奮性アミノ酸受容体（NMDAR）が脳におけるPb^{2+}影響の直接的な標的であるということが確証された．

23・6 毒物としての金属

ここまで環境に毒性を示す金属を概観してきたが，環境中に過剰量存在するときに毒性を示すいくつかの必須元素は説明しなかった．その最たる例を，図23・7に示してある．これは南西スペインのアンダルシア地方にあるリオティント川（赤い川）で，ウエルバで大西洋に注ぐ．ウエルバの近くにはコロンブスが1492年に新世界発見のために出航したPalos de la Fronteraがある．リオティント川は，きわめて重金属に富んでおり，濃い赤色で高い酸性であるのが特徴である．この地域は，銅器時代および青銅器時代の発祥の地であると考えられている．最初の鉱山はイベリア人とタルテッソス人により紀元前3000年に開発された．彼らの莫大な鉱物の富（金，銀，銅）の高は，フェニキア人ついでローマ人をひきつけ，リオティント川の銀と金から最初の硬貨のいくつかが作られた．鉱山は西ゴート人とムーア人によっても開拓され，やがて見捨てられた．1556年になってスペインにより再発見され，1724年に再開されたが，結局1871年に英国人に売却された[*5]．これらの鉱山は世界で最も重要な銅と硫黄の源泉の一つとなっている．

5000年以上にわたる鉱山による汚染はこの川を極度に酸性の環境(pH 1.7～2.5)にしてしまったが，大部分は鉄酸化細菌や硫黄酸化細菌のような化学合成無機栄養生物の存在によっている．この川の極端な状況は，火星の地下のように液体の水を含むかもしれない太陽系の他の場所に類似していると考えられる．NASAの科学者らは，火星の赤道のすぐ南に位置する平野Meridiani Planumの岩石が堆積した場所の水の成分を，リオティント川のそれと直接比較した．同様に，木星の衛星エウロパはその氷の表面下に酸性の水の海洋をもつと考えられている．

いくつかの金属やそれらを含む化合物は，環境毒素としての役割に加えて人殺しの分子でもありうる．私は“Molecules of Murder(人殺しの分子)”と題したジョン・エムズリーの素晴らしい本（Emsley, 2008）を強くお薦めする．映画の熱烈な愛好者は，ジョセフ・ケッセルリングの1939年の劇に基づいてフランク・カプラによりケーリー・グラント主演で映画化された“Arsenic and Old Lace(毒薬と老嬢)[*6]”を思い出すかもしれない．ニューヨークタイムズに出た初演の批評は，この劇は“あまりに滑稽で

図23・7 スペイン南西部，アンダルシア地方のリオティント川の血の色をした赤い水．

*5 ちょうど本章を執筆したときに，鉱山会社リオティントは2012年ロンドンオリンピック用に鋳造したメダルを展示していた．
*6 この“人殺しの老婦人”の筋書きはおそらく，コネチカット州ウインザーのある家で起こった現実の事件に触発されたものであろう．この事件ではある女が年配の下宿人を置き，年金を目当てに彼らを毒殺した．

誰も忘れることはないだろう”と報じた．この劇は1444回上演された．第1章において，食事へのセレン補給は集団中毒の場合にヒ素中毒を改善するために重要でしかも簡単な方法であるかもしれない，という可能性にふれた．この方向の考えはドロシー・セイヤーズの探偵ミステリー“Strong Poison”の筋書きに面白い一ひねりさえも加え，物語の中心での毒殺に対する生化学的に信じうる説明にもなる（Prince, 2007）．ノーマン・ウルクハルトは不運なフィリップ・ボイズに大量に白砒（三酸化二ヒ素，As_2O_3）を盛ったオムレツを食べさせて毒殺する．ウルクハルト自身も食べるが，セイヤーズによれば，ウルクハルトは前もって頻繁に，また増量して白砒を食べるようにして自分を鍛え，このため彼は有毒な朝食をとっても生き残り，ボイズは死ぬのである．三酸化二ヒ素を繰返し服用するとこれに慣れるということは広く信じられている．

ヒ素は地殻に広く分布し，平均濃度約5 mg/kgで存在する．ヒ素は多くの酸化状態で存在しているが，ヒ素(Ⅲ)とヒ素(Ⅴ)が最も普通の形である．金を含む鉱石とヒ素を含む鉱石は共存するので，金採掘活動中にヒ素を可動性にする恐れがある．ヒトの健康に重大な結果をもたらしたヒ素による風土的な汚染の多くは，地質構成上高濃度のヒ素を含む地域で知られている．

ロシアの反体制者アレクサンドル・リトビネンコ毒殺事件については第1章でもふれた．元ロシア連邦保安部門FSBおよびKGBの職員であったリトビネンコはロシアでの告発を逃れ，英国に政治亡命した．彼はロンドンにて2006年11月1日に突然病に倒れて入院，3週間後に死亡し，致命的なポロニウム-210(^{210}Po)による急性放射線症候群の最初の確認された犠牲者となった．その後，痕跡量の^{210}Poはリトビネンコ氏が訪れたロンドンの各所やロシア，ブリティッシュエアウエイズの二つ便でも発見された．

^{210}Poは自然界に存在する放射性物質である．これはウラン壊変系列の一部として環境中にきわめて低い濃度で見いだされ，またウラン，バナジウム，ラジウムの精製作業から出る鉛含有廃棄物より得られることもある．しかし有意な量ではない．人工的にもつくられるが，核産業で用いられるかなり高度の設備を必要とする．^{210}Poはα線を放出し，ラジウムより5000倍放射活性が強く，^{210}Poの半減期は138日である．α線は生きた細胞に大量のエネルギーをもたらし，かなりの損傷と細胞死をひき起こしうる．しかし，α線は衝突の際に大半のエネルギーを失い，それ以上物体の中に入り込むことはできないので，α線は表面を通過しない（たとえば，紙，ヒトの皮膚，あるいは衣服）．^{210}Poは吸入，摂取，あるいは傷への侵入により体内に取込まれたときにのみ放射能の危険性を示すのである．この“内部汚染”は内臓への照射を起こし，重い医学的症状や死に至ることがある．^{210}Poの毒性はたとえばシアン化物よりもはるかに高い．にもかかわらず，それが体外に止まる限りヒトの健康へのリスクを意味するものではない．その痕跡の大部分は注意深く手を洗い，シャワーを浴びることにより除くことができる．

文　献

Dietz, R., Outridge, P.M., & Hobson, K.A. (2009). Anthropogenic contributions to mercury levels in present-day Arctic animals–a review. *Science of the Total Environment, 407*, 6120–6131.

Emsley, J. (2008). *Molecules of murder. Criminal molecules and classic cases*. RSC Publishing.

Guzzi, G., & La Porta, C.A. (2008). Molecular mechanisms triggered by mercury. *Toxicology, 244*, 1–12.

Jaffe, E.K., Martins, J., Li, J., Kervinen, J., & Dunbrack, R.L., Jr. (2001). The molecular mechanism of lead inhibition of human porphobilinogen synthase. *Journal of Biological Chemistry, 276*, 1531–1537.

Martelli, A., Rousselet, E., Dycke, C., Bouron, A., & Moulis, J.-M. (2006). Cadmium toxicity in animal cells by interference with essential metals. *Biochimie, 88*, 1807–1814.

Martin, R.B. (1994). Aluminium: A Neurotoxic Product of Acid Rain. *Acc Chem Res, 27*, 204–210.

Prince, R.C., Gailer, J., Gunson, D.E., Turner, R.J., George, G.N., & Pickering, I.J. (2007). Strong poison revisited. *Journal of Inorganic Biochemistry, 101*, 1891–1893.

Ralston, N.V., & Raymond, L.J. (2010). Dietary selenium's protective effects against methylmercury toxicity. *Toxicology, 278*, 112–123.

Verstraeten, S.V., Aimo, L., & Oteiza, P.I. (2008). Aluminium and lead: molecular mechanisms of brain toxicity. *Archives of Toxicology, 82*, 789–802.

索　引

く，け

こ

さ

し

す～そ

た

ち

て

と

な　行

ほ

ま

み～も

や　行

ら～わ

塩谷光彦（しおのや みつひこ）
1958年　東京に生まれる
1982年　東京大学薬学部 卒
現　東京大学大学院理学系研究科 教授
専門　生物無機化学，超分子化学
薬学博士

第1版 第1刷 2016年3月30日 発行

クライトン 生物無機化学
（原著第2版）

監訳者　塩谷光彦
発行者　小澤美奈子
発　行　株式会社 東京化学同人
東京都文京区千石3丁目36-7（〒112-0011）
電話（03）3946-5311・FAX（03）3946-5317
URL: http://www.tkd-pbl.com/

印　刷　新日本印刷株式会社
製　本　株式会社 松岳社

ISBN 978-4-8079-0887-5
Printed in Japan